AF308113

Chemie, Physik und Technologie der Kunststoffe
in Einzeldarstellungen

7

Kunststoffe

Struktur, physikalisches Verhalten und Prüfung

In zwei Bänden

Herausgegeben von

Rudolf Nitsche† und **Karl A. Wolf**

Zweiter Band

Praktische Kunststoffprüfung

Springer-Verlag

Berlin / Göttingen / Heidelberg

1961

Praktische Kunststoffprüfung

Unter Mitarbeit zahlreicher Fachleute

herausgegeben von

Rudolf Nitsche†

Zu Ende geführt von

Paul Nowak

Mit 464 Abbildungen

Springer-Verlag
Berlin / Göttingen / Heidelberg
1961

ISBN-13: 978-3-642-45953-5   e-ISBN-13: 978-3-642-45952-8
DOI: 10.1007/978-3-642-45952-8

Alle Rechte, insbesondere das der Übersetzung in fremde Sprachen, vorbehalten
Ohne ausdrückliche Genehmigung des Verlages ist es auch nicht gestattet,
dieses Buch oder Teile daraus auf photomechanischem Wege
(Photokopie, Mikrokopie) zu vervielfältigen
© by Springer-Verlag OHG., Berlin/Göttingen/Heidelberg 1961
Softcover reprint of the hardcover 1st edition 1961

Die Wiedergabe von Gebrauchsnamen, Handelsnamen, Warenbezeichnungen usw. in diesem
Buche berechtigt auch ohne besondere Kennzeichnung nicht zu der Annahme, daß solche Namen
im Sinne der Warenzeichen- und Markenschutz-Gesetzgebung als frei zu betrachten wären und
daher von jedermann benutzt werden dürften

Vorwort

Wie in der im Jahre 1940 in der Buchreihe „Chemie und Technologie der Kunststoffe in Einzeldarstellungen" erschienenen Monographie „Prüfung und Bewertung elektrotechnischer Isolierstoffe" von NITSCHE/PFESTORF ist es auch in dem nun vorliegenden, das gesamte Kunststoffgebiet umfassenden Werk NITSCHE/WOLF, *„Kunststoffe,* Struktur, physikalisches Verhalten und Prüfung" beabsichtigt, der Fachwelt im II. Band eine möglichst geschlossene Übersicht über die Kunststoffprüfung im In- und Ausland zu vermitteln.

Bei dem Tode des einen Herausgebers – Prof. Dr.-Ing. RUDOLF NITSCHE im Dezember 1958 – lag die Mehrzahl der Manuskripte dieses Bandes vor. Der Springer-Verlag trat daher im Frühjahr 1959 mit der Bitte an mich heran, diese einer Durchsicht zu unterziehen.

Die Entwicklung auf dem Gebiet der Kunststoffprüfung war in den letzten 5 Jahren sowohl im In- als auch im Ausland sehr lebhaft gewesen. Wichtige Fortschritte in der physikalischen und chemischen Erkenntnis sowie auch in der praktischen Meßtechnik waren gemacht worden. Die durch Krankheit und Tod von R. NITSCHE entstandene Verzögerung in der Herausgabe des Buches zwang daher zu einer vollständig neuen Überarbeitung der Manuskripte. Die von R. NITSCHE vorgesehene Aufteilung in die folgenden 6 Hauptkapitel:

Prüflaboratorium – Probekörper – Ermittlung der verschiedenen Kunststoffeigenschaften – Betriebs- und Abnahmeprüfungen von Kunststofferzeugnissen – Auswertung von Versuchsergebnissen – Normung und Gütesicherung

wurde beibehalten.

Innerhalb dieses Rahmens wurden sowohl die vorliegenden als auch die in Bearbeitung befindlichen Prüfverfahren für organische Kunststoffe des Fachnormenausschusses Kunststoffe (FNK) im Deutschen Normenausschuß (DNA), des Verbandes Deutscher Elektrotechniker (VDE) sowie der International Organization for Standardization, Technical Committee 61 (ISO/TC-61) und des International Electrical Committee 15 (IEC/TC-15) bevorzugt berücksichtigt. Weiterhin wurden auch bewährte Methoden aus der einschlägigen Literatur sowie genormte ausländische Verfahren so weit mitbehandelt, als sie für eine Prüfmethode Anregungen bieten.

Die rasch und stetig fortschreitende Entwicklung auf den einzelnen Prüfgebieten ließ bei dem großen Mitarbeiterstab manche Überschneidungen bzw. Wiederholungen nicht ganz vermeiden. Wir hoffen, daß dieser Band der Aufgabe gerecht wird, den Fachkollegen eine zusammenfassende Behandlung der verschiedenartigen Prüfverfahren zur Ermittlung der Kunststoffeigenschaften an Hand zu geben.

Kassel, im Dezember 1960

Paul Nowak

Mitarbeiterverzeichnis

Amedick, Egon, Dipl.-Ing., Reg.-Rat in der Bundesanstalt für Materialprüfung, Berlin Dahlem

Bär, Friedrich, Dr. phil. nat., Dr. med., Professor im Bundesgesundheitsamt, Max von Pettenkofer-Institut, Berlin

Becker, Günther, Dr. phil. habil., Honorar-Professor, Oberreg.-Rat in der Bundesanstalt für Materialprüfung, Berlin-Dahlem

Bullinger, Hans, Dipl.-Phys., Bloomfield, New Jersey/USA

Burmeister, Willi, Dr. phil., Hanau

Ehlers, Gerhard, Dipl.-Ing., Fachnormenausschuß Kunststoffe im Deutschen Normenausschuß, Berlin

Epprecht, Alfred, G., Zürich/Schweiz

Haldenwanger, Hans-Helmut, Dr. rer. nat. Dipl.-Chemiker Hannover-Vinnhorst

Hofmeier, Hermann, Dr.-Ing., Farbenfabriken Bayer AG., Dormagen/Rhein

Koesling, Günter, Dipl.-Ing., Direktor der Mitteldeutsche Papierwerke GmbH, Wellpappenfabrik Berlin

Krause, Anneliese, Dr. phil., Dynamit Nobel AG. Troisdorf/Bez. Köln

Krüger, Hans-Egon, Dr. phil., Dipl.-Ing., Prokurist der Firma J. H. Benecke, Hannover-Vinnhorst

Küch, Wilhelm, Dr.-Ing., Oberreg.-Rat im Staatlichen Materialprüfungsamt Nordrhein-Westfalen, Dortmund-Aplerbeck

Mendrzyk, Hildegard, Dr. phil., Oberreg.-Rätin in der Bundesanstalt für Materialprüfung, Berlin-Dahlem

von Meysenbug, Carl-Max, Frhr., Dr.-Ing., Darmstadt

Motzkus, Erwin, Dr. phil., Oberreg.-Rat in der Bundesanstalt für Materialprüfung, Berlin-Dahlem

Nowak, Paul, Dr.-Ing., Entwicklungsdirektor, Chefchemiker der AEG, Kassel

Nümann, Erwin, Dr. phil., Dynamit Nobel AG. Troisdorf/Bez. Köln

Oberst, Hermann, Dr. phil., Farbwerke Hoechst AG., Frankfurt/Main-Höchst

Paffrath, Hans Willi, Dr. phil., Farbenfabriken Bayer AG., Leverkusen

Peukert, Heinz, Dr.-Ing., Leiter des Süddeutschen Kunststoff-Zentrums, Würzburg

Richter, Manfred, Dr.-Ing. habil., Professor, Oberreg.-Rat in der Bundesanstalt für Materialprüfung, Berlin-Dahlem

Scholz, Erich, Dr.-Ing., Dynamit Nobel AG. Troisdorf/Bez. Köln

Schwittmann, Alfons, Dr. phil., Dipl.-Chemiker, Beratender Chemiker, Wickede/Ruhr

Suhr, Horst, Dipl.-Ing., Physikal.-Techn. Bundesanstalt, Institut Berlin

Theden, Gerda, Dr. rer. nat., Reg.-Rätin in der Bundesanstalt für Materialprüfung, Berlin-Dahlem

Toeldte, Walter, †, Dr. phil., Reg.-Rat in der Bundesanstalt für Materialprüfung, Berlin-Dahlem

Weber, Ernst-Friedjof, Dr. rer. nat., Thermopal-Werk Leutkirch/Allgäu

Werner, Wilhelm, Dr. phil., Privatdozent und Industrieberater Meinerzhagen/Westf.

Wijbrans, Frederik Willem Roelof, Ir., Stellv. Direktor des Kunststoffinstitutes T. N. O., Delft/Niederlande

van Wijk, Dirk Jan, Ir., Kunststoffinstitut T. N. O., Delft/Niederlande

Woebcken, Wilbrand, Dr.-Ing., Klöckner Moeller GmbH, Bonn

Inhaltsverzeichnis

1 Prüflaboratorium

2 Probekörper

3 Ermittlung der verschiedenen Kunststoffeigenschaften

Seite

5 Auswertung von Versuchsergebnissen

6 Normung und Gütesicherung

Berichtigung

S. 47, Tab. 1, 3. Spalte, 13. Zeile v. o.: lies $NaNO_2$ statt $NaNO_3$

S. 432, Tab. 2, 1. Spalte, letzte Zeile: lies mg/100 cm² statt 100 mg/100 cm²

1 Prüflaboratorium

1.1 Anforderungen an das Prüflabaratorium
Von **H. W. Paffrath**, Leverkusen

Für die Prüfung und Bewertung von Kunststoffen gibt es heute eine Fülle von chemischen und physikalischen Untersuchungsmethoden, die jeweils entsprechend der gegebenen Fragestellung herangezogen werden können. Alle Verfahren machen einen mehr oder minder großen apparativen Aufwand notwendig, dem bei der Einrichtung eines Prüflaboratoriums Rechnung zu tragen ist.

Die Einrichtung eines Prüflabors richtet sich nach dem Umfang der Arbeiten und vor allem nach der Themastellung. Soll gegebenenfalls Grundlagenforschung betrieben werden, muß man seine Aufmerksamkeit auf die Verfahren richten, die vorerst ohne Rücksicht auf die eventuelle Verwendung des Stoffes darüber Aufschluß geben, welche Eigenschaften der zu prüfende Stoff hat und warum er sich bei einer gegebenen Beanspruchung in einer bestimmten Weise verhält.

In den meisten Laboratorien steht aber nur die Frage im Vordergrund, ob ein Stoff eine von der Praxis gestellte Forderung erfüllt oder nicht, es wird also nur geprüft, wann und wie ein Produkt unter bestimmten Bedingungen zu Bruch geht oder standhält. Hier muß man den technologischen Methoden den Vorrang geben.

Ebenso spielt es eine Rolle, was für Stoffe voraussichtlich zur Prüfung kommen werden. So erfordert z. B. die Prüfung von gummi-elastischen Kunststoffen mit hoher Formänderungsfähigkeit bei Raumtemperatur andere Maschinen und Geräte als von Schichtpreßstoffen mit geringer Formänderungsfähigkeit.

Natürlich sind auch oft die gleichen Apparaturen sowohl für die Grundlagenforschung als auch für technologische Verfahren und auch für verschiedenartige Stoffe verwendbar.

Es kann und soll nicht das Ziel des vorliegenden Beitrages sein, ein vollständiges und ins einzelne gehendes Bild von den heute zur Verfügung stehenden Verfahren und Apparturen [*1* bis *19*] für die Kunststoffprüfung zu geben. Viele Einzelheiten enthalten die übrigen Kapitel dieses Buches. Wer nur an Abnahmeprüfungen bestimmter Kunststofferzeugnisse interessiert ist, findet Hinweise auf die notwendige Ausstattung zur Prüfung im Band II 4.1 bis 4.8. Es soll vielmehr nur versucht werden, die für eine umfassende Beurteilung der Kunststoffe gebräuchlichsten Einrichtungen kurz zu beschreiben und einige sich hierzu ergebenden Gesichtspunkte zusammenzutragen. Aus naheliegenden Gründen wird der Schwerpunkt bei den Einrichtungen für mechanisch-technologische Verfahren liegen.

1.1.1 Prüfraum

Die Einrichtung eines Prüflaboratoriums beginnt mit der Auswahl und Einteilung zweckentsprechender Räume. Räume, in denen durch schwere Maschinen hervorgerufene Gebäudeschwingungen bemerkbar sind, sollte man für diesen Verwendungszweck nicht benutzen.

Speziell für Kunststoffe ist es wichtig, Räume mit möglichst konstanter Temperatur und Luftfeuchtigkeit zu haben. Aus diesem Grunde wird man die eigentlichen Meßräume nach Norden hin legen. Die Klimatisierung der Räume ist anzustreben.

Bei der Vielzahl der möglichen Geräte und Arbeitsbedingungen faßt man Prüfverfahren mit einheitlichem Thema oder aber bestimmten Stoffklassen zweckmäßigerweise zusammen.

Die chemischen Methoden wird man getrennt von den physikalischen in einem besonderen Labor unterbringen.

Um alle Störungen und Ablenkungen von den Prüfenden fernzuhalten, sollten Geräte mit starker Lärmentwicklung, wie dies z. B. bei dynamisch-technologischen Untersuchungen häufig ist, von den übrigen getrennt und akustisch isoliert aufgestellt werden. Bei der Kunststoffprüfung ergibt sich häufig der Fall, daß Prüfungen bei verschiedenen Temperaturen vorgenommen werden sollen. Entsprechende Anschlüsse an dem Aufstellungsort der Maschine für Elektrizität, Luft, Vakuum und Wasser, die schon bei der Einrichtung vorgesehen werden, vereinfachen den Aufbau.

1.1.2 Herstellung und Vorbereitung der Proben

Die Prüfung beginnt eigentlich schon bei der Herstellung der Probe bzw. des Prüfkörpers. So sollte die Probenherstellung sowie die Bearbeitung an sich zum Prüfraum gehören, muß aber zumindest eng mit ihm verbunden sein. Da bei der Probenbearbeitung häufig Staub entsteht, der den Meßgeräten schadet, verlegt man diese Arbeiten in einen besonderen Raum (s. II 2). Für die Probenherstellung aus Formmassen sind Geräte zur Entnahme von Masseproben und zur Konditionierung notwendig, außerdem sind Werkzeuge und Maschinen (Pressen oder Spritzgußmaschinen) zur Formung und Geräte zur Nachbearbeitung erforderlich. Hierfür und für die Entnahme und Bearbeitung von Probekörpern aus geformten Kunststofferzeugnissen (Tafeln, Platten, Folien, Stangen, Rohren usw.) braucht man Band- und Kreissägen, Fräser, Bohrmaschine oder Drehbank, gegebnenfalls Diamantscheiben für Naßschneideverfahren [20, 21]. Für gummi-elastische Produkte und auch für Folien schafft man Schlag- und Revolverstanzen mit den entsprechend geformten Stanzmessern an, für Folien außerdem besondere Ziehmesser.

Zur Untersuchung der Probekörper auf ihre Beschaffenheit und das eventuelle Vorhandensein von Kerben, Verletzungen oder inneren Spannungen leisten Lupe, Mikroskop und u. U. ein einfaches polarisationsoptisches Betrachtungsgerät wertvolle Hilfe.

Nach der Bearbeitung und vor der Prüfung müssen die Prüfkörper gegebenenfalls getrocknet, getempert oder klimatisiert werden. Hierfür ist die Anschaffung eines Trockenschrankes sowie eines Klimaschrankes (falls ein Klimaraum nicht vorhanden ist) unbedingt zu empfehlen. Je nach der Ausführung eignet sich dann ein solcher Schrank auch für Lagerungen und Untersuchungen in verschiedenen Klimaten.

1.1.3 Einrichtungen für analytische Untersuchungen

Die chemischen Untersuchungen an Kunststoffen wird man in einem normalen chemischen Labor durchführen. Im äußeren Aufbau ist ein chemisches Labor durch einen möglichst gekachelten oder mit Blei ausgelegten Arbeitstisch mit Anschlüssen für Wasser, Gas, Elektrizität, Vakuum und durch das Vorhandensein eines Abzuges gekennzeichnet. Hinweise zur Planung und Einrichtung organisch-chemischer Laboratorien findet man im Band I/1 der „Methoden der organischen Chemie" von HOUBEN-WEYL [22]. Die chemischen Untersuchungsverfahren für Kunststoffe sind ein Teil der Methoden der organischen Chemie, die in dem genannten Werk [22] vornehmlich in Band 1 bis 3 auch von der apparativen Seite her gesehen, vorzüglich zusammengefaßt dargestellt sind. Die hier nur kurz erwähnten Methoden sind dort ausführlich wiedergegeben. Darauf sei an dieser Stelle besonders verwiesen (s. auch II 3.1 und [23 bis 26].

Für die wohl zur Hauptsache durchzuführenden analytischen Arbeiten sind neben den notwendigen Chemikalien Bechergläser, ERLENMEYER-Kolben, Kühler, Rührer, Glasrohre, Stopfen, Filter, Trichter, Nutschen, Uhrgläser, (Vakuum-) Exsikkatoren, Destillations-Fraktionier- und Extraktionsapparaturen anzuschaffen sowie elektrische Heizplatten oder regelbare Heizkörbe.

Nicht nur für analytische Arbeiten braucht man Analysenwaagen und Trockenschränke (gegebenenfalls einen Vakuumtrockenschrank), die abgesondert aufgestellt werden sollten.

Hat das Labor keinen Vakuumanschluß, oder sollte dieser und auch eine normale Wasserstrahlpumpe nicht ausreichen, so wird man eine Vakuumpumpe möglichst bis zu einem Druck von 10^{-2} Torr benötigen.

Ein sehr brauchbares Hilfsmittel für die analytischen Arbeiten ist die Drehbandkolonne für die Destillation hochsiedender Substanzen geworden (s. K. SIGWART, Destillieren und Rektifizieren in [22], dort auch Bezugsquellennachweis). Oft ist eine Zentrifuge zur Trennung schwer filtrierbarer Niederschläge von großem Nutzen.

Auch im Bereiche der Kunststoffuntersuchungen können die Verfahren der Papier-Chromatographie und der Papier-Elektrophorese [27] die Arbeiten erleichtern (s. auch „Chromatographische Analyse", Th. WIELAND in [22]). Während ein Kolorimeter [28] und ein Refraktometer (s. auch „Refraktometrie", „Apparate und Meßmethoden", E. ASMUSS in [22]) heute in praktisch jedem Laboratorium Verwendung finden, setzen sich Infrarotspektrographen [29] in Deutschland erst neuerdings in größerem Maße durch. Sie sind, wie wohl auch die Geräte zur Molekulargewichtsbestimmung (s. auch „Molekulargewichtsbestimmung an makromolekularen Stoffen" G. V. SCHULZ, H. J. CANTOW, G. MEYERHOFF in [22]) mehr auf größere Labors beschränkt, die sich mit der Forschung und Entwicklung befassen. Dagegen ist ein lichtstarkes Mikroskop immer notwendig.

Für Schmelzpunktbestimmungen im mikroskopischen Bereich läßt sich ein besonderer Heiztisch anbringen [*30*]. In sehr vielen Fälle wird man zur Schmelzpunktbestimmung mit einem normalen Laborgerät [*31, 32*] auskommen.

Die Bestimmung des p_H-Wertes gestaltet sich bei organischen Substanzen oft als sehr schwierig.

Zur Wahl eines geeigneten Meßgerätes sei auf die umfangreiche Spezialliteratur verwiesen (s. auch unter [*22*]).

Im chemischen Labor wird man außer den analytischen alle anderen Untersuchungen durchführen, die eine Anwendung von Chemikalien notwendig machen. Dazu gehört auch ein Teil der wichtigen Gefügeuntersuchungen (s. II 3.2). Sehr häufig sind Prüfungen über den Einfluß von Chemikalien auf die mechanischen Eigenschaften, auf die Auswirkung innerer Spannungen oder auf die Dimensionsstabilität usw. notwendig [*33*]. Die hierzu notwendigen Geräte werden sich aus der normalen Laborausrüstung entnehmen lassen (s. auch II 3.8).

1.1.4 Einrichtungen zur Viskositätsprüfung

Ein wichtiges Gebiet stellen bei Kunststoffen und ihren Rohstoffen die viskosimetrischen Verfahren dar. Flüssige Rohstoffe, wie z. B. Polyesterharze und Weichmacher, untersucht man am besten in dem bekannten HÖPPLER-Viskosimeter oder Rotationsviskosimeter [*34* bis *37*]. Plastizitätsuntersuchungen, wie sie in der Kautschukprüfung gebräuchlich sind [*38* bis *40*] (s. auch ASTM D 926–47 T, D 927–52 T), können auch zur Beurteilung der Verarbeitbarkeit, z. B. bei Polyurethanen oder auch Mischpolymerisaten, mit gutem Erfolg zur Anwendung gelangen.

Weitgehende Aufschlüsse gewinnt man auch bei Duroplasten und Thermoplasten aus dem Fließverhalten [*41* bis *44*] (s. auch II 3.3.1, 4.1 und 4.2).

1.1.5 Einrichtungen zur Beurteilung der Beständigkeit
von Kunststoffen („Alterung")

Beständigkeitsprüfungen sind meist Langzeitprüfungen. Dazu gehören Prüfungen unter der Einwirkung von Licht, Gasen und Gasgemischen bei verschiedenen Temperaturen (Luft, Sauerstoff und Ozon) sowie Feuchtigkeit. Die auftretenden Veränderungen sind meist bleibende Änderungen der chemischen Zusammensetzung und des Gefüges („Alterung"), die häufig durch physikalische Methoden beurteilt werden (s. auch I 6.4).

Für die künstliche „Alterung" sind eine Reihe von Geräten auf dem Markt, die die „natürliche Alterung" ersetzen und außerdem das Verfahren beschleunigen sollen. Hier sind für die Einrichtung eines Laboratoriums u. a. zu nennen:

Sauerstoffbombe, Ozonisator, Klimaschrank, Belichtungs- und Bewetterungsgeräte [*45* bis *48*].

Bei der Aufstellung der Geräte sind z. T. besondere Vorsichtsmaßregeln zu beachten. Eine Abtrennung der einzelnen Verfahren untereinander wird sich schon aus Gründen der Beeinflussung, z. B. durch entstehendes Ozon usw., nicht umgehen lassen.

Trotz der „künstlichen, beschleunigten Alterung" ist die natürliche Alterung nicht zu ersetzen [*49* bis *51*]. Da diese klimaabhängig ist, genügt ein Belichtungs- und Bewetterungsstand an einem einzigen Ort meist nicht. Zu empfehlen sind für Mitteleuropa 3 Orte, und zwar mit Industrieklima, Gebirgsklima und See- klima. Gegebenenfalls kommen noch Orte in den Subtropen und Tropen hinzu. Beim Aufbau solcher Stände sollte die Möglichkeit, während der Exposition mechanische Spannungen auf die Probe aufbringen zu können, nicht außer acht gelassen werden [*52*, *53*] (s. auch II 3.8).

1.1.6 Geräte zur Prüfung auf „thermische Eigenschaften"

Die Ermittlung der sog. „thermischen" Eigenschaften von Kunststoffen macht die Anschaffung eines Prüfgerätes für die Bestimmung der Formbeständig- keit in der Wärme nach MARTENS (s. DIN 53458 und DIN 53462) und des Prüf- gerätes für die Formbeständigkeitsprüfung, ermittelt mit der Vicatnadel (s. VDE 0302), erforderlich. Die eigentlichen Prüfgeräte werden in entsprechend aufheizbare Wärmeschränke eingebaut. Prüft man nur geringe Stückzahlen, so könnte man einen Schrank wechselweise für beide Verfahren benutzen.

Ferner empfiehlt sich die Anschaffung eines besonderen Gerätes nach ISO- Verfahren (s. II 3.5.4b), besonders bei internationalem Warenverkehr [*54* bis *56*].

Zu den „thermischen" Eigenschaften rechnet man auch die spezifische Wärme, Wärmeleitzahl und Ausdehnungskoeffizient [*57* bis *60*]. Die zur Fest- stellung dieser Eigenschaften notwendigen Geräte sind in II 3.5.2 beschrieben.

1.1.7 Einrichtungen für optische Untersuchungen

Eines der wichtigsten Geräte für optische Untersuchungen an Kunststoffen ist das Mikroskop. Eine umfassende Anwendbarkeit gewinnt es, wenn es inner- halb der Maßstäbe von 10 : 1 bis 1000 : 1 im Durchlicht- sowie im Auflicht- verfahren einsetzbar ist und sowohl Hellfeld-, Dunkelfeld- und Phasenkontrast- beobachtungen sowie Arbeiten bei polarisiertem Licht möglich macht. Größere Forschungsmikroskope, evtl. mit photographischer Einrichtung, sind heute mit eingebauter Beleuchtung ausgestattet und können von den Herstellerfirmen mit verschiedener optischer Ausrüstung nach Wunsch geliefert werden. Die Kombination mit photographischer Einrichtung ermöglicht die Registrierung der einzelnen Untersuchungen.

Mikroskopische optische Untersuchungen erstrecken sich auf Vergleichs- prüfungen an Bruchflächen, Rißbildungen und Oberflächenstrukturen sowie auf Beobachtungen von Prüfkörpern und fertigen Teilen in polarisiertem Durch- licht. Hier kann man die Größe und Verteilung „eingefrorener" Spannungen sowie die Güte der Vermischung, die Homogenität und somit den Herstellungs- prozeß überprüfen. Polarisationsoptische Geräte für Arbeiten bei schwacher Verkleinerung und Maßstäben um 1 : 1 werden in einfacher Ausführung heute angeboten und haben sich bereits, wie schon oben erwähnt, für die serienmäßige Begutachtung der Prüfkörper gut bewährt. Für Forschungsaufgaben an Kunst- stoffen sind weitere optische Verfahren zu erwähnen, z. B. die UV-Mikroskopie, mikroskopische und makroskopische Schlierenabbildungen und spannungsoptische Auflichtreflexbeobachtungen.

Für Folien ist es wichtig, die Transparenz [*61* bis *68*] zu ermitteln. Messungen auf einer spannungsoptischen Bank [*64*] vermitteln Angaben über die spannungsoptischen Eigenschaften. Gegebenenfalls kommen auch Geräte zur Farbmessung in Betracht (s. auch II 3.6.2).

1.1.8 Einrichtungen für elektrische Prüfungen

Zur Überprüfung der Eignung eines Kunststofftyps als elektrischer Isolierstoff bestimmt man zunächst die elektrische Durchschlagspannung und Durchschlagfestigkeit, die elektrischen Widerstandswerte, die relative Dielektrizitätskonstante, den dielektrischen Verlustfaktor und die Kriechstromfestigkeit [*65* bis *67*]. Beschränkt man sich auf diese grundsätzlichen Methoden (s. auch VDE 0303 und II. 3.9), so benötigt man für die erstgenannten Prüfungen eine Hochspannungseinrichtung für Gleich- und Wechselspannung sowie den Meßbedingungen angepaßte Elektroden. Für die Hochspannungseinrichtung sind besondere Sicherheitsmaßnahmen erforderlich.

Zur Bestimmung des Widerstandes aus Strom und Spannung ist neben einer der Form des Prüfkörpers angepaßten Elektrodenanordnung die Anschaffung eines statischen Voltmeters und eines Galvanometers oder einer entsprechenden Widerstandsmeßbrücke notwendig. Als Gleichspannungsquelle eignen sich Anodenbatterien oder Gleichrichter. Als sehr praktisch hat sich das Teraohmmeter eingeführt. Es ist zweckmäßig, die Elektrodenanordnung in eine Klimazelle einzubauen.

Die Meßbrücken, die man zur Ermittlung der relativen Dielektrizitätskonstante und des dielektrischen Verlustfaktors benötigt, richten sich in ihrer Ausführung nach der gewünschten Meßspannung und Meßfrequenz. In der oben genannten Norm (s. auch DIN 53483) sind verschiedene Anordnungen als Vorschlag gebracht, die heute als fertig zusammengestellte Einheiten im Handel erhältlich sind. Auch hier ist die Bereitstellung entsprechender Elektroden notwendig. Da gerade bei diesen Messungen die Feuchtigkeit des Probekörpers von erheblichem Einfluß ist, ist eine Klimatisierung vor und während der Prüfung unbedingt erforderlich.

Führt man die Bestimmung der Kriechstromfestigkeit nach VDE 0303, Teil 1 (inhaltlich gleich mit DIN 53480) durch, so empfiehlt sich die Anschaffung eines geeigneten Gerätes mit der Elektrodenanordnung, bestehend aus zwei abgerundeten Schneiden, im Winkel von 60° zueinanderstehend, einer Spannungsquelle für 380 V mit mehr als 500 Watt Leistung sowie einem Tropfengeber, der in den vorgeschriebenen Abständen einen Tropfen auf den Probekörper zwischen die Elektroden fallen läßt. Daneben ist auch das Tauchverfahren in Gebrauch (s. auch DIN 53480).

1.1.9 Einrichtungen zur Erforschung des molekularen Aufbaues

In großer Vielfalt stehen heute Verfahren zur Verfügung, die über das dynamisch-elastische Verhalten von Kunststoffen bei verschiedenen Frequenzen und Temperaturen Auskunft geben [*3*] (s. auch II 3.4.2, s. auch dort Schrifttum).

Vergleiche der mit diesen Verfahren gewonnenen Erkenntnisse mit Ergebnissen aus Untersuchungen des Verlustfaktors und der Dielektrizitätskonstante vermögen unsere Kenntnisse über den molekularen Aufbau wesentlich zu erweitern. Der apparative Aufwand, den man bei der Einrichtung des Laboratoriums im Auge haben muß, richtet sich stark nach den Wünchen und Erfordernissen.

Der bekannte Torsionsschwingungsversuch (s. I 4, II 3.4.2 und DIN 53 445) ist mit relativ einfachen Mitteln zu realisieren, bei Untersuchungen mit hohen Frequenzen sind elektronische Generatoren und elektronische Meßinstrumente erforderlich. Diese sind andererseits sehr vielseitig anwendbar, so daß der Anschaffungspreis nicht so wesentlich ins Gewicht fallen dürfte. Räumlich muß man diese Verfahren von den übrigen trennen, da sie sehr erschütterungsempfindlich sind; Prüfungen bei Kälte und Wärme machen besondere Aufbauten erforderlich.

Nicht nur diese Methoden, sondern auch Infrarotspektographen können dort angewendet werden, wo man Veränderungen durch Temperung, Bewitterung, Chemikalien usw. ermitteln will, die man mit den üblichen Verfahren nicht mehr erfassen kann (s. z. B. I 4.13, II 3.8.2).

Die wichtige Frage nach dem kristallinen Anteil kann neben Infrarotspektographen auch die Röntgenanalyse beantworten. Als neueste Hilfsmittel der Kunststoff-Forschung bietet sich der Kernresonanzspektograph [68 bis 70] (s. auch I 4.14 und 4.17) an.

Je nach dem Umfang und der Art der Themastellung kann man viskosimetrische Untersuchungen für die Grundlagenforschung verwenden. Für die Einrichtung des Laboratoriums bedingen sie keine Besonderheiten (s. auch I 5.2).

1.1.10 Einrichtungen für praxisnahe Abnahmeprüfungen und Erprobungen

Die vielfältigen Aufgaben der Abnahmeprüfungen erfordern oft Sondereinrichtungen, auf die im Band II 4 hingewiesen ist. Dazu gehören Einrichtungen für die Prüfungen an Formmassen, Formteilen, Folien, Belägen und Profilen, wie Stangen, Rohre und Schläuche.

Die Frage nach der Lebensdauer eines Kunststoffteiles bzw. nach der Gebrauchstüchtigkeit beantwortet meist nur der Praxistest.

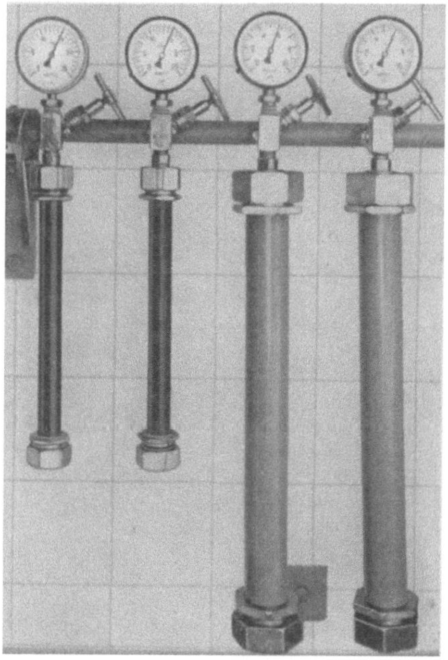

Für die Einrichtung eines Prüfraumes bedingt dies oft kostspielige Sondereinrichtungen. Als Beispiel einer einfachen Praxisprüfung sei für Folien auf die Bestimmung der Gas- und Dampfdurchlässigkeit hingewiesen. Die hierzu notwendigen Geräte lassen sich in den meisten Fällen aus der normalen Laboreinrichtung aufbauen.

Abb. 1. Rohrprüfstand

Als Beispiel einer aufwendigen Praxisprüfung kann man die Rohrprüfung erwähnen. Gerade hier zeigte sich, daß erst der aus der praktischen Beanspruchung in die Prüfung übernommene mehrachsige Beanspruchungsfall und weiter die lange Beanspruchungszeit ausreichende Unterlagen für die Gebrauchstüchtigkeit liefern.

Somit ist sowohl für den Rohrhersteller als auch für den Hersteller der Rohstoffe für Kunststoffrohre die Erstellung geeigneter Prüfapparaturen zur Notwendigkeit geworden [71, 72]. Ein Beispiel zeigt Abb. 1.

1.1.11 Einrichtungen zur mechanisch-technologischen Prüfung

Die technologischen Prüfverfahren, zu denen wir hier die hauptsächlich für die Bewertung, Typisierung und Überwachung von Kunststoffen benutzten Methoden rechnen wollen und die heute weitgehend genormt oder Gegenstand der Normung sind, werden vor allem in Abnahmelaboratorien, Materialprüfungsanstalten und Überwachungsstellen für die Produktion bei Rohstoffherstellern und Verarbeitern zu finden sein [24, 25], [73, 74].

Beim Vergleich von harten Kunststoffen miteinander findet man immer wieder in Broschüren und Veröffentlichungen eine Reihe ganz bestimmter Methoden herangezogen [75] (s. auch DIN 7708), wie z. B. die Bestimmung der Rohdichte, des Elastizitätsmoduls, der Biege- und Zugfestigkeit, der Schlagzähigkeit, der Härte, der Temperaturbeständigkeit, der Wärmeleitzahl, der spezifischen Wärme, des Ausdehnungskoeffizienten und der elektrischen Eigenschaften, um die einzelnen Typen zu charakterisieren. Bei der Einrichtung eines Prüflaboratoriums wird man wohl zunächst daran interessiert sein, alle diese Unterlagen ermitteln zu können. Je nach dem physikalischen Eigenschaftsbild oder den Abmessungen ist es für die Prüftechnik zweckmäßig, eine Unterscheidung nach Duroplasten, Thermoelasten [76], Schaumstoffen (s. II 4.8), Folien (II 4.4), Formteilen usw. vorzunehmen.

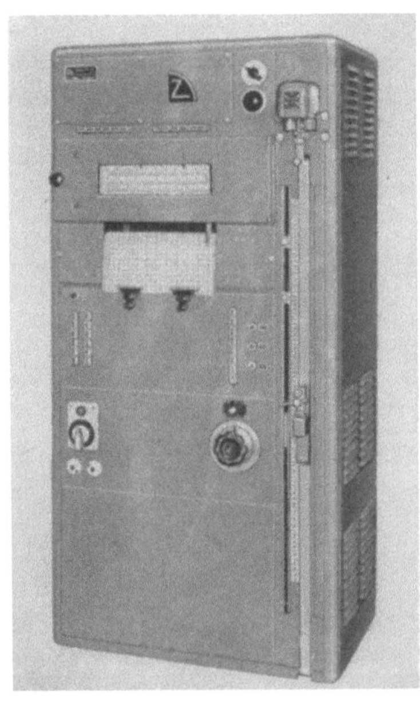

Abb. 2 a

Die linearen Abmessungen bestimmt man mit den üblichen Maßstäben, wie Dickentaster, Mikrometerschraube oder Schieblehre. Dünne Folien machen die Anschaffung optisch arbeitender Dickenmesser erforderlich. In [77] wird eine Anwendung des bekannten Solexverfahrens empfohlen.

Die Bestimmung der Rohdichte (s. DIN 53 479) erfordert zunächst eine Analysenwaage, die ebenfalls für chemische Untersuchungen und anderes mehr benutzt werden kann. Eine MOHRsche Waage, Aerometer und Pyknometer ergänzen die Ausrüstung.

Der Zugversuch bildet auch heute noch das Kernstück jeder Materialbewertung [*78*]. So wird meist die Zugprüfmaschine als das Hauptstück des Prüfraumes angesehen, besonders, da sie sich relativ vielseitig einsetzen läßt.

Zugprüfmaschinen (s. DIN 51 220 und DIN 51 221, s. Abb. 2 a bis c) werden eingesetzt, um Zug-, Druck-, Biege- und Scherversuche an Werkstoffen durchzuführen. Andere Belastungsformen, wie Torsionen und kombinierte Beanspruchungen sind natürlich auch einzurichten. Heute verläßt man die Lastanzeige

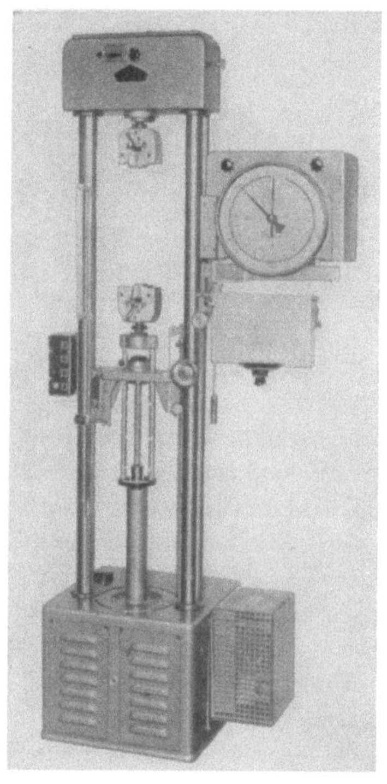

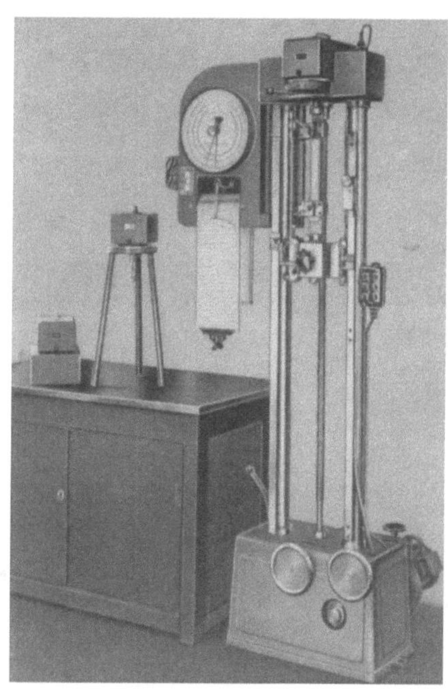

Abb. 2 b   Abb. 2 c

Abb. 2 a—c. 3 Zugprüfmaschinen

mit einer Pendelwaage und bedient sich, um zu vernachlässigbaren Eigenbewegungen des Lastmeßwerkes zu kommen, eines elektrischen Anzeigesystems (s. II 1.2). Dies bietet für den Aussagewert der Messung so große Vorteile, daß man bei Neuausrüstungen trotz des höheren Preises zu solchen Geräten greifen sollte. Besonders ist zu beachten, daß diese Maschinen mit variablen Lastbereichen eingesetzt werden können, wodurch man oft mit einer Maschine auskommt, wo man früher zwei oder sogar drei benötigte. Die elektrische Anzeige arbeitet gewöhnlich auf einen Schreiber, der es je nach seinem Umfang erlaubt, mehrere Meßgrößen, wie Last, Dehnung und Temperatur gleichzeitig zu schreiben.

Bei Stoffen mit geringer Dehnung arbeitet man bei der Ermittlung der Dehnung z. B. mit Dehnungsmeßstreifen [*79*] oder mit Setzdehnungsmessern [*2*], die mechanisch, optisch oder elektrisch ausgeführt sind. Bei großen Dehnungen ist man auf die Verfolgung zweier Meßmarken auf dem Prüfkörper mit Hilfe eines Meßstabes angewiesen, falls man nicht ein elektrisch arbeitendes System verwenden kann. Moderne Zugprüfmaschinen für die Kunststoffprüfung werden

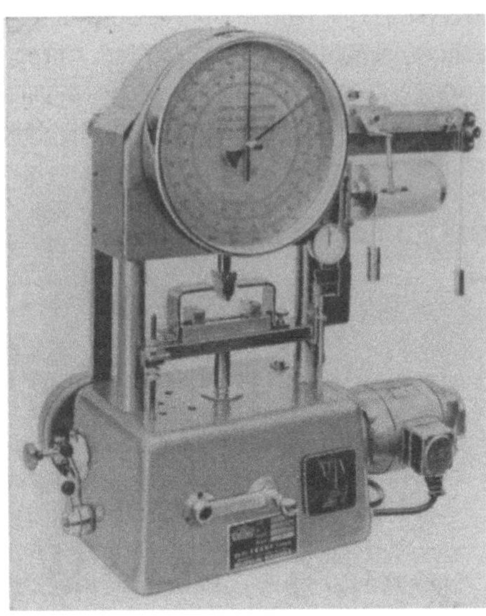

Abb. 3 a

mechanisch angetrieben und in Zwei- oder Viersäulenbauart geliefert, so daß zwischen den Ständern Platz bleibt, um auch größere Teile zu prüfen, Zusatzinstrumente anzubringen und eine Temperierkammer einzubauen [*80* bis *85*]. Für die Prüfung von gummielastischen Stoffen empfehlen sich Maschinen mit großen Prüflängen und mit Zusatzeinrichtungen für die Ringprüfung (s. DIN 53504), sowie die Anschaffung der Spezialklemmen für die Folienprüfung (s. DIN 53371).

Da das Verhalten der Kunststoffe während des Prüfvorganges nicht nur von der Temperatur, sondern auch von der Prüfgeschwindigkeit abhängt, sollte die Prüfmaschine einen möglichst weiten Geschwindigkeitsbereich der ziehenden Einspannklemme aufweisen. Ein Eilrücklauf ist sehr praktisch. Man kann natürlich mit Hilfe eines Gehänges Biegeversuche an der Zugprüfmaschine durchführen, doch ist bei größeren Serien eine besondere Biegeprüfmaschine notwendig (s. Abbildung 3 a u. b).

Die genaue Bestimmung des Elastizitätsmoduls aus dem Zugversuch oder Biegeversuch stößt bei den Kunststoffen wegen ihres ,,Relaxationsverhaltens'' und der bei bestimmten Typen auftretenden großen Dehnungen oft auf Schwierigkeiten. Es empfiehlt sich darum, die in II 3.4.2 angegebenen Methoden anzuwenden.

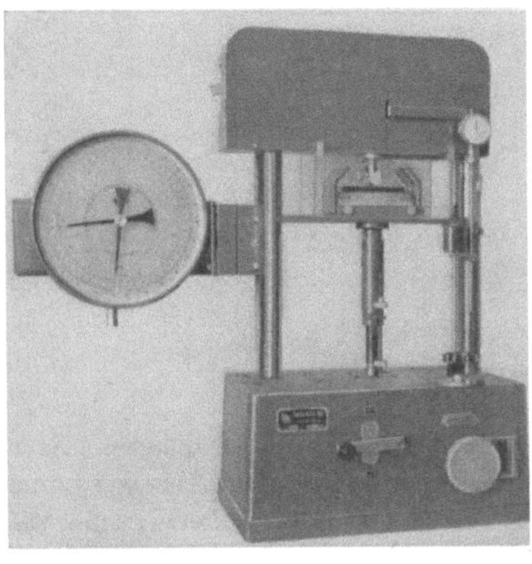

Abb. 3 b

Abb. 3 a und b. Biegeprüfmaschinen

Für *Schlagbiegeversuche* sind heute meist 3 Methoden üblich [*86* bis *94*], und zwar nach der ,,Charpy''-, ,,Izod''- und der ,,Dynstat''-Methode (s. DIN 53453, DIN 51222 und ASTM D 256–56). Die im Handel befindlichen Schlagpendel bieten die Möglichkeit, nach den beiden erstgenannten Verfahren zu prüfen.

Für die meisten Prüfungen dürfte ein Pendel mit 10 bis 40 kp cm Arbeitsinhalt ausreichen (s. Abb. 4).

Das Dynstatgerät stellt eine Sonderausführung zur Prüfung kleiner Probekörper dar: Man kennt die ursprüngliche deutsche Ausführung nach Schob,

NITSCHE und SALEWSKI (s. II 3.4.1 b und Abb. 5) und die modifizierte französische des Centré d'Etude des Matières Plastiques [*91*]. Es bietet außerdem die Möglichkeit, einen Biegeversuch an kleinen Prüfkörpern durchzuführen.

Für den *Eindruckversuch* an harten Kunststoffen zieht man u. a. das Ver-

Abb. 4. Pendelschlagwerk

Abb. 5
Dynstatgerät nach SCHOB, NITSCHE und SALEWSKI

fahren nach BRINELL (s. DIN 50 351 und DIN 51 224, DIN 51 225) oder ROCKWELL (s. ASTM D 785–51) heran [*95* bis *98*] (s. auch II 3.4.1 a, ε). In Abb. 6 a u. b

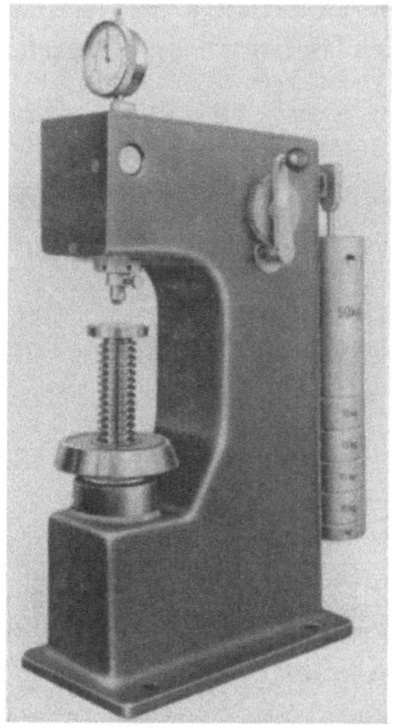

b

Abb. 6 a und b. BRINELL-Härteprüfer

werden 2 Ausführungsformen von Brinell-Härteprüfern gezeigt. Für die Ausrüstung eines Labors ist die Anschaffung eines Gerätes für Eindruckversuche

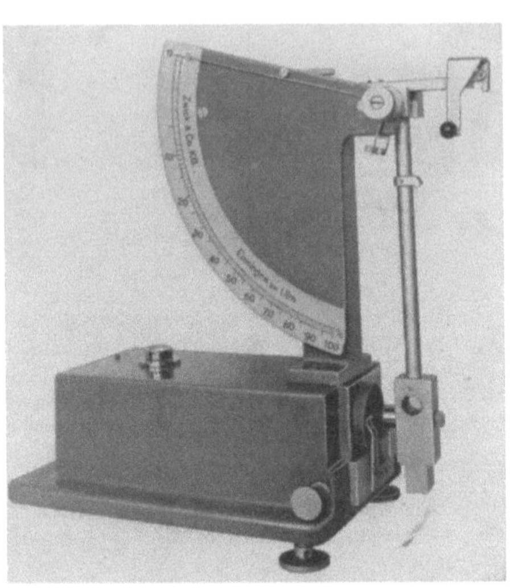

Abb. 7. Pendelhammer   Abb. 8. Shore-Härteprüfer

unbedingt zu empfehlen. Versuche können auch bei verschiedenen Temperaturen durchgeführt werden [99].

Untersuchungen an gummi-elastischen Kunststoffen werden praktisch analog
den Prüfverfahren der Kautschuktechnik gehandhabt.

Zum Zugversuch wurde schon oben erwähnt, daß die Zugprüfmaschine bei
genügender Meßlänge eine Vorrichtung zur Ringprüfung aufweisen sollte. Die
häufig angewandte Methode der
Bestimmnug der Rückprallelastizität verlangt die Anschaffung eines
Pendelhammers (s. DIN 53512)[100]
(s. Abb. 7).

Abb. 9. Abriebmaschine

Zur Beurteilung der „Härte" ist
die Beschaffung des Shore-Härteprüfers notwendig (s. DIN 53535).
Abb. 8 zeigt den Härteprüfer in
einem geeignetem Gestell eingebaut
(s. auch [101 und 102]).

Obwohl als reine Laborprüfung zu werten, wird die Prüfung des Abriebwiderstandes als Vergleichsmaß zu Kautschukprodukten notwendig werden
(s. DIN 53516). Abb. 9 zeigt eine Abriebmaschine.

1.1.12 Einrichtungen für statische und dynamische Dauerversuche

Für den praktischen Einsatz der Kunststoffe ist es wünschenswert, nicht
nur über „Ein-Punkt"-Werte zu verfügen, sondern das Verhalten in praxisnahen

Methoden zu testen. Methoden zur Bestimmung der Zeitstandfestigkeit bei
statischer und dynamischer Beanspruchung sind aus der Metallprüfung bekannt
und lassen sich sinngemäß auf Kunststoffe übertragen [*103* bis *115* und *79*]. Die
Anlagen müssen bei bestimmten Kunststofftypen für große Verformung ausgelegt sein.

Bei den dynamischen Verfahren bereiten die hohen Verformungen und die
starke Erwärmung prüftechnische Schwierigkeiten. Meist verwendet man

a

b

Abb. 10a und b. Prüfanordnung für dynamische Langzeit-Druckbeanspruchung

Flachbiege- oder Umlaufbiegemaschinen. Die Abb. 10a u. b zeigen Anordnungen für verschiedene Beanspruchungsmöglichkeiten.

Beim Aufbau von statischen oder dynamischen Zeitstandverfahren sollte
man die Temperierbarkeit (Kühlung und Erwärmung) mit berücksichtigen.
Für gummielastische Stoffe zeigt Abb. 11a eine Anordnung für statische Untersuchungen auf Druck, Abb. 11b auf Zug. Aus Platzgründen wurde bei der letzteren eine runde, drehbare Anordnung gewählt (s. auch II 3.4.1c und 3.4.3).

1.1.13 Anforderungen an den Prüfer

Die Anforderungen, die die moderne Kunststoffprüfung heute in fachlicher Hinsicht an den Prüfer stellt, sind oft gar nicht mehr von einer Person erfüllbar. Die verschiedenen Funktionen werden sich auf verschiedene Personen verteilen

a

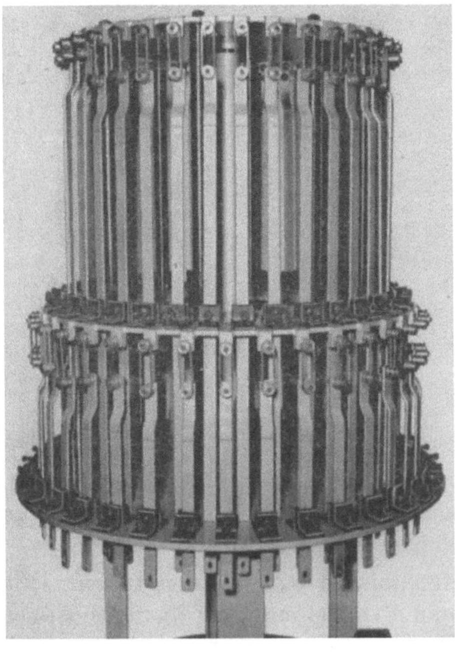

b

Abb. 11a und b. Prüfanordnung für statische Langzeit-Zugbeanspruchung. a) auf Druck; b) auf Zug

müssen, die in der Lage sind, in den einzelnen Sektoren ihre Aufgaben zu erfüllen. Entsprechend den vielseitigen Gegebenheiten in einem modernen Prüflaboratorium ist es wünschenswert, neben ausgebildeten Fachkräften, die gründliche Kenntnisse in Physik, Mathematik und Chemie aufweisen, auch handwerklich ausgebildete Personen zu haben. Diese sind besonders bei der Herstellung und bei der Wartung und Instandsetzung der Maschinen und Aggregate wichtig. Für die eigentliche Durchführung der einzelnen Untersuchungen wird man mit einfachen Meßkräften auskommen. Die zunehmende Bedeutung, die die Elektronik in der modernen Meßtechnik gewinnt, macht es allerdings erforderlich, auch hierfür Fachkräfte zur Verfügung zu haben, die auf dem Gebiete der Hochfrequenz-Meßtechnik und Elektronik geschult sind. Optische Untersuchungen, die mit Dunkelkammerarbeiten verbunden sind, erfordern Kenntnisse auf dem Gebiet des Entwickelns und des Kopierens. Für die übersichtliche Darstellung der Meßergebnisse und für die Entwicklung von Prüfverfahren sind Mitarbeiter, die Kenntnisse im technischen Zeichnen besitzen, von großem Nutzen. Die hauptsächlichen Anforderungen, die neben der rein fachlichen Qualifikation an den Prüfer herantreten, sind absolute Objektivität, Gewissenhaftigkeit und Ehrlichkeit gegenüber den aus der Prüfung erkennbaren Dingen. Besonders wichtig ist, daß der Prüfer auch nur kleinste Abweichungen vom normalen Prüfablauf zu erkennen vermag und feststellt, ob diese nicht etwa auf einer besonderen Verhaltensweise des Prüfkörpers beruhen. Hier zeigt sich die Schulung des Prüfers, ob er solche Dinge übersieht oder interessiert weiterverfolgt. Zu allen Prüfungen gehört die Kenntnis über den Aussagebereich und die Aussagemöglichkeiten der angewandten Methoden und vor allen Dingen der der Methode anhaftenden Fehler.

Nicht zuletzt verlangt erfolgreiche Kunststoffprüfung sehr gutes Beobachtungsvermögen, vor allem, wenn es sich um die Aufklärung von Schadensfällen handelt. Hier können gesunde 5 Sinne oft schneller helfen als hochentwickelte Meß- und Prüfgeräte.

Literatur

[1] LEVER, A. E., u. J. RHYS: The properties an testing of plastics materials. London: Publ. Temple Press. Ltd. 1957.

[2] SIEBEL, E.: Handbuch der Werkstoffprüfung, Bd. I, Prüf- und Meßeinrichtungen. Berlin/Göttingen/Heidelberg: Springer 1958.

[3] STUART, H. A.: Die Physik der Hochpolymeren. Berlin/Göttingen/Heidelberg: Springer 1952/56.

[4] ALFREY, T.: Mechanical Behaviour of High Polymers. New York: Interscience Publ. 1948.

[5] KOPPELMANN, J.: Neuere physikalische Prüfmethoden für Kunststoffe. Kunststoffe 47 (1957) S. 8 u. 416.

[6] NITSCHE, R.: Einige aktuelle Fragen zur Kunststoff-Prüfung. Kunststoffe 42 (1952) S. 12 u. 427.

[7] FRANK, K.: Prüfungsbuch für Kautschuk und Kunststoffe. Stuttgart: Berliner Union 1955.

[8] WERNER, W.: Kunststoff-Prüfmaschinen. Z. VDI 100 (1958) S. 10 u. 421.

[9] HESS, W.: Prüfgeräte für die Kunststoffindustrie. Chem. Rdsch. 6 (1953) Nr. 2, S. 17 bis 21.

[10] EVANS, C. G., u. H. WARBURTON: HALL: The mechanical properties of plastics, the interpretation of mechancial tests of plastics. Chem. Ind. Rev. (1953) Nr. 11, S. 229 bis 234.

[11] BESSANT, K. H. C., M. G. DILKE, C. E. HOLLIS u. J. J. MILLANE: Physical Evaluation of Small Samples of Plastics. J. appl. Chem. 2 (1952) S. 501—510.

[12] MILLANE, J. J.: The physical testing of thermoplastics A critical survey of current methods. Brit. Plastics 25 (1952) S. 367.

[13] HOUWINK, R.: Elastomers and Plastomers, Their chemistry, Physics and Technology. New York/Amsterdam/London/Brüssel: Elsevier Publ. Comp. Inc. 1948—1950.

[14] MEYSENBUG, C. M. v.: Die Prüfung von Kunststoff-Formteilen. Kunststoffe 46 (1956) S. 3 u. 95.

[15] Special Issue on High-Polymer Physics: J. appl. Phys. 28 (1957) Nr. 10.

[16] STARZMANN, F.: Trends in German Testing Techniques. Brit. Plastics (Nov. 1957) S. 492; (Dez. 1957) S. 538.

[17] BENETT, F. M. B.: Rubber and Plastics Testing, Methods and Equipment. Rubber J. 133 (1957) Nr. 11, S. 346—348; Nr. 10, S. 300—303; Nr. 12, 380—382.

[18] STARZMANN, F.: Entwicklungsrichtungen der mechanischen Festigkeitsprüfung von Kunststoffen. Chemiker-Ztg. 79 (1955) Nr. 19, S. 664—670; Nr. 20, S. 704—706; Nr. 21, S. 740—742; Nr. 22, S. 777—779; Nr. 23, S. 809—819.

[19] BRUNNER, M.: Die Prüfung von organischen Kunststoffen und Kautschuken an der Eidgen. Mat.-Prüf.-Anst. Kunststoffe-Plastics (1954/55) S. 16—26.

[20] WITTHOFF, J.: Bearbeitung von Kunststoffen mit Hartmetall-Werkzeugen. Kunststoff-Praxis (1953) H. 1, S. 1—4 u. H. 2, S. 2—12.

[21] SPÄTH, W.: Zum Zerspanungsverhalten von Kunststoffen. Gummi u. Asbest 8 (1955) Nr. 11, S. 612—620.

[22] MÜLLER, EUGEN: Methoden der organischen Chemie von HOUBEN-WEYL, 4. Aufl. Stuttgart: Thieme 1958.

[23] NITSCHE, R., u. W. TOELDTE: Löslichkeitsbestimmung zur Identifizierung und Kennzeichnung hochmolekularer Stoffe. Kunststoffe 40 (1950) S. 1 u. 29.

[24] DIN-Taschenbuch 21. Kunststoffnormen. Berlin/Köln/Frankfurt: Beuth-Vertrieb GmbH. Okt. 1955.

[25] ASTM-Standards on Plastics. ASTM-Standards on Rubber Products. ASTM-Standards on Electrical Insulating Materials. American Society for Testing Materials (issued annually) 1916 Race St. Philadelphia 3 Pa.

[26] GATTERMANN-WIELAND: Die Praxis des organischen Chemikers. Berlin: de Gruyter 1945.

[27] CRAMER, F.: Papierchromatographie. Weinheim/Bergstr.: Verlag Chemie 1958.

[28] LANGE, B.: Kolorimetrische Analyse. Weinheim/Bergstr.: Verlag Chemie 1952.

[29] HUMMEL, D.: Über die Identifizierung von Kunststoffen und Harzen sowie ihren Erzeugnissen durch Infrarotspektren. Kunststoffe 46 (1956) S. 10 u. 442—450.

[30] KOFLER, L., u. A. KOFLER: Mikromethoden zur Kennzeichnung organischer Stoffe und Stoffgemische. Innsbruck: Universitätsverlag Wagner 1948.

[31] KOFLER, L., u. W. KOFLER: Über die Heizbank zur raschen Bestimmung des Schmelzpunktes. Mikrochemie 34 (1949/50) S. 4 u. 374—381.

[32] LINDSTRÖM, F.: Ein neuer Schmelzpunktbestimmungsapparat aus Kupfer. Chem. Fabrik 7 (1934) S. 270.

[33] KAUFMANN, K. A.: Environmental stress cracking of Ethylene plastics. Mod. Plastics 34 (1957) Nr. 6, S. 146—148 u. 232.

[34] PAWLOWSKI, J.: Rotationsviskosimeter mit „wegloser" Drehmomentmessung. Chem. Ing. Ing. Techn. 28 (1956) H. 2, S. 786—792.

[35] EPPRECHT, A. G.: Die Thixotropiemessung mit dem Rheomat 15. Chem. Rdsch. 10 (1957) S. 18 u. 1—4.

[36] KAELING, C. D., u. M. DOLE: A Viscosimeter for Solutions of High Polymers. J. Polymer. Sci. 14 (1954) Nr. 73, S. 105—111.

[37] HELMES, E.: Ein handliches Elektro-Viskosimeter für normal- und strukturviskose Stoffe. Kolloid-Z. 138 (1954) Nr. 1, S. 2—5.

[38] WILLIAMS, G. E.: Plastizitäts-Prüfung; Reproduzierbarkeit und Korrelation der verschiedenen Prüfmethoden. Kautschuk u. Gummi 11 (1958) Nr. 1, S. WT 8—WT 13.

[39] ECKER, R., H. BANNASCH u. W. HEIDEMANN: Vergleichende Messungen mit Plastometern. Kautschuk u. Gummi 7 (1954) Nr. 7, S. 170 WT.

[40] BAADER, TH: Das Mooney-Viskosimeter. Kautschuk u. Gummi 7 (1954) Nr. 11, S. 263 bis 265.

[41] MAXWELL, B., A. JUNG: Hydrostatic pressure effect on polymer melt viscosity. Mod. Plastics 35 (1954) Nr. 3, S. 174—182 u. 276.

[42] MEYSENBUG, C. M. v.: Verfahren zur Bestimmung der Fließeigenschaften und härtbaren Preßmassen. Kunststoffe 45 (1955) H. 2, S. 48—52.

[43] MEYSENBUG, C. M. v.: Zur Prüfung des Fließverhaltens von Kunststoff-Formmassen. Kunststoffe 47 (1957) H. 1, S. 14—17.

[44] HECHELHAMMER, W., W. BACKOFEN: Bestimmung des Fließvermögens und seine Bedeutung für die Verarbeitung von Polyamid im Spritzgußverfahren. Kunststoffe 47 (1957) H. 7, S. 69.

[45] FRIELE, L. F. C., H. J.: SELLING: Vergleichende Belichtungsversuche mit Tageslicht, Xenontest, Fugitometer, C. P. A. Fading Lamp und Fadeometer. Melliand Textilber. 38 (1957) S. 11 u. 1269—1273.

[46] RABE, P.: Zur Frage der Bestimmung der Lichtechtheit. Rayon, Zellwolle andere Chemiefasern (1957) H. 12, S. 855.

[47] RAEITHEL, H.: Alterung von Kunststoffen unter dem Einfluß von Licht. Kunststoffe 44 (1954) H. 7, S. 281—284.

[48] HOFMEIER, H.: Klimaprüfung zur Ermittlung der Gebrauchseigenschaften von Kunststoffen und anderen Werkstoffen. Kunststoffe 41 (1951) S. 6 u. 179.

[49] WALLNER, V. J., W. J. CLARKE, J. B. DECORTE, J. B. HOWARD: Weahtering studies on Polyaethylen. Industr. Engng. Chem. 42 (1950) S. 2320.

[50] YUSTEIN, S. E., R. R. WINANS, H. J. STARK: Three Years outdoor weather Aging of Plastics under various Climatological Conditions. ASTM Bull., Febr. 1954 (37) S. 29.

[51] CHEVASSUS, F.: Essais de vieillissement naturel et essais accélérés (vieillissement artificiel) Actions sur les dérivés vinyliques. Ind. plast. mod. 9 (1957) S. 7 u. 38—42.

[52] HALL, G. L., F. S. CONANT, I. W. LISKA: Long time Aging of Elastomers under continous Shear-Load. Indian Rubber World 129 (1954) Nr. 5, S. 611—616.

[53] GOUZA, J. J., u. W. F. BARTOE: Weathering of Plastics. Mod. Plastics 33 (1957) S. 9 u. 157.

[54] MEYSENBUG, C. M. v.: Wärmeformbeständigkeit. Bestimmung der Wärmeformbest. nach dem Martensverf. Kunststoffe 43 (1953) H. 6, S. 214.

[55] LUBIN, G.: Measuring heat distortion of Plastics. Mod. Plastics 23 (1946), S. 6 u. 163.

[56] WATSON, M. T., G. M. ARMSTRONG u. W. D. KENNEDY: An autographic apparatus for the study of Thermal Distortion. Mod. Plastics 34 (1156), S. 169—178.

[57] GAST, TH.: Messungen der spezifischen Wärme verschiedener Kunststoffe in Abhängigkeit von der Temperatur. Kunststoffe 43 (1953) H. 1., S. 15.

[58] GAST, TH.: Messung der spezifischen Wärme von Kunstharzpreßmassen bei stetig ansteigender Temperatur. Z. VDI 100 (1958) Nr. 23, S. 1081.

[59] KRISCHER, O.: Messung der Wärmeeindringzahl der Wärmeleitzahl und der spezifischen Wärme von Kunstharzpreßmassen bei näherungsweise konstanter Temperatur. Z. VDT 100 (1958) Nr. 23, S. 1085.

[60] HOLZMÜLLER, W., u. M. MÜNX: Temperaturabhängigkeit der Wärmeleitfähigkeit makromolekularer Stoffe. Kolloid-Z. 159 (1958), S. 1 u. 25.

[61] FREUND, HUGO: Handbuch der Mikroskopie in der Technik. Frankfurt/Main: Umschau Verlag 1957.

[62] WOLTER, W.: Das Phasenkontrastverfahren und seine Anwendbarkeit auf chemische Untersuchungen. Fortschr. chem. Forsch. 3 (1954), S. 1 u. 40.

[63] WEBBER, ALFRED C.: Method for the Measurement of Transparency of Sheat Materials. Opt. Soc. Amer. 47 (1957) Nr. 9, S. 785—789.

[64] HILTSCHER, R.: Spannungsoptische Untersuchung elastoplastischer Spannungszustände. Z. VDI 95 (1953), S. 23 u. 777. Theorie und Anwendung der Spannungsoptik im elastoplastischen Gebiet. Z. VDI, 97 (1995), S. 2 u. 49.

[65] NITSCHE, R., u. G. PFESTORF: Prüfung und Bewertung elektrotechnischer Isolierstoffe. Berlin: Springer 1940.

[66] SUHR, H.: Kriechstromfestigkeit und seine Prüfverfahren, Kunststoffe 44 (1954) Nr. 11, S. 503—507.

[67] OBURGER, W.: Die Isolierstoffe der Elektrotechnik. Wien: Springer 1957.

[68] BÜGEL, W.: Magnetische Kern- und Elektronen-Resonanz, zwei neue Verfahren der Kunststoff-Untersuchung. Kunststoffe 46 (1956) H. 8, S. 366.

[69] PRIMAS, H.: Ein Kernresonanzspektograph auf hoher Auflösung. Helv. Phys. Acta 30 (1957) S. 297—346.

[70] STICHLER, W. P.: The study of High Polymers by nuclear Magnetic Resonance. Fortschr. Hochpolym. Forsch. 1 (1958), S. 1 u. 35—74.

[71] RICHARD, K., u. G. DIEDRICH: Rohre aus Niederdruckpolyaethylen. Kunststoffe 46 (1956) Nr. 5, S. 183.

[72] RICHARD, K. u. G. DIEDRICH, E. GAUBE: Testing of Ziegler Polyethylene Pipes. Rubber Plastics Age 39 (1958) Nr. 5, S. 364—368.

[73] British Standard, Methods of Testing Plastics. British Standards Institution. British Standards Home 2, Park St. London, W. 1.

[74] Normen des Vereins Schweizerischer Maschinenindustrieller. Kunststoffe VSM-Normalienbureau, Zürich.

[75] Plastics Properties Chart in Modern Plastics. Issue 1957.

[76] Leuchs, O.: Die hochpolymeren Werkstoffe. Kunststoffe 45 (1955) S. 8 u. 822.

[77] Dittrich, A.: Pneumatische Dickenfeinmessung an hochelastischen Kunststoffschichten. Kunststoffe 44 (1954) H. 3, S. 87.

[78] Lever, A. E., J. Rhys: The properties and Testing of Plastics Materials. Plastics 20 (1955) Nr. 213, S. 124—126.

[79] Nitsche, R.: Prüfmethodik zur Beurteilung der Kriecherscheinung organischer Kunststoffe. Schweizer Arch. angew. Wiss. Techn. 19 (1953) S. 5 u. 139.

[80] Schwartz, R. T.: Variation of tensile strength and elongation of plastics with temperature. Mod. Plastics 23 (1945) Nr. 1, S. 153.

[81] Bartoe, W. F.: Methods of Study of High Temperature Properties of Plastics. Mod. Plastics 33 (1955) Nr. 1, S. 151.

[82] Tisch, H. A.: Rigid Plastics at Low Temperatures. Mod. Plastics 32 (1955) Nr. 11, S. 119.

[83] Dyment, J., u. H. Ziebland: The Tensile Properties of Some Plastics at Low Temperatures. J. appl. Chem. 8 (1958) S. 4 u. 203—206.

[84] Späth, W.: Festigkeit und Zähigkeit von Hochpolymeren in Abhängigkeit von der Temperatur. Gummi u. Asbest 11 (1958) S. 24—27.

[85] Nason, H. K., T. S. Carswell, C. H. Adams: Low Temperature Behavior of Plastics. Mod. Plastics 29 (1951) S. 4 u. 127.

[86] Kuntze, W., R. Nitsche: Untersuchungen von Kunststoffen auf Schlagbiegefestigkeit. Kunststoffe 29 (1939) H. 2, S. 33—41 u. Kunststoffe 30, (1940) H. 7, S. 193—199.

[87] Liander, H., C. Schaub: A. Asplun, Investigation of the Resistance to Impact Loading of Plastics. ASTM Bull. 148 (1947) S. 88—94.

[88] Späth, W.: Der Schlagversuch in der Kunststoffprüfung und Weitere Versuche an Kunststoffen mit einem neuen Schlagwerk. Gummi u. Asbest 9 (1956) S. 62—70 u. 249—251.

[89] Morey, D. R.: Impact Testing of Plastics. Relation to Structure and composition. Industr. Engng. Chem. 37 (1945) Nr. 3, S. 255.

[90] Stephenson, C. E.: An Appraisal of the Izod Impact Test for Plastics. Brit. Plastics (März 1957) S. 99.

[91] Fabre, G.: Amelioration de l'Appareil Dynstat. Industrie de Plastiques Modernes 5 (1953) Nr. 5 S. 35—37; 5 (1953) Nr. 6, S. 69—77; 5 (1953) Nr. 7, S. 39—45.

[92] Högberg, Hilding: Untersuchungen über die Schlagzähigkeit von Polystyrol. Kunststoffe 46 (1956) H. 8, S. 350—358.

[93] Holzmüller, W., P. Jung: Messung der Schlagbiegefestigkeit von Thermoplasten im Erweichungsgebiet. Plaste u. Kautschuk (1955) H. 10, S. 218—222.

[94] Moser, W.: Untersuchungen an Pendelschlagwerken für Kunststoffe. Kunststoffe 28 (1938) Nr. 10, S. 267—270.

[95] Nitsche, R.: Über die Härteprüfung und ihre Anwendung bei Kunststoffen. Kunststoffe 41 (1951) H. 8, S. 245.

[96] Kuntze, W.: Eindruckhärte-Untersuchungen an Kunststoffen. Kunststoffe 30 (1940) H. 11, S. 323—336.

[97] Gohl, W.: Zur Messung der Härte von Kunststoffen. Kunststoffe 46 (1956) H. 4, S. 139.

[98] Juve, A. E.: Über die Bestimmung der Härte von Kunststoffen. Rubber Chem. Techn. 30 (1957) Nr. 2, S. 867—879.

[99] Ito, Katsuhiko: Measuring temperature dependance of mechanical properties of Plastics. Mod. Plastics 3 (1957) S. 167.

[100] Späth, W.: Zum Rückprallversuch an gummielastischen Stoffen. Gummi u. Asbest 2 (1949) S. 180.

[101] Scott, J. R.: Rubber hardness Testing. Rubber Age 77 (1955) Nr. 4, S. 543—548.

[102] Blackwell, R. F.: The hardness of very soft rubbers. Rubber J. 130 (1956) Nr. 3, S. 68 u. 70/71.

[103] Gabler, R.: Untersuchungen über das Kriechverhalten von Grilon und anderen thermoplastischen Kunststoffen. Kunststoffe-Plastics (1956) Nr. 3, S. 247—254.

[104] WINTERGERST, S., u. E. RÜCKERS: Über das Kriechverhalten thermoplastischer Kunststoffe. Kunststoffe 44 (1954) H. 11, S. 495.

[105] AXILROD, B. M., M. A. SHERMAN, V. COHEN, J. WOLOCK: Effects of Moderate Biaxial Stretch-Forming in Tensile and Crazing Properties of Acrylic Plastic Glazing. J. Res. NBS 49 (1952) S. 331—342.

[106] TELFAIR, D., CH. ADAMS, W. H. MOHRMAN: Creep, long time tensile and flexural fatique properties of melamine, phenolie plastics. Mod. Plastics 24 (1947) H. 9, S. 151.

[107] STAFF, C. E., H. M. QUACKENBOS, J. M. HILL: Long-Time Tension and Creep Tests of Plastics. Mod. Plastics 27 (1950) S. 93—400 u. 144/45.

[108] MAROIN, J., D. E. HARDENBERGH: Creep of Laminates in Tension, Bending and Torsion. Mod. Plastics 26 (1949) S. 101.

[109] RICHARD, K., u. G. DIETRICH: Standfestigkeitseigenschaften von einigen Hochpolymeren. Kunststoffe 45 (1955) H. 10, S. 429—433.

[110] CAREY, R.H.: Ermüdungsprüfung von weichen Kunststoffen. ASTM Bull. Nr. 206· (1955) S. 52—54.

[111] ZAREK, J. M.: Accelerated Fatique Testing of Polymethyl Methacrylate Brit. Plastics (1957) S. 399—402 u. 421.

[112] STARZMANN, F.: Die schwingende Belastung und Biegeprüfung von Kunststoffen. Chemiker-Ztg. 79 (1955) Nr. 23, S. 809—813.

[113] LAZAR, S.: Accelerated fatigue of plastics ASTM Bull. Febr. (1957), S. 220 u. 67—72.

[114] KENNETH H. BOLLER: Fatique properties of fibrous glass-reinforced plastics laminates subjected to various conditions. Mod. Plastics T. S. 34 (1957) Nr. 10, S. 8, 163—186 u. 263.

[115] THUM, A., u. H. R. JACOBI: Mechanische Festigkeit von Phenol-Formaldehyd-Kunststoffen. VDI-Forsch.-Heft Nr. 396 (1939).

1.2 Neue Entwicklungstendenzen im Prüfmaschinenbau

Von A. G. Epprecht, Zürich

Neue Entwicklungstendenzen im Prüfmaschinenbau [1] zeigen sich in fast allen Zweigen der Kunststoffprüfung. Hier sollen aus Raummangel lediglich die Zug-, Druck- und Biegeversuche behandelt werden. Durch die Beschränkung auf diese besonders wesentlichen Beispiele ist es möglich, wenigstens ein wenig tiefer in die Materie einzudringen.

Betrachten wir zunächst die althergebrachten Prüfmaschinentypen. Der Aufbau (Abb. 1) ist praktisch fast immer der gleiche. Der Probekörper P wird entweder hydraulisch oder elektromechanisch deformiert, indem die untere Spannzange Su mit gleichbleibender Geschwindigkeit nach unten bewegt wird. Je nachdem, was für Kräfte bei der Deformation des Probekörpers auftreten, bewegt sich nun die obere Spannzange So schneller oder langsamer nach unten, wobei das träge Lastpendel L gehoben wird. Um Fehler durch die Trägheit des Pendels L zu umgehen, wird möglichst mit konstanter Lastzunahme pro Zeiteinheit gearbeitet. Schon diese Forderung kann nicht genau eingehalten werden. Nur in Ausnahmefällen werden auf den

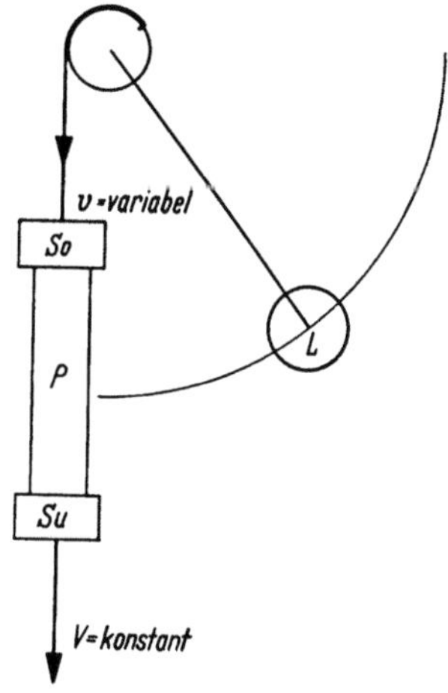

Abb. 1. Aufbauprinzip bisher üblicher Prüfmaschinen für Zug, Druck und Biegung

2*

Probekörper keine Beschleunigungskräfte wirken. Ganz unmöglich ist es aber, mit solchen Prüfmaschinen die Deformationsgeschwindigkeit über einen Zug-, Druck- oder Biegeversuch konstant zu halten. Daß gerade die Konstanthaltung der Deformationsgeschwindigkeit Grundbedingung für solche Untersuchungen ist, zeigt folgende Überlegung. Kaum ein Material verhält sich rein elastisch. Immer wird auch ein plastisches Verhalten festgestellt werden können. Letzteres ist aber zeitabhängig. Wird eine Probe langsam deformiert, wird eine wesentlich kleinere Kraft genügen, um die gleich große plastische Deformation hervorzurufen, wie bei schneller Deformation. Ein Versuch also, bei dem die Deformationsgeschwindigkeit dauernd variiert, ist in seiner Aussage unbefriedigend.

Diese Überlegungen haben zur Entwicklung von Prüfmaschinen geführt, bei denen die Deformationsgeschwindigkeit beliebig gewählt, über den ganzen Versuch aber konstant gehalten werden kann. Dies wird dadurch ermöglicht, daß Lastmeßwerke verwendet werden, die praktisch keine Längenänderung aufweisen. Bei modernen Prüfmaschinen dieser Bauart (Abb. 2) wird dies beispielsweise dadurch erreicht, daß die minimalen Längenänderungen (0 bis 200 μm, wobei schon mit 20 μm Vollausschlag des Registrierwerkes erreicht werden kann) des Lastmeßringes als Impedanzänderung elektronisch gemessen und auf den Schreiber übertragen werden. Neben stufenlos einstellbarer Deformationsgeschwindigkeit über einen bei 0 mm/s. beginnenden, sehr großen Bereich, ermöglichen diese Maschinen noch:

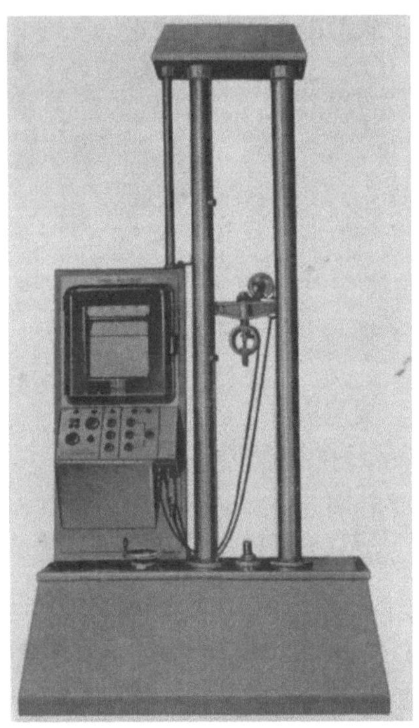

Abb. 2. Moderne Maschine mit elektronisch arbeitender Last- und Verformungsmessung (Bauart DRAGE-MULTITEST)

1. zeitliche Verformung unter konstant bleibender Last. Die gewünschte Maximallast wird am Schreiber eingestellt. Sobald bei der Deformierung diese Last erreicht wird, stellt die Maschine den Vorschub ab. Wenn die Probe unter dieser Last fließt, fällt diese zusammen. Sie wird jedoch von der Maschine durch sofort wieder einsetzende Deformation konstant gehalten. Registriert werden: Verformung gegen Last (in diesem Falle eine Gerade parallel zur Verformungsachse), sowie Verformung gegen Zeit.

2. Lastabfall unter Konstanthaltung einer anfänglich erzwungenen Verformung. Der Papiervorschub erfolgt in Funktion zur Zeit. Aufgezeichnet wird der Lastabfall gegen die Zeit.

3. Rückformung unter konstant bleibender Last, auch Last Null. Die vorher deformierte Probe wird entlastet. Die hierbei gewünschte Minimallast wird am Schreiber eingestellt. Die Maschine stellt ihre Rückwärtsbewegung ein,

sobald die eingestellte Minimallast erreicht ist. Der Probekörper regeneriert sich, er zieht sich wieder zusammen. Hierbei wird die eingestellte Minimallast wieder überschritten. Sofort läuft die Maschine weiter zurück, um die eingestellte Last wieder zu erreichen. Registriert wird neben der konstanten Last, die Rückformung in Funktion zur Zeit.

4. Oszillierende Belastung zwischen zwei einstellbaren Last- bzw. Verformungsgrenzen.

Da bei den modernsten Typen von Prüfmaschinen dieser Bauart nicht nur die Last, sondern auch die Deformation mit Hilfe eines Kompensationsschreibers elektronisch registriert wird, gelingt es, die effektive Verformung zwischen 2 Meßmarken des Probekörpers als Funktion der auftretenden Last zu registrieren. Einflüsse der Spannzangen oder anderer Maschinenteile werden ausgeschaltet. Hierbei wird folgendermaßen vorgegangen:

a) Am Probekörper wird bei jeder Meßmarke (beispielsweise im Abstand von 100 mm) je 1 Faden befestigt. Bei feinen Materialien erfolgt dies durch zwei kleine Magnetchen. Beide Fäden werden über je 1 Rolle eines reibungsfreien Differentialpotentiometers gelegt und mit einem Gegengewicht versehen, das dem Gewicht der Magnetchen entspricht. Jede Verschiebung der beiden Meßmarken relativ zueinander, führt zu einer proportionalen Widerstandsänderung im Differentialpotentiometer bzw. zu einem proportionalen Papiertransport im Schreiber.

b) Die Meßfühler eines induktiven Dehnungsgebers (Abb. 3) werden an die Meßmarken des Probekörpers leicht angelegt. Die innere Reibung des induktiven Dehnungsgebers ist so gering, daß jede Verformung zwischen den Meßmarken ohne Gleiten der Meßfühler als Papiertransport im Schreiber zum Ausdruck kommt. Diese Dehnungsgeber sind auch für Biege- und Druckprüfungen (Abb. 4) sehr geeignet und gestatten bis zu 100 fache Vergrößerung der Verformung bei der Übertragung auf das Papier.

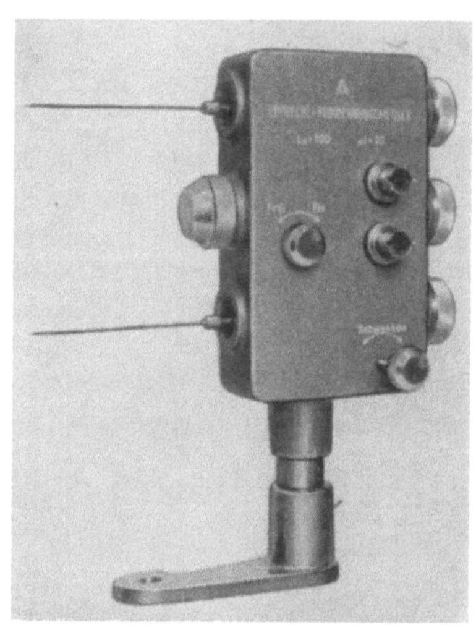

Abb. 3. Induktiver Dehnungsgeber

c) Ein induktiver Feindehnungsgeber (Abb. 5) wird auf dem Probekörper befestigt. Jede Längenänderug zwischen den beiden Befestigungsstellen (normalerweise 100 mm) wird bis zu 1000 fach vergrößert auf das Registrierpapier übertragen.

Es sei nochmals betont, daß in jedem Falle die Verformung immer direkt als Funktion der Last aufgetragen wird. Unter Verwendung eines Triplot-Drei-koordinatenschreibers ist es zudem möglich, neben dem Verformungs-Last-diagramm gleichzeitig das Längenverformungs-Querverformungsdiagramm oder das Verformungstemperaturdiagramm aufzunehmen.

Einige Zugdiagramme sollen die Forderungen nach diesen modernen Prüfmaschinen beleuchten.

Am deutlichsten ist der Unterschied der beiden Maschinentypen wohl aus den Abb. 6a und b ersichtlich, deren Diagramme das Abreißen eines Magneten von der Unterlage zeigen.

a) Normale Maschine alter Bauart (Abb. 6a): Sobald die Reißlast P erreicht ist, fällt die Last auf Null ab, wobei sich die obere Spannzange mit dem

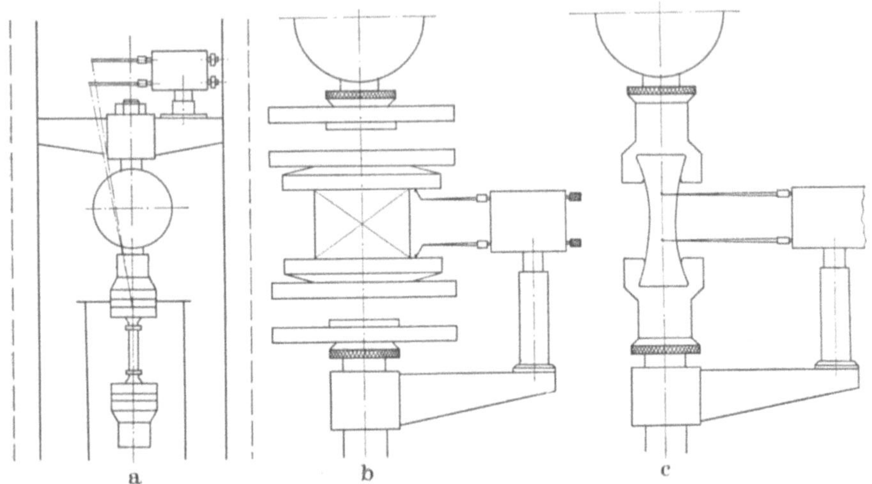

Abb. 4. Anordnung eines induktiven Dehnungsgebers
a) bei Zugversuch, durchgeführt im Heizbad   b) bei Druckversuch   c) bei normalem Zugversuch

eingespannten Magneten rasch von der unteren Spannzange entfernt. Die nach dem Abreißen des Magneten erhaltene Kurve hat keine Bedeutung, es kann aus ihr nichts herausgelesen werden.

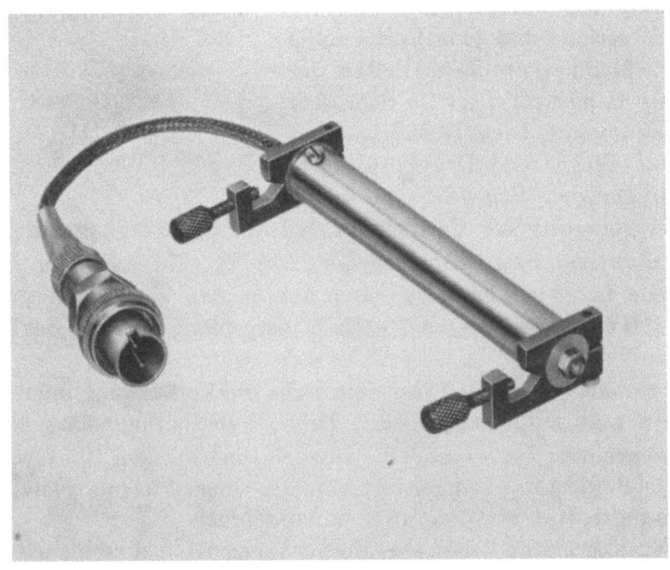

Abb. 5. Induktiver Feindehnungsgeber

b) Moderne Maschine (Abb. 6b): Die Last steigt momentan auf den Maximalwert an. Bei „Deformation" Null ist diese am größten und fällt dann

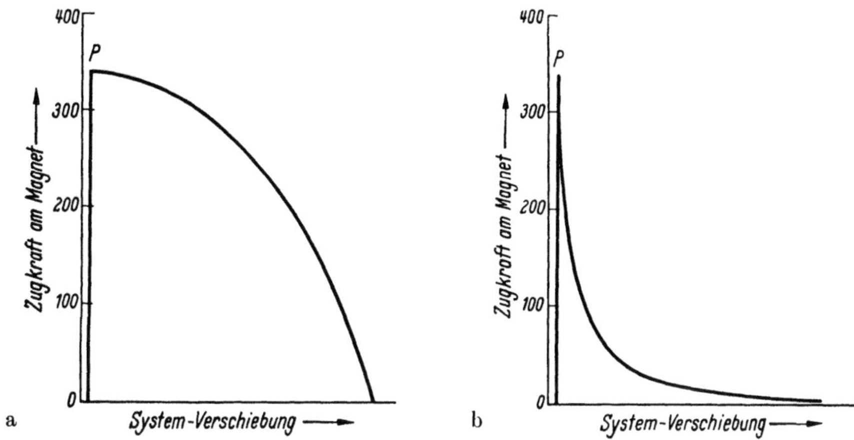

Abb. 6a und b. Diagramm zu Magnetkraftprüfungen
a) auf Maschine alter Bauart   b) auf Maschine moderner Bauart (s. Abb. 2).

quadratisch zur effektiven Entfernung zwischen Magnet und Unterlage ab. Für jede Distanz zwischen Magnet und Unterlage kann aus dem Diagramm die noch wirkende Kraft abgelesen werden.

Abb. 7 gibt das „Zugdiagramm" eines Stahldrahtes wieder, aufgenommen auf einer modernen Maschine (Bauart Abb. 2). Die Verformung wurde mit

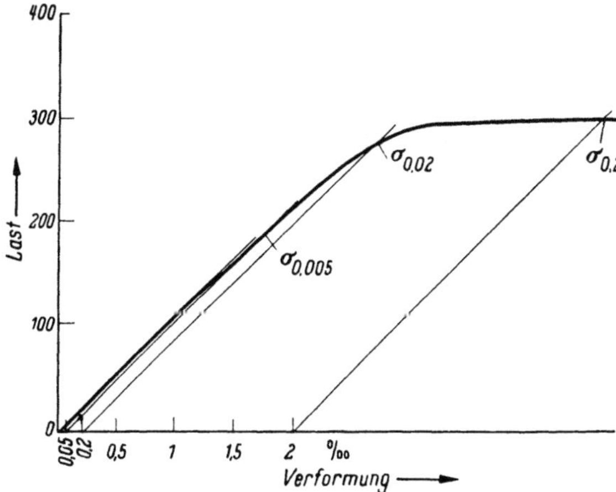

Abb. 7. Zugdiagramm eines Stahldrahtes auf Maschine moderner Bauart unter Zuhilfenahme eines Feindehnungsmessers (Abb. 5). Nach Beginn des Fließens wurde der Spannungsweg als Verformung registriert

einem induktiven Feindehnungsgeber (Abb. 5) erfaßt. Leicht lassen sich aus dem Diagramm die verschiedenen Sigmawerte, zudem aber auch die Maximallast und die Reißlast, ablesen.

Die Abb. 8a und b schließlich zeigen die Zugdiagramme von 2 Kunststoffen bei je zwei verschiedenen Verformungsgeschwindigkeiten. Eindeutig ist der

Einfluß der Verformungsgeschwindigkeit zu erkennen. In beiden Fällen erreicht man bei gleicher Last im langsameren Zugversuch die größere Verformung.

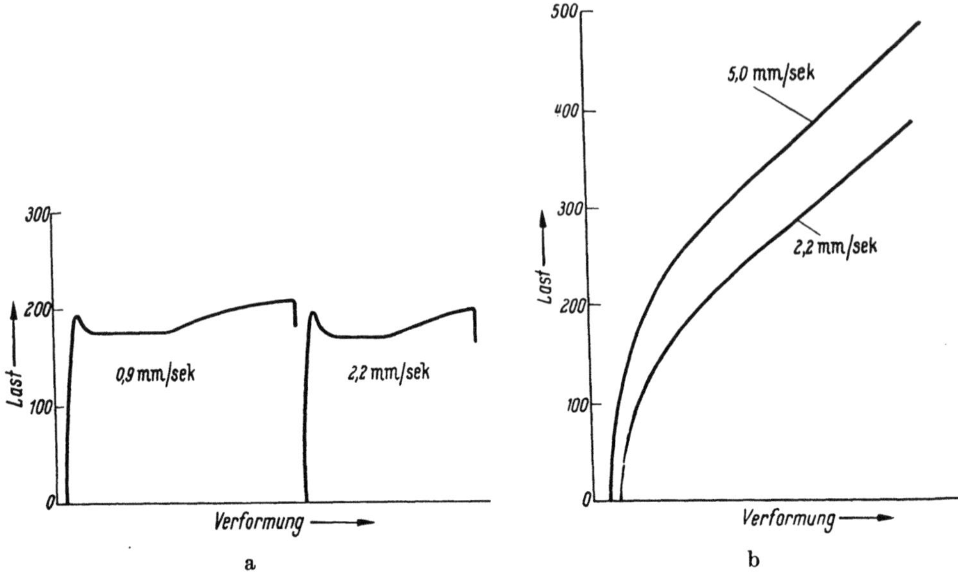

Abb. 8 a und b. Zugdiagramm an 2 Kunststoffen bei je 2 Verformungsgeschwindigkeiten.

Aus diesen Beispielen ist deutlich erkennbar, daß der Ruf der verantwortlichen Forscher und Materialprüfer nach Prüfgeräten, die dem heutigen Stand der Materialkenntnis Rechnung tragen, begründet ist, handle es sich um Zug-, Druck- oder Biegeversuche [2].

Literatur

[1] ZEMP, G.: Moderne Festigkeitsprüfmaschinen. Jahrbuch der chemischen Industrie 5 (1956/57).
[2] EPPRECHT, A. G.: Festigkeitsprüfung mit der Drage Multitest. Chem. Rdsch. 11 (1958) Nr. 18.

2 Probekörper

2.1 Herstellung und Formgebung

Von A. Krause, Troisdorf

2.1.1 Probenentnahme

Der Zweck jeder Prüfung ist, die Güte eines Erzeugnisses an bestimmten Stellen des Fertigungsprozesses festzustellen und zu überwachen. Nur in wenigen Fällen, wie z. B. bei hochwertigen Fertigteilen, ist es möglich, die gesamte Fertigung zu prüfen. Eine derartige Prüfung verbietet sich von selbst, wenn bei der Prüfung Zerstörung eintritt. Aus diesem Grunde wird man sich in den meisten Fällen mit einer Stichprobenkontrolle begnügen müssen, um die Güte eines Materials oder der Lieferung von Fertigteilen zu beurteilen.

Jedes Ergebnis einer Stichprobenprüfung ist mit einer Unsicherheit behaftet, die sich nach statistischen Gesichtspunkten berechnen läßt (s. auch II 5 „Auswertung von Versuchsergebnissen"). Die Unsicherheit wird um so geringer, je größer der Umfang der Proben ist.

Mit Steigerung der Stichprobenzahl werden die anfallenden Kosten durch das zerstörte Material und die verwendete Zeit höher. Es spielen hier also auch sehr stark wirtschaftliche Fragen mit. Vor Inangriffnahme der Prüfung muß man sich deshalb darüber klarwerden, was mit der Prüfung erreicht werden soll und kann und versuchen, einen Mittelweg zu finden. Hersteller und Abnehmer werden sich je nach Gebrauchswert des Teiles und Umfang der Lieferung über eine Annahmezahl, die angibt, wieviel schlechte Teile innerhalb einer bestimmten Anzahl unter Berücksichtigung der verlangten Sicherheit zulässig sind, einigen und hieraus die Stichprobenzahl errechnen (s. auch II 6.2 „Gütesicherung"). Für eine Anleitung zur Planung und Durchführung von Abnahmeprüfungen mit Stichproben sind vom „Ausschuß für wirtschaftliche Fertigung e. V." [1] statistisch berechnete Stichprobentabellen mit den garantierten Sicherheitswerten herausgegeben. Auch von der „American Society for Testing Materials" sind Richtlinien [2] für die Wahl des Probenumfangs zur Beurteilung der Durchschnittsqualität aufgestellt.

Bei Fertigteilen, die als Ganzes geprüft werden können, ist die Probenentnahme verhältnismäßig einfach; es müssen aber bestimmte Faktoren, z. B. die möglichen Eigenschaftsunterschiede in verschiedenen Richtungen, berücksichtigt werden.

Bei Halbfabrikaten, wie Platten, Folien, Rohren u. a., müssen die Proben einen Durchschnitt über die ganze Breite und Länge ergeben; außerdem sind hier die häufig durch die Herstellung bedingten Unterschiede in Längs- und Querrichtung zu berücksichtigen. Entsprechende Angaben sind in den DIN-Normen bei den Prüfvorschriften für das jeweilige Erzeugnis gemacht. Bei Folien und Kunstleder in endlosen Bahnen werden, abhängig von dem Erzeugnis, der Breite der Bahnen und vorzunehmenden Prüfung, Probestücke in 400 bis 1000 mm Länge in voller Breite der Bahn abgeschnitten. Aus diesen Probestücken werden die Proben meist in einem Abstand von etwa 100 mm von der Kante der Bahn über die ganze Breite der Bahn verteilt entnommen. Prüfstäbe aus Platten werden so herausgeschnitten, daß beide Richtungen über die gesamte Tafel erfaßt werden.

Eine einwandfreie Probenentnahme von pulverförmigen Massen oder Granulaten bereitet manchmal Schwierigkeiten; es genügt nicht, aus jeder Charge nur eine Probe wahllos zu entnehmen, da eine mögliche Anisotropie in Betracht gezogen werden muß. Durch längere Lagerung oder auch Bewegung können sich grobe und feinere Anteile entmischen. In den DIN-Normen wird deshalb für Preß- und Spritzgußmassen gefordert, „daß die Probe so zu entnehmen ist, daß sämtliche Bestandteile der Masse im richtigen Verhältnis zueinander erfaßt sind, d. h. daß eine Durchschnittsprobe gewährleistet ist". Spezielle Angaben hierzu werden nicht gemacht.

In den amerikanischen Standards ASTM D 392–38 [3] werden hierzu etwas weitergehende Angaben gemacht. Es sollen von einer Lieferung mindestens 10% und in keinem Fall weniger als 3 Packungseinheiten beliebig herausgegriffen werden; diese werden sorgfältig geöffnet, damit keine Verschmutzung eintritt, dann bei Trommelverpackungen aus jeder gewählten Trommel eine gleiche Anzahl Schaufeln von einer Stelle etwa 7,6 cm unter der Oberfläche herausgenommen, bei kleineren Packungen 2,54 cm unter der Oberfläche, und diese gemischt; die gesamte entnommene Menge soll die doppelte Menge der für die Prüfung benötigten betragen, damit notwendigenfalls Wiederholungsversuche durchgeführt werden können.

Vielfach geht man so vor, daß man den Inhalt eines ganzen Sackes oder Behälters ausschüttet, aus der ausgebreiteten Masse einen Sektor herausnimmt, diesen wieder ausbreitet, wieder einen Sektor herausnimmt, dies fortsetzend bis die benötigte Menge übrigbleibt.

Bei der Probenentnahme von Flüssigkeiten, wie Harzlösungen oder Weichmachern, die in Kunststoffen verwendet werden, ist ebenfalls darauf zu achten, daß die Proben einem Durchschnitt der Lieferungen entsprechen, insbesondere bei Lösungen, bei denen die Gefahr des Absetzens bestimmter Teile besteht. Aus Tanks oder Kesselwagen müssen daher Proben vom Boden und der Oberfläche, notwendigenfalls auch aus der Mitte entnommen werden; hierzu können Stechheber verwendet werden, die bis in die gewünschten Tiefen getaucht werden. Bei kleineren Behältern begnügt man sich meist mit Probenentnahmen aus bestimmten Höhen, wenn nicht eine vorherige gleichmäßige Durchmischung erfolgen kann. Für Weichmacher wird in den deutschen Normen nur die Forderung gestellt, daß die Probe alle Teile erfassen muß, während die ASTM-Standards [4] bestimmte Vorschriften über Zahl und Menge der Proben geben.

2.1.2. Probekörperformen

So vielseitig und zahlreich die Arten der Kunststoffe und damit ihre Anwendungen sind, so vielseitig und zahlreich sind die Fragen, die an den Hersteller gestellt werden. Fragen betr. Eigenschaften, Änderungen der Eigenschaften bei Dauerbeanspruchungen, Änderungen durch chemische Einflüsse und unter verschiedenen Temperaturbedingungen usw., deren Kenntnisse im Interesse der Betriebssicherheit beim Gebrauch notwendig sind. Für die Erfassung der Gebrauchsfähigkeit wäre einesteils die Prüfung am jeweiligen Fertigteil zweckmäßig; man will aber vielfach auch verschiedene Stoffe miteinander vergleichen, wozu gleichgestaltete Teile verwendet werden müssen. Da nun in den meisten Fällen die Entnahme von geeigneten Prüfkörpern aus dem Fertigteil nicht möglich ist, müssen für die Werkstoffprüfung die Prüfkörper eigens hergestellt und notwendigenfalls zusätzlich eine Prüfung am Fertigteil durchgeführt werden.

Für die Stoffprüfung verwendet man sog. Normprobekörper. Über die geeignetsten Abmessungen der Normprobekörper ist viel diskutiert worden, insbesondere, da die Abmessungen, vor allem der Dicke, häufig von denen der Fertigteile stark abweichen. Zur Zeit wird diese Frage auch auf internationaler Basis durch die ISO[1] behandelt, ohne daß man bisher zu einem endgültigen Entschluß gekommen ist.

Der für Preßmassen und Schichtstoffe in Deutschland verwendete Normstab hat die Abmessungen 10 mm × 15 mm × 120 mm; dieser Stab wurde bereits 1924

---

[1] ISO = International Standard Organisation.

für die Prüfung der Isolierstoffe durch die „Technische Vereinigung von Fabrikanten gummifreier Isolierstoffe" (jetzt „Technische Vereinigung der Hersteller und Verarbeiter typisierter Kunststoff-Formmassen e. V.") zugrunde gelegt. — Die Festlegung der Probeabmessungen ist oft von sich zufällig ergebenden Gesichtspunkten aus geschehen. So spielten bei der Festlegung der Normstababmessungen rechnerische Gesichtspunkte eine Rolle; der Normstab ist so bemessen, daß beim Biegeversuch bei genauer Einhaltung von Dicke, Breite und Stützlagerweite die mit 10 multiplizierte Bruchlast die Biegefestigkeit ergibt.

Verschiedene Vorschläge, diesen Normstab in den Maßen oder der Gestalt abzuändern, konnten sich bisher nicht durchsetzen. Erinnert sei in diesem Zusammenhang an den „Barrenstab" [5] mit trapezförmigem Querschnitt. Dieser Stab sollte vor allem in preßtechnischer Hinsicht Vorteile bringen und eine exaktere Längenabmessung zur Bestimmung von Schwindung und Ausdehnungskoeffizient ermöglichen. Der gleiche Normstab $10 \, mm \times 15 \, mm \times 120 \, mm$ wurde auch für die Prüfung der Schlagfestigkeit verwendet, genügte aber in vielen Fällen nicht zur Erfassung der oft an Fertigteilen mit scharfen Querschnittsübergängen beobachteten unterschiedlichen Bruchempfindlichkeit bei Stoffen mit gleichen Schlagfestigkeiten. Zahlreiche Versuche von NITSCHE sowie NITSCHE und ZEBROWSKI [6] an Formkörpern mit gleichmäßigem Querschnitt (U-Profilen) und Formkörpern mit ungleichmäßigem Querschnitt (Zapfenkörper) führten zur Entwicklung des gekerbten Normstabes. Für den Zugversuch wurden spezielle Probekörper, und zwar Streifen mit vermindertem Querschnitt der Dehnstrecke entwickelt.

Bei Halbfabrikaten, wie Platten, Rohren oder Stäben, macht es meist keine Schwierigkeiten, Normkörper herauszuarbeiten. Bei Formteilen aus ungeschichteten Stoffen ist dies selten möglich, so daß man, will man nicht die Normkörper gesondert herstellen, gezwungen ist, andere Probengrößen zu wählen. Die Entwicklung des Dynstat-Gerätes [7] ermöglichte die Prüfung kleiner Proben ($10 \, mm \times 15 \, mm$) auf Biegefestigkeit und Schlagzähigkeit. Vielfach kommt hier noch der Normkleinstab $4 \, mm \times 6 \, mm \times 50 \, mm$ in Anwendung, der hauptsächlich für die Prüfung von Spritzgußmassen entwickelt wurde.

Tab. 1 zeigt die wesentlichsten heute in Deutschland für die verschiedenen Prüfungen verwendeten Normprobekörper für Preß- und Spritzgußmassen sowie plattenförmige Schichtpreßstoffe. Die Probeformen bei Rohren, Stäben und Profilen hängen von den Abmessungen der Erzeugnisse ab. Hinweise für Probenentnahme und Größen sind in den betreffenden Normblättern enthalten.

Die in den amerikanischen Standards vorgeschriebenen Normkörper weichen z. T. von den in Deutschland gebräuchlichen ab. Bei den einzelnen ASTM-Vorschriften werden die Probengrößen angegeben. Im allgemeinen richten sich diese nach den Abmessungen der jeweiligen Erzeugnisse, z. B. bei Tafeln nach der Dicke, bei Rohren und Stäben nach dem Querschnitt. Für diese Produkte und besonders für Formmassen werden bevorzugte Maße empfohlen. Gegebenenfalls werden dickere Produkte auf die angegebenen Maße abgearbeitet oder auch bei dünneren die erforderliche Stärke durch Aufeinanderlegen mehrerer Proben erreicht. In der Tab. 2 sind die wesentlichsten Probekörper für Formmassen und harte plattenförmige Erzeugnisse unter Angabe der entsprechenden ASTM-Vorschriften zusammengestellt.

Tabelle 1. *Probekörperformen für Preß- und Spritzgußmassen sowie Platten*

	Bezeichnung	Verwendet bei	Für Prüfung von	Nach DIN
(120 × 15 × 10)	Normstab	Preßmassen Spritzgußmassen Platten	Biegefestigkeit Schlagzähigkeit Formbeständigkeit n. MARTENS Oberflächenwiderstand	53452 53453 53458 53482
(120 × 15 × 10; Kerbe 2)	Gekerbter Normstab	Preßmassen Spritzgußmassen Platten	Kerbschlagzähigkeit	53453
(120 × 15 × 4)	Normflachstab	Preßmassen Platten	Schwindung u. Nachschwindung	53464
(120 × 15 × 3)	Normflachstab	Preßmassen	Glutfestigkeit	53459 Entwurf
(50 × 6 × 4)	Normkleinstab	Spritzgußmassen Formteilen	Biegefestigkeit Schlagzähigkeit Formbeständigkeit n. MARTENS	53452 53453 53458
(50 × 6 × 4; Kerbe 0,8)	Gekerbter Normkleinstab	Spritzgußmassen	Kerbschlagzähigkeit	53453
(15 × 10; 1,5…4,5)	Dynstat-Probe	Formteilen	Biegefestigkeit Schlagzähigkeit	53452 53453
(15 × 10; $h_K \approx \frac{2}{3} h$)	Dynstat-Probe, gekerbt	Formteilen	Kerbschlagzähigkeit	53453

Tabelle 1. (*Fortsetzung*)

Würfel Kantenlänge 10 mm Kantenlänge = Proben- dicke	Preßmassen Spritzgußmassen Schichtpreßstoffen	Druckfestigkeit	53454
Tafelausschnitt	Schichtpreßstoffen	Spaltversuch	53463
Zugstab 1	Preßmassen	Zugversuch	53455
Zugstab 2	Preßstofftafeln u. -stäbe	Zugversuch	53455
Normplatte $d = 4$ mm $d = 1$ mm	Preßmassen Platten Spritzgußmassen	Spez. Durchgangswiderstand Diel. Verlust Oberflächenwiderstand	53482 53483 53482
Normplatte $d = 4$ mm $d = 1$ mm	Preßmassen Platten Spritzgußmassen	Wasseraufnahme	53472

Tabelle 2. *Empfohlene Probekörperformen nach*

	Prüfung von	Nach ASTM
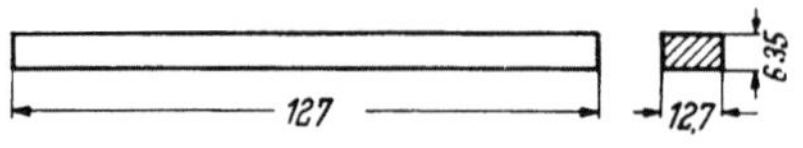	Biegefestigkeit	D 790-58 T
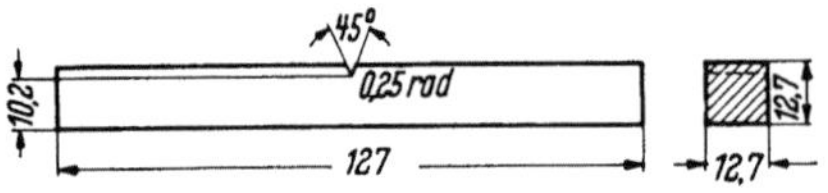	Schlagzähigkeit n. CHARPY	D 256-56, Methode B
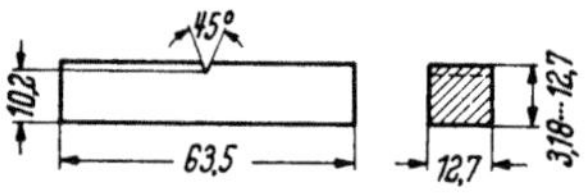	Kerbschlagzähigkeit n. IZOD	D 256-56, Methode A
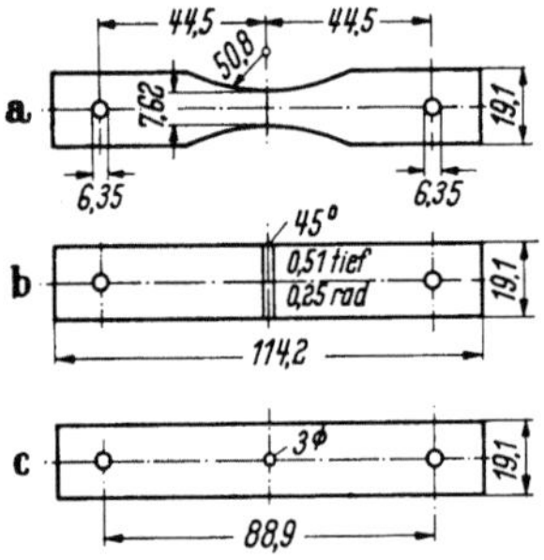	Biegewechselfestigkeit a) ungekerbt b) gekerbt c) durchbohrt	D 671-51 T (Probe a—c)
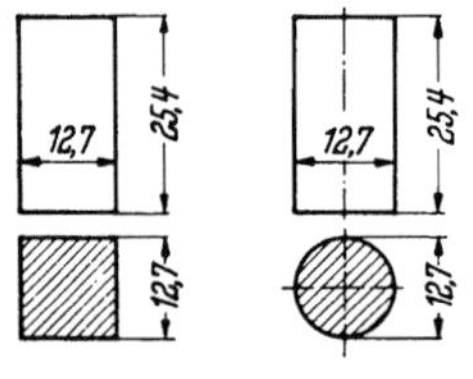	Druckfestigkeit	D 695-54

Für nicht von der Form abhängige Prüfungen, wie Formbeständigkeit in der Wärme nach VICAT, SHORE-Härte, BRINELL-Härte usw., sind Angaben über genaue Abmessungen nicht erforderlich; hier werden nur Mindestflächengrößen und Mindestdicken gefordert. Für die Prüfung von flächenförmigen weichen Halbfabrikaten, wie Folien und Kunstleder, werden meist rechteckige Streifen aus den Erzeugnissen herausgeschnitten, deren Abmessungn der jeweiligen Prüfung angepaßt sind. Die Probenformen zeigen Tab. 3a und 3b.

Für die Prüfung von Schaumstoffen mußten wegen der besonderen Art dieser verhältnismäßig neuen Werkstoffklasse besondere Prüfverfahren und damit auch andere Probekörperformen entwickelt werden. Nach dem Verformungsverhalten bei kurzzeitiger Druckbeanspruchung bei Raumtemperatur unterscheidet man

ASTM-Vorschriften für harte Kunststoffe

	Prüfung von	Nach ASTM
	Zugversuch (Preß- u. Spritzgußmassen)	D 651-48
A, B, C, E u. F von der Dicke des Materials abhängig	Zugversuch (Platten)	D 638-58 T
	Verformung unter Last	D 621-51
	Wasseraufnahme	D 570-57
	Chemische Beständigkeit	D 543-56 T
	Fließeigenschaften von Thermoplasten	D 569-48
	Schrumpfung	D 1299-55

noch zwischen harten und weichelastischen Schaumstoffen. Die hauptsächlich für die bisher genormten Prüfungen beider Gruppen verwendeten Probekörper sind in Tab. 4a und 4b zusammengestellt.

In den amerikanischen Vorschriften wird ähnlich wie bei den deutschen Normen verfahren; auch hier werden aus bahnenförmigen Stoffen streifenförmige Proben bestimmter Größen herausgeschnitten; die Abmessungen richten sich nach Material, Dicke der Folien usw.

Andere Länder, insbesondere England und Frankreich haben sich bez. Probenformen und -größen weitgehend an die amerikanischen und deutschen Vorschriften angeschlossen, so daß darauf nicht näher eingegangen wird. Einzelheiten enthalten die jeweiligen British Standards der British Standard Institution bzw. für Frankreich die NF (Norme Française).

Tabelle 3a. *Probekörper für Prüfung von Kunstleder*

	Prüfung von	Nach DIN
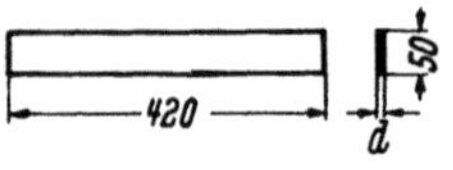 420 / 50 / d	Zugversuch	53354
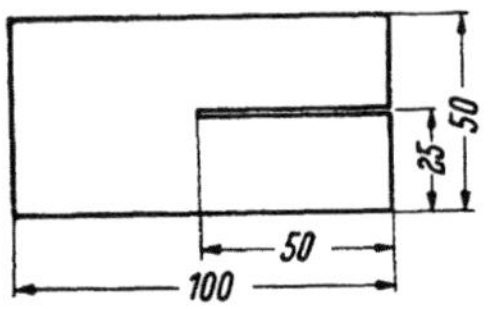 100 / 50 / 50 / 25 / d	Weiterreißversuch	53356
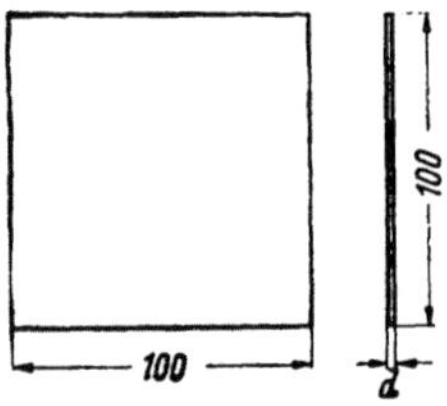 100 / 100 / d	Dicke	53353
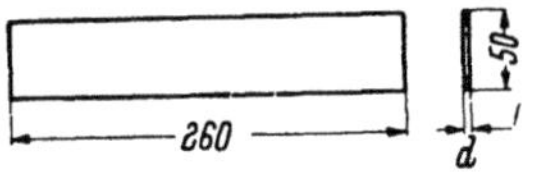 260 / 50 / d	Trennversuch	53357
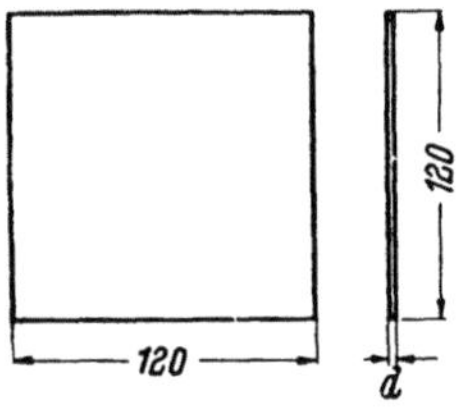 120 / 120 / d	Flächengewicht	53358
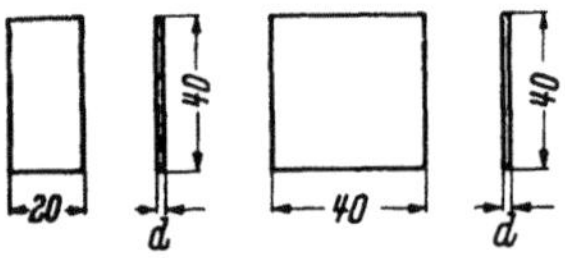 20 / 40 / 40 / d	Dauerknickversuch	53359

Tabelle 3 b. *Probekörper für Prüfung von Folien*

	Prüfung von	Nach DIN
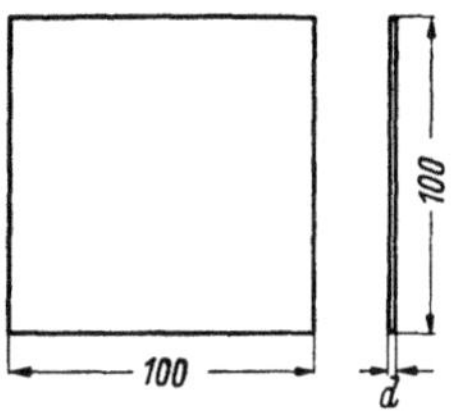	Dicke	53370
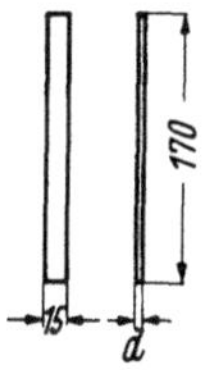	Zugversuch Hin- u. Herbiege- Versuch	53371 53374
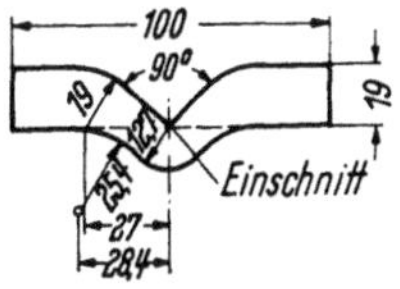	Weiterreißversuch	53515

Tabelle 4 a. *Probekörper für Prüfungen an harten Schaumstoffen*

	Prüfung von	Nach DIN
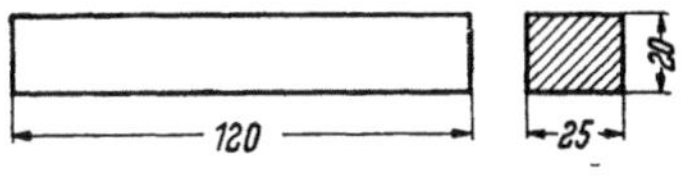	Biegeversuch	53423
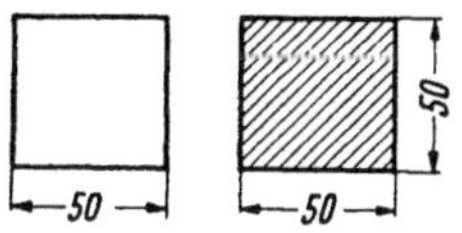	Druckversuch	53421
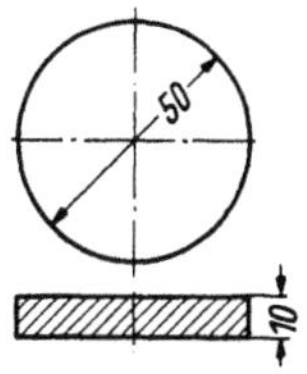	Scherversuch	53422

Tabelle 4b. *Probekörper für Prüfungen an weichelastischen Schaumstoffen*

	Prüfung von	Nach DIN
	Druckverformungszeit nach konstanter Verformung	53 572
	Weiterreißversuch	53 575
	Zugversuch	53 571
	Stoßelastizität	53 473 Entwurf
	Dauerschwingversuch	53 474 Entwurf

2.1.3 Probenherstellung

Um Materialkonstanten zu ermitteln, sollte der Werkstoff bei der Prüfung möglichst isotrop sein, also in allen Richtungen gleiche Eigenschaften aufweisen und daher auch weitgehend frei von inneren Spannungen sein; außerdem müßte er im Gleichgewicht zu den Umweltbedingungen, wie z. B. Temperatur und rel. Luftfeuchte, sein. Nach bisherigen Kenntnissen werden die Voraussetzungen an Isotropie und Spannungsfreiheit dann weitestgehend erfüllt, wenn der Kunststoff ohne zu fließen verformt wird; das ist nur der Fall beim Polymerisieren des Ausgangsstoffes in der gewünschten Form, wie z. B. bei Plexiglas. Bei fast allen Kunststoffteilen, auch den Prüfkörpern, liegt eine Orientierung der Moleküle oder Füllstoffteilchen vor. Untersuchungen von NITSCHE [8] zeigen, wie stark die Unterschiede in ein und demselben Formstück sein können, u. a. am Beispiel der Rippenplatte nach DIN 53470, die nach den Vorschriften für die Herstellung von Normstäben aus härtbaren Preßmassen verwendet wird. Aus dieser Rippenplatte wurden an verschiedensten Stellen und in verschiedenen Richtungen Dynstat-Proben herausgeschnitten. Die hieran ermittelten Schlagzähigkeiten zeigen Unterschiede der Werte von etwa 1:4. Bei Thermoplasten ist die Wirkung

der Orientierung meist noch stärker als bei Teilen aus härtbaren Massen, da sich
hier durch die Verarbeitung nach dem Spritzgußverfahren durch das Fließen
der Masse Richtungseffekte besonders auswirken können. Die Biegefestigkeiten
in Fließrichtung können mehr als doppelt so hoch sein als senkrecht dazu, die
Werte der Schlagzähigkeit mehr als dreimal so hoch.

Aus diesen Darlegungen geht hervor, daß bei physikalischen Prüfungen an
Formstoffen Aufbau, Gefüge und Richtungseffekte berücksichtigt werden müssen
und daß es schwierig ist, aus den Ergebnissen, die an einem Formteil ermittelt
wurden, Rückschlüsse auf andersgestaltete Teile zu ziehen. Diese Überlegungen
zeigen auch, daß man bis jetzt mit speziell für Prüfungen hergestellten Norm-
körpern nicht alle Wünsche der Praxis erfüllen kann; es ist nur möglich, bestimmte Materialkonstanten zu ermitteln und durch Prüfung einiger charakteristischer Eigenschaften Materialunterschiede zu erfassen.

Im vorhergehenden Kapitel wurden die für die einzelnen Prüfungen vorgesehenen Probekörper beschrieben. Um übereinstimmende Prüfergebnisse bei
verschiedenen Prüfstellen zu erzielen, ist es notwendig, daß diese unter gleichen
Bedingungen hergestellt werden. Für die Herstellung sind folgende Möglichkeiten
gegeben:

1. Spanlose Verformung wie Formpressen, Spritzgießen oder Strangpressen
aus plastischen Massen oder Gießen bei Gießharzen.

2. Spangebende Formung, d. h. durch Herausarbeiten aus Halb- oder Fertig-
erzeugnissen.

Ganz allgemein gilt für alle Probekörper die Forderung, daß sie eine glatte
unverletzte Oberfläche haben sollen; vor allem dürfen keine Kratzer und Beschädigungen vorhanden sein, die Kerbwirkungen verursachen können. Zu diesem
Zweck müssen rauhe und unebene Stellen, die durch Entfernung von Preßgrat
und Angüssen oder durch Sägen und Fräsen an aus Platten hergestellten Stäben
entstanden sind, sauber geglättet und möglichst poliert werden. Alle Schleif-
und Polierarbeiten sind in Längsrichtung der Proben vorzunehmen.

Bei der spanlosen Verformung sollen möglichst die Verfahren angewendet
werden, nach denen die Formmassen in der Praxis verarbeitet werden. Notwendigenfalls können die Probekörper auch nach verschiedenen Verfahren hergestellt werden.

a) Herstellung der Probekörper aus härtbaren Massen. Die Herstellung der
Probekörper aus härtbaren Massen wird grundsätzlich nach dem Preßverfahren vorgenommen. Zu beachten ist beim Preßvorgang härtbarer Massen,
daß dieser in 2 Stufen vor sich geht; die erste Stufe ist die mechanische
Formgebung des in der Hitze weichen und formbaren Harzes und die zweite
die chemische Umwandlung des Harzes, die vom weichen plastischen Zustand
zu dem nicht mehr erweichbaren, hochmolekularen Endzustand des Harzes
führt; jeder Preßvorgang ist also nicht nur ein Mittel zur Formgebung,
sondern gleichzeitig eine chemische Umwandlung. Bei den Preßbedingungen
sind zur Erzielung eines einwandfreien Probestabes Druck, Zeit, Temperatur,
Schließzeit und Vorwärmung zu beachten; diese sind der Harzart und
dem Füllstoff der Masse entsprechend einzustellen, denn auch bei einer hochwertigen Masse hängt von der sachgemäßen Verarbeitung die Güte des Preßteiles ab.

Im allgemeinen werden Phenolharzpreßmassen bei 160 bis 170° C gepreßt; der Druck liegt zwischen 250 und 400 kp/cm², bei Schnitzelmassen zwischen 400 und 600 kp/cm². Aminoplastpreßmassen werden bei Temperaturen von 140 bis 155° C und Drücken von 250 bis 400 kp/cm² verarbeitet. Für die Preßzeiten gilt als Faustregel 1 min pro mm Wanddicke. Es empfiehlt sich aber, stets die vom Hersteller angegebenen Verarbeitungshinweise zu beachten.

Aus dem vorhergehenden ist ersichtlich, daß die Eigenschaften von den Herstellbedingungen, der Presse und dem Werkzeug abhängig sind. Einige Angaben über die Verarbeitungsbedingungen für Preßmassen auf Basis von Phenol und Aminoplasten wurden schon in DIN 53451 aufgestellt. Diese Vorschriften genügen aber nicht mehr dem heutigen Stand der Technik; sie werden neu bearbeitet.

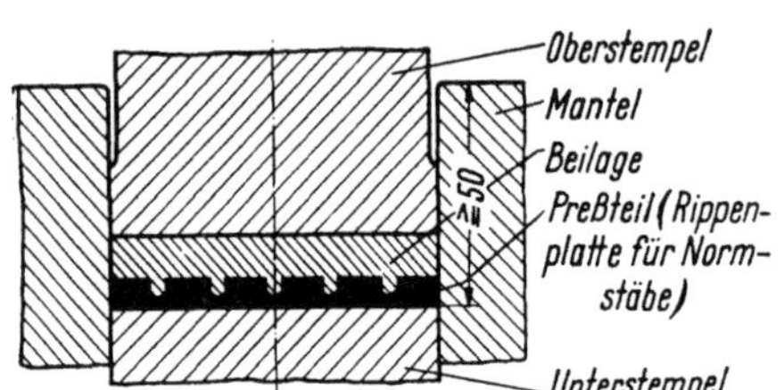

Abb. 1. Preßwerkzeug mit Beilage zur Herstellung von Rippenplatten für Normstäbe, nach DIN 53470

In den amerikanischen Vorschriften werden für die Herstellung der Probekörper aus Phenolharz-Preßmassen in ASTM D 796–51 und für Probekörper aus Amoniplasten in ASTM D 956–51 geeignete Arbeitsweisen empfohlen mit Angaben für die Formen und Presse. Außerdem werden die Preßbedingungen, und zwar Temperatur, Druck, Härtezeit und Formenentlüftung für die einzelnen Massetypen vorgeschrieben. Für die Herstellung der Probekörper werden Einzelstab-Einfach-Füllformen, entsprechend Angaben und Zeichungen, in ASTM D 647–57 verwendet.

Auch auf internationaler Basis befaßt man sich mit der Aufstellung von Richtlinien für die Probenherstellung. Die gestellten Forderungen bzw. Empfehlungen betreffen das Werkzeug, die Presse und die Verarbeitungsbedingungen.

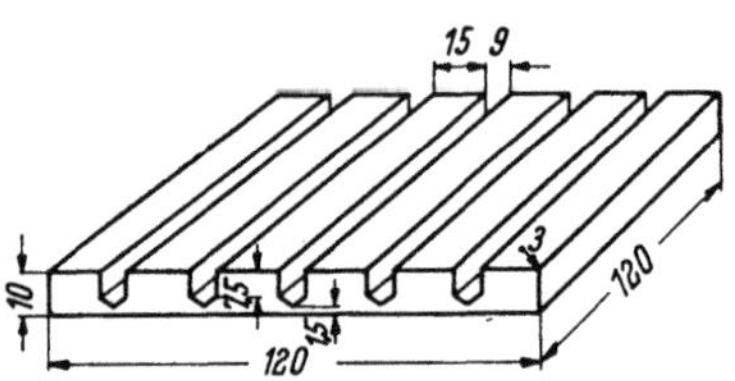

Abb. 2. Gepreßte Rippenplatte zur Entnahme von Normstäben, nach DIN 53460

An das Werkzeug werden als wichtigste Forderungen folgende gestellt:

1. Das Werkzeug soll eine Füllform sein, die so konstruiert ist, daß der jeweilige Preßdruck auf das Preßmaterial bis zum Schluß der Pressung erhalten bleibt. Empfohlen werden dreiteilige Formen, bestehend aus Mantel, Ober- und Unterstempel.

2. Der Füllraum soll so bemessen sein, daß die Masse in einem Arbeitsgang eingefüllt werden kann, bei sperrigen Massen gegebenenfalls nach Tablettieren.

3. Der Druck soll möglichst senkrecht zur größten Fläche des Preßteiles wirken.

4. Vorzugsweise sollen die Preßteile mit dem ganzen Boden ausgeworfen werden.

5. Das Werkzeug soll direkt beheizt werden, und zwar so, daß die Temperatur an allen Stellen und während des gesamten Preßvorganges gleich ist.

Bei der Beurteilung der Eigenschaften der Probekörper ist noch zu berücksichtigen, daß die dem Unterstempel zugewandte Fläche zwangsweise länger und höher erhitzt wird als die Gegenfläche.

In Deutschland wird für die Herstellung der Probekörper vorzugsweise die Rippenplatte nach DIN 53470 verwendet. Dieses Werkzeug ist so ausgebildet, daß durch Verwendung verschiedener Einlagen wahlweise verschieden genormte Probekörper hergestellt werden können, und zwar die Normstäbe 10 mm × 15 mm × 120 mm, außerdem die Flachstäbe 4 mm × 15 mm × 120 mm und die Norm-platte 120 mm × 120 mm × 3 bis 4 mm. Abb. 1 zeigt das Werkzeug, Abb. 2 eine gepreßte Rippenplatte, der die Normstäbe entnommen werden.

Die Herstellung der Normstäbe ist aber nicht an das DIN-Werkzeug gebunden; verwendet werden kann jedes Werkzeug, sofern damit Proben erhalten werden, deren Prüf-ergebnisse mit denen von Proben aus dem DIN-Werkzeug übereinstimmen. Über die geeig-netsten Konstruktionen der Werkzeuge ist viel diskutiert worden; bei allen Vorschlägen lassen sich Vor- und Nachteile geltend machen. Bei Einzelformen, bei denen sich die Preß-bedingungen verhältnismäßig leicht einhalten lassen, ist die Herstellung einer größeren Anzahl von Stäben zeitraubend. Bei Mehrfachformen wird der Arbeitsaufwand geringer, doch erschwert der gemeinsame Füllraum bei schwerfließenden Massen oft die gleichmäßige Verteilung der Masse und gleichmäßige Druckverteilung. Bei einer von der DIN-Form abweichenden Ausführung der Mehrfachform, der „Philipsform" mit treppenförmiger An-ordnung wird die Forderung, „daß der Druck senkrecht zur größten Fläche des Preßteiles wirken soll" nicht erfüllt. Auch die ISO beschäftigt sich mit der Frage eines geeigneten Werkzeuges; man hat hier auch schon in Erwägung gezogen, die Normstäbe aus einer gepreß-ten Platte herauszuschneiden.

An die Pressen, die zur Anwendung kommen, wird die Forderung gestellt, daß sie den für das jeweilig zu verpressende Material vorgeschriebenen Druck in der vorgeschriebenen Zeit aufbringen und während des Pressens halten können.

b) Herstellung von Probekörpern aus thermoplastischen Massen. Thermo-plaste verhalten sich im Vergleich zu härtbaren Harzen bei Temperatur-einflüssen vollkommen anders. Sie erweichen bei Erwärmung über eine gewisse Temperaturgrenze hinaus und werden plastisch fließbar; durch Ab-kühlen werden sie wieder hart. Entsprechend diesem andersartigen Verhalten verlangt ihre Verarbeitung eine andere Technik. Eine Formgebung nach dem Preßverfahren ist zwar grundsätzlich möglich, erfordert aber längere Zeit, da die Teile in der Form vor dem Herausnehmen gekühlt werden müssen. Das speziell für die Herstellung von Formkörpern aus thermoplastischen Massen ent-wickelte „Spritzgießen" ist heute neben dem Strangpressen die hauptsäch-lichste Verarbeitungstechnik; diese wird deshalb auch für die Herstellung der Probekörper am häufigsten angewandt. Hierbei wird die Masse im Spritz-zylinder durch Wärme in einen zähflüssigen Zustand gebracht und unter Druck durch eine Düse in eine kalte Form gespritzt, in der sie zum Formteil erstarrt. Es zeigt sich aber, daß die Eigenschaften des Formteiles von einer großen An-zahl Faktoren, wie Spritzgußmaschine, Werkzeuge, Ablauf des Spritzvorganges und Formmassen beeinflußt werden, so daß generelle Angaben zur Herstellung der Probekörper kaum möglich sind. Die genauen Bedingungen der Herstellung geeigneter Probekörper sind für alle Massen verschieden. In Ermangelung ein-heitlicher Vorschriften und der Schwierigkeit, auch nur für einen Massetyp verbindliche Angaben zu machen, hat man bisher die Herstellung der Probe-körper Vereinbarungen zwischen Hersteller und Verbraucher überlassen.

In deutschen Normen wurden nur die Formen der Probekörper angegeben und bei den im wesentlichen für mechanische Prüfungen vorgesehenen Normkleinstäben von 50 mm × 6 mm × 4 mm gefordert, daß sie in Längsrichtung zu spritzgießen sind. Aber auch bei Einhaltung der vom Hersteller angegebenen Bedingungen für Spritztemperatur, Spritzzeit, Spritzdruck und Arbeitszyklus werden bei Probestäben, die an verschiedenen Prüfstellen hergestellt werden, oft starke Streuungen der Festigkeitswerte erhalten, ein Zeichen, daß die Angaben nicht ausreichen, sondern genauer definiert werden müssen. Es genügt z. B. nicht nur eine Temperaturangabe zu machen, ohne zu sagen, wo und wie die Temperatur festzustellen ist, ob es sich um die Temperatur des Zylinders oder der Masse im Zylinder handelt. In der ASTM-Designation D 1130–50 T ist der Versuch gemacht, zunächst einmal für die einzelnen Vorgänge beim Spritzgußverfahren einheitliche Bezeichnungsweisen festzulegen, die dann auch bei den Prüfberichten verwendet werden und diese vereinheitlichen sollen. Diese Vorschrift befaßt sich nur mit den hauptsächlichsten Prinzipien ohne Verarbeitungsvorschriften für bestimmte Thermoplaste zu geben.

Ein auf dieser ASTM-Vorschrift basierender Entwurf für eine ISO-Empfehlung [9] geht bereits etwas weiter und gibt einige Kommentare zu dem Verhalten einiger Stoffgruppen bei der Verarbeitung. Das Werkzeug selbst ist noch nicht festgelegt (es soll erst zu einem späteren Zeitpunkt genormt werden). In Deutschland sind die verschiedensten Werkzeuge im Gebrauch, Einfachwerkzeuge sowie Mehrfachwerkzeuge mit gabelförmiger oder sternförmiger Anordnung; Angußformen und Angußverteiler variieren gleichfalls stark.

Auch die Spritzgußmaschine wurde bisher nicht genormt. Sie soll jedoch die Kontrolle bzw. Messung

der Materialzuführung zum Spritzzylinder,
des auf den Spritzkolben ausgeübten Druckes,
der Temperatur des Heizzylinders,
der Temperatur der Masse an der Düse,
der Temperatur der Form und
des Spritzgußzyklus

gestatten.

Bei dem Verspritzen der verschiedenen thermoplastischen Kunststoffe ist folgendes zu beachten:

Die Verarbeitungstemperatur für *Polyvinylchlorid* ist sehr begrenzt, da bei hohen Temperaturen Zersetzung eintritt, bei zu niedrigen die Plastifizierung nicht genügt. Für die Ermittlung der richtigen Spritztemperatur wird das Material auf eine flache Unterlage gespritzt, wobei eine klumpige Oberfläche der Masse zeigt, daß das Material zu kalt war, Blasenbildung, daß es zu heiß war; eine glatte Oberfläche bildet sich bei geeigneter Temperatur.

Bei *Polyäthylen* hängt die Verarbeitungstemperatur von dem Schmelzindex und der Dichte des Materials ab; zu beachten sind die verhältnismäßig hohen Formschrumpfungen.

Bei *Polystyrolen* wirken sich hohe Zylindertemperaturen nachteilig auf die Eigenschaften aus; die Reproduzierbarkeit der Ergebnisse ist größer bei niedrigen Zylindertemperturen; diese hängen jedoch vom Typ des Polystyrols, von der Korngröße und evtl. Zusätzen ab.

Zelluloseestermassen nehmen leicht Feuchtigkeit auf; sie müssen deshalb vor dem Verspritzen getrocknet werden. Die Spritztemperaturen richten sich nach dem Typ des Materials und dem Weichmachergehalt; die günstigsten Werte werden erhalten bei Spritztemperaturen wenig unter dem Zersetzungspunkt.

Besondere Bedingungen erfordert die Verarbeitung der *Polyamide*, die im Gegensatz zu den meisten Thermoplasten einen scharfen Schmelzpunkt haben. Feuchtigkeitsgehalt, Zylindertemperatur, Formtemperatur, Tempern des Spritzgußteiles usw. beeinflussen die Eigenschaften des Probekörpers.

Wie schon erwähnt, werden Probekörper aus Thermoplasten häufig auch nach dem Preßverfahren hergestellt; z. B. stellt man Prüfkörper aus Polyvinylchlorid, das für Verarbeitung nach dem Spritzgußverfahren besondere Anforderungen an Maschinen und Werkzeuge stellt, leichter nach dem Preßverfahren her; meist werden hierzu aus der Masse Folien in 0,5 mm Dicke durch Walzen hergestellt, aus denen durch kreuzweises Übereinanderschichten Platten in den gewünschten Dicken gepreßt werden. Aus den Platten werden die Probekörper durch Sägen herausgearbeitet. Bei anderen Stoffen können Probekörper direkt aus den Formmassen in entsprechenden Formen gepreßt werden. Hierfür liegt ein ISO-Entwurf [10] vor, der ebenso wie der Entwurf für die Herstellung der Probekörper nach dem Spritzgußverfahren allgemeine Richtlinien enthält. Mehrere für das Pressen thermoplastischer Formmassen geeignete Werkzeuge werden beschrieben. Ein einfacher Werkzeugtyp ist der Dreiplatten-Rahmentyp entsprechend Abb. 3, der zu bevorzugen ist. Aber auch andere Formtypen wie zweiteilige Abquetsch- oder Füllformen, können verwendet werden, wenn diese für den Materialtyp, die Probekörperabmessungen oder aus anderen Gründen geeigneter sind. Die Heizung der Formen erfolgt indirekt über die Preßtischplatten mit überhitztem Dampf oder elektrisch, die Kühlung durch Hindurchleiten kalten Wassers durch hierfür vorgesehene Kanäle. Die Temperaturen sollen auf $\pm 2{,}5\ °C$ genau an Stellen in möglichster Nähe der formgebenden Werkzeugoberflächen gemessen werden.

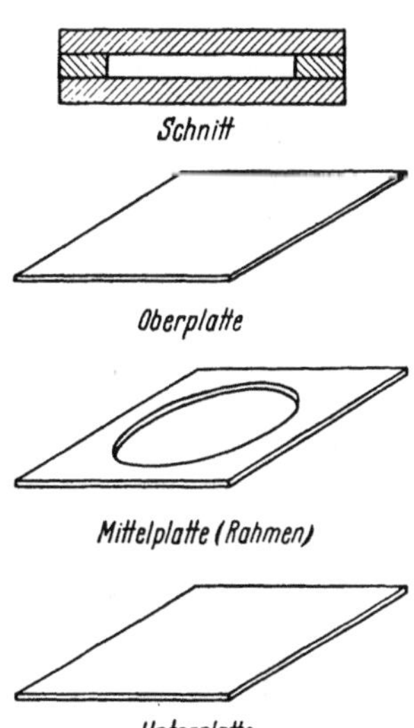

Abb. 3. Dreiplatten-Rahmenwerkzeug zur Herstellung von Platten nach ISO/DR 318

Der Formungszyklus für das Pressen der Probekörper soll nach folgenden Arbeitsstufen erfolgen:

1. Einlegen des Materials in die fast auf Formungstemperatur geheizte Form.

2. Schließen der Presse so weit, daß sich das plastische Material unter leichtem Druck (max. 4 kp/cm²) befindet unter Erhöhung der Werkzeugtemperatur.

3. Aufrechterhaltung der Temperatur und des Druckes, bis das Material einen frei fließenden Zustand erreicht hat.

4. Erhöhung des Druckes (bis mind. 35 kp/cm²) unter gleichzeitigem Kühlen; notwendigenfalls kann zur Vermeidung von Blasen, Hohlräumen usw. der Druck vor der Druckerhöhung kurz weggenommen werden.

5. Das Preßteil wird aus der Form entfernt, sobald es genügend abgekühlt ist, um ohne Verformung herausgenommen werden zu können.

Die so hergestellten Probekörper sollen spannungsfrei, ohne Gefügeorientierung und frei von Blasen sein.

Die ISO-Empfehlung enthält Anhaltspunkte für die Verarbeitung einiger Thermoplaste:

Für *PVC* wird ebenfalls das schon im vorhergehenden erwähnte Verfahren, das Material in Form von Walzfellen zu verwenden, empfohlen. Die Preßtemperaturen richten sich nach Zusammensetzung der Formmassen und dem PVC-Typ.

Bei *Polyäthylen* ist die starke Abkühlungsschwindung zu beobachten; bei der Konstruktion der Werkzeuge ist deshalb eine Zugabe von 10% zur Dicke und 1% zur Länge und Breite der Teile erforderlich. Die Preßtemperaturen liegen je nach dem Typ des Polyäthylens zwischen 125 und 170 °C.

Die gleichfalls vom Materialtyp abhängigen Preßtemperaturen für *Polystyrole* liegen normalerweise zwischen 160 und 210 °C.

Zellulosederivatmassen sollen vorgetrocknet werden, etwa 3 Std. bei 70 °C in einer Schichtdicke von 10 mm. Die Preßtemperaturen variieren stark entsprechend den Materialtypen, liegen jedoch meist zwischen 140 bis 240 °C.

c) Herstellung von Probekörpern aus Gießharzen. Gießharze sind flüssige oder schmelzbare Stoffe, die nach Zugabe geeigneter Reaktionspartner und gegebenenfalls Katalysatoren Gießmassen ergeben, die bei normalen oder höheren Temperaturen in einen unschmelzbaren Zustand übergehen. Es werden dabei die beiden Hauptgruppen „ungesättigte Polyesterharze und Epoxydharze" unterschieden. Diese Gießmassen gestatten eine Arbeitstechnik, die sich von den übrigen Kunststoffen grundsätzlich unterscheidet. Sie werden in geeigneten Formen ausgehärtet und ergeben ohne Nacharbeit den gewünschten Werkstoff. So erfolgt auch die Herstellung der Probekörper, die denen der anderen härtbaren Kunststoffe entsprechen, durch Vergießen und Härten in dafür hergerichteten Formen. Für einige wenige Prüfungen wird es dennoch erforderlich sein, die Probekörper spanend aus im Gießverfahren hergestellten Platten herauszuarbeiten.

Die Kunststoffgruppe ist noch sehr jung, hat aber bereits größere Bedeutung für die praktische Verwendung erhalten, so daß die Normungsarbeiten im DNA/VDE-Gemeinschaftsausschuß im Jahre 1959 angelaufen sind.

d) Herstellung von Probekörpern aus Halbzeugen und Fertigteilen durch spanabhebende Formung. Aus harten Halbzeugen wie Platten, Rohren und Stäben und aus Formteilen werden die Probekörper durch Sägen, Fräsen und Schleifen herausgearbeitet.

Hierbei sind für die Probenentnahme u. a. mögliche Richtungseffekte und bei Fertigteilen noch die Stelle, an der die Probe herausgeschnitten wurde, zu berücksichtigen. Platten, deren Dicke gleich oder kleiner als die genormte Probendicke ist, werden von der Plattenoberfläche her nicht bearbeitet. Dickere Platten werden auf die Probendicken abgearbeitet; ob das Abarbeiten einseitig oder von beiden Seiten erfolgt, ist vom Material abhängig und in den Prüfvorschriften festgelegt. Rohre und Profilstäbe werden, soweit sie nicht nach Vereinbarung im ganzen geprüft werden, auf die Prüflängen zugeschnitten. Für Formteile gilt im allgemeinen, daß die Wanddicke gleich der Dicke der Probe – Dynstat oder Normkleinstab – ist. Bei Formteilen mit für die Prüfung ungeeigneten Querschnittsgestaltungen werden die Proben abgearbeitet, jedoch nicht unter 1,5 mm.

Für eine einwandfreie und rationelle Zerspanung der einzelnen Kunststoffsorten ist die Einhaltung bestimmter Bearbeitungsrichtlinien und die Verwendung geeigneter Werkzeuge Bedingung. Ebenflächige Proben werden in der Regel mit Kreissäge bzw. Bandsäge mit Sägeblättern aus Schnellstahl oder Hartmetall herausgeschnitten. Das Sägeblatt soll ungeschränkte Zähne haben und hohl geschliffen sein. Sehr genaue Einzelheiten für die spanabhebende Bearbeitung von Kunststoffen sind von H. ZICKEL [*11*] beschrieben. Richtlinien für die spanabhebende Bearbeitung harter Kunststoffe sind in der Tab. 5 zusammengestellt.

Tabelle 5. *Richtlinien für die spangebende Bearbeitung harter Kunststoffe*

Werkzeug		α = Freiwinkel γ = Spanwinkel δ = Spitzenwinkel	Duroplaste		Thermoplaste	
			Schnitt-geschwindigkeit m/min	Vorschub mm/U	Schnitt-geschwindigkeit m/min	Vorschub mm/U
Drehen	Schnellstahl	$\alpha =\ \ 8°$ $\gamma = 25°$	80—100	0,3—0,5	600— 800	0,2—0,4
	Hartmetall	$\alpha =\ \ 8$—$10°$ $\gamma = 15°$	100—200	0,1—0,3		
Fräsen	Schnellstahl }	$\alpha = 20$—$30°$	40—50		30—45	0,3—0,8
	Hartmetall }	$\gamma = 20$—$35°$	200—1000	0,5—0,8	200—400	0,2—0,5
Bohren	Schnellstahl	$\gamma = 10°$ $\delta = 60$—$100°$	40—70		30—40	
	Hartmetall	Hinterschliff 80 ° steiler Drall	90—120	0,2—0,4	40—70	~0,2
Sägen	Bandsäge	$\alpha = 30$—$40°$	1500—2000		bis 1000	
	Kreissäge	$\gamma =\ \ 5$—$8°$	2500—3000	von Hand	3000—4000	von Hand
Schleifen	Korund-scheibe oder Silizium-Karbidband		1800—2000	—	500—1500	—

Als Kühlmittel kommen bei Duroplasten Saugluft, bei Thermoplasten Saugluft oder eine Proben und Werkzeug nicht angreifende Flüssigkeit in Frage.

Aus Folien werden die Proben geschnitten oder gestanzt. Zum Schneiden kann nach DIN 53371, Punkt 6.3 jedes Folien- oder Papier-Schneidegerät verwendet werden, bei dem die geforderte Breite der Probe bis auf ± 1 mm genau geschnitten werden kann, und das eine glatte, kerbstellenfreie Schnittkante erzeugt. Das Schneidmesser muß schartenfrei, gerade und unter definiertem Schneidwinkel geschliffen sein. Das Schneidgerät soll einen ziehenden Schnitt gewährleisten, d. h. während des Schneidvorganges muß sich die Schnittstelle längs der Schneide stetig ändern.

Die zum Stanzen benutzten Schneidmesser müssen ebenfalls scharf geschliffen sein. Die Schneidkante des Schneidmessers soll in einer Geraden oder Ebene liegen, die senkrecht zur vorgesehenen Schneidbewegung steht. Die Probenstücke werden auf eine Unterlage, meist Pappe, gelegt. Die Stanze muß so bedient werden, daß das Ausschneiden zügig und kurzzeitig erfolgt, so daß das Abtrennen glatt verläuft, und der Probekörper nicht abgequetscht wird. Ausführliche Richtlinien zur Herstellung von Probekörpern aus Gummi und Kautschuk durch Stanzen enthält DIN 53502, die auch bei weichen Kunststoffen zu beachten sind.

Literatur

[1] Abnahme mit Stichproben. AWF Technische Statistik 1—3—1.
[2] ASTM E 105-58; ASTM E 122-58.
[3] ASTM-Standards on Plastics D 392–38 (Sept. 1958), S. 750.

[*4*] ASTM D 1054–58.
[*5*] Röhrs, W., u. W. Werner: Kunststoff-Technik 11 (1941), S. 298–304.
[*6*] Nitsche, R., u. W. Zebrowski: Plast. Massen 8 (1938), S. 33 u. 65.
[*7*] Schob, Nitsche u. Salewski: Plast. Massen, Nitsche, Z. VDI (1936), S. 755.
[*8*] Nitsche, R.: Kunststoffe 42 (1952), S. 427.
[*9*] Draft ISO-Recommendation Nr. 319.
[*10*] Draft ISO-Recommendation Nr. 318.
[*11*] Zickel, H.: Kunststoff-Verarbeitung 4 (1956), München: Hanser.

2.2 Vorbehandlung vor der Prüfung (Konditionierung)

Von H. Hofmeier, Dormagen

2.2.1 Abhängigkeit der Kunststoffeigenschaften vom Prüfklima

Die Eigenschaften der Kunststoffe sind ebenso wie die vieler anderer Werkstoffe mehr oder weniger stark abhängig von der Temperatur und der Feuchtigkeit. Wenn man bei Prüfungen vergleichbare Zahlenwerte erhalten will, so muß man daher unter gleichen Bedingungen der Temperatur und der Feuchtigkeit prüfen. Um diesen Zustand herbeizuführen, werden die Proben vorbehandelt oder konditioniert. Die Vorbehandlung besteht üblicherweise in einer Lagerung in Luft, die eine vereinbarte Temperatur und relative Feuchtigkeit besitzt.

Bei der Vorbehandlung nehmen die Proben die Temperatur der umgebenden Luft an, wobei die Zeitdauer vorwiegend abhängig ist von der Anfangstemperatur und der Dicke der Proben sowie von der Wärmeleitfähigkeit des Kunststoffes. Zwischen dem Feuchtigkeitsgehalt der Proben und dem der umgebenden Luft stellt sich hingegen ein Gleichgewichtszustand ein. Dieser ist sehr stark abhängig von dem Kunststoff und kann je nach Art des Kunststoffes bei gleicher relativer Feuchtigkeit der Luft sich in weiten Grenzen bewegen. Die Zeitdauer bis zur Einstellung des Gleichgewichtes ist abhängig von der Anfangsfeuchtigkeit und der Dicke der Proben sowie von der Diffusionskonstanten des Kunststoffes für Wasserdampf [*1*].

Kompliziert werden die Verhältnisse dadurch, daß manche Kunststoffe, wie z. B. Polyamide und Polyäthylene, im verarbeiteten Zustand teilweise kristallisiert sind. Ein exakter Vergleich ist natürlich nur möglich, wenn auch der Kristallisationszustand gleich ist. Vom wissenschaftlichen Standpunkt muß daher mit Recht gefordert werden, daß derartige Kunststoffe im Rahmen der Konditionierung eine Temperaturbehandlung erfahren, die zu einer möglichst vollständigen Kristallisation als einem definierten Endzustand führt. Diese Forderung steht jedoch mit den ebenfalls berechtigten Wünschen der Praxis im Widerspruch, wonach die Prüfkörper sich möglichst in einem Zustand befinden sollen, welcher dem der Erzeugnisse der Industrie entspricht. Es wird sicher schwer sein, hier einen brauchbaren Kompromiß zu finden.

2.2.2 Prüfklimate und besondere Vorbehandlungen

a) **Normal-Prüfklima.** Im Laufe der Entwicklung des Prüfwesens sind unabhängig voneinander verschiedene Normal-Prüfklimate festgelegt worden [*2*], vorwiegend bedingt durch die verschiedenen Arbeitsgebiete und auch die örtlich gegebenen Klimate im Freien. Wenn man von den Kurven ausgeht, die

die Abhängigkeit der Eigenschaften von der Temperatur einerseits und von der Feuchtigkeit andererseits darstellen, so ist die Prüfung im konditionierten Zustand eine Ein-Punkt-Prüfung. Es ist dabei theoretisch ziemlich gleichgültig, welche Temperatur und welche relative Luftfeuchte man für das Normal-Prüfklima festlegt. Da man jedoch aus den Prüfwerten nicht nur die Gleichmäßigkeit des Materials bzw. verschiedener Lieferungen oder Anfertigungen erkennen, sondern auch Schlüsse auf die Gebrauchseigenschaften ziehen will, ist es zweckmäßig, sich mit dem Prüfklima nicht zu weit von den praktischen Verhältnissen zu entfernen.

Für die Prüfpraxis sind noch einige besondere Gesichtspunkte zu beachten. Der Zustand der Proben paßt sich oft sehr rasch der umgebenden Luft an. Für die Feuchtigkeit kann man diese Erscheinung sinnfällig demonstrieren, wenn man z. B. ein Haarhygrometer in einen Raum mit abweichender Luftfeuchtigkeit bringt. Das Instrument, d. h. praktisch, das als Indikator dienende Haarbündel stellt sich dann zusehends auf die neue Feuchtigkeit ein. Es ist daher in den überwiegenden Fällen unerläßlich, die Prüfungen selbst in klimatisierten Räumen durchzuführen. Daraus ergibt sich die Notwendigkeit, große Räume in denen Prüfmaschinen aufgestellt sind und in denen Menschen arbeiten, zu klimatisieren. Folgende Forderungen sind daher an das Normal-Prüfklima, gegeben durch Temperatur und relative Luftfeuchte, zu stellen:

1. Das Klima darf nicht gesundheitsschädlich sein und soll die Leistungsfähigkeit und Aufmerksamkeit der Prüfer auch bei längerem Aufenthalt nicht beeinträchtigen.

2. Das Klima darf sich nicht schädlich auswirken auf die oft sehr empfindlichen Prüf- und Meßgeräte (z. B. Rostgefahr).

3. Die Aufrechterhaltung des Klimas soll auch im Wechsel der Jahreszeiten nicht zu kostspielig sein.

In den gemäßigten Zonen ist ein Norm-Prüfklima von 20 °C und 65% relativer Luftfeuchte sehr verbreitet [3]. Dabei wurde die mittlere Temperatur geschlossener Arbeitsräume kombiniert mit der mittleren relativen Feuchtigkeit im Freien, die sehr stark beeinflußt ist durch die hohe relative Feuchtigkeit während der Nachtstunden. Dieses Klima erfüllt nicht ganz die oben aufgestellten Forderungen. Es wird häufig als kühl und feucht empfunden. Im Winter hineingebrachte Gegenstände beschlagen sehr leicht, und der Aufwand an Kälteenergie ist im Sommer unter Umständen beachtlich hoch. In den USA verwendet man daher und wohl auch wegen der südlicheren Lage u. a. ein Klima von 23 °C und 50% relativer Feuchtigkeit, das den Forderungen besser entspricht [4].

Neuerdings sind starke Bestrebungen im Gange, die Prüfklimate international zu vereinheitlichen, und für alle Fachsparten nur ein Klima zu normen. Diese Bestrebungen sind durch den zunehmenden internationalen Handel über weite Entfernungen ausgelöst worden. Aber auch die Kunststoffe haben besonders dazu beigetragen. Viele Kunststoffrohstoffe gehen zur Weiterverarbeitung in verschiedene Industrien, z. B. zur Herstellung von Lacken, Seide und Formmassen. Laufen diese 3 Halbfabrikate nun in einem Industriewerk wieder zusammen, was bei den genannten Beispielen in der Elektroindustrie der Fall ist, so kann dieses Werk u. U. genötigt sein, mehrere verschieden klimatisierte Prüfräume zu unterhalten. Da dies zu kostspielig ist, sind unkorrekt durchgeführte Prüfungen die gewöhnliche Folge. Trotz der allgemein anerkannten Zweckmäßigkeit und sogar Notwendigkeit eines internationalen Normal-Prüfklimas, bestehen auch ernste Bedenken gegen seine Einführung, weil viele Erfahrungen und Zahlenwerte, die auf den bisherigen Klimaten basieren, mit neuen Werten dann nur noch sehr bedingt vergleichbar sind.

Von der ISO (International Organisation for Standardization) ist ein besonderes Komitee eingesetzt worden, das die Aufgabe hat, eine Lösung zu finden, die alle berechtigten Forderungen berücksichtigt. Trotz intensiver Bemühungen war es jedoch nicht möglich, sich auf weniger als 3 Normal-Prüfklimate (Standard Atmospheres for Conditioning and Testing) zu einigen. In einer Empfehlung wird vorgeschlagen:

1. 20 °C ± 2 grd   (65 ± 5)% relative Luftfeuchte,
2. 23 °C ± 2 grd   (50 ± 5)% relative Luftfeuchte,
3. 27 °C ± 2 grd   (65 ± 5)% relative Luftfeuchte.

Bei der Prüfung von Stoffen, die keine Kontrolle der Feuchtigkeit erfordern, sollen die unter 1 bis 3 genannten Temperaturen eingehalten werden. Interessant ist ein Hinweis auf ein Normal-Bezugsklima (Standard-Reference-Atmosphere) von 20 °C und 65% relative Luftfeuchte, auf das die Ergebnisse umgerechnet werden sollen, sofern ein genügendes Zahlenmaterial vorliegt, das diese Umrechnung ermöglicht. Das Klima 1 ist allgemein für die gemäßigten Zonen gedacht, während Klima 2 speziell für die USA vorgesehen ist. Klima 3 ist für tropische und subtropische Gebiete bestimmt.

Wesentliche Bedeutung kommt auch den Toleranzen zu. Man hat sie für allgemeine Zwecke etwas weiter gewählt, um ihrer Einhaltung in der Praxis nicht zu große Schwierigkeiten entgegenzusetzen. Jedoch ist man sich darüber im klaren, daß z. B. Temperaturunterschiede von insgesamt 4 grd für manche Kunststoffe und Prüfungen nicht mehr tragbar sind. Wenn notwendig, sollen daher die Toleranzen auf ± 1 grd und ± 2% relative Luftfeuchte eingeschränkt werden. Für Sonderfälle, in denen auch diese Toleranzen zu groß sind, müssen besondere Festlegungen getroffen werden.

b) Spezielle Prüfklimate und Vorbehandlungen. In manchen Fällen, insbesondere bei elektrischen Isolierstoffen, genügt die Vorbehandlung im Normal-Prüfklima nicht. Es werden dann Sonderklimate mit abweichenden Temperaturen und/oder relativer Luftfeuchte verwendet [5]. Auch Wärmevorbehandlungen können notwendig werden, wobei die Temperaturen möglichst nach DIN 53893 gewählt werden sollen. Sofern die Messungen nach der Wärme-(oder Kälte-) Vorbehandlung bei Normalbedingungen vorgenommen werden, kommt man in das Gebiet der Alterungsprüfung. Auch Vorbehandlungen mit Chemikalien kommen in Betracht (Säuren, Alkalien, Salze u. a.). Unter Umständen sind auch mechanische Vorbehandlungen durch Zichen, Drücken, Falzen, Biegen, Verdrehen oder ähnliches erforderlich [6].

2.2.3 Durchführung der Vorbehandlung

Im Idealfall erfolgt die Vorbehandlung im Prüfraum selbst, dessen Klima entsprechend geregelt wird. Für diese Räume sind nach Norden gelegene Doppelfenster erwünscht [7]. Bei dem heutigen Stand der Beleuchtungstechnik kann auch an fensterlose Räume und sogar Kellerräume gedacht werden, deren Temperatur besonders leicht konstant gehalten werden kann. Klimatisiert wird durch außerhalb der Räume befindliche Maschinenaggregate, die die Luft umwälzen und klimatisieren. In neuerer Zeit stehen auch Klimatisierungsanlagen zur Verfügung, die in Form von größeren Truhen und Schränken im Prüfraum selbst untergebracht sind und die Luft ansaugen, klimatisieren und wieder in den Raum abgeben (Abb. 1, 2 und 3).

In vielen Fällen ist es nicht notwendig, streng klimatisierte Prüfräume zu unterhalten. Dies gilt insbesondere dann, wenn zur Prüfung Proben gelangen, die einigermaßen dickwandig sind und daher ihren Temperatur- und Feuchtigkeitszustand nicht rasch ändern. Weiterhin ist Voraussetzung, daß die vorzunehmenden Prüfungen nicht zu lange Zeit in Anspruch nehmen. Wenn diese Vorbedingungen gegeben sind,

Abb. 1. Gerät zur Raumklimatisierung (Ansicht)

kann die Probe in Schränken, Kammern oder auch Exsikkatoren vorbehandelt werden, die auf das Normalklima eingestellt sind [8, 9]. Aber auch in diesen Fällen darf das Klima des Prüfraumes nicht zu weit von dem Normalklima entfernt sein.

Die gewünschte Feuchtigkeit kann in diesen Behältern in einfachster und sehr exakter Weise hergestellt werden durch wäßrige Lösungen verschiedener Stoffe in geeigneter Konzentration. Ein Ventilator, der eine ständige langsame Luftbewegung im Behälter bewirkt, ist dabei vorzusehen. In der Tab. 1 sind verschiedene derartige Stoffe zusammengestellt. Besonders zu empfehlen sind die gesättigten Lösungen mit Bodenkörper. Diese Lösungen geben die Garantie, daß sich stets die richtige relative Luftfeuchte einstellt, sofern Lösung und feste Substanz in hinreichenden Mengen nebeneinander vorhanden und in genügendem Kontakt mit der Luft sind. Die Kontrolle der Lösungen erfolgt ohne Meßinstrumente und ist denkbar einfach. Die eben-

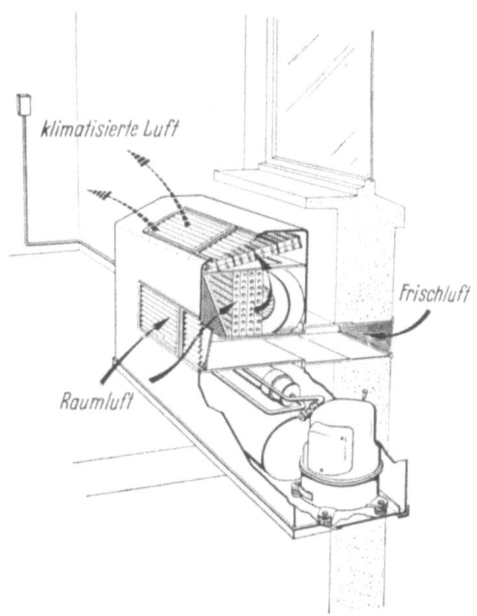

Abb. 2
Gerät zur Raumklimatisierung (Wirkungsweise)

falls viel verwendeten Salz- oder Schwefelsäure-Lösungen bestimmter Konzentration haben gegenüber den gesättigten Lösungen mit Bodenkörper den Nachteil, daß sie sich in dem Augenblick, in dem sie wirksam werden, d. h. Wasserdampf aufnehmen oder abgeben, bereits verändern. Ihre Kontrolle, die gewöhnlich über Dichtemessungen erfolgt, ist umständlich und zeitraubend.

Temperatur und relative Luftfeuchte werden mit den bekannten Meßinstrumenten, wie Flüssigkeitsthermometern, Widerstandsthermometern bzw. Hygrometern oder Psychrometern gemessen. Wegen der Einzelheiten muß auf die einschlägige Literatur verwiesen werden [10]. Nach Möglichkeit sollten nur geeichte oder eichfähige Instrumente benutzt werden. Die Instrumente bzw. ihre Fühler müssen sich möglichst nahe bei den Proben befinden. Bei den Meßgeräten für die relative Luftfeuchte ist zu beachten, daß sie im allgemeinen einer sehr sorgfältigen Pflege und einer regelmäßigen Kontrolle bedürfen, wenn Fehlmessungen vermieden werden sollen. Dies gilt insbesondere für die sehr verbreiteten Haarhygrometer und -hygrographen. Thermo- und Hygrographen sind besonders geeignet zur laufenden Überwachung des Klimas in Räumen und größeren Behältern.

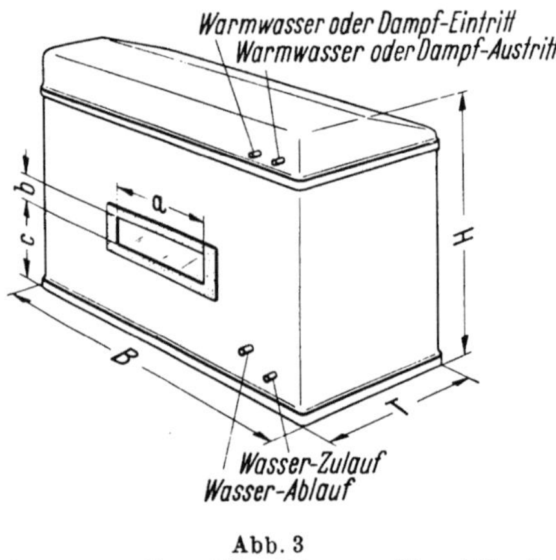

Abb. 3
Gerät zur Raumklimatisierung (Anschlüsse)

Die Dauer der Vorbehandlung richtet sich ganz nach der Art und Größe der Proben und nach der Genauigkeit, die von der Prüfung jeweils gefordert werden muß. Bei dünnen Fäden und Folien genügt oft eine Vorbehandlung von wenigen Stunden. Sehr beliebt ist eine Vorbehandlung von 16 Std., weil unter Berücksichtigung des 8 stündigen Arbeitstages dabei die Möglichkeit besteht, die Proben am Nachmittag vorzubereiten, über Nacht zu klimatisieren und am nächsten Vormittag zu prüfen. Bei dicken Proben ist oft eine Vorbehandlung von Wochen oder sogar Monaten erforderlich, bis sich die Angleichung vollzogen hat. In diesen Fällen behilft man sich aus praktischen Erwägungen heraus unter bewußtem Verzicht auf eine vollständige Angleichung, insbesondere im Innern der Proben, mit mehr oder weniger willkürlich festgelegten Vorbehandlungszeiten. Für Serienuntersuchungen geht man dabei selten über 4 Tage hinaus. In der oben genannten ISO-Empfehlung wird, wenn Temperatur und relative Luftfeuchte berücksichtigt werden müssen, eine Periode von 88 bis 94 Std. vorgeschlagen.

Bei allen mechanischen, physikalischen und elektrischen Prüfwerten von Kunststoffen müssen korrekterweise die Konditionierungs- bzw. Prüfraumbedingungen angegeben werden, unter denen die Werte ermittelt wurden. Eine Kurzmethode, die sich, anscheinend von den USA ausgehend, mehr und mehr einführt, erscheint daher bemerkenswert. Durch Schrägstriche getrennt wird durch unbenannte Zahlen in der Reihenfolge angegeben: Dauer der Konditionierung in Std./Temperatur in °C/relative Luftfeuchte in %. Die Angabe 48/20/65 bedeutet also z. B., daß 48 Std. bei 20 °C und 65% relativer Luftfeuchte konditioniert wurde. Wenn ein Zahlenwert nicht festgelegt wurde, erscheint an seiner Stelle ein waagerechter Strich.

Tabelle 1.

Feuchtigkeitsempfindliche Stoffe zum Einstellen bestimmter relativer Luftfeuchten bei 20 °C

Relative Luftfeuchte in %	Feste Stoffe	Lösung mit Bodenkörper	Schwefelsäure-lösung Gew. %
0	P_2O_5	—	—
2,5	$CaCl_2$ wasserfrei	—	—
7	KOH geschmolzen	—	—
10	—	—	64,0
20	—	—	57,7
30	—	—	52,5
35	—	$CaCl_2 \cdot 6\,H_2O$	50,3
40	—	—	48,0
45	—	$K_2CO_3 \cdot 2\,H_2O$	46,0
50	—	—	43,9
55	—	$Ca(NO_3)_2 \cdot 4\,H_2O$	41,5
60	—	—	38,6
65	—	$NaNO_3$ NH_4NO_3	35,9
70	—	—	33,7
75	—	NaCl	30,8
80	—	$(NH_4)_2SO_4$ KBr	27,1
85	—	KCl	22,5
90	—	—	16.4
93	—	KNO_3	—
97	—	K_2SO_4	—

Die Literatur über die Konditionierung ist sehr weit verstreut, da sie im allgemeinen in Prüfvorschriften des In- und Auslandes, auch noch nach Fachsparten aufgeteilt, festgelegt ist. Es würde zu weit führen, sie im einzelnen hier aufzuführen. Statt dessen sei nochmals auf die Literaturstelle [2] hingewiesen, die eine sehr umfangreiche Zusammenstellung enthält.

Literatur

[1] Vgl. H. STAEGER: Werkstoffkunde der elektrotechnischen Isolierstoffe. Berlin-Nikolassee: Gebr. Borntraeger 1959, S. 423 ff.
[2] KUTZELNIGG, A.: Übersicht über Verfahren und Vorschriften zur Kurzbeanspruchung im Rahmen der Klimaprüfung. Werkstoffe u. Korrosion 7 (1956) S. 65—82.
[3] DIN 50014 Normalklimate.
[4] ASTM: D 618–53 Conditioning Plastics and Electrical Insulating Materials for Testing.
[5] DIN 50015 Konstantklimate.
[6] DIN 53480 bis 53483 (übereinstimmend mit VDE 0303 Teil 1—4, S. 10 u. 55).
[7] Vornorm DIN 50012 Werkstoff- und Geräteprüfung; Beschaffenheit des Prüfraumes; Messen der relativen Luftfeuchte.
[8] GARTON, C. G.: Methodes of Maintaining Atmospheres of known Temperature and Humidity. The British Electrical and Allied Industries Research Association Thorncroft Manor, Dorking Road, Leatherhead Surrey Technical Report Reference L/T 176 (1948).
[9] DIN 53802 Prüfung von Textilien, Angleichung der Proben an das Normalklima.
[10] HENGSTENBERG/STURM/WINKLER: Messen und Regeln in der chemischen Technik. Berlin/Göttingen/Heidelberg: Springer 1957.

3 Ermittlung der verschiedenen Kunststoffeigenschaften

3.1 Chemische Prüfung

Von **W. Toeldte †**, Berlin, und **F. Weber**, Kassel

Zur Beurteilung der Eigenschaften eines Kunststoffes werden neben physikalischen und physiko-chemischen Prüfungen auch chemische Prüfverfahren benötigt. Derartige Untersuchungen dienen sowohl zur Ermittlung der Einsatzfähigkeit der verschiedenen Materialien als auch zur Überwachung bei der Herstellung sowie zur Kontrolle der Lieferung.

Die Verfahren lassen sich in allgemeine Prüfverfahren, wie z. B. die Bestimmung der Asche, des Chlorgehaltes, der Feuchtigkeit usw. oder auf einzelne Kunststoffe sich beziehende spezielle Prüfungen, wie die Bestimmung des Phenolgehaltes in Phenoplastpreßmassen oder die des Styrols in Polystyrol, aufteilen.

Die apparativen Erfordernisse für derartige Untersuchungen entsprechen denen eines analytischen Laboratoriums. Sofern sie in II 1.1.4 nicht aufgeführt sind, wird im weiteren Verlauf hierauf eingegangen.

Es ist nicht die Aufgabe dieses Kapitels, sich mit der Analyse der Kunststoffe, die die Identifizierung unbekannter Produkte zur Aufgabe hat, zu befassen. Derartige Untersuchungen gehen über den Rahmen des vorliegenden Buches hinaus. Auch steht hierfür eine ausführliche Spezialliteratur zur Verfügung [*1* bis *5*].

Chemisch-physikalische Verfahren, wie die Bestimmung des p_H-Wertes bzw. der Leitfähigkeit wäßriger Auszüge, Feuchtigkeitsbestimmung, Bestimmung der Brechungszahl, Dichte usw., die ebenfalls meist in chemischen Laboratorien durchgeführt werden, sind im II 3.8 ,,Prüfung auf physikalisch-chemische Eigenschaften'' u. a. abgehandelt.

3.1.1 Allgemeine Prüfverfahren

a) Viskositätsbestimmungen. α) *Art und Zweck.* Die Viskosität – das Fließverhalten – stellt eine charakteristische Eigenschaft sowohl flüssiger wie gelöster Stoffe dar. Es ist hierbei zwischen newtonschen Flüssigkeiten, deren Viskosität eine Materialkonstante ist, und zwischen nicht-newtonschen Flüssigkeiten, deren Viskosität zusätzlich von der vorliegenden Schubspannung und der Schergeschwindigkeit abhängt, zu unterscheiden. Eine eingehende wissenschaftliche Erläuterung hierzu wird in I 1.5.1 gegeben. Zur Viskositätsmessung, deren Begriffe in DIN 51550 definiert sind, stehen neben konventionellen Verfahren, wie die Bestimmung nach ENGLER, REDWOOD, SAYBOLD für Absolutmessungen verschiedene z. T. genormte Geräte zur Verfügung.

Zur Bestimmung der *kinematischen Viskosität* dienen Kapillarviskosimeter. Als genormte Geräte liegen das VOGEL-OSSAG-Viskosimeter nach DIN 51561 sowie das UBBELOHDE-Viskosimeter nach DIN 51562 vor. Mit beiden Geräten wird die Zeit gemessen, die eine bestimmte Menge unter ihrem hydrostatischen Druck stehende Flüssigkeit zum Durchlaufen einer Kapillare bekannter lichter Weite benötigt. Die Angabe der erhaltenen Werte erfolgt in

Stokes (St) bzw. Centistokes (cSt). Bei Viskositätsmessungen nicht-newtonscher Flüssigkeiten ist zu beachten, daß die erhaltenen Werte durch Anlaufvorgänge verfälscht werden können.

Mit dem VOGEL-OSSAG-Gerät läßt sich außerdem die *dynamische Viskosität* bestimmen. Hierbei wird eine festgelegte Flüssigkeitsmenge aus dem Vorratsgefäß mit einem Überdruck von $(60 \pm 0{,}2)$ cm Wassersäule durch die Kapillare gedrückt. Auch hier wird die Durchflußzeit durch die Kapillare bestimmt.

Als weiteres genormtes Gerät zur Bestimmung der dynamischen Viskosität newtonscher Flüssigkeiten dient das Kugelfallviskosimeter nach HÖPPLER. Die genaue Beschreibung des Gerätes sowie die Meßmethodik sind in DIN 53015 wiedergegeben. Die zu untersuchende Flüssigkeit befindet sich in einem genau kalibrierten Meßrohr, das eine Neigung von $10°$ zur Senkrechten besitzt und von einer Thermostatenflüssigkeit umflossen wird. Gemessen wird die Zeitspanne, die eine in ihren Konstanten genau festgelegte Kugel aus Glas oder Stahl benötigt, um in der Flüssigkeit an der Glaswandung des Rohres zwischen zwei festgelegten Markierungen abzurollen. Die Werte der dynamischen Viskosität werden in Poise (P) bzw. in Centipoise (cP) angegeben.

Zur Untersuchung nicht-newtonscher Flüssigkeiten, die Viskositätsanomalien, wie Strukturviskosität, Rheopexie, Thixotropie u. a. zeigen, eignen sich insbesonders nach dem COUETTE-System arbeitende Rotationsviskosimeter [6]. Hierbei wird die Meßflüssigkeit zwischen einem feststehenden und einem rotierenden Zylinder einer konstanten Schergeschwindigkeit ausgesetzt und die auftretende Schubspannung bestimmt. Zur Untersuchung der Viskositätsanomalien werden Messungen bei verschiedenen Schergeschwindigkeiten jeweils so lange durchgeführt, bis sich konstante Werte eingestellt haben. Da die Meßzeiten mit einem solchen Gerät im Gegensatz zu den Messungen mit Kapillar- bzw. Kugelfallviskosimetern nicht begrenzt sind, lassen sich auch Reaktionsabläufe, die mit Viskositätsänderungen verbunden sind, verfolgen. Beispielsweise ist ein solches Verfahren zur Bestimmung der Gebrauchsdauer von Gießharzmassen [7] zur Normung durch den DNA/VDE vorgesehen.

Solche Rotationsviskosimeter, wie z. B. das DRAGE-Viskosimeter, das Rotavisko, das BROOKFIELD-Viskosimeter und das McKENNEL-Viskosimeter, dessen Meßzelle nur noch aus einer feststehenden Platte mit einem darauf rotierenden stumpfen Kegel besteht, haben in den letzten Jahren weitgehende Verwendung in den Laboratorien gefunden.

β) Bestimmung des Polymerisationsgrades. Verfahren zur Viskositätsmessung an einigen Kunststoffen liegen als Normen vor. Sie dienen hierbei zur Charakterisierung des Polymerisationsgrades von Hochpolymeren. Die Messungen erfolgen an stark verdünnten Lösungen von etwa $^1/_2$ bis 1%.

In der Vornorm DIN 53726 ,,Bestimmung der Viskositätszahl und des K-Wertes von Polyvinylchloriden in Lösungen'' wird die Durchführung der Messung bei 25 °C an $^1/_2\%$igen PVC- bzw. PVC-Mischpolymerisat-Lösungen in Cyclohexanon mit UBBELOHDE-Viskosimeter oder solchen, die gleiche Ergebnisse liefern, beschrieben. Die Angabe erfolgt entweder als Viskositätszahl oder als K-Wert. Das Prüfverfahren basiert auf der ISO/DR 189. Ein analoges Verfahren liegt in der ASTM-Vorschrift D 1243–58 T vor. Die Messungen werden mit einem UBBELOHDE-Viskosimeter bei 30 °C durchgeführt. Als Lösungsmittel für das Polymere wird Cyclohexanon oder Nitrobenzol vorgeschlagen.

In DIN 7741, Vornorm, ist unter Punkt 5.2 die Bestimmung des K-Wertes für Polystyrol-Spritzgußmassen aufgeführt. Die Messung erfolgt an 1%igen Lösungen in Benzol bei 25 °C gemäß DIN 51562. Entsprechende Viskositätsmessungen an weiteren Polymeren, wie z. B. „Bestimmung der reduzierten Viskosität an Niederdruck-Polyäthylen", sind zur Normung im DNA vorgesehen. In der Vornorm ASTM D 1601–58 T liegt bereits eine Vorschrift zur Bestimmung der reduzierten Viskosität von Polyäthylenen vor. Die Messung ist in Decalin bei 130 °C in einem modifizierten UBBELOHDE-Viskosimeter durchzuführen. Außerdem werden bei der ISO die Verfahren „Bestimmung der Viskositätszahl von Polyamiden in Lösung" sowie „Bestimmung der Viskosität von konzentrierten Polyamidlösungen" als ISO-Vorschlag (1959) bzw. als Entwurfsvorschlag für ISO-Empfehlungen bearbeitet.

γ) *Weitere Möglichkeiten.* Bei Weichmachern ist in DIN 53400 ebenfalls zur Charakterisierung die Bestimmung der Viskosität vorgesehen. Die Messung erfolgt hierbei entsprechend DIN 51550.

Für Celluloseacetate ist in ASTM 871–56 die Viskositätsbestimmung mit einem Kugelfallviskosimeter nach ASTM D 1343 vorgesehen. Je nach Acetylgehalt der Probe sind Konzentration und Lösungsmittelgemisch vorgeschrieben. In ASTM D 817–57 wird für Acetobutyratcellulose die Bestimmung der Viskosität 20%iger Lösungen in Aceton ebenfalls nach vorgenanntem Verfahren vorgeschlagen. Die Viskosität von Äthylcellulose wird nach ASTM 914–50 an 50%igen Lösungen bestimmt, wobei das zur Anwendung kommende Lösungsmittelgemisch vom Äthoxygehalt der Probe abhängt. Gemessen wird entweder die dynamische Viskosität nach beliebigen genormten Verfahren oder die kinematische Viskosität nach der Vornorm ASTM D 445.

b) Bestimmung anorganischer Bestandteile. Anorganische Bestandteile in Kunststoffen können in Preßmassen und Gießharzen als Füllstoffe, Pigmente, oder ganz allgemein in Kunststoffen als geringe durch die Herstellung bedingte Beimengungen vorliegen.

Bestimmt werden solche Zusätze, insbesondere wenn es sich um *Füllstoffe* handelt, meist als Glührückstände. Bei füllstoffhaltigen Massen genügen Einwaagen von 0,5 bis 1 g, die im Porzellantiegel bei offener Flamme etwa 30 bis 60 min verascht und anschließend im Tiegelofen bei 800 bis 900 °C konstant geglüht werden. Da durch das Aufblähen der Substanz bei der Veraschung leicht Schwierigkeiten entstehen können, sollen nur bei geringen anorganischen Beimengungen größere Einwaagen genommen werden. In DIN 7734 „Preßspan für die Elektrotechnik" unter Abs. 5.9.1 sind z. B. Einwaagen von etwa 2 g vorgesehen.

Bei *Verunreinigungen* durch Natriumchlorid, die z. B. bei Epoxydharzen auf Basis von Glycidyläthern vorliegen können, ist die Nachbehandlung im Tiegelofen nicht über 600 °C vorzunehmen, da bei höheren Temperaturen mit Natriumchloridverlusten zu rechnen ist. Mit Vorteil läßt sich in solchen Fällen auch die Bestimmung als Sulfatasche durchführen, wie sie in der Norm „Bestimmung der Asche von Schmierfetten" DIN 51803 unter Abs. 8.12 „Naßveraschung" festgelegt ist. Hierbei erfolgt die Nachbehandlung im Tiegelofen ebenfalls bei

600 °C. In Vulkanfiber ist durch die Herstellung bedingt mit Restgehalten an Zinkchlorid zu rechnen. Auch hierbei ist, wie beim Preßspan, die Menge an anorganischen Verunreinigungen von maßgeblicher Bedeutung für seinen Einsatz als Isoliermaterial. Die Bestimmung erfolgt nicht durch Veraschung, sondern wie in DIN 7738, Abs. 5.93 näher erläutert, durch Auslaugen des Zinkchlorids mit Wasser aus einer Einwaage von etwa 2 g Vulkanfiber und anschließender Titration des Chlorids mit 1/100 n-Silbernitratlösung gegen Kaliumchromat als Indikator.

Ein ähnliches Verfahren liegt für die Bestimmung des Alkaligehaltes in Polyvinylchlorid-Formmassen vor [8]. 20 g der Formmasse werden in 100 ml dest. Wasser aufgeschwemmt, mit 40 ml n/10-Schwefelsäure versetzt und 3 min gekocht. Nach Erkalten wird der Verbrauch an 1/10 n-Schwefelsäure durch Rücktitration mit Natronlauge gegen Phenolphthalein bestimmt.

c) Nichtflüchtige Bestandteile. Die Ermittlung nichtflüchtiger Bestandteile kommt sowohl für Harzlösungen und Dispersionen als auch für feste und flüssige Kunststoffe bzw. Harze in Betracht. Abgesehen vom Wassergehalt (II 3.8.1 b, α), flüchtigen Weichmachern (II 3.8.3 b, α) u. a. können solche Produkte durch die Herstellung bedingt Lösungsmittelreste besitzen, die während der Weiterverarbeitung, z. B. bei Gießharzen, u. U. Schwierigkeiten bereiten.

Bei Harzlösungen und Dispersionen werden vorteilhaft 1,5 bis 2 g Probematerial zur Bestimmung in flache Wägegläser mit etwa 50 bis 70 mm Durchmesser und aufgeschliffenem Deckel auf einer Präzisionswaage rasch eingewogen und dann bei geschlossenem Wägeglas auf einer Analysenwaage genau ausgewogen. Das Material wird auf dem Boden des Wägeglases durch mehrfaches Neigen verteilt. Man verjagt die Hauptmenge der flüchtigen Stoffe auf dem Wasserbad und erwärmt schließlich 4 Std. bei 100 bis 110 °C im Trockenschrank. Nach dem Abkühlen wird der Trockenrückstand, der die „nichtflüchtigen Bestandteile" darstellt, gewogen.

Bei Harzen, die lediglich durch die Herstellung bedingt Lösungsmittelreste enthalten, kann unter Fortfall der Vorsichtsmaßnahme direkt auf der Analysenwaage eingewogen und anschließend sofort im Trockenschrank getrocknet werden.

Bei Harzlösungen mit hohem Lösungsmittelanteil, bei denen Einwaagen von etwa 100 mg genügen, läßt sich die Bestimmung vorteilhaft mit dem Planwägeglas nach HEIDBRINGK durchführen [8].

In der Norm „Bestimmung des Trockenrückstandes von Kunststoffdispersionen" DIN 53189 ist folgender Arbeitsgang vorgesehen. Die Einwaage erfolgt unter Vermeidung von Lösungsmittelverlusten. Im Anschluß daran wird die Probe mit einer bestimmten Menge getrockneten Quarzsandes festgelegter Körnung vermischt, so daß durch die große Oberfläche das vorhandene Lösungsmittel leicht verdunsten kann. Die Trocknung erfolgt im Wärmeschrank z. B. 4 Std. bei 150 °C.

In den vorstehenden Prüfverfahren wird die Trocknung der Substanz nur eine bestimmte Zeitspanne und nicht bis zur sogenannten Gewichtskonstanz durchgeführt, da Kunststoffe schwerflüchtige Anteile enthalten können, deren Entfernung sich über lange Zeiten erstreckt. Hinzu kommt, daß je nach ihrer thermischen Beständigkeit bei lang anhaltender Wärmeeinwirkung flüchtige Bestandteile abgespalten werden und somit diese Kunststoffe irreversible Veränderungen erleiden können, auf die in II 3.5.5 näher eingegangen wird.

d) Bestimmung der Säurezahl, Verseifungszahl und Verseifungsgeschwindigkeit. Kunststoffe, die als Polyester vorliegen oder Zusätze an Estern bzw. Polyestern, z. B. zur Weichmachung enthalten, besitzen als charakteristische Daten Säure- und Verseifungszahlen. Weiterhin ist ihre Stabilität gegenüber Verseifungsmitteln durch die Verseifungsgeschwindigkeit festgelegt. Die Ermittlung dieser Eigenschaften dient nicht nur zur Identifizierung unbekannter Produkte, ihre Kenntnis ist auch für den sachgemäßen Einsatz solcher Kunststoffe erforderlich.

α) *Säurezahl.* Die Säurezahl (SZ) stellt die Anzahl Milligramm KOH dar, die zur Neutralisation von 1 g Substanz benötigt werden. Nach ZEIDLER [9] werden etwa 2,5 g der Probe in einem Gemisch aus 2 Teilen Reinbenzol und 1 Teil 96%igem Äthylalkohol gelöst und je nach Säuregehalt mit 1/2 bzw. 1/10 n alkoholischer KOH gegen Phenolphthalein, Thymolphthalein oder Alkaliblau 6 B in Äthanol titriert. Der Verbrauch einer Blindprobe wird in Abzug gebracht. Zur Prüfung von Weichmachern ist in DIN 53 402 eine entsprechende Vorschrift festgelegt. 10 g Weichmacher werden in 50 ml gegen Thymolphthalein neutralisiertem Äthanol-Benzolgemisch 1:1 gelöst und mit 1/10 n alkoholischer Kalilauge gegen Thymolphthalein bzw. Alkaliblau 6 B titriert.

In der ASTM-Vorschrift D 1045–58 werden 25 g Weichmacher in 50 ml Alkohol oder sofern dies nicht möglich ist, in einem aus gleichen Teilen bestehenden Gemisch aus Alkohol-Benzol oder Alkohol-Aceton gelöst und gegen Bromthymolblau mit 1/100 n wäßriger Natronlauge oder alkoholischer Kalilauge titriert. Bei einem Verbrauch von mehr als 10 ml werden 1/10 n-Lösungen verwendet. Für Ester der Cellulose ist in den ASTM-Normen D 817–57 und D 871–56 eine von den vorgenannten Verfahren abweichende Methode angegeben. Es werden hierbei 5 g der Probe mit 130 ml ausgekochtem, kaltem Wasser 3 Stunden ausgelaugt und das Filtrat anschließend mit 1/10 n wäßriger Natronlauge gegen Phenolphthalein titriert.

β) *Verseifungszahl.* Die Verseifungszahl – ursprünglich für Fettanalysen aufgestellt – wird heute ganz allgemein zur Kennzeichnung esterhaltiger Produkte herangezogen. Bei Kunststoffen dient sie nicht nur zu deren Identifizierung [*10, 11*], sondern wird auch zur Bestimmung von Eigenschaftsänderungen benutzt. Entsprechend der Säurezahl ist sie als die Anzahl Milligramm KOH definiert, die zur Bestimmung der freien sowie der als Ester oder Anhydrid vorliegenden Säure in 1 g Substanz erforderlich sind.

Nach ZEIDLER [9] werden 2 g Substanz in 25 ml 1/2 n alkoholischer KOH 1 Std. am Rückflußkühler erhitzt. Bei schwer verseifbaren Substanzen wird entsprechend länger verseift. Die Rücktitration des noch warmen Verseifungsproduktes erfolgt sofort mit 1/2 n-Salzsäure. Eine Blindprobe wird den gleichen Bedingungen unterworfen. In der Vorschrift wird darauf hingewiesen, daß bei langen Verseifungszeiten und Verwendung höher siedender Alkohole mit einem zusätzlichen Verbrauch von KOH durch das Glas des Verseifungskolbens gerechnet werden muß.

Für schwer verseifbare Substanzen schlägt H. Wolf vor, nach 1 stündiger Verseifung den Rückflußkühler zu entfernen und auf dem Wasserbad den Alkohol fast bis zur Trockne abzudampfen. Anschließend wird nach Aufsetzen eines Trockenrohres noch eine weitere halbe Stunde erhitzt, um dann das Verseifungsprodukt in 50 ml 80%igem Alkohol zu lösen und die überschüssige Menge KOH mit 1/2 n-Säure zurückzutitrieren.

In DIN 53401 erfolgt die Bestimmung der Verseifungszahl von Weichmachern in ähnlicher Weise, aber mit einem größeren Überschuß an Lauge. 1 g Substanz wird in 50 ml 1/2 n äthylalkoholischer Kalilauge – bei schwer verseifbaren Estern kann an Stelle von Äthylalkohol auch Äthylenglycolmonoäthyläther verwendet werden – gelöst, 1 Std. am Rückfluß gekocht und in der Wärme mit 1/2 n-Salzsäure gegen Thymolphthalein oder Alkaliblau 6 B zurücktitriert. Ein Blindversuch wird analog behandelt.

Das Verfahren entspricht der in der ASTM-Vorschrift D 1045–58 beschriebenen Methode. Die Einwaage beträgt hierbei etwa 2 g. Als Lösungsmittel ist nur Äthylalkohol vorgesehen. Bei schwer verseifbaren Substanzen kann dagegen die Verseifungszeit auf 4 Std. ausgedehnt werden. Die Rücktitration mit 1/2 n-Salzsäure geschieht gegen Bromthymolblau.

Nach ASTM D 871–56 wird die Verseifungszahl von *Acetylcellulose* durch alkalische Verseifung bei 50 bis 60 °C in heterogener Phase bestimmt. Die feingemahlene Probe wird in 40 ml 75%igem Äthylalkohol suspendiert, auf 50 bis 60 °C erwärmt, anschließend mit 40 ml 0,5 n wäßriger Natronlauge versetzt, wobei die Temperatur für weitere 15 min beibehalten wird. Anschließend wird der verschlossene Kolben mindestens 48 Std. bei Raumtemperatur stehengelassen. Bei Proben mit über 43% Acetylgruppen und bei verhorntem Material sind 72 Std. vorgesehen. Anschließend wird die Probe mit einem bestimmten Überschuß von 0,5 n-Salzsäure versetzt und nach einigen Stunden wieder mit 0,5 n-Natronlauge gegen Phenolphthalein zurücktitriert. Das gleiche Verfahren ist auch zur Bestimmung der Verseifungszahl für *Acetobutyratcellulose* mit einem Gehalt von etwa 35% Butyrylgruppen nach ASTM D 817–57 vorgesehen. Für einen geringeren oder höheren Gehalt von Butyrylgruppen ist diese Methode entsprechend abzuändern.

In einem von Kodak [12] aufgestellten Verfahren werden Mischester der Cellulose, z. B. Acetobutyratcellulose, vollständig verseift und die freien Fettsäuren mit Wasserdampf abdestilliert. In dem Destillat wird anschließend der Verteilungskoeffizient zwischen Wasser und einem niedrigen aliphatischen Ester bestimmt. Gesondert hierzu werden die Verteilungskoeffizienten der einzelnen Säuren zwischen Wasser und dem gleichen Ester ermittelt und die prozentualen Anteile der Säuren im Destillat hieraus errechnet. Ein analoges Verfahren ist für Acetobutyratcellulose in ASTM D 817–57 festgelegt. Die Verseifung erfolgt mit 0,5 n-Natronlauge in heterogener Phase bei Raumtemperatur innerhalb 48 bis 72 Std. Das Filtrat wird mit Phosphorsäure angesäuert und die freien organischen Säuren abdestilliert. Anschließend wird im Destillat die Gesamtsäurezahl sowie der Verteilungskoeffizient des Säuregemisches zwischen Wasser und Butylacetat bestimmt. Parallel hierzu wird der Verteilungskoeffizient einer etwa 0,1 n-Lösung reiner Essigbzw. Buttersäure zwischen Wasser und Butylacetat bestimmt. Aus den ermittelten Daten wird der prozentuale Gehalt an Essig- bzw. Buttersäure errechnet. Weitere Verfahren zur Trennung verschiedener organischer Säuren nach Verseifung werden von THINIUS [2] aufgeführt. Ein weiteres Verfahren zur quantitativen Verseifung für Acetylgruppen liegt speziell für PVC-*Polyvinylacetat*-Mischpolymerisat als Vorschlag zum Entwurf einer ISO-Empfehlung vor. Hierbei wird die Substanz in Dioxan gelöst und anschließend mit Natriummethylat unter Stickstoff verseift. Nach Beendigung wird das Reaktionsprodukt mit Schwefelsäure angesäuert. Die hierbei frei werdende Salzsäure wird mit Silbersulfat ausgefällt und die Essigsäure in eine Vorlage mit 1/10 n-Natronlauge destilliert, in der sie durch Rücktitration der überschüssigen Lauge mit 1/10 n-Salzsäure bestimmt wird.

γ) *Verseifungsgeschwindigkeit.* Die Verseifungsgeschwindigkeit besitzt bei Kunststoffen, die Esterbindungen enthalten, je nach den Einsatzbedingungen besondere Bedeutung. In DIN 53404 „Prüfung von Weichmachern; Bestimmung der Verseifungsgeschwindigkeit" sind entsprechende Prüfverfahren bei alkalischer Verseifung festgelegt. Die Einwaagen der Ester richten sich nach ihrer Verseifungszahl und sollen, bezogen auf die zur Verwendung kommende 1/2 n methylalkoholische Kalilauge, ein halbes Äquivalent betragen. Die Verseifung erfolgt bei 20 °C im Thermostaten. In festgelegten Zeitabständen werden Proben von 100 ml entnommen, sofort mit 50 ml 1 n-Essigsäure vermischt und mit 1 n-Kalilauge gegen Phenolphthalein titriert.

Um das von Estern der Kohlensäure während der Verseifung gebildete Karbonat bei der Titration nicht zu zerlegen, werden hierbei die entnommenen Proben mit 50 ml Bariumchloridlösung gemischt und gegen Phenolphthalein mit Normalessigsäure titriert. In entsprechender Weise wird auch die erforderliche Verseifungszahl dieser Ester bestimmt.

Über das für die Weichmacher genormte Verfahren hinaus läßt sich diese Methode auch den jeweiligen Einsatzbedingungen solcher Kunststoffe anpassen. An Stelle der Kalilauge können z. B. Ammoniak, Waschlaugen und Säuren in den erforderlichen Konzentrationen als Verseifungsmittel verwendet werden. Auch läßt sich die Verseifungstemperatur den Bedingungen entsprechend variieren.

e) **Bestimmung des Chlorgehaltes in Kunststoffen.** Die Bestimmung von Chlor kommt meist bei solchen Kunststoffen in Frage, die dieses Element als wesentlichen Bestandteil, wie z. B. PVC, PVC-Mischpolymerisat, Chlorparaffin, chloriertes Polyäthylen, enthalten. Weiterhin gibt es aber noch eine Reihe von Kunststoffen, in denen auf Grund ihrer Herstellungsverfahren Restgehalte organisch bzw. anorganisch gebundenen Chlors vorhanden sind.

Das aliphatisch oder aromatisch gebundene Chlor kann sowohl wegen seiner unterschiedlichen Verseifbarkeit (s. auch II 3.1.2 d, β) wie auch auf Grund seiner thermischen Stabilität (s. auch II 3.8.3 b, γ) die Einsatzmöglichkeit solcher Kunststoffe weitgehend festlegen. Salzartige Chlorverbindungen, wie z. B. Zinkchlorid in Vulkanfiber, Natriumchlorid in Epoxydharzen (s. auch II 3.1.2 b), können speziell die elektrischen Eigenschaften des Produktes beeinflussen.

Das so in verschiedener Weise gebundene Chlor kann entweder als Gesamtchlor oder als aromatisch bzw. aliphatisch gebundenes Chlor bestimmt werden.

α) *Gesamtchlorgehalt.* Zur Bestimmung des Gesamtchlors lassen sich sowohl alkalische wie auch saure Aufschlußmethoden anwenden. Die drei nachstehend beschriebenen Verfahren sind in dem Normentwurf DIN 53474 „Prüfung von Kunststoffen; Bestimmung des Chlorgehaltes" zusammengefaßt und eingehend beschrieben. Der älteste bekannte alkalische Aufschluß ist nach M. E. SOUBEIRAN [13] und J. v. LIEBIG [14] die Zersetzung der organischen Substanz mit Calciumoxyd durch Erhitzen auf Rotglut. Das Verfahren wird in modifizierter Form als Tiegelkalkverfahren angewendet. Die Bestimmung des gebildeten Chlorides erfolgt nach VOLHARD. Ein heute weitverbreitetes alkalisches Aufschlußverfahren ist die Verbrennung der Substanz in der Bombe nach WURZSCHMITT [15]. Hiernach können Mikro-, Halbmikro- sowie Makrobestimmungen durchgeführt werden. Die Substanz wird in einer verschraubbaren Stahlbombe mit Natriumperoxyd und Äthylenglycol verbrannt. Da das Peroxyd-Glycol-Gemisch schon bei 56 °C zündet, ist nur eine geringe Erwärmung für den Aufschluß erforderlich.

Der chloridhaltige Rückstand wird mit Wasser herausgewaschen, die Lösung salpetersauer gemacht und mit n/10 normaler Silbernitratlösung im Überschuß versetzt. Nach Abfiltrieren und Auswaschen des Niederschlages wird in dem Filtrat das überschüssige Silbernitrat nach VOLHARD zurücktitriert.

Ein saures Aufschlußverfahren stellt die Bestimmung von Chlor in organischen Verbindungen nach L. CARIUS [16] dar. Hierbei wird im Einschmelzrohr in Gegenwart von Silbernitrat mit rauchender Salpetersäure bei etwa 250 °C die organische Substanz zerstört. Das gebildete Silberchlorid wird anschließend gravimetrisch bestimmt.

Das Aufschlußverfahren nach WURZSCHMITT liegt neuerdings als Entwurfsvorschlag für eine ISO-Empfehlung vor. In der ASTM-Vorschrift D 1303–35 ist dagegen das ältere Verfahren mit der PARR-Bombe [17] beschrieben. An Stelle des Glycolzusatzes wird hierbei Puderzucker verwendet, wodurch weit höhere Zündtemperaturen erforderlich sind. Die Bestimmung des Chlorides geschieht ebenfalls nach VOLHARD.

β) *Organisch gebundenes Chlor.* Sowohl aliphatisch wie auch aromatisch gebundenes Chlor kann nach GROTE und KREKELER [18] durch Verbrennung in einem Luftsauerstoffgemisch und anschließender Reduktion des Chlors zum Chlorid bestimmt werden. Das Verfahren hat den Vorteil, daß die Menge der zu verbrennenden Substanz in sehr weiten Grenzen variiert werden kann. Selbst bei geringem Anteil an organisch gebundenem Chlor, wie etwa 0,1 Gew.-%, werden im Gegensatz zu den zuvor beschriebenen Verfahren unter Verwendung entsprechend großer Einwaagen von 2 bis 3 g noch reproduzierbare Werte erhalten.

Die Verbrennung erfolgt in einem Quarzrohr, durch das gereinigtes Luftsauerstoffgemisch strömt. In einer verbesserten Ausführung nach WURZSCHMITT und ZIMMERMANN [19] wird der Sauerstoff seitlich in die Mitte des Verbrennungsrohres eingeführt, wodurch die Verbrennung gleichmäßiger erfolgt.

Die Probe wird in der vorderen Rohrhälfte durch vorsichtiges Erhitzen, evtl. unter Crackung, verdampft und in die eigentliche Oxydationszone destilliert. Die vollständige Verbrennung erfolgt dort bei 800 °C. In der direkt an das Verbrennungsrohr sich anschließenden Vorlage wird das Chlor in einem Gemisch aus Soda-Natrium-Sulfit-Lösung – heute meist Wasserstoffperoxydlösung – zum Chlorion reduziert. Die Bestimmung erfolgt anschließend nach VOLHARD oder durch potentiometrische Titration mit 1/10 n-Silbernitratlösung.

Dieses Verfahren liegt mit geringen Abweichungen als Vorschlag für eine ISO-Empfehlung vor.

γ) *Aliphatisch gebundenes Chlor.* Aliphatische Chlorverbindngen lassen sich bis auf wenige Ausnahmen in alkalischen Medien verseifen (s. auch 3.1.2d, β). Bei aromatischen Chlorverbindungen gelingt dies normalerweise nicht. Ausnahmen bilden lediglich solche Verbindungen, in denen sich außer Chlor noch stark negative Substituenten am Kern befinden.

3.1.2 Spezielle Prüfverfahren

a) Untersuchungen an Phenoplastmassen und -formteilen. Bedingt durch ihren breiten Einsatz liegen zur Abnahme bzw. Produktionsüberwachung eine Reihe spezieller Prüfverfahren für Phenoplastformmassen vor.

α) *Bestimmung des Harzgehaltes.* Nach DIN 7708, Bl. 2 dient die Bestimmung der acetonlöslichen Bestandteile zur Feststellung des Harzgehaltes in Phenoplastpreßmassen. Hierbei werden etwa 10 g einer 24 Std. über konzentrierter Schwefelsäure im Vakuum getrockneten Preßmasse mit Aceton im Dampf des Extraktionsmittels 16 Std. extrahiert. Ein weitgehend analoges Verfahren liegt als Entwurf für den ISO-Vorschlag (1959) „Bestimmung des acetonlöslichen Bestandteiles in Phenoplastpreßmassen" vor. Die Einwaage beträgt hierbei 5 g.

Die beiden geschilderten Verfahren ergeben zufriedenstellende Werte für Novolakpreßmassen. Die Acetonextraktion versagt dagegen bei Resolpreßmassen, da die erhaltenen Werte unter dem wirklichen Harzgehalt liegen. Ein Verfahren, das auch für solche Preßmassen geeignet sein soll, wird von H. WALLHÄUSSER [20] beschrieben. Die getrockneten Preßmassen werden in einen Glasfiltertiegel eingewogen und in einer SOXHLET-Apparatur mit Cyclohexanon extrahiert. Bei Preßmassen auf Novolakbasis ist die Extraktion nach 2 Std., bei solchen auf Resolbasis nach 3 Std. beendet. Anschließend wird mit Methanol zur Entfernung des anhaftenden Cyclohexanons 2 Std. nachextrahiert. Nach Trocknung des Tiegels wird zurückgewogen. Getrennt hiervon wird der Wassergehalt bestimmt. Bei der Berechnung des Harzgehaltes ist ein Korrekturfaktor erforderlich.

β) *Bestimmung des acetonlöslichen Anteiles.* Die Bestimmung des acetonlöslichen Anteiles durch Extraktion dient zur Ermittlung des rel. Aushärtungsgrades des Formteiles. Da der Extrakt normalerweise nicht nur ungehärtete Harzanteile, sondern auch Substanzen, wie Gleitmittel, Farbmittel oder Weichmacher enthält, sind die Ergebnisse nur relativ.

Das Verfahren wird in der Norm DIN 53 700 in Anlehnung an die ISO-Empfehlung R 59 wiedergegeben. Ein weitgehend analoges Verfahren liegt in der ASTM-Vorschrift D 496–46 vor.

Von der zerkleinerten, gesiebten Probe werden 3 g in eine Extraktionshülse eingewogen und mit Aceton 6 Std. mit je 20 bis 30 Überläufen im Heberohr extrahiert. Anschließend wird die Lösung in einen ausgewogenen kleinen Stehkolben quantitativ übergeführt und das Aceton bei einer Temperatur unter

50 °C abgedampft. Der Kolben mit dem Extrakt wird anschließend 30 min bei 50 °C im Wärmeschrank getrocknet, im Exsikkator abgekühlt und gewogen.

γ) Bestimmung von freien Phenolen. Bei der Acetonextraktion phenoplastischer Formteile werden u. a. freie Phenole miterfaßt, deren Anteil ebenfalls vom Aushärtungsgrad abhängt. Die Kenntnis dieses Gehaltes ist z. B. dann von Bedeutung, wenn Phenoplastformteile mit Lebensmitteln in Berührung kommen.

Zur Bestimmung liegt neben verschiedenen anderen Methoden [21] ein halbquantitatives Verfahren als Norm DIN 53704 vor, das mit der ISO/R 119 identisch ist.

Bei dem deutschen Verfahren werden 5 bis 10 g der zerkleinerten, gesiebten Probe in einem ERLENMEYER-Kolben mit der 10fachen Menge dest. Wassers ausgelaugt und anschließend durch einen Glasfiltertiegel filtriert. Die Bestimmung der extrahierten Phenole erfolgt durch Jodieren mit einer eingestellten Jodlösung in Gegenwart von Natriumtetraborat und anschließende Rücktitration des überschüssigen Jods mit Natriumthiosulfat. Ein Blindversuch wird entsprechend durchgeführt.

δ) Bestimmung von freiem Ammoniak und Ammoniakverbindungen. Der Gehalt an freiem Ammoniak in Phenoplastformteilen kann Korrosionen, z. B. an eingepreßten Teilen, bewirken. Weiterhin können Lebensmittel, die mit solchen Phenoplastmassen in Berührung kommen, verdorben werden. Die Bestimmung des freien Ammoniaks ist daher für solche Formmassen je nach Einsatz erforderlich.

In der Norm DIN 53707 ist ein analog zur ISO/R 120 vorliegendes halbquantitatives Verfahren festgelegt. Die ASTM-Vorschrift D 834–57 entspricht ebenfalls weitgehend dieser Methode. Etwa 10 g einer zerkleinerten, gesiebten Probe werden mit der 10fachen Gewichtsmenge ammoniakfreien dest. Wassers ausgelaugt. Ein Teil der durch eine Glasfritte filtrierten Lösung wird nach Zugabe von Kaliumpermanganat und Natronlauge destilliert. Die Bestimmung des Ammoniakgehaltes in dem Destillat erfolgt abschließend mit NESSLER-Reagenz in einem NESSLER-Rohr durch Farbvergleich mit entsprechenden Vergleichsstandardlösungen.

In der Norm DIN 53708 ist entsprechend der ISO/DR 187 ein Nachweisverfahren von freiem Ammoniak in Phenoplastformteilen beschrieben. Nach Zerkleinern der Probe wird sofort 1 g in einen Enghalskolben gegeben und der Kolben verschlossen. Hierbei wird ein mit dest. Wasser angefeuchteter Streifen Universal-Indikatorpapier so miteingeklemmt, daß das Papierende sich 1 bis 2 cm über der Probe befindet. Tritt innerhalb einer $^1/_2$ Std. keine Verfärbung ein, so ist das Formteil frei von Ammoniak oder anderen flüchtigen Basen.

ε) Bestimmung der Härtungszeit. Für die Verarbeitung härtbarer Phenolharze zur Herstellung von Preßmassen bzw. Formteilen sowie auch für Schichtpreßstoffe ist die Kenntnis des Härtungsverhaltens solcher Harze erforderlich. Es interessiert hierbei die Zeitdauer, in der bei einer bestimmten Temperatur ein Resol über das Resitol in das Resit (früher A-, B- und C-Zustand) übergeführt wird.

Ein leicht durchführbares Verfahren wird von HOUWINK [22] beschrieben. In einem Wärmeschrank mit einem Beobachtungsfenster und einer kleinen Öffnung senkrecht über der Stelle, an der sich die Probe befindet, wird das Harz bei der gewünschten Temperatur gehärtet. Die nach Einbringen des Harzes ablaufenden Zustandsänderungen vom flüssigen über den gummielastischen in den harten Zustand werden durch Eindrücken eines zugespitzten Metallstabes bzw. der Klinge eines Federmessers beobachtet und die Zeitdauer festgehalten.

b) Untersuchungen an Polystyrol. Ähnlich den Bestimmungen der acetonlöslichen Bestandteile und des freien Phenols in Phenoplastformteilen liegen genormte Verfahren vor, um den methanollöslichen Anteil sowie das Monostyrol in Polystyrol zu bestimmen. Es ist hierbei gleichgültig, ob diese Untersuchungen an der Spritzgußmasse oder am Formteil durchgeführt werden.

α) *Bestimmung des methanollöslichen Anteiles.* In der ISO-Empfehlung R 118 wird ein Verfahren vorgeschlagen, nach dem der methanollösliche Anteil in unmodifiziertem Polystyrol bestimmt werden kann. Der methanollösliche Anteil besteht sowohl aus Monomeren als auch aus löslichen Gleitmitteln, Farbstoffen usw.

Die Probe von etwa $^1/_2$ g Gewicht wird in 15 bis 30 ml Dioxan, Propylenoxyd oder Methyläthylketon gelöst. Diese Lösung wird unter ständigem Rühren zu 250 ml kaltem Methanol vorsichtig zugesetzt, wobei das Polystyrol ausfällt. Der Niederschlag wird in einen Glasfrittentiegel abgesaugt, mit Methanol nachgewaschen und bei 65 bis 70 °C konstant getrocknet.

β) *Bestimmung von Styrol.* Ein Verfahren, das sich nur auf die Bestimmung von Monostyrol und anderer ungesättigter Verbindungen in modifiziertem Polystyrol bezieht, wird in der Norm DIN 53719 beschrieben. Diese Norm entspricht der ISO/DR 188.

10 g der Polystyrolprobe werden in einem Meßkolben in Tetrachlorkohlenstoff gelöst. Zu einem aliquoten Teil wird in einem ERLENMEYER-Kolben WIJS-Lösung zur Jodierung zugefügt. Nach 15 min wird Kaliumjodidlösung und dest. Wasser zugesetzt und das nicht umgesetzte Jod mit Natriumthiosulfatlösung zurücktitriert. Ein Blindversuch wird unter angegebenen Bedingungen behandelt. Der gefundene Wert wird in Prozenten Styrol angegeben.

c) Untersuchungen an Polyamiden. Polyamide enthalten neben Feuchtigkeit stets Anteile an Monomeren bzw. Oligomeren. Als Vorschläge für ISO-Empfehlungen liegen z. Z. 2 Verfahren vor, die zu deren Gehaltsbestimmung dienen.

α) *Bestimmung nach dem Fällungsverfahren.* Das vorliegende Verfahren ähnelt in seiner Durchführung der Bestimmung des methanollöslichen Anteiles in Polystyrol. Die zerkleinerte und getrocknete Probe wird in Ameisensäure bei 20 bis 30 °C gelöst. Durch Zufügung eines Gemisches aus Aceton/Wasser und 0,1 n-Natronlauge fällt das Polyamid wieder aus. Es wird in einen Glasfiltertiegel gesammelt und nach gründlichem Waschen mit Wasser getrocknet und ausgewogen.

β) *Bestimmung durch Extraktion mit Methanol.* Ein in seiner Durchführung einfacheres Verfahren stellt die Bestimmung des Oligomerengehaltes durch Extraktion mit Methanol dar, die in einer üblichen SOXHLET-Apparatur durchgeführt wird. Die Einwaage, die in einer Körnung von max. 2 bis 3 mm Durchmesser vorliegen soll, wird so bemessen, daß die Auswaage mehr als 0,05 g beträgt. Der den Extrakt aufnehmende Rundkolben wird zuvor bei 110 °C getrocknet und nach dem Erkalten gewogen. Nach einer Extraktionszeit von 24 Std. wird das Methanol auf dem Wasserbad abgedampft und das restliche

Lösungsmittel im Vakuum entfernt. Nach Trocknung des Kolbens mit dem Extrakt bei 110 °C erfolgt die Auswaage.

d) Untersuchungen an Gießharzen. Gießharze sowohl auf Basis ungesättigter Polyesterharze wie auch solche auf Epoxydharzbasis gewinnen immer weitere Anwendungsgebiete. Sie gelangen als flüssige oder feste noch schmelzbare Harze zum Verarbeiter, um dort durch einen Härtungsprozeß in den unschmelzbaren Zustand übergeführt zu werden. Neben allgemein üblichen Eigenschaftsprüfungen zur Überwachng dieser Produkte sind zusätzliche spezielle Untersuchungs-, methoden erforderlich. Im DNA/VDE wie auch in der ISO laufen z. Z. Arbeiten, solche Verfahren in die Normung mit einzubeziehen.

α) Bestimmung des Epoxydäquivalents von Epoxydharzen. Eine charakteristische Eigenschaft der Epoxydharze stellt das Epoxydäquivalent dar. Es bezeichnet die Menge Harz in Gramm, in denen 1 Mol Epoxydsauerstoff enthalten ist. Die ebenfalls gebräuchliche Epoxydzahl gibt den Molanteil Epoxydsauerstoff an, der in 100 g Harz enthalten ist.

Zur Bestimmung wird gern die leicht ablaufende Anlagerung von Halogenwasserstoff an 1,2-Epoxyde unter Bildung von Halogenhydrinen herangezogen. Meist wird die indirekte Bestimmung durch Anlagerung von Chlorwasserstoff in einem organischen Lösungsmittel mit anschließender Rücktitration der nicht umgesetzten Salzsäure mit Natronlauge durchgeführt.

Gut reproduzierbare Werte an Harzen auf Basis von Glycidyläthern des Phenols, aromatischer Amine und Alkoholen sowie mit solchen Epoxydverbindungen, deren Epoxydgruppen sich direkt an aromatischen bzw. cycloaliphatischen Ringen befinden, erzielt man mit einer etwa 0,25 n-Pyridiniumchloridlösung in wasserfreiem Chloroform. Je nach Gehalt an Epoxydsauerstoff werden zu 0,5 bis 1 g Harz 20 ml dieser Chloroformlösung zugesetzt. Nach 2 stündigem Erhitzen am Rückflußkühler wird anschließend mit alkoholischer Kalilauge gegen Phenolphthalein zurücktitriert Die Differenz zu einer entprechend behandelten Blindprobe ergibt den Verbrauch an Chlorwasserstoff.

Bei ähnlichen Verfahren wird als Lösungsmittel Diäthyläther, Dioxan oder auch Eisessig verwendet [*17*]. Eine direkte Methode stellt die Titration der in Brombenzol oder Eisessig gelösten Probe mit Bromwasserstoff in Eisessig gegen Kristallviolett nach DURBETAKI [*23*] dar. Das Verfahren ist in Abwesenheit von Aminen besonders brauchbar bei Glycidyläthern.

β) Bestimmung der Gelierungszeit von Polyesterharzen. Entsprechend der Bestimmung der Topfzeit bei Epoxydharzen (s. II 3.1.2a, α) besteht auch für ungesättigte Polyesterharze ein Verfahren, die Gelierungszeit und darüber hinaus die höchste Härtungstemperatur und die Mindesthärtungszeit festzulegen. Diese sogenannte SPI-Methode liegt in etwas abgewandelter Form als erster Entwurfsvorschlag für eine ISO Empfehlung vor.

100 g des zu prüfenden Harzes werden mit einem Gemisch aus 0,5 g Benzolperoxyd und 0,5 g Dibutylphthalat katalysiert, etwa 20 g hiervon in ein in seinen Abmessungen festgelegtes Reagenzglas gefüllt und das Glas in ein Bad von 80 °C gestellt. Mit einem zentrisch in das Glas eingeführtem Thermoelement wird der Temperaturverlauf bestimmt. Angegeben wird das Temperaturmaximum der Probe sowie die Zeit, in der die Temperatur von 65 auf 90 °C angestiegen ist, oder wenn diese Temperatur nicht erreicht wird, die Zeit bis zum Temperaturmaximum.

Literatur

[1] HOUBEN-WEYL: Methoden der organischen Chemie, Band II, Analytische Methoden, 4. Aufl. Stuttgart: Thieme 1953.

[2] THINIUS, K.: Analytische Chemie der Plaste, Berlin/Göttingen/Heidelberg: Springer 1952.

[3] HUMMEL, D.: Kunststoff-, Lack- und Gummi-Analyse, Chemische und infrarotspektroskopische Methoden, 2 Bände, 1. Aufl. München: Hanser 1953.

[4] FISCHER, E. J.: Laboratoriumsbuch für die organisch-plastischen Kunstmassen, 2. Aufl. Halle/Saale: Knapp 1945.

[5] SAECHTLING, H. J.: Kunststoff-Bestimmungstafel, München: Hanser 1954.

[6] PETER, S., u. W. SLIWKA: Chem. Ing. Techn., 28 (1956) S. 49—53.

[7] NOWAK, P., u. F. WEBER: ETZ-B. 10 (1958) S. 101/2.

[8] Kunststoffe 44 (1954) S. 351.

[9] ZEIDLER, G.: Laboratoriumsbuch für die Lack- und Anstrichmittelindustrie, 2. Aufl. Düsseldorf: Knapp: 1957.

[10] BANDEL, G. Die chemische Analyse der organischen Kunst- und Lackrohstoffe, Angew. Chem. 51 (1938) S. 570.

[11] LUNGE, BERL u. D'ANS: Chemisch-technische Untersuchungsmethoden, Ergänzungswerk zur 8. Aufl., Teil 3, Berlin 1940, S. 445—464.

[12] KODAK: USA P. 2 069 892.

[13] SOUBEIRAN, M. E.: A. ch. 48 (1831) S. 136.

[14] v. LIEBIG J.: Ann. Chem. 1 (1832) S. 201.

[15] WURZSCHMITT, B.: Chemiker-Ztg. 74 (1950) S. 356—360.

[16] CARIUS, L.: Anal. Chem. 116 (1860) S. 1.

[17] PARR, S. W.: Amer. Soc. 30 (1903) S. 764.

[18] GROTE u. H. KREKELER: Angew. Chem. 46 (1933) S. 106.

[19] WURZSCHMITT, B., u. E. ZIMMERMANN: Fr. 114 (1938) S. 321.

[20] WALLHÄUSSER, H.: Kunststoffe 49 (1959) S. 171—173.

[21] HULTZSCH, K.: Chemie der Phenolharze, S. 167, Berlin/Göttingen/Heidelberg: Springer 1950.

[22] HOUWINK, R.: Chemie und Technologie der Kunststoffe, Band I, 3. Aufl. Leipzig: Akadem. Verlagsges. Geest u. Portig 1954, S. 548/49.

[23] DURBETAKI, A. J.: Anal. Chem. 28 (1956) S. 2000/01.

3.2 Gefüge-Untersuchungen

Von A. Schwittmann, Wickede/Ruhr (3.2.1—3.2.4) und
H. Oberst, Frankfurt/Main (3.2.5)

Das Gefüge eines Kunststoffes, d. h. die Art der Anordnung seiner Teilchen oder mit anderen Worten der Ordnungszustand dieser Teilchen makroskopisch, mikroskopisch und im molaren Bereich, bestimmt in starkem Maß die Eigenschaften des Kunststoffes. Das gilt nicht nur für die „Harz"-Teilchen sondern auch für die verwendeten Zusätze wie Farben, Füllstoffe, Gleitmittel, Weichmacher, Stabilisatoren und Kontaktmittel. Auch bei diesen kommt ihrer Verteilungsart im „Harz-Medium" außerordentliche Bedeutung zu. Den härtbaren Preßmassen setzt man bekanntlich Gewebefäden oder Textilschnitzel zu, wenn man hohe mechanische Festigkeiten erreichen will, Gesteinsmehl verbessert die Formbeständigkeit in der Wärme und Asbestschnüre vereinigen in sich die Vorzüge beider Füllkörper, da sie langfaserige Struktur mit Temperatur-Festigkeit verbinden. Das Holzmehl hat demgegenüber den Vorteil der leichteren Verarbeitbarkeit und ergibt schöne, glänzende Oberflächen, die nur wenig Wasser eindringen lassen. Liegen lange Fasern an der Oberfläche, so kann die Feuchtigkeit leichter in das Innere des Preßlings gelangen. Bei Hartgewebebahnen können

Harznester zu Verwerfungen führen [1]. Der Bindung zwischen Harz und Faser kommt bei solchen Materialien für die Druckfestigkeit senkrecht zur Schichtrichtung besondere Bedeutung zu [2, 3]. Änderungen im Gefüge können bei mechanischer Belastung, wie z. B. beim Stanzen von Hartpapier [4], bei der Druckbelastung bis zum Bersten [5] und bei der Kriechweg-Bildung durch elektrische Ströme [6] ebenso auftreten wie durch intensive Strahlung [7], durch Wärmebehandlung oder durch Flüssigkeitseinwirkung [8]. Strukturelle Orientierung beim Herstellverfahren kann zu unterschiedlicher Schwindung oder Nachschwindung und dadurch bedingten Spannungen und Rissen führen [9].

Trotz der Bedeutung für die Kunststoffprüfung, die der Wichtigkeit der Metallographie für die Metalluntersuchung nicht nachsteht, liegen systematische Untersuchungen noch nicht ausreichend vor. Die folgenden Ausführungen beschränken sich auf Beispiele, die u. a. anregen sollen, die Verfahren zur Gefügeermittlung weiter auszubauen.

Zu diesen Beispielen sind auch die Ausführungen zur Materialprüfung mit Ultraschall in II 3.2.5 zu rechnen, soweit sie den Nachweis von Fehlstellen behandeln.

3.2.1 Makroskopische Untersuchungen

a) Einwirkung von gewöhnlichem Licht. Preßlinge oder Spritzlinge gestatten häufig schon einen Einblick in ihren Aufbau, wenn man sie mit gewöhnlichem Licht durchstrahlt. Voraussetzung ist dabei allerdings, daß der Körper nicht schwarz gefärbt oder mit dunklen Pigmentstoffen versetzt ist. Der Wanddicke sind natürlich auch Grenzen gesetzt. Überall dort aber, wo es sich um schalenartige, becher- oder haubenartige Körper handelt, ist eine Durchleuchtung im sichtbaren Spektrum manchmal von Vorteil. Die Prüfanordnung ist dabei denkbar einfach. Eine Glühbirne wird in den hohlen Körper gebracht und die Außenseite im verdunkelten Raum betrachtet.

Abb. 1 zeigt, wie sich das Gefüge eines Bechers aus einer Preßmasse des Typs 131 nach der Behandlung mit Salzsäure zu erkennen gibt. Es war in diesem Fall mehr Masse in die Form gefüllt worden als zur Herstellung des Bechers erforderlich war. Der Masseüberschuß konnte durch seitlich

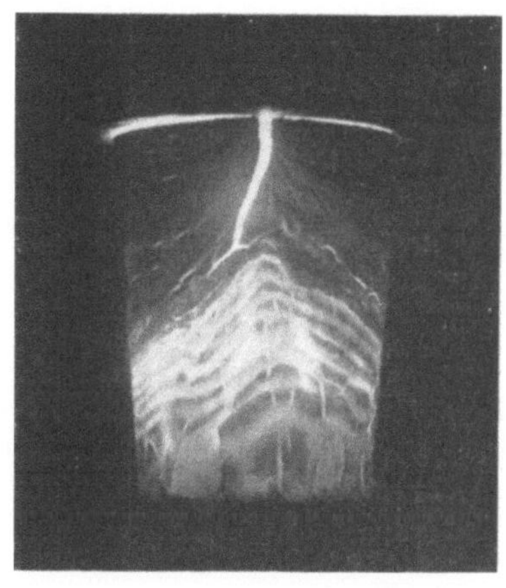

Abb. 1. Von innen beleuchteter Becher aus Typ 131 nach der Salzsäurebehandlung

am Unterstempel angebrachte Nuten entweichen, so daß es zur Ausbildung einer ausgesprochenen Fließrichtung zu den Nuten hin kam. Die Abbildung weist darauf hin, daß diese Methode nicht nur zur Untersuchung von Formteilen zu benutzen ist, sondern daß sie auch dort gute Dienste leisten kann, wo durch Preßversuche in kürzester Zeit der Einfluß des Kondensationsgrades eines Harzes oder die Fließverzögerung durch große Bewegungspartner festgestellt werden soll [10]. Bei der Beurteilung ist allerdings zu beachten, daß die der Oberfläche am nächsten liegenden Füllstoffe am stärksten in Erscheinung treten.

b) Silbernitratätzung. In manchen Fällen ist aber gerade das Fließen in der Oberfläche ein Indikator für das Gesamtfließverhalten. In solchen Fällen erhält man ein sehr klares Bild durch Ätzung der Oberfläche mit Silbernitrat [11]. Zu diesem Zweck entfettet man das Formteil mit einem alkoholgetränkten Wattebausch, spült in destilliertem Wasser ab und legt es in eine 5%ige Silbernitratlösung. Die obere Harzhaut braucht nicht entfernt zu werden, weil das Silbernitrat durch die Poren dringt und die darunterliegenden Füllstoffpartikel, sofern sie organischer Natur sind, schwärzt. Der Effekt beruht darauf, daß das Reduktionsvermögen des ausgehärteten Harzes geringer ist als das der organischen Füllstoffe und daß somit dort eine bedeutend stärkere Ausscheidung von schwarzem, metallischen Silber stattfindet. Abb. 2a zeigt die Oberfläche eines Formteiles mit Holzmehl als Füllstoff vor dem Ätzen und Abb. 2b den gleichen Körper, nachdem er einige Stunden in Silbernitratlösung gelegen hat. Überraschenderweise muß man feststellen, daß aus einer gleichmäßig durchmischten Masse ein Körper entstanden ist, der deutliche Entmischungsfelder in seiner Oberfläche erkennen läßt. Auf füllstoffreiche Partien am Boden des Kastens folgt eine fast vollständig füllstofffreie obere Zone. Schichtenweise hat sich das Holzmehl zusammengelegt, nur an den Ecken deutet sich eine Fließbewegung an. Aber auch in diesem Fall darf man von der Oberfläche nicht auf die darunterliegenden Zonen schließen. Zur genauen Gefügeermittlung ist es vielmehr erforderlich, die Oberfläche abzuschleifen und Schicht auf Schicht in das Innere vorzudringen. Durch diese Methode kommt man dann zu der Erkenntnis, daß in den meisten Fällen im Inneren der Formteile die Entmischung nicht so stark in Erscheinung tritt, wenn es sich um reines Pressen ohne Düsenwirkung handelt [12]. Auch die Bedeutung der Preßtemperatur auf das Gefüge läßt sich in dieser Art kontrollieren.

Abb. 2a. Formteil aus Typ 31 vor dem Ätzen

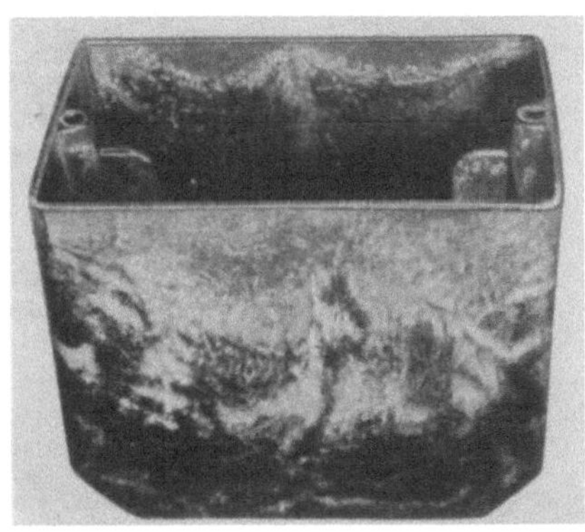

Abb. 2b. Formteil aus Typ 31 nach dem Ätzen
mit 5%iger Silbernitratlösung

Die Schichten werden zunächst mit grobem und dann mit feinerem Schmirgel abgeschliffen, zum Schluß wird vor der Filzscheibe mit Eisenrot poliert. Nach dem Entfetten und Abspülen mit destilliertem Wasser wird wieder in Silbernitratlösung gelegt, bis nach einigen Stunden die Konturen der Füllstoffe schwarz hervorgetreten sind. Nach dem Ätzen müssen die Formteile gewässert werden, um das aufgesaugte Silbersalz zu entfernen. Versäumt man die Nachwässerung, so kann namentlich bei Lagerung im direkten Sonnenlicht unerwünschte Nachdunklung des ganzen Formteils eintreten. Bei schwarzen Preßlingen läßt sich die

Struktur auch erkennen, weil die Ausscheidungen zum Unterschied von der Umgebung metallisch glänzen.

Die Fähigkeit der Silberionen, leicht in Phenol-Formaldehydharz einzuwandern, wurde von E. R. VIEWEG und K. KLINGELHÖFER [13] genutzt, um die Elektrizitätsleitung in solchen Harzen bei Gleichstrom sichtbar zu machen. Es traten dabei wertvolle Erkenntnisse zu tage; die mikroskopische Untersuchung des Gebietes der Stromleitung zeigte aber selbst bei 1000facher Vergrößerung noch keine Gefüge-Einzelheiten. Nur an der Grenze zwischen tiefer Schwärzung und leichter Bräunung an der Anode waren viele längliche Poren zu erkennen.

c) Harzabbau bei gehärteten Duroplasten. Für Hartpapiere auf Harnstoff-Formaldehydgrundlage hat W. PAUL [14] ein makroskopisches Verfahren beschrieben. Danach werden die Harzanteile durch Wasserstoffsuperoxyd so weit abgebaut, daß ein einwandfreies Auszählen der einzelnen Papierlagen möglich wird. Ähnliche Ergebnisse konnte er bei Hartpapieren auf Phenol-Formaldehydbasis durch die nicht ganz ungefährliche Anwendung eines Aceton-Salpetersäuregemisches erzielen.

Für diese Aufgabe benutzt man aber besser nach W. ESCH und R. NITSCHE [15] zum Lösen des Harzes Stoffe, wie α- und β-Naphthol, p-Toluidin, Anilin oder Pyridin. Bei diesem Verfahren wird die Probe in eine Drahtgewebehülse gesteckt und mit dieser z. B. in geschmolzenes α-Naphthol eingehängt. In diesem Zustand bleibt sie dann 24 Std. im Autoklaven, danach wird sie herausgenommen und

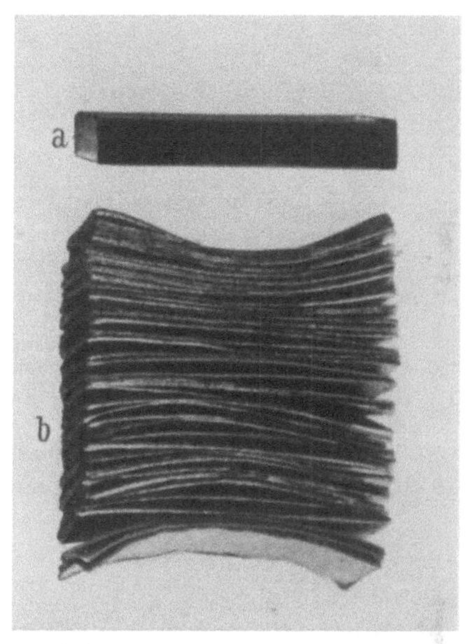

Abb. 3. Hartgewebeschichtpreßstoff
a) vor der Behandlung; b) nach der Behandlung mit β-Naphthol

nach dem Abkühlen mit einer Mischung von 3 Teilen Benzol und 1 Teil Alkohol vom anhaftenden Naphthol befreit. Durch Extraktion mit Äther (Vorsicht!) werden die letzten löslichen Substanzen beseitigt, so daß man am Ende des Prozesses die harzfreien Füllstoffe vorliegen hat. Zur Gefügeermittlung ist es im allgemeinen nicht nötig, die Probe 24 Stunden zu behandeln. Nach 2 Std. ist der Harzlösungsvorgang schon so weit vorgeschritten, daß das Gefüge klar erkennbar ist.

Die Abb. 3 zeigt Proben eines Hartgewebe-Schichtpreßstoffes mit Phenolharzbindung vor der Behandlung (*a*) und nach der Behandlung (*b*) mit β-Naphthol. Versuche an Formteilen mit Textilschnitzeln (Abb. 4) haben allerdings nicht immer zum gleichen Erfolg geführt. Hier zeigte sich, daß die Auflösung des Harzes nicht so leicht gelingt wie bei vielen Hartgeweben und Hartpapieren. Die Gründe mögen einmal in dem Umstand zu suchen sein, daß der angreifende Stoff bei den Hartpapieren und Hartgeweben einen nicht unterbrochenen Weg entlang der Fäden findet; außerdem spielt sicher auch die andersartige Kondensation des Harzes (Novolak statt Resol) eine Rolle.

d) Hypochloritverfahren bei Phenoplasten. Sowohl bei dunklen als auch bei stark durchgehärteten Preßlingen auf Phenolharzbasis läßt sich das Gefüge durch Behandlung mit Natriumhypochloritlösung – im Handel auch unter der Bezeichnung Bleichlauge erhältlich – ermitteln [16]. Der Formkörper wird in die Lösung getaucht und einige Stunden darin belassen. Nach etwa 3 Std. stellt man einen starken Angriff auf die Preßhaut – die bei der Probe an der Oberfläche liegende harzreiche Schicht – fest. Man kontrolliert nun stündlich das Oberflächenbild bis zur gewünschten Tiefe. Abb. 5 zeigt einen Becher aus einer Phenolharz-Holzmehlmasse (Typ 31), der in der gleichen Weise hergestellt wurde wie der Becher in Abb. 1. Der Überschuß an Preßmasse wurde also mit Gewalt durch Austriebnuten oben am Rand des Bechers ausgepreßt. Da es sich um eine harte, schon ziemlich

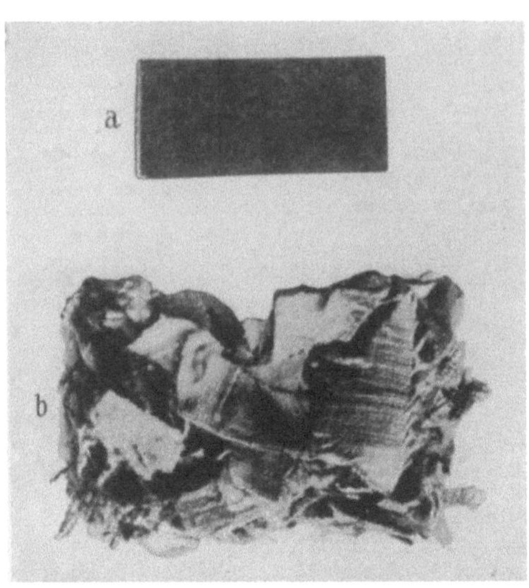

Abb. 4. Hartgewebeschnitzelpreßstoff
a) vor der Behandlung; b) nach der Behandlung mit
β-Naphthol

weit vorkondensierte Masse handelte, gelang das nicht ganz, wie der noch sichtbare Nutenansatz erkennen läßt. Auch in dieser Abbildung ist deutlich die Ausrichtung des ganzen fließenden Feldes und auch die schichtenweise Anordnung der Holzmehlteichen zu beobachten. Allerdings sieht man auch hier wie die bänderartigen, den Fluß der Masse hindernden Schichten beim Fließen durchbrochen wurden, so daß senkrecht nach oben füllstofffreie Kanäle quer durch die zur Fließbewegung senkrecht stehenden Hindernisse erzwungen wurden. Zum Studium der Fließverhältnisse von Preßmassen unter den verschiedensten Herstellungsbedingungen sind gerade derartige Becherformen ein vorzügliches Hilfsmittel (s. auch II 3.3.1). Da sich das Fließgefüge in so einfacher Weise sichtbar machen läßt, eignet sich das Verfahren besonders für die Prüfung von Massen auf ihre Verwendbarkeit beim Spritzpressen und darüber hinaus auch beim Spritzen

Abb. 5. Becher aus Typ 31 nach Lagerung in
Natriumhypochloritlösung

von thermoplastischen Stoffen. Doch muß auch bei diesem Verfahren zur Gefügeermittlung, genau wie früher, beim Silbernitratverfahren, darauf hingewiesen werden, daß die Betrachtung der Oberschicht nicht ausreicht, daß vielmehr nur eine schichtenweise Kontrolle des Preßlings genauen Einblick vermittelt.

Läßt man das Formteil einige Tage in der Lösung, so wird es fast ganz entharzt und nur noch die Füllstoffe bleiben zurück. Zweckmäßigerweise erneuert man täglich die Lösung und setzt zur Verstärkung noch Natriumhydroxyd hinzu. Eigenartigerweise werden Füllstoffe wie manche Textilfasern oder Cellulose verhältnismäßig wenig angegriffen.

Abb. 6 zeigt ein Formteil aus einer Preßmasse mit Textilfasern als Füllstoff, das etwa zur Hälfte 48 Std. lang in einer Hypochloritlösung lag; es wurde dann einige Stunden in fließendem Wasser gespült und getrocknet. Das Spülen ist erforderlich, einmal weil der Geruch des nichtzersetzten Hypochlorits auch noch in Spuren sehr anhaftend und aufdringlich ist und zweitens weil das bei der Reduktion des Natriumhypochlorits entstehende Kochsalz sonst bei späteren Betrachtungen als weißer Staub stört. Um den störenden Geruch schnellstens zu beseitigen, kann man den kurz abgespülten Preßling auch in eine Lösung von Natriumthiosulfat bringen (Fixiersalz beim Photographieren); er ist dann nach wenigen Minuten durch das auch Antichlor genannte Salz beseitigt.

e) Saure Ätzung bei Aminoplasten. Bei den Aminoplasten lassen sich die bisher angegebenen Methoden nur schwierig oder z. T. sogar überhaupt nicht anwenden. Mit Silbernitrat läßt sich nur manchmal eine intensive Fließzonenmarkierung erzielen und die Hypochloritbehandlung bringt auch wenig Erfolg. Der Grund für diese Erscheinung wird leicht

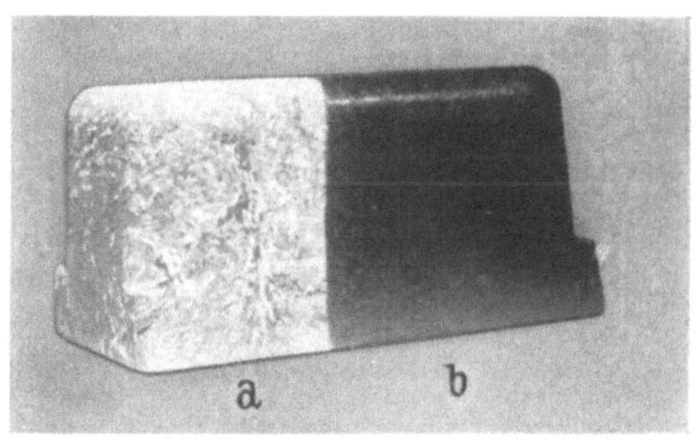

Abb. 6. Formteil aus Typ 71
a) nach 48stündiger Lagerung in Hypochloritlösung;
b) vor der Lagerung in Hypochloritlösung

verständlich, wenn man die chemischen Eigenschaften der Ausgangsstoffe beachtet. Während es sich bei den Phenolen um ausgesprochen saure Substanzen handelt, liegen, bei den Stickstoff-Verbindungen der Aminoplaste typische Basenbildner vor. Will man saure Stoffe in Lösung bringen, so behandelt man sie mit alkalischen Verbindungen, und umgekehrt wird man das Löslichmachen von basischen Substanzen durch Verbindung mit sauren Stoffen zu erreichen versuchen. Aus diesem Blickwinkel betrachtet, wird auch verständlich, warum phenoplastische Formteile in der Praxis gegen starke Laugen viel empfindlicher sind als gegen Säuren, während die Beständigkeit von Körpern auf Aminoplastgrundlage eher im sauren Gebiet zu wünschen übrig läßt. Es ist dabei ziemlich gleichgültig, ob als Ausgangskomponenten Amine oder Amide Verwendung gefunden haben. Geht man vom Harnstoff aus, so handelt es sich bekanntlich um das Diamid der Kohlensäure. Beide OH-Gruppen wurden darin durch die NH_2-Gruppe ersetzt. Nimmt man dagegen Melamin als Ausgangsstoff, so handelt es sich nach allgemeiner Auffassung um das Triamin des Triazins, obwohl man auch hier von einem Amid der Zyanursäure reden könnte.

Sowohl bei Aminen wie bei Amiden handelt es sich aber um Derivate des Ammoniaks, und deshalb führt auch Anwendung starker Säuren meistens zur

Auflösung. Abb. 7 zeigt einen Becher aus einer Harnstoffmasse mit Zellulose, der 8 Std. lang mit konzentrierter Salzsäure behandelt worden war. Das äußere Bild läßt schon erkennen, daß er in der gleichen Art hergestellt wurde, wie die Becher der Abb. 1 und 5; hier haben die aufgetretenen Spannungen zum Aufreißen der Becherwand in der Fließrichtung geführt.

Manchmal treten solche Risse allerdings auch schon bei der Behandlung mit kochendem Wasser auf, und zwar dann, wenn infolge falscher Preßtemperatur oder ungenügender Preßzeit der Aushärtungsvorgang noch nicht abgeschlossen war [17].

Auch die Verschmutzbarkeit durch Farbstoffe in Kaffee und Tee zeigt einen Weg zur schnellen Kontrolle. Diesen nützt eine britische Vorschrift zur Güteüberwachung von Preßlingen auf Melaminbasis aus, indem sie eine Behandlung mit kochender Farbstofflösung vorschreibt. An den Stellen, wo sich der Farbstoff niederschlägt, ist ungenügende Aushärtung eingetreten [18]. Wenn aber tatsächlich genügende Aushärtung vorliegt, dann muß schon eine starke Säure zu Hilfe genommen werden, um das Harz an- oder abzuätzen.

Deutlicher tritt das Gefüge hervor, wenn man außer den Säuren auch Farbstoffe einwirken läßt. Als geeignet haben sich vor allem Fuchsin und Methylenblau bewährt. Säure und Farbstoffe können sowohl getrennt als auch gemeinsam angewendet werden. Der Einfachheit wegen wird man in den meisten Fällen kombiniert arbeiten, z. B. mit einer Mischung von konzentrierter Schwefelsäure und Methylenblau. Bei Formteilen aus Harnstoffmassen mit anorganischem Füllstoff ist es aber zweckmäßiger, zunächst mit Säure allein zu ätzen und später mit kochender Fuchsinlösung zu behandeln. Nach dem Anfärben müssen die Farbstoffe auf der Probe fixiert werden. Dies erreicht man durch Neutralisieren der Säure mit einer Base. Gut eignet sich für diesen Zweck eine verdünnte Ammoniaklösung.

Abb. 7. Becher aus Typ 131 nach achtstündiger Lagerung in konzentrierter Salzsäure

f) Untersuchung von Thermoplasten. Bei den Thermoplasten ist die Lösung des Bindemittels im allgemeinen leichter als bei den härtbaren Substanzen. Handelt es sich z. B. darum, bei einem Mischpolymerisat den Mischeffekt zu kontrollieren oder evtl. Entmischung nachzuweisen, so behandelt man mit Lösungsmitteln, die, um ein zu schnelles Verdunsten zu vermeiden, einen Filmbildner zugesetzt erhalten. W. Esch [19] konnte z. B. mit Aceton und Nitrolack auf diese Weise den Grund für verminderte mechanische Festigkeit von Kästen feststellen, die nicht werkstoffgerecht hergestellt waren. An den Stellen, wo eine zu geringe Verdichtung eingetreten war, löste sich der Kunststoff am schnellsten, und gerade an diesen Stellen wurde auch durch die Kugelfallprobe die geringste Schlagzähigkeit gefunden.

3.2.2 Mikroskopische Untersuchungen

Der gleichen Methoden, die bei der makroskopischen Gefügeermittlung Verwendung finden, kann man sich auch bei der mikroskopischen Untersuchung bedienen. Allerdings stehen hier 3 Möglichkeiten offen:

Ätzen der unbehandelten Oberfläche,

Schleifen und Ätzen der Oberfläche,

Herstellung von Dünnschliffen, die so dünn sind, daß sie im durchfallenden Licht betrachtet werden können.

a) Anätzen. Die Abb. 8, 9 und 10 sind Beispiele für die erste Arbeitsweise. Sie zeigen Aufnahmen von mit Silbernitrat angeätzten Oberflächen bei 100facher

Abb. 8. Formteil aus Typ 31. Oberfläche angeätzt mit Silbernitratlösung (100fach vergr.)

Abb. 9. Formteil aus Typ 51. Oberfläche angeätzt mit Silbernitratlösung (100fach vergr.)

Vergrößerung. Bei der Abb. 8 handelt es sich um ein Formteil aus Holzmehlmasse (Typ 31), bei Abb. 9 ist die Papierfaserstruktur (Typ 51) erkennbar und bei Abb. 10 weist der gedrehte Faden auf Textilien als Füllstoffe (Typ 74) hin.

b) Anschleifen. Für die Herstellung der Anschliffe gibt W. Weigel [20] genaue Anweisungen. Die Flächen werden zuerst auf verschiedenen Glaspapieren vorgeschliffen. Zum Feinschleifen benutzt man zweckmäßigerweise eine Sperrholzscheibe von 10 cm Durchmesser, die mit Filz beklebt ist. Auf den Filz wird eine Paste aus feinem Maschinenöl und Schmirgel aufgetragen. Der leicht angedrückte Prüfkörper wird von Zeit zu Zeit gedreht, um Schleifspuren zu beseitigen. Bewährt hat sich die Verwendung von 3 Scheiben:

1. Scheibe Silicar 500,
2. Scheibe Optolit Nr. 4,
3. Scheibe Optolit Nr. 2.

Sind sehr harte Preßstoffe zu schleifen, z. B. solche, die Quarzmehl als Füllmaterial enthalten, so verwendet man an Stelle von Optolit 4 und 2 die Sorten Optolit ultra Nr. 4 und Optolit ultra Nr. 2. Die auf diese Weise hergestellten Schliff-Flächen zeigen bei 50facher Vergrößerung keinerlei Kratzer mehr. Will man mit der Vergrößerung aber weiter gehen, so muß man polieren. Dem Eisenoxyd ist dabei vor dem Chromoxyd und dem Aluminiumoxyd der Vorzug zu geben. Das Poliermittel wird in gleicher Weise wie vorher die Schleifmittel mit Maschinenöl angeteigt und dünn auf die Filzscheibe aufgetragen.

Sehr gute Erfolge wurden auch mit Paraffinscheiben nach M. v. SCHWARZ [21] erzielt. In diesem Falle genügen sogar 2 Scheiben mit verschiedenen Körnungen. Da es bei weichen Kunststoffen leicht zu Verschmierungen kommen kann, ist in manchen Fällen das Schleifen mittels Schmirgel und Kohlensäureschnee angebracht. Auf diese Weise werden Schäden durch Reibungswärme mit Sicherheit ausgeschaltet.

Abb. 10. Formteil aus Typ 74. Oberfläche angeätzt mit Silbernitratlösung (50fach vergr.)

c) **Dünnschliffe.** Dünnschliffe werden nach WEIGEL [20] in etwas anderer Art hergestellt. Man schneidet zunächst mit einer gewöhnlichen Metallsäge Scheiben von ungefähr Pfenniggröße ab. Diese werden dann mit Glaspapier Nr. 3 bis Nr. 0000 so lange geschliffen, bis alle gröberen Schleif- und Sägespuren verschwunden sind. Die durch das Glaspapier entstandenen Kratzer werden nun durch Schleifen auf einer Glasplatte mit feinem angefeuchteten Schmirgel entfernt und anschließend abgewaschen. Durch die feuchte Behandlung kommt es leicht zu einer Aufquellung der Füllstoffteilchen. Diese ist jedoch nicht sehr störend, da sie beim Trocknen sofort restlos zurückgeht. Beschleunigen läßt sich der Trocknungsvorgang durch Abwischen mit einem alkoholgetränkten Wattebausch. Das getrocknete Stück wird darauf mit der glatten Seite auf ein Stück Messingblech geklebt, das zur besseren Handhabung mit einem Griff versehen wird. Geklebt wird mit Zellhornlösung. Danach wird die zweite Seite des Schliffes bearbeitet, indem sie mit immer feinerem Glaspapier abgerieben wird.

Besondere Sorgfalt muß aufgewandt werden, daß man nicht zu stark drückt, namentlich bei schon mehrmals benutztem Glaspapier, sonst sind Schäden unvermeidlich. Man schleift planparallel so lange, bis der Schliff bei hellen Stoffen gut durchsichtig geworden ist. Bei dunklen Schliffen kann man das Ende des Schleifvorganges erkennen an dem Ablösen kleiner Teilchen vom Rande des Schliffes. Zum Schluß wird auch diese Seite des Schliffes auf einer Glasscheibe mit feinem, angefeuchteten Schmirgel geglättet.

d) Mikrotomschnitte. Den zeitlichen Aufwand bei der Herstellung von Dünnschliffen kann man bei vielen Kunststoffen verringern, indem man Schnitte mit dem Mikrotom anfertigt. Ein weiterer Vorteil des Gerätes besteht darin, daß keine Fremdstoffe beim Schleifen in die Oberfläche eingedrückt werden und außerdem findet die Abtragung gleichmäßiger statt. Bei manchen Kunststoffen lassen sich Schnitte bis zu 2 μm herstellen, während bei anderen solche nur bis 40 μm erreichbar sind. Die Wahl des Messers muß von Fall zu Fall geändert werden. Mitunter ist es vorteilhaft, wenn auf das Objekt ein durchsichtiger Zellophanstreifen aufgebracht wird. Die Schnitte halten dann besser zusammen und lassen sich auch leichter befestigen [22]. Für die Herstellung von Schnitten aus hart- und weichgemachten Folien werden diese nach R. VIEWEG und J. MOLL [23] zwischen Backen aus μ-Schaum eingespannt und dieser mitgeschnitten, wenn es sich um Schnitte senkrecht zur Oberfläche handelt; für die Herstellung von Schnitten parallel zur Oberfläche klebt man diese zuvor mit Pizein auf einer Metallfläche fest. Um alle störenden Einflüsse der ungleichmäßigen Oberfläche auszuschalten, soll man die Dünnschnitte in eines der üblichen Einschlußmittel wie Kanadabalsam zwischen Objektträger und Deckglas einbetten. Handelt es sich um nichttransparente Folien, so ist es am einfachsten, mit Hell- und Dunkelfeld zu arbeiten. Es ist allerdings sehr schwer die verschiedenen Faktoren, welche die optische Beschaffenheit der betrachteten Fläche beeinflussen, voneinander zu unterscheiden. Unebenheiten, anhaftende Verunreinigungen und ausgeschiedene *Weichmacher* sind optisch eben nicht immer differierend genug. Um trotzdem die Stellen zu erkennen, an denen Weichmacher ausgeschieden wurde, wendeten VIEWEG und MOLL [23] einen Trick an. Sie legten auf die Folie, an deren Oberfläche Weichmacher ausgeschwitzt war, eine saubere Glasplatte und drückten diese vorsichtig an. Den so erhaltenen Abdruck beobachteten sie bei Dunkelfeldbeleuchtung. Zwar blieb die Form der Tröpfchen wegen der veränderten Oberflächenspannung nicht erhalten, die Austrittsstellen lassen sich aber zahlen- und größenmäßig ermitteln.

Zur Bestimmung der *Weichmacherwanderung* bei PVC-Platten benutzte L. RÖSSIG [24] einige Spezialmethoden.

1. Weichgemachte PVC-Platten werden zwischen weichmacherfreien Hart-PVC-Platten bei 65% relativer Feuchte und verschiedenen Temperaturen im Trockenschrank gelagert. Nach längerem Liegen ist die Oberfläche der vorher weichmacherfreien Platte infolge der Einwanderung von feinen Bläschen durchzogen. Die Platten werden dann mit dem Mikrotom in 10 bzw. 20 μm dicke Schichten zerlegt und auf ihre Dichte nach der Schwebemethode in einer Zinkchloridlösung untersucht. Durch Vergleichsmessungen kann die Weichmacherkonzentration bestimmt werden. Diese Methode verspricht immer dann guten

Erfolg, wenn der Dichteunterschied zwischen dem reinen und dem weichgemachten Kunststoff sehr groß ist.

2. Aus Hart-PVC werden eine Anzahl 10- bzw. 20 μm-dicke Schnitte hergestellt, diese werden zwischen zehn übereinandergestapelte Weichmacherplatten gelegt und dann in den Trockenschrank gebracht. Durch die Wanderung des Weichmachers entstehen an der Oberfläche der glatten Dünnschnitte Kräuselungen, die nach 8 Tagen schon visuell gut festzustellen sind. Die quantitative Bestimmung kann in der gleichen Weise erfolgen wie bei 1.

3. Eine andere Methode beruht auf der Beobachtung, daß bei mit Sudanrot gefärbten und mit Mesamoll oder Dibutylphthalat weichgemachten PVC-Folien in einem Fall ein Farbeffekt beobachtet werden konnte, der im anderen ausblieb.

Mit Farbeffekten schafft man auch bei der Untersuchung von *Schaumstoffen* Kontraste. R. KLINGHOLZ[25] beschreibt dazu ein Verfahren, um bei Schäumen auf Harnstoffbasis die sog. GIBBschen Dreieckskanäle zu untersuchen. Bekanntlich unterscheidet man zwei grundsätzlich verschiedene Arten von Schäumen den unechten und den Lamellenschaum. Der erstere entsteht, wenn man Gas in einer viskosen Flüssigkeit erzeugt; ein Beispiel dafür im täglichen Leben ist das Brot. Im zweiten Fall wird Gas in eine niedrigviskose Flüssigkeit gebracht, die in der Lage ist Lamellen zu bilden. Infolge der unterschiedlichen Entstehungsart sind auch die Eigenschaften verschieden. Im ersten Fall treten zunächst einige Blasen in dem zähflüssigem Medium auf, wird deren Zahl größer, so wird immer mehr Material von der Flüssigkeit verdrängt, aber es gibt nur zwei verschiedene Zonen. Bei der Lamellenstruktur ist das anders; dort haben die Blasen eine Haut und zwischen diesen Ballonhüllen befindet sich noch Luft. Wenn die Blasen wachsen oder zahlreicher werden, dann verdrängen sie aber kein flüssiges Material sondern Luft. Die Ballons drücken sich gegenseitig Flächen an, und wenn der Druck groß genug ist, wird alle Luft aus den Dreieckskapillaren, den sog. GIBBschen Kanälen verdrängt. Ist das jedoch nicht der Fall, so resultiert leicht kapillares Aufsaugvermögen, das bei Isoliermaterialien außerordentlich störend wirken kann.

Mikroskopische Gefügeuntersuchungen an Schäumen werden durchgeführt, um u. a. experimentell den Einfluß variabler Komponenten, wie Art des Treibmittels, angewendetes Schäumverfahren oder Gleichmäßigkeit der Einmischung auf den Porendurchmesser zu bestimmen, wie es HEITZMANN [26] bei PVC-Schäumen beschreibt.

3.2.3 Polarisationsoptische Untersuchungen

Das Auftreten von anisotropen Zuständen in Kunststoffen gibt die Möglichkeit, diese Zustände zu beobachten, ihre Ursache zu ergründen und ein Bild vom Gefügeaufbau zu erhalten. Darüber hinaus setzt sie den Verarbeiter in die Lage seine Fertigung zu überwachen. Drei verschiedene Arten von optischer Anisotropie müssen unterschieden werden:

Spannungsdoppelbrechung,

Doppelbrechung durch an sich anisotrope Teilchen,

Formdoppelbrechung durch Orientierung von stäbchen- oder blättchenförmigen Teilchen.

Bei der Untersuchung von Kunststoffmaterialien interessieren alle 3 Arten.

Die Spannungsdoppelbrechung wird angewendet um festzustellen, wie ein Körper sich unter einer bestimmten Belastung verhält. Es handelt sich also weniger um eine Materialkontrolle als vielmehr um den Erwerb von Kenntnissen in konstruktiven Fragen [27].

Den zweiten Fall beobachtet man z. B. beim Pressen von Phenolharz ohne Füllstoff. Betrachtet man einen Preßling daraus im polarisierten Licht, so kann man die einzelnen Körner, aus denen der Körper unter dem Einfluß von Druck und Wärme zusammengeschweißt wurde, deutlich erkennen. Übt man einen starken Druck auf den Körper aus, indem man beispielsweise einen Formstab auf Biegefestigkeit prüft, so schwinden die Konturen der Einzelkörner immer mehr, je stärker sich die Felder der Spannungsdoppelbrechung bemerkbar machen.

Die dritte Art der Doppelbrechung beobachten wir bei fast allen gespritzten Thermoplasten. Durch die Strömung kommt es zu einer Ausrichtung der langkettigen Teilchen, wie S. WINTERGERST [28] am Beispiel von in fließendem Wasser treibenden Zündhölzern demonstrierte. Durch die Ausrichtung wird eine optische Anisotropie erzeugt, die sich erkennen läßt, wenn man den Spritzling zwischen 2 Polarisatoren bringt, deren Polarisationsebenen zueinander senkrecht stehen. Bei der Betrachtung erhält man dann gleich eine doppelte Auskunft. Man stellt Linien fest, welche die Orientierungsrichtung angeben, und solche, die ein Indikator für die Menge der ausgerichteten Teilchen sind. Man kann also auch auf die Stärke der Orientierung oder die Größe der eingefrorenen Spannung schließen. S. WINTERGERST erläutert dies am Beispiel von Polystyrolspritzlingen. Er weist auch auf den Unterschied zu Folien hin. Bei diesen liegt die Spannung gleichmäßig in einer Richtung; treten hier Anisotropien auf, so sind wahrscheinlich Störungen bei der Fertigung eingetreten.

J. SCHMITZ [29] berichtet, wie man die anisotropen Eigenschaften bei Preßharzen nutzen kann, um den Einfluß der Preßtemperatur, der Preßzeit, der Mahlfeinheit und der Abkühlung am fertigen Preßling zu erkennen. Schwindungserscheinungen, besonders bei eingepreßten Metallen, finden ihre Begründung, und es bietet sich ein Wegweiser, um solchen Schwierigkeiten auszuweichen. H. STÄGER und W. SIEGFRIED [6] zeigen am gleichen Stoff, wie man durch Anquellen mit alkalischen Stoffen Einblick in das Gefüge erhält. An Plexiglas lassen sich spannungsoptische Untersuchungen nicht so leicht durchführen, weil dieses nur eine geringe optische Aktivität hat. Nach H. PEUKERT [30] kommt man da aber doch mit einem Kompensationsverfahren zum Ziel; hierbei wird ein weiterer Körper mit einer bekannten Phasenverschiebung in den Strahlengang eingeschaltet. Für die Messungen an warmgerecktem Plexiglas M 33 wurde ein feststehendes Viertelwellenblättchen benutzt. Da beim Plexiglas die Orientierungsdoppelbrechung und die Spannungsdoppelbrechung einander entgegenwirken und auch aufheben, ist ein solches relativierendes Hilfsmittel erforderlich [30]. Fast sämtliche handelsüblichen, optisch geeigneten Kunststoffe werden heute im polarisierten Licht geprüft. Bei der Kontrolle von Schweißnähten z. B. sind derartige Untersuchungen unentbehrlich geworden [31 bis 33].

3.2.4 Kristallisationsuntersuchungen

Bei manchen Kunststoffen, z. B. Polyäthylen, wird eine relativ hohe Festigkeit bei gleichzeitiger reversibler Biegsamkeit beobachtet. Während ein Metallstab sich zwar einige Male hin und her biegen läßt, bei häufigem Richtungswechsel aber bricht, kann man einen solchen Stoff viele tausend Male um 180 Grad hin und her biegen, ehe es zum Bruch kommt [33]. Erklärt wird dieser Umstand durch die eigenartige Struktur. Polyäthylen z. B. ist nämlich ein teilkristalliner Stoff; es besteht sowohl aus kristallinen wie aus amorphen Bereichen, die ineinandergreifen. Das Material erhält seine Festigkeit durch die ausgerichteten Kristallite, die langkettigen amorphen Zonen stellen aber gewissermaßen Gelenke dar, in denen das Material sich ohne Ermüdung bewegen kann. Bemerkenswert an diesen Untersuchungen ist die Technik, die ein gutes Verfolgen des Einschnüreffektes bei Zugbeanspruchung gestattet. Mit einer Reißnadel werden vorher quadratische Netze in die Oberfläche eingeritzt, um die Verformung zu markieren.

Bei „Halseinschnürungen" konnte beobachtet werden, daß Kristallite ihre Ordnung verloren und in amorphe Makromolekülformen übergingen. Trotzdem blieb das Verhältnis des kristallinen zum amorphen Anteil konstant, weil auf der anderen Seite eine Rückgliederung vom amorphen in den kristallinen Zustand in gleicher Größenordnung einsetzte. Die einzelnen Kristallite sind im Mikroskop nicht zu erkennen, mit Polarisationsfiltern beobachtet man aber nicht nur webmusterartige Aufhellungen, sondern auch dunkle Kreuze, die stehenbleiben, wenn man das Präparat dreht [34 bis 37]. Man spricht hier von einem Sphärolithenkreuz. Ein Sphärolith kann aber kein einzelner Kristall sein. Wäre dies der Fall, so müßte das Kreuz beim Drehen verschwinden; es handelt sich viel-

Abb. 11. Sphärolithstruktur in einem Polyurethan, sichtbar gemacht unter dem Polarisationsmikroskop

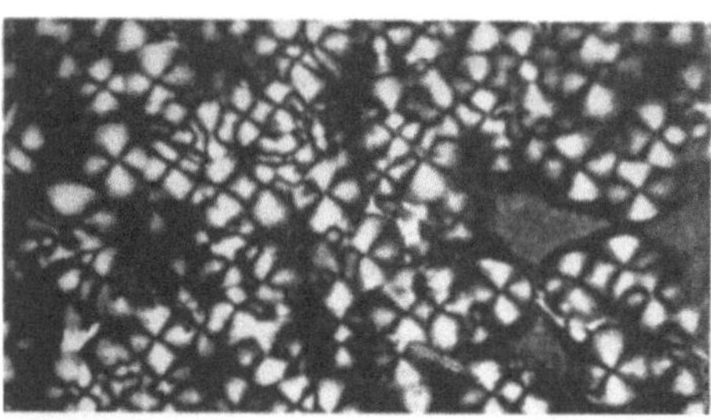

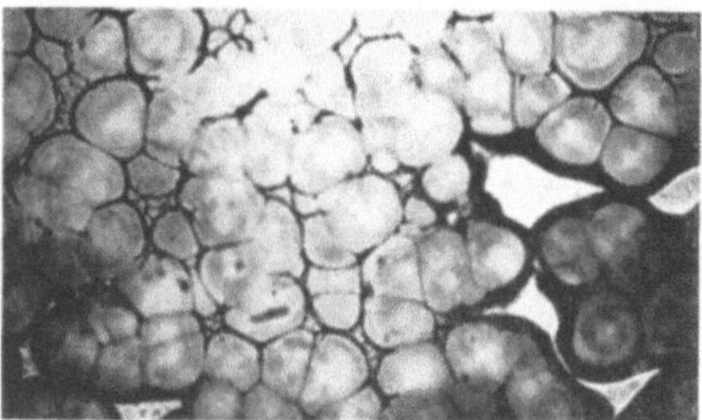

Abb. 12. Eutektische Kristallisation in einem Sphärolithen von kurzkettigem Polyester

mehr um eine Anhäufung von Kristallen um einen zentralen Punkt. Bei manchen Sphärolithen gehen zahlreiche Kristallnadeln vom Zentrum radial aus, bei anderen wurde eine tangentiale Struktur festgestellt (Abb. 11).

Wenn man mit dem Mikrotom immer dünnere Schnitte macht, nach E. JENCKEL [34] zumindest unter 50 μm geht, so sind bei Unterschreitung einer bestimmten Schnittdicke überhaupt keine Sphärolithe mehr festzustellen. Es hat den Anschein, als ob die Kristallbereiche aufgelöst seien. Beobachtet man aber die gleichen Schnitte in der Quersicht, so sieht man eine Streifenstruktur, die „Transkristallisation".

Um solche Präparate herzustellen, kann man auch folgendermaßen verfahren: Man preßt die geschmolzene Substanz zwischen dünnen Aluminiumplättchen und läßt dann erstarren, oder aber man verstreicht einseitig auf einer Aluminiumfolie.

In die Sphärolithe können auch andere Bestandteile eingebaut werden. Bei Abb. 12 erkennt man in den Sphärolithen des kurzkettigen Polyesters konzentrische Ringe, die darauf schließen lassen, daß sich zwischen dem Ester und den Baustoffen ein Eutektikum gebildet hat. Reinigt man das Präparat, so verschwinden die konzentrischen Ringe und man beobachtet das normale Sphärolithenbild. Zu beachten ist dabei, daß die Sphärolithenbildung immer eine gewisse Abkühlungszeit voraussetzt; bei schnell unterkühlten Schmelzen treten solche deshalb nicht auf.

Literatur

[1] JAKOBI, H. R.: Kunststoffe 32 (1942) S. 1—8.
[2] OPITZ, H., u. H. KRÜMMEL: Kunststoffe 31 (1941) S. 315—324.
[3] GRIMM, G. O.: Schweizer. Arch. angew. Wiss. Techn. 6 (1940) S. 237—246.
[4] HOWIE, I. A., u. F. H. BAYLEY: Brit. Plastics 10 (1938) S. 270.
[5] SCHARDIN, H.: Kunststoffe 44 (1954) S. 48—55.
[6] STÄGER, H., u. W. SIEGFRIED: Schweizer Arch. angew. Wiss. Techn. 7 (1941) S. 93—109.
[7] NAMUR, P.: Kunststoffe 45 (1955) S. 421—424.
[8] WICK Dr. G., u. H. KÖNIG: Kunststoffe 46 (1956) S. 462.
[9] WEIGEL, W.: Kunststoffe 37 (1947) S. 11.
[10] SCHWITTMANN, A.: Kunststoffe 30 (1940) S. 261—26.
[11] SCHWITTMANN, A.: Kunststofftechnik 9 (1941) S. 161—16.
[12] SCHWITTMANN, A.: Kunststoffe 34 (1944) S. 1—5.
[13] VIEWEG, R., u. K. KLINGELHÖFER: Kunststoffe 41 (1951) S. 49—51.
[14] PAUL, W.: Kunststoffe 29 (1939) S. 278.
[15] ESCH, W., u. R. NITSCHE: Kunstharze und andere plastische Massen 8 (1938) S. 429.
[16] SCHWITTMANN, A.: Kunststoffe demnächst.
[17] NITSCHE, R., u. W. ESCH: Kunststofftechnik 10 (1904) S. 57.
[18] Brit. Plastics 25 (1952) S. 389.
[19] ESCH, W.: Kunststoffe 28 (1938) S. 226.
[20] WEIGEL, W.: Kunst- u. Preßstoffe, Berlin: VDI-Verlag 1937, 2 S. 2.
[21] SCHWARZ, M. v.: Bl. Unters.- u. Forsch.-Instrum. der Busch A. G. Rathen 10 (1936) S. 9.
[22] VIEWEG, R., u. J. KLEIN: Kunststoffe 31 (1941) S. 11—13.
[23] VIEWEG, R., u. J. MOLL: Kunststoffe 40 (1950) S. 3—7.
[24] RÖSSIG, L.: Kunststoffe 42 (1952) S. 46—49.
[25] KLINGHOLZ, R.: Kunststoffe 54 (1954) S. 547—551.
[26] HEITZMANN, W.: Kunststoffe 42 (1952) S. 331—334.
[27] FÖPPL, L.: Kunststoffe 43 (1953) S. 436.
[28] WINTERGERST, S.: Kunststoffe 43 (1953) S. 415.
[29] SCHMITZ, W.: Kunststofftechnik 11 (1941) S. 141—150.

[30] PEUKERT, H.: Kunststoffe 41 (1951) S. 154—159.
[31] KLEINE ALBERS, A.: Kunststoffe 45 (1955) S. 276—289.
[32] WINTERGERST, S.: Kunststoffe 41 (1951) S. 141—144.
[33] OBERBACH, K.: Kunststoffe 45 (1955) S. 257—272.
[34] JENCKEL, E.: Kunststoffe 43 (1953) S. 459.
[35] STUART, H. A., u. U. VEIEL: Kunststoffe 443 (1953) S. 179/80.
[36] STUART, H. A.: Kunststoffe 44 (1954) S. 285.
[37] KLEINE-ALBERS, A.: Kunststoffe 45 (1956) S. 289.

3.2.5 Prüfung mit Ultraschall

Methoden zum Nachweis von Fehlstellen in Werkstücken und zur Messung von Dicken mit Hilfe kurzwelliger Schallstrahlen sind in der Metallprüfung weit verbreitet. Sie haben sich neben den bekannten Methoden der Prüfung mit Hilfe von Röntgenstrahlen und von Strahlen radioaktiver Isotope, neben den magnetischen Verfahren usw. mehr und mehr durchgesetzt. Ihrer Anwendung auf Kunststoffe steht die verhältnismäßig große Dämpfung der hochfrequenten Schallwellen in den Hochpolymeren im Wege (vgl. I 4.4.2 und 4.4.3 und II 3.4.2f); trotzdem haben sie auch auf dem Gebiet der hochpolymeren Stoffe Bedeutung erlangt, und ihr Anwendungsbereich erweitert sich allmählich.

Der Hauptvorteil der Ultraschallverfahren in der Gefügeuntersuchung beruht auf der Totalreflexion der Schallwellen auch an feinsten Rissen in festen Körpern. Dies ist eine Folge der großen Unterschiede der Schallkennimpedanzen der festen Stoffe und der Gase (s. dazu I 4.4.5). Hinzu kommt als Vorteil die Möglichkeit, Ultraschallstrahlen scharf zu bündeln.

Diese Methoden lassen sich nach ihren charaktistischen Merkmalen in 3 Hauptgruppen zusammenfassen [1, 2]:

Durchschallungsverfahren,
Impuls-Echo-Verfahren,
Resonanzverfahren.

a) Durchschallungsverfahren. Beim Durchschallungsverfahren wird die Probe mit einem Ultraschallstrahlenbündel „durchleuchtet", das an den „schallweichen" Fehlstellen wie Luftblasen, Rissen und Lunkern reflektiert wird. Hinter diesen entsteht ein Schattenraum, der auf der Rückseite mit einem Schallempfänger oder auch mit einer mechanisch-optischen Einrichtung (schalloptische Sichtverfahren) beobachtet wird. Einen scharf begrenzten Schlagschatten erhält man nur, wenn die Wellenlänge klein gegen die Abmessungen des Fehlers ist; andernfalls gelangt ein großer Schallanteil durch Beugung an den Rändern in den Schattenraum. Möglichst hohe Meßfrequenzen sind also erwünscht, denen aber durch die große Dämpfung eine verhältnismäßig tiefe obere Grenze gesetzt ist. Beobachtungsfehler, die durch die Ausbildung stehender Wellen in der Probe, durch nicht reproduzierbare Ankopplung von Schallsender und -empfänger u. dgl. verursacht werden können, müssen beachtet und durch geeignete Maßnahmen vermieden werden. Ein Mittel zur Vermeidung stehender Wellen ist z. B. die Anwendung von Schallimpulsen (vgl. II 3.4.2f) oder das „Wobbeln" der Schallfrequenz (periodische Änderung der Frequenz in einem engen Bereich).

α) *Verfahren mit Kristallempfänger.* Ein nach dem Durchstrahlungsverfahren arbeitendes Materialprüfgerät [3] als Beispiel hat 2 Tastköpfe (Schallsender und

-empfänger), die in verschiedenen Anordnungen benutzt werden. Bei der Zangen-
anordnung z. B. werden die Proben, Bleche u. dgl. zwischen den Köpfen
hindurchgeführt. Die Spitzen der Tastköpfe, die über Öl an das Werkstück an-
gedrückt werden, sind auswechselbar und können den Formen der Prüfobjekte
angepaßt werden. Dieses Gerät, das mit den (gewobbelten) Frequenzen 0,1,
2,85 und 8,5 MHz arbeitet, wird u. a. auch für die Prüfung von Kunststoff-
Folien auf Blasen und Risse angewandt. Auch Kunststoffrohre wurden bereits
mit der Durchstrahlungsmethode untersucht.

Die wichtigste Anwendung von Durchschallungsverfahren auf Hochpolymere
ist die in der Prüfung von Autoreifen auf Fehlstellen, z. B. an der Cordeinlage
des Reifens [4 bis 8].

Diese Verfahren arbeiten zumeist bei verhältnismäßig tiefen Frequenzen in
der Nähe von 50 kHz, weil die Schallabsorption im Gummi mit Cordeinlage

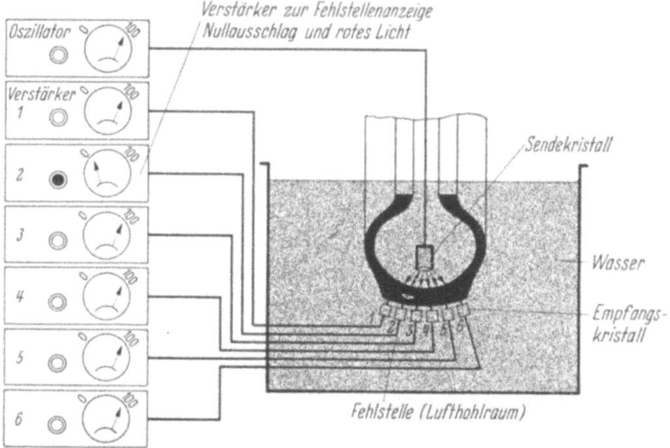

Abb. 13. Schematische Darstellung einer Einrichtung zur Fehlstellensuche in Autoreifen mit dem Ultra-
schall-Durchstrahlungs-Verfahren (nach HATFIELD)

verhältnismäßig stark mit der Frequenz ansteigt. Der Reifen wird unter Wasser
geprüft, in dem die Reflexion an der Grenze zum Gummi gering ist. Bei einigen
dieser Anlagen wird der Reifen mit einem divergenten Schallstrahler, der im
Reifeninnern angebracht wird, durchschallt; außen ist im Bereich der Lauffläche,
über deren Breite verteilt, ein Kranz von Kristallempfängern angebracht, die
einzeln über Verstärkereinrichtungen mit Anzeigegeräten verbunden sind. Das
Schema einer solchen Anlage ist aus Abb. 13 zu ersehen. Bei langsamer Umdrehung des Reifens um seine Achse werden genügend große Fehlstellen, die
in den Bereich eines Empfängers kommen, über diesen angezeigt.

Bei 50 kHz ist die Wellenlänge im Wasser und im Gummi nahe gleich 3 cm,
und kleine Fehler werden wegen der nicht mehr merklichen Schattenbildung
nicht gefunden. Deshalb werden zur Verbesserung des Auflösungsvermögens
bei neueren Verfahren höhere Frequenzen benutzt, so daß bei Verwendung
geeigneter Schallsender und -empfänger im technischen Betrieb bei der Frequenz
200 kHz noch Fehlstellen von etwa 10 mm Durchmesser im Gummi mit Cordeinlage ziemlich sicher nachweisbar sind [9].

β) Verfahren mit optischem Empfänger. Die schalloptischen Sichtverfahren liefern ein vollständiges Bild der Fehlstelle im Inneren der Probe. Verschiedene Methoden dieser Art sind bis zur technischen Reife entwickelt worden und werden besonders für die Prüfung von Blechen benutzt; doch auch auf Kunststoffe werden sie schon angewandt.

Bei dem von POHLMAN entwickelten Verfahren [10] werden in einer Bildwandlerzelle die Schallwellen in der aus Abb. 14 ersichtlichen Weise in Licht umgewandelt. Die Probe wird mit einem parallelen Schallstrahlenbündel durchschallt. Im Empfangsgerät wird die Fehlstelle mit einer Ultraschall-Linse [11] (z. B. aus Plexiglas) in einer Flüssigkeit auf die Bildwandlerküvette abgebildet, die mit einer Aluminiumflitterchen enthaltenden Flüssigkeit gefüllt ist. Die Aluminiumscheibchen stellen sich je nach der Schallintensität in der Bildebene mehr oder weniger genau senkrecht zur Schallausbreitungsrichtung ein; sie leuchten im reflektierten Licht entsprechend mehr oder weniger hell auf und geben so ein optisches Bild des Fehlers. Solche Schallsichtgeräte, die in verschiedenen Ausführungsformen und Größen industriell hergestellt werden, übertreffen in ihrem Auflösungsvermögen stärkste mikroskopische Immersionsobjektive.

SCHUSTER bildet den zu prüfenden Gegenstand im sog. Reliefbildverfahren als Relief in der Oberfläche einer Flüssigkeit ab [12]; das Schema der Versuchsanordnung ist aus Abb. 15 zu ersehen. Die zunächst parallel zur Oberfläche laufenden Schallstrahlen werden dabei mit einer unter 45° geneigten Glasplatte, die als Schallspiegel wirkt, in die vertikale Richtung umgelenkt. Am Ort des Bildes bewirkt der Schallstrahlungsdruck [13] in Wechselwirkung mit der Schwerkraft Erhebungen in der Flüssigkeitsoberfläche, deren Höhe mit der Schallstärke wächst. Das so entstehende Reliefbild wird mit einer schlierenoptischen Methode auf einem Schirm als Lichtbild sichtbar gemacht. Auch nach diesem Verfahren arbeitende Ultraschall-Sichtgeräte, die insbesondere für die Prüfung von Blechen und Platten benutzt werden, sind heute im technischen Gebrauch [14].

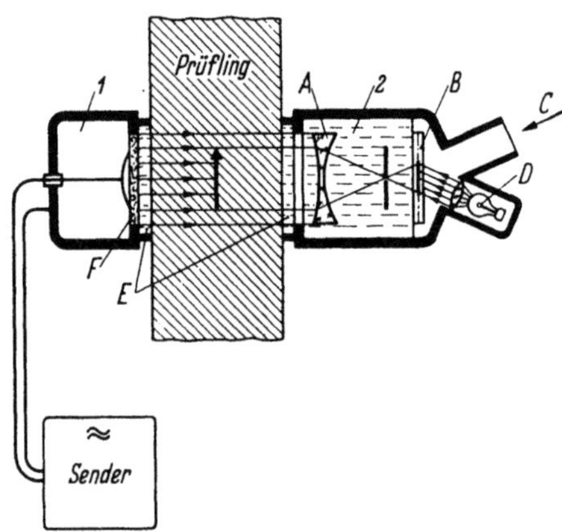

Abb. 14. Prinzip des Ultraschall-Sichtgerätes von POHLMAN (nach BERGMANN: Der Ultraschall) *1* Schallgeber; *F* Schwingquarz; *E* Koppelflüssigkeit; *2* Schallempfänger; *A* Schall-Linse; *B* Bildwandler-Küvette; *C* Beobachtungsöffnung; *D* Lichtquelle

Neben den bisher genannten Verfahren zur Sichtbarmachung von Ultraschallbildern müssen hier noch die der elektronischen Zeilenbildwandlung genannt werden. Insbesondere SOKOLOV hat eine Reihe solcher Methoden angegeben. Nach diesen Vorbildern sind technische Prüfgeräte entwickelt worden, auf die hier nicht weiter eingegangen werden kann [15].

b) Impuls-Echo-Verfahren. Das Impuls-Echo-Verfahren ist heute wohl die am meisten benutzte Prüfmethode; sie wird hauptsächlich auf metallische Werkstücke aller Art, aber auch auf solche aus Kunststoffen angewandt [16] (s. auch Impulsverfahren zur Bestimmung dynamisch-elastischer Kennwerte, II 3.4.2f).

Bei der Prüfung auf Fehlstellen „lotet" man gewissermaßen mit den Ultraschall-
impulsen den Fehler. Schallsender und -empfänger sind dabei auf derselben Seite
der Probe; gegebenenfalls wird der Sender gleichzeitig als Empfänger benutzt.
Wenn ein in das Werkstück gesandter Impuls auf einen Riß, einen Lunker, eine
Doppelung od. dergl. trifft, wird er ganz oder im allgemeinen z. T. reflektiert,
und es erscheint auf dem Schirm des zum Prüfgerät gehörenden Kathodenstrahl-
Oszillographen zwischen dem Bild des direkten Impulses und dem Bild des an der
Rückseite des Werkstückes reflektierten ein meist schwächerer Impuls, der der
Fehlstelle zugeordnet ist. Aus seiner Lage kann man auf die Tiefe der Fehlstelle in
der Probe schließen.

Diese Möglichkeit einer genauen Lagebestimmung ist ein Vorteil der Impuls-
Echo-Methode, die auch für genaue Dickenmessungen, z. B. von Platten, ge-

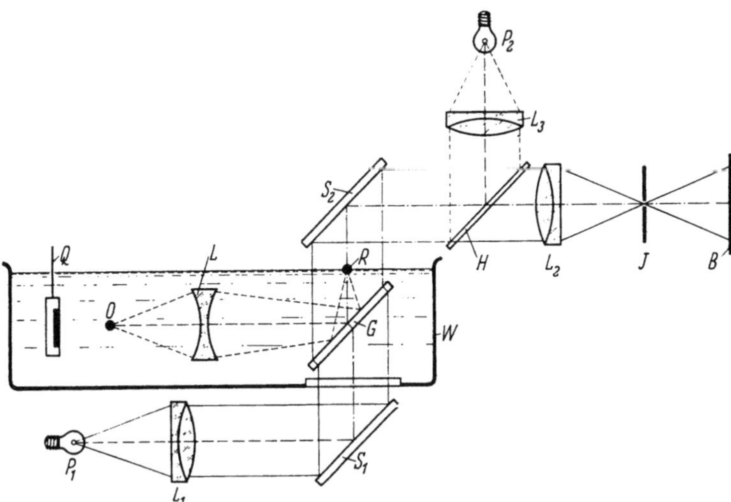

Abb. 15. Schema der Versuchsanordnung zur ultraschalloptischen Abbildung nach dem Relief-Verfahren
von SCHUSTER (nach BERGMANN: Der Ultraschall)

W Wanne; Q Schallgeber; O Gegenstand; L Konkavlinse aus Kunststoff; G Glasplatte; R Reliefbild;
P_1, P_2 Punktlampen für die schlierenoptische Abbildung im Durchlicht oder im Auflicht; L_1, L_2, L_3
Objektive; S_1, S_2 Spiegel; H halbdurchlässige Platte zur Strahlenteilung; J Schlieren-Blende; B Bildschirm

eignet ist. Ein weiterer Vorteil ist es, daß die Ankopplung von Schallsender
und -empfänger an die Probe (meist über Öl, s. S. 78) nicht so kritisch ist wie
beim Durchschallungsverfahren; denn es kommt hier nicht so sehr auf die
Höhe der voneinander getrennten Impulse an. Die Probe muß allerdings eine
von der Impulslänge abhängige Mindestdicke haben, weil sonst der ausgesandte
und die reflektierten Impulse nicht mehr deutlich voneinander getrennt erscheinen.

Es gibt heute eine größere Zahl von Bauarten von Impulsschallgeräten
zur Prüfung mit Ultraschall, die auch als Reflektoskope bezeichnet werden
[17 bis 22]. Sie arbeiten mit Frequenzen etwa im Bereich 0,5 bis 5 MHz. Ein
Prinzipschaltbild einer solchen Prüfeinrichtung zeigt Abb. 16 [18]. Die durch
ein spezielles Gerät erzeugten Zeitmarken auf dem Oszillographenschirm
erlauben eine genaue Bestimmung der Entfernung der Fehlstelle von der
Oberfläche.

Die Reflektoskope, bei denen Schallgeber und -empfänger getrennt sind, können auch zur Durchschallung der Untersuchungsobjekte oder zur Prüfung bei Schrägeinstrahlung benutzt werden. Im letzten Falle werden metallische Winkelstücke als Zwischenglieder zwischen den piezoelektrischen Wandlern und den Objekten oder speziell konstruierte Winkelprüfköpfe benutzt, die insbesondere die Prüfung dünner Platten erlauben (z. B. auf Schweißnahtfehler). Die Schallgeberflächen werden auch den verschiedenen Formen der Proben angepaßt (z. B. durch Paßstücke aus Plexiglas), so daß auch Rohre u. dgl. untersucht werden können.

Die Wahl der Prüffrequenz richtet sich nach dem Gefüge der Proben; bei grobkristallinem Gefüge sind hohe Frequenzen, also kurze Wellen, die kurze Im-

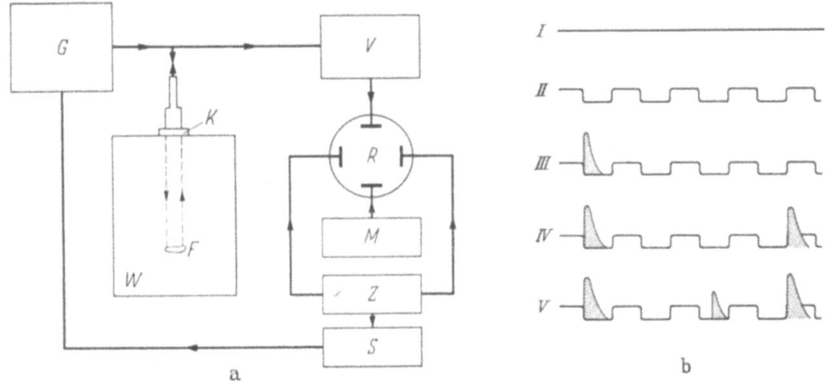

Abb. 16. Prinzip-Schaltbild des Ultraschall-Reflektoskops nach FIRESTONE (aus BERGMANN: Der Ultraschall)
G Hochfrequenz-Generator; K piezoelektrischer Kristall; W Werkstück; F Fehlstelle; V Verstärker; R Kathodenstrahl-Röhre: Z Kippgerät zur Zeitablenkung; S Synchronisierungsgerät; M Zeitmarkengeber
Bilder auf dem Leuchtschirm der Röhre R:
I. Horizontalablenkung durch Kippgerät Z II. Horizontalablenkung mit Zeitmarken   III. Vom Kristall K ausgehender Schallimpuls   IV. Ausgehender und vom Boden des Werkstückes W reflektierter Schallimpuls
V. Wie IV, aber mit zusätzlichem, an der Fehlstelle F reflektiertem Schallimpuls

pulse, also große Trennschärfen erlauben, wegen der starken Streuung der Wellen am Kristallgefüge nicht mehr anwendbar. Bei den Kunststoffen verbietet im allgemeinen schon die große Dämpfung die Anwendung hoher Frequenzen.

Um eine gute Ankopplung der Prüfköpfe an die Werkstücke zu erzielen, paßt man das koppelnde Zwischenmedium den Oberflächen an; bei glatten Oberflächen verwendet man im allgemeinen dünnflüssiges Maschinenöl, bei rauhen zähes Öl oder Glyzerin oder auch eine Kopplungspaste.

Neben Impuls-Echo-Geräten mit einfacher Fehleranzeige gibt es heute auch solche mit automatischer Fehlerregistrierung [23]. Bildwandlergeräte wie beim Durchschallungsverfahren gibt es beim Impuls-Echo-Verfahren zwar nicht, wohl aber ist in diesem Falle eine Art Bildschreibung möglich, die ebenfalls eine Übersicht über den Zustand der ganzen Probe liefert [24]. Beim sogenannten Drehschnittbild-Verfahren werden zylindrische Proben spiralförmig abgetastet; beim sogenannten Schwingschnittbild-Verfahren wird der Schallkopf geradlinig auf der Probe hin und her geführt. Diese Methoden ergeben Querschnittbilder des Fehlerzustandes der Probe und gestatten eine dokumentarische Festlegung dieses Zustandes.

c) Resonanzverfahren. Das Resonanzverfahren hat einen kleineren Anwendungsbereich als die bisher behandelten Methoden; es dient vor allem zur Bestimmung von Wanddicken in Fällen, in denen die Wand nur von einer Seite zugänglich ist (z. B. bei Kesselwänden) [25, 26]. Die zu prüfende „Platte" wird mit einem aufgesetzten Quarzschallgeber zu Dickenschwingungen angeregt. Resonanz tritt ein, wenn die Plattendicke ein ganzzahliges Vielfaches der halben Longitudinalwellenlänge ist; von einer gewissen Verschiebung der Resonanzfrequenz durch den Einfluß des Schallgebers sei dabei abgesehen. Zur Anzeige der Resonanz wird z. B. der Anodenstromanstieg im Resonanzfall auf dem Leuchtschirm eines Oszillographen sichtbar gemacht. Die Frequenz muß bei dieser Methode kontinuierlich veränderbar sein. Bei bekannter Schallgeschwindigkeit im Material der Probe läßt sich die Dicke der Platte mit Hilfe der gemessenen Resonanzfrequenzen in einfacher Weise bestimmen.

Ein einfaches Verfahren für die Messung der Dicke von Gummischichten, das zwar keine Resonanzmethode, dieser aber sehr nahe verwandt ist, hat HATFIELD angegeben [27]; es eignet sich für den Dickenbereich 5 bis 20 mm. Die Meßfrequenz beträgt 50 kHz. Schallgeber und -empfänger sind einander gleich und werden nebeneinander auf der Probe angebracht; beide sind elektrisch sorgfältig gegeneinander abgeschirmt. Die Dicke wird in diesem Falle aus der Phasenverschiebung zwischen der ausgesandten und der empfangenen Welle bestimmt; die Phasenverschiebung wird aus der Form der LISSAJOUS-Figur auf dem Schirm eines Oszillographen ermittelt.

Auch zur Fehlerbestimmung kann das Resonanzverfahren dienen; denn beim Vorhandensein einer Fehlstelle wird der Schall an dieser reflektiert, die Dicke der Probe wird also scheinbar verringert und die Resonanzfrequenz wird sprunghaft erhöht, wenn das Prüfgerät über die Fehlstelle bewegt wird.

Literatur

[1] BERGMANN, L.: Der Ultraschall, 6. Aufl., Stuttgart: Hirzel 1954, Kap. 6d; dort eingehende Beschreibung der verschiedenen Verfahren und Geräte und ausführliche Schrifttumsübersicht, s. auch Nachtrag zum Literaturverzeichnis der 6. Aufl. 1957.

[2] GÖRLICH, P., u. K. SCHUSTER: Materialprüfung mit Ultraschall. Deutscher Physikertag 1956 München: Physik Verlag Mosbauch: 1957.

[3] POHLMAN, R.: Zerstörungsfreie Werkstoffprüfung mit dem Sonometer. Mitt. Forschungsges. Blechbearbeit. (1952) Nr. 23.

[4] MORRIS, W. E.: Method and apparatus for ultrasonic testing. USA Pat. Nr. 2378237 (1945); MORRIS, W. E., R. B. STAMBAUGH, u. S. D. GEHMAN: Rev. sci. Instr. 23 (1952) S. 729.

[5] HATFIELD, P.: Autom. Engr. 41, (1951). 385.

[6] PATTON, R. G., u. P. HATFIELD: Electron. Engng. 24 (1952) S. 522.

[7] JUPE, J. H.: Electronics 25 (1952) S. 214.

[8] LEHFELDT, W.: Auto.-tech. Z. 56, (1954) S. 134.

[9] RIECKMANN, P.: Z. angew. Phys. 8 (1956) S. 386.

[10] POHLMAN, R.: DRP 710413 (1937); Z. Phys. 113 (1939) S. 697. Die Technik 3 (1948) S. 465, Berg- u. hüttenm. Mh. 98 (1953) S. 149.

[11] s. dazu BERGMANN, L.: Zit. [1] Kap. 3d 5.

[12] SCHUSTER, K.: Jenaer Jahrbuch 1951, S. 217.

[13] s. BERGMANN, L.: Zit. [1] Kap. 1.

[14] TROMMLER, H.: Arch. Eisenhüttenwes. 27 (1956) S. 135.

[15] Näheres darüber bei BERGMANN, L., Zit. [1] u. P. GÖRLICH u. K. SCHUSTER: Zit. [2]; s. dort auch die Zitate der Originalarbeiten von SOKOLOV.

[16] GRABENDÖRFER, W.: Gummi u. Asbest 10 (1957) S. 544.
[17] Ausführliche Beschreibung der Bauarten verschiedener Firmen und Geräteabbildungen bei BERGMANN, L.: Zit. [1]; Zitate neuerer Arbeiten als Ergänzung bei P. GÖRLICH u. K. SCHUSTER: Zit. [2].
[18] FIRESTONE, F. A.: J. acoust. Soc. Amer. 17 (1945) S. 287; s. auch F. A. FIRESTONE u. J. R. FREDERICK: J. acoust. Soc. Amer. 16 (1944) S. 100 u. 18 (1946) S. 200.
[19] KRAUTKRÄMER, J.: Elektron. R. 9 (1955) S. 238.
[20] LEHFELDT, W.: Elektron. R. 9 (1955) S. 135.
[21] PTACNIK, E.: Elektronik 1955, S. 23.
[22] LUTSCH, A.: J. acoust. Soc. Amer. 30, (1958) S. 544.
[23] KRAUTKRÄMER, H.: Elektron. R. 10 (1954) S. 4.
[24] Eingehende Beschreibung dieser Verfahren bei GÖRLICH und SCHUSTER, Zit. [2].
[25] Ausführliche Behandlung bei BERGMANN: Zit. [1].
[26] COOK, E. G., VAN VALKENBURG, H. E.: J. acoust. Soc. Amer. 27 (1955) S. 564.
[27] HATFIELD, P.: Brit. J. appl. Phys. 3 (1952) S. 326; Acustica 4 (1954) S. 193.

3.3 Prüfung auf Verarbeitbarkeit

Von **E. Motzkus**, Berlin (3.3.1) und **H. Peukert**, Aachen (3.3.2 bis 3.3.4)

3.3.1 Plastisch verformbare Massen

Eine wichtige Grundlage für die spanlose Formung von Formmassen ist die Kenntnis der Fließeigenschaften, da daraus wichtige Rückschlüsse auf die Verarbeitungsbedingungen (z. B. Druck und Temperatur) gezogen werden können. Die Fließeigenschaften sind im wesentlichen bedingt durch die Plastizität, die die zu verformende Masse innerhalb der Druck- und Temperaturgrenzen, die in der Praxis auftreten, aufweist. Weiterhin werden die Fließeigenschaften durch Reibung an den Formwandungen maßgeblich beeinflußt.

Je nach Art der zu verformenden Massen ändert sich ihre Plastizität in unterschiedlicher Weise, und zwar liegen die Verhältnisse extrem unterschiedlich bei Thermoplasten, die während der Verformung in der Hitze keine chemische Veränderung erleiden und bei Duroplasten, die in der Hitze auf Grund chemischer Vorgänge härten. Bei den Thermoplasten werden die Fließeigenschaften praktisch nur durch physikalische Änderungen beeinflußt. Die Masse erweicht in der Hitze, wird also plastisch und fließt. Bei den Duroplasten aber erfährt die Masse vom Beginn des Erweichens und während des Fließens gleichzeitig eine chemische Härtung, der Grad der Weichheit bzw. Plastizität nimmt nach einem anfänglich erreichten Maximum ständig ab, so daß das Fließen schließlich aufhört.

Für die Ermittlung der Fließeigenschaften sind zahlreiche Versuchsanordnungen entwickelt worden [1]. Nachstehend wird eine Auswahl von diesen aufgeführt.

a) Offenes Plattenwerkzeug. Früher wurden für die Beurteilung von Duroplasten gern offene Plattenwerkzeuge benutzt, da diese Prüfung einfach und schnell ist. Die Verfahren beruhen darauf, daß eine bestimmte Formmassemenge zwischen zwei waagerechten Platten, deren untere mit konzentrischen Ringen oder mit einer spiralförmigen Nut [2] (s. Abb. 1) versehen ist, zu einer flachen Scheibe oder einer Spirale ausgepreßt wird. Die Dicke bzw. der durchschnittliche Durchmesser der erhaltenen Scheibe oder die Länge der erhaltenen Spirale ist das Maß für das Fließvermögen. Heute werden diese Verfahren kaum noch angewandt, da sie keinen ausreichenden Einblick in die Fließeigenschaften geben können: man erfaßt nur den Endzustand, aber nicht die Änderung der Plastizität im Verhältnis zur Zeit oder im Verhältnis zum Druck.

b) Geschlossenes Werkzeug mit drehbarem Unterstempel. Ein Verfahren nach vorgenanntem Prinzip wurde von A. SCHWITTMANN [3] für die Prüfung von Duroplasten entwickelt. Bei der Prüfung (s. Abb. 2) unter gleichzeitiger Drehung des Unterstempels wird die eingefüllte Masse gezwungen, dauernd ihre Form zu ändern. Gleichzeitig wird die Drehzahl des Motors, der den Unterstempel antreibt, registriert. Beim Herabsenken des Oberstempels nimmt die Drehzahl ab, bis die Masse durch die Wärme plastisch geworden ist. Anschließend steigt die Drehzahl des Motors und auf Grund der durch die Wärme eintretenden Härtung der Masse wird diese dann zäher; der Widerstand, den der Unterstempel bei der Umdrehung findet, steigt wieder an, so daß sich die Geschwindigkeit des Motors verringert, bis schließlich Stillstand eintritt, weil die Zähigkeit des Materials zu groß geworden ist.

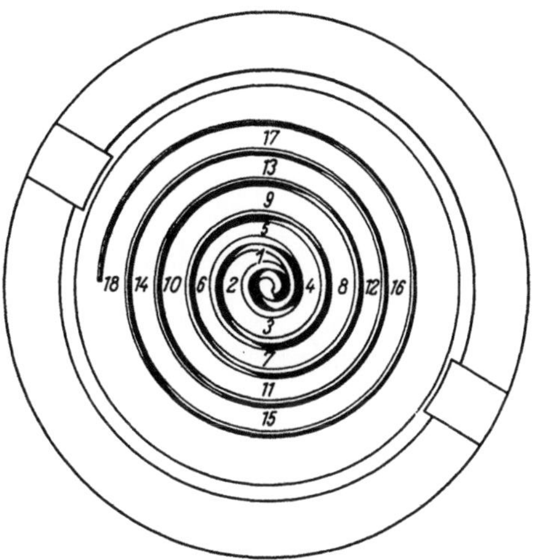

Abb. 1. Form zur Prüfung des Fließvermögens
nach M. FORRER

Das aufgenommene Drehzahl/Zeit-Diagramm kennzeichnet die Änderungen der Plastizität der Masse.

Das Verfahren von SCHWITTMANN und weitere Verfahren, die dem gleichen Grundprinzip entsprechen, haben sich in der Praxis nicht durchgesetzt, u. a. deshalb, weil die Verarbeitbarkeit der Massen für die Praxis nur unzureichend gekennzeichnet und im wesentlichen die Härtungsgeschwindigkeit erfaßt wird [4].

c) Becherwerkzeug bzw. Werkzeug mit Austriebnuten. Die Prüfung beruht darauf, daß ein Becher festgelegter Dimensionen unter festgelegten Bedingungen gepreßt und der Vorgang kurvenmäßig registriert wird.

Prüfungen nach dieser

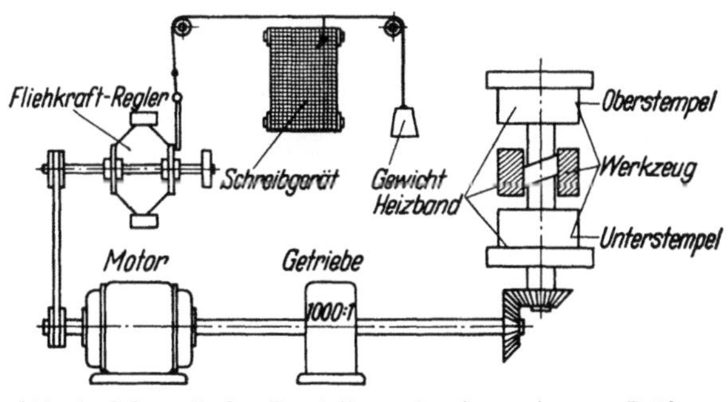

Abb. 2. Schematische Darstellung der Apparatur zur Prüfung
des Fließvermögens nach SCHWITTMANN

Methodik sind zur kurvenmäßigen Erfassung des Fließweges geeignet, den die Formmasse in Abhängigkeit zur Zeit (Weg/Zeit-Kurve) bzw. zur kurvenmäßigen Erfassung des Druckverlaufes in Abhängigkeit zur Zeit (Druck/Zeit-Kurve) nimmt [5]. Im einfachsten Fall aber kann man die Schließzeit härtbarer Formmassen als die Zeit vom Beginn des Druckanstieges bis zum Schließen des

Preßwerkzeuges ermitteln. Eine ausreichende Übereinstimmung der Meßergebnisse wird man in verschiedenen Prüfstellen bzw. mit verschiedenen Prüf-
einrichtungen nur dann erwarten können, wenn die angewandten Pressen in ihren Funktionen praktisch übereinstimmen bzw. genormt sind. Nur als Notbehelf kann man es ansehen, wenn die Preßzeit auf eine bestimmte Vorschubgeschwindigkeit eingestellt ist.

Nach DIN 53 465 wird zur Bestimmung der Schließzeit härtbarer Preßmassen ein Becher gemäß Abb. 3 gepreßt. Man muß sich zwar darüber im klaren sein, daß die Schließzeit nur einen Teil der Fließeigenschaften wiedergibt, denn sie erfaßt im wesentlichen die Zeit, die vergeht, bis die Preß-masse den plastischen Zustand erreicht hat, während zu den Fließeigenschaften auch der Grad der Plastizi-tät gehört. Trotzdem wurde das Normblatt geschaffen, um bei Anwendung eines nicht zu hohen Preßdruckes und einer nicht zu hohen Preßtemperatur mittels der Schließzeit wenigstens eine Grobeinteilung der Preß-massen in Gruppen nach ihrem Fließverhalten vor-

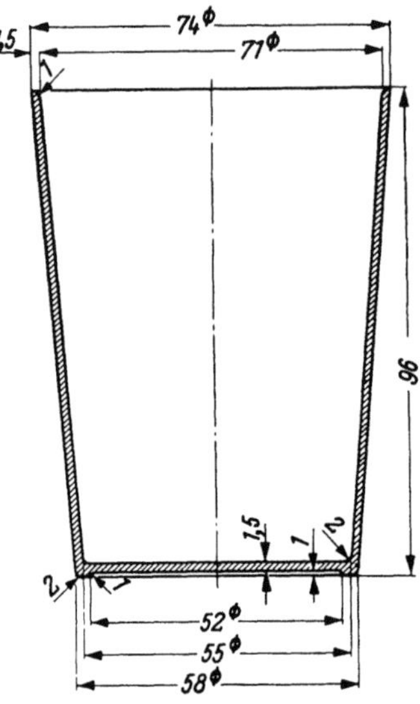

Abb. 3. Becher nach DIN 53 465

nehmen zu können und eine Kontrolle der Gleich-mäßigkeit verschiedener Lieferungen gleichartig bezeichneter Massen hinsichtlich der Gruppenzugehörigkeit durchführen zu können.

Nach den bisherigen Erfahrungen reichen die Festlegungen im Normblatt noch nicht aus, um dieses Ziel zu erreichen. Neben der Normung des Becherwerkzeuges ist auch eine solche für die Presse, also der gesamten Versuchseinrichtung, notwendig.

d) Pressen in einen Fließkanal. Prüfungen dieser Art sind die wertvollsten, und es ist daher nicht überraschend, daß ent-sprechende Arbeiten zur Entwicklung ver-vollkommneter Geräte in dieser Richtung durchgeführt wurden.

α) *Verfahren ohne Diagrammaufnahme.*

1. Verfahren nach Krahl [6]. Nach dem Verfahren von KRAHL dient zur Messung der Fließeigenschaften von Duro-plasten eine Prüfform (s. Abb. 4), mit der aus z. B. 5 g schweren Tabletten (bei Typ 31) prismatische bis 200 mm lange Stäbchen gepreßt werden. Bei Durchführung jedes einzelnen Versuches ist konstant zu halten:

Menge der zu prüfenden Masse,
Temperatur der Form,
Preßdruck,
Preßgeschwindigkeit.

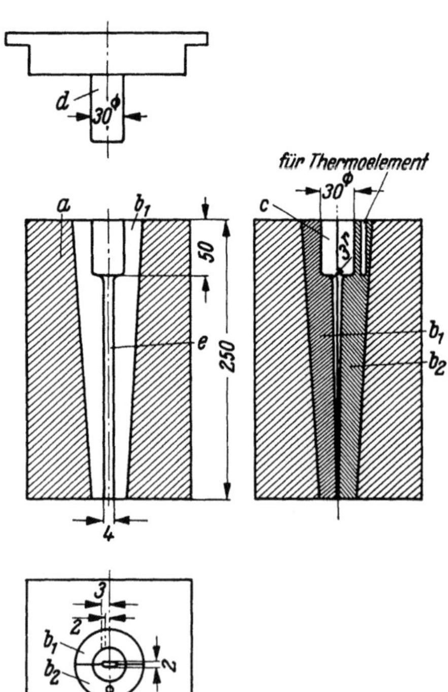

Abb. 4. Form zur Prüfung des Fließvermögens nach KRAHL

Die Prüfform besteht aus einem heizbaren Block a mit eingesetztem zwei-
teiligem Konus b_1 und b_2. Die Konushälften umschließen oben einen zylindrischen, für das Einlegen der Massetablette dienenden Raum c und anschließend
unten einen prismatischen Kanal e. Für die Prüfung wird mit hydraulischem
Druck der beheizte Preßstempel d in den zylindrischen Raum gesenkt und die
Preßmasse in den beheizten prismatischen Kanal gepreßt. Die Länge des erhaltenen prismatischen Stabes dient als Maß für die Fließeigenschaften. Für
die Versuche kann eine hydraulische 25 t-Schnellpresse verwendet werden, die
sich durch eine konstante Preßgeschwindigkeit auszeichnet (8,5 cm/s) und

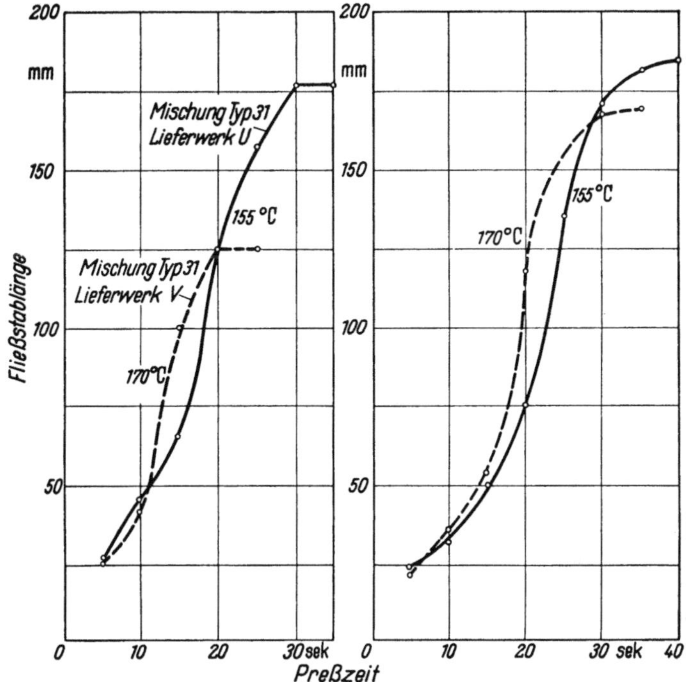

Abb. 5 und 6. Länge der Fließstäbe nach KRAHL nach verschiedener Preßzeit

die genaue Einhaltung beliebig einstellbarer Drucke ermöglicht. Die Temperatur wird mittels Thermoelementen gemessen. Die Kurven in Abb. 5 und 6
veranschaulichen die Fließstablängen nach verschiedener Preßzeit.

Das Verfahren nach KRAHL hat den Nachteil, daß der eigentliche Fließvorgang (Weg/Zeit-Kurve) nicht unmittelbar gemessen werden kann, da der
Fließkanal konisch ist.

2. Verfahren nach Amigo. Nach diesem Verfahren [7] wird die Masse in
einen beheizten Fließkanal gepreßt, der schraubenförmig um einen Zylinder
angeordnet ist. Die Zeit bis zum Stillstand des Preßstempels wird gemessen.
Das Verfahren erlangte praktisch keine Bedeutung.

β) *Verfahren mit Diagrammaufnahme.* Bei diesen Verfahren, von denen das
von L. M. ROSSI und G. L. PEAKES entwickelte, patentierte [8], und in ASTM
D 569–48 für die Prüfung der Fließeigenschaften von Thermoplasten genormte,
das älteste ist, wird die zu prüfende Formmasse in einen Fließkanal gepreßt

und der Preßvorgang durch gleichzeitig aufgenommene Weg/Zeit- und bzw. oder Druck/Zeit-Kurven gekennzeichnet. Der Fließkanal ist durch einen beweglichen Gegenstempel verschlossen, der mit einem Schreibgerät zur kurvenmäßigen Aufzeichnung des Fließweges in Verbindung steht. Geräte mit engem Fließkanal eignen sich nicht für die Prüfung von Grobstrukturpreßmassen, da der Füllstoff beim Eintritt der Masse in den Fließkanal zerrissen wird.

1. Olsen-Bakelite-„Flowtest"-Gerät [8]. Für das Verfahren zur Prüfung von Duroplasten hat die Bakelite-Gesellschaft, Lethmate, erprobte Verfahrenseinzelheiten mitgeteilt [9]. Es unterscheidet sich grundsätzlich von dem Verfahren nach KRAHL dadurch, daß für die Prüfung nicht mit einer hydraulisch angetriebenen Presse gearbeitet wird, sondern mit einer Vorrichtung, bei der der Druck auf die zu verpressenden Tabletten durch Gewichtsbelastung aufgegeben wird. Außerdem ist der Kanal nicht verjüngt, sondern zylindrisch, und ein in ihm beweglicher Gegenstempel ermöglicht die Aufzeichnung der Weg/Zeit-Kurve beim Fließvorgang. Konstruktionseinzelheiten sind aus Abb. 7 ersichtlich.

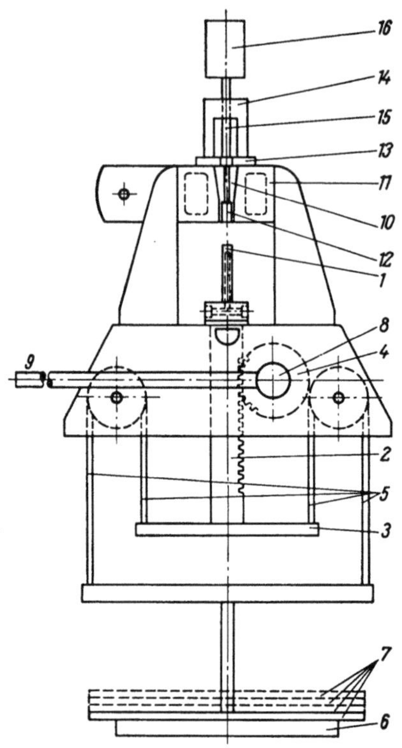

Abb. 7. Schematische Darstellung des Olsen-Bakelite-„Flowtest"-Gerätes

Die zu prüfende Preßmasse wird in Form einer kalt gepreßten Tablette auf den beheizten Stempel *1* aufgesetzt. Das Volumen der Tabletten der verschiedenen Preßmassesorten wird immer gleichgehalten, das Gewicht der Tabletten für gleiche Preßmassen muß dasselbe sein (z. B. 0,685 g bei einem spezifischen Gewicht des Formstoffes von 1,35 g/cm³ und 0,95 g bei einem spezifischen Gewicht des Formstoffes von 1,86 g/cm³). Durch Betätigung des Handhebels *9* wird die Zahnstange *2* und mit ihm der Stempel, der die Tablette trägt, nach oben bewegt. Die Tablette wird dadurch in den Fließkanal des auf genau 150 °C gehaltenen Stahlkonus *10* eingepreßt. Der Stahlkonus besitzt zur Aufnahme des Thermometers eine Bohrung. Der Konus wird indirekt beheizt von dem umgebenden mit Dampf beheizten

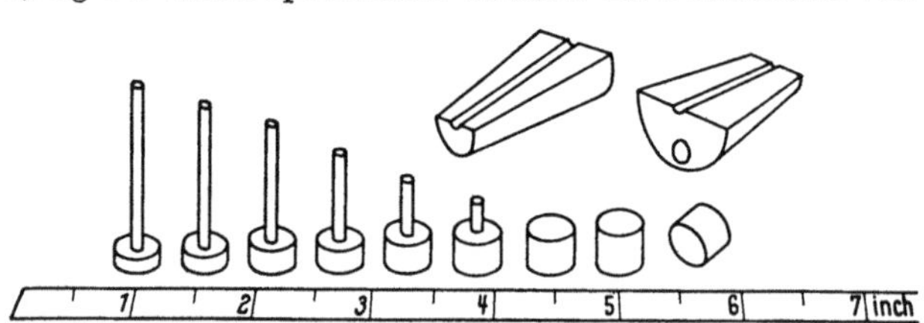

Abb. 8. Zweiteiliger Konus für die Prüfung mit dem Olsen-Bakelite-„Flowtest"-Gerät (oben), für die Prüfung zu verwendende Tabletten (vorn rechts) und bei der Prüfung erhaltene Fließstäbe verschiedener Länge (vorn links)

Block *11*. An den Boden des Konus schließt sich nach unten konzentrisch ein zylindrischer Raum *12* an. Sein innerer Durchmesser entspricht dem Tablettendurchmesser, seine Länge beträgt etwas mehr als die doppelte Höhe der Tablette. Der Oberstempel *15*, der saugend in den Fließkanal paßt, trägt an seinem oberen Ende ein Gegengewicht *16* und kann bis an das untere Ende des Fließkanals eingeführt werden. In dieser Lage läßt er sich durch eine Arretiervorrichtung festhalten. Die Massetablette kann bei arretiertem Gegengewicht unter dem Druck des Unterstempels in der Kammer vorgewärmt werden und, beseitigt man die Arretiervorrichtung nach bestimmter Vorwärmungszeit, so fließt die Masse unter Aufwärtsbewegung des Oberstempels in den Fließkanal. Als Preßstück erhält man Fließstäbchen, die aus dem zweiteiligen Konus bequem entnommen werden können; ihre Länge kennzeichnet die Fließeigenschaften (s. Abb. 8).

Die Zeit bis zum Stillstand der Fließbewegung bezeichnet die Bakelite-Gesellschaft als Härtungszeit. Ein angebautes Schreibgerät ermöglicht die automatische Aufnahme von Kurven, welche die Stäbchenlänge im Verhältnis zur Zeit angeben. Zur genauen Prüfung ist die Vorwärmung unerläßlich.

Die Kurven in Abb. 9 zeigen die Abhängigkeit der Fließstablänge von der Formtemperatur.

Zur Erfassung der Härtungsgeschwindigkeit kann man die Fließeigenschaften in Abhängigkeit von der Vorhärtungszeit kurvenmäßig aufzeichnen. Derartige Kurven zeigt Abb. 10. Sie wurden an Hand von Versuchsergebnissen erhalten, bei denen die Tabletten der einzelnen Preßmassen verschiedene Zeiten in der Prüfvorrichtung bei einer Temperatur von 150 °C vorgehärtet wurden, bevor der Masse Gelegenheit gegeben wurde in den Fließkanal zu fließen. Kurve *1* kennzeichnet eine harte Preßmasse Typ 31, Kurve *2* eine weiche und Kurve *3* veranschaulicht die Fließeigenschaften einer weichen Masse des Typs 30. Interessant ist die Überschneidung der Kurven *2* und *3*, d. h., würde man für die weiche Masse Typ 31 und die Masse Typ 30 nur die Fließstablänge nach einer Vorhärtungszeit von 45 Sek. ermitteln, so könnte man annehmen, daß beide

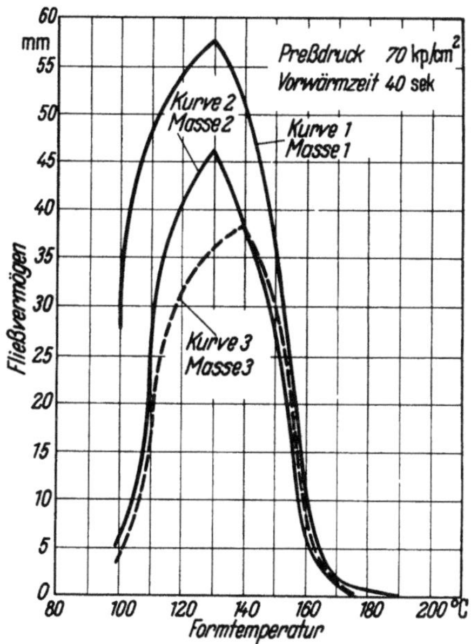

Abb. 9. Fließstablänge in Abhängigkeit von der Formtemperatur

Massen gleiche Fließeigenschaften aufweisen. Die Notwendigkeit der Vermeidung einer Ein-Punkt-Prüfung geht hieraus deutlich hervor, und man ist geneigt, zur Festlegung der Fließeigenschaften der verschiedenen Preßmassen Versuche durchzuführen, auf Grund deren Ergebnisse Kurven gemäß Abb. 10 festgelegt werden können.

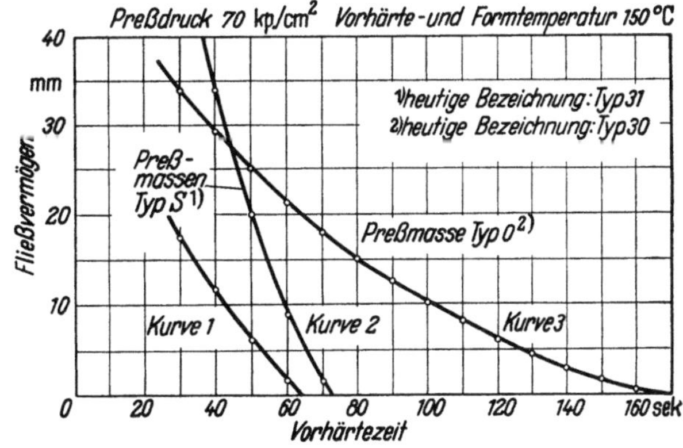

Abb. 10. Fließstablängen in Abhängigkeit von der Vorhärtungszeit

Auch dieses Gerät eignet sich nicht für die Prüfung von Grobstrukturmassen.

2. „Flowtest"-Gerät mit vergrößertem Fließkanal. Auf Grund gemeinsamer Erörterungen zwischen der Staatlichen Materialprüfungsanstalt,

Darmstadt, und Vertretern der Industrie wurde ein neues Prüfgerät konstruiert (s. Abb. 11). Es entspricht im Prinzip dem Gerät nach Rossi und Peakes, aber der Fließkanal hat einen Querschnitt von 4 mm × 15 mm.

Das Fließprüfgerät besteht in seinen versuchsbestimmenden Teilen aus einer Probenkammer mit anschließendem Fließkanal, einem Druckstempel und einem Gegenstempel (s. Abb. 12). Probenkammer und Fließkanal sind in auswechselbare zweiteilige Backen eingearbeitet. Die Probenkammer hat einen Durchmesser von 30 mm und ist mindestens 20 mm hoch. Die Kraft des in die Probenkammer einlaufenden Druckstempels ist im Bereich von 600 bis 3000 kp einstellbar. Probenkammer, Druckstempel und Fließkanal sind beheizt und können auf konstanter Temperatur gehalten werden.

Zur Prüfung dienen Tabletten von 30 mm Durchmesser, deren Gewicht dem 7,5fachen der Rohdichte des betreffenden Formstoffes entspricht. Die Tabletten werden entweder ohne oder nach vorangegangener Vorhärtung, die in der Probenkammer

Abb. 11. „Flowtest"-Gerät mit vergrößertem Fließkanal

vorgenommen wird, verpreßt. Während der Prüfung wird ein Weg/Zeit-Diagramm aufgenommen und dieses dann ausgewertet. Ein derartiges Diagramm veranschaulicht Abb. 13.

Das Verfahren ist als DIN-Entwurf 53 478 unter dem Titel „Bestimmung des Fließverhaltens von härtbaren Formmassen mit dem Fließprüfgerät" er-

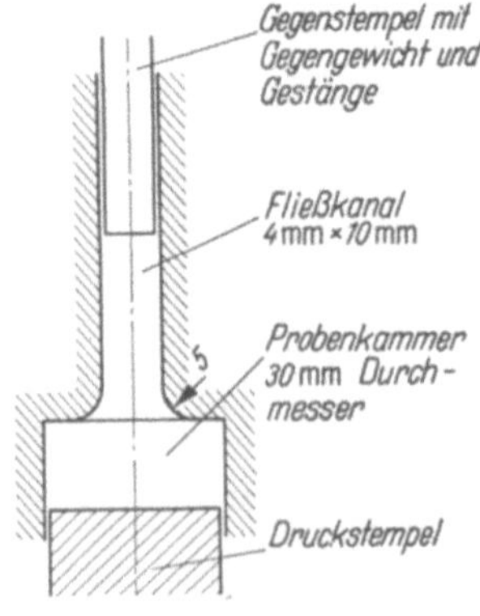

Abb. 12.   Versuchsbestimmende Teile des Fließprüfgerätes nach DIN-Entwurf 53 478

schienen. Es ist geplant, in einer Fortsetzung des Blattes die Prüfung von Thermoplasten unter Anwendung desselben Gerätes zu beschreiben, nachdem die bisher durchgeführten Vorversuche ausreichend ergänzt sind.

3. Fließgerät nach Raschig. In jüngster Zeit hat C. Raschig ein weiteres Fließprüfverfahren entwickelt. Bei seinem Prüfgerät (s. Abb. 14) haben erstmalig Preßzylinder, Kolben und Fließform waagerechte Lage.

Während bei den anderen vorgenannten Verfahren der Druck konstant gehalten und das Versuchsergebnis einer Weg/Zeit-Kurve entnommen wird, wird nach Raschig der zeitliche Verlauf der

Stäbchenverlängerung nach vorausbestimmtem Programm erzwungen und der dabei erforderliche veränderliche Preßdruck durch eine Druck/Zeit-Kurve dargestellt, welche zur Beurteilung der Verarbeitbarkeit der Massen dient.

Das Prüfgerät hat einen rasch wirkenden Preßdruckregler, welcher die Einhaltung des vorgegebenen Weg/Zeit-Programms dadurch gewährleistet, daß er über eine Differentialvorrichtung von der Fließbewegung selbst und von einem Programmgeber beeinflußt wird.

Neben der Druck/Zeit-Kurve kann auch die Weg/Zeit-Kurve aufgenommen werden. Die Aufzeichnung des Weg/Zeit-Diagramms ist allerdings jetzt nicht mehr unbedingt erforderlich. Sie ist aber sehr zweckmäßig, weil man dadurch die tatsächliche Einhaltung des Regelprogramms kontrollieren kann. Dann ergibt

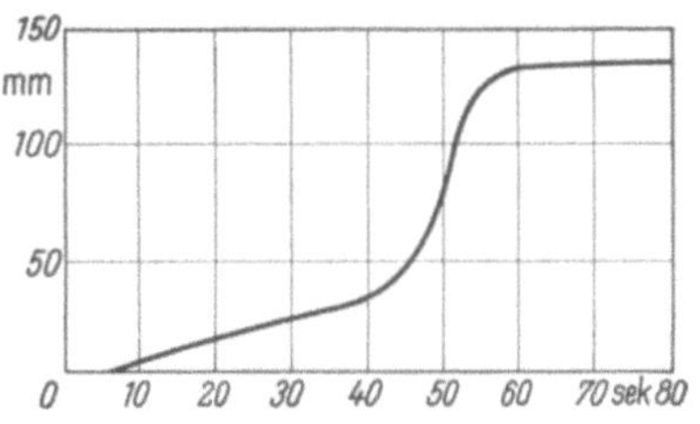
Abb. 13. Weg/Zeit-Diagramm nach DIN-Entwurf 53478

sich auch die einfache Möglichkeit, das Gerät durch einfache Umschaltung zur Aufnahme der bekannten Fließkurven wie beim Olsen-Bakelite-„Flowtest"-Gerät zu verwenden, wobei zugleich der benutzte konstante Preßdruck selbsttätig aufgezeichnet wird.

Die graphische Darstellung des vorausbestimmten Weg/Zeit-Programms ist im einfachsten Falle eine gerade Linie, was einer konstanten Fließgeschwindigkeit entspricht. Wählt man zwei verschiedene konstante Fließgeschwindigkeiten wie bei Abbildung 15, so erhält man die Weg/Zeit-Kurve *A*, *B*, *C*, *D*, *E*, *F*. Man sieht, daß das vorgeschriebene Programm auf der Strecke *C*, *D*, *E* eingehalten ist. Die kleine Abweichung vom Programm auf der Strecke *A*, *B*, *C* rührt daher, daß die noch kalte Masse einen sehr hohen Druckbedarf hat. Die ge-

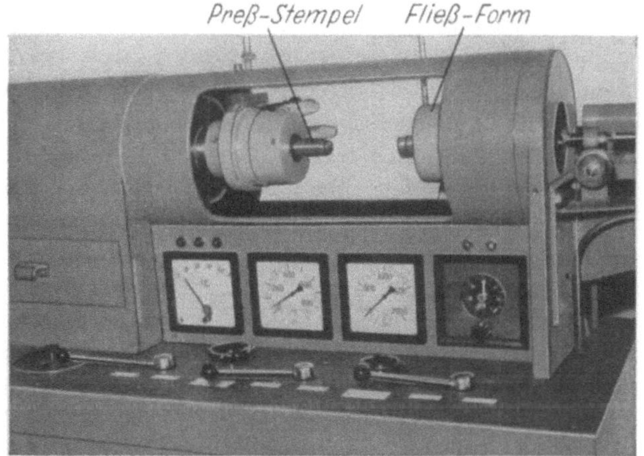

Abb. 14. Fließprüfgerät nach RASCHIG

krümmte Strecke *E–F* erklärt sich dadurch, daß der eingestellte Höchstdruck, nämlich 1100 kp/cm², nicht mehr ausreichte, um die weitgehend erhärtete Preßmasse noch mit der programmgemäßen Fließgeschwindigkeit in den Kanal einströmen zu lassen.

Das gesamte Versuchsergebnis wird aus der Druck/Zeit-Kurve entnommen. Die Kurve in Abb. 15 wurde mit einer Formmasse Typ 31 bei Anwendung eines Fließkanals mit 4 mm Durchmesser erhalten. Im Abschnitt *G–H–I–K* wird fast ausschließlich der physikalische Vorgang der Erweichung dargestellt, weil die Härtungsvorgänge erst bei höherer Temperatur, als sie nach 10 Sek.

erreicht ist, stark ins Gewicht fallen. Der Sprung von K nach L beruht auf der Umschaltung bei D bzw. d (s. Abb. 16, sie zeigt den erhaltenen Fließstab) von der ersten Fließgeschwindigkeit auf die zweite. Der Druckabfall zwischen L und M deutet darauf hin, daß zu dem Druckminimum die Einflüsse der physikalischen Erweichung und des Zäherwerdens durch chemische Reaktion sich die Waage halten, bis dann die Härtungsvorgänge immer mehr und nach Erreichung der Formtemperatur ausschließlich den Kurvenverlauf bestimmen.

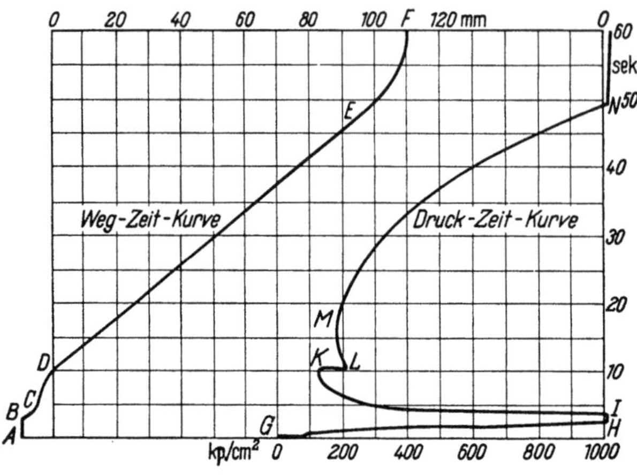

Abb. 15. Weg/Zeit-Kurve und Druck/Zeit-Kurve bei der Prüfung nach RASCHIG

Die Druck/Zeit-Kurve nach Abb. 15 läßt bei der Prüfung von Duroplasten für die Praxis wichtige Schlüsse zu. So sieht man u. a. daraus, daß mit einem spezifischen Preßdruck von 300 kp/cm² ein verhältnismäßig schwieriges Preßstück, entsprechend einer Gesamtstäbchenlänge von 60 mm, hergestellt werden kann und daß hierfür bei entsprechender Vorwärmung etwa 25 Sek. Formschließzeit zur Verfügung stehen. Man kann ferner entnehmen, daß bei Anwendung eines doppelten Druckes, nämlich 600 kp/cm², bereits sehr schwierige Preßteile, entsprechend einer zylindrischen Stäbchenlänge von 86 mm, erzielbar sind, wobei sogar die Schließzeit 35 Sek. betragen darf.

Da man annehmen kann, daß nach etwa 40 Sek. die noch im Füllraum befindliche Masse die volle Formtemperatur angenommen hat, beruht der Druckverlauf zwischen 40 und 50 Sek. nur noch auf chemischen Vorgängen, so daß hieraus die vorliegende Härtungsgeschwindigkeit sicher zu beurteilen ist.

Abb. 16. Fließstab bei der Prüfung nach RASCHIG

Auch die Zeitdauer, welche verstrichen ist, bis im Punkt N ein spezifischer Preßdruck von 1000 kp/cm² erreicht ist, im vorliegenden Fall also 50 Sek. vom Versuchsbeginn oder 40 Sek. nach Vorwärmung der Masse, kann dem Verarbeiter eines Duroplastes zur Beurteilung der sog. „Stehzeit" dienen.

Im jetzigen Entwicklungszustand ist es jedoch fraglich, ob sich das Verfahren nach RASCHIG für die Prüfung von Grobstrukturformmassen eignet, da der Fließkanal sehr eng ist. Das Prüfgerät kann vielleicht mit Vorteil zur bequemen Untersuchung von Thermoplasten dienen; die Massen müßten hierfür im Füllraum entsprechend erwärmt werden.

e) Spritzen durch eine Düse. J. HEMMERSBACH [10] entwickelte dieses Verfahren speziell für die Prüfung von Thermoplasten. Gegenüber dem Gerät von ROSSI und PEAKES (s. II 3.3.1 d) unterscheidet es sich dadurch, daß die Masse nicht in jedem Falle tablettiert werden muß, sondern auch lose eingefüllt geprüft werden kann. Außerdem soll es bessere Anpassung an die praktischen Verhältnisse zeigen. Die in einen kleinen Zylinder gefüllte Masse wird mittels eines Kolbens durch eine auswechselbare Düse ins Freie gespritzt. Der Zylinder wird auf konstante Temperatur beheizt. Der Druck wird hydraulisch erzeugt und ist geregelt. Der Kolben ist mit einem Schreibgerät gekoppelt, so daß der Weg des Kolbens abhängig von der Zeit des Ausspritzens aufgezeichnet wird. Die Kolbenvorschubgeschwindigkeit ist aus den aufgezeichneten Weg/Zeit-Kurven errechenbar. Ermittelt wird die Ausspritzzeit bei verschiedenen Temperaturen und einem konstanten Druck von 350 kp/cm². Durch Anwendung verschiedener Temperaturen läßt sich diejenige Temperatur ermitteln, bei der die verschiedenen Formmassen gleiche Fließgeschwindigkeit, z. B. 100 cm/s nach einer konstanten Vorwärmung von 6 min, aufweisen.

a   b

Abb. 17a und b. Schopper-Plastometer nach Houwink
a) Vor dem Einbau, b) in betriebsfertigem Zustand. *PP'* planparallele Platten; *G* Belastungsgewicht; *M* Meßuhr; *Th* Thermometer; *F* Fußplatte mit Stellschrauben (*S*); *K* Einstellvorrichtung für *P*; *T* Tragrahmen

Das Verfahren soll auch für die Prüfung von Duroplasten hinsichtlich ihrer Verarbeitung nach dem Spritzpreßverfahren geeignet sein.

f) Ausflußgeräte (Plastometer). Auf ähnlichem Prinzip wie das Verfahren von Hemmersbach basieren die Ausflußgeräte, bei denen die Ausflußzeit als Maßstab dient: Marzetti-Gerät [*11*] und Marzetti-Gerät-System Behre [*12*]. Diese Geräte dienen speziell für die Beurteilung der Verarbeitbarkeit von Kautschuk, unvulkanisierten Kautschukmischungen und unvulkanisierten kautschukähnlichen Stoffen bzw. deren Mischungen. Für den gleichen Zweck werden die unter g) aufgeführten Geräte benutzt.

g) Plattendruckgeräte (Plastometer). Bei den Plattendruckgeräten wird die Probe zwischen zwei planparallelen Platten verformt. Im Vordergrund stehen

das „Defo"-Gerät (Deformationsgerät der Continental Gummiwerke G.m.b.H.,
Hannover [13], das WILLIAMS-Plastometer [14], das SCOTT-Plastometer [15] und
das SCHOPPER-Plastometer nach HOUWINK [16], vgl. Abb. 17a und b).

HAGEN kommt auf Grund von zahlreichen Untersuchungen zu folgendem
Urteil [17]: Bei den Plattendruckgeräten zeigte sich als grundsätzlicher Nachteil,
daß die exakte Herstellung der Prüfkörper sehr schwierig ist; die Prüfkörper-
herstellung ist daher die Hauptfehlerquelle. Außerdem ist keine Voraussage
über die Spritzbarkeit möglich.

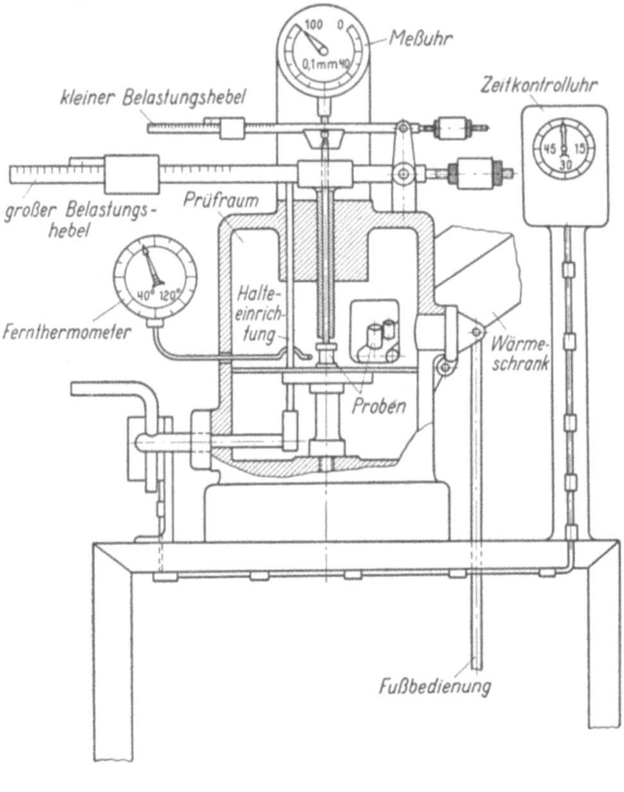

Von den Plattendruckgeräten hat sich das Defo-Gerät als exaktestes Gerät mit größter Meßgenauigkeit, Variationsmöglichkeit und universeller Anwendbarkeit erwiesen; demgemäß wurde die Prüfung mit dem Defo-Gerät, „Warmdruckversuch nach BAADER (Defo-Prüfung)", nach DIN 53514 genormt. Nach dieser Norm wird der Kraftaufwand gemessen, der erforderlich ist, um eine zylindrische Probe mit einem Durchmesser und einer Höhe von je 10 mm bei einer Prüftemperatur von $+80\,°C$ innerhalb von 30 Sek. auf 4 mm Höhe zusammenzudrücken. (s. Abb. 18).

Abb. 18. Prüfgerät für Plastizitätsmessung nach BAADER

h) **Plastograph mit Kneter.** Ein derartiges Gerät ist der BRABENDER-Plastograph. Er eignet sich insbesondere für die Beurteilung der Verarbeitbarkeit bzw. Plastizität von thermoplastischen Kunststoffen, u. a. von Mischungen dieser Kunststoffe mit Weichmachern, z. B. Bestimmung der Gelierfähigkeit von Weichmachern [18]. Der wesentliche Vorteil des Gerätes ist dadurch gegeben, daß es gestattet, Strukturveränderungen des zu prüfenden Materials im Zeitablauf bei bestimmten Temperaturen zu verfolgen. Dementsprechend wird es nach neueren Versuchen auch möglich sein, bei zweckentsprechender Änderung des Gerätes dieses für die Prüfung härtbarer Formmassen zu verwenden.

Die Ausführung des Gerätes mit Zubehör zeigt Abb. 19. Der Plastograph erfaßt während der ganzen Versuchszeit die Arbeit, die aufzuwenden ist, um das im Knettrog befindliche Versuchsmaterial zu kneten, und zwar wird diese

Arbeit kurvenmäßig auf einem Diagrammstreifen aufgenommen. Die Kneter sind auswechselbar, es können z. B. Flügel-, Nocken-, Schaufel- und Walzenkneter angewendet werden.

i) Scherscheiben-Plastometer. Die Prüfung mit dem Scherscheiben-Plastometer nach MOONEY ist nach DIN 53523, „Bestimmung der Plastizität nach MOONEY im Warmscherversuch", genormt. Die Plastizität nach MOONEY [19]

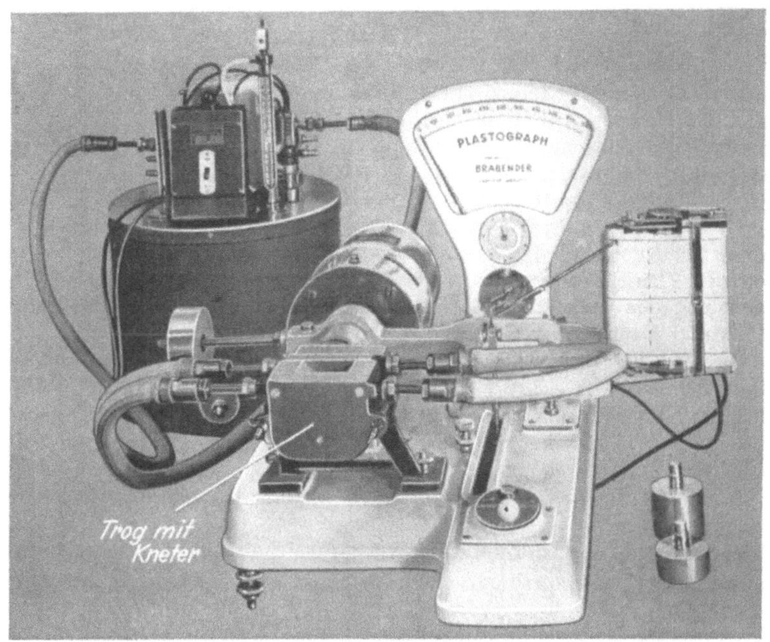

Abb. 19. BRABENDER-Plastograph

kann einen Anhaltspunkt für die Beurteilung der Verarbeitbarkeit von Elastomeren und unvulkanisierten Mischungen geben.

Ein Maß für die Plastizität nach MOONEY ist das Drehmoment, das anzuwenden ist, um eine zylindrische Scheibe (Rotor) mit einer Drehzahl von 2 U/min in einer mit dem Versuchsmaterial gefüllten Kammer zu drehen. Ein Mooney entspricht einem Drehmoment am Rotorschaft von 8,46 pm + 0,02 pm.

Literatur

[1] Allgemeine Ausführungen s. u. a.: H. DRAEGER u. W. WOEBCKEN: Pressen und Spritzpressen. MEHDORN. Kunststoff-Technik 12 (1942) S. 92; W. ROEHRS: Kunststoffe 26 (1936) S. 47—54.
[2] FORRER, M.: Brit. Plastics 4 (1932) S. 52; Auszug: Plast. Massen 2(1932) S. 213, auch Kunststoffe 26 (1936), S. 49.
[3] SCHWITTMANN, A.: Kunststoffe 29 (1939) S. 190; vgl. Vorschlag von BRANDENBURGER: Herstellung und Verarbeitung von Kunstharzpreßmassen Bd. 4, S. 145—152. München: J. F. Lohmann 1957, sowie 2. Aufl., S. 328—332, 1938, ferner die Arbeit von M. SPEITMANN, Chem.-Ztg. 40 (1937) S. 415, sowie Brit. Plastics (1939), Ref. von B. ESCH, Kunststoff-Technik 9 (1937) H. 7.

[*4*] KRAHL, M.: Kunststoff-Technik 9 (1939) S. 339—342; A. SCHWITTMANN: Kunststoffe 30 (1940) S. 63—65; M. KRAHL: Kunststoff-Technik 10 (1940) S. 168.

[*5*] SCHWITTMANN, A.: Kunststoffe 30 (1940) S. 63 u. 32 (1942) S. 365; Kunststoff-Technik 12 (1942) S. 262 u. Kunststoffe 34 (1944) S. 1; s. auch MEHDORN: Kunststoff-Technik 12 (1942) S. 263.

[*6*] KRAHL, M.: Plast. Massen 4 (1931) S. 104—107 und Kunststoff-Technik 9 (1939) S. 204/05.

[*7*] AMIGO, A.: Brit. Plastics 12 (1941) S. 313; Ref. in Kunststoffe 32 (1942) S. 194.

[*8*] USA-Pat. 2066016 vom 3. 2. 1934 (L. M. ROSSI u. G. L. PEAKES).

[*9*] Plast. Massen 4 (1934) S. 161; H. RUPPRECHT: Kunststoffe 28 (1938) S. 173 und Bakelite-Post (März 1938).

[*10*] Kunststoffe 34 (1944) S. 223.

[*11*] MARZETTI, G.: Chim. et Ind. 5 (1923) S. 342.

[*12*] BEHRE, J.: Kautschuk 8 (1932) S. 167; 15 (1939) S. 112.

[*13*] BAADER, TH.: Kautschuk 14 (1938) S. 223.

[*14*] WILLIAMS, J.: Industr. Engng. Chem. 16 (1934) S. 362.

[*15*] Hersteller des Gerätes: H. L. Scott in Providence.

[*16*] HOUWINK, R., u. PH. N. HEINZE: Kunststoffe 28 (1938) H. 11.

[*17*] HAGEN, H.: Kautschuk 15 (1939) S. 88—95.

[*18*] HÖCHTLEN (Bericht über einen Vortrag von P. SCHMIDT): Ein neues Verfahren zur Bestimmung der Gelierfähigkeit von Weichmachern mittels des Plastographen von BRABENDER. Kautschuk u. Gummi 3 (1950) S. 438.

[*19*] MOONEY, M.: Ein Scherscheiben-Viskosimeter für unvulkanisierten Gummi. Industr. Engng. Chem., Analyt. Ed. 6 (1934) S. 147. Ferner ASTM D 927–57 T: Viskosität von Kautschuk und kautschukähnlichen Stoffen im Scherscheiben-Viskosimeter.

3.3.2 Warmformen von thermoplastischen Halbzeugen

a) Thermisch bedingte Zustandsformen. Endvernetzte, ausgehärtete Duroplaste sind unter Temperatureinwirkung praktisch nicht erweichbar und somit nicht spanlos warmformbar [*1*].

Die Thermoplaste sind in ihrem technologischen Verhalten gegenüber den anderen Werkstoffen dadurch gekennzeichnet, daß sich zwischen die von niedermolekularen, kristallinen Werkstoffen, wie beispielsweise den Metallen, her bekannte feste und flüssige Zustandsform eine für sie charakteristische Zustandsform einschiebt: der thermoelastische Zustand. Somit finden sich bei den thermoplastischen Kunststoffen 3 Zustandsformen:

1. der feste Zustand unterhalb des Einfriertemperaturbereiches,
2. der thermoelastische Zustand zwischen Einfrier (ET)- und Fließtemperaturbereich (FT),
3. der thermoplastische Zustand zwischen Fließtemperatur- und Zersetzungstemperaturbereich (ZT).

Zwischen diesen 3 Werkstoffzuständen befinden sich die beiden Übergangsbereiche: der Einfrier- oder Erweichungstemperaturbereich (ET) und der Fließtemperaturbereich (FT). Diese Übergangsbereiche sind zwar im allgemeinen auf ein wenige Grad umfassendes Temperaturintervall beschränkt, jedoch vollzieht sich innerhalb derselben eine entscheidende Beeinflussung der Werkstoffeigenschaften.

Diese thermisch bedingten Zustandsformen finden sich bei sämtlichen Thermoplasten, jedoch verschiebt sich infolge der verschiedenartigen Struktur und der unterschiedlichen Konstitution die Temperaturlage der Zustandsbereiche bei den einzelnen Kunststoffen, Abb. 20.

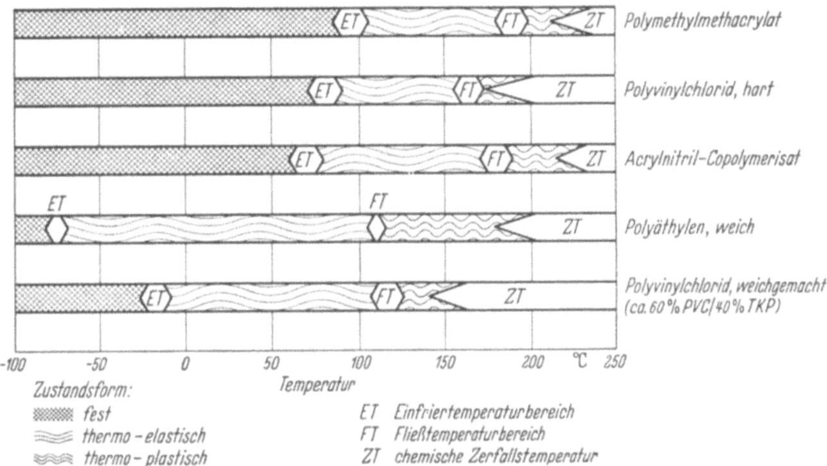

Abb. 20. Zustandsbereiche verschiedener Thermoplaste

Zwischen dem technologischen Zustand der Kunststoffe und ihrer Verarbeitbarkeit bestehen enge Zusammenhänge, die in Abb. 21 aufgezeigt sind.

Thermoelastisch warmgeformt werden fast ausschließlich nur bei Raumtemperatur harte, formstandfeste thermoplastische Kunststoffhalbzeuge, das sind, ausgenommen die kristallisierenden Thermoplaste, solche Kunststoffe, deren Einfriertemperaturbereich weit oberhalb der Raumtemperatur liegt. Ihre Verarbeitbarkeit nach den Verfahren der Umformtechnik ist um so besser, je größer der Temperaturbereich ist, der sich zwischen den Erweichungs- (ET) und Fließtemperaturbereich (FT) einschiebt. Ein großer thermoelastischer Bereich ist demnach kennzeichnend für eine gute spanlose Warmformbarkeit [2, 3].

Genormte Prüfverfahren zur Beurteilung des Warmformungsverhaltens thermoplastischer

	ET	FT	ZT
Technologischer Zustand	fest	thermo-elastisch	thermo-plastisch
Formungstechnik Urformen			Gießverfahren Tauchverfahren Streichverfahren Kalanderverfahren Warmpreßverfahren Extruderverfahren Spritzgußverfahren Schlagpreßverfahren Wirbelsinterverfahren Flammspritzverfahren
Umformen		Biegeverfahren Streckziehverfahren Tiefziehverfahren Formstanzverfahren Blasverfahren Vakuumverfahren	
Trennen	Feilen Sägen Hobeln Bohren Drehen Fräsen Schneiden Schleifen		
Fügen	mechanische Verbindungs-verfahren Klebverfahren		Schweißverfahren

Abb. 21. Zustandsbereiche, Formungstechnik und Verarbeitungsverfahren der Thermoplaste

Kunststoffhalbzeuge liegen noch nicht vor. Im folgenden wird deshalb über einige Prüfmöglichkeiten berichtet, die in der Praxis Anwendung gefunden haben und eine gute Beurteilung des thermoelastischen Formungsverhaltens ermöglichen.

b) Wärmebeständigkeitprüfung. Für die Durchführung der spanlosen thermoelastischen Formgebung ist vor allem die Kenntnis des Werkstoffverhaltens in der Wärme erforderlich, da die Halbzeuge für den Formungsvorgang auf höhere Temperaturen erwärmt werden müssen. Sie dürfen hierbei keinen Schaden nehmen, der eine Weiterverarbeitung wegen Qualitätsminderung ausschließen würde.

Das Institut für Kunststoffverarbeitung, Aachen, schlägt hierzu eine Prüfung auf Wärmebeständigkeit vor [4]. Dabei werden aus dem zu prüfenden Halbzeug Proben der Größe 50 mm × 50 mm × Materialdicke spanend herausgearbeitet und 60 min bei einer Prüftemperatur in einem Umluftofen oder einem geeigneten Wärmebad gelagert. Die Prüftemperatur ist materialabhängig; für Hart-PVC wurde eine solche von 135 °C vorgeschlagen. Nach der Abkühlung dürfen äußerlich keine Veränderungen des Prüfkörpers sichtbar sein, wie z. B. Blasen- und Pickelbildung, Risse und Folienablösungen.

a

Abb. 22a und b. Warmreckapparatur an einer 1 t-Zerreißmaschine, Bauart Zwick, mit einem Vorschub von 0,8 bis 300 mm/min

a) Warmreckapparatur mit Umluftheizung

c) Warmreckversuch (einachsige Zugbeanspruchung). Die Beurteilung der Formungsfähigkeit ist durch den Warmreckversuch möglich [3 bis 6]. Für diese Untersuchungen wird in eine Zerreißmaschine ein Wärmeofen eingebaut, der sowohl mit Warmluft oder einer für den jeweils untersuchten Kunststoff geeigneten Flüssigkeit betrieben werden kann. Die Versuchseinrichtung ist in den Abb. 22a und b dargestellt.

Die rechteckigen Proben mit einer Abmessung von 150 mm × 50 mm × Materialdicke werden aus den Platten herausgearbeitet. Dabei ist besonders auf riefen- und kerbfreie Kanten zu achten. Die freie Einspannlänge beträgt jeweils 50 mm. Die Flächen der Proben werden mit einem feinlinigen 5 mm-Raster zur Messung des Formungsgrades versehen.

Für umfassendere Versuche zur einachsigen und biaxialen Reckung wurde im Institut für Kunststoffverarbeitung eine große Formungsapparatur entwickelt, Abb. 23, die die Reckung von 300 mm breiten Proben bzw. biaxiale

Reckungen von 300 mm Durchmesser gestattet. In der durch Thermostaten geregelten Warmlufttemperatur können Temperaturen bis zu +180 °C erreicht werden; außerdem läßt sich die Formänderungsgeschwindigkeit in einem weiteren Bereich variieren. Mit dieser Versuchseinrichtung ergibt sich die Möglichkeit, nicht nur Reckungen und gestaltabhängige Formänderungen zu ermitteln, sondern auch an diesen Formteilen die Zusammenhänge zwischen der Formänderung und den Eigenschaftsänderungen zu untersuchen.

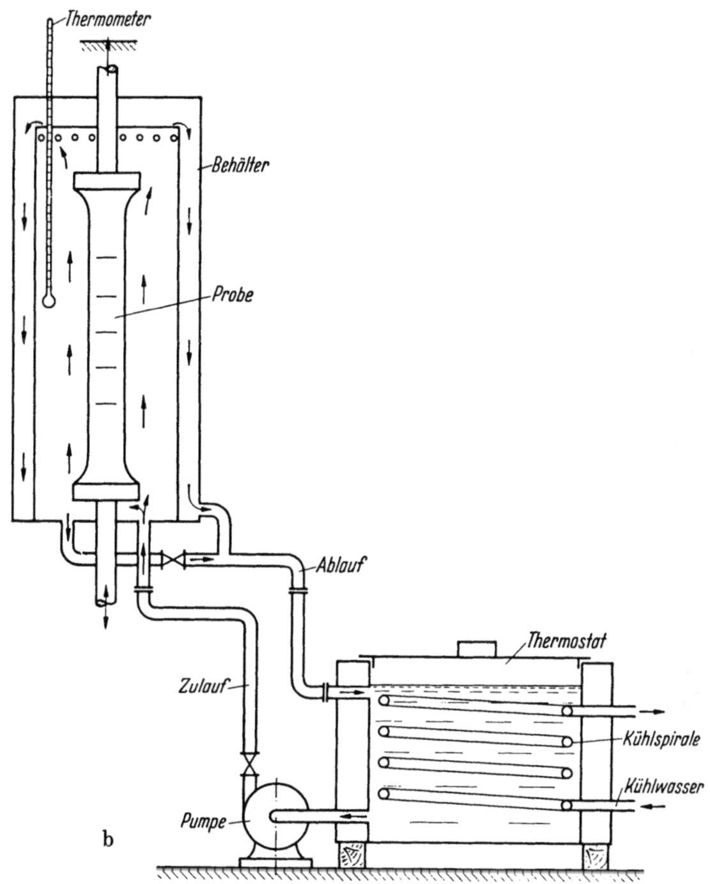

Abb. 22b. Warmreckapparatur mit Ölumlaufheizung (schematisch)

Die Proben werden auf die festgelegte Versuchstemperatur, die oberhalb der Erweichungstemperatur liegt, erwärmt und mit verschiedenen Reckgeschwindigkeiten einer einachsigen Zugbeanspruchung unterworfen. Verschiedene Geschwindigkeitsstufen sind erforderlich, da bekanntlich das Formänderungsverhalten der Kunststoffe – besonders ausgeprägt bei erhöhten Temperaturen – von der Formänderungsgeschwindigkeit abhängig ist.

Nachdem bei den verschiedenen Recktemperaturen und Reckgeschwindigkeiten die Bruchreckgrade festgestellt worden sind, werden in einer weiteren Versuchsreihe die einfrierbaren Reckgrade bestimmt. Die gereckten Stäbe werden hierbei unter Last abgekühlt und der Reckgrad durch Ausmessen des Rasters ermittelt.

Zur Auswertung der Versuchsergebnisse werden die bei der thermoelastischen Warmformung erzielten Reckgrade über der dazugehörigen Recktemperatur aufgetragen. Es entsteht eine glockenförmige Kurve, Abb. 24. Die größten Reckgrade kennzeichnen den Bereich der idealen Kautschukelastizität oder den Hochelastizitätsbereich. Sowohl zu niederen als auch zu höheren Temperaturen hin fällt die Reckbarkeit merklich ab. Bei niederen Temperaturen verhindert die Kaltsprödigkeit größere Reckgrade, bei höheren dagegen die Warmsprödigkeit.

Das kalt- und warmspröde Bruchverhalten spiegelt sich eindeutig in den Bruchformen wider. Der Kaltsprödbruch bei der thermoelastischen Warmformung ist durch einen glatten Trennbruch senkrecht zur Zugrichtung gekennzeichnet. Dabei ist die Bruchzone übersät mit Spannungsrissen senkrecht zur Reckrichtung. Der Warmsprödbruch verläuft ebenfalls senkrecht zur Beanspruchungsrichtung, doch ist die Bruchfläche stumpf. Im Hochelastizitätsbereich entstehen Mischbrüche, d. h., der Bruch ist teilweise ein Schub- und teilweise ein Trennbruch. Die drei charakteristischen Brucharten bei der Warmformung geben die Abb 25 a, b und c wieder.

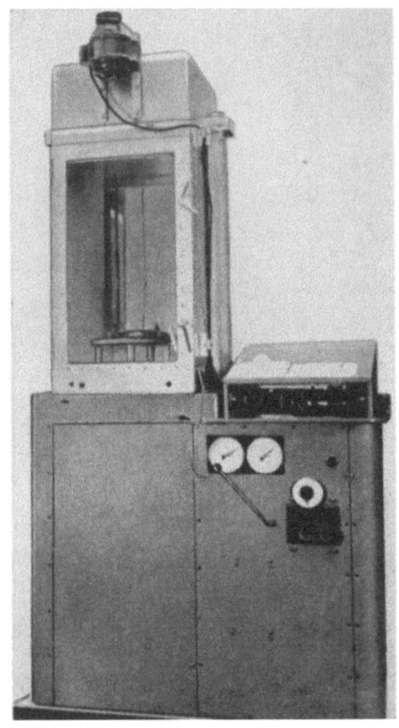

Abb. 23. Formungsapparatur für einachsige und biaxiale Reckungen

Das Zusammenwirken von Formungstemperatur und Formungsgeschwindigkeit geht aus dem Arbeitsdiagramm von PVC-hart hervor, Abb. 26. Im Bereich der Hochelastizität ist der einfrierbare Reckgrad in weiten Grenzen von der Formungsgeschwindigkeit unabhängig. Es ist deshalb zweckmäßig, größere Formungen in diesem Temperaturbereich vorzunehmen, obgleich hierbei dann größere Formungskräfte erforderlich sind als bei höheren Temperaturen. Kleine Formungsgrade — wie sie zumeist in der Praxis vorkommen — werden aus fertigungstechnischen Gründen zweckmäßig bei höheren Temperaturen hergestellt. Formungen bei Temperaturen unterhalb der Hochelastizitätstemperatur sind schon aus wirtschaftlichen Erwägungen, hauptsächlich aber wegen der erhöhten Spannungsrißgefahr technisch abzulehnen. Zu kalte

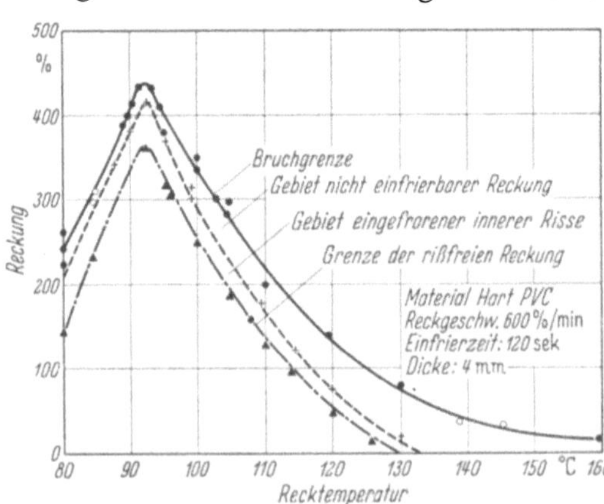

Abb. 24. Warmreckgrade als Funktion der Recktemperatur für PVC-hart (n. KLEINE-ALBERS [2])

Formungen sind bei PVC-hart beispielsweise an der Weißfärbung zu erkennen.

Abhängig vom Formungsgrad, d. h. von der Vergrößerung der Oberfläche, treten entsprechende Änderungen in der Wanddicke gegenüber der Ausgangsmaterialdicke auf. Auch ergeben sich durch Strukturänderung, die bei der thermoelastischen Formgebung auftritt, Änderungen im mechanischen Verhalten der Kunststoffe, wie hohe mechanische Zerreißwerte in Reckrichtung

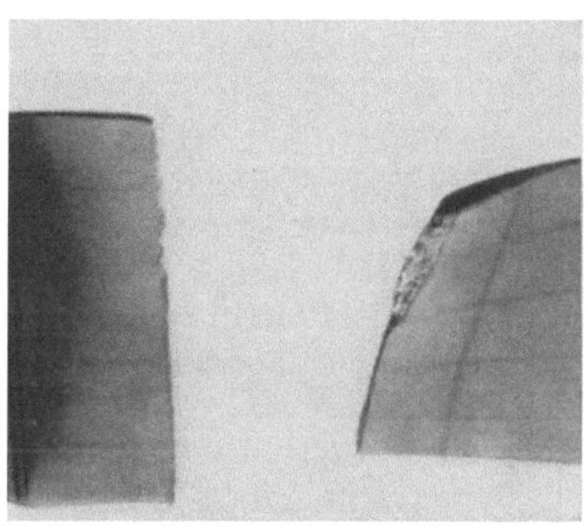

a

b

[2, 3, 7, 8]. Die ausgezeichneten Eigenschaften der synthetischen Fasern, z. B. die hohe Zerreißfestigkeit und die Biegsamkeit und somit ihre Knitterfestigkeit beruhen weitgehend auf dem Reckprozeß.

d) Warmtiefziehversuch (zweiachsige Zugbeanspruchung). Bei dem bisher behandelten Prüfverfahren wurde der Warmreckgrad der thermoelastischen Formänderung bei einachsiger Zugbeanspruchung ermittelt. In der Praxis der Warmformgebung liegen jedoch überwiegend zweiachsige Spannungszustände vor, die die Formteile in ihrer Hauptebene allseitig unter Zugspannungen setzen. Die Beeinflussung der Formungsfähigkeit durch das Aufzwingen zweiachsiger

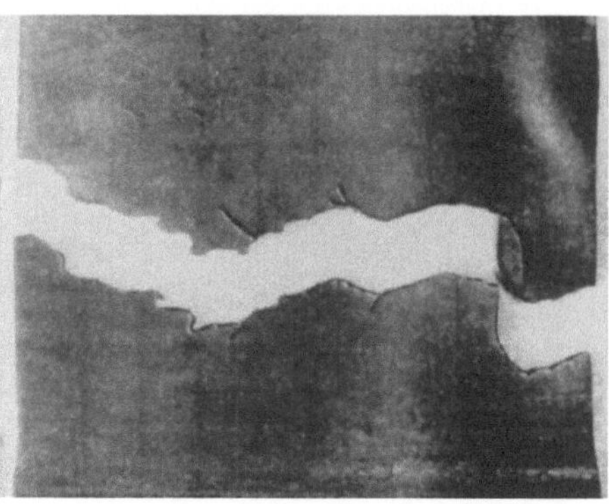

c

Abb. 25 a—c. Bruchverhalten von PVC-hart bei verschiedenen Recktemperaturen

a) Kaltsprödbruch bei 80 °C, Reckgrad 240 %; b) Bruch im Hochelastizitätsbereich bei 92,5 °C, Reckgrad 450 %; c) Warmsprödbruch bei 145 °C, Reckgrad ~60 %

Orientierungszustände wurde von SIGWART [9] an Plexiglas M 33 untersucht. Zur Erfassung der Formungsfähigkeit wird bei dünnen Blechen vielfach die Tiefziehprüfung mit dem ERICHSEN-Apparat (s. DIN 50101) verwendet. Dieses Verfahren wurde in abgewandelter Form von SIGWART zur Ermittlung der Tiefziehfähigkeit an harten thermoplastischen Kunststoffen herangezogen. Die Ergebnisse dieser Prüfmethode gewähren einen guten Einblick in die Formungsmöglichkeiten bei mehrachsigen Spannungszuständen.

Eine Prinzipskizze der Versuchseinrichtung zeigt Abb. 27. Das Tiefziehgerät befindet sich in einem über einen Thermostaten temperaturkonstant gehaltenen Flüssigkeitsbad zwischen den Traversen einer Universalprüfmaschine.

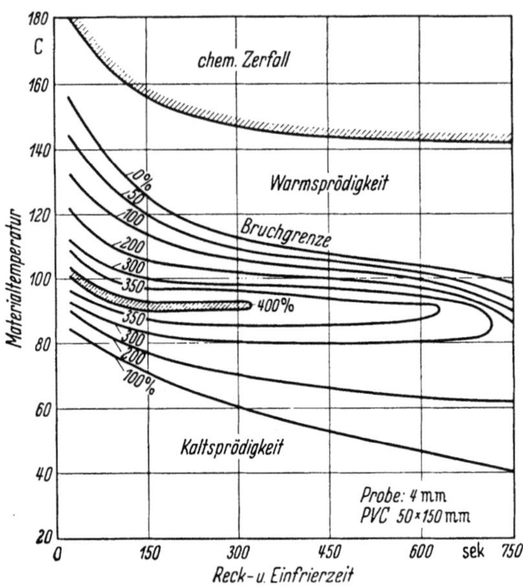

Abb. 26. Arbeitsdiagramm der thermoelastischen Warmformgebung bei PVC-hart. Einfluß der Formungstemperatur und -geschwindigkeit auf den einfrierbaren Reckgrad (n. KLEINE-ALBERS [2])

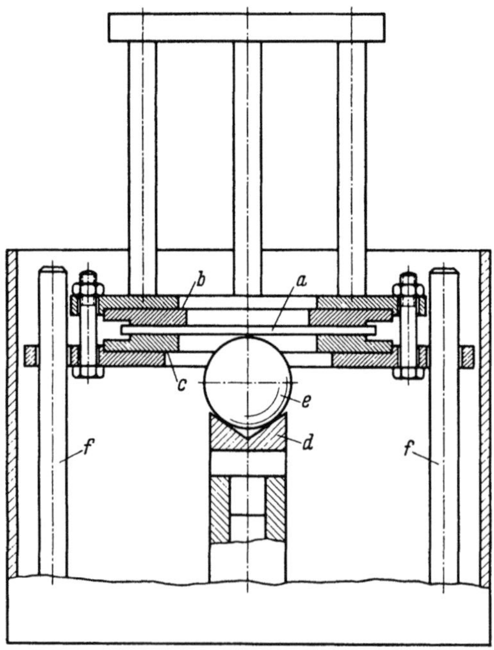

Abb. 27. Tiefziehgerät (Schemazeichnung) zur Ermittlung der Warmformbarkeit thermoplastischer Kunststoffe nach SIGWART

Die zwischen den Ziehringen *b* und *c* eingespannte Rundprobe *a* wird bei verschiedenen Formungstemperaturen und Ziehgeschwindigkeiten über eine Prüfkugel *e* gedrückt. Ziehringe und Prüfkugel werden der zu untersuchenden Materialdicke entsprechend ausgewechselt. Der Kugeldurchmesser entspricht dabei jeweils der zehnfachen Materialdicke. Die Tiefziehbarkeit in Prozent wird als Mittelwert aus mehreren Einzelversuchen angegeben.

Die Ergebnisse dieser Untersuchungen sind in Abb. 28 graphisch dargestellt, in der die Tiefziehbarkeit in Abhängigkeit von der Formungstemperatur bei verschiedenen Plattendicken aufgetragen ist. Das Formänderungsverhalten wird auch bei diesen Versuchen durch die bereits bekannten Glockenkurven gekennzeichnet. Es tritt also eine für den Kunststoff charakteristische günstige Formungstemperatur auf, während bei tieferen sowie bei höheren Temperaturen nur geringere Formungsgrade möglich sind.

Die räumliche Darstellung von Tiefziehversuchen an Plexiglas M 33, Abb. 29, [7], läßt erkennen, daß die Tiefziehbarkeit mit wachsender Plattendicke abnimmt. Gleiche Ergebnisse zeitigten auch die Untersuchungen an PVC-hart und anderen thermoplastischen Kunststoffen.

Ein Vergleich mit den einachsigen Reckuntersuchungen zeigt eindeutig die tendenzmäßige Übereinstimmung der Meßergebnisse beider Prüfverfahren. Die Absolut-

werte der Tiefziehversuche liegen allerdings etwas niedriger als die im Reck-
versuch gemessenen Formungsgrade. Dieser Unterschied muß auf die mehrachsige Formgebung zurückgeführt werden.

AXILROD und Mitarbeiter [10] haben Methylmethacrylatglas ebenfalls biaxial geformt,
allerdings nur bis zu einem Formungsgrad von 50%. Bei diesen Untersuchungen standen
jedoch weniger der erreichbare Formungsgrad als vielmehr die Veränderung der physikalischen Eigenschaften im Vordergrund des Interesses.

Geformt wurde hierbei derart, daß eingespannte Rundproben mittels Vakuum zu einer
Kugelkappe geformt und anschließend auf ein eingebrachtes Rohr durch Entfernen des
Vakuums aufgeschrumpft wurden. Es spannte sich so über das Rohrende eine allseitig
gereckte Kunststoffplatte.

Umfangreiche Versuche nach einem ähnlichen Prinzip, jedoch mit dem Ziel, nicht nur
die möglichen Reckgrade, sondern auch die erforderlichen Formungskräfte bei biaxialer

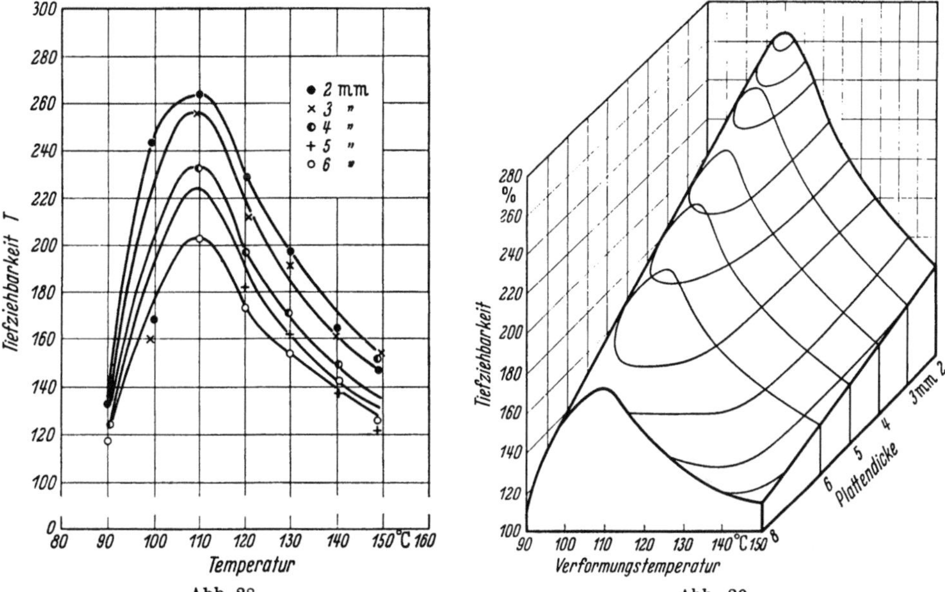

Abb. 28.
Abhängigkeit der Tiefziehbarkeit von der Formungs-
temperatur bei verschiedenen Plattendicken nach
SIGWART. Versuchswerkstoff: Plexiglas M 33

Abb. 29
Tiefziehbarkeit als Funktion der Formungstemperatur und der Plattendicke bei Plexiglas M 33

Formung zu ermitteln und an diesen Formteilen die Eigenschaftsänderungen festzustellen,
laufen seit längerer Zeit im Institut für Kunststoffverarbeitung an der Technischen Hochschule Aachen.

Ein Prüfgerät zur Messung der Warmformbarkeit harter thermoplastischer
Folien und Platten[1] ist vor einiger Zeit auf den Markt gekommen, Abb. 30,
[11]. Dieses Folienprüfgerät arbeitet nach dem Streckprinzip. Die zu prüfende
Kunststoffprobe wird in einem Spannrahmen festgeklemmt und nach Erreichen
der vorgesehenen Versuchstemperatur über einen Gleitring gezogen. Dabei entsteht oberhalb des Gleitringes ein gleichmäßig radial gerecktes Formteil. Einen
derart tiefgezogenen Probekörper zeigt Abb. 31, die außerdem einen Einblick
in die Gestaltung des Prüfgerätes gewährt. Der Formungsvorgang kann bei
diesem Gerät vollautomatisch, aber auch von Hand gesteuert werden.

---

[1] *Formvac*-Folienprüfgerät. Hersteller: Hydro-Chemie AG., Zürich. Ital. Pat. Nr. 41165.

Die erreichbaren Formungsgrade werden entweder durch Ausmessen der Verstreckung an Ringen, die vor der Prüfung auf die Probe aufgezeichnet wurden, festgestellt, oder durch eine Dickenmessung errechnet, in dem der

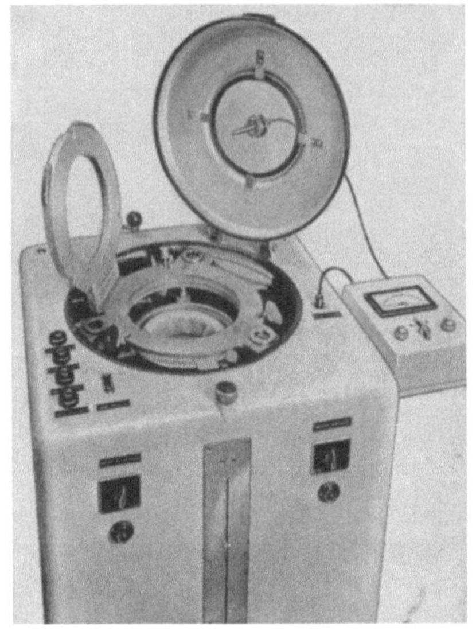

Abb. 30. *Formvac*-Folienprüfgerät. Bauart Hydro-Chemie A G Zürich

Abb. 31. Formungsmechanismus des *Formvac*-Folien-prüfgerätes mit tiefgezogenem Probekörper

Quotient aus der Dicke der geformten Fläche zur Dicke des Ausgangsmaterials gebildet wird. Dieser Wert gibt die Flächendehnung wieder, die mit 100 multipliziert, die prozentuale Flächendehnung ergibt.

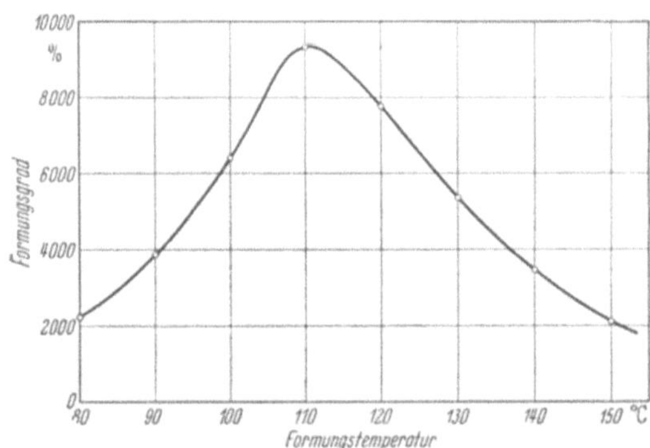

Abb. 32. Formänderungsvermögen einer schlagfesten Polystyrolfolie in Abhängigkeit von der Formänderungstemperatur. Messungen der Hydro-Chemie A G, Zürich, mit dem *Formvac*-Folienprüfgerät

Daß sich auch mit diesem Prüfgerät gleiche Ergebnisse einstellen, läßt das Formänderungsdiagramm einer gefärbten, hochschlagfesten Polystyrolfolie erkennen, Abb. 32. Es ist wiederum in Abhängigkeit von der Formungstemperatur für diesen Kunststoff eine charakteristische Glockenkurve entstanden.

e) Güteprüfung des Fertigteiles. Eine Güteprüfung des Fertigteiles soll einmal eine Aussage über die Güte der Endverarbeitung, in diesem Falle über die spanlose thermoelastische Formgebung, und zum anderen über die Gebrauchseigenschaften des Formteiles geben. Zerstörungsfrei kann, soweit es sich um durchstrahlbare Kunststoffe handelt, nach optischen und spannungsoptischen Methoden geprüft werden [8]. Ist wegen der Ungeeignetheit des Kunststoffes eine zerstörungsfreie Prüfung nicht durchführbar, dann muß mit zerstörenden

Prüfverfahren gearbeitet werden, bei denen vorwiegend an definierten Probenformen Normprüfungen vorgenommen werden. Es sei jedoch darauf verwiesen,
daß aus vielerlei Gründen nicht ohne weiteres vom gemessenen Normprüfverfahren auf das Verhalten des Formteiles geschlossen werden kann.

3.3.3 Schweiß- und Klebverbindungen

a) Schweißverbindungen. Die Kunststoffschweißung ist eine stoffschlüssige
Verbindung zweier gleichartiger oder artverwandter Kunststoffe unter Temperatur- und Druckeinwirkung. Der Stoffschluß erfolgt hierbei im Gegensatz zur
Metallschweißung nicht in einem Schmelzbad, sondern der erweichte Kunststoff bindet nur an den Berührungsflächen. Bedingt durch die Zusammenhänge
von Struktur und Verarbeitbarkeit der Kunststoffe sind nur Thermoplaste
schweißbar.

Der eigentliche Schweißprozeß erfolgt im thermoplastischen Zustandsbereich. Die Schweißbarkeit eines Thermoplasten ist um so besser, je breiter der
Temperaturbereich zwischen Fließtemperatur (FT) und Zersetzungstemperatur
(ZT) ist.

Dem unterschiedlichen Aufbau und den verschiedenartigen Lieferformen
der Thermoplaste entsprechend, sind verschiedene Kunststoffschweißverfahren
entwickelt worden, wobei nach DIN 16930 5 Grundverfahren unterschieden
werden [12, 13]:

1. die Heißgasschweißung mit oder ohne Zusatzwerkstoff für harte und weiche
   Thermoplaste,
2. die Heizelementschweißung hauptsächlich für weichgestellte Platten und
   Folien im diskontinuierlichen und kontinuierlichen Verfahren,
3. die Wärmeimpulsschweißung bevorzugt für sehr dünne und dielektrisch hochwertige Folien,
4. die Reibungsschweißung zum Verbinden von Rotationskörpern vornehmlich
   harter Thermoplaste,
5. die dielektrische Hochfrequenz- (HF-) Schweißung für Platten und Folien
   unter Ausnutzung der dielektrischen Eigenschaften der Thermoplaste.

Das recht unterschiedliche elasto-mechanische Verhalten der einzelnen
Thermoplaste bedingt verschiedene Prüfverfahren, die dieser Werkstoffeigenschaft Rechnung tragen. Prüfnormen für Kunststoffschweißverbindungen sind
bisher nicht aufgestellt worden. Im allgemeinen wird auf die Verfahren zur
Prüfung der Materialeigenschaften zurückgegriffen und unter gleichen Prüfbedingungen die Festigkeit des Grundwerkstoffes und der geschweißten Prüfkörper bestimmt. Im folgenden werden nun einige Möglichkeiten zur Prüfung
von Kunststoffschweißnähten aufgezeigt und kurz beschrieben.

α) *Zugversuch.* Der Zugversuch für die harten thermoplastischen Kunststoffe
ist noch nicht genormt. Die Prüfung erfolgt bisher in Anlehnung an DIN 53455,
den Zugversuch an Probekörpern aus Formmassen und Formstofferzeugnissen.
Ein eigenes Prüfverfahren für Thermoplaste, das deren Zeit- und Temperaturabhängigkeit berücksichtigt, wurde zur Normung vorgeschlagen [14].

Für den Zerreißversuch an Kunststoffschweißverbindungen sind verschiedene Probenformen gebräuchlich [15, 16], Abb. 33, eine bestimmte Form ist noch nicht festgelegt. Zweckmäßigerweise ist hierbei anzustreben, daß die geschweißte Probe jedoch die gleiche Form aufweist wie die ungeschweißte. Die Proben sind so herzustellen, daß die Schweißnaht quer durch die Mitte des Zugstabes läuft. Die gleiche Probenform ist auch für weiche Thermoplaste geeignet.

Der Zerreißversuch dient zur Ermittlung der Zugfestigkeit quer zur Schweißnaht. Der Quotient aus der Schweißnahtfestigkeit und der Zugfestigkeit des ungeschweißten Materials wird als Schweißfaktor bezeichnet, für den bei 20 °C als Mindestwert 0,6 gefordert wird.

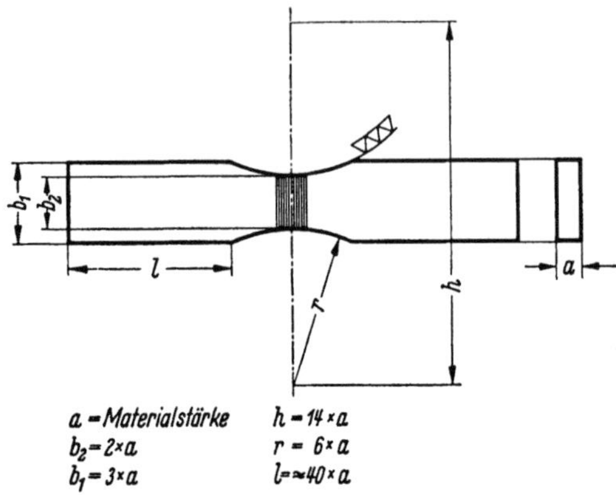

Abb. 33. Probenform für den Zugversuch geschweißter thermoplastischer Kunststoffe.

Die Güte einer Schweißnaht ist aber nicht nur von den Arbeitsbedingungen abhängig, sondern wird im Hinblick auf den praktischen Einsatz, z. B. die Beanspruchung durch die Einsatztemperatur, den chemischen Angriff usw., wesentlich durch den verwendeten Zusatzdraht beeinflußt. Diese Zusammenhänge zwischen dem Schweißstabansatz, der Belastbarkeit, der Temperaturstandfestigkeit und dem Schweißfaktor verdeutlicht Abb. 34. Die günstigsten fertigungstechnischen Bedingungen sind bei den verschiedenen Schweißstabansätzen durch Variation der Schweißtemperatur zu erzielen [17, 18].

Bei überlappten Schweißverbindungen an weichen Kunststoffplatten und an Folien wird der Zugversuch nach der Vornorm DIN 53371 durchgeführt. Ferner hat sich zur Gütebeurteilung dieser Schweißverbindung der Trennversuch in Anlehnung an DIN 53357 bewährt.

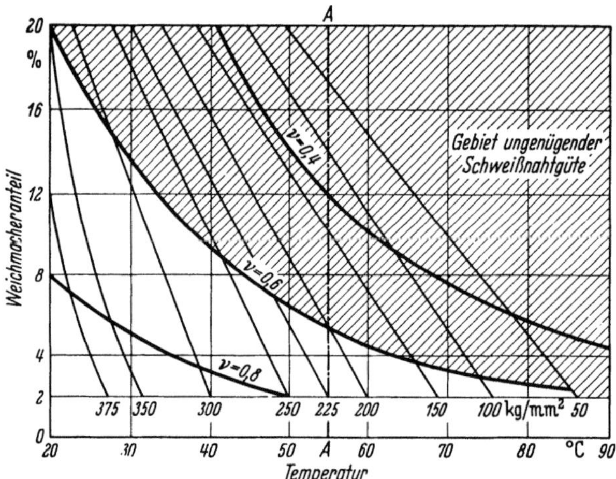

Abb. 34. Zugfestigkeit geschweißter PVC-Proben in Abhängigkeit von dem Schweißstabansatz und der Prüftemperatur. Werkstoff: PVC-hart, 8mm.

Die Probenform für den Zugscher- und den Trennversuch zeigt Abb. 35.

Als Kriterium für die Schweißnahtgüte dient wiederum der Vergleich zwischen Grundmaterial- und Schweißnahtfestigkeit, wobei der Trennversuch eindeutigere Aussagen über die Güte der Schweißnaht zuläßt als der Zugscherversuch.

BENKER [16] schlägt vor, in Anlehnung an die Schweißnahtprüfung bei Metallen, bei denen die Einheitlichkeit der verschiedenen Prüfverfahren durch DIN-Normen festgelegt ist, einen Teil dieser Verfahren in entsprechend abgewandelter Form für die Prüfung von Kunststoffschweißnähten zu übernehmen. Dabei stehen diejenigen Prüfverfahren im Vordergrund des Interesses, mit denen die Formänderungseigenschaften der Schweißverbindung zu ermitteln sind, wie der Biege- und Faltbiegeversuch, der Tiefziehversuch, der Schlagbiegeversuch u. a.

β) Elektrische Prüfung der Schweißnaht. Bei den nichtleitenden harten und weichen Thermoplasten läßt sich die Dichtheit und damit die Güte einer Schweißnaht mit Hilfe eines Funkeninduktors prüfen. Die Schweißnaht wird auf eine elektrisch leitende Unterlage gebracht, die mit einem Pol des Induktors verbunden ist. Mit dem anderen Pol wird die Schweißnaht abgetastet. Schweißfehler, wie Undichtigkeiten und Lunker, werden durch Funkenüberschlag angezeigt.

γ) Optische Prüfung der Schweißnaht. Die optische Prüfung gibt

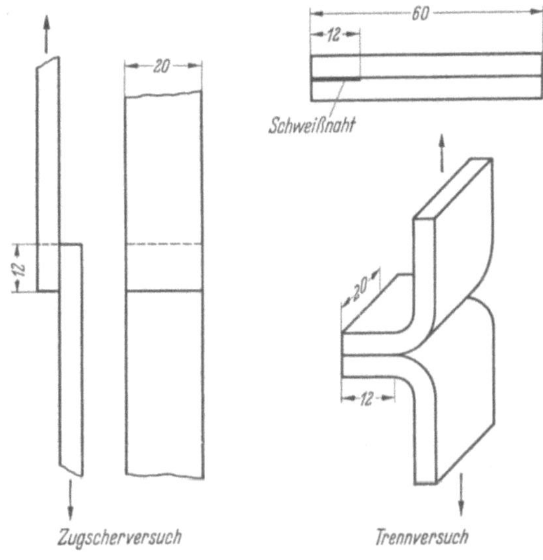

Abb. 35. Probenformen für den Zugscher- und Trennversuch überlappt geschweißter thermoplastischer Kunststoffe.

Aufschluß über das Gefüge einer Schweißnaht. Bei mikroskopischer Untersuchung sind Bindefehler, Einschlüsse u. a. die Schweißnahtgüte beeinträchtigende Verarbeitungsfehler zu erkennen, Abb. 36a und b. Das Verfahren ist

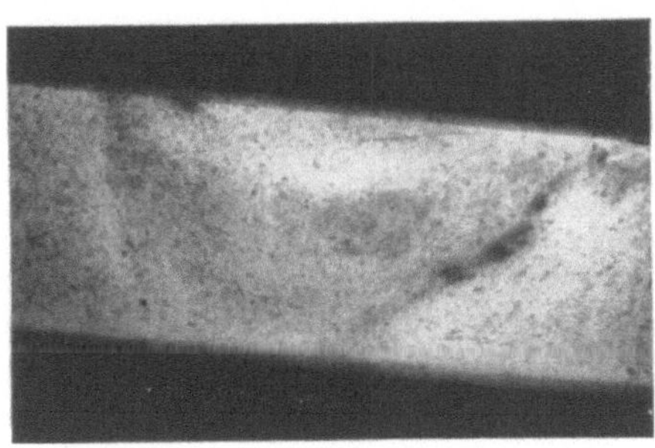
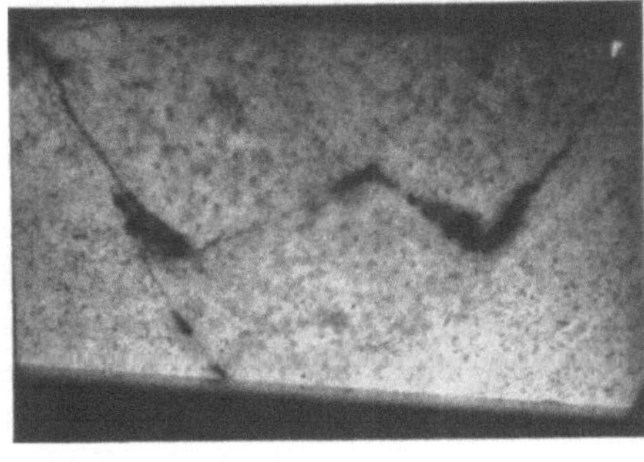

a   b

Abb. 36a und b. Optische Prüfung einer Schweißnaht
a) Schweißnaht mit Schlackeneinschlüssen, Festigkeit ungenügend. b) Gute Schweißnaht mit hoher Festigkeit.

bei harten und weichen Thermoplasten durchführbar. Die Ausführungen lassen erkennen, daß den Prüfverfahren für Kunststoffschweißverbindungen bisher wenig Beachtung geschenkt worden ist. In der Praxis ist fast ausnahmslos der Zugversuch zur Beurteilung der Schweißnahtgüte herangezogen worden. Die steigende Bedeutung dieses Verbindungsverfahrens bei den thermoplastischen Kunststoffen läßt es jedoch dringend geboten erscheinen, die Zweckmäßigkeit und Anwendung der einzelnen Prüfmöglichkeiten grundlegend zu untersuchen.

b) Klebverbindungen. Neben der Schweißverbindung hat als nichtlösbares Verbindungselement die Klebverbindung bei Kunststoffen Bedeutung gewonnen.

Zur Bestimmung der Klebfestigkeit sind noch keine besonderen Prüfverfahren entwickelt worden. Im allgemeinen wird ein Zugscherversuch nach DIN 53273 bei harten Kunststoffen und ein Trennversuch nach DIN 53274 bei weichen Kunststoffen durchgeführt.

Die hier angeführten Prüfverfahren sind zwar für einen speziellen Zweck entwickelt worden, doch ist grundsätzlich ihre Übertragbarkeit, wenn auch in abgewandelter Form, auf die verschiedenen Kunststoffe möglich.

Um beim Zugscherversuch eine zusätzliche Biegekraft zu vermeiden, ist an den Einspannenden eine Beilage vorzusehen.

Da die Verteilung der Beanspruchung über die Länge der Klebverbindung nicht gleichmäßig ist, sondern in hohem Maße von der Überlappung abhängt, ist eine eindeutige Aussage über die Güte einer Klebverbindung nicht ohne weiteres möglich. Arbeiten sind auch auf diesem Gebiet angelaufen, sie bedürfen jedoch bis zu ihrer Auswertung als Güteprüfverfahren noch einer genaueren Untersuchung.

3.3.4 Durch Spanen geformte Halbzeuge

Die spanende Bearbeitung der Kunststoffhalbzeuge wird von einer Vielzahl von Faktoren beeinflußt, die einesteils von der Art des Kunststoffes und anderenteils von dem Zerspanungsverfahren abhängig sind. Diese große Zahl von Einflußfaktoren und deren ständige Veränderung in werkzeug- und bearbeitungstechnischer Hinsicht machen es verständlich, daß die Erkenntnisse auf dem Gebiet der Zerspanung der Kunststoffe noch in den Anfängen stecken. Systematische Zerspanungsuntersuchungen liegen nur sehr wenige vor und ihre Ergebnisse sind nur bedingt vergleichbar, da die hierfür notwendige Voraussetzung einheitlicher Richtlinien zur Prüfung ihrer Zerspanbarkeit noch fehlen. Deshalb wurden, beruhend auf vorwiegend empirisch ermittelten Zerspanungsbedingungen, Richtwerttafeln aufgestellt und Grundregeln für die spanende Bearbeitung der Kunststoffe entwickelt [19, 20].

Trotz der unterschiedlichen, sich überlagernden Einflußfaktoren lassen sich bei einer entsprechenden Berücksichtigung derselben einige grundsätzliche Betrachtungen zu dem Zerspanungsvorgang mit dem einschneidigen Werkzeug für die verschiedenen spanenden Arbeitsverfahren anstellen.

Für die Beurteilung der Zerspanbarkeit eines Werkstoffes haben SCHALLBROCH und Mitarbeiter [21, 22] vier Hauptkenngrößen herausgestellt:

1. Standzeit des Werkzeuges
Sie gibt an, unter welchen Zerspanungsbedingungen eine wirtschaftliche Standzeit des Werkzeuges erreichbar ist;

2. Energiebedarf der Werkzeugmaschine
Er resultiert aus den Schnittkräften und der Schnittgeschwindigkeit;

3. Oberflächenbeschaffenheit des Werkstückes
Sie wird in erster Linie durch die Güteanforderung und u. U. durch die Werkstoffeigenschaften bestimmt;

4. Spanbildung

Sie ist unter Berücksichtigung der Spanform und der Spanabfuhrmöglichkeit zu betrachten.

Um die vier vorgenannten Hauptbewertungspunkte zu ermitteln, wird der wirkliche Arbeitsvorgang unter genauer Einhaltung aller Versuchsbedingungen an besonderen Werkstücken durchgeführt. Durch systematische Variation der Versuchsbedingungen werden die Abhängigkeiten der Zerspanungskennwerte von den Arbeitsbedingungen festgelegt. Da die Bedeutung der einzelnen Kenngrößen sowohl im Hinblick auf die zu bearbeitenden Kunststoffe als auch für die jeweiligen Zerspanungsverfahren unterschiedlich sein kann, beschränkt man sich in der Praxis auf Prüfverfahren, die lediglich eine Aussage bezüglich der am meisten interessierenden Kenngröße erlauben. In diesem Zusammenhang kann bereits jetzt festgestellt werden, daß für Kunststoffe die Frage des Energiebedarfes der Werkzeugmaschine im allgemeinen eine untergeordnete Rolle spielt.

a) Standzeitermittlung des Werkzeuges. Je nach der Art des Werkstoffes, des Schneidstoffes und des Zerspanungsverfahrens sind sowohl die Temperaturstandzeit als auch die Verschleißstandzeit von Interesse.

Für die Zerspanung der Kunststoffe kann allgemeingültig ausgesagt werden, daß die Werkzeugschneide nicht durch thermische, sondern vorwiegend durch mechanische Beanspruchung zerstört wird.

Diese Feststellung findet ihre Begründung im technologischen Verhalten der Kunststoffe, deren Warmstandfestigkeit, verglichen mit den metallischen Werkstoffen, wesentlich niedriger ist. Die Grenztemperatur für thermoplastische Kunststoffe, oberhalb der eine sprunghafte Festigkeitsabnahme und damit ein merkliches Erweichen erfolgt, liegt bei 60 bis 80° C. Höhere Schnittemperaturen führen bei den Thermoplasten zu einem Schmieren des Werkstoffes und zu einer ungünstigen Spanbildung. Bei duroplastischen Kunststoffen sollte die Schnittemperatur 150 °C nicht überschreiten, da deren kritische Temperatur oberhalb von 160 °C liegt.

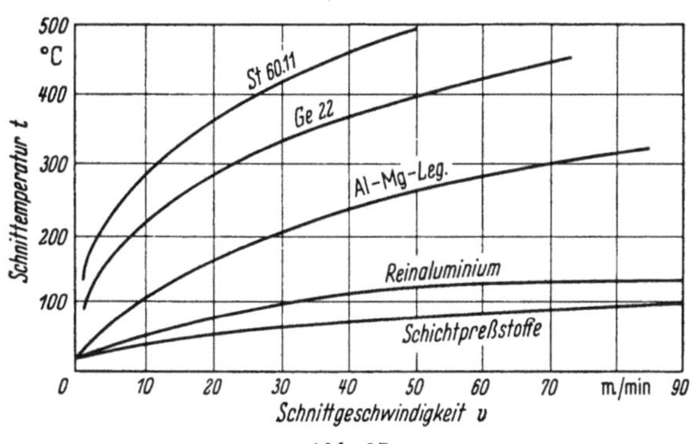

Abb. 37
Die Schnittemperatur *t* abhängig von der Schnittgeschwindigkeit *v* für verschiedene Werkstoffe. Versuchsbedingungen: Schnittiefe *a* = 1 mm; Vorschub *s* = 0,21 mm/U trockener Schnitt (Werte nach H. SCHALLRBOTH u. P. V. DODERER)

Bei den Duroplasten tritt nicht wie bei den Thermoplasten eine ausgeprägte Festigkeitsabnahme mit steigender Temperatur auf, vielmehr wird nach Überschreiten der kritischen Temperatur für den jeweiligen Kunststoff sein gesamtes Gefüge zerstört.

Um die Bedingungen nach einer niedrigen werkstoffbedingten Schnittemperatur erfüllen zu können, ist es zweckmäßig, mit Flüssigkeits- oder Preßluftkühlung zu arbeiten. Hierdurch wird eine wirtschaftliche Bearbeitung gewährleistet, da hohe Schnittgeschwindigkeiten angewandt und – mit Rücksicht auf die relativ geringen spezifischen Schnittkräfte – große Spanquerschnitte abgenommen werden können. Einen Überblick über den Zusammenhang zwischen

Schnittemperatur und Schnittgeschwindigkeit für verschiedene Werkstoffe vermittelt Abb. 37 [23]. Ein Vergleich der Schnittemperatur – Schnittgeschwindigkeits-Kurven läßt den verhältnismäßig niedrig liegenden Schnitttemperaturbereich der Kunststoffe gegenüber den Metallen klar erkennen. Selbst bei hohen Schnittgeschwindigkeiten wird bei Kunststoffen infolge der einzuhaltenden niedrigen Schnittemperaturen ein Erliegen der Werkzeugschneiden auch über einen längeren Zerspanungszeitraum nicht eintreten. Es bestätigt sich damit die bereits ausgesprochene Aussage über die geringe Bedeutung der Temperaturstandzeitermittlung bei der Zerspanung der Kunststoffe.

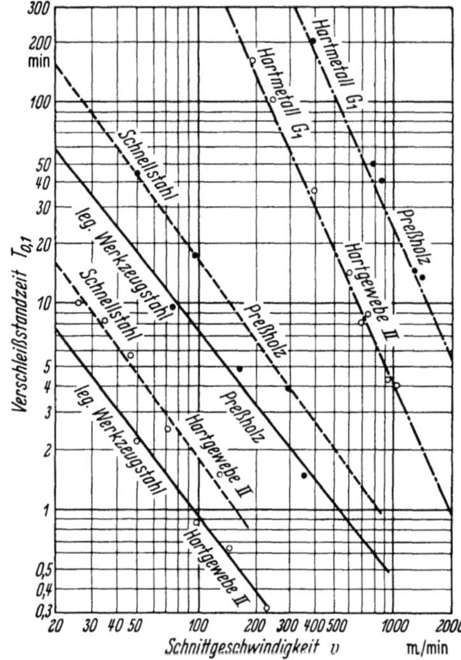

Abb. 38. Die Verschleißstandzeit T' abhängig von der Schnittgeschwindigkeit v für verschiedene Werkzeugbaustoffe. Die Verschleißstandzeit $T'_{0,1}$ ist auf eine Verschleißmarkenbreite $B = 0{,}1$ mm bezogen. Versuchsbedingungen: Schnittiefe $a = 1$ mm; Vorschub $s = 0{,}21$ mm/U; trockener Schnitt (Werte nach SCHALLBROCH u. v. DODERER)

Demgegenüber kommt der Verschleißstandzeitermittlung erhöhte Bedeutung zu. Bei diesem Verfahren dient die Verschleißmarkenbreite B an der Freifläche des Werkzeuges als Meßwert; sie wird in Abhängigkeit von der Drehzeit T' bestimmt. Da hierbei die Verschleißmarkenbreite B frei wählbar ist (meist $B = 0{,}1$ mm bis $0{,}8$ mm) und somit ein ausgeprägter Erliegepunkt nicht festgestellt wird, handelt es sich bei diesem Zerspanungsversuch um eine relative Standzeitermittlung.

Die bei diesen Versuchen aufgenommenen Verschleißkurven weisen besonders bei Kunststoffen, die mit Füllstoffen versetzt sind, einen außergewöhnlich hohen Verschleißangriff auf.

Die für eine bestimmte Verschleißmarkenbreite in Abhängigkeit von der Schnittgeschwindigkeit ermittelten Drehzeiten T' ergeben sich bei doppeltlogarithmischer Auftragung als Geraden. Aus der Höhenlage und der Neigung der Geraden kann der Einfluß der Kunststoffart, der Werkzeugbaustoffe und der Schnittbedingungen abgelesen werden. Abb. 38 läßt die Beeinflussung der Verschleißstandzeitkurven, verursacht durch die vorgenannten Größen, eindeutig erkennen. Das Schaubild weist auch überzeugend die wirtschaftliche Überlegenheit der Hartmetallwerkzeuge im Serienbetrieb bei der Kunststoffzerspanung aus.

Die Verschleißstandzeit eines Zerspanungswerkzeuges kann nach verschiedenen Verfahren ermittelt werden, deren Eignung im Hinblick auf die spanende Bearbeitung der Kunststoffe noch zu untersuchen ist. Mitunter führt auch eine indirekte Messung des Werkzeugverschleißes, wie z. B. die Messung der Schnittkräfte, der Durchmesserzunahme bei Drehteilen u. a., zu brauchbaren Vergleichswerten.

b) Ermittlung des Energiebedarfes der Werkzeugmaschine. Zur Bestimmung dieser Zerspanungskenngröße wird die Schnittkraft direkt am Werkzeug

bzw. Werkstück gemessen. Hierfür sind verschiedene Meßmethoden und Meßeinrichtungen entwickelt worden.

Untersuchungen von SCHALLBROCH und v. DODERER [21] haben ergeben, daß
selbst Kunststoffe, die einen hohen Verschleißangriff verursachen, gegenüber
allen Metallen nur sehr niedrige Schnittkraftwerte aufweisen. Abb. 39 zeigt
die Abhängigkeit der spezifischen Schnittkraft vom Spanquerschnitt bei einer
Schnittgeschwindigkeit von $v = 100$ m/min für einige Metalle und Kunststoffe.

Auch die Richtwertetafel für spezifische
Schnittkräfte (AWF 158) weist die geringen Werte für Kunststoffe aus. Für
die Zerspanung der Kunststoffe ist
wegen der geringen Schnittkräfte ein
Ausnutzen der Leistungsfähigkeit her-
kömmlicher Werkzeugmaschinen kaum
möglich, selbst dann nicht, wenn mit
den höchstmöglichen Belastungen gearbeitet wird.

Während demnach die Schnittkraft-
messung unter diesen Gesichtspunkten
lediglich eine untergeordnete Rolle
spielt, stellt sie andererseits jedoch ein
ausgezeichnetes Kriterium dar, um die
zweckmäßigsten Schnittwinkel an den
Werkzeugen zu ermitteln und die zweckmäßige Form der Schneidwerkzeuge festzustellen. Orientierende Versuche hierzu haben befriedigende Ergebnisse ge-

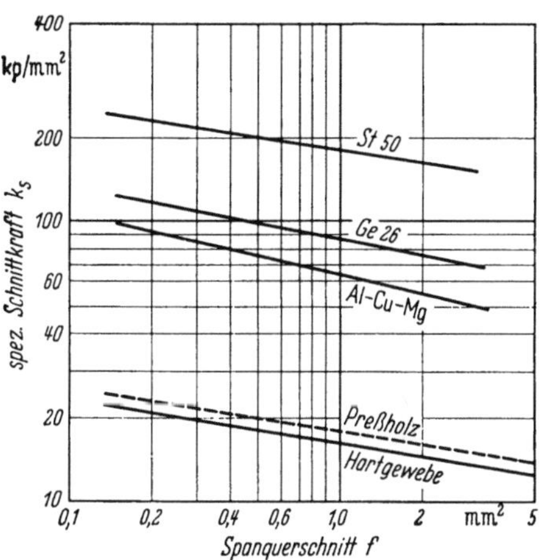

Abb. 39. Die spezifische Schnittkraft K_s abhängig
vom Spanquerschnitt f im Drehversuch für verschiedene Werkstoffe. Versuchsbedingungen:
Drehmeißel Hartmetall G 1; Schnittgeschwindigkeit $v = 100$ m/min; trockener Schnitt (Werte
nach SCHALLBROCH u. v. DODERER)

bracht, so daß ein systematischer Ausbau erfolgversprechend erscheint, wie dies
auch in Bohruntersuchungen an Kunststoffen bereits zum Ausdruck kommt
[23, 24].

c) Oberflächenbeschaffenheit des Werkstückes. Die Beurteilung der Oberflächenbeschaffenheit kann nach zahlreichen Gesichtspunkten erfolgen. Bei
Kunststoffen steht häufig das Oberflächenaussehen im Vordergrund. Da es für
die Werkzeuge keinen eindeutigen Erliegepunkt gibt, wird daher vielfach die
Veränderung des Oberflächenaussehens als Kriterium für die Standzeitermittlung
herangezogen. Als wesentliche Einflußfaktoren schälen sich hierbei die Zerspanungsbedingungen, wie Schnittgeschwindigkeit, Vorschub, Schnittiefe und
Werkzeuggestaltung, heraus und als deren Folgeerscheinung Spanbildung,
Schnittemperatur und Schnittkraft. Die schlechte Wärmeleitfähigkeit dieser
Werkstoffe läßt im Hinblick auf gutes Oberflächenaussehen im allgemeinen die
Verwendung von Kühlmitteln empfehlenswert erscheinen. Eine genaue Bearbeitung wird durch elastische und plastische Formänderungen an der Schnittstelle
und durch die relativ großen Ausdehnungskoeffizienten erschwert. Diese werk-
stofflichen Einflüsse werden natürlich jeweils durch die Art des zu bearbeitenden
Kunststoffes bestimmt.

Den Einfluß des Vorschubes bei sonst gleichbleibenden Arbeitsbedingungen
kennzeichnet Abb. 40. Seine Änderung bei Bohruntersuchungen an Acrylglas

führt von einer riefigen und rissigen Oberfläche bei zu großem Vorschub zu einer glatten, durchsichtigen Bohrwandung bei einem kleineren Vorschub. Somit waren die günstigsten Arbeitsbedingungen für den vorgegebenen Zerspanungsfall ermittelt.

Die Prüfung und Messung der Oberflächengüte kann nach verschiedenen Verfahren erfolgen, für die eine Reihe von Spezialgeräten entwickelt worden ist. Ihre Besprechung würde über den Rahmen dieser Darstellung hinausgehen, weshalb auf die diesbezügliche grundlegende Literatur verwiesen sei [25, 26].

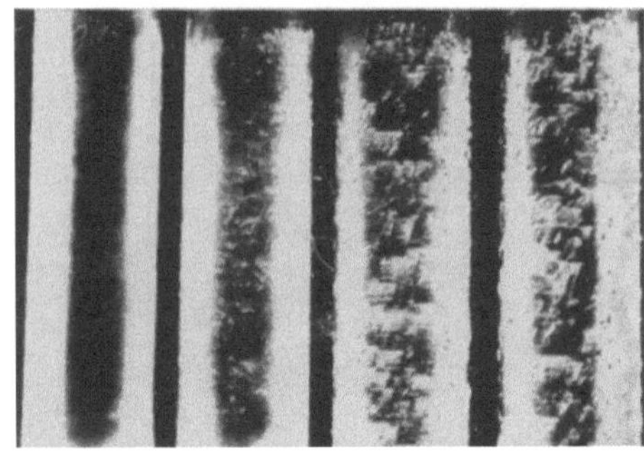

Abb. 40. Güte der Bohroberfläche bei unterschiedlichem Vorschub. Werkstoff: Acrylat

d) Spanbildung der Kunststoffe. Die Spanbildung der Kunststoffe ist unterschiedlich, es treten sämtliche Spanformen vom ablaufenden langen Span bis zum bröckelig kurzen auf. Sie können jedoch im allgemeinen nicht so systematisch nach Form und Art charakterisiert werden wie die Späne von Metallen.

Die Fragen der Spanbildung und der Spanabfuhr treten vor allem beim Bohrvorgang in den Vordergrund. In engem Zusammenhang damit steht die Frage der günstigsten Formgebung eines Spiralbohrers. Mit Hilfe von Geräten zur Messung der Vorschubkraft und des Drehmomentes kann bei vorgegebenen Arbeitsbedingungen die Höhe der Beanspruchungen sowie ihre Beeinflussung durch Werkzeugform und Zerspanungswerkstoff festgestellt werden, was besonders für Tieflochbohrungen von Bedeutung ist.

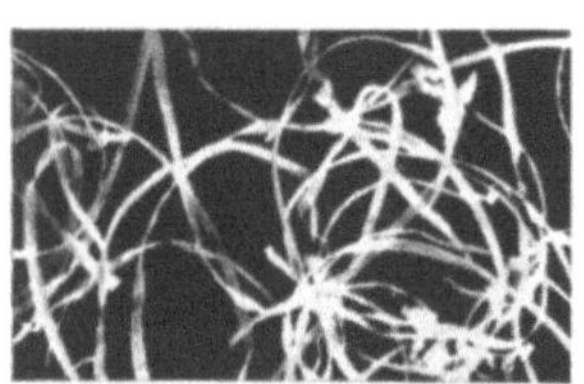

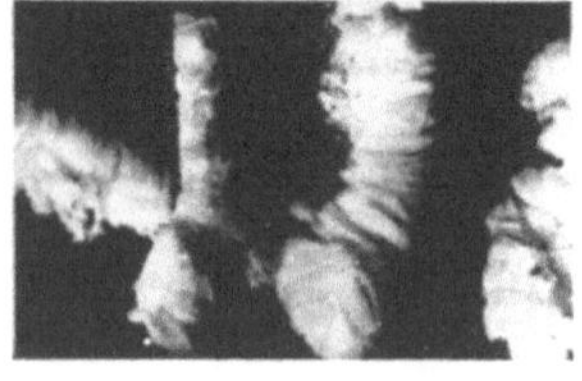

Abb. 41. Fließspanausbildung bei Bohrversuchen an Acrylat bei verschiedenen Arbeitsbedingungen

Den Einfluß der Arbeitsbedingungen auf die Spanbildung beim Bohren von Acrylaten zeigt Abb. 41. Der „ideale" Fließspan wird nur unter ganz spezifischen Arbeitsbedingungen erreicht, wohingegen der „normale" Fließspan stets bei werkstoffgerechten Fertigungsbedingungen auftritt. Infolge der auftretenden Erwärmung ist er an der Innenseite etwas zusammengeschweißt, nach außen blättert er fächerartig auf. Der beim Bohren wegen unzulässig hoher Erwärmung „erhärtete" Fließspan verhindert einen gleichmäßigen Spanabfluß und verursacht durch Reiben an der Wandung Risse und Riefen. Eine solche Bohrung ist ungenügend und kann, bedingt durch die hierbei auftretende Kerbwirkung zu Schadensfällen führen. Das unterschiedliche Aussehen eines „idealen" und eines solchen verschweißten, ungünstigen Fließspans beim Bohren eines Polystyrol-Copolymeren zeigen die Abb. 42a und b.

Zusammenfassend kann festgestellt werden, daß speziell für die Kunststoffe entwickelte Zerspanungsprüfverfahren nicht bekannt sind, und daher bei den bisherigen Untersuchungen Prüfverfahren zur Anwendung kamen, die der Zerspanbarkeitsuntersuchung bei Metallen entlehnt sind. Manche dieser Verfahren

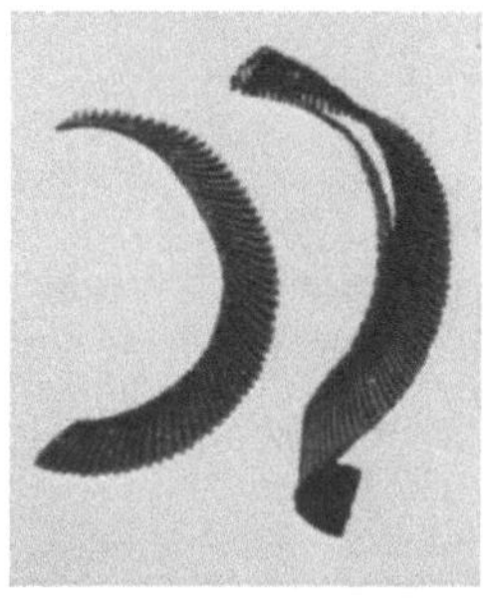 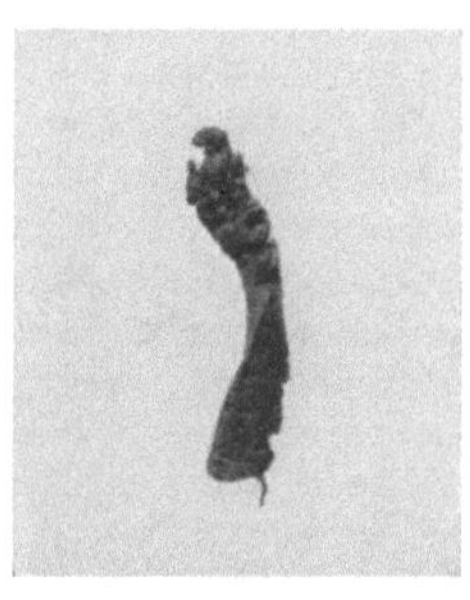

a   b

Abb. 42. Fließspanausbildung bei Bohrversuchen an einem Polystyrol-Copolymeren
a) „ideale" und b) „verschweißte" Fließspanausbildung

konnten erfolgversprechend angewendet werden, doch sind noch weitgreifende Untersuchungen durchzuführen, um für die Vielzahl der Kunststoffe die günstigsten Zerspanungsbedingungen zu ermitteln und hierfür die Werkzeugbestformen zu entwickeln.

Literatur

[1] PEUKERT, H.: Thermoplastische Kunststoffe und ihre Verarbeitung. Ind.-Anz. 76 (1954) S. 993—997.

[2] KLEINE-ALBERS, A.: Verhalten harter thermoplastischer Kunststoffe bei spanloser Formgebung. Kunststoffe 45 (1955) S. 276—289.

[3] KREKELER, K., u. A. KLEINE-ALBERS: Beitrag zur thermoelastischen Warmformbarkeit von hartem Polyvinylchlorid. Berichtsreihe des Ministeriums für Wirtschaft und Verkehr des Landes Nordrhein-Westfalen. FB Nr. 304.

[4] Institut für Kunststoffverarbeitung, Aachen: Vorschlag zum DIN-Entwurf 8061, Febr. 1957.

[5] PEUKERT, H.: Das Warmformungsverhalten organischer Gläser. 1942, unveröffentlichte Versuchsberichte.

[6] PEUKERT, H.: Spannungsoptische Untersuchungen an warmgerecktem Plexiglas M33. Kunststoffe 45 (1951) S. 154—160.

[7] PEUKERT, H.: Thermoplastische Kunststoffe und ihre Verarbeitung. Sonderdruck Kunststoffe — Werkstoffe nach Maß; Vortragsfolge des Institutes für Kunststoffverarbeitung, Aachen. Ind.-Anz. (1954) Nr. 56, 58, 59 u. 65.

[8] PEUKERT, H.: Mechanisches und optisches Verhalten von warmgerecktem Plexiglas M 33 bei Zugbeanspruchung. Z. VDI 93 (1951) S. 831—835.

[9] SIGWART, H.: Die mechanischen Eigenschaften von Plexiglas M 33. Dissertation TH Darmstadt, 1945.

[10] AXILROD, B. M., M. A. SHERMAN, V. COHEN u. I. WOLOCK: Mod. Plastics 43 (1952) S. 117—124 u. 182—184; Nat. Bur. Stand., Techn. News Bull 36 (1952) S. 117; Referat dieser Arbeiten in: Kunststoffe 43 (1953) S. 137 u. 156.

[11] New test of sheet formability. Mod. Plastics 35 (1957) S. 145—150.

[12] PISCHKE, H.: Schweißverfahren für thermoplastische Kunststoffe. Schweißen u. Schneiden 5 (1953) S. 41—46.

[13] PEUKERT, H.: Verfahren zum Schweißen von Kunststoffen. Industrieblatt 57 (1957) S. 240—243 u. 286—288.

[14] PEUKERT, H., u. A. KLEINE-ALBERS: Kurzzeit-Zugfestigkeit und -Dehnung von harten thermoplastischen Kunststoffen. Kunststoffe 47 (1957) S. 167—179.

[15] PEUKERT, H.: Heißgasschweißung von Hart- und Weich-Polyvinylchlorid. Kunststoffe 45 (1955) S. 257—266.

[16] BENKER, L.: Prüfung von Kunststoffschweißverbindungen. Schweißen u. Schneiden 7 (1955) S. 407—410.

[17] SCHMITZ, W: PVC hart (Polyvinylchlorid) der Kunststoff des Apparate- und Rohrleitungsbaues in schweißtechnischer Betrachtung. Industriekurier, Techn. u. Forschung 8 (1955) Nr. 159 (38) S. 421—424.

[18] KREKELER, K., H. PEUKERT u. W. SCHMITZ: Heißgasschweißung von Hart-Polyvinylchlorid mit Zusatzwerkstoff. Forschungsbericht des Wirtschafts- und Verkehrsministeriums Nordrhein-Westfalen, Nr. 305. Köln/Opladen: Westdtsch. Verlag 1956.

[19] KREKELER, K.: Zerspanbarkeit der metallischen und nichtmetallischen Werkstoffe. Berlin/Göttingen/Heidelberg: Springer 1951.

[20] ZICKEL, H.: Das spanabhebende Bearbeiten der Kunststoffe. Schriftenreihe Kunststoff-Verarbeitung, Folge 4. München: Hanser 1956.

[21] SCHALLBROCH, H., u. P. v. DODERER: Zerspanbarkeitsuntersuchungen an geschichteten Kunstharz-Preßstoffen. Berlin: VDI-Verlag 1943.

[22] SCHALLBROCH, H., u. H. BETHMANN: Kurzprüfverfahren der Zerspanbarkeit. Leipzig: Teubner 1950.

[23] SCHALLBROCH, H., u. P. v. DODERER: Z. VDI 93 (1951) S. 97—103.

[24] BÖHME, H.: Die Ermittlung fertigungsgerechter Arbeitsbedingungen bei Bohren von Kunststoffen mit Spiralbohrern. Dissertation TH. Aachen 1960.

[25] SCHMALTZ, G.: Technische Oberflächenkunde. Berlin: Springer 1936.

[26] PERTHEN, J.: Prüfen und Messen der Oberflächengestalt. München: Hanser 1949.

3.4 Prüfung auf mechanische Eigenschaften

Von **F. W. R. Wijbrans,** Delft/Niederlande (3.4.1 u. 3.4.4), **D. J. van Wijk,** Delft/Niederlande (3.4.1), **H. Oberst,** Frankfurt/Main (3.4.2), **E. Amedick,** Berlin (3.4.3)

3.4.1 Kurz- und Langzeitbeanspruchung

Prüfungen dieser Art, bei denen nur einmal belastet wird, bilden den Hauptanteil der regelmäßigen mechanischen Prüfungen vieler Kunststofflaboratorien. Sie sollen u. a. einen Einblick in das Verhalten der Kunststoffe unter Belastung verschaffen, und zwar sowohl für den Hersteller als auch für den Konstrukteur.

Von diesem Standpunkt aus besehen, sollten daher die Prüfmethoden so abgestimmt sein, daß sie sich einander ergänzen. Man könnte dann durch eine Reihe von Prüfungen ein ausreichendes Bild des Materialverhaltens unter Belastung bekommen. Dieses Bild müßte das Material so eindeutig charakterisieren, daß der Konstrukteur verläßlich orientiert und gegen Überraschungen geschützt wäre.

Von einer solchen idealen Situation kann heute noch nicht gesprochen werden. Das Bild, das wir heutzutage durch mechanische Prüfungen eines Kunststoffes erhalten, besteht nur aus einigen wenigen Punkten einer mindestens vierdimensionalen Eigenschaftenmannigfaltigkeit, bei der Spannung, Deformation, Zeit und Temperatur die unabhängigen Variablen bilden. Dennoch haben die heutigen Methoden den Vorteil, bekannte und einfache Begriffe zu verwenden. Auch wenn in Zukunft noch andere Methoden zur Verfügung stehen, die einen weiteren

Einblick verschaffen, würden sich die bisherigen Methoden auch aus diesem Grunde und ihrer Einfachheit halber behaupten, vor allem für Betriebs- und Abnahmeprüfungen (vgl. II 4).

Die wesentlichen Erscheinungen bei einer einmaligen Belastung sind Deformation und Bruch. Die bisher üblichen Methoden erwecken stark den Eindruck, daß ihr Hauptziel die Information über das Auftreten des Bruches ist. Diese Information verwendet der Konstrukteur jedoch am wenigsten — mit Ausnahme der sehr spröden Kunststoffe [1, 2]. Wesentlich wichtiger ist das Verhalten des betrachteten Materials bei der Deformation. Dabei können bei einer bestimmten Temperatur verschiedene Komponenten unterschieden werden (s. II 3.4.1 c):

1. Rein-elastischer (HOOKEscher) Deformationsanteil: Es besteht ein linearer Zusammenhang zwischen Spannung und Deformation, die Deformation ist reversibel und zeitunabhängig.
2. Verzögert-elastischer Deformationsanteil: Die Deformation ist zwar reversibel aber zeitabhängig.
3. Plastischer Deformationsanteil: Die Deformation ist nicht reversibel.

Diese Einteilung in verschiedene Deformationstypen vergrößert den Einblick in das Verhalten bei der Deformation. Allerdings läßt sich diese Einteilung nicht in allen Fällen scharf und konsequent durchführen.

Linear verläuft die Deformation ausschließlich bei kleinen Spannungen. In diesem Bereich sollte der Elastizitätsmodul bestimmt werden, wozu sich im Prinzip jede Prüfmethode eignet, die Spannung und Deformation mißt. Dieser Elastizitätsmodul ist das typische Beispiel einer charakteristischen Materialfunktion, die zusammen mit einer ähnlichen Größe, wie z. B. der POISSONschen Konstanten, Wesentliches über das mechanische Verhalten eines Materials aussagt [3]. Das gilt jedoch ausschließlich im linearen Gebiet (im Gültigkeitsbereich des BOLTZMANNschen Superpositionsprinzips). Durch geschickte Auswahl einer Anzahl Prüfungen bei verschiedenen Deformationsgeschwindigkeiten kann man dann - zumindest im linearen Gebiet - zu einer guten Beschreibung des Materials kommen.

Die Prüfmethoden, die in diesem Abschnitt behandelt werden, messen das Verhalten des Stoffes bei

langsam zunehmender Zugspannung (Zugversuch zur Bestimmung von Zugfestigkeit und Dehnung beim Bruch);
langsam zunehmender Druckspannung (Druckversuch);
langsam zunehmender Schubspannung (Scherversuch);
langsam zunehmender Biegebelastung (Biegeversuch);
konstanter Druckbelastung zusammen mit der Scherung (Eindruckversuche zur Beurteilung der Härte);
stoßweiser Belastung (Schlagbiege- und Kerbschlagbiegeversuche).

a) Kurzzeitversuche bei geringer Verformungsgeschwindigkeit. α) *Zugversuch und Dehnung beim Bruch.* Ziel und Wert des Zugversuches. Der Zugversuch soll einen Einblick in das Verhalten eines Materials unter Zugbelastung geben, und zwar durch Bestimmung des Verlaufes der Belastung und der daraus resultierenden Längenzunahme des Probekörpers unter Zugspannung.

Da dies ein geometrisch einfacher Fall der Belastung ist, ist die Bestimmung der Eigenschaften unter Zugbelastung, und zwar meistens der Zugfestigkeit und der Dehnung beim Bruch, eine der ältesten Prüfmethoden, die sich in der modernen Werkstoffprüfung behaupten konnte, obwohl sie im Laufe der Zeit stark kritisiert wurde. Diese Kritik gründet sich hauptsächlich auf zwei Tatsachen, nämlich:

1. der gebräuchliche Zugversuch ist wissenschaftlich gesehen ungünstig, da er mehrere Erscheinungen zugleich umfaßt. Es ist vom theoretischen Standpunkt aus gesehen einfacher und empfehlenswerter, die Deformation unter konstanter Belastung als Funktion der Zeit oder den Spannungsverlauf bei konstanter Deformation als Funktion der Zeit zu messen.

2. Das Resultat des Zugversuches liefert eine Information, die für den Konstrukteur nur selten wesentlich ist. In vielen Fällen wird noch vor dem Bruch der Probe die Verformung bereits solche Ausmaße annehmen, daß für Konstruktionszwecke mit viel niedrigeren Grenzspannungen gerechnet werden muß. Aus diesen Gründen wurde vorgeschlagen, die Bestimmung der Zugfestigkeit und der Dehnung beim Bruch zu ersetzen durch Messungen des Kriechens und der Spannungsrelaxation.

Praktische Überlegungen haben jedoch zur Folge, daß sich die Bestimmung der Zugfestigkeit und der Dehnung beim Bruch trotz dieser Kritik allgemein behauptet, und zwar für wenig formänderungsfähige Duroplaste und Thermoplaste. Für die übrigen Thermoplaste und für kautschukähnliche Stoffe sind jedoch die oben geäußerten Kritiken besonders berechtigt.

Praktische Ausführung. Für die Bestimmung der Zugfestigkeit und der Dehnung beim Bruch verwendet man schulterförmige Probekörper, deren Form den auftretenden Bruch an dem gewünschten Platz erzwingt, nämlich an der Stelle mit dem kleinsten Querschnitt. Die breiteren Teile des Probekörpers dienen zum Einspannen in die Einspannklemmen der Zugprüfmaschine. Die Maschine bewegt die Klemmen mit nahezu konstanter Geschwindigkeit auseinander. Die Kraft, die hierdurch auf den Probekörper ausgeübt wird, wird mit Hilfe eines Pendel- oder Federsystems festgestellt. Die maximale Zugkraft, die während des Versuches auftritt und die in vielen Fällen mit der Zugkraft beim Bruch der Probe übereinstimmt, wird ermittelt (Abbildung 1).

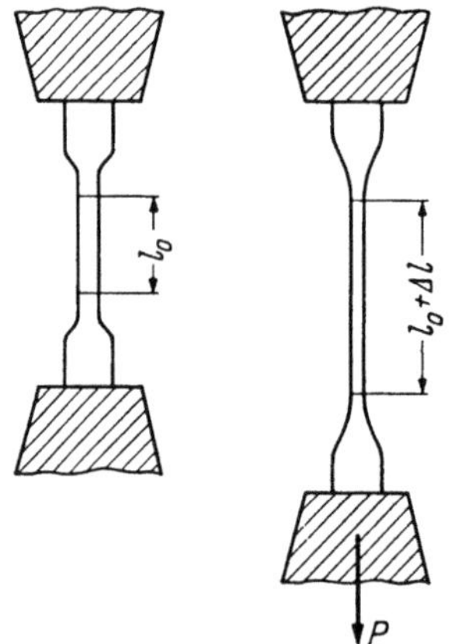
Abb. 1. Prinzip der Zugfestigkeits- und Dehnungsbestimmung

Für die Bestimmung der Dehnung beim Bruch bringt man an dem prismatischen Teil des Probestabes zwei Meßmarken an. Dafür verwendet man z. B. einen weichen Gummistempel, um Beschädigungen des Probestabes zu vermeiden. Der Abstand dieser Marken, die Meßlänge, wird dann während des Zugversuches fortlaufend gemessen. Selbstregistrierende Instrumente können den Abstand der Klemmen oder den Abstand der Meßmarken auf einen Mechanismus übertragen, der eine Papierrolle treibt. Koppelt man die Bewegung des Schreibstiftes an die Kraftmessung, dann läßt sich das Kraft-Deformations-Diagramm automatisch aufzeichnen. Empfindlicher ist die Verwendung eines „Extensometers", mit dessen Hilfe sehr kleine Deformationen registriert werden können.

Form und Abmessungen des Probestabes. Auf Grund des Prinzips, daß die Form eines Probekörpers garantieren muß, daß der Bruch nicht in den Klemmen, sondern ungefähr in der Mitte des Probestabes auftritt, sind in verschiedenen Ländern einige geometrische Typen von Probestäben entstanden (Abb. 2).

Der am meisten verwendete ist der flache Probestab *A*, der sowohl in Deutschland (siehe DIN 53455) als auch in den meisten anderen Ländern vorgeschrieben wird und höchstens in den Dimensionen variiert. Britische, italienische und einige amerikanische Vorschriften ziehen die Form des Typs *B* vor (speziell für Duroplaste und spröde Stoffe). Ausschließlich die Schweiz kennt für Duroplastpreßstoffe den runden Probestab *C*. Die Spannungen beim Bruch, welche man mit den verschiedenen Formen von Probestäben erhält, sind im all

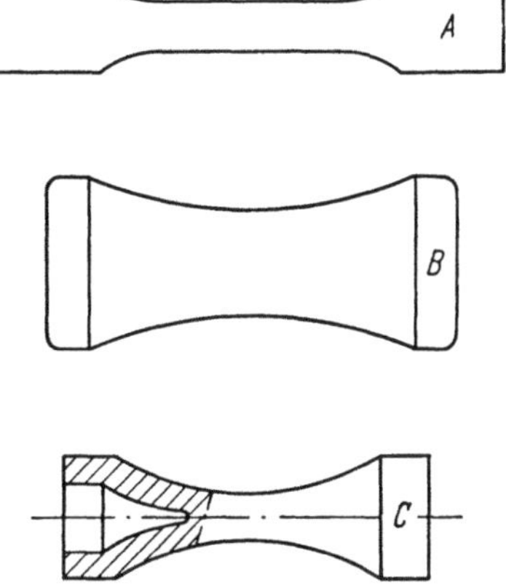

Abb. 2. Verschiedene normalisierte Formen von Prüfkörpern für Zugversuche

gemeinen nicht vergleichbar, da die Spannungsverteilung in jedem der verschiedenen Typen verschieden sein wird. Es ist so, daß selbst ähnlich geformte Probekörper verschiedener Abmessungen verschiedenwertige Resultate liefern können, da die Spannung beim Bruch von Volumen und Querschnitt nicht unabhängig ist. Messungen an hartem Polyäthylen [4] zeigen, daß bei Probekörpern mit einer Dicke kleiner als 4 mm die Zugfestigkeit mit abnehmender Dicke abnimmt und die Dehnung beim Bruch steigt (Abb. 3).

Verhalten von Kunststoffen unter Zugspannung. Nach dem Bild des Spannungs-Dehnungs-Diagramms lassen sich die Kunststoffe in drei Haupttypen einteilen, wobei zwischen diesen Typen in der Praxis auch viele Übergangsformen auftreten.

Die erste Gruppe bilden die Stoffe mit einem Spannungs-Dehnungs-Diagramm, das sehr steil und

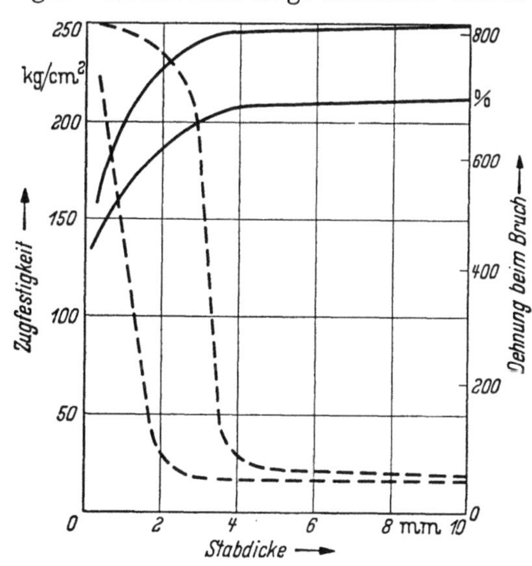

Abb. 3. Einfluß der Stabdicke auf die Zugfestigkeit und die Reißdehnung von hartem Polyäthylen (Schulz und Mehnert [4]). (Lies kp statt kg)

fast geradlinig verläuft und das beim Bruch kaum merkbar abgebogen ist (*A* in Abb. 4). Diese Stoffe zeigen daher eine kleine Deformation bei relativ großen Spannungen. Sie sind wenig elastisch, ziemlich spröde und umfassen Duroplaste sowie einige Thermoplaste, z. B. Polystyrol und Polymethacrylsäuremethylester.

Die zweite Gruppe zeigt bei richtig gewählter Temperatur und Verformungsgeschwindigkeit die Erscheinungsform der Verstreckung. Diese äußert sich in einer Einschnürung des Probekörpers, die sich allmählich über den ganzen prismatischen Teil ausbreitet.

Im Spannungs-Dehnungs-Diagramm erkennt man die Verstreckung durch einen langen horizontalen Kurvenzweig (B in Abb. 4). Er beschreibt den Verlauf vom ersten Moment der Einschnürung bis zu dem Augenblick, an dem der ganze prismatische Teil verstreckt ist. Die Verstreckung verläuft nach Abb. 4 unter konstanter Zugspannung. Lediglich nachdem der gesamte prismatische Teil der Probe verstreckt ist, steigt die Spannung wieder, bis schließlich ein Bruch auftritt.

Stoffe dieser Gruppe sind z. B. Polyäthylen, Polyamide und Hart-PVC.

Das Spannungs-Dehnungs-Diagramm der dritten Gruppe erinnert an Kautschuk (C in Abb. 4). Hier sieht man relativ große Verformungen unter kleinen Spannungen. Diese Gruppe enthält die kautschukartigen Stoffe, wie synthetische Kautschuke, weichgemachtes PVC und weichgemachtes Celluloseacetat.

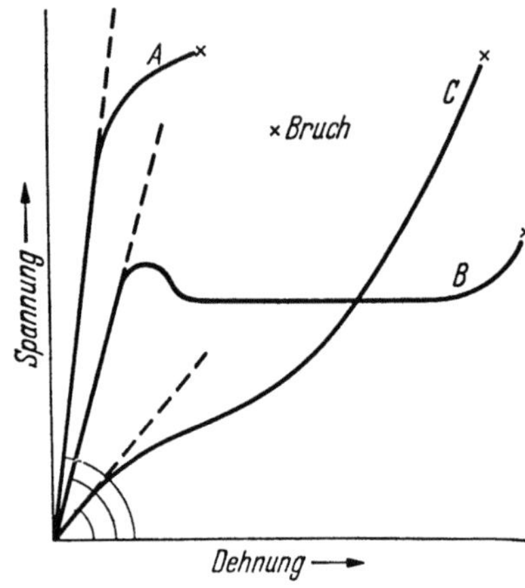

Abb. 4
Grundformen von Zug-Spannungs-Kurven
A spröde Stoffe B verstreckende Stoffe
C elastische Stoffe

Auswertung des Zugversuches. Die Zugfestigkeit σ_B wird berechnet aus der maximalen Zugkraft $P_{\max}$ während des Zugversuches und dem kleinsten Querschnitt F_0 des Probekörpers zu Beginn des Versuches.

$$\sigma_B = \frac{P_{\max}}{F_0} \quad [\text{kp/cm}^2].$$

Die Dehnung beim Bruch, δ_B, erhält man aus der maximalen Verlängerung der Meßlänge $\Delta l = l - l_0$ und der ursprünglichen Meßlänge l_0

$$\delta_B = \frac{\Delta l}{l_0} \cdot 100 \quad [\%].$$

Auf Grund der Überlegung, daß bei Stoffen mit Verstreckungserscheinungen die Zugfestigkeit nur geringe praktische Bedeutung besitzt, schlugen u. a. Schulz und Mehnert [4] vor, die Bezeichnung σ_B und den Namen Zugfestigkeit für die Spannung zu reservieren, bei der der Beginn der Verstreckung auftritt (Yield-Point, Proportionalitätsgrenze). Die Festigkeit bei Bruch müßte dann „Reißfestigkeit" genannt werden. Auch gegen die Berechnung der Spannungen als Quotient der Kraft und des ursprünglichen Querschnittes wurden Einwände erhoben [5]. Diese Methode ist zwar für wenig dehnbare Materialien (Kurve A, Abb. 4) noch zulässig, bei Stoffen mit großen Dehnungen sind aber die Querschnitte beim Erreichen der Höchstkraft (also meist im Moment des Bruchbeginns) viel kleiner als der ursprüngliche Querschnitt.

Die wahre Spannung wäre dann

$$\sigma_w = \frac{P}{F},$$

wobei P die Höchstkraft und F den Querschnitt beim Erreichen der Höchstkraft darstellen. Nimmt man an, daß das Volumen des Probestabes unverändert bleibt, d. h. $F_0 l_0 = F l$ und drückt man den Deformationsfaktor aus durch

$$\varepsilon = \frac{l - l_0}{l_0},$$

so läßt sich für die wahre Höchstspannung schreiben

$$\sigma_w = \frac{P(1 + \varepsilon)}{F_0} = \sigma_B(1 + \varepsilon).$$

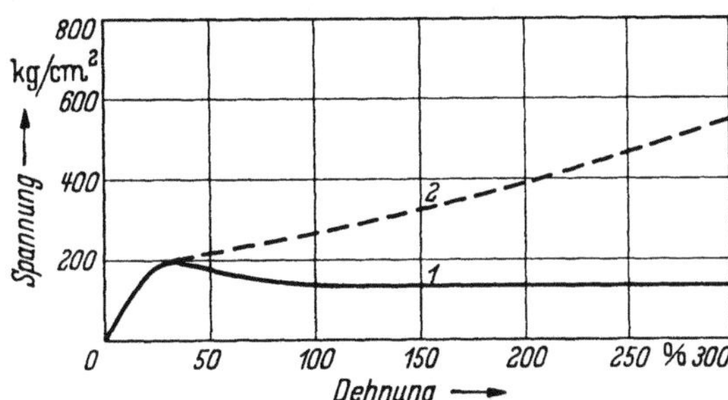

Abb. 5. Konventionelle (*1*) und wahre (*2*) Spannung als Funktion der Dehnung für hartes Polyäthylen. (Lies kp statt kg)

Ebenso hat man auch vorgeschlagen, die Deformation nicht relativ zur Anfangsmeßlänge zu messen, sondern die Verlängerung relativ zur jeweiligen Länge des Probestabes als Maß einzuführen. Dann erhält man

$$\delta_w = \int\limits_{l_0}^{l} \frac{dl}{l} = \ln \frac{l}{l_0} = \ln(1 + \varepsilon).$$

Das Einführen der „wahren" Größen im Spannungs-Dehnungs-Diagramm bewirkt, daß die Kurven höher zu liegen kommen und steiler verlaufen.

Der Einfluß der wahren Spannungen auf das Spannungs-Dehnungs-Diagramm von Stoffen mit Kaltverstreckung zeigt Abb. 5, wo sowohl die nominalen (1) als auch die wahren (2) Zugspannungen eingezeichnet sind.

Einflüsse auf das Verhalten beim Zugversuch. Für den Vergleich von Resultaten aus verschiedenen Laboratorien ist es wesentlich, daß diese unter genau den gleichen Umständen erhalten wurden. Sehr viele Faktoren beeinflussen mehr oder weniger die Prüfresultate. Zu den Faktoren, deren Einfluß heutzutage bekannt ist, gehören:

a) Herstellungsart der Probestäbe,
b) das Konditionieren der Probestäbe,
c) Form und Abmessungen der Probestäbe,
d) die Prüftemperatur,
e) die Zuggeschwindigkeit.

Die Faktoren a), b), c) und d) sind bereits an anderer Stelle in diesem Buch

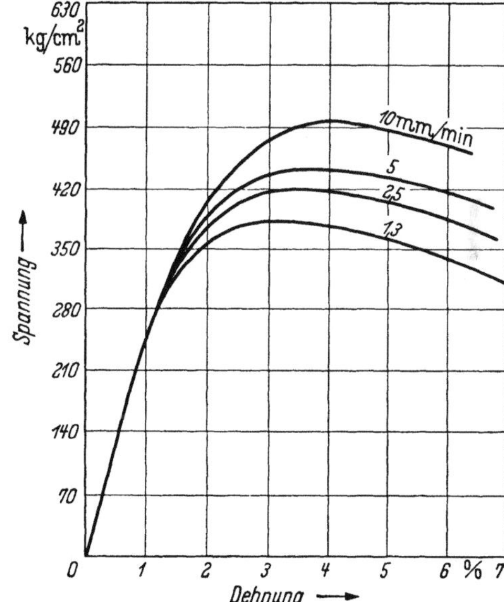

Abb. 6. Einfluß der Dehnungsgeschwindigkeit auf die Zugspannungskurven von Plexiglas (nach BARTOE und FREDERICK [5]). (Lies kp statt kg)

behandelt (vgl. zu a) II 2.1; zu b) II 2.2; zu c) II 3.4.1a, α; zu d) II 3.4.4), so daß hier nur noch auf den Einfluß der Zuggeschwindigkeit einzugehen ist. Wie bereits in der Einleitung angedeutet wurde, unterscheidet man bei der Deformation einen rein elastischen, einen verzögert elastischen oder viskoelastischen und einen plastischen Anteil in der Formänderung. Es ist das Zusammenspiel dieser drei Komponenten, das auch bei Zugversuchen das Materialverhalten bestimmt. Von diesen drei Komponenten sind es die zwei zuletzt genannten, die nicht nur durch die Größe der Zugkräfte, sondern auch durch die Zuggeschwindigkeit bestimmt werden. Die Zeitabhängigkeit der viskoelastischen Deformation äußert sich in einem nichtlinearen Verlauf des Zug-Dehnungs-Diagramms (Abweichen von der Geraden bei größeren Dehnungen). Die Stärke dieses Abweichens ist von der Dehnungsgeschwindigkeit abhängig (Abb. 6 und 7). Der Einfluß der Zuggeschwindigkeit kann leicht gezeigt werden, indem man Kraft-Dehnungs-Kurven am selben Material unter sonst gleichen Umständen mit verschiedener Geschwindigkeit aufnimmt. Den Einfluß der Zuggeschwindigkeit auf das Spannungs-Dehnungs-Diagramm zeigt Abb. 6 am Beispiel Plexiglas; nicht nur die Zugfestigkeit, sondern auch die Höhe des Fließpunktes nehmen bei höherer Deformationsgeschwindigkeit zu.

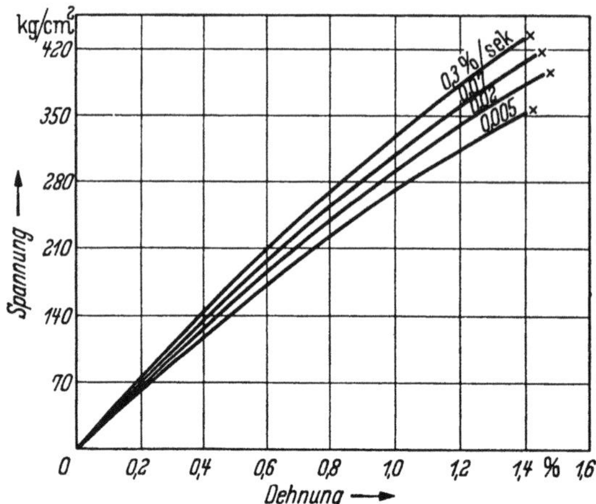

Abb. 7. Einfluß der Dehnungsgeschwindigkeit auf die Zugspannungskurven von Polystyrol (HSIAO und SAUER [6]). (Lies kp statt kg)

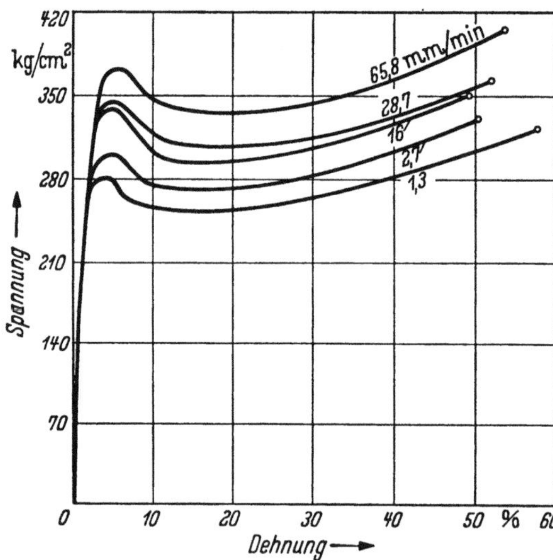

Abb. 8. Einfluß der Dehnungsgeschwindigkeit auf die Zugspannungs-Kurve eines verstreckenden Materials (Celluloseacetat nach FINDLEY [5]). (Lies kp statt kg)

Das gilt auch für Stoffe, die unter den gewählten Umständen eine Kaltverstreckung zeigen. Ein Beispiel zeigt Abb. 8.

Bei zu großen Deformationsgeschwindigkeiten wird der Verstreckungsprozeß gestört, und die Probe bricht vorzeitig. Bei noch größeren Zuggeschwindigkeiten bricht die Probe, bevor die Streckgrenze erreicht wird.

Es stellt sich heraus, daß die Erhöhung der Bruchfestigkeit ungefähr proportional dem Logarithmus der Verformungsgeschwindigkeit ist (Abb. 9) [5]. Bei sehr hohen Geschwindigkeiten, wobei sich u. a. herausstellte, daß die Zugfestigkeit bei Polyvinylchlorid 50% ihres Wertes einbüßte, wenn die Geschwindigkeit mit einem Faktor 10^6 vergrößert wurde, ist die gradlinige Beziehung zwischen dem Logarithmus der Geschwindigkeit und der dazu gehörenden Zugfestigkeit nicht mehr in allen Fällen vorhanden [6]. Aus allen diesen Beispielen geht deutlich hervor, daß eine Vorschrift über den Zugversuch eine Bedingung über die Versuchsgeschwindigkeit enthalten muß. Diese wird nicht in allen Ländern gleichartig vorgeschrieben; manchmal schreibt man die Gesamtdauer des Versuches, in anderen Fällen die Geschwindigkeit der ziehenden Klemme vor.

Theoretisch wäre jedoch die Vorschrift einer konstanten Spannungszunahme oder einer konstanten Deformationszunahme besser.

In- und ausländische Normen. Die wesentlichsten Bestimmungen der Normen im In- und Ausland für den Zugversuch sind in Tab. 1 zusammengestellt.

Deutschland und die Schweiz haben für Kunststoff-Formstoffe zwei verschiedene Probekörper; der eine gilt für Herstellung aus Preßmassen, der andere für Entnahme aus Preßstofftafeln oder -platten oder -profilen, z. B. aus Vollstäben. Die Vereinigten Staaten besitzen zwei Methoden: die eine für die Elektrotechnik, die andere für das Kunststoffgebiet.

β) Druckversuch. Ziel und Wert des Druckversuches. Obwohl es nicht unlogisch ist, neben der Bestimmung der Verformungseigenschaften eines Kunststoffes unter Zugspannung auch noch die unter Druckspannung zu prüfen, ist die Ausführung des Druckversuches zur Bestimmung der Druckfestigkeit und der Stauchung in Prüflaboratorien weniger verbreitet.

Unter *Druckfestigkeit* versteht man die auf den Anfangsquer-

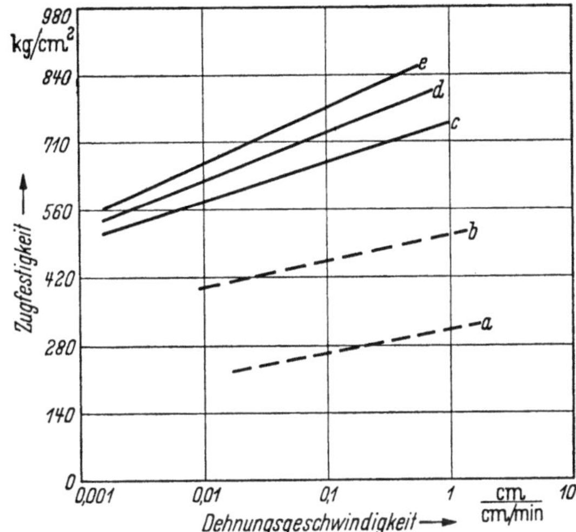

Abb. 9. Abhängigkeit der Zugfestigkeit von der Dehnungsgeschwindigkeit (nach Adams c. s. [5])
a Celluloseazetat, *b* Polystyrol, *c* Polystyrol (Lustrex), *d* Wärmefestes Polystyrol, *e* Styrolmischpolymerisat
(Lies kp statt kg)

Tabelle 1. *Zugversuch nach in- und ausländischen Normen*

Norm	Zu prüfendes Material	l	b	Q	v	t	Gestalt des Probekörpers
Deutschland DIN 53455[1]	Preßmasse Platte/Stab	200 200	40 20	25×4 $(1{-}10)\times10$	60 Sek.	20°C±2 grd	prismatisch geschultert
Frankreich C 46	Isolierstoffe	130	15	10×3	5—10 kp/Sek.	20°C±2 grd	wie DIN
Großbritannien BS 771	—	108	44	25×6	30—90 Sek.		„dog bone"
Italien UNI 3636	—	105	44	$25\times3,2$	20—60 Sek.	22°C±2 grd	„dog bone"
Niederlande V 2175	—	110	10	10×4	8 kp/Sek.	22°C±0,5 grd	wie DIN
Schweiz VSM 77101	Preßstoffe Schichtstoffe	45 200	16 20	$\tfrac{1}{2}\pi(5,5)^2$ $(\max 10)\times10$	60 Sek.	20°C±5 grd	rund wie DIN
Ver. Staaten ASTM D 651 ASTM D 638	Isolationswerkstoffe Kunststoffe	108 216	44 19	25×6 $12,7\times3,2$	<1,27 mm/min 5,6 mm/min	23°C±1,1 grd 23°C±1,1 grd	„dog bone" wie DIN

l = Totallänge Q = Querschnitt, prismatischer Teil t = Temperatur
b = Breite v = Geschwindigkeit bzw. Versuchsdauer

[1] Vgl. auch die Normen für den Zugversuch an Kunststoff-Folien (DIN 53371 und II 4.4) und Gewebekunstleder (DIN 53354 und II 4.5).

schnitt bezogene Höchstkraft bei Druckbeanspruchung (Abb. 10). Diese Definition ist jedoch nicht allgemein angenommen. In manchen Ländern bestimmt man die Kraft, bei der die Probekörper zerstört werden. Diese stimmt jedoch nicht in allen Fällen mit der abgelesenen Höchstkraft überein.

Die Stauchung ist die Zusammendrückung, bezogen auf die ursprüngliche Probenhöhe. Sie ist daher vergleichbar mit der Dehnung beim Zugversuch.

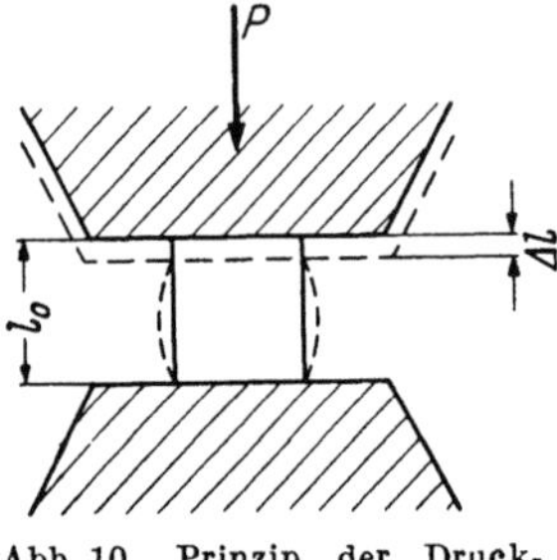

Abb. 10. Prinzip der Druckfestigkeitsbestimmung

Die Einwände, welche gegen die Zugfestigkeit als praktisches Maß gemacht worden sind, gelten ebenso für die Druckfestigkeit.

Praktische Ausführung. Beim Druckversuch wird üblicherweise ein Würfel oder ein Zylinder zwischen zwei ebenen, polierten Stahlplatten einer Universal- oder Druckprüfmaschine zusammengedrückt. Eine der beiden Stahlplatten muß kugelig einstellbar sein (Abb. 11). ASTM D 695 zieht statt der einen Stahlplatte einen Stahlzylinder als drückenden Körper vor. Diese Anordnung soll vor allem für den Druckversuch an weichen Kunststoffen brauchbar sein.

Verhalten von Kunststoffen unter Druckspannung. Das Bild, das man durch Aufnehmen der Spannungs-Stauchungs-Kurve erhält, ist weniger anschaulich und gibt bei verschiedenen Materialien weniger starke Unterschiede als beim Zugversuch. Die gebräuchlichen Diagramme zeigen ein mehr oder weniger

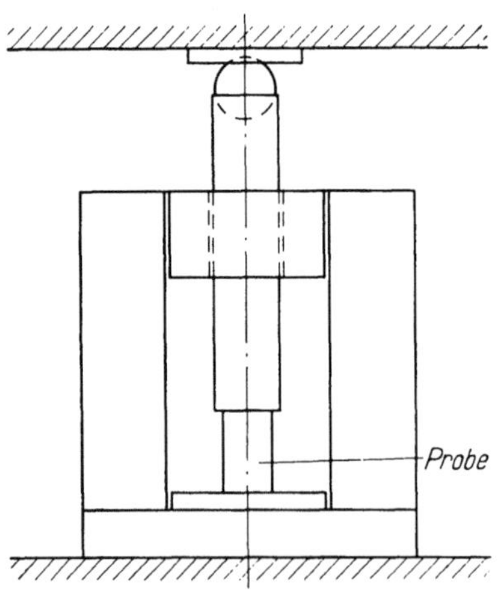

Abb. 11. Apparat zur Bestimmung der Druckfestigkeit nach ASTM D 695

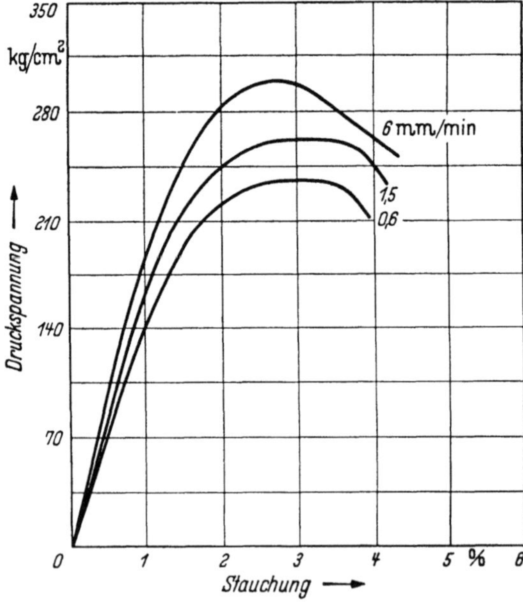

Abb. 12. Einfluß der Druckgeschwindigkeit auf die Druck-Stauchungs-Kurve von Celluloseacetat (nach FINDLEY [5]). (Lies kp statt kg)

steiles, gerades Anlaufstück, das knapp vor dem Ende des Versuches abbiegt.

Bei manchen Materialien folgt dann noch ein kleines horizontales Stück (Abb. 12), das jedoch bei spröden Stoffen sehr kurz ist. Am Ende des Druckversuches bricht das Gefüge der Probe zusammen. Dieses ist jedoch nur für einige Stoffe gleichbedeutend mit einer vollkommenen Zersplitterung. Häufiger kommt es vor, daß Risse im Probekörper auftreten, ohne daß der Zusammenhang ernstlich gestört oder das Material stark verformt wird.

Da in beiden letztgenannten Fällen der Endpunkt nicht deutlich wahrnehmbar ist, ist die Methode nach DIN 53454 sehr praktisch, bei der der maximale Druck als Kriterium gilt (vgl. hiervon abweichend „Druckfestigkeit" bei Schaumstoffen, II 4.8.3a, γ).

Auswertung des Druckversuches. Entsprechend der Auswertung beim Zugversuch wird die Druckfestigkeit (σ_{dB}) aus der Höchstkraft $P_{\max}$, bezogen auf den Anfangsquerschnitt der Probe (F_0):

$$\sigma_{dB} = \frac{P_{\max}}{F_0} \quad [\text{kp/cm}^2].$$

Die Stauchung (ε_d) ist die Zusammendrückung der Probe (Δl) ausgedrückt in Prozenten der ursprünglichen Höhe l_0:

$$\varepsilon_d = \frac{\Delta l \cdot 100}{l_0} \quad [\%] \, (\text{Abb. 10})$$

Einflüsse auf das Verhalten beim Druckversuch. Die bei der Behandlung des Zugversuches genannten Faktoren sind von allgemeinem Einfluß und wirken sich daher auch auf den Druckversuch aus. Verändert man die Geschwindigkeit des Zusammendrückens, so erhält man im allgemeinen andere Druckkurven. Der Wert der Druckfestigkeit steigt mit größeren Deformationsgeschwindigkeiten, und der gerade Teil der Druckkurven wird steiler.

Der scheinbare Elastizitätsmodul nimmt daher mit wachsender Deformationsgeschwindigkeit zu (Abb. 12). Im Zusammenhang mit der Zeitabhängigkeit der Resultate des Zugversuches beschränkt sich die Norm DIN 53454 nicht auf das Messen der Stauchung im Augenblick des Bruches. Nach einer Vorbelastung von 100 kp/cm² wird der Druck stoßfrei innerhalb einer Minute auf 1000 kp/cm² gebracht. Die Stauchung wird dann sowohl nach dem Erreichen der 1000 kp/cm²-Spannung bestimmt (1 Minutenwert ε_{d_1}) als auch nach einer Minute Wartezeit (2 Minutenwert ε_{d_2}). Beide Werte müssen im Prüfbericht angegeben werden.

In- und ausländische Normen. Manche Länder haben den Druckversuch noch nicht genormt. Unter den Vorschriften der Länder, die den Druckversuch genormt haben, findet man einige mit sehr einfacher Arbeitsweise, wobei lediglich die Spannung beim Bruch bestimmt und von einer Bestimmung der Deformation abgesehen wird. Eine Übersicht gibt Tab. 2.

γ) *Scherversuch*. Ziel und Wert des Scherversuches. Obwohl die Deformation durch Scherung beim Berechnen von Konstruktionen wesentlich ist, gehören Scherversuche nicht zum normalen Prüfprogramm in Kunststofflaboratorien.

In vielen Ländern fehlt selbst ein Normblatt für die Bestimmung der Schereigenschaften.

So wie Zug- und Druckversuche einen Einblick verschaffen in das mechanische Verhalten unter Zug- bzw. Druckspannung, erhält man aus dem Scherversuch einen Einblick in die Widerstandsfähigkeit des Stoffes unter Schubspannung. Die *Scherfestigkeit* besitzt ebenfalls wie die Druck- und Zugfestigkeit die Dimension kp/cm². Die Oberfläche, die in diese Berechnung eingeht, ist die gesamte Schuboberfläche, also eine Fläche, die nicht senkrecht, sondern parallel zur Kraftrichtung verläuft.

Praktische Ausführung: Für den Scherversuch kann man eine normale Druck- oder Universalprüfmaschine verwenden mit einer Anordnung des Probekörpers gemäß Abb. 13. Um die möglichst reine Schubspannung zu gewähr-

Tabelle 2. *Druckversuch nach in- und ausländischen Normen*

Norm	h	$l \times b$	t oder v	T	F	Druckfestigkeit bestimmt als	Stauchung
Deutschland DIN 53454	10	10×10	$t=$ etwa 60 Sek.	20°C $\pm$ 2 grd	(65 $\pm$ 5)%	Höchstkraft	1 und 2 Minuten-wert
Frankreich C 46	20	10×15	$v=$ 25 kp/Sek.	20°C $\pm$ 2 grd	—	Kraft bei Bruch	ausgedrückt in 2 Ziffern
Großbritannien BS 771	9,5	$\varnothing$ 9,5	$t=$ 14—45 Sek.	—	—	Kraft bei Bruch	wird nicht bestimmt
Italien UNI 3635	10	10×10	$t=$ 20—60 Sek.	22°C $\pm$ 2 grd	(65 $\pm$ 5)%	Kraft bei Bruch	wird nicht bestimmt
Schweiz VSM 77102	4—20	(4—20)×(4—20)	$t=$ etwa 60 Sek.	20°C $\pm$ 5 grd	—	Höchstkraft	wird nicht bestimmt
Ver. Staaten ASTM D 695	25	$\varnothing$ 12,5	$v=$ 1,3 mm/min	23°C $\pm$ 1,1 grd	(50 $\pm$ 2)%	Höchstkraft	Gesamtstauchung und Stauchung bei Beginn des Fließens

$l=$ Länge der Probekörper $t=$ Gesamtdauer $F=$ Feuchtigkeit
$b=$ Breite der Probekörper $v=$ Geschwindigkeit   Masse in mm
$h=$ Höhe der Probekörper $T=$ Temperatur

leisten und die Biege- und Druckspannung weitgehend zu unterbinden, muß mindestens eine Gegenhalterplatte angebracht werden, die eine Biegung des Probekörpers verhindern soll.

Die Vorschriften in Großbritannien und Amerika begnügen sich damit nicht, sondern fordern ein sehr schwer ausgeführtes Schergerät, in dem der Probekörper fest eingespannt wird, so daß er sich nicht durchbiegen kann.

Auswertung. Die Scherfestigkeit σ_{ds} erhält man aus dem Quotienten der maximalen Kraft $P_{\max}$ und der Schuboberfläche. Im Falle von Abb. 13 ist daher

$$\sigma_{ds} = \frac{P_{\max}}{2\,l\,d} \quad [\mathrm{kp/cm^2}].$$

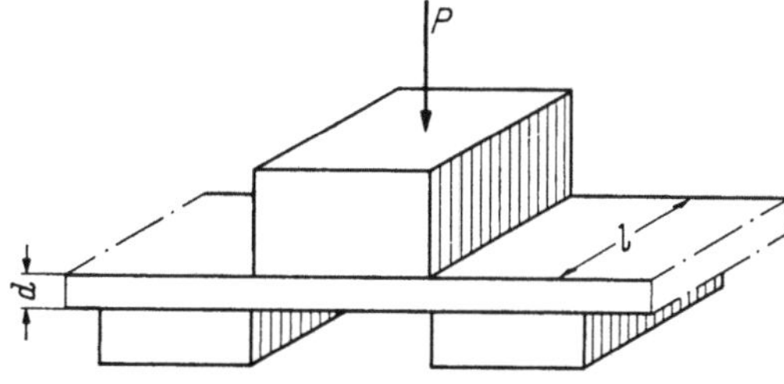

Abb. 13. Prinzip der Scherfestigkeitsbestimmung

Einflüsse auf das Verhalten beim Scherversuch. Wie bei Zug- und Druckversuchen werden auch die Resultate des Schubversuches durch verschiedene Faktoren beeinflußt, wovon hier lediglich auf den Zeitfaktor hingewiesen sei.

Angesichts des Verhaltens der Kunststoffe bei anderen mechanischen Beanspruchungen ist es nicht verwunderlich, daß bei größeren Deformationsgeschwindigkeiten auch größere Scherfestigkeiten gemessen werden (Abb. 14).

In- und ausländische Normen. In der nachfolgenden Tab. 3 sind einige Verfahren gegenübergestellt.

δ) *Biegeversuch.* Ziel und Wert des Biegeversuches. Unter den Prüfungen von Kunststoffen auf mechanische Eigenschaften nimmt der Biegeversuch einen wesentlichen Platz ein, da Biegebelastungen in der Praxis viel vorkommen.

Bei einem Körper unter Biegebelastung stehen die beiden äußersten Faserschichten unter maximaler Zug- bzw. Druckbelastung,

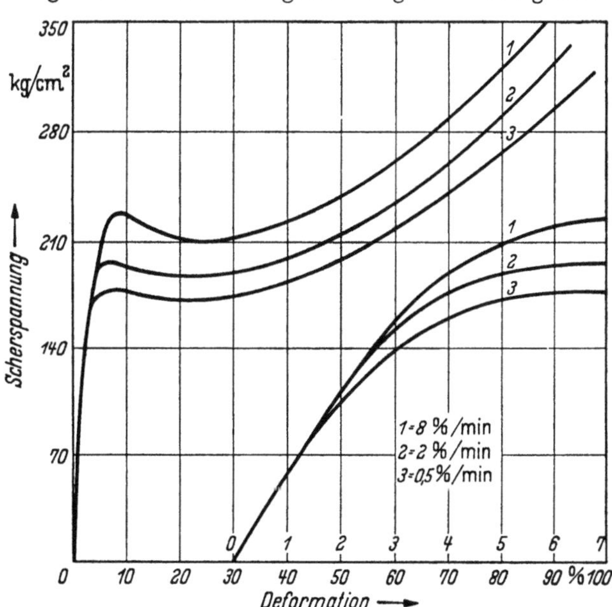

Abb. 14. Einfluß der Verformungsgeschwindigkeit auf die Scherfestigkeitskurven von Celluloseacetat (nach FINDLEY [5]). (Lies kp statt kg)

während sich dazwischen eine vollkommen spannungsfreie Schicht befindet: die neutrale Faserschicht. Obwohl es theoretisch möglich ist, das Verhalten eines Stoffes unter Biegebeanspruchung aus seinem Verhalten unter Zug- und Druckbeanspruchung zu berechnen, hat sich der Biegeversuch nicht nur als eine selbständige Prüfmethode in der Kunststofftechnik behauptet, sondern übertrifft — zumindest bei harten und spröden Materialien — die anderen an Bedeutung.

Tabelle 3. *Scherversuch nach ausländischen Normen*

Norm	$l \times b$	h	St	v	t
Großbritannien BS 771	⌀ 25,3	1,6	⌀ 12,7	15 — 45 Sek.	—
Ver. Staaten ASTM D 732	⌀ 50 50×50	12,7 12,7	⌀ 25,4	1,3 mm/min	23 °C ± 1,1 grd
Schweiz VSM 77 104	(>10) × 20 ⌀ 50	-- 10 — 20	nicht erwähnt	1 min	20 °C ± 5 grd

$l \times b$ = Länge × Breite bzw. Durchmesser des Probekörpers
h = Höhe des Probekörpers
St = Stempeldurchmesser
v = Geschwindigkeit bzw. Gesamtdauer
t = Temperatur
Masse in mm

Für die Bestimmung der Eigenschaften unter Biegebelastung wird am häufigsten die Anordnung nach Abb. 15a verwendet (Probe als Balken auf zwei Stützen mit Lastangriff in der Mitte). Diese Methode läßt sich besonders bei harten Stoffen gebrauchen (die ISO-Methode verlangt einen Schubmodul von mindestens 5×10^3 kp/cm² für das zu prüfende Material).

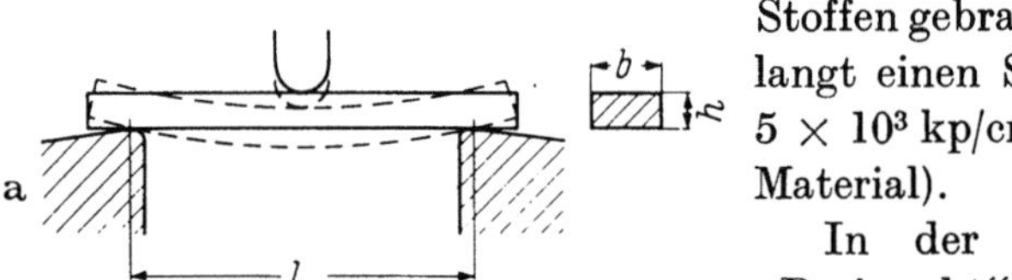

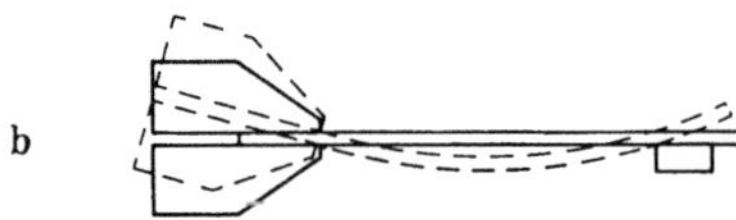

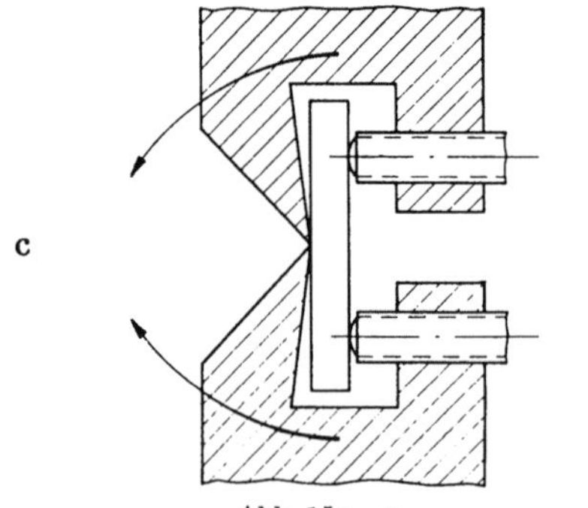

Abb. 15a—c
Prinzip der Biegefestigkeitsbestimmung
a) Dreipunktbiegung; b) Biegung einer einseitig eingeklemmten Probe; c) Vierpunktsprüfung auf dem Dynstatgerät

In der Wirkung ähnlich wie die „Dreipunkt"-Auflage ist die „Vierpunkt"-Auflage der Proben bei dem Dynstatgerät nach SCHOB, NITSCHE und SALEWSKI. Dieses Gerät (Abb. 15c) wurde für den Biege- und Schlagbiegeversuch an kleinen Proben (15 m × 10 m × 1,5 bis 4,5 mm) entwickelt; sein Name „Dynstat" weist auf die Anwendbarkeit für dynamische und statische Prüfungen hin [7]. Die Biegung eines einseitig eingeklemmten Probekörpers verwendet man bei der amerikanischen Steifheitsprüfung nach ASTM D 747 (Abb. 15b). Mittels der beiden letzten Methoden kann man auch wesentlich weniger harte Stoffe prüfen, wozu noch der ausgesprochene Vorteil kommt, daß sehr kleine Proben zureichend sind. — Die Resultate der Biegefestigkeitsbestimmungen, welche nach einer der drei erwähnten Methoden ausgeführt sind, lassen sich nicht ineinander umrechnen.

Abhängig von der Einspannungsweise und von der Unterstützungsweise spielt die Scherung eine mehr oder weniger maßgebende Rolle.

Die Biegefestigkeit σ_{bB} ist der Quotient aus dem Biegemoment beim Bruch der Probe und dem Widerstandsmoment. Für Stoffe, welche beim Biegeversuch nach DIN 53452 nicht brechen, hat man den Begriff der Grenzbiegespannung σ_{bg} eingeführt. Dieses σ_{bg} ist der Quotient aus dem Biegemoment bei einer bestimmten Durchbiegung der Probe (s. DIN 53452) und deren Widerstandsmoment.

Praktische Ausführung. Der Biegeversuch kann mit einer Dreipunktauflage der Probe auf einer Zugprüfmaschine ohne kostspielige Vorkehrungen durchgeführt werden. Die Maschine muß mit einer zusätzlichen Einrichtung versehen sein, bestehend aus einer Druckfinne und einem Paar in verschiedenen Abständen einstellbare Stützen.

Als Probekörper dienen Stäbe mit rechteckigem Querschnitt; aber auch Röhren und runde Stäbe können auf diese Weise geprüft werden. Für die Messungen der Durchbiegung wird an der gezogenen Klemme der Zugprüfmaschine eine Meßuhr befestigt, die mit ihrem Taster möglichst genau der Bewegung der Druckfinne folgt und so die Deformation unter Belastung registriert (Abb. 15a).

Die Bestimmung der Durchbiegung bei einseitiger Einspannung erfordert eine spezielle Apparatur, zumindest insoweit es durch Normen festgelegte Methoden betrifft. In den Klemmen dieser Apparatur werden die Proben befestigt, und beim Drehen der Klemmeneinrichtung wird auf die Probe ein Biegemoment ausgeübt. Letzteres wird, sei es beim Bruch, sei es bei einer bestimmten Maximaldurchbiegung, auf einer Skala abgelesen (Abb. 15b).

Auswertung des Biegeversuches. Die Biegespannung σ_b, im Falle des Bruches σ_{bB}, ist der Quotient aus dem Biegemoment M (kp·cm) und dem Widerstandsmoment W (cm³).

$$\sigma_B = \frac{M}{W} \quad [\text{kp} \cdot \text{cm}^2].$$

Bei der Dreipunktsbiegung gilt

$$M = \frac{P L_s}{4} \quad [\text{kp} \cdot \text{cm}],$$

wobei

$P = $ Belastung in kp,

$L_s = $ Stützweite in cm.

Bei der Durchbiegung einer einseitig eingespannten Probe gilt

$$M = P\, l \sin\varphi \quad [\text{kp} \cdot \text{cm}],$$

wobei

$P = $ Belastung in kp

$l = $ Abstand der Gewichtsbelastung vom Drehpunkt in mm,

$\varphi = $ Biegewinkel.

Für rechteckige Proben gilt:

$$W = \frac{b\, h^2}{6} \quad [\text{cm}^3],$$

wobei

$$b = \text{Breite in cm bzw. mm,}$$

$$h = \text{Dicke in cm bzw. mm.}$$

Bei der amerikanischen Methode (ASTM D 747) drückt man den Widerstand gegen Biegung in einen Biegungsmodul (E) aus:

$$E = \frac{4\,L_s}{b\,h^2}\,\frac{P \cdot 100\,l \sin\varphi}{100\,\psi}$$

L_s freier Teil der Probe, P Gewicht,
b Breite, $100\,l \sin\varphi$ Biegemoment,
h Dicke, ψ Biegungswinkel in Radialen.

Der Apparat liefert bei Ablesung direkt die Werte für $100\,l \sin\varphi$ und ψ in Graden.

Einflüsse auf das Verhalten beim Biegeversuch. Ebenso wie bei den anderen mechanischen Prüfungen sind auch hier eine große Anzahl Faktoren zu nennen, welche die gemessenen Werte der Biegefestigkeit und der Durchbiegung beeinflussen und mit denen man während der Prüfung und bei der Aufstellung von Vorschriften, Normen usw. rechnen muß.

Neben der Herstellungsweise, Vorbehandlung und Konditionierung der Probe und der Prüftemperatur, die an anderer Stelle behandelt werden (vgl. II 2.1, II 2.2 und II 3.4.4.), sind zu berücksichtigen:

1. Abrundungsradius der Druckfinne,
2. Abmessungen der Probe,
3. Stützweite,
4. Biegegeschwindigkeit.

Obwohl in jeder Vorschrift für die Biegefestigkeit der Abrundungsradius der Druckfinne sorgfältig vorgeschrieben wird, erweist sich aus vergleichenden Experimenten [8], daß innerhalb gewisser Grenzen die Abrundung beinahe keinen Einfluß auf die Resultate ausübt.

Dagegen hängen die Ergebnisse von der Form der Probe ab. Wenn man einen flachen Stab an seiner schmalen Seite dem Biegeversuch unterwirft, werden trotz der jetzt verwechselten Rolle von b und h in der Formel für das Widerstandsmoment nicht dieselben Resultate gefunden, wie man das aus der Formel für σ_B vermuten würde [9].

Hier spielen Anisotropien, Unterschiede in der Spannungsverteilung (vgl. II 2.1.3) und das Auftreten von Schubspannungen in den Proben eine Rolle. Daher ist zu fordern, daß bei abweichender Dicke der Probe auch die Breite im selben Verhältnis vom Normstab abweichen muß.

Sehr deutlich ist der Einfluß der Stützweite auf das Resultat des Biegeversuches. Im allgemeinen wird bei zunehmendem Verhältnis Stützweite/Dicke die Biegefestigkeit eine abnehmende und der Elastizitätsmodul eine steigende Tendenz zeigen [10].

Da die zu prüfenden Stoffe nicht stets die Dicke des international vorgesehenen Normstabes ($h = 4$ mm) besitzen, besteht das Bedürfnis, die Stützweite so vorzuschreiben, daß auch bei abweichenden Dicken vergleichbare Resultate erhalten werden.

In manchen Ländern wird $L_s = 10\,h$ oder $12\,h$ verwendet, in den meisten Fällen wird jedoch $L_s = 16\,h$ vorgeschrieben. Mit der letzten Vorschrift läuft man das geringste Risiko, daß bei Biegeversuchen auch Schubkräfte mitspielen, was bei zu kleinem Stützenabstand sicher der Fall sein dürfte.

Die Biegegeschwindigkeit ist ebenso wie bei anderen mechanischen Prüfungen wichtig. Im anfänglichen linearen Teil der Biegekurve (Abb. 16) ist zwar dieser Einfluß kaum festzustellen, so daß der aus diesem Kurventeil berechnete Elastizitätsmodul wenig Unterschied zeigt, trotz seiner Zeitabhängigkeit. Die maximalen Biegespannungen zeigen jedoch einen deutlichen Einfluß der Biegegeschwindigkeit, was sich in einer mit zunehmenden Geschwindigkeiten größer werdenden Biegefestigkeit äußert. Bei einer plötzlichen Reduzierung der Geschwindigkeit kann man feststellen, daß die ursprünglich auf höherem Niveau liegenden Werte der Biegespannung sich allmählich der neuen Situation anpassen und zurückfallen

auf die Kurve, welche zu der geringeren Geschwindigkeit gehört. Während der Periode
großer Deformationsgeschwindigkeit hat eine Energieanhäufung stattgefunden durch den
spontanelastischen Anteil an der totalen Deformation [63].

Es besteht die Vermutung, daß die Zunahme der Biegefestigkeit proportional dem
Logarithmus der Biegegeschwindigkeit ist, wie aus Abb. 17 ersichtlich. Jedenfalls darf die
Biegegeschwindigkeit beim Aufstellen von Normen nicht vernachlässigt werden.

In- und ausländische Normen.
Der Biegeversuch ist in den verschiedenen nationalen Normenwerken
gut vertreten. Die Unterschiede sind
im allgemeinen nicht groß und bestehen hauptsächlich in den Abmessungen der Proben und in der
Art, wie die Deformationsgeschwindigkeit vorgeschrieben wird (s. Tab. 4).
— Auch international wird der Biegeversuch z. Z. genormt.

ε) *Eindruckversuche zur Beurteilung
der „Härte".* Obwohl der Begriff
„Härte" im allgemeinen Sprachgebrauch selten Anlaß zu Mißverständ-

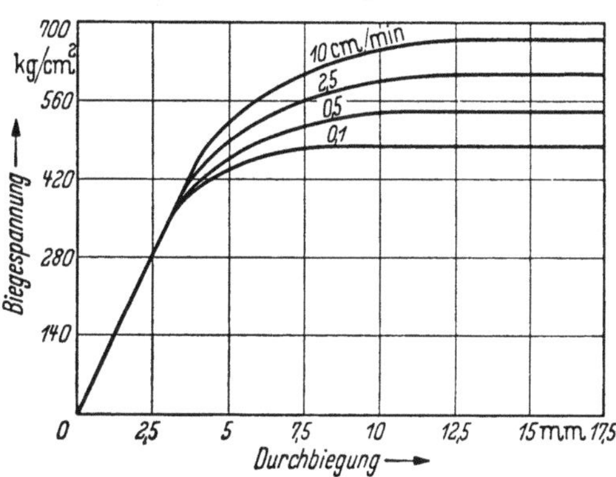

Abb. 16
Einfluß der Biegegeschwindigkeit auf die Maximal-
biegespannungen von Celluloseacetat (ZINZOW [8]).
(Lies kp statt kg)

nissen gibt, ist der physikalische Begriff „Härte" in der Materialprüfung eine
Quelle vieler Meinungsverschiedenheiten. Das hat zur Folge, daß eine Anzahl
prinzipiell verschiedener Prüfmethoden zur Beurteilung der Härte vorgeschrieben

wurden. Die Ursache ist das verschiedenartige mechanische Verhalten vieler Kunststoffe untereinander [11 bis 14].

Man versteht im Prinzip unter
Härte den Widerstand, den ein
Körper dem Eindringen eines
anderen Körpers entgegensetzt.
Zur Beurteilung der Härte mißt
man die Kraft, die nötig ist,
einen bestimmten Eindruck zu
erzielen. Bei Metallen wird der
bleibende Eindruck nach Wegnehmen der Belastung gemessen,
da der Anteil der elastischen Deformation hier keine Rolle spielt.
Bei kautschukartigen Stoffen läßt

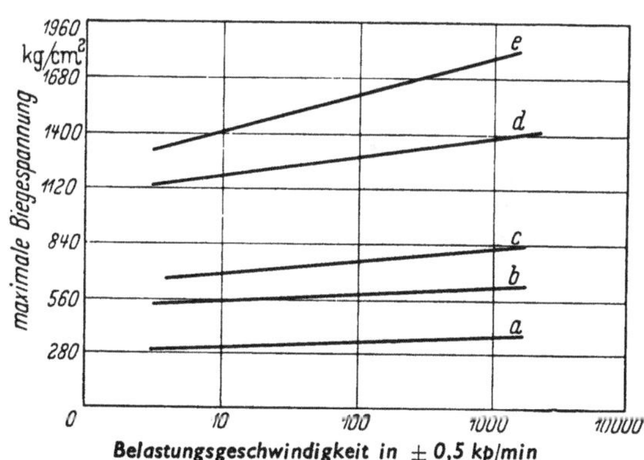

Abb. 17. Abhängigkeit der Maximalbiegespannungen von
der Belastungsgeschwindigkeit (DIETZ c. s. [5])
a weich-Celluloseacetobutyrat; *b* halbweich-Cellulose-
acetobutyrat; *c* hart-Celluloseacetobutyrat, *d* Hartpapier
und Hartgewebe; *e* Hartpapier (Sonderqualität)
(Lies kp statt kg)

sich gerade der Gesamteindruck unter Last verwenden, da hier die bleibende
Deformation vernachlässigbar ist.

Nicht kautschukartige Kunststoffe, bei denen meist weder der bleibende
noch der reversible Anteil des Eindrucks vernachlässigt werden kann, bilden
eine Klasse für sich. Dies macht die Härtemessung bei diesen Kunststoffen
besonders problematisch. Einige Methoden messen den Eindruck unter Last,
andere nach Wegnehmen der Last.

Tabelle 4. *Biegeversuch nach in- und ausländischen Normen*

Biegefestigkeit	L	L_s	b	h	r_1	r_2	v	t
Deutschland DIN 53452	120[1]	100	15	10	10	1	bis 60 Sek.	20°C $\pm$ 2 grd
	50[2]	40	6	4	4	0,5	bis 60 Sek.	20°C $\pm$ 2 grd
	15[3]	—	10	1,5—4,5	—	—	bis 60 Sek.	20°C $\pm$ 2 grd
Frankreich USE 1011 C 46	120	100	15	10	10	1	2 — 4 kp/Sek.	20°C $\pm$ 2 grd
Großbritannien BS 771	114,3	101,6	12,7	9,53	1,6	1,6	15 — 45 Sek.	nicht berücksichtigt
Italien UNI 3632	120	100	15	10	10	1	20 —· 60 Sek.	22°C $\pm$ 2 grd
	50	40	6	4	4	0,5	20 — 60 Sek.	22°C $\pm$ 2 grd
Niederlande N 1509	110	64	15	4	10	1	2 mm/min	23°C $\pm$ 2 grd
Schweden SES-P-30	120	100	15	10	10	1	500 kp/cm²/min	20°C $\pm$ 5 grd
Schweiz VSM 77103	60	50	10	4	5	1	bis 60 Sek.	20°C $\pm$ 5 grd
Ver. Staaten ASTM D 790	127	101,6	12,7	6,35	3,2	3,2	2,5 mm/min	23°C$\pm$1,1 grd

L = Probelänge r_1 = Rundungshalbmesser der Druckfinne
L_s = Stützweite r_2 = Rundungshalbmesser der Stütze
b = Probebreite v = Geschwindigkeit bzw. Versuchsdauer
h = Probedicke (Höhe) t = Temperatur
Masse in mm

[1] Normstab — [2] Normkleinstab — [3] Dynstatprobe
Das für diese Probe angewendete Dynstatgerät nach SCHOB, NITSCHE und SALEWSKI mißt unmittelbar die Biegemomente; dabei ist die genaue Einhaltung von L_s nicht notwendig.

Für die Eindruckversuche werden Eindruckkörper gebraucht, die selbst so hart sind, daß sie sich unter der Prüflast nicht oder nur vernachlässigbar verformen. Die Form des Eindruckkörpers variiert zwischen einer Kugel, Pyramide oder einem Kegel. Die Kugel hat den Vorteil, daß die von ihr erzeugte Spannungsverteilung in der Probe bei (allerdings seltenen) rein elastischem Deformationsverhalten berechenbar ist und manchmal eine Umrechnung von Härtegraden in Elastizitätsmoduli ermöglichen. Kegelstumpf (SHORE) und Pyramide (VICKERS) geben eine viel kompliziertere Spannungsverteilung, die im allgemeinen nicht zu berechnen ist. Dagegen haben sie den großen Vorteil, daß aus geometrischen Gründen die Spannungsverteilungen bei verschiedenen Eindringtiefen einander ähnlich sind. Daher werden an einem Stoff unter verschiedenen Belastungen annähernd dieselben Härtegrade gemessen.

Einfluß der Zeit. So wie bei allen mechanischen Messungen, spielt auch bei Eindruckversuchen der Zeitfaktor eine große Rolle. Registriert man bei einem Kunststoff das Eindringen als Funktion der Zeit, so erhält man zuerst eine spontane Deformation, dann allmählich eine weitere Zunahme.

Den ersten Teil des Eindringens schreibt man der elastischen Deformation zu, den zweiten Teil teilweise der verzögert-elastischen und teilweise der plastischen Deformation.

Nach Wegnehmen der Belastung geht der elastische Teil sofort, der verzögert-elastische Teil allmählich zurück, der plastische Teil bleibt irreversibel. In Abb. 18 und 19 sind zwei Eindruckversuche am selben Material als Funktion der Zeit dargestellt [15]. In Abb. 18 ist die Belastungszeit 15 Sek., wodurch der Anteil der zeitabhängigen Deformation größer ist, als in Abb. 19 mit nur 1 Sek. Belastungszeit. Demzufolge ist im ersten Fall sowohl der verzögert-elastische als auch der plastische Anteil größer. Der Zeiteinfluß ist also bei Eindruckversuchen wesentlich und muß bei den verschiedenen Methoden berücksichtigt werden. Außerdem ist zu beachten, daß bei manchen Methoden der Gesamteindruck gemessen wird, bei anderen der bleibende Eindruck (E_1). Diese beiden Kategorien und die so gewonnenen „Härte"-Zahlen sind nicht vergleichbar.

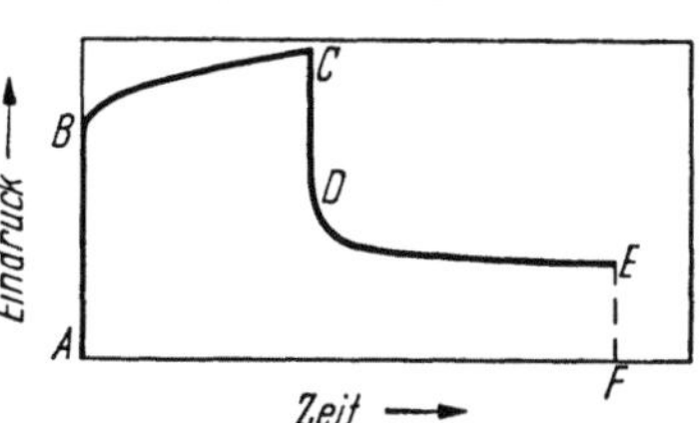

Abb. 18. Eindrucktiefe in Abhängigkeit von der Zeit bei einer Belastungsdauer von 15 Sek. (MAXWELL [15])

Rockwell-Härte. Die Rockwell-Methode nimmt einen wesentlichen Platz in der Kunststoffprüfung ein. Eine Stahlkugel wird in das Material gedrückt und nach Wegnehmen der Hauptlast nach einer bestimmten Zeit die Tiefe des Eindruckes gemessen (Abb. 20).

Mit dieser Methode erhält man schnell und einfach Resultate; man ist nicht von der Sichtbarkeit des Eindruckes abhängig. Es gibt

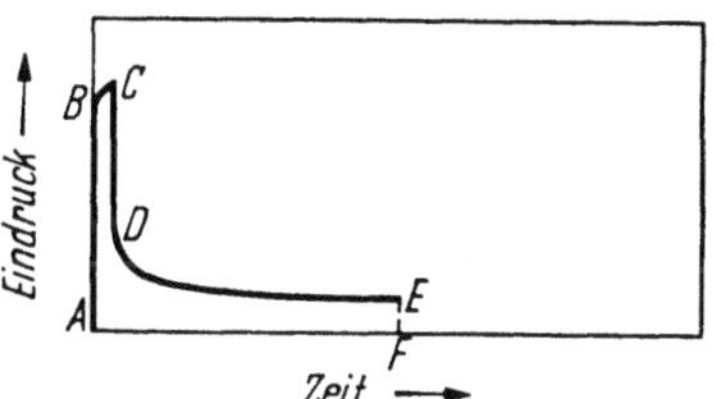

Abb. 19. Eindrucktiefe in Abhängigkeit von der Zeit bei einer Belastungsdauer von 1 Sek. (MAXWELL [15])

automatische Rockwell-Apparate, die jeden Gegenstand einer Produktion auf Härte untersuchen und beim Registrieren einer Abweichung in der Härte den betreffenden Artikel aus dem Produktionsgang nehmen. Ein Nachteil der Rockwell-Methode, der zusammenhängt mit der Tatsache, daß eine Kugel als Eindruckkörper verwendet wird, ist die Abhängigkeit der Messung von der Belastung. Hierdurch erhält man für Kunststoffe vier verschiedene Härteskalen (s. Tab. 5). Ein weiterer Nachteil ist, daß die Rockwell-Härte als dimensionslose Zahl dargestellt wird, wodurch ein Vergleich oder die Umrechnung in physikalische Größen erschwert wird.

Schließlich kann man gegen die Rockwell-Methode den Einwand machen, daß das Messen der Eindrucktiefe eine sehr subtile Messung ist, die sehr genau arbeitende Geräte erfordert. Die modifizierte Rockwell-Methode, deren Härteskalen als α-Rockwell-Härte

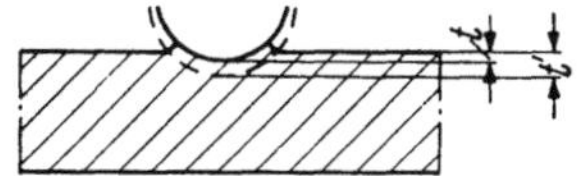

Abb. 20. Prinzip der Rockwell-Härtemessung. t für Rockwell; t' für α-Rockwell

notiert werden, mißt den Gesamteindruck im Gegensatz zur normalen Rockwell-Methode, bei der man 15 Sek. nach Wegnehmen der Hauptbelastung den bleibenden Eindruck mißt.

Brinell-Härte. Die Brinell-Methode wird für Kunststoffe nicht so häufig verwendet. Das Ausmessen des Eindruckradius, verursacht durch einen kugelförmigen Eindruckkörper, mittels des Mikroskops, bringt bei Kunststoffen einige besondere Schwierigkeiten, da durch die verzögertelastische Deformation die scharfen Konturen des Eindruckes bald verschwinden können (Abb. 21). Ein Vorteil ist, daß diese Härte in kp/cm² (Belastung, dividiert durch die Eindruckoberfläche) ausgedrückt wird.

Tabelle 5. *Eindruckversuche nach verschiedenen Verfahren*

	Rockwell-Härte	α-Rockwell-Härte	Brinell-Härte	Vickers-Härte	Knoop-Härte	VDE-Härte	Shore-Härte
Eindruckkörper ...	Stahlkugel	Stahlkugel	Stahlkugel	Diamant-pyramide	Diamant, rhombische Pyramide	Stahlkugel	Kegelstumpf
Abmessung	$\varnothing$ 12,7 mm $\varnothing$ 6,35 mm $\varnothing$ 3,18 mm	$\varnothing$ 12,7 mm	$\varnothing$ 10 mm	136°	$g : k = 7 : 1$	$\varnothing$ 5 mm	$\varnothing$ 1,27 $\varnothing$ 0,79 35
Vorlast	10 kp	10 kp	—	—	—	—	—
Totallast	60 kp 100 kp	60 kp	500 kp	5 kp 10 kp 30 kp	variabel	50 kp	Feder 56 bis 822 G
Zeitzyklus........	Vorl. 10 Sek. Tot. L. 15 Sek. Vorl. 15 Sek.	Vorl. 10 Sek. Tot. L. 10 Sek.	30 Sek.	10 Sek.	15 Sek. 20 Sek.	10 Sek. 60 Sek.	... Sek. (15 Sek.)
Deformation......	bleibend	gesamt	bleibend	bleibend	bleibend	gesamt	gesamt
Spannung	Druck	Druck	Druck	Druck und Abschub	Druck und Abschub	Druck	Druck
Ablesung.........	t	t	d	s	g	t	t
Formel	$100 - \varDelta t$	$150 - \varDelta t$	$\dfrac{L}{\dfrac{\pi D}{2}(D - \sqrt{D^2 - d^2})}$	$\dfrac{2 L \sin 1/2\,\Theta}{s^2}$	$\dfrac{L}{g^2 c}$	$\dfrac{L}{\pi t D}$	$100 - \dfrac{2 \cdot 5}{t} 100$
Dimension	dimensionslos	dimensionslos	kp/mm²	kp/mm²	kp/mm²	kp/mm²	dimensionslos
Literatur......... [17, 18]	ASTM D-785	ASTM D-785	—	VSM 77106	ASTM-Bull. 138 (Jan. 1946)	DIN 7705 VDE 0302 DIN 7707	ASTM D-676 DIN 53505

t = Eindrucktiefe in mm
L = Last in kp
D = Kugeldurchmesser in mm
d = Eindruckdurchmesser in mm

Θ = Flächenwinkel des Diamanten
s = Diagonale des Eindruckes in mm
g = größte Diagonale des Eindruckes in mm
k = kleinste Diagonale des Eindruckes in mm

c = Konstante
$\varDelta t$ = Differenz der Eindrucktiefen in 1/500 mm

Die Einwände gegen die Rockwell-Härte gelten hinsichtlich der Abhängigkeit von der Belastung auch für die Brinell-Methode, da auch hier eine Kugel als Eindruckkörper verwendet wird [16].

VDE-Kugeldruck-Härte. Für elektrische Isolierstoffe und somit auch für viele Kunststoffe ist in Deutschland ein Eindruckversuch in den Vorschriften des Verbandes Deutscher Elektrotechniker (VDE) festgelegt worden, die der α-Rockwell-Härte ähnlich ist. Eine Stahlkugel ($\varnothing\, D = 5$ mm) wird mit konstantem Druck L in die Probe eingedrückt (Abb. 22). Die Eindrucktiefe t wird nach 10 und 60 Sek. unter Last gemessen, also auch der Zeiteinfluß auf die Gesamtänderung erfaßt. Die Härtezahl H ist

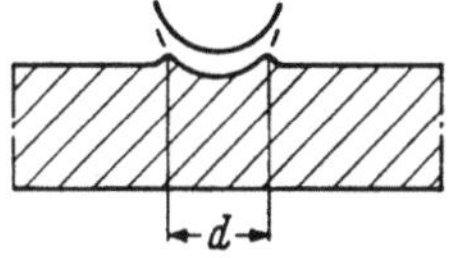

Abb. 21. Prinzip der Brinell-Härtemessung

$$H = \frac{L}{\pi\, t D} = \frac{C}{t}\quad [\text{kp/cm}^2].$$

Die Methode ist einfach und man benötigt keine Spezialapparatur.

Die Kugeldruckhärte läßt sich in einen Elastizitätsmodul umrechnen, sofern der spontan-elastische Anteil der ganzen Deformation groß ist im Verhältnis zu den beiden anderen Deformationstypen [3].

Vickers-Härte. Auch bei der Vickers-Methode wird die bleibende Deformation gemessen. Die Verwendung eines pyramidenförmigen Diamantes als Eindruckkörper bietet unzweifelhaft Vorteile (Abb. 23).

Der wesentlichste Vorteil ist wohl der, daß durch die geometrische Form die Eindruckoberfläche proportional der Belastung ist. Dies macht diese Methode theoretisch unabhängig von der verwendeten Belastung.

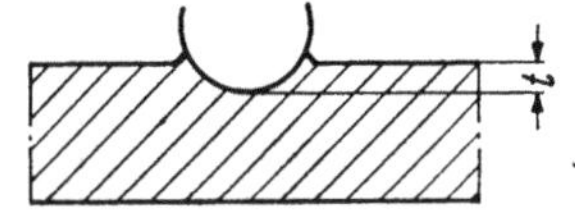

Abb. 22. Prinzip der VDE-Kugeldruck-Härtemessung

Die Diagonalen des Eindruckes werden mit einem Mikroskop gemessen, und daraus berechnet man die Eindruckoberfläche. Ein Zusammenhang mit dem Elastizitätsmodul besteht nicht, da die Vickers-Eindruckhärte hauptsächlich den Widerstand gegen eine plastische Deformation mißt. Damit ist in Übereinstimmung, daß bei sehr elastischen Stoffen die Vickers-Methode nicht verwendet werden kann, da die große elastische Zurückfederung die Konturen undeutlich macht.

Knoop-Härte. Die Methode von Knoop läßt sich als eine verbesserte Vickers-Methode betrachten. In diesem Falle verwendet man einen langgestreckten rhombischen Diamant (Abb. 24). Der spaltförmige Eindruck scheint den Vorteil zu haben, daß die lange Diagonale durch die elastische Zurückfederung des Materials fast unbeeinflußt bleibt, so daß aus der Länge der langen Diagonale die totale Deformation berechnet werden kann. (Die Länge der kleinen Diagonale soll einen Anhalt über den elastischen Anteil der Verformung bei dem Eindringen des Diamanten geben.)

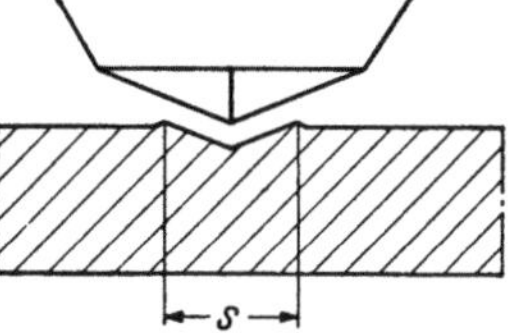

Abb. 23. Prinzip der Vickers-Härtemessung

Die Härte wird ausgedrückt in kp/mm², wobei als Oberfläche die Projektion des Eindruckes gewählt wird.

Die Methode von Knoop ist genauer als die Vickers-Methode und hat den Vorteil, auch für dünne Schichten sehr gut brauchbar zu sein. Eine Umrechnung in Elastizitätsmoduli ist auch hier nicht möglich [17].

Shore-Härte. Für kautschukartige Stoffe ist die Shore-Methode sehr gebräuchlich. Ein stählerner Stift von der Form eines Kegelstumpfes wird durch eine Feder in das Probenmaterial gedrückt (Abb. 25). Die Eindrucktiefe wird mittels einer Meßuhr mit Skala von 0 bis 100 abgelesen. Null entspricht der maximalen Eindringung (= 2,3 mm) und 100 zeigt keine Eindringung an. Je nach der Federspannung gibt es 4 Geräte für die Shore-Härte A, B, C, D (s. DIN 53505).

Da hier ein Gesamteindruck gemessen wird, läßt sich unter der Annahme, daß der Anteil der bleibenden Verformung gering ist, die Shore-Härte in einen Elastizitätsmodul umrechnen. Es ist gebräuchlich, die Shore-Härte sowohl direkt als auch nach 15 Sek. (s. DIN 53505) abzulesen. Die einfache und leichte Apparatur macht diese Methode angenehm, vor allen Dingen auch für Eindruckversuche an Gegenständen, die nicht gleich in Laboratorien untersucht werden können.

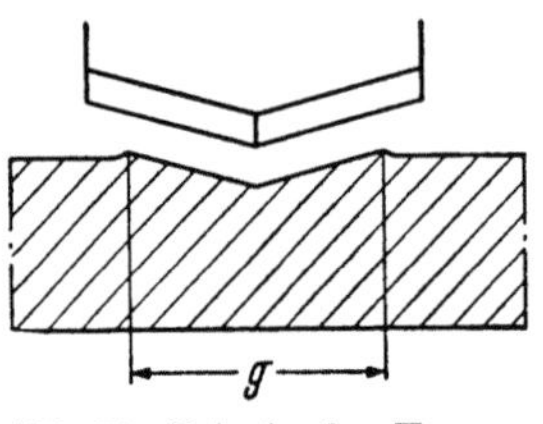

Abb. 24. Prinzip der Knoop-Härtemessung

Methode von Kuntze. Verwendet wird eine Vickers-Pyramide als Eindruckkörper, kombiniert mit der Vorbelastungs-Hauptbelastungs-Methode von ROCKWELL. Aus den gemessenen Eindrucktiefen werden jedesmal die Eindruckoberflächen berechnet [18]. Auf diese Weise gelingt es, eine große Anzahl von Stoffen sehr verschiedener Härte mit ein und demselben Apparat zu messen.

ξ) *Elastizitätsmodul.* Als eine sehr wesentliche Größe zur Beschreibung des Materialverhaltens wird in der Technik der Elastizitätsmodul, kurz: E-Modul, verwendet. Diese Größe setzt die Deformation und Spannung in einem Material miteinander in Verbindung und ist das Verhältnis von Spannungszunahme ($\Delta\sigma$) zur Deformationszunahme ($\Delta\varepsilon$) im reversiblen Teil des Spannungs-Deformations-Diagramms. Als solche wäre die Bestimmung des Elastizitätsmoduls nicht an eine bestimmte Prüfungsmethode gebunden, sondern wäre im Prinzip aus den meisten der oben genannten Methoden zu berechnen, wenn nur die entsprechende Deformation vom Hookeschen Typ wäre. Diese Forderung wird theoretisch erfüllt, wenn Spannung und Deformation klein genug sind.

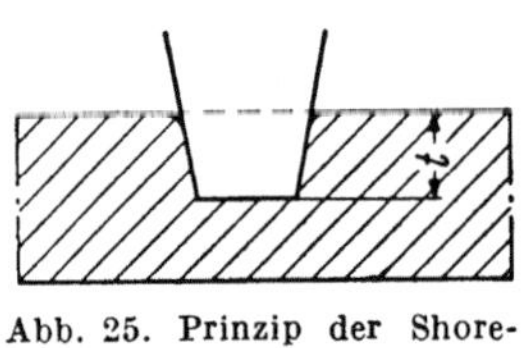

Abb. 25. Prinzip der Shore-Härtemessung

Praktische Ausführung. Aus Zugversuchen kann man den E-Modul $E = \Delta\sigma/\Delta\varepsilon$, auf einfache Weise durch die Konstruktion der Tangente an das Spannungs-Dehnungs-Diagramm (Abb. 4) ermitteln. Um sicher zu sein, daß man im Hookeschen Gebiet bleibt, zieht man die Tangente meistens im 0-Punkt. Der Tangens des Winkels aus dieser Linie mit der Horizontalen gibt dann ein Maß für die Größe des E-Moduls.

Viele Normblätter haben eine derartige Bestimmung des Elastizitätsmoduls aufgenommen, wobei jedoch zu bedenken ist, daß der so bestimmte Modul von der Zuggeschwindigkeit abhängen kann. Aus diesem Grunde mißt man manchmal lieber die Deformation bei einer bestimmten Spannungszunahme nach einer gewissen Zeit (DIN 7705 : 4 Std.), oder die Spannungszunahme bei einer im voraus bestimmten Deformation (BS 771). In beiden Fällen gibt man der Probe eine kleine Vorbelastung, so daß nicht ganz beim Nullpunkt gearbeitet wird.

Für Druckversuche gilt das gleiche wie für Zugversuche. Rein theoretisch müßten beide Elastizitätsmoduli miteinander übereinstimmen. Aus Biegeversuchen kann man den Elastizitätsmodul berechnen, wenn die Durchbiegung (δ) des Probestabes gemessen wird als Funktion der Biegebelastung. Bei einer Dreipunkts-Biegung gilt unter Beschränkung auf kleine Deformationen für rechteckige Querschnitte

$$E_b = \frac{L_s^3}{4\,b\,h^3}\,\frac{P}{\delta}\quad [\mathrm{kp/cm^2}].$$

Wird die Biegung eines einseitig eingespannten Stabes gemessen, so lautet die Formel

$$E_b = \frac{4\,L_s^3}{b\,h^3}\,\frac{P}{\delta}\quad [\mathrm{kp/cm^2}].$$

Dieser Biegungsmodul ist für lange, nicht zu dicke Stäbe gleich dem Zugmodul; bei kurzen, dicken Probestäben ist der Biegungsmodul kleiner.

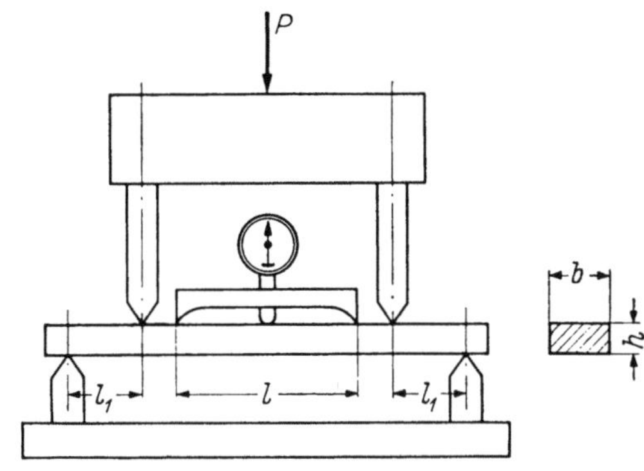

Abb. 26. Methode zur Bestimmung des E-Moduls mittels einer Vierpunktsbiegung

Eine wesentliche Verbesserung für die Bestimmung des Biegungsmoduls liefert die Vierpunktsbiegung, welche in der Schweiz und in Schweden genormt worden ist (VSM 77111 und SIS 200311) (Abb. 26). Aus dieser Vierpunktsbiegung erhält man den Modul als:

$$E_b = \frac{3\,l_1\,l^2}{2\,b\,h^3}\,\frac{1/2\,P}{\delta}\quad [\mathrm{kp/cm^2}].$$

Aus Eindruckversuchen läßt sich, wie bereits besprochen, der Elastizitätsmodul ausschließlich dann berechnen, wenn der Gesamteindruck gemessen wird und wenn der Anteil der irreversiblen Deformation klein ist.

Eine moderne Methode mißt den Elastizitätsmodul über einen Umweg aus Torsionsversuchen [19 bis 21]. Ein einseitig eingespannter Probestab wird durch ein Moment tordiert (Abb. 27). Der Winkel (φ), über den das andere Ende tordiert wird, ist ein Maß für den Schermodul (G):

$$G = \frac{4\,M\,l}{b\,h^3\,\varphi}\,\frac{1}{f},$$

wobei M das Drehmoment und f ein Formfaktor ist, abhängig vom Verhältnis der Breite (b) zur Dicke (h) des Probestabes (s. ASTM D 1043). Aus G läßt sich E berechnen, wenn die Konstante von Poisson (ν) des Materials als bekannt angenommen werden darf: $E = 2\,G\,(1 - \nu)$. Die

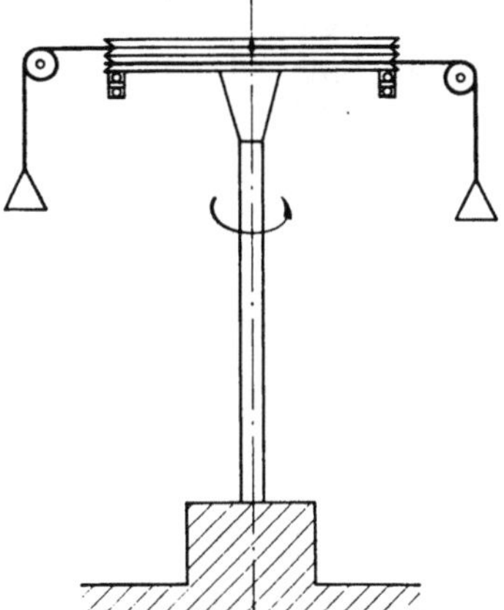
Abb. 27. Methode zur Bestimmung des E-Moduls mittels Torsion

Konstante von Poisson hat für kautschukartige Kunststoffe (Elastomere) nahezu den Wert 0,5, für die übrigen Kunststoffe Werte zwischen 0,3 und 0,5.

Schließlich soll die sehr elegante Methode von Le Rolland-Sorin genannt werden [22 bis 24], welche eine einfache Ausführung verbindet mit zuverlässigen

Meßresultaten. Das vertikal aufgehängte Probestück trägt unten einen starren Querbalken, an dem zwei Pendel montiert sind. Wird Pendel *1* in Bewegung gebracht, so wird durch die Elastizität der Probe die Pendelung auf das ursprünglich ruhende Pendel übertragen. Wenn Pendel *2* seine größte Amplitude erreicht, kommt Pendel *1* gerade zur Ruhe, usw. (Abb. 28).

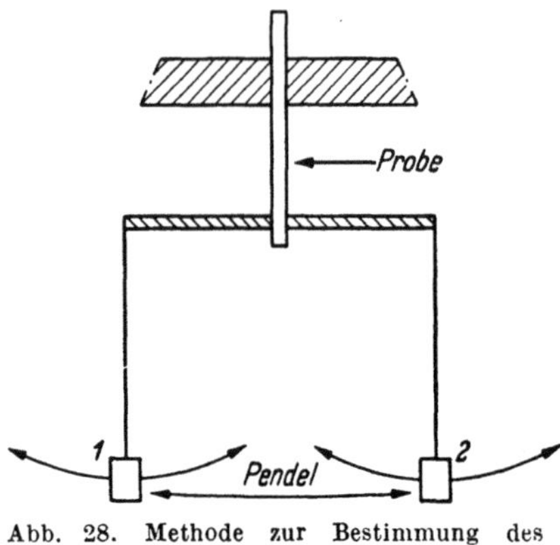

Abb. 28. Methode zur Bestimmung des E-Moduls nach Le Rolland-Sorin

Die Zeit zwischen 2 Ruheständen eines und desselben Pendels, die Schwebungszeit (τ), wird gemessen. Man berechnet dann den Elastizitätsmodul aus der Formel:

$$E = \frac{4\,\pi^2\,M\,l^3}{3\,I\,T^3}\,\tau = \text{konst.}\cdot\tau\,.$$

In der Formel ist

$M =$ Pendelmasse,

$l =$ Probelänge,

$I =$ äquatoriales Trägheitsmoment,

$T =$ Schwingungsperiode eines Pendels.

b) Kurzzeit-Versuche bei höherer Verformungsgeschwindigkeit. Die bis jetzt behandelten Prüfmethoden zur Bestimmung der mechanischen Eigenschaften waren dadurch gekennzeichnet, daß die Belastung relativ lang auf das zu untersuchende Material einwirken konnte und die Verformungsgeschwindigkeit klein war, und daß eine Änderung der Deformationsgeschwindigkeit einen großen Einfluß auf die Meßresultate ausübt.

Daher sind auch Prüfmethoden mit viel größerer Verformungsgeschwindigkeit von Interesse, um einen Eindruck von den Materialeigenschaften unter plötzlicher Belastung zu erhalten. Die Resultate dieser Messungen sind mehr oder weniger ein Maß für den Begriff, den man die *Sprödigkeit* des Materials zu nennen pflegt. Eine Zahl für diese Sprödigkeit läßt sich nicht oder nur sehr unvollständig aus Versuchen mit geringer Deformationsgeschwindigkeit bestimmen. Das Ziel des Schlagversuches ist das Messen der Bruchenergie, die nötig ist, um das Probestück bei gewisser Schlaggeschwindigkeit und -energie zu brechen. Bei der

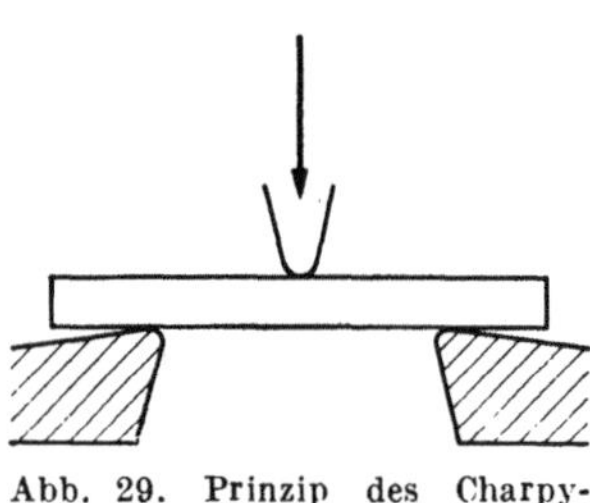

Abb. 29. Prinzip des Charpy-Schlagbiegeversuches

praktischen Ausführung ist der Schlagkörper meistens ein Pendelhammer und in manchen Fällen auch eine fallende Kugel.

Als die wesentlichsten Typen sind drei Biegeschlagversuche zu nennen, während der Zug-Schlag-Versuch viel seltener ausgeführt wird.

α) *Charpy-Typ Schlagbiegeversuch.* Der schnell ausführbare Dreipunktbiegeversuch wird oft als Charpy-Versuch bezeichnet. Ein Probekörper, an beiden Seiten unterstützt, wird in der Mitte durch einen Pendelhammer getroffen (Abb. 29). Die nötige Bruchenergie kann man aus der Pendelhöhe vor und nach dem Schlag bestimmen. Bei den meisten Apparaturen ist die Skala des Schlagapparates direkt auf Schlagenergie geeicht in kp·m oder kp·cm. Für Apparate, bei denen auf der Skala Winkelgrade angegeben sind, ist eine Umrechnung nötig nach: $A = G(1 - l\cos\varphi)$. Dabei ist

G das Gewicht und l die Länge des Pendelhammers (vom Drehpunkt bis zum Schwerpunkt des Pendels). Der Schlagversuch nach dem Charpy-Typ wird in vielen Ländern verwendet und zur Zeit auch als mögliche internationale Methode diskutiert.

β) *Izod-Typ Schlagbiegeversuch.* Dies ist ein schneller Biegeversuch an einem einseitig eingespannten Probekörper. Der Probestab wird vertikal im unteren Teil eingespannt und der freie obere Teil wird vom Pendelhammer geschlagen (Abb. 30a).

Analog mit der Methode des Charpy-Versuches wird die Bruchenergie aus der Pendelhöhe des Hammers vor und nach dem Bruch bestimmt. Diese Methode wird vor allem in Großbritannien und den Vereinigten Staaten in der Kunststoffindustrie viel verwendet.

γ) *Schlagbiegeversuch nach Schob, Nitsche und Salewski* [7]. In Europa verwendet man auch die Dynstat-Methode. Ihr Vorteil ist die Verwendung viel kleinerer Proben (15 mm $\times$ 10 mm $\times$ 1,5 bis 4,5 mm), die man evtl. auch aus Formteilen herstellen kann (Vgl. II 4.2).

Bei der im Dynstat-Gerät nach SCHOB, NITSCHE und SALEWSKI [7] vorgesehenen Ausführung wird die

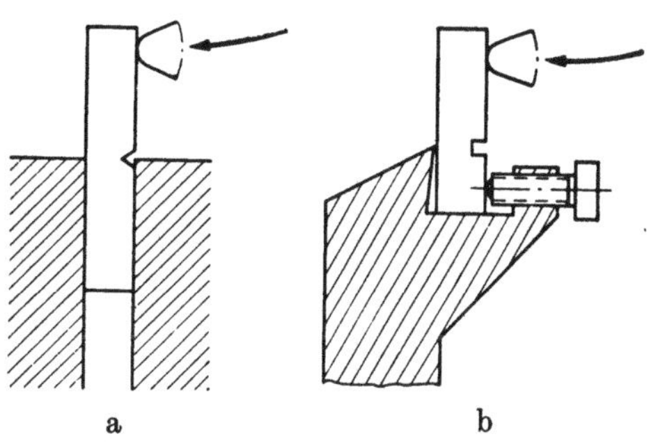

Abb. 30a und b
a) Prinzip der Izod-Schlagbiegeversuches; b) Prinzip des Schlagbiegeversuches nach SCHOB, NITSCHE und SALEWSKI

Probe einseitig annähernd senkrecht in eine Haltevorrichtung *eingesetzt* (also nicht wie bei Izod eingespannt), so daß sich die Probe beim Schlag frei durchbiegen kann und keine zusätzlichen Spannungen wie bei Izod durch das dort vorgesehene Einspannen auftreten können (Abb. 30b).

Bei dem modifizierten Dynstat-Gerät des CEMP (Centre d'études des matières plastiques, Paris) wird dagegen der Schlagversuch mit *fest eingespannter* Probe, wie beim Izod-Versuch, ausgeführt [*25*].

Auswertung.

Sowohl bei der Izod- als auch bei der Charpy-Methode werden die spezifischen Schlagenergien (a_n) erhalten, indem man die absorbierte Energie A_n durch den Querschnitt des Probestabes ($b\,h$) senkrecht auf die Fallrichtung teilt:

$$a_n = \frac{A_n}{b\,h}.$$

Obwohl viele Autoren [*26* bis *28*] berichten, daß sie bei Berücksichtigung der Schleuderarbeit nach dieser Berechnungsweise befriedigende spezifische Schlagenergien erhalten, muß nach anderen Quellen [*29, 30*] die spezifische Energie aus der Bruchenergie, bezogen auf das Volumen, zwischen den Stützpunkten berechnet werden ($a_n = A_n/b\,h\,L_s$), um Resultate zu erhalten, die unabhängig von der Größe von h und dem Abstand der Stützen sind. Bei anderen Berechnungsmethoden erhält man stets eine Abhängigkeit des Resultates von h und L_s, was natürlich bei der Berechnung einer „spezifischen Schlagenergie" nicht vorkommen darf. Deshalb wurde auch im niederländischen Normblattentwurf

V 2177 die Berechnungsmethode $a_n = A_n/b\,h\,L_s$ angenommen. Der Faktor 10 wurde hinzugefügt, um ungefähr dieselben Größenordnungen für a_n zu erhalten, wie bei der traditionellen Berechnungsmethode. (Man beachte jedoch, daß die Dimension von a_n in beiden Fällen verschieden ist.)

Faktoren, die die Messung der Schlagzähigkeit beeinflussen. Die bestehenden Methoden zur Bestimmung der Schlagstärke sind verschiedener Kritik unterworfen worden. Manche Veröffentlichungen weisen darauf hin, daß nicht ausreichend klar ist, welche Materialeigenschaft auch nur näherungsweise bestimmt wird.

Die gemessene Schlagenergie besteht aus verschiedenen Teilen, nämlich

1. Deformation des Probekörpers,
2. Entstehen des Bruches,
3. Ausbreitung des Bruches,
4. Wegschleudern der gebrochenen Stücke,
5. Schwingungen im Apparat,
6. Reibung des Schleppzeigers und Hammers.

Die Reibungsverluste durch den Zeiger wachsen linear mit der Größe der gemessenen Schlagarbeit, die Verluste durch den Hammer sind wegen der Abhängigkeit vom Luftwiderstand nicht linear.

Bei Ausnutzung der Skala bis zu 20% des maximalen Wertes sind diese Verluste klein [34].

Auch die Schwingungen, die im Apparat absorbiert werden, sind im Gegensatz zu dem bei der Metallprüfung bekannten, für die meisten Kunststoffe so klein, daß sie keinen meßbaren Einfluß auf die Resultate der Prüfung haben. Sie können außerdem durch eine richtige Lage des Schwerpunktes des Pendelhammers vermieden werden.

Die übrigen Faktoren, besonders die sog. Schleuderarbeit, in den Vereinigten Staaten „Tossfactor" genannt, sind von wesentlichem Einfluß. Es wurde dann auch eine große Anzahl Vorschläge gemacht, um diese ungewünschten Faktoren zu beseitigen. So wurden Schlagversuche mit verschiedenen Fallhöhen vorgeschlagen, um die technisch interessante Schlagenergie zu erfassen, bei der gerade der erste Bruch sichtbar wird. Da das Verfahren zu zeitraubend ist, wird empfohlen, den Versuch mit einem kleinen Überschuß an Energie auszuführen, mit Korrektur für das Durchschwingen des Hammers, oder durch eine Anzahl steigender Fallhöhen am selben Probestück [30]. Die Brauchbarkeit der Methodik wurde bestätigt [28, 29]. Sie besitzt jedoch den Nachteil, daß die Veränderung der Schlagenergie von einer Veränderung der Schlaggeschwindigkeit begleitet wird.

MAXWELL und RAHM ersetzen den Schlaghammer durch ein Schwungrad. Aber das prinzipiell Neue und Wesentliche dieser Methode ist, daß das Probestück am bewegenden Teil befestigt wird. Aus der Abnahme an Winkelgeschwindigkeit des Rotors und seinem Trägheitsmoment, als auch aus dem Trägheitsmoment des weggeschlagenen Teiles wird die Schlagenergie berechnet, ohne daß eine Schleuderenergie hier das Resultat beeinflußt. Diese Schleuderarbeit soll dem spezifischen Gewicht und der Geschwindigkeit proportional sein [27].

KUNTZE, NITSCHE und VON MERTENS [33] haben jedoch bewiesen, daß die Schleuderarbeit proportional dem Quadrat der Geschwindigkeit ist, ohne daß das Gewicht des Hammers hierauf einigen Einfluß besitzt.

Für die Schleuderarbeit gilt dann die Formel:

$$a = 3\,\frac{G'}{2g}\,v^2 \ [\text{kp}\cdot\text{cm}]$$

worin

G' das Gewicht der Probe in kp,
v Schlaggeschwindigkeit in cm/s,
g Erdbeschleunigung in cm/s².

Diese Werte machen nun einen sehr wesentlichen Teil der gemessenen Arbeit aus. Bei einer Schlaggeschwindigkeit von 5 m/s können sie bei Thermoplasten bis zu 28% der spezifischen Schlagenergie und bei den Duroplasten bis zu 83% ausmachen.

Der Vorteil des Izod-Prinzips ist, daß hierbei der Korrekturfaktor für die Schleuderarbeit wegen der kleineren Masse des weggeschlagenen Teiles wesentlich geringer ist.

Burns [26] hat, ebenfalls mit dem Ziel, die Schleuderarbeit zu eliminieren, den bestehenden Izod-Apparat umgebaut. Er verbindet das Probestück mit dem Schlaghammer und setzt die Hammerschneide am Rahmen fest.

Ungefähren Einblick in die Größe des Fehlers, der bei Nichtberücksichtigung der Schleuderenergie auftritt, kann man erhalten, indem man beim Izod-Versuch das abgeschlagene Stück wieder auf den eingeklemmten Teil stellt und die Energie, nötig für die Schleuderarbeit, mißt. Für die Charpy-Methode hat man mit Hilfe eines speziellen Ambosses versucht, den Anteil der Schleuderarbeit zu erfassen [33].

Schlaggeschwindigkeit. Die Schlaggeschwindigkeit des Hammers übt einen großen Einfluß auf die Resultate des Versuches aus.

Die Geschwindigkeit wurde in einer Untersuchung von Kuntze, Nitsche und von Mertens zwischen 1 und 5 m/s variiert. Bei sehr spröden Stoffen war der Einfluß der Geschwindigkeit groß. Für Materialien, wie Hartpapier, war weder die Schlaggeschwindigkeit noch die Schlagenergie von Einfluß, da hier die für die Bruchfortpflanzung nötige Energie den Hauptteil der Bruchenergie bildet [33].

Untersuchungen [34], bei denen die Schlaggeschwindigkeit über einige Dekaden verändert wurde, ergeben im allgemeinen einen starken Abfall der Bruchenergie bei großen Geschwindigkeiten (den Übergang zähe–spröde). Dies hängt zusammen mit dem Übergang im Elastizitätsmodul von niedrigen nach hohen Werten mit steigender Verformungsgeschwindigkeit. Dies ist darauf zurückzuführen, daß die gesamte Bruchenergie die Summe aus elastischer Deformationsenergie und eigentlicher Bruchenergie ist, und daß die erstere bei höheren Deformationsgeschwindigkeiten nicht zu voller Entwicklung kommt.

Schlagenergie. Das Gewicht des Schlaghammers, das zusammen mit seiner Länge die zur Verfügung stehende Energie bestimmt, ist von geringerem Einfluß auf die Resultate von Schlagversuchen als die Schlaggeschwindigkeit [36]. In Anbetracht dieser Faktoren ist ein Vergleich von Resultaten nur dann sinnvoll, wenn die Prüfungen unter genau den gleichen Umständen ausgeführt werden (Geschwindigkeit, Energie, Korrektur für Schleuderenergie, Berechnungsweise). Beim Aufstellen von Vorschriften sind diese Faktoren zu berücksichtigen.

Fehler bei der Ausführung. Aus systematischen Untersuchungen geht hervor, daß bei Schlagversuchen Fehler auftreten können, welche auf die Versuchsausführung zurückzuführen sind. An erster Stelle in dieser Kategorie sei die Einspannungsweise beim Izod-Versuch erwähnt. Zieht man die Spannschraube derartig fest an, daß die Spannung auf dem Probestück 20 mal vergrößert wird, so stellt man einen durchschnittlich 20 % niedrigeren Wert der Schlagfestigkeit fest [64].

Abweichende Werte kann man auch bekommen, wenn das Probestück nicht ganz flach vom Schlaghammer getroffen wird. Ein Winkel von 40′ zwischen Schlagnocken und Fläche des Probestabes ergab Schlagfestigkeitswerte, welche 10 % höher waren als bei einem völlig flach auftreffendem Hammer [64].

δ) *Kerbschlagzähigkeit.* Neben der Schlagzähigkeit wird auch die Kerbschlagzähigkeit sehr viel verwendet; in vielen Fällen begnügt man sich selbst in der Literatur mit der Angabe der Kerbschlagzähigkeit. Der Kerbschlagversuch ist eine Variation des normalen Schlagversuches, wobei jedoch die Probe vor dem Schlag eingekerbt wird. Dadurch wird beim Schlag die Spannung in einem bestimmten Punkt des Probestückes konzentriert und so der Anteil der plastischen Deformationsenergie an der totalen Bruchenergie verringert.

Form der Kerbe. Die Kerben sind in den meisten Fällen V-förmig, in manchen Fällen auch U-förmig. Die Form der Kerbe hat ganz entschieden Einfluß auf den Wert der Kerbschlagzähigkeit. Den höchsten Wert ergibt die halbrunde Kerbe, dann folgt die U-förmige. Man war anfänglich der Meinung, daß zwischen U-förmigen und V-förmigen Kerben kein bedeutender Unterschied bestand [35]; spätere Untersuchungen zeigten jedoch, daß es wohl einen Unterschied gab, auch wenn dieser nicht bei jedem Material mit derselben Deutlichkeit vorzuweisen war [64]. Von den V-förmigen Kerben ergeben die mit dem schärfsten Winkel die niedrigsten Werte, weil diese die größte Spannungskonzentration verursachen.

Kerbtiefe. Die Tiefe der Kerbe ist offensichtlich von wesentlichem Einfluß. Hat die Tiefe der Kerbe 20% der Gesamtdicke der Probe erreicht, so hat eine weitere Vertiefung keinen Einfluß mehr auf die Kerbschlagzähigkeit. Lediglich unterhalb der 20% ist die Tiefe der Kerbe vom Einfluß, weniger tiefe Kerben geben höhere Schlagenergien.

Kerben-Herstellung. In fast allen Ländern besteht die Vorschrift, die Kerbe in Probestäben durch Fräsen oder Sägen herzustellen. Nur in Großbritannien verwendet man Probestäbe, deren Kerbe während der Stabherstellung geformt werden. Obwohl man erwarten würde, daß bei Stäben mit einer eingepreßten Kerbe durch die dabei auftretende Preßhaut größere Schlagenergien gefunden werden, war dies bei einer vergleichenden Untersuchung nur von untergeordnetem Einfluß [35].

Hält man sich nicht exakt an die vorgeschriebenen Maße der Kerben, so kann das eine Quelle großer Streuungen in den Resultaten [36, 37] geben. ADAMS hat gezeigt, daß ein Unterschied von 0,05 mm im Abrundungsradius der Kerbe bereits einen Unterschied von 10% in der Schlagenergie liefern kann [38]. Wenn man die Werte, gefunden bei einer systematisch-variierenden Größe des Rundungsradius der Kerbe, graphisch einträgt, kann man zum Wert gleich Null extrapolieren. Die so gefundene Schlagenergie ergibt den Anteil an der Totalenergie, welcher für das Entstehen des Bruches verantwortlich ist. Abhängig von der Kerbenform fand man auf diese Weise, daß 31 bis 51% des gefundenen Schlagfestigkeitswertes von Polymethylmethacrylat auf Rechnung des Bruchbeginns kommen. Die übrige Energie wird konsumiert von der Bruchfortsetzung [64].

Einfluß der Kerbe. Es braucht nicht betont zu werden, daß das Anbringen der Kerbe die Schlagenergie beträchtlich herabsetzt. Interessant ist es jedoch, daß z. B. zwei Materialien, die einen sehr großen Unterschied der Schlagzähigkeit a_n zeigen, beim Kerbschlagversuch nicht wesentlich verschieden sind [38].

	a_n (ungekerbt)	a_k (gekerbt)
Polymethylmethacrylat	23,2	2,1
Phenolformaldehyd	9,4	1,8

Daher ist der Kerbschlagversuch allein nicht genügend aufschlußreich, da einige Stofftypen nur ungenügend unterschieden werden.

Wesentlich aufschlußreicher sind die Bestimmungen der Schlagzähigkeit a_n *und* der Kerbschlagzähigkeit a_k sowie die Berechnungen der *Kerbempfindlichkeit* als Quotient der beiden

Werte. Dieses Vorgehen wurde von NITSCHE und ZEBROWSKI [36] vorgeschlagen; der Quotient a_n/a_k wird die Kerbeinflußzahl (Kz) genannt.

Auswertung der Resultate: Über die Wiedergabe der Resultate besteht keine Übereinstimmung. In den Vereinigten Staaten wird die Schlagenergie auf „foot-pounds per inch of notch" (A/b), in Deutschland auf den Querschnitt ($A/b\,h$) bezogen. In Großbritannien wird die Energie angegeben, die für das Brechen der Probe nötig ist (A).

Vermutlich wird ebenso wie bei den nicht gekerbten Stäben die Arbeit, bezogen auf das Volumen zwischen den Stützen ($A/b\,h\,L_s$), für den Vergleich günstiger sein.

Übrigens darf man bei einem Versuch, der – wie die Schlagzähigkeit – von so vielen Faktoren abhängt (bei dem Izod-Verfahren ist sogar das mehr oder weniger starke Anziehen der Klemmen vom Einfluß [37]) keine wissenschaftlich richtig formulierten Materialeigenschaften erwarten.

In- und ausländische Normen. Bei wenigen mechanischen Werkstoff-Prüfmethoden bestehen so viele Unterschiede in den Normen wie beim Schlagversuch. Dieser Unterschied äußert sich in drei prinzipiell verschiedenen Methoden (Biegung als Stab auf zwei Stützen mit Schlag in der Mitte oder am Probenende, oder Biegung eines einseitig eingeklemmten Stabes), dem Messen mit und ohne Kerbe, der verschiedenen Auswertung.

Eine internationale Norm ist in Vorbereitung.

Die Einzelheiten der verschiedenen Normen findet man in Tab. 6.

c) Langzeitversuche (Dauerstandversuche). α) *Einleitung.* Es ist erwünscht, neben den konventionellen Kurzzeitversuchen, andere Versuche zur Verfügung zu haben, die das visco-elastische Verhalten im Langzeitbereich messen.

Der Einfluß der Zeit auf das Verhalten der Kunststoffe unter Belastung ist wiederholt betont worden (vgl. u. a. II 3.4.1a und [40]).

Vom wissenschaftlichen Standpunkt ist es wichtig, diese Erscheinung zur klaren Deutung des visco-elastischen Verhaltens im Zusammenhang mit der molekularen Struktur der Materialien zu untersuchen (s. I 3.4.1 und 3.4.2).

Aus praktischen Gründen und zur besseren Information des Anwenders, sind solche Untersuchungen erforderlich, weil bei vielen Anwendungen der Kunststoffe Dauerbelastungen auftreten, z. B. bei Wasserleitungsrohren, die langzeitig einem inneren Druck unterworfen sind, oder bei Packungen, die fortwährend einer bestimmten Formänderung ausgesetzt sind.

Im folgenden sind die Erscheinungen der Formänderungen ohne Bruch und die Erscheinungen, die zum Bruch führen, gesondert behandelt.

Für eine möglichst vollständige Charakterisierung eines Materials ist es erforderlich, die ohne Bruch verlaufenden Erscheinungen zu unterteilen in

lineare[1] und nichtlineare[1] Erscheinungen,

zumal die ersten mathematisch vollständig erfaßt werden können [3] und die letzteren nicht. Für unseren Zweck, eine Beschreibung des Verhaltens eines Materials in der Praxis, genügt aber die Einteilung in Vorgänge mit und ohne

---

[1] Bei „linearen" Erscheinungen ist die Änderung im Material (z. B. Deformation bzw. Deformationsgeschwindigkeit) proportional zur deformierenden Kraft; bei „nichtlinearen" Erscheinungen ist dies nicht der Fall.

Tabelle 6

Schlag- und Kerbschlagfestigkeit	L	b	h	Kf	K	Kw	Ka	V	L_s	Hw	Ha	Dimension	Kerb
Deutschland DIN 53453 Charpy-Typ	120	15	10	U	3,3 × 2	—	<0,2	3 oder 4	70	30°	2	Energie / Querschnitt	mit oder ohne
Dynstat-Typ	{ 50	6	4	U	1,3 × 0,8	—	<0,1	3 oder 4	40	30°	2	Energie / Querschnitt	mit oder ohne
	15	10	1,5 — 4,5	U	1,3 × 0,8	—	<0,1	[2]	[2]	[2]	[2]		
Frankreich C 46 Charpy-Typ	120	15	10	U	3,3 × 2	—	<0,2	[1]	70	90°	2,5	Energie / Querschnitt	mit oder ohne
Großbritannien BS 771 Izod-Typ	63,5	12,7	12,7	V	2,5	45°	1	2,4	—	—	3,2	Energie	mit
Italien UNI 3634 Charpy-Typ	120 50	15 6	10 4	—	—	—	—	3,2	70 40	45°	3	Energie / Querschnitt	ohne
Niederlande NEN 3166 Charpy-Typ	80	10	4	V	1	45°	0,25	[1]	64/48	45°	3	Energie / Volumen	mit und ohne
Schweden SES-P-31 Charpy-Typ	120	15	10	—	—	—	—	[1]	100	45°	3	Energie / Volumen	ohne
Schweiz VSM 77 103 Charpy-Typ	120	10	4	—	—	—	—	[1]	40	45°	3	Energie / Querschnitt	ohne
Ver. Staaten ASTM D 256 Izod-Typ	63,5	—	12,7	V	2,5	45°	0,25	3,35	—	0°	0,8	Energie / Kerblänge	mit
Charpy-Typ	127	—	12,7	V	2,5	45°	0,25	3,35	101	45°	3	Energie / Kerblänge	mit

L = Länge des Probestabes, mm
b = Breite des Probestabes = Kerblänge, mm
h = Dicke des Probestabes, mm
Kf = Kerbform

K = Kerbabmessungen, mm
Kw = Kerbwinkel
Ka = Abrundung des Kerbgrundes bzw. Kerbwinkel, mm
V = Schlaggeschwindigkeit, m/s

L_s = Stützweite, mm
Hw = Hammerschneidewinkel
Ha = Abrundung der Hammerscheide, mm

[1] Schlaggeschwindigkeit wird in den Normblättern nicht erwähnt. — [2] Gegeben durch das Dynstat-Gerät.

Bruch, und dieser ist sogar viel bequemer, weil die meisten praktischen Prüfungen keine Aussage über die Frage ermöglichen, ob das Material sich linear verhält oder nicht.

Jedoch ist es wichtig, hier zu bemerken, daß, sobald man auch in der Praxis eine tiefe, eingehende Beschreibung erstrebt, man anfangen soll, eine Unterscheidung zwischen linearem und nichtlinearem Verhalten zu machen.

β) Formänderungen ohne Bruch. Bei der Beschreibung der Formänderung eines mechanisch belasteten Materials kann man drei Komponenten unterscheiden:

1. **Rein-elastisch.** Die Deformationen sind eindeutige Funktionen des augenblicklichen Spannungszustandes; sind obendrein Spannungen und Deformationen einander proportional, so spricht man von Hookescher Elastizität (Abb.31).

2. **Visko-elastisch ohne Fließen.** Die Formänderung bleibt hinter der Spannung zurück, sowohl während des Belastens als auch während des Entlastens. Eine scheinbar bleibende Formänderung nach dem Entlasten wird verzögert oder z. B. erst nach Erhitzen aufgehoben (Abb. 32).

3. **Fließen.** Das Fließen äußert sich in einer bleibenden Formänderung nach dem Entlasten (Abb. 33). Wenn das Fließen erst nach Überschreiten einer bestimmten Belastung anfängt, wird die Formänderung als „plastisch" angedeutet. Bei den meisten Kunststoffen, besonders bei den Thermoplasten, ist während der Dauerbelastung der Einfluß der Komponenten 2 und 3 beträchtlich und verständlicherweise auch der Einfluß der Zeit (z. B. die

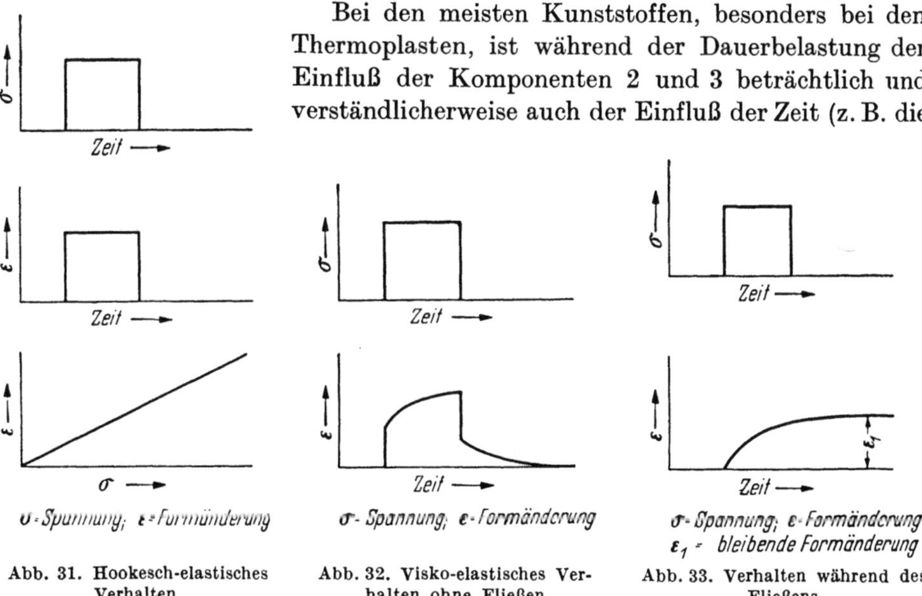

Abb. 31. Hookesch-elastisches Verhalten

Abb. 32. Visko-elastisches Verhalten ohne Fließen

Abb. 33. Verhalten während des Fließens

Dauer der Belastung oder die Geschwindigkeit der Formänderung) bei der Bestimmung des Verhältnisses Belastung/Formänderung. Die Kenntnis dieser Abhängigkeit der Zeit ist bei der Anwendung von Kunststoffen als Konstruktionsteile sehr wichtig. Zur genauen Bestimmung dieser Abhängigkeit braucht man Prüfverfahren, bei denen bei konstanter Temperatur eine variable Größe, z. B. Spannung oder Formänderung konstant gehalten wird, während die andere in Abhängigkeit der Zeit gemessen wird. Für diese Verfahren gelten folgende Begriffe:

Kriechen oder *Retardation* ist die Formänderung als Funktion der Zeit, wenn ein Probestück einer *konstanten Spannung* unterworfen wird.

Spannungsabfall oder *-relaxation* ist die Verminderung der Spannung als Funktion der Zeit, wenn ein Probestück einer *konstanten Formänderung* unterworfen wird.

Es ist klar, daß die inneren Umwandlungen im Material, die dem Verhalten bei Kriech- bzw. Relaxationsversuchen zugrunde liegen, ähnlich und vielleicht oft identisch sind. Wenn man diese Umwandlungen genau kennen würde, könnte man sowohl das Kriechen wie auch das Relaxationsverhalten berechnen. Das heißt aber, daß zwischen diesen beiden Erscheinungen Beziehungen bestehen. Bei linearen Erscheinungen können die Beziehungen mathematisch erfaßt werden, auch ohne Kenntnis der inneren Umwandlungen, die sie verursachen. In nichtlinearen Erscheinungen gibt es solche allgemeingültigen mathematischen Beziehungen nicht. Dennoch ist es selbstverständlich, daß die Erscheinungen eng miteinander verknüpft sind.

γ) *Kriechversuche.* Zweck der Prüfung.
Der praktische Zweck der Kriechversuche ist

1. aus Versuchen mit verschiedenen Spannungen die *Kriechfestigkeit* zu bestimmen, d. h. die maximale Spannung, bei der das Kriechen nach längeren Zeiten praktisch aufhört;

2. die Formänderungen nach Dauerbelastungen zu bestimmen.

Mit Hilfe dieser Größen kann der Konstrukteur die zulässigen Spannungen bei ruhender Last annähernd bestimmen, sofern Versuche über eine genügend lange Zeit zugrunde liegen.

Praktische Durchführung der Versuche. Als Spannungen bei Kriechversuchen können Zug-, Biege-, Druck- oder Schubspannungen angewandt werden. In der Praxis werden Kriechsmessungen meistens unter Zugspannung (Dehnungsversuch) oder unter Schubspannung (Torsionsversuch) ausgeführt.

Bei Dehnungskriechversuchen wird das eine Ende eines Probestabes fest eingeklemmt und das andere Ende mit einem Gewicht belastet. Bei sehr genauen Messungen und großen Dehnungen soll die Spannungserhöhung, die durch die Verringerung des Querschnittes hervorgerufen wird, ausgeglichen werden, z. B. durch das Einsinken des Gewichtes in eine Flüssigkeit [*41*]. Bei Torsionsversuchen wird das eine Ende eines Probestabes fest eingeklemmt und das andere einem Drehmoment unterworfen.

Die Apparatur ist schwingungsfrei aufzustellen. Bei Versuchen mit temperatur- und feuchtigkeitsempfindlichen Kunststoffen sollen Temperatur und rel. Luftfeuchte sehr sorgfältig konstant gehalten werden.

Die während der Belastung auftretende spontane Formänderung wird gemessen und danach die Zunahme derselben nach bestimmten Zeitintervallen. Die spontane Formänderung ist sehr schwierig zu messen und kann statt dessen durch die Rückfederung, z. B. während einer Minute nach dem Entlasten, gemessen werden. Zur Messung der Zunahme der Formänderung soll bei Dehnungsversuchen vorzugsweise ein Kathetometer oder ein anderes optisches Hilfsmittel verwendet werden, damit ein Berühren der Probekörper vermieden wird.

Form und Abmessungen der Probestäbe. Probestäbe mit rechteckigem oder mit kreisförmigem Querschnitt können verwendet werden. Wenn die Versuche nicht bis zum Bruch durchgeführt werden, sind hantelförmige Probestäbe nicht erforderlich. Die Meßlänge beim Dehnungs-Kriechversuch soll bei praktischen Versuchen vorzugsweise 5 oder 10 cm betragen.

Verhalten der Kunststoffe unter konstanter Spannung. Von den Duroplasten zeigen die Pheno- und Aminoplaste vor dem Bruch nur sehr kleine, kaum meßbare Formänderungen. Die Polyester nehmen eine Zwischenstellung ein. Die harten Thermoplaste zeigen meistens große Formänderungen, und bei den weich gemachten Thermoplasten sind diese selbstverständlich noch größer. Der Anteil der visco-elastischen Komponente und des Fließens ist bei diesen Kunststoffen ziemlich groß, und in dieser Hinsicht unterscheiden sie sich deutlich von den Elastomeren, wie z. B. vulkanisiertem Kautschuk, wobei der obengenannte Anteil viel kleiner und der elastische Anteil viel größer ist.

Abb. 34 zeigt schematisch die Spannung und die Formänderungskurve während eines Kriechversuches.

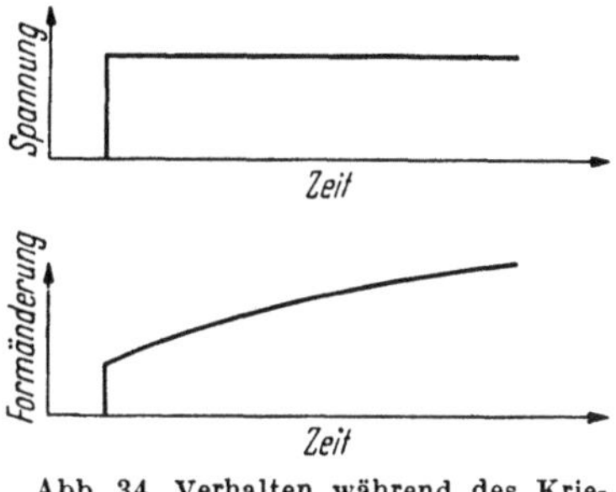

Abb. 34. Verhalten während des Kriechens

Auswertung der Ergebnisse des Kriechversuches. Im allgemeinen wird die Zeit oder der Logarithmus der Zeit als Abszisse und die Formänderung in Prozent der ursprünglichen Länge als Ordinate eingetragen, woraus eine gebogene Kriechkurve hervorgeht. Eine doppelt logarithmische Eintragung liefert gerade Linien[1].

Anstatt der Formänderung kann die Formänderungsgeschwindigkeit einfach oder logarithmisch eingetragen werden.

MARIN und PAO [42] haben zur Berechnung der gesamten Formänderung während eines Kriechversuches eine empirische Formel vorgeschlagen, die wie folgt lautet:

$$\varepsilon = \frac{\sigma}{E} + K\sigma^\alpha(1 - e^{-qt}) + B\sigma^n,$$

worin

    ε gesamte Formänderung nach Zeitdauer,

    σ Spannung,

    E Young's Elastizitätsmodul,

K, α, q, B, n experimentelle Konstanten,

    t Zeitdauer.

Faktoren, die die Resultate des Kriechversuches beeinflussen. Die Vergrößerung der *Spannung* bewirkt eine Zunahme der Formänderung und der Formänderungsgeschwindigkeit (Abb. 35).

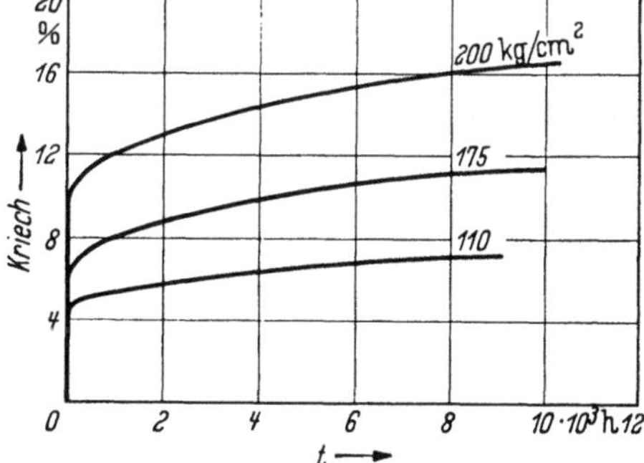

Abb. 35. Kriechen bei verschiedenen Spannungen
(Lies kp statt kg)

Die Erhöhung der *Temperatur* hat ebenso eine Vergrößerung der Formänderung und eine Verringerung des Elastizitätsmoduls zur Folge, insbesondere bei den stark temperaturempfindlichen Kunststoffen [43]. Es ist möglich, diesen Einfluß zu benutzen, um die Versuchsdauer zu kürzen, wenn es gelingt, die Ergebnisse bei höheren Temperaturen und kürzeren Zeiten auf normale Temperaturen und längere Zeiten zu übertragen [44].

---

[1] Anmerkung des Herausgebers: Das gilt unter der Voraussetzung, daß das Material nicht „altert", d.h. während des Langzeitversuchs über Jahre weder eine bleibende Änderung seiner chemischen Zusammensetzung noch seines Gefüges erfährt.

LEADERMAN [45] untersuchte den Einfluß der Temperatur auf das Kriechverhalten von Polyisobutylen. Abb. 36 zeigt seine Messungen, wobei die Kriechnachgiebigkeit (das ist Formänderung geteilt durch die zugehörige konstante Spannung) als Funktion der Zeit bei verschiedenen Temperaturen dargestellt ist. Wie man sieht, bewirkt eine Temperaturerhöhung die Parallelverschiebung der Kriechkurven entlang der logarithmischen Zeitachse ohne Änderung ihrer Formen. Der Einfluß der Temperatur läßt sich daher durch eine Änderung der Zeitskala beschreiben. Bezieht man alle Messungen auf eine reduzierte Zeitskala, die dann für jede Temperatur eine andere ist, so können die zu verschiedenen Temperaturen gehörigen Kriechkurven zur Deckung gebracht werden. Dies zeigt Abb. 37 wo die Messungen aus Abb. 36, bezogen auf die reduzierte Zeit t/η, in eine Kurve zusammenfallen. Ist die Viskosität des Stoffes η als Funktion der Temperatur bekannt, so kann man in vielen Fällen t/η als reduzierte Zeitskala verwenden. (Ist η die Viskosität bei der Temperatur T, so ist T/η die reduzierte Zeit bei derselben Temperatur.) Es bedarf keines besonderen Hinweises, daß die Existenz einer

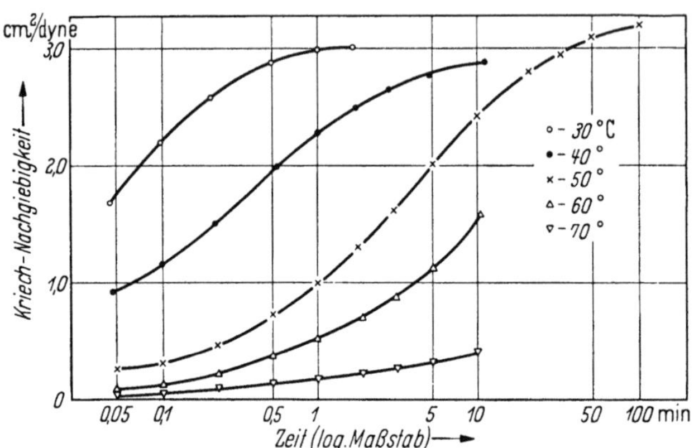

Abb. 36. Einfluß der Temperatur auf das Kriechen

derartigen „Zeit-Temperatur-Relation" für den Technologen große Vorteile bieten kann. An Stelle der Messung des Kriechverhaltens bei allen Temperaturen und allen Zeiten kann gegebenenfalls die Kenntnis zweier charakteristischer Funktionen genügen: die Abhängigkeit

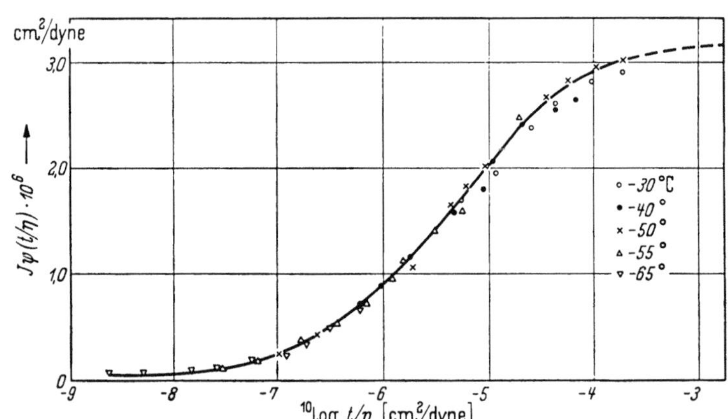

Abb. 37. Zur Deckung gebrachte Kriechkurven von verschiedenen Temperaturen

des Kriechverhaltens von der reduzierten Zeit und die Abhängigkeit der Verschiebungsfunktion (eventuell der Viskosität) von der Temperatur.

Nach dem Stande unserer heutigen Kenntnis ist die Zeit-Temperatur-Verschiebung bei den meisten Hochpolymeren ein gutes Hilfsmittel zum größenordnungsmäßigen Vergleich von Elastizitätsmoduli und Kriechkurven. Dies gilt besonders für die Zeit-Temperatur-Abhängigkeit des Erweichungsbereiches, wo sich das Kriechverhalten um einen Faktor 1000 oder mehr ändert. Will man jedoch den mehr detaillierten Verlauf des Kriechens, wie z. B. das Auftauen sekundärer Relaxationsprozesse im harten Gebiet studieren, so darf man nicht mehr mit der Existenz einer Zeit-Temperatur-Relation rechnen. Eine Temperaturänderung bewirkt bei sekundären Prozessen nicht nur eine Verschiebung in der Zeitskala, sondern auch eine Veränderung der Form der Übergänge. Obendrein besitzt im allgemeinen jeder auftretende Relaxationsprozeß eine andere Aktivierungsenergie·und damit eine andere Temperaturabhängigkeit.

Die *Luftfeuchtigkeit* hat ebenfalls einen beschleunigenden Einfluß, insbesondere bei feuchtigkeitsempfindlichen Kunststoffen, wie z. B. Celluloseacetat und Polyvinylalkohol.

Der *Einfluß von Weichmachern* auf das Kriechen ist von Hatfield und Rathmann [46] untersucht worden. Sie fanden, daß Weichmacher das Kriechen beträchtlich beschleunigen.

Der Einfluß der *Alterung* von Anstrichfilmen ist von Brunt [47] und Elleman und May [48] beschrieben worden und Ellis und Cummings [49] haben den Einfluß von „crack-

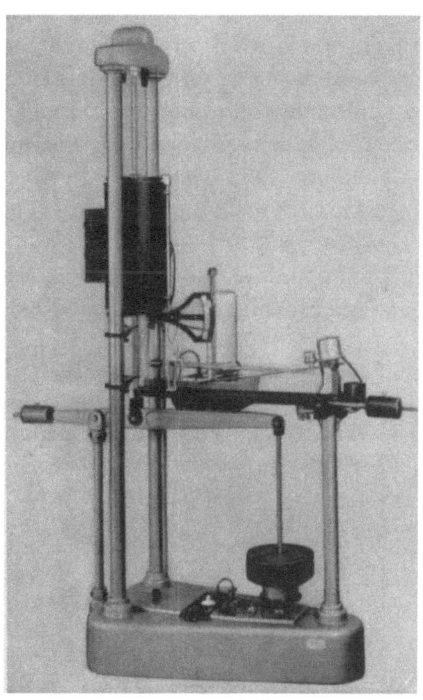

Abb. 38. Apparat zur Messung des Kriechens:
„Le rhéographe"

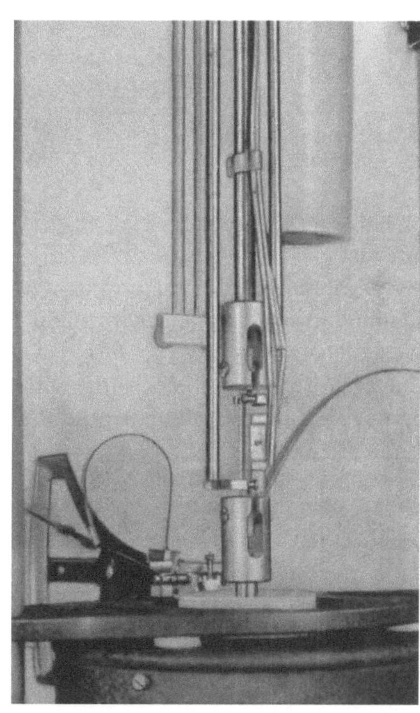

Abb. 39. Einspann-Vorrichtung des Apparats von
Abb. 38

ing" auf das Kriechen des Polystyrols untersucht mit dem Zweck, in dieser Weise die Empfindlichkeit dagegen zu bestimmen.

Einige praktische Beispiele. In der Praxis der Lack- und Anstrichforschung werden im Anstrichforschungsinstitut T.N.O. in Delft (Niederlande) regelmäßig Dehnungs-Kriechversuche angestellt mit Lack- und Anstrichfilmen, vor und nach natürlicher und künstlicher (beschleunigter) Alterung [47].

Zur Messung des Kriechens von Fasern, insbesondere von synthetischen Fasern hat van der Vegt [50] ein Verfahren ausgearbeitet.

Zur Messung des Kriechens verschiedener Kunststoffe beschreibt G. Fabre [51] einen Kriechapparat: „Le rhéographe" (Abb. 38 u. 39), mit denen die Kriechkurven automatisch registriert werden. Dieser Apparat eignet sich für Routinemessungen zum Vergleich der Kunststoffe auch bei verschiedenen Temperaturen. Kriechversuche zur Charakterisierung und zum gegenseitigen Vergleich verschiedener Kunststoffe sind von Marin, Pao und Cuff [52] mit Lucite und Plexiglas und von Dalquist und Hatfield [53] mit verschiedenen Weichpolymeren ausgeführt. Über die Prüfmethodik hat R. Nitsche zusammenfassend kritisch berichtet [54].

δ) *Spannungsabfall- oder -relaxationsversuche.* Zweck der Prüfung. Der praktische Zweck der Relaxationsversuche ist, den Spannungsabfall von Kunststoffen, die im Gebrauch einer dauernden Formänderung unterworfen sind, z. B. Packungen, Platten und Streifen für elektrische Isolierungen, Schaumstoffmatratzen u. dgl. zu bestimmen.

Praktische Durchführung der Versuche. Relaxationsversuche sind bis jetzt mehr zu wissenschaftlichen als zu praktischen Zwecken angewandt worden, und sie sind in der Literatur weniger häufig beschrieben als Kriechversuche.

Bei diesen Versuchen wird eine bestimmte konstant zu haltende Formänderung erzeugt und der Verlauf der dabei auftretenden Spannung in Abhängigkeit der Zeit gemessen.

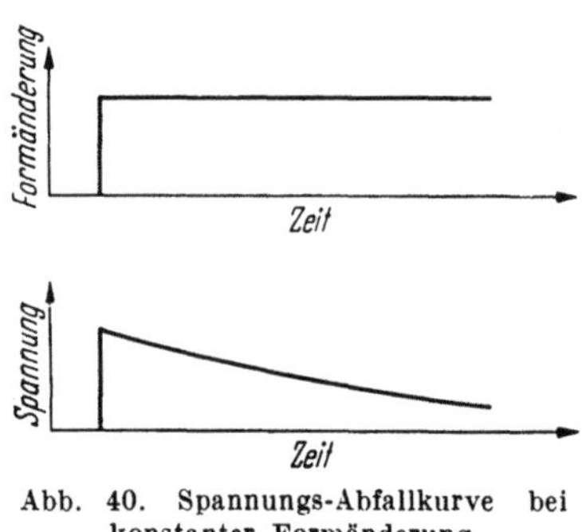

Abb. 40. Spannungs-Abfallkurve bei konstanter Formänderung

Abb. 40 zeigt schematisch eine Spannungs-Abfall-Kurve bei konstanter Formänderung.

Zur Messung der Spannungen werden Dynamometer, die möglichst kleine Formänderungen zeigen, gebraucht; bei genauen Messungen sollen diese jedoch ausgeglichen werden.

Für Form und Abmessungen der Probekörper, Verhalten der Kunststoffe, Auswertung der Ergebnisse und Faktoren, die die Resultate beeinflussen, gilt das gleiche wie bei den Kriechversuchen.

Praktische Beispiele. 1. Bei Kunststoffen, die in Schaltern in Fernsprechzentralstellen gebraucht und auf Druck beansprucht werden, kann eine zu große Spannungsrelaxation Störungen verursachen.

WRIGHT [55] hat deshalb Versuche ausgeführt zur Bestimmung der Spannungsrelaxation bei Druckbeanspruchung und hat dazu einen besonderen Apparat ausgearbeitet.

Abb. 41 zeigt einige Ergebnisse von diesen Versuchen mit *Phenoplast-Schichtstoffen* (für elektrische Geräte) und *Cellulose-Acetat*; anstatt

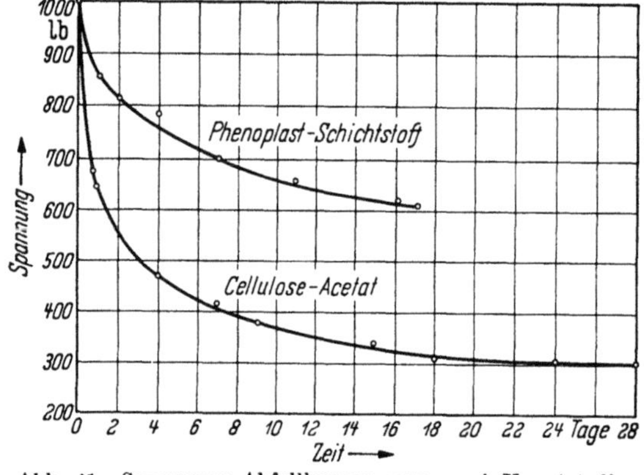

Abb. 41. Spannungs-Abfallkurven von zwei Kunststoffen

der Spannungen sind die Belastungen als Ordinaten eingetragen. Zur Schätzung der Spannungen sei bemerkt, daß der Querschnitt der Probekörper 161 mm² war.

2. Zur Untersuchung von *Kunststoff-Schaumstoffen* wird neben anderen Versuchen auch ein Spannungsrelaxationsversuch bei Druckbeanspruchung durchgeführt. Dazu werden Probekörper von 50 × 50 × 50 mm³ bis 50% der ursprünglichen Höhe deformiert, und die Spannungsänderung wird in Abhängigkeit der Zeit gemessen. In Abb. 42 ist der Spannungsabfall von 3 Sorten Polyurethanschaum in Prozent der Anfangsspannungen dargestellt.

In- und ausländische Normen. Die einzige Norm (als Entwurf), worin Einzelheiten zur praktischen Durchführung von Kriech- und Spannungsrelaxationsversuchen angegeben sind, ist ASTM D 674–51 T (Tentative Recommended

Practice for long-time Creep or Stress-Relaxation Tests of Plastics under Tension
or Compression Loads at different Temperature). Die im Anfang dieser Empfehlungen ausgesprochene Meinung, daß Kriechversuche sich hauptsächlich zu
wissenschaftlichen Untersuchungen eignen und nicht zu Routineprüfungen,
trifft jetzt nach eigener Auffassung nicht mehr zu.

Die Differenz zwischen der gesamten Formänderung und der spontanen
Formänderung wird als Kriechen betrachtet. Für praktische Messungen wird
empfohlen, entweder die Formänderung, die 1 min nach dem Belasten gemessen
wird, oder die später zu messende Rückfederung als spontane Formänderung
zu betrachten. Der Entwurf gibt weiter Empfehlungen für die Apparatur, Meßgenauigkeit, Meßlänge, Probestäbe, Ablesungsintervalle und Auswertung. Zum
Schluß wird die wertvolle War-
nung gegeben, die Ergebnisse von
Versuchen bei einachsiger Spannung nicht auf Bedingungen, bei
denen die mehrachsigen Spannungen herrschen, zu übertragen.

**d) Formänderungen, die zum
Bruch führen.** Die bekannte Tatsache, daß die Bruchspannung
bei Dauerbelastung erheblich verringert wird, d. h. daß die *Dauerstandfestigkeit* niedriger liegt als
die *Kurzzeitfestigkeit*, ist für die
praktische Anwendung von Kunst-

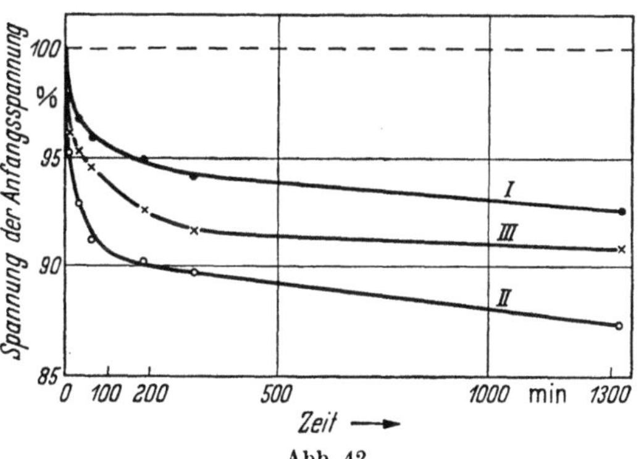

Abb. 42
Spannungs-Abfallkurve von Kunststoff-Schaumstoff

stoffen sehr wichtig. Wahrscheinlich hat man es hierbei mit einem Zusammen-
gehen von Kriechen und Spannungsabfall zu tun, wobei das allmähliche Wachsen
der Lockerstellen eine große Rolle spielt.

BUCHMANN [*40*] hat schon 1940 auf die Abnahme der Festigkeit hingewiesen.
Er hat gefunden, daß beim PVC ohne Weichmacher die Dauerstandfestigkeit
nach etwa 1000 Stunden Belastung bis zu 36% der Kurzzeitfestigkeit (3 min-
Festigkeit) zurückgegangen ist.

Praktisches Beispiel. Kunststoffrohre für Wasserleitungen sind im
praktischen Gebrauch einem mehr oder weniger konstanten inneren Druck unterworfen. Ohne Zweifel wird dadurch das Kriechen und eine allmähliche Verringerung der mechanischen Eigenschaften verursacht, d. h., der Widerstand
gegen den inneren Druck, also der Berstdruck, nimmt ab. Zur Bestimmung dieser
Abnahme werden Langzeitversuche mit den Rohren ausgeführt, wobei die Spannung von einem inneren Druck erzeugt wird.

Es sei hier bemerkt, daß der innere Druck einen mehrachsigen Spannungszustand in der Rohrwand verursacht und daß es deshalb nicht zulässig ist, die
Ergebnisse von Versuchen mit einachsiger Spannung, z. B. von Zugversuchen
an Stäben, auf das Verhalten der Rohre zu übertragen. Bei der Prüfung dieser
Rohre zur Beurteilung der Haltbarkeit können 2 Wege beschritten werden.

1. Dauerversuche mit ziemlich niedrigen konstanten Drücken in bestimmten
Zeitintervallen und nachher Ermittlung der Berstdrücke. Aus den Ergebnissen
ist zu erkennen, bei welchem Mindestdruck der Berstdruck abnimmt.

Versuche dieser Art erfordern viel Zeit ohne genügende Sicherheit, daß die Dauer der Versuche ausreichend gewesen ist.

2. Dauerversuche mit Drücken etwa 10% und 20% geringer als der Kurzzeit-Berstdruck und danach die Bestimmung der Berstzeiten.

Diese Versuche führen schnell zum Ziel, geben jedoch nur Sicherheit über die Abnahme des Berstdruckes während ziemlich kurzer Zeiten.

Für die praktische Prüfung der Rohre in den Niederlanden wurde der zweite Weg gewählt [56]. In Abb. 43 sind die Berstdruckkurven von Rohren aus PVC und aus Polyäthylen (Hochdruckverfahren) angegeben.

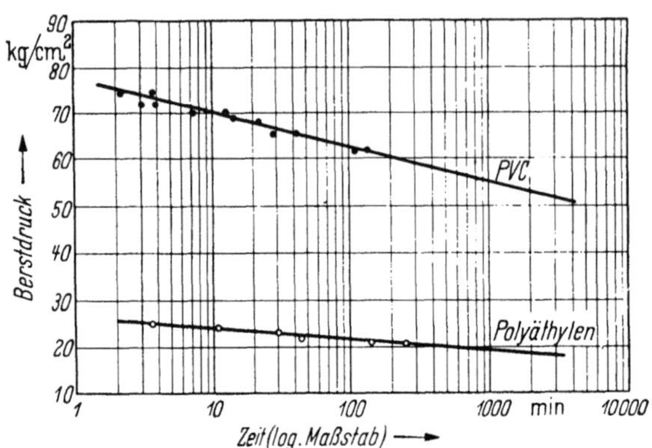

Abb. 43. Berstdruckkurven von Rohren aus hartem Polyvinylchlorid und aus Polyäthylen. (Lies kp statt kg)

Auf Grund vieler Versuche wurde vorläufig angenommen, daß die Funktion Berstdruck-Log.-Zeit eine Gerade ist, und daß der Berstdruck in jeder logarithmischen Dekade um 10% des Kurzzeit-Berstdruckes abnimmt.

RICHARD und DIEDRICH [57] haben Versuche ausgeführt mit Rohren aus Polyäthylen (Niederdruckverfahren). Aus ihren Ergebnissen (Abb. 44) ist abzuleiten, daß bei Rohren mit einem äußeren Durchmesser von 31 mm und einer Wanddicke von 3 mm die mittlere Abnahme je Dekade der Bruchgrenze zwischen 0,1 und 150 Std. etwa 9,5% des Wertes nach 0,1 Std. beträgt. RICHARD und DIEDRICH tragen nicht nur die Zeit, sondern auch den Berstdruck logarithmisch ein und finden dann eine geradlinige Berstdruckkurve.

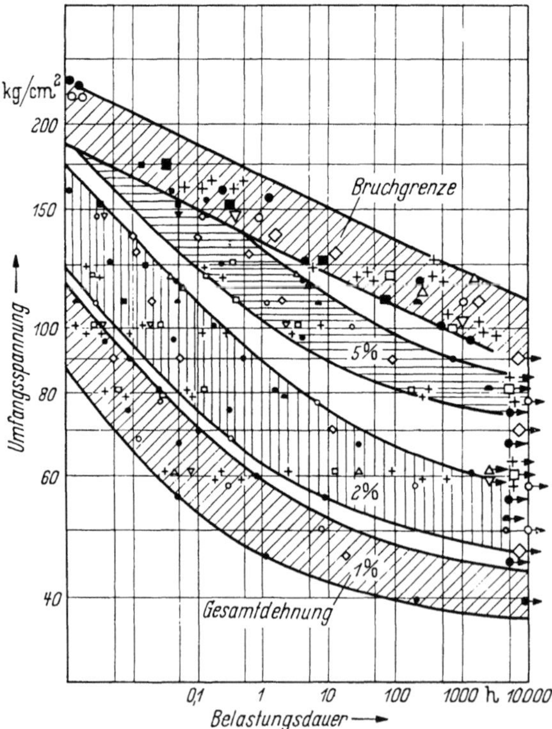

Abb. 44. Umfangsspannung bei Rohren aus Polyäthylen bei verschiedenen Dehnungen und beim Bruch. (Lies kp statt kg)

Abb. 45 zeigt zwei Berstdruck-Log.-Zeit-Kurven, Kurve A gemäß [2], Kurve B nach RICHARD und DIEDRICH berechnet. Wie zu erwarten war, ist der Unterschied bis 10000 Std. ziemlich klein. Nur mit Hilfe der Versuche während längerer

Zeiten, die schon im Gange sind, kann Aufschluß gegeben werden über den wirklichen Verlauf der Kurven.

Spätere Versuche [58], [59] und [60] haben jedoch gezeigt, daß bei Polyäthylen-Rohren ein Abbiegen der Kurven nach der Zeitachse stattfinden kann und daß solches auch möglich ist bei bestimmten Sorten von Polyvinylchlorid-Rohren.

Zur Schätzung des Zeitpunktes und des Bereiches dieser Abbiegung werden jetzt Prüfungen bei erhöhter Temperatur ausgeführt, deren Ergebnisse nachher auf normale Temperatur und längere Zeiten extrapoliert werden.

Schlußbemerkung. Die Ausführungen über Langzeitversuche zeigen klar, daß diese Versuche schon zu vielen praktischen Zwecken angewendet werden. Für eine umfassende Beschreibung der Materialeigenschaften sind Langzeitprüfungen unentbehrlich.

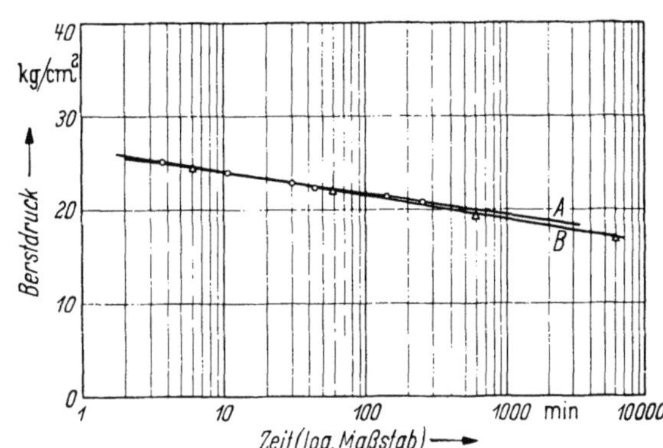

Abb. 45. Vergleichung von zwei Berstdruckkurven
(Lies kp statt kg)

Zur richtigen Einrichtung der Prüfungen und Auswertung der Ergebnisse brauchen wir jedoch die Hilfe der Physiker, die bis vor kurzer Zeit leider zu wenig Interesse für die Materialprüfung gezeigt haben [61].

Literatur

[1] Wijk, D. J. van: Kunststoffe 41 (1951) S. 442.

[2] Hartmann, G. B.: Kunststoffe 41 (1951) S. 438.

[3] Schwarzl, F., u. A. J. Staverman: Physik der Hochpolymeren, Bd. IV, Kap. IV 4, Stuart.

[4] Schulz, G., u. K. Mehnert: Kunststoffe 45 (1955) S. 410.

[5] Dietz, A. G. H., W. J. Gailus u. S. Yurenka: Symposium on Speed of Testing ASTM 1948.

[6] Hsiao, C. C., u. J. A. Sauer: ASTM Bull. 172 (1951) S. 29.

[7] Schob, A., R. Nitsche u. E. Salewski: Plast. Massen 5 (1935) S. 353 u. 6 (1936) S. 1.

[8] Zinzow, W. A.: ASTM Bull. 134 (1945) S. 31.

[9] Lesavre, J.: Ind. Plast. Mod. 7 (1955) H. 10. S. 41.

[10] Schönborn, E. N., G. M. Proctor u. J. Carvajal: ASTM Bull. 135 (1945) S. 42.

[11] Kuntze, W.: Kunststoffe 28 (1938) S. 238.

[12] Kuntze, W.: Kautschuk 16 (1940) H. 7. S. 82.

[13] Kruse, E.: Schweizer Arch. angew. Wiss. Techn. 16 (1950) S. 225.

[14] Nitsche, R.: Kunststoffe 41 (1951) S. 241.

[15] Maxwell, B.: Mod. Plastics 32 (1955) H. 9. S. 125.

[16] Lysaght, V. E.: Indentation hardness testing. Reinhold 1949.

[17] Lysaght, V. E.: ASTM Bull. 138 (1946) S. 39.

[18] Kuntze, W.: Kunststoffe 30 (1940) S. 323.

[19] Clash, R. F., jr., u. R. M. Berg: Industr. Engng. Chem. 34 (1942) S. 1218.

[20] Clash, R. F., jr., u. R. M. Berg: Mod. Plastics 21 (1944) H. 11. S. 119.

[21] ASTM-Standards, Nr. D 1043-51.

[22] Rolland, P. Le, u. P. Sorin: Schweiz. Bauztg. 105 (1935) S. 201.

[23] KUNTZE, W., u. F. PFEIFFER: Kunststoffe 30 (1940) S. 293.

[24] ROLLAND, F. LE, u. P. SORIN: Ind. Plast. Mod. 8 (1956) H. 4. S. 34.

[25] FABRE, G.: Ind. Plast. Mod. 5 (1953) H. 4. S. 34, H. 6. S. 69, H. 7. S. 39.

[26] BURNS, R.: ASTM Bull. 195 (1954) S. 61.

[27] MAXWELL, B., u. L. F. RAHM: ASTM Bull. 161 (1949) S. 44.

[28] CALLENDER, L. H.: Brit. Plastics 13 (1942) S. 445 u. 506.

[29] LIANDER, H., C. SCHAUB u. A. ASPLUND: ASTM Bull. 148 (1947) S. 88.

[30] BOSSU, B., u. P. DUBOIS: ISO-Report 1955.

[31] MOSER, W.: Kunststoffe 28 (1938) S. 267.

[32] TELFAIR, D., u. H. K. NASON: Mod. Plastics 20 (1943) H. 11. S. 85.

[33] KUNTZE, W., R. NITSCHE, u. H. V. MERTENS: Kunststoffe 30 (1940) S. 193.

[34] MAXWELL, B., u. J. P. HARRINGTON: Trans. ASME 74 (1952) S. 579.

[35] WARBURTON HALL, H.: Int. Symp. on Plastics Testing and Standardization. ASTM Spec. Publ. 247, S. 137.

[36] NITSCHE, R., u. W. ZEBROWSKI: Plast. Massen 8 (1938) H. 2 u. 3.

[37] DRISCOLL, D. E.: ASTM Bull. 191 (1953) S. 60.

[38] ADAMS, C. H.: ASTM Bull. 173 (1951) S. 48.

[39] Report SP 85. W. G. Mechanical Strength Prop. ISO/TC 61 Sept. 1954.

[40] BUCHMANN, W.: Z. VDI 84 (1940) S. 425.

[41] DALQUIST, C. A., J. O. HENDRICKS u. N. W. TAYLOR: Industr. Engng. Chem. 43 (1951) S. 1404.

[42] MARIN, J., u. Y. H. PAO: ASTM Proc. 51 (1951) S. 1277.

[43] WEBER, C. H., E. N. ROBERTSON u W. F. BARTOE: Industr. Engng. Chem. 47 (1955) S. 1311.

[44] MARIN, J., u. Y. H. PAO: Trans ASME 74 (1952) S. 1231.

[45] LEADERMAN, H.: Proc. Sec. Intern. Congr. Rheology (1954) S. 203.

[46] HATFIELD, M. R., u. G. B. RATHMANN: J. appl. Phys. 25 (1954) S. 1082.

[47] BRUNT, N. A.: J. Oil Colour Chem. Ass. 38 (1955) S. 624.

[48] ELLEMAN, A. J., u. W. D. MAY: J. Oil Colour Chem. Ass. 37 (1954) S. 595.

[49] ELLIS, W. C., u. J. D. CUMMINGS: ASTM Bull 178 (1951) S. 47.

[50] VEGT, A. K. VAN DER: Nicht veröffentlichte Untersuchung.

[51] FABRE, G.: Ind. Plast. Mod. 6 (1954) S. 33.

[52] MARIN, J., Y. H. PAO u. G. CUFF: ESME Trans. 73 (1951) S. 705.

[53] DALQUIST, C. A., u. M. R. HATFIELD: J. Colloid Sci. 7 (1952) S. 253.

[54] NITSCHE, R.: Schweizer Arch. angew. Wiss. Techn. 19 (1953) S. 139.

[55] WRIGHT, E. E.: ASTM Bull Nr. 184 (1952) S. 47.

[56] WIJK, D. J. VAN: Water 22 (1955) S. 297.

[57] RICHARD, K., u. G. DIEDRICH: Kunststoffe 45 (1955) S. 429 u. 46 (1956) S. 183.

[58] WIJBRANS, F. W. R.: Publ. Nr. 8 von BECETEL (1959) (Belgien).

[59] RICHARD, K., u. R. EWALD: Kunststoffe 49 (1959) S. 116.

[60] GISOLF, J. H., u. H. VAN GOUDOEVER: Kunststoffe 49 (1959) S. 264.

[61] STAVERMAN, A. J., u. J. HEIJBOER: Kunststoffe 50 (1960) S. 23.

[62] STRELLA, S., u. L. GILMAN: Mod. Plastics 34 (1957) H. 8. S. 158.

[63] HULSE, G.: Silver Jubilee Symp. on the Physical Properties of Polymers. Preprint, S. 64.

[64] STEPHENSON, C. E.: Brit. Plastics 30 (1957) H. 3 S. 99.

[65] KREKELER, K., H. PEUKERT u. O. SCHWARZ: Forschungsberichte des Wirtschafts- und Verkehrsministeriums Nordrhein-Westfalen, Nr. 570. Köln/Opladen: Westdtsch. Verlag 1958.

3.4.2 Zerstörungsfreie Prüfung auf dynamisch-elastisches Verhalten bei schwingender Beanspruchung

a) **Einleitung.** Die zerstörungsfreie Prüfung bei schwingender Beanspruchung liefert dynamisch-elastische Kennwerte für normale Beanspruchungen unter definierten Zeitbedingungen und erfüllt damit eine wesentliche Forderung, die an die mechanischen Prüfverfahren gestellt werden muß. Darüber hinaus vermittelt sie tiefgehende Einblicke in das molekulare Verhalten der Stoffe, die um so weiter reichen, je größer die Frequenz-Temperatur-Bereiche sind, die man messend erfaßt; man gewinnt damit Grundlagen für das Verständnis der mechanischen Eigenschaften der Hochpolymeren und Hinweise für eine systematische Stoffentwicklung. Dies sind die Gründe, weshalb diese Meßmethoden mehr und mehr technische Bedeutung erlangt haben.

Unter normalen Beanspruchungen sollen hier solche verstanden werden, bei denen die Verformungen genügend klein sind, so daß ein linearer Zusammenhang zwischen Spannungen und Deformationen besteht (Hookesches Gesetz) und die dynamisch-elastischen Kennwerte als von der Größe der Verformung unabhängig angesehen werden können. Man beschränkt sich bei der Untersuchung der dynamisch-elastischen Eigenschaften im allgemeinen auf kleine Verformungen, um möglichst übersichtliche Zusammenhänge zu erhalten.

Die Begrenzung der Größe der Deformationen nach oben ist vertretbar; denn die meisten normalen, praktischen Beanspruchungen der Stoffe sind solche mit kleiner Verformung. Außerdem beherrschen die molekularen Prozesse, die das mechanische Verhalten der hochpolymeren Stoffe im linearen Bereich bestimmen, zum großen Teil auch noch das Verhalten bei größeren (nichtlinearen) Verformungen, so daß die Temperatur- und die Zeit- oder Frequenzabhängigkeit der elastischen Eigenschaften beim Übergang von kleinen zu größeren Beanspruchungen oft nur verhältnismäßig wenig modifiziert werden.

In den folgenden Abschnitten wird ein Überblick über die Entwicklung der Schwingungsmeßverfahren für verschiedene Beanspruchungsarten und Frequenzbereiche bis zum heutigen Stande gegeben (Übersichten über die Meßverfahren s. auch H. A. STUART [1], J. KOPPELMANN [2] und P. KAINRADL [3]). Dabei werden die Meßverfahren für die in der Technik gebräuchlichen dynamisch-elastischen Moduln, den Elastizitäts- (Dehnungs-), den Torsions- (Schub-) und den Kompressionsmodul nacheinander behandelt und anschließend die Meßmethoden des Ultraschallbereiches.

Die dynamisch-elastischen Kenngrößen, d. h. die Moduln und die diesen zugeordneten Dämpfungsgrößen und dazu im Ultraschallbereich die Ausbreitungsgeschwindigkeiten und die Dämpfungskonstanten von Dichte- und Schubwellen, sind schon im Band I definiert und erläutert; dort sind auch bereits die Beziehungen der Moduln und Wellenfortpflanzungsgeschwindigkeiten (I 4.2.2, Tab. 1, und I 4.4.2) und der Dämpfungsgrößen (I 4.4.2, 4.4.3 und 4.4.4, Tab. 1) untereinander bei genügend kleinen Amplituden eingehend besprochen. Diese Definitionen und Beziehungen können also im folgenden als bekannt vorausgesetzt werden.

b) Gebräuchliche Formen der Probekörper. Eine wichtige Frage bei der Bestimmung dynamisch-elastischer Kennwerte ist die nach der geeignetsten Form der Probekörper. Diese hängt wesentlich von dem Zweck der Prüfung ab.

Gebräuchlich für die Bestimmung des dynamischen Elastizitäts- und des Torsionsmoduls sind zylindrische Proben und dünne, schmale Stäbe oder Streifen mit rechteckigem Querschnitt.

Bei den Aufgaben der reinen Forschung, z. B. der Untersuchung des molekularen Verhaltens der Stoffe, kommt es stets auf möglichst sauber definierte und reproduzierbare Versuchsbedingungen an, insbesondere oftmals auf Vorspannungsfreiheit und Einhaltung möglichst kleiner Amplituden mit Rücksicht auf die Linearität der zu untersuchenden Abhängigkeiten. In solchen Fällen werden stab- oder streifenförmige Proben genügender Länge bevorzugt benutzt, auch für die Bestimmung des Torsionsmoduls, weil sie verhältnismäßig leicht vorspannungsfrei zu haltern sind und Störungen der beabsichtigten Schwingungen oder Wellen in der Nähe der Einspannstellen nur wenig ins Gewicht fallen. Der Frequenzbereich, in dem solche Proben anwendbar sind, ist durch deren Dicke und Breite nach oben begrenzt; wenn die Querabmessungen mit den Wellenlängen vergleichbar oder größer als diese werden, wird das Schwingungsverhalten der Stäbe und Streifen unübersichtlich (I 4.4.3), und die Proben sind dann nicht mehr als Meßobjekte zur Bestimmung dynamisch-elastischer Moduln geeignet.

Bei technischen Prüfungen, beispielsweise zur Bestimmung der inneren Energieverluste gummi-elastischer Stoffe (bei tiefen Frequenzen), die insbesondere in Reifen als Dichtungen und Kupplungen in Maschinenteilen oder in Federelementen zur Schwingungsisolation und -dämpfung verwendet werden sollen, werden vielfach kurze zylindrische Probekörper benutzt (s. II 3.4.2 c). In diesem Falle ist eine gewisse Vorspannung bei der Halterung der Proben schwerer zu vermeiden, es sei denn, man befestigt diese an den Enden durch Kleben. Die Vorspannung kann die Meßwerte stark beeinflussen und, wenn sie nicht beabsichtigt ist, eine große Meßunsicherheit zur Folge haben; oftmals ist jedoch nach der Abhängigkeit der Kennwerte von der Vorspannung gefragt.

Überdies ist bei solchen zylindrischen Proben im Falle der Beanspruchung in axialer Richtung der sog. Formfaktor zu beachten, der definiert ist als der Quotient aus einer belasteten und der unbelasteten Fläche, d. h. beim Zylinder aus Grundfläche und Mantelfläche [4]. Sein Einfluß auf die „Steifheit" der Probekörper ist insbesondere bei statischer Beanspruchung eingehend untersucht worden [5, 6]; er spielt die gleiche Rolle auch bei der schwingenden Beanspruchung. Solange er kleiner als etwa 0,25 ist, d. h., solange bei den zylindrischen Proben deren Höhe größer als der Durchmesser ist, ist die Querkontraktion und -dilatation praktisch nicht behindert; Probekörper mit Formfaktoren nahe bei 0,25 sind für die Bestimmung des dynamischen Elastizitätsmoduls gut geeignet. Oberhalb dieser Grenze nimmt die Steifheit der Proben mit größer werdendem Formfaktor rasch zu. Dieses Verhalten ist qualitativ leicht zu verstehen; bei großen Formfaktoren, also beispielsweise bei kreisscheibenförmigem Prüfkörper mit großem Durchmesser im Vergleich zur Höhe, ist die Querausdehnung bei den axialen Schwingungen mehr oder weniger stark unterbunden, und für die dynamische Steifheit der Probe ist eine Zwischengröße zwischen dem Elastizitäts- und dem Longitudinalwellenmodul maßgebend (s. I 4.4.2).

Bei den Schaumstoffen ist die Probenform nicht so kritisch, weil bei der Zusammendrückung das hochpolymere Material in die Poren ausweichen kann (s. I 4.4.2). Bei der Bestimmung des dynamischen Elastizitätsmoduls an Proben nicht zu großer Querausdehnung mißt man in erster Linie die Steifheit des Schaumstoffgerüstes; zu dieser leistet auch noch das in den Poren und Kanälen enthaltene Luftpolster einen gewissen Beitrag, der jedoch im allgemeinen vernachlässigbar klein ist.

Im Ultraschallbereich kommen als elastische Kenngrößen in erster Linie der dynamische Longitudinalwellen- und der dynamische Torsionsmodul oder die Longitudinal- und die Transversalwellengeschwindigkeit mit den zugehörigen Dämpfungskonstanten in Frage. Wegen der verhältnismäßig starken Dämpfung dieser Wellen in den hochpolymeren Stoffen sind als Prüfobjekte in diesem Falle dünne Platten besonders gut geeignet, die man senkrecht mit Ultraschallstrahlenbündeln durchstrahlt (s. I 4.4.3, 4.4.5 und II 3.4.2f).

c) Dynamischer Elastizitätsmodul und zugehörige Dämpfungsgrößen. Verfahren zur Ermittlung des dynamischen Elastizitätsmoduls und der diesem zugeordneten Dämpfungsgrößen sind auf breiter Basis als notwendige Hilfsmittel bei der Herstellung, Auswahl und Prüfung der Stoffmischungen für Automobilreifen aus Natur- oder Kunstkautschuk, der Federelemente zur Schwingungsisolation von Maschinen, insbesondere in Fahrzeugen u. dgl. entwickelt worden. Diese Methoden waren anfangs vorwiegend rein mechanisch-optische, doch wurden mit fortschreitender Erweiterung des Frequenzbereiches mehr und mehr auch elektronische Geräte in den Meßeinrichtungen verwendet. Gemäß den technischen Anwendungszwecken sind die Verfahren für den Bereich der „Gebrauchsfrequenzen" etwa zwischen 10 und 300 Hz entwickelt worden, bei denen die meist zylindrischen Probekörper noch praktisch reine Federn darstellen (s. I 4.4.3); sie ermöglichen die Untersuchung des dynamisch-elastischen Verhaltens bei vor-

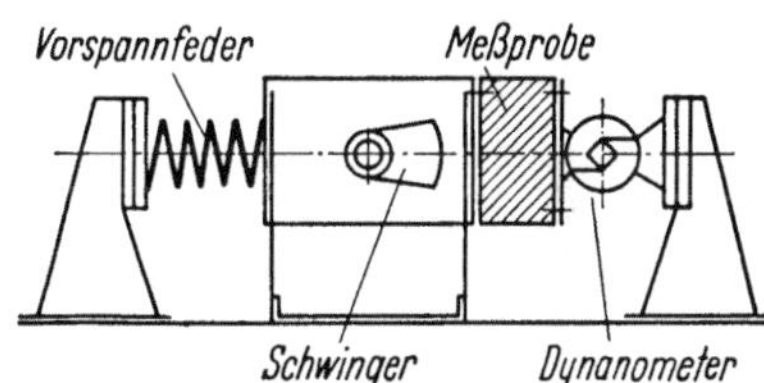

Abb. 46. Schematische Darstellung der Meßeinrichtung zur Untersuchung des dynamisch-elastischen Verhaltens zylindrischer Proben bei erzwungener periodischer Verformung (nach ROELIG)

geschriebener statischer Vorspannung (Druck- oder Zugspannung) und bei großen Schwingungsweiten. Insbesondere bei den Materialien für Automobilreifen steht im Vordergrund des Interesses die Erwärmung im Betrieb, also die innere Dämpfung.

Man unterscheidet bei diesen Verfahren oftmals „erzwungene" periodische Verformungen und Resonanzschwingungen[1]. Ein charakteristisches Verfahren, bei dem den Federelementen rein mechanisch-periodische Dehnungen und Zusammendrückungen gegebener Frequenz und Amplitude aufgezwungen werden, ist das von H. ROELIG [7] angegebene. Die Versuchsanordnung ist in Abb. 46 schematisch dargestellt. Der Schwinger enthält eine exzentrische Masse (Unwucht), die durch einen Motor über eine biegsame Welle angetrieben wird; die Welle ist in einem durch Lenker getragenen Gehäuse gelagert, das in horizontaler Richtung schwingen kann, sich gegen die (zylindrische) Probe abstützt und auf diese bei rotierendem Schwinger eine nahezu sinusförmige Wechselkraft der Amplitude K überträgt. Die Probe wird mit einer Stahlfeder im gewünschten Maß vorgespannt; die Kraftamplitude K kann durch Änderung der Exzentrizität der rotierenden Masse und der Drehzahl des Motors geregelt werden, die auch die Frequenz der Schwingung bestimmt. Die Hysteresisschleife (vgl. I 4.4.4 Abb. 6) wird mit Hilfe zweier Spiegel, des im Dynamometer untergebrachten

---

[1] Bei dieser anschaulichen Unterscheidung ist zu beachten, daß es sich bei den Resonanzen strenggenommen ebenfalls um erzwungene Schwingungen handelt (vgl. I 4.4.3).

,,Lastspiegels'' und des mit dem Gehäuse verbundenen ,,Wegspiegels'', die einen Lichtstrahl in zwei zueinander senkrechten Richtungen ablenken, auf einem Schirm sichtbar gemacht und z. B. photographisch registriert.

Üblicherweise haben die zylindrischen Proben eine Höhe und einen Durchmesser von etwa 4 cm, so daß der Formfaktor nahe gleich 0,25 ist (vgl. II 3.4.2 b), und wird die Frequenz gleich $16^2/_3$ Hz gewählt (entsprechend 1000 Umdrehungen in der Minute).

Die (relative) ,,Dämpfung'' wird in der in I 4.4.4 angegebenen Weise aus dem Flächeninhalt der Hysteresisschleife ermittelt. Der Elastizitätsmodul E kann bei diesem und ähnlichen Verfahren (bei nicht zu großen Dämpfungen) an Hand der Beziehung aus den Meßgrößen berechnet werden:

$$E = \frac{1}{F}\,\frac{K}{\varepsilon}\,;\tag{1}$$

F Inhalt der Querschnittsfläche der zylindrischen Probe,
K Amplitude der Kraft,
ε Amplitude der Dehnung (Schwingungsamplitude/Höhe der Probe).

Abb. 47 zeigt Hysteresisschleifen, die mit dieser Einrichtung bei großen Schwingungsweiten erhalten wurden; der Zusammenhang zwischen Verformung und Kraft ist hier nicht mehr linear.

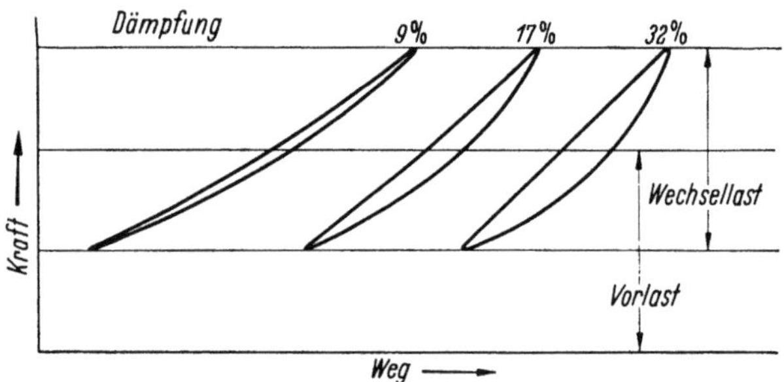

Abb. 47. Mit dem Roelig-Gerät aufgenommene Hysteresis-Schleifen für Elastomere (verschiedene Kautschukvulkanisate) (nach Roelig)

Da die Kennwerte von der Probenform, der Vorspannung, der Kraftamplitude und der Schwingungsweite abhängen (s. dazu R. Ecker [8]), müssen im Prüfbericht diese Parameter angegeben werden. Die Temperatur der Probe, von der die elastischen Kennwerte gleichfalls stark abhängig sind, muß während der Messung kontrolliert werden (beispielsweise durch ein Thermoelement oder Einstich-Pyrometer im Probeninneren). Auch das Fließen während eines Dauerversuches ist zu beachten [7].

Neuerdings ist das eben beschriebene Meßverfahren von Roelig und Schmahl wesentlich verbessert worden. Es ist nunmehr möglich, mit mechanischen Mitteln die Dämpfungsschleife so zu kompensieren, daß der mechanische Verlustwinkel auf einer Skala direkt abgelesen werden kann. Damit wird die Aufzeichnung, Planimetrierung und Auswertung der Dämpfungsschleife eingespart. Es ist natürlich, daß nunmehr gegenüber dem mechanischen Verlustwinkel die ältere Definition der relativen Dämpfung an Interesse verliert.

Bei den Resonanzmethoden wird die Probe als Feder mit einer Masse belastet, auf die eine periodische Kraft K wirkt. Die Schwingungen des Masse-Feder-Systems werden untersucht, insbesondere bei der Resonanzfrequenz f_0 (s. I 4.4.3). Bei diesem Verfahren werden meist elektrische und elektronische Hilfsmittel benutzt.

Eine charakteristische Meßeinrichtung nach R. B. STAMBAUGH [9] zur Untersuchung der Resonanzschwingung ist in Abb. 48 schematisch dargestellt (s. auch NAUNTON und WARING [10] sowie KAINRADL und HÄNDLER [11]). Zur Schwingungserregung dient ein elektrodynamisches (Tauchspulen-)System; die von diesem auf die veränderbare Masse m ausgeübte Kraft ist dem Wechselstrom durch die Tauchspule proportional, der mit einem Frequenzgenerator mit anschließendem Leistungsverstärker erzeugt wird. Kalibriert wird das System statisch mit Hilfe eines Gleichstromes; die auf die Spule ausgeübte Kraft wird dabei durch die von passenden Gewichten auf die Spule übertragene Kraft kompensiert. Die „Feder" besteht im vorliegenden Falle aus zwei gleichen „im Gegentakt" schwingenden zylindrischen Proben; die nahe beieinanderliegenden (inneren) Endflächen sind praktisch starr mit der schwingenden Masse verbunden (s. Abb. 48), die äußeren Endflächen sind in ein Joch in einem in Ruhe bleibenden Rahmenwerk eingespannt, das fest mit dem elektrodynamischen System verbunden ist; die ganze Meßeinrichtung ruht zur Verhinderung von Energieabwanderung in die Unterlage auf einem Schaumstoffpolster.

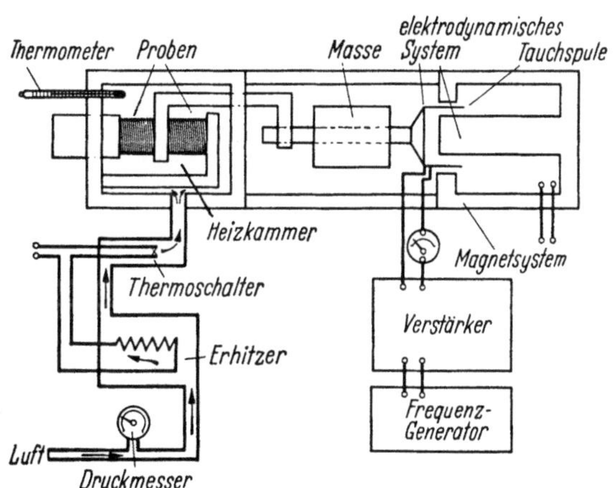

Abb. 48. Schematische Darstellung der Meßeinrichtung zur Untersuchung des dynamisch-elastischen Verhaltens im Resonanzverfahren (nach STAMBAUGH)

Die Schwingungsweite der Masse wird mikroskopisch gemessen; durch sie ist die Dehnung bestimmt. Die Amplituden der Dehnung und der Kraft werden also auch hier absolut gemessen.

Im Resonanzfall erreicht die Schwingungsweite ein Maximum (s. I 4.4.3). Es sei f_0 die Resonanzfrequenz[1], $\omega_0 = 2\pi f_0$, K die Amplitude der Kraft, X die der Schwingungsweite. Dann gilt bei genügend tiefen Frequenzen

$$X = \frac{K/m}{\sqrt{(\omega_0^2 - \omega^2)^2 + (\omega\, r/m)^2}} \tag{2}$$

und im Resonanzfall ($\omega = \omega_0$)

$$X_{\text{res}} = \frac{K_{\text{res}}}{\omega_0\, r}, \tag{3}$$

r ist der sog. (innere) Reibungswiderstand[2], der vom Verlustfaktor d folgendermaßen abhängt:

$$r = \frac{2F}{h}\,\frac{E\,d}{\omega}. \tag{4}$$

Der Elastizitätsmodul E ist

$$E = \frac{\omega_0^2\, m\, h}{2F}. \tag{5}$$

---

[1] Beim hier beschriebenen speziellen Verfahren wird die Resonanzfrequenz durch passende Wahl der Masse auf 60 Hz eingestellt.

[2] Der Reibungswiderstand ist der Viskositätskonstante proportional (vgl. I 4.2.3), und zwar ist, wenn man diese mit η bezeichnet, $r = (2F/h)\,\eta$.

Die Probekörper sind bei der Messung in einer Thermokammer (Temperaturregelung s. Abb. 48). Sie können mechanisch mit Hilfe eines Schraubenmechanismus (links im Bild angedeutet) vorgespannt werden.

Diesem Verfahren eng verwandt ist ein von KOSTEN und ZWIKKER [12] angegebenes. Die Schwingungen der Masse werden in diesem Falle (ähnlich wie bei ROELIG, s. S. 151) mechanisch durch die Unwucht rotierender Teile erzwungen, und die Schwingungsamplitude und der Phasenwinkel zwischen dieser und der Kraft werden mit Kondensatoranordnungen kapazitiv gemessen, wobei u. a. Kapazitätsänderungen, die auf Abstandsänderungen bei der Schwingung der Masse beruhen, als Meßgrößen dienen. Auch hier werden elektronische Hilfsmittel angewandt.

Etwa in der gleichen Zeit, in der die bisher besprochenen Meßverfahren in Gebrauch kamen, wurden im Rahmen der Elektroakustik Methoden entwickelt, deren Zweck die Bestimmung der für die Isolationseigenschaften von Federelementen (auch bei höheren Frequenzen) und von Schalldämmstoffen in Bauten maßgebenden dynamisch-elastischen Kennwerte ist [13 bis 16]. Sie leisten bei den tiefen Frequenzen das gleiche wie die bereits oben behandelten Verfahren; ihr Frequenzbereich erstreckt sich jedoch über den gesamten bei der

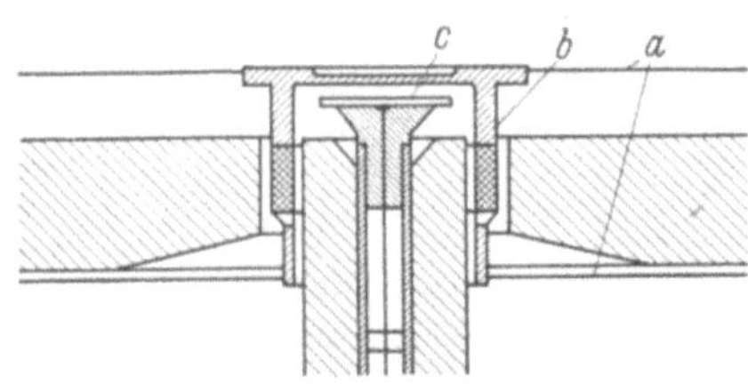

Abb. 49.   Elektrodynamisch-elektrostatisches System zur Messung der Impedanz weichelastischer Proben

a Halterung der Tauchspule, *b* Tauchspule mit Anpreßflansch, *c* innere Elektrode des Kondensatormikrophons (nach BÖHME)

Schalldämmung interessierenden (etwa bis 3000 Hz), und deshalb kommen in diesem Falle sowohl für die Schwingungserregung als auch für die Amplitudenmessung ausschließlich elektroakustische Wandler mit den zugehörigen elektronischen Geräten in Frage.

Beispielsweise bei der von H. BÖHME beschriebenen Meßeinrichtung wird die die Schwingung erzwingende Kraft von einem elektrodynamischen System ausgeübt; auf einem Flansch auf der Vorderseite des Tauchspulenträgers liegt der Probekörper, eine zylindrische (gegebenenfalls plattenförmige) Probe aus Gummi oder anderen weichelastischen Stoffen, fest an. Die Schwingungsweiten der Tauchspule werden kapazitiv mit einer Kondensatormikrophon-Anordnung gemessen, in der der schwingende Flansch als die eine Kondensatorelektrode ausgebildet ist, der auf der Rückseite des Flansches die in Ruhe bleibende andere Elektrode gegenübersteht; die Anordnung ist aus Abb. 49 zu ersehen.

Gemessen wird mit diesem Verfahren die Eingangsimpedanz (der Scheinwiderstand) der Probe an der Berührungsfläche mit der Tauchspule; sie ist gleich dem Quotienten aus der auf diese Fläche wirkenden Kraft und der Schnelle am Eingang (Geschwindigkeitsamplitude der Tauchspule) und im allgemeinen eine komplexe Größe, die von den dynamisch-elastischen Eigenschaften, den Abmessungen, insbesondere der Länge (Höhe), und dem Abschluß der Probe abhängt. Als solcher kommt beim gegebenen Zweck der Methode vor allem der harte (starre) in Frage, bei dem die Probe zwischen Abschluß und Flansch der Tauchspule eingespannt ist. In diesem Falle wirkt die Probe bei tiefen Frequenzen, solange ihre Länge klein gegen die Wellenlänge im weichelastischen Material ist, als reine Feder; bei den hohen Frequenzen des Meßbereiches wird sie bei längeren

Proben zu einer „mechanischen Leitung" (in Analogie zur entsprechenden elektrischen Leitung), auf der sich stehende Wellen ausbilden können (s. I 4.4.3).

Der der Kraft proportionale Tauchspulenstrom und der Kurzschlußstrom am Ausgang der Kondensatormikrophon-Apparatur werden nach Betrag und Phase mit Hilfe einer Kompensationsschaltung verglichen, und dabei wird die mechanische Eingangsimpedanz durch elektrische Scheinwiderstände ausgedrückt. Zur Kalibrierung benutzt man eine Probe mit bekannter Impedanz; im einfachsten Falle ist dies eine reine Masse m_0, deren Impedanz gleich $j\,\omega\,m_0$ ist. Bei diesem Meßverfahren wird also die Bestimmung mechanischer Scheinwiderstände auf die Messung elektrischer zurückgeführt.

Trägt man den Realteil (die Resistanz) der mechanischen Impedanz in einem Kurvenblatt als Abszisse und den Imaginärteil (die Reaktanz) als Ordinate (in linearer Darstellung) auf, so durchlaufen die zugehörigen Kurvenpunkte mit wachsender Frequenz die sog. Ortskurven der Impedanz, im allgemeinen Spiralen, aus denen man die dynamisch-elastischen Kenngrößen (Steifheit und Verlustfaktor d) als Funktionen der Frequenz ermitteln kann. Ein Beispiel einer gemessenen Ortskurve ist in Abb. 50 wiedergegeben.

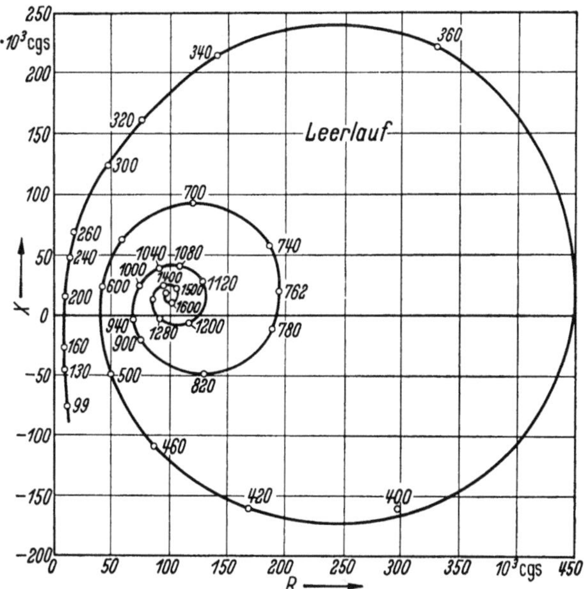

Abb. 50. Ortskurve der Eingangsimpedanz $Z^* = R + j\,X$ (R Resistanz, X Reaktanz) einer zylindrischen Gummiprobe von 20 cm Länge und 2,5 cm Durchmesser bei hartem Abschluß; Parameter die Frequenz in Hz. Materialkonstanten: $E = 2,94 \cdot 10^8$ dyn/cm², Dichte = 1,28 g/cm³ (nach Böhme)

Zur Bestimmung der Kennwerte E und d der Materialien sind jedoch die Verfahren dieser Art wegen des verhältnismäßig großen Querschnittes der Proben weniger gut geeignet; besonders bei sehr weichen Stoffen machen sich bei den hohen Frequenzen des Meßbereiches bereits Querschwingungen störend bemerkbar (s. I 4.4.3). Für die Prüfung der Isolationseigenschaften von Federelementen vorgegebener Gestalt haben diese Methoden ihre Bedeutung behalten (s. II 3.7.2). Außerdem sind sie gut geeignet für die Bestimmung der dynamisch-elastischen Kennwerte von Schaumstoffen, bei denen die Form der Probe nicht kritisch ist.

Zur Ermittlung des Elastizitätsmoduls und seines Verlustfaktors auch bei höheren Freqenzen werden heute Meßverfahren bevorzugt, bei denen als Probekörper dünne, schmale und lange Stäbe und Streifen dienen, auf denen stehende und fortschreitende Wellen (bei großen Dämpfungen) erzeugt werden [17 bis 36]. Die Proben werden in horizontaler oder vertikaler Anordnung (vertikal insbesondere bei weichelastischen Stoffen) ein- oder beidseitig eingespannt oder (in horizontaler Lage) bei freien Enden in Schwingungsknoten unterstützt (Lagerung auf Schneiden, Aufhängung mit dünnen Textilfäden u. dgl.). In diese Entwicklung gehören insbesondere Methoden, die systematisch so ausgearbeitet worden sind, daß sie einen großen Frequenzbereich (etwa 1 bis 10000 Hz) überdecken und alle vorkommenden Größen des Verlustfaktors erfassen (etwa $10^{-3} < d \leq 1$), und die deshalb hier eingehender behandelt werden sollen [28]. Sie sind auch für die Untersuchung kombinierter Anordnungen eingerichtet worden, bei denen die Meßprobe aus einem dünnen, schmalen Blechstreifen mit einer festhaftenden Belagschicht aus dem zu prüfenden Material besteht. Solche Spezialmethoden wurden entwickelt für die Untersuchung der Wirksamkeit dämpfender Beläge (Entdröhnungsmittel), insbesondere solcher aus hochpolymeren Stoffen, auf Blechkonstruktionen [23, 26], doch sind sie auch geeignet beispielsweise für die Bestimmung des komplexen dynamischen Elastizitätsmoduls im Temperatur-

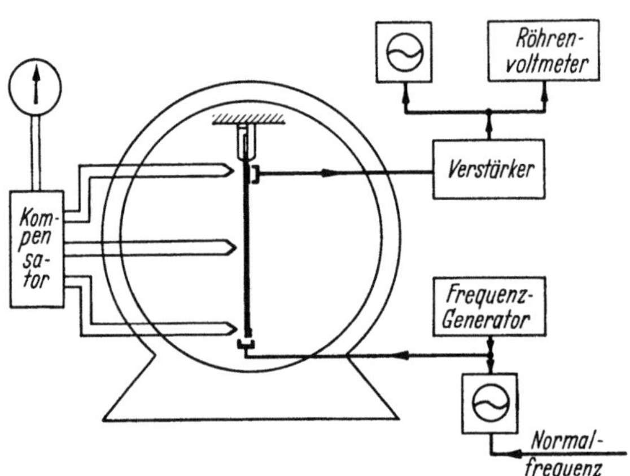

Abb. 51. Meßeinrichtung zur Untersuchung stehender Biegewellen auf Kunststoffstreifen (nach G. W. BECKER)

bereich extrem hoher innerer Dämpfung oder des Moduls nicht formbeständiger (plastischer) Stoffe [24] (vgl. unten).

Für die bei G. W. BECKER [28] beschriebenen Verfahren der Untersuchungen an streifenförmigen Proben aus hochpolymeren Stoffen kommen Materialien in Betracht, aus denen sich formbeständige Proben herstellen lassen, also hart- und weichelastische, auch geschäumte, Stoffe mit kleiner Fließkomponente. Um die obere Frequenzgrenze des Meßbereiches möglichst weit nach hohen Frequenzen zu verlagern, werden Proben mit möglichst kleinem rechteckigem Querschnitt benutzt. Praktisch haben sich Dicken (in Schwingungsrichtung bei Biegewellen) von 2 bis 6 mm und Breiten von 8 bis 12 mm bewährt; der Meßbereich erstreckt sich in diesen Fällen etwa bis 10000 Hz. Die Dicke muß sehr genau (etwa mit einer Toleranz von $\pm 0,1$ mm) über die ganze Streifenlänge eingehalten werden, die 15 bis 30 cm beträgt.

Zur Beseitigung innerer Spannungen sind die Proben nötigenfalls vor den Messungen zu tempern. Allgemein sind bei Stoffen, deren mechanisches Verhalten stark von der thermischen oder mechanischen Vorgeschichte abhängt, vorgeschriebene Konditionierbedingungen genau einzuhalten. Dies gilt für alle in diesem Kapitel behandelten Prüfverfahren. Der Temperaturbereich hängt von der Probenbeschaffenheit ab; nach oben ist er durch die Forderung geringen Fließens begrenzt.

Bei mittleren und kleinen Dämpfungen (etwa $d \leq 0,1$) werden stehende Biegewellen auf den Streifen untersucht. Die dazu benutzte Meßeinrichtung ist in Abb. 51 schematisch dargestellt. Die Probe ist in vertikaler Anordnung am oberen Ende fest eingespannt und am unteren Ende frei. Sie wird an diesem Ende, auf das ein dünnes Stahlplättchen geklebt wird, elektromagnetisch mit

Hilfe eines Frequenzgenerators zu Biegeschwingungen angeregt. Die Schwingungsweiten dicht unterhalb der Einspannstelle werden mit einem ebenfalls elektromagnetischen oder einem kapazitiven Empfängersystem über einen Verstärker und ein Röhrenvoltmeter gemessen[1]. Ein zu diesem parallelgeschalteter Kathodenstrahloszillograph dient zur Überwachung der Schwingungsform. Die Frequenz wird mit der erforderlichen hohen Genauigkeit durch Vergleich mit der Normalfrequenz eines Quarz- oder Stimmgabelgenerators bestimmt, wobei ein zweiter Oszillograph zur Sichtbarmachung der Schwingungen dient [23], oder durch Ablesung der Frequenzeinstellung des Frequenzgenerators, die auf etwa $\pm 1\%$ des Meßwertes genau sein muß.

Die in Abb. 51 und 52 wiedergegebenen elektronischen Meßeinrichtungen sind typisch für die heute üblichen elektromechanischen Meßeinrichtungen für Zwecke ähnlich dem vorliegenden.

Zur genauen Einstellung der Temperatur ist der elektromechanische Teil der Einrichtung im Thermostaten untergebracht; die Temperatur der Proben wird dicht an diesen mit Thermoelementen gemessen. Bei der Auswertung der Meßergebnisse sind die Änderungen der Probenabmessungen und der Dichte infolge der Volumenausdehnung der Materialien bei der Erwärmung zu berücksichtigen.

Bei sehr kleinen Energieverlusten (etwa $d < 10^{-2}$) empfiehlt sich (insbesondere bei tiefen Frequenzen) die Aufnahme von Abklingkurven nach Abschalten der erregenden Kraft bei den verschiedenen Stabeigenfrequenzen, die sehr nahe gleich den Resonanzfrequenzen bei den erzwungenen Schwingungen sind, mit einem Pegelschreiber, der zum Röhrenvoltmeter in Abb. 51 parallelgeschaltet wird (s. I 4.4.4). Der Pegelschreiber (high-speed level-recorder) [37] zeichnet den Abklingvorgang als Gerade auf, deren Neigung die Abklingzeit T und damit den Verlustfaktor d bestimmt.

Bei Verlustfaktoren etwa im Bereich $10^{-2} < d \leq 10^{-1}$ werden vorwiegend die Resonanzkurven in der Umgebung der Resonanzfrequenzen gemessen und die Halbwertsbreiten bestimmt (vgl. 1 4.4.4).

Aus den Eigen- bzw. Resonanzfrequenzen f_n, n (ganzzahlig) die Ordnungszahl, den Nachhallzeiten T_n oder Halbwertsbreiten Δf_n, den Streifenabmessungen und der Dichte ϱ des Streifenmaterials erhält man den Verlustfaktor d nach den in Tab. 1, I 4.4.4 angegebenen Beziehungen und den Elastizitätsmodul E aus der Gleichung

$$E(f_n) = \left(\frac{f_n}{\beta_n^2}\right)^2 \left(4\pi \sqrt{3\varrho}\,\frac{l^2}{h}\right)^2. \tag{6}$$

Darin ist l die freie Länge des Stabes, h die Stabdicke in Schwingungsrichtung, $\beta_1 = 1{,}875$, $\beta_2 = 4{,}694$, $\beta_n \approx (n - 1/2)\,\pi$ für $n > 2$.

Die Dichte ϱ (bei Schaumstoffen die Rohdichte ds) wird nach den in II 4.8 beschriebenen Methoden bestimmt. Durch Wahl verschiedener Dicken h und Veränderung der Länge l erhält man die zur Bestimmung der Frequenzkurven von E und d erforderliche Zahl von Meßfrequenzen.

Bei sehr großen inneren Energieverlusten ($d \approx 1$), wie sie bei den Hochpolymeren in den Gebieten mechanischer Dispersion und maximaler Absorption auf-

---

[1] Ein piezoelektrisches Meßverfahren, bei dem das piezoelektrische Meßelement in die Einspannvorrichtung eingebaut ist, wird beschrieben in [29], Abb. 11.

treten (s. I 4.2), scheiden T und Δf als Meßgrößen aus, und es werden fortschreitende Wellen auf den Streifen untersucht. Die dazu benutzte Meßeinrichtung
ist in Abb. 52 schematisch dargestellt.

Verwandte Methoden für die Untersuchung von Dehnwellen auf streifenförmigen
Proben bei KUHL und MEYER [22] und A. W. NOLLE [19] (Methode III), bei dem der Streifen
leicht vorgespannt ist.

Die Probe ist auch hier am oberen Ende fest eingespannt. Zur Schwingungserregung dient ein elektrodynamisches System, das in der aus Abb. 52 zu ersehenden Weise automatisch längs der Probe verschoben werden kann; die
Wechselkraft wird über ein Rollensystem mit leichtem Federandruck auf den
Streifen übertragen. Am unteren Streifenende mißt ein piezoelektrischer Wandler
(ein Quarzdoppelbieger), der so gehaltert ist, daß er den Streifen nicht merklich

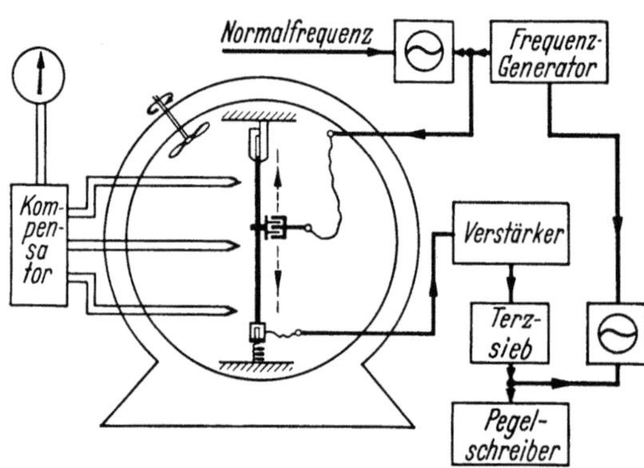

Abb. 52. Meßeinrichtung zur Untersuchung stark gedämpfter
fortschreitender Biegewellen auf Kunststoffstreifen
(nach BECKER)

belastet, die Schwingungsamplitude, die mit einem Pegelschreiber logarithmisch aufgezeichnet
wird. Da die Amplitude bei der
Annäherung des Senders an das
Empfangssystem mit konstanter
Geschwindigkeit exponentiell zunimmt, erscheint auf dem Registrierstreifen des Pegelschreibers
bei genügend großen Abständen
zwischen Sender und Empfänger
eine Gerade, deren Neigung die
Dämpfungskonstante bestimmt.
Bequem zu messen ist die Ampli-
tudenzunahme D_l in dB je m,
aus der man nach Tab. 1, I 4.4.4,
den Verlustfaktor d erhält. Die dabei benötigte Biegewellenlänge λ wird mit
Hilfe eines Kathodenstrahloszillographen (vgl. Abb. 52) aus der Änderung der
Phasenlage der Wechselspannung des Empfangssystems zu der des Frequenzgenerators bestimmt; einer Änderung der Entfernung Sender-Empfänger um λ
entspricht eine Phasenverschiebung um 2π.

Die Meßfrequenz f ist in diesem Falle frei wählbar. Das Verfahren ist anwendbar für Verlustfaktoren $d \gtrsim 0,1$ und bei den Frequenzen des Meßbereiches oberhalb 100 Hz.

Der Elastizitätsmodul ist zu berechnen nach der Gleichung

$$E(f) = \frac{3}{\pi^2}\,(f\,\lambda^2)^2\,\frac{\varrho}{h^2}\,. \tag{7}$$

Erfahrungsgemäß schließen die bei G. W. BECKER beschriebenen Verfahren
zur Bestimmung von E und d so aneinander an, daß man für alle bei Hochpolymeren vorkommenden Größen von E und d im angegebenen Frequenzbereich dicht mit Meßpunkten belegte Frequenzkurven dieser Kenngrößen
erhält. Die Abb. 53a u. b zeigen ein an Polymethacrylsäuremethylester (Plexiglas) gemessenes Beispiel von Kurvenscharen von E und d mit der Temperatur
als Parameter.

Zunächst sei noch auf die Grenzen der Anwendbarkeit der Gl. (6) und (7) und der in Tab. 1 (vgl. oben) angegebenen Beziehungen hingewiesen, die unter der Voraussetzung $d^2 \ll 1$ berechnet sind. Bei großen Verlusten müssen die Formeln korrigiert werden; der Fehler wird merklich etwa oberhalb $d = 0{,}5$ (Korrektur-formel und zugehörige Diagramme bei BECKER [28]).

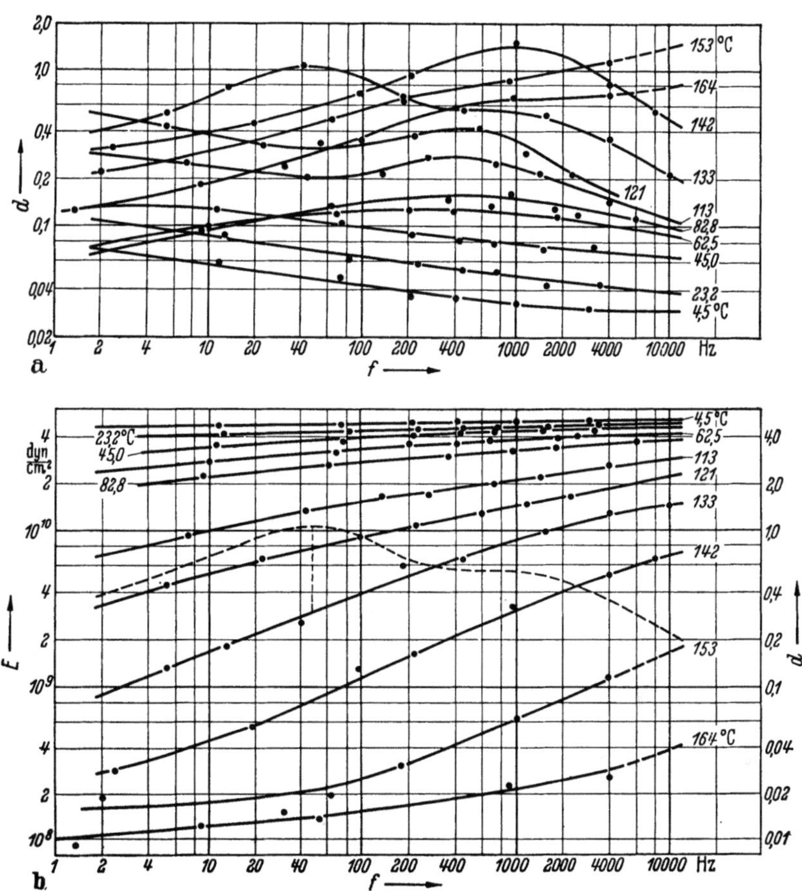

Abb. 53a und b. Kennwerte von Polymethacrylsäuremethylester in Abhängigkeit von der Frequenz bei ver-schiedenen Temperaturen;
a) Verlustfaktor d; b) Elastizitätsmodul E (zum Vergleich Verlustfaktor d bei 133 °C) (nach BECKER)

Weitere Korrekturen werden erforderlich, wenn die Stabdicke h mit der Wellenlänge vergleichbar wird (vgl. I 4.4.3 u. II 3.4.2 b). Solange $h \leqq \lambda$ ist, gelten für den Elastizitätsmodul die folgenden Beziehungen:
für stehende Wellen

$$E_{\mathrm{korr}} = E_{\mathrm{ber}}\left(1 + g\left(\frac{h}{1}\right)^2 \beta_n^2\right), \tag{6a}$$

für fortschreitende Wellen

$$E_{\mathrm{korr}} = E_{\mathrm{ber}}\left(1 + g(2\pi)^2\left(\frac{h}{\lambda}\right)^2\right); \tag{7a}$$

darin sind E_{korr} die korrigierte, E_{ber} die nach Gl. (6) bzw. (7) berechnete Größe, $g = 0{,}186$ ein empirischer Faktor.

Die Kennwerte sind mit diesen Verfahren im gesamten Meßbereich mit gleicher Genauigkeit bestimmbar, und zwar streuen erfahrungsgemäß die Meßwerte von E und d um die durch die Meßpunkte bestimmten glatten Frequenzkurven der Kennwerte um nicht mehr als $\pm 3\%$ der entsprechenden Kurvenpunktwerte im Falle von E ($\pm 10\%$ in ungünstigen Fällen) und $\pm 5\%$ im Falle von d ($\pm 15\%$ in ungünstigen Fällen).

Abb. 53a u. b veranschaulichen diese Gegebenheiten. In ihnen erstreckt sich das Frequenzgebiet von 1 bis 10000 Hz. Der Bereich des Elastizitätsmoduls umfaßt die hohen Werte des eingefrorenen Zustandes ($E \approx 5 \cdot 10^{10}$ dyn/cm²), die kleinen Werte des gummi-elastischen Zustandes ($E \approx 10^8$ dyn/cm²) und das Dispersionsgebiet dazwischen, in dem E mit der Frequenz ansteigt; der Bereich des Verlustfaktors umfaßt die hohen Werte der Absorptionsmaxima ($d_{\max} \approx 1$) und die kleinen des eingefrorenen Zustandes bei hohen Frequenzen ($d \approx 10^{-2}$). Die Nebenmaxima der Frequenzkurven von d sind auf Relaxationsprozesse von Seitengruppen der monomeren Glieder der hochpolymeren Moleküle zurückzuführen, und man kann Kurvenscharen der vorliegenden Art zu strukturanalytischen Untersuchungen des molekularen Verhaltens der Stoffe heranziehen (mechanische Spektrometrie) [38].

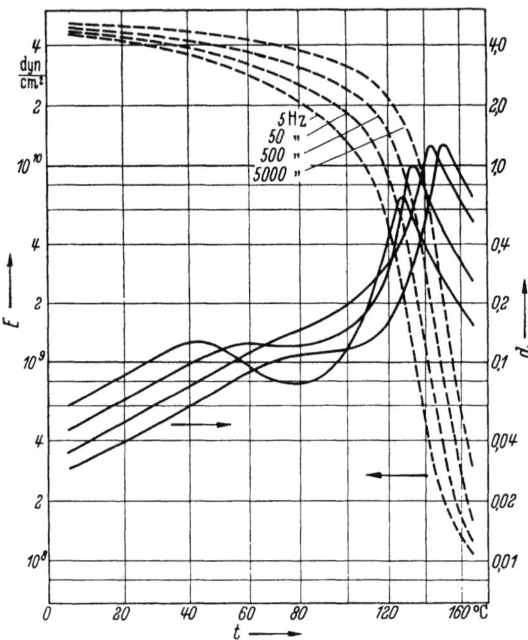

Abb. 54. *Polymethacrylsäuremethylester*. Elastizitätsmodul E und Verlustfaktor d in Abhängigkeit von der Temperatur bei verschiedenen Meßfrequenzen (nach BECKER)

Aus den Frequenzkurvenscharen gewinnt man durch „Frequenzschnitte" auch Temperaturkurvenscharen mit der Frequenz als Parameter. Abb. 54 zeigt als Beispiel die zu Abb. 53 gehörenden Kurvenscharen dieser Art.

Als Vorgänger der soeben beschriebenen Verfahren wurden die bereits erwähnten zur Prüfung auf die Wirksamkeit festhaftender, dämpfender, homogener Beläge auf Blechen entwickelt. Bei ihnen sind besondere Forderungen zu beachten, die kleine methodische Unterschiede zu jenen Verfahren bedingen [23, 26].

Bei den technischen Anwendungen der Bleche mit dämpfendem Belag interessiert unmittelbar nur deren Dämpfung. Man sieht dabei das kombinierte System aus Blech und Belag als homogene Einheit an und berechnet wie bei den homogenen Stäben den Verlustfaktor aus den Meßgrößen (Eigen- oder Resonanzfrequenzen, Abklingzeiten oder Halbwertsbreiten usw.; vgl. oben). Aus den am kombinierten System erzielten Meßdaten können aber auch die Kennwerte des Belagmaterials errechnet werden; man muß dazu noch die Massen oder die Dichten des Belagmaterials und des Bleches, dessen Elastizitätsmodul und Abmessungen und insbesondere das Verhältnis der Dicken des Belages und des Bleches kennen. Die Blechdämpfung hängt stark vom Dickenverhältnis ab.

Das oben beschriebene Verfahren der Untersuchung fortschreitender Biegewellen auf Kunststoffstreifen (ohne Blechunterlage), das in erster Linie für amorphe Stoffe in Frage kommt, ist auf Hochpolymere mit starker Fließkomponente im Temperaturbereich extrem hoher innerer Energieverluste nicht mehr anwendbar. Deshalb werden auch die Biegeschwingungen kombinierter Systeme aus Blechstreifen und Belag des zu prüfenden Kunststoffes zur Ermittlung der dynamisch-elastischen Kennwerte untersucht, und zwar kann bei passender Wahl des Dickenverhältnisses das kombinierte System in einfacher Weise in Resonanz geprüft werden. Dabei kann die von G. W. BECKER beschriebene Resonanzmethode angewandt werden; es können also kleine Proben benutzt werden (Länge 15 bis 30 cm, Breite etwa 8 mm), wenn man sehr sorgfältig auf genaue Einhaltung der Belagdicke und auf festes Haften achtet. Die Streifen werden dabei einseitig fest eingespannt. Die eigentliche Messung ist in diesem Falle einfach durchzuführen. Der experimentelle Aufwand ist in die Herstellung der Proben verlagert; es ist darauf zu achten, daß das gegebenenfalls benutzte hochpolymere Klebmittel härter als der zu prüfende Kunststoff im visko-elastischen Bereich ist, d. h., das Klebmittel muß eine höhere Einfriertemperatur haben.

Die Theorie der Biegeschwingungen der Blechstreifen mit festhaftendem Belag [23, 39] (vgl. auch [24 u. 40]) führt auf die folgenden Beziehungen, die der Auswertung der Meßergebnisse zugrunde gelegt werden:

$$\frac{B}{B_1} = \frac{1 + 2\,a\,\xi(2 + 3\,\xi + 2\,\xi^2) + a^2\,\xi^4}{1 + a\,\xi};\tag{8a}$$

$$\frac{d}{d_2} = \frac{a\,\xi}{1 + a\,\xi}\;\frac{3 + 6\,\xi + 4\,\xi^2 + 2\,a\,\xi^3 + a^2\,\xi^4}{1 + 2\,a\,\xi(2 + 3\,\xi + 2\,\xi^2) + a^2\,\xi^4};\tag{8b}$$

$\xi = h_2/h_1$ Dickenverhältnis,
$a = E_2/E_1$ Modulnverhältnis,
$\quad B$ Biegesteife des Stabes;

Index 1 kennzeichnet die Werte für den Stahlstreifen, Index 2 die Werte für den Belag, Größen ohne Index gelten für das kombinierte System.

Aus den Meßgrößen f_n und l des kombinierten Systems gewinnt man die Hilfsgröße

$$\sqrt{\frac{B}{m}} = 2\pi\,l^2\,\frac{f_n}{\beta_n^2}$$

m die Stabmasse (des kombinierten Systems) je Längen- und Breiteneinheit (die übrigen Größen s. bei Gl. (6)).
Die Messung am Blechstreifen (ohne Belag) liefert für diesen die entsprechende Größe $\sqrt{B_1/m_1}$; E_1 wird nach Gl. (6) berechnet.
B/B_1 in Gl. (8a) erhält man dann aus

$$\sqrt{\frac{B}{B_1}} = \frac{\sqrt{B/m}}{\sqrt{B_1/m_1}}\,\sqrt{1 + m_2/m_1};$$

m_2 Belagmasse je Längen- und Breiteneinheit.

An Hand von Gl. (8a) wird $a = E_2/E_1$ bestimmt, aus Gl. (8b) danach d/d_2 ($d = \Delta f_n/f_n$ der Verlustfaktor des kombinierten Systems). Damit sind dann die gesuchten Größen E_2 und d_2 bekannt. Für eine rasche Ermittlung der Größen a und d/d_2 aus Gl. (8a und b) benutzt man zweckmäßig Kurvenscharen [23] oder Tabellen.

Bei der Ableitung der Gl. (8a und b) ist die Dämpfung d_1 des Stahlbleches vernachlässigt worden. Wenn man sie berücksichtigt [39], folgt für die Anwendbarkeit der Gleichungen bei einer geforderten Meßgenauigkeit für d/d_2 von etwa $\pm 10\%$ der Meßwerte die Bedingung

$$\frac{d_1}{d_2} \lesssim 0{,}1\,a\,(3 + 6\xi + 4\xi^2 + 2a\,\xi^3 + a^2\,\xi^4). \tag{9}$$

Der Bereich der Dickenverhältnisse ξ wird dadurch nach unten eingeschränkt. Für Tiefziehblech aus Stahl kann $d_1 < 10^{-4}$ angenommen werden.

Für die Messung dynamisch-elastischer Kennwerte im Bereich sehr großer Verlustfaktoren d_2 ($d_2 \gtrsim 0{,}1$) haben sich Dickenverhältnisse $\xi = h_2/h_1 = 2 \cdots 4$ als günstig erwiesen (z. B. $h_1 = 1$ mm, $h_2 = 3$ mm). Forderung (9) ist in diesem Falle erfüllt für $a > 10^{-4}$ und $d_2 > 0{,}1$, d. h., bei Verwendung von Stahlblechen ($E_1 \approx 2 \cdot 10^{12}$ dyn/cm²) für $E_2 > 2 \cdot 10^8$ dyn/cm². Für die Messung der Kennwerte im Bereich kleinerer Modulwerte wählt man zweckmäßig größere Dickenverhältnisse im Bereich $\xi = 8 \cdots 10$ (z. B. $h_1 = 0{,}5$ mm, $h_2 = 4$ mm); Forderung (9) ist dann hinreichend erfüllt für $a > 3 \cdot 10^{-5}$ und $d_2 > 10^{-2}$, d. h., im Falle der Stahlbleche $E_2 > 6 \cdot 10^7$ dyn/cm².

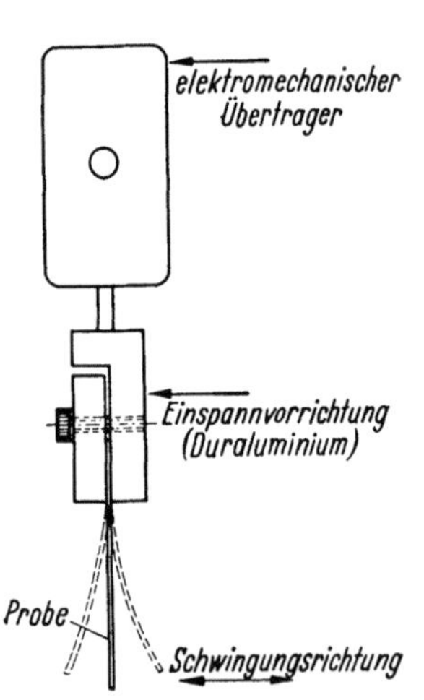

Abb. 55. Schematische Darstellung des elektromechanischen Wandlers mit dem am schwingenden Element befestigten Probekörper, der „schwingenden Zunge" (nach NOLLE)

Das von VAN OORT angegebene Verfahren ähnlicher Art [24] wurde insbesondere für die Prüfung nicht formbeständiger Stoffproben entwickelt; das Blech dient als Träger des mehr oder weniger stark fließenden Materials. Die Proben sind einseitig oder auch beidseitig „lamellierte Stäbe", d. h. Blechstreifen mit den zu prüfenden plastischen Belägen, daneben auch formbeständige rechteckige Stäbe; die doppelseitige (symmetrische) Lamellierung bietet den Vorteil einfacherer theoretischer Beziehungen. Hier werden die Stäbe in horizontaler Lage mit „losen Schnüren" in Schwingungsknoten stehender Biegewellen gehaltert (Schwingungserregung und -messung elektromagnetisch an den Stabenden). Die Meßgrößen sind wieder Biegeresonanzfrequenzen und Halbwertsbreiten der Resonanzkurven, aus denen der Verlustfaktor oder der zugehörige Verlustwinkel berechnet wird.

Das Verfahren ist besonders eingerichtet für die Untersuchung an kleinen Stoffmengen. Bei einer bestimmten Messung als Beispiel hatte der Blechstreifen die Abmessungen 16 cm × 2,6 cm × 0,06 cm; bei einer Lagendicke von 0,2 cm braucht man in diesem Falle für die Untersuchung mehrere Gramm des zu prüfenden Materials. Es ist jedoch auch möglich, mit noch kleineren Stoffmengen von der Größenordnung 1 g auszukommen.

Zur Bestimmung des komplexen Elastizitätsmoduls haben sich weiter Prüfeinrichtungen bewährt, in denen eine schmale, dünne streifenförmige Probe als schwingende Zunge (vibrating reed) benutzt wird, z. B. in der aus Abb. 55 ersichtlichen Anordnung [*18, 19, 30, 32, 36*]. Auf eine große Frequenzbandbreite wird in diesen Fällen meist weniger großer Wert gelegt. Die Methode ist besonders zur Prüfung der Temperaturabhängigkeit entwickelt worden, so von D. W. ROBINSON für die Messung in großen Temperaturbereichen.

Mit der Meßeinrichtung von ROBINSON [*30*] werden die Biegeresonanzen von 2 bis 6 cm langen „Zungen" von 1,5 mm Breite und 1 mm Dicke untersucht (Frequenzbereich etwa 25 bis 2000 Hz). Die Länge ist so gewählt, daß störende Resonanzen anderer Schwingungsformen (insbesondere Torsionsschwingungen) nicht auftreten können. Die Probe ist am einen Ende am schwingenden Element eines elektromechanischen Übertragers (eines Schallplatten-Schneidkopfes) befestigt und am anderen (unteren) Ende frei (vgl. Abb. 55). Die Schwingungen am freien Ende werden photoelektrisch auf dem Schirm eines Kathodenstrahloszillographen sichtbar gemacht. Auch hier werden aus den gemessenen Resonanzfrequenzen f_n und den Halbwertsbreiten der Resonanzkurven der dynamische Elastizitätsmodul und der zugehörige Verlustfaktor bestimmt; der E-Modul ist nach Gl. (6) zu berechnen.

Das Schwingungssystem ist in einer Thermostatenanordnung untergebracht, die es gestattet, die Temperatur der Probe im Bereich 20 bis 600 °K zu variieren; die Meßeinrichtung ist in Abb. 56 schematisch dargestellt. Die gewünschte Temperatur wird durch gesteuerten Wärmetransport von einem Kältemittel (flüssiger Stickstoff oder flüssiger Wasserstoff) oder von heißem Silikonöl über ein Austauschgas (Wasserstoff oder Stickstoff) zur Probe eingestellt; vor der Messung wird diese im Vakuum thermisch isoliert. Die Temperatur wird am schwingenden Element (aus Stahl) des Übertragers mit einem Thermo-

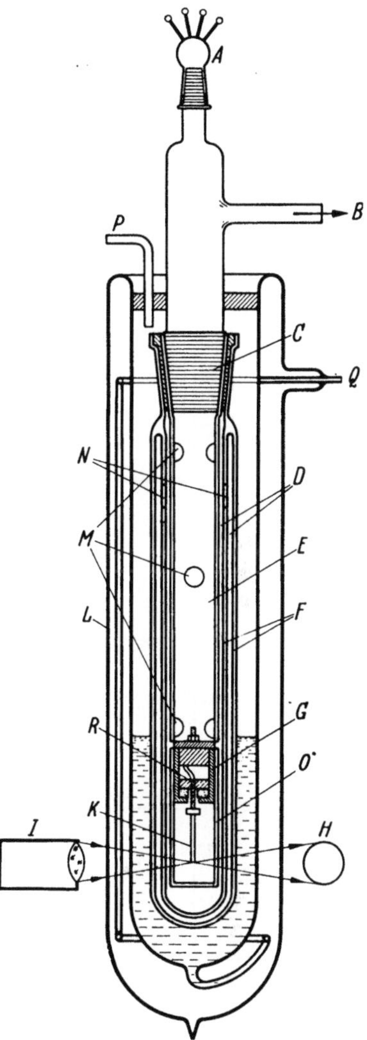

Abb. 56. Untersuchung stehender Biegewellen auf streifenförmigen Proben in einem großen Temperaturbereich.
A vakuumdichte Durchführung elektrischer Leitungen; *B* zur Vakuumpumpe oder zur Gasflasche; *C* Glaskonusverbindung; *D* Raum für Wärmeaustausch — Gasfüllung oder Vakuum; *E* Glasträgerrohr für elektromechanischen Übertrager; *F* doppelwandiger, versilberter Glasvakuumbehälter (mit Sichtschlitzen); *G* Übertrager (um 90° gedreht zur besseren Erkennbarkeit der Einzelheiten); *H* Photozelle; *J* Lichtquelle; *K* Probe; *L* Dewargefäß mit Flüssigkeitsfüllung (Kälte- oder Heizmittel); *M* Pumplöcher im Hauptträgerrohr; *N* Löcher in der Innenwand von *F*; *O* versilbertes Messingrohr (mit Sichtlöchern) zum Wärmestrahlungsschutz; *P* Pumpleitung; *Q* Einlaß zum eingebauten Druckrohr; *R* Thermoelement (nach ROBINSON)

element gemessen; die Temperaturdifferenz beträgt längs der Probe im Gleichgewichtszustand nicht mehr als 0,5 grd.

Abb. 57 gibt mit dieser Einrichtung erzielte Meßergebnisse als Beispiel
wieder [41]. Meßobjekte sind darin Methacrylate mit verschiedenen Esterseiten-

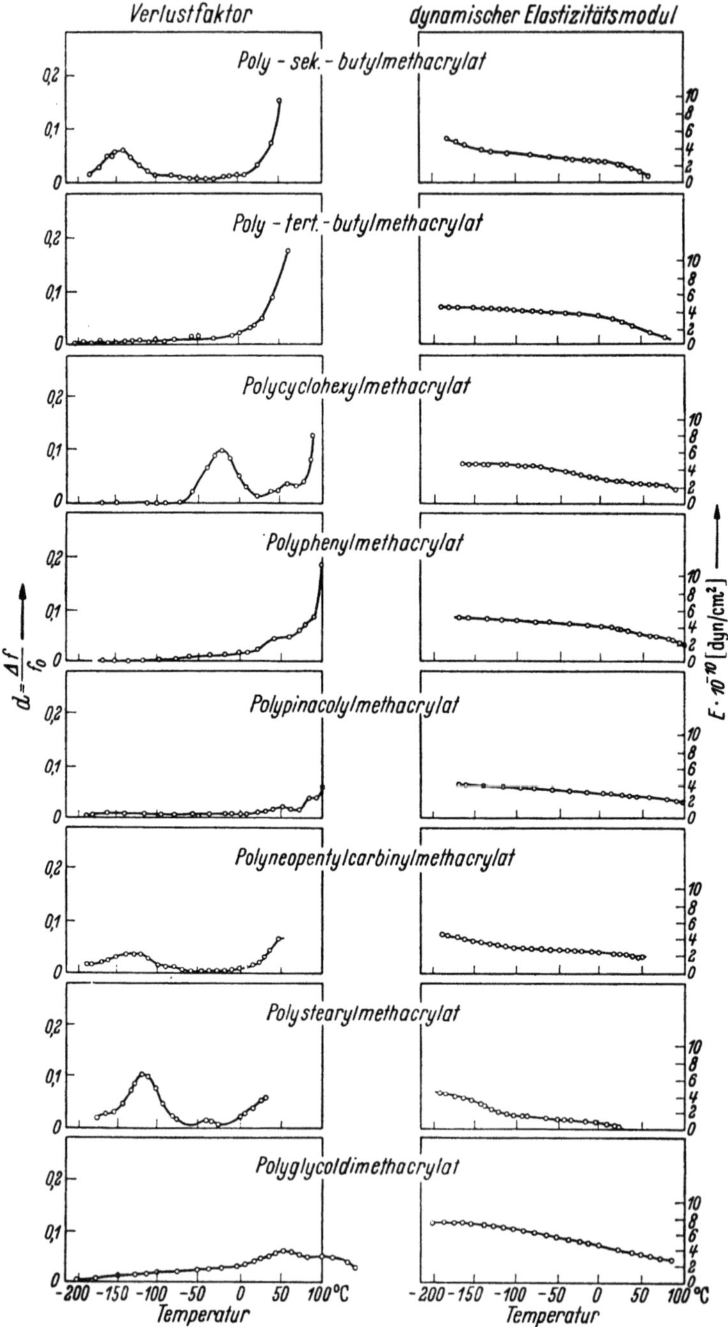

Abb. 57. Der dynamische Elastizitätsmodul E und der Verlustfaktor $d = \Delta f / f_0$ verschiedener Methacrylate
in Abhängigkeit von der Temperatur (nach HOFF, ROBINSON u. WILLBOURN)

ketten, auf deren molekulares Verhalten aus den gemessenen Temperaturkurven der dynamisch-elastischen Kennwerte, insbesondere aus der Lage der Nebenmaxima des Verlustfaktors (mechanische Spektrometrie), geschlossen wird; die Kennwerte gelten für die Grundresonanzfrequenzen, die im Bereich von 100 bis 500 Hz liegen.

Es bleibt noch, auf die „Streifenverfahren" hinzuweisen, mit denen eine Erweiterung des Frequenzbereiches nach tieferen Frequenzen (unterhalb 1 Hz) angestrebt wird. Zu nennen ist hier der von A. W. NOLLE angegebene „rocking beam oscillator" (Balkenschwinger) [19] (Methode I) mit dem Frequenzbereich von 0,1 bis 3 Hz [42]. Der „Balken", auf den verschiebbare Massen zur Einstellung der Eigenfrequenz

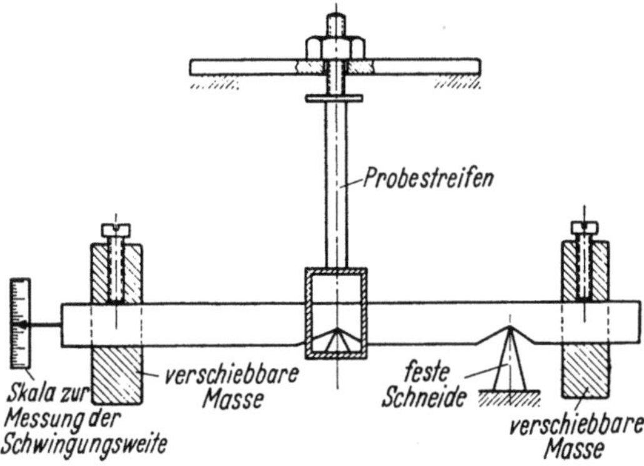

Abb. 58. Einrichtung zur Messung des dynamischen Elastizitätsmoduls bei tiefen Frequenzen (0,1 bis 3 Hz) durch Untersuchung der Eigenschwingungen eines „Balkenschwingers"; Rückstellkraft gegeben durch den auf Zug beanspruchten Probestreifen aus dem zu prüfenden Material (nach NOLLE)

aufgesetzt sind, ist in der aus Abb. 58 ersichtlichen Weise auf einer Schneide drehbar gelagert; die Rückstellkraft des schwingungsfähigen Systems ist allein durch den periodisch auf Zug beanspruchten streifenförmigen Probekörper gegeben. Die gedämpften Eigenschwingungen des Oszillators werden mikroskopisch beobachtet. Durch passende Justierung der aufgesetzten Massen kann eine bestimmte statische Zugkraft vorgegeben werden.

J. KOPPELMANN [29] hat für die Messung des dynamischen Elastizitätsmoduls bei tiefen Frequenzen unterhalb 1 Hz ein Torsionspendel entwickelt, in dem die Rückstellkraft einer an einem Faden aufgehängten Schwungscheibe in der aus Abb. 59 zu ersehenden Weise durch den auf Biegung beanspruchten Probestreifen gegeben ist (vgl. dieses Verfahren mit den im nächsten Abschnitt behandelten Torsionsschwingungsverfahren nach KOPPELMANN).

Neuerdings hat KOPPELMANN den Frequenzbereich nach tiefen Frequenzen bis etwa 10^{-4} Hz erweitert [43]. In der Apparatur für diesen Zweck ruht, ähnlich wie beim „Balkenschwin

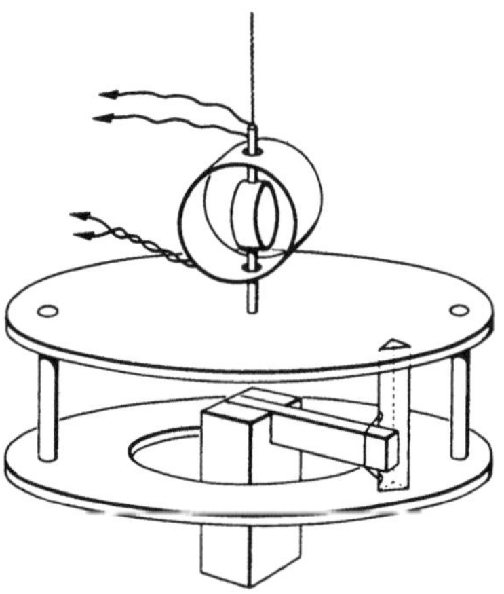

Abb. 59. Schematische Darstellung des Torsionspendels zur Bestimmung des dynamischen Elastizitätsmoduls bei tiefen Frequenzen (unterhalb 1 Hz) (nach KOPPELMANN)

ger" von NOLLE, ein Waagebalken auf einer Schneide. Das eine Balkenende ist über einen dünnen Stahldraht, der durch ein angehängtes Gewicht gespannt ist, mit dem freien Ende einer horizontal gelagerten, stabförmigen Meßprobe verbunden, die am anderen Ende fest eingespannt ist; das freie Probenende liegt in einer Schlaufe des Drahtes. Auf dem anderen Balkenende ruht ein Rollgewicht; es wird durch einen Kurbeltrieb längs des Balkens hin- und herbewegt und erregt diesen mit konstanter Wechselkraft zu langsamen Schwingungen. Die Schwingungsamplitude des freien Probenendes und die auf dieses wirkende Kraft werden nach Betrag und Phase gemessen. Auch in diesem Falle wird also der komplexe Elastizitätsmodul durch Untersuchung erzwungener Biegeschwingungen ermittelt. Außerdem gibt KOPPELMANN eine Probenanordnung an, mit der der Elastizitätsmodul verhältnismäßig weicher Stoffe bei Dehnbeanspruchung der Meßprobe bestimmt werden kann.

Für den Bereich tiefster Frequenzen (bis etwa 10^{-4} Hz) hat auch W. SOMMER eine Apparatur zur Bestimmung des komplexen Elastizitätsmoduls entwickelt [44]. In diesem Falle wird eine stabförmige Probe auf Dehnung beansprucht. Dabei wird die Rotation der Welle eines Synchronmotors über ein Getriebe in die Translationsbewegung einer Schubstange umgesetzt, an der das eine Probenende befestigt ist. Spannung und Dehnung der Probe werden mit Hilfe von Dehnungsstreifen-Anordnungen gemessen.

Ein weiteres Verfahren zur Messung des komplexen Elastizitätsmoduls, in dem zylindrische Stäbe etwa von 9 cm Länge und 0,6 cm Durchmesser als Probekörper dienen, hat B. MAXWELL angegeben [45]. Der Stab, der am oberen Ende fest eingespannt ist, wird von einem Gleichstrommotor über ein Getriebe in Rotation um seine Achse versetzt. Dabei wird das untere Ende um einen kleinen, genau meßbaren Betrag durch ein auf Kugellagern laufendes Rollenpaar zur Seite gebogen. Dieses ist mit einem Kraftmeßelement fest verbunden, das die Komponenten der auf das Probenende ausgeübten Kraft in der Richtung der Biegung und in der Richtung senkrecht dazu mit Hilfe von Dehnmeßstreifen und einer Gleichstrombrücke zu messen gestattet. Bei der Rotation des gebogenen Stabes durchläuft jede Längsfaser Zustände maximaler Dehnung und maximaler Stauchung, d. h. eine Wechsel-Dehnbeanspruchung konstanter Amplitude, deren Frequenz durch die Drehzahl gegeben ist. Die Komponente der auf das Probenende ausgeübten Kraft senkrecht zur Biegungsrichtung ist auf die mechanische Hysteresis als Folge der inneren Energieverluste im Kunststoff zurückzuführen. Durch die Kraftkomponenten, die konstante Dehnung und die Stababmessungen sind der Real- und der Imaginärteil des komplexen Elastizitätsmoduls bestimmt. Die Probe ist von einer Thermokammer umgeben. Der Frequenzbereich erstreckt sich etwa von 0,001 bis 100 Hz. Das Verfahren ist geeignet besonders für verhältnismäßig harte, formbeständige Kunststoffproben.

d) Dynamischer Torsions- oder Schubmodul. Die Entwicklung der Meßtechnik zur Bestimmung des dynamischen Torsionsmoduls und der zugehörigen Dämpfungsgrößen ging Hand in Hand mit derjenigen im Falle des dynamischen Elastizitätsmoduls.

Ein Gerät zur Schubmodulbestimmung, das dem in Abb. 48 dargestellten GOODYEAR-Vibrator für die Bestimmung des Elastizitätsmoduls in wesentlichen Zügen entspricht, ist von DILLON, PRETTYMAN und HALL eingehend beschrieben worden; das Ziel der Prüfung ist auch in diesem Falle insbesondere die Bestimmung der inneren Energieverluste in Kunstgummi für Autoreifen [46]. Der Schubmodul wird als Meßgröße wegen der weitgehenden Unabhängigkeit der gemessenen Werte dieses Moduls von der Probenform gewählt (s. II 3.4.2b).

In Abb. 60 ist das Gerät schematisch dargestellt. Die Meßeinrichtung weicht von der der Abb. 48 wesentlich nur in der Probenjustierung ab; die auf Schub beanspruchten zylindrischen Proben, sind in der aus Abb. 60 ersichtlichen Weise zwischen festen äußeren Platten und einer schwingenden Mittelplatte eingespannt. Die Amplitude der schwingenden Masse m wird optisch mit einer Hebel-Spiegel-Anordnung beobachtet. Die auf m wirkende Kraft und die Amplitude X von m werden auch hier absolut bestimmt.

Gemessen wird in Resonanz, meist bei 60 Hz und 50 °C und 100 °C. Bei dieser tiefen Frequenz stellt die Probe noch eine reine „Feder" dar. Die Resonanzfrequenz f_0 wird durch passende Wahl von m eingestellt.

Für die dynamischen Kenngrößen gelten sinngemäß die Gl. (3) bis (5); an die Stelle des Elastizitätsmoduls E tritt der Schubmodul G.

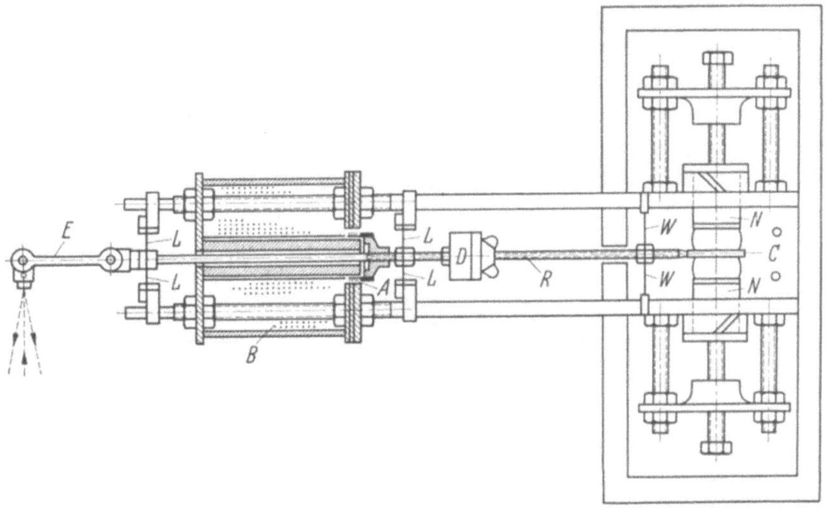

Abb. 60. Schematische Darstellung der Meßrichtung zur Bestimmung des dynamischen Schubmoduls im Resonanzverfahren (nach DILLON, PRETTYMAN u. HALL)

O zylindrische Proben; N feste Platten; C schwingende Mittelplatte; B elektrodynamisches System; A Tauchspule; R starrer Verbindungsarm; L Halterungsblattfedern; W Halterungsstahldrähte; D schwingende Masse m; E Hebel mit Spiegelanordnung zur Amplitudenmessung

Zur Bestimmung des Schubmoduls bei tiefsten Frequenzen etwa im Bereich von 10^{-5} bis 10 Hz dient ein von PHILIPPOFF entwickeltes Gerät [47]. Die Proben werden in diesem in gleicher Weise angeordnet und beansprucht wie in der Apparatur von DILLON, PRETTYMAN und HALL (Abb. 60); das schwingende System wird aber nicht in Resonanz betrieben, sondern die periodischen Verformungen der Proben werden ähnlich wie in der „ROELIG-Maschine" „erzwungen".

In diesem Falle werden die Proben (Elastomere) mit den Metallplatten durch Vulkanisation oder Klebung verbunden. Die Mittelplatte ist in einem Rahmen befestigt, der über ein Dynamometer mit der Antriebsmaschine verbunden ist. Im Dynamometer wird die Kraft (Bereich einige p bis kp) aus der Deformation eines Stahlringes ermittelt, die mit Hilfe eines Differentialtransformators und der zugehörigen elektronischen Geräte im Trägerfrequenzverfahren gemessen wird; ein zweiter Differentialtransformator dient zur Bestimmung der Amplitude (etwa 10 bis 1000 μm) der Mittelplatte und damit der Deformation der Probe (maximale Dehnung 8%). Auf dem Schirm eines Oszillographen wird die Hysteresisschleife (vgl. Abb. 47 und I 4.4.4, Abb. 6) der Kraft und der Schubdehnung sichtbar gemacht.

Die Antriebsmaschine besteht aus einem Synchronmotor und dem zugehörigen Getriebe zur Drehzahluntersetzung; die periodische Bewegung der Mittelplatte der Probe wird durch eine Nockensteuerung erreicht [48]. Für ausreichende Schwingungsisolation der bei steifen Proben und kleiner Kraft störanfälligen Meßeinrichtung ist gesorgt.

Die Probe wird in einem Flüssigkeitsbad elektrisch auf die gewünschte Temperatur geheizt oder in einem kalten Raum gekühlt (Temperaturbereich —30 bis +75 °C).

Die in II 3.4.2 c erwähnte Meßeinrichtung von KOPPELMANN zur Bestimmung des komplexen Elastizitätsmoduls bei tiefen Frequenzen (herunter bis zu 10^{-4} Hz) kann durch einen kleinen Umbau auch für die Bestimmung des Schubmoduls eingerichtet werden.

Nahe verwandt mit dem oben beschriebenen Verfahren von H. BÖHME zur Bestimmung des dynamischen Elastizitätsmoduls (s. II 3.4.2 c), das sich elektromechanischer Wandler und elektronischer Hilfsmittel bedient, ist die von FITZGERALD und FERRY angegebene Methode für die Schubmoduluntersuchung [49].

Die „FITZGERALD-Apparatur" stellt eine technisch reife Fortentwicklung ähnlicher Vorgängergeräte dar [50, 51], bei der eine hohe Meßgenauigkeit und ein möglichst großer Frequenz-Temperatur-Bereich angestrebt und gleichzeitig auf die Erfassung möglichst aller Stoffzustände Wert gelegt wurde. Von besonderer Bedeutung ist es, daß die Methode auch für die Bestimmung des dynamischen Schubmoduls sehr weicher Stoffe, z. B. von *Gelen*, und für die Messung der größten vorkommenden Verlustfaktoren geeignet ist.

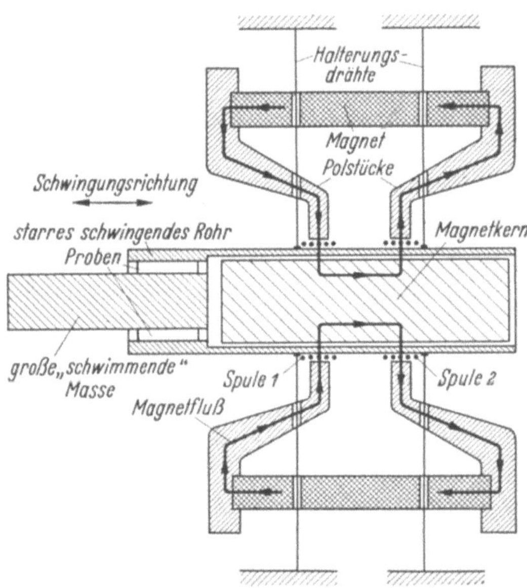

Abb. 61. Vereinfachte schematische Darstellung des elektromechanischen Wandlers in der Meßeinrichtung zur Bestimmung dynamischer Schubmoduln (nach FITZGERALD u. FERRY)

Die Begrenzung des Anwendungsbereiches des genannten Verfahrens zur Elastizitätsmodulmessung nach hohen Frequenzen durch störende Querschwingungen der Proben spielt bei der Schubmodulmessung mit dem FITZGERALD-Gerät keine Rolle. Dieses ist für den Bereich von 10 bis 5000 Hz und —50 bis +150 °C eingerichtet; die Schubmoduln können im Bereich von 10^5 bis 10^{10} dyn/cm² mit einer Meßunsicherheit von $\pm 2\%$ ihrer Werte bestimmt werden. Die Proben haben Dicken (Höhen) im Bereich von 1 bis 6 mm und Durchmesser < 25 mm; man kommt also mit Mengen des zu untersuchenden Materials von der Größenordnung 1 g aus.

Die vereinfachte schematische Darstellung des elektromechanischen Wandlers der Meßeinrichtung in Abb. 61 diene zur Veranschaulichung der Wirkungsweise des Gerätes[1]. Der Wandler besteht aus einem elektrodynamischen System mit zwei ringförmigen Luftspalten, durch die der zu Schwingungen in axialer Richtung fähige Spulenträger, ein Leichtmetallrohr, geführt ist; das Rohr wird von gespannten, dünnen Drähten gehalten. In jeden der Luftspalte taucht eine auf dem Träger festsitzende Spule. Zwischen diesem und einem schweren „schwimmenden" Kern, der weich-federnd mit Drähten gehaltert ist, ist in der aus Abb. 62 zu ersehenden Weise das zu prüfende Material in Form flacher Kreisscheiben angebracht, die leicht zwischen Kern und Spulenträger vorgespannt sind; bei genügend dünnen Proben spielt die seitliche Ausbauchung bei der leichten Zusammendrückung keine merkliche Rolle.

Nach den Grundgedanken der Methode dient eine der beiden Spulen zur Schwingungserregung, die andere zur Messung der Schnelle v (Wechselgeschwindigkeit) des Spulenträgers; elektrische Meßgrößen sind der Wechselstrom J_1 durch die erste Spule (Erregerspule), dem die die Schwingung erzwingende Kraft K auf den Träger proportional ist, und die durch die Schwingung hervorgerufene Spannung U_2 an den Enden der zweiten Spule (Empfängerspule), die in der Grundidee im Leerlauf betrieben wird; die Schnelle v

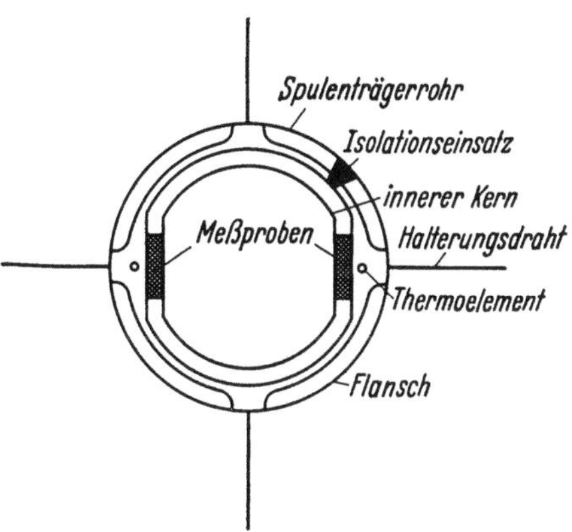

Abb. 62. Sicht auf das Ende des schwingenden Systems (Schwingungsrichtung senkrecht zur Zeichenebene)

ist der Spannung U_2 proportional. Die Bewegung des Leichtmetallrohres ist durch die mechanische Impedanz Z_m des schwingenden Systems gehemmt, das die Federung der auf Schub parallel zu den Zylinderendflächen beanspruchten Proben und die große träge Masse des inneren Kernes, der im Meßbereich praktisch in Ruhe bleibt, einschließt; es ist $K = Z_m v$. Der Quotient U_2/J_1 hat die Dimension einer elektrischen Impedanz. Setzt man $U_2/J_1 = Z_{el}$, so ist $Z_m Z_{el}$ gleich einer Apparaturkonstanten. Wie bei den von H. BÖHME und anderen (II 3.4.2c) entwickelten Verfahren wird also die Messung der mechanischen Impedanz des schwingenden Systems auf die Messung einer elektrischen zurückgeführt. Die Apparaturkonstante kann durch Messung der elektrischen Impedanz bei fehlenden Stoffproben im Bereich der hohen Meßfrequenzen genau ermittelt werden.

Bei der praktischen Versuchsdurchführung wird Z_m mit Hilfe einer elektrischen Brückenschaltung bestimmt; die oben wiedergegebenen Grundgedanken werden dabei etwas modifiziert. Abb. 63 zeigt das vereinfachte Schaltbild der Brücke[1]. Die Empfängerspule liegt in einem Brückenzweig, in dem sie wie eine zu bestimmende elektrische Impedanz Z_2 wirkt; eine Reihenschaltung aus der Erregerspule und einem ohmschen Widerstand liegt zur Brückenschaltung

---

[1] Die Abbildung ist entnommen aus Technical Bulletin No. 2 (Fitzgerald Apparatus), Atlantic Research Corporation, Alexandria, Virginia; genaue Beschreibung der Apparatur mit den Justiervorrichtungen bei FITZGERALD und FERRY [49].

parallel. Nach Abgleich der Brücke ist $Z_2 = Z_1 \cdot Z_3/Z_4$, wo Z_1, Z_3 und Z_4 die Impedanzen der übrigen Brückenzweige sind. Wenn man die Widerstände R_3 und R_a (s. Abb. 63) groß gegen die Spulenimpedanzen wählt, kann man bei bestimmten Versuchsdurchführungen die gesuchte mechanische Impedanz Z_m durch elektrische Scheinwiderstände Z_1, Z_4 und R_a allein ausdrücken (Näheres s. [49]).

Z_m setzt sich im wesentlichen additiv zusammen aus der Impedanz Z_m^0 des Spulenträgers, die durch Messung bei fehlenden Stoffproben ermittelt wird, und der Impedanz der auf Schub beanspruchten Proben $Z_m' = 2G^* F/j\,\omega\,h$ (bei gleichen Proben, F und h Querschnitt und Höhe); $G^* = G(1 + j\,d)$ ist der gesuchte dynamische Schubmodul.

Ergänzend bleibt zu bemerken, daß die Kopplung durch die Gegeninduktivität der beiden dicht benachbarten koaxialen Spulen ausgeschaltet werden muß.

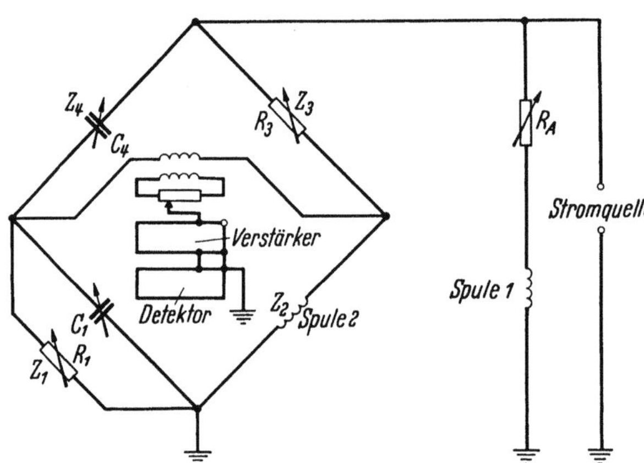

Abb. 63. Vereinfachtes Schaltbild der FITZGERALD-Brücke

Diesem Zwecke dienen zwei weitere Spulen (in Abb. 61 nicht wiedergegeben), die die beiden anderen dicht umschließen, ohne sie zu berühren; sie sind in den Ringspalten auf die Polstücke des Magneten geklebt und bleiben also in Ruhe. Durch die die Erregerspule umschließende Spule wird ein Wechselstrom mit der Meßfrequenz geschickt, der nach Betrag und Phase so geregelt wird, daß die in der Empfängerspule induzierte elektromotorische Kraft verschwindet; die zweite in Ruhe bleibende Spule dient als Hilfsmittel bei der Nulleinstellung. Die Kompensationsschaltung ist in Abb. 63 der Übersichtlichkeit halber fortgelassen.

Die hohe Meßgenauigkeit erfordert hochwertige Einzelteile der elektrischen Meßeinrichtung (Frequenzgenerator, Verstärker, Elemente der Brückenschaltung usw.) und sorgfältige Justierung der elektromechanischen Apparatur, insbesondere der Proben. Als Hilfsmittel dient dabei u. a. ein Fernrohr, mit dem auch die Probendicken nach dem Einbau genügend genau gemessen werden können. Der Quotient F/h wird aus der gemessenen Höhe und dem Probenvolumen errechnet, das aus Masse und Dichte bestimmt wird; die Temperaturabhängigkeit ist dabei zu berücksichtigen.

Zur Einstellung der Prüftemperatur wird das elektromechanische Gerät, das in ein dichtes Gehäuse eingeschlossen ist, in ein Temperaturbad in einem doppelwandigen Gefäß aus nichtrostendem Stahl getaucht, das gegen den Außenraum mit einer Glasfaserfüllung der Doppelwand thermisch isoliert ist. Das Bad ist ein Benzin-Petroleum-Gemisch für den Bereich von —50 bis 20 °C und ein Mineralöl für den Bereich von 20 bis 150 °C. Für die Kühlung sind „Kühltaschen" vorgesehen, die mit Trockeneis und Benzin gefüllt werden. Auf die gewünschte Temperatur, die innerhalb der durch $\pm 0{,}1$ °C gegebenen Grenzen geregelt wird,

wird das Bad elektrisch geheizt. Die Temperatur der Proben wird mit einem Thermoelement am Spulenträger in der Nähe der Proben gemessen; die Einstellung des Temperaturgleichgewichtes an den Proben erfordert nach einer Temperaturänderung des Bades um 10 °C 4 Stunden.

Abb. 64 gibt mit dem FITZGERALD-Gerät gemessene Frequenz-Kurvenscharen (mit der Temperatur als Parameter) des Realteiles J' und des Imaginärteiles J'' der dynamischen Schubnachgiebigkeit (compliance) J^* von Polymethacrylsäureäthylester wieder [52], die gleich dem reziproken Schubmodul ist ($J^* = J' - j\,J'' = 1/G^*$; vgl. I 4.2.3). Diese Kurvenscharen sind insbesondere auf den Übergangs-

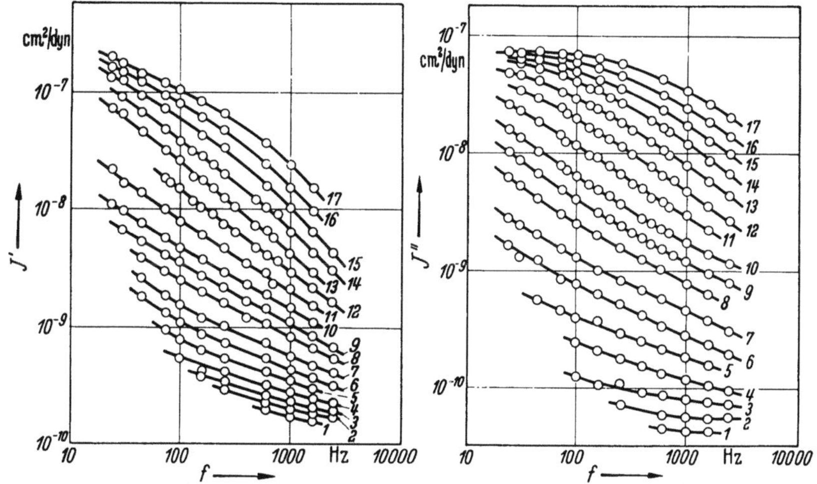

Abb. 64. Realteil J' und Imaginärteil J'' der dynamischen Schubnachgiebigkeit von Polymethacrylsäureäthylester in Abhängigkeit von der Frequenz bei verschiedenen Temperaturen (nach FERRY u. a.).
Zuordnung der Temperaturen zur Numerierung in den Kurvenblättern:

1	2	3	4	5	6	7	8	9
74,6	79,8	84,6	89,8	94,8	99,9	104,7	110,8	114,9 °C

10	11	12	13	14	15	16	17
118,8	124,4	130,1	135,4	140,2	145,1	150,0	155,1 °C

bereich zwischen dem glasartigen und dem gummi-elastischen Zustand des untersuchten Materials bezogen; die Kurven mit den kleinsten J'-, J''-Werten (bei 74,6 °C) entsprechen im Frequenz-Kurvenscharenbild des Schubmoduls den Kurven mit größten G'-, G''-Werten. Dem Anstieg des Moduls im Gebiet elastischer Dispersion (vgl. Abb. 53) entspricht hier der Abfall der J'-Kurven mit wachsender Frequenz. Aus den Frequenz-Kurvenscharen von J' und J'' wurden im vorliegenden Falle u. a. die Relaxationszeit-Spektren der relaxierenden Mechanismen in Haupt- und Seitenketten der Moleküle und die Aktivierungsenergien dieser Mechanismen ermittelt (s. I 4.2.4).

Auch für die Bestimmung des Torsionsmoduls sind Meßverfahren im Gebrauch, die sich streifenförmiger Proben bedienen, und zwar werden in diesem Falle die Streifen noch vorwiegend als Federelemente in Torsionspendeln benutzt, deren tieffrequente Eigenschwingungen (um 1 Hz) untersucht werden 25, 53, 54 bis 60] (s. I 4.4.3). SCHMIEDER und WOLF [57] haben das Verfahren n größerem Umfang angewandt und erprobt und damit seine allgemeine Ein-

führung in die Kunststoff-Prüftechnik beschleunigt. Für die Untersuchungen mit
dieser Methode kommen in erster Linie formbeständige Proben mit schwacher
Neigung zum Fließen in Frage; der Anwendungsbereich erstreckt sich wie bei den
entsprechenden Verfahren zur Bestimmung des dynamischen Elastizitätsmoduls
vom hart- bis zum weichelastischen Zustand der hochpolymeren Stoffe. Darüber
hinaus ist das Verfahren auch noch für die Beobachtung des Erweichungsverhaltens bei beginnendem plastischem Fließen geeignet.

In Abb. 65 ist die von SCHMIEDER und WOLF benutzte Versuchsanordnung
schematisch dargestellt. Die Meßprobe ist ein „Bändchen" mit rechteckigem

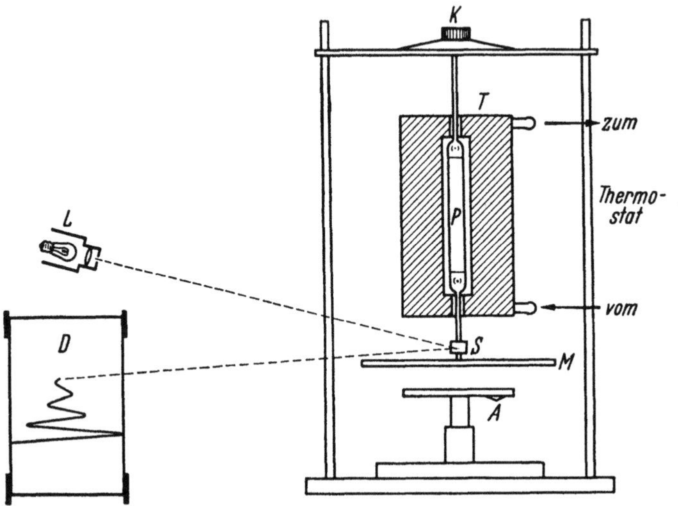

Abb. 65. Schematische Darstellung der Torsionsapparatur

P bändchenförmige Probe;   M Schwungscheibe;   K drehbare obere Einspannvorrichtung;   A Arre-
tierung;   T Temperaturkammer;   L Lichtquelle;   D Diagramm auf dem photographischen Registrierstreifen
(nach SCHMIEDER u. WOLF)

Querschnitt, für das eine Länge von 60 mm, eine Breite von 10 mm und eine
Dicke von 1 mm empfohlen wird. Die Querschnittsabmessungen, besonders die
Dicke, müssen über die Streifenlänge sehr genau eingehalten werden (Messung
an 5 Stellen, Dicke auf 0,005 mm, Breite auf 0,1 mm, zulässige größte Abweichungen der Einzelwerte der Dicke voneinander 3 % der Mittelwerte; vgl. II 3.4.2 c,
Streifenverfahren nach G. W. BECKER [28]). Die Enden der Probe sind fest
eingespannt. Die obere Einspannvorrichtung bleibt während des Schwingungs-
vorganges in Ruhe, die untere dreht sich mit der an ihr befestigten Schwungscheibe mit dem Trägheitsmoment J. Durch leichtes Drehen der oberen Einspannvorrichtung werden die Eigenschwingungen angeregt; der Schwingungsvorgang
wird mit Hilfe der in der Abbildung skizzierten optischen Einrichtung fotogra-
fisch registriert. Dem Registrierstreifen können in einfacher Weise die Eigenfrequenz und das Dekrement entnommen werden.

Der Drehwinkel α wird zur Vermeidung von Nichtlinearitäten genügend
klein gehalten. Durch Auswechseln von Schwungscheiben verschiedener Träg-
heitsmomente oder von Proben verschiedener Abmessungen kann die Eigenfrequenz des Systems geändert werden. Der Beitrag, den die Schwerkraft zum
rücktreibenden Drehmoment leistet, kann bei sehr dünnen Proben und bei

kleinen Moduln ($G \leq 10^8$ dyn/cm²) beträchtlich werden [58]; man kann ihn rechnerisch (s. unten) oder durch apparative Maßnahmen [56] eliminieren.

Es sei l die Länge, b die Breite, h die Dicke der Probe, dann ist das Drehmoment M, das das untere Streifenende um den Winkel α verdreht,

$$M = \frac{\alpha}{l}\, G\, N,\qquad (10)$$

wobei für $h/b < 1/3$

$$N = (1/3)\, b\, h^3 (1 - 0{,}630\, h/b)$$

ist.

Die Periodendauer T der gedämpften Eigenschwingung ist

$$T = 2\pi \sqrt{\frac{J}{D}}\ \sqrt{1 + \frac{\Lambda^2}{4\pi^2}}\ ;\qquad (11)$$

$D = M/\alpha$ ist das Direktionsmoment.

Bei nicht zu großen Dekrementen oder Verlustfaktoren kann $\Lambda^2/4\pi^2$ gegen 1 vernachlässigt werden, und es gilt bei Einführung der Eigenfrequenz $f_0 = 1/T$

$$G = 4\pi^2\, \frac{lJ}{N}\, f_0^2.\qquad (12)$$

Der bereits erwähnte Beitrag der Schwerkraft zum rücktreibenden Drehmoment kann rechnerisch durch das additive Korrekturglied $m \cdot g \cdot b^2/12\, l$ zum Direktionsmoment $D = GN/l$ berücksichtigt werden (m die Masse der Schwungscheibe, g die Schwerebeschleunigung) [57, 58].

Es seien $A_1, A_2, \ldots, A_n, A_{n+1}, \ldots$ die aufeinanderfolgenden Schwingungsausschläge nach der gleichen Seite; dann ist das Dekrement $\Lambda = \ln (A_n/A_{n+1})$.

Auch am Dekrement ist nötigenfalls der Einfluß der Schwerkraft auf den Meßwert zu eliminieren [58].

Während der Messung umgibt die Probe einschließlich der Klemmen der Einspannvorrichtungen eine Temperierkammer (s. Abb. 65). Praktisch bewährt hat sich eine zylindrische, doppelwandige, wärmeisolierte Kammer. Der Raum zwischen der inneren und der äußeren Zylinderwand wird von einer geeigneten Kühl- oder Heizflüssigkeit durchspült. Die Kammer ist so eingerichtet, daß während der Messung die Luftzirkulation vom Innenraum nach außen unterbunden ist, jedoch die Bewegungen des schwingungsfähigen Systems bei der Messung nicht behindert sind. Ferner ist die Möglichkeit vorgesehen, einen vortemperierten oder vorgetrockneten Luftstrom oder Strom eines inerten Gases mit kleiner Geschwindigkeit in den Innenraum einzuleiten. Es wird gefordert, daß die Temperatur in Probennähe örtlich um nicht mehr als ± 1 °C um den Sollwert schwankt; zur Erreichung dieses Zieles sind die durch die Kammerabschlüsse führenden Teile der Einspannvorrichtungen aus einem schlechten Wärmeleiter (z. B. Glas) gefertigt. Die Temperatur in der Probennähe wird mit einem Thermoelement oder einem Widerstandsthermometer gemessen.

Bei den gegebenen Abmessungen der Proben sind diese etwa 3 Minuten nach dem Erreichen der gewünschten Temperatur gleichmäßig durchtemperiert. Die Aufheizgeschwindigkeit soll nicht mehr als 50 °C je Stunde betragen. Zur Entlastung der Probe während der Aufheizzeit dient die in Abb. 65 skizzierte Arretierungsvorrichtung. Die Längenänderung des Streifens bei Änderung der Temperatur spielt, vom Erweichungsbereich abgesehen, praktisch keine Rolle. Etwaige Längenänderungen sind zu kontrollieren, z. B. mit einem neben der Schwungscheibe angebrachten Maßstab.

Die Abb. 66 und 67 geben mit der Torsionsapparatur von SCHMIEDER und WOLF erzielte Meßergebnisse wieder.

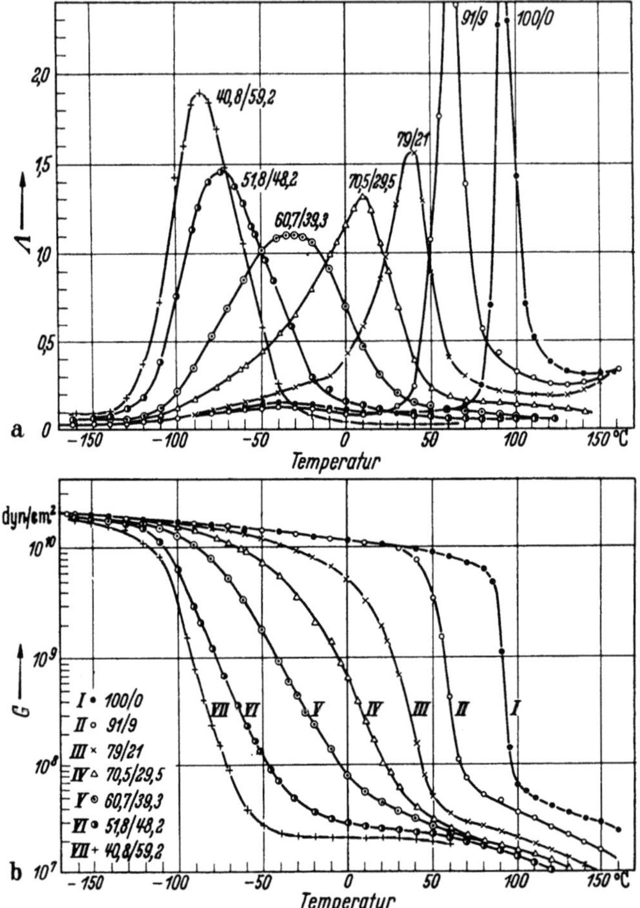

Abb. 66 a und b. Kennwerte von Polyvinylchlorid mit Diäthylhexylsuccinat als Weichmacher in Abhängigkeit von der Temperatur bei verschiedenen Mischungsverhältnissen der Komponenten (nach SCHMIEDER u. WOLF) a) Dekrement Λ; b) Schubmodul G

Abb. 66 zeigt für Polyvinylchlorid mit verschiedenen Mengen Diäthylhexylsuccinat als Weichmacher Temperaturkurven von G und Λ bei verschiedenen Mischungsverhältnissen der Stoffe als Parameter (vgl. Abb. 54 und 57). Die Meßfrequenz ist gleich der Eigenfrequenz des Torsionspendels bei einer bestimmten Versuchsanordnung und ändert sich mit der Temperatur; diese Änderung ist jedoch für die Diskussion der Meßergebnisse oftmals nicht wesentlich. Die Streuungen der Meßpunkte um die durch diese bestimmten glatten Kurven entsprechen denjenigen um die oben wiedergegebenen Frequenz- und

Temperaturkurven von Moduln und den zugehörigen Dämpfungsgrößen nach Messungen anderer Autoren (Abb. 53, 57, 64). Aus dem Verlauf der G- und Λ-Kurven der Abb. 66, insbesondere aus der Temperaturlage der Dispersionsgebiete, der Steilheit der G-Kurven in diesen Gebieten und aus Höhe, Breite und Symmetrie der Absorptionsmaxima werden Schlüsse auf das molekulare Verhalten der Mischungskomponenten gezogen.

Oftmals wird die Abhängigkeit von Kennwerten von 2 Variablen, z. B. der Frequenz und der Temperatur, in dreidimensionaler Darstellung wiedergegeben, deren Vorzug ihre Anschaulichkeit ist. Abb. 67 zeigt ein Beispiel einer solchen Reliefdarstellung.

Auch im Torsionsschwingungsversuch werden kombinierte Proben-Systeme benutzt, beispielsweise für sehr weiche oder brüchige Stoffe Metallstreifen mit Belag aus dem zu prüfenden Material auf beiden Seiten [58] (vgl. II 3.4.2 c).

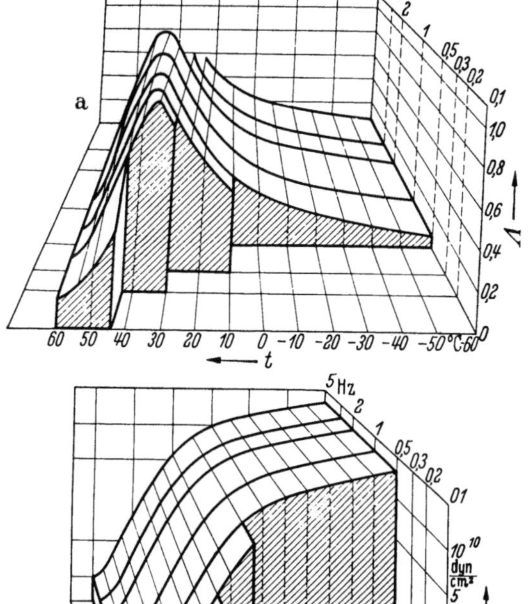

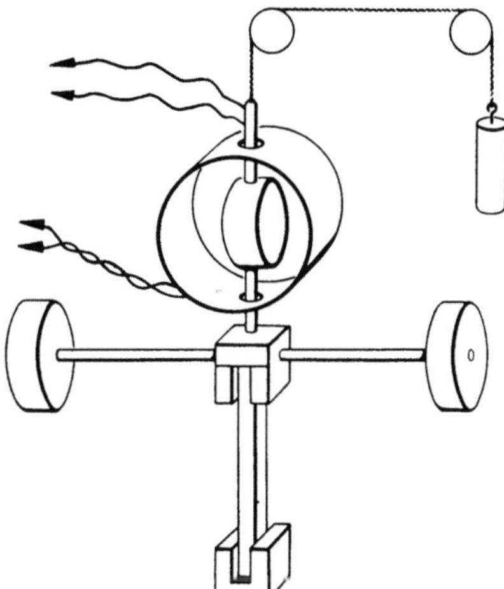

Abb. 67a und b. Kennwerte von mit Diäthylhexylphthalat weichgemachtem Polyvinylchlorid (80/20) als Funktion der Temperatur und der Frequenz in Reliefdarstellung (nach SCHMIEDER u. WOLF);

a) Dekrement Λ; b) Schubmodul G

Abb. 68. Schematische Darstellung des Torsionspendels mit Einrichtung zur Schwingungsmessung mit dem Trägerfrequenzverfahren (nach KOPPELMANN)

Eine Torsionsschwingungsapparatur, in der elektronische Hilfsmittel verwendet werden, hat J. KOPPELMANN entwickelt [29]. In Abb. 68 ist das Torsionspendel schematisch dargestellt (Meßbereich 0,1 bis 10 Hz). Die Schwungmasse ist in diesem Falle in der aus dem Bild ersichtlichen Weise an einem dünnen Stahldraht aufgehängt, dessen Direktionsmoment vernachlässigbar klein ist (vgl. auch [56] und [59]); ein Gegengewicht sorgt dafür, daß die Schwungmasse den Stab nicht belastet. Die Eigenschwingungen des Systems, das während der

Messung in einem Thermostaten untergebracht ist, werden hier durch kurzzeitiges Verdrehen der unteren Einspannstelle mit Hilfe eines Relais angeregt.

Zur Schwingungsmessung wird ein Trägerfrequenzverfahren benutzt. Oberhalb der Schwungmasse sind zwei zueinander senkrecht orientierte Spulen angebracht (s. Abb. 68), von denen die äußere während der Eigenschwingung des Systems in Ruhe bleibt, während die innere die Drehungen der Schwungmasse mitmacht. Durch die äußere Spule wird ein Wechselstrom geschickt, dessen Frequenz genügend hoch über der Meßfrequenz liegt. In der inneren wird eine Wechselspannung induziert, deren Amplitude bei kleinen Schwingungsweiten dem Drehwinkel proportional ist. Der Schwingungsvorgang wird mit einem dieses Pegelschreiber registriert (s. II 3.4.2 c). Je nach Wahl des Potentiometers Gerätes verlaufen die einhüllenden Kurven der auf dem Registrierstreifen

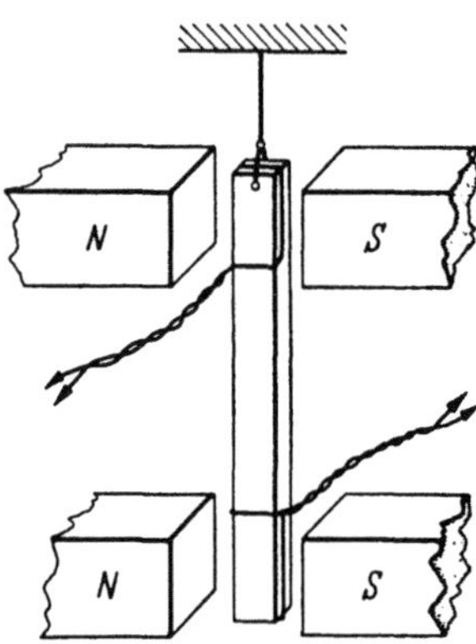

Abb. 69. Schematische Darstellung der Versuchsanordnung zur Untersuchung stehender Torsionswellen auf Kunststoffstreifen (nach KOPPELMANN)

aufgezeichneten gedämpften Eigenschwingung exponentiell oder geradlinig (vgl. I 4.4.3, Abb. 4). Dem Kurvenbild werden Eigenfrequenz und Dekrement der Schwingung in einfacher Weise entnommen. Für eine bequeme Schwingungsaufzeichnung ist es gegebenenfalls zweckmäßig, die beiden Spulen nicht genau zueinander senkrecht zu justieren.

ILLERS und JENCKEL haben die Anordnung nach KOPPELMANN (Abb. 68) modifiziert [59], und zwar haben sie den Stahldraht der Aufhängung, dessen Direktionsmoment nicht mehr vernachlässigbar klein ist, in das Meßsystem einbezogen; der Draht wird als dämpfungsfrei angenommen. Man kann in einem solchen System bei großen Dämpfungen der Kunststoffprobe die Gesamtdämpfung genügend klein halten, so daß man gut meßbare Dekremente erhält; aus den Meßdaten für das kombinierte System und für das Torsionspendel mit Stahldraht ohne Kunststoffprobe werden der dynamische Schubmodul und der Verlustfaktor dieser Probe in einfacher Weise bestimmt (vgl. die kombinierten Streifensysteme oben und in II 3.4.2 c).

Eine beträchtliche Erweiterung des Frequenzbereiches der Torsionsschwingungsmethoden, mit denen der dynamische Schubmodul an streifenförmigen Proben bestimmt wird, hat KOPPELMANN erreicht [29]. Bei den Frequenzen des Hörbereiches (bis etwa 10000 Hz) werden wie im Falle der Bestimmung des dynamischen Elastizitätsmoduls stehende Wellen auf dem Probestreifen untersucht. Abb. 69 zeigt das Schema der von KOPPELMANN benutzten Versuchsanordnung. Auf beide Enden des Streifens sind in der aus der Abbildung ersichtlichen Weise Spulen aus dünnem Draht geklebt. Die Probe wird an einem dünnen Faden aufgehängt, und die Spulen werden in permanenten Magnetfeldern mit der Spulenfläche parallel zu den Kraftlinien angeordnet. Ein Wechselstrom durch eine der Spulen regt den Streifen zu Torsionsschwingungen an; die in der Spule am anderen Stabende induzierte Wechselspannung, die mit den üblichen elektronischen Geräten angezeigt wird, dient als Maß für die Schwingungsweiten. Eine eingehende Beschreibung dieses Meßverfahrens geben A. BARONE und A. GIACOMINI [61].

Gemessen wird bei den Eigen- oder Resonanzfrequenzen, die im Falle der stehenden Torsionswellen zueinander harmonisch liegen. Wie bei den entsprechenden Verfahren zur Bestimmung des dynamischen Elastizitätsmoduls (II 3.4.2 c) wird der Torsionsmodul mit seinem Verlustfaktor aus der Eigen- oder Resonanzfrequenz, den Stababmessungen und der Halbwertsbreite der Resonanz-

kurve oder dem Dekrement des Abklingvorganges bestimmt; das Gewicht der aufgeklebten Spulen kann in einer Längenkorrektur berücksichtigt werden.

Ein Meßbeispiel, das von KOPPELMANN mit seinen Torsionsschwingungsmethoden gewonnen wurde, zeigt Abb. 70, in dem Schubmodul G und Verlustfaktor d von weichgemachtem Polyvinylchlorid als Funktion der Frequenz bei verschiedenen Temperaturen dargestellt sind. Besonderer Wert wurde in diesem Falle auf die Untersuchung des Nebendispersionsgebietes bei tiefen Frequenzen gelegt. Der Vergleich mit Abb. 53 lehrt, daß die Streifenmethoden zur Bestimmung des dynamischen Schubmoduls, was den Meßbereich und die Meßgenauigkeit angeht, etwa das gleiche leisten wie diejenigen für die Bestimmung des dynamischen Elastizitätsmoduls.

e) Dynamischer Kompressionsmodul. Die Messung des dynamischen Kompressionsmoduls ist technisch von nicht so großer Bedeutung wie die Bestimmung der auf Verformungen bei völlig oder nahezu konstantem Volumen bezogenen Moduln, d. h. des Elastizitäts- und des Torsionsmoduls.

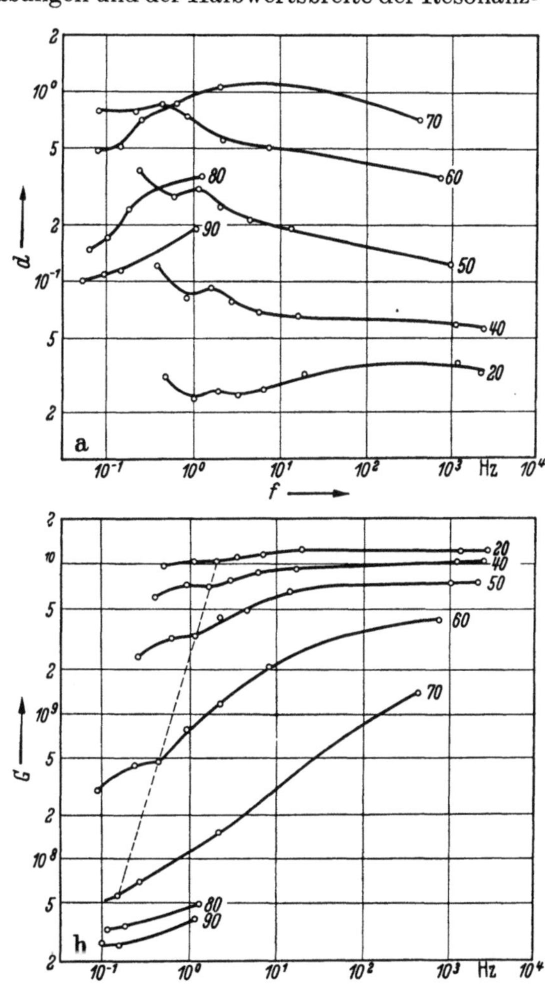

Abb. 70a und b. Kennwerte von Polyvinylchlorid-Dioctylphthalat 90:10 als Funktion der Frequenz bei verschiedenen Temperaturen in °C als Parameter (nach KOPPELMANN) a) Verlustfaktor d; b) Schubmodul G (die gestrichelte Linie markiert die untere Frequenzgrenze eines Nebendispersionsgebietes)

Wenn man tiefere Einblicke in das dynamisch-mechanische Verhalten hochpolymerer Stoffe erhalten will, wird die Messung mehrerer Moduln erforderlich (s. a. J. KOPPELMANN [29]), und dies ist der Grund dafür, daß in jüngster Zeit an verschiedenen Stellen insbesondere auch Methoden zur Bestimmung des Kompressionsmoduls entwickelt worden sind. Diese Aufgabe stößt auf beträchtliche experimentelle Schwierigkeiten, die u. a. darauf zurückzuführen sind, daß die Hochpolymeren bei allseitiger Kompression wie die Flüssigkeiten hart sind (vgl. I 4.4.2); insbesondere muß deshalb der Einfluß der Nachgiebigkeit der Gefäßwandungen beachtet werden.

Es gibt aber auch technische Anwendungen, bei denen die Kenntnis der Kompressibilität und der zugehörigen Dämpfung von Werkstoffen erforderlich ist. Ein Beispiel hierfür sind die Stoffmischungen, die für die Herstellung von Breitband-Absorbern in der Wasserschalltechnik benutzt werden (vgl. I 4.4.6). Ein Verfahren zur Messung des dynamischen Kompressionsmoduls in dem in diesem Anwendungsfalle interessierenden Frequenzbereich haben E. MEYER und K. TAMM angegeben [62].

Im Grundgedanken der Methode wird ein Resonatorsystem, dessen Federung durch die Kompressibilität einer Flüssigkeit bestimmt ist, durch eine Probe des zu untersuchenden Materials, die in die Flüssigkeit gebracht wird, verstimmt. Aus der Änderung der Resonanzfrequenz und der Erhöhung der Halbwertsbreite wird auf den Kompressionsmodul und den zugehörigen Verlustfaktor des Materials geschlossen. Das Verfahren ist besonders angemessen für die Untersuchung stark zusammendrückbarer Materialien.

In der praktischen Ausführung wird als Resonatorsystem ein solches mit verteilter Masse und Federung, nämlich eine Wassersäule in einem Glasrohr gewählt, die zu Längsschwingungen in Resonanz erregt wird; die Probe wird in einen Druckbauch der stehenden Welle gebracht (über Abweichungen bei sehr weichen Proben s. [62]). Die Versuchsanordnung ist in Abb. 71 schematisch dargestellt. Das Rohr ist am oberen Ende offen, am unteren durch eine Stahlmembran abgeschlossen, die elektromagnetisch zu Schwingungen angeregt wird. Die Schnelle am oberen Ende wird mit Hilfe eines leichten Schwimmers gemessen, der die Tauchspule eines elektrodynamischen Systems trägt. Zur Messung der Frequenzänderung wird die Erregerwechselspannung mit der frequenzkonstanten Wechselspannung eines Vergleichsgenerators überlagert, die Differenzfrequenz wird in einer Mischstufe erzeugt und mit einem Frequenzmesser bestimmt. Die Meßfrequenz hängt von der Länge des Rohres ab.

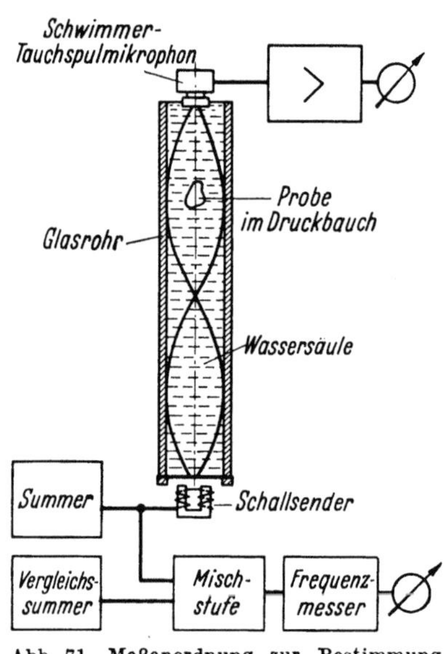

Abb. 71. Meßanordnung zur Bestimmung des dynamischen Kompressionsmoduls im Hörbereich (nach MEYER u. TAMM)

In der von MEYER und TAMM beschriebenen Anordnung war das Rohr 1 m lang und hatte eine lichte Weite von 8 cm und eine Wandstärke von 7 bis 8 mm. Gemessen wurde in der ersten Oberschwingung der Wassersäule bei der Resonanzfrequenz 1200 Hz. Die Halbwertsbreite betrug bei fehlender Probe 1,5 Hz. Die Größe der Probe wurde so gewählt, daß die Frequenzverschiebung und Halbwertsbreite 100 Hz nicht überschritten, also klein gegen die Meßfrequenz blieben.

Bei der theoretischen Auswertung der Meßergebnisse wird angenommen, daß die Probe über dem Rohrquerschnitt senkrecht zur Achse in eine planparallele Schicht gleichen Volumens „verschmiert" sei. In diesem Falle lassen sich die Methoden der Theorie der elektrischen Leitungen für die Berechnung der Resonanzfrequenzen und der Halbwertsbreiten aus den elastischen Kennwerten und den Abmessungen des schwingungsfähigen Systems anwenden. Die Ergebnisse der Theorie sind bei genügend kleinen Frequenzverschiebungen und Halbwertsbreiten einfach und übersichtlich. Durch Messungen an Luftblasen als Proben, deren Kompressionsmodul bekannt ist ($K = 1{,}46 \cdot 10^6$ dyn/cm²), wurde die Zulässigkeit der Annahmen der Theorie bestätigt.

Die Meßeinrichtung ist u. a. benutzt worden für die Untersuchung von Gummiproben aus natürlichem und synthetischem Kautschuk. Gemessen wurde insbesondere die Temperatur- und Druckabhängigkeit des Kompressionsmoduls und seines Verlustfaktors bei der Meßfrequenz im Bereich von 5 bis 25 °C und 0 bis 12 atü; zur Untersuchung der Druckabhängigkeit wurde das ganze Rohrsystem in einem Druckkessel unter erhöhten Luftdruck gesetzt.

Es muß bei diesem Verfahren dafür gesorgt werden, daß die Probe beim Eintauchen in die Flüssigkeit vollkommen benetzt ist. An der Oberfläche haftende Luftschichten vergrößern die Federweichheit der Probe; besonders bei harten Stoffen kann dieser Fehler beträchtlich sein.

Für den speziellen Zweck der Untersuchung der Beziehungen des dynamischen Kompressionsmoduls zu den anderen dynamischen Moduln und insbesondere der bei der reinen Kompression eintretenden Energieverluste ist ein von PHILIPPOFF und BRODNYAN beschriebenes Gerät entwickelt worden [63]. Es arbeitet wie die in II 3.4.2d beschriebene Apparatur von PHILIPPOFF zur Bestimmung des dynamischen Schubmoduls [47] bei tiefen Frequenzen im Bereich von 10^{-5} bis 10 Hz.

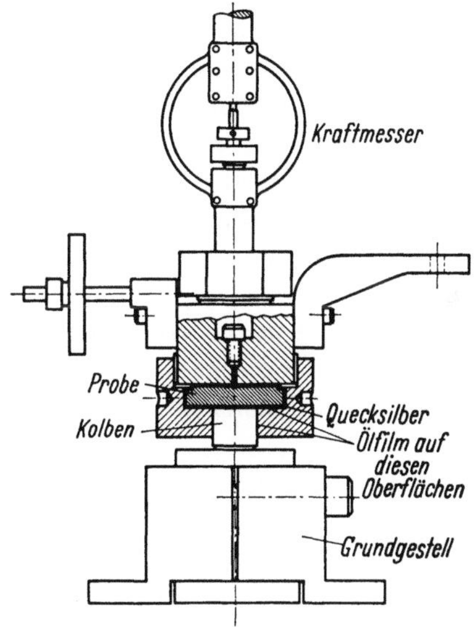

Abb. 72. Schematische Darstellung der Druckkammer mit periodischem Antrieb zur Messung dynamischer Kompressionsmoduln bei tiefen Frequenzen (nach PHILIPPOFF u. BRODNYAN)

Die Meßanordnung ist in Abb. 72 schematisch dargestellt. Zur Schwingungserregung wird das gleiche Antriebsaggregat wie für die Schubmodulbestimmung benutzt. Die Probe wird in einer Druckkammer aus gehärtetem Stahl, die mit dem Antriebssystem verbunden ist, in Quecksilber periodisch unter Druck gesetzt. Zur Erzeugung des Wechseldruckes dient ein in Ruhe bleibender Pumpenkolben, ebenfalls aus gehärtetem Stahl, der gegen ein Grundgestell abgestützt ist, und gegen den sich die Kammer in vertikaler Richtung bewegt. Zur Einstellung eines bestimmten statischen Druckes in der Kammer wird der Kolben im Gestell hochgewunden; der Kraftmesser (im Bild oben, Bereich bis etwa 200 kp) wird dabei vorgespannt.

Die Hauptschwierigkeit besteht bei diesem Gerät darin, die Druckkammer für lange Zeiten bei verschiedenen Temperaturen und dynamischen Bedingungen abzudichten, ohne dabei eine merkliche statische Reibung zu verursachen. Dieses Ziel wurde erreicht mit Hilfe eines dünnen Polyäthylenfilms an der Kolbeninnenwand und Schmierung mit einem geeigneten Öl.

Gemessen werden die Kraft und die Schwingungsamplitude der Kammer. Aus diesen Größen und dem Kolbenquerschnitt ergeben sich die Volumenänderung und der Wechseldruck in der Kammer, mit denen der Kompressionsmodul berechnet wird. Die merkliche Nachgiebigkeit der Druckkammerwände und anderer Geräteteile macht die Kalibrierung der Apparatur erforderlich. Hierzu werden als Flüssigkeiten bekannter Kompressibilität Quecksilber und ein Gemisch aus Quecksilber und Wasser benutzt.

Mit dieser Meßeinrichtung wurde u. a. Polyäthylen etwa im Bereich von 0,0003 bis 5 Hz und —23 bis 95 °C untersucht.

Von McKinney, Edelman und Marvin ist ein Gerät zur Messung des dynamischen Kompressionsmoduls hochpolymerer Materialien in Abhängigkeit von der Frequenz etwa im Bereich von 50 bis 10000 Hz und von der Temperatur beschrieben worden [64]; sein Frequenzintervall schließt praktisch lückenlos an das der Apparatur von Philippoff und Brodnyan an.

Das elektromechanische Gerät besteht aus einem zylindrischen Stahlblock mit einem kleinen zylindrischen Hohlraum in der Mitte, der mit einem Öl geringer Viskosität gefüllt ist, das die Meßprobe umschließt. Die Abmessungen des Hohlraumes sind unterhalb 10 kHz klein gegen die Wellenlängen im Öl und im Material der Probe, so daß auf diese bei periodischen Druckschwankungen im Meßbereich ein allseitig gleicher (hydrostatischer) Druck wirkt. Zwei piezoelektrische Dickenschwinger, die ebenfalls im Hohlraum untergebracht sind,

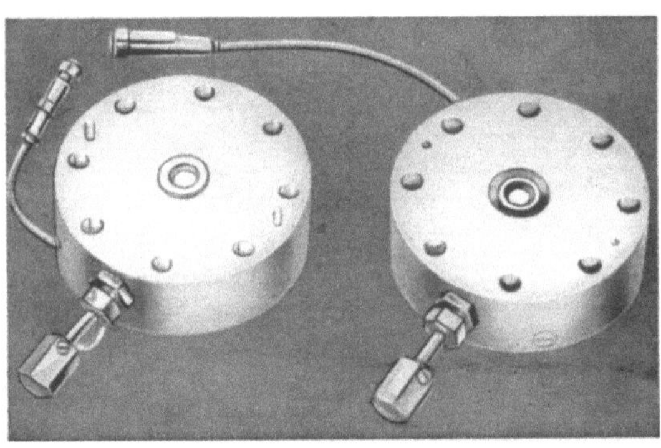

Abb. 73. Photographie der beiden Teile des Gerätes zur Bestimmung des dynamischen Kompressionsmoduls (nach McKinney, Edelman u. Marvin)

dienen zur Erregung einer periodischen Volumenänderung und zur Messung des entstehenden Wechsel- (Schall-) Druckes. Unmittelbar gemessen wird der komplexe Quotient der elektrischen Spannungen an den piezoelektrischen Wandlern, der mit den komplexen Nachgiebigkeiten (Reziprokwerten des dynamischen Kompressionsmoduls, vgl. I 4.2.3 c) der Probe und des Öles in linearem Zusammenhang steht. Auch hier wird damit die Messung der gesuchten mechanischen Größen auf die Messung elektrischer zurückgeführt.

Die praktische Durchführung dieser Grundgedanken erfordert einen verhältnismäßig großen Aufwand. Der Stahlblock, der auf seiner Unterlage weichfedernd gelagert ist, besteht aus den beiden in Abb. 73 wiedergegebenen zylindrischen Hälften, die fest miteinander verschraubt sind. In der Mitte der sich berührenden Flächen sind zylindrische Vertiefungen eingedreht, die den Hohlraum bilden. Für eine gute Dichtung bis zu Drücken von mehr als 1000 atm ist gesorgt. Die Ölfüllung kann mit einer Handpumpe unter Druck gesetzt werden. Zur Entlüftung des Öles sind verschließbare enge Kanäle vorgesehen. Kleinste, anders nicht zu beseitigende Luftbläschen werden durch einen statischen Druck von 100 atm oder mehr gelöst, so daß sie nicht mehr stören.

Die piezoelektrischen Wandler sind kleine zylindrische Scheiben aus Bariumtitanat mit geeigneten Zusätzen zur Erzielung konstanter dielektrischer und piezoelektrischer Eigenschaften in einem weiten Temperaturbereich. Zur Vermeidung der mechanischen Koppelung durch Festkörperschall-Übertragung sind sie weich-federnd an Stahlstäben gehaltert, die durch abgedichtete Öffnungen in den Hohlraum geführt sind. Diese Stäbe dienen auch als Durchführungen für die elektrischen Leitungsdrähte der Wandler.

Die elektrische Wechselspannung an dem die Schwingung erregenden Bariumtitanatschwinger und die Leerlaufspannung am Empfangsschwinger werden mit Hilfe einer elektrischen Kompensationsschaltung und der zugehörigen elektronischen Geräte miteinander nach Betrag und Phase verglichen, wobei das Verhältnis der Spannungen durch ohmsche Widerstände und eine Kapazität ausgedrückt wird. Eine Apparaturkonstante in der mathematischen Endformel, die die gemessenen elektrischen Größen zu den Nachgiebigkeiten des Öles und der Stoffprobe in Beziehung setzt, ist mit Hilfe der bekannten Kompressibilität des Öles, die durch Messung der Ultraschallgeschwindigkeit (in Abhängigkeit vom statischen Druck) bestimmt wurde, und von Stoffproben (Stahl, Magnesium, vulkanisierter Naturkautschuk) bekannten (adiabatischen) Kompressionsmoduls mit einer Genauigkeit von $\pm 1\%$ ihres Wertes kalibriert worden.

Eine Schwierigkeit der Methode liegt in der Temperatur- und Druckabhängigkeit der Apparaturkonstante.

f) Ausbreitungsgeschwindigkeiten und Dämpfungskonstanten von Dichte- und Schubwellen im Ultraschallbereich. Im Ultraschallbereich, in dem, wie im Band 1 gezeigt wurde, der Elastizitätsmodul seine Bedeutung verliert, tritt als Materialkenngröße an dessen Stelle der mit dem Kompressionsmodul verwandte Longitudinalwellenmodul, der der Ausbreitungsgeschwindigkeit der Longitudinal- oder Dichtewellen zugeordnet ist (s. I 4.4.2 und 4.4.3). Als elastische Kenngröße nebengeordnet ist ihm der Torsions- oder Schubmodul. Zur Bestimmung der beiden dynamischen Moduln mißt man die Ausbreitungsgeschwindigkeiten und Dämpfungskonstanten der Dichte- und Schubwellen in Probekörpern, deren Ausdehnung in mindestens 2 Richtungen groß gegen die Wellenlängen ist.

Zweck der Bestimmung dieser Moduln im Ultraschallbereich ist überwiegend die Erforschung des molekularen Verhaltens hochpolymerer Stoffe, doch spielen sie auch eine Rolle als Kenngrößen bei technischen Planungen, insbesondere in der Materialprüfung mit Ultraschall (s. II 3.2.5).

Der Frequenzbereich, in dem die beiden Wellengeschwindigkeiten der Messung zugänglich sind, ist nach unten begrenzt durch die Forderung genügend großer Probenabmessungen im Vergleich zur Wellenlänge und nach oben durch die verhältnismäßig große Dämpfung der Wellen in den Hochpolymeren. Die meisten der bekannten Ultraschall-Meßverfahren für den vorliegenden Zweck arbeiten etwa im Bereich von 10^5 bis 10^7 Hz. Die untere Frequenzgrenze, die mit einer speziellen Methode erreicht wird (s. unten), liegt etwa bei 30 kHz und fällt ungefähr mit der oberen Grenze des Frequenzbereiches zusammen, in dem der Elastizitätsmodul bisher gemessen worden ist.

Das am meisten benutzte Verfahren zur Bestimmung der Dichtewellengeschwindigkeit ist das der senkrechten Durchstrahlung planparalleler Platten aus dem zu prüfenden Material mit Ultraschallimpulsen, die von einem piezoelektrischen Wandler ausgesandt werden, in einem Flüssigkeitsbad (vgl. I 4.4.5). Schallimpulse, die durch eine begrenzte Zahl von Schwingungen erzeugt werden und kurze Wellenzüge darstellen, benutzt man, wenn man z. B. eine vom Schallsender ausgesandte Welle von der an einem Reflektor zurückgeworfenen, dem Echo, trennen will, und wenn Störungen der zu untersuchenden Welle durch die an den Begrenzungen des Meßraumes reflektierten Wellen ausgeschaltet werden sollen. Die Impulsdauer muß mindestens so lang sein, daß der Schwingungszustand über eine bestimmte Zahl von Schwingungen als stationär angesehen werden kann.

Eine solche Impulsmethode ist von NOLLE und MOWRY für den Frequenzbereich 10 bis 30 MHz entwickelt worden [65]. Mit einem Quarzdickenschwinger (X-Schnitt) als Wandler werden Ultraschallimpulse von 2 bis 3 μs Dauer als Strahlenbündel mit praktisch ebener Wellenfront in einen kleinen Flüssigkeitsbehälter gestrahlt. Ihre Länge beträgt etwa 20 bis 60 Wellenlängen (oder einige mm). Sie werden an einem ebenen, justierbaren Reflektor aus nichtrostendem Stahl in 5 cm Abstand vom Sender zurückgeworfen und vom Schwingquarz, der sie abgestrahlt hat, empfangen. Die Zahl der Impulse je Sekunde (Impulsfolgefrequenz) beträgt einige hundert. Mit den Hilfsmitteln der Radartechnik kann die Impulslaufzeit über die Meßstrecke genau bestimmt werden. Die relative Höhe (Amplitude) des Echoimpulses, der auf dem Schirm eines Kathodenstrahloszillographen im stehenden Bild sichtbar gemacht ist, wird mit Hilfe einer elektrischen Eichleitung genau ermittelt.

Die Laufzeit und die Echoimpulshöhe werden vor und nach dem Einbringen der Platte in das Strahlenbündel gemessen. Als Folge der Unterschiede der Schallgeschwindigkeiten in der Flüssigkeit und im hochpolymeren Material und der vergleichsweise hohen Dämpfung in den Hochpolymeren ändern sich die beiden Meßgrößen bei der Einführung der Platte. Aus diesen Änderungen, die genügend genau bestimmbar sind, werden die Longitudinalwellengeschwindigkeit c_L und die Amplitudenabnahme D_l in dB/cm der fortschreitenden Welle im Probekörper berechnet. Der dynamische Longitudinalwellenmodul L^* ergibt sich aus c_L und D_l in bekannter Weise (s. I 4.4, Gl. (6) und Tab. 1).

Die Genauigkeit der Messung der Schallgeschwindigkeit c_L hängt von der Probendicke ab (0,5 bis 5 mm bei 10 MHz), die der Dämpfung des zu prüfenden Materials angepaßt werden muß. Für c_L beträgt bei Messungen in Wasser die Unsicherheit etwa $\pm 5\%$ der Meßwerte. Die Dämpfungsmessung ist um so genauer, je größer der Amplitudenabfall in der Probe ist.

Ähnliche Meßeinrichtungen wurden von einer Reihe anderer Autoren benutzt [66 bis 69], zuletzt von KOPPELMANN [29] und THURN [70].

Die Gesamteinrichtung nach KOPPELMANN ist übersichtlich in Abb. 74 schematisch dargestellt. Schallsender und -empfänger (Quarz- oder Bariumtitanat-Dickenschwinger) sind hier getrennt. KOPPELMANN löst das Bild des Impulses, das auf dem Schirm des Kathodenstrahl-Oszillographen üblicherweise nur als schmales senkrechtes Band erscheint (begrenzt von der Hüllkurve des Wellenzuges), in der aus Abb. 74 ersichtlichen Weise in das Bild einer einzelnen Schwingung auf. Ein stehendes Bild wird durch Synchronisation der Horizontalauslenkung (Kippschwingung) des Leuchtfleckes mit dem Frequenzgenerator (Oszillator) erreicht, dessen Sendeverstärker zur Erzeugung der Impulse mit einem Multivibrator getastet wird. Beim Einschieben der Platte in den Schallstrahlenweg verschiebt sich die Phase der Schwingung am Empfangsort, und die Amplitude wird kleiner (Übergang von der ausgezogenen zur gestrichelten Schwingungskurve in Abb. 74). Aus der Phasenverschiebung und der Amplitudenänderung wird hier der dynamische Longitudinalwellenmodul berechnet.

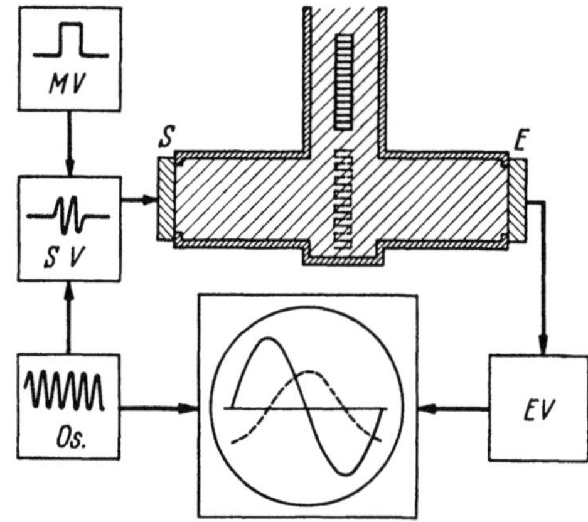

Abb. 74. Schematische Darstellung der Meßeinrichtung zur Bestimmung des dynamischen Longitudinalwellenmoduls im Durchstrahlungsverfahren (nach KOPPELMANN)

MV Multivibrator; *SV* Sendeverstärker; *Os* Oszillator; *S* Sendesystem; *E* Empfangssystem; *EV* Empfangsverstärker

Die Berechnung ist einfach, wenn man die Reflexionen an den Grenzflächen der Platte vernachlässigen darf. Der Fehler, den man bei dieser Vernachlässigung macht, ist im vorliegenden Falle klein, weil die Schallkennimpedanzen der Hochpolymeren für Dichtewellen nahe gleich denen der Flüssigkeiten sind (s. I 4. 4.5). Man kann bei kleinen Dämpfungen den Fehler praktisch nahezu ganz ausschalten, wenn man die Meßfrequenzen in der Nähe der Frequenzen wählt, bei denen die Plattendicke ein ganzzahliges Vielfaches der halben Wellenlänge ist.

Die Apparatur ist geeignet für Messungen im Frequenzbereich von 0,1 bis 5 MHz. Unterhalb 100 kHz ist der Durchmesser des Schallsenders nicht genügend groß gegen die Wellenlänge, so daß die Voraussetzungen der gebündelten Schallabstrahlung und des Durchganges einer angenähert ebenen Welle durch die Platte nicht mehr erfüllt sind.

Die bei diesen Durchstrahlungsmethoden benutzten Flüssigkeiten müssen den verschiedenen Temperaturbereichen (Gesamtbereich

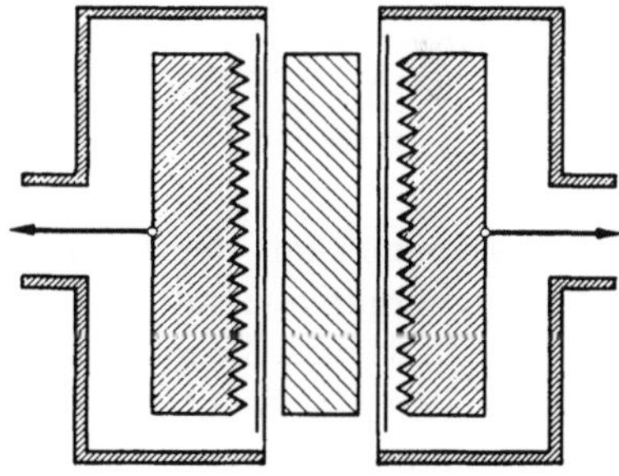

Abb. 75. Schema der Anordnung zur Anregung der Dickenschwingungen planparalleler Platten (nach KOPPELMANN)

—100 bis +250 °C bei THURN) angepaßt und außerdem so gewählt sein, daß sie das Probenmaterial nicht angreifen. Es ist darauf zu achten, daß die Proben nicht quellen oder sich in anderer Weise verändern (z. B. durch Herausdiffundieren des Weichmachers). Nötigenfalls sind Schutzschichten auf den Probekörpern vorzusehen.

Für den Frequenzbereich unterhalb von 100 kHz hat KOPPELMANN eine elektrostatische Apparatur entwickelt, deren Schema in Abb. 75 dargestellt ist. Das

System ist anwendbar etwa im Frequenzbereich 30 bis 300 kHz. Die Kunststoffplatte wird in der aus der Abbildung ersichtlichen Weise zwischen zwei gleichen elektrostatischen Systemen angebracht, die im wesentlichen aus einer dünnen, geerdeten Metallmembran, einer massiven Gegenelektrode mit eingedrehten scharfen Rillen und einer dazwischenliegenden dünnen Isolierfolie bestehen. Wie bei einem Kondensatormikrophon liegt zwischen Membran und Elektrode eine Gleichspannung von einigen hundert Volt. Beide Systeme liegen lose an der Platte an. Diese wird durch den einen der beiden elektrostatischen Wandler, dessen Gleichspannung durch eine Wechselspannung überlagert wird, zu Dickenschwingungen angeregt, die vom zweiten System als Empfänger registriert werden.

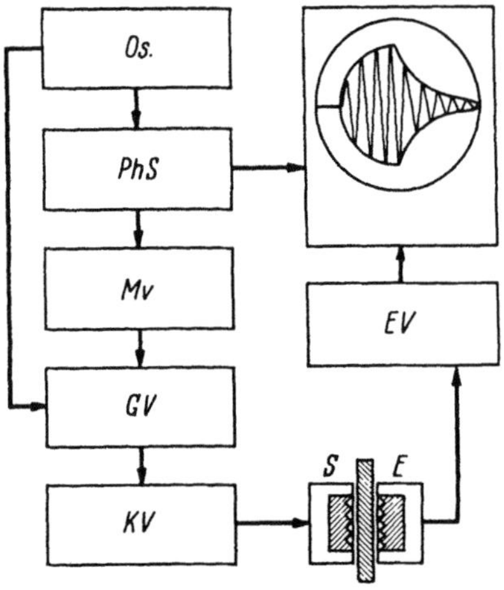

Die Platte schwingt so, als wären ihre Oberflächen völlig frei. Dickenresonanzen treten dann bei den Frequenzen auf, für die die Plattendicke ein ganzzahliges Vielfaches der halben Wellenlänge ist.

Gemessen wird bei den Resonanz- bzw. Eigenfrequenzen der Platte. Diese wird durch Impulse zu Eigenschwingungen angeregt. Die dazu benutzte Meßeinrichtung ist schematisch in Abb. 76 dargestellt.

Der Frequenzgenerator (Oszillator) erregt den Schallsender über einen Gegentaktverstärker, der mit einem Multivibrator getastet wird, und einen Leistungsverstärker. Mit einem Phasenschieber läßt sich die Phasenlage des Impulseinsatzes steuern. Auf dem Schirm des Oszillographen, dessen Kippgerät wieder mit der Sendeapparatur synchronisiert ist, erscheint das in Abb. 76 skizzierte stehende Bild des Ein- und Ausschwingvorganges. Gemessen werden die Eigenfrequenz,

Abb. 76. Schematische Darstellung der gesamten Meßeinrichtung zur Bestimmung des dynamischen Longitudinalwellenmoduls aus den Dickenschwingungen planparalleler Platten (nach KOPPELMANN)

Os Oszillator; *PhS*, Phasenschieber; *MV* Multivibrator; *GV* Gegentaktverstärker; *KV* Kraftverstärker; *S* Sendesystem; *E* Empfangssystem; *EV* Empfangsverstärker

die zusammen mit der Plattendicke c_L ergibt, und das Dekrement Λ des Ausschwingvorganges; mit c_L und Λ ist auch L^* bekannt.

Die Plattenfläche muß so groß sein, daß bei der gegebenen inneren Dämpfung Querwellen (in Richtung der Oberfläche) nicht stören. Die Eigenfrequenzen können mit der Apparatur sehr genau ermittelt werden, der Bereich der meßbaren Verlustfaktoren ist nach unten begrenzt (etwa $d \geq 0{,}03$).

Die elektrostatischen Systeme sind auf Heizung mit einer Flüssigkeit eingerichtet und zu diesem Zwecke mit einem Umlaufthermostaten verbunden. Das gesamte Schwingungssystem ist in einem Luftthermostaten montiert.

Abb. 77 zeigt als Meßbeispiel bei verschiedenen Temperaturen gemessene Frequenzkurven von L und d_L, die im unteren Frequenzbereich mit der elektrostatischen Einrichtung und im oberen im Durchstrahlungsverfahren gemessen wurden. Die Meßgenauigkeit entspricht derjenigen der Verfahren für die Bestimmung des Elastizitäts- und des Torsionsmoduls. Abb. 78, in der Frequenzkurven für den Elastizitäts- und den Longitudinalwellenmodul des Materials

wiedergegeben sind, vermittelt einen Eindruck von den Grenzen der Frequenzbereiche und den Verschiedenheiten des Dispersionsverhaltens der Moduln.

Auf weitere Meßverfahren, die im Ultraschallbereich zur Bestimmung der
Longitudinalwellen- und auch der Transversalwellengeschwindigkeit benutzt
werden, kann hier nur in einem kurzen Überblick hingewiesen werden [71].

Das oben beschriebene Verfahren der Durchstrahlung von Platten aus dem
zu prüfenden Material in einer Flüssigkeit wurde von HATFIELD auch im
„Dauerbetrieb", d. h. unter
Verzicht auf die Impuls-
tastung des Schallsenders,
angewandt[72]. Durch Ultraschall absorbierende Schichten auf Schallsender und
-empfänger wurde dabei die
Bildung stehender Wellen
vermieden. Die Meßgenauigkeit ist in diesem Falle
weniger leicht als im Impuls-
betrieb zu kontrollieren.

Bei Stoffen mit verhält-
nismäßig kleiner innerer
Dämpfung wird auch eine
Meßmethode benutzt, die
dem bei der Materialprüfung
mit Ultraschall angewand-
ten Impuls-Echo-Verfahren
(vgl. II 3.2.5) verwandt ist
[73].

In einen zylindrischen
Stab aus dem zu untersu-
chenden Material mit an den
Enden aufgesetzten Quarz-
dickenschwingern werden an
einem Ende Dichtewellen-
impulse gestrahlt; sie können aus Gruppen ebener
Dichtewellenzüge mit geringen Richtungsunterschieden

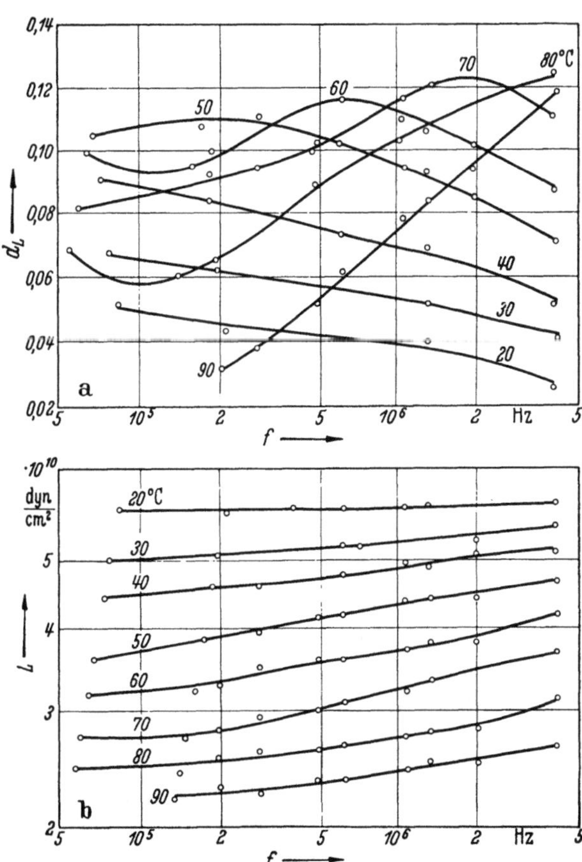

Abb. 77. Kennwerte von Polyvinylchlorid-Dioctylphthalat 80 : 20
in Abhängigkeit von der Frequenz bei verschiedenen Temperaturen in °C (nach KOPPELMANN). a) Verlustfaktor d_L; b) Longitudinalwellenmodul L

zusammengesetzt gedacht werden, die sich sehr nahe parallel zur freien
Zylinderwand ausbreiten. Die Dichtewellen im Stab sind gepaart mit Schubwellen, die unter bestimmtem Winkel geneigt zur Wand verlaufen und bei
der Reflexion an der Zylinderwand zum Teil wieder in parallel zu dieser
laufende Dichtewellen umgewandelt werden (s. I 4.4.3). Infolge mehrfacher
Umwandlungen dieser Art werden gegebenenfalls außer dem direkt den
Stab durchlaufenden Dichtewellenimpuls vom Quarz am anderen Stabende
verzögert eintreffende Impulse empfangen. Die Impulslaufzeiten werden genau
gemessen, und aus ihnen und den Stababmessungen werden die Dichte- und die

Schubwellengeschwindigkeit berechnet. Dieses Verfahren erwies sich u. a. als anwendbar auf Polystyrol und Polyäthylen, deren Kennwerte in Abhängigkeit von der Temperatur im Bereich von 30° bis 90 °C und auch vom Druck bei der

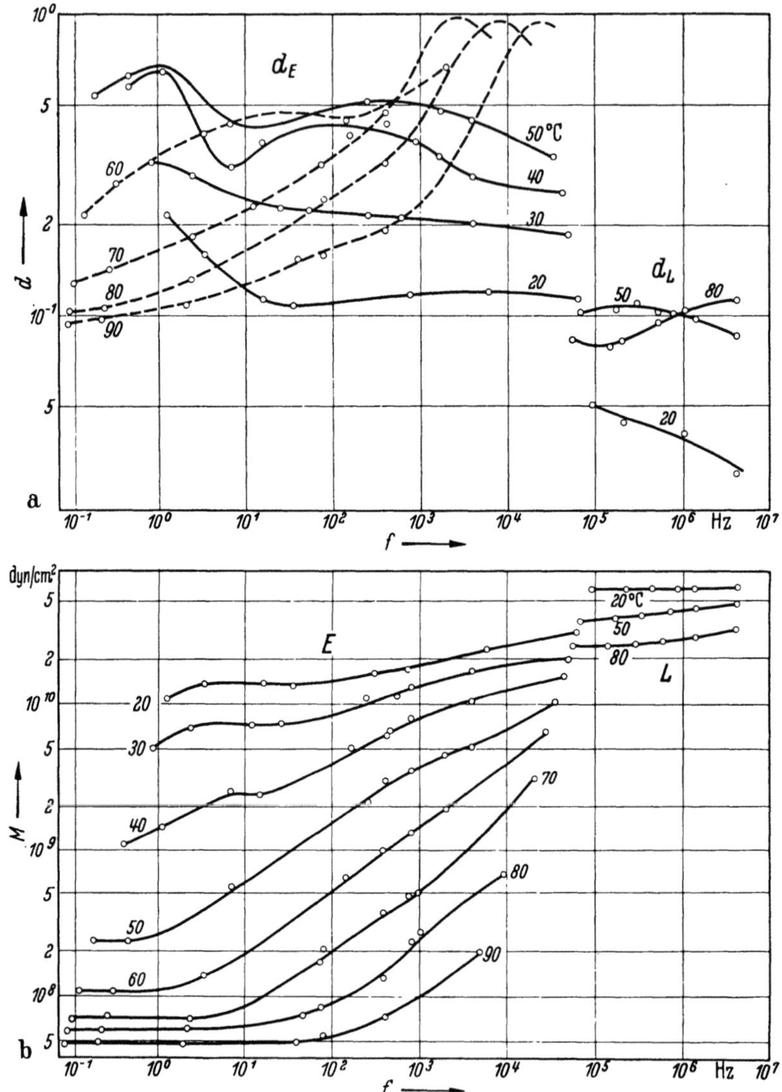

Abb. 78. Kennwerte von Polyvinylchlorid-Dioctylphthalat 80:20 in Abhängigkeit von der Frequenz bei verschiedenen Temperaturen (nach KOPPELMANN). Vergleich des dynamischen Elastizitätsmoduls und des dynamischen Longitudinalwellenmoduls. a) Verlustfaktoren d_E und d_L der Moduln; b) Elastizitäts-modul E und Longitudinalwellenmodul L

Frequenz 3,5 MHz gemessen wurden. Bei Polyäthylen war allerdings nur die Dichtewellengeschwindigkeit in dieser Weise bestimmbar.

MASON und MCSKIMIN haben eine Reihe von Ultraschall-Meßverfahren (auch anderer Autoren) zur Bestimmung der Geschwindigkeit und der Dämpfung von Dichte- und Schubwellen nicht nur in festen Stoffen, sondern auch in polymeren Flüssigkeiten und vor allem in verdünnten Lösungen von Hochpolymeren beschrieben [74]. Die Messungen in verdünnten Lösungen, in denen die Schubwellenausbreitung untersucht wird, gewähren Einblick in die verschiedenen Relaxationsmechanismen des einzelnen hochpolymeren Moleküls; in Ergänzung hierzu zeigen die Messungen in den festen Hochpolymeren die Modifikationen der Relaxationsprozesse durch die gegenseitige Beeinflussung der eng benachbarten Moleküle.

Die Verfahren für die Untersuchung der Flüssigkeiten und Lösungen überdecken den Bereich aller vorkommenden dynamischen Schubviskositäten und den Frequenzbereich von etwa 20 kHz bis 100M Hz.

Im Bereich von 10 bis 200 kHz werden bei kleinen Viskositäten die Resonanzfrequenz und der Resonanzwiderstand eines Quarzkristall-Torsionsschwingers bei der Schwingung im Vakuum und in der Flüssigkeit gemessen; aus den Unterschieden der Meßgrößen in den beiden Fällen wird auf die den Schubwellen zugeordneten dynamischen Kenngrößen der Flüssigkeit geschlossen [75]. Bei großen Viskositäten werden die Kenngrößen aus den Änderungen der Phase und der Dämpfung von Torsionswellenimpulsen in zylindrischen Glas- oder Metallstäben, die durch einen piezoelektrischen Quarzwandler an einem Stabende zu Schwingungen angeregt werden, beim Eintauchen des Stabes in die Flüssigkeit bestimmt [76].

Im Frequenzbereich oberhalb 500 kHz bis etwa 100 MHz werden Schubwellenimpulse in zwei gleichen Stäben aus geschmolzenem Quarz mit schräg zur Stabachse liegenden Endflächen verglichen [77]. Als Schallsender und -empfänger dienen wieder passend geschnittene, an den Stabenden angebrachte Quarzkristalle. Die Impulse werden unter Zwischenreflexion an der Seitenwand zwischen den Enden hin- und herreflektiert. Der eine der Stäbe ist mit der zu prüfenden Flüssigkeit bedeckt, deren Kennwerte aus den Phasen- und Amplitudenunterschieden der Impulse in den beiden Stäben ermittelt werden.

Eines der Verfahren für die Prüfung fester hochpolymerer Stoffe, das McSkimin entwickelt hat [78], ist dem Impulsverfahren der Probendurchstrahlung in Flüssigkeiten verwandt, besitzt aber diesem gegenüber den Vorzug, daß es die Untersuchung sowohl von Dichte- als auch von Schubwellen erlaubt und das Eintauchen der Probe in eine Flüssigkeit vermeidet. Das Schema der Meßeinrichtung ist in Abb. 79 wiedergegeben.

Der dünne, plattenförmige Probekörper aus hochpolymerem Material ist zwischen zwei gleichen Stäben aus geschmolzenem Quarz angebracht, an die er durch eine zähe Flüssigkeit oder ein Wachs (bei höheren Temperaturen) angekoppelt ist. Mit Quarzwandlern an den Stabenden werden Ultraschallimpulse mit Frequenzen im Bereich von 5 bis 50 MHz gleichzeitig in entgegengesetzter Richtung in die Quarzstäbe gestrahlt. Jeder der Impulse wird zum Teil an der Grenzfläche Stab–Probe reflektiert und zum Teil durch die Probe hindurchgelassen. Auf jeder Seite der Probe treten neben dem auf diese treffenden, vom Sender abgestrahlten Impulse ein reflektierter und ein durch die Probe durchgelassener Wellenzug auf (vgl. Abb. 79), und bei Amplituden- und Phasengleichheit der abgestrahlten Impulse sind auch die anderen einander entsprechenden Impulse auf beiden Seiten amplituden- und phasengleich. Man kann also die Schalldrucke der reflektierten und der durchgelassenen Welle mit Hilfe des gleichen Quarzkristalls bestimmen; das komplexe Verhältnis beider Drucke ist zu messen. Bei passender Wahl der Frequenz sind die beiden Impulse gegenphasig und können durch Amplitudenregelung des einen mit einem Dämpfungsglied auf dem Oszillographenschirm des Anzeigegerätes gegeneinander kompensiert werden. Aus dem auf diese Weise ermittelten Schalldruckverhältnis, der Frequenz, der Probendicke und -dichte und der bekannten Schallkennimpedanz (vgl. I 4.4.5) des geschmolzenen Quarzes können die Geschwindigkeiten und die Dämpfungskonstanten der Dichte- oder Schubwellen im zu prüfenden Material berechnet werden.

Dieses Verfahren ist u. a. benutzt worden zur Bestimmung der dynamisch-elastischen Kenngrößen von Polyäthylen.

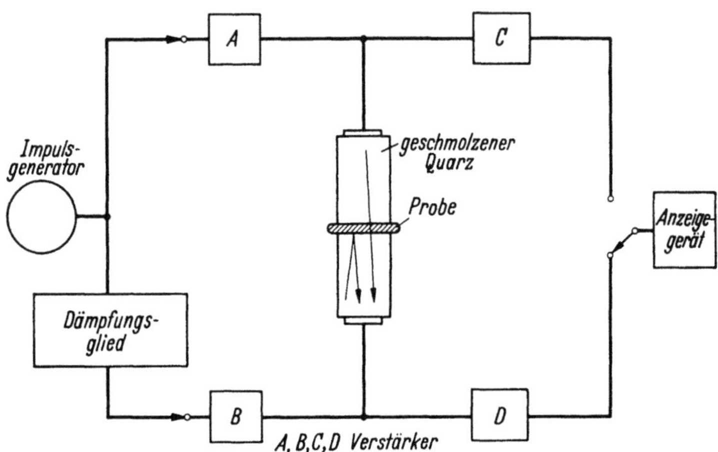

Abb. 79. Meßeinrichtung zur Bestimmung der Geschwindigkeit und der Dämpfung von Dichte- oder Schubwellen in hochpolymeren Stoffen (nach McSkimin)

Ähnliche Versuchsanordnungen haben Nolle u. a. zur Bestimmung der Geschwindigkeit elastischer Wellen in Gummiproben in Abhängigkeit von der Temperatur benutzt [79 bis 82].

Es bleibt, noch kurz auf die Methoden zur Bestimmung der Wellengeschwindigkeiten einzugehen, die sich optischer Hilfsmittel bedienen. Man macht bei diesen Verfahren von der Lichtbrechung und -beugung in Ultraschallwellen in durchsichtigen festen Medien oder in Flüssigkeiten Gebrauch [83].

Zur Bestimmung der Ultraschallwellengeschwindigkeit in Polymethacrylsäuremethylester durchstrahlt Protzman [84] im Schaefer-Bergmann-Verfahren [71] eine Plexiglasplatte in einem Ölbad, durch die eine Dichtewelle parallel zur Oberfläche läuft, mit parallelem Licht (senkrecht zur Oberfläche). Die Ultraschallwelle wird mit einem am Plattenrande aufgekitteten Quarz erzeugt. Das durch Beugung am Phasengitter der Welle entstehende Beugungsspektrum wird photographiert und mit seiner Hilfe die gesuchte Dichtewellengeschwindigkeit bestimmt (Frequenzbereich 3 bis 11 MHz, Temperaturbereich 24 bis 90 °C).

Für die Bestimmung der Dichte- und Schubwellengeschwindigkeit, auch in undurchsichtigen Stoffen, sind von Hiedemann u. J. Schaefer [71, 85] und von Willard [86] optische Verfahren angegeben worden (s. auch [74]).

HIEDEMANN und SCHAEFER untersuchen die Schallausbreitung in keilförmigen Probekörpern mit aufgekitteten Quarzschallgebern scharfer Richtcharakteristik und in linsenförmigen Proben in einem Flüssigkeitsbad. Im festen Medium breiten sich Dichte- und Schubwellen aus, die entweder unmittelbar erzeugt werden oder durch Reflexion oder Brechung an den Begrenzungsflächen bei schrägem Schalleinfall entstehen (Umwandlung einer Wellenart in die andere; s. dazu I 4.4.3 und 4.4.5); in das angrenzende flüssige Medium treten nur Dichtewellen aus. Der Schallstrahlenverlauf in der Flüssigkeit wird mit einem schlierenoptischen Verfahren sichtbar gemacht. Bei der keilförmigen Probe kann die Dichtewellengeschwindigkeit im festen Stoff aus dem Keilwinkel und der Richtung des Schallstrahlenbündels in der Flüssigkeit bestimmt werden, bei der linsenförmigen werden Dichte- und Schubwellengeschwindigkeit aus den Brennweiten der Linse, die für die Dichte- und die Schubwellen verschieden sind, bei Durchstrahlung der Probe mit einem parallelen Schallstrahlenbündel ermittelt.

WILLARD durchstrahlt mit der einen Hälfte eines parallelen Schallstrahlenbündels den Probekörper, mit der anderen in Lichtrichtung gesehen dahinter die umgebende Flüssigkeit; das Prinzip der Versuchsanordnung für den Fall einer durchsichtigen Probe ist aus Abb. 80 zu ersehen. Durch die Kunststoffplatte, deren oberer und unterer Rand genau eben

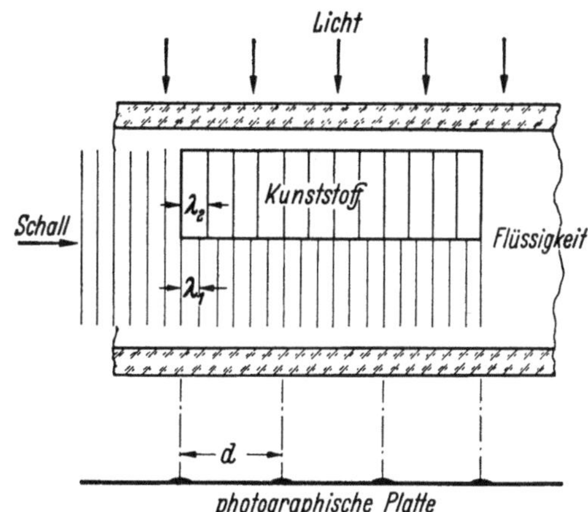

Abb. 80. Optische Anordnung zur Bestimmung der Dichtewellengeschwindigkeit in durchsichtigen Kunststoffen (nach WILLARD)

und senkrecht zur Schalleinfallsrichtung sein müssen, läuft wie in der Versuchsanordnung bei PROTZMAN (s. oben) parallel zur Oberfläche eine Dichtewelle. Diese und die dazu parallellaufende Welle in der Flüssigkeit haben verschiedene Geschwindigkeiten und Wellenlängen. Man erhält auf der photographischen Platte im schlierenoptischen Bild helle und dunkle parallele Streifen; aus dem Abstand der dunklen Streifen, die den Stellen gleicher Phase in den beiden Wellen entsprechen (Abb. 80), und der bekannten Schallgeschwindigkeit in der Flüssigkeit ergibt sich die Dichtewellengeschwindigkeit im Kunststoff in einfacher Weise.

Bei undurchsichtigen Stoffen benutzt WILLARD an Stelle der quaderförmigen Probekörper prismatische. Beim Austritt aus dem Prisma in die Flüssigkeit wird das durch dieses laufende Schallstrahlenbündel gebrochen, und es werden in diesem Falle die beiden Wellen gleicher Wellenlänge in der Flüssigkeit hinter der Probe (in Schalleinfallsrichtung gesehen), die sich in etwas verschiedenen Richtungen ausbreiten, durchleuchtet. Man erhält auf der photographischen Platte ein Streifensystem, das dem Bild einer Kombinationswelle aus zwei sich schräg kreuzenden ebenen Wellen entspricht. An Hand des Streifenmusters wird wieder die Dichtewellengeschwindigkeit bestimmt.

Zur Bestimmung der Schubwellengeschwindigkeit erregt WILLARD in gleichschenkligen prismatischen Proben mit zwei symmetrisch aufgesetzten Quarzen sich kreuzende Schubwellen und untersucht das Schlierenbild der in eine an die Basisfläche grenzende Flüssigkeit abgestrahlten Kombinationswelle.

Die Meßverfahren von McSkimin, Protzman und Willard für die Wellengeschwindigkeiten sind sehr genau; sie sind aber in der Prüfung nicht so einfach zu handhaben wie die Methode der Durchstrahlung von Kunststoffplatten in einer Flüssigkeit mit Ultraschallimpulsen. Überdies gestatten sie nicht die unmittelbare Bestimmung der Dämpfung [87].

Literatur

[1] Stuart, H. A.: Physik der Hochpolymeren, Bd. IV, Kap. 1. A. J. Staverman u. F. Schwarzl, Kap. 6. J. D. Ferry. Berlin/Göttingen/Heidelberg: Springer 1956.

[2] Koppelmann, J.: Kunststoffe 47 (1957) S. 416.

[3] Kainradl, P., u. F. Händler: Kautschuk u. Gummi 11 (1958) S. WT 193—199 u. 222—227, s. dort Schrifttum über Meßverfahren speziell für gummielastische Stoffe.

[4] Roelig, H.: Z. VDI 86 (1942) S. 251, dort weiteres Schrifttum.

[5] Kimmich, E. G.: Kautschuk 18 (1942) S. 25.

[6] Kainradl, P., u. F. Händler: Kautschuk u. Gummi 10 (1957) S. WT 278, dort weiteres Schrifttum.

[7] Roelig, H.: Kautschuk 15 (1939) S. 7, 18 (1942) S. 1 u. 19 (1943) S. 47; Kunststoffe 30 (1940) S. 164, sowie Normblatt DIN 53513/XI. 44.

[8] Ecker, R.: Kautschuk u. Gummi 9 (1956) WT 2.

[9] Gehman, S. D., D. E. Woodford u. R. B. Stambaugh: Industr. Engng. Chem. 33 (1941) S. 1032; Stambaugh, R. B.: Industr. Engng. Chem. 34 (1942) S. 1358.

[10] Naunton u. Waring: Proc. Rubber Techn. Conf. London (1938) S. 805.

[11] Kainradl, P., u. F. Händler: Kautschuk u. Gummi 5 (1952) S. WT 3.

[12] Kosten, C. W., u. C. Zwikker: Physica 4 (1937) S. 221.

[13] Matsudeira, M., u. H. Nukijama: Proc. imp. Acad., Tokyo 2 (1926) S. 410.

[14] Costadoni, C.: Z. techn. Phys. 17 (1936) S. 108.

[15] Böhme, H.: Akust. Z. 2 (1937) S. 303.

[16] Eine neuere Ausführung eines „Vibrometers" bei N. M. Borovitskaya, Doklady Akad. Nauk, UdSSR 109 (1956) S. 923.

[17] Förster, F.: Z. Metallkde. 29 (1937) S. 109; Z. Ind.-Anz. 77 (1955) S. 220.

[18] Sack, H. S., H. L. Laub u. R. N. Work: J. appl. Phys. 18 (1947) S. 40.

[19] Nolle, A. W.: J. appl. Phys. 19 (1948) S. 753, Beschreibung fünf verschiedener Meßmethoden. Siehe dort weiteres Schrifttum.

[20] Hillier, K.: Proc. Phys. Soc. (London) B 62 (1949) S. 701.

[21] Ballou, J. W., u. J. C. Smith: J. appl. Phys. 20 (1949) S. 493.

[22] Kuhl, W., u. E. Meyer: The Physical Soc. Acoustics Group Symposium, London 1949, S. 181.

[23] Oberst, H., u. K. Frankenfeld: Acustica 2 (1952) AB 181.

[24] Oort, W. P. van: Microtechnic VII (1952) Nr. 5, S. 246.

[25] Heyboer, J., P. Dekking u. A. J. Staverman: Proc. Sec. Intern. Congr. Rheology, Oxford 1953. London: Butterworths Sci. Publ. 1954, S. 123.

[26] Oberst, H., G. W. Becker u. K. Frankenfeld: Acustica 4 (1954) S. 433.

[27] Deutsch, K., E. A. W. Hoff u. W. Reddish: J. Polym. Sci. 13 (1954) S. 565.

[28] Becker, G. W.: Kolloid-Z. 140 (1955) S. 1.

[29] Koppelmann, J.: Kolloid-Z. 144 (1955) S. 12.

[30] Robinson, D. W.: J. sci. Instrum. 32 (1955) S. 2.

[31] Hoff, E. A. W., D. W. Robinson u. A. H. Willbourn: J. Polymer. Sci. 18 (1955) S. 161.

[32] Strella, S.: Vibrating reed test for plastics. ASTM Bull. (May 1956).

[33] Baccaredda, M., u. E. Butta: J. Polymer. Sci. 22 (1956) S. 217.

[34] Kline, D. E.: J. Polymer. Sci. 22 (1956) S. 449.

[35] Naake, H. J., u. K. Tamm: Acustica 8 (1958) S. 67.

[36] Spurr, R. A., M. J. Heldmann u. H. Myers: ASTM Bull. 231 (1958) S. 65.

[37] BRÜEL, P. V.: Sound Insulation and Room Acoustics, Kap. 1. London: Chapman & Hall 1951.

[38] Siehe z. B. J. HEYBOER: Kolloid-Z. 148 (1956) S. 36.

[39] SCHWARZL, F.: Acustica 8 (1958) S. 164.

[40] LIÉNARD, P.: Rech. aéro 20 (1951) S. 11.

[41] HOFF, E. A. W., D. W. ROBINSON u. A. H. WILLBOURN: J. Polymer Sci. 18 (1955) S. 161.

[42] Siehe dazu auch A. Q. HUTTON u. A. W. NOLLE: J. appl. Phys. 25 (1954) S. 350.

[43] KOPPELMANN, J.: Rheologica Acta 1 (1958) S. 20.

[44] SOMMER, W.: Physikal. Verhandl. 8 (1957) S. 205; Dissertation Braunschweig 1959 — Kolloid-Z. 167 (1959) S. 97.

[45] MAXWELL, B.: ASTM Bull. Nr. 215 (Juli 1956); vgl. auch J. Polymer Sci. 20 (1956) S. 551.

[46] DILLON, J. H., J. B. PRETTYMAN u. G. L. HALL: J. appl. Phys. 15 (1944) S. 309; s. dort weiteres Schrifttum und die kritische Würdigung anderer Verfahren für den gleichen Zweck.

[47] PHILIPPOFF, W.: J. appl. Phys. 24 (1953) S. 685.

[48] Vergleiche die entsprechenden Apparaturen zur Bestimmung des dynamischen Elastizitätsmoduls nach J. KOPPELMANN [43] u. W. SOMMER [44].

[49] FITZGERALD, E. R., u. J. D. FERRY: J. Colloid Sci. 8 (1953) S. 1.

[50] SMITH, T. L., J. D. FERRY u. F. W. SCHREMP: J. appl. Phys. 20 (1949) S. 144.

[51] MARVIN, R. S., E. R. FITZGERALD u. J. D. FERRY: J. appl. Phys. 21 (1950) S. 197.

[52] FERRY, J. D., W. C. CHILD, R. ZAND, D. M. STERN, M. L. WILLIAMS u. R. F. LANDEL: J. Colloid Sci. 12 (1957) S. 53.

[53] KUHN, W., u. O. KÜNZLE: Helv. chim. Acta 30 (1947) S. 839.

[54] JENCKEL, E.: Kunststoffe 40 (1950) S. 98; Kolloid-Z. 136 (1954) S. 142.

[55] JENCKEL, E., u. K. H. ILLERS: Z. Naturforschung 9a (1954) S. 440.

[56] NIELSEN, L. E., R. BUCHDAHL u. R. LEVRAULT: J. appl. Phys. 21 (1950) S. 607. — NIELSEN, L. E.: Rev. Sci. Instrum. 22 (1951) S. 690; s. auch ASTM Bull. Nr. 165 (April 1950).

[57] SCHMIEDER, K., u. K. WOLF: Kolloid-Z. 127 (1952) S. 65 u. 134 (1953) S. 149; s. auch Deutsche Normen DIN 53445.

[58] INOUE, Y., u. Y. KOBATAKE: Kolloid-Z. 159 (1958) S. 18 u. 160 (1958) S. 44.

[59] ILLERS, K. H., u. E. JENCKEL: Kolloid-Z. 160 (1958) S. 97.

[60] SINNOTT, K. M.: J. appl. Phys. 29 (1958) S. 1433.

[61] BARONE, A., u. A. GIACOMINI: Acustica 4 (1954) S. 182.

[62] MEYER, E., u. K. TAMM: Akust. Z. 7 (1942) S. 45.

[63] PHILIPPOFF, W., u. J. BRODNYAN: J. appl. Phys. 26 (1955) S. 846.

[64] McKINNEY, J. E., S. EDELMAN u. R. S. MARVIN: J. appl. Phys. 27 (1956) S. 425.

[65] NOLLE, A. W., u. S. C. MOWRY: J. acoust. Soc. Amer. 20 (1948) S. 432; s. auch NOLLE, A. W.: J. acoust. Soc. Amer. 20 (1948) S. 587.

[66] IVEY, D. G., B. A. MROWCA u. E. GUTH: J. appl. Phys. 20 (1949) S. 486.

[67] SACK, H. S., u. R. W. ALDRICH: Phys. Rev. (2) 75 (1949) S. 1285.

[68] MELCHOR, J. L., u. A. A. PETRAUSKAS: Industr. Engng. Chem. 44 (1952) S. 716.

[69] NOLLE, A. W., u. J. F. MIFSUD: J. acoust. Soc. Amer. 24 (1952) S. 118 u. J. appl. Phys. 24 (1953) S. 5.

[70] THURN, H.: Z. angew. Phys. 7 (1955) S. 44.

[71] Übersicht über die Meßverfahren bei L. BERGMANN: Der Ultraschall, 6. Aufl., Kap. 5. Stuttgart: Hirzel 1954; s. dazu auch Nachtrag zum Literaturverzeichnis der 6. Aufl. 1957; s. ferner B. B. KUDRJAZEW: Anwendung von Ultraschallverfahren bei physikalisch-chemischen Untersuchungen. Berlin: VEB Deutscher Verlag der Wissenschaften 1955.

[72] HATFIELD, P.: Brit. J. appl. Phys. 1 (1950) S. 252 u. J. appl. Phys. 27 (1956) S. 192.

[73] HUGHES, D. S., E. B. BLANKENSHIP u. R. L. MIMS: J. appl. Phys. 21 (1950) S. 294; s. dazu auch D. S. HUGHES, W. L. PONDROM u. R. L. MIMS: Phys. Rev. (2) 75 (1949) S. 1552.

[74] MASON, W. P., u. H. J. McSKIMIN: Bell Syst. Techn. J. 31 (1952) S. 122.

[75] MASON, W. P.: ASME 69 (1947) S. 359.
[76] McSKIMIN, H. J.: J. acoust. Soc. Amer. 24 (1952) S. 355.
[77] MASON, W. P., W. O. BAKER, H. J. McSKIMIN u. J. H. HEISS: Phys. Rev. 75 (1949) S. 936.
[78] McSKIMIN, H. J.: J. acoust. Soc. Amer. 23 (1951) S. 429.
[79] NOLLE, A. W.: J. acoust. Soc. Amer. 22 (1950) S. 86.
[80] NOLLE, A. W., u. P. J. WESTERVELT: J. appl. Phys. 21 (1950) S. 304.
[81] NOLLE, A. W., u. P. W. SIECK: J. appl. Phys. 23 (1952) S. 888.
[82] SUBRAHMANYAM, S. V.: J. chem. Phys. 22 (1954) S. 1562.
[83] BERGMANN, L.: [71], Kap. 3, d) u. Kap. 5.
[84] PROTZMAN, T. F.: J. appl. Phys. 20 (1949) S. 627.
[85] SCHAEFER, J.: Eine neue Methode zur Messung der Ultraschallgeschwindigkeit in Festkörpern. Dissertation Straßburg 1942.
[86] WILLARD, G. W.: J. acoust. Soc. Amer. 22 (1950) S. 684 u. 23 (1951) S. 83.
[87] Vorschlag einer optischen Methode zur Messung der Ultraschallabsorption in Kunststoffen s. bei TH. HÜTER u. R. POHLMAN: Z. angew. Phys. 1 (1949) S. 405.

3.4.3 Dauerschwingbeanspruchung

a) Allgmeines. Die folgenden Ausführungen behandeln die grundsätzlichen, für die (mechanische) „Dauerschwingprüfung" kennzeichnenden Gesichtspunkte. Eine auch nur angenähert umfassende Behandlung der auf diesem Prüfbereich anwendbaren Verfahren ist nicht möglich.

Die „Dauerschwingprüfung" vermittelt Beurteilungsunterlagen für das mechanische Festigkeitsverhalten eines Werkstoffes bei dauernd einwirkender wechselnder oder schwingender Beanspruchung bis zur Zerstörung („Zerrüttung"). Durch solche „zerrüttenden" Prüfverfahren wird der Zusammenhang zwischen der Höhe der Schwingbeanspruchung und der Gebrauchsdauer erkennbar.

Die den Beanspruchungszustand charakterisierenden Kennwerte und deren Bezeichnungsweise sind nach DIN 50100 festgelegt. Die Schwingbeanspruchung wird durch eine mittlere Beanspruchung (Mittelspannung σ_m bzw. τ_m) und eine dieser überlagerten Wechselbeanspruchung (σ_a bzw. τ_a) gekennzeichnet:

$$\sigma_w = \sigma_m \pm \sigma_a,$$

Grenzfälle der Beanspruchungsart:

reine Wechselbeanspruchung: $\sigma_m = 0$
reine Schwellbeanspruchung: $\sigma_m = \sigma_a$
zwischen Spannungswerten gleichen Vorzeichens
ablaufende Schwingbeanspruchung: σ_m größer als σ_a.

Die Grundlage zur Beurteilung des Schwingfestigkeitsverhaltens bildet die WÖHLER-Kurve (Abb. 81), die den Zusammenhang zwischen der Gebrauchsdauer und der Höhe der Schwingbeanspruchung kennzeichnet. Ihre Aufzeichnung erfordert die Prüfung einer Reihe gleichartiger Proben bei jeweils konstanter, für die einzelnen Proben verschieden hoch gewählter, Schwingbeanspruchung bis zum Bruch. Die vermittelnde Kurve durch die einzelnen Versuchspunkte, deren Gebrauchsdauer zweckmäßig durch den Logarithmus der Lastspielzahl dargestellt wird, strebt mit zunehmender Lastspielzahl asymptotisch einem Grenzwert (Dauerschwingfestigkeit σ_D bzw. τ_D) zu. Bei Beanspruchungen unterhalb dieses Grenzwertes ist also praktisch nicht mit dem Auftreten von Schwingungsbrüchen zu rechnen.

Bei organischen Stoffen wird (im Gegensatz zu Stahl) meist kein rein asymptotischer Verlauf der Wöhler-Kurve erkennbar. Die Schwingfestigkeitsgrenze ist dann mehr dadurch gekennzeichnet, daß einer geringen Minderung der Schwingamplitude ein unverhältnismäßig großer Zuwachs an „Lebenserwartung" entspricht. Die Dauerschwingfestigkeit wird durch die Angabe der zugehörigen Lastspielzahl gekennzeichnet (Beispiel: $\sigma_{D(20 \cdot 10^6)}$).

Die für die Werkstoffzerrüttung primär wirksame Schwingfestigkeitsamplitude σ_A wird mit ansteigendem Beanspruchungsniveau, d. h. mit zunehmender Mittelspannung σ_m kleiner (s. auch DIN 50100, Abschn. 6.22).

An Stelle des mit erheblichem Zeitaufwand gekoppelten Wöhler-Verfahrens werden auch andere (abgekürzte) Verfahren angewandt. Von diesen ist das bekannteste das Verfahren von Prot [1]. Bei diesem wird eine Probe von einem niedrigen Niveau ausgehend durch eine während des Versuchs stetig gesteigerte schwingende Belastung bis zum (Schwingungs-) Bruch beansprucht, der schließlich bei einer oberen Grenzbelastung, der Bruchbelastung, eintritt. Auf diese Weise werden mehrere Proben geprüft, wobei mit jeweils konstanter, bei den einzelnen Proben jedoch verschieden hoch gewählter Belastungsgeschwindigkeit (kp/mm² · min) gearbeitet wird.

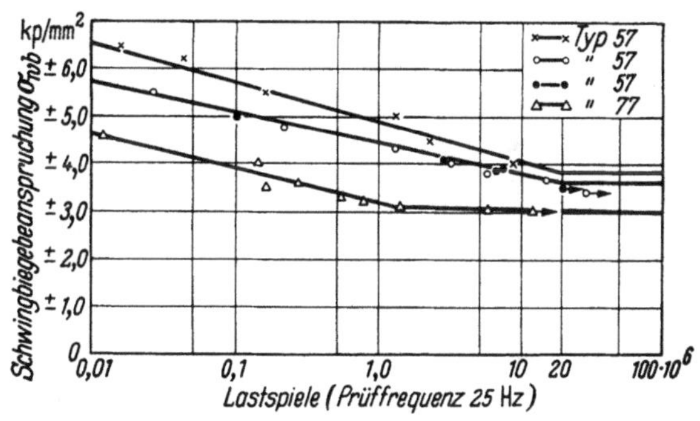

Abb. 81
Wöhler-Kurven (nach Thum-Jacobi) [8] von schwingbiegebeanspruchten Flachproben ($F = 8,3 \cdot 25,5$ mm²)

Aus dem Zusammenhang „Bruchbelastung als f (Belastungsgeschwindigkeit)" kann linear auf den Wert „Null" der Belastungsgeschwindigkeit extrapoliert werden, welcher der „Dauerschwingfestigkeit" entspricht. Das Verfahren soll gegenüber dem Wöhler-Verfahren nur einen Bruchteil der Versuchszeit benötigen.

b) Prüfverfahren und Prüfeinrichtungen. Beide sind wesentlich von der gewählten Art der Prüfbeanspruchung abhängig. Alle 3 Hauptbeanspruchungsarten (Zug bzw. Druck, Biegung und Verdrehung) sind anwendbar, in ihrer Auswahl meist von der betriebsmäßigen Beanspruchung abhängig. Grundsätzlich sind auch bei der Schwingprüfung von Kunststoffen kombinierte Beanspruchungen (Zug + Biegung, Verdrehung + Biegung usw.) möglich, erfordern aber dann auch verwickeltere Prüfeinrichtungen.

α) *Prüfbedingungen.* Die besonderen Eigenarten der Kunststoffe sind bei der Schwingfestigkeitsprüfung ausreichend zu berücksichtigen.

Prüffrequenz und Arbeitsaufwand. Kunststoffen ist neben einer geringen Wärmeleitfähigkeit ein verhältnismäßig hohes Dämpfungsvermögen eigen. Beide Eigenschaften zusammen führen bei Anwendung hoher Prüffrequenzen, die aus versuchstechnischen Gründen (Zeitersparnis) angestrebt werden, zu einer starken Erwärmung der Kunststoffproben. Diese Erwärmung, die sich zumeist auf den am stärksten verformenden kritischen (schwächsten) Probenquerschnitt konzentriert, kann insbesondere bei Kunststoffen, die bei Erwärmung ihre mechanischen Eigenschaften stark ändern, das Versuchsergebnis beeinflussen (s. II 3.4.4). Damit ist man in der Wahl der Prüffrequenz bei Kunststoffen eingeschränkt, soweit es die mechanische Schwingprüfung angeht (vgl. auch II 3.4.3 c, β).

Bei rein elastischem Werkstoffverhalten ist die bei Schwing- oder Wechselbeanspruchung aufzuwendende Arbeit für einen Arbeitszyklus (Arbeitsspiel oder Lastspiel) insgesamt Null (Blindarbeit). Nach Abb. 82 wird die in der einen Grenzlage als potentielle Energie (gegenüber der Ausgangslage M) aufgespeicherte Formänderungsarbeit (Fläche $A = \varepsilon_a P_a/2$) als Federungsarbeit bei der Umkehrung des Vorganges wieder vollständig zurückgegeben.

Verläuft der Vorgang aber nicht rein elastisch, sei es, daß plastische Formänderungen auftreten, oder daß infolge Relaxation des Werkstoffes diesem bei der vorgegebenen Prüffrequenz keine Gelegenheit bleibt, sich frei zurückzuverformen (Hysterese), so wird bei jedem Arbeitsspiel ein der Fläche F proportionaler Anteil an Verformungsarbeit von der Probe „geschluckt" und in Wärme umgesetzt. Kann diese Verformungswärme wegen unzureichender Wärmeleitfähigkeit nicht ausreichend schnell abgeführt werden, kommt es zu einer Temperatursteigerung in der Probe. Die Höhe dieser Temperatur hängt davon ab, bei welchem Temperaturgefälle gegenüber der Umgebung ein Wärmegleichgewicht sich einstellt.

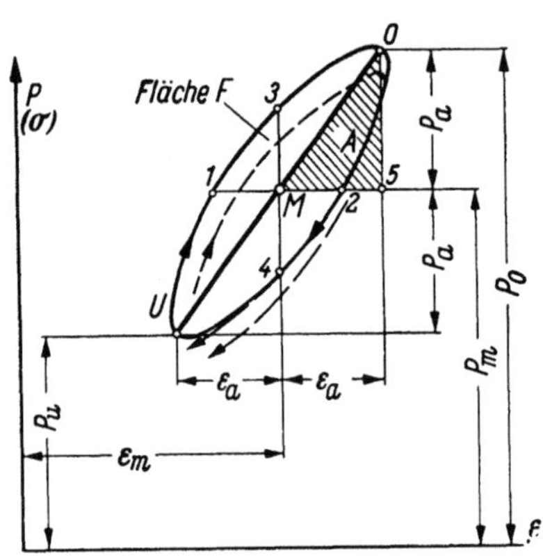

Abb. 82. Schema des Ablaufes eines Arbeitsspieles ungedämpft, (U–M–O) und bei starker Dämpfung. Potentielle Energie E_0 in oberer Grenzlage als Differenz gegen Ausgangswert (M)

$$E_0 = P_0 \, \varepsilon_a/2 .$$

Durch Dämpfung verbrauchte Energie E_D
E_D = Flächeninhalt der Dämpfungsellipse
$F = U$—1—2—0—2—4.

Als Maß der Dämpfung kann allgemein das Verhältnis der während eines Arbeitsspiels verbrauchten, d. h. von der Probe „geschluckten" Arbeit (Fläche F in Abb. 82) zur in der Grenzlage gespeicherten Arbeit $A = \varepsilon_a P_a/2$ (Potentielle Energie) gewählt werden. Die Dämpfung kann zahlenmäßig mit geeigneten Meßeinrichtungen [3] unmittelbar versuchsmäßig bestimmt werden.

Prüfamplitude. Die niedrige Elastizitätszahl der Kunststoffe (unter 2000 kp/mm² gegenüber Stahl mit rd. 20 000 kp/mm²) führt bei den aufzubringenden Prüfbeanspruchungen zu großen Verformungswegen („weiche" Proben). Die Prüfeinrichtungen benötigen demnach große Verformungswege bei verhältnismäßig geringen Prüfkräften. Bei gleicher Probengröße und Prüfbeanspruchung betragen also die aufzubringenden Verformungswege mehr als das 10-fache der bei Stahlproben erforderlichen.

Änderung der Prüfspannung infolge Relaxation. Der in Abb. 82 schematisch dargestellte Ablauf eines Arbeitsspieles kennzeichnet einen „stationären" Zustand. In der Regel trifft solch stationäres Verhalten nicht in vollem Umfang zu. Insbesondere dann, wenn die konstant eingeregelte Verformungsamplitude über die Prüfeinrichtung vorgegeben wird, stellt sich bei Kunststoffen im Laufe des Schwingversuches ein in Abb. 82 gestrichelt angedeuteter (in seiner Größe übertrieben dargestellter) Spannungsabfall ein. Dies führt im Laufe des

Versuches zu einem ständig fortschreitenden oder auch einem Grenzwert zustrebenden Vorspannungsabfall. Mit diesem verbunden ist meist auch eine sinngemäße (aber nicht unbedingt auch zahlenmäßig gleiche) Minderung der Schwingspannungsamplitude (P_a bzw. σ_a) (vgl. auch II 3.4.3 b, β und II 3.4.3 c, γ).

β) *Prüfeinrichtungen für Schwingbeanspruchung.* Allgemein können für die Dauerschwingprüfung von Kunststoffen die handelsüblichen Standardprüfmaschinen (Pulsatoren, Pulser, Wechselbiege- und Wechselverdrehmaschinen) benutzt werden. Es sind lediglich die unter II 3.4.3 b, α angeführten Gesichtspunkte sinngemäß zu berücksichtigen.

Grundsätzlich sind bei Kunststoffen, aus deren Natur und Verhaltensweise bedingt, auch andere Prüfverfahren anwendbar, welche im Prüfbereich der Metalle, aus welchem die meisten „Standardprüfverfahren" übernommen wurden, weniger bekannt und meist auch weniger geeignet sind [2].

Pulsatoren. Die hydraulischen Schwingprüfmaschinen sind meist für eine ausreichend hohe „Probensteife" ausgelegt. Bei der Prüfung „weicher" Proben kann u. U. durch das zur Verfügung stehende Hubvolumen des Pulsators der Anwendungsbereich eingeengt werden. Die bei Kunststoffproben aufzubringenden geringeren Prüflasten bedingen allenfalls Sonderausführungen der die Schwinglast steuernden Manometer (kleinere Meßbereiche), um die Regelgenauigkeit der Prüfmaschine voll ausnutzen zu können.

Hydraulische Pulsatoren halten meist die Prüflast (auch Schwinglast) konstant. Die unter II 3.4.3 b, α angedeutete Spannungsänderung während des Schwingversuches wird also vermieden. Es kann dann aber umgekehrt eine Vergrößerung der Wegamplitude bei konstanter Prüflast eintreten.

Mechanische Prüfmaschinen. Prüfmaschinen dieser Art, zu denen grundsätzlich auch die über Resonanz-Anregung arbeitenden „Pulser" zu rechnen sind, steuern meist die Wegamplitude der Probe und messen die sich einstellende Prüflast (Rückstellkraft der Probe) über unmittelbar mit der Probe gekoppelte Dynamometer.

Pulser. Bei diesen wird die Mittelkraft (P_m bzw. σ_m) über eine Federspannung erzeugt. Durch ein mit der Probeneinspannung parallel zur Mittelkraftfeder gekoppeltes mechanisches Schwingsystem (Federmasse und Anregeschwinger) wird eine der Mittelspannung überlagerte Wechselspannung $\pm\sigma_a$ aufgebracht.

Die bei der Prüfung von Kunststoffen erforderlichen größeren Wegamplituden werden von Sonderausführungen (Großhubpulser) durchaus beherrscht. Die geringeren Prüfkräfte können durch geeignete (weichere) Dynamometer mit entsprechend kleineren Meßbereichen sicher und ausreichend genau gemessen werden. Sonderzubehör ermöglicht bei diesen Maschinen auch die Durchführung von Schwingbiege- und Schwingverdrehversuchen.

Schwingbiege-Prüfeinrichtungen. Hier sind zwei grundsätzliche Prüfverfahren zu unterscheiden, nämlich „umlaufende Biegung" und „Biegung in einer Ebene".

Umlaufbiegemaschinen. Die Probe ist ein Rotationskörper (Rundprobe). Die einem in seiner Größe einstellbaren und während des Versuches konstanten statischen Biegemoment unterworfene Probe läuft um und erfährt dabei eine (umlaufende) Wechselbiegebeanspruchung. Das Prüfmoment bleibt, soweit es äußere Einflüsse angeht, konstant.

Flachbiege-Prüfeinrichtungen. Die meist mit prismatischem Querschnitt ausgeführte Probe wird durch ein in einer Ebene ausgerichtetes Wechselbiegemoment beansprucht. In der Regel wird der Probe eine Zwangsverformung aufgezwungen, die etwa nach dem Schema in Abb. 83 durch umlaufende einstellbare Exzenter und Stoßstangen aufgebracht werden kann. Das an der zwangsverformten Probe sich einstellende Rückstellmoment wird über ein mit der Probeneinspannung unmittelbar gekoppeltes Dynamometer gemessen.

Die im Bild skizzierte Anordnung mit (annähernd) parallel zur Probe geführter Prüfkraft P bietet nach dem Schema S 1 den Vorzug, daß das Prüfmoment über der gesamten Probenlänge praktisch konstant ist. Es können also symmetrisch profilierte Proben oder auch Prüfstäbe nach DIN 53455 verwendet werden. Im Gegensatz dazu liegt bei der Prüfanordnung nach dem Schema S 2 (Abb. 83) das größte Prüfmoment an der Einspannstelle vor. Um Brüche ausschließlich in der Einspannung zu vermeiden, müßte dann die Probe trapezförmig profiliert werden, wobei die Einspannstelle besonders zu verstärken ist.

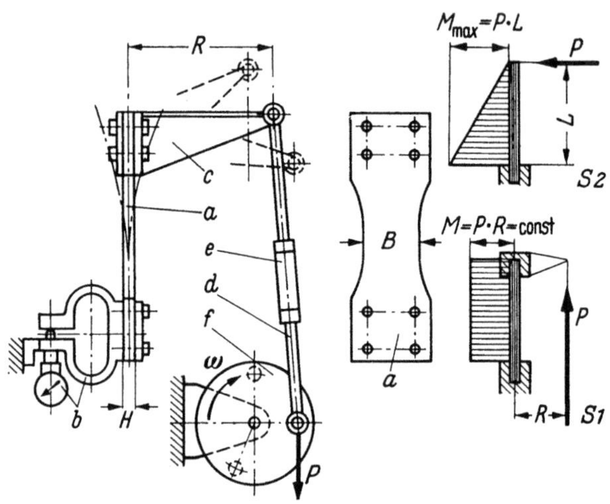

Abb. 83. Schema einer Versuchsanordnung für Schwingbiegeprüfung

a Probe mit Dicke H und Prüfbreite B;   *b* Dynamometer (Momentenmeßeinrichtung);   *c* starrer Winkelhebel (fest am Probenende);   *d* Stoßstange mit   *e* Längenverstellung;   *f* mit ω umlaufender Exzenter (Hub verstellbar); S_1 und S_2: Schemata der Momentenverteilung; S_1 P parallel zur Probe, $M_b = P\,R =$ konst.; S_2 P senkrecht zur Probe, $M_{b\,max} = P\,L$

Bei parallel zur Probe geführter Stoßstange erfährt die Probe zusätzliche Normalspannungen P/BH. Diese sind aber im Verhältnis zu der über das Biegemoment $M_b = P \cdot R$ erzeugten Biegerandspannung $\sigma_b = 6 \cdot P \cdot R/BH^2$ so gering, daß die zusätzliche Normalspannung $\sigma_n = \sigma_b \cdot H/6R$ bereits mit $R = 8,5 \cdot H$ vernachlässigbar klein wird (kleiner als 2% von σ_b). Einem ähnlichen Versuchsprinzip folgt die Flachbiegeprüfmaschine der DVL [4], welche der Probe ein über der Länge konstantes Biegemoment aufzwingt, das über eine Dynamometer-Feder gemessen wird. Eine weitere Ausführung beschreibt ERLINGER [4,5].

Ein amerikanischer Prüfvorschlag [6] wählt das Prüfschema S 2 (Abb. 83) mit ungleichem Biegemoment über der Probenlänge, legt dafür aber die Probenabmessung fest (Prüfdicke = Prüfbreite = 7,62 mm, Profilkehle mit $R = 50,8$ mm).

Bei den Prüfeinrichtungen mit zwangsverformter Probe wird der Charakter der Schwingbeanspruchung (Wechsel- oder Schwellbeanspruchung) durch Ändern der Stoßstangenlänge bzw. Verschieben der Exzenterlagerung beeinflußt.

Schwingverdreh-Prüfeinrichtungen. Für diese gelten grundsätzlich die unter 3.4.3 b, β angeführten Gesichtspunkte. Bei Erzeugung der Wechseldrehmomente über Exzenter und Stoßstangen ist die „freie" Kraft durch ein

Schwinglager abzufangen, falls nicht ein „reines Drehmoment" aufgebracht wird.

Auch Proben prismatischen Querschnittes können bei Drehschwingbeanspruchung geprüft werden, wenn die Gesetze der Spannungsverteilung des verdrehbeanspruchten prismatischen Querschnittes beachtet werden [7].

Resonanz-Systeme. Prüfeinrichtungen, bei denen die Prüfkörper selbst als Feder eines Schwingsystems benutzt werden, das in der Nähe seiner Eigenfrequenz zu Schwingungen (vornehmlich Biege- oder Drehschwingungen) angeregt wird, sind bei metallischen Werkstoffen, insbesondere bei Stahl, mit bestem Erfolg anwendbar. Sie bieten bei reiner Wechselbeanspruchung den Vorzug äußerer Kräftefreiheit bei denkbar einfachem Aufbau, der eine fast unbeschränkte Umstellbarkeit auf verschiedene Prüfzwecke und Probenformen bietet.

Die Prüfung von Kunststoffen ist mit solchen Einrichtungen ebenfalls möglich. Die exakte Versuchsführung wird aber durch die mangelnde Linearität des Spannungs-Dehnungs-Diagramms, die Relaxation und die Temperaturanfälligkeit der Kunststoffe zumindest in den kritischen, für die Prüfung aber besonders interessanten Beanspruchungsbereichen technisch sehr erschwert.

c) Schwingfestigkeitskennwerte. In Tab. 7 sind einige ältere [8] Versuchsergebnisse an Proben aus gehärteten Phenoplasten zusammengestellt, die wegen des sehr breit angelegten Prüfbereiches von besonderem Interesse sind. Die bei Längsschwell-, Biegewechsel- und Verdrehwechselbeanspruchung (prismatische Prüfquerschnitte) ermittelten Versuchsergebnisse können zusammenfassend etwa folgendermaßen gekennzeichnet werden:

α) *Dämpfungsverhalten.* Die Dämpfung beträgt rund das 100- bis 140fache des gewöhnlichen Kohlenstoffstahles.

β) *Frequenz-Einfluß.* Ein unmittelbarer Einfluß der Prüffrequenz auf die Dauerschwingfestigkeit wurde im Bereich von 10 bis 50 Hz nicht erkennbar. Die auf Standardprüfmaschinen vorgenommenen Versuche wurden bei Längsschwell- und Biegewechselbeanspruchung mit 25 Hz, bei Drehwechselbeanspruchung mit 50 Hz durchgeführt.

γ) *Relaxation.* Schwingversuche mit Mittellast bzw. Mittelspannung auf Prüfmaschinen mit vorgegebener Wegamplitude führten zum „Kriechen" der Kunststoffproben und damit zu einem Vorspannungsabfall, der durch häufiges Nachstellen der Prüfeinrichtung ausgeglichen werden mußte [9].

δ) *Grenzlastspielzahl.* Bei den untersuchten Kunststoffproben wurden Dauerbrüche noch nach $70 \cdot 10^6$ Lastspielen beobachtet. Die Grenzlastspielzahl zur Kennzeichnung der Dauerschwingfestigkeit wurde deshalb auf $20 \cdot 10^6$ (bei Verdrehschwingbeanspruchung auf $50 \cdot 10^6$) Lastspiele festgelegt (vgl. II 3.4.3a).

ε) *Schwingfestigkeit im Verhältnis zur statischen Festigkeit.* Die Schwingfestigkeit der untersuchten Phenoplaste betrug in % der statischen Festigkeit gleicher Beanspruchungsart:

bei Schwellzugbeanspruchung

zwischen 51 und 64% der statischen Zugfestigkeit,

bei Biegeschwingbeanspruchung an glatten Proben

zwischen 25 und 43% der statischen Biegefestigkeit (30 bis 60% der Zugfestigkeit),

Tabelle 7

Typ	Aufbau	Harzgehalt Gew.-%	Elast. Kennwerte		Stat. Festigkeit			Schwingfestigkeit [1]				Vergleichswerte		
			Biegung E_b kp/mm²	Torsion G kp/mm²	Zug σ_{zB} kp/mm²	Biegung σ_{bB} kp/mm²	Torsion τ_{tB} kp/mm²	Zug σ_{zD} kp/mm²	Biegung σ_{bW} glatt kp/mm²	Biegung σ_{bW} gebohrt kp/mm²	Torsion τ_W kp/mm²	$\dfrac{\sigma_{zD}}{\sigma_{zB}}$	$\dfrac{\sigma_{bW}}{\sigma_{bB}}$	$\dfrac{\tau_W}{\tau_{tB}}$
31	Phenolharz mit feinkörnigem Holzmehl	40	750	250	4,1	7,5	6,8	—	±2,55	±1,7	±1,75[2]	—	0,34	0,26
74	Phenolharz mit geschnitzeltem Textilgewebe	40	750	—	4	5,5±1	—	—	±2,45	±2,45	—	—	0,43	—
51	Phenolharz mit Zellstoffflocken	40	750	—	—	5,75	—	—	±1,4	—	—	—	0,24	—
Preßharz	Reines Phenolharz	100	600	—	6,0	10,5	8,35	—	±3,2	±2,3	—	—	0,31	—
77	Phenolharz mit Textilgewebebahnen	40	800	—	7,0	12,75	—	—	±3,05	±2,4	—	—	0,24	—
57	Phenolharz mit langen Baumwoll-papierfasern	37—38	1350	—	7,7	11,5	—	±4,9	±3,6	±3,05	—	0,64	0,64	—
57	Phenolharz mit langen Zellstoffasern (geschichtete Pappebahnen)	40	1000 bis 1100	600	—	—	9,0	—	—	—	±2,0[3]	—	—	0,22
				365	9,0	13,25	5,5	±5,25	±3,6	±3,05	±1,2[3]	0,58	0,27	0,22
				280	—	—	4,2	—	—	—	±0,95[3]	—	—	0,23
57	Phenolharz mit langen Zellstoffasern (geschichtete Zellulosebahnen)	40	1100	—	11,0	15,0	—	±5,55	±3,8	±3,45	—	0,51	0,25	—

Bezeichnung der Festigkeitswerte nach DIN 1602 bzw. DIN 50100.
[1] für $N = 20 \cdot 10^6$; τ_W für $N = 50 \cdot 10^6$ Lastspiele.
[2] Proben mit prismatischem Querschnitt, τ auf Breitseite bezogen.
[3] Proben mit prismatischem Querschnitt, τ auf Schmalseite bezogen.

bei Biegeschwingbeanspruchung an quergebohrten Proben

verminderte sich die Biegeschwingfestigkeit auf 85 bis 67% der Werte nicht gebohrter (glatter) Proben,

bei Verdrehschwingbeanspruchung

zwischen 22 bis 26% der Torsionsfestigkeit (10 bis 42% der statischen Zugfestigkeit).

Literatur

[1] PROT, E. C.: Rev. Metallurgie 45 (1958) Nr. 12, S. 481; Rev. Generale Mecan. (Januar 1953).

[2] KOPPELMANN, J.: Neuere physikalische Prüfmethoden für Kunststoffe. Kunststoffe 47 (1957) H. 8, S. 416—424. — HAGEN, H.: Dauerfestigkeit glasfaserverstärkter Kunststoffe. Kunststoffe 47 (1957 (H. 7, S. 359—368.

[3] Druckschrift PFW der Fa. Schenck-Darmstadt: Elektrodynamischer Dämpfungsmesser nach SCHENCK-FEDERN, DBP. 853828.

[4] Handbuch der Werkstoffprüfung, Bd. 1, Abschn. III C 1, OSCHATZ-HEMPEL: Dauerbiegemaschinen mit Kurbelantrieben, S. 193/94. Berlin/Göttingen/Heidelberg: Springer 1958.

[5] ERLINGER, E.: Wechselbiegemaschine. Arch. Eisenhüttenw. 11 (1937/38) S. 455/56; vgl. dazu auch: Firmenprospekt „WEBI" der Fa. Schenck, Darmstadt.

[6] ASTM-Designation: D 671-51 T (Issued 1940, Revised 1949/50) Tentative Method of Test for Repeated Flexural Stress (Fatigue) of Plastics.

[7] WEBER, C.: Die Lehre von der Drehungsfestigkeit. Forsch.-Arb. Ing.-Wes. H. 249 (1921). im Auszug auch: DUBBEL, Taschenbuch für den Maschinenbau, 11. Aufl., S. 377ff. Berlin/Göttingen/Heidelberg: Springer 1956.

[8] THUM-JACOBI: Die Dauerfestigkeit von Kunststoffen. Der Maschinenschaden 15 (1938) Nr. 6, S. 85—91 u. Nr. 7, S. 101—105; auch: Z. VDI 81 (1937) S. 868; ferner s. auch R. HOUWINK: Chemie und Technologie der Kunststoffe, 3. Aufl., Bd. 1, 10. Kap.: ZEBROWSKI u. NÜMANN: Typisierung und Normung von Kunststoffen, § 65. Mechanische Prüfung, i) Dauerfestigkeit, S. 645—650. Leipzig 1954.

[9] MESKAT, W., u. W. HOFFMANN: Relaxationsvorgänge bei Monofilen unter gleichzeitiger überlagerter Zugwechselbeanspruchung. Rheologica Acta (1958) Nr. 1, S. 77—86. — VOIGT, W.: Prüfung von Kunststoffolien nach einem statisch-mechanischen Verfahren. Arch. techn. Messen (V 91 122-17), Juli 1959, S. 145—148.

3.4.4 Temperaturbeanspruchung (vgl. auch II 3.5.3)

a) Einleitung. Die Erfahrung hat gezeigt, daß das mechanische Verhalten von Kunststoffen mehr als das irgend einer anderen Werkstoffgruppe temperaturabhängig ist. Bei den mechanischen Prüfmethoden, die in II 3.4.1 behandelt sind, wurde vorausgesetzt, daß sie bei einer normalisierten Raumtemperatur ausgeführt werden. Da die Anwendungen jedoch nicht auf Raumtemperatur beschränkt bleiben, werden in den Prüflaboratorien mehr und mehr Versuche bei verschiedenen Temperaturen ausgeführt. Das Interesse gilt vor allem höheren Temperaturen; bei der Mehrzahl der Kunststoffe bedeutet das zufolge ihrer chemischen Zusammensetzung einen Temperaturbereich zwischen 20 °C und 200 °C. Im Bereich der niederen Temperaturen geht man aus technischen Gründen gewöhnlich nicht tiefer als —70 °C.

Außer den bei abweichenden Temperaturen ausgeführten Zug-, Druck- und Biegeversuchen, kennt man auch Methoden speziell gerichtet auf die Messung bestimmter Temperatureffekte, wie z. B. Versuche nach MARTENS, Kaltsprödigkeit usw. (vgl. II 3.5.3).

b) Deformation bei abnormalen Temperaturen. Die in der Praxis sehr gut brauchbare Einteilung der Eigenschaften in elastisches, verzögert-elastisches und plastisches Deformationsverhalten, gefolgt durch Brucherscheinungen, läßt sich bei Temperaturvariationen nur in beschränktem Maße aufrechterhalten. Zweckmäßiger ist es, die elastischen und verzögert-elastischen Deformationserscheinungen zusammenzufassen und durch einen „zeitabhängigen Elastizitätsmodul" zu beschreiben. Dieser zeigt dann ein sehr ausgeprägtes Temperaturverhalten, das bei Thermoplasten noch stärker variiert, als bei Duroplasten.

Der Elastizitätsmodul zeigt nämlich einen bei jedem Material bei einer verschiedenen Temperatur liegenden Steilabfall mit steigender Temperatur [1]. Bei Stoffen, die sich bei Zimmertemperatur in glasartigem Zustand befinden (hoher E-Modul), wird die größte Veränderung der elastischen Eigenschaften bei einer Temperaturerhöhung auftreten.

Umgekehrt erwartet man bei kautschukähnlichen Stoffen (niedriger E-Modul) die größte Veränderung bei einer Temperaturerniedrigung (Abbildung 84).

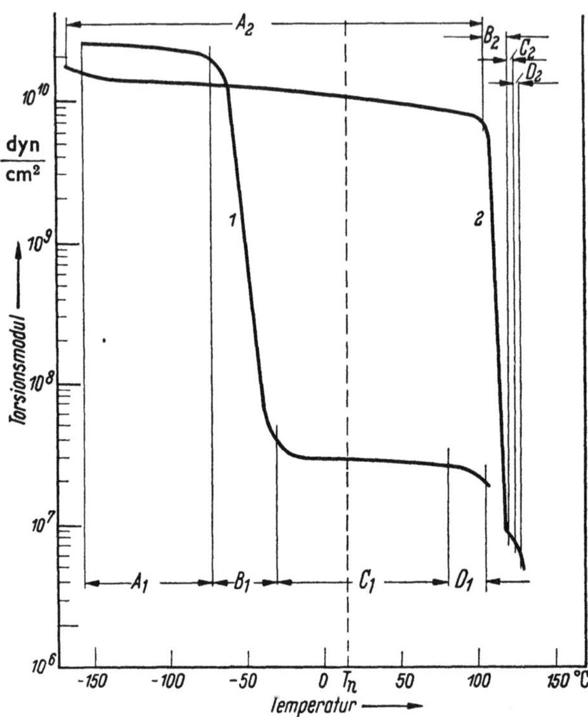

Abb. 84. Torsionsmodul eines kautschukähnlichen (*1*) und eines glasartigen Stoffes (*2*) in Abhängigkeit von der Temperatur (nach SCHMIEDER und WOLF [*1*])

A_1 und A_2 glasartiges Gebiet; B_1 und B_2 Übergangsgebiet; C_1 und C_2 kautschukartiges Gebiet; D_1 und D_2 (Erweichungsgebiet) Fließgebiet; T_n Raumtemperatur

Die plastischen Deformationserscheinungen treten unter kleinen Kräften in einem anderen Temperaturbereich auf, als die obengenannten elastischen und visko-elastischen (nämlich in einem Temperaturbereich der noch außerhalb des kautschukartigen Bereiches liegt). Je höher die Temperatur, desto größer ist der Anteil der plastischen Verformungen in der totalen Deformation.

Unter großen Kräften treten bereits bei normalen Temperaturen plastische Verformungen auf, über die jedoch noch wenig bekannt ist. Im Zusammenhang mit der Lage der Normaltemperatur im Temperaturbild des betrachteten Stoffes, sowie mit der für jedes Material anderen Verschiebung der Eigenschaften mit der Temperatur ist zu schließen:

1. Wir können in großen Zügen die charakteristischen Eigenschaften und Unterschiede zwischen kautschukartigen Stoffen, organischen Gläsern und kristallinen Polymeren, sowie deren Temperaturabhängigkeiten verstehen und voraussagen.

2. Die feinen Unterschiede zwischen verschiedenen Stoffen einer Klasse von Materialien (z. B. kautschukartige) können wir heutzutage noch nicht systematisch übersehen. Angaben über mittlere Eigenschaftsveränderungen per Temperaturintervall [2] sind unzureichend in Anbetracht der nichtlinearen Temperaturabhängigkeit der betrachteten Eigenschaften.

c) Erfahrungen in der Praxis. Will man auf der Basis von praktischen Erfahrungen einige allgemeine Regeln nennen, so muß man erst bestimmen, ob der in Frage kommende Stoff ein Duroplast oder ein Thermoplast ist. Im ersten Fall werden die gemessenen Unterschiede relativ klein sein. Bei Thermoplasten wird entweder bei niedrigeren oder bei höheren Temperaturen der maximale Effekt festzustellen sein. Mit diesen Einschränkungen lassen sich die folgenden sehr allgemeinen Regeln aufstellen:

Der E-Modul, die Zug-, Druck-, Schub- und Biegefestigkeit (Abb. 85) sowie der Endpunkt des scheinbar linearen Verhaltens (die Proportionalitätsgrenze) nehmen mit zunehmender Temperatur ab.

Die Deformation steigt mit steigender Temperatur [3 bis 5] und zugleich nimmt die Härte ab [6].

Bei Eindruckversuchen findet man, daß die Zeitabhängigkeit bei verschiedenen Temperaturen mehr oder weniger ausgeprägt sein kann (Abb. 86). Ähnliches gilt auch für die Zeitabhängigkeit des E-Moduls. Schlagversuche liefern manchmal bei niederen, manchmal bei höheren Temperaturen ein Maximum in der Schlagenergie [7] (Abb. 87).

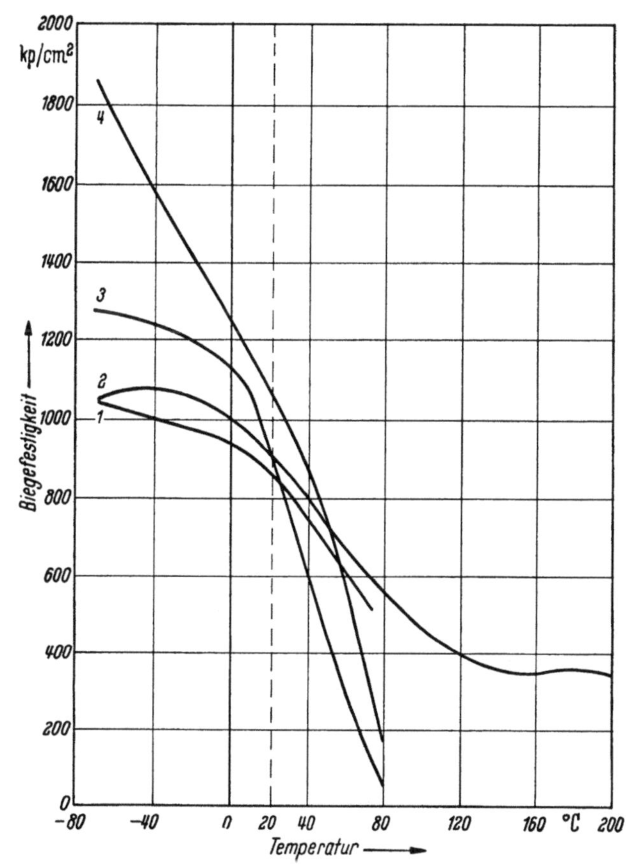

Abb. 85. Biegefestigkeit verschiedener Kunststoffe in Abhängigkeit von der Temperatur (NITSCHE und SALEWSKI [5])

1 Polystyrol;   *2* Phenolharz mit Holzmehl;   *3* Polyvinylchlorid;   *4* Vinyl-Mischpolymerisat

Wie stark das Bild sich ändern kann, zeigen Erfahrungen mit Schichtstoffen, die auf ihre Izod-Schlagzähigkeit niedrigerer Temperatur untersucht wurden [8]. Hartpapier und Hartgewebe auf Phenolharzbasis zeigen eine Abnahme, Schichtstoffe auf Glasfaserbasis dagegen eine Zunahme der Schlagfestigkeit.

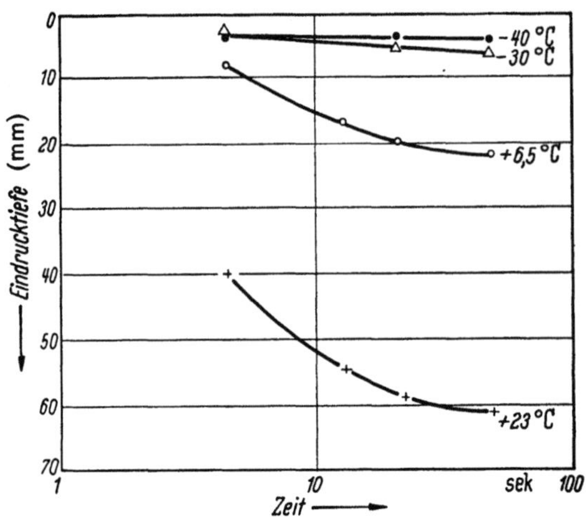

Abb. 86. Härte eines weichgemachten Vinyl-Mischpolymerisates in Abhängigkeit von der Zeit bei verschiedenen Temperaturen (LABBE [6])

Die Zeitabhängigkeiten beim Kriech- und Spannungsrelaxationsversuch zeigen einen maximalen Effekt in den Übergangstemperaturbereichen.

d) Praktische Ausführung. Wegen der praktischen Durchführung sei auf die Ausführungen in II 3.5.3 verwiesen.

e) Einflüsse auf mechanische Prüfungen bei abnormalen Temperaturen. Die Faktoren, die bei der Bestimmung der verschiedenen mechanischen Eigenschaften bei Raumtemperatur vom Einfluß waren, müssen natürlich auch bei höheren oder tieferen Temperaturen berücksichtigt werden. Bei höheren Temperaturen ist außerdem zu beachten, daß das Probenmaterial sich chemisch ändern kann, meistens von einer Veränderung in den mechanischen Eigenschaften begleitet.

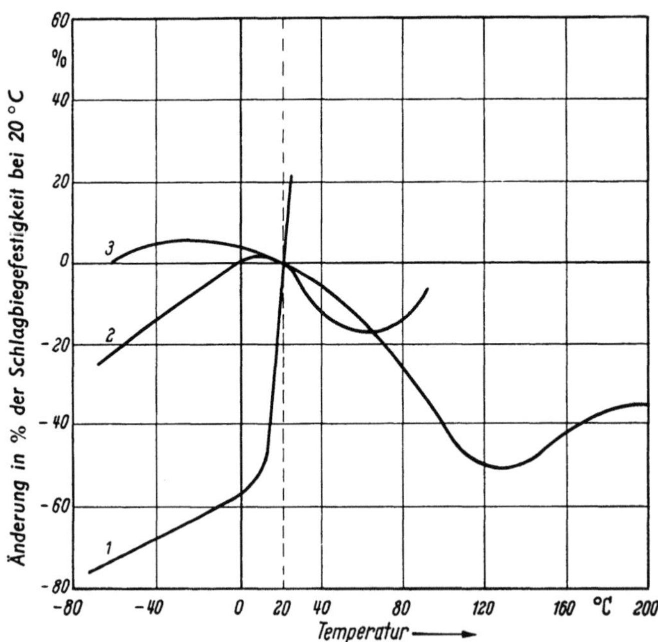

Abb. 87. Änderung der Schlagzähigkeiten in % bezogen auf die Schlagzähigkeit bei 20°, in Abhängigkeit von der Temperatur (NITSCHE und SALEWSKI [5])
1 Polyvinylchlorid; *2* Polystyrol; *3* Phenolharz mit Holzmehl

Es ist daher wünschenswert, stets einen Blindversuch auszuführen, bei dem die Probe die gleiche Zeit, ohne mechanische Beanspruchung, der erhöhten

Temperatur ausgesetzt wird. Nach Abkühlung auf normale Temperatur werden die Eigenschaften geprüft und eine evtl. Veränderung kann als Korrektur berücksichtigt werden [5, 7].

Die Schwierigkeiten der Bestimmung von mechanischen Eigenschaften bei abnormalen Temperaturen sind mehr von apparativem (Verhindern störender Kondensation, Schmierung bewegender Teile usw.) als von prinzipiellen Charakter. Jedes Laboratorium mit normgerechten Geräten, kann Hilfsmittel für die Bestimmung dieser Eigenschaften montieren. Über die betreffenden Anforderungen bestehen noch keine Normen.

Literatur

[1] Schmieder, K., u. K. Wolf: Kolloid-Z. 127 (1952) H. 2/3, S. 65 u. 134 (1953) H. 2/3, S. 149.
[2] Pabst, F.: Kunststoff-Taschenbuch, S. 270/71. München: Hanser 1955.
[3] Oberg, T. P., R. T. Schwartz u. D. A. Skinn: Mod. Plastics 20 (1943) H. 8, S. 87.
[4] Nason, H. K., T. S. Carswell u. C. H. Adams: Mod. Plastics 29 (1951) H. 4, S. 127.
[5] Nitsche, R., u. E. Salewski: Kunststoffe 29 (1939) S. 209.
[6] Labbe, B. G.: ASTM Bull. 199 (1954) S. 73.
[7] Nitsche, R., u. E. Salewski: Kunststoffe 31 (1941) S. 381.
[8] Lamb, J., D. A. George, H. A. Baker u. L. E. Sieffert: ASTM Bull. 181 (1952) S. 67.

3.5 Prüfung auf thermische Eigenschaften

Von W. Küch, Dortmund

3.5.1 Physikalische Kennwert-Ermittlung

Allgemeines. Die Kunststoffe zeigen hinsichtlich ihrer thermischen Eigenschaften ein für diese Stoffgruppe typisches Verhalten. Es umfaßt in seiner Gesamtheit betrachtet die thermische Verarbeitung der Kunststoff-Formmassen aus duro- und thermoplastischen Kunstharzen zu Formteilen in Preß-, Spritzguß-, Gieß- und Strangpreßverfahren, die Weiterverarbeitung von Halbfabrikaten aus thermoplastischen Kunstharzen durch Warmverformung und die Änderung der Gebrauchseigenschaften der Kunststoffe bei Einwirkung von Wärme und Kälte. Die thermische Verarbeitung der Formmassen und die Warmverformung von thermoplastischen Halbfabrikaten hängen zusammen mit der Fähigkeit der duroplastischen Kunstharze, in der Wärme zu schmelzen und anschließend durch chemische Kondensationsreaktionen in einer stark vernetzten Sphärokolloid-Struktur zu erhärten, und mit der Eigenschaft der durch fadenförmige Makromoleküle gebildeten thermoplastischen Kunststoffe, durch physikalische Vorgänge in der Wärme zu erweichen und bei anschließender Abkühlung wieder in den festen Zustand überzugehen. Zur Kennzeichnung der thermischen Verarbeitungsfähigkeit der Formmassen und thermoplastischer Halbfabrikate dienen Untersuchungsmethoden, durch die vor allem der Erweichungspunkt, die Schmelzviskosität und das Fließverhalten der Stoffe bestimmt werden. Sie werden vorwiegend in II 3.3 behandelt. Die nachfolgenden Betrachtungen beschränken sich in der Hauptsache auf die thermischen Gebrauchseigenschaften der Kunststoffe. Dieses Gebiet verlangt vor allem deshalb besondere

Beachtung, weil die Kunststoffe, insbesondere diejenigen auf thermoplastischer Grundlage, bereits unter den klimatischen Bedingungen eines normalen praktischen Einsatzes ihre Eigenschaften durch Wärme- und Kälteeinwirkung in erheblichem Ausmaß ändern. Die Prüfmethoden zur Bestimmung der thermischen Gebrauchseigenschaften der Kunststoffe sind zum großen Teil dem besonderen Charakter der zu behandelnden Stoffgruppe angepaßt und erstrecken sich auf folgende Gebiete:

1. Ermittlung der thermischen Kennwerte wie Wärmeausdehnungskoeffizient, spezifische Wärme und Wärmeleitfähigkeit.

2. Untersuchung der unmittelbaren Änderung der Gebrauchseigenschaften der Kunststoffe bei stationärer Einwirkung von hohen und tiefen Temperaturen.

3. Beobachtung der Verformung des einer mechanischen Beanspruchung ausgesetzten Kunststoffes bei gleichmäßig ansteigender Erwärmung (Formbeständigkeit in der Wärme).

4. Ermittlung der bleibenden Eigenschaftsänderungen der Kunststoffe im Anschluß an eine thermische Beanspruchung.

5. Beurteilung des Verhaltens der Kunststoffe bei extrem hoher thermischer Beanspruchung (Verhalten im Feuer).

Die Änderung der Gebrauchseigenschaften, die ein Kunststoff durch eine thermische Beanspruchung erfährt, setzt sich grundsätzlich aus einer reversiblen und irreversiblen Komponente zusammen. Die reversible Komponente entspricht der Eigenschaftsänderung, wie sie sich durch Abschwächung bzw. Verstärkung der intramolekularen Bindungen des Stoffes unmittelbar in der Wärme oder Kälte ergibt. Die dadurch bedingten Eigenschaftsänderungen gehen zurück, sobald wieder normale Temperaturverhältnisse vorherrschen. Dieser reversiblen Komponente sind bei den Kunststoffen häufig, insbesondere bei Wärmebeanspruchung, irreversible Eigenschaftsänderungen überlagert, die nach Wiederangleichung an normale Temperaturbedingungen bestehen bleiben und mit einer Änderung des Feuchtigkeitsgehaltes oder des Gehaltes an Weichmacher und Lösungsmittel, nachträglichen Kondensations- oder Polymerisationsvorgängen, Relaxationserscheinungen, beginnende Zersetzung bei extrem hohen Temperaturen oder ähnlichen Einflüssen zusammenhängen.

3.5.2 Prüfverfahren zur Ermittlung der allgemeinen thermischen Kennwerte

a) Wärmeausdehnungskoeffizient. Die Ausdehnung, die ein Körper in der Wärme erfährt, findet ihre Beurteilung durch Bestimmung des mittleren linearen bzw. kubischen Wärmeausdehnungskoeffizienten, auch Wärmedehnzahl genannt.

Der lineare Wärmeausdehnungskoeffizient α_{wl} sagt aus, um wieviel die Längeneinheit des Körpers bei 1 grd Temperaturerhöhung zunimmt. Unter der Voraussetzung, daß α_{wl} von der Temperatur unabhängig ist, gilt [1]

$$\alpha_{wl} = \frac{1}{l_1} \frac{dl}{d\vartheta}$$

Hierin bedeutet:

l_1　ursprüngliche Länge des Stabes,
dl　Verlängerung des Stabes in einer Achsenrichtung,
$d\vartheta$　Temperaturerhöhung in °C.

Da weiter

$$dl = l_2 - l_1 \quad \text{und} \quad d\vartheta = \vartheta_2 - \vartheta_1,$$

ist

$$l_2 = l_1[1 + \alpha_{wl}(\vartheta_2 - \vartheta_1)].$$

Bei der Bestimmung der Wärmedehnung von Kunststoffen kann man nicht mit der Festlegung exakter physikalischer Kennwerte, sondern nur mit angenäherten Werten rechnen. Es hängt dies damit zusammen, daß die meisten Kunststoffe mehr oder weniger hygroskopisch sind und häufig flüchtige Bestandteile (Weichmacher, Lösungsmittel) enthalten. Auf diese Weise können u. U. durch die Erwärmung und die dadurch bedingte Austrocknung Schwindungsvorgänge auftreten, die der Wärmedehnung entgegenwirken. Weiterhin muß berücksichtigt werden, daß Kunststoffe häufig anisotrope Körper sind und in ihren verschiedenen Raumachsen verschiedene Ausdehnungsbeiwerte haben. Bei der Prüfung derartiger Stoffe müssen daher die Proben zur Bestimmung der Wärmedehnung längs der Hauptachsen der Anisotropie entnommen und die Wärmedehnung in Richtung der verschiedenen Achsen gemessen werden. Hinzu kommt schließlich noch, daß sich der Wärmeausdehnungskoeffizient der thermoplastischen Kunststoffe in bestimmten Gebieten, in denen molekulare Strukturveränderungen auftreten, so z. B. im Bereich des Transformationsintervalls der Erweichung, plötzlich stark verändert. Die Bestimmung des Wärmeausdehnungskoeffizienten ist infolgedessen bei den Kunststoffen im allgemeinen auf Temperaturbereiche beschränkt, in denen die Wärmedehnung von der Temperatur nahezu unabhängig ist, es sei denn, daß die Messungen nicht unmittelbar dazu dienen sollen, die angeführten thermischen Umwandlungspunkte zu ermitteln. In der Regel sollte man bei der Untersuchung der Kunststoffe auf Wärmedehnung Verfahren anwenden, die Nebeneinflüsse soweit wie möglich ausschalten. Nach der Natur der Kunststoffe und im Hinblick auf die klimatischen Bedingungen ihres praktischen Einsatzes dürfte dabei ein Temperaturbereich von $-30\ °\mathrm{C}$ bis $+30\ °\mathrm{C}$ meist ausreichen.

Zur Bestimmung der Wärmedehnzahl von Kunststoffen sind die für Ausdehnungsmessungen an Metallen entwickelten Dilatometer grundsätzlich geeignet. Doch besitzen sie häufig im Hinblick auf die bei Kunststoffen möglichen und anfänglich geschilderten Fehlerquellen eine zu hohe Meßgenauigkeit, so daß man zur Ausbildung vereinfachter Meßeinrichtungen überging. Bei der Verwendung von Flüssigkeitsbädern zur Erwärmung der Proben sollte bei den Kunststoffen wegen ihres indifferenten chemischen Charakters ein unmittelbarer Kontakt der Proben mit der Flüssigkeit des Temperaturbades vermieden werden. Wenn das nicht möglich ist, muß eine Flüssigkeit ausgewählt werden, welche die physikalischen Eigenschaften des zu prüfenden Materials nicht beeinflußt.

α) *Gerät nach Gast und Klingelhöffer.* Ein einfacher *optischer Ausdehnungsmesser* für die Prüfung der Kunststoffe, bei dem die Erwärmung der Proben in heißer Luft vorgenommen wird, ist von GAST und KLINGELHÖFFER entwickelt worden [2]. Der Ausdehnungsmesser (Abb. 1) arbeitet mit optischer Ablesung durch 2 Meßmikroskope. Schmale Streifen aus Blattzinn, die auf die Probe aufgeklebt sind, dienen mit ihren Kanten als Meßmarken. Die Probe liegt in einem elektrisch geheizten, röhrenförmigen Ofen aus Kupfer. Die gewünschte Temperatur wird durch ein Thermoelement kontrolliert. In Abb. 2 wird gezeigt, wie mit Hilfe eines zweiten Thermoelementes und einer Hilfsheizung nach Art einer „Rückführung", wie sie in der Regeltechnik gebräuchlich ist, die störenden Pendlungen um den Sollwert unterdrückt werden. Hierzu dient ein Thermoelement, dessen eine Lötstelle mit einer Hilfsheizung gleichzeitig mit dem Röhrenofen erwärmt wird, während die zweite Lötstelle den Einfluß der Raumtemperatur ausgleicht. Dieses Thermoelement veranlaßt so rechtzeitiges Abschalten der Heizung, daß trägheitsbedingte Übertemperatur nicht eintritt. Weiter wird hier die Steuerung des Temperaturverlaufes mittels eines Programmwerkes angedeutet. Es gelingt so, einen linearen Anstieg der Temperatur mit etwa 10 °C/Std. zu erzwingen und die Proben nach einer gewissen Haltezeit wieder linear abzukühlen. Die Wärmeisolierung übernimmt eine dicke Lage Glaswatte. Die Probe ist in der Längsachse angebohrt, so daß das Thermoelement bis an die Meßstrecke herangebracht werden kann. Um die Probe in ihrer Ausdehnungsbewegung möglichst wenig zu beeinflussen, liegt diese in dem Heizrohr nur auf ihren unteren Längskanten auf.

Vieweg hat die beschriebene Apparatur auch zur Messung der Wärmedehnzahl von harten Schaumstoffen aus Moltopren und aus Kunstkautschuk (Buna)

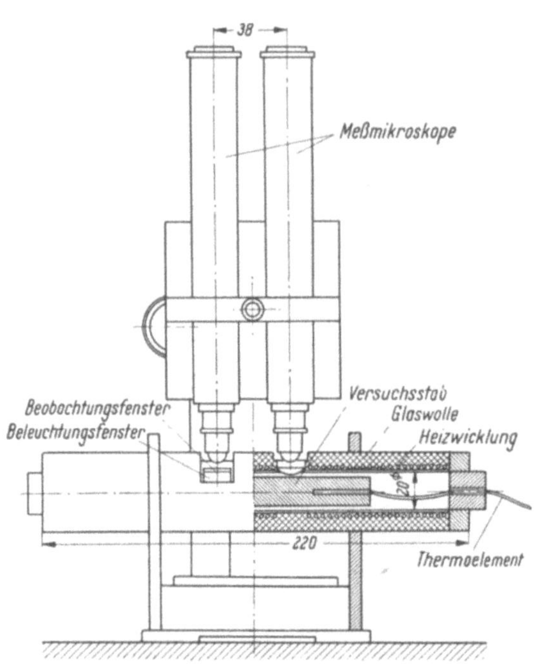

Abb. 1. Apparat zur Bestimmung der Wärmedehnzahl

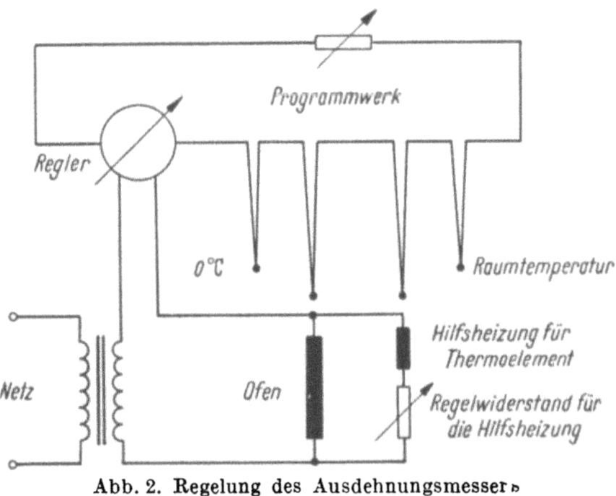

Abb. 2. Regelung des Ausdehnungsmessers

benutzt [3]. Um hierbei Schrumpfungsanomalien durch Wasserabgabe der Probe zu vermeiden, wird in dem Heizrohr, in dem sich die Probe befindet, durch einen Docht, der aus einem an der freien Seite angeordneten Wassergefäß in das Heizrohr ragt, eine mit Wasserdampf gesättigte Atmosphäre erzeugt. Abb. 3 zeigt das Ergebnis derartiger Messungen an Hartbunaschaum in zwei zueinander senkrechten Richtungen parallel zur Preßhautebene, die beträchtliche Unter-

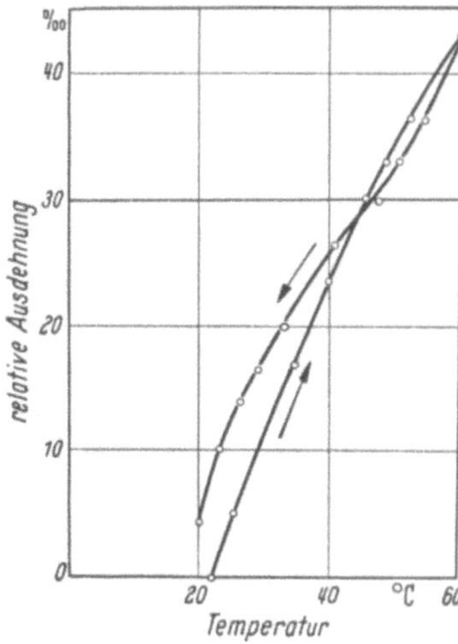
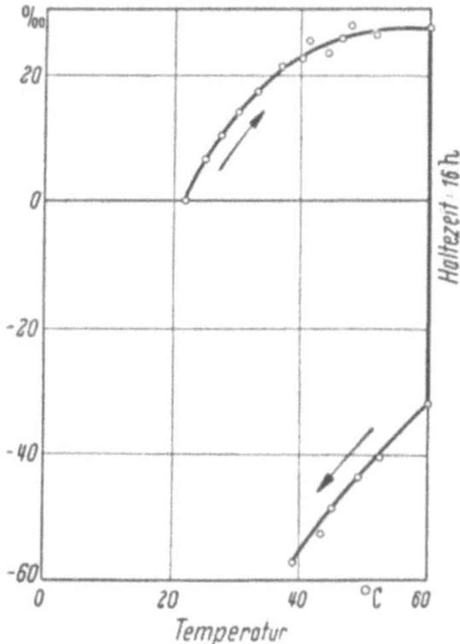

Abb. 3. Wärmeausdehnung von Hartbuna-Schaum in zwei zueinander senkrechten Richtungen. Anheizen und Abkühlen mit 10 °C/h

schiede ergaben; in dem einen Fall geringe bleibende Dehnung bei einem Ausdehnungskoeffizienten, der in der für Kunststoffe gewohnten Größenordnung liegt, das andere Mal eine nach stark gekrümmtem Ausdehnungsverlauf stattfindende erhebliche Schrumpfung und eine nach Abkühlung bleibende Verkürzung.

β) ASTM - Verfahren zur Bestimmung des linearen Wärmeausdehnungskoeffizienten. Nach dem ASTM-Entwurf D 696-44 „Standard Method of Test for Coeffizient of Linear Thermal Expansion of Plastics" wird der lineare Ausdehnungskoeffizient von Kunststoffen mit einem Glasrohrdilatometer entsprechend Abb. 4 ermittelt.

Das Gerät ist im Prinzip ähnlich dem in dem ASTM-Entwurf B 93 für Metalle angegebenen Dilatometer und besteht aus einem Außenrohr aus Glas (Länge: 508 mm, innerer Durchmesser: 13 mm, Wanddicke: etwa 2 mm), das unten verschlossen ist. In dieses Rohr wird die Probe (Länge: 51 bis 102 mm, Form: rund oder quadratisch), deren Enden durch aufgeleimte dünne Stahlplättchen gegen Eindrücken geschützt sind, eingeführt. In das Außenrohr wird ein zweites gläsernes Innenrohr mit dichter Passung, aber leichter Beweglichkeit gegenüber dem

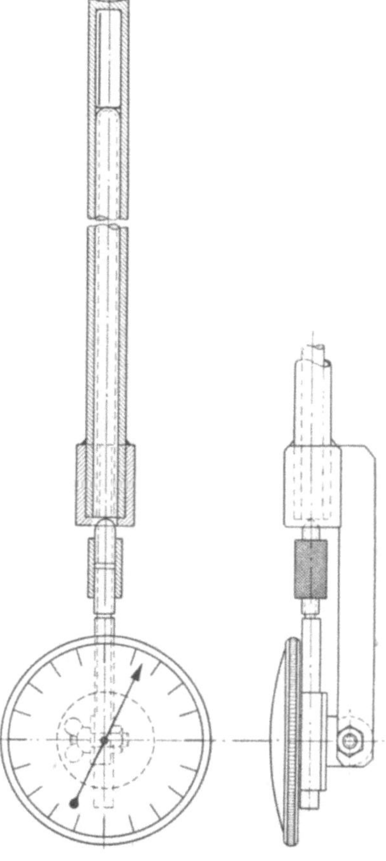

Abb. 4. Dilatometer

Außenrohr eingesteckt und auf die Probe aufgesetzt. Um einen 1-Punkt-Kontakt mit der Probe herbeizuführen, ist dabei die innere Abschlußfläche des Außenrohres konvex und das untere Ende des Innenrohres halbkreisförmig ausgebildet. Die Länge des Innenrohres wird so gewählt, daß die oberen Enden beider Rohre fluchten. Das obere Ende des Innenrohres ist mit einer dünnen Stahlplatte abgeschlossen. Die Formänderung der Probe wird mit einer Meßuhr gemessen, die mit einem Bügel an dem Außenrohr des Dilatometers befestigt ist und dessen Stift auf dem oberen Ende des Innenrohres aufliegt. Die Länge der Probe soll der Empfindlichkeit der Meßuhr, der erwarteten Ausdehnung des Materials und der verlangten Genauigkeit angepaßt werden.

Die Probe wird in der Weise erwärmt bzw. abgekühlt, daß das Dilatometer genügend lange Zeit in ein Flüssigkeitsbad eingesetzt wird. Die Temperaturen des Flüssigkeitsbades in den verschiedenen Stufen sind auf $+0{,}2^\circ$ C zu halten. Durch Vorversuche ist jeweils die Zeit zu bestimmen, die erforderlich ist, um das Innere der Probe auf die jeweilige Badtemperatur zu bringen. Die Untersuchung beginnt in der Kälte und erstreckt sich dann anschließend auf eine Erwärmung und Wiederabkühlung der Probe. Weicht die Längenänderung bei der Erwärmung mit der bei der Abkühlung im Mittel um mehr als 10% ab, so soll die Ursache hierfür nach Möglichkeit ermittelt und ausgeschaltet werden. In dem Bericht sind Form und Abmessungen der Probe, das Prüfgerät, der Temperaturbereich, der mittlere lineare Ausdehnungskoeffizient und gegebenenfalls ein ungewöhnliches Verhalten des Materials beim Versuch anzugeben. Das beschriebene Dilatometer hat den Vorzug der Einfachheit, aber es ist nicht angebracht, wenn eine große Genauigkeit verlangt wird. Es ist außerdem nicht anwendbar bei sehr weichen Kunststoffen.

γ) ASTM-Verfahren zur Bestimmung des kubischen Wärmeausdehnungskoeffizienten. Ein Verfahren zur Bestimmung des kubischen Wärmeausdehnungskoeffizienten von Kunststoffen ist in dem ASTM-Entwurf D 864-52 „Standard Method of Test for Coefficient of Cubical Thermal Expansion of Plastics" beschrieben.

Als Prüfgerät dient hier ein Glasdilatometer entsprechend Abb. 5. Das Dilatometer besteht aus zwei miteinander verbundenen Glasröhren, einem unteren knollenförmigen Teil (Länge: 200 mm, Außendurchmesser: 10 mm, Wanddicke: 1,0 mm) zur Aufnahme der Probe und einem oberen kapillaren Teil (Länge: 1 m, Außendurchmesser: 6 mm, Innendurchmesser: 0,7 mm) zur Ablesung der Wärmeausdehnung. Am Übergang vom Knollenteil zum Kapillarteil befindet sich eine Kennmarke und hinter dem Kapillarteil ist eine Ableseskala angeordnet mit einer auf 0,05 cm genauen Teilung.

In den Knollenteil werden die Proben (Stäbe von etwa 150 mm $\times$ 6 mm $\times$ 6 mm mit abgerundeten Ecken) frei von Luft- und Gasblasen und inneren Spannungen

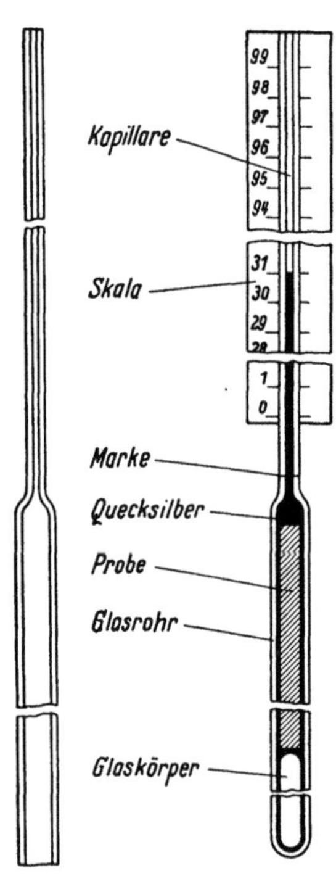

Abb. 5. Glasdilatometer

oberhalb einer Glasröhre, die eine örtliche Überhitzung der Probe beim Einschmelzen verhindern soll, eingeschmolzen und das Dilatometer im Vakuum mit Quecksilber gefüllt. Das fertig vorbereitete Dilatometer mit Probe und Quecksilberfüllung wird dann in einem Flüssigkeitsbad, eingetaucht bis zur Kennmarke, stufenweise um 5 oder 10 °C erwärmt und die Wärmeausdehnung der Probe durch Bestimmung der Änderung der Lage des Quecksilbermeniskus in der Kapillarröhre an der Meßskala abgelesen.

Der kubische Wärmeausdehnungskoeffizient des Kunststoffes errechnet sich dann in einem Bereich linearer Abhängigkeit zu

$$a = \frac{A\,\Delta X}{V\,\Delta t} - \frac{V_0}{V}(a_m - a_g) + a_m.$$

Hierin bedeuten:

A Querschnitt der Kapillaröffnung in cm^2,
V Volumen der Probe in cm^3,
V_0 inneres Volumen der Knolle unterhalb der Kennmarke in cm^3,
a_m kubischer Wärmeausdehnungskoeffizient von Quecksilber $(18,2 \times 10^{-5})$,
a_g kubischer Wärmeausdehnungkoeffizient des Glases $(1,0 \times 10^{-5})$,
$\dfrac{\Delta X}{\Delta t}$ Neigung einer von 2 Punkten $(x_1\,t_1)\,(x_2\,t_2)$ begrenzten Geraden, $\Delta X = x_2 - x_1$, $\Delta t = t_2 - t_1$.

Das innere Volumen des knollenförmigen Dilatometerteiles ist:

$$V = \frac{W_2 - W_1}{S_m} = V - (X_0 + L)\,A.$$

Hierin bedeuten:

W_1 Gewicht von Rohr und Probe in g,
W_2 Gewicht von Rohr, Probe und Quecksilber in g,
S_m Dichte des Quecksilbers $(13,53\ g/cm^3)$,
V Volumen der Probe in cm^3,
$X_0 + L$ Abstand des Quecksilbermeniskus von der Kennmarke im Augenblick der Wägung in cm,
A Querschnitt der Kapillaröffnung in cm^2.

δ) *Weitere Verfahren.* Einen praktischen Sonderfall von Ausdehnungsmessungen an Kunststoffen in der Wärme stellen die Untersuchungen von KRAUSE dar, der die Brauchbarkeit von Kunststoffolien für maßgetreue Zeichnungsträger überprüfte [4]. Er bestimmte zu diesem Zweck die Längenänderung von Proben in einer „Wärmeprüfung", indem Proben von 120 mm × 120 mm zunächst 5 Tage in einem Raum mit Normalklima, dann 24 Stunden in einem Wärmeschrank bei 50 °C und schließlich wieder 5 Tage im Normalklima gelagert wurden. Außerdem wurde ein „Wärmewechselversuch" angewandt, bei dem Proben 5 Tage in einem Raum mit Normalklima gelagert, dann zwölfmal 3 Stunden auf 50 °C erwärmt und während 9 Stunden auf 20 °C abgekühlt und schließlich wieder 5 Tage im Normalklima gelagert wurden. Die Proben wurden in einem nach oben durch eine Glasscheibe abgeschlossenen Meßrahmen (lichte Weite: 110 mm × 110 mm) elektrisch erwärmt und mit einem Meßmikroskop bei einem Meßmarkenabstand von 90 mm in der Längs- und Querrichtung in der Wärme und nach Wiederabkühlung hinsichtlich Längenänderung geprüft. Bei den verschiedenen Folienarten konnte dabei teilweise eine Verkürzung, z. B. bei der Cellulose-Triacetat-Folie, und teilweise eine Verlängerung, z. B. bei der Polystyrol- und der PVC-Folie, festgestellt werden.

b) Spezifische Wärme. Führt man einem Körper Wärmeenergie Q zu, so erhöht sich seine Temperatur. In kleinen Bereichen gilt:

$$dQ = m\,c\,d\vartheta.$$

Hierin bedeuten:

m Masse des Körpers,
Q zugeführte Wärmeenergie in Kalorien,
ϑ Temperatur in °C,
c spezifische Wärme.

Die spezifische Wärme c ist diejenige Wärmemenge in kcal, die erforderlich ist, um die Temperatur von 1 kg des Stoffes um 1 grd zu erhöhen.

Da die spezifische Wärme c von der Temperatur abhängig ist, läßt sich bei endlichem Temperaturintervall nur eine mittlere spezifische Wärme c_m angeben.

Es gilt dann

$$\varDelta Q = c_m \, \varDelta \vartheta = \int\limits_{\vartheta_1}^{\vartheta_2} c \, d\vartheta \, .$$

Die spezifische Wärme kann in verschiedener Weise bestimmt werden [5].

1. Man gibt eine Anfangstemperatur vor und berechnet die spezifische Wärme aus der Endtemperatur, die sich beim Austausch mit einer Flüssigkeit oder einem Metallgefäß gegebener Wärmekapazität und bekannten Wärmeinhaltes ergibt (Mischungskalorimeter),

2. Man erwärmt oder kühlt das Objekt durch Zugabe oder Wegnahme einer bestimmten bekannten Wärmemenge und beobachtet die Temperaturänderung (Aufheizungsmethode),

3. Man gibt eine bestimmte Temperaturspanne vor und mißt die benötigte Wärmemenge.

Zur Ermittlung der spezifischen Wärme dienen Kalorimeter verschiedener Bauart.

α) *Prüfung mit dem Mischungs-Kalorimeter.* HEUSE [6] bestimmte die mittlere spezifische Wärme von typisierten Preßstoffen aus härtbaren Kunstharzen und von Thermoplasten in fester Form und als Folie nach der Methode des Mischungskalorimeters. Das Kalorimetergefäß k (Abb. 6) mit einer Wasserfüllung von 450 g ist allseitig von dem metallischen Gehäuse s (Schutzmantel) umgeben, das seinerseits wieder allseitig vom Wasser umgeben ist, dessen Temperatur mit Hilfe eines automatischen Reglers auf einige tausendstel Grad konstant gehalten werden kann. Die Proben sind Zylinder von 15 mm Durchmesser und 55 mm Länge. Folien werden zu einem Zylinder gleicher Abmessungen aufgewickelt. Die Probe g wird, eingelötet in ein dünnes Kupferblech, in einem besonderen Ofen o, der mit Wasserdampf oder elektrisch beheizt wird, vorgewärmt und dann für den eigentlichen Versuch mit Hilfe einer Fallauslösevorrichtung aus dem Ofen in den Auffangbehälter a des Kalorimeters geworfen. Die Messungen werden je nach der Erweichungstemperatur der Stoffe zwischen 20, 60, 70, 80, 100 oder 120 °C vorgenommen. Der Silberzylinder z im Inneren des Ofens, der die Probe völlig umschließt, soll bewirken, daß diese auf ihrer ganzen Länge die von dem Thermoelement e angezeigte Temperatur annimmt. Die spezifische Wärme wird dann aus der durch einen besonderen Versuch bestimmtem Wärmekapazität des Kalorimeters und der Temperatur, die sich am in 0,02 grd geteilten Thermometer b einstellt, sobald die Probe die Kalorimetertemperatur angenommen hat, ermittelt.

Die spezifische Wärme c der Probe ist:

$$c = \frac{W\,\Delta\vartheta}{(\vartheta_1 - \vartheta_2)\,G} - \left(\frac{G_1\,c_1}{G} + \frac{G_2\,c_2}{G}\right) \text{cal/g Grad.}$$

Hierin bedeuten:

W Wärmekapazität des mit Wasser gefüllten Kalorimeters,

$\Delta\vartheta$ Temperaturdifferenz des Kalorimeterwassers beim Beginn und Ende des Versuches, ermittelt unter Berücksichtigung verschiedener Korrekturfaktoren (herausragende Gradabschnitte des Kalorimeterthermometers, Ausdehnung des Quecksilbers usw.),

ϑ_1 Temperatur der Probe beim Einführen in das Kalorimeter,

ϑ_2 Temperatur der Probe nach Annahme der Kalorimetertemperatur,

G Masse der Probe in g,

G_1 Masse der Kupferhülle in g,

c_1 spezifische Wärme des Kupfers in cal/g Grad,

G_2 Masse des Lötzinns in g,

c_2 spezifische Wärme des Zinns in cal/g Grad.

Die Ergebnisse der auf diese Weise von HEUSE durchgeführten Messungen stimmen mit denen anderer Forscher überein, zeichnen sich aber durch höhere Genauigkeit aus. Ihre Unsicherheit wird auf etwa 0,5 % geschätzt. Messungen der spezifischen Wärme können zur Identifizierung einzelner Kunststoffgruppen herangezogen werden.

β) *Aufheizungsmethode.* GAST [5] führte Messungen an Polyvinylchlorid mit und ohne Weichmacher nach der Aufheizungsmethode durch und verwandte hierbei ein Kalorimeter nach Abb. 7. Es besteht aus einem DEWAR-Gefäß, das in einem wasserdicht verschließbaren Metallzylinder untergebracht ist und einen Rührer a mit heizbarem Schenkel und ein in Glas eingeschmolzenes Platin-Widerstandsthermometer b enthält. Das Gefäß ist bis zu stets gleichbleibender Höhe mit Wasser

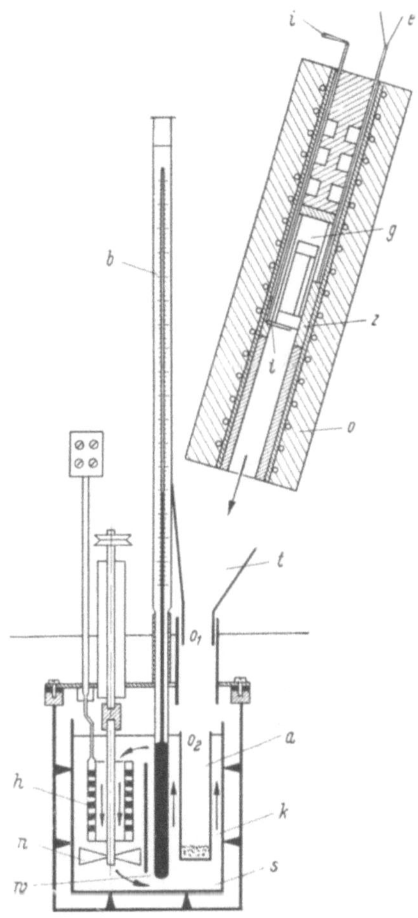

Abb. 6. Mischungskalorimeter

gefüllt. Das Ganze wird in einem HÖPPLER-Thermostaten eingesetzt und auf konstanter Temperatur gehalten. Durch den Heizwiderstand wird dem Wasserbad in einer genau bestimmten Zeit eine definierte Wärmemenge zugeführt. Nachdem der Temperaturausgleich erfolgt ist, wird an dem Widerstandsthermometer b die Temperaturdifferenz, um die sich das Kalorimeter durch die Heizung erwärmt hat, einmal mit und einmal ohne Probe ermittelt.

Die mittlere spezifische Wärme in dem untersuchten Temperaturintervall errechnet sich dann aus der Gleichung

$$c_x = \frac{1}{m_x}\left(\frac{N\,t}{\Delta\vartheta_1} - \frac{N\,t}{\Delta\vartheta_2} + m_{w_1}\,c_w - m_{w_2}\,c_w\right).$$

14*

Hierin bedeuten:

m_x Probengewicht,
N zugeführte elektrische Leistung,
t Heizzeit,
$\Delta\vartheta_2$ Temperaturdifferenz mit Probe,
$\Delta\vartheta_1$ Temperaturdifferenz ohne Probe,
m_{w_1} Wassermenge ohne Probe,
m_{w_2} Wassermenge mit Probe,
c_w spezifische Wärme des Wassers.

Nach Abb. 8 zeigt die spezifische Wärme einen Anstieg mit der Temperatur, der in einem bestimmten Temperaturbereich besonders ausgeprägt ist und den Transformationsbereich des Einfrierens kennzeichnet.

Auf Grund der bei den Versuchen gesammelten Erfahrungen wurden für spätere Untersuchungen zur Erhöhung der Meßgenauigkeit an dem Kalorimeter einige Verbesserungen hinsichtlich Energiezufuhr, Probenanordnung und Temperaturmessung vorgenommen.

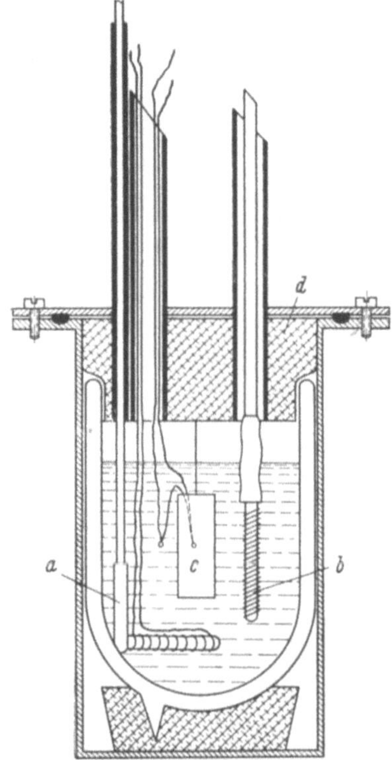

Abb. 7. Kalorimeter mit Aufheizungsmethode
a Rührer mit Heizwiderstand, *b* Platin-Widerstandsthermometer, *c* Thermoelement zur Kontrolle des Ausgleichs, *d* Korkisolation

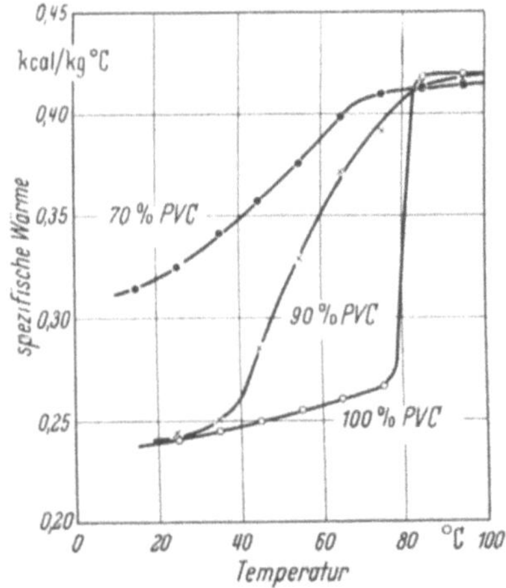

Abb. 8. Spezifische Wärme von PVC mit verschiedenen Gehalten an Trikresylphosphat in Abhängigkeit von der Temperatur

Weiterhin führte GAST Messungen über die spezifische Wärme von Kunststoffen im Temperaturbereich von − 140 bis +100 °C nach der Methode von ANDREW in einem Kalorimeter mit konstantem Wärmestrom durch [5]. Den Aufbau des Meßgerätes zeigt Abb. 9. Die Probe *c* befindet sich zwischen Kupferscheiben *b* in einem Kupfermantel, der durch einen Zylinder mit Glaswatteisolierung umgeben ist. Darüber befindet sich ein weiterer Zylinder mit einer Packung von Kupferwolle, der von außen elektrisch beheizbar ist. Das ganze System wird zunächst mit flüssiger Luft bis zum vollständigen Temperaturausgleich abgekühlt.

Während des Wiedererwärmens wird die Temperatur der Probe mittels eines Registriergerätes aufgezeichnet. Durch eine Regelanordnung wird dabei die Temperaturspanne zwischen dem inneren und mittleren Gefäß auf einem willkürlich einstellbaren konstanten Wert gehalten.
Bei unveränderlicher Glaswattepackung entsteht dadurch ein gleichbleibender Wärmestrom zur Probe hin und es gilt:

$$\frac{d\vartheta}{dt} = \frac{1}{a + c\,\omega}\,\frac{dQ}{dt} = \frac{b}{a + c\,\omega}\,.$$

Hierin bedeuten:

a Wärmekapazität des inneren Gefäßes,
ω Probenmasse,
b Wärmestrom in cal/s.

Aus dem Verlauf der Kurve $\vartheta = f(t)$ kann dann die spezifische Wärme für die verschiedenen Temperaturen durch Differentiation ermittelt werden.

γ) *Prüfung mit dem Dampfkalorimeter.* Dem unter 3. angeführten Verfahren entspricht eine Messung der spezifischen Wärme mit dem Dampfkalorimeter nach BUNSEN. Das Verfahren beruht darauf, daß sich auf einer Probe bekannten Gewichtes und festgelegter Anfangstemperatur im Wasserdampf so lange Kondensat niederschlägt, bis der Körper durch und durch die Siedetemperatur

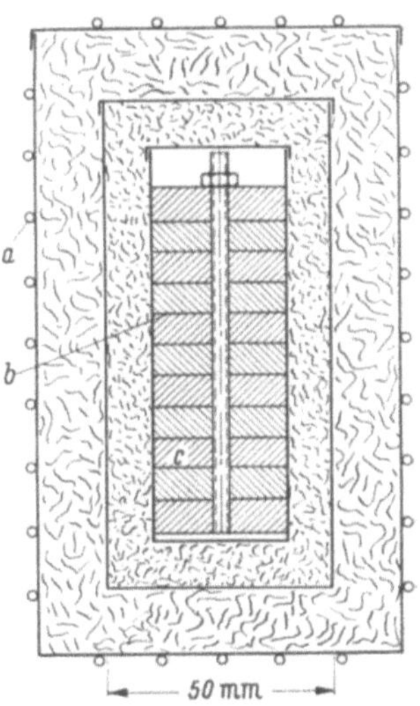

Abb. 9. Skizze des Kalorimeters mit konstantem Wärmestrom

a Heizleiter,   *b* Kupferscheibe,
c Probenscheibe

des Wassers angenommen hat. Der Wärmeinhalt vermehrt sich dabei um die aufgenommene Kondensationswärme. Es ist also:

$$g\,r = m \int_{\vartheta_0}^{\vartheta} c\,d\vartheta = m\,c_m(\vartheta - \vartheta_0)\,.$$

Hierin bedeuten:

g Gewicht des Kondensates,
r Kondensationswärme des Dampfes,
ϑ_0 Anfangstemperatur des Körpers,
ϑ Siedetemperatur,
c spezifische Wärme.

Die zur Aufheizung nötige Wärmeenergie ergibt sich aus dem Kondensatgewicht. In der üblichen Anwendung ist das Verfahren auf eine bestimmte Arbeitstemperatur festgelegt. Die Verwendung von Flüssigkeiten mit anderem Siedepunkt zur Erweiterung des Temperaturbereiches verbietet sich oft dadurch, daß sich die Flüssigkeit nicht mit der Probe verträgt. Einen Ausweg bietet hier eine Variation des Siedepunktes durch Druckänderung. Als Beispiel zeigt Abb. 10 ein Dampfkalorimeter für Unterdruck. Die Probe b ist in dem Dampfraum a mit einem Draht an dem einen Ende eines Waagebalkens aufgehängt, an dessen anderem Ende durch elektromagnetische Einwirkung das Gleichgewicht hergestellt wird. Das Dampfkalorimeter und die Waage befinden sich in einem evakuierbaren Gefäß. Der Dampf strömt aus dem Siedegefäß d in das Kalorimeter ein und wird dem Kondensator e zugeführt. Der Unterdruck in dem Rezipienten wird durch die

Vakuumpumpe k erzeugt. Zur Ermittlung der spezifischen Wärme in Abhängigkeit von der Temperatur werden dann die Änderungen des Wärmeinhaltes der Proben zwischen einer Anfangstemperatur und einer veränderlichen Endtemperatur bestimmt und die erhaltenen Kurven differenziert. GAST führte zur Erprobung des Verfahrens vergleichende Messungen an Blei, Aluminium, weichgemachtem PVC, Plexiglas und Phenolharz durch.

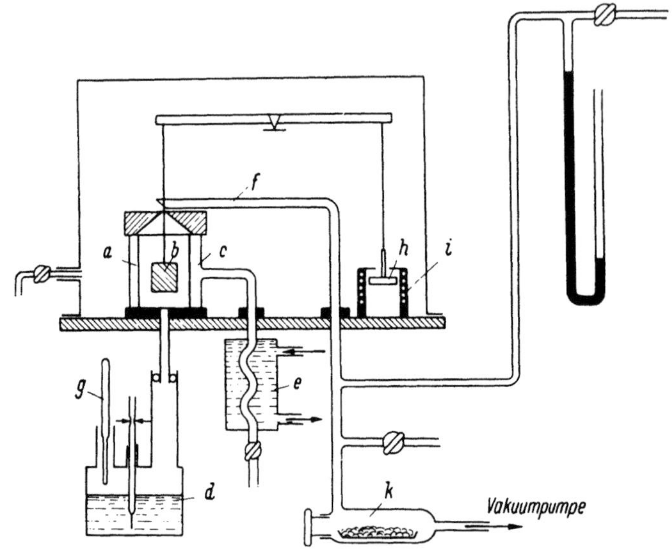

Abb. 10. Übersichtsskizze des Dampfkalorimeters für Unterdruck

δ) *Eignung der Verfahren.* Die Mischungsmethode ist nicht für die Bestimmung der Temperaturabhängigkeit der spezifischen Wärme geeignet, da sich das zur Messung dienende Intervall mit der Anfangstemperatur verändert. Mit dem Aufheizungskalorimeter kann dagegen bei hoher Meßgenauigkeit die spezifische Wärme in Abhängigkeit von der Temperatur ermittelt werden. Das Verfahren dient daher auch zur Ermittlung der thermischen Umwandlungspunkte der thermoplastischen Kunststoffe (Einfrier- bzw. Erweichungstemperatur). Allerdings erfordert das Verfahren einen verhältnismäßig hohen Arbeitsaufwand. Die Methode von ANDREW ist in besonders weiten Temperaturgrenzen anwendbar, liefert aber bei weitgehend selbständigem Versuchsablauf nur überschlägliche Werte. Das Verfahren des Dampfkalorimeters mit veränderlichem Meßintervall zeichnet sich ebenfalls durch verhältnismäßig große Einfachheit aus.

Über eine wesentliche Vereinfachung der Messungen durch Verwendung eines Wechselstrom-KW-Zählers zur Bestimmung der elektrischen Energie bei der Kalorimetrie berichten MALCOLM DOL, LARSON, WETHINGTON JR. und WILHOIT [7].

c) Temperaturleitfähigkeit. Zur Beurteilung der Wärmespeicherung in einem Stoff und der Feuersicherheit ist die Temperaturleitfähigkeit a wissenswert. Für sie gilt die einfache Beziehung

$$a = \frac{\lambda}{c\,r}\ \mathrm{m^2/h}.$$

Hierin bedeuten:

λ Wärmeleitfähigkeit,
c spezifische Wärme,
r Dicke des Stoffes.

Die Temperaturleitfähigkeit gibt an, um wieviel Grad die mittlere Temperatur eines Würfels von 1 m Kantenlänge in einer Stunde ansteigt, wenn das Temperaturgefälle von der einen Grenzfläche zur gegenüberliegenden um 1 grd abnimmt.

Die Temperaturleitfähigkeit kann versuchsmäßig bestimmt werden, indem man die zeitliche Änderung der Temperatur ϑ im Inneren der auf eine bestimmte Temperatur ϑ_2 erwärmten Probe gegenüber einer konstanten niedrigeren Temperatur ϑ_1 am äußeren Umfang der Probe beobachtet. W. BACKES [8] verwandte zu diesem Zweck bei der Bestimmung der Temperaturleitfähigkeit von Vulkanisaten aus Natur- und Kunstkautschuk nach dem Vorschlag von HOCK und KESSLER [9] ein Gerät entsprechend Abb. 11. Bei ihm werden zylindrische Einzelplatten in einem Eisenträger zu einer Säule zusammengespannt, die zunächst in einem Thermostaten auf die Temperatur ϑ_2 erwärmt und dann in einem zweiten Thermostaten mit der niedrigeren Temperatur ϑ_1 übergeführt wird. Im zweiten Thermostaten nimmt allmählich die Innentemperatur ϑ der Säule den Wert von ϑ_1 an. Die Temperaturen werden mit 2 Thermoelementen kontrolliert, von denen sich das eine in der mittleren Platte der Säule und das zweite in dem zweiten Thermostaten befindet. Die Temperaturleitfähigkeit a kann nach GRAY, MATHEWS und MAROBERT [10] aus der Gleichung

$$\frac{\vartheta - \vartheta_1}{\vartheta_2 - \vartheta_1} = 2 \sum_{\substack{n \to 1}}^{n \to \infty} \frac{1}{R_n I_1(R_n)} e^{-a \frac{R_n^2}{r^2} t}$$

errechnet werden.
Hierin bedeuten:

r Radius des Zylinders und
$R\,n\,I_1$ Tabellenwerte nach [10].

Nach VIEWEG [11] besteht die Möglichkeit, in einem Kalorimeter nach BUNSEN (s. Seite 213) sowohl die spezifische Wärme als auch die Temperaturleitfähigkeit in einem Meßvorgang zu erfassen. Zur Bestimmung der Temperaturleitfähigkeit wird dabei der Temperaturverlauf im Inneren der Probe, in diesem Fall bei ihrer Erwärmung durch die höhere Außentemperatur, beobachtet.

Die Differenz ϑ zwischen der Temperatur in der Probenmitte und außen folgt auch hier dem Gesetz:

$$\vartheta = A\,e^{-akt},$$

k ist eine Funktion der geometrischen Abmessung der Probe.

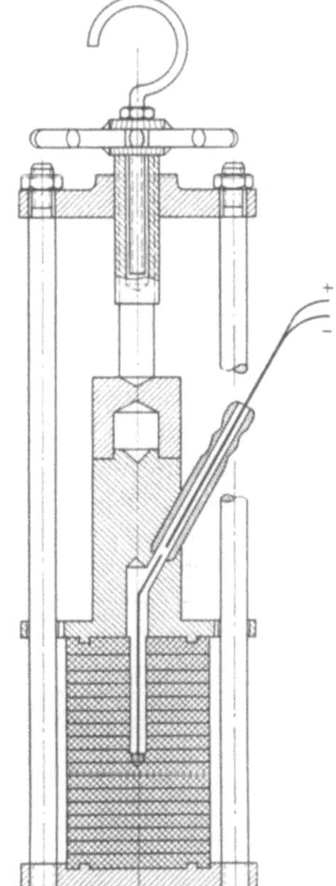

Abb. 11. Träger für Prüfsäule

Für die prismatische Probe mit den Kantenlängen e, m, n gilt:

$$k = \pi^2 \left(\frac{1}{e^2} + \frac{1}{m^2} + \frac{1}{n^2} \right).$$

Für den Zylinder von der Länge l und dem Halbmesser r ist:

$$k = \left(\frac{\xi}{r^2} + \frac{\pi^2}{l^2} \right); \qquad \xi = 2,4048.$$

Zur Erprobung des Verfahrens führte GOTTWALD [12] entsprechende Messungen an verschiedenen Kunststoffen aus härtbaren Harzen und Hartgummi durch.

d) Wärmeleitfähigkeit. Die thermische Isolierfähigkeit eines Stoffes wird durch seine Wärmeleitfähigkeit (Wärmeleitzahl) λ bestimmt. Man versteht darunter in der Technik diejenige Wärmemenge in kcal, die stündlich im Beharrungszustand durch einen Kubikmeterwürfel von einer Fläche zur gegenüberliegenden parallel hindurchströmt, wenn der Temperaturunterschied zwischen beiden Flächen 1 grd beträgt.

Die Bestimmung der Wärmeleitfähigkeit hat bei den Kunststoffen vor allem Interesse für Lagerwerkstoffe aus geschichteten Preßstoffen (Hartgewebe, Kunstharzpreßholz), für die im Bauwesen zur Wärme- und Schallisolation verwandten Schaumstoffe sowie für andere in der neueren Zeit entwickelten Baustoffe aus Kunststoff, wie z. B. Fußbodenbeläge.

α) *Verfahren nach Poensgen.* Zur Bestimmung der Wärmeleitfähigkeit der Kunststoffe steht zunächst das von R. POENSGEN angegebene Verfahren zur Verfügung [13]. Das Verfahren ist bereits vor mehr als 40 Jahren nicht nur bei anorganischen Baustoffen, sondern auch für verschiedene organische Baustoffe wie Holz, Linoleum, Asphalt, Korkzementlinoleum, angewandt worden. Im Lauf der Zeit hat dann das POENSGEN-Verfahren für wärmeschutztechnische Prüfungen im Bauwesen umfassende Bedeutung erlangt. Zur Zeit ist man bemüht, eine einheitliche Versuchsdurchführung der Wärmeleitfähigkeitsmessungen nach dem POENSGEN-Verfahren durch Aufstellung von Arbeitsrichtlinien herbeizuführen (vgl. ASTM-Designation: C 177-45 ,,Standard Method of Test for Thermal Conductivity of Materials by Means of the Guarded Hot Plate", ferner DIN 52612, Blatt 1 ,,Wärmeschutztechnische Prüfungen. Bestimmung der Wärmeleitfähigkeit mit dem Plattengerät. Versuchsdurchführung und Versuchsauswertung" und Blatt 2 ,,Rechenwert der Wärmeleitfähigkeit für die Anwendung im Bauwesen"). Nach DIN 52612 ist das

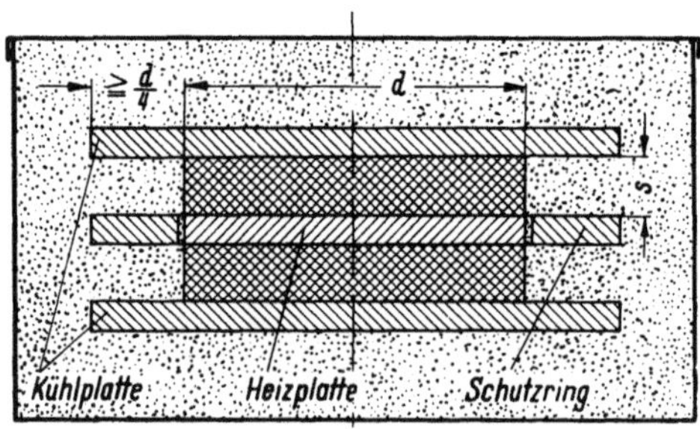

Abb. 12. Bestimmung der Wärmeleitfähigkeit nach POENSGEN. Zweiplatten-Verfahren

von POENSGEN entwickelte Plattengerät zur Bestimmung der Wärmeleitfähigkeit (Wärmeleitzahl) von Stoffen in der Form von Platten, Matten, Bahnen, Steinen, Körnern und Fasern mit einer Wärmeleitfähigkeit kleiner als 2 kcal/m h °C geeignet.

Ermittelt wird die mittlere Wärmeleitfähigkeit (Wärmeleitzahl) in der Regel an zwei plattenförmigen Proben, die symmetrisch zu beiden Seiten einer geheizten Platte (Heizplatte) gleicher Größe angeordnet sind (Abb. 12). Auf den gegen-

überliegenden Oberflächen der Proben wird die Wärme durch Kühlplatten abgeführt. Zur Verhinderung seitlicher Wärmeverluste ist die Heizplatte von einem
Heizring umgeben, dessen Innenkante die gleiche Temperatur wie die Heizplatte
hat. Die gesamte Anordnung befindet sich in einem Kasten, dessen sämtliche
Hohlräume mit einem Dämmstoff möglichst geringer Wärmeleitfähigkeit ausgefüllt werden. Das Normalgerät besitzt eine quadratische Heizplatte mit 500 mm
Kantenlänge. Die Kühlplatten müssen Heizplatte und Heizring überdecken.
Heizplatte und Heizring werden in der Regel elektrisch geheizt. Die Proben sollen
mindestens die gleiche Kantenlänge wie die Heizplatte und höchstens eine Dicke
von 25% der Kantenlänge der Heizplatte haben.

Unter den angeführten Bedingungen errechnet sich die Wärmeleitfähigkeit
nach der Gleichung:

$$\lambda = \frac{Q}{F\left[\dfrac{(\vartheta_w - \vartheta_k)_1}{a_1} + \dfrac{(\vartheta_w - \vartheta_k)_2}{a_2}\right]} \; .$$

Hierin bedeuten:

Q Heizleistung, bei elektrischer Heizung $= 0{,}86\,V$, wobei $U =$ Spannung an den Klemmen der Heizplatte in V, $I =$ Strom durch die Heizplatte in A,

F Fläche der Heizplatte, beim Normalgerät $= 0{,}25\,m^2$,

ϑ_w Temperatur der warmen Oberfläche,

ϑ_k Temperatur der kalten Oberfläche,

$(\vartheta_w - \vartheta_k)_{1,2}$ Temperaturdifferenz zwischen den kalten und den warmen Oberflächen in
Grad,

$a_{1,2}$ Dicke der Proben in m.

Die Oberflächentemperaturen der Probeplatten werden mit Hilfe von gleichmäßig über die Oberfläche verteilten Thermoelementen gemessen. Um eine
Beeinflussung der Messungen durch während der Erwärmung in den Proben
stattfindende Feuchtigkeitsbewegungen zu vermeiden, ist es üblich, die Wärmeleitfähigkeit in feuchtigkeitsfreiem Zustand der Stoffe zu bestimmen. Zu diesem
Zweck werden die Proben vor dem Versuch bis zur Gewichtskonstanz bei 105 °C
oder bei wärmeempfindlichen Stoffen bei entsprechend niedrigerer Temperatur
getrocknet.

Die Versuche werden jeweils an 2 Proben vorgenommen. Bei festen plattenförmigen Proben müssen deren Oberflächen möglichst eben und planparallel sein
und die mittleren Dicken der beiden zu einem Versuch gehörenden Proben dürfen
sich nicht um mehr als 10% unterscheiden. Müssen die Proben aus einzelnen
Teilen zusammengesetzt werden, so sind die Seitenflächen der Teile derart zu
bearbeiten, daß sie ohne Luftzwischenräume aneinanderstoßen. Eine Vermörtelung, Verkittung oder sonstige Dichtung zur Verhinderung des Wärmedurchganges durch die Stoßfugen ist zulässig, sofern der Anteil der Fugenfläche 5%
der Gesamtprobenfläche nicht überschreitet. Bei Faserdämmstoffen und losen
Stoffen wird die erforderliche Dicke mit Hilfe von Abstandshaltern eingestellt.
Lose Stoffe erhalten außerdem eine seitliche Begrenzung. Die lose Schichtung von
plattenförmigen Proben ist unzulässig. Unmittelbar nach der Trocknung müssen
die Proben luftdicht umhüllt werden, um eine neue Feuchtigkeitsaufnahme zu
vermeiden. Geschieht es nicht, so muß der Feuchtigkeitsgehalt der Probe nach
dem Versuch kontrolliert werden. Überschreitet er ein als zulässig erkanntes
Maß, bei den Schaumstoffen beispielsweise 0,5%, so muß der Versuch mit luft-

dichter Umhüllung wiederholt werden. Luftzwischenräume zwischen den Proben
einerseits und den Heiz- und Kühlplatten andererseits müssen unbedingt vermieden oder gegenenfalls durch Ausgleichsschichten ausgeglichen werden.

Die Temperaturdifferenz zwischen den kalten und warmen Oberflächen
der Proben wird zweckmäßig zu 10 grd gewählt. Der Versuch muß bei mindestens
drei verschiedenen Mitteltemperaturen durchgeführt werden, die den Temperaturbereich überdecken, in dem der Stoff praktisch verwendet werden soll. Die
Mitteltemperaturen müssen voneinander mindestens 8 grd Abstand haben.

Der Begriff der Wärmeleitfähigkeit ist nur auf angenähert homogene und
isotrope Stoffe anwendbar. Bei Stoffen, die aus mehreren fest verbundenen
Schichten mit verschiedenen Eigenschaften bestehen, dient als Beurteilungsgrundlage der Wärmedurchlaßwiderstand

$$\frac{1}{\lambda} = \frac{a}{\lambda}\ \text{kcal/m}^2\,\text{h}\ °\text{C}.$$

Hierin bedeutet:

a Gesamtdicke aller Stoffschichten in m.

Zur Berechnung des Wärmedurchlaßwiderstandes von Baukonstruktionen
ist der Rechenwert der Wärmeleitfähigkeit zu benutzen, der sich auf den praktischen Feuchtigkeitsgehalt des Bau- oder Dämmstoffes bezieht. Er ergibt
sich durch einen Zuschlag auf die gemessene Wärmeleitfähigkeit für 10 °C
Mitteltemperatur, der für die Faserdämmstoffe bzw. Schaumstoffe beispielsweise
mit 20 bzw. 10% angegeben wird. Der geforderte Zuschlag von 10% für Schaumstoffe bedarf aber noch einer genaueren Überprüfung. Es gibt nämlich Schaumstoffe aus Kunststoffen mit sehr ge-
ringer Hygroskopizität, bei denen der
Unterschied der Wärmeleitfähigkeit
im trockenen und feuchten Zustand
sicherlich wesentlich niedriger liegt
bzw. die Austrocknung der Proben
vor der Durchführung der Messungen
möglicherweise unterbleiben kann.

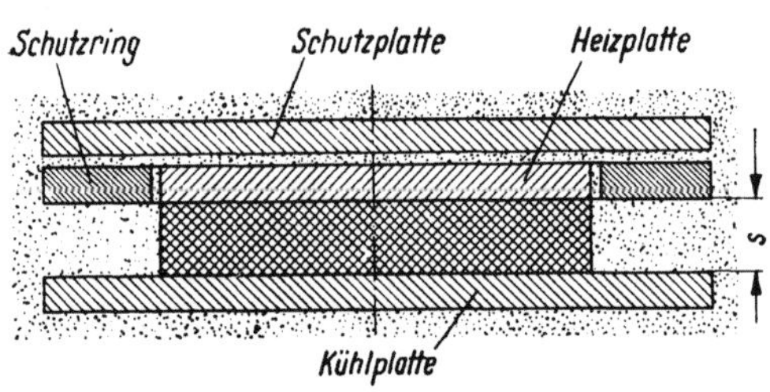

Abb. 13. Bestimmung der Wärmeleitfähigkeit nach
POENSGEN. Einplatten-Verfahren

Man kann die Prüfung auch nur
an einer Probe durchführen, wobei an
Stelle der zweiten Probe eine Wärme-
fluß-Meßplatte oder an Stelle der zweiten Kühlplatte eine Gegenheizplatte
verwendet wird (Einplattenverfahren entsprechend Abb. 13).

Eine gewisse Schwierigkeit bei der Bestimmung der Wärmeleitfähigkeit
harter und dichter Kunststoffe nach POENSGEN liegt darin, daß die Proben u. U.
eine ungenügende Planparallelität der Oberflächen aufweisen. Organische Stoffe
neigen wegen ihrer hygroskopischen Bedingungen leicht zum Verziehen. Um
diesen Nachteil nach Möglichkeit zu beheben, ist es angebracht, Proben
mit kleinerer Kantenlänge als 500 mm zu verwenden. Da die Kunststoffe
ausreichende Gleichmäßigkeit aufweisen, ist dies ohne weiteres möglich. Bei der
Prüfung von Kunststofftafeln geringer Dicke muß mit Fehlmessungen gerechnet
werden, da Wärmeverluste an den Seiten der Probe nur schwer vermeidbar sind.
Besser ist es in diesem Fall, mehrere genau zugeschnittene Einzeltafeln aufeinan-

derzustapeln. Nur muß dann durch Verwendung von Platten mit geringen Dikkenschwankungen und ausreichende Belastung des Stapels dafür gesorgt werden, daß sich zwischen den einzelnen Lagen keine Lufteinschlüsse befinden, die das Meßergebnis fälschen würden. Verhältnismäßig einfach gestalten sich demgegenüber die Messungen an Schaumstoffen, die sich leicht der Form des Prüfgerätes anpassen lassen. Nur muß, vor allem bei den weichen Schaumstoffen, darauf geachtet werden, daß die Probe durch das Gewicht der Kühlplatte nicht stärker verdichtet wird.

Eine Bestimmung der Wärmeleitzahl von rohrförmigen Proben ist analog zu dem Plattenverfahren in der Weise möglich, daß ein in die Probe eingeführtes Metallrohr elektrisch mit konstanter Leistung beheizt wird und die Oberflächentemperaturen auf dem Innen- und Außenmantel der Probe gemessen werden [14].

β) Verfahren nach Erk, Keller und Poltz. Um die Nachteile, die sich bei dem POENSGEN-Verfahren durch die lange Zeit der Einrichtung des stationären Zustandes, durch die Schwierigkeit einer exakten Bestimmung der Wärmeverluste und durch die Fehlerquellen infolge eines nicht einwandfreien Wärmeüberganges zwischen der Probe und der Heiz- und Kühlplatte zu vermeiden, haben ERK, KELLER und POLTZ [15, 16] ein Vergleichsverfahren entwickelt,

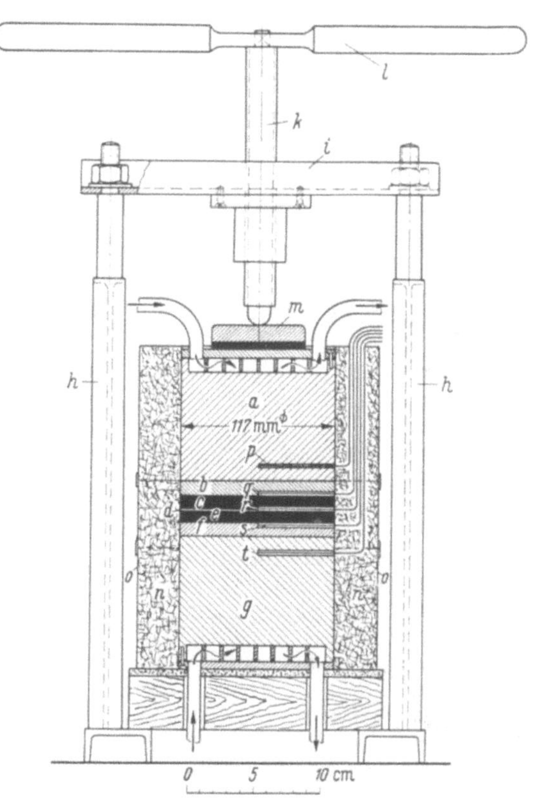

Abb. 14. Apparat zur Bestimmung der Wärmeleitfähigkeit

das bei wesentlicher Vereinfachung und Abkürzung der Meßzeit die genannten Fehler ausschließt. Bei dem Verfahren werden Vergleichsmessungen mit einer Glasplatte angestellt, deren Wärmeleitfähigkeit vorher nach dem Absolutverfahren bestimmt worden ist. Das Prüfgerät ist in Abb. 14 wiedergegeben. Die Wärme strömt von einem Aluminiumzylinder a, in dessen oberem Ende Kanäle für eine Heizflüssigkeit eingefräst sind, nacheinander durch eine 10 mm dicke Kupferplatte b, die Versuchsplatte c, eine 2,5 mm dicke Kupferplatte d, die Vergleichsplatte e und eine 10 mm dicke Kupferplatte zu dem Aluminiumzylinder g, von dem sie durch Kühlwasser abgeführt wird. Die Platten und Zylinder werden mittels der kräftigen Säulen h, der Brücke i und der Spindel k mit Handrad l und Druckstück m zusammengepreßt. Der Wärmeschutz n (Packwatte) wird durch einen dreiteiligen Blechmantel o zusammengehalten.

p, q, r, s, t sind Bohrungen für Thermoelemente. Die Wärmeleitfähigkeit der Probe ist dann:

$$\lambda = \lambda_g \left(\frac{\Delta\vartheta_g}{\Delta\vartheta} \cdot \frac{d}{d_g} \cdot \frac{F_g}{F} \right) \text{ kcal/m h } °C.$$

Hierin bedeuten:

λ_g Wärmeleitfähigkeit der Glasplatte,
d, d_g Dicke der Probe bzw. Glasplatte in m,
F, F_g Fläche der Probe bzw. Glasplatte in m²,
$\Delta\vartheta$, $\Delta\vartheta_g$ Temperaturunterschied zwischen den beiden ebenen Endflächen der Probe und der Glasplatte.

Tabelle 1. *Thermische Eigenschaften der Kunststoffe* [6, 18]

Kunststoff	linearer Wärmeausdehnungskoeffizient $\alpha_{w\,l} \cdot 10^6$	mittlere spezifische Wärme (20 bis 100 °C) cal/g °C	Wärmeleitfähigkeit kcal/m h °C
Acetylzelluloid (Zellon) .... T[1]	110	—	0,20
Acetylcellulose			
Sorte W, Typ 400 .... Sp[2]	90	—	0,18 bis 0,22
Sorte WH, M .... Sp	85	—	0,21
Sorte HH, H .... Sp	75	—	0,20
Acetobutyrat .... Sp	100	—	0,17
Anilinharz .... P	45	—	0,20
Benzylcellulose .... Sp	80	0,364	0,17
Harnstoffharzpreßmasse			
Typ 131 .... P[3]	40 bis 50	0,353	—
Edelkunstharz, glasklar	125	0,415 bis 0,429	0,23
gedeckt	95		0,24
Schichtstoff ... T	—	—	0,25
Hartgewebe, Klasse G u. F ... T	10 bis 25	0,367	0,29
Hartpapier, Klasse II .... T	12 bis 25	0,382	0,25
Kunsthorn	80	—	0,15
Melaminharzpreßmasse			
Typ 152 .... P	80	—	—
Mischpolymerisat (MP) .... Sp, T	80	0,253 bis 0,287	0,14
Phenolharz, füllstofffrei....... P	80	—	0,14
Phenol-Kresolharz mit Füllstoffen			
Typ 11, 12 u. 16 .... P	15 bis 30	0,267 bis 0,301	0,65 bis 0,68
Typ 31, 51, 54, 57, 71, 74 u. 77 P	10 bis 50	0,362 bis 0,391	0,25 bis 0,32
mit Furnieren (Durafol) .... P	15 bis 30	0,385	—
mit Furnierschnitzeln .... P	15 bis 30	—	—
Polyäthylen	200	—	—
Polyamide A. B .... Sp	110	—	0,29
Polyurethan U .... Sp	110	—	0,28
Polymethacrylsäureester			
M 33, M 272, M 320 .... T, Sp	80	0,45	0,16
Polystyrol			
III, V, VI, EF .... Sp	80	—	0,13 bis 0,14
EH, EN .... Sp	60	—	0,13
EB, S .... Sp	80	—	0,13
Polyvinylchlorid PVC .... T	80	0,24 bis 0,286	0,14
Vulkanfiber (technisch) ...... T	25	0,392	0,26
Zelluloid .... T	101	—	0,26
Hartgummi (Ebonit)	75	—	0,16
Kunststoffschäume			
(0,005 bis 0,1 g/cm³)	—	—	0,02 bis 0,04

[1] T = Tafel   [2] Sp = Spritzgußformteil   [3] P = Preßformteil

Die Bestimmung der Wärmeleitfähigkeit nach dem Vergleichsverfahren gestaltet sich besonders einfach, da anstatt der gleichbleibenden Leistung, deren genaue Bestimmung und Regelung schwierig ist, die Temperaturen fest vorgegeben werden und die Leistung nicht bekannt zu sein braucht.

Die Wärmeleitfähigkeit kann auch aus der spezifischen Wärme und der Temperaturleitzahl errechnet werden.

e) Thermische Kennwerte einiger Kunststoffe. Eine Zusammenstellung der Werte für den linearen Wärmeausdehnungskoeffizienten, die spezifische Wärme und die Wärmeleitfähigkeit einiger Kunststoffe gibt Tab. 1.

Über neuere Versuchsergebnisse mit glasfaserverstärkten Schichtstoffen berichten BRIEN, SABERT, OGLESBY und COVINGTON [17].

3.5.3 Prüfverfahren zur Bestimmung der Eigenschaften der Kunststoffe in Abhängigkeit von der Temperatur (vgl. auch II 3.4.4)

a) Zur Temperaturabhängigkeit der Eigenschaften. Kunststoffe werden in einem Temperaturbereich zwischen −70 und +520 °C angewendet. Bei Wärmebeanspruchung liegt hiernach die Gebrauchstemperatur u. U. dicht unterhalb der Erweichungs- bzw. Zersetzungstemperatur. Die Kunststoffe zeigen außerdem bereits im Bereich normaler Temperaturbedingungen eine mehr oder weniger starke Änderung ihrer Eigenschaften mit steigender oder fallender Temperatur. Als Beispiel zeigt Abb. 15 die Festigkeit verschiedener Kunststoffe bei verschiedenen Temperaturen. Die Festigkeit der thermoplastischen Kunststoffe, deren fadenförmige Makromoleküle durch stark temperaturabhängige sekundäre Valenzen gebunden sind, fällt mit steigender Temperatur verhältnismäßig stark ab, während die gehärteten Kunststoffe mit ihrer vorwiegend durch primäre Bindungen gebildeten

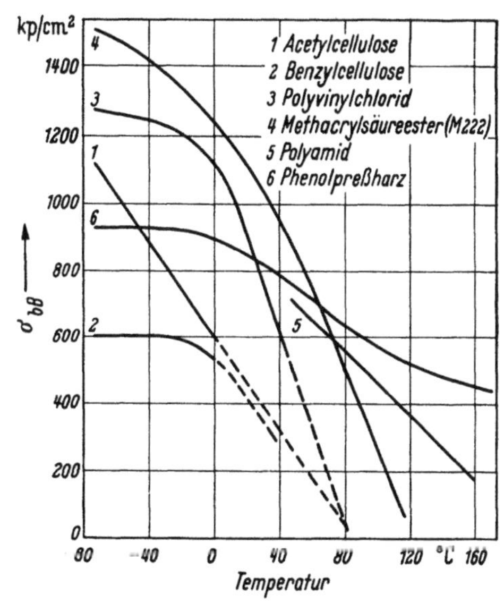

Abb. 15. Biegefestigkeit von Kunststoffen, abhängig von der Temperatur

Sphärokolloidstruktur in höherem Maße temperaturunempfindlich sind. In der Kälte ist bei den Kunststoffen, soweit ihr mechanisches Verhalten in Frage kommt, oft eine stärkere Versprödung zu verzeichnen. Bei den Kunststoffen kommt daher der Bestimmung ihrer Eigenschaften in der Wärme und Kälte im Hinblick auf eine große Zahl von Anwendungsgebieten besondere Bedeutung zu.

b) Zur praktischen Durchführung der Prüfungen. Einheitliche Richtlinien für die praktische Durchführung derartiger Untersuchungen bestehen bisher in Deutschland noch nicht, wenn von einigen Normblättern abgesehen wird, in

denen für die Werkstoff- und Geräteprüfung in der Wärme und Kälte Richtlinien für die anzuwendenden Temperatur- und Klimastufen und die Ausbildung
von Wärmeschränken aufgestellt wurden [*19* bis *24*]. Grundsätzlich handelt es
sich bei den Versuchen darum, die jeweilige Eigenschaft des Kunststoffes an
Proben zu bestimmen, die in einem stationären Zustand die jeweilige Prüftemperatur aufweisen. In der Regel wird man dabei als Grundmethode Prüfverfahren anwenden können, wie sie bei normaler Temperatur üblich sind. Hinsichtlich der Art der Erwärmung und Abkühlung der Proben bei den Versuchen
kommen bei den Kunststoffen folgende Möglichkeiten in Frage:

1. Die Probe wird zunächst für sich durch genügend lange Lagerung in einem
Wärme- oder Kälteschrank, also mit Luft als Übertragungsmittel, etwa auf die
Prüftemperatur gebracht und nach Entnahme und Einspannen in die Prüfmaschine in möglichst kurzer Zeit, die eine stärkere Abkühlung bzw. Erwärmung
der Probe ausschließt, bei normaler Raumtemperatur geprüft.

2. Die Probe wird zunächst in die Prüfmaschine eingespannt und dann hier
durch geeignete Erwärmungs- bzw. Abkühlungsvorrichtungen (Erwärmung der
Probe durch einen sie umgebenden elektrischen Ofen, Zufuhr von kühler oder
warmer Luft in ein um die Probe angeordnetes isoliertes Gehäuse, Erwärmung
bzw. Abkühlung der in einer Wanne angeordneten Probe durch flüssige Übertragungsmittel, z. B. Spi-
ritus-Kohlensäure-Gemisch,
Wasser-Eis-Gemisch, Öl)
auf die Prüftemperatur gebracht.

3. Das Prüfgerät wird
mit der eingebauten Probe
in einen Wärme- oder Kälteschrank gestellt und die
Prüfung, nachdem die Probe
die Prüftemperatur ange-
nommen hat, durch eine entsprechende mechanische Betätigung von außen her in
dem Wärme- bzw. Kälte-
raum vorgenommen.

Das Verfahren 1 schließt
eine nachteilige chemische
Einwirkung des Wärmeüber-
tragungsmittels auf den zu
prüfenden Stoff aus, liefert

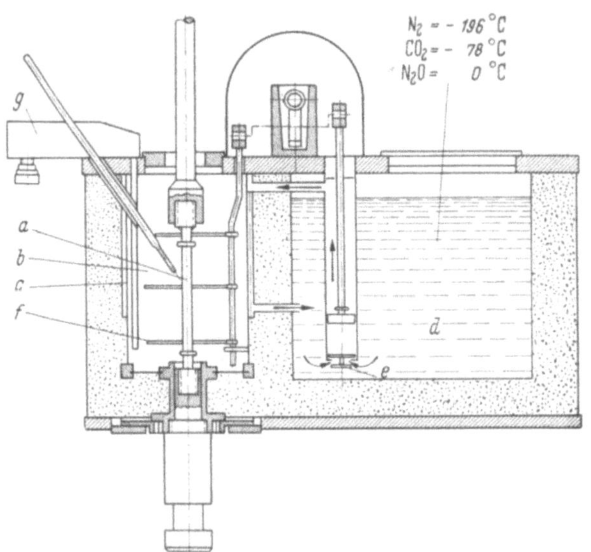

Abb. 16. Tiefkühlvorrichtung (Bauart AMSLER)

a Probestab, *b* Kühlraum, *c* Austauschbehälter, *d* Vorratsbehälter, *e* Umwälzpumpe, *f* Rührwerk, *g* Thermostat

aber bei Versuchen, die längere Zeit in Anspruch nehmen, wegen des schwer
kontrollierbaren Einflusses der Abkühlung oder Erwärmung der Probe nach
Herausnahme aus dem Wärme- oder Kälteschrank unsichere Ergebnisse.

Bei dem Verfahren 2 muß bei der Verwendung flüssiger Wärme- oder
Kühlmittel darauf geachtet werden, daß sich die Eigenschaften des Stoffes nicht
durch diese Mittel verändern. Die Gefahr kann dadurch verringert werden, daß
die Probe zunächst in kalter bzw. warmer Luft vorbehandelt und dann nur wäh-

rend der kürzer währenden Prüfung durch ein flüssiges Übertragungsmittel auf der Prüftemperatur gehalten wird. Die Anwendung des Verfahrens 2 wird häufig dadurch erschwert, daß die gebräuchlichen Prüfgeräte, insbesondere bei Festigkeitsprüfungen, nicht genügend Platz haben, um die Temperierungsvorrichtungen an den Proben anzubringen. Abb. 16 zeigt die schematische Darstellung einer Prüfvorrichtung für Probenanordnung unmittelbar in der Austauschflüssigkeit nach Unterlagen der Fa. Amsler, Schaffhausen. Zur Vornahme von Prüfungen bei hohen und tiefen Temperaturen nach dem Verfahren 2 mit Luft

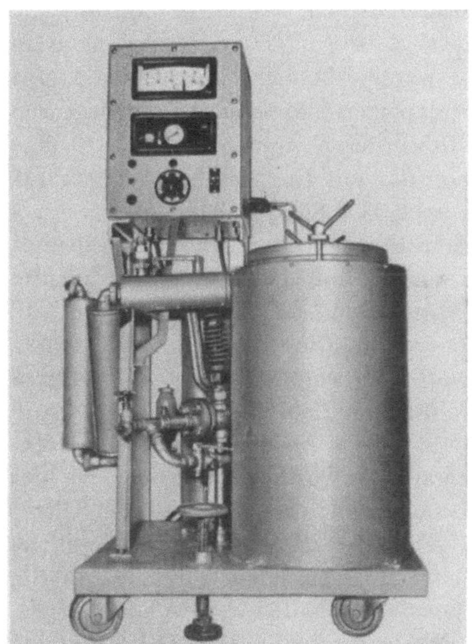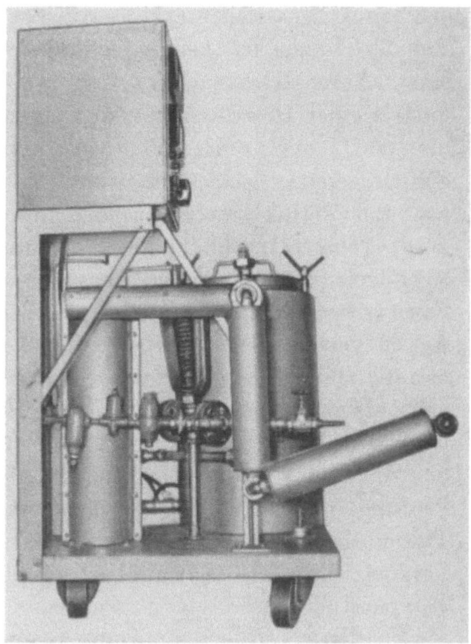

Abb. 17. Konditioniergerät (Bauart Farbenfabriken Bayer A.G., Leverkusen)

als Übertragungsmittel haben die Farbenfabriken Bayer eine fahrbare Konditionieranlage nach Abb. 17 geschaffen, bei der Preßluft durch eine elektrisch oder mit Dampf betätigte Heizkammer oder eine mit Kohlensäureschnee beschickte Kälteanlage in ein um die Probe angeordnetes isoliertes Gehäuse geleitet wird [25].

Verfahren 3 bleibt auf Untersuchungen beschränkt, die mit verhältnismäßig kleinen Prüfgeräten durchgeführt werden können. Bei der Vornahme von Versuchen in warmer Luft wurde bisher der in dem Prüfraum herrschenden Luftfeuchtigkeit meist keine besondere Beachtung geschenkt. Dies führt bei den Kunststoffen u. U. zu ungenauen Ergebnissen, da viele dieser Stoffe hygroskopisch sind und in diesen Fällen der zu erwartende Temperatureffekt bei starken Schwankungen der Luftfeuchtigkeit durch Feuchtigkeitsänderungen in der Probe leicht überdeckt werden kann [26]. Auf der anderen Seite stimmen bei Wärme- und Kälteversuchen in einem flüssigen Medium die Versuchsbedingungen mit den klimatischen Umweltbedingungen der Praxis nicht überein.

Allgemeine Richtlinien für die Durchführung von Wärme- und Kälteversuchen sind in Amerika in den Blättern ASTM Designation: D 1349-58 T ,,Tentative Recommended Practice for Standard Test Temperatures for Rubber and Rubber-Like Materials" und ASTM Designation: D 832-56 T ,,Tentative Recommended Practice for Conditioning of Rubber and Plastic Materials for Low-Temperature Testing" enthalten.

c) Temperaturabhängigkeit des Brechungsindex. Untersuchungen über die Änderung des *Brechungsindex* von durchsichtigen Kunststoffen in Abhängigkeit von der Temperatur, wie sie häufig neben Volumenmessungen zur Bestimmung des Transformationsintervalls von Kunststoffen dienen, stellte JENCKEL an [27]. Bei den Versuchen zeigte sich, daß derartige Messungen ohne Bedenken in einem ABBÉ-Refraktometer vorgenommen werden können, indem das Gerät mittels einer Heizflüssigkeit aus einem Umlaufthermometer auf Temperaturen bis 150 °C, evtl. auch 200 °C gebracht wird. Ebenso wurde bis —100 °C ohne Schwierigkeiten gearbeitet, wobei Methanol, das mit flüssiger Luft vorgekühlt war, das Refraktometer durchströmte (s. auch II 3.8.3a, β, Abb. 30).

d) Temperaturabhängigkeit mechanischer Eigenschaften. Die ersten grundlegenden und umfassenden Versuche über den Einfluß der Temperatur auf die *Festigkeit von harten Kunststoffen* führten NITSCHE und SALEWSKI durch [28, 29]. An 26 verschiedenen Kunststoffarten wurden die *Biegefestigkeit nebst Durchbiegung beim Bruch*, die *Schlagbiegezähigkeit*, die *Druckfestigkeit*, die *Zugfestigkeit* nebst *Dehnung beim Bruch*, der *E-Modul* und *die Härte* im Bereich von —70 bis 200 °C ermittelt. Bei fast allen Versuchen — eine Ausnahme machten lediglich die Ermittlungen über die Druckfestigkeit — wurden die Proben bei der Prüfung in einer Flüssigkeit gelagert, deren Temperatur mittels eines Ultra-Thermostaten nach HÖPPLER konstant gehalten wurde. Der ursprüngliche Versuch, Luft als Wärmeübertragungsmittel zu verwenden, mißlang, da die Temperatur während des Versuches nicht konstant gehalten werden konnte.

Bei den verschiedenen Temperaturstufen wurden die folgenden Flüssigkeiten verwendet:

— 70 °C	Brennspiritus, unmittelbar gekühlt durch feste Kohlensäure,
— 33 °C	Brennspiritus, gekühlt mittels Kältespeicher des Ultra-Thermostaten,
0 °C	Wasser-Eis-Gemisch,
20 °C, 50 °C, 80 °C	helles Mineralöl,
110 °C, 140 °C, 170 °C, 200 °C	dunkles Zylinderöl.

Vor dem Versuch wurden die Proben durch Lagerung in Luft von der jeweiligen Temperatur auf die gewünschte Prüftemperatur gebracht. Nur bei den Versuchen bei —70 °C fand eine vorherige Lagerung in Kohlesäureschnee statt. Die notwendige Mindestlagerdauer in Luft betrug bei 10 mm dicken Proben 2 Stunden und bei 5 mm dicken Proben 1 Stunde.

Bei den Versuchen zur Bestimmung der Biegefestigkeit, der Härte und des *E*-Moduls befanden sich die Proben während des Versuches im Bad. Bei den Schlag- und Zugversuchen wurden die Proben während des Versuches mit der Flüssigkeit allseitig umspült. Durch Kontrollversuche konnte festgestellt werden,

daß die im Höchstfall 5 Minuten dauernde Lagerung der Proben in der Bad-
flüssigkeit während des Versuches ohne nachweisbar schädlichen Einfluß auf die
untersuchten Kunststoffe bleibt. Bei den Druckversuchen wurden die Proben in
Luft gekühlt, da sich die Lufttemperatur zwischen den Druckplatten mit einfachen Mitteln konstant halten läßt. Für die Bestimmung der Biegefestigkeit
wurde ein besonderes Prüfgerät entwickelt, bei dem über Druckfinne und Hebel
mit Wasserzufluß belastet wurde.

Bei der Durchführung der Versuche konnten teilweise beträchtliche irreversible Eigenschaftsänderungen der Kunststoffe durch festigkeitssteigernde
Nachhärtungsvorgänge in der Wärme, durch Alterungsvorgänge bei Normaltemperatur und durch beginnende Zersetzung im Bereich der hohen Tempera-

Tabelle 2. *Grad der Temperaturabhängigkeit der Biegefestigkeit*

Kunststoff	Durchschnittl. Temperatur-abhängigkeit der Biegefestig-keit in % der Festigkeit bei Raumtemp. für ein Temperatur-intervall von 10 °C im Bereich von		Durchschnittl. Temperatur-abhängigkeit der Durchbiegung beim Bruch in % der Durch-biegung bei Raumtemp. für ein Temperaturintervall von 10 °C im Bereich von	
Bezeichnung	− 70 bis + 20 °C	+ 20 bis höch-stens + 110 °C	− 70 bis + 20 °C	+ 20 bis höch-stens + 110 °C
Vulkanfiber	(+3,7)	(−3,7)	(−6,6)	—
Acetylcellulose	(+16)	(−14)	(−14)	—
Benzylcellulose	(+2,8)	(−6,7)	(−6,5)	—
Kunsthorn, weiß..............	−2,6	−9,0	−7,5	−3,5
Kunsthorn, blond	−2,1	−8,9	−7,1	−1,2
Preßharz	+1,0	−4,0	−2,4	+2,7
Typ 11	+1,9	−3,7	−3,2	−0,9
Typ 12	+3,1	−3,6	+1,6	−2,4
(Typ 16)	+3,5	−3,6	+1,2	+3,7
Typ 31	+0,6	−6,2	−2,7	−3,4
(Typ 77)	+2,1	−3,9	−0,7	+12
Typ 131	+1,4	−7,4	−2,4	−1,5
Typ 57 mit Natron-Zellstoff	+1,3	−4,8	−3,5	+2,5
Typ 57 mit Sulfit-Zellstoff	+4,0	−4,0	−1,4	+1,4
Hartpapier Typ 2061	+1,9	−5,8	−2,4	0
Schichtholz	+0,4	−4,0	−1,1	0
Hartgewebe Kl. G mit Baumwollgewebe.............	+1,5	−3,7	−2,0	+3,6
dgl., mit Mischgewebe..........	+2,1	−3,7	−2,7	+1,4
dgl., mit Zellwollgewebe	+3,3	−3,9	−1,3	+1,9
Hartgewebe Kl. F mit Mischgewebe 16/84	+1,2	−3,8	−3,2	+0,6
dgl., mit Mischgewebe 56/44	+0,4	−3,3	−2,7	+2,1
Polystyrol III	+2,1	−7,6	−1,0	—
Polyvinylchlorid PCU	+3,8	−19	−1,4	—
Mischpolymerisat MP	(+8,1)	(−17)	—	—
Plexigum M 222	+4,1	−8,6	−4,5	+1,8
Plexigum M 132 n.............	+4,3	−9,0	−3,4	+2,8

Eingeklammerte Werte sind unsicher.

turen festgestellt werden. Um diese Einflüsse bei der Auswertung der Meßergebnisse ausschalten zu können, wurden in besonderen Untersuchungen die Biegefestigkeit der Kunststoffe bei 20 °C nach vorheriger 2- bzw. 1 stündiger Lagerung der Proben bei 110 und 200 °C und nach 4- bis 6 monatiger Lagerung

Tabelle. 3. *Grad der Temperaturabhängigkeit der Schlagzähigkeit*

Kunststoff	Durchschnittl. Temperaturabhängigkeit der Schlagzähigkeit in % der Festigkeit bei Raumtemperatur für ein Temperaturintervall von 10 °C im Bereich von	
Bezeichnung	− 70 bis +20 °C	+ 20 bis höchstens + 110 °C
Vulkanfiber	− 7,8	(> +30)
Acetylcellulose	− 14,2	(> +50)
Benzylcellulose	− 4,5	(> +50)
Kunsthorn, weiß...............	− 8,2	−7,2
Kunsthorn, blond	−- 7,7	−-8,3
Preßharz	+ 1,1	−2,6
Typ 11	−- 1,1	−4,6
Typ 12	0	−1,2
(Typ 16)	+ 0,2	+0,6
Typ 31	+ 0,5	−-5,2
(Typ 74)	−- 2,6	+7,2
Typ 131	+ 0,4	−6,9
Typ 57 mit Natronzellstoff......	− 3,6	(+3,3)
Typ 57 mit Sulfitzellstoff.......	(− 2,4)	(+2,4)
Hartpapier, Typ 2061	− 3,6	+1,6
Kunstharz-Preßholz............	+ 1,5	+0,7
Hartgewebe, Kl. G		
mit Baumwollgewebe	− 2,1	+3,1
mit Mischgewebe	− 3,8	+5,1
mit Zellwollgewebe..........	− 2,9	+1,5
Hartgewebe, Kl. F		
mit Mischgewebe 16/84.......	− 2,9	+2,7
mit Mischgewebe 56/44.......	− 3,4	+3,1
Polystyrol III	− 2,1	− 3,4
Polyvinylchlorid PCU	−12,0	> +50
Mischpolymerisat MP	−11,5	> +50
Plexigum M 222	+ 0,9	(+3,8)
Plexigum M 132 n	+ 0,9	(+4,8)

Eingeklammerte Werte sind unsicher.

unter normalen klimatischen Bedingungen geprüft. Dabei zeigte sich, daß die Kunststoffe bei normaler Temperatur „altern", indem die Festigkeit zu- oder abnimmt, und eine Vorwärmung der Proben zu wesentlichen Stoffänderungen führt. Bei der Auswertung der Versuchsergebnisse wurde als reiner Temperatureinfluß die Differenz aus der Festigkeit bei 20 °C nach 2 stündiger Vorwärmung bei der entsprechenden Temperatur und dem bei der Temperatur unmittelbar ermittelten Wert in Abhängigkeit von der Temperatur aufgezeichnet. Im allgemeinen fällt die Festigkeit der Kunststoffe ausgehend von —70 °C mit steigender Temperatur anfangs schwach und dann stark. Um einen zahlenmäßigen Anhalt über den Grad der Temperaturabhängigkeit zu geben, wurde die mittlere Änderung der Festigkeit im Bereich von —70 bis +20 °C und im Bereich von +20 bis 110 °C in Prozent berechnet und in Zahlentafeln zusammengefaßt (Tab. 2 u. 3).

Novelli [30] kommt ähnlich wie Nitsche auf Grund von vergleichenden Untersuchungen über die Abhängigkeit der *Biegefestigkeit* und des *E-Moduls* von der Temperatur und die bleibende Festigkeitsänderung nach Wärmealterung, in diesem Fall bei 6- bzw. 12 monatiger Lagerung der Proben bei verschiedenen Temperaturen und anschließender Wiederangleichung an Normaltemperatur, zu

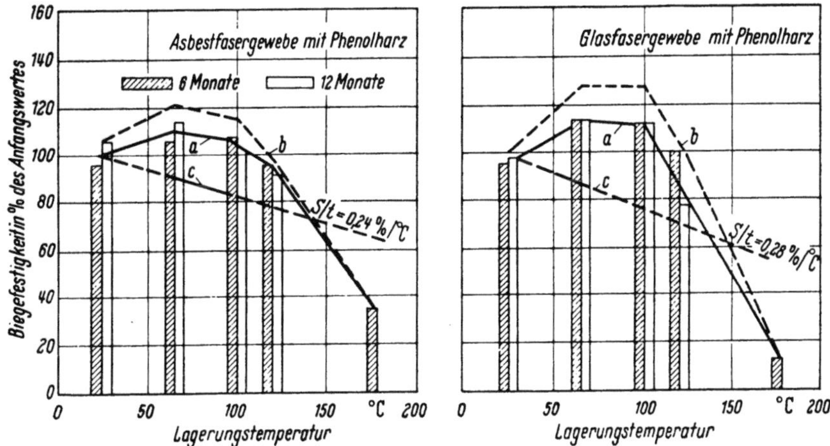

Abb. 18. Einfluß der Warmlagerung auf die Biegefestigkeit bei 25 °C für Asbestfasergewebe (AA) und Glasfaser-Kresolharz-Preßstoff

a Kraft quer zur Schichtrichtung, *b* Kraft in Schichtrichtung, *c* Temperatureinflußkurve, *S* Biegefestigkeit, *t* Temperatur in °C

einer Beurteilung der thermischen Stabilität von geschichteten Kunstharzpreßstoffen. Für die prozentuale Änderung der Biegefestigkeit bzw. des E-Moduls ergibt sich ein linearer Abfall mit steigender Temperatur (Abb. 18). Die Neigung der Geraden σ_{bB}/t bzw. E/t in %/t ist ein Maß für die thermische Stabilität der Biegefestigkeit bzw. des E-Moduls. Die Kurve für die Wärmealterung ist eine gekrümmte Kurve mit einem Optimum der Festigkeit bei etwa 65 °C. Den Schnittpunkt beider Kurven sieht Novelli als höchste Anwendungstemperatur an. Bei ihr tritt gerade noch keine zeitliche Änderung der Eigenschaften auf.

W. Paul bestimmte die *Zugfestigkeit* von Hartpapieren in der Kälte [31]. Bei den Versuchen wurden die Proben zunächst durch Lagerung in fester Kohlensäure bzw. flüssiger Luft (Dewar-Gefäß) auf —79 bzw. —180 °C abgekühlt und dann in einem doppelwandigen, zwischen den Klemmbacken um die Zugproben angeordneten und mit fester Kohlensäure gefüllten Kältekasten, der in der Längsachse einen der Form der Probe angepaßten Hohlraum besaß, auf niedriger Temperatur gehalten. Um die Proben schnell einspannen zu können und damit eine stärkere Erwärmung zu vermeiden, war der Kältekasten aufklappbar ausgebildet worden. Während des Zerreißversuches sank die Temperatur der auf −79 °C vorgekühlten Proben, wie durch Messungen mit Thermoelementen festgestellt werden konnte, nicht unter −50 °C.

HAUCK [32] berichtet über Versuche zur Bestimmung der Zugfestigkeit, der Schlag- und Kerbschlagzähigkeit, der Druckfestigkeit und des Spaltwiderstandes von Kunstharzpreßholz bei Temperaturen zwischen 20 und 150 °C, bei denen die Proben ¹/₂ Stunde lang in einem Trockenschrank bei der jeweiligen Prüftemperatur gelagert und dann sofort anschließend bei normaler Temperatur geprüft wurden. Die von HAUCK für die Biegefestigkeit von Kunstharzpreßholz ermittelten Werte zeigen trotz der unterschiedlichen Versuchsdurchführung mit den Ergebnissen der Versuche von NITSCHE (Proben vorgewärmt und bei der Untersuchung auf der Prüftemperatur gehalten) gute Übereinstimmung. Bei den Versuchen von HAUCK hat hiernach ein Abkühlungseffekt noch nicht stattgefunden.

W. HOLZMÜLLER und P. JUNG [33] stellten Messungen über die Schlagbiegefestigkeit von Thermoplasten im Erweichungsgebiet (Temperaturbereich: 20 bis 140 °C) mit dem Dynstatgerät nach SCHOB, NITSCHE und SALEWSKI an. Die Proben wurden dabei im Prüfgerät in einem heißen Luftstrom unter gleichzeitigem Anwärmen der Halterung auf die Versuchstemperatur gebracht.

K. RICHARD und G. DIEDRICH [34] prüften die *Dauerstandfestigkeit* verschiedener Kunststoffe in Abhängigkeit von der Temperatur, indem die Proben in einem Trockenschrank aufgehängt und unmittelbar durch Gewichte belastet wurden. Die Dehnung wurde dabei mit Hilfe von an den Proben angebrachten Skalen abgelesen.

Organische Gläser, die zur Verglasung von Flugzeugen dienen, sind oft einer unterschiedlichen Wärmeeinwirkung auf den beiden Glasseiten bei gleichzeitiger mechanischer Dauerbeanspruchung ausgesetzt. Amerikanische Untersuchungen [35] befaßten sich daher mit der *Verformung* beidseitig verschieden stark erwärmter und durch Zugkräfte einer Dauerbeanspruchung ausgesetzter Kunstgläser aus Methacrylat.

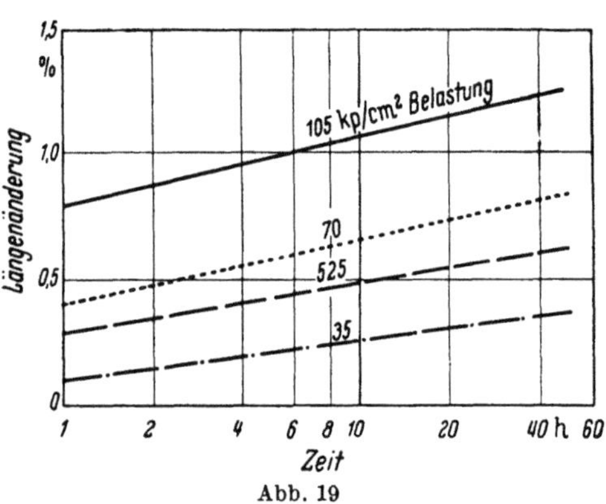

Abb. 19

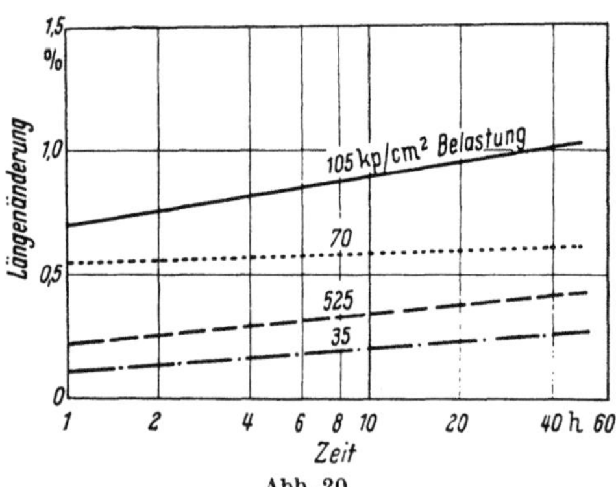

Abb. 20

Abb. 19 und 20. Ergebnisse von Dehnungsmessungen an zwei verschiedenen Sorten Plexiglas, Abb. 19 UVA Plexiglas II, Abb. 20 Plexiglas 55. Durchschnittstemperatur 82,2 °C, Temperaturgefälle ±22,2 °C

Bei den Versuchen wurden Zugstäbe von 254 mm × 13 mm nach einer 5stündigen Temperung bei 100 °C in geeignete Rahmen eingespannt und von zwei getrennten Heizaggregaten mit Warmluft bespült. Die Proben waren dabei in dem Rahmen so abgedichtet, daß eine getrennte Erhitzung der beiden

Oberflächen möglich war. Der durch Thermoelementmessung kontrollierte stationäre Zustand der Erwärmung war nach 1 Stunde erreicht. Die Versuche wurden bei verschiedenen Temperaturen (71 bis 93 °C) und verschiedenen Temperaturgefällen in den Gläsern (0 bis 16,7 °C; 22,2 bis 27,8 °C) vorgenommen. Die Zugbeanspruchungen lagen zwischen 35 und 105 kp/cm². Die Längenänderungen wurden in Abständen von 5 Stunden mit einem Kathetometer gemessen. Bei den Versuchen zeigten zwei verschiedene Glassorten, die

sich unter normalen Bedingungen nur wenig unterschieden, bei den angewandten extremen Bedingungen abweichende Ergebnisse (Abb. 19 u. 20).

Mit der Zeit- und Temperaturabhängigkeit der Festigkeit von glasfaserverstärkten Polyesterkunststoffen befaßte sich GOLDFEIN [36]. Um aus kurzzeitigen *Dauerstandversuchen* bei verschiedenen Temperaturen auf die Bruchfestigkeit eines gleichbleibend belasteten Werkstoffes nach sehr langen Standzeiten zu schließen, trägt er den Logarithmus der Bruchfestigkeit σ_B als Abhängige der absoluten Temperatur τ und der Prüfdauer t gra-

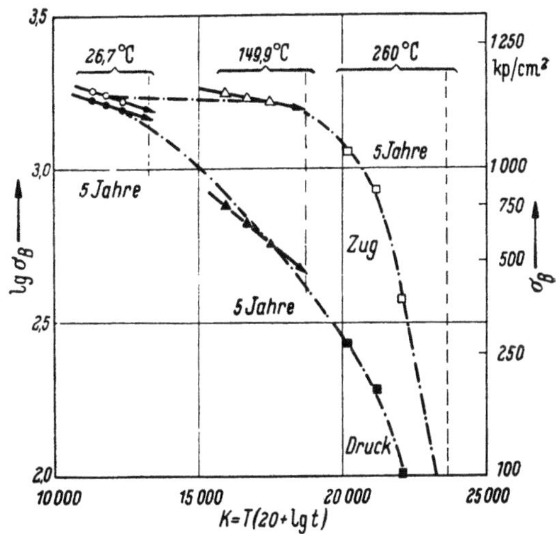

Abb. 21. Bruchfestigkeit σ_B bei Zug- und Druck-Dauerstandbeanspruchung eines glasfaserverstärkten Polyesterschichtstoffes in Abhängigkeit von der Größe K

phisch auf. Dabei werden τ und t in einem Ausdruck $K = T(20 + \lg t)$ zusammengefaßt; τ wird in RANKINE-Graden $[x\ °\text{Rank} = \frac{5}{9}\ x\ °\text{K} = 5(x - 491{,}69)\ °\text{C}]$ und t in Stunden eingesetzt. GOLDFEIN wendet das Verfahren, das sich bei Metallen bereits bewährt hat, bei Schichtstoffen aus Glasgewebe an. Abb. 21 zeigt als Beispiel die Ermittlung der auf 5 Jahre und verschiedene Temperaturen bezogenen Dauerstandfestigkeit für Zug- und Druckbeanspruchung. Die Ergebnisse stimmen gut mit den aus WÖHLER-Kurven auf 5 Jahre extrapolierten Dauerstandfestigkeitswerten überein. Eine Bewertung der Zuverlässigkeit des Verfahrens dürfte aber erst möglich sein, wenn genügend Ergebnisse von Dauerstandversuchen mit den verschiedensten Kunststoffen unter Berücksichtigung der durch die Wärmeeinwirkung auftretenden stofflichen Eigenschaftsänderungen vorliegen.

Eine umfassende Beurteilung des thermischen Verhaltens der Kunststoffe ist nach den Vorschlägen von JENCKEL und WOLF in besonders einfacher Weise durch Messungen des *Torsionsmoduls* und der *Dämpfung* einer in freie Torsionsschwingungen versetzten Probe in Abhängigkeit von der Temperatur möglich. Eine entsprechende Apparatur, die von WOLF und SCHMIEDER zu diesem Zweck entwickelt wurde, ist in II, 3.4.2 d, Abb. 65, sowie in DIN 53445 Vornorm, beschrieben.

Der Torsionsschwingungsversuch ist geeignet zur Bestimmung der Temperaturbereiche, in denen sich der Kunststoff hart, zähe oder gummi-elastisch verhält und zur genauen Beobachtung des Erweichungsverhaltens. Er ermöglicht hiernach sowohl eine verarbeitungs- als auch anwendungstechnische Charakterisierung der Stoffe bei einer den praktischen Verhältnissen entsprechenden Höhe der Beanspruchung. Gleichzeitig kann man auf Grund derartiger Untersuchungen leicht sowohl zwischen Thermoplasten und Nicht-Thermoplasten (Thermoelasten) als auch kristallisierenden und völlig amorphen Kunststoffen unterscheiden. Ein Vergleich mit entsprechenden elektrischen Messungen an polaren Substanzen ergaben eine weitgehende Analogie zwischen reziproker Dielektrizitätskonstante und *E*-Modul sowie zwischen Dämpfung und dielektrischem Verlustwinkel [*37*].

F. H. MÜLLER [*38*] bestimmte das *plastisch-elastische Verhalten* verschiedener thermoplastischer Kunststoffe in Abhängigkeit von der Temperatur in einem *Biegeschwingungsversuch* mit erzwungenen Schwingungen bei gleichzeitiger Veränderung der Frequenz. Bei den Versuchen wurde als Verformung die Biegung einer bändchenförmigen Probe, die absolut zwangsläufig und genau zyklisch erfolgt, gewählt. Das eine Ende der Probe wurde durch ein Pleuelgetriebe mit ausreichender Annäherung zeitlich sinusförmig hin und her bewegt. Die elastische Rückwirkung am anderen Ende der Probe übertrug sich auf eine entsprechend steile Stahlfeder,

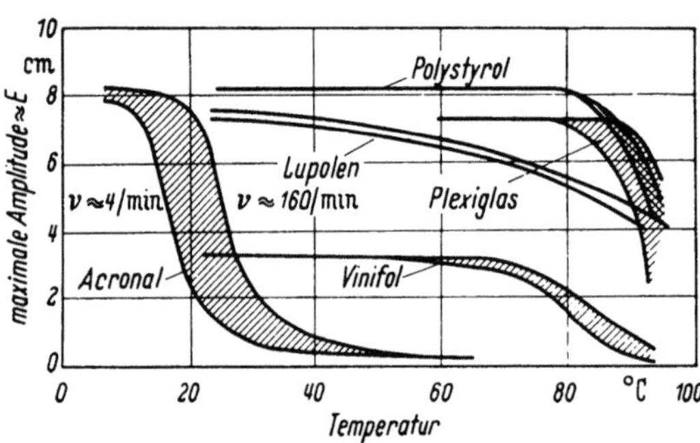

Abb. 22. Elastische Temperatur-Dispersiondiagramme für Kunststoffe nach MÜLLER

deren Auslenkung durch einen Lichtzeiger ausreichend vergrößert wurde. MÜLLER kommt auf Grund der Beobachtung der bei einer derartigen Beanspruchung auftretenden Frequenz- und Temperaturdispersion (Abb. 22) ebenfalls zu aufschlußreichen Erkenntnissen über das Erweichungsverhalten und den strukturellen Aufbau der Stoffe.

Bei der Untersuchung der thermischen Eigenschaften von *elastomeren Kunststoffen* stehen Ermittlungen über die *Verformungsfähigkeit* der Stoffe in den verschiedenen Temperaturbereichen im Vordergrund des Interesses. Vielfach finden dabei die bereits für Gummi entwickelten Prüfverfahren Anwendung, die in ihren neueren Beschreibungen immer mehr ohne nähere Kennzeichnung der Rohstoffgrundlage auf den allgemeinen Begriff der Elastomere abgestellt werden. Die in Frage kommenden Untersuchungsmethoden sind statischer und dynamischer Art.

KÜCH [*39*] untersuchte das Verhalten von Gummi und hochelastischen Kunststoffen in der Kälte (Temperaturbereich: −70 bis +20 °C) in *statischen Kurzzeitdruckversuchen*. In kalter Luft vorgekühlte, und während des Versuches in dem als Kältegefäß ausgebildeten Auflager durch ein Kohlensäureeis-Spiritus-Gemisch auf der Prüftemperatur gehaltene, zylindrische Puffer von 20 mm Durchmesser und 20 mm Höhe wurden bei Druckbeanspruchung (Vorlast: 1,0 kp/cm², Prüfspannung: 11 kp/cm², Dauer der Beanspruchung: 1 min) auf ihre gesamte und bleibende Verformung geprüft. Die Kältebeständigkeit der

Stoffe wurde dann durch Festlegung derjenigen Temperaturen beurteilt, bei denen die Gesamtverformung noch 80 bzw. 10% derjenigen bei 20 °C betrug.

DIEHL [40] bestimmte die Wärmebeständigkeit von Thiokol-Perbunan-Mischungen in *Dauerstanddruckversuchen* bei Temperaturen von 20 bis 140 °C. Ermittelt wurden an zylindrischen Proben von 200 mm Durchmesser und 20 mm Höhe bei einer statischen Dauerbelastung von 10 kp/cm² das Fließen während einer Belastungsdauer von 1 Std. und die bleibende Formänderung nach der Entlastung. Die Versuche wurden in einem von ROELIG für druck-elastische Prüfungen entwickelten Gerät durchgeführt, bei denen gleichzeitig 10 Proben durch an Hebeln befindliche Gewichte auf Druck beansprucht werden können [41]. Für die Warm-versuche wurde das Gerät in einen isolierten, durch ein umlaufendes Heizmittel be-heizten Raum eingestellt.

Nach dem ASTM-Entwurf D 797–58 „Standard Method of Test for Young's Modulus in Flexure of Natural and Synthetic Elastomers at Nor-mal and Subnormal Tempe-ratures" wird zur Beurteilung der *Kältebeständigkeit* von Elastomeren der *Elastizitäts-modul* bei verschiedenen Tem-peraturen in einem Biegever-such bestimmt. Entsprechend Abb. 23 werden Proben von 64 mm × 25,4 mm × 6,4 mm beidseitig aufgelagert und in

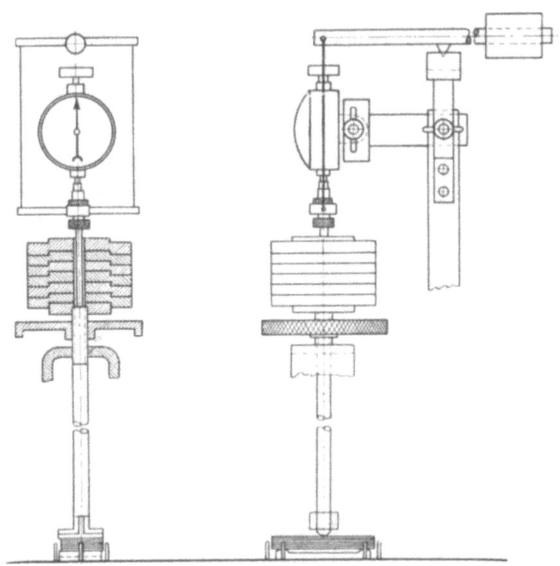

Abb. 23. Belastungsgerät

der Mitte durch einen Druckstempel mit abhebbaren Gewichten so hoch belastet, daß bei einer Temperatur von 21 °C eine Durchbiegung von 0,25 bis 0,64 mm auf-tritt. Die Vorlast durch den unbeschwerten Druckstempel beträgt 40 bis 50 g und kann mit einem verschiebbaren Gewicht versehenen Waagebalken konstant gehalten werden. Mit einer oben am Druckstempel angeordneten Meßuhr wird die federnde Formänderung der Proben für eine Belastungsweise von 10 Sek. Hauptlast — 10 Sek. Vorlast (Ablesung) — 15 Sek. Hauptlast (Ablesung) ge-messen und daraus der E-Modul errechnet. Zur Erleichterung der Auswertung ist dem Normblatt ein Nomogramm beigefügt, aus dem der E-Modul in Ab-hängigkeit von der gemessenen Formänderung, der Belastung und der Proben-dicke unmittelbar entnommen werden kann. Die Versuche werden bei Tempe-raturen von +21 °C, ±0 °C, −40 °C und −57 °C oder, falls möglich, auch noch tiefer durchgeführt. Außerdem sollen die Messungen, ausgehend von der tiefsten Temperatur, bei ansteigender Temperatur in bestimmten Temperatur-intervallen vorgenommen werden.

In dem ASTM-Entwurf D 1043–51 „Standard Method of Test for Stiffness Properties of Nonrigid Plastics as a Funktion of Temperature by Means of

Torsional Test" ist ein Verfahren beschrieben, bei dem zur Beurteilung des thermischen Verhaltens von weichen Kunststoffen der wahrscheinliche *Steifigkeitsmodul* in Abhängigkeit von der Temperatur durch einen *statischen Torsionsversuch* ermittelt wird (CLASH-BERG-Verfahren). Für die Versuche dient ein Prüfgerät entsprechend Abb. 24. Die in einer besonderen Vorrichtung eingespannte Probe (64 mm $\times$ 6,4 mm $\times$ 1,0 bis 3,2 mm) wird mit Hilfe eines Meßkranzes und einer über eine Rolle geführten und durch Gewichte belasteten Schnur auf Verdrehung beansprucht, wobei die Belastung so gewählt wird, daß der Torsionswinkel bei der niedrigsten Temperatur nicht weniger als 20 ° und bei der höchsten Temperatur nicht mehr als 200 ° beträgt. Zur Bestimmung des wahrscheinlichen Steifigkeitsmoduls G wird der Verdrehwinkel Φ unter Last am Meßkranz nach einer Wartezeit von 5 Sek. abgelesen.

Es ist:

$$G = \frac{917\,T\,L}{a\,b^2\,u\,\Phi}\ \text{kp/cm}^2.$$

Hierin bedeuten:

T angewandte Belastung in cm kp,
L beanspruchte Länge der Probe in cm,
a Breite der Probe in cm.
b Dicke der Probe in cm,
u ein Wert, abhängig vom Verhältnis a/b und in einer Tabelle des Normblattes aufgeführt,
Φ Torsionswinkel in Grad.

Die Messungen werden ausgehend von der niedrigsten Temperatur bei gleichmäßiger Erwärmung der Proben um 1 °C $\pm$ 0,25 grd in der Minute in bestimmten Temperaturintervallen vorgenommen, wobei die Probe nach jeder Messung durch Rückdrehen des Meßkranzes wieder in die Nullstellung gebracht wird. Bei unterbrochenem Betrieb soll die Probe vor der Ablesung jeweils 3 min auf

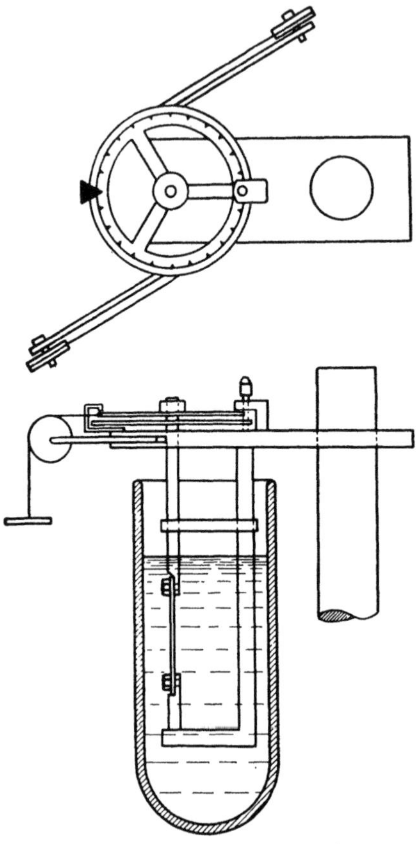

Abb. 24. Bestimmung der Steifigkeit von weichen Kunststoffen in Abhängigkeit von der Temperatur durch einen Torsionsversuch nach ASTM-D 1043-51 (Clash-Berg-Verfahren)

der Prüftemperatur gehalten werden. Zur Temperierung der Proben wird die Apparatur mit seinem unteren Teil in ein DEWAR-Gefäß eingesetzt. Als Stoffcharakteristik wird der wahrscheinliche Steifigkeitsmodul logarithmisch in Abhängigkeit von der Temperatur aufgetragen.

Mit dem zuletzt beschriebenen Verfahren weitgehend übereinstimmt die in dem ASTM-Entwurf D 1053–58 T vorgeschlagene Methode „Tentative Method of Measuring Low-Temperature Stiffening of Rubber and Rubber-Like Materials by Means of a Torsional Wire Apparatus" (GEHMANN-Test).

Nach dem ASTM-Entwurf D 1329–58 T „Tentative Method of Test for Evaluating Low-Temperature Characteristics of Rubber and Rubber-Like Materials by a Temperature-Retraction Procedure (TR Test)" wird die *Kältebeständigkeit* von Gummi- bzw. gummiähnlichen Stoffen in der Weise bestimmt, daß man an in gedehntem Zustand eingefrorene Proben die *Rückverformung* bei ansteigender Temperatur beobachtet. Es bedarf noch der Klärung, ob derartige Verfahren ohne weiteres auch bei elastomeren Kunststoffen, bei denen die Kristallisationsvorgänge in der Kälte häufig andersartig sind, angewandt werden können.

Versuche über den Einfluß der Temperatur auf die *Rückprallelastizität* von Elastomeren führte E. F. SCHULZ durch [*42*]. Bei den Ermittlungen wurde das für derartige Ermittlungen übliche Meßgerät in einen Umluftofen mit Glastür gebracht und durch einen besonderen Mechanismus von außen bedient.

In dem ASTM-Entwurf D 746–58 T „Tentative Method of Test for Brittleness Temperature of Plastics and Elastomers by Impact" ist ein Verfahren angeführt, nach dem die *Versprödungstemperatur* von Kunststoffen und Elastomeren durch einen *Kälteschlagversuch* in einem neuartigen Prüfgerät ermittelt wird. Einzelheiten über dieses Verfahren sind in II 3.8.3 a, γ dargestellt.

FROMANDI und ROELIG [*43*] bestimmten die *dynamische Dämpfung* von Gummi in Abhängigkeit von der Temperatur (Bereich: -60 bis $+150$ °C) im ROELIG-Prüfgerät, indem die Probe in einem isolierten Gehäuse angeordnet wurde, dessen Temperatur durch indirekte Kühlung oder Heizung geregelt wurde.

In der neueren Zeit findet auch der *Torsionsschwingungsversuch* nach dem Vorschlag von WOLF und SCHMIEDER zur generellen Beurteilung des thermischen Verhaltens bei den elastomeren Stoffen in zunehmendem Umfang Anwendung [*44*].

In besonderen Fällen kommen bei der Untersuchung von *Halb-* bzw. *Fertigfabrikaten* aus Kunststoffen zur Beurteilung ihrer Wärme- und Kältebeständigkeit Prüfmethoden mehr technologischer Natur mit den praktischen Verhältnissen besonders angepaßten Versuchsbedingungen in Frage.

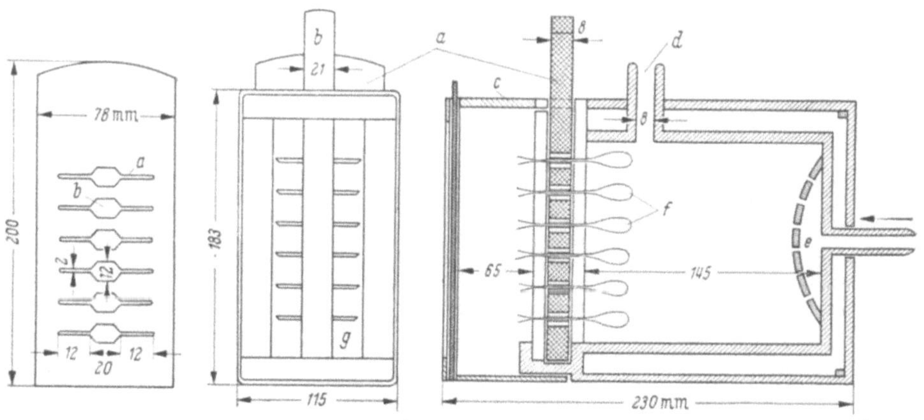

Abb. 25. Meßgerät zur Prüfung der Kältebeständigkeit nach MEHNERT

Zur Beurteilung der *Kältebeständigkeit* von *Kunststoff-Folien* haben G. SCHULZ und K. MEHNERT [*45*] ein Verfahren entwickelt, bei dem die Temperatur bestimmt wird, bei der eine aus dem zu prüfenden Material gebildete Filmschlaufe mit vorgeschriebenen Abmessungen und bestimmtem Krümmungsradius zerbricht, wenn sie mit einem kurzen Ruck durch einen Spalt, der das 4- bis 5fache der Foliendicke beträgt, gezogen wird. Die Filmschlaufe wird aus einem etwa 80 bis 100 mm langen und 15 mm breiten Streifen hergestellt. Der Krümmungsradius der Filmschlaufe ist 4- bis 5mal so groß wie die Prüfspaltweite. Das hierfür entwickelte Prüfgerät (Abb. 25) besteht aus einem doppelwandigen Kunststoffkasten, in dessen Vorderwand die Prüfwand mit den Prüfspalten eingeschoben wird. Die Abkühlung der Proben in dem Kasten erfolgt mit einem über fester Kohlensäure abgekühlten gasförmigen Kühlmittel, z. B. Druckluft. Einige mit dem Verfahren erzielte Versuchsergebnisse sind in Tab. 4 aufgeführt.

Tabelle 4. *Kältebruchtemperaturen weichgemachter Kunststoff-Filme, bestimmt nach dem Verfahren von Mehnert.*

Zusammensetzung		Filmdicke in mm	Kältebruchtemperatur in °C
Grundstoff	Weichmacher		
100% Polyvinylacetat	—	0,5	+24
80% Polyvinylacetat	20% Dibutylphthalat	0,5	+ 6
67% Polyvinylacetat	33% Dibutylphthalat	0,5	− 18
67% Polyvinylacetat	20% Trikresylphosphat 13% Dibutylphthalat	0,5	− 3
75% Polyvinylchlorid	25% Trikresylphosphat	0,5	+ 8
60% Polyvinylchlorid	40% Trikresylphosphat	0,5	−16
75% Polyvinylchlorid	25% Phthalsäureester von Leuna-Alkoholfraktionen	0,5	− 7
60% Polyvinylchlorid	40% Phthalsäureester von Leuna-Alkoholfraktionen	0,5	−34
75% Polyvinylchlorid	25% Phthalsäure-Vorlauffettalkoholester	0,5	−23
60% Polyvinylchlorid	40% Phthalsäure-Vorlauffettalkoholester	0,5	−43
75% Polyvinylchlorid	25% Triglykolester einer Vorlauffettsäure	0,5	−28
60% Polyvinylchlorid	40% Triglykolester einer Vorlauffettsäure	0,5	−52

Nach der Methode von RENFREW und FREEMANN [46] wird die *Versprödung* von Kunststoff-Folien bei tiefen Temperaturen durch Ermittlung der *Einreißfestigkeit* in einem Durchschlagversuch (Durchschlagenergie) gemessen.

Die *Kältebeständigkeit* von *Kunststoff-Isolationsleitungen* [47 bis 49] kann in der Weise bestimmt werden, daß die Leitungen im Bereich der kritischen Temperatur auf einen Metalldorn aufgewickelt werden, dessen Durchmesser in einem bestimmten Verhältnis zum Leitungsdurchmesser steht. Es wird dann die Temperatur gesucht, bei der diese Prüfung gerade noch bestanden wird. Bei uns besonders gebräuchlich ist die *FSB-Methode* (Fallhammer, Schlag und Biegung), bei der eine aus den Fellstreifen gebogene Schlaufe auf einer festen Unterlage von einem Fallhammer getroffen wird. Als FSB-Kältewert gilt die Temperatur, bei der die Proben brechen, während dies bei einer um 2 °C höheren Temperatur noch nicht der Fall war.

Für die Beurteilung der Kältebeständigkeit von weichen Kunststoffen in einem mehr technologischen Versuch kommt unter Umständen auch noch das in dem ASTM-Entwurf D 736–54 T „Tentative Method of Test for Low-Temperature Brittleness of Rubber and Rubber-Like Materials" beschriebene Verfahren in Frage. Hier werden die Proben zwischen zwei gegeneinander beweglichen Platten in einem bestimmten Abstand in Schlaufenform eingespannt, durch Einsetzen der Vorrichtung in eine Kältekammer abgekühlt und in der Kälte durch schnelles Zusammenführen der Platten um einen bestimmten Betrag auf Biegung beansprucht. Die Sprödigkeitsprüfung ist bestanden, wenn die Proben nicht brechen oder keine Risse zeigen.

Mit der Untersuchung der Kälte- und Wärmebeständigkeit von Kunststoffrohren, die für Wasserleitungs-, Abwässer -und Getränkeschankanlagen sowie für die allgemeine Hausinstallationstechnik in steigendem Umfang eingesetzt werden, befaßten sich K. Richard und G. Diedrich [50]. Die Versuche erstreckten sich auf die Ermittlung der Umfangsbruchspannung von Polyäthylenrohren in einem kurzzeitigen Innendruckberstversuch bei Temperaturen von −20 bis +100 °C. Außerdem wurde das Verhalten von wassergefüllten Polyäthylenrohren beim Einfrieren beobachtet. Das Ergebnis der Versuche über den Berstdruck zeigt Abb. 26. Bei den Einfrierversuchen traten Aufweitungen der Rohre auf. Die Polyäthylenrohre ertrugen eine Aufweitung von 18% ohne Schaden, während Stahl- und PVC-Rohre schon bei Aufweitungen von 10 bzw. 5% aufrissen. Nähere Angaben über die Versuchsdurchführung fehlen.

c) Temperaturabhängigkeit elektrischer Eigenschaften. Über Versuche zur Bestimmung der *elektrischen Eigenschaften* von Kunststoffen in Abhängigkeit von der Temperatur hat Hetzel berichtet [51, 52]. Untersucht wurden an einer größeren Zahl marktgängiger Kunststoffarten (Hartgewebe, Hartpapier, Kunst-

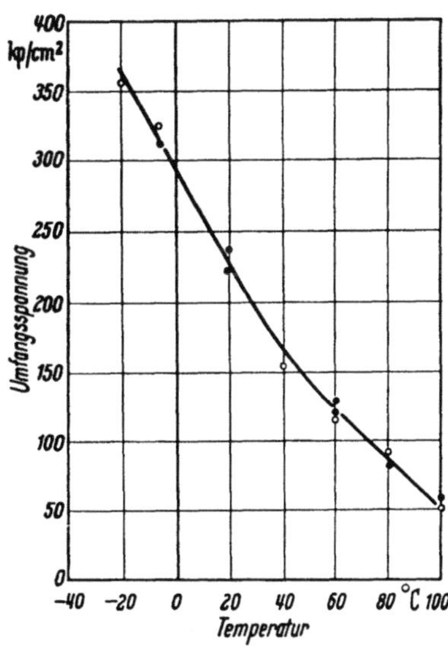

Abb. 26. Berstfestigkeit von Polyäthylenrohren (1″) in der Wärme und Kälte

horn, Acetylcellulose, Phenolpreßharz, Methacrylate, PVC) die Gleichstromleitfähigkeit und der dielektrische Verlustfaktor bei 50 Hz und 800 Hz im Temperaturbereich von −40 bis +120 °C. Für die Versuche in der Wärme wurden die zu prüfenden Proben in handelsübliche Thermostaten eingebracht. Für die Untersuchungen bei den tiefen Temperaturen wurden grundsätzlich die gleichen Meßeinrichtungen verwendet, jedoch wurden die stapelförmig mit entsprechender Abschirmung zusammengelegten Proben mit den Elektrodenanschlüssen luftdicht in ein Glasgefäß eingeschlossen, um den Niederschlag von Feuchtigkeit aus der Luft des Kühlraumes auf der Oberfläche der Kunststoffe zu vermeiden. Nachdem sich bei den Versuchen gezeigt hatte, daß die Verlustfaktoren einer ganzen Anzahl von Kunststoffen unterhalb −40 °C mit fallender Temperatur weiter ansteigen, wurden die Messungen bis in das Gebiet der tiefsten Temperaturen (−193 °C, −252 °C und −269 °C, Siedepunkte des Stickstoffes, des Wasserstoffes bzw. des Heliums) ausgedehnt. Bei diesen Versuchen wurden die Proben direkt in das Kühlmittel eingetaucht. Die Messungen bei der Temperatur des flüssigen Stickstoffes wurden an quadratischen Platten mit 15 cm Kantenlänge vorgenommen. Dagegen mußte bei den Versuchen mit Wasserstoff und Helium, da hier nur beschränkte Mengen der verflüssigten Gase zur Verfügung stehen, die Probengröße auf das geringstmögliche Maß verringert werden. Die Versuche ergaben für Hartgewebe, Acetylcellulose und Hartpapier, daß die Verlustfaktoren dieser Stoffe, die sich bei Raumtemperatur noch um einige Größenordnungen unterscheiden, bei Temperaturen von -252 und $-269\,°C$ praktisch unmeßbar kleine Werte annehmen. Unterhalb von $-50\,°C$ besitzen die Kunststoffe aber noch mindestens ein Maximum des Verlustfaktors.

Über den *Gleichstromwiderstand* von Kunststoffen bei hohen und tiefen Temperaturen führten außerdem H. KLINGELHÖFFER und N. JASPER Untersuchungen nach der Methode der WHEATSTONEschen Brücke mit dem Elektrometer als Nullgerät durch [53]. Für die Messungen bei hohen Temperaturen befanden sich die Proben in einer Kammer nach Abb. 27, die von einer Thermostatenflüssigkeit umströmt

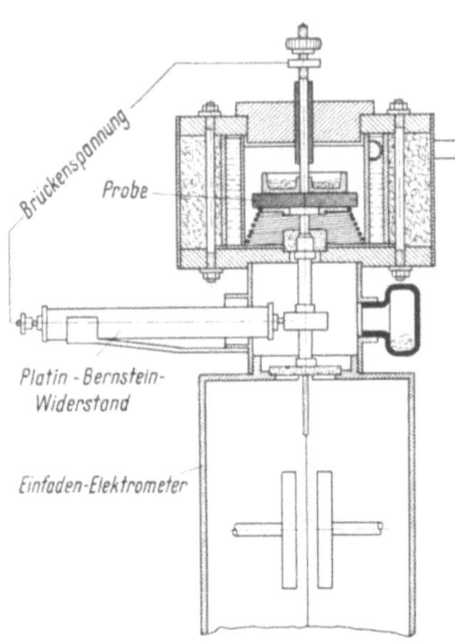

Abb. 27. Anordnung zur Bestimmung der Dielektrizitätskonstanten als Funktion der Temperatur

wird. Die obere Isolation des Elektrometers trägt über einen Schutzwiderstand die Meßelektrode. Seitlich ist als Vergleichsgröße ein Platin-Bernstein-Widerstand nach KRÜGER eingeführt. Die Spannungselektrode ist als Napf ausgebildet, um das Phosphorpentoxyd zu tragen, das bei sinkender Temperatur die Raumfeuchtigkeit niedrig hält, bei höheren Temperaturen etwa aus den Proben auftretendes Wasser aufnimmt. Für tiefere Temperaturen als $+10\,°C$ wurden die Versuche in einem doppelwandigen Glaszylinder, in dem sich zur Abkühlung Trockeneis befindet, vorgenommen.

E. ALPERS und TH. GAST [54] bestimmten die *Dielektrizitätskonstante* von Kunststoffen in Abhängigkeit von der Temperatur (Bereich: $+20$ bis $+120\,°C$) durch ponderometrische Messungen. Bei

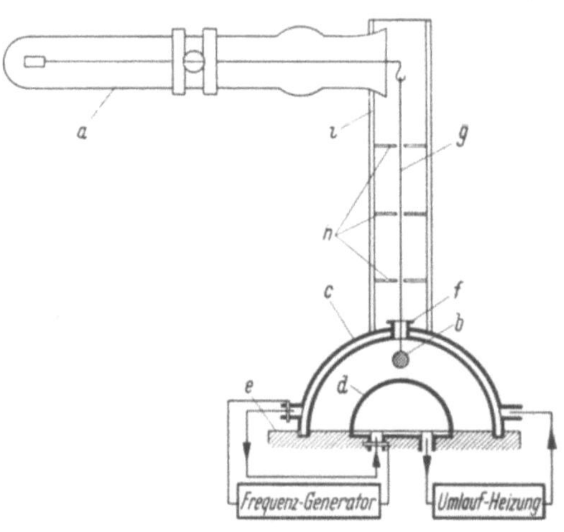

Abb. 28. Anordnung zur Bestimmung der Dielektrizitätskonstanten

a Torsionswaage, *b* Probe, *c* äußere Kugel, geerdet, *d* innere Kugel, *e* Grundplatte, *f* geschlitzte Buchse, *g* Quarzfaden, *h* Blenden zum Schutz gegen Luftströmungen, *i* Schutzmantel gegen äußere Störungen

dem zu diesem Zweck angewandten Prüfgerät (Abb. 28) befindet sich die Probe in Kugelform im Feld eines doppelwandigen Kugelkondensators, dessen

Halbkugeln mit Luft geheizt oder gekühlt werden. Bei Messungen des *dielektrischen Verlustfaktors* auf Temperaturabhängigkeit verwandten ALPERS und GAST ein Gerät (Abb. 29), bei dem das durch ein magnetisches Feld erzeugte und auf die Probe einwirkende Drehmoment mit einer Mikrowaage bestimmt wird. Die ganze Anordnung ist gekapselt und das Feldsystem befindet sich in einer heizbaren Kammer. Mit den Methoden können die elektrischen Größen in einem weiten Frequenzbereich ohne Wechsel der Apparaturen an sehr kleinen Proben bestimmt werden. Es kann dabei grundsätzlich der zeitliche Verlauf der Eigenschaften aufgezeichnet bzw. ihr Zusammenhang mit der Frequenz und Temperatur mit Hilfe von Linienschreibern festgehalten werden.

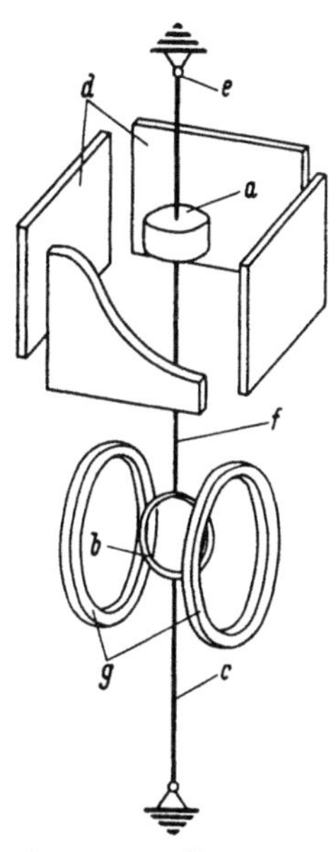

Abb. 29. Anordnung zur Bestimmung des Verlustfaktors

a Probe, *b* Drehspule, *c* Spannband, *d* Drehfeldplatten, *e* Halterung und Zuführung, *f* starre Verbindung, *g* Helmholtzspulen

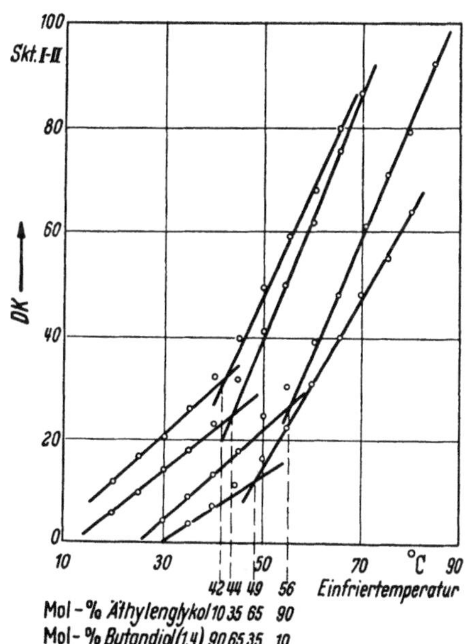

Abb. 30. Temperaturabhängigkeit der Dielektrizitätskonstanten (DK) verschiedener Mischkondensate des Systems Polyäthylenglykol-butandiol (1.4)-terephthalat

CRIEHL und HOFFMEISTER [55] haben die Temperaturabhängigkeit der *Dielektrizitätskonstanten* verschiedener Mischpolymerisate des Systems Polyäthylenglykol-butandiol-(1,4)-terephthalat mit einer Relativmethode gemessen. Der Meßkondensator mit eingefüllter Substanz wird mit einem Bezugskondensator verglichen und die Differenz als Maß für die Dielektrizitätskonstante gegen die Temperatur aufgetragen. Es ergaben sich auf diese Weise in den verschiedenen Temperaturbereichen zwei lineare Kurvenäste, deren Schnittpunkt die Einfriertemperatur kennzeichnet (Abb. 30). Die so gemessenen Werte liegen in der gleichen Größenordnung wie die refraktometrisch gemessenen Werte. Die elektrische Methode zeichnet sich gegenüber den gebräuchlichen Methoden durch große Einfachheit aus.

Um das *dielektrische Verhalten* von hygroskopischen organischen Stoffen, in dem vorliegenden Fall Holz, in Abhängigkeit von der Temperatur und der

Luftfeuchtigkeit zu bestimmen, verwandten W. Trapp und L. Pungs [56] ein doppelwandiges Gefäß, in das der Meßkondensator eingebaut wird. In das Gefäß wird entsprechend temperierte und angefeuchtete Luft geleitet, während im Thermostaten erwärmtes Öl die Doppelwand durchströmt und für eine konstante Temperatur sorgt.

3.5.4 Prüfung auf Formbeständigkeit in der Wärme

Die Bestimmung der Formbeständigkeit der Kunststoffe in der Wärme wurde in Deutschland bereits vor etwa 40 Jahren in die Kunststoffprüfung eingeführt [57, 58]. Die Formbeständigkeitsprüfung stand damals im Vordergrund des Interesses, weil die zu der Zeit hergestellten Kunststoffe überwiegend auf der Basis bituminöser oder ähnlicher Stoffe aufgebaut waren, also in hohem Maße thermoplastisches Verhalten aufwiesen.

a) Verfahren nach Martens. Ein entsprechendes Prüfverfahren wurde damals in Deutschland nach dem von Martens vorgeschlagenen Prinzip entwickelt. „Formbeständigkeit in der Wärme nach Martens" ist die Fähigkeit einer Probe, unter bestimmter ruhender Biegebeanspruchung ihre Form bis zu einer bestimmten Temperatur weitestgehend zu bewahren. Sie wird gekennzeichnet durch die Temperatur, bei der die zunehmend erwärmte Probe unter Last um einen bestimmten Betrag durchgebogen ist. Die Prüfung nach Martens wurde von Anfang an in der damaligen Klassifizierung (1924) und später (1928) in der Typisierung der Kunststoff-Formmassen berücksichtigt, und diese Maßnahme hat in Verbindung mit der im Jahre 1924 vom Staatlichen Materialprüfungsamt, Berlin-Dahlem, begonnenen Güteüberwachung der nichtkeramischen, gummifreien Isolierstoffe dazu geführt, daß die Klagen über eine unzureichende Formbeständigkeit in der Wärme praktisch verstummten. Auch als später die Typentafel durch Aufnahme von Typen mit härtbaren Harzen ausgeweitet wurde, behielt man die Martens-Prüfung bei, da sie sich auch bei diesen Typen als zusätzliche Kontrolle der Gleichmäßigkeit verschiedener Fertigungen bzw. Lieferungen als wertvoll erwies. Mit dem stärkeren Einsatz thermoplastischer Kunststoffe gewinnt in der Neuzeit die Bestimmung der Formbeständigkeit der Kunststoffe in der Wärme zur Kennzeichnung des thermischen Verhaltens dieser Stoffgruppe wieder an Bedeutung.

Die Weiterentwicklung des Martens-Verfahrens führte in Deutschland zur Aufstellung der Normblätter DIN 53458, Prüfung von Preßmassen und Preßstoff-Erzeugnissen. Bestimmung der Formbeständigkeit in der Wärme nach Martens und DIN 53462, Prüfgerät für die Bestimmung der Formbeständigkeit in der Wärme nach Martens.

Bei dem Verfahren von Martens werden entsprechend Abb. 31 die Proben in senkrechter Lage in 2 Einspannköpfe mit Widerlagern eingespannt, von denen der obere einen Hebelarm mit einem verschiebbaren Gewichtsstück trägt und durch entsprechende Einstellung des verschiebbaren Gewichtsstückes einer konstanten Biegebeanspruchung von 50 kp/cm² ausgesetzt. Die Proben werden sodann in der Prüfvorrichtung in einen Wärmeschrank eingebracht und dort ausgehend von 20 °C ± 5 grd mit einer Steigerung der Temperatur um 50 °C ± 1 grd in der Stunde erwärmt. Zur Ablesung der bei zunehmender Erwärmung auftretenden Verformung der Proben dient eine Anzeigevorrichtung, deren Längsachse sich am oberen Hebelarm in einer Entfernung von 240 mm von der Längs-

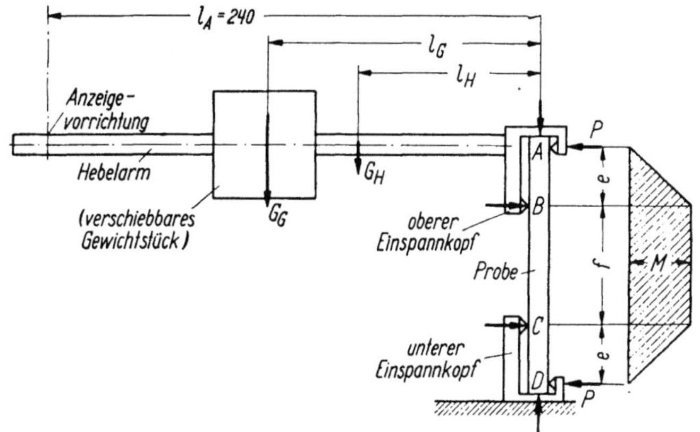

Abb. 31. Bestimmung der Formbeständigkeit in der Wärme nach MARTENS. Schematische Darstellung der Einspannvorrichtung

achse der Probe befindet. Als Formbeständigkeit in der Wärme nach MARTENS gilt die Temperatur, bei der der gekennzeichnete Punkt des Hebelarmes um 6 mm $\pm$ 0,1 mm abgesunken ist.

Mit den in Abb. 31 angeführten Bezeichnungen errechnet sich der zur Erzielung der vorgeschriebenen Biegespannung von 50 kp/cm² erforderliche Abstand des Mittelpunktes des Gewichtsstückes G_G von der Längsachse der Probe zu

$$l_G = \frac{50\,b\,h^2}{6\,G_G} - \frac{G_H\,l_H + G_A\,l_A}{G_G}$$

in cm.

Hierin bedeuten:

b Probenbreite in cm,
h Probenhöhe in cm,
G_H Gewicht des Hebelarmes und des Einspannkopfes mit Widerlagern in kg,
l_A Schwerpunktsabstand des Hebelarmes einschließlich des oberen Einspannkopfes von der Längsachse der Probe in cm,
G_A Gewicht des Anzeigestiftes in kg,
l_A Abstand der Längsachse der Anzeigevorrichtung von der Längsachse der Probe in cm.

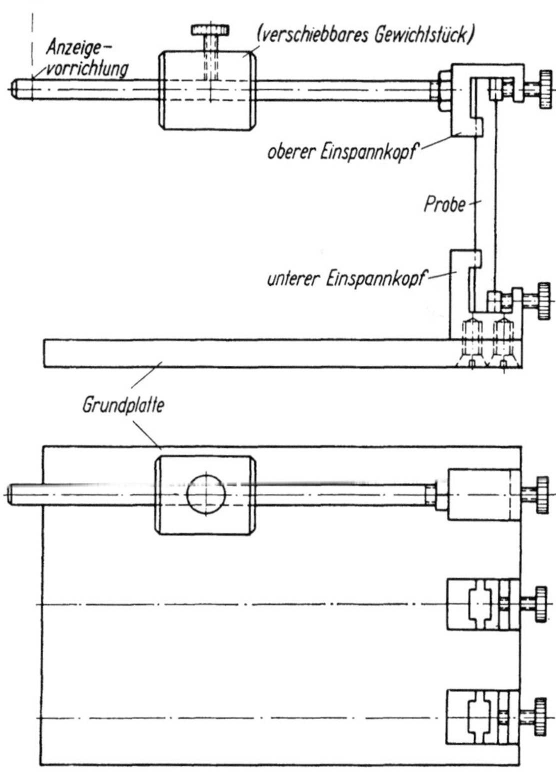

Abb. 32. Bestimmung der Formbeständigkeit in der Wärme nach MARTENS. Einspannvorrichtung für 3 Proben

Die praktische Ausführung einer Einspannvorrichtung für die gleichzeitige Prüfung von 3 Proben ist in Abb. 32 wiedergegeben.

In dem Normblatt sind als Probenformen der Normstab (120 mm × 15 mm × 10 mm), der halbierte Normflachstab (60 mm × 15 mm × 4 mm) und der Normkleinstab (50 mm × 6 mm × 4 mm) entsprechend DIN 53452 bzw. DIN 53464 vorgesehen. Für diese Probenformen sind verschiedene Ausführungen der Einspannköpfe erforderlich, die in DIN 53462 im einzelnen wiedergegeben sind. Die Anwendung der verschiedenen Probenformen erfolgt entsprechend Tab. 5 und 6.

Tabelle 5. *Bestimmung der Formbeständigkeit in der Wärme nach Martens. Probenformen.*

Probenform	Probenlänge l		Probenbreite b		Probendicke (Höhe) h		Prüfung in Einspannvorrichtung DIN 53462
	Nennmaß	zul. Abw.	Nennmaß	zul. Abw,	Nennmaß	zul. Abw,	
1	120	±2	15	±0,5	10	±0,5	3—120 oder 6—120
2	60	±1	15	±0,2	4	±0,2	3— 60 oder 6— 60
3	50	±1	6	±0,2	4	±0,2	3— 50 oder 6— 50

Tabelle 6. *Bestimmung der Formbeständigkeit in der Wärme nach Martens. Anwendung der Probenformen.*

Zu prüfendes Erzeugnis	Herstellung der Proben	Probenform		
Preßmassen (einschließlich Spritzgußmassen)	durch Pressen	1 oder 2		
	durch Spritzgießen	1,2 oder 3		
Formstücke aus Preßmassen (einschließlich Spritzgußmassen)	Spangebend (Ist das zu prüfende Erzeugnis dicker als eine der genannten Probenformen, so ist es auf die Dicke der nächstdünneren Probenform gleichmäßig von beiden Seiten abzuarbeiten)	Dicke des Erzeugnisses mm	Formstück hergestellt durch	
			Pressen Probenform	Spritzgießen Probenform
		≧10	1	1
		≧4 <10	2	2 oder 3
		<4	—	—
Schichtpreßstofftafeln		Dicke des Erzeugnisses mm	Probenform	
		≧10	1	
		≧4 <10	2	
		<4	—·	

Für die praktische Durchführung der Versuche enthalten die Normblätter noch die folgenden Hinweise: Bei einseitig vorhandener Preßhaut muß die abgeschliffene Seite der in die Vorrichtung eingebauten Probe in der Druckzone liegen. Die Temperatur ist während des Versuches seitlich am oberen Ende der ersten und seitlich am unteren Ende der letzten Probe zu messen. Bei der Auswertung des Versuches wird der Mittelwert aus den Anzeigen der beiden Temperaturmeßstellen festgestellt. Weichen die Temperaturen der beiden Thermometer während des Versuches um mehr als 2 grd voneinander ab oder zeigt sich an den Proben äußerlich sichtbarer Schaden, so ist der Versuch zu wiederholen. Die Gewichte sind nach einer in DIN 53462 angeführten Tabelle so zu wählen, daß der in der eingespannten Probe senkrecht wirkende Längsdruck vernachlässigbar klein ist (geringes Gewicht, großer Hebelarm). Es ist zweckmäßig, elektrische Signaleinrichtungen anzubringen, die anzeigen, wenn ein Hebelarm um das vorgeschriebene Maß abgesunken ist, und zwar für jede Probe ein Lichtsignal und für alle Proben einer Einspannvorrichtung ein gemeinsames Tonsignal.

Das MARTENS-Verfahren kann auch zur Prüfung von Kunststoff-Formteilen eingesetzt werden, wenn sich aus diesen Proben von der Größe der Normkleinstäbe (50 mm × 60 mm × 4 mm) herausarbeiten lassen [59]. Bei derartigen Kleinstäben erscheint es allerdings zweckmäßig, damit die Forderung nach genügender Länge des Hebelarmes für das Belastungsgewicht erfüllt werden kann, die immerhin nicht unbeträchtlich zusätzliche Belastung durch den an einem Hebelarm von 24 cm angreifenden Anzeigestift durch Verwendung elektrischer Signaleinrichtungen zu vermeiden und die Hebelgestänge nicht aus Stahl, sondern aus Leichtmetall herzustellen.

Das MARTENS-Verfahren hat den Nachteil, daß sich bei der Prüfung in verschiedenen Laboratorien abweichende Werte ergeben, wenn die Bedingungen für die Erwärmung der Proben im Wärmeschrank, die in dem Normblatt vorläufig noch nicht eindeutig festgelegt sind, nicht übereinstimmen. Durch Versuche konnte nachgewiesen werden, daß die Versuchsergebnisse der MARTENS-Prüfung nicht nur von der Temperaturkonstanz der Luft im Bereich der Proben, sondern auch von der Strömungsgeschwindigkeit der zirkulierenden Luft abhängt.

b) ISO-Verfahren. ISO/TC 61 hat zur Bestimmung der Formbeständigkeit der Kunststoffe in der Wärme in Anlehnung an die ASTM-Methode D 648–56 die Empfehlung R 75 „Determination of Temperature of Deflection under Load", Ausgabe 1958, aufgestellt.

Bei dem ISO-Verfahren wird eine beidseitig waagerecht aufgelagerte und in der Mitte durch eine Einzelkraft belastete Probe in einem Flüssigkeitsbad, mit einer bestimmten Geschwindigkeit erwärmt und die Temperatur bestimmt bei der die Probe eine bestimmte Durchbiegung erfährt. Das dabei anzuwendende Prüfgerät besteht entsprechend Abb. 33 im wesentlichen aus einem Behälter zur Aufnahme der Erwärmungsflüssigkeit und einem eingebauten Traggerüst zur Aufnahme der Probe. Die Metallauflager (Abrundungsradius 3,0 mm) sollen 100 mm voneinander entfernt sein. Die Belastung der Probe erfolgt durch eine durch die Abschlußplatte des Behälters geführte Druckfinne (Abrundungsradius ebenfalls 3,0 mm) mit oben aufgesetzten Gewichten. Als Wärmeübertragungsmittel ist eine Flüssigkeit anzuwenden, die bei der angewendeten Temperatur beständig ist und die Proben bei diesen Temperaturen nicht angreift. Mineralöl hat sich für viele Kunststoffe als geeignet erwiesen.

Die Temperatur des Bades soll beim Versuch um durchschnittlich 2 °C je Minute erhöht werden, wobei die Temperatur zu keiner Zeit um mehr als ±1 °C von diesem Wert abweichen darf. Das Bad ist zur Erreichung dieses Zieles während der Prüfung gut zu rühren. Die Badtemperatur wird mit einem Quecksilberthermometer auf 0,5 °C genau in der Nähe der Probe abgelesen. Die Durchbiegung der Probe wird mittels einer Skala oder einer Meßuhr abgelesen. Wenn die vorgeschriebene Durchbiegung erreicht ist, soll das Gerät die

Beheizung automatisch abstellen und ein Klingelsignal betätigen. Ablesefehler durch unterschiedliche Wärmedehnung der senkrechten Verbindungsteile zwischen den Auflagen und der oberen Platte sind gegebenenfalls durch einen

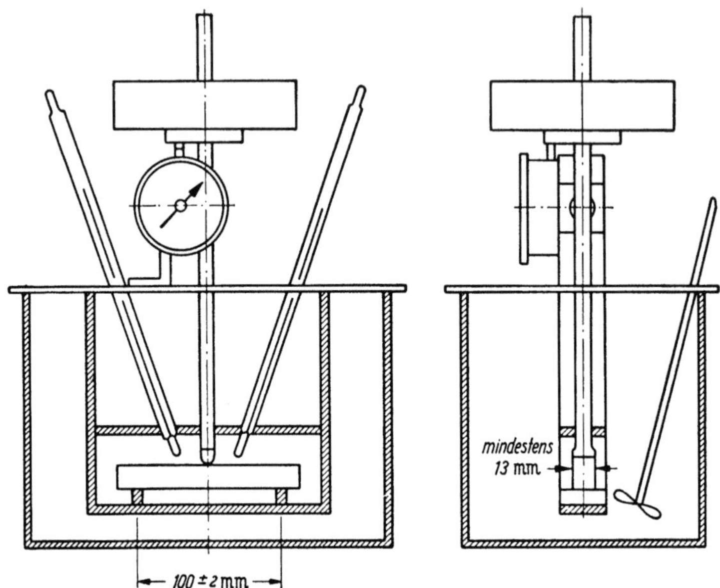

Abb. 33. Bestimmung der Formbeständigkeit in der Wärme nach ISO/R 75. Schematische Darstellung des Prüfgerätes

in einem besonderen Versuch zu ermittelnden Korrekturfaktor zu berücksichtigen.

Die Proben (mindestens 2 Stück aus jedem zu prüfenden Posten) können bei einer einheitlichen Mindestlänge von 110 mm eine Breite von 3,0 bis 4,2 mm und eine Höhe von 9,8 bis 12,6 mm haben. Für Materialien in Tafelform kann die Breite des Probekörpers 3 bis 13 mm betragen.

Die Höhe der Belastung wird so gewählt, daß die Proben in einem Verfahren A einer konstanten Biegespannung von 18,5 kp/cm² ± 2,5% und in einem Verfahren B einer solchen von 4,6 kp/cm² ± 2,5% ausgesetzt werden. Die Aufteilung in zwei verschiedene Verfahren erfolgte, um die beiden in ihrem Wärmeverhalten unterschiedlichen Hauptgruppen der gehärteten und thermoplastischen Kunststoffe erfassen zu können.

Tabelle 7. *Bestimmung der Formbeständigkeit in der Wärme nach ISO.*

Genormte Durchbiegungen

Höhe der Probe	Genormte Durchbiegung
mm	mm
9,8	0,33
10,0	0,32
11,0	0,29
12,0	0,27
12,8	0,25

Bei Verwendung einer Meßuhr muß deren Federkraft bestimmt und vom Belastungsgewicht abgezogen bzw. dem Belastungsgewicht zugezählt werden, je nachdem, ob die Kraft der Feder nach oben oder nach unten wirkt. Bei Kunststoffen mit Kriechneigung erfolgt die Nullablesung nach einer Wartedauer von 5 min.

Für die verschiedenen Proben gelten die in Tab. 7 aufgeführten genormten Durchbiegungen.

Ein Nachteil der ASTM- bzw. ISO-Methode besteht darin, daß möglicherweise bei bestimmten Kunststoffen keine Erwärmungsflüssigkeit gefunden werden kann, die das zu prüfende Material nicht angreift. Die ISO-Empfehlung schreibt vor, daß in diesem Fall das Prüfverfahren nicht anzuwenden ist, sondern irgendein anderes geeignetes Verfahren mit Luft als Wärmeübertragungsmittel benutzt werden soll.

c) Verfahren mit der Vicat-Nadel. Eine dritte Methode zur Bestimmung der Formbeständigkeit in der Wärme ist das Verfahren mit der VICAT-Nadel[1], wie es in VDE 0302 kurz dargestellt und in British Standard 2782, Part 1, 1956 [60] ausführlicher beschrieben wird. Bei dem Verfahren wirkt eine senkrecht stehende unten eben angeschliffene Stahlnadel von 1 mm² Querschnitt, die mit einem bestimmten Gewicht belastet wird, auf die waagerecht liegende Probe. Ermittelt wird die Temperatur in °C, bei der die Nadel bei mit bestimmter Geschwindigkeit vorgenommener Erwärmung des Materiales 1 mm tief in die Probe eingedrungen ist.

Nach der VDE-Vorschrift wird als Probe ein Normstab (120 mm × 15 mm × 10 mm) mit 5 kp belastet und in einem Wärmeofen um 50 °C/Std. erwärmt. Das Eindringen der Nadel wird an ihrer Bewegung gegenüber einem schwachballigen Aufsatzstück bei mindestens 10facher Vergrößerung bestimmt (Abb. 34).

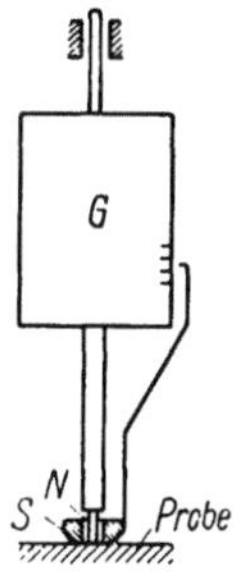

Nach BS 2782 wird die Probe bei einer Belastung von 1 kp durch Einstellen des Prüfgerätes in ein Bad mit geeigneter Heizflüssigkeit ebenfalls um 50 °C/Std. erwärmt und die Eindringtiefe mit einer Meßuhr relativ zur Auflage der Probe gemessen. In der britischen Vorschrift wird die Temperatur, bei der die Nadel 1 mm tief eingedrungen ist, als VSP (Vicat softening point) bezeichnet.

Abb. 34. VICAT-Nadel zur Formbeständigkeitsprüfung von Isolierstoffen

In die amerikanischen Vorschriften ist das Verfahren (1 kp Belastung, Erwärmungsflüssigkeit) als ASTM-Designation D 1525–58 T ,,Tentative Method of Test for Vicat Softening Point of Plastics" aufgenommen. Doch wird hier empfohlen, das Verfahren nicht bei Äthylcellulose, Weich-PVC, Polyvinylidenchlorid oder anderen Stoffen mit einem weiten VICAT-Erweichungsbereich anzuwenden.

Innerhalb von ISO/TC 61 liegt ein entsprechender erster Entwurfsvorschlag für thermoplastische Kunststoffe vor, bei der ebenfalls eine Belastung von 1 kp zugrunde gelegt ist. Ein gleichartiger ISO-Vorschlag soll für Duroplaste ausgearbeitet werden. EHLERS [61] schlägt für diesen Fall vor, bei einer Belastung von 5 kp die Temperatur für eine Eindringtiefe von nur 0,25 mm zu bestimmen, da bei der bisherigen Prüfweise in bestimmten Fällen im Material bereits Zerstörungserscheinungen eintreten, bevor eine Eindringtiefe von 1,0 mm erreicht ist.

Um bei Thermoplasten ein Bild über den Erweichungsbereich der Stoffe zu erhalten, stellten STEPHENSON und WILLBOURNE [62] VICAT-Messungen mit einer Belastung von 1 kp und zwei verschiedenen Eindringtiefen, nämlich 1,0 und 0,1 mm, einander gegenüber.

---

[1] Die ,,Vicat-Nadel" wurde auf Vorschlag von VICAT ursprünglich, und zwar 1890 zur Beurteilung des Abbindens von Zement in die Baustoffprüfung eingeführt. Erst 1910 wurde sie vom Materialprüfungsamt Berlin-Dahlem für die Kunststoffprüfung vorgeschlagen. (Der Herausgeber.)

Das VICAT-Verfahren eignet sich wegen der Möglichkeit, Proben geringer Dicke zu verwenden, auch zur Untersuchung aus Fertigteilen herausgeschnittener Proben. Ebenso kann die VICAT-Prüfung unmittelbar an Formteilen vorgenommen werden. Es muß nur darauf geachtet werden, daß die Nadel auf einer ebenen, glatt aufliegenden Fläche aufgesetzt wird und die Wanddicke an dieser Stelle nicht weniger als 2 mm beträgt [59].

Gegenüber der eingangs beschriebenen MARTENS- bzw. ISO-Prüfung, wo die Proben bei der Erwärmung auf Biegung beansprucht werden, liegt bei der Prüfung nach VICAT eine Beanspruchung auf Druck und Scherung vor. Die unterschiedliche Belastungsweise erklärt, daß die VICAT-Werte höher liegen als bei den beiden anderen Methoden.

Die mit den angeführten Verfahren erzielten Ergebnisse können im allgemeinen nicht zur praktischen Beurteilung des thermischen Verhaltens der Kunststoffe herangezogen werden, da sich die Bedingungen der praktischen Anwendung in der Regel von denen des Versuches, insbesondere hinsichtlich der Art und Dauer der Wärmeeinwirkung, unterscheiden. Aus dem gleichen Grund kann die nach den angeführten Methoden ermittelte Bezugstemperatur nicht als Maßstab für die beim praktischen Einsatz der Kunststoffe im Höchstfall zulässige Gebrauchstemperatur gelten. Und schließlich reichen die Verfahren als Einpunktmethoden nicht aus, um die für die thermische Verarbeitung der Kunststoffe wichtigen Gesichtspunkte hinreichend zu kennzeichnen. Die Anwendung der Prüfverfahren beschränkt sich daher in erster Linie auf die Überwachung der Herstellung von härtbaren und nichthärtbaren Preßmassen einschließlich Spritzgußmassen und deren Verarbeitung zu ebenflächigen Formstücken, aus denen sich die vorgesehenen Proben herausarbeiten lassen, ferner auf die Überwachung der Herstellung von Tafeln aus Schichtpreßstoffen.

d) Britische Verfahren. In Großbritannien bestehen zwei weitere Normvorschriften zur Bestimmung der Formbeständigkeit von Kunststoffen in der Wärme, die sich von der MARTENS- und ISO-Methode dadurch unterscheiden, daß die Verformung nicht bei gleichmäßig ansteigender, sondern bei konstanter Temperatur gemessen wird [63]. Die beiden an sich ähnlichen Methoden, vorgesehen vor allem für Proben aus wärmehärtbaren Preßmassen und wärmegehärteten Tafeln, unterscheiden sich in der Höhe der Belastung, der anzuwendenden Temperatur und den Probenabmessungen.

Bei der Prüfung von Formmassen dient als Probe ein Rechteckstab von 200 mm × 15 mm × 15 mm, der an einem Ende in 5 cm Entfernung vom Rand mit einer Spitzkerbe zur Einhängung eines Bügels für das Belastungsgewicht versehen wird. 2 Proben werden einseitig in je 2 Klemmbacken von 45 mm Länge waagerecht eingespannt und in einem Wärmeschrank auf 55, 70, 100, 140 und 180 °C erwärmt. Die Temperatur ist so zu wählen, daß die plastische Verformung 6 mm, gemessen am Lastangriffspunkt, nicht überschreitet. Die Proben werden zunächst 15 min unbelastet auf Prüftemperatur gehalten, dann mit 450 p (entspricht bei einem Hebelarm von 150 mm einer maximalen Biegebeanspruchung von 12 kp/cm²) 6 Std. belastet. Danach wird die Verformung am Lastangriffspunkt gemessen.

Bei der Prüfung von Schichtstoffen dient als Probe ein Rechteckstab, etwa 203 mm × 25,4 mm × Dicke, entsprechend der Anwendung. Proben über 12,7 mm werden einseitig auf 12,7 mm abgearbeitet. Die Probe wird an dem einen Ende in 3 cm Entfernung vom Rand auf der Breitseite mit einer Spitzkerbe zur Einhängung eines Bügels für das Belastungsgewicht versehen. 2 Proben werden in einem Wärmeschrank eingespannt, 30 min unbelastet auf 90 °C gehalten und

Tabelle 8. *Formbeständigkeit von Kunststoffen in der Wärme nach Martens und mit der Vicat-Nadel sowie Glutfestigkeit nach Saechtling-Zebrowski [65].*

Kunststoff		Nach MARTENS °C	Mit VICAT-Nadel °C	Glutfestigkeit Gütezahl
Acetylcelluloid (Zellon)	T	45	65	1
Acetylcellulose				
Sorte W, Typ 400	Sp	40*	55—70	1*
Sorte WH, M	Sp	50	90	1
Sorte HH, H	Sp	60	110	1
Acetobutyrat	Sp	64	115	1
Anilinharz	P	115	150	3
Benzylcellulose		50	80	0—1
Harnstoffpreßmasse, Typ 131 .	P	100*	—	3*
Edelkunstharz, glasklar.......		40	68	3
gedeckt		60	73	3
Schichtstoff ..	T	120	—	3
Hartgewebe, Typ 2081 u. 2082	T	125*	—	2
Hartpapier, Typ 2061	T	125*	—	2—3
Kunsthorn		60	—	2
Melaminharzpreßmasse,				
Typ 152	P	135	—	3
Mischpolymerisat (HP)	SpT	60	75	2
Phenolharz, füllstofffrei	P	155	—	4
Phenol-Kresolharz mit Füllstoffen				
Typ 11, 12 und 16.........	P	150*	—	4*
Typ 31, 51, 54, 57, 71, 74 u. 77	P	125*	—	2—3*
mit Furnieren (Durofol)	P	120	—	3
mit Furnierschnitzeln	P	120	—	3
Polyäthylen		40	—	1
Polyamide, A	Sp	65	230	—
B	Sp	≈55	170	—
Polyurethan, U		45	160—180	schmilzt
Polymethacrylsäureester				
M 33	T	80^1	105	—
M 272	Sp	70^1	90	1
M 320	Sp	65^1	80	—
Polystyrol				
III, V, VI, EF, EB, S	Sp	70—80	90—102	1
EN	Sp	85	110	1
EH	Sp	92	125	1
Zelluloid	T	58	70	2
Polyvinylchlorid PVC	T	67	89	2
Vulkanfiber (technisch)	T	100—120	200	0
Hartgummi (Ebonit)	T	60	—	0

  * Mindestwerte der Typentabelle bzw. Eigenschaftstabelle.
  [1] ohne Belastung
  T Tafeln
  Sp gespritzte Proben
  P gepreßte Proben.

dann mit Gewichten 60 min so belastet, daß sich eine maximale Biegebeanspruchung von 70,3 kp/cm² ergibt. Danach wird die Verformung am Lastangriffspunkt gemessen.

THOMAS [64] gibt den englischen Verfahren mit konstanter Biegebelastung und konstanter Temperatur gegenüber den dynamischen Methoden der MARTENS- und ISO-Prüfung den Vorzug mit der Begründung, daß die nach den britischen Verfahren ermittelte Temperatur nicht nur ein konventioneller Kennwert, sondern ein unmittelbarer Hinweis für die praktisch zulässige Verwendungstemperatur sei. Die britischen Verfahren sind einfacher und ermöglichen eine gleichmäßige Temperaturverteilung in der Probe während des Versuches, erfordern aber sehr lange Prüfzeiten. Außerdem dürften auch hier sichere Schlüsse aus den Ergebnissen auf das praktische Verhalten der Kunststoffe nur schwer möglich sein.

e) Weitere Verfahren. Zur Bestimmung der Temperaturbeständigkeit von harten Schaumstoffen liegen Vorschläge von H. W. PAFFRATH (Farbenfabriken Bayer A. G., Leverkusen) vor, in Anlehnung an die MARTENS- bzw. VICAT-Prüfung, die Formbeständigkeit der Stoffe in der Wärme bei Druck- und Biegebeanspruchung zu bestimmen (s. II 4.8.4).

Die Werte für die Warm-Formbeständigkeit verschiedener Kunststoffe mit dichter Raumerfüllung, ermittelt nach dem MARTENS- und VICAT-Verfahren, sind vergleichend in Tab. 8 zusammengestellt.

3.5.5 Prüfverfahren zur Bestimmung bleibender Eigenschaftsänderungen nach Wärmeeinwirkung (thermische Beständigkeit, irreversibles Wärmeverhalten, s. auch II 3.8.3 b)

Bei dem praktischen Einsatz von elektrischen Maschinen und Geräten hat sich gezeigt, daß sich die bei ihrer Herstellung verwandten Kunststoffe durch mechanische, elektrische, chemische, insbesondere aber thermische Einflüsse oft erheblich ändern („altern"). In Kunststoffen dampfen bei Temperatureinwirkung zunächst Feuchtigkeits- und Lösungsmittelreste, Weichmacher und Kondensationsabspaltungsprodukte sowie monomere und niedrigmolekulare Bestandteile ab. Später treten dann durch Depolymerisation und vielfach auch durch Oxydation ein Zerreißen der Molekülgebilde und ein Aufbrechen der Verbindungen ein, Vorgänge, die den eigentlichen thermischen Abbau des Stoffes kennzeichnen. Auf diese Weise kann es vorkommen, daß Stoffe mit guten Ausgangswerten bei dauernder Beanspruchung im praktischen Betrieb versagen. Es ist daher wichtig, für die verschiedenen Stoffe festzustellen, bei welcher Temperatur bleibende Veränderungen der Eigenschaften auftreten, d. h. das irreversible Wärmeverhalten der Stoffe zu ermitteln. Das Problem ist auch für Verwendungsgebiete der Kunststoffe mit geringerer thermischer Beanspruchung von Interesse. Nur treten hier die fraglichen Nachwirkungserscheinungen erst nach entsprechend längerer Zeit auf.

Die Beständigkeit der Kunststoffe bei Wärmeeinwirkung kann in der Weise beurteilt werden, daß die Eigenschaften der Stoffe vor und nach einer Wärmebehandlung, die sich auf bestimmte Temperaturstufen und verschieden lange Einwirkungszeiten erstreckt, ermittelt werden. Die zu bestimmenden Eigenschaften richten sich dabei nach dem Verwendungszweck und sind gegebenenfalls zu vereinbaren. Zum Beispiel können Reißfestigkeit, Dehnung, Elastizitätsmodul, Biegezahl, Substanzverlust, Dimensionsänderungen und elektrische Durchschlagfestigkeit bestimmt werden, wobei sich die Entnahme und Herstellung der Proben und die Durchführung der Versuche nach den einschlägigen Prüfnormen für die zu untersuchenden Eigenschaften richten müssen. Auf alle Fälle ist, um ein sicheres Bild der thermischen Beständigkeit der Stoffe zu erhalten, die bleibende Änderung möglichst vieler Eigenschaften zu ermitteln. Es kann beispielsweise vorkommen, daß sich die mechanischen Eigenschaften eines Kunststoffes wesentlich, die elektrischen dagegen nur geringfügig bis zur Zerstörung verändern. Es gibt aber auch Stoffe, die lange hohe Festigkeit, gute elektrische Eigenschaften und geringe Substanzverluste aufweisen, in ihrer Biegsamkeit aber eine schnell abfallende Tendenz zeigen. POTTHOFF und VESS [66] weisen darauf hin, daß Messungen über die Dielektrizitätskonstante und den elektrischen Verlustfaktor über die Vorgänge in einem Isolierstoff während der Lagerung bei erhöhter Temperatur im allgemeinen mehr Aufschluß geben als zerstörende Prüfverfahren.

Auf Grund der in den Versuchen über die thermische Beständigkeit gefundenen Werte können dann bei genauer Kenntnis der Betriebsbeanspruchung *zulässige Höchsttemperaturen* für die praktische Beanspruchung der Kunststoffe festgelegt werden. Erstmalig geschah dies für Preßstoff-Formteile aus härtbaren Preßmassen in DIN 7705 ,,Preßstoffe aus härtbaren Preßmassen, warmgepreßt. Formpreßstoffe" und der VDE-Vorschrift 0318. Zulässige Höchsttemperaturen wurden hier auf Grund eines in bestimmter Höhe als zulässig angesehenen Abfalls mechanischer Eigenschaften und auf Grund der Nachschwindung der Kunststoffe nach den Ergebnissen der Versuche von NITSCHE uud SALEWSKI über den Einfluß der Temperatur auf die Festigkeit von Kunststoffen angegeben [67, 68]. In den angeführten Richtlinien wird unterschieden zwischen einer zulässigen Höchsttemperatur bei dauernder und einer solchen bei kurzzeitiger Wärmebeanspruchung. Die zulässige Höchsttemperatur bei dauernder Wärmebeanspruchung kennzeichnet die Temperatur, die der Stoff dauernd annehmen kann, ohne daß nach Abkühlung auf Raumtemperatur (20 °C $\pm$ 5 grd) seine mechanischen Eigenschaften nennenswert (etwa um 10%) schlechter geworden sind. Bei kurzzeitig auftretenden Wärmebeanspruchungen sind höhere Temperaturen als bei dauernder Wärmebeanspruchung zulässig. Als zulässige Höchsttemperatur bei kurzzeitiger Wärmebeanspruchung gilt die Temperatur, bei der nach einer Wärmebeanspruchung von 200 Stunden die Biegefestigkeit und die Schlagzähigkeit um nicht mehr als 10% abgefallen sind und die Nachschwindung nicht mehr als 0,6% beträgt.

Die Eigenschaften werden an Normstäben ermittelt, die nach der Erwärmung wieder auf Raumtemperatur abgekühlt werden. Bei der Bestimmung der Schwindung werden die Stäbe auf ihre Maßänderungen in der Längsrichtung geprüft. Tab. 1 gibt eine Zusammenstellung der auf diese Weise für Preßformteile aus Phenolharz- und Harnstoffharz-Preßmassen festgelegten zulässigen Höchsttemperaturen.

In jüngster Zeit berichteten über das irreversible Wärmeverhalten von Kunststoffen unter anderen [69, 70] vor allcm REIMER [71, 72] und EHLERS [73]. Bei den Versuchen von REIMER wurde für verschiedene Kunststoff-Folien, die für die

Isolierung von Kabeln Verwendung finden (Triester-Folie, Acetatfolie, Polyamid-folie, Weich-PVC-Folie, Natronzellulosepapier, Kunstharzlack), die Änderung einer großen Zahl von Eigenschaften (Substanzverlust, Reißfestigkeit, Deh-

Tabelle 9. *Zulässige Höchsttemperaturen für Kunstharzpreßstoffe nach DIN 7705*[1]

Preßstoffart		Preßstoff-bezeich-nung	Formbeständigkeit nach MARTENS bis °C mindestens	Thermische Eigenschaften				Rohdichte
				Zulässige Höchsttemperatur				
				bei dauernder Wärmebeanspruchung °C	bei kurzzeitiger Wärmebeanspruchung und Berücksichtigung von			
Harzart	Füllstoffart und -struktur				10% Abnahme der Biegefestigkeit °C	10% Abnahme der Schlagzähigkeit °C	0,6% Nachschwindung °C	kg/dm³ ≈
Phenolharz-Preßstoffe	mit anorganischem Füllstoff: Körniger Füllstoff, z. B. Gesteinsmehl	Typ 11	150	150	215	215	200	1,8
	fasriger Füllstoff, z. B. Asbestfasern	Typ 12						
	Gespinste, z. B. Asbestschnur	Typ 16						
	mit organischem Füllstoff: Holzmehl	Typ 31	125	100	135	130	130	1,4
	kurzfasriger Zellstoff, Flocken, z. B. Papierflocken,	Typ 51	125	100	135	115	130	1,4
	Zellstoffschnitzel, z.B. Papierschnitzel	Typ 54						
	kurze Textilfasern	Typ 71	125	100	100	125	165	1,4
	geschnitzeltes Textilgewebe	Typ 74						
Harnstoffharz-preßstoffe	mit organischem Füllstoff Zellstoff oder Holzmehl	Typ 131	100	65	90	90	80	1,5

[1] Neuerdings zurückgezogen und teilweise durch Beiblatt in DIN 7708 ersetzt.

nung, Spannungs-Dehnungs-Diagramm, Biegezahl, dielektrischer Verlustfaktor, elektrische Durchlagfestigkeit) durch Wärmeeinwirkung untersucht.

Für die Durchführung der Prüfungen gibt REIMER die folgenden Hinweise:
Die Wärme soll bei mindestens 3 Temperaturen einwirken, die den Bereich bereits erkennbarer irreversibler Eigenschaftsänderungen umfassen. Ebenso sind die Wärme-

einflußzeiten so lang zu wählen, daß Änderungen eindeutig festgestellt werden können. Die Proben werden in Wärmeschränken mit möglichst gleicher Temperaturverteilung und

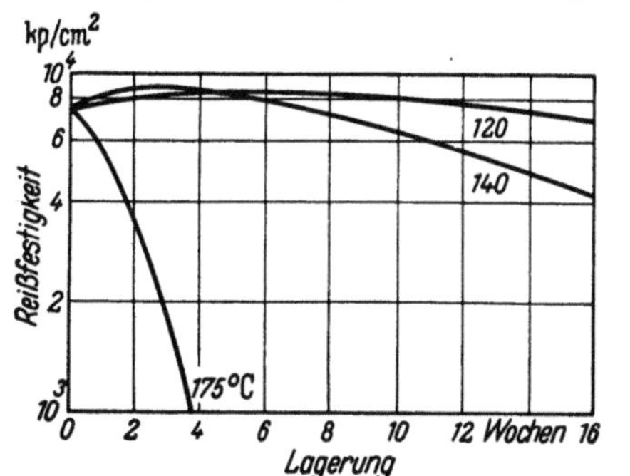

Abb. 35. Reißfestigkeit einer Triester-Folie nach Lagerung bei verschiedenen Temperaturen. Zuggeschwindigkeit 65 mm/min

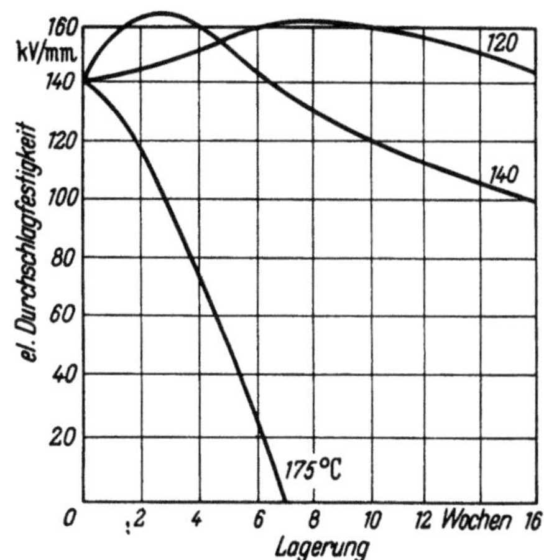

Abb. 36. Elektrische Durchschlagfestigkeit einer Triester-Folie nach Lagerung bei verschiedenen Temperaturen. Foliendicke 0,07 mm

einer großen Regelgenauigkeit so gelagert, daß die Diffusion von Weichmachern und anderen Verdampfungs- bzw. Abspaltungsprodukten sich nicht nachteilig auf die Proben anderer Stoffe auswirken können.

Abb. 35 bis 38 zeigen die Änderung der mechanischen und elektrischen Eigenschaften sowie den Substanzverlust einer Triester-Folie in Abhängigkeit von der Temperatur und der Dauer der Wärmeeinwirkung nach Versuchen von REIMER (s. auch II 3.8.3b, β).

Die Arbeiten von REIMER haben bei den Kunststoff-Folien zur Aufstellung der Vornorm DIN 53391 „Prüfung von Kunststoff-Folien, Bestimmung der bleibenden Eigenschaftsänderungen nach Warmbehandlung", geführt (s. II 3.8.3b, β).

G. WICK und H. KÖNIG [74] untersuchten die thermische Beständigkeit von Niederdruck-Polyäthylen-Kunststoffen bei Dauerwärmeeinwirkung von 100 °C (bis 4 Tage) durch Ermittlung des Berstdruckes bzw. der Bruchzugkraft an ringförmigen Proben. Es wurden bei beiden Prüfmethoden übereinstimmende Versuchsergebnisse erzielt. Doch wurde der Einfachheit wegen der Ringzugkraftversuch beibehalten.

Nach britischen Vorschlägen [75] werden biegsame Folien und Tafeln aus Polyvinylchlorid auf ihre thermische Beständigkeit geprüft, indem die Proben 48 Stunden lang bei 100 °C gelagert und nach Wiederangleichung an normale

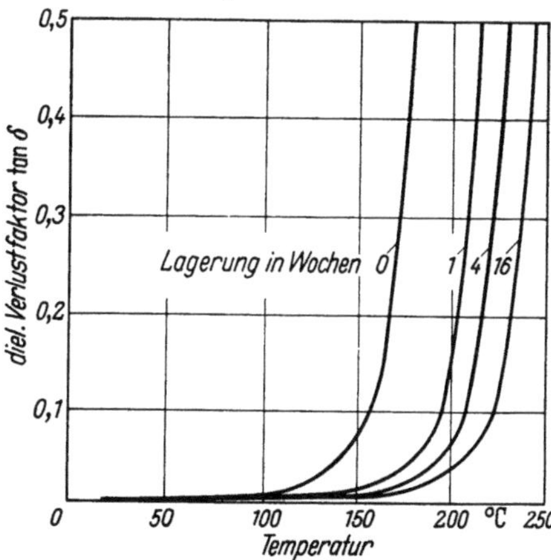

Abb. 37. Dielektrischer Verlustfaktor tg δ einer Triester-Folie abhängig von der Temperatur nach Lagerung bei 140 °C; $f = 800\,\text{Hz}$

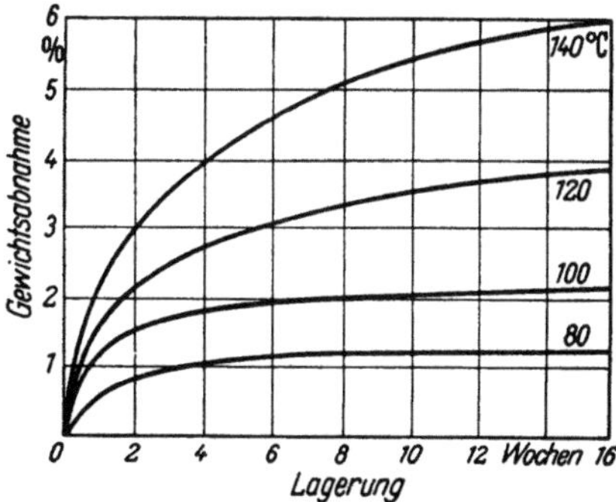

Abb. 38. Gewichtsabnahme einer Triester-Folie abhängig von der Wärmeeinwirkungszeit für verschiedene Temperaturen

klimatische Bedingungen in einem Zugversuch auf ihre Dehnung bei einer nachträglich aufgebrachten Spannung von 105,5 kp/cm² untersucht werden.

Nach anderen britischen Normvorschriften [76] werden bei Teilen aus wärmehärtbaren Preßmassen oder wärmegehärteten Schichtstoffen die bleibenden Eigenschaftsänderungen nach Wärmeeinwirkung in einem Druckversuch bestimmt.

Die bisher beschriebenen Prüfverfahren behandeln die bleibenden Eigenschaftsänderungen der Kunststoffe bei ausschließlicher Einwirkung von Wärme. Sie finden vor allem Anwendung bei Isolierstoffen für elektrische Geräte, wo die rein thermische Beanspruchung überwiegt und klimatische Einflüsse der Umwelt nur eine untergeordnete Rolle spielen.

Beim allgemeinen praktischen Einsatz der Kunststoffe ist es angebracht, die Beständigkeit der Stoffe nach Einwirkung einer längeren klimatischen Wechselbeanspruchung, wie sie etwa dem jeweiligen Verwendungszweck entspricht, zu ermitteln. Als Beispiel enthält die amerikanische Norm ASTM-Designation D 756-56 „Standard Methods of Test for Resistance of Plastics to Accelerated Service Conditions" Richtlinien für die Beurteilung des irreversiblen Wärmeverhaltens von Kunststoffen, die nicht unmittelbar dem Sonnenlicht, dem Wetter, Korrosionseinflüssen oder der Wärme, sondern lediglich atmosphärischen Wechseln der Temperatur und der Luftfeuchtigkeit ausgesetzt sind. Als Beispiel einer derartigen Beanspruchung wird der Einsatz der Kunststoffe im Inneren von Gebäuden, Motorfahrzeugen, Flugzeugladeräumen, Flugzeugflügeln sowie Laderäumen von Schiffen und Eisenbahnwagen angeführt. Bei dem Untersuchungsverfahren handelt es sich um eine Kurzprüfung mit gegenüber den praktischen Verhältnissen verstärkten Einflußbedingungen. Zur Beurteilung der Kunststoffe werden die Gewichts- und Dimensionsänderungen von Proben nach Einwirkung von trockener Wärme, wechselnder Einwirkung von feuchter und trockener Wärme und wechselnder Einwirkung von feuchter Wärme, Kälte und trockener Wärme bestimmt. Insgesamt sind in dem Normblatt die in Tab. 10 zusammengestellten sieben verschiedenen Zyklen der Behandlung vorgesehen, und zwar sowohl für besonders hergestellte Proben als auch für Fertigteile, Formpreßteile, Tafeln, Rohre, Stangen und Verbundteile aus Kunststoff und andersartigen Materialien. Vor der Behandlung werden die Versuchsproben nach ASTM-Designation D 618-54 „Method of Conditioning Plastics and Electrical Insulating Materials for Testing" vorkonditioniert. Die Proben sollen auf die jeweilige Prüftemperatur innerhalb von 2 Stunden erwärmt, in der Kältekammer innerhalb von ¹/₂ Stunde abgekühlt und dann auf Raumtemperatur jeweils innerhalb von 10—30 min gebracht werden. Nach der Angleichung an die Normaltemperatur werden die Gewichts- und Dimensionsänderungen der Proben bzw. Teile gegenüber dem Zustand nach der Vorkonditionierung festgestellt. Daneben sind nach jedem Behandlungsabschnitt die visuell wahrnehmbaren Änderungen der Proben wie Verfärbung, Oberflächenunregelmäßigkeiten, Geruchsabgabe und Rißbildung gemäß den Begriffsbestimmungen in der ASTM-Designation D 675-58 T „Tentative Nomenclature of Descriptive Terms Pertaining to Plastics" festzuhalten. Die Verfahren sollen dazu dienen, um das Verwerfen, die Gewichtsänderung und das Ausschwitzen von Kunststoffteilen, Verunreinigungen im Kunststoff, die sich durch Rißbildung kundtun, und chemische Zerset-

Tabelle 10. *ASTM-Designation: D 756-56. Widerstandsfähigkeit der Kunststoffe gegenüber verstärkten Anwendungsbedingungen*

Versuchsbedingungen (Temperatur und relative Luftfeuchte)

Behandlungsart	Behandlungszyklus der Versuchsproben						
1	24 Stunden 60 °C ± 1 grd 88%	Abkühlung auf Raumtemperatur	24 Stunden 60 °C ± 1 grd	Abkühlung auf Raumtemperatur	—	—	—
2	72 Stunden 60 °C	Abkühlung auf Raumtemperatur	—	—	—	—	—
3	24 Stunden 70 °C ± 1 grd 70 bis 75%	Abkühlung auf Raumtemperatur	24 Stunden 70 °C ± 1 grd	Abkühlung auf Raumtemperatur	—	—	—
4	24 Stunden 80 °C ± 1 grd 100%	Abkühlung auf Raumtemperatur	24 Stunden 80 °C ± 1 grd	Abkühlung auf Raumtemperatur	—	—	—
5	24 Stunden 80 °C ± 1 grd 70 bis 75%	24 Stunden —40 °C±2grd oder —57 °C±2grd	Abkühlung auf Raumtemperatur	24 Stunden 80 °C ± 1 grd	Abkühlung auf Raumtemperatur	24 Stunden —40°C±2grd oder —57°C±2grd	Abkühlung auf Raumtemperatur
6	24 Stunden 38 °C ± 1 grd 100%	Abkühlung auf Raumtemperatur	24 Stunden 60 °C	Abkühlung auf Raumtemperatur	—	—	—
7	24 Stunden 49 °C ± 1 grd 100%	Abkühlung auf Raumtemperatur	24 Stunden 49 °C	Abkühlung auf Raumtemperatur	—	—	—

zungsvorgänge zu erkennen. Das Verfahren 5 (Tab. 10) ist vor allem für Kunststoffteile mit Metalleinlagen gedacht, bei denen bei Temperaturänderungen die Gefahr
der Rißbildung in den Grenzflächen zwischen Metall und Kunststoff besteht. Die
Verfahren 6 und 7 stellen eine Modifikation des Verfahrens 1 dar und sollen insbesondere bei thermoplastischen Kunststoffen, die hohe Schlagzähigkeit und
geringe Formbeständigkeit in der Wärme aufweisen, angewandt werden.

Die Maßänderungen der Proben werden nach den in dem Normblatt ASTM-Designation D 1042-51 „Measuring Changes in Linear Dimensions of Plastics" festgelegten Richtlinien gemessen. Danach wird die bleibende Verformung der Proben
mit einem besonderen Schreiber gemessen, der aus einem runden Stahlstab von
7,9 mm Dicke besteht, in den in einer Entfernung von 100 mm 2 Schallplatten-

nadeln fest eingespannt sind. Vor und nach der Behandlung werden mit dem Schreiber an den Proben um ein und denselben Mittelpunkt Kreisbögen geschlagen und an ihrem Unterschied der Grad der Verlängerung oder des Schrumpfens festgestellt.

Bei der Bestimmung des Einflusses einer Dauererwärmung auf die mechanischen Eigenschaften eines Kunststoffes schlagen C. D. DOYLE und C. S. DUCK-WALD [77] zur Verringerung der Zahl der erforderlichen Prüfkörper gegenüber der herkömmlichen Methode der Festigkeitsprüfung eine zerstörungsfreie dynamische Prüfung vor. Flachstäbe von 125 mm × 6 mm × 3 mm werden nach der Wärmeeinwirkung in einem elektromagnetischen Schwingungserreger zu erzwungenen Resonanzbiegeschwingungen mit sehr kleiner Amplitude (Dehnung kleiner als

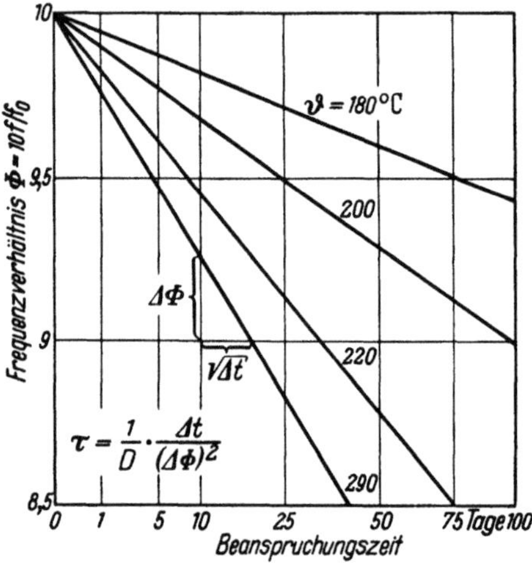

Abb. 39. Änderung des Frequenzverhältnisses Φ
mit der Beanspruchungszeit t bei Dauererwärmung
eines glasfaserverstärkten Polyester-Kunststoffes
in Luft von der Temperatur ϑ.
Die „Lebensdauer" τ ist als Reziprokwert des
Diffusionskoeffizienten $D = \dfrac{(\Delta\Phi)^2}{\Delta t}$ definiert

250 μm/m) angeregt. Gemessen werden die Schwingungsfrequenz, bei der der
gleichbleibend belastete Kunststoff in Resonanz gerät und den größten Biege-
ausschlag zeigt, und das logarithmische Dämpfungsdekrement des entlasteten
Kunststoffes beim Ausschwingen ohne Fremderregung. DOYLE führte auf diese
Weise Messungen während der Beanspruchung eines dauernd erwärmten glasfaserverstärkten Polyesterkunststoffes durch. Erwärmt wurde in einem luft-
erhitzten Ofen bei 180, 200, 220 und 240 °C bis zu 100 Tagen. Gemessen wurde
nach einer Abkühldauer von 16 Std. bei 24 °C und 50% rel. Luftfeuchte. Es
ergab sich eine lineare Abnahme der Resonanzfrequenz mit der Quadratwurzel
der Beanspruchungsdauer (Abb. 39). Die „Lebensdauer" τ errechnet sich dann
aus den Meßergebnissen als Reziprokwert des Diffusionskoeffizienten $D = \dfrac{(\Delta\Phi)^2}{\Delta t}$.
Der Verlauf der Dämpfung war, bedingt durch Nachhärtungsvorgänge im
Gefüge des Kunststoffes, unregelmäßig. Als Beurteilungsmaßstab kann das
Dämpfungsminimum dienen. Sobald es überschritten ist, kann angenommen

werden, daß das Material stark versprödet ist und sich infolgedessen Risse
gebildet haben. Vergleichsversuche ergaben, daß das Dämpfungsminimum dann
auftritt, wenn das Versuchsmaterial nur noch 75% seiner ursprünglichen Biegefestigkeit (Dehngeschwindigkeit 1,25 mm/min) besitzt. Trägt man die aus der
Abnahme der Resonanzfrequenz und aus dem Dämpfungsminimum ermittelten
Werte für die „Lebensdauer" in Abhängigkeit von dem reziproken Wert der
Beanspruchungstemperatur ϑ auf (Abb. 40), so erhält man gerade Linien, die
durch Extrapolation über einen weiten Zeitraum zu Aussagen verleiten, bis zu
welcher Zeit der Kunststoff bei dauernder Erwärmung auf eine bestimmte
Temperatur brauchbar bleibt. Nach
den Versuchen müßte beispielsweise
der untersuchte Glasfaserschichtstoff
bei dauernder Erwärmung auf 120 °C
20 Jahre halten. Solche Art der Auswertung ist meist nur dann vertretbar,
wenn praktische Erfarungen über Jahrzehnte vorliegen.

Besonderes Interesse verdienen
schließlich noch Beobachtungen von
BARTOE an organischen Gläsern [78].
Danach können bei derartigen Kunststoffen irreversible Eigenschaftsänderungen mit nachteiliger Auswirkung insbesondere auch durch thermische Vor-
behandlungsverfahren, wie sie zur Herstellung von Formteilen angewandt werden, auftreten. Nach den Angaben von
BARTOE fallen beispielsweise die Zugfestigkeit und Formbeständigkeit in der
Wärme zuvor erwärmter und anschließend abgekühlter Kunstgläser mit stei-

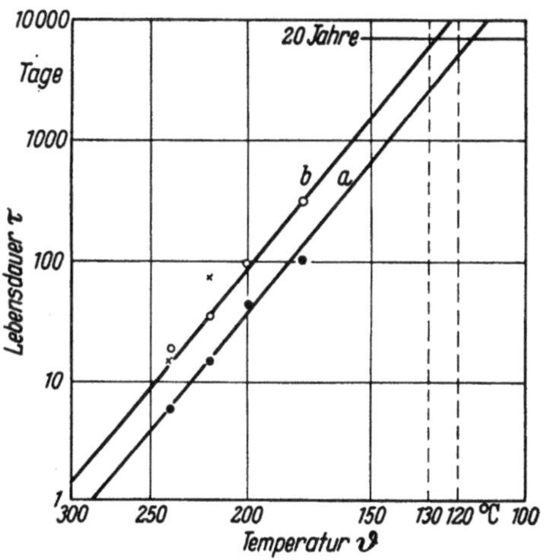

Abb. 40. Änderung der „Lebensdauer" τ mit der
Temperatur ϑ bei Dauererwärmung eines glasfaserverstärkten Polyester-Kunststoffs. Die Geraden sind bezogen auf
a das Dämpfungsminimum bzw. den $^3/_4$-Wert der
anfänglichen Biegefestigkeit; b den Reziprokwert
des Diffusionskoeffizienten D nach Abb. 39
Die Kreuze kennzeichnen den Punkt, bei dem der
Schichtstoff aufblättert und unbrauchbar wird

gender Abkühlgeschwindigkeit wesentlich ab. Andererseits ist allgemein bekannt,
daß bestimmte durchsichtige Kunststoffe durch eine unter bestimmten Bedingungen vorgenommene Warmbehandlung, das sog. Tempern, in ihren Eigenschaften vergütet werden können, indem durch eine derartige Wärmebehandlung
innere, von der Herstellung herrührende Spannungen ausgeglichen werden.
Zur Deutung der Vorgänge bei Wärmeeinwirkung auf Kunststoffe wird z. Z.
den bei diesen Stoffen durch Wärmeeinwirkung auftretenden Substanzverlusten
besondere Beachtung geschenkt [72]. Richtlinien, nach denen derartige Messungen
durchgeführt werden können, sind in II 3.8 im einzelnen aufgeführt.

3.5.6 Prüfverfahren zur Bestimmung des Verhaltens bei extremer Wärme-
beanspruchung (Widerstandsfähigkeit gegenüber Feuer und Wärme)

Die Verfahren zur Bestimmung der Brennbarkeit der Kunststoffe müssen
der äußeren Form der zu prüfenden Teile, der Art ihres praktischen Einsatzes
und dem Grad der Gefährdung der Gegenstände angepaßt werden. Die ersten
Versuche über die Brennbarkeit bzw. die Entflammbarkeit von Kunststoffen,

soweit sie in fester Form vorliegen, gehen zurück auf die Zeit vor etwa 50 Jahren. Sie erstreckten sich auf die Ermittlung der Brennbarkeit mittels der Bunsenbrennerflamme und dann auf die Prüfung auf Glutfestigkeit von gummifreien Isolierstoffen für elektrische Geräte nach der Methode von SCHRAMM und ZEBROWSKI [79], wie sie zunächst in der VDE-Vorschrift 0305 und später dann in dem ASTM-Entwurf D 757-49 ,,Standard Method of Test for Flammibility of Plastics, Self Extinguishing Type'' sowie in der Draft-ISO-Resommendation Nr. 215 ,,Incandescense Resistance of Rigid Self-Extinguishing Thermosetting Plastics'' niedergelegt worden sind.

a) Prüfung auf Glutfestigkeit. Das Verfahren ist dadurch gekennzeichnet, daß die Stoffe beim Kontakt mit einer stark rotglühenden Oberfläche untersucht werden. Die Prüfung wird nur angewendet bei Kunststoffen, die bei Prüfung nach den allgemeinen Normen zur Klasse der selbsterlöschenden Kunststoffe gehören. Die nachfolgende Beschreibung des Verfahrens berücksichtigt im wesentlichen die Angaben der ISO-Draft-Recommendation, die weitgehend dem deutschen SCHRAMM-ZEBROWSKI-Verfahren entspricht und nach Vornahme einiger Ergänzungen den neuesten Stand der Entwicklung wiedergibt.

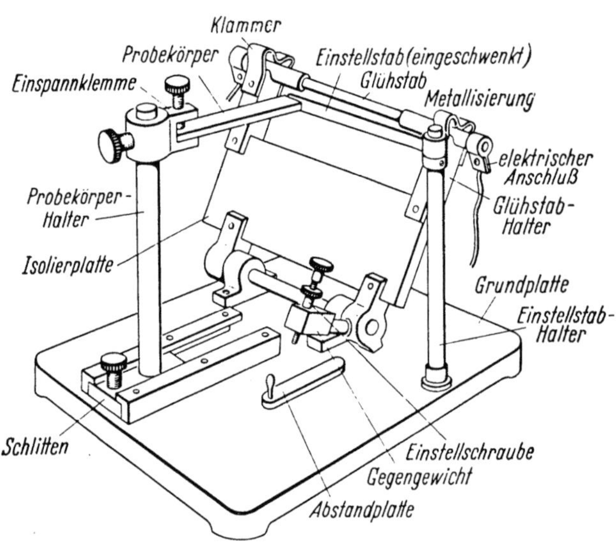

Abb. 41. Apparat zur Bestimmung der Glutfestigkeit

Zur Prüfung dient ein Glühstabgerät entsprechend Abb. 41. Auf einer Grundplatte befindet sich ein Lagerbock mit dem schwenkbaren aus Isolierstoff bestehenden Halter, der den elektrisch beheizbaren Glühstab aus Siliziumkarborund (z. B. ,,Silit'' oder ,,Globar'') von 8 mm Durchmesser und 100 mm freier Glühlänge mit metallisierten Kontaktenden trägt. Zur Befestigung der Probe dient eine Säule mit der Klemmvorrichtung. Die Säule ist mittels Schlitten und Schlittenhalter verschiebbar angeordnet, um Proben verschiedener Länge prüfen zu können. Zur Einstellung der Probe vor dem Versuch dient der schwenkbare Einstellstab, der nach Anschwenken des Glühstabes an seiner Stelle eingeschwenkt werden kann. Mittels des Gegengewichtes wird der Glühstab mit einer Kraft von etwa 30 p gegen die Probe gedrückt. Die Schraube am Gegengewicht soll mittels des schwenkbaren Hebels so eingestellt werden, daß der Glühstab der abbrennenden Probe über einen Weg von 5 mm folgen kann.

Als Proben dienen:
nach der VDE-Vorschrift je 3 Flachstäbe 120 mm oder kleiner × 15 mm × 3 mm, nach der ISO-Vorschrift je 3 Flachstäbe 80 bis 130 mm × 10 mm ±0,2 mm × 4 mm ±0,2 mm.

Die Probe wird nach Messung ihres Gewichtes und ihrer Länge in die Klemmvorrichtung eingespannt und auf die Mitte des eingeschwenkten Einstellstabes eingerichtet. Dabei muß die Seitenkante der Probe in der Mitte des Einstellstabes gut anliegen. Der Glühstab wird in heruntergeschwenkter Lage auf 950 °C geheizt. Dann wird der Einstellstab ausgeschwenkt und der Glühstab hochgeschwenkt bis zur Berührung der Stirnfläche der Probe. Beim Versuch soll sich das Prüfgerät in einem Raum befinden, der vor Luftzug geschützt, aber mit einer Vorrichtung zum Absaugen der Verbrennungsgase versehen ist. Es kann ein Abzug benutzt werden, dessen Ventilator während der Prüfung außer Betrieb bleibt und nur zwischen den Prüfungen läuft, um den Rauch abzusaugen. 3 min nach Beginn des Versuches ist die Flamme an der Probe trocken zu löschen. Die Probe wird ausgespannt und nach dem Abkühlen auf Raumtemperatur erneut gewogen. Danach wird, nachdem die Oberfläche mit einem trockenen Tuch von Schwel- und Verbrennungsprodukten gereinigt und in geeigneter Weise poliert ist, die Länge des unzersetzten Probenteils in der Mitte der beiden Hauptflächen gemessen.

Produkt (mg × cm)	Gütegrad
über 100000	0
100000 bis 10000	1
10000 bis 1000	2
1000 bis 100	3
100 bis 10	4
unter 10	5

Nach der VDE-Vorschrift bildet das Produkt aus dem Gewichtsverlust in mg und der Flammenausbreitung in cm den Maßstab für die Glutfestigkeit. Es gibt 5 Gütegrade, die sich folgendermaßen abstufen (s. Tabelle):

Gütegrad 0 bezeichnet die völlig verbrennenden, Gütegrad 5 die unbrennbaren Stoffe. Die auf diese Weise für die verschiedenen Kunststoffarten ermittelten Werte sind in Tab. 8 mit aufgeführt.

Um eine bessere Differenzierung der Versuchsergebnisse zu erreichen, wird nach dem ISO-Vorschlag die Glutfestigkeit IR (Incandescence Resistance) berechnet.

Es ist

$$IR = \log_{10} \frac{100000}{ps}.$$

Hierin bedeuten:

p mittlerer Gewichtsverlust in mg (Mittel der 3 Messungen),
s mittlerer Flammenweg = Differenz der mittleren ursprünglichen Probenlänge (Mittel der 3 Messungen) von der mittleren Länge des unzersetzten Probenteils (Mittel der 6 Messungen) in cm.

Die Glutfestigkeit IR nach ISO beträgt beispielsweise für

Polyesterharze 1,1
Epoxydharze 1,5
Preßmassen aus Harnstoff-Formaldehyd-Harz... 1,9
Schichtstoffe aus Phenol-Formaldehyd-Harz 2,0

b) Brandversuche. Das Verhalten von Stoffen gegenüber Feuer ist von besonderem Interesse, sobald Einsatzgebiete in Frage kommen, bei denen, wie z. B. beim Bau von Theatern, Warenhäusern, Versammlungsräumen u. a., im Fall eines Brandes mit einer stärkeren Gefährdung von Menschenleben gerechnet werden muß. In diesen Fällen werden an die Widerstandsfähigkeit der Stoffe gegen Feuer bestimmte baupolizeiliche Anforderungen gestellt, deren Erfüllung durch Prüfungen nachgewiesen werden muß. In Deutschland ist für diese Fragen der Ländersachverständigenausschuß für neue Baustoffe und Bauweisen (LSA) zuständig. In seinem Auftrag hat die Arbeitsgruppe „Einheitliche Technische Baubestimmungen (ETB)" des Fachnormenausschusses „Bauwesen" das Normblatt DIN 4102, 2. Ausgabe, „Widerstandsfähigkeit von Baustoffen und Bauteilen gegen Feuer und Wärme", Blatt 1 „Begriffe", Blatt 2 „Einreihung in die Begriffe" und Blatt 3 „Brandversuche" aufgestellt, in dem die Anforderungen und die Prüfverfahren zur Bestimmung des Brandverhaltens der verschiedenen Stoffe angeführt sind. Nach DIN 4102, Blatt 1, gibt es „brennbare", „schwer entflammbare" und „nicht brennbare" Stoffe. Das Normblatt DIN 4102 entspricht in vielen Punkten nicht mehr dem Stande der neuesten Erfahrungen und soll daher grundlegend überarbeitet werden. Die neuen Vorschriften werden sich auch auf die Kunststoffe erstrecken, die in der jüngsten Zeit im Bauwesen in der Form von Fußbodenbelägen, Wand- und Deckenbekleidungen, Wand- und Deckenisolierungen aus Leichtstoffen, Rohrleitungen, Vorhängen, durchsichtigen Dachabdeckungen u. a. eine große Bedeutung erlangt haben.

c) ASTM-Prüfungen auf Brennbarkeit. In Amerika besteht zur Bestimmung der Brenneigenschaften von harten Kunststoffen das vorläufige Standard-Verfahren ASTM-D 635-56 T „Tentative Method of Test for Flammibility of Rigid Plastics over 0,05 in. in Thickness" 1944, das sich durch große Einfachheit auszeichnet und in ähnlicher Form seit Jahrzehnten in den deutschen Leitsätzen für die Prüfung von Isolierstoffen VDE 0302 beschrieben war. Hiernach werden mindestens 10 Proben (Länge: 127 mm, Breite: 12,7 mm, Dicke beim Spritzformguß 6,4 mm und beim Preßformverfahren 12,7 mm) in einer Entfernung von 25,4 mm von den beiden Enden mit je einer Meßmarke versehen und in waagerechter Lage, aber in der Querrichtung um 45° zur Horizontalen geneigt, an

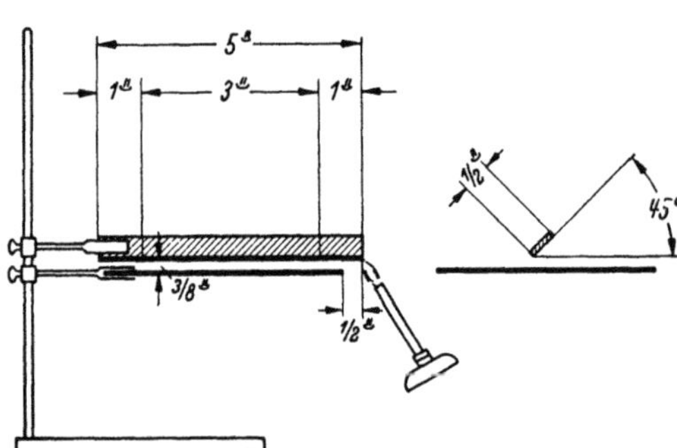

Abb. 42. Prüfung von Kunststoffen auf Brennbarkeit nach ASTM-D 635-44

dem einen Ende mit einem Bunsenbrenner (Durchmesser: 19,0 mm, Flammenhöhe: etwa 25,4 mm) bei einer Einwirkungsdauer von 30 Sek. zur Entzündung gebracht (Abb. 42). Der Brenner wird dabei so angeordnet, daß die Flammenspitze gerade mit der Probe in Berührung kommt. Unter der Probe ist zur Aufnahme der Verbrennungsrückstände ein Drahtnetz angeordnet. Als Brandraum dient ein völlig abgeschlossener Laborabzug mit einem hitzebeständigen Glasfenster zur Beobachtung des Brennvorganges und einem Ventilator zur Beseitigung der möglicherweise giftigen Rauchgase zwischen den einzelnen Prüfungen. Während des Versuches bleibt der Ventilator in Ruhe. Falls die Probe bei der ersten Entzündung nicht weiterbrennt, soll der Brenner unmittelbar nach Erlöschen der Flamme ein zweites Mal für 30 Sek. unter das freie Ende der Probe gebracht werden. Entzündet die Probe bei beiden Versuchen nicht, so gilt sie als „nicht brennbar nach dem Verfahren". Brennt die Probe bis zur zweiten Marke weiter, so gilt sie als „brennbar nach dem Verfahren", und es wird in diesem Fall mit einer Stoppuhr die Zeit bestimmt, die die Flamme benötigt, um an der unteren Probenkante von der ersten zur zweiten Meßmarke zu gelangen. Eine Probe, bei der die Flamme zwischen den beiden Meßmarken erlischt, gilt als „selbsterlöschend nach dem Verfahren", und bei ihr wird das Ausmaß der Verbrennung innerhalb der beiden Meßmarken, ebenfalls an der unteren Probenkante bestimmt. Bei der Ermittlung des Brandweges ist darauf zu achten, daß bei während der Herstellung gereckten Tafeln Relaxationserscheinungen während des Brandversuches das Ergebnis fälschen können, falls nicht durch eine vorherige genügend lange Erwärmung der Teile über die Warmrecktemperatur hinaus ein Ausgleich vorhandener innerer Spannungen herbeigeführt ist. Bei nicht eindeutigen Versuchsergebnissen sind die Untersuchungen in einer zweiten Prüfserie zu wiederholen. Um den durch Versuche nachgewiesenen Einfluß der Probendicke auf das Untersuchungsergebnis auszuschließen, wird weiter vorgeschlagen, Vergleichsversuche mit einem Kontrollmaterial von bekannter Beständigkeit und vergleichbarer Dicke vorzunehmen. Eine Zusammenstellung der Beurteilungsgrundlagen nach dem Verfahren von ASTM D 635–56 T gibt Tab. 11.

Die Prüfung der Brennbarkeit von *Kunststoff-Folien* behandelt ASTM D 568–56 T „Tentative Method of Test for Flammibility of Plastics 0,050 in. and under in Thickness" (1943 Standard-Verfahren). Das Verfahren ist dadurch gekennzeichnet, daß Streifen von 457 mm × 25 mm, die in einer Entfernung von 76 mm von jedem Ende mit je einer Meßmarke versehen sind, in der Mitte einer besonderen Brennkammer aus Blech oder einem anderen feuerfesten Material in Federklemmbacken bei einer freien Länge von 422 mm senkrecht aufgehängt und am unteren Ende bis zur Entzündung des Materials, aber höchstens 15 Sek. lang der Einwirkung einer 25 mm hohen Flamme eines Gasbrenners ausgesetzt werden. Die Brennkammer ist oben offen, hat eine Höhe von 762 mm, eine Breite bzw. Tiefe von 305 mm und ist rings um den Boden herum mit einer Ventilationsöffnung von etwa 25 mm Breite versehen. Die eine Seitenwand enthält ein Fenster aus feuerfestem Glas zur Beobachtung des Brandvorganges, die andere Seitenwand ist zum Einhängen der Proben als Tür ausgebildet. Beim Brandversuch wird die Brennkammer in einen Abzug mit geschlossener Lüftung gestellt. Nach jedem Versuch soll die Klemmbacke abgekühlt und die Lüftung des Abzuges angestellt werden. Als Maßstab für die Brennbarkeit des Materials dient ein Gütewert, der aus dem Quotient von verbrannter Fläche und Brenndauer in sq. in./min errechnet wird.

Eine weitere amerikanische Prüfmethode zur Bestimmung der Brennbarkeit von Kunststoffolien wird in ASTM D 1433–58 „Standard Method of Test for Flammibility of Flexible Thin Plastic Sheeting" beschrieben. Bei dem Verfahren werden die Proben (Abmessungen: 229 mm × 76 mm) in einen zweiteiligen Rahmen (Abb. 43), dessen eines Ende um 45° umgebogen ist und der eine U-förmige Aussparung für den Brennvorgang enthält, eingespannt und bei schräger Lage des Hauptteiles des Rahmens in eine Brennkammer gebracht. Die Proben werden dort am umgebogenen Ende, das sich in senkrechter Lage befindet, mit einer waagerecht auftreffenden definierten Gasflamme entzündet (Abb. 44). Als Beurteilungsmaßstab dient die Brenngeschwindigkeit in in./s, wobei die Brennzeit mit Hilfe einer automatischen Anzeige bestimmt wird, die

Tabelle 11. *Prüfung der Brenneigenschaften von Kunststoffen nach ASTM D 635–56 T. Beurteilung der Versuchsergebnisse*

Nr.	Ergebnis der 1. Prüfserie	Ergebnis der 2. Prüfserie	Allgemeine Beurteilung Material entspr. ASTM D 635–56 T	Brennbarkeitsgütewert
1	Proben entzünden sich nicht	—	nicht brennbar	—
2	2 oder 3 Proben brennen bis zur 4 in. Meßmarke	—	brennbar	$\dfrac{180}{t}$ in./min (Mittelwert aus den 2 oder 3 Einzelversuchen)
3	Proben brennen auch nach der 2. Flammeneinwirkung nicht bis zur 4 in. Meßmarke	—	selbsterlöschend	4 in.-Lu in. (Mittelwert aus den Einzelversuchen)
4	1 Probe „brennbar" 1 oder mehrere Proben „selbsterlöschend"	—	selbsterlöschend	4 in.-Lu in. (Mittelwert der Einzelversuche) + 3 in.
5	bei 10 geprüften Proben höchstens 1 Probe an der Grenze „brennbar" — „nicht brennbar" Versuchsserie mit 10 Proben wiederholen	sobald 1 Probe „brennbar" Versuche abbrechen	brennbar	$\dfrac{180}{t}$ in./min (Mittelwert der brennenden Proben)
6		sobald 1 Probe „selbsterlöschend" Versuche abbrechen	selbsterlöschend	$\dfrac{3\ \text{in.} + (4\ \text{in.} - \text{Lu})}{2}$
7		10 Proben „nicht brennbar"	nicht brennbar	—
8	bei 10 geprüften Proben 2 oder mehrere Proben an der Grenze „nicht brennbar" — „selbsterlöschend"	—	selbsterlöschend	4 in.-Lu in. (Mittelwert der selbsterlöschenden Proben)'
9	bei 10 geprüften Proben höchstens 1 Probe an der Grenze „selbsterlöschend" — „nicht brennbar" Versuchsserie mit 10 Proben wiederholen	sobald 1 Probe „brennbar" Versuche abbrechen	selbsterlöschend	$\dfrac{3\ \text{in.} - (4\ \text{in.} - \text{Lu in.})}{2}$
10		sobald 1 Probe „selbsterlöschend" Versuche abbrechen	selbsterlöschend	$\dfrac{4\ \text{in.} - \text{Lu in.}}{2}$
11		10 Proben „nicht brennbar"	nicht brennbar	—

In der Tabelle bedeuten:

t = Branddauer von der 1 in. bis zur 4 in. Meßmarke,   Lu = unverbrannte Länge, vom eingespannten Probenende aus an der Kante gemessen,
3 in. = Brandlänge einer brennenden Probe,   4 in.-Lu in. = Brandlänge einer selbsterlöschenden Probe.

durch zwei in einer Entfernung von 152 mm quer zur Probe gespannte, beim Versuch nacheinander abbrennende Fäden ausgelöst wird. Auch hier gelten die Begriffe „nicht brennbar" (Proben erlöschen vor der unteren Marke) und „selbsterlöschend" (Proben erlöschen hinter der unteren, aber vor der oberen Marke).

In sämtlichen angeführten amerikanischen Beschreibungen wird darauf hingewiesen, daß sich die Prüfverfahren nur für eine vergleichende Beurteilung der Brenneigenschaften verschiedener Materialien und zur Kontrolle der Herstellungsverfahren eignen, die mit ihnen erzielten Ergebnisse indes keine sicheren Schlüsse über das Verhalten der Stoffe bei einem wirklichen Brand zulassen. Ebenso müsse bei unterschiedlichen Versuchsbedingungen mit abweichenden Ergebnissen gerechnet werden.

Die mit der Brennbarkeit der Kunststoffe zusammenhängenden Probleme werden

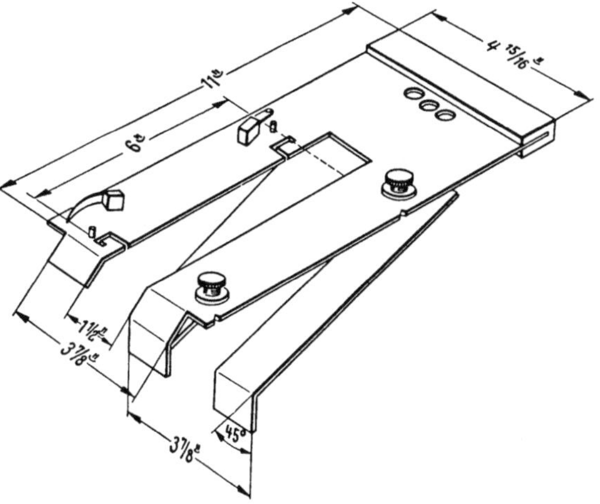

Abb. 43. Prüfung von Kunststoffolien auf Brennbarkeit nach ASTM D 1433–58. Einspannrahmen

unter anderem auch in einer Arbeit von LAWSON und KINGMAN [80] erörtert. Die Verfasser sind der Meinung, daß die Brandgefahr der Kunststoffe während der Herstellung im allgemeinen größer sei als bei der späteren Anwendung.

d) Weitere Verfahren. Weitere Verfahren zur Bestimmung der Brennbarkeit von Folien sind im Abschn. II 4.4, für Kunstleder im Abschn. II 4.5, für Bodenbelag im Abschn. II 4.6, für Schaumstoffe im Abschn. II 4.8 behandelt.

Bei der Prüfung von Kunststoffen auf Brennbarkeit ist in allen Fällen wichtig, festzustellen, inwieweit sich beim Brand von Gegenständen aus

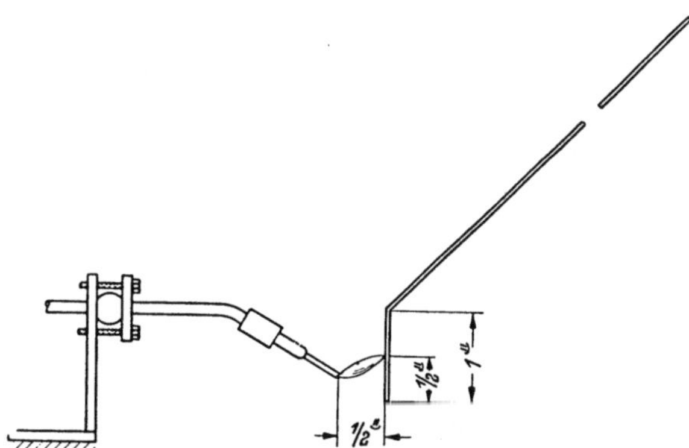

Abb. 44. Prüfung von Kunststoffolien auf Brennbarkeit nach ASTM D 1433–58. Entzündung der Proben

Kunststoffen für den Menschen gefährliche Gase bilden können. Versuche hierüber wurden in England angestellt [81, 82]. Es wurden die gasförmigen Verbrennungsprodukte chlorierter Methacrylatharze und von Polyvinylchloridkunststoffen analysiert, nachdem sie in geschlossenen Gefäßen bei Temperaturen zwischen 300 und 1000 °C und veränderlichem Luftanteil (Verhältnis von Luft zum Kunststoffmaterial 5,5 bis 22 l/g) erhitzt worden waren. Die hauptsächlichsten Verbrennungsgase waren Kohlendioxyd und Kohlenmonoxyd sowie Chlorwasserstoff. In einigen Fällen wurden Spuren von Phosgen gefunden, die aber unter der kurzzeitig zulässigen Grenze blieben. Die auftretenden Mengen Chlorwasserstoff und Kohlenmonoxyd waren dagegen so groß, daß sie für den Menschen gefährlich werden können. Das Auftreten von Chlorwasserstoff, der schon bei kleinen Mengen reizt, kann als Warnsignal für Schutzmaßnahmen dienen. Tab. 12 gibt die in den Verbrennungsprodukten enthaltenen Gaskonzentrationen wieder.

Tabelle 12. *Konzentration an Verbrennungsprodukten von chlorierten Kunststoffen (5109) D.*

Material	Verbren- nungs- Temp. °C	Konzentration in cm^3/m^3 Verbrennungsgase			
		HCl	$COCl_2$	CO	CO_2
Chlor-Methacrylat	350	6300	3	—	—
(26,4% Chlor)	550	6400	5	8000	23500
	950	15700	—	15000	63000
Polyvinylchlorid	300	12900	0	4900	6100
(56,8% Chlor)	600	15300	1	6900	14800
	900	15400	3	4800	28700
PVC-Vinylidenchlorid- Mischpolymerisat	300	13500	0	2000	4400
(61% Chlor)	600	17700	5	10600	21000
	900	17100	10	4700	29000
Physiologische Grenzkonzentrationen:					
Während mehrerer Stunden harmlos		1	1	100	5000
Gefährlich bei einer Stunde		50— 100	25	1500—2000	—
Gefährlich für kurze Zeit		1000—2000	50	4000	—

Bei einem Rückblick auf das gesamte Gebiet der Brennbarkeitsprüfung bei den Kunststoffen kann festgestellt werden, daß die bestehenden Untersuchungsmethoden äußerst vielgestaltig sind, trotzdem aber nur wenig für die Praxis auszusagen vermögen, da sie die hier vorliegenden meist andersartigen Einflüsse, wie die Dauerwirkung eines Vollbrandes, die Einwirkung von Strahlungswärme, die durch die konstruktive Gestaltung der Räume bedingten Luftverhältnisse und anderes mehr unberücksichtigt lassen.

Literatur

[1] KOLLMANN, F.: Technologie des Holzes und der Holzwerkstoffe. 2. Aufl., Bd. I. Berlin/ Göttingen/Heidelberg: Springer 1951.

[2] HOUWINK, R.: Chemie und Technologie der Kunststoffe, Bd. I. Chemische und physikalische Grundlagen sowie Prüfungsmethoden. 3. Aufl. 1954.

[3] VIEWEG, R.: Einige Untersuchungen an Schaumstoffen. Kunststoffe 38 (1948) H. 3, S. 45—48.

[4] KRAUSE, H.: Beitrag über die Maßtreue von Kunststoffolien. Kunststoffe 39 (1949) H. 6, S. 133/34.

[5] GAST, TH.: Messungen der spezifischen Wärme verschiedener Kunststoffe in Abhängigkeit von der Temperatur. Kunststoffe 43 (1953) H. 1, S. 15—18.

[6] HEUSE, W.: Kalorimetrische Prüfung von Kunststoffen. Kunststoffe 39 (1949) H. 2, S. 41—43.

[7] DOL, MALCOLM, N. N. LARSON, J. A. WETHINGTON JR., u. R. C. WILHOIT: Die spezifische Wärme Hochpolymerer. Die Verwendung eines KW-Zählers bei der Kalorimetrie. Vortrag auf der Tagung der Amer. Chem. Ges. in Boston, Mass., 1951. Ref.: Kunststoffe 41 (1951) H. 11, S. 383.

[8] BACKES, W.: Beitrag zur Wärmeleitfähigkeit von Vulkanisaten aus Naturkautschuk und synthetischem Kautschuk. Kautschuk u. Gummi 9 (1956) H. 10, S. WT 257—260.

[9] Hock u. Kessler: Zur Bestimmung der Wärmeleitfähigkeit schlecht leitender Stoffe. Chem. Ber. 86 (1953) S. 1166—1170.

[10] Gray, Mathews u. Marobert: Treatix on Bessel Functions and their Applications to Physics. London: Maxmillan. 1922

[11] Vieweg, R.: Temperatur-Leitfähigkeit und Wärmeleitvermögen. Kunststoffe 27 (1937) S. 215—229.

[12] Gottwald, Fr.: Meßverfahren zur Bestimmung der Temperaturleitzahl und der spezifischen Wärme von Kunststoffen. Kunststoffe 29 (1939) H. 9, S. 248—251.

[13] Poensgen, R.: Ein technisches Verfahren zur Ermittlung der Wärmeleitfähigkeit plattenförmiger Stoffe. Z. VDI 56 (1912) S. 1653—1658. Derselbe: VDI-Forschungsheft Nr. 130. Berlin 1919.

[14] Rinsum, W. van: Die Wärmeleitfähigkeit von feuerfesten Steinen bei hohen Temperaturen sowie von Dampfrohrschutzmassen und Mauerwerk unter Verwendung eines neuen Verfahrens der Oberflächentemperaturmessung. Z. VDI 62 (1918) S. 601; Forsch.-Arb. Ing.-Wes. (1920) H. 228.

[15] Erk, Keller u. Poltz: Stationäres Verfahren zur Bestimmung der Temperaturleitzahl. Phys. Z. 38 (1937) S. 394.

[16] Kainradl: Methode für die Messung der Wärmeleitfähigkeit von Vulkanisaten. Gummi u. Asbest 5 (1952) S. 44—46.

[17] O'Brien, F. R., Sabert Oglesby jr. u. P. C. Covington: Mod. Plastics 33 (1956) S. 158—162 u. 232. Ref.: Kunststoffe 47 (1957) H. 7, S. 378/79.

[18] Saechtling, H. I., u. N. W. Zebrowski: Kunststofftaschenbuch II. (4. neubearbeitete Ausgabe). München: Hanser 1955.

[19] DIN 50013, Dezember 1959. Werkstoff-, Bauelemente- und Geräteprüfung. Temperaturstufen.

[20] DIN 50011, Mai 1960. Wärmeschränke. Blatt 1, Begriffe, Anforderungen. Blatt 2, Richtlinien für die Lagerung von Proben.

[21] DIN-Entwurf 50010, August 1957. Werkstoff- und Geräteprüfung. Klimabeständigkeit.

[22] DIN 50014, Dezember 1959. Werkstoff-, Bauelemente- und Geräteprüfung. Normalklimate.

[23] DIN 50015, Dezember 1959. Werkstoff-, Bauelemente- und Geräteprüfung. Konstantklimate.

[24] DIN-Entwurf 50016, Mai 1958. Werkstoff-, Bauelemente- und Geräteprüfung. Feucht-Wechselklimate.

[25] Ecker, R.: Temperaturabhängigkeit statischer und dynamischer Verformungseigenschaften von Kautschuk-Vulkanisaten und anderen Hochpolymeren. Kautschuk u. Gummi 9 (1956) H. 2, S. WT 31—38.

[26] Weidmann, Fr.: Elektrische Untersuchungen an Spinnfasern. Kunststoffe 29 (1939) H. 5, S. 133—136.

[27] Jenckel, E.: Zur Wirkungsweise der Weichmacher. Kunststoffe 45 (1955) H. 1, S. 3—8.

[28] Nitsche, R., u. E. Salewski: Einfluß der Temperatur auf die Festigkeit von Kunststoffen. 1. Bericht. Vorversuche. Biegefestigkeit und Durchbiegung bei hohen und tiefen Temperaturen. Kunststoffe 29 (1939) H. 8, S. 209—220.

[29] Nitsche, R., u. E. Salewski: Einfluß der Temperatur auf die Festigkeit von Kunststoffen. Kunststoffe 31 (1941) H. 11, S. 381.

[30] Novelli, P.: Thermische Einflüsse auf die Biegefestigkeit von Schichtpreßstoffen. Mod. Plastics 26 (1948) Nr. 3, S. 121—128 u. 188. Ref.: Kunststoffe 39 (1949) H. 7, S. 163/64.

[31] Paul. W.: Witterungs- und Temperaturbeständigkeit von Hartpapieren. Kunststoffe 29 (1939) H. 12, S. 326—329.

[32] Hauck, K. H.: Mechanische Eigenschaften von Kunstharz-Preßholz bei hohen Temperaturen. Kunststoffe 38 (1948) H. 9, S. 181—185.

[33] Holzmüller, W., u. P. Jung: Messung der Schlagbiegefestigkeit von Thermoplasten im Erweichungsgebiet. Plaste u. Kautschuk 2 (1955) S. 218—222. Ref.: Kunststoffe 46 (1956) H. 5, S. 209.

[34] Richard, K., u. E. Diedrich: Standfestigkeitseigenschaften von einigen Hochpolymeren. Kunststoffe 45 (1955) H. 10, S. 429—433.

[35] SPE-Journal 10 (1954) S. 29—34. Ref.: Kunststoffe 45 (1955) H. 8, S. 348.

[36] GOLDFEIN, S.: Mod. Plastics 32 (1954) S. 148, 150/51 u. 238. Zeit- und Temperatur-abhängigkeit der Bruchfestigkeit von glasfaserverstärkten Polyester-Kunststoffen. Ref.: Kunststoffe 45 (1955) H. 9, S. 370—391.

[37] WOLF, K.: Beziehungen zwischen mechanischem und elektrischem Verhalten von Hochpolymeren. Kunststoffe 41 (1951) H. 3, S. 89—97.

[38] MÜLLER, F. H.: Über die elastische Dispersion bei Kunststoffen und Kunststoff-mischungen. Zum plastisch-elastischen Verhalten der Materie II. Kunststoffe 39 (1949) H. 9, S. 215—218.

[39] KÜCH, W.: Das Verhalten von Gummi und hochelastischen Kunststoffen bei tiefen Temperaturen. Jahrbuch 1942 der deutschen Luftfahrtforschung S. I 703—712.

[40] DIEHL, K.: Wärmebeständigkeit von Thiokol-Perbunan-Mischungen bei statischer Druckbelastung. Kunststoffe 37 (1947) H. 2/3, S. 49.

[41] ROELIG, H.: Das elastische Verhalten von Weichgummi bei statischer Druckbean-spruchung in Abhängigkeit von der Temperatur. Kautschuk 18 (1942) S. 1.

[42] SCHULZ, E. F.: Einfluß von Temperatur und Zusammensetzung auf die Rückprall-elastizität von Elastomeren. Mod. Plastics 29 (1952) S. 120—124 u. 185. Ref.: Kunst-stoffe 42 (1952) H. 12, S. 481/82.

[43] FROMANDI, E., u. H. ROELIG: Das elastische Verhalten von Buna S in Abhängigkeit vom Füllstoff. Kunststoffe 38 (1948) H. 12, S. 245—252.

[44] ECKER, R.: Temperaturabhängigkeit statischer und dynamischer Verformungs-eigenschaften von Kautschuk-Vulkanisaten und anderen Hochpolymeren. Kautschuk u. Gummi 9 (1956) H. 1, S. WT 2—9.

[45] SCHULZ, G., u. K. MEHNERT: Kältefestigkeit von Kunststoffen. Kunststoffe 39 (1949) H. 7, S. 157—159.

[46] RENFREW, M. M., u. A. Y. FREEMEN: Mod. Packaging 26 (1953) S. 121.

[47] BIRNTHALER, W.: Weichgemachtes Polyvinylchlorid als Leitungs-Isolierstoff. Kunst-stoffe 39 (1949) H. 12, S. 301—312.

[48] VDE 0275.

[49] VDCH-Richtlinien zur Prüfung von Kunststoffen. Kunststoffe 33 (1947) S. 297.

[50] RICHARD, K., u. G. DIEDRICH: Rohre aus Niederdruckpolyäthylen. Eigenschaften und Erprobung in Labor und Praxis. Kunststoffe 46 (1956) H. 5, S. 183—190.

[51] ETZ 59 (1938) S. 875; Kunststoffe 28 (1938) S. 144 u. 241/42.

[52] HETZEL, W.: Das elektrische Verhalten makromolekularer Stoffe bei sehr tiefen Temperaturen. Vortrag auf einer Tagung der Kunststoff-Fachausschüsse des VDI und VDCH, 21. April 1939, in Berlin. Auszug: Kunststoffe 29 (1939) H. 6, S. 170/71.

[53] KLINGELHÖFFER, H., u. N. JASPER: Gleichstromwiderstand von Kunststoffen. Kunst-stoffe 29 (1939) H. 8, S. 223—228.

[54] ALPERS, E., u. TH. GAST: Dielektrische Untersuchungen an Kunststoffen mit Hilfe von Kraftwirkungen. Kunststoffe 38 (1948) H. 11, S. 230—232.

[55] GRIEHL, W., u. R. HOFFMEISTER: Zur Messung der Einfriertemperatur hochmole-kularer Substanzen. Plaste u. Kautschuk 3 (1956) S. 53/54. Ref.: Kunststoffe 46 (1956) H. 10, S. 477.

[56] TRAPP, W., u. L. PUNGS: Einfluß von Temperatur und Feuchte auf das dielektrische Verhalten von Naturholz im großen Frequenzbereich. Holzforschung 10 (1956) H. 5, S. 144—150.

[57] Bestimmung der Formbeständigkeit in der Wärme. Erläuterungen zu den DIN-Ent-würfen 53458 und 53462. Kunststoffe 43 (1953) H. 3, S. 114/15.

[58] Frhr. v. MEYSENBUG, C. M.: Bestimmung der Wärmeformbeständigkeit von Kunst-stoffen nach dem MARTENS-Verfahren. Kunststoffe 43 (1953) H. 6, S. 214—220.

[59] —: Die Prüfung von Kunststoff-Formteilen. Kunststoffe 46 (1956) H. 3, S. 95—97.

[60] British Standard 2782, Part 1, 1956. Methods of testing plastics. Part 1. Effect of Temperature. British Standards Institution, S. 15—19. Method 102 D. Vicat Softening Point of Thermoplastic Sheet and Moulding Material (indentation test).

[61] EHLERS, G. F. L.: A Modified Vicat Type Apparatus for Measuring the Softening Point of Thermosetting Plastics and Laminates. ASTM Bull. Nr. 236 (Februar 1959).

[62] STEPHENSON, C. E., u. A. H. WILLBOURNE: The Vicat Softening Point Test for Plastics. ASTM Bull. Nr. 224 (September 1957).

[63] British Standard 2782, Part 1, 1956. Methods of Testing Plastics. Part 1. Effect of Temperature. British Standards Institution, S. 10—13. Deformation at Elevated Temperatures. Method 120 A. Plastic Yield of Moulding Material. Method 102 B. Deformation in Bend under Load at Elevated Temperatures of Laminated Sheet.

[64] THOMAS, A. M.: The Case for the Adoption of the British Yield Test as the I. F. C. Standard. The Electrical Research Association. Techn. Rep. L/T 314 (1954). Ref.: Kunststoffe 46 (1956) H. 3, S. 17.

[65] SAECHTLING, H. J., u. W. ZEBROWSKI: Kunststofftaschenbuch II. (4. neu bearbeitete Ausgabe). München: Hanser 1955.

[66] POTTHOFF, K., u. R. VEES: Dielektrische Eigenschaften von Isolierlacken. ETZ-A 77 (1956) H. 3, S. 65—69.

[67] NITSCHE, R., u. E. SALEWSKI: Dauerwärmebeständigkeit nicht geschichteter Kunstharzpreßstoffe. Plast. Massen 6 (1936) S. 411 u. 7 (1937) S. 6 u. 37.

[68] NITSCHE, R., u. E. SALEWSKI: Einfluß der Temperatur auf die Festigkeit von Kunststoffen. 1. Bericht. Vorversuche. Biegefestigkeit und Durchbiegung bei hohen und tiefen Temperaturen. Kunststoffe 29 (1939) H. 8, S. 209—220.

[69] NOWAK, P., u. A. WALTER: Das Verhalten technischer Zellulosetriesterfolien bei höheren Temperaturen. Kunststoffe 30 (1940) S. 131.

[70] KROKER, G., u. K. BECKER: Das Verhalten von Zellulontriacetat. ETZ 62 (1941) S. 823.

[71] REIMER, C.: Das irreversible Wärmeverhalten fester organischer Stoffe. Kunststoffe 45 (1955) S. 367—374.

[72] REIMER, C.: Substanzverluste organischer Isolierstoffe. Kunststoffe 46 (1956) H. 4, S. 149—154.

[73] EHLERS, G.: Wärmebeständigkeit von Isolierstoffen. ETZ-A 75 (1954) S. 469—476.

[74] WICK, G., u. H. KÖNIG: Eigenschaften von Vestolen, einem Niederdruck-Polyäthylen nach ZIEGLER. Kunststoffe 46 (1956) H. 10, S. 460.

[75] British Standard 1763: 1956. Thin PVC Sheeting (flexible, unsupported). 52 pp. 11 s. Amendment PD 2994, March 1958.

[76] British Standard 2782, Part 1, 1956. Methods of Testing. Plastics. Part 1. Effect of Temperature. British Standards Institution, S. 8/9. Crushing Strength after Heating (Heat Resistance). Method 101 A. Crushing Strength after Heating (Heat Resistance) of Moulding Material. Method 101 B. Crushing Strength after Heating (Heat Resistance) of Laminated Sheet.

[77] DOYLE, C. D., u. C. S. DUCKWALD: Zerstörungsfreie Alterungsprüfung von Kunststoffen. Mod. Plastics 33 (1956) S. 143—154. Ref.: Kunststoffe 46 (1956) H. 9, S. 417/18.

[78] BARTOE, W. F.: Untersuchungsmethoden für die Eigenschaften von organischen Gläsern bei hohen Temperaturen. Mod. Plastics 33 (1955) S. 151—156 u. 242—244. Ref.: Kunststoffe 46 (1956) S. 23/24.

[79] SCHRAMM, W., u. W. ZEBROWSKI: Über die Feuersicherheit von gummifreien Isolierpreßstoffen und ein neues Verfahren zu ihrer Bestimmung. ETZ 49 (1928) H. 16.

[80] LAWSON, D. I., u. F. E. T. KINGMAN: Brandgefahr bei Kunststoffen. Rubber Age 36 (1955) S. 648/49. London: Boreham Wood, Herts, Fire Res. Stat.

[81] British Plastics 25 (1952) S. 354. Ref.: Kunststoffe 43 (1953) H. 2, S. 72.

[82] Fire Research 1951. Veröffentlichung des Department of Scientific and Industrial Research and Fire Offices Committee in Großbritannien.

3.6 Prüfung auf optische Eigenschaften

Von **H. Bullinger**, Bloomfield, USA (3.6.1) und **M. Richter**, Berlin (3.6.2)

3.6.1 Lichtbrechung, Lichtdurchlässigkeit, Glanz

Bei der Prüfung von Kunststoffen auf physikalische Eigenschaften gibt auch die optische Ausprüfung wertvolle Informationen. Neben rein wissenschaftlichen Untersuchungen sind durch die Anforderungen der Praxis an das optische

optische Verhalten des Kunststoffes eine Reihe spezieller Prüfungen notwendig, um über seine Anwendbarkeit eine Aussage machen zu können.

Die Meßwerte dienen außerdem zur Unterscheidung der optischen Qualität verschiedener Kunststoffe oder zur Qualitätskontrolle eines Produktes bei laufender Produktion. Brechungsindex und Lichtdurchlässigkeit beispielsweise, ändern sich mit dem Reinheitsgrad oder der Zusammensetzung des Produktes. Die Verwendbarkeit eines Kunststoffes als Verpackungsmaterial oder der Einsatz transparenter Kunststoffe in Arbeitsstätten, Krankenhäusern, Schulen usw. ergeben sich u. a. aus der Messung der Lichtdurchlässigkeit. Von der Vielzahl der Prüfungen [1] werden im folgenden drei beschrieben.

a) **Lichtbrechung.** α) *Definition.* Unter dem Brechungsindex eines Materials versteht man bekanntlich das Verhältnis

$$\frac{\sin \Phi_1}{\sin \Phi_2} = n,$$

wenn Φ_1 der Winkel gegen das Einfallslot ist, unter dem ein Lichtstrahl aus dem Vakuum auf die Oberfläche des Materials trifft, und Φ_2 der Winkel zwischen dem Lichtstrahl im Material und dem Einfallslot. Fällt das Licht aus einem Material *1* mit dem Brechungsindex n_1 auf ein Material *2* mit dem Brechungsindex n_2, so ist $\sin \Phi_1/\sin \Phi_2 = n_2/n_1$. Die Brechung wird verursacht durch die unterschiedlichen Ausbreitungsgeschwindigkeiten v_1 und v_2 des Lichtes in den beiden Materialien, und es ist auch

$$\frac{\sin \Phi_1}{\sin \Phi_2} = \frac{v_1}{v_2}$$

(Snelliussches Brechungsgesetz).

β) *Meßmethoden.* Für die Messung des Brechungsindexes, können verschiedene Methoden genannt werden. Speziell für die Kunststoffprüfung seien die Immersionsmethode, mikroskopische Methode und refraktometrische Methode [2] erwähnt, von denen besonders die letzte weitverbreitet und in die Normvorschriften (DIN, ASTM) aufgenommen ist. Die mikroskopische und refraktometrische Methode sind von großer Genauigkeit. Erstere gestattet die Messung des Brechungsindexes auf 3 Stellen, letztere auf 4 Stellen. Um reproduzierbare Werte zu erhalten, erfordern beide Methoden optisch homogene Proben und eine konstante Meßtemperatur, beispielsweise 20 °C. Besitzt das Material einen relativ großen thermischen Ausdehnungskoeffizienten, muß während der Messung die Temperatur ständig kontrolliert werden.

Mikroskopische Meßmethode. Eine nicht zu dicke, durchsichtige Probe mit zwei polierten parallelen Oberflächen wird auf den Mikroskoptisch gelegt und das stark vergrößernde Mikroskop (etwa 200fach) im durchfallenden Licht nacheinander auf die Grundfläche und die dem Objektiv nächstgelegene Fläche der Probe scharf fokussiert. Eine Verschiebung der Probe ist dabei zu vermeiden. Die Messung der Hebung des Mikroskoptubus zwischen beiden Einstellungen kann beispielsweise an dessen Linsenhalterung oder Verstellschraube vorgenommen werden. Das Verhältnis der wahren Dicke der Probe zur Differenz der beiden Ablesungen in gleichen Einheiten ergibt den Brechungsindex. Zur Erleichterung des Verfahrens kann man auf beiden Seiten des Probekörpers eine Markierung anbringen.

Bei optisch anisotropen Stoffen — z. B. Spritzguß- oder Preßmaterial —, in denen die Ausbreitungsgeschwindigkeit des Lichtes richtungsabhängig ist, müssen die Messungen an mehreren Stellen parallel und senkrecht zur Spritzrichtung bzw. zum Preßdruck ausgeführt werden.

Immersionsmethode. Diese relativ einfache Methode findet bei optisch homogenen, durchsichtigen Stoffen Anwendung, wenn eine hohe Genauigkeit des Ergebnisses nicht gefordert wird. Im allgemeinen beobachtet man mit monochromatischem Licht. Die Probe wird nacheinander in eine Reihe von Einschlußmitteln gebracht, die bezüglich ihrer Brechungsindizes hinreichend abgestuft sind. Sie wird dem Auge unsichtbar, wenn der Brechungsindex des Einschlußmittels gleich dem Brechungsindex der Probe ist.

Refraktometrische Methode im Bereich $n_D = 1,3$ **bis** $1,7$ **mit dem Abbe-Refraktometer.** Ein Lichtstrahl, der aus einem optisch dichteren Mittel mit dem Brechungsindex n_1 in ein optisch dünneres Mittel mit dem Brechungsindex n_2 fällt, wird vom Einfallslot fortgebrochen. Es sei der Brechungswinkel $90°$ und der zugehörige Einfallswinkel Φ_g, also $\sin \Phi_g / \sin 90° = n_2/n_1$.

Bei Überschreitung des Winkels Φ_g tritt kein Licht in das dünnere Mittel, d. h., an der Grenzfläche wird das Licht totalreflektiert. Umgekehrt entspricht Φ_g dem größten Brechungswinkel, wenn der Lichtstrahl streifend vom Mittel 2 auf Mittel 1 fällt. Durch Ermittlung von Φ_g läßt sich bei bekanntem Brechungsindex des einen Mittels der des anderen berechnen.

Dieser „Grenzfall" läßt sich im durchfallenden Licht oder im reflektierten Licht beobachten.

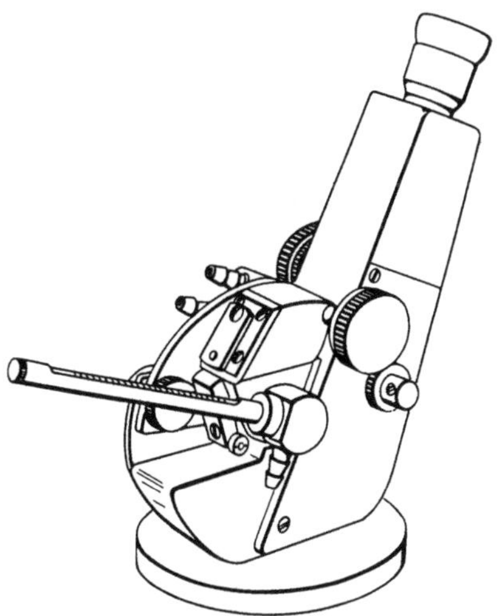

Abb. 1
ABBE-Refraktometer mit heizbarem Prisma

Auf diesem Prinzip beruht die Wirkungsweise des Abbeschen Refraktometers (Abb. 1). Man beobachtet die Lage der Grenzlinie der Totalreflektion (Grenze zwischen Hell- und Dunkelfeld), die an der Grenzfläche zwischen der untersuchten Substanz und einem Prisma entsteht. Zur Beobachtung dient ein Fernrohr, dessen Okular mit einer Teilung nach Brechungsindizes ausgestattet ist. Die Okularskala besitzt außerdem eine Teilung zur Ablesung des Zuckergehaltes einer wäßrigen Lösung. Die Messung erfolgt einfach durch Einstellen der Grenzlinie zwischen Hell- und Dunkelfeld auf das Strichkreuz des Okulars; der Brechungsindex kann dann direkt abgelesen werden. Bei Verwendung von Tageslicht oder nicht monochromatischem Licht ist darauf zu achten, daß die Grenzlinie keinen farbigen Saum zeigt und scharf ist. (Die Schärfe der Trennungslinie zwischen Hell- und Dunkelfeld ist auch ein Kriterium für die Planheit der Probe). Der Meßbereich für den Brechungsindex liegt für feste und plastische Stoffe sowie für Flüssigkeiten zwischen $n = 1,3$ und $n = 1,7$.

Da sich der Brechungsindex bekanntlich mit der Wellenlänge des Lichtes ändert, arbeitet man exakter mit monochromatischem Licht, beispielsweise der

Natriumresonanzlinie 5889 ÅE, die von einer Natriumdampflampe ausgesandt wird. Den mit dieser Wellenlänge gemessenen Brechungsindex bezeichnet man mit n_D.

Das ABBE-Prisma kann mit einem Ultrathermostaten bis auf einige Zehntelgrad Celsius Temperaturkonstanz geheizt werden. Kleine Temperaturunterschiede zwischen der Probe und dem Prisma können unberücksichtigt bleiben.

Bei festen oder nicht zu weichen Kunststoffen bringt man zwischen Prisma und Probe eine Kontaktflüssigkeit auf, deren Brechungsindex größer ist als der Brechungsindex des Kunststoffes. Das Kontaktmittel muß so beschaffen sein, daß es den Kunststoff über längere Zeit nicht angreift. Feste Proben, die entweder gepreßt, gespritzt oder aus Fertigteilen herausgesägt werden, sollen nach der Normung zwei senkrecht zueinanderstehende Flächen besitzen. Diese Flächen werden gegebenenfalls noch plangeschliffen und poliert. Bei dieser Bearbeitung dürfen im Prüfkörper keine Spannungen erzeugt werden.

Durchsichtige, helle Probekörper werden im durchfallenden Licht, gefärbte oder infolge starker Absorption dunkle Probekörper im reflektierten Licht geprüft.

Substanzen, die bei der betreffenden Meßtemperatur plastisch oder flüssig sind, werden direkt auf das Prisma gebracht. Die Messung wird im reflektierten oder bei streifend einfallendem Licht wie bei festen Substanzen ausgeführt. Liegt Anisotropie vor, was man durch Verschieben der Probe auf dem Prisma oder im Vorversuch mit einer einfachen Polarisationseinrichtung, bestehend aus Lichtquelle, Polarisator und Analysator, erkennt, muß die Richtungsabhängigkeit des Brechungsexponenten beachtet werden (s. mikroskopische Methode). Spritzguß- und Preßmaterialien sind meistens anisotrop.

Da das Meßergebnis meist auf 4 Dezimalen genau gefordert wird, muß peinlichst sauber gearbeitet werden. Inhomogene Proben sollen deshalb grundsätzlich von der Messung ausgeschlossen werden und bei homogenen Proben Luftblasen oder Fremdkörper zwischen Prisma und Kontaktmittel bzw. Kontaktmittel und Probe entfernt werden. Auch spielt die Beschaffenheit der Probenoberfläche (Planheit, Grad der Polierung) eine nicht unerhebliche Rolle. Unebenheiten der Oberfläche können an der Grenzlinie zwischen Hell-Dunkelfeld immer erkannt werden. Der Kontrast zwischen beiden Feldern soll möglichst groß sein.

Die Eichung des Abbeschen Refraktometers erfolgt bei konstanter Temperatur, z. B. 20 °C, mit Wasser oder wäßrigen Lösungen von bekanntem Brechungsindex. Meßergebnisse sind in Tab. 1 und 2 angegeben.

Nach dem Prinzip des ABBE-Gerätes arbeiten auch die Eintauch-Refraktometer. Sie sind jedoch nur für Messungen im durchfallenden Licht geeignet. Wesentlich genauer sind Interferential-Refraktometer und Differential-Refraktometer. Auf diese Apparaturen wird hier nicht eingegangen [*3*, *4*, *5*].

b) Lichtdurchlässigkeit. α) *Definition.* Trifft ein Lichtstrahl der Intensität $I\,e$ auf ein durchsichtiges Medium, wie z. B. Kunststoff, so erfolgt eine Intensitätsminderung infolge von Reflektions- und Absorptionsverlusten; der Lichtstrahl verläßt das Medium mit der Intensität $I\,a < I\,e$. Die Schwächung durch Absorption innerhalb der Probe erfolgt nach einem Exponentialgesetz:

$$I_d = I_e\,e^{-\beta\,d},$$

wobei β der Absorptionskoeffizient ist; er gibt an, welcher Bruchteil der Intensität auf einem Weg von 1 cm absorbiert wird. I_d ist die Intensität des Lichtstrahles nach dem Durchlaufen von d cm. Die Lichtdurchlässigkeit I_d/I_e ist also von der Dicke der Probe abhängig.

β) *Meßmethoden.* Die Messung erfolgt entweder mit unzerlegtem weißen Licht, z. B. mit dem Licht einer Glühlampe, oder mit monochromatischem Licht nach einer Kompensations- oder Ausschlagsmethode. Die Meßanordnungen bestehen allgemein aus einer Lichtquelle und einer Vorrichtung zur Messung von

<table>
<tr><td colspan="2">Tabelle 1. Brechungsindex von Wasser bei verschiedenen Temperaturen für $\lambda = 5889$ ÅE</td></tr>
<tr><td>°C</td><td>n_D</td></tr>
<tr><td>10</td><td>1,3337</td></tr>
<tr><td>12</td><td>1,3336</td></tr>
<tr><td>15</td><td>1,3334</td></tr>
<tr><td>17</td><td>1,3332</td></tr>
<tr><td>20</td><td>1,3330</td></tr>
<tr><td>22</td><td>1,3328</td></tr>
<tr><td>25</td><td>1,3325</td></tr>
<tr><td>27</td><td>1,3323</td></tr>
<tr><td>30</td><td>1,3320</td></tr>
</table>

Tabelle 2. *Brechungsindizes verschiedener Kunststoffe bei 20 °C für* $\lambda = 5889$ ÅE

Werkstoff	n_D
Aminoplaste	1,55
Monostyrol	1,58
Plexiglas	1,49
Polyamid	1,53
Polyäthylen	1,51
Polystyrol	1,59
Polytetrafluoräthylen	1,35
Polytrifluorchloräthylen	1,43
Polyvinylchlorid	1,53
Zelluloid	1,5

Lichtintensitäten, z. B. Photozellen oder Photoelementen. Wenn die Abhängigkeit der Durchlässigkeit von der Wellenlänge nicht näher untersucht werden soll, verwendet man für die Messung eine Lichtquelle, deren Strahlungsverteilung von der des Tageslichtes nur wenig abweicht. Quecksilberbogen und Kohlebogen sind dafür nicht geeignet, dagegen besitzt der Xenonhochdruckbogen eine dem Tageslicht ähnliche Verteilung.

Als Empfänger können beispielsweise Photozellen dienen, die der Empfindlichkeit des menschlichen Auges angeglichen sind [6], als elektrisches Meßinstrument ein empfindliches Galvanometer. Will man das Durchlässigkeitsverhalten des Kunststoffes in einem bestimmten Teilgebiet des Spektrums erfassen, so arbeitet man in Abhängigkeit von der Wellenlänge, d. h. also schrittweise mit monochromatischem Licht.

Die Aussonderung der Spektrallinien aus dem mehr oder weniger kontinuierlichen Spektrum der Lichtquelle (Gasentladungslampe) erfolgt durch Filter oder Monochromatoren. Gasentladungslampen, Monochromator, Filter, Photozellen und Verstärker sind die Hauptelemente der sog. Spektralphotometer, die bei hohen Genauigkeitsanforderungen recht kompliziert ausgeführt werden.

Für die Praxis, bei der es meist nur auf den Vergleich von Produkten ankommt, genügen häufig einfachere Apparaturen, die es gestatten, die Lichtdurchlässigkeit bei senkrechtem Lichteinfall zu bestimmen. Im Gegensatz zur Glanzmessung wird hier die Winkelabhängigkeit der Durchlässigkeit nicht in Betracht gezogen.

Das selbstabgleichende Photometerprinzip. Ein Lichtstrahl wird durch ein Prisma in zwei gleich starke Lichtstrahlen geteilt. Der eine wird beim Durchlaufen des auf seine Durchlässigkeit zu prüfenden Kunststoffes (Festkörper oder Lösung) geschwächt, der andere (Vergleichsstrahl) durchläuft ein Normal, beispielsweise einen Graukeil, wodurch seine Intensität meßbar kontinuierlich verändert werden kann. Durch geeignete Blenden (z. B. abwechselnd durchsichtige und undurchsichtige rotierende Kreissektoren) erreicht man, daß beide Teilstrahlen wechselweise auf eine Photozelle fallen. Sind beide gleich stark, erhält man einen konstanten Photostrom, der nach Eichung der Apparatur ein direktes Maß für die Durchlässigkeit oder Extinktion ist. Sind beide nicht gleich stark (geschwächt), erhält man einen pulsierenden Photostrom, der nach Verstärkung eine Einrichtung zur Verstellung des Normals so lange betätigt, bis ein konstanter Photostrom erzeugt wird. Die Durchlässigkeit oder Extinktion wird dann am Vergleichsnormal abgelesen [7 bis 9].

Das Unicam-Spektrophotometer. Das Unicam-Spektrophotometer (Abb. 2) arbeitet ähnlich wie das Zeiss- und Beckman-Spektralphotometer.

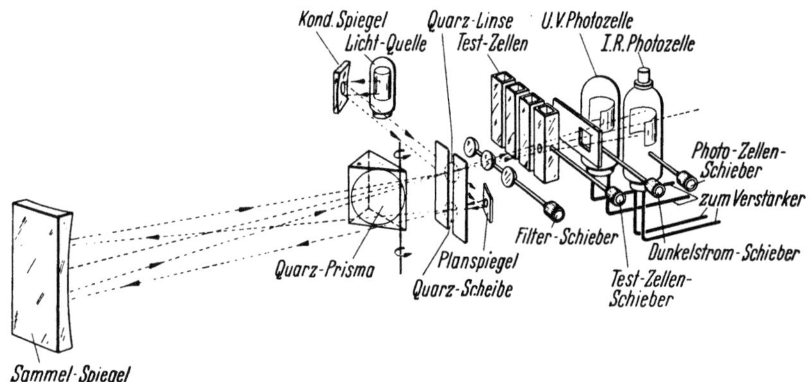

Abb. 2. Schematische Darstellung des optischen Systems des Unicam-Spektrophotometers Typ Sp 500

Seine Quarzoptik gestattet die Messung der Durchlässigkeit oder Extinktion von Kunststoffen — auch bei kleinen Halbwertsbreiten — qualitativ und quantitativ im Spektralbereich von 2000 bis 10 000 ÅE, also im Ultravioletten, Sichtbaren und Infraroten. Als Lichtquelle dienen eine Wasserstoff- und Wolframlampe; die Aussonderung der Spektrallinien geschieht mittels eines Monochromators. Flüssige Stoffe oder Lösungen werden in parallelwandigen Küvetten verschiedener Schichtdicke, feste Stoffe als Platte (Folie) in den Strahlengang gebracht. Zur Unterdrückung von Streulicht werden je nach Wellenlänge geeignete Filter vor den Photozellenspalt geschaltet. Zur Messung des durchgelassenen Lichtes dienen eine rotempfindliche Photozelle (1000 bis 625 mμ) sowie eine blauempfindliche Photozelle (625 bis 200 mμ).

Der Photostrom wird verstärkt und die an einem Arbeitswiderstand von 2000 Megohm abfallende Spannung mit einem in Durchlässigkeit und Extinktion geeichten Potentiometer kompensiert. Den Abgleich zeigt ein Milliamperemeter an.

Als Vergleichstandard kann beispielsweise eine Küvette mit destilliertem Wasser in den Strahlengang gebracht und das Gerät auf 100% Durchlässigkeit eingestellt werden. Alle am Kunststoff gemessenen Werte sind dann auf Wasser (100% Durchlässigkeit) bezogen.

Bei der Untersuchung einer Lösung wird zuerst mit dem reinen Lösungsmittel auf „O" einreguliert, anschließend die Lösung gemessen. Bei Folien bezieht man den Wert entweder auf eine Vergleichsfolie oder im allgemeinen auf Luft.

Durchsichtige, halbdurchsichtige und auch trübe, aber sonst homogene Proben müssen planparallele Oberflächen besitzen; eine Reinigung vor der Messung ist unerläßlich. Bei Vergleichsmessungen werden nur Proben gleicher Dicke verwendet und stets im gleichen Abstand vor dem Photozellenspalt gemessen.

Bei der Messung von flüssigen Stoffen oder Lösungen ist auf peinlichste Sauberkeit der Küvetten zu achten. Schlieren oder Fettspuren müssen entfernt werden. Unter 3500 ÅE (UV-Gebiet) verwendet man Quarzküvetten. Die Wellenlänge oder der Wellenlängenbereich werden je nach dem Verwendungszweck des Kunststoffes ausgewählt.

Das Pulfrich-Photometer. Denkt man sich beim selbstabgleichenden Photometer an Stelle der rotierenden Blenden zwei kontinuierlich veränderbare Blenden und dahinter zwei zueinander parallele Fernrohre angebracht, so hat man im Prinzip das PULFRICH-Photometer. Auch hier wird das Licht einer Lichtquelle in zwei gleich starke Teilstrahlen geteilt. Der eine durchläuft das Meßobjekt, der andere (Vergleichsstrahl) bleibt entweder ungeschwächt oder durchsetzt eine Vergleichsprobe. Beide treten dann durch Öffnungen im Photometer auf die durch Meßtrommeln kontinuierlich veränderbaren Blenden und in die Fernrohrobjektive. Dahinter werden die Teilstrahlen durch Prismen auf ein Biprisma gelenkt und gelangen schließlich in das Okular, vor das meist noch ein Filter geschaltet wird. Jede der Blenden beleuchtet nur eine Hälfte des kreisförmigen Gesichtsfeldes (durch eine feine Linie geteilt). Der Beobachter stellt je nach Öffnung der Blenden eine bestimmte Helligkeit fest. Nach vollständiger Öffnung der Blende mit kleinerer Helligkeitswirkung wird durch Verdrehen der anderen Meßtrommel auf gleiche Helligkeit der beiden Okularhälften eingestellt und an der Meßtrommel der Durchlässigkeits- oder Extinktionswert abgelesen.

c) Glanz. α) *Zur Definition des Glanzes.* Ungleich der Lichtbrechung und -durchlässigkeit bereitet die eindeutige Definition des Begriffes Glanz erhebliche Schwierigkeiten. Durch eine geeignete Erklärung des Glanzes gelangt man zwar für das eine oder andere Material auf rein physikalischem Wege zu reproduzierbaren Maßzahlen, aber für die Praxis ist allein ausschlaggebend die durch das Auge mitgeteilte Glanzempfindung. Die Problematik liegt also weniger auf der physikalischen Seite. Überdies ist der Glanz eine Funktion vieler Variablen: Einfallsrichtung, Reflexionsrichtung, Wellenlänge und Polarisationszustand des Lichtes. Abgesehen von der unterschiedlichen visuellen Beurteilung metallischen und nicht metallischen Glanzes ist der Glanz auch stark abhängig von der Oberflächenstruktur (beispielsweise eine bestimmte Vorzugsrichtung, wie Faserstruktur), von der Herstellung und Nachbehandlung des Stoffes (Polierung, Anstrich, Art der Auftragung eines Lackes, chemische Angriffe, Temperatur, Feuchtigkeit, Alterung). Ist die Probe durchsichtig, beeinflußt auch das an der Unterseite der Probe reflektierte Licht den Glanz. Im folgenden sollen die Proben als undurchsichtig angenommen werden, der Glanz soll also nur durch Oberflächenstreuung entstehen.

In der Praxis hat man es im allgemeinen nicht mit idealen Oberflächen zu tun, sondern die Flächen sind mehr oder weniger uneben. Die Remission erfolgt also z. T. streng gerichtet, z. T. diffus. Bei rein regulärer Reflexion wäre die Maßzahl für den Glanz allein durch den Brechungsindex (Fresnelsche Formeln) gegeben. Zur genauen Beurteilung des Glanzes einer nicht idealen Oberfläche muß für jeden Einfallswinkel der reflektierte Anteil in Abhängigkeit von der Beobachtungsrichtung gemessen werden, denn aus der Messung des regulär reflektierten Lichtes allein kann ein eindeutiger Schluß auf den Glanz nicht gezogen werden. Ein weißer, matter Anstrich besitzt beispielsweise ein relativ großes Reflexionsvermögen, obwohl der Glanz als gering empfunden wird.

Für die Praxis wäre aber ein derartiges Verfahren zu umfangreich, so daß Einschränkungen des Meßverfahrens notwendig sind. Die Praxis verlangt auch nicht absolute Glanzwerte, sondern es soll mit der gewählten Methodik kontrollierbar sein, ob Oberflächen mit bestimmtem Glanz reproduzierbar sind oder nicht, bzw. ob Qualitätsänderungen einer Oberfläche durch gewisse Einflüsse eintreten. Da der Glanz sich mit dem Einfallswinkel ändert, ist es üblich geworden, ihn bei einer festen Einfallsrichtung zu messen, beispielsweise unter 45° oder — wie in den USA — unter 60° Lichteinfall. Hiernach gilt folgende Definition:

1. Definition. Als Maß für den Glanz einer Oberfläche gilt die reflektierte Intensität innerhalb eines Streukegels von bestimmtem Öffnungswinkel, dessen Achse der regulär reflektierte Strahl ist.

In welcher Einheit man das Reflexionsvermögen angibt, spielt dabei grundsätzlich keine Rolle. Man kann also theoretische Überlegungen heranziehen und nach einer bestimmten Rechenvorschrift das Meßergebnis auswerten.

Es seien hier noch zwei andere Definitionen genannt:

2. Definition. Das Maß für den Glanz ist die Differenz der regulär reflektierten Intensität und diffus reflektierten (gestreuten) Intensität, angegeben in Prozent der einfallenden Intensität (OSTWALD [10]).

3. Definition: KLUGHARDT [11] gibt als Glanz den Logarithmus des Verhältnisses aus regulär reflektiertem und gestreutem Anteil an, wobei der gestreute Anteil unter verschiedenen Beobachtungsrichtungen gemessen wird.

β) *Meßmethoden.* Bei jeder Methode muß gewährleistet sein, daß bei der Messung an einer Stelle des Probekörpers das Ergebnis reproduzierbar ist, und der Meßfehler, mit dem die Methode behaftet ist, kleiner ist als die durch die Unebenheit der Probe hervorgerufenen Streuungen.

Die spektrale Verteilung des von der Lichtquelle emittierten Lichtes ist bei Glanzmessungen von untergeordneter Bedeutung, so daß die Messung beispielsweise mit einer Glühlampe erfolgen kann. Da das „Glanzlicht" polarisiert ist, muß gegebenenfalls der parallel und senkrecht zur Einfallsebene schwingende Anteil bestimmt werden. Wegen des Einflusses der Oberflächenbeschaffenheit der Probe ist es notwendig, den Glanz in mindestens zwei ausgezeichneten Richtungen zu messen. Das Ergebnis wird gegebenenfalls gemittelt.

Subjektive Methode: Der wohl einfachste Weg zur Beurteilung des Glanzes einer Probe ist die Heranziehung von Vergleichsmustern verschiedenen Glanzes in Abstufungen von ausgesprochenem Matt bis zum Hochglanz. Nach geeigneter Klassifizierung der Vergleichsmuster gewinnt man das Meßergebnis einfach durch einen rein visuellen Vergleich unter festzulegendem Beleuchtungs-

und Betrachtungswinkel. Nachteilig ist die schwierige Reproduzierbarkeit der Standardmuster.

Objektive Methoden: Nach den Definitionen 2 und 3 wird mittels Spalt und Photozelle die Intensität des von der Probe reflektierten Lichtes in der Reflexionsrichtung und in der sog. Grundstellung gemessen, bei der die schräg beleuchtete Fläche (beispielsweise unter 45° gegen das Einfallslot) senkrecht zur Betrachtungsrichtung steht[1]. Als Vergleichsstandard wählt man ein Schwarzglas. Der Faden einer Glühlampe dient als Lichtquelle.

Nach der Definition 1 wurde in den USA ein Glanzmeßgerät entwickelt (ASTM D 523–51), das den sog. 60°-Glanz mißt. Die Anordnung besteht aus einer Glühlampe als Lichtquelle und der Kondensorlinse auf der Beleuchtungsseite sowie einer Blende und Photozelle auf der Meßseite. Der Winkel zwischen einfallendem Strahl und Flächennormale beträgt 60°. Wichtig ist dabei, daß durch geeignete Dimensionierung praktisch das gesamte von der Probe reflektierte Licht auf die Photozelle fällt. Die Ergebnisse werden auf die vollkommene Reflexion des idealen Spiegels (= 1000) bezogen. Glanzwerte über 70 werden als Hochglanz, 30 bis 70 als mittlerer Glanz, 6 bis 30 als „Eierschalen"-Glanz, 2 bis 6 als Eierschalen bis geringer Glanz, unter 2 als geringer Glanz bezeichnet.

Die Apparatur kann nun so ausgeführt werden, daß die Photozelle in der Ebene, die durch den einfallenden und reflektierten Strahl gebildet wird, schwenkbar ist. Damit läßt sich die Intensitätsverteilung des reflektierten Lichtes innerhalb eines Streukegels bestimmen, dessen Achse der unter 60° reflektierte Strahl ist. Als Beiwert zum 60°-Glanz kann die Halbwertsbreite der Intensitätsverteilung und gegebenenfalls auch die Lage des Maximums angegeben werden. Daraus erkennt man, ob das Glanzlicht mehr regulär oder diffus gerichtet ist. Nur plane Proben sollen der Messung unterzogen werden.

Für weitere Meßmethoden muß auf die Literatur verwiesen werden [12 bis 14].

Literatur

[1] SCHAEFER, W.: Einführung in das Kunststoffgebiet. Leipzig: Akad. Verlagsges. Geest u. Portig 1953.

[2] KOHLRAUSCH, F.: Praktische Physik (s. PULFRICH-Refraktometer).

[3] MARTENS, J., u. H. A. STUART: Arch. techn. Messen (Mai 1953) S. 34/2.

[4] KETTELER: Handbuch der Physik, XVIII, S. 670.

[5] BRICE u. HALWER: J. Opt. Soc. Amer. 41 (1951) S. 1033.

[6] DRESLER, A.: Über eine neuartige Filterkombination zur genauen Angleichung der spektralen Empfindlichkeit von Photozellen auf die Augenempfindlichkeit. Licht 3 (1933) S. 41.

[7] SCHOEN, J.: Die Verwendung des selbstabgl. Phot.-Prinzips in der Meß- und Regeltechnik. Arch. techn. Messen, V, S. 462/1.

[8] DOBSON: Proc. Roy. Soc. 104 (1923) S. 248.

[9] HARDY: J. Opt. Soc. Amer. (1929) S. 96.

[10] OSTWALD: Farbkunde, S. 149. Leipzig 1923.

[11] KLUGHARDT: Z. techn. Phys. (1927) S. 109.

[12] WOLFF, H., u. G. ZEIDLER: Farben-Ztg. (1934) S. 385 u. 410.

[13] HUNTER, R. S.: Farben-Ztg. (1936) S. 256 u. 919.

[14] NIMEROFF, I.: J. Res. Nat. Bur. Stand. 58 (März 1957) Nr. 3.

---

[1] Photoelektrischer Glanzmesser, System Dr. B. LANGE.

3.6.2 Farbmessung

a) Prinzip. Die Farbe von Kunststoffen ist heute ebenso oft Gegenstand technischer Betrachtung wie die anderer Erzeugnisse. Sie durch Maß und Zahl zu beschreiben, ist Aufgabe der Farbmessung.

In Bd. I 4.12 ist bereits ausgeführt worden, daß sich Maßzahlen nur für *Farbvalenzen* angeben lassen. Die Farbvalenz ist eindeutig der ins Auge eintretenden Strahlung zugeordnet, die die zu kennzeichnende Farbfläche in Richtung auf das Auge jeweils leitet. Die Farbvalenz bestimmt das Verhalten der Strahlung (des „Farbreizes") in der additiven Mischung; daher sind die Gesetze der additiven Farbmischung für die Farbmessung grundlegend.

Die Farbvalenz sagt nichts über die physikalische (spektrale) Beschaffenheit des ihr zugrunde liegenden Farbreizes aus, denn es gibt jeweils sehr viele Farbreize $\varphi(\lambda)$, die alle die gleiche Farbvalenz $\mathfrak{F}$ besitzen, da ja

$$\mathfrak{F} = [\int \varphi(\lambda)\,\bar{x}(\lambda)\,d\lambda]\,\mathfrak{X} + [\int \varphi(\lambda)\,\bar{y}(\lambda)\,d\lambda]\,\mathfrak{Y} + [\int \varphi(\lambda)\,\bar{z}(\lambda)\,d\lambda]\,\mathfrak{Z}.$$

Jedes der Integrale stellt einen der Normfarbwerte X, Y, Z dar, und für die gleiche Farbvalenz $\mathfrak{F}$ genügt daher die paarweise Gleichheit der einander entsprechenden Normfarbwerte (der Integrale), was durchaus für zwei (oder mehr) verschiedene $\varphi(\lambda)$ eintreten kann. Farben, denen verschiedene Farbreize $\varphi(\lambda)$, aber die gleiche Farbvalenz $\mathfrak{F}$ zugehören, heißen „bedingt-gleiche" Farben, weil die Gleichheit der Farbvalenzen jeweils nur unter bestimmten Bedingungen zustande kommt. Farben mit gleichen $\varphi(\lambda)$ heißen dementsprechend „unbedingt-gleich".

Bedingt-gleiche Farben müssen die gleichen Meßergebnisse liefern. Das ist nur der Fall, wenn das Meßverfahren unmittelbar die Eigenschaften der Farbvalenzen erfaßt, d. h., wenn sich das Meßverfahren auf den Gesetzen der additiven Farbmischung aufbaut. Solche Meßverfahren heißen valenzmetrisch exakte Verfahren im Gegensatz zu den empirischen Verfahren.

Die valenzmetrisch exakten Verfahren lassen sich je nach dem angewandten Prinzip in 3 Verfahren unterteilen: in das Gleichheitsverfahren, das Spektralverfahren und das Helligkeitsverfahren. Bei dem zuerst genannten Verfahren wird der allgemeine Meßgrundsatz: „*Messen heißt mit Gleichartigem vergleichen*" unmittelbar angewendet; beim Spektralverfahren wird die eigentliche Messung am Farbreiz ausgeführt, und die Farbmaßzahlen werden dann in der „valenzmetrischen Auswertung" durch rechnerische Vereinigung der gemessenen Strahlungsdaten mit den farbmetrischen Gegebenheiten bestimmt; beim Helligkeitsverfahren (das man vielleicht besser „Einzelwertverfahren" nennen sollte) werden die 3 Farbwerte einzeln durch (visuellen oder physikalischen) Helligkeitsvergleich gemessen.

Vor der Besprechung dieser Meßverfahren sei auf die Lichtarten der Beleuchtung in I 4.12 hingewiesen, da ja die zu messenden Kunststoffe und Kunststoffprodukte zu den (nicht selbstleuchtenden) Körperfarben gehören. Auch das in I 4.12 über die Meßgeometrie Gesagte ist zu beachten.

b) Gleichheitsverfahren. Das eigentliche, unmittelbare Farbmeßverfahren besteht im Vergleich der zu messenden Farbvalenz mit einer zahlenmäßig bekannten. Dieser unmittelbare Vergleich ist seiner Natur nach grundsätzlich nur mit dem Auge durchführbar.

Die einfachste Möglichkeit, die jedoch nur beschränkt anwendbar ist, wird durch den Vergleich mit Farbmustern geboten, die aus einer Sammlung von solchen Farbmustern ausgewählt werden.

Unter diesen Farbmustern muß dasjenige gesucht werden, das der einzumessenden Probe gleich ist. Findet man ein solches Farbmuster, dann darf man dessen Farbmaßzahlen auch für die Probe benutzen. Enthält aber die Sammlung kein genau gleiches Muster, dann ist man gezwungen, Zwischenwerte zu schätzen. Das ist aber vor allem deswegen eine sehr unsichere Sache, weil ja die Farbvalenz dreidimensional ist, so daß man im allgemeinen nicht nur zwischen 2 Farbvalenzen einer eindimensionalen Reihe zu interpolieren hat. Der direkte Farbvergleich mit Farbmustersammlungen genügt aus diesem Grunde nur verhältnismäßig rohen Ansprüchen, ist also bei dem hohen Grade von Genauigkeit, der gewöhnlich bei Farbmaßangaben gefordert wird, nicht befriedigend.

Voraussetzung für die Anwendbarkeit dieses Verfahrens ist zudem, daß eine systematische Farbsammlung vorliegt, daß das verwendete Ordnungsschema übersichtlich (d. h. psychologisch richtig gewählt) ist und daß die Sammlung genügend reichhaltig ist. Erfahrungsgemäß muß sie für allgemeine Zwecke mindestens etwa 700 bis 1000 Farben enthalten. Auch muß die Auswahl so getroffen sein, daß alle Farbgebiete möglichst gleichmäßig berücksichtigt sind. Farbsysteme, die dieser Forderung entsprechen, müssen „empfindungsgemäß gleichabständig" aufgebaut sein (vgl. I 4.12). Das amerikanische MUNSELL-System und vielleicht noch besser das System der DIN-Farbenkarte DIN 6164 entsprechen dieser Bedingung mindestens in guter Näherung.

Für den direkten Farbvergleich muß man die in I 4.12 besprochenen Meß- und Beobachtungsbedingungen ebenso wie bei allen anderen Verfahren beachten — eine Vorschrift, die leider oft gerade in diesem Fall unbeachtet bleibt.

Da in den seltensten Fällen eine Farbprobe ihr genaues Gegenstück in einer Farbmustersammlung besitzt, kommt für exakte Messungen nur die Herstellung einer genau gleichen Farbvalenz in Frage; wegen der Einfachheit der zugrunde liegenden Gesetzmäßigkeiten benutzt man dafür vorzugsweise die additive Farbmischung. Wenn man von der etwas primitiven (wenn auch sehr anschaulichen) Methode der Nachmischung auf dem Farbkreisel absieht, werden dafür heute optische Geräte[1] benutzt.

Unter ihnen nehmen die Dreifarben-Meßgeräte eine bevorzugte Stellung ein. Die zu messende Farbvalenz wird durch additive Farbmischung aus drei für das Gerät charakteristischen Primärvalenzen (meist Rot, Grün, Blau) nachgeahmt, und die zur Nachmischung verwendeten Mengen der 3 Primärvalenzen werden am Gerät abgelesen.

---

[1] Geräte dieser Art heißen im Englischen *colorimeter*, im Französischen *colorimètre*. Im Deutschen wird jedoch, worauf hier hingewiesen sei, ein solches Gerät als „Farbmeßgerät" bezeichnet, während ein „Kolorimeter" ein Instrument ist, mit dem die Konzentration von Farbstofflösungen durch Farbvergleich mittels Schichtdickenänderung bestimmt wird (DIN 5033, Bl. 1).

Von den vielen Konstruktionen solcher Geräte sind gegenwärtig nur die Konstruktion nach Guild-Bechstein [2] und nach Donaldson [4] im Handel zu haben. Abb. 3 zeigt das Schema der erstgenannten Apparatur, bei der die Nachmischung mittels eines Farbkreiselprinzips nach Art des Brodhun-Sektors, also mit feststehenden, während des Betriebes verstellbaren Meßblenden bewirkt wird.

Da Einstellungen am Dreifarben-Meßgerät sehr empfindlich gegen Abweichungen vom normalen Farbensehen sind, hat man als Ausweg die spektrale Verschiedenheit zwischen

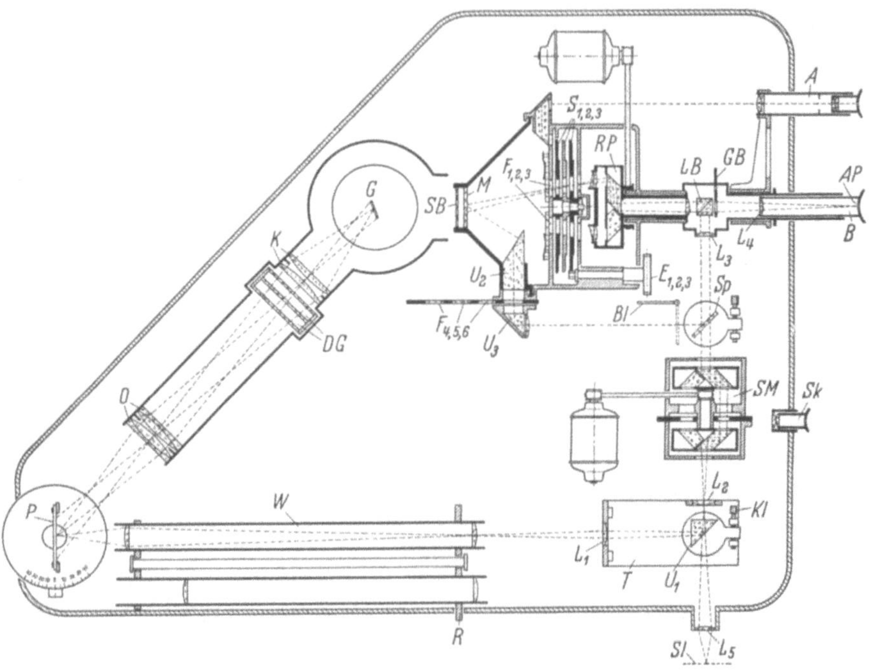

Abb. 3. Schema der Neukonstruktion des Dreifarben-Meßgerätes nach Guild-Bechstein
(Hersteller: Schmidt & Haensch, Berlin-Schöneberg)

Probe und Nachmischung zu mildern versucht. Richter [3] empfahl dafür, die Primärvalenzen nicht starr festzusetzen, sondern je nach Probe so zu wählen, daß zwei von ihnen die Probe im Farbton einschließen und die dritte annähernd unbunt ist. Diese Forderung läßt sich mit der Neukonstruktion des Gerätes von Guild-Bechstein erfüllen, wie auch sonst die jetzt gelieferte Form einer Reihe anderer, inzwischen genormter Bedingungen genügt.

Donaldson [4] konstruierte sein ursprüngliches Dreifarben-Meßgerät zu einem Sechsfarben-Meßgerät um. Auch mit diesem Verfahren gelingt es, die Empfindlichkeit gegen das Subjektive im Farbensehen der Meßperson so weit herabzusetzen, daß Farbennormalsichtige trotz der zwischen ihnen noch auftretenden, biologisch bedingten Verschiedenheiten praktisch zu den gleichen Meßergebnissen kommen.

Dies wird um so besser erreicht, wenn man die von Smith-Guild [5] vorgeschlagene Methode der speziellen Eichung mit Farbproben, die der zu messenden nahestehen, folgerichtig anwendet. [Praktisch wird das Verfahren damit zu einem Differenz-Meßverfahren (vgl. I 3.6.2e)]. Hat man ein Gerät dieser Art so aufgestellt, daß die Probe von einer Bezugslichtart (im allgemeinen einer Normlichtart, in besonders begründeten Ausnahmefällen eine andere Lichtart; vgl. DIN 5033, Bl. 7) normgemäß beleuchtet ist und kein Fremdlicht erhält, so wird man zuerst eine Eichung mittels einer bekannten Farbprobe vornehmen. Dazu dient entweder Normalweiß (MgO auf mattweißer Unterlage, z. B. Porzellan, aufgerußt; bequemer zu handhaben ist $BaSO_4$, in Gelatinesuspension aufgegossen und plan matt geschliffen; neuerdings wird eine aus chemisch reinem MgO mit einer Preßvorrichtung [C. Zeiss] hergestellte Platte empfohlen) oder eine andere bekannte, der zu messenden möglichst ähnliche Farbprobe (Zwischennormal). Bezeichnet man die Primärvalenzen des Meßinstrumentes (die „Meßvalenzen") z. B. mit $\Re$, $\mathfrak{G}$, $\mathfrak{B}$ und die zugehörigen Einstellungen („Farbwerte") für die bekannte Farbe $\Re$ des Normals oder Zwischennormals mit R_N, G_N, B_N, so gilt also die „Farbgleichung"

$$\Re = R_N \Re + G_N \mathfrak{G} + B_N \mathfrak{B}.$$

Bei der Einstellung durch einen natürlichen Beobachter wird dieser aber an Stelle der Werte R_N, G_N, B_N das Wertetripel R'_N, G'_N, B'_N finden. Alle Ablesungen des betreffenden Beobachters (während dieser Meßreihe) sind also mit den Faktoren

$$K_R = R_N : R'_N, \qquad K_G = G_N : G'_N, \qquad K_B = B_N : B'_N$$

zu korrigieren, damit sich die auf den Normalbeobachter bezogenen Werte ergeben. Die Faktoren K können sich bei verschiedenen Zwischennormalien durchaus verschieden ergeben; deshalb die Vorschrift, daß die Zwischennormalien jeweils möglichst ähnlich zu der zu messenden Farbe gewählt werden sollen. Findet dann dieser Beobachter für eine Farbprobe $\mathfrak{F}$ die Farbgleichung

$$\mathfrak{F} = R'_F \Re + G'_F \mathfrak{G} + B'_F \mathfrak{B},$$

so ergeben sich daraus mit Hilfe der Korrekturfaktoren für diese Farbvalenz $\mathfrak{F}$ die Farbwerte

$$R_F = K_R R'_F, \qquad G_F = K_G G'_F, \qquad B_F = K_B B'_F.$$

Man erhält also bei einer solchen Dreifarbenmessung 3 Farbwerte (beim Sechsfarben-Meßgerät entsprechend 6), die auf die Meßvalenzen des Gerätes bezogen sind. Man muß nun die Beziehung dieser Meßvalenzen zu den Normvalenzen kennen, z. B. durch die Farbgleichungen („Eichgleichungen")

$$\Re = X_R \mathfrak{X} + Y_R \mathfrak{Y} + Z_R \mathfrak{Z},$$
$$\mathfrak{G} = X_G \mathfrak{X} + Y_G \mathfrak{Y} + Z_G \mathfrak{Z},$$
$$\mathfrak{B} = X_B \mathfrak{X} + Y_B \mathfrak{Y} + Z_B \mathfrak{Z}.$$

Dann findet man leicht die Normfarbwerte X_F, Y_F, Z_F zu

$$X_F = R_F X_R + G_F X_G + B_F X_B,$$
$$Y_F = R_F Y_R + G_F Y_G + B_F Y_B,$$
$$Z_F = R_F Z_R + G_F Z_G + B_F Z_B.$$

Damit sind die gemessenen Farbwerte R_F, G_F, B_F in die Normfarbwerte X_F, Y_F, Z_F der Farbvalenz $\mathfrak{F}$ umgewandelt.

18*

An dieser Stelle ist weiterhin ein Meßverfahren nach dem Gleichheitsprinzip zu erwähnen, das wegen seines unmittelbaren Anschlusses an ein Farbsystem Bedeutung zu erlangen verspricht. Bei diesem Verfahren wird die Farbe der Probe mit einem geeigneten Gerät, z. B. im PULFRICH-Photometer (C. Zeiss) beobachtet; im Vergleichsstrahlengang wird diese Farbe nachgemischt. Zur Nachmischung bedient man sich jedoch bei diesem von RICHTER-WEISE [6] vorgeschlagenen Verfahren nicht dreier (oder anderer fester) Primärvalenzen, sondern benutzt zur Nachmischung unmittelbar die Farben eines Farbsystems. Das Wesentliche hierbei ist, daß die zur Nachmischung verwendeten Farben die der Proben in Farbton und Sättigung einschließen, so daß die zu messende Farbe dazwischen eingeordnet werden kann. Bei dem Verfahren nach RICHTER-WEISE wird ein im wesentlichen aus einem von der Mikroskopie her bekannten Kreuztisch bestehender Zusatzapparat zum PULFRICH-Photometer verwendet; in diesem Kreuztisch wird ein Meßstreifen aus Lichtfiltern (Abb. 4) befestigt, der

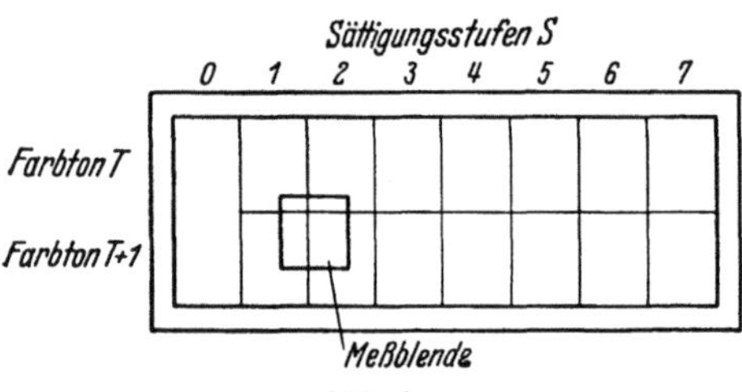

Abb. 4
Meßstreifen zur Farbmessung nach RICHTER-WEISE

aus einem Satz der Meßstreifen so ausgewählt ist, daß der Farbton der Probe zwischen den beiden liegt, die auf dem Meßstreifen enthalten sind. Die Muster dieser beiden Farbtöne (je zwei benachbarte des Farbsystems nach DIN 6164) sind nach steigenden Sättigungsstufen geordnet. Bei der Mischung im Instrument werden im allgemeinen Teile von je 4 Feldern erfaßt; die der Probe gleichaussehende Mischung setzt sich also aus 4 Einzelfarben zusammen; der Farbton der Probe ist ebenso wie ihre Sättigungsstufe aus den relativen Anteilen leicht zu interpolieren.

Konstruktiv einfache Geräte erhält man bei subtraktiver Nachmischung der Probenfarbe, doch ist hier die Auswertung verwickelter, wenn man allgemeingültige Farbmaßzahlen gewinnen will. Für viele Zwecke ist das aber gar nicht erforderlich; in solchen Fällen wird man von Geräten dieser Art oft mit Nutzen Gebrauch machen können. Beim LOVIBOND-Tintometer [7], das diese Gruppe von Geräten wohl am besten vertritt, werden rote, gelbe und blaue Gläser verschiedener Dicke und Farbstärke hintereinandergeschaltet, bis der Farbeindruck der Probe nachgeahmt ist.

c) Spektralverfahren. Faßt man jeden Farbreiz (dem die Farbvalenz ja eindeutig zugeordnet ist) als Summe, d. h. als additive Mischung spektraler Farbreize auf, so kann man die Farbvalenz der Probe dadurch berechnen, daß man die spektralen Farbvalenzen gemäß ihrem Betrag in der Mischung addiert bzw. über das ganze sichtbare Spektralgebiet integriert [8]. Für die Meßtechnik bedeutet das, erst durch eine rein physikalische Messung diese Farbreizfunktion $\varphi(\lambda)$ zu bestimmen und sie dann in einem zweiten Arbeitsgang, der valenzmetrischen Auswertung, mit den biologischen Daten des Auges, den spektralen Empfindlichkeitskurven (oder mit Linearkombinationen davon), allgemein mit den „Spektralwertkurven", rechnerisch zu vereinigen.

Dieses Verfahren, das Spektralverfahren der Farbmessung, besitzt mehrere Vorzüge. Erstens benötigt man (wenigstens im Prinzip) keine speziellen Farbmeßgeräte; an ihre Stelle treten Spektralphotometer mit beliebigen Empfängern

(Auge, lichtelektrische Zelle, Photoplatte, Thermoelement usw.); für die valenzmetrische Auswertung wird bei Routinearbeiten meist eine gewöhnliche Büro-
rechenmaschine benutzt. Zweitens beziehen sich die so gewonnenen Meßergebnisse automatisch auf den farbmeßtechnischen Normalbeobachter (CIE 1931),
also auf ein gedachtes farbennormalsichtiges Auge, dessen spektrale Empfindlichkeitskurven aus einer größeren Anzahl natürlicher Beobachter gemittelt worden
und international als Grundlage angenommen sind (I 4.12). — Als Nachteil
steht der relativ große Zeitbedarf für die Durchführung der Farbmessung nach
dem Spektralverfahren den genannten Vorzügen gegenüber. Über die diesem
Verfahren oft nachgerühmte überlegene Genauigkeit gehen die Meinungen
indessen auseinander; bei entsprechendem Aufwand läßt sich mit anderen
Verfahren wahrscheinlich eine vergleichbare Genauigkeit erreichen.

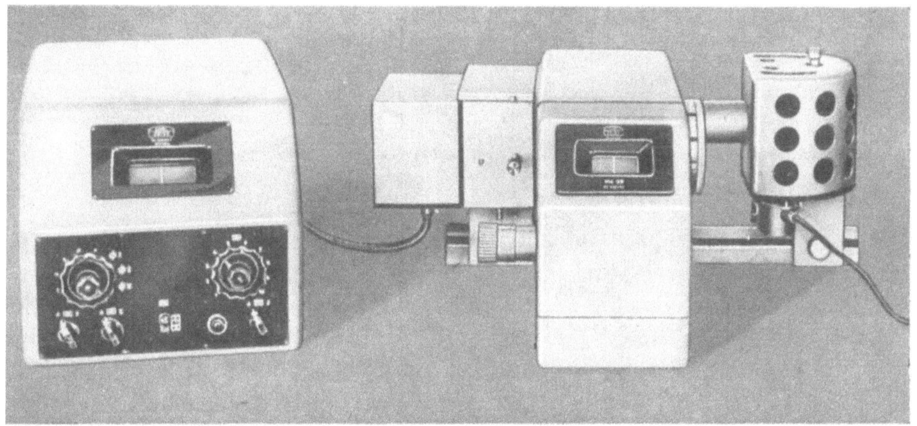

Abb. 5. Lichtelektrisches Spektralphotometer (Hersteller: C. Zeiss, Oberkochen)

Bei normalen Körperfarben (die also nicht fluoreszieren) wird mit einem
Spektralphotometer einfach die spektrale Remissionskurve $\beta(\lambda)$ (wenn es sich
um die Farbe in der Aufsicht handelt) oder die spektrale Transmissionskurve $\tau(\lambda)$
(bei Durchsichtfarben) gemessen. Für diesen Zweck sind mehrere Spektralphotometer auf dem Markt. Für eine visuelle Messung dient am besten das Spektralphotometer nach KÖNIG-MARTENS. Meist wird heute jedoch lichtelektrisch gemessen; dazu kann man z. B. das Zeiss-Spektralphotometer (Abb. 5) verwenden. Geräte mit doppelter spektraler Reinigung des Lichtes (Doppelmono-
chromatoren) oder Vorfilterung mit Interferenz-Verlauffiltern sind vorzuziehen.
Am bequemsten hat man es scheinbar mit registrierenden Spektralphotometern
(z. B. dem in Amerika sehr verbreiteten Instrument der General Electric Company
nach HARDY [9]); doch kann bei exakten Messungen der Vorteil der Registrierung
durch mancherlei anzubringende Korrekturen oft nicht ausgenutzt werden. Für
viele Routinemessungen leisten sie aber natürlich große Dienste.
    Hat man die Remissionskurve $\beta(\lambda)$ (Abb. 6) bestimmt (wobei die in
I 4.12 genannten geometrischen Bedingungen gut beachtet werden müssen!),
so ist sie mit der spektralen Strahlungsverteilung des beleuchtenden Lichtes,
der „Beleuchtungsfunktion" $S(\lambda)$ rechnerisch zu vereinigen, damit man die

Farbreizfunktion $\varphi(\lambda) = S(\lambda) \cdot \beta(\lambda)$ gewinnt, die dann mit den 3 Normspektralwertkurven $\bar{x}(\lambda)$, $\bar{y}(\lambda)$, $\bar{z}(\lambda)$ zu multiplizieren ist. Meist kann man die beiden Rechenvorgänge gemeinsam erledigen, wenn man die Körperfarben auf eine Normlichtart bezieht, weil für diese Fälle bereits Tabellen für die Werte $S(\lambda) \cdot \bar{x}(\lambda)$, $S(\lambda) \cdot \bar{y}(\lambda)$, $S(\lambda) \cdot \bar{z}(\lambda)$ vorliegen.

Die valenzmetrische Auswertung, die also im Prinzip in der Ausführung solcher Multiplikationen für eine genügend dichte Folge von Wellenlängen (meist aller 5 mμ) und anschließender Integration (bzw. Summation) über das gesamte sichtbare Spektralgebiet besteht, kann man bei geringeren Genauigkeitsansprüchen durch geeignete vereinfachte Methoden (dem sog. Auswahlordinaten-Verfahren) oder durch graphische oder mechanische Verfahren erledigen. Näheres hierüber muß man in der Fachliteratur nachlesen.

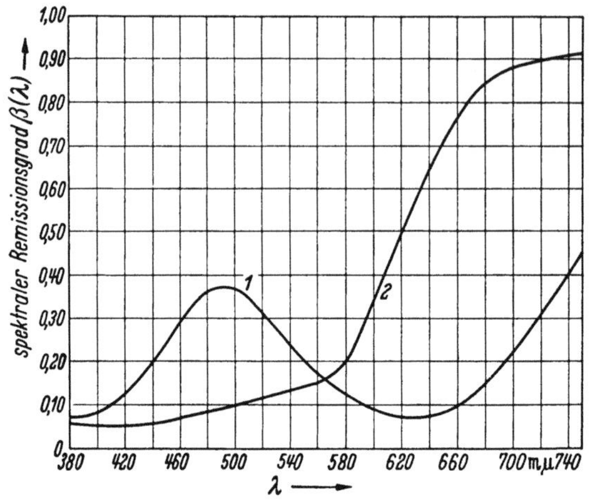

Abb. 6. Spektrale Remissionskurven $\beta(\lambda)$ eines grünen (1) und eines roten (2) Anstrichs

d) Helligkeitsverfahren (Einzelwertverfahren). Zu Meßwerten, die wie beim Spektralverfahren den Produkten $S(\lambda) \cdot \beta(\lambda) \cdot \bar{x}(\lambda)$, $S(\lambda) \cdot \beta(\lambda) \cdot \bar{y}(\lambda)$, $S(\lambda) \cdot \beta(\lambda) \cdot \bar{z}(\lambda)$ entsprechen, kann man natürlich auch durch Bewertung der Farbreizfunktion $\varphi(\lambda) = S(\lambda) \cdot \beta(\lambda)$ mit Hilfe dreier einzelner Empfänger kommen, die die spektralen Empfindlichkeitskurven $\bar{x}(\lambda)$, $\bar{y}(\lambda)$, $\bar{z}(\lambda)$ haben [10]. Man könnte z. B. dem Auge durch vorgesetzte Filter nacheinander diese 3 Empfindlichkeitskurven verleihen; die Farbmessung reduziert sich dann auf 3 Helligkeitsvergleiche. Praktisch ist es bisher nicht gelungen, solche Filter für das Auge wirklich herzustellen; auch würde die Ausführung der Helligkeitsvergleiche (Photometrierung) wegen der Verschiedenfarbigkeit der Vergleichsfelder nur ungenau möglich sein.

Das Verfahren eröffnet aber die Möglichkeit zu einer „physikalischen" Farbmessung, denn man kann selbstverständlich hier auch Empfänger mit beliebig anderen spektralen Empfindlichkeitskurven als der des Auges benutzen, wenn man nur die Meßfilter entsprechend der „LUTHER-Bedingung" in ihren spektralen Transmissonskurven richtig wählt: für das Farbwert-Meßfilter X $\tau_x(\lambda) = c_x \bar{x}(\lambda)/s(\lambda)$, für die anderen Farbwert-Meßfilter entsprechend. Einfach „ein" Rot-, „ein" Grün- und „ein" Blaufilter zu nehmen, genügt bei weitem nicht, sondern an die Kurvenform müssen höchste Genauigkeitsansprüche gestellt werden, soll die Messung Werte liefern, die auch nur einigermaßen mit denen des Normalbeobachters übereinstimmen. Trotz vieler Beschreibungen in der Literatur sind bis heute keine lichtelektrischen Farbmeßgeräte im Handel, die hohen Ansprüchen ausreichend genügen; einige gute Ausnahmen sind bis heute Einzelexemplare geblieben. Für viele technische Zwecke (z. B. Betriebskontrolle, Produktionsüberwachung u. dgl.) sind jedoch eine Reihe von Geräten gut brauchbar, z. B. die Geräte von HUNTER [11], das Color-Eye [12], der Colormaster [13], das Elrepho [14] u. a.

e) Differenzverfahren. Die Erkenntnis von der bis jetzt noch beschränkten Brauchbarkeit solcher Geräte hat den Gedanken nahegelegt, sie nicht so sehr zu Absolutmessungen als zu Differenzmessungen zu empfehlen. Man geht dabei davon aus, daß der Vergleich gegen einen sorgfältig ausgemessenen, farblich in großer Nähe der Probe liegenden Standard nicht so hohe Ansprüche an die Angleichung der spektralen Empfindlichkeitskurven an die Sollkurven stellt wie eine Absolutmessung gegen einen Weißstandard. Diese Überlegung ist jedoch nur richtig, wenn es sich bei Probe und Vergleichsfarbe um Flächen handelt, deren Farbreizfunktionen $\varphi(\lambda)$ einander sehr ähnlich sind. Ähnliches Aussehen oder selbst gleiches Aussehen (gleiche Farbvalenzen) geben aber keine Gewähr für eine Ähnlichkeit der Farbreizfunktionen, da die Eindeutigkeit der Zuordnung nur in der Richtung Farbreiz → Farbvalenz, aber nicht umgekehrt besteht.

Die Differenzverfahren und Farbunterschieds-Meßgeräte sind also nur dann brauchbarer als Absolutmethoden und -geräte, wenn sehr ähnliche Farbreize vorliegen, etwa bei einer laufenden Produktion, wenn stets dieselben Materialien verwendet sind, nur daß etwa die anteiligen Mengen ein wenig schwanken und dadurch Farbverschiedenheiten bedingen. In solchen Fällen kann man also in der Tat mit verhältnismäßig einfachen Geräten auskommen. Sie sind aber schlecht verwendbar, wenn man etwa an einem Produkt unbekannter Beschaffenheit die Farbe prüfen und sie mit der vielleicht durchaus ähnlichen Farbe anderer Produkte zahlenmäßig vergleichen möchte, z. B. um ein Färberezept vorausberechnen zu können; die Ähnlichkeit der Farbe sagt eben nichts über Ähnlichkeit oder Unähnlichkeit der spektralen Beschaffenheit aus. Nur im ersten dieser beiden Fälle sind die Farbunterschiedsmeßgeräte verwendbar, wenn sie nicht in bezug auf ihre spektralen Empfindlichkeitskurven den unvermeidbar hohen Ansprüchen der Absolutgeräte entsprechen.

f) Messung fluoreszierender Proben. Fluoreszierende Proben treten heute ziemlich häufig auf (vgl. I 4.12). Da sie eine Mischung von Selbstleuchter und Körperfarbe darstellen, muß die Messung entsprechend so eingerichtet werden, daß beide Eigenschaften erfaßt werden. Das erfordert, daß die Probe mit fluoreszenz-anregender Strahlung beleuchtet wird. Beim Gleichheits- und beim Helligkeitsverfahren wird die zu messende Probe ohnehin mit der Lichtart beleuchtet, auf die die Farbvalenz bezogen werden soll; also braucht man hier nur auf einen entsprechenden Anteil langwelliger UV-Strahlung zu achten. Beim Spektralverfahren sind jedoch an sich 2 Möglichkeiten gegeben: die Probe mit unzerlegtem Licht (vor dem Spektralapparat) oder mit monochromatischem Licht (hinter dem Spektralapparat) zu beleuchten. Liegen aber fluoreszierende Proben vor, so kommt nur die erstgenannte Methode in Betracht [1]. Denn nur dann ermittelt man die Farbreizfunktion richtig, die sich hier aus dem remittierten und dem fluoreszierenden Anteil zusammensetzt.

Literatur

[1] SCHULTZE, W.: Farbmetrische Untersuchungen an Tageslicht-Fluoreszenzfarben. Farbe **2** (1953) S. 13—21 u. 120.
[2] BECK, H., u. M. RICHTER: Neukonstruktion des Dreifarben-Meßgerätes nach GUILD-BECHSTEIN. Farbe **7** (1958) S. 141—152.

[3] RICHTER, M.: Ein neues Dreifarben-Meßgerät. Z. techn. Phys. **19** (1938) S. 98—103.

[4] DONALDSON, R.: A colorimeter with six matching stimuli. Proc. phys. Soc. **59** (1947) S. 554—559.

[5] SMITH, T., u. J. GUILD: The C. I. E. colorimetric standards and their use. Trans. opt. Soc. London **33** (1931/32) S. 73—130.

[6] RICHTER, M., u. H. WEISE: Farbmessung mit dem „Zusatzgerät MPA". Farbe **2** (1953) S. 121—126.

[7] LOVIBOND, J. W.: The tintometer — a new instrument for the analysis, synthesis, matching and measurement of colours. J. Soc. Dyers Colour. **3** (1887) S. 186—193.

[8] Normblatt DIN 5033: Farbmessung, Bl. 4 (1954).

[9] MICHAELSON, J. L.: Construction of the General Electric recording spectrophotometer. J. opt. Soc. Amer. **28** (1938) S. 365—371.

[10] RICHTER, M.: Zur Farbmessung nach dem Helligkeitsverfahren. Licht **7** (1937) S. 90 bis 93.

[11] HUNTER, R. S.: A multipurpose photoelectric reflectometer. J. opt. Soc. Amer. **30** (1940) S. 536—559.

[12] BENTLEY, G. P.: Industrial tristimulus color matcher. Electronics **24** (1951) Nr. 8, S. 102/03.

[13] GLASSER, L. G., u. D. J. TROY: A new high sensitivity differential colorimeter. J. opt. Soc. Amer. **42** (1952) S. 652—660.

[14] HÖFERT, H. J.: Genauigkeitsfragen bei der Farbmessung mit lichtelektrischen Photometern. 3. FATIPEC-Congr., Livre du Congrès (1955) S. 61—64.

3.7. Prüfung auf akustische Eigenschaften

Von H. OBERST, Frankfurt/Main

Die hauptsächlichen Anwendungen der Kunststoffe in der technischen Akustik wurden bereits in einem Überblick kritisch gewürdigt (s. I 4.4.6): Kompakte (nichtgeschäumte) Kunststoffe als Material für Federelemente zur Schwingungs- und Festkörperschallisolation, als schwingungsdämpfende Beläge auf Blechkonstruktionen, als Material für Schallabsorptionsmittel im Wasser; Schaumstoffe zur Schwingungsisolation, als Luftschallabsorptionsmittel und als weichfedernde Schichten in Belagkombinationen auf Blechen zu deren Schwingungsdämpfung, harte Schaumstoffe in der Bauakustik als Bauelemente in Mehrfachwandkonstruktionen.

Es bleibt hier eine verhältnismäßig kleine Zahl akustischer Prüfaufgaben zu behandeln, in erster Linie im Rahmen der raum- und bauakustischen Anwendungen der Schaumstoffe.

3.7.1 Isolationseigenschaften von Federelementen in der Schwingungstechnik

Die gebräuchlichen Verfahren der Prüfung auf die Schwingungs- und Festkörperschallisolation von federnden Elementen und Schichten sind gleichzeitig im Prinzip auch geeignet für die Bestimmung dynamisch-elastischer Kennwerte. In II 3.4.2c wurden bereits Methoden behandelt, die zwar allgemein als Hilfsmittel für die Bestimmung von Kennwerten gedacht sind, die aber schon im Hinblick auf die Beurteilung der Isolationseigenschaften von Schalldämmstoffen u. dgl. entwickelt wurden. Siehe z. B. das Verfahren von H. BÖHME [1]. Es bleibt hier noch auf Prüfmethoden einzugehen, die ausschließlich oder zumindest überwiegend für die Untersuchung der Isolationseigenschaften vorgesehen sind.

Solche Verfahren wurden u. a. von E. MEYER und L. KEIDEL [2] und nach deren Vorgang von M.-L. EXNER [3] angegeben. Auch bei ihnen werden meist zylindrische Probekörper untersucht. Während mit der Methode nach BÖHME die Wechselkraft und die Schnelle auf einer Seite der Probe gemessen werden, wird bei MEYER, KEIDEL und EXNER in einem Masse-Feder-System in der aus Abb. 1 ersichtlichen Anordnung, in welcher der Probekörper die Feder bildet, der Betrag des komplexen Quotienten aus der auf die Masse ausgeübten Wechselkraft K und der auf eine harte Unterlage übertragenen Kraft K' bestimmt. Die Dämmung wird angegeben im Isolationsmaß

$$I = 20 \lg |K/K'|.$$

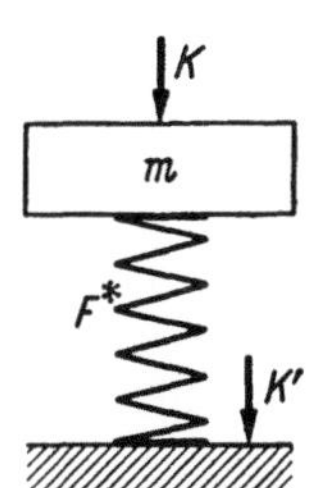

Abb. 1. Kraftübertragung durch ein einfaches Masse-Feder-System (n. EXNER)

K wirkende Kraft; m schwingende Masse; F^* Feder; K' übertragene Kraft

In Abb. 2 ist das Schema der von M.-L. EXNER benutzten Gesamtapparatur angegeben. In vertikaler Anordnung (s. Abb. 1) ruht die schwingende Masse m, ein Metallblock bestimmten Gewichtes, auf dem Probekörper, der axial gedrückt wird, und dieser auf einem schweren piezoelektrischen Empfangssystem mit ebener Oberfläche, das als harte Unterlage dient, die bei dem Schwingungsvorgang praktisch in Ruhe bleibt. Ein elektrodynamisches (Tauchspul-) System übt die periodische Kraft K auf die Masse m aus; das piezoelektrische System mißt die übertragene Kraft K' mit Hilfe der angeschlossenen elektronischen Geräte (s. Abb. 2).

Bei der Messung wird zunächst das elektrodynamische System unmittelbar auf das piezoelektrische gesetzt, und die Wechselspannung U am Meßverstärker bei gegebenem Wechselstrom durch die Tauchspule wird in Abhängigkeit von der Frequenz (im Bereich 20 bis 2000 Hz) bestimmt. Anschließend wird bei zwischengeschaltetem Masse-Feder-System und gleicher Tauchspulenstromstärke (im gleichen Frequenzbereich) die Spannung U' am Meßverstärker ermittelt. Dann ist $|K/K'| = U/U'$, und es gilt also

$$I = 20 \lg U/U'. \qquad (1)$$

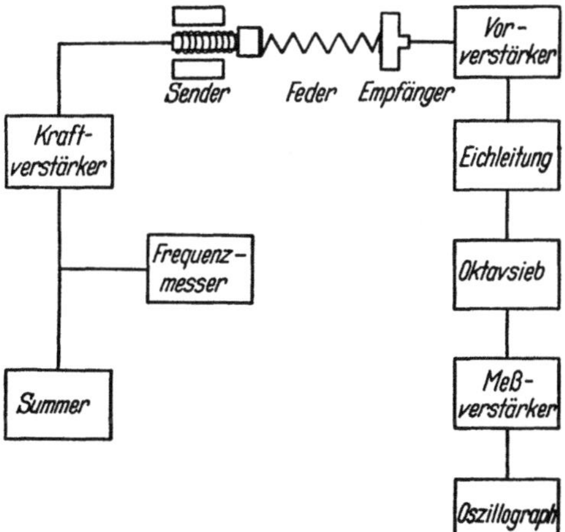

Abb. 2. Blockschaltbild der elektrischen Meßeinrichtung zur Untersuchung der Schwingungsisolation von Federelementen (n. EXNER)

Zur genauen Bestimmung des Isolationsmaßes wird zweckmäßig eine in dB (Dezibel) kalibrierte Eichleitung benutzt (vgl. Abb. 2).

Bei der Justierung der Schwingungsanordnung ist auf guten Kontakt der Teile des Aufbaues zu achten, d. h. es ist für genau ebene Berührungsflächen zu sorgen, die zweckmäßig durch ein Kontaktmittel, z. B. eine sehr dünne Vaselineschicht, zu verbinden sind.

Abb. 3 zeigt mit dieser Meßeinrichtung gemessene Frequenzkurven des Schallisolationsmaßes I einer Gummifeder bei Belastung mit verschiedenen Massen m. Die in die Abbildung eingetragenen theoretischen Kurven sind berechnet mit den gesondert ermittelten elastischen Kennwerten des Gummimaterials. Die Theorie der Schallisolation durch prismatische Federelemente ist durchgeführt bei A. BÖHME [1] und wiedergegeben bei M.-L. EXNER [3]. Der Verlustfaktor des Elastizitätsmoduls steigt im gegebenen Frequenzintervall mit der Frequenz etwa im Bereich von 0,2 bis 0,5 an. Die Übereinstimmung zwischen gemessenen und berechneten Kurven ist, wenn man von Abweichungen bei hohen Frequenzen absieht, befriedigend. Über die Ursachen der Abweichungen s. M.-L. EXNER [3].

Der Einbruch in den Frequenzkurven bei tiefen Frequenzen tritt bei der Resonanzfrequenz f_0 des Masse-Feder-Systems ein, der stets bei der Schwingungsisolation von Maschinen mit federnden Elementen besondere Aufmerksamkeit gewidmet wird (s. dazu I 4.4.6). Man pflegt die Federn passend zur Masse m der auf ihnen lastenden Maschine so zu dimensionieren, daß f_0 möglichst weit unterhalb des durch die Betriebsdrehzahlen der Maschine bestimmten Frequenzbereiches liegt. Zwischen m, der Gesamtfederweichheit F und f_0 besteht die Beziehung

$$f_0 = \frac{1}{2\pi}\,\frac{1}{\sqrt{mF}}\,; \qquad (2)$$

F ist durch den Elastizitätsmodul E des Federmaterials, dessen Abhängigkeit von der Vorspannung durch die Belastung mit der Maschine zu beachten ist, und durch die Abmessungen der Federn bestimmt (vgl. II 3.4.2 c) [4, 5].

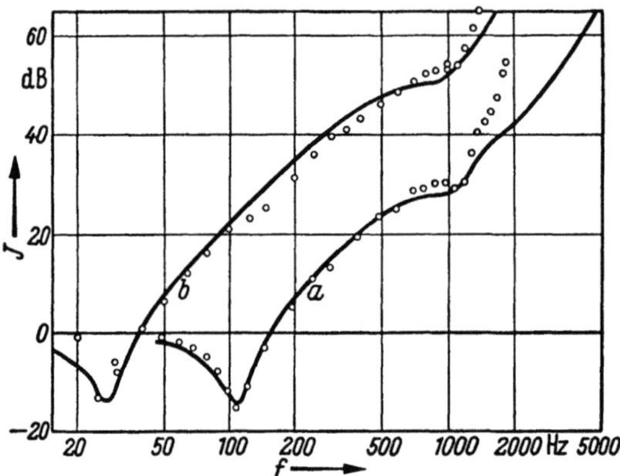

Abb. 3. Schall-Isolationsmaß I einer Gummifeder in Abhängigkeit von der Frequenz f
a für 1 kg Belastung, b für 18 kg Belastung (n. EXNER)
o o o Meßpunkte, ―――― theoretische Kurven

Die vergleichsweise hohe innere Dämpfung hochpolymerer Stoffe (wie in Abb. 3) ist der Hauptvorzug der Federn aus hochpolymerem Material gegenüber Stahlfedern; sie verhindert eine große Resonanzüberhöhung der Schwingungsweiten und tiefe Einbrüche in der Isolationskurve.

Oberhalb der Grundresonanzfrequenz steigt das Isolationsmaß mit höher werdender Frequenz stark an. In diesem Bereich wird die Feder zur „mechanischen Leitung", auf der sich stehende Wellen ausbilden können (vgl. in II 3.4.2c die Meßeinrichtung nach H. BÖHME, dazu insbesondere Abb. 50). Weitere Einbrüche in der Isolationskurve treten nahe bei den Frequenzen ein, bei denen die Länge der Federelemente gleich einem ganzzahligen Vielfachen der halben Dehnwellenlänge im Federmaterial ist. Im Beispiel der Abb. 3 ist nur der Einbruch bei der $\lambda/2$-Resonanz, der dank der hohen inneren Dämpfung des Gummimaterials nur gering ist, erkennbar. Über die Prüfung komplizierter gestalteter Gummifedern (z. B. Hohlfedern) s. M.-L. EXNER [3].

Entsprechende Gegebenheiten liegen auch bei der erschütterungsfreien Aufstellung empfindlicher Geräte vor, die mit Federelementen gegen ihre Erschütterungen ausgesetzten Unterlagen weich abgefedert werden. Man setzt die Geräte beispielsweise auf eine Betonplatte, die auf Gummielementen auf der Unterlage, einem Tisch od. dgl., ruht. Auch hier muß das Masse-Feder-System möglichst tief abgestimmt sein. An Stelle einzelner „Federn" benutzt man besonders in diesem Falle oft weichelastische Schaumstoffschichten. Die oben beschriebene Meßeinrichtung ist auch für die Prüfung von Federelementen für die erschütterungsfreie Aufstellung geeignet.

3.7.2 Trittschalldämmung schwimmender Estriche in der Bauakustik

Eine wichtige Rolle spielt in der Bauakustik die Prüfung weichfedernder Schichten auf ihre Isolationseigenschaften. Solche Schichten werden als Trittschalldämmstoffe in den sog. schwimmenden Estrischen verwendet [6, 7]. Diese Fußbodenbeläge bestehen im wesentlichen aus einem lastverteilenden oberen Estrich (Masse mindestens $40 \, \text{kg/m}^2$) und der zwischen diesem und der Rohdecke liegenden weichen Schicht, die im allgemeinen aus Gesteinsfasermatten oder dgl. besteht, für die aber auch Schaumstoffe in Frage kommen. Gewöhnlich ist die Frequenzabhängigkeit der elastischen Kennwerte der weichen Zwischenlage im vorwiegend interessierenden Bereich tiefer Frequenzen gering, und es genügt, wie Abb. 3 lehrt, das Hauptaugenmerk auf die Umgebung der tiefliegenden Resonanzfrequenz des Masse-Feder-Systems des schwimmenden Estrichs zu richten. Deshalb benutzt man heute für die Prüfung der Trittschall-Dämmstoffe meist Resonanzverfahren [8, 9], die Kennwerte bei einer einzigen Frequenz im Bereich tiefer und mittlerer Frequenzen des Hörbereiches liefern; sie sind den in II 3.4.2c behandelten Resonanzverfahren zur Bestimmung dynamisch-elastischer Kennwerte nahe verwandt, nur stehen bei ihnen die spezifisch bauakustischen Gesichtspunkte im Vordergrund des Interesses.

Es genügt auch hier oftmals, die dynamisch-elastischen Kennwerte an kleinen Proben des zu prüfenden Materials zu ermitteln; man kann dann mit den verfügbaren theoretischen Hilfsmitteln [10] das Trittschallverhalten eines schwimmenden Estrichs näherungsweise vorherberechnen [9].

Die prinzipielle Versuchsanordnung der Resonanzverfahren entspricht der in Abb. 1, nur wird bei diesen nicht das Kräfteverhältnis K/K' als Funktion der Frequenz gemessen, sondern es wird bei konstanter Amplitude der Wechselkraft K die Schwingungsweite der Masse m in der Umgebung der Resonanzfrequenz f_0 untersucht. Aus dieser und der Halbwertsbreite Δf der Resonanzkurve gewinnt man die dynamisch-elastischen Kennwerte des Dämmstoffes (s. unten).

In Abb. 4 ist das elektromechanische Gerät aus der von BACH und GÖSELE entwickelten Meßeinrichtung schematisch dargestellt. Es enthält wieder ein elektrodynamisches System (Permanentmagnet mit Tauchspulenkörper) zur Erzeugung der die Schwingung erregenden Kraft. Die Tauchspule ist mitsamt einem mit ihr verbundenen Metallzylinder über Bänder (Textilgewebe) weichfedernd aufgehängt, deren Steifigkeit vernachlässigbar klein gegenüber dem weichsten zu prüfenden Dämmstoff sein muß. Das Metallstück liegt über eine Heizplatte auf dem Probekörper auf. Zur Erzielung eines sicheren mechanischen

Kontaktes an der Oberseite der Dämmschicht dient hier eine im kalten Zustand steife Klebwachsschicht, die mit der Heizplatte nach dem Einbau der Probe so lange zähflüssig gemacht wird, bis deren Unebenheiten unter dem Druck der aufliegenden Masse genügend ausgeglichen sind. Über ein Distanzstück stützt sich der Probekörper gegen eine schwere Grundplatte ab, die mit Hilfe einer Schraubvorrichtung in die gewünschte Höhe gebracht und an 3 Führungssäulen festgeklemmt werden kann. Auf einen sicheren Kontakt an der Unterseite des Dämmstoffes wird verzichtet, weil dieser auch im Bau gewöhnlich nicht gegeben ist.

Die Schwingungsweite der Masse wird elektrostatisch mit einer Plattenkondensatoranordnung gemessen (vgl. II 3.4.2c, Abb. 49), in der der schwingende Metallzylinder einer feststehenden, durchbohrten Elektrode gegenübersteht; die Durchbohrung hat den Zweck, das Luftpolster zwischen den Platten genügend weich zu machen. Der Kondensator liegt im Schwingkreis eines Hochfrequenzoszillators, dessen Frequenz durch die Kapazitätsänderungen bei der Schwingung des Metallzylinders moduliert wird. Der (relative) Schwingweg wird nach Demodulation der frequenzmodulierten Schwingung mit einem Wechselstrom-Anzeigeinstrument gemessen.

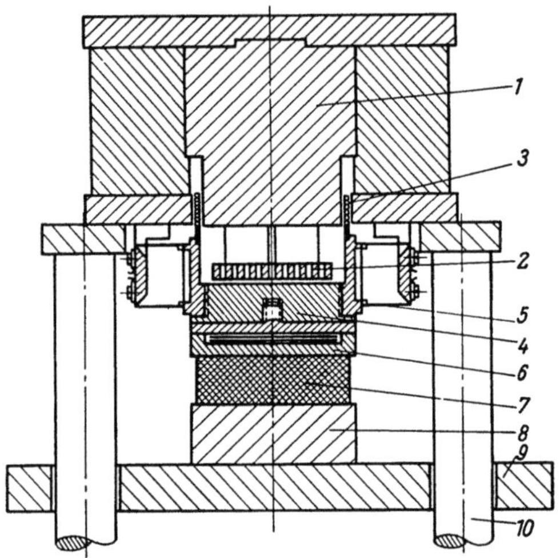

Abb. 4. Gerät zur Bestimmung des dynamischen Elastizitätsmoduls von Trittschall-Dämmstoffen (n. BACH u. GÖSELE)

1 Permanentmagnet; *2* feststehende Elektrode; *3* Tauchspule; *4* schwingender Metallzylinder; *5* Bänder; *6* Heizplatte; *7* Dämmschichtprobe; *8* Distanzstück; *9* Grundplatte; *10* Säule

Die schwingende Masse m setzt sich aus dem Metallzylinder, der Tauchspule und der Heizplatte zusammen. Aus ihr, den Probenabmessungen (Höhe h, Querschnittfläche F), der Resonanzkreisfrequenz $\omega_0 = 2\pi f_0$ und der Halbwertsbreite Δf der Resonanzkurve gewinnt man die Kennwerte [vgl. I 4.4.3, Gl. (17) und II 3.4.2c]:

$$E = \omega_0^2 \frac{m\,h}{F}, \tag{3}$$

$$d = \frac{\Delta f}{f_0}. \tag{4}$$

Für die in dieser Apparatur benutzten Dämmschichtproben ist ein Durchmesser von 6,5 cm vorgeschrieben. Die statische Vorbelastung der Schicht durch die schwingende Masse ist stufenweise regelbar zwischen 70 und 270 kp/m². Die Flächenbelastung der Dämmschicht unter Estrichen liegt etwa zwischen 50 und 80 kp/m²; die zusätzliche Belastung durch Möbel in Wohnungen beträgt höchstens 150 kp/m². Der Meßbereich für den Elastizitätsmodul erstreckt sich etwa von 0,1 bis 150 kp/cm² (etwa 10^5 bis $1,5 \cdot 10^8$ dyn/cm²); die Resonanzfrequenzen liegen etwa im Bereich von 20 bis 400 Hz.

Bei der Prüfung nach dieser Methode ist zu beachten, daß sich die Steifigkeit der gebräuchlichen Dämmschichten einschließlich solcher aus Schaumstoffen bei flächenhaft ausgedehnten Dämmanordnungen zusammensetzt aus der Steifigkeit des „Gerüstes" und der des vom Gerüst umschlossenen Luftpolsters. Bei nicht zu großen Strömungswiderständen der Stoffe mißt man in der hier beschriebenen Versuchsanordnung nur die Steifigkeit des Gerüstes, d. h. die Luft in der Probe kann beim Schwingungsvorgang seitlich ausweichen. (Näheres s. unten.)

Der oben angegebene Bereich der Elastizitätsmoduln überdeckt den der bekannten Schaumstoffe von den weichelastischen bis zu den hartelastischen. Bei den Schaumstoffen (einschließlich der geschlossenzelligen) läßt sich zeigen, daß bei Probekörpern kleinen Durchmessers im allgemeinen sehr nahe die Steifigkeit des Gerüstes allein gemessen wird. Deshalb ist die Meßeinrichtung speziell auch für die Bestimmung dynamisch-elastischer Kennwerte von Schaumstoffen geeignet, und diese und ähnliche „Vibrometer"-Geräte werden tatsächlich heute dafür benutzt. Es ist zu beachten, daß in diesem Falle auch für einen guten mechanischen Kontakt zwischen dem Probekörper und der Unterlage zu sorgen ist (z. B. durch Kleben).

Im Normentwurf DIN 52214 wird im Rahmen der „bauakustischen Prüfungen" die unmittelbare Bestimmung der dynamischen Steifigkeit der Dämmschichten an quadratischen Proben schwimmender Estriche (Kantenlänge 20 bis 30 cm) behandelt. Der Aufbau der Prüfanordnung ist in der Norm entsprechend den praktischen Bedingungen im Bau genau vorgeschrieben; der obere Belag (die schwingende Masse im Masse-Feder-System), beispielsweise ein Zement- oder Gipsestrich, wird in einer den praktischen Verhältnissen entsprechenden Weise aufgebracht.

Zu Beginn der Prüfung ist die Anordnung einer Dauer-Wechselbeanspruchung mit vorgeschriebener Wechselkraft bei einer Frequenz genügend weit unterhalb der Resonanzfrequenz des schwimmenden Estrichs über eine ebenfalls vorgeschriebene Lastspielzahl zu unterwerfen. Anschließend wird die obere Estrichplatte mit einer elektrisch erzeugten Wechselkraft zu Schwingungen senkrecht zur Oberfläche erregt, und die Resonanzfrequenz wird in der üblichen Weise bestimmt.

Die Gesamtsteifigkeit s' je Flächeneinheit der Dämmschicht setzt sich aus der Steifigkeit s_G' des tragenden Gefüges und der Steifigkeit s_L' der in der Schicht eingeschlossenen Luft additiv zusammen:

$$s' = s_G' + s_L'. \tag{5}$$

Mit dem in der Norm beschriebenen Meßverfahren bestimmt man bei kleinen Strömungswiderständen in der Längsausdehnung der Dämmschicht etwa im Bereich von 1 bis 100 Rayl/cm (Definition s. Seite 289) den Anteil s_G'; wenn s_L' klein gegen s_G' ist, gilt dies auch für größere Strömungswiderstände. Es ist in diesen Fällen

$$s_G' = 4 \cdot 10^{-6}\, m'\, f_R^2, \qquad \begin{array}{c|c|c} s_G' & m' & f_R \\ \hline \mathrm{kp/cm^3} & \mathrm{kg/m^2} & \mathrm{Hz} \end{array} \tag{6}$$

wobei m' die Masse des Schwingungssystems je Flächeneinheit und f_R dessen gemessene Resonanzfrequenz ist.

Bei großen Strömungswiderständen oberhalb 10^3 Rayl/cm erhält man mit dem Meßverfahren unmittelbar s'.

Die dynamische Steifigkeit s'_L des Luftpolsters ist zu berechnen nach der näherungsweise geltenden Zahlenwertgleichung

$$s'_L = \frac{1}{\sigma d}, \qquad \begin{array}{c|c|c} s'_L & d & \sigma \\ \hline \text{kp/cm}^3 & \text{cm} & \text{dimensionslos} \end{array} \qquad (7)$$

d ist darin die Dicke der Schicht, σ deren Porosität (s. II 3.7.3a). Voraussetzung ist dabei, daß der Strömungskennwiderstand (s. II 3.7.3b) der Dämmschicht bei der Strömung parallel zur Oberfläche mindestens 1 Rayl/cm beträgt.

Im Prüfbericht ist sowohl die Dämmschicht als auch die Versuchsdurchführung genau zu beschreiben.

Diese Verfahren der Prüfung kleiner Proben ermöglichen die Vorabschätzung der Dämmwirkung von Trittschallisolierungen und den Vergleich verschiedener Dämmschichten bei der Entwicklung neuer Dämmstoffe, und bei der Betriebskontrolle stellen sie ein wertvolles Hilfsmittel dar. Trotzdem können sie die Trittschallmessung an der fertigen Decke nicht immer ersetzen; denn die Steifigkeit der Dämmstoffe wird manchmal wesentlich durch die Einbaubedingungen in einer Weise beeinflußt, die bei der Prüfung an kleinen Proben nicht nachgeahmt werden kann (s. dazu [9], Abschn. 5).

Mit der bauakustischen Prüfung der „Luftschalldämmung und Trittschallstärke, Bestimmung am Bauwerk und im Laboratorium", befaßt sich die Norm DIN 52210, auf die hier hingewiesen sei (s. II 3.7.3d).

3.7.3 Raumakustische Eigenschaften

In der Raumakustik werden Kunststoffe als Luftschallabsorptionsmittel angewandt, und zwar sowohl offen- als auch geschlossenzellige Schaumstoffe. Die für die Absorption maßgebenden Kenngrößen wurden schon in I 4.4.6 angeführt.

Bei den porösen Stoffen *mit offenen Zellen* hängt die Absorption, wenn man von der Nachgiebigkeit des Zellgerüstes absehen kann, von

der *Porosität*,

dem *Strömungswiderstand* und

dem *Strukturfaktor*

ab. Diese Größen bestimmen zusammen mit der *Dichte* und der *Kompressibilität der Luft* in den Poren die *Schallgeschwindigkeit* und *-dämpfung* und die *Schallkennimpedanz* des absorbierenden Materials (vgl. I 4.4.5). Die Porosität und der Strömungswiderstand sind im statischen Versuch unmittelbar meßbar (s. II 3.7.3a u. 3.7.3b); der Strukturfaktor wird zweckmäßig berechnet aus der Porosität und der z. B. im Impedanzrohr (s. II 3.7.3c) bei hohen Frequenzen gemessenen spezifischen Schallimpedanz an der Oberfläche des Schluckstoffes (Wandimpedanz) [11].

Bei weichelastischen Materialien mit *geschlossenen Zellen* sind

dynamischer Elastizitätsmodul mit seinem *Verlustfaktor* und

Rohdichte

die für die Absorption maßgebenden Kenngrößen; der komplexe Modul kann mit den in II 3.4.2c beschriebenen Verfahren (z. B. dem von H. Böhme an-

gegebenen) oder mit der Methode nach BACH und GÖSELE (s. II 3.7.2) ermittelt
werden.

Das Maß für die Absorption ist der *Schallabsorptionsgrad*, der bei senkrechtem Schalleinfall im Impedanzrohr oder im diffusen Schallfeld im Hallraum gemessen wird (s. II 3.7.3 c).

Im Hinblick auf die raum- und bauakustische Anwendung von harten
Schaumstoffen in Leichtgewicht-Wandkonstruktionen interessiert hier auch die
Prüfung auf Luftschallisolation, d. h. die Verhinderung des Schallüberganges
von einem Raum in den durch die Wand abgetrennten benachbarten (vgl.
I 4.4.6). Das Maß für die Luftschall-
isolation ist das *Schallisolationsmaß*,
das im Bauwerk oder im Laboratorium gemessen wird (s. II 3.7.3 d).

a) Porosität. Die Porosität σ
ist nach der von E. MEYER und
V. KÜHL eingeführten Definition [*12*]
das Verhältnis des in den offenen
Poren des Schluckstoffes enthaltenen Luftvolumens V_L, zum Gesamtvolumen V,

$$\sigma = \frac{V_L}{V}. \qquad (8)$$

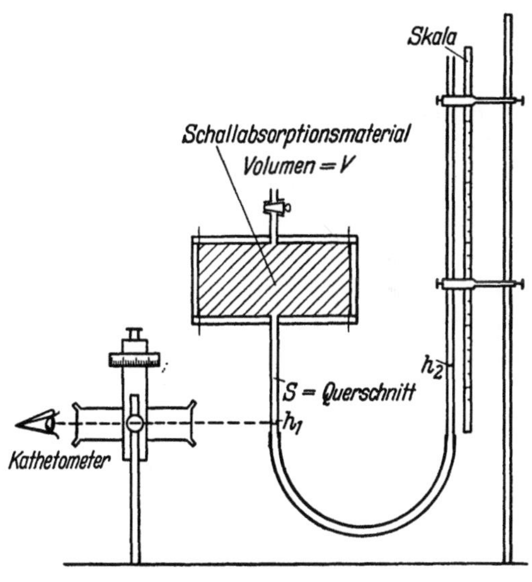

Abb. 5
Einrichtung zur Messung der Porosität (n. BERANEK)

Sie wird bei den üblichen porösen
Schallabsorptionsstoffen mit *durch-
gehenden Poren* im statischen Versuch bestimmt, beispielsweise durch
Eintauchen einer Materialprobe in
eine Flüssigkeit und Messung des
verdrängten Volumens, wobei die Flüssigkeit so zu wählen ist, daß Quellungen
vermieden werden [*11*].

BERANEK gibt die in Abb. 5 schematisch dargestellte Meßeinrichtung zur
Bestimmung von σ an [*13, 14*]. Das poröse Material ist in einer starren Kammer
vom Volumen V_K enthalten, deren Temperatur genau konstant gehalten wird.
Im angeschlossenen U-Manometer ist Wasser enthalten. Zu Beginn der Prüfung
wird der Hahn oberhalb der Probe geöffnet, und die Höhe h der Wassersäulen
in den Manometerschenkeln bestimmt. Nach dem Schließen des Hahnes wird
die eine Seite des Manometers gehoben; die Höhen der Wassersäulen ändern
sich dabei bis zu den Werten h_1 und h_2, der Druck in der Probe erhöht
sich um den der Höhendifferenz $h_2 - h_1$ entsprechenden Betrag Δp, und
das Luftvolumen in der Kammer einschließlich des anschließenden Manometer-
rohrstückes bis zum oberen Ende der Wassersäule wird um den Betrag
$\Delta V = (h_1 - h)\,S$ verringert (S der Querschnitt des Rohrstückes). Die Höhen h
und h_1 werden mit einem Kathetometer bestimmt, $h_2 - h$ wird an der Manometer-
skala abgelesen.

Es sei V_K das Volumen der Kammer einschließlich des Rohrstückes bei
der Höhe h_1, V das Volumen der Probe und V_L das Volumen der in ihr ent-

haltenen Luft; dann ist

$$\sigma = 1 - \frac{V_K}{V} + \frac{p_0}{\Delta p} \frac{\Delta V}{V}. \tag{9}$$

Es ist hier zweckmäßig, den Druck in cm Wassersäule (WS) zu messen; dann ist bei Normalbedingungen sehr nahe $p_0 = 1035$ cm WS (1 atm), und $h_2 - h_1$ in cm gibt unmittelbar die Druckänderung Δp an.

Eine ähnliche Methode, bei der die Drucksteigerung bei isothermer Kompression eines bekannten Luftvolumens vor und nach dem Einbringen einer Probe des porösen Materials gemessen wird, haben v. D. EIJK und ZWIKKER angegeben [15].

Mit diesen statischen Verfahren wird nur das Gesamtvolumen der offfenen Poren oder Zellen im Schluckstoff erfaßt, sofern die geschlossenen Zellen während der Messung praktisch luftdicht sind, was nicht immer der Fall zu sein braucht. Die Zusammendrückung geschlossener Zellen mit weichelastischen Wandungen kann das Meßergebnis merklich modifizieren (s. I 4.4.2 u. 4.4.6).

Eine dynamische Methode der Porositätsmessung hat LEONARD entwikkelt [16]. Der Probekörper ist in diesem Falle in einer dichten Kammer mit beweglicher Bodenplatte enthalten, so daß das Luftvolumen in der Kammer geändert werden kann. Das Luftpolster im Innenraum stellt hier die „Feder" eines schwingungsfähigen Systems tiefer Eigenfrequenz dar, die vor und nach dem Einbringen des Probekörpers gemessen wird. Aus der Änderung der Eigenfrequenz wird die Porosität berechnet. Dieses Verfahren bietet gegenüber dem statischen Verfahren den Vorteil größerer Praxisnähe insofern, als die Luft beim Versuch keine Zeit hat, nicht völlig luftdichte Wände geschlossener Poren zu durchdringen; auch beim Schallvorgang ist dies der Fall.

Bei Schaumstoffen mit offenen Zellen und bekannter Dichte des kompakten hochpolymeren Stoffes kann die Porosität in einfacher Weise aus der durch Wägung bestimmten Masse m und den Abmessungen des Probekörpers nach DIN 53420 ermittelt werden [17] (s. auch II 4.8.4a, β). Wenn r_0 die Rohdichte (das Raumgewicht) des Schaumstoffes und ϱ die Dichte der Substanz des Zellgerüstes ist, gilt bei nicht zu kleinen Rohdichten

$$\sigma = 1 - \frac{r_0}{\varrho}. \tag{10}$$

Dieses Verfahren ist nicht anwendbar bei Schaumstoffen mit teilweise geschlossenen Zellen.

Bei Materialien mit geschlossenen Zellen verlieren Porosität, Strömungswiderstand und Strukturfaktor ihre Bedeutung, und an ihre Stelle treten als akustische Kenngrößen die Rohdichte, der (komplexe) dynamische Elastizitätsmodul und die durch sie bestimmten Größen (Schallkennimpedanz usw.) (s. II 3.7.3, oben).

b) Strömungswiderstand. Der Strömungswiderstand W poröser Schichten wird statisch bestimmt, indem man durch diese senkrecht zur Oberfläche mit konstanter Geschwindigkeit v (gemessen außerhalb der Schicht) Luft strömen läßt und die Differenz Δp der Drücke vor und hinter der Schicht mißt [18]; es ist dann

$$W = \frac{\Delta p}{v}. \tag{11}$$

W wird auch als äußerer Strömungswiderstand bezeichnet, weil v die äußere Geschwindigkeit ist; die Geschwindigkeit in der Schicht ist wegen der Verengung des gesamten Strömungsquerschnittes auf Grund der Porosität etwas größer als v. Bei den üblichen Versuchsanordnungen wird v bestimmt aus dem Luftvolumen V, das in der Zeit t durch die Fläche S der Schicht strömt. Gl. (11) geht damit über in

$$W = \frac{\Delta p\, t\, S}{V} . \tag{12}$$

Die Einheit von W ist im CGS-System das Rayl (Rayleigh; 1 Rayl = 1 g cm^{-2} s^{-1}) und im MKSA-System (Giorgi-System) Ns/m³ = kp m^{-2} s^{-1} (N = Newton, die Einheit der Kraft).

Neben dem Strömungswiderstand W der Schicht gegebener Dicke a interessiert als Materialkonstante der Widerstand je Längeneinheit in Strömungsrichtung, der längenspezifische Strömungswiderstand

$$\varXi = \frac{W}{a} = \frac{\Delta p\, S\, t}{a\, V} ; \tag{13}$$

seine Einheit ist Rayl/cm oder Ns/m⁴. Es liegt auf der Hand, daß die Einführung dieser Kenngröße nur bei genügend homogenem Material sinnvoll ist.

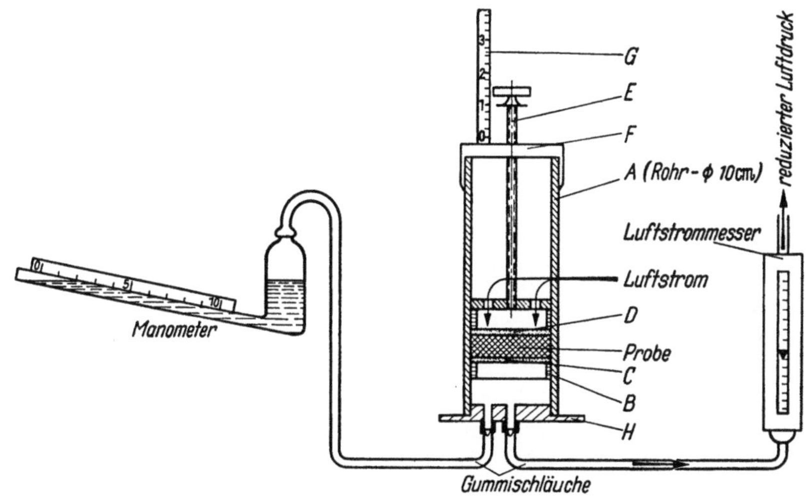

Abb. 6. Meßeinrichtung zur Bestimmung des Strömungswiderstandes (n. NICHOLS).
A Messingrohr; B Siebhalter; C Sieb; D verschiebbares Sieb mit Halterung; E Verstellschraube; F Joch; G Skala zur Messung der Probendicke; H Grundplatte

Eine typische Versuchsanordnung zur Bestimmung des Strömungswiderstandes ist in Abb. 6 schematisch dargestellt [14, 19]. Der zylindrische Probekörper aus dem zu prüfenden Material ist in ein Messingrohr eingepaßt. Er ruht in diesem Falle auf einem Drahtgewebe, das von einem zylindrischen Halter getragen wird. Ein zweites Drahtgewebe, das an einem im Rohr mit Hilfe einer Spindel verschiebbaren zylindrischen Halter befestigt ist, wird leicht gegen die Oberfläche des Probekörpers gedrückt. Die Probendicke kann an einer Skala neben der Verstellspindel abgelesen werden, die Druckdifferenz an einem Feinstdruckmesser. Die in Abb. 6 skizzierte Halterung ist speziell für lockere Faserstoffe eingerichtet. Bei den Schaumstoffen ist es zweckmäßig, den Proben eine leicht konische Form zu geben [18]. Das Prüfrohr muß dann einen entsprechend konischen Teil der Innenwand haben; auf die Halterung durch Drahtgewebe kann dabei verzichtet werden. Bei kleinem Strömungskennwiderstand ist auf genügend große Probendicke zu achten.

Der Luftstrom kann beispielsweise durch Entleeren eines wassergefüllten Behälters hergestellt werden. Er muß mit Rücksicht auf die in manchen Stoffen infolge von Turbulenz vorhandene Abhängigkeit des Strömungswiderstandes von der Geschwindigkeit in einem Bereich von etwa 1 bis 200 cm³/s regelbar sein. Als Maß für die Strömungsgeschwindigkeit kann bei einer solchen Anordnung das in der Zeit t in einem Meßglas aufgefangene Wasservolmuen V dienen. Bei Stoffen, deren Strömungswiderstand auch noch bei kleinsten Geschwindigkeiten von v abhängt, wird nach DIN 52213 der W-Wert bei der Geschwindigkeit $v = 0{,}05$ cm/s angegeben, die normalen Schallschnelleamplituden entspricht.

Mit Rücksicht auf die meist verhältnismäßig großen Schwankungen des Strömungswiderstandes sind je 3 Proben aus drei verschiedenen Platten zur Erzielung zuverlässiger Mittelwerte zu prüfen.

Für kleinste Druckunterschiede Δp hat LEONARD ein Meßverfahren entwickelt [20], auf das hier nur hingewiesen werden kann. Außerdem sei hingewiesen auf die von H. J. SABINE [21] beschriebenen Meßanordnungen, insbesondere auf solche für Probekörper spezieller Gestalt, z. B. ringförmige, durch die die Luft radial strömt (Messung des Strömungswiderstandes in Richtung parallel zur Schichtoberfläche).

c) Schallabsorptionsgrad. Der Schallabsorptionsgrad α ist allgemein definiert als der Quotient aus der an einer Schallschluckanordnung nicht reflektierten Schallenergie und der Energie des einfallenden Schalles (vgl. I 4.4.6). Bei gegebener Absorptionsanordnung hängt α von der Zusammensetzung des einfallenden Schalles ab und damit von dem umgebenden Raum; α hat z. B. einen etwas anderen Wert beim senkrechten Einfall einer ebenen Welle auf eine ebene Anordnung als bei diffusem Schalleinfall aus allen möglichen Richtungen.

Den Absorptionsgrad α_0 bei senkrechtem Einfall kann man sehr genau in einem Rohr an einer den Rohrquerschnitt ausfüllenden, zur Rohrachse senkrechten Probe der Schluckanordnung bestimmen, sofern deren Struktur dies erlaubt (vgl. unten) [22 bis 25]. Die Diskussion der bei hohen Ansprüchen an die Meßgenauigkeit auftretenden Probleme der Rohrmethode findet man z. B. bei W. LIPPERT [26]. In einem Rohr mit passend gewählten Querabmessungen wird eine Luftschallwelle so geführt, daß die Flächen gleicher Phase bis dicht an die Rohrwand eben sind. Meßanordnungen dieser Art werden als Impedanzrohre, akustische Interferometer oder auch als KUNDTsche Rohre bezeichnet in Erinnerung an die bekannten klassischen Experimente von A. KUNDT, mit denen dieser die Schallgeschwindigkeit in Gasen im Rohr bestimmte.

Durch Überlagerung der einfallenden und der an der Probe reflektierten Welle entsteht im Rohr eine stehende ebene Welle. Aus der Schalldruckverteilung vor der Schluckanordnung (in Schalleinfallsrichtung gesehen) längs der Rohrachse können der Reflexionsfaktor $\underline{P}$ nach Betrag und Phase und der Schallabsorptionsgrad α_0 ermittelt werden; $\underline{P}$ ist definiert als der (komplexe) Quotient aus der Schalldruckamplitude der reflektierten Welle und der Amplitude der einfallenden (vgl. I 4.4.5). Zur Bestimmung von $\underline{P}$ genügt es, den Abstand des ersten Schalldruckknotens von der Probe und das Verhältnis der Beträge der Schalldruckamplituden p_{max} im Maximum und p_{min} im Minimum der stehenden Welle vor der Probe zu messen.

Die Schalldruckverteilung vor der Schluckanordnung ist eindeutig durch die Wandimpedanz $\underline{W}$ (spezifische Schallimpedanz an der Oberfläche) festgelegt, und es besteht dementsprechend ein eindeutiger Zusammenhang zwischen $\underline{W}$ und $\underline{P}$ [vgl. I 4.4.5, Gl. (20)]; die Rohrapparatur ist also für Messungen der komplexen Wandimpedanz geeignet.

Zwischen $\underline{P}$ und α_0 besteht entsprechend der Definition des Schluckgrades die einfache Beziehung (I 4.4.6, Gl. (21))

$$\alpha_0 = 1 - |\underline{P}|^2. \quad (14)$$

Der Betrag $|\underline{P}|$ des komplexen Reflexionsfaktors $\underline{P}$ ist durch den Betrag p_{min}/p_{max} des Schalldruckamplitudenverhältnisses bestimmt, und zwar gilt

$$|\underline{P}| = \frac{1 - p_{min}/p_{max}}{1 + p_{min}/p_{max}}. \quad (15)$$

Eine Phasenmessung ist also zur Ermittlung von α_0 nicht erforderlich.

Die wesentlichen Bestandteile einer Impedanzrohrapparatur sind aus Abb. 7 zu ersehen

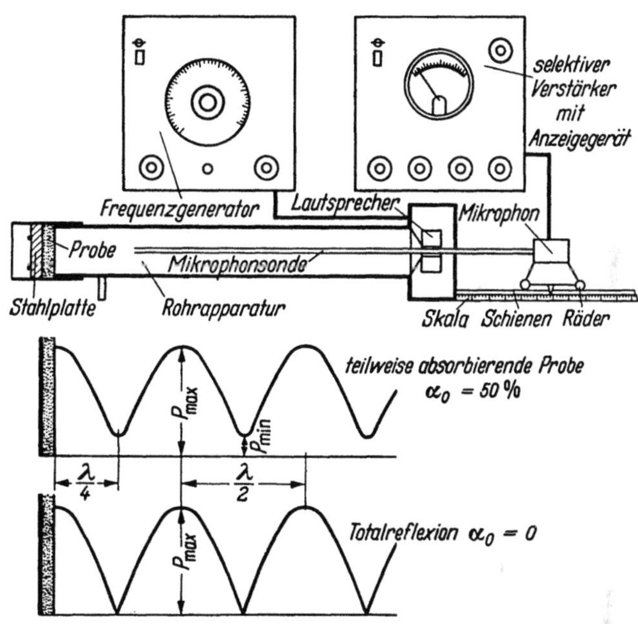

Abb. 7. Schematische Darstellung einer Meßeinrichtung zur Bestimmung des Schallabsorptionsgrades im Rohr (n. BRÜEL)

[27]. Der Schall wird mit einem elektrodynamischen Lautsprechersystem (rechts im Bild) in das Rohr gestrahlt. Durch Reflexion an der Probe (links) entsteht die stehende Welle. Die Schalldruckverteilung in ihr wird längs der Rohrachse mit einem Sondenmikrophon abgetastet. Dieses besteht aus einem langen, dünnen, verschiebbaren Rohr, das durch das Lautsprechersystem nach außen geführt und mit einem Mikrophon, z. B. einem elektrodynamischen System, verbunden ist (s. Abb. 7). Das Mikrophon ist auf einem auf Schienen laufenden kleinen Fahrgestell montiert; an der Skala rechts im Bilde kann die Lage der Schalleintrittsöffnung des Sondenrohres abgelesen werden. Das Rohrende an der Objektseite ist so eingerichtet, daß alle interessierenden Absorptionsanordnungen verwirklicht werden können. Den Abschluß bildet eine verschiebbar angeordnete schallharte Stahlplatte, die allseitig luftdicht an die Rohrwand anschließen muß. Für die Unterbringung schallweicher oder reflexionsarmer Abschlüsse des Prüfobjektes soll im allgemeinen ein freier Raum mit einer Länge von etwa einer Viertelwellenlänge bei der tiefsten Meßfrequenz zwischen Meßobjekt und Abschlußplatte zur Verfügung stehen. Unten im Bild ist schema-

tisch der Verlauf des Schalldruckes längs der Rohrachse für die beiden Spezialfälle $\alpha_0 = 0$ und $\alpha_0 = 0,50$ dargestellt.

Neben dieser Anordnung der Impedanzrohrmeßeinrichtung gibt es zahlreiche Varianten [28]. Beispielsweise wird auch das Mikrophon fest in die Rohrwand eingebaut und das Rohr in Richtung seiner Achse verschiebbar angeordnet; die Probe und der Lautsprecher bleiben in Ruhe [24]. Meist wird heute jedoch die verschiebbare „Sonde" vorgezogen. Bei großkalibrigen Rohren (vgl. unten) wird oft das Mikrophon fahrbar im Rohr montiert. Zu fordern ist dabei, daß es in seinen Querabmessungen klein gegen die des Rohres ist und mit seiner Schalleintrittsöffnung in einer Rohrquerschnittsebene liegt. Auch in diesen Fällen muß die Lage der Eintrittsöffnung an einer äußeren Skala abgelesen werden können.

Die Schallquelle wird bisweilen seitlich am Rohr angebracht. In solchen Fällen wird dieses oft mit einem oder mehreren Absorptionskeilen aus schallabsorbierendem Material abgeschlossen, mit denen das Rohrende auf der Senderseite reflexionsarm gemacht werden kann [29]. Man vermeidet damit die Ausbildung von Resonanzen der Luftsäule, die sich in Rohren mit reflektierenden Abschlüssen an beiden Enden ausbilden, und gewinnt einen gleichmäßigeren Verlauf der Schalldrucke p_max und p_min mit der Frequenz.

Der Rohrdurchmesser richtet sich nach der oberen Grenze des Frequenzbereiches, in dem man den Schallabsorptionsgrad messen will, und zwar muß er kleiner als etwa die halbe Schallwellenlänge in Luft bei der Grenzfrequenz bleiben; bei größeren Rohrweiten stören Querschwingungen der Luftsäule die Messung. Bei einem Rohrdurchmesser von 5 cm beispielsweise liegt die obere Grenzfrequenz bei 3400 Hz. Um bei hohen Frequenzen des Hörbereiches einwandfrei messen zu können, braucht man also enge Rohre. Diese haben jedoch den Nachteil, daß Inhomogenitäten und Mängel der Randeinpassung der Meßprobe das Meßergebnis stark beeinflussen. Aus diesem Grunde verwendet man meist Rohre verschieden großer Querschnitte für begrenzte Frequenzbereiche. Bei hohen bauakustischen Ansprüchen werden für den Bereich tiefer Frequenzen Rohre großen Querschnittes benutzt, den man quadratisch zu wählen pflegt (innere Kantenlänge z. B. 30 cm, Meßbereich bis 550 Hz). Solche Rohre werden beispielsweise dickwandig in Beton ausgeführt. Der harte Abschluß wird in diesem Falle z. B. durch eine 40 mm dicke Stahlplatte verwirklicht, die mit weichem, aufblasbarem Gummischlauch gegen die Rohrwand abgedichtet ist.

Die untere Grenzfrequenz des Meßbereiches ist durch die Länge der freien Meßstrecke im Rohr gegeben. Um das Schalldruckverhältnis $p_\text{max}/p_\text{min}$ bestimmen zu können, braucht man Längen, die mindestens etwa gleich der Wellenlänge in Luft bei der Meßfrequenz sind. Wenn man z. B. noch bei 50 Hz messen will (Wellenlänge $\lambda \approx 7$ m), wird also eine Länge von mindestens 7 m benötigt. Tatsächlich werden die Rohre großen Querschnittes in derartigen Längen ausgeführt.

Zur Erzielung einer hohen Meßgenauigkeit muß sorgfältig darauf geachtet werden, daß eine Reihe von Störquellen vermieden wird. So muß die Schallabsorption längs des Rohres vernachlässigbar klein gegen die Absorption in der Probe sein; deshalb muß die Rohrinnenwand möglichst glatt und frei von Poren, Fugen und Rissen sein. Außerdem müsen das Mitschwingen der Seitenwände und die Festkörperschalleitung längs der Wände vermieden werden. Aus diesem Grund macht man die Rohre großen Querschnittes aus schwerem Material und möglichst starkwandig; für die Rohre kleineren Kalibers werden meist zylindrische Metallrohre benutzt. Ferner muß für eine gute Festkörperschallisolation des Schallsenders gegen das Rohr gesorgt werden. Bei Sondenmikrophonen ist es zweckmäßig, auch das dünne Rohr gegen das Mikrophon durch eine weiche Schlauchverbindung zu isolieren. Die elektronische Meßeinrichtung muß hohen Ansprüchen genügen, insbesondere muß der Frequenzgenerator frequenzkonstant und der Empfangsverstärker frequenzselektiv sein (vgl. Abb. 7).

Die Güte eines Impedanzrohres wird an der Schalldruckverteilung bei hartem Abschluß geprüft. In diesem Falle muß der erste Schalldruckknoten genau eine Viertelwellenlänge Abstand von der Wandoberfläche haben; $p_{\max}$ und $p_{\min}$ sollen einen Pegelunterschied von mindestens 40 dB aufweisen ($p_{\min}/p_{\max} \leqq 0{,}01$).

Die Rohrmethode bietet neben dem Vorteil der hohen Meßgenauigkeit den weiteren des geringen Materialaufwandes; sie reicht aber nicht aus, alle in bezug auf das Absorptionsvermögen von Schallschluckanordnungen auftretenden Fragen zu beantworten. Zum Beispiel die Absorption von Resonanzabsorbern, die im wesentlichen aus schwingungsfähigen Platten oder Folien in bestimmtem Abstand vor der harten Wand bestehen (vgl. I 4.4.6), hängt stark von den seitlichen Abmessungen und der Randbefestigung der Platten ab, die sich im Rohr meist nicht in gleicher Weise verwirklichen läßt. Oftmals ist die Prüfung flächenhaft ausgedehnter Anordnungen unerläßlich, beispielsweise dann, wenn die Absorption von der Schallquerausbreitung in der Anordnung abhängt.

In solchen Fällen muß man den verhältnismäßig großen Aufwand der Prüfung in einem sog. Hallraum in Kauf nehmen [*30, 31*]. Im allgemeinen werden Messungen im Hallraum Spezialinstituten vorbehalten bleiben müssen; deshalb genügt es hier, nur auf die Grundzüge des Verfahrens einzugehen.

Es wurde schon erwähnt, daß die Absorption einer Schallschluckanordnung von den Eigenschaften des umgebenden Raumes abhängt. Definierte und verhältnismäßig leicht theoretisch zu erfassende Gegebenheiten liegen in einem diffusen Schallfeld vor; in einem solchen sind die Schallenergie und die Schallausbreitungsrichtungen über den Raum gleichmäßig verteilt. Die Schallfelder der Hallräume sollen möglichst ideal diffus sein. Um diesem Ziel möglichst nahe kommen zu können, insbesondere bei tiefen Frequenzen, braucht man genügend große Räume. In manchen Hallräumen sind zur Verbesserung der Diffusität die Wände leicht schiefwinklig zueinander angeordnet (zur Vermeidung ausgeprägter Resonanzen zwischen parallelen Wänden) oder die Wände, die nicht mit dem Schluckstoff bedeckt werden, „aufgerauht"; Aufrauhen im akustischen Sinne bedeutet, daß man zur Schallzerstreuung (Vermeidung geometrischer Schallreflexion) die Wände mit Unebenheiten mit seitlichen Abmessungen von der Größenordnung der Schallwellenlängen versieht, z. B. mit polyzylindrischen Oberflächenstrukturen [*32*]. Außerdem arbeitet man zur Vermeidung hervortretender Resonanzen mit „inkohärentem" Schall, d. h. mit Heultönen, in denen die Tonhöhe periodisch um eine mittlere schwankt, oder mit Geräuschen mit kontinuierlichem Spektrum, die man in Analogie zum weißen Licht als „weißes Rauschen" bezeichnet; mit Terz- oder Oktavsieben werden aus diesen Spektren die gewünschten Frequenzbänder ausgefiltert.

Die Schallabsorption einer Schluckanordnung im Hallraum wird durch Messung der Nachhallzeit T in Abhängigkeit von der Frequenz vor und nach dem Einbringen des absorbierenden Materials bestimmt; T ist dabei die Zeit, in der die mittlere Schallenergiedichte, die durch eine Schallquelle erzeugt und aufrechterhalten wird, nach dem Abschalten der Quelle auf den 10^{-6} ten Teil des Anfangswertes (um 60 dB) exponentiell absinkt (vgl. I 4.4.4). Gemessen wird T mit Hilfe eines sog. Pegelschreibers, mit dem der Abklingvorgang registriert wird [33]; der Pegelschreiber zeichnet die mit der Zeit t exponentiell abnehmende Amplitude auf dem Registrierstreifen als Gerade, aus deren Neigung T leicht bestimmt werden kann.

Über die Durchführung der Messung s. Normblatt DIN 52212; s. dort auch Empfehlungen über das Raumvolumen, die Größe und Verteilung der Prüffläche, dabei zu beachtende Besonderheiten, Aufstellung von Lautsprecher und Mikrophon usw.

Nach der Theorie von W. C. Sabine, die der Auswertung der Meßergebnisse zugrunde gelegt wird, ist das Absorptionsvermögen A des Raumes vom Volumen V zu berechnen an Hand der Zahlenwertgleichung

$$A = 0{,}163\,\frac{V}{T}, \qquad \begin{array}{c|c|c} A & V & T \\ \hline m^2 & m^3 & s \end{array} \qquad (16)$$

Es seien ΔA die Vergrößerung von A durch das Einbringen der Absorptionsanordnung in den leeren Raum, T_0 und T_Δ die Nachhallzeiten vor und nach dem Einbringen; dann ist

$$\Delta A = 0{,}163\,V\left(\frac{1}{T_\Delta} - \frac{1}{T_0}\right). \qquad \begin{array}{c|c|c} A & V & T \\ \hline m^2 & m^3 & s \end{array} \qquad (17)$$

Den Absorptionsgrad der Schluckanordnung erhält man durch Division von ΔA durch die Fläche S der Anordnung. Der so ermittelte Absorptionsgrad wird mit $\alpha_{s\,ab}$ bezeichnet:

$$\alpha_{s\,ab} = \frac{\Delta A}{S}. \qquad (18)$$

Die Ergebnisse der Hallraummessungen hängen wegen der Schwierigkeit, ideal diffuse Schallfelder zu verwirklichen, und aus anderen Gründen verhältnismäßig stark von den Versuchsbedingungen ab [34]; so kommt es beispielsweise vor, daß Schallabsorptionsgrade $\alpha_{s\,ab} > 1$ gemessen werden. Aus diesem Grunde gibt man $\alpha_{s\,ab}$ nicht in Prozenten, sondern als Dezimalbruch an. Vergleichsmessungen verschiedener Institute haben ergeben, daß man Abweichungen der Meßergebnisse, insbesondere bei hohen Absorptionsgraden, in Kauf nehmen muß, daß der praktische Wert der Resultate des einzelnen Institutes jedoch dadurch nicht wesentlich beeinträchtigt wird.

Beispiele von gemessenen Frequenzkurven des Schallabsorptionsgrades von PVC-Schaumstoff-Matten sind in Abb. 8 wiedergegeben [35]; dabei sind zum Vergleich im Impedanzrohr und im Hallraum bei gleicher Anordnung (Schaumstoff auf harten Abschluß geklebt) gemessene Kurven (a und b) gegenübergestellt. Beide Kurven zeigen ein Maximum der Absorption bei der Frequenz (1000 Hz), für die die Mattendicke gleich der Viertelwellenlänge im Schluckstoff ist (vgl. I 4.4.6). Die etwas höheren Werte der im Hallraum gemessenen Absorptionskoeffizienten im Vergleich zu den im Rohr gemessenen entsprechenden Werten

stimmen mit der Erwartung nach den Ergebnissen der Theorie von MORSE und
BOLT überein [*36*]. Bei der Anbringung der Matten in einem bestimmten Abstand
(5 cm) vor der Wand wirkt die Schallschluckanordnung bei tiefen Frequenzen als
Resonanzabsorber (Resonanz-
frequenz 320 Hz), in dem die
Matte die Rolle der schwingenden Masse spielt.

d) Schallisolationsmaß.
Neben der Schallabsorption in
Räumen durch schallschluk-
kende Wandbekleidungen zur
Nachhallminderung u. dgl.
spielt in der Raum- und Bauakustik eine gleichwichtige
Rolle die Verhinderung des
Überganges des in einem Raum
erzeugten Luftschalles in die
benachbarten. An die Schallisolation (-dämmung) der Trenn-
wände und -decken werden
heute bestimmte Mindestforde-
rungen gestellt [*37*] (s. auch
II 3.7.2).

Die Isolation einer Wand-
oder Deckenkonstruktion wird
entweder unmittelbar im Bauwerk oder, besonders wenn es
sich um die Prüfung einer bestimmten Wandbauart handelt,
im Laboratorium gemessen [*38*].
Man benötigt zu diesem Zwecke
neben- und übereinanderliegende Hallräume. Also auch
die Prüfung der Luftschalliso-

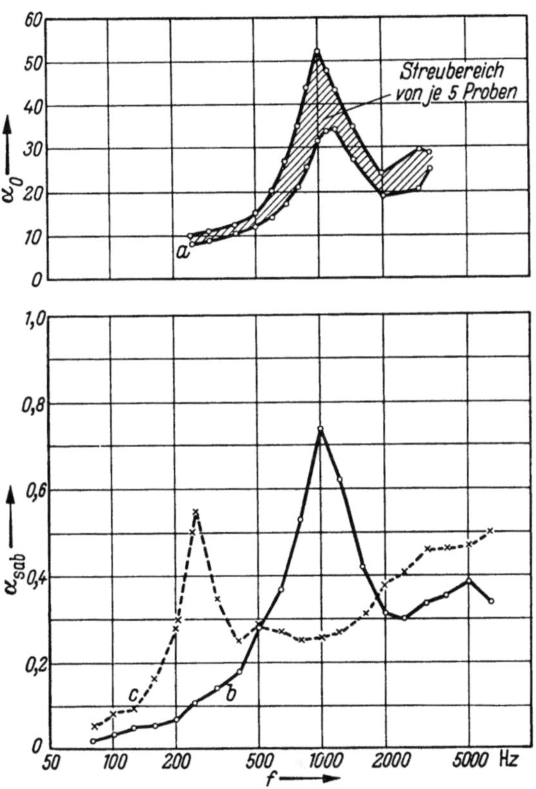

Abb. 8. Schallabsorptionsgrad von PVC-Schaumstoff-Matten
in Abhängigkeit von der Frequenz

a: α_0 gemessen im Impedanzrohr, Schaumstoff auf Abschlußplatte geklebt, b und c: α_{sab} gemessen im Hallraum,
b: Schaumstoffmatten auf Hallraumwand geklebt, c: Matten
(auf Holzleisten genagelt) in 5 cm Abstand von der Wand
(Messung Physikalisch-Technische Bundesanstalt)

lation erfordert einen verhältnismäßig großen Aufwand und muß im allgemeinen
Spezialinstituten vorbehalten bleiben. Was die Durchführung der Prüfung angeht, so möge hier der Hinweis auf das einschlägige Normblatt genügen [*38*].

Ausführliche Behandlung des Problems und Beschreibung bestimmter Laboratorien bei
Beranek, L. L. : [*14*] Kap. 19. 4.

Um den Unterschied der Begriffe Luftschallabsorption und -dämmung zu
verdeutlichen, die erfahrungsgemäß in der Praxis oftmals von Nichtakustikern
nicht genügend klar auseinandergehalten werden, seien hier die Beziehungen
angeführt, die der Auswertung der Meßergebnisse bei der Prüfung auf Luftschallisolation im Laboratorium zugrunde liegen.

Es sei N_1 die auf die zu prüfende Wand oder Decke auftreffende Schallenergie
und N_2 die von ihr durchgelassene Energie; dann ist definitionsgemäß das

Isolationsmaß R in dB

$$R = 10 \lg\left(\frac{N_1}{N_2}\right). \tag{19}$$

Bei der Prüfung im Laboratorium wird die Prüfwand in eine Öffnung zwischen 2 Hallräumen eingebaut (Flächenabmessungen etwa 2,5 m × 3,5 m). Prüfdecken werden zwischen zwei übereinanderliegenden Hallräumen eingebaut; sie müssen die ganze Grundfläche des Empfangsraumes überdecken (Mindestgröße der Fläche 12 m²).

Bei Annahme eines diffusen Schallfeldes (vgl. II 3.7.3 c) kann R aus der Schallpegeldifferenz im Sende- und Empfangsraum berechnet werden an Hand der Beziehung

$$R = L_1 - L_2 + 10 \lg \frac{S}{A}, \tag{20}$$

darin sind L_1 und L_2 die Schallpegel im Senderaum, in dem die Schallquelle steht, und im Empfangsraum, S die Fläche der zu prüfenden Wand und A das nach Gl. (16) aus der gemessenen Nachhallzeit des Empfangsraumes berechnete Schluckvermögen dieses Raumes. Der Schallpegel L in dB in einem Raum bei diffusem Schallfeld wird definiert durch die Gleichung

$$L = 20 \lg\left(\frac{p}{p_0}\right), \tag{21}$$

wo p den Schalldruck im diffusen Feld und p_0 den mit $2 \cdot 10^{-4}$ dyn/cm² festgelegten Bezugswert (Schwellwert) bedeuten. L wird wie R in dB angegeben.

Da die Schallfelder nicht ideal zu sein pflegen, mißt man den Schalldruck an n Stellen des Raumes ($n = 3$ bis 6) und definiert den Schallpegel durch die Beziehung

$$L = 10 \lg \frac{p_1^2 + p_2^2 + \cdots + p_n^2}{n\, p_0^2}, \tag{22}$$

$p_1, \ldots, p_n$ die Schalldrücke an den n Meßstellen.

Der Pegel L_2 im Empfangsraum hängt ab von der durch die Wand durchgelassenen Schallenergie und dem Absorptionsvermögen A dieses Raumes; je höher A ist, desto niedriger stellt sich L_2 ein. Von der bei hoher Schallisolation der Trennwand gegebenenfalls zu berücksichtigenden Schallübertragung auf „Nebenwegen" (durch Körperschalleitung längs der Wände) wurde hier abgesehen.

3.7.4 Sonstige akustische Eigenschaften

Die Dämpfung von Schwingungen und Festkörperschall von Blechkonstruktionen durch dämpfende Beläge (Entdröhnungsmittel) ist technisch bedeutsam. Kunststoffe spielen als Entdröhnungsmittel eine wichtige Rolle (vgl. I 4.4.6). Die Dämpfung beruht dabei auf inneren Energieverlusten in der Belagschicht, also auf den dynamisch-elastischen Eigenschaften der Schicht. Deshalb wurde die Prüfung der Entdröhnungsmittel sinngemäß bereits in II 3.4.2 c behandelt.

In I 4.4.6 wurde noch die Anwendung von Kunststoffen in der Wasserschalltechnik erwähnt, insbesondere als Schallabsorptionsmittel. Es würde im Rahmen dieses Buches zu weit führen, auf die akustischen Prüfverfahren in der Wasserschalltechnik ausführlicher einzugehen. Deshalb mögen hier einige Literaturhinweise genügen [39 bis 43].

Literatur

[1] Böhme, H.: Akust. Z. 2 (1937) S. 303.

[2] Meyer, E., u. L. Keidel: Z. techn. Phys. 18 (1937) S. 299.

[3] Exner, M.-L.: Acustica 2 (1952) S. 213.

[4] Über die Berechnung von Gummifedern s. auch C. W. Kosten: Z. VDI 86 (1942) S. 535.

[5] Göbel, E. F.: Berechnung und Gestaltung von Gummifedern. Berlin/Göttingen/ Heidelberg: Springer 1955.

[6] Gösele, K.: Acustica 6 (1956) S. 67.

[7] Normentwurf DIN 52 214: Bestimmung der dynamischen Steifigkeit von Dämmschichten für schwimmende Estriche.

[8] Furrer, W.: Schweiz. Bauztg. 65 (1947) S. 711; Acustica 6 (1956) S. 160.

[9] Bach, W., u. K. Gösele: Forschungen und Fortschritte im Bauwesen, H. D 23, Schallschutz Teil II, S. 17. Stuttgart: Francksche Verlagsbuchhandlung 1956.

[10] Cremer, L.: Fortschritte und Forschungen im Bauwesen, H. D 2, S. 123. Stuttgart: Francksche Verlagsbuchhandlung 1952.

[11] Cremer, L.: Die wissenschaftlichen Grundlagen der Raumakustik, Bd. III: Wellentheoretische Raumakustik, § 47. Leipzig: Hirzel 1950.

[12] Meyer, E., u. V. Kühl: Ber. d. Berl. Akad. (1932) Math. Phys. Kl. 26.

[13] Beranek, L. L.: J. Acoust. Soc. Amer. 13 (1942) S. 248.

[14] Beranek, L. L.: Acoustic Measurements. Kap. 19. New York: John Wiley & Sons. London: Chapmann & Hall Ltd. 1949.

[15] Eijk, J. v. d., u. C. Zwikker: Physica 8 (1941) S. 149.

[16] Leonard, R. W.: J. Acoust. Soc. Amer. 20 (1948) S. 39.

[17] Normentwurf DIN 53 420: Prüfung von harten Schaumstoffen. Bestimmung der Rohdichte. Beachte dort die Vorschriften über Abmessungen, Zahl und Vorbehandlung der Probekörper und die Durchführung der Messungen.

[18] Normblatt DIN 52213.

[19] Nichols, R. H.: J. Acoust. Soc. Amer. 19 (1947) S. 866.

[20] Leonard, R. W.: J. Acoust. Soc. Amer. 17 (1946) S. 240.

[21] Sabine, H. J.: ASTM Bull. (Jan. 1956) Nr. 211, S. 29.

[22] Cremer, L.: Zit. [11], 3. Kap.

[23] Beranek, L. L.: Zit. [14], Kap. 7, s. dort älteres Schrifttum.

[24] Zwikker, C., u. C. W. Kosten: Sound Absorbing Materials. Amsterdam: Elsevier Publ. Comp. 1949.

[25] Normblatt DIN 52215 (in Vorbereitung).

[26] Lippert, W.: Acustica 3 (1953) S. 153.

[27] Entnommen aus P. V. Brüel: Sound Insulation and Room Acoustics, Abb. 13. London: Chapmann & Hall Ltd. 1951.

[28] Siehe dazu L. L. Beranek: Zit. [14], Kap. 7. 2 B.

[29] Kurtze, G.: Acustica 2 (1952) Beiheft 2, AB 104.

[30] Normblatt DIN 52212.

[31] Beranek, L. L.: Zit. [14], Kap. 19.3; ausführliche Diskussion des Hallraumproblems.

[32] Siehe dazu M. Grützmacher: Acustica 6 (1956) S. 224, Abb. 2.

[33] Brüel, P. V.: Zit. [27], Kap. 1.

[34] Venzke, G.: Acustica 6 (1956) S. 2; s. dort weiteres Schrifttum.

[35] Vergleiche H. Oberst: Kunststoffe 46 (1956) S. 190, Abb. 1 u. 2.

[36] Morse, P. M., u. R. H. Bolt: Rev. Mod. Phys. 16 (1944) S. 69; s. auch L. L. Beranek: Zit. [14], Kap. 19.3.

[37] Schoch, A.: Die physikalischen und technischen Grundlagen der Schalldämmung im Bauwesen. Leipzig: Hirzel 1937; s. auch Vornorm DIN 52211.

[38] Siehe Normblatt DIN 52210.

[39] Zusammenfassende Darstellung der Wasserschall-Meßtechnik in „Technical Aspects of Sound", herausgeg. von E. G. Richardson, Bd. II, Division II, Underwater Acoustics, 4. Technique of Measurements and Apparatus. Amsterdam/London: Elsevier Publ. Comp. 1957.

[40] KUHL, W.: Acustica 3 (1953) S. 111.
[41] KUHL, W., H. OBERST u. E. SKUDRZYK: Acustica 3 (1953) S. 421.
[42] TAMM, K.: Akust. Z. 6 (1941) S. 16.
[43] KUHL, W.: Acustica 2 (1952) Beiheft 3, AB 140.

3.8 Prüfung auf physikalisch-chemische Eigenschaften

Von P. NOWAK, Kassel

Im Rahmen einer Kunststoffprüfung kann auf die Kenntnis der physikalisch-chemischen Eigenschaften und des sich daraus ergebenden Verhaltens der Kunststoffe nicht verzichtet werden. Bei den in Frage kommenden Prüfmethoden wird auf bereits vorhandene Normen sowie auf veröffentlichte Untersuchungsmethoden zurückgegriffen.

3.8.1 Verhalten gegenüber anderen Stoffen

a) **Gasförmige Stoffe.** Bei Folien, wie sie z. B. in der Verpackungs- oder auch Elektroindustrie verwendet werden, spielt die Durchlässigkeit gegenüber Gasen und Dämpfen eine entscheidende Rolle. Die Entwicklung geeigneter Prüfverfahren beruht auf der Tatsache, daß die Diffusion dieser Stoffe weitgehend dem Fickschen Gesetz gehorcht.

$$D = \frac{m\,d}{F(p_0 - p)\,t}.$$

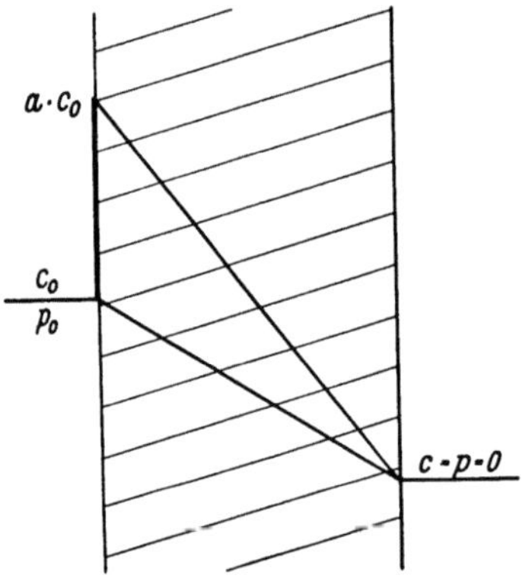

Abb. 1. Konzentrationsgefälle bei der Diffusion

D Diffusionskonstante in g/cm h Torr,
m hindurchgetretene Stoffmenge in g,
d Dicke der Probe in cm,
F Oberfläche der Probe in cm^2,
$p_0 - p$ Druckdifferenz des durch die Probe hindurchdiffundierenden Gases in Torr,
t Zeit in Stunden.

Wird der durch den Kunststoff hindurchdiffundierende, gasförmige Stoff von diesem merklich gelöst, so besteht an der Grenzfläche zwischen der Gasphase und dem Festkörper ein Konzentrationssprung. Die Konzentration im Prüfkörper ist dann in der Nähe der Grenzfläche um einen bestimmten Faktor größer als in der Gasphase (Henrysches Gesetz). Es ergibt sich somit im Material ein höheres Konzentrationsgefälle und an Stelle der inneren Diffusionskonstanten D wird jetzt die äußere Diffusionskonstante P gemessen. Diese wird meist als Permeationskonstante bezeichnet. Sie ist um den Löslichkeitskoeffizienten a größer (Abb. 1).

$$P = a\,D.$$

Im Inneren des Materials fällt aber nicht die Konzentration, sondern das chemische Potential des gelösten Stoffes linear ab. Der Druck p ist diesem in erster Näherung proportional.

R. M. BARRER [1, 2] gelang es durch Messung der Gasdurchlässigkeit und der Löslichkeit des Gases im Prüfkörper sowohl die innere als auch die äußere Diffusionskonstante zu bestimmen.

Schon T. GRAHAM [*3*] unterschied bei dem Durchtritt der Gase durch die Probe 3 Vorgänge:

Lösung in der Probe an der Folienoberfläche,

Diffusion durch die Probe,

Austritt aus der Probe durch Verdampfen.

Die Größe a kann aus der Sorption bestimmt werden. Sie gibt an, wieviel cm^3 des gasförmigen Stoffes in 1 cm^3 des Kunststoffes im Gleichgewichtszustand löslich sind.

Für diesen allgemeinen Fall lautet das Ficksche Gesetz:

$$P = \frac{N\,d}{F(p_0 - p)\,t}.$$

P Permeationskonstante in g/cm h Torr,

N hindurchgetretene Stoffmenge in g.

Die Permeationskonstante P gibt an, wieviel Gramm Substanz in einer Stunde durch einen Würfel mit einer Kantenlänge von 1 cm bei einer Druckdifferenz von 1 Torr hindurchgehen. In der Praxis wird oft statt der Permeationskonstanten die Durchlässigkeit des Stoffes in Gramm pro 1 dm^2 und einer Stunde für 20 °C oder 25 °C angegeben.

Nach H. P. FRANK [*4*] sind nur 2 Fälle zu unterscheiden:

1. Die Permeation von einfachen permanenten Gasen, deren Löslichkeit im Polymeren gering ist. In solchen Fällen gelten die Gesetze von FICK und HENRY.

2. Die Permeation und Diffusion von leicht kondensierbaren Gasen und Flüssigkeiten mit relativ großer Löslichkeit. Hierbei ist das Ficksche Gesetz nur unter gewissen Bedingungen erfüllt.

Am Beispiel des Polyvinylacetates konnte H. P. FRANK für verschiedene Gase die Gültigkeit der Gesetze von FICK und HENRY nachweisen.

Die Ursachen der Irregularität im zweiten Falle sind offenbar einerseits ein Orientierungsprozeß in der Richtung der Diffusion und andererseits das Auftreten von Spannungen zwischen verschieden stark gequollenen Schichten des Polymeren. Die charakteristischere Meßmethode ist hier die zeitliche Verfolgung der Sorption. Nach Untersuchungen von F. H. MÜLLER [*5*] zeigt die Permeationskonstante häufig eine Abhängigkeit von der Konzentration des durch den hochpolymeren Stoff hindurchdiffundierenden Gases oder Dampfes — bei sehr kleinen oder sehr großen Konzentrationen kann sie kleiner sein als bei mittleren — was sich aus der Kinetik des Vorganges erklären läßt. Hat der zu prüfende hochpolymere Stoff durch fehlerhafte Herstellung Poren, so ergibt sich für die gemessene Permeationskonstante eine relativ geringe Abhängigkeit von der Temperatur und der Natur des diffundierenden Gases. Außerdem nimmt sie mit zunehmender Dicke scheinbar ab [*6*].

Bei echter Diffusion wird aber eher der umgekehrte Gang mit der Dicke, d. h. kleinere Werte bei dünneren Folien, gefunden [*7*]. Dies kann mit dem bei dünneren Folien vorliegenden höheren Ordnungszustand der Makromoleküle erklärt werden.

α) *Gravimetrische Bestimmung der Wasserdampfdurchlässigkeit* (s. auch II 4.4.8). Von den Größen in der Fickschen Gleichung werden die Dicke und die Oberfläche der Probe sowie die Zeit in üblicher Weise ermittelt. Die durch die Probe hindurchdiffundierende Wassermenge kann gravimetrisch, titrimetrisch und manometrisch bestimmt werden.

Um bei den Messungen vergleichbare Ergebnisse zu erhalten, wird die Versuchstemperatur festgelegt. Es ist zu beachten, daß größere Unterschiede im Feuchtigkeitsgefälle zu abweichenden Ergebnissen führen und die Anlaufvorgänge Zeiten von einigen Sekunden bis zu einigen Tagen beanspruchen können.

Messung nach Jenckel und Woltmann. Eine erste Methode, bei der apparativ unter gut definierten Bedingungen gearbeitet werden kann, wurde von JENCKEL und WOLTMANN [8] angegeben. Hierbei wird die Probefolie von 100 mm Durchmesser zwischen 2 Aluminiumringen eingespannt, die beiderseits durch Glasplatten abgeschlossen werden (Abb. 2). Zwischen die Folie und die untere Glasplatte wird eine bestimmte Wassermenge eingefüllt. Die obere Glasplatte besitzt 2 Bohrungen. Durch die eine Bohrung wird sorgfältig getrocknete Luft mit einer ausreichenden Strömungsgeschwindigkeit eingeleitet, die die Meßzelle durch die zweite Bohrung wieder verläßt. Zur Wägung des durch den Luftstrom von der Folienoberfläche mitgenommenen Wasserdampfes dienen zwei mit Phosphorpentoxyd gefüllte Wägeröhrchen. Die eingeleitete Luft und die Meßzelle werden in einem Thermostaten temperiert. Es sollen die gefundenen Werte auf 1,5 bis 2% reproduzierbar sein.

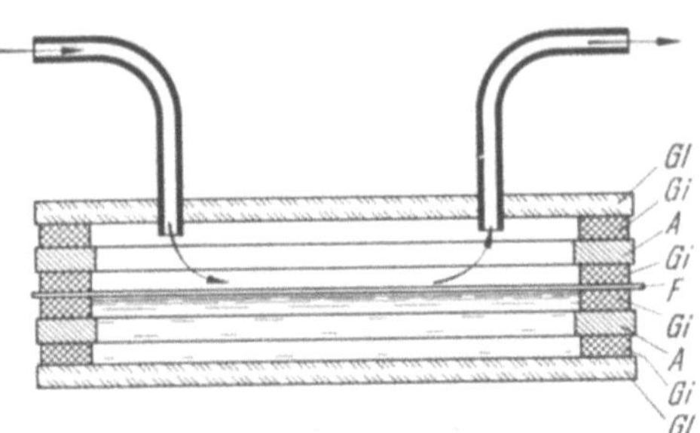

Abb. 2. Anordnung zur Messung der Wasserdampf-Durchlässigkeit nach JENCKEL und WOLTMANN (*F* = Folie, *A* = Aluminiumring, *Gl* = Glasplatte, *Gi* = Gummiring)

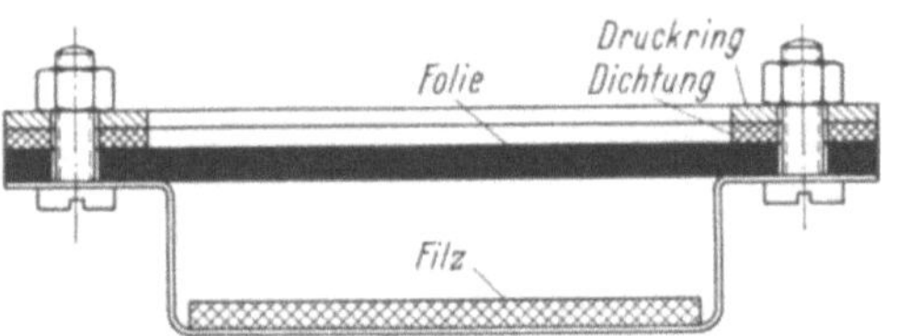

Abb. 3. Anordnung zur Messung der Wasserdampfdurchlässigkeit nach BADUM und LEILICH

Messung nach Badum und Leilich. Eine für die Praxis oft ausreichende einfache Methode wurde von BADUM und LEILICH [9] angegeben. Die zu untersuchende Kunststoffolie (s. Abb. 3) wird auf dem Rand eines Aluminiumgefäßes von etwa 100 g Gewicht luftdicht aufgespannt. Am Boden des Gefäßes befindet sich ein wassergetränkter Filz, dessen Fläche der Prüffläche der Folie entspricht. Das Prüfgerät wird in einen mit Trockenmittel gefüllten Exsikkator gebracht, der in einem Thermostaten auf konstanter Temperatur gehalten wird. Nach gewissen Zeitabständen wird die Gewichtsänderung bestimmt.

BADUM und LEILICH geben für eine PVC-Folie bei 25 °C folgende Meßwerte an:
Dicke der Folie: 0,0425 cm,   Einwaage: 110,4022 g (Gefäß und Folie)

Stunden nach Versuchsbeginn ..	23,5	49	74	98	122	146
Gewichtsabnahme g	0,0684	0,07	0,0702	0,0718	0,0726	0,0756
Gewichtsabnahme g/h · 10⁴	29	29	28	30	30	31

Bei dieser Tabelle ist zur Berechnung der Gewichtsabnahme je Stunde die Differenz der angegebenen Stundenwerte zu berücksichtigen.

Die freie Oberfläche der Folie betrug 25 cm². Bei einer Meßtemperatur von 25 °C herrschte im Innern der Zelle ein Wasserdampfdruck von 23,6 mm. Zwischen der 74. und 146. Stunde hat die Probe 0,22 g Wasser hindurchgelassen. Aus diesen Angaben errechnet sich die Permeationskonstante wie folgt:

$$P = \frac{0,22 \cdot 0,0425}{25 \cdot 23,6 \cdot 72} = 22 \cdot 10^{-8}\,[\text{g/cm h Torr}].$$

Eine empfindlichere, gravimetrische Methode, bei der sehr kleine Meßzellen aus Kunststoff verwendet werden, ist von H. HEERING und Mitarbeitern angegeben worden [10].

Messung nach DIN 53 122, Vornorm. Der vorliegende Normentwurf befaßt sich mit der gravimetrischen Bestimmung der Wasserdampfdurchlässigkeit von Kunststoff-Folien. Es ist hierfür das jetzt allgemein übliche Verfahren vorgesehen, bei dem sich die Prüfzelle mit Trockenmittel in einem klimatisierten Raum mit Luftumwälzung befindet.

Messung nach ASTM D 697-42 T. Die amerikanische Prüfvorschrift entspricht im Prinzip der von BADUM und LEILICH.

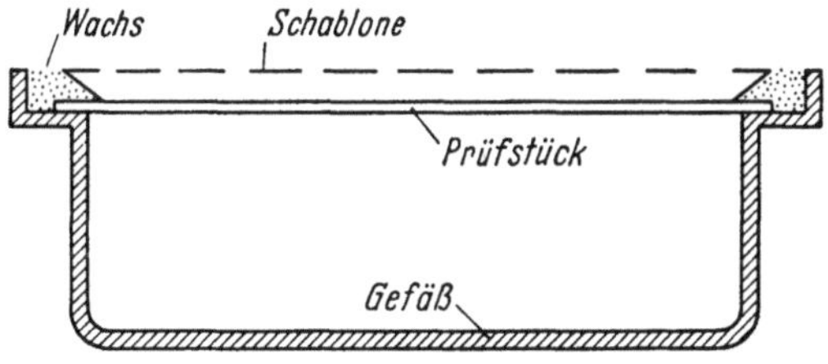

Abb. 4. Anordnung zur Messung der Wasserdampfdurchlässigkeit nach ASTM D 697–42 T

Sie berücksichtigt aber, daß unterschiedliche Ergebnisse erhalten werden können, wenn in einem Falle (A) die eine Oberfläche der Probe einer mittleren und die andere einer sehr niedrigen relativen Luftfeuchte, im anderen Falle (B) dagegen die eine Oberfläche wieder einer mittleren, die andere aber einer hohen relativen Luftfeuchte ausgesetzt wird. Aus diesem Grunde stellt diese ASTM-Vorschrift es dem Prüfenden frei, die Methode auszuwählen, die für seinen besonderen Zweck am besten zutrifft.

Die Apparatur besteht nach Abb. 4 aus einem Gefäß, das auf eine analytische Waage mit einer Empfindlichkeit von 1 mg paßt.

Die Meßgenauigkeit dieser Methode wird mit $\pm 10\%$ angegeben. Dies wird als ausreichend zur Charakterisierung eines Materials angesehen, zumal sich die Wasserdampfdurchlässigkeiten verschiedener Materialien um mehrere Zehnerpotenzen unterscheiden können.

Messung nach ASTM E 96-53 T. In dieser Vorschrift, der das Verfahren nach ASTM D 697–42 T zugrunde liegt, sind für Kunststoff-Folien und -Filme fünf verschiedene Prüfbedingungen festgelegt, die in der Tab. 1 zusammengestellt sind.

Tabelle 1. *Prüfbedingungen nach ASTM E 96–53 T*

Prüfbedingungen	Prüftemperatur in °C	Relative Luftfeuchte an den beiden Seiten der Probe	
		im Gefäß	außerhalb
A	23,0 ± 1,1	0	50
B	23,0 ± 1,1	100	50
C	32,2 ± 0,6	0	50
D	32,2 ± 0,6	100	50
E	37,8 ± 0,6	0	90

Die Wasserdampfdurchlässigkeit wird in g/m² je 24 Std. angegeben. Auch die hier erhaltenen Ergebnisse können nicht ohne weiteres auf die Praxis übertragen werden. Ausdrücklich wird erwähnt, daß die Wasserdampfdurchlässigkeit keine lineare Funktion der Temperatur oder des Feuchtigkeitsgefälles zwischen den beiden Seiten der Probe ist. Die in einem der obigen Fälle A bis E erhaltenen Werte geben keinen Anhaltspunkt für das Verhalten in den anderen Fällen. Deshalb sollen diejenigen Prüfbedingungen ausgewählt werden, die den beim Einsatz des Materials vorliegenden Verhältnissen am nächsten kommen.

Messung nach NF X 41-001. Diese französische Prüfvorschrift sieht ein ähnliches Verfahren wie die amerikanische vor. Die freie Oberfläche der Probe soll hier aber einen Durchmesser von 100 mm haben. Die Prüfgefäße werden in einem Klimaschrank so aufgestellt, daß überall eine Temperatur von 38 °C $\pm$ 0,3 grd und eine relative Luftfeuchte von (90 $\pm$ 2) % herrscht. Diese Luftfeuchte wird durch einen Luftstrom erzeugt, der beim Einleiten in den Schrank durch eine gesättigte Lösung von Ammoniummonophosphat hindurchperlt. Die Prüfgefäße werden mit wasserfreiem Kalziumchlorid (etwa 50 g) gefüllt. Zwischen der Kalziumchloridfüllung und der Probe soll ein Abstand von 1 mm bestehen, damit das Trockenmittel die Probe nicht berührt. Ein Ventilator sorgt für eine Luftgeschwindigkeit an der Probenoberfläche von 150 bis 200 m/min. Die Durchlässigkeit wird in g/m² · 24 Std. angegeben.

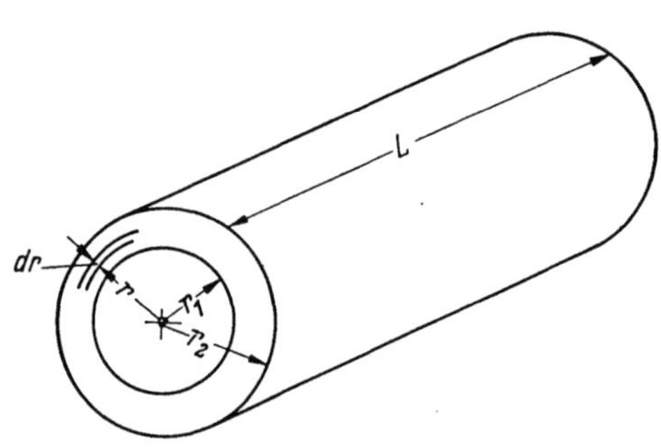

Abb. 5. Ficksches Gesetz für Schläuche

β) *Titrimetrische Bestimmung der Wasserdampfdurchlässigkeit von Rohren und Schläuchen.* Die Wasserdampfdurchlässigkeit ist weitgehend vom Herstellungsverfahren der Fertigprodukte abhängig [11]. Es ist daher nötig, Rohre und Schläuche als Fertigfabrikate zu prüfen (s. a. I 6.2).

Von verschiedenen Autoren ist ein für dickwandige, schlauchförmige Prüfkörper abgeändertes Ficksches Gesetz angegeben worden [12].

Aus der Abb. 5 geht hervor, daß für diesen Fall die Gleichung lauten muß:

$$P = \frac{N \ln \dfrac{r_2}{r_1}}{2\pi L(p_0 - p)\, t} \, .$$

Messung nach Nowak. Ausgehend von den Untersuchungen von W. NAGEL und E. BRANDENBURGER [13] an Kunststoff-Filmen hat P. NOWAK [14] eine besonders empfindliche titrimetrische Methode zur Messung an Schläuchen vorgeschlagen. Das hierfür entwickelte Gerät (Abb. 6a u. 6b) ist zur gleichzeitigen Prüfung einer größeren Anzahl von Schläuchen bzw. Rohren geeignet.

Die zu untersuchenden Kunststoffschläuche werden in einer mit Wasserdampf gesättigten Luftatmosphäre frei hängend von sorgfältig getrockneter Luft durchströmt. Der aus den Proben austretende Luftstrom wird in Reaktionsgefäße geführt, in welchen geschmolzenes Zimtsäurechlorid in genügendem Überschuß bei 60 °C mit dem mitgeführten Wasser zur Reaktion gebracht wird.

Die Reaktionsgefäße bestehen aus einem birnenförmigen Glasgefäß mit Schliff
und 2 Rohransätzen. Im kegeligen Halsschliff dieses Gefäßes sitzt ein hohles
Hahnküken, in das ein Tauchrohr eingeschmolzen ist. Diese Einrichtung bewirkt
den dichten Abschluß des Reaktionsgefäßes und verhindert so die Zersetzung des
Zimtsäurechlorids durch Luftfeuchtigeit bei Nichtgebrauch. Der rückwärtige
Rohransatz des Gefäßes besitzt eine Erweiterung, welche zur Kondensation von

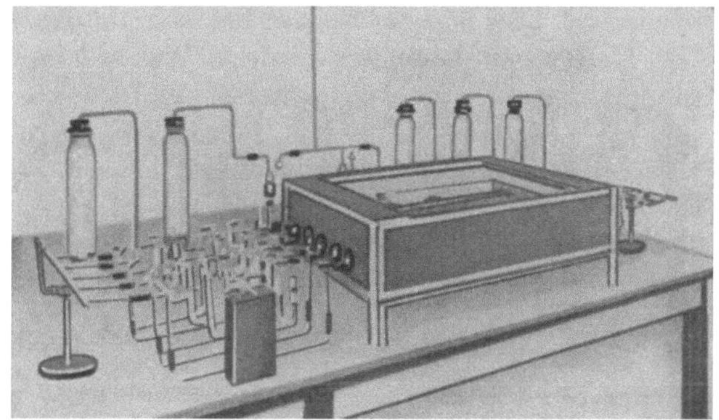

a

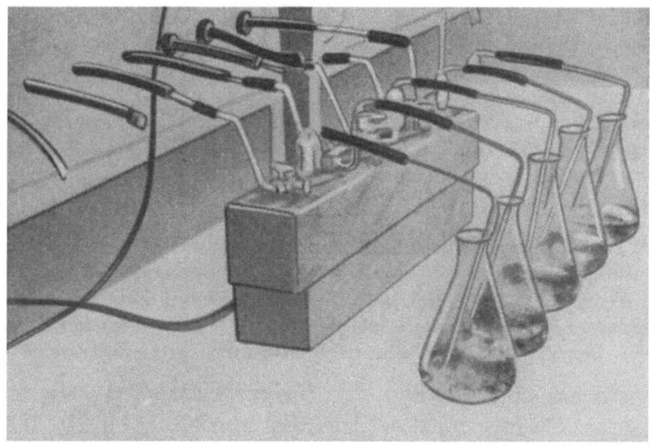

b

Abb. 6a und b. Gerät zur Bestimmung der Wasserdampfdurchlässigkeit an Schläuchen und Rohren
nach NOWAK und HOFMEIER (Werkphoto AEG)

mitgerissenen Zimtsäurechloriddämpfen dient und eine Verengung, welche ein
Zurückdiffundieren von Wasserdämpfen aus den Vorlagen verhindern soll. Um
ein Zurückdiffundieren von Wasserdämpfen unter allen Umständen zu vermeiden, ist das Dazwischenschalten eines Trockenrohres geboten. Der untere
Teil der Reaktionsgefäße steckt in einem elektrisch beheizten Luftbad, welches
auf eine Temperatur von 60 bis 70 °C gebracht wird. Der frei werdende Chlorwasserstoff wird in Wasser aufgefangen und in Zeitabschnitten von einigen Stunden mit Normallauge titriert. Diese ist so eingestellt, daß 1 ml Lauge 1 mg
Wasser entspricht (etwa 1/10 Normallauge). Der Wasserdampf reagiert mit dem

Zimtsäurechlorid gemäß der Gleichung:

$$2\,C_6H_5\cdot CH:CH\cdot COCl + H_2O = (C_6H_5CH:CH\cdot CO)_2O + 2\,HCl.$$

Es werden also durch 1 Mol H_2O 2 Mol HCl frei gemacht. Die in verschiedenen Zeiten erhaltenen Meßwerte können in einer Kurve aufgetragen werden, aus deren Steigung die Wasserdampfdurchlässigkeit ermittelt werden kann.

Bei diesem Verfahren wird eine Genauigkeit der Bestimmung erzielt, die bei Anwendung einer gravimetrischen Methode nur mit besonders empfindlichen Waagen zu erreichen ist. Dies ist u. a. bei der Prüfung von Kabelmantelstoffen von Interesse, da hierfür eine besonders niedrige Wasserdampfdurchlässigkeit verlangt werden muß.

Meßwerte aus der Literatur. In der Tab. 2 sind Werte für die Wasserdampfdurchlässigkeit einiger Kunststoffe zusammengestellt, wie sie mit den beschriebenen Methoden erhalten wurden:

Tabelle 2

Richtwerte der Wasserdampfdurchlässigkeit von 0.5 bis 1 mm dicken Kunststoff-Folien bei 25 °C

Untersuchte Kunststoffe	Permeations-konstante in g/cm h Torr · 10^8
Mischpolymerisate aus Vinylidenchlorid und Vinylchlorid	0,4—0,08
Polyäthylen	0,2—0,3
Polyvinylalkohol	0,4—0,5
Chloriertes Polyvinylchlorid	0,5—0,6
Polymethylmethacrylat	2 —3
Polystyrol	2 —3,5
Hartpolyvinylchlorid	2 —4
weichgemachtes Polyvinylchlorid	3 —10
Äthylcellulose	50 —60
Cellulosetriacetat	80 —100

Die in der Tab. 2 angegebenen Permeationskonstanten sind temperaturabhängig. Bei stark wasseraufnehmenden Substanzen, wie z. B. Cellulosetriacetat nehmen die P-Werte mit steigender Temperatur erheblich ab. Dies hängt damit zusammen, daß die Löslichkeit für Wasserdampf stärker absinkt, als der innere Diffusionskoeffizient D ansteigt. Im allgemeinen aber bewirkt eine Temperaturerhöhung eine größere Durchlässigkeit.

γ) Manometrische Bestimmung der Gasdurchlässigkeit. Die gravimetrische Bestimmung eines Permeationskoeffizienten von 10^{-10} bis 10^{-12} bereitet selbst bei 100 cm² Folienoberfläche und 20 μm Dicke Schwierigkeiten, da dann je Stunde nur noch 10^{-6} g Wasser durch die Probe hindurchtreten. In einem Volumen von 1 cm³ ergibt diese Wassermenge aber bei Raumtemperatur bereits einen Druck von etwa 1 Torr. Mit einem geeigneten Manometer läßt sich aber noch ein Druck von 10^{-3} Torr gut messen.

Besonders empfindliche, manometrische Verfahren, die sich sowohl für schwer als auch für leicht kondensierbare Gase anwenden lassen, wurden von P. O. SCHUPP [12] und von F. H. MÜLLER [15] angegeben.

So wird u. a. nach F. H. MÜLLER bei leicht kondensierbaren Gasen der durch die Probe hindurchgetretene Wasserdampf mit flüssiger Luft ausgefroren und sein Druck erst nach Wiederverdampfen in ein Gefäß mit kleinem, aber bekanntem Volumen gemessen. Hierbei wird auch von den Anlaufvorgängen noch ein gutes Bild gewonnen und rasch erkannt, wann der Diffusionsvorgang stationär wird. Umfangreiche Meßergebnisse sind in der genannten Arbeit angegeben.

Messung nach Cartwright. Eine für die Praxis beim Vorhandensein einer Klimaanlage oder eines Klimaschrankes verhältnismäßig einfache Meßmethode wurde von L. C. CARTWRIGHT [16] angegeben. Dieses Verfahren eignet sich auch für Gase, die sich bei den für die Prüfung erforderlichen Bedingungen nur schwer kondensieren lassen. Das Prüfgerät besteht vollständig aus Pyrexglas (Abb. 7).

Die Unterfläche der Deckplatte muß plan sein. Die Probe trennt den unteren Raum, der als Vorratsraum für das zu untersuchende Gas dient, von dem evakuierten Kapillarraum, in welchen das Gas hineindiffundiert. Ein Stück dünnes, gut gasdurchlässiges Papier wird zwischen die Probe und die Deckplatte gebracht und erlaubt dem durch die Folie diffundierten Gas unbehindert entlang der oberen Folienoberfläche in den evakuierbaren Kapillarraum zu gelangen, wo sein Druck an einem Quecksilbermanometer abgelesen wird. Das zu untersuchende Gas wird unter bekannten Bedingungen (Temperatur, Druck und Feuchtigkeitsgehalt) in das Vorratsgefäß gebracht. Für die Auswertung der Messung muß das Volumen des Kapillarraumes genau ermittelt werden. Den größten Teil dieses Raumes nimmt das Papier ein.

Statt der zu prüfenden Folie wird eine biegsame Membran, z. B. eine porenfreie, 0,025 mm dicke Aluminiumfolie eingesetzt. Das verwendete Papier muß in diesem Falle sorgfältig getrocknet sein. Dann wird der Kapillarraum so weit evakuiert, daß man das Manometer ablesen kann. Anschließend wird er mit einem bekannten Raum etwa gleicher Größe verbunden, dessen Volumen durch

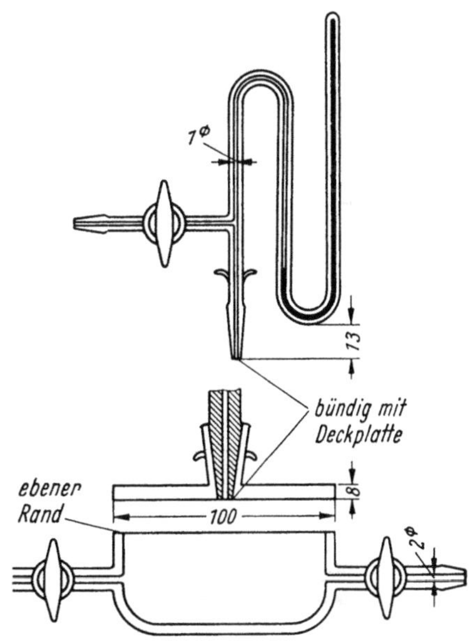

Abb. 7. Meßanordnung nach CARTWRIGHT

Auswägen mit Quecksilber bestimmt und der vorher auf einen vernachlässigbar kleinen Druck evakuiert wurde. Durch die Verbindung mit dem Hilfsvolumen sinkt der Druck am Manometer ab. Aus dem vorher und nachher abgelesenen Druck und dem bekannten Volumen des hinzugeschalteten Gefäßes läßt sich mit Hilfe der idealen Gasgleichung das Volumen des Kapillarraumes berechnen.

Die hindurchgetretene Gasmenge (N in g) berechnet sich nach:

$$N(g) = \frac{Mv}{V} \frac{p_2 - p_1}{760} \frac{273,1}{T}.$$

M Molgewicht des Gases in g,
V Molvolumen des Gases bei Normalbedingungen in cm³,
v Volumen des Kapillarraumes in cm³,
p_1 Druck am Manometer am Anfang der Messung in Torr,
p_2 Druck am Manometer am Ende der Messung in Torr,
T Meßtemperatur in °K.

Hieraus ergibt sich für die Permeationskonstante:

$$P = \frac{M\,v_0\,(p_2 - p_1)\cdot 273{,}1\,d}{V\cdot 760\,F\,T\left(p_0 - \dfrac{p_1 + p_2}{2}\right)t}\,.$$

P Permeationskonstante in g/cm h Torr, F wirksame Fläche der Folie in cm^2,

p_0 Druck im Gasbehälter in Torr, t Zeit in Stunden,

v_0 Volumen im Gasbehälter, d Dicke der Probe in cm.

Die angegebene Gleichung gilt, wenn sich das Druckgefälle während der Messung nur relativ wenig ändert. Je kleiner der Kapillarraum v ist, desto größer ist die Empfindlichkeit der Meßvorrichtung.

CARTWRIGHT schlägt eine Kapillare von 1 mm Durchmesser vor. Im übrigen gehen die Größenverhältnisse der Apparatur aus Abb. 7 hervor. Nach CARTWRIGHT hängt die Durchlässigkeit für viele Gase stark von dem Wasserdampfgehalt der Probe ab. Der Wasserdampf verstärkt die Gasdurchlässigkeit besonders bei hydrophilen Materialien wie Hydratcellulose sehr stark. Aus diesem Grunde ist bei der Messung nicht nur die Kenntnis der Temperatur, sondern auch die des Feuchtigkeitsgehaltes erforderlich. Ammoniak und Kohlensäure können gleichfalls die Durchlässigkeit für andere Gase stark erhöhen.

Für eine Versuchsserie mit einer bestimmten Folie und verschiedenen Gasen, etwa bei 22 °C und 65% relativer Luftfeuchte, wird der Zusammenbau des Gerätes wie folgt durchgeführt:
Die auf sauberem Papier ausgeschnittene Folie, die etwas größer ist als die Deckplatte, wird mit dem Papier auf eine Glasplatte gelegt. Ein konditioniertes Papierblättchen, etwa 2 mm kleiner als die Prüffläche, wird auf die Folie gelegt. Die Deckplatte wird über dem Papier zentriert und festgehalten. Nachdem die Folie mit Wachs vakuumdicht auf die Deckplatte geklebt ist, wird der obere Gefäßrand vorsichtig eingefettet und die Deckplatte mit der Probe aufgesetzt. Der überstehende Rand der Folie wird abgeschnitten und das Ganze nochmals vakuumdicht miteinander verklebt. Nach Aufsetzen und vorsichtigem Evakuieren des Kapillarrohres wird der Hahn geschlossen. Bei jedem Pumpen wird zwar etwas Feuchtigkeit entfernt, deren Menge aber gering ist im Vergleich zum Feuchtigkeitsgehalt des Papiers. Außerdem sind die meisten Kunststoffe so wasserdampfdurchlässig, daß diese Menge von dem konditionierten Gas durch die Probe nachgeliefert wird. Wenn das zu prüfende Gas Luft ist und in einem konditionierten Raum gearbeitet wird, kann der Hahn des Gefäßes offen gelassen werden. Ist der Kapillarraum auf den vorhandenen Gleichgewichtsdruck des Wasserdampfes evakuiert, so wird der Hahn geschlossen. Das Manometer wird in geeigneten Zeitabständen abgelesen, bis sich ein gleichmäßiger Anstieg des Druckes ergibt. Der Kapillarraum kann nach Belieben immer wieder auf den Gleichgewichtsdruck des Wasserdampfes evakuiert werden. Soll mit einem völlig trockenen Gas gearbeitet werden, muß gut getrocknetes Papier verwendet werden. Der Gasbehälter des Meßgerätes wird dann mit etwas Trockenmittel gefüllt. Die in der Zeit zwischen 2 Druckablesungen p_1 und p_2 durch die Folie hindurchgetretene Gasmenge $N\,(g)$ berechnet sich aus den vorstehenden Gleichungen.

In letzter Zeit hat W. SCHRÜFER [17] die mit einer solchen Anordnung erreichbare Meßgenauigkeit diskutiert. Er beabsichtigt, mit den dabei gewonnenen Erkenntnissen ein mit großer Meßgenauigkeit arbeitendes Gerät zu entwickeln, das auch im Betrieb erfolgreich eingesetzt werden kann.[1]

Bei der Messung der Gasdurchlässigkeit wird beobachtet, daß für verschiedene Gase die Werte der Diffusionskonstanten geringere Unterschiede zeigen als die der Permeationskonstanten, was von der verschiedenen Löslichkeit der Gase in den Kunststoffen herrührt.

---

[1] Siehe u. a. BÜCHNER u. SCHRICKER: Gerät zur Messung der Durchlässigkeit von Kunststoff-Folien für feuchte Gase. Kunststoffe 50 (1960) S. 156—162.

Füllstoffe — besonders aktive — verringern die Durchlässigkeit, da sie den Diffusionsweg erhöhen; ebenso wie Kristallinität, z. B. bei Polyäthylen oder bei Zellophan.

Die Edelgase oder neutralen Gase wie Wasserstoff, Stickstoff usw. zeigen nur eine geringe Wechselwirkung mit dem Folienmaterial und daher lediglich eine Abhängigkeit vom Atom- bzw. Moleküldurchmesser. Auf dieser Tatsache beruht auch die Verwendung von Kunststoffolien zur Gastrennung [18].

δ) *Eigenschaftsänderungen durch gasförmige Stoffe.*
Feuchte Luft.
Messung nach DIN 53473-Entwurf. Zur Bestimmung des Verhaltens ungeformter und geformter Kunststoffe in feuchter Luft wird die Gewichtsänderung benutzt. Sie kann jedoch allein nur dann als Kennwert für die Feuchteaufnahme des Stoffes gelten, wenn er sein Gewicht wirklich nur durch Abgabe von Feuchtigkeit ändert (Gehalt an flüchtigen Lösungsmitteln oder Weichmachern, Oxydation usw.). Andernfalls ist bei Angabe der Gewichtszunahme gegenüber dem Ausgangszustand die Gewichtsänderung aus anderen Gründen zu berücksichtigen, oder es ist zusätzlich diese Gewichtsänderung anzugeben (s. DIN 53472).

Der vorliegende Normentwurf wird in seinem allgemeinen Aufbau jetzt weitgehend ISO[1]/R 62 „Prüfung von Kunststoffen. Bestimmung der Wasseraufnahme" auch in seinen Angaben über Prüfkörper angepaßt. So werden als Prüfkörper für Formmassen Rundscheiben von 50 mm ± 1 mm Durchmesser und 3 mm ± 0,2 mm Dicke festgelegt. Die Proben werden in einem Wärmeschrank bei 50 °C ± 2,5 grd getrocknet, im Exsikkator abgekühlt und im Wägeglas gewogen (Gewicht G_2). Die beiden anderen Proben werden in einem Exsikkator über gesättigter Kaliumnitratlösung bei 93% relativer Luftfeuchte je nach Vereinbarung 1, 2, 4, 7 Tage oder im Vielfachen von 7 Tagen gelagert und anschließend im Wägeglas gewogen (Gewicht G_3). Es kann nun bestimmt werden:

Abb. 8. Aerosol-Prüfkammer

Die Feuchtigkeitsaufnahme gegenüber dem Anlieferungszustand (G_1) ist $G_3 - G_1$.

Die Feuchtigkeitsaufnahme gegenüber dem Trockenzustand ist $G_3 - G_2$.

Die Werte können je nachdem, ob nur eine oberflächliche Quellung oder eine Quellung der gesamten Probe vorliegt, auf die Oberfläche (g/cm²) oder auf das Anfangsgewicht G_1 (%) bezogen werden.

Bei grundlegenden Eigenschaftsuntersuchungen ist es ratsam, den Gewichtsverlauf beim Trocknen und beim Lagern in feuchter Luft über einen längeren Zeitraum bis zur Gewichtskonstanz zu ermitteln und als Kurve über dem Logarithmus der Zeit aufzutragen.

Aerosole. Für die Prüfung der Einwirkung von Dämpfen und Sprühnebeln ist eine Aerosolkammer (Abb. 8) entwickelt worden [19]. Das Verfahren hat den

---

[1] ISO = International Organization for Standardization.

Vorteil, daß man unter wirklichkeitsnahen Bedingungen (sehr verdünnte Prüflösungen, z. B. nur 0,05% NaCl) schnell zu differenzierten Ergebnissen kommt.
Dies wird durch eine praktisch überall gleiche Nebelkonzentration und eine
definierte Teilchengröße von 0,1 bis 10 μm erreicht. Außerdem haben die Luft
oder besonders zugesetzte Gase ungehinderten Zutritt zu den Proben.

Ozon. Ozon greift die meisten Kunststoffe mehr oder weniger stark an. In
vielen Fällen wird hierbei die molekulare Struktur der Hochpolymeren zerstört,
was sich vor allem auf die elektrische und mechanische Festigkeit nachteilig
auswirkt. Die bei hohen Spannungen auftretenden Glimmentladungen bilden in
Gegenwart von Sauerstoff neben Ozon nitrose Gase. Dies ist für die Lebensdauer
von Isolierstoffen von entscheidender Bedeutung.

Ein für elastomere Stoffe gut brauchbares Prüfverfahren, das sich auf die
Änderung der mechanischen Eigenschaften bezieht, wurde von ROELIG [20]
angegeben. Mit einem Zugdehnungsdiagramm wird das Minimum der Zugfestigkeit für eine bestimmte mechanische Dehnung und damit der ungünstigste Wert

Abb. 9. Polystyrol mit 0,01% Divinylbenzolgehalt (rechts vor,
links nach der Quellung in Benzol)

ermittelt, der als Kennziffer für
die Ozonbeständigkeit gelten
kann.

Sonstige Gase. Entsprechend
Ozon können sonstige ag-
gressive Gase, wie Ammoniak,
Schwefeldioxyd u. a., als Prüf-
medien gegenüber Kunststoffen
herangezogen werden. Auch
hierbei kann die Änderung der
mechanischen Eigenschaften
zur Beurteilung der Beständig-
keit dienen. Hierauf wird in II 3.8.1 b, δ, Seite 319, „Spannungskorrosion" näher
eingegangen. Bezüglich der Einwirkung organischer Dämpfe auf Kunststoffe
sei auf die Arbeit von BAUGHAN [21] verwiesen.

Auf Prüfverfahren, die zur Erfassung der Änderung elektrischer Eigenschaften
der Kunststoffe durch gasförmige Stoffe dienen, wird in II 3.9 „Prüfung auf
elektrische Eigenschaften" näher eingegangen.

b) Flüssigkeiten. Ähnliche Erscheinungen, wie durch die Einwirkung von
Gasen und Dämpfen, treten bei Berührung mit Flüssigkeiten durch Quellungs-
und Lösungsvorgänge auf. Das Ausmaß der Quellung hängt stark vom Vernetzungsgrad ab. So findet bei hochvernetzten Kunststoffen nur eine geringe
Quellung statt [22], während bei weitmaschigen Netzen das Ausgangsvolumen
auf ein Vielfaches ansteigen kann.

Abb. 9 zeigt diesen Vorgang an einem von STAUDINGER hergestellten Polystyrol mit
einer geringen Zahl von Divinylbenzolbrücken nach einer Lagerung in Benzol. Es kann
aber auch, wie z. B. bei Lagerung von Kasein in Wasser der umgekehrte Fall einer Volumenkontraktion eintreten (Abb. 10).

Linearpolymere Stoffe sind in geeigneten Flüssigkeiten unbegrenzt quellbar, d. h.
löslich. Dabei können im verstreckten Zustand eingefrorene hochpolymere Stoffe eine
bessere Löslichkeit zeigen als ungestreckte, falls nicht bei der Verstreckung eine Kristallisation auftritt, die diesen Effekt umkehrt. Eine Löslichkeit kann allgemein nur vorliegen,
wenn die zwischenmolekularen Kräfte des hochpolymeren Stoffes gesprengt werden können.

Dabei sind für die Trennung sowohl der hydrophilen als auch der hydrophoben Stellen häufig zwei verschiedene, aber mischbare Lösungsmittel nötig. Ein solches Verhalten zeigt niedermolekulares Polyamid, das nach W. H. L. MOLL [23] in einem Gemisch aus Methanol oder Äthanol mit Wasser löslich ist.

Bei seinen Quellungsmessungen an Hartpapier und Hartgewebe weist H. J. GREEN [24] auf die Abhängigkeit der Quellung von der Wurzel aus der Zeit hin. Verschiedene Materialien unterscheiden sich dann deutlich durch die verschiedene Steigung der fast linearen Kurven.

Für viele Kunststoffe kann bei Kenntnis ihrer Zusammensetzung und ihrer Struktur ihr Verhalten vorausgesagt werden. So haben z. B. Alkohole im allgemeinen kein Lösevermögen für Thermoplaste auf Kohlenwasserstoff- sowie auf Vinylchlorid- und Polyvinylkarbazolbasis. Weichmachungsmittel und andere Zusätze können dieses Verhalten ändern. Das Löslichkeitsverhalten von Hochpolymeren wurde eingehend von O. FUCHS [25] beschrieben.

Als Kennzeichen für die bei der Einwirkung von Flüssigkeiten auftretenden Veränderungen des Kunststoff-Formteiles wird im allgemeinen der Gang einer mit einfachen Mitteln meßbaren Eigenschaft untersucht. Solche Eigenschaften sind u. a. die Abmessungen, das Gewicht, die Festigkeit, Oberflächen- und Durchgangswiderstand, die Dielektrizitätskonstante und der dielektrische Verlustfaktor. Letzterer dürfte besonders zur Ermittlung geringerer Eigenschaftsänderungen geeignet sein, wenn nur ihre Änderung von Interesse ist.

Die beobachteten Veränderungen an den Proben können vorübergehender oder bleibender Natur sein. Aus diesem Grunde muß die Zeit zwischen Lagerung

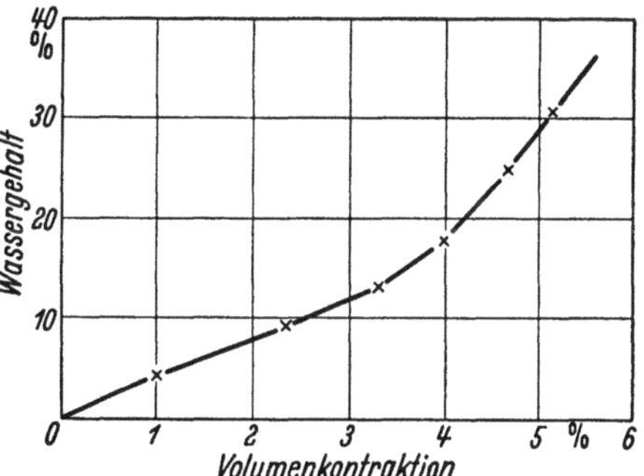

Abb. 10. Volumenkontraktion von Kasein n
KATZ

und Prüfung der Probe schon wegen der Reproduzierbarkeit der Ergebnisse genau festgelegt werden. Prüft man sofort nach der Lagerung, so werden die vorübergehenden und die bleibenden Veränderungen erfaßt. Nach ausreichender Konditionierung erhält man dagegen nur die bleibenden Veränderungen des Kunststoffes. Es ist oft zweckmäßig, bei der Darstellung der Ergebnisse von Dauerversuchen für die Zeitkoordinate einen logarithmischen Maßstab zu wählen, da der Verlauf der Quellung und der damit verbundenen Eigenschaftsänderungen klarer zum Ausdruck kommt.

Die Beständigkeit der Kunststoffe gegen Flüssigkeiten ist aber wie alle anderen Eigenschaften nicht nur temperatur- und druck-, sondern auch weitgehend gestaltsabhängig. Bei symmetrischen Prüfkörpern können sich durch die allseitige Beanspruchung die durch die Quellung auftretenden mechanischen Spannungen aufheben, so daß die Beurteilung häufig zu günstig ausfällt. Falls die Tiefenwirkung der Flüssigkeit erfaßt werden soll, dürfen die Prüfkörper nicht zu dick sein. Unter Berücksichtigung dieser Tatsache wurde von R. NITSCHE [26] eine Methode mit kastenförmigen Prüfkörpern mit den Außenabmessungen 30 mm × 60 mm × 120 mm und den Wanddicken 2, 3, 4 mm sowie treppenförmig abgesetzten Wänden von 1 bis 4 mm Dicke vorgeschlagen (Abb. 11 a u. b).

Zur endgültigen Beurteilung des Kunststoffes über sein Verhalten gegenüber Flüssigkeiten ist für den jeweiligen Anwendungszweck die Untersuchung verschieden geformter Prüfkörper, evtl. Fertigteile, erforderlich.

α) *Kaltes Wasser*. Wegen seiner allgemeinen Verbreitung in der Natur ist das Verhalten gegenüber Wasser von besonderem Interesse. Alle organischen Kunst-

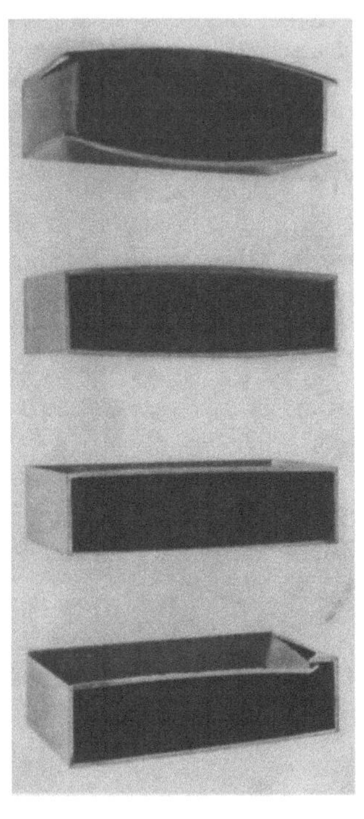

a

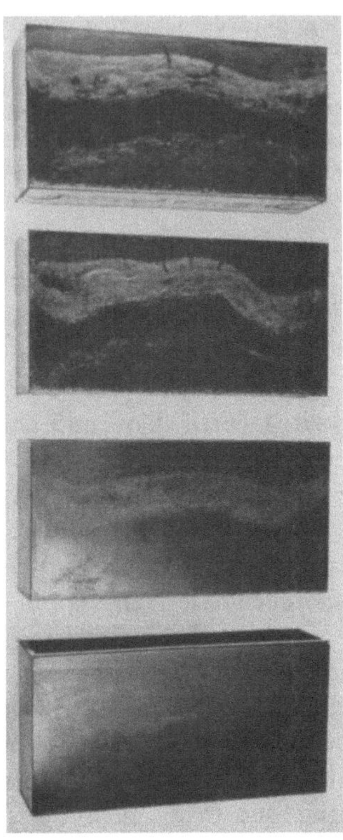

b

Abb. 11a und b. Wirkung von Wasser auf Kästen aus Typ 131 in Abhängigkeit von der Preßzeit (von oben nach unten: $2^1/_2$; $3^1/_2$; $4^1/_2$; $5^1/_2$ min Preßzeit bei 3 mm Wanddicke) a) nach Füllung mit heißem Wasser (Zustand der Kästen 24 h nach Ausgießen des Wassers und nach Abkühlung),   b) nach $^1/_2$ h Lagerung in kochendem Wasser (Kochprüfung)

stoffe nehmen mehr oder weniger Wasser auf. Dies kann verschiedene Ursachen haben. So kann der Kunststoff hydrophile Gruppen enthalten, die Wasser anzulagern vermögen, oder es entsteht durch wasserlösliche Bestandteile ein osmotischer Druck. Bei Lagerung in feuchter Luft muß der Endzustand eine Funktion der relativen Luftfeuchte sein.

Abb. 12 zeigt, daß der Unterschied bei der Wasseraufnahme aus dem Dampf und aus dem Wasser nur in einer verschiedenen Geschwindigkeit der anfänglichen Gewichtszunahme besteht.

Kurzfristige Beobachtungen an größeren Proben können bezüglich des Endzustandes leicht ein falsches Bild ergeben. Stoffe, die sich

Abb. 12. Wasseraufnahme von organisch (Typ 31) und anorganisch (Typ 12) gefüllten Kunstharzpreßstoffen nach ZERBOWSKI [27]. Wasser ⎯·⎯·⎯, Wasserdampf ⎯··⎯··

anfangs unterschiedlich verhalten, können bei verschiedener Geschwindigkeit der Wasseraufnahme doch den gleichen Endzustand erreichen bzw. beim Endzustand sogar ein umgekehrtes Verhalten zeigen wie am Anfang (Abb. 13).

Daueruntersuchungen an Kunstharzpreßstoffen bei Lagerung unter Wasser sind von ZEBROWSKI [27] an Normstäben mit folgenden Prüfergebnissen ausgeführt worden:

Preßstoff;	Typ 12	Typ 212	Typ 131	Typ 31	Typ 30
Wasseraufnahme nach 300 Tagen in Volumenprozent..............	1,2	4,7	8,0	8,2	10,5

Bei der Auswertung derartiger Untersuchungen ist zu beachten, daß für den praktischen Einsatz der Endwert der Wasseraufnahme oft ohne Bedeutung ist, da er nie erreicht wird. Der Kunstharzpreßstoff Typ 31 (Abb. 12) nimmt bei dauernder Lagerung in Wasser bis

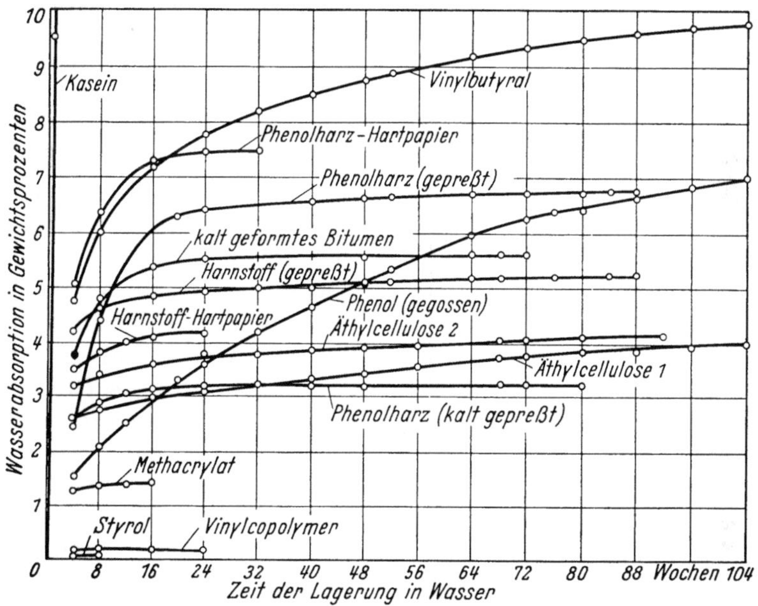

Abb. 13. Wasseraufnahme bei Wasserlagerung verschiedener Kunststoffe nach R. HOUWINK [28]. Probenabmessungen: 7,75 cm × 2,54 cm × 0,32 cm

zur Sättigung, d. h. nach 3 Jahren, so viel Wasser auf, wie das darin enthaltene Holzmehl ohne Bindemittel. Das Bindemittel wirkt hier nicht wasserschützend, sondern verzögert nur die Wasseraufnahme. Da diese Verzögerung sehr erheblich ist und der Kunststoff in der Praxis zwischenzeitlich wieder austrocknen kann, genügen derartige Stoffe in vielen Fällen doch den praktischen Anforderungen.

Messung nach F. H. MÜLLER. In solchen Fällen, in denen die Bestimmung der Wasseraufnahme durch Wasserlagerung nicht möglich ist, z. B. bei kleinen Proben wegen der schnellen Austrocknung sowie bei dünnen Folien, die sich zusätzlich noch elektrisch aufladen, kann auf die sehr empfindliche manometrische Methode nach F. H. MÜLLER [15], bei der die Wasseraufnahme aus der Dampfphase erfolgt, zurückgegriffen werden.

Die Empfindlichkeit der Methode erlaubt es, bei einer Wasseraufnahme von 10% eine Probe von nur wenigen zehntel Milligramm zu verwenden. Dadurch erreicht man schon nach wenigen Minuten, höchstens einer Stunde, den

Sättigungswert, der bei der üblichen Probengröße oft erst nach vielen Wochen erreicht wird, auch wenn diese direkt ins Wasser gelegt wurde.

Messung nach DIN 7736. Diese DIN-Vorschrift dient zur Überwachung einer gleichmäßigen Fertigung für Hartpapier und Hartgewebe. Sie entspricht VDE 0318. Die Wasseraufnahme wird gegenüber dem Anlieferungszustand durch Wägen vor und nach der Wasserlagerung gemessen. Da bei diesen Materialien senkrecht zur Schichtung wenig Wasser durchgelassen wird, hängt die Wasseraufnahme stark von der Form der Proben, also dem Verhätnis der Schnittflächen zum Volumen, ab.

Für die Herstellung und Bearbeitung der Proben ist u. a. DIN 53451 zu beachten (s. II 2.1). Nach 4 tägiger Lagerung ist im allgemeinen noch keine Sättigung erreicht. Die Werte für die zulässige Wasseraufnahme gehen aus Abb. 14 hervor. Voraussetzung ist, daß das zu prüfende Material sachgemäß gelagert wurde, d. h., daß es nicht schon vor der Prüfung erhebliche Mengen Wasser aufgenommen hatte.

Messung nach DIN 53472. Für geformte Kunststoffe wird nach dieser Norm wie folgt verfahren: Aus der ungeformten Masse werden Platten 120 mm × 120 mm × 4 mm hergestellt. Aus jeder Platte werden 2 × 2 Proben (I und II) mit den Abmessungen 50 mm × 50 mm × 4 mm ausgeschnitten. Aus Folien und Tafeln werden Proben von 50 mm × 50 mm × Erzeugnisdicke ausgeschnitten. Von Rohren oder Profilen werden 50 mm lange Stücke abgetrennt. Formstücke können im ganzen geprüft werden. Die Schnittflächen dürfen keine Risse haben. Es werden jeweils 2 Proben untersucht.

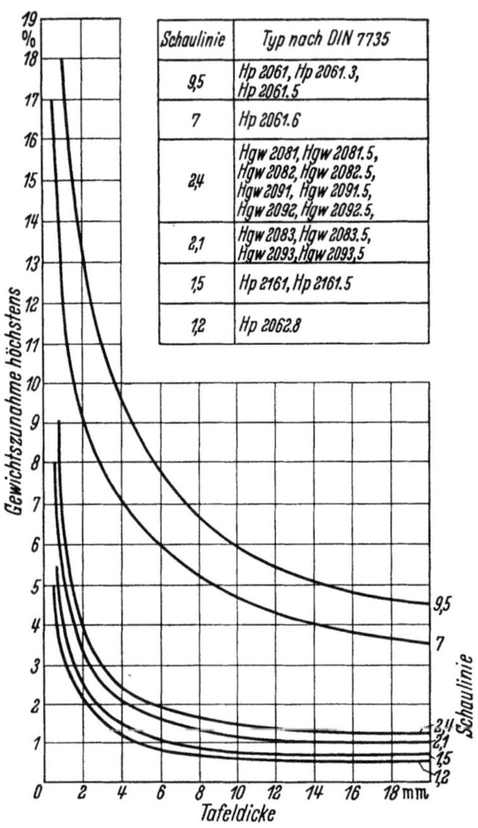

Schaulinie	Typ nach DIN 7735
9,5	Hp 2061, Hp 2061.3, Hp 2061.5
7	Hp 2061.6
2,4	Hgw 2081, Hgw 2081.5, Hgw 2082, Hgw 2082.5, Hgw 2091, Hgw 2091.5, Hgw 2092, Hgw 2092.5,
2,1	Hgw 2083, Hgw 2083.5, Hgw 2093, Hgw 2093,5
1,5	Hp 2161, Hp 2161.5
1,2	Hp 2062.8

Abb. 14. Höchstwerte der Gewichtszunahme nach 4 tägiger Lagerung in destilliertem Wasser von 20 °C (Proben 120 mm × 15 mm × Tafeldicke) nach DIN 7736

Die Proben (I) werden im Anlieferungszustand für jeden durchzuführenden Versuch gewogen und gemessen (G_1). Zur Bestimmung der Wasseraufnahme gegenüber dem Anlieferungszustand werden sie 4 Tage in destilliertem Wasser von 22 °C $\pm$ 2 grd (für Schiedsanalysen 23 °C $\pm$ 0,5 grd) schwebend gelagert und dann herausgenommen, von dem äußerlich anhaftenden Wasser befreit und innerhalb von 2 min in einem geschlossenen Wägeröhrchen gewogen und gemessen (G_3).

Die angelieferten Proben II (G_1') werden 24 Std. bei 50 °C $\pm$ 3 grd im Wärmeschrank gelagert und danach im Exsikkator über Phosphorpentoxyd abgekühlt.

Nach Abkühlung auf Raumtemperatur werden sie aus dem Exsikkator genommen und in einem geschlossenen Wägeröhrchen auf 1 mg genau gewogen (G_2).

Nach der Wasserlagerung werden die Proben (I) im Wärmeschrank 24 Std. bei 50 °C $\pm$ 3 grd gelagert, im Exsikkator abgekühlt und im Wägeröhrchen gewogen (G_4).

Nach DIN 53472 kann nun jeweils ausgehend vom Anlieferungszustand bestimmt werden:

Die Wasseraufnahme gegenüber dem Anlieferungszustand,
die Wasseraufnahme gegenüber dem Trockenzustand,
der Gewichtsverlust durch Abgabe von Bestandteilen an das Wasser,
die Wasseraufnahme gegenüber dem Trockenzustand unter Berücksichtigung der an das Wasser abgegebenen Bestandteile.

Die Auswertung erfolgt nach folgendem Schema:

DIN 53472 Vornorm	Wasseraufnahme gegenüber Anlieferzustand	Wasseraufnahme gegenüber „Trockenzustand"	Gewichtsverlust durch Abgabe von Bestandteilen an das Wasser	Wasseraufnahme gegenüber „Trockenzustand" unter Berücksichtigung der an das Wasser abgegebenen Bestandteile
Gewichtszunahme durch Wasserlagerung	$G_3\cdot$ ↑ (Proben I)	$G_3\cdot$ ↑ (Proben I)	$G_3\cdot$ ↑ (Proben I) (Proben I)	$G_3\cdot$ ↑ (Proben I)
Anlieferzustand	G_1	G_1 G_1' (Proben II)	G_1 G_1' (Proben II)	G_1
Gewichtsabnahme durch Trocknung		$G_2\cdot$	$G_2\cdot$ $G_4\cdot$	$G_4\cdot$
Auswertung:	$(G_3 - G_1)$ I in mg	$(G_3 - G_1)$ I $+ (G_1' - G_2)$ II in mg	$(G_1 - G_4)$ I $- (G_1' - G_2)$ II in mg	$(G_3 - G_4)$ I in mg

Es wurde absichtlich festgelegt, daß verschiedene Proben (I und II) aus dem gleichen zu prüfenden Stück *getrennt* gleichzeitig getrocknet und in Wasser gelagert werden. Nach dieser Norm werden die Gewichtsänderungen in mg angegeben. Sie gelten also nur für die jeweils geprüfte Probe und nicht für beliebig gestaltete Stücke. Es bleibt freigestellt, außerdem die Gewichtsänderungen, bezogen auf die Probenoberfläche (mg/cm²) oder bezogen auf das Ursprungsgewicht (in Prozent), anzugeben. Dies wurde nicht in die Norm aufgenommen, weil es zu der falschen Auffassung verleitet, daß diese Werte für jede Probenform gelten.

Nach anderen Prüfvorschriften, wie z. B. ASTM D 570–57 T, werden dieselben Proben zuerst getrocknet und dann im Wasser gelagert. Dieses Verfahren wurde nicht übernommen, weil die Oberfläche der Probe sich beim Trocknen durch Verhornung oder Oxydation irreversibel ändern kann. Diese Veränderung kann sich auf das Prüfergebnis auswirken, ohne daß dies den praktischen Verhältnissen entspricht.

Messung nach VDE 0472. Isolierhüllen von Kabeln werden bei Raumtemperatur auf Wasseraufnahme wie folgt geprüft:

2 Prüfstücke von etwa 1 m Länge werden auf einen Dorn vom 10fachen Leiterdurchmesser gewickelt, die Enden mit Paraffin abgedichtet und gewogen. Nach 24 Std. Lagerung werden sie mit Filtrierpapier abgetrocknet und sofort gewogen. Die Gewichtszunahme darf nicht mehr als 6 mg je cm² Leiteroberfläche betragen.

Messung nach ISO/R 62. Bei der von der ISO im April 1958 herausgegebenen Empfehlung handelt es sich nicht um eine genaue Messung der Wasseraufnahme wie sie in der deutschen Vorschrift DIN 53472 angestrebt wird, sondern um eine Konventionsmethode zur Feststellung von Gewichtsänderungen nach dem Kontakt mit Wasser. Sofern wasserlösliche Bestandteile berücksichtigt werden sollen, kann das Verfahren A durch das Verfahren B ergänzt werden.

Zum Vergleich mit dem der deutschen Vorschrift zugrunde liegenden Schema sei hier das sich aus der ISO-Empfehlung ergebende aufgeführt:

ISO/R 62	Wasseraufnahme gegenüber Trockenzustand bei Abwesenheit von wasserlöslichen Bestandteilen	Wasseraufnahme gegenüber Trockenzustand bei Anwesenheit wasserlöslicher Bestandteile
Gewichtszunahme durch Wasserlagerung	$W\,2$	$W\,2$
Anlieferungszustand	wird	nicht erfaßt
Gewichtsabnahme durch Trocknung	$W\,1$	$W\,3$
Auswertung:	Verfahren A $W\,2 - W\,1$	Verfahren B $W\,2 - W\,3$

Die in verschiedenen Ländern üblichen Verfahren weichen in mancher Hinsicht voneinander ab, wodurch ein Vergleich der erhaltenen Werte sehr erschwert wird. Es ist daher zu begrüßen, daß in Deutschland jetzt der Norm-Entwurf DIN 53475 inhaltlich mit ISO/R 62 abgestimmt wird.

Die Tab. 3 gibt eine Übersicht über die wesentlichen Abweichungen der Prüfmethoden.

β) *Kochendes Wasser*. Messung nach ISO/R 117. Das ISO-Verfahren zur Feststellung von Gewichtsänderungen in kochendem Wasser (Konventionsmethode) entspricht bezüglich der Probenabmessungen, der Vorbehandlung und der Auswertung dem Verfahren für kaltes Wasser. Bei dem als Regelfall vorgesehenen Verfahren A werden 3 Probekörper in einem Wärmeschrank 24 Std. bei 50 °C $\pm$ 2,5 grd getrocknet, im Exsikkator abgekühlt und jeder einzelne Probekörper bis auf 1 mg genau gewogen ($W\,1$). Die Probekörper werden dann in einen Behälter mit kochendem, destilliertem Wasser gelegt. Nach 30 min werden sie aus dem Wasser genommen und 15 min in destilliertes Wasser, das auf 20 °C $\pm$ 5 grd gehalten wird, abgekühlt. Die Probekörper werden aus dem Wasser genommen, abgetrocknet und innerhalb 1 min gewogen ($W\,2$).

Das Verfahren B wird angewandt, wenn evtl. vorhandene wasserlösliche Bestandteile mitbestimmt werden sollen. Die nach dem Verfahren A behandelten

Tabelle 3. *Einige genormte Prüfverfahren zur Bestimmung der Wasseraufnahme*

Land	Verfahren	Probengestalt mm	Vorbehandlung	Wasserlagerung in Tagen	Prüftemperatur in °C
Deutschland ...	DIN 53472 Vornorm				
	Geformte Kunststoffe	$50 \times 50 \times 4$	keine	4	22 ± 2
	DIN 7736/VDE 0318				
	Hartpapier, Hartgewebe	$120 \times 15 \times$ Dicke	keine	4	20 ± 2
Großbritannien .	BS 2571				
	Geformte Kunststoffe	$51 \Phi \times$ Dicke	über Kalziumchlorid 24 Std. bei RT	2	50 ± 1
	BS 1137				
	Hartpapier und Hartgewebe	$38,1 \times 38,1 \times$ Dicke	18 bis 24 Std. bei 20 bis 25 °C 75% relative Luftfeuchte	1	20 bis 25
Frankreich	NF C 46				
	Schichtpreßstoffe Preßmassen	$50 \times 50 \times$ Dicke $120 \times 15 \times 10$	über Kalziumchlorid 24 Std. bei 15 bis 25 °C	2	15 bis 25
USA	D 570–57 T				
	Geformte und geschichtete Kunststoffe	$51 \Phi \times 3,2$	wärmeempfindliche Stoffe: 24 Std. bei 50 °C $\pm$ 3 grd unempfindliche Stoffe: 24 Std. bei 105 °C $\pm$ 5 grd	1 und mehr	23 ± 1
ISO/TC 61	ISO/R 62				
	Formmassen: Schichtpreßstoffe:	$50 \Phi \times 3$ $50 \times 50 \times 3$	24 Std. bei 50 °C $\pm$ 2,5 grd	1	$23 \pm 0,5$

Probekörper werden zu diesem Zweck 24 Std. bei 50 °C $\pm 2,5$ grd im Wärme-schrank getrocknet. Die wieder getrockneten Probekörper werden im Exsikkator abgekühlt und dann gewogen ($W\,3$).

Auswertung. Verfahren A: Die Wasseraufnahme eines Probekörpers in kochendem Wasser ist $W\,2 - W\,1$ und wird in mg ausgedrückt.

Verfahren B: Die Wasseraufnahme zuzüglich der wasserlöslichen Bestand-teile eines Probekörpers in kochendem Wasser ist $W\,2 - W\,3$ und wird in mg ausgedrückt.

Messung nach DIN 53471, Entwurf. Der bisherige Entwurf DIN 53471 wird inhaltlich mit ISO/R 117 abgestimmt. Das Verfahren ist besonders dazu geeignet, die Wasserempfindlichkeit eines Kunststoffes durch einen Kurz-versuch in erster Annäherung zu beurteilen.

Prüfverfahren für Formteile aus aminoplastischen Formmassen. Bei Preßteilen aus aminoplastischen Formmassen kann der Kochversuch zur Feststellung der richtigen Härtungszeit benutzt werden. Das in der britischen Vorschrift BS 1322 festgelegte Verfahren besteht in einer kurzen Lagerung der Preßteile in kochendem Wasser. Die Prüfung beruht auf der Beobachtung, daß diese Preßteile zunächst mit steigender Aushärtung immer weniger Wasser aufnehmen. Fehlerhaft gehärtete Preßteile werden in kochendem Wasser schnell rissig. Bei fortschreitender Aushärtung verringert sich die Wasser-aufnahme zu Beginn schnell und dann langsamer werdend. In diesem letzten Bereich liegt der günstigste Härtungsgrad der Preßteile. Bei Überhärtung zeigt die Wasseraufnahme wieder eine steigende Tendenz, was auf einem thermischen Abbau des Harzes zurückzuführen ist.

Für Formteile aus Harnstoffmassen hat sich dieser Kochversuch in der Praxis bewährt. Bei Formteilen aus Melaminharz-Formmassen zeigte sich jedoch, daß durch ihre größere Wasserbeständigkeit eine genaue Bestimmung der Aushärtung durch den einfachen Kochversuch schwierig ist. Ein in den späteren Ausgaben der BS 1322 beschriebenes Verfahren besteht in einer Kochprüfung von 10 min in einer 1%igen Schwefelsäurelösung. Aber auch dieses Verfahren hat sich bei Preßteilen aus Melaminharz-Formmassen nicht voll bewährt.

Gut differenzierte Ergebnisse werden nach C. P. Vale [*29*] durch 10 min langes Kochen in einer 0,01%igen wäßrigen Lösung von Rhodamin B oder Fuchsin erhalten. Dabei nehmen ungenügend gehärtete Stellen etwas Farbe an, während die ausgehärteten Teile nach dem Abtrocknen mit einem Tuch farblos bleiben. Lediglich Abquetschkanten, Risse oder Schnittflächen färben sich immer etwas an und müssen bei der Ermittlung der richtigen Härtungszeit außer Betracht bleiben. Der Versuch muß in einem Glasgefäß oder einem email-lierten Behälter durchgeführt werden, da die Farblösungen Metalle angreifen. Während des Kochversuches ist das verdampfte Wasser zu ergänzen, damit sich die Konzentration der Lösung nicht merklich ändert. Dies ist vor allem bei der Durchführung von Reihenversuchen zu beachten. Mit Hilfe dieser Prüfung lassen sich Preßfehler erkennen.

γ) *Salzlösungen, Säuren, Laugen und organische Flüssigkeiten.* Salzlösungen, Säuren, Laugen und organische Flüssigkeiten können eine weitgehende Änderung der Eigenschaften der Kunststoffe teilweise bis zur Zerstörung herbeiführen. Bei Lagerung in Lösungen nimmt mit steigender Konzentration der osmotische

Druck ab und kann sogar schließlich seine Richtung umkehren. So können z. B. konzentrierte Salzlösungen den Kunststoffen Wasser entziehen.

Die Prüfmethoden sind praktisch die gleichen wie bei der Wasserlagerung. Es werden die Änderungen des Gewichtes, der Abmessungen sowie der mechanischen oder bei Isolierstoffen auch der elektrischen Eigenschaften möglichst in Abhängigkeit von der Lagerungszeit gemessen sowie das Aussehen beurteilt. Ein deutscher Normvorschlag befindet sich in Bearbeitung.

Messung nach ASTM D 543-56 T. Diese amerikanische Vorschrift sieht eine Kurzzeitprüfung auf Beständigkeit der Kunststoffe mit Ausnahme von Folien mit einer Dicke $<0,3$ mm gegenüber chemischen Substanzen vor. Die angegebenen Versuchsbedingungen sowie die vorgeschlagenen Reagenzien sollen dazu dienen, einen schnellen Vergleich der verschiedenen Stoffe miteinander zu ermöglichen und die ungeeigneten auszuscheiden. Es werden Änderungen des Gewichtes, der Abmessungen und des Aussehens festgestellt. Der Einfluß der Chemikalien auf die mechanische Festigkeit und die elektrischen Eigenschaften soll durch die Prüfung nach den dafür vorgesehenen Vorschriften erfaßt werden. Um zu einem Urteil in einem bestimmten Anwendungsfall zu kommen, muß das Prüfverfahren den praktischen Erfordernissen angepaßt werden.

Bei Standarduntersuchungen werden u. a. die in der Tabelle 4 aufgeführten, chemisch reinen Substanzen vorgeschlagen:

Tabelle 4. *Prüfflüssigkeiten für die Beurteilung der Beständigkeit*

30 Gew.-%ige Schwefelsäure	199 ml H_2SO_4 (Dichte: 1,84 g/ml)	
		zu 853 ml Wasser
3 Gew.-%ige Schwefelsäure	16,6 ml H_2SO_4 (Dichte: 1,84 g/ml)	
		zu 988 ml Wasser
10 Gew.-%ige Natriumhydroxydlösung ...	111 g NaOH	zu 988 ml Wasser
1 Gew.-%ige Natriumhydroxydlösung ...	10,1 g NaOH	zu 999 ml Wasser
10 Gew.-%ige Kochsalzlösung	107 g NaCl	zu 964 ml Wasser
5 Gew.-%ige Phenollösung	47 g krist. Phenol (USP)	zu 950 ml Wasser
50 Gew.-%iger Äthylalkohol	598 ml 95 Gew.-%iger Äthylalkohol	
		zu 434 ml Wasser

95 Gew.-%iger Äthylalkohol, nicht denaturiert
Aceton
Äthylacetat
Äthlyendichlorid
Toluol
Tetrachlorkohlenstoff
Heptan (K.P. 90 bis 110 °C)

Zusätzliche Reagenzien:

10 Gew.-%ige Salpetersäure	108 ml HNO_3 (Dichte: 1,42 g/ml)	
		zu 901 ml Wasser
10 Gew.-%ige Salzsäure	239 ml HCl (Dichte: 1,19 g/ml)	
		zu 764 ml Wasser
5 Gew.-%ige Essigsäure	48 ml Eisessig (Dichte: 1,05 g/ml)	
		zu 955 ml Wasser
10 Gew.-%ige Ammoniaklösung	375 ml NH_4OH (Dichte: 0,9 g/ml)	
		zu 622 ml Wasser
2 Gew.-%ige Sodalösung...............	55 g $Na_2CO_3 \cdot 10H_2O$	zu 964 ml Wasser
10 Gew.-%ige Zitronensäure	104 g Zitronensäure (kristallin)	
		zu 935 ml Wasser

Als Probekörper werden bei formgepreßten Kunststoffen Scheiben (50,8 mm Durchmesser, 3,2 mm Dicke, 45,6 cm² Oberfläche), bei schicht- oder plattenförmigen Kunststoffen Stäbe von 76,2 mm × 25,4 mm × Plattendicke verwendet. Zum Vergleich mit anderen Kunststoffen sollen die Stäbe 3,2 mm dick sein, so daß die Oberfläche 45 cm² beträgt.

Vor der Lagerung werden für jedes Reagenz 3 Proben 40 Std. bei 23 °C und 50% relativer Luftfeuchte konditioniert, gewogen und gemessen. Gelagert wird 7 Tage bei 23 °C, wobei alle 24 Std. umgerührt wird. Für jede Probe muß ein eigenes Gefäß mit 50 ml Reagenz verwendet werden. Probekörper, die in Säuren, Alkalien oder Salzlösungen gelagert wurden, werden anschließend in fließendem Wasser abgespült, mit einem Tuch getrocknet und in einem Wägeglas gewogen. Alle anderen Proben werden getrocknet und sofort gemessen.

Messung an Folien nach ASTM D 1239–55 T. Filme unter 25 µm Dicke, wie sie zu Haushaltszwecken dienen, werden auf ihre Extrahierbarkeit durch Chemikalien geprüft. Auch diese Methode ist eine Kurzzeitprüfung, die nur Vergleichswerte liefern soll. Die an Folien verschiedener Dicke erhaltenen Werte können nicht miteinander verglichen werden, da die ermittelten Prozentzahlen von der Dicke abhängen.

Als Prüflösungen sind vorgesehen: 1%ige Seifenlösung (aus Seifenflocken, 1 Std. bei 105 °C getrocknet), Baumwollsamenöl, Mineralöl (Dichte 0,875 bis 0,905 g/ml), Petroleum, Äthylalkohol.

Messung nach NF C 46. In Frankreich werden Kunststoffe, die als Isolierstoffe verwendet werden, auf ihr Verhalten gegenüber Schwefelsäure geprüft. Die Beständigkeit gegenüber einer Standardsalzlösung und Mineralöl wird in Verbindung mit der Vorschrift NF CIR C 103 untersucht.

Messung nach ISO/DR 190*. Aus dem Jahre 1955 liegt ein ISO-Entwurf für die Prüfung von Kunststoffen auf Gewichts- und Maßänderungen nach Kontakt mit chemischen Substanzen vor. In dieser Vorschrift wird versucht, nach der Lagerung in Chemikalien zusätzlich die Verluste an Weichmachern und anderen extrahierbaren Bestandteilen durch Rekonditionieren zu bestimmen. Es handelt sich auch hier um ein Konventionsverfahren, mit dessen Hilfe nur Vergleichswerte ermittelt werden können.

Die Probekörper aus Formmassen sollen hier einen Durchmesser von 50 mm und eine Dicke von 3 mm haben. Bei Platten sind die Abmessungen mit 50 mm × 50 mm × Plattendicke festgelegt. Von Stäben und Rohren sollen Abschnitte von 50 mm Länge geprüft werden. Die Proben werden bei 22 °C ± 2 grd und 65% relativer Luftfeuchte konditioniert und vor der Prüfung auf 1 mg genau gewogen und auf 0,01 mm genau gemessen. Von jedem Material sollen 3 Prüfkörper in drei verschiedenen Gefäßen gelagert werden, wobei die Flüssigkeitsmenge 8 ml je cm² Probenoberfläche betragen soll. Die Prüfung wird bei 22 °C ± 2 grd durchgeführt. Die Dauer der Prüfung beträgt 7 Tage, bei Extraktionen entsprechend weniger, besonders wenn die Proben dünn sind. Für Folien wird eine Versuchsdauer von 24 Std. empfohlen. Nach Beendigung der Lagerung werden die Proben, falls notwendig, abgespült, mit Filtrierpapier getrocknet, in einem Wägeglas gewogen und anschließend gemessen. Bei Extraktionsbestimmungen werden die Proben rekonditioniert und nochmals gewogen. Dabei

---

* 1961 als ISO/R 175 verabschiedet.

muß die Prüflösung vollständig entfernt werden. Eventuell muß man in einem Wärmeschrank trocknen. Wenn dabei flüchtige Bestandteile entweichen, soll ein Kontrollprobekörper unter gleichen Bedingungen getrocknet werden.

Die prozentuale Gewichtsänderung nach der Einwirkung der Chemikalien errechnet sich wie folgt:

$$\Delta W = \frac{W_2 - W_1}{W_1} \cdot 100 \quad [\%].$$

Der Gewichtsverlust nach Trocknung und Rekonditionierung ergibt sich zu:

$$W_e = \frac{W_1 - W_3}{W_1} \cdot 100 \quad [\%].$$

W_1 ursprüngliches Gewicht des Probekörpers,
W_2 Gewicht des Probekörpers nach Lagerung,
W_3 Gewicht des Probekörpers nach Trocknung und Rekonditionierung.

Außer den in den ASTM-Vorschriften genannten Chemikalien sind noch folgende vorgesehen:

Salpetersäure	40 Gew.-%	Natriumhypochlorid	10 Gew.-%
Chromsäure	40 Gew.-%	Natriumcarbonat	2 Gew.-%
Flußsäure	40 Gew.-%	Natriumcarbonat	20 Gew.-%
Essigsäure	100 Gew.-%	Wasserstoffsuperoxyd	30 Gew.-%
Ölsäure	100 Gew.-%	Phenollösung	5 Gew.-%
Natriumhydroxyd	1 Gew.-%	Benzol	
Natriumhydroxyd	10 Gew.-%	Toluol	
Natriumhydroxyd	60 Gew.-%	Anilin	

Weiterhin werden folgende Handelsprodukte empfohlen:

Mineralöl (Dichte 0,875 bis 0,905 g/ml),
Olivenöl,
Benzin u a.

Bei Verwendung technischer Chemikalien muß ihre genaue Zusammensetzung bekannt sein.

Weitere Prüfmöglichkeiten. Ein ISO-Entwurfs-Vorschlag sieht die Bestimmung der Änderung mechanischer Eigenschaften von Kunststoffen nach Lagerung in Chemikalien vor.

Von deutscher Seite wird in Anlehnung an DIN 53 445 versucht, aus der Messung des Elastizitätsmoduls und der Dämpfung bei Torsionsschwingungen auf diese Eigenschaftsänderungen zu schließen [30]. Die bei der Einwirkung von Flüssigkeiten in vielen Fällen auftretende Quellung hat eine Weichmachung zur Folge, die sich mit dieser Meßmethode gut erfassen läßt.

Erwähnt sei, daß in der von der Dechema herausgegebenen Werkstofftabelle[1] auch auf die chemische Beständigkeit der dort aufgeführten Kunststoffe eingegangen wird.

δ) *Spannungskorrosion.* Spannungsfreie Kunststoffe sind gegen viele Chemikalien, auch Säuren und Laugen, weitgehend beständig. Sobald aber Spannungen auftreten, neigen vor allem thermoplastische Kunststoffe in Anwesenheit von organischen Lösungsmitteln, Netzmitteln oder auch bei Einwirkung von Weichmachern zu spontaner Rißbildung. Die Rißbildung tritt auf, ohne daß große Formänderungen vorhergegangen sind. Diese Erscheinung, die auch bei Metallen bekannt ist, wird als Spannungskorrosion bezeichnet. Wie u. a. RICHARD und DIEDRICH [31] gezeigt haben, ist die Festigkeit der Kunststoffe zeitabhängig. Dies ist von besonderer Bedeutung bei dem Auftreten von Span-

---

[1] Weinheim/Bergstr.: Verlag Chemie GmbH.

nungskorrosionen, da durch sie die Zeitdehnungs- und Zeitbruchgrenzen der Materialien stark herabgesetzt werden können.

Die Ursachen sind in vielen Fällen Quellungseffekte an der Oberfläche. Nach einiger Zeit verschwinden mit fortschreitender Quellung die an der Oberfläche von Thermoplasten aufgetretenen Risse wieder; ihre Neigung zur Rißbildung nimmt bei höherer Temperatur ab. Die Zeitbruchgrenzen können durch Dauerstandversuche ermittelt werden, wobei die Proben durch verschiedene Gewichte belastet werden (s. auch II 3.4.1 c). Der zeitliche Verlauf der Dehnung und ihre kritischen Werte können u. a. mit Hilfe des Dehnungsmessers nach MARTENS-KENNEDY (Abb. 15) gemessen werden. Vernetzte Kunststoffe zeigen, wie schon bei der Beschreibung des Kochversuches erwähnt, vielfach ein günstigeres Verhalten als die Thermoplaste.

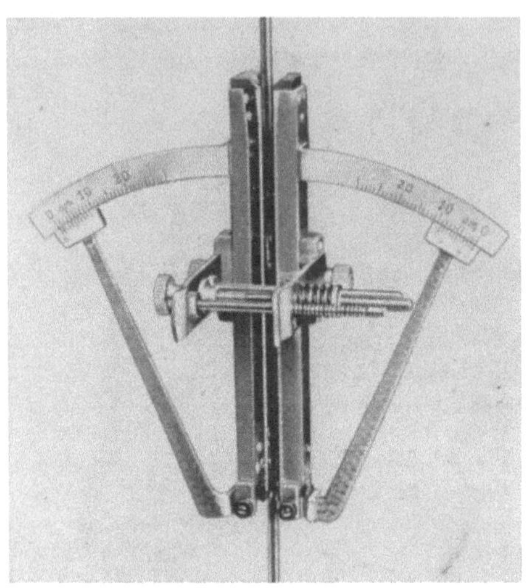

Abb. 15. Dehnungsmesser nach MARTENS-KENNEDY

An Polyäthylen wurde die Spannungskorrosion von H. R. JACOBI [32] untersucht. Oft genügen, wie z. B. beim Polystyrol, schon die inneren Spannungen des Materials, um bei der Einwirkung von Chemikalien eine Rißbildung erkennen zu lassen. Deshalb ist es notwendig, vor der Durchführung derartiger Versuche die Proben genügend zu tempern, weil man sonst ihren wahren Spannungszustand nicht kennt.

Nach Untersuchungen von FR. ESSER [33] an Plexiglas, hängt die Empfindlichkeit der Kunststoffe gegen Spannungskorrosion vom Polymerisationsgrad ab. Monomere Bestandteile wirken genau wie Lösungsmittel spannungskorrosionsfördernd.

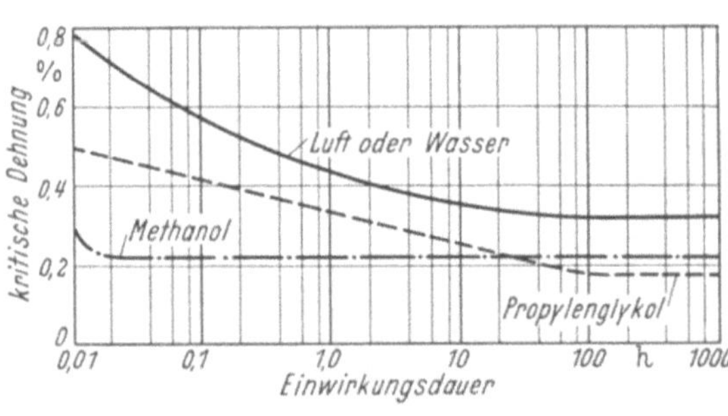

Abb. 16
Spannungskorrosion an Polystyrolstäben nach ZIEGLER

E. E. ZIEGLER [34] hat diese Erscheinungen am Polystyrol untersucht und die Zeitabhängigkeit der kritischen Dehnung bei Berührung mit Luft, Wasser, Methanol sowie Propylenglykol angegeben. Für steigende Temperaturen fand auch er eine Zunahme der kritischen Dehnung (Abb. 16).

Die Spannungskorrosion ist aber nicht allein auf die Einwirkung von Flüssigkeiten beschränkt, sondern wird auch durch Gase hervorgerufen. Es ist damit zu rechnen, daß sie vom Druck des Gases bzw. der Flüssigkeit abhängt.

Besonders spannungskorrosionsfördernd sind häufig Seifen- und Netzmittellösungen. Daher wird in der Praxis auch zur Prüfung eine Netzmittellösung verwendet. Nach ASTM D 1693–59 T wird Igepal CO 630 zugesetzt. In der Arbeit von U. Pelagetti und G. Beretta [35] werden wichtige Hinweise für die zweckmäßige Durchführung derartiger Prüfungen gegeben.

In systematischen Reihenuntersuchungen, die bei dieser statistischen Prüfmethode unerläßlich sind, hat sich nun gezeigt, daß von einer bestimmten Molekulargewichtsgrenze an keine Rißbildung mehr zu befürchten ist (Abb. 17).

Nach A. Schwarz [36] gibt es außer der Erhöhung des Molekulargewichtes auch noch andere Möglichkeiten, die Gefahr der Spannungskorrosion zu vermindern, wie z. B. durch Zumischung von Polyisobutylen zu Polyäthylen, wie dies auch bei der Herstellung von Seekabeln üblich ist.

ε) Leitfähige Bestandteile im wäßrigen Auszug. In der Elektrotechnik hat sich zur Kontrolle der Reinheit der Isolierstoffe die Untersuchung ihres wäßrigen Auszuges auf den Gehalt an Ionen als eine brauchbare Prüfung erwiesen (s. auch I 4.9).

Um vergleichbare Ergebnisse zu bekommen, werden im allgemeinen einige Gramm des in bestimmter Weise zerkleinerten Materials in destilliertem Wasser entweder kurzzeitig am Rückflußkühler gekocht, oder, falls das Material temperaturempfindlich ist, einen Tag bei

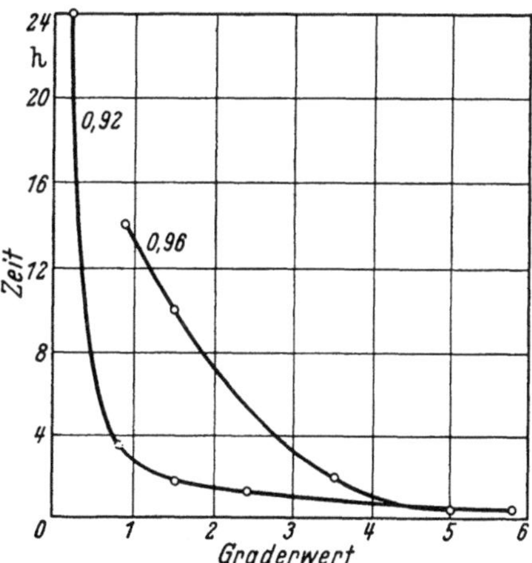

Abb. 17. Spannungskorrosion von Polyäthylen in Abhängigkeit vom Graderwert nach A. Schwarz

Raumtemperatur mit einer Schüttelvorrichtung extrahiert. Aus dem wäßrigen Auszug wird dann der p_H-Wert und die Leitfähigkeit gemessen. Für die Durchführung der p_H-Wert-Messung geeignete Meßgeräte werden von W. Kordatzki [37] beschrieben. Zur Messung der Leitfähigkeit werden nichtpolarisierbare, z. B. platinierte Platinelektroden an eine Wechselspannung gelegt. Brauchbare Meßanordnungen werden hierfür von Kohlrausch [38] angegeben.

In den ehemaligen VDCh-Richtlinien zur Prüfung von Kunststoffen [39] wurde erstmalig ein Verfahren zur Ermittlung der Leitfähigkeit und des p_H-Wertes wäßriger Auszüge von Vinylchlorid-Polymerisaten angegeben.

Messung nach DIN 57345. Nach dieser Norm können durch Messung des p_H-Wertes alkalische oder saure Bestandteile in einer Folie bestimmt werden. Zu diesem Zweck wird die Probe in etwa 1 cm² große Schnitzel zerkleinert. Von den Schnitzeln werden 1,5 g in eine Glasflasche mit eingeschliffenem Stöpsel und 200 ml Inhalt eingewogen. Die Flasche wird mit 100 ml ausgekochtem, destilliertem Wasser gefüllt und 24 Std. bei Raumtemperatur geschüttelt. Dann wird die Flüssigkeit abgegossen und ihr p_H-Wert gemessen. Zur Kontrolle des verwendeten destillierten Wassers wird auch dessen p_H-Wert nach dem Auskochen bestimmt. Es ist bei der Durchführung derartiger Versuche zu beachten, daß das Wasser nach dem Auskochen Kohlensäure aus der Luft wieder aufnimmt, und daß die üblichen Glasgeräte beim Kochen Alkali an das Wasser abgeben.

Diese Norm entspricht der VDE-Vorschrift 0345. Es ist vorgesehen, in beiden Norm-Vorschriften die Messung der Leitfähigkeit mit aufzunehmen.

Messung nach ASTM E 70–52 T. In der amerikanischen Vorschrift finden sich ausführliche Angaben über die Durchführung von p_H-Messungen mit Glaselektroden und über ihre Beziehungen zu Normalelektroden, wie sie zur Untersuchung des wäßrigen Auszuges von Kunststoffen geeignet sind.

c) Feste Stoffe. Neben der Einwirkung von Gasen und Flüssigkeiten auf Kunststoffe ist auch mit einer solchen durch feste Substanzen zu rechnen. So können bei den aus verschiedenen Schichten aufgebauten Werkstoffen niedrigmolekulare Bestandteile aus dem einen Kunststoff in den anderen hineindiffundieren und dabei dessen Gefüge so verändern, daß es für seinen Verwendungszweck unbrauchbar wird.

α) *Weichmacherwanderung* (s. auch I 5.4). Eine Wanderungstendenz von Weichmachern wird u. a. bei weichgemachten PVC-Massen beobachtet. Dies muß beachtet werden, wenn z. B. PVC-Folien mit Kunstharzlacken in Berührung kommen, dünne PVC-Folien auf stark gefüllte Fußbodenplatten aufkaschiert oder bei Kabelummantelungen Polyäthylen und Weich-PVC gleichzeitig angewendet werden. Die Weichmacher-Wanderung wurde u. a. von L. Rössig [*40*], K. Zöhrer und A. Merz [*41*] sowie von G. Beck [*42*] eingehend an Kunststoff-Folien untersucht. Dabei zeigte sich, daß die Wanderungsgeschwindigkeit abhängig ist von der chemischen Konstitution des Weichmachers, der Gelierleistung, der in der weichgemachten Folie eingesetzten Weichmachermenge, dem K-Wert des weichmacherfreien Materials, den Herstellungsbedingungen der Folie und der Dicke der Folie.

Die Bereitschaft der Kontaktfolien zur Weichmacheraufnahme wurde im allgemeinen um so geringer gefunden, je höher der K-Wert ist. Dies bedeutet, daß eine weichgestellte PVC-Folie ihren Weichmacher um so leichter abgibt, je höher ihr K-Wert ist. Die Verträglichkeit der Weichmachungsmittel ist somit dem mittleren Molekulargewicht des Hochpolymeren umgekehrt proportional. Weiterhin nimmt nach Beobachtungen von K. Zöhrer und A. Merz [*41*] eine Hart-PVC-Folie nicht so begierig Weichmacher auf wie ein weichmacherhaltiges PVC-Material, dessen Struktur schon gelockert ist. Auch konnten sie mit ihren Untersuchungen die Ergebnisse von M. C. Reed und J. Harding [*43*] bestätigen, die einen Zusammenhang zwischen der Wanderungstendenz und der Extrahierbarkeit der Weichmacher mit Öl gefunden haben (s. auch I 5.5).

Messung nach DIN 53405. Mit dem zu prüfenden Weichmacher und einem geeigneten Bindemittel wird eine 0,5 mm dicke Folie hergestellt und zur Erzielung einer glatten Oberfläche kurz bei einer geeigneten Temperatur nachgepreßt. Aus dieser Folie werden Scheiben von 50 mm Durchmesser ausgeschnitten, die beispielsweise aus 65 Teilen PVC und 35 Teilen Weichmacher bestehen und bei 165 °C 2 min nachgepreßt sind. Der Durchmesser der scheibenförmigen Kontaktfolien aus Nitrocellulose, Polyäthylen, Polyvinylacetat u. a. beträgt 52,6 mm. Die Scheiben werden 24 Std. bei 20 °C $\pm$ 2 grd und (65 $\pm$ 5) % relativer Luftfeuchte konditioniert, dann auf 0,1 mg genau gewogen und in

folgender Anordnung übereinander geschichtet:
Glasplatte,
weichmacheraufnehmende Folie,
weichmacherabgebende Folie,
weichmacheraufnehmende Folie,
Glasplatte.

Diese Prüfanordnung wird mit 5 kg belastet und bei 70 °C± 2 grd in einem geeigneten Wärmeschrank gelagert. Nach 1, 2, 5, 10 und gegebenenfalls 30 Tagen werden jeweils drei solcher Anordnungen aus dem Schrank entnommen und die Folien auf 0,1 mg genau gewogen. Es werden nun ermittelt:

Gewichtsverlust der weichmacherabgebenden Folie, bezogen auf das Anfangsgewicht,

Gewichtszunahme der weichmacheraufnehmenden Folien, bezogen auf ihre Anfangsgewichte.

Da bei dieser Prüfung nur Relativwerte erhalten werden, hängt die Reihenfolge, die sich für verschiedene Weichmacher ergibt, von der verwendeten Gegenfolie ab.

Messung nach ISO/DR 192*. Dieses Verfahren entspricht weitgehend der deutschen Vorschrift. Folgende Abweichungen bestehen z. Z. noch:

Die Folien werden nach Durchführung der Prüfung rekonditioniert und vor und nach der Prüfung auf 0,01 mm genau gemessen und gewogen. Statt der prozentualen Gewichtsänderungen sind die Absolutwerte anzugeben.

β) Wanderung farbgebender Stoffe (s. auch I 5.4). Die in gefärbten Kunststoffen enthaltenen Farbmittel neigen besonders bei höheren Temperaturen zum Herausdiffundieren oder zum Wandern aus einem Kunststoff in andere Stoffe, wenn sich beide Erzeugnisse in Kontakt miteinander befinden. Dieses „Farbbluten" ist entweder auf die geringe Verträglichkeit des Farbmittels mit dem Kunststoff, der es aus seiner Oberfläche austreten läßt, oder auf die Löslichkeit des Farbmittels in einem Weichmacher mit Wanderungstendenz zurückzuführen. Das Farbbluten hängt auch von der Art des aufnehmenden Stoffes ab, der deshalb genau definiert sein muß.

Messung nach der schwedischen Norm PR 200406. In der schwedischen Norm wird ein Prüfverfahren zur Bestimmung des Farbblutens von gefärbten PVC-Folien und PVC-Kunststoffen mit Gewebe gegenüber ungefärbten PVC-Kunststoffen beschrieben.

Der Probekörper soll 25 mm × 25 mm groß sein und so ausgeschnitten werden, daß möglichst alle im Druck vorkommenden Farben auf ihm vorhanden sind. Falls dies nicht möglich ist, müssen dem Muster mehrere Proben entnommen werden. Der Probekörper und eine ungefärbte Prüffolie werden zwischen 2 Glasscheiben gelegt und so belastet, daß auf die Probe insgesamt eine Kraft von 0,5 kp einwirkt. Die Prüffolie ist 0,5 mm dick und wird aus 100 Teilen PVC und 50 Teilen Dioktylphthalat hergestellt. Die beschriebene Anordnung wird bei 70 °C ± 2 grd 3 Tage in einem Wärmeschrank gelagert.

Die Blutungsbeständigkeit wird auf Grund der Färbung, die auf der Prüffolie entstanden ist, beurteilt. Der Grad der Färbung wird durch Vergleich mit einer genormten Farbtafel, die bei der Staatlichen Prüfungsstelle in Schweden

---

* 1961 als ISO/R 177 verabschiedet.

erhältlich ist, ermittelt. Entsteht auf der Normalfolie eine Färbung durch mehrere Farben, so wird das Material nach der Farbe mit der geringsten Blutungsbeständigkeit eingestuft.

Messung nach BS 2571. In British Standards 2751 liegt ein ähnliches Verfahren vor. Zur Durchführung der Messung werden benötigt:

1 Probekörper mit den Abmessungen 51 mm × 51 mm,

1 Stück weißes Filtrierpapier mit den Abmessungen 76 mm × 76 mm,

2 quadratische Glasplatten von 76 mm Kantenlänge und 4,5 mm Dicke,

1 farblose, quadratische, glatte, ebene Prüffolie von 76 mm Kantenlänge und 1 mm Dicke folgender Zusammensetzung:

Polyvinylchlorid	100 Gew.-Teile
Di-2-äthylhexylphthalat...	66,6 Gew.-Teile
Bleistearat..............	1,5 Gew.-Teile
Kadmiumstearat	1,5 Gew.-Teile

Es werden von unten nach oben zu einer Prüfanordnung aufeinandergelegt:

Glasplatte, Filtrierpapier, Probekörper, Prüffolie, Glasplatte

und in einem Wärmeschrank 3 Tage auf 50 °C ± 1 grd gehalten. Damit der enge Kontakt des Probekörpers mit den aufnehmenden Werkstoffen sichergestellt ist, sollen nicht mehrere Probekörper zwischen größere Glasplatten gelegt werden.

Die Prüffolie und das Filtrierpapier werden auf Flecken und Abdrücke zuerst vor einem weißen (Filtrierpapier) und dann vor einem schwarzen (Photopapier) Hintergrund geprüft.

Deutsche Normungsarbeiten. Eine sachlich ähnliche Fassung, wie in den aufgeführten ausländischen Prüfverfahren, liegt in DIN 53415, Entwurf „Bestimmung der Wanderung farbgebender Stoffe" vor. Er ist auf ISO/DR 218*, „Bleeding of colorants from plastics", abgestimmt werden.

γ) Korrosionsverhalten gegenüber Metallen. Bei der Verwendung von Hartgewebe und

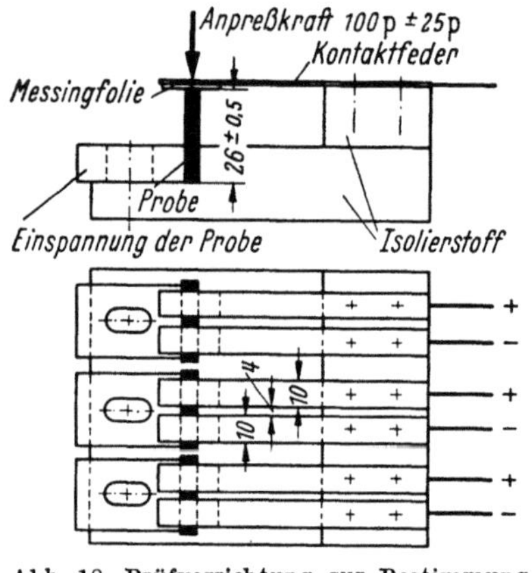

Abb. 18. Prüfvorrichtung zur Bestimmung der Korrosionseinwirkung auf Kupfer und Kupferlegierungen nach DIN 53489

Hartpapier als Isolierstoffe kann bei hoher Luftfeuchtigkeit eine Leitfähigkeit auftreten, die unter Umständen zu Korrosionserscheinungen an den eingebauten Metallteilen führt.

Messung nach DIN 53489, – Entwurf. Dieser Norm-Entwurf behandelt ein Prüfverfahren zur Bestimmung der korrodierenden Einflüsse auf Kupfer und Kupferlegierungen (Abb. 18).

Der zu prüfenden Tafel werden Proben von 26 mm Breite × 26 mm Höhe × Tafeldicke entnommen. Eine Kante jeder Probe muß eine feinbearbeitete Oberfläche haben. Diese Proben werden nach Abb. 18 so in die Vorrichtung eingespannt, daß jeweils ein Federnpaar auf der Probenkante mit der feinbearbeiteten Oberfläche aufliegt. Unter jede Kontaktfeder wird ein Stück Messingfolie von 20 mm × 10 mm × 0,5 mm aus Ms 63 F 55 geschoben, wobei die

---

* 1961 als ISO/R 183 verabschiedet.

Kontaktfedern die Folien mit einer Kraft von etwa 100 p andrücken. Diese Vorrichtung wird in einen Klimaschrank mit 40 °C $\pm$ 2 grd und (93 $\pm$ 3) % relativer Luftfeuchte gebracht und 4 Tage an die in Abb. 18 ersichtlichen Kontakte eine Gleichspannung von 110 V gelegt. Nach Beendigung der Prüfung werden die Messingfolien herausgenommen und an den Berührungsstellen mit der Probe wie folgt beurteilt:

An den Plus-Elektroden: Keine Veränderung, Vorhandensein von grünen Korrosionsprodukten oder Entzinkung.

An den Minus-Elektroden: Keine Veränderung, Vorhandensein einer Braun- oder Schwarzfärbung.

Als Prüfergebnis werden folgende Kennwerte angegeben, wobei der an jeweils 3 Folienstücken festgestellte ungünstigste Kennwert maßgebend ist:

Kennwerte für Pluspol-Folien:
> Weder grüne Korrosionsprodukte noch Entzinkung vorhanden,
> grüne Korrosionsprodukte oder Entzinkung erkennbar.

Kennwerte für Minuspol-Folien:
> Braun- oder Schwarzfärbung nicht erkennbar,
> Braun- oder Schwarzfärbung höchstens bis zur Abzeichnung der Grenzlinien der Probenauflagefläche,
> zusammenhängende Braun- oder Schwarzfärbung bis zur Abzeichnung der ganzen Probenauflagefläche,
> zusammenhängende Braun- oder Schwarzfärbung, die über die Probenauflagefläche hinausgeht.

3.8.2 Verhalten gegenüber natürlichem und künstlichem Licht

Wie andere feste Körper absorbieren die Kunststoffe elektromagnetische Strahlungsenergie. Bei größerer Wellenlänge wird sie als Schwingungs- oder Rotationsenergie von Molekülen und Molekülteilen, bei kürzeren Wellenlängen von der Elektronenhülle der Moleküle absorbiert. Im ersten Falle tritt eine Erwärmung der Stoffe ein, die über Strukturänderungen bis zum thermischen Abbau führen kann. Im zweiten Falle treten durch photochemische Effekte oder „Photolyse", oft schon ohne eine merkliche Erwärmung, erhebliche Strukturänderungen auf. Es interessieren hier besonders die Einflüsse des natürlichen und künstlichen Lichtes im sichtbaren, im nahen ultravioletten und im nahen infraroten Gebiet (s. auch I 4.10).

Das von den Kunststoffen absorbierte Licht kann direkt eine Photolyse erzeugen, wenn die Energie der eingestrahlten Photonen, $\varepsilon = h \cdot \tau$, mindestens gleich ist der Energie, die zur Einleitung einer chemischen Umsetzung nötig ist. Die hier in Betracht kommenden Bindungsenergien liegen zwischen 70 und 100 kcal/Mol, was etwa einer Wellenlänge zwischen 300 und 400 nm entspricht. Die Erdatmosphäre läßt den UV-Anteil des Sonnenlichtes bis zu einer Wellenlänge von 290 nm durch, so daß die photochemische Aufspaltung derartiger Bindungen durch Sonnenlicht möglich ist. Nach G. S. EGERTON [44] tritt bei Kunststoffen eine reine Photolyse nur bei Wellenlängen unterhalb von 340 nm auf. Bei Einwirkung von Licht mit größeren Wellenlängen unterliegen sie in Anwesenheit von Sauerstoff und Luftfeuchtigkeit einem oxydativen und hydrolytischen Abbau. Das Licht beschleunigt diese Vorgänge, wenn eine genügende Absorption vorliegt. Die Strukturänderungen schreiten dabei aber langsamer fort als bei reiner Photolyse. So zeigen z. B. Zellulosederivate bei einer Absorption im Gebiet von 360 nm starke Schädigungen.

Nach Untersuchungen von R. T. DEAN und J. P. MANASIA [45] bildet sich nach Bestrahlung von Polyestern mit UV-haltigem Licht bei etwa 320 nm eine Absorptionsbande. Die dabei einsetzende Vergilbung ist stark vom Aushärtungsgrad abhängig. Das Fortschreiten der Vergilbung kann durch Messung der Absorption bei 440 nm in einem Spektralphotometer verfolgt werden.

FR. M. RUGG, J. J. SMITH und R. G. BACON [46] haben mit Hilfe der Infrarotspektren sowohl die Licht- als auch die Wärmeoxydation von Polyäthylenproben, deren Farbe und Flexibilität noch nicht verändert waren, untersucht. Die Gitterspektren, die in der Gegend von 5 bis 6 μm aufgenommen wurden, zeigen, daß sich die bei im Licht gealterten Proben entstandenen Karbonylgruppen ziemlich gleichmäßig auf Aldehyde (bei 5,77 μm), Säuren (bei 5,84 μm) und Ketone (bei 5,81 μm) verteilen, während bei den in der Wärme oxydierten Proben die ketonischen Karbonylgruppen stark überwiegen.

Die bei der Absorption der Strahlungsenergie ablaufenden Vorgänge sind gewöhnlich komplexer Art. Zur Stabilisierung werden sowohl Antioxydantien als auch solche Stoffe zugesetzt, die das Licht des kritischen Wellenlängenbereiches gut absorbieren und weitgehend unschädlich machen. Weichmacher oder zugesetzte Pigmente sind oft lichtempfindlicher als der Kunststoff selbst. Titandioxyd kann die Oxydation von Kunststoffen beschleunigen, da sich an der Oberfläche seiner Kristalle unter der Einwirkung von Licht atomarer Sauerstoff bildet [47] (s. auch II 4.5.6 d).

Aber nicht nur Farbpigmente, sondern auch geringe Verunreinigungen, z. B. Eisen- und Kupfersalze im PVC, spielen für die Lichtstabilität eine wesentliche Rolle [48, 49]. Unter der Einwirkung von Licht tritt bei linearpolymeren Stoffen häufig eine Vernetzung auf, wodurch die Löslichkeit verringert oder die Viskosität der Stoffe in gelöstem Zustand erhöht wird. Die Veränderung des Löslichkeits- und Quellungsverhaltens ist von SCHRÖTER [50] dazu benutzt worden, die Lichtstabilität zu verfolgen.

a) Prüfung im direkten Sonnenlicht. Das zuverlässigste Verfahren zur Ermittlung der Lichtbeständigkeit ist die Lagerung im direkten Sonnenlicht. Die miteinander zu vergleichenden Materialien werden hierbei unter denselben Bedingungen am selben Ort dem Licht ausgesetzt. Sollen Temperatur und Luftfeuchtigkeit konstant gehalten werden, so werden die Proben am besten in einem mit Schott-Filterglas WG 3 abgedeckten Raum bestrahlt. Die Prüfzeit kann dadurch verkürzt werden, daß das Sonnenlicht auf die Proben strahlt. Dabei ist aber folgendes zu beachten: Das kurzwelligeEnde des Sonnenspektrums liegt infolge der scharf begrenzten Eigenabsorption der in etwa 30 km Höhe befindlichen Ozonschicht bei 290 nm. Die langwellige Begrenzung ist im wesentlichen durch die im nahen ultraroten Gebiet stark ansteigende Absorption des Wasserdampfes gegeben. Das durch die Erdatmosphäre hindurchgegangene direkte Sonnenlicht schwankt aber je nach Tages-, Jahreszeit und Wetterlage besonders in seinem photochemisch wirksameren kurzwelligen Teil sehr stark bezüglich seiner spektralen Energieverteilung. Das kurzwellige Licht unterliegt einer stark veränderlichen Schwächung durch Streuung, die bei senkrechter Einstrahlung des Sonnenlichtes auf die Proben in Kauf genommen werden muß. Diese Streustrahlung geht aber nicht völlig verloren. Bei der Betrachtung der Gesamtstrahlung, die sowohl von der Sonne direkt als auch von dem übrigen

Himmel als Streulicht auf eine horizontale Fläche auftritt, wurde festgestellt, daß diese sog. „Globalstrahlung" bezüglich ihrer spektralen Energieverteilung eine bessere Konstanz zeigt (Abb. 22, gestrichelte Kurve).

Die bis jetzt vorliegenden Norm-Vorschriften beschränken sich auf Verfahren, mit deren Hilfe nur die Änderung der optischen Eigenschaften der Proben ermittelt werden kann. Es ist aber zu beachten, daß die Änderung der Farbe in vielen Fällen noch keine merkliche Änderung, z. B. der mechanischen Festigkeit, zur Folge haben muß.

Messung nach DIN 53388. Die Lichtechtheit von farbigen Kunststoff-Folien und Kunstleder wird durch Vergleich mit der Lichtechtheit der Färbungen eines Vergleichsmaßstabes bewertet. Bei der Prüfung wird die Anwendung von Tageslicht ohne Einwirkung der Witterung vorausgesetzt. Sollen künstliche Lichtquellen zu Reihenuntersuchungen oder zu Fabrikationskontrollen verwendet werden, so ist zu prüfen, ob die Ergebnisse voneinander abweichen. Als Vergleichsmaßstab dient eine Reihe von acht blauen, verschieden lichtechter Typfärbungen auf glattem Wollstoff von etwa 200 g/cm². Die schlechteste Stufe 1 ist mit Acilanbrillantblau FFB (Bayer) und die beste Stufe 8 z. B. mit Anthrasolblau AGG (Hoechst) hergestellt.

Der Vergleichsmaßstab ist beim Beuth-Vertrieb GmbH, Berlin und Köln, bei der Eidgenössischen Materialprüfungs- und Versuchsanstalt, Hauptabteilung C, St. Gallen/Schweiz sowie bei verschiedenen Farbenfabriken zu beziehen. Er entspricht dem Maßstab der in England unter BS 1006 von der Society of Dyers and Colourists und in Frankreich vom Institut de France herausgegeben wird.

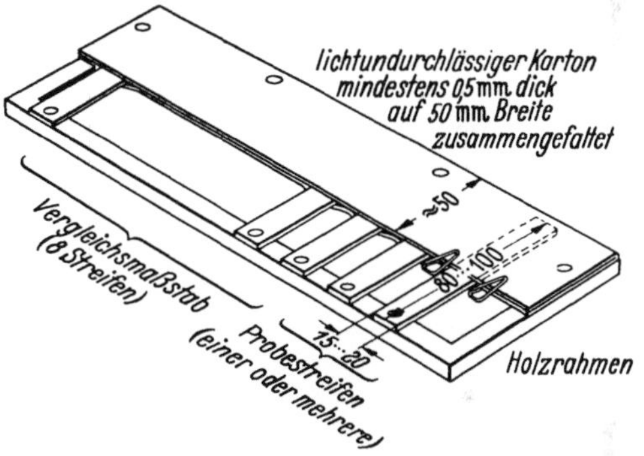

Den zu prüfenden Folien werden Probestreifen von 100 mm × 20 mm zweckmäßig quer zur Bahn wegen der in dieser Richtung geringeren

Abb. 19. Prüfvorrichtung zur Bestimmung der Lichtechtheit von Kunststoff-Folien und Kunstleder nach DIN 53388

Längenänderung entnommen. Sie werden mit den 8 Streifen des Vergleichsmaßstabes nach Abb. 19 so auf einen zusammengefalteten Karton gelegt, daß von den 100 mm langen Streifen je 50 mm abgedeckt sind.

Der Karton muß lichtundurchlässig sein. Die Vorrichtung wird hinter Fensterglas unter einem Winkel von 45° geneigt so aufgestellt, daß die Streifen nach Süden gerichtet sind. Die Lichtechtheit wird mit der Stufennummer desjenigen Streifens des Vergleichsmaßstabes bewertet, dessen Lichtechtheit am besten mit derjenigen der Probe übereinstimmt.

Diese DIN-Vorschrift ist in Anlehnung an die Normen DIN 54000, DIN 54001 und DIN 54002, die für die Prüfung der Farbechtheit von Textilien gelten, aufgestellt worden. Die Abweichungen von diesen Normen sind in erster Linie durch die Wärmeempfindlichkeit und die Durchsichtigkeit einiger Kunststoff-Folien bedingt (s. auch II 4.5.6d). In DIN 54003 „Bestimmung der Lichtechtheit von Färbungen und Drucken mit Tageslicht" sowie in DIN 16525 „Bestimmung der Lichtechtheit von Druckfarben für das graphische Gewerbe" wird gleichfalls der oben erwähnte Blaumaßstab zur Bestimmung der Lichtbeständigkeit herangezogen, wobei die Prüfmethode sich auch auf Kunststoff-Folien als

Farbträger erstreckt. Die Lichtechtheit weißer Erzeugnisse wird nach der Gilbungsskala (DIN 6167, Entwurf) ermittelt.

Messung nach BS 2782, Part 5. Die britische Norm entspricht bezüglich der Auswertung der deutschen Vorschrift DIN 53388. Sie enthält nähere Angaben über die Aufstellung der zu belichtenden Proben.

b) Prüfung im künstlichen Licht. Die Möglichkeit, das Verhalten im Sonnenlicht zu ermitteln, ist stark von der Jahreszeit und den Witterungsverhältnissen abhängig. Es wurden daher künstliche Lichtquellen entwickelt, deren spektrale Energieverteilung derjenigen der Globalstrahlung nahekommt. Ferner ist ihre Intensität so groß, daß gegenüber der Belichtung mit dem natürlichen Tageslicht, besonders im Winter, eine wesentliche Abkürzung der Prüfzeit und so die Durchführung von Kurzzeitprüfungen erreicht werden.

Abb. 20. Oberteil des Xenotestgerätes

Ein Gerät, das diese Forderungen weitgehend erfüllt, ist das „Xenotestgerät" (Abb. 20 und 21) [51]. Im zylindrischen Oberteil befindet sich ein 15 cm langer mit 220 V und 20 A Wechselstrom betriebener Xenon-Hochdruckbrenner. Dieser Brenner sendet ein Kontinum aus, dessen spektrale Energieverteilung von zufälligen Belastungsschwankungen des Netzes unabhängig ist. Er ist von einem doppelwandigen wasserdurchströmten Glasfilter umgeben, wobei das Glas den unerwünschten UV-Anteil des Lichtes unterhalb 300 nm und

Abb. 21. Anordnung des Brenners und der Probenträger im Xenotestgerät

das Wasser das Infrarotlicht oberhalb 1200 nm völlig absorbiert. Es muß aber destilliertes Wasser verwendet werden, da ein kalk- und eisenhaltiger Niederschlag aus dem Leitungswasser das Spektrum verändern würde. Dadurch wird eine spektrale Energieverteilung erreicht, die sich weitgehend mit der der Globalstrahlung deckt (Abb. 22, ausgezogene bzw. gestrichelte Kurve).

Im grünen, gelben und roten Teil des Spektrums sind einige, praktisch unbedeutende Abweichungen von der Globalstrahlung vorhanden. Im übrigen können die Emissionsmaxima bei 680 nm und im roten Teil des Spektrums durch weitere Filter abgeschnitten werden.

Die Beleuchtungsstärke beträgt am Ort der Proben im Mittel 150000 Lux. Das ist ein Viertel mehr als die Beleuchtungsstärke der Sonne in Deutschland im Hochsommer zur Mittagszeit. Eine weitere Steigerung der Beleuchtungsstärke erscheint unzweckmäßig, da dann eine unnatürlich starke Erwärmung der Proben eintritt. Andererseits ist diese Beleuchtungsstärke bereits groß genug, daß das Gerät zur Durchführung von Kurzprüfungen geeignet ist und mit den Erfahrungen der Praxis gut übereinstimmende Werte liefert (vgl. u. a. DIN 16525).

Die zu belichtenden Proben werden auf insgesamt 10 Probenhalter montiert, die wegen der Gleichmäßigkeit der Bestrahlung auf einem Karussell mit 6 Umdrehungen in der Minute um die Achse des Brenners rotieren. Es können bis zu 20 Proben von 45 mm Breite und 120 mm Länge eingespannt und auf 100 mm Länge bestrahlt werden. Bei jeder Umdrehung des Karussells werden die Probenträger um 180° gedreht, so daß die jeweils gerade belichtete Seite in den Schatten rückt und umgekehrt. Dadurch kann der Wechsel Tag/Nacht nachgeahmt werden. Ferner können die dem Licht abgewandten Proben durch einen klimatisierten Luftstrom gekühlt werden. Durch Veränderung des Luftstromes läßt sich die Temperatur im Probenraum zwischen 20 und 35 °C und die durch die Luftbefeuchtungsdüsen erzeugte relative Luftfeuchte zwischen 20 und 95% regeln. Die Proben nehmen allerdings bei manchen Materialien Temperaturen bis zu

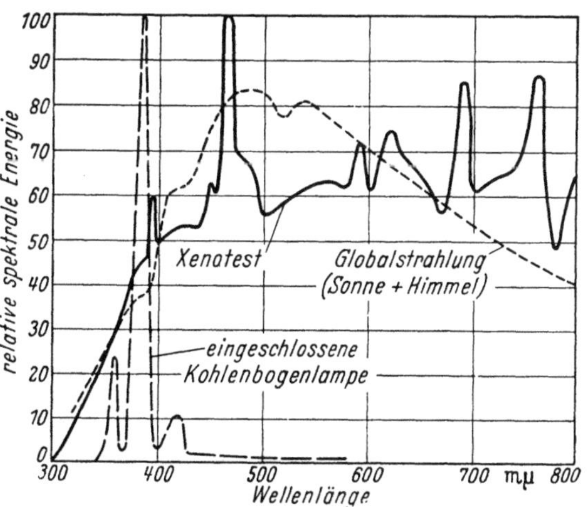

Abb. 22. Spektrale Energieverteilung nach Seitz [51] der Globalstrahlung ----------, des Xenotestgerätes ——————, des eingeschlossenen Kohle-Lichtbogens — — — —

60 °C an, wobei die relative Luftfeuchte aber immer noch über 20% liegt. Es wurde festgestellt, daß es Farben gibt, die unter 20% relativer Luftfeuchte lichtecht, oberhalb gegen Licht nicht beständig sind. Bei manchen Kunststoffen muß mit einem ähnlichen Verhalten gerechnet werden.

Der von der Lampe ausgehende Lichtstrom ist nach 1500 Brennstunden um 25 bis 30% geringer als am Anfang, wobei der UV-Anteil (280 bis 315 nm) gegenüber der Gesamtstrahlung ein wenig mehr zurückgeht. Betrachtet man aber die jahreszeitmäßigen Änderungen des Verhältnisses $UV_B : UV_A$ (315 bis 400 nm) zur Gesamtglobalstrahlung, so ergibt sich bei Bestrahlung im Freien eine wenigstens doppelt so große Schwankung. Von den Meteorologen wurden folgende Zahlen ermittelt:

Sommer: $UV_B : UV_A$: Globalstrahlung $= 0,21 : 9,1 : 100$,
Winter: $UV_B : UV_A$: Globalstrahlung $= 0,08 : 9,3 : 100$.

Aus den oben erwähnten Gründen sollte daher bei jeder Lichtechtheitsprüfung ein integrierender Luxstunden-Zähler mitlaufen. Die Koloristen verwenden dazu mit gutem Erfolg den oben erwähnten Blaumaßstab, der auch durch einen elektrischen Luxstunden-Zähler ersetzt werden kann.

Bei vielen Kunststoffen spielt außer der Lichteinwirkung die Ozoneinwirkung eine zusätzliche Rolle. Da in der Nähe einer UV-haltigen Lichtquelle stets merkliche Mengen Ozon entstehen, ist es wichtig, daß die Kühlluft des Brenners ins Freie abgeleitet wird, was beim Xenotestgerät möglich ist.

Deutsche Normungsarbeiten. Ein erster, nicht veröffentlichter Entwurf des DNA/FNK zur „Messung der Beständigkeit gegen natürliches Licht mit Hilfe einer künstlichen Lichtquelle" beabsichtigt, die künstliche Lichtquelle nicht durch ein bestimmtes Gerät, sondern durch Angabe ihrer spektralen Energieverteilung wie folgt festzulegen:

	Wellenlängen Bereiche in nm	Energieverhältnis Zahlen ($+ 10\%$)	
UV_B	$300 - 315$	1	
UV_A	$315 - 380$	35	
Sichtbares Licht ...	$380 - 460$	110	
	$460 - 610$	270	600
	$610 - 780$	220	

Am Ort der Proben soll eine Beleuchtungsstärke von 120000 Lux herrschen

Messung mit UV-reichem Licht nach IES[1]. IES sieht die Prüfung von Polystyrol, Polyäthylen und Methacrylaten unter Bedingungen vor, wie sie bei Leuchtröhren als Lichtquellen auftreten [52]. Da diese Röhren ein UV-reiches Licht liefern, ist für die Prüfung gegen das Vergilben dieser Kunststoffe das Fade-O-meter vorgesehen (s. auch ASTM D 822–57 T; Beschreibung des Gerätes s. ASTM E 42–57 T). Die Proben werden je nach der Anforderung zwischen 100 und 500 Std. lang belichtet. Die Vergilbung wird nach der folgenden Formel ermittelt:

$$\text{Vergilbungsfaktor} = 100 \cdot \frac{(T_{420} - T'_{420}) - (T_{680} - T'_{680})}{T_{560}}$$

T_{420} Durchlässigkeit in Prozenten des unbelichteten Materials gleicher Dicke bei 420 nm,
T_{560} Durchlässigkeit in Porzenten des unbelichteten Materials gleicher Dicke bei 560 nm,
T_{680} Durchlässigkeit in Prozenten des unbelichteten Materials gleicher Dicke bei 680 nm,
T'_{420} Durchlässigkeit in Prozenten des belichteten Materials bei 420 nm,
T'_{680} Durchlässigkeit in Prozenten des belichteten Materials bei 680 nm.

Eine Probe wird als vergilbt angesehen, wenn der Vergilbungsfaktor den Wert 15 überschreitet.

Messung nach ASTM D 620–57 T. Diese Vorschrift beschreibt ein Gerät, das eine kombinierte Quecksilber-Wolfram-Lampe enthält. Mit ihm soll die relative Widerstandsfähigkeit von Kunststoffen gegen Bestrahlung mit Sonnenlicht ermittelt werden.

Es wird in dieser ASTM-Vorschrift betont, daß die Ergebnisse nicht in jedem Falle mit denen einer länger dauernden Bestrahlung durch das Sonnenlicht übereinstimmen. Die Ursache dafür dürfte vor allem in der starken Abweichung

---

[1] IES = Illuminating Engineering Society.

der spektralen Energieverteilung der Lampe von der der Globalstrahlung
liegen.

Die Proben werden bei diesem Gerät auf einer rotierenden Scheibe befestigt.
15 cm darüber befindet sich in einem Reflektor die Lampe, deren Glaskörper
aus Corex-D-Glas besteht, das nur Licht mit einer Wellenlänge oberhalb 280 nm
durchläßt. Um reproduzierbare Meßergebnisse zu erzielen, muß die Lampe vor
der ersten Prüfung 50 Std. gebrannt haben. Sie soll nur bis 550 Brennstunden
verwendet werden, da dann ihre Intensität nachläßt.

Folgende Grade der Farbänderung sind vorgesehen: Keine – leicht –
mittel – stark. Es wird dabei angegeben, ob die Proben heller oder dunkler
geworden sind. Nachteilig an diesem Verfahren ist das Fehlen einer zuverlässigen
Temperaturüberwachung der Proben.

**Messung der Licht- und Feuchtigkeitseinwirkung nach ASTM
D 822–57 T.** Für diese Prüfung ist eine Lichtquelle vom Typ des eingeschlossenen
Kohlelichtbogens vorgeschrieben, wie sie z. B. in dem bekannten Fade-O-meter
verwendet wird. Von einer Angleichung der spektralen Energieverteilung an
die der Globalstrahlung kann hier aber keine Rede sein (Abb. 22, strich-
punktierte Linie). Es fällt besonders das starke Emissionsmaximum bei 380 nm
auf, während oberhalb 400 nm die ausgestrahlte Energie viel zu gering ist.

Es sei kurz der Vorschlag von K. POTTHOFF [53] erwähnt, das Verhalten der Isolierstoffe sowohl bei der Bestrahlung mit Glühlampenlicht als auch mit stark UV-haltigem
Licht zu ermitteln.

In vielen Fällen wird es von Interesse sein, bei der Prüfung auf Lichtbeständigkeit außer der Änderung der optischen Eigenschaften auch den Gang der
mechanischen und elektrischen Größen, wie Zugfestigkeit, Bruchdehnung,
Schlagzähigkeit, Biegefestigkeit, dielektrische Verluste usw., zu verfolgen. Entsprechende Norm-Vorschriften bestehen zur Zeit noch nicht.

3.8.3 Verhalten in der Wärme

Die von einem festen Stoff durch Wärmestrahlung oder Wärmeleitung
aufgenommene Energie wird zunächst in Schwingungsenergie seiner Moleküle verwandelt. Überschreitet diese Schwingungsenergie einen bestimmten
Betrag, so bricht z. B. das Kristallgitter eines niedermolekularen Stoffes
zusammen. Der betreffende Stoff geht in den flüssigen Aggregatzustand
über, d. h., in diesem Zustand können seine kleinsten Teilchen, etwa die
Moleküle einer Verbindung, nunmehr häufig Platzwechsel vornehmen. Bei
dieser Phasenumwandlung tritt eine Wärmetönung auf, die als Schmelzwärme
bezeichnet wird. Schmelzwärme und Schmelztemperatur sind hier als Materialkonstanten genau reproduzierbar (s. auch I 3.2).

Es bestehen aber noch erhebliche Wechselwirkungskräfte zwischen den
Molekülen. Wird die Temperatur erhöht, so tritt beim Siedepunkt eine noch-
malige Phasenumwandlung ein, wobei die Schmelze nach Zufuhr der Ver-
dampfungswärme in den gasförmigen Zustand übergeht, in welchem die Moleküle nunmehr frei beweglich sind. Bei weiterer Temperatursteigerung tritt
eine mit der Temperatur zunehmende thermische Aufspaltung der Moleküle ein.
Während der Schmelz- bzw. Verdampfungsvorgang immer reversibel ist, ist

die thermische Aufspaltung mit chemischen Umwandlungen verbunden und daher meist irreversibel.

a) Reversibles Wärmeverhalten. Die beschriebenen Vorgänge werden im wesentlichen auch bei Kunststoffen beobachtet, wobei die thermische Vorgeschichte für ihr Verhalten häufig eine entscheidende Rolle spielt. Durch die komplizierte Struktur und die außerordentliche Größe ihrer Moleküle treten aber einige wesentliche Eigenschaften in den Vordergrund: Es werden zusätzliche Umwandlungsprodukte beobachtet. Sowohl auftretende Strukturänderungen als auch ihre anschließend mögliche Umkehrung nehmen oft erhebliche Zeiten in Anspruch. Die bei einigen typischen Vertretern der Kunststoffe auftretenden Aggregatzustände sind in der Tab. 5 zusammengestellt.

Tabelle 5. Aggregatzustände von Kunststoffen

Temperaturbereich	Thermoplaste mit großen zwischenmolekularen Kräften (z. B. Polyäthylen)	Thermoplaste mit geringen zwischenmolekularen Kräften (z. B. Polyisobutylen)	Raumvernetzte Stoffe (z. B. Epoxydharze)
Niedrige Temperaturen	hartelastisch teils kristallin teils amorph	hartelastisch amorph	hartelastisch amorph
Einfriertemperatur (Auftreten der Mikro-Brownschen Bewegung			
Mittlere Temperatur	hornartig teils kristallin teils amorph	gummielastisch dann plastisch evtl. flüssig	gummielastisch amorph
Schmelzen der Kristalle (Auftreten der Makro-Brownschen Bewegung			
Höhere Temperatur	plastisch amorph evtl. flüssig	plastisch amorph evtl. flüssig	gummielastisch amorph

α) Schmelzverhalten kristalliner Bereiche von Thermoplasten (s. auch I 3.2). Bei vielen Thermoplasten existiert eine kristalline Phase. F. WÜRSTLIN [54] sowie H. A. STUART [55] u. a. haben die Kristallisationsvorgänge bei Kunststoffen näher untersucht. Ein Kunststoff ist um so kristallisationsfreudiger, je einfacher seine Ketten gebaut sind. Verzweigte Ketten und Mischpolymerisation behindern die Kristallisation ebenso wie die Vernetzung.

Die Hochpolymeren schmelzen im Gegensatz zu niedermolekularen Stoffen nicht bei einer bestimmten Temperatur. Der kristalline Anteil geht mit steigender Temperatur zugunsten des amorphen immer mehr zurück (Abb. 23).

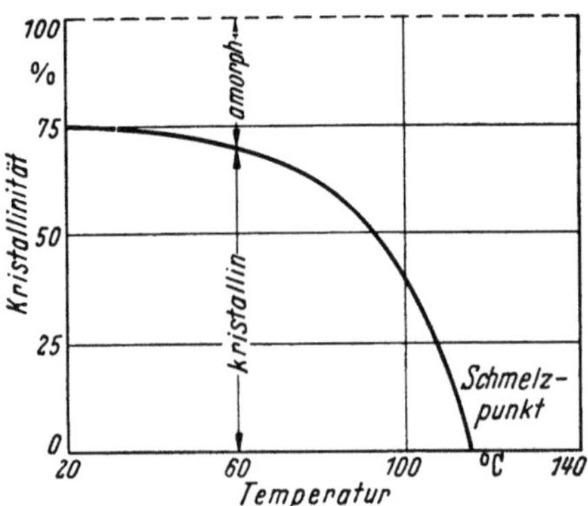

Abb. 23. Kristalliner Anteil im Hochdruck-Polyäthylen in Abhängigkeit von der Temperatur

Als Schmelzpunkt des hochpolymeren Stoffes wird nun der Punkt bezeichnet, bei welchem der kristalline Anteil verschwunden ist. Beim Abkühlen der Schmelze tritt die Rekristallisation meist erst merklich unterhalb der Schmelztemperatur ein, wobei die entstehenden kristallinen Bereiche aufeinander zuwachsen [56]. Diese Bereiche behindern sich aber schließlich gegenseitig, zumal manche Makromoleküle mehreren Kristalliten angehören können. Die Größe des kristallinen Anteiles ist von der Abkühlungsgeschwindigkeit abhängig. Zwischen den Kristallen gibt es alle möglichen Übergänge zu mehr oder weniger amorphen Bezirken.

Kristallisierende Kunststoffe sind u. a. Polyäthylen, Polyvinylalkohol, Polytetrafluoräthylen, Polyvinylcarbazol, Polyamide, Polyurethane, lineare Polyester. Beispielsweise wird bei Hochdruckpolyäthylen der kristallisierte Anteil bei Raumtemperatur mit etwa 75% angegeben. Bei Niederdruckpolyäthylen soll er 85% erreichen [57]. Eine Verstreckung liefert in vielen Fällen den maximal möglichen Kristallisationsgrad. Durch Tempern bei einer Temperatur knapp unterhalb des Schmelzpunktes kann bei einigen Hochpolymeren, z. B. Polyurethane, der Kristallisationsgrad erhöht werden. Die Schmelzwärme und die Schmelztemperatur steigen dabei an, wobei die letztere bis zu 20 °C erhöht werden kann. Die Kristallisation steigert die Festigkeit der Kunststoffe erheblich. Sie kann als eine physikalische Vernetzung durch VAN DER WAALSsche Kräfte aufgefaßt werden. Bei manchen Kunststoffen entsteht durch eine Orientierung der Kristalle eine Überstruktur (Sphärolith- und Fibrillenstruktur) [58].

Röntgenographische Methode. Aussagen über den Kristallisationsgrad sind wegen der erwähnten Übergänge in den amorphen Bereichen schwierig. P. H. HERMANS [59] hat eine röntgenographische Methode angegeben, mit deren Hilfe man aus DEBEYE-SCHERRER-Aufnahmen auf den kristallinen und amorphen Anteil eines Kunststoffes schließen kann.

Volumen-Temperatur-Kurve zur Erfassung des Schmelzpunktes. E. HUNTER und C. W. OAKES [60] haben den Schmelzpunkt, d. h. das Verschwinden der letzten kristallinen Anteile durch Messung der Volumen-Temperatur-Kurve bestimmt, die an diesem Punkt eine Unstetigkeit zeigt. Derartige Messungen werden in einem Dilatometer ausgeführt (s. auch II 3.5.2a, γ, Abb. 5).

Messung mit Hilfe der Doppelbrechung. Für die Bestimmung des Schmelzpunktes wird häufig von der Tatsache Gebrauch gemacht, daß die von den hochpolymeren Stoffen gebildeten Kristalle eine Doppelbrechung zeigen (s. auch I 1.5.5). Mit steigender Temperatur und der dadurch bedingten Abnahme des Kristallisationsgrades verringert sich die Doppelbrechung, was mit einem heizbaren Polarisationsmikroskop beobachtet werden kann. Beim völligen Verschwinden der Doppelbrechung ist der Schmelzpunkt erreicht. Für derartige Messungen eignet sich u. a. das in Abb. 24 dargestellte Heiztischmikroskop.

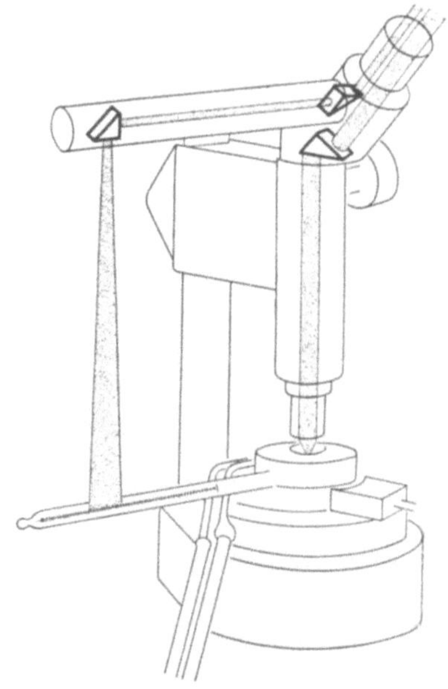

Abb. 24. Heiztischmikroskop zur Beobachtung des Schmelzpunktes

Direkte Schmelzpunktbestimmung. Das Verhalten eines Thermoplasten kann bei nicht zu hohem Molekulargewicht mit der Heizbank nach KOFLER in einem größeren Temperaturbereich ermittelt werden. Bei diesem Gerät wird eine Metallplatte an einem Ende elektrisch so beheizt, daß ein annähernd linearer Temperaturanstieg von 50 bis zu 270 °C entsteht. Die zu prüfende Substanz wird in zerkleinerter Form auf der Oberfläche der Heizbank verteilt. An der seitlich angebrachten Temperaturskala kann der zu dem Schmelzbereich „fest-flüssig" gehörige Temperaturbereich abgelesen werden (Abb. 25).

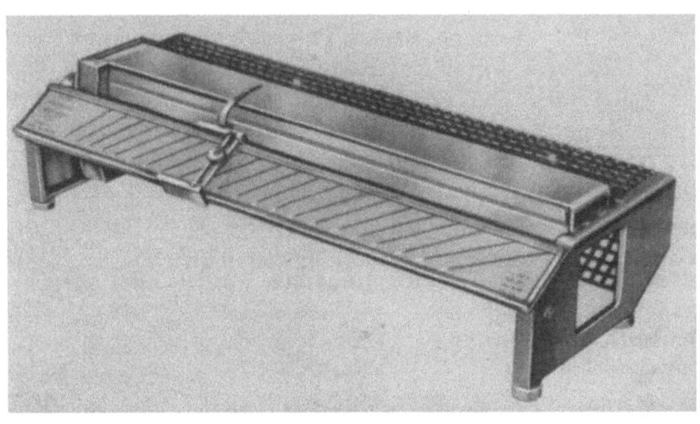

Abb. 25. Heizbank nach KOFLER

Beim Vergleich der mit den aufgeführten Methoden ermittelten Werte für den Schmelzpunkt ist zu beachten, daß jede dieser Methoden die Grenzen der kristallinen Bereiche auf eine etwas andere Weise festlegt.

β) Einfriertemperatur (s. auch I 3.1.7 sowie II 3.5.3 a). Bei Thermoplasten können die Makromoleküle im plastisch-flüssigen Bereich auf Grund ihrer thermischen Energie Platzwechsel vornehmen, d. h., sie können eine Makro-Brownsche Bewegung ausführen. Im hornartigen und im hochelastischen Zustand ist diese dagegen nur gering. Da völlig vernetzte Hochpolymere nur aus einem Riesenmolekül bestehen, weisen sie überhaupt keine Makro-Brownsche Bewegung mehr auf.

Es muß aber bei allen Kunststoffen noch das Auftreten einer temperaturabhängigen Mikro-Brownschen Bewegung angenommen werden, die durch die Freiheitsgrade der Molekülsegmente gegeben ist (Tab. 5). Der Übergang der Kunststoffe in den hartelastischen, glasähnlich-spröden Zustand wird allgemein durch das in einem verhältnismäßig engen Temperaturbereich – der sog. Einfriertemperatur – erfolgende Einfrieren dieser Freiheitsgrade erklärt. Hierdurch bedingt, zeigen sie in diesem engen Temperaturbereich von 10 bis 20 °C auch eine Änderung der Ausdehnungskoeffizienten und der spezifischen Wärme [*61*].

Die Kristallisation beeinflußt die Höhe der Einfriertemperatur nicht, was darauf hinweist, daß die beobachteten Eigenschaftsänderungen auf die amorphen Bereiche beschränkt sind. F. H. MÜLLER [*62*] fand beim PVC und Kautschuk eine Abhängigkeit der Einfriertemperatur von Zug- und Druckspannungen. Gerecktes Material zeigt eine mit zunehmender Reckung sinkende Einfriertemperatur [*63*].

BOYER und SPENCER [*64*] haben zuerst das Abklingen des im weichelastischen Zustand zwar schon sehr geringen, aber immer noch vorhandenen Fließvermögens der Moleküle mit dem Übergang in den hartelastischen Zustand im Zusammenhang gebracht. Die Viskosität vieler Kunststoffe erreicht bei der entsprechenden Einfriertemperatur einen übereinstimmenden Wert von etwa 10^{13} Poise. SPENCER und BOYER [*65*] konnten am Polystyrol nachweisen, daß der „Umwandlungspunkt", der hier bei Kurzzeitmessungen zwischen 70 und 80 °C gefunden wird, verschwindet, wenn die Abkühlungsgeschwindigkeit sehr klein gewählt wird. Dies deutet auf ein mit der Viskosität zusammenhängendes Relaxationsverhalten hin. Bei tiefen Temperaturen steigen diese Zeiten so sehr an, daß in vielen Fällen die Moleküle nicht mehr die Gleichgewichtslage einnehmen können, die ihrer mit sinkender Temperatur geringer werdenden Raumbeanspruchung entspricht.

E. Jenckel [66] hat auf Grund dieser Vorstellungen eine sehr anschauliche Deutung des Einfriervorganges gegeben. Die Lage des Einfrierpunktes hängt weitgehend von der Bindungsenergie der Nebenvalenzen ab. Eine Vernetzung der Moleküle setzt im allgemeinen die Einfriertemperatur hinauf. Mit steigendem Vernetzungsgrad wird die Messung der Einfriertemperatur immer schwieriger (Abb. 26).

Ein Zusatz von Weichmachern setzt die Einfriertemperatur herab. Abb. 27 zeigt den Einfluß verschieden großer Zusätze von Trikresylphosphat bzw. Dibutylphthalat auf die Einfriertemperatur von Polyvinylchlorid. Die Moleküle des Weichmachers lagern sich zwischen die Makromoleküle des Kunststoffes und erhöhen deren Beweglichkeit, indem sie die Nebenvalenzkräfte herabsetzen, wodurch eine Erniedrigung der Einfriertemperatur eintritt.

Zur Messung der Einfriertemperatur stehen verschiedene Methoden zur Verfügung. Sie sind nicht allgemein für jeden Kunststoff anwendbar. Bei der Heranziehung des Brechungsindexes muß das Material durchsichtig sein. Dielektrische Messungen setzen polare Gruppen voraus, während bei Messungen der Schwingungsdämpfung das Material eine bestimmte Konsistenz haben muß.

Aus der Betrachtung des Einfriervorganges geht hervor, daß unterhalb der Einfriertemperatur, d. h. im Glaszustand, der Körper ein im Verhältnis zur Temperatur zu großes Volumen besitzt. Mißt man daher die Volumen-Temperatur-Kurve in einem Dilatometer, so biegt dieselbe im Bereich des Einfriervorganges in eine Kurve mit geringerer Neigung um. Durch Verlängerung der beiden linearen Teile bis

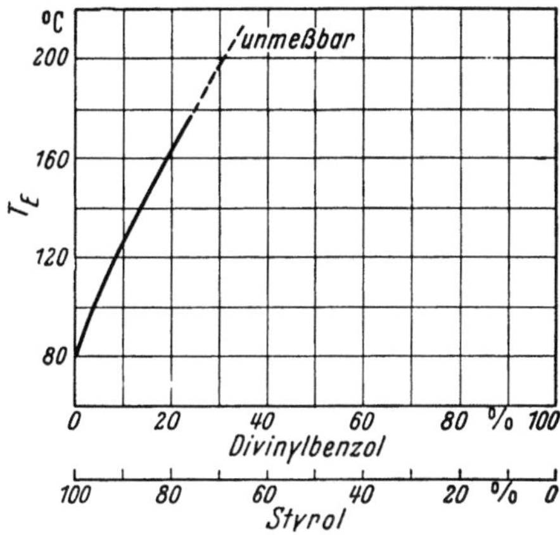

Abb. 26. Zunahme der Einfriertemperatur T_E von Polystyrol infolge zunehmender Vernetzung durch Divinylbenzol nach Überreiter aus R. Houwink [67]

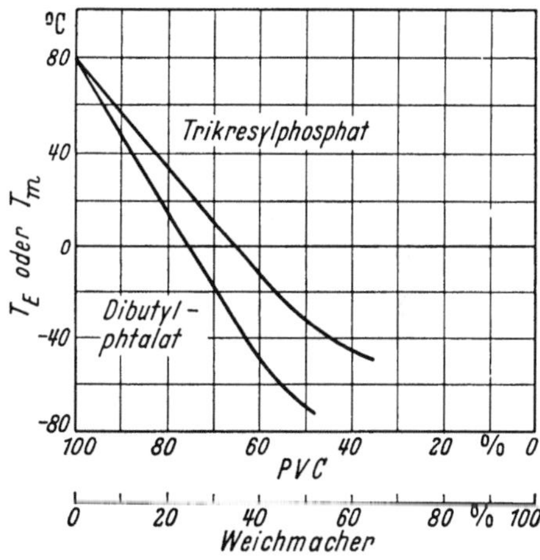

Abb. 27
Einfluß des Weichmachers auf die Einfriertemperatur T_E von PVC nach R. Houwink [67]

zum Schnittpunkt läßt sich die nach diesem Verfahren erhältliche Einfriertemperatur festlegen (Abb. 28 und 29).

Messung nach ASTM 864–52. In dieser amerikanischen Vorschrift wird ein einfaches Dilatometer beschrieben. Zur Messung des kubischen Ausdehnungskoeffizienten wird eine Probe mit bekanntem Volumen in ein mit einer kalibrierten Kapillare versehenem Glasrohr eingeschmolzen. Nach dem Evakuieren des Dilatometers wird eine geeignete Flüssigkeit eingefüllt. Bei Temperatursteigerungen kann aus dem jeweiligen Flüssigkeitsstand in der Kapillare der Ausdehnungskoeffizient berechnet werden. Die Meßgenauigkeit läßt sich durch verschiedene Dimensionierung der Kapillaren und des Glasrohres in weiten Grenzen ändern. Das Gerät ist im Abschn. II 3.5.2a, γ in Abb. 5 dargestellt, wo seine Anwendung für die Messung des Wärmeausdehnungskoeffizienten beschrieben wird.

Messung mit Hilfe des Brechungsindexes. Die Messung im Dilatometer ist etwas umständlich. Nach E. JENCKEL [66] ist die Bestimmung des Brechungsindexes, der

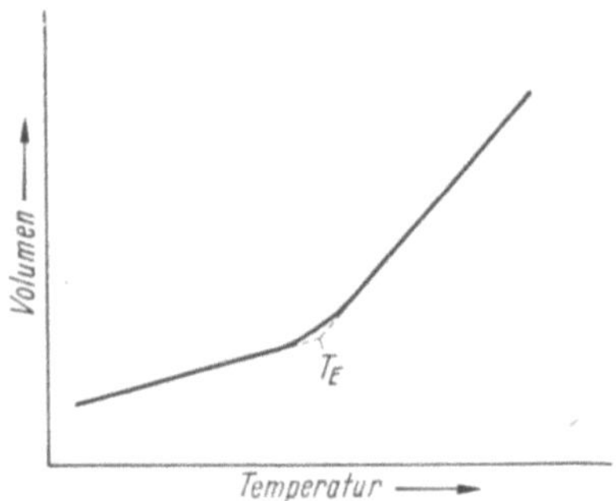

Abb. 28. Prinzipieller Verlauf einer Volumen-Temperaturkurve eines Thermoplasten

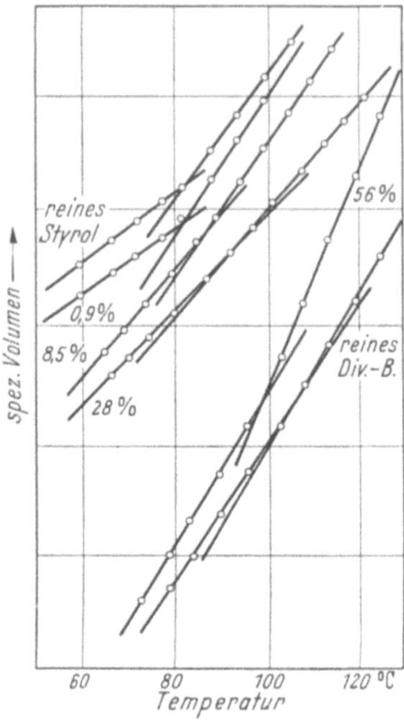

Abb. 29. Volumen-Temperaturkurve von Styrol-Divinylbenzolpolymerisaten mit verschiedenen Divinylbenzolgehalt nach ÜBERREITER

über die LORENTZ-LORENZ-Formel mit dem Volumen zusammenhängt, bequemer.

$$R = \frac{n^2 - 1}{n^2 + 2} M V.$$

R Molrefraktion, n Brechungsindex,
M Molgewicht, V spezifisches Volumen.

Die in dieser Formel vorkommende Molrefraktion R ändert sich mit der Temperatur nur wenig. Dadurch ist der Brechungsindex im wesentlichen eine Funktion des spezifischen Volumens. Zur Messung kann das ABBE-Refraktometer „Opton" von Zeiß bis zu einer Temperatur von 150 °C verwendet werden (Abb. 30). Es ergeben sich Kurven, wie sie in Abb. 31 wiedergegeben sind.

Dämpfungsmessungen bei Torsionsschwingungen. Das Prinzip dieser Messungen zur Untersuchung innerer Umwandlungspunkte ist in I 1.3 und

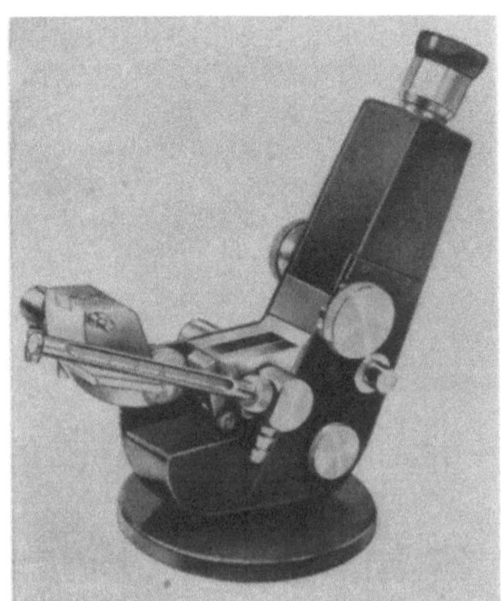

Abb. 30. Refraktometer Opton von Zeiß

die Meßmethode in II 3.4.2d ausführlich beschrieben (s. auch DIN-Vornorm 53445 Bl. 1).

Entsprechende Untersuchungen wurden von H. ROELIG und W. HEIDEMANN [68] an Elastomeren, von K. WOLF [30] und E. JENCKEL [69] an Thermoplasten sowie von P. NOWAK und E. STEINBACHER [70] an Epoxyd-Gießharzen durchgeführt.

Dielektrische Messungen. Das dielektrische Verhalten der Kunststoffe ist im wesentlichen dem mechanischen gleichartig. Der E-Modul entspricht dem Reziprokwert der Dielektrizitätskonstanten und die Schwingungsdämpfung den dielektrischen Verlusten. So zeigt die Dielektrizitätskonstante oberhalb der Einfriertemperatur ein starkes Ansteigen und gleichfalls eine Abhängigkeit von der Frequenz, d. h. also ein Dispersionsgebiet. Die dielektrischen Verluste durchlaufen ein Maximum. Die Lage des gefundenen Dämpfungsmaximums hängt auch hier stark von der Meßfrequenz ab, da die innere Reibung der Molekülsegmente bei der Einfriertemperatur zunächst noch so hoch ist, daß nur ganz niedrige Frequenzen eine Schwingungsanregung zur Folge haben. Bei größeren Frequenzen tritt eine Schwingung und damit eine meßbare Dämpfung erst bei höheren Temperaturen auf. Die Messungen können nur an Substanzen mit polaren Gruppen durchgeführt werden. Da es besonders bei dielektrischen Messungen schwierig ist, bei niedrigen Frequenzen zu messen, eignet sich diese Methode mehr für Vergleichsmessungen. Entsprechende Meßergebnisse bei 10^7 Hz liegen von F. WÜRSTLIN [71] an mit Palatinol AH weichgemachten PVC-Massen vor (Abb. 32).

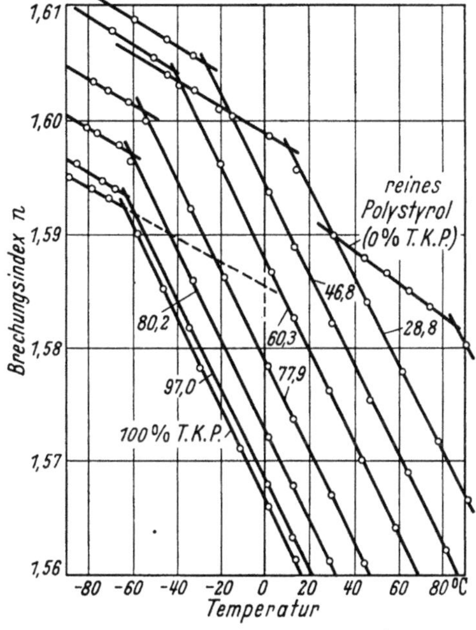

Abb. 31. Brechungsindex von Polystyrol — weichgemacht mit Trikesylphosphat — in Abhängigkeit von der Temperatur nach E. JENCKEL

γ) Versprödungstemperatur. Eine weitere Methode zur Bestimmung der Temperatur des Überganges eines Kunststoffes aus dem viskos-elastischen in den harten-glasartigen Zustand ist die

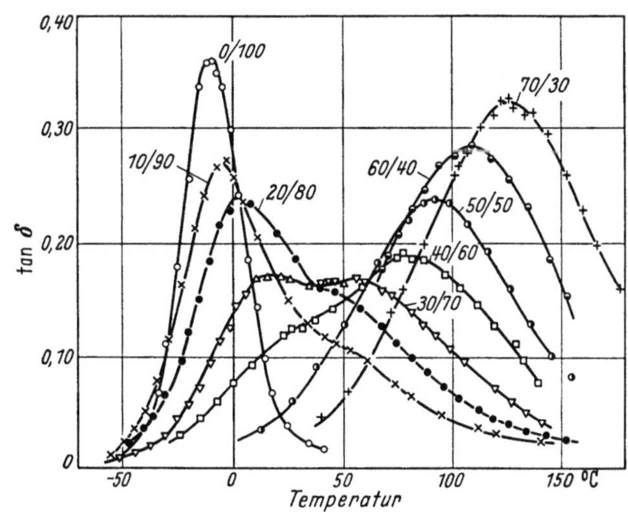

Abb. 32. Bestimmung der Einfriertemperatur von PVC-Mischungen aus dem dielektrischen Verlustwinkel nach WÜRSTLIN

Messung der Versprödungstemperatur (s. auch I 4.6.3). Sie beruht darauf, daß hochelastische Kunststoffe bei der Abkühlung verspröden und unter plötzlicher Einwirkung einer Kraft zerbrechen. Oberhalb der Temperatur, bei der die Proben brechen, liegt der nutzbare Temperaturbereich eines elastischen Materials.

Bei hohen Molekulargewichten liegt die Versprödungstemperatur sehr nahe bei der des Einfrierpunktes [72]. Es bestehen jedoch zwischen diesen beiden Temperaturen auf Grund der verschiedenen Meßmethoden gewisse Unterschiede. Bei der Bestimmung der Einfriertemperatur, besonders nach der dilatometrischen und der optischen Methode sind die viskosen Eigenschaften für die Lage des Punktes wesentlich [66]. Die Versprödungstemperatur wird aber durch die elastischen Eigenschaften besonders durch die Bruchdehnung bestimmt. Bei hochmolekularen Stoffen liegt sie gewöhnlich etwa 10 bis 15 °C höher als die Einfriertemperatur (Abb. 33).

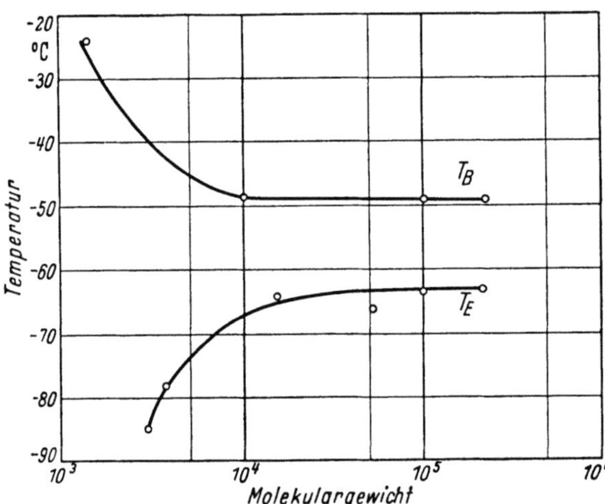

Abb. 33. Einfluß des Molekulargewichtes auf die Einfriertemperatur T_E und den Sprödigkeitspunkt T_B von Polyisobutylen nach VAN AMERONGEN

Sehr dünne Proben ergeben naturgemäß niedrigere Werte für die Versprödungstemperaturen als dicke. Bei einem Molekulargewicht unter 10^4 steigt die Versprödungstemperatur an. Dies hat seine Ursache darin, daß die elastischen Eigenschaften bei niedrigen Molekulargewichten stark abnehmen. Bei dieser etwas groben Bestimmungsmethode sind die erhaltenen Werte wenig genau.

Messung nach ASTM D 746 – 57 T. Nach der amerikanischen Vorschrift wird die Versprödungstemperatur – „Brittle Point" – mit einer Apparatur nach Abb. 34 ermittelt.

Die Dicke der Probe soll 1,9 mm und die Breite 6,3 mm betragen.

Die Einspannvorrichtung befindet sich in einem Bad mit einer Kältemischung. Ein Pendelhammer schlägt bei der Prüfung mit einer Geschwindigkeit von 6 bis 7 m je Sekunde gegen die Probe. Als Versprödungstemperatur wird diejenige Temperatur bezeichnet, bei der 50% einer festgelegten Anzahl von Proben brechen. Zu ihrer Ermittlung wird die Temperatur in gleichbleibenden Stufen über den Bereich variiert, der von den Temperaturen begrenzt wird, bei welcher keine und bei welcher alle Proben brechen.

Als Wärmeübertragungsmedien sollen solche Verwendung finden, die die Prüfmaterialien nicht angreifen und bei der Prüftemperatur flüssig sind; z. B. Siliconöl (bis −76 °C), Methanol (bis −90 °C) und Dichlordifluormethan (bis −120 °C).

Bei Versuchsbeginn werden die Proben konditioniert. Für jeden Versuch müssen neue Proben herangezogen werden. Nachdem die Proben in der Einspann-

vorrichtung befestigt und eine bestimmte Zeit bei der Prüftemperatur dem Kälte-
bad ausgesetzt sind, wird ein einziger Schlag mit dem Pendelhammer ausgeführt.
Zunächst wird eine Temperatur gewählt, bei der voraussichtlich 50% der Proben
brechen. Wenn alle oder gar keine Proben brechen, soll die Temperatur um 10 °C
erhöht oder erniedrigt und der Versuch entsprechend wiederholt werden. Nach
dem Auftreten von Brüchen soll die Temperatur des Bades stufenweise um 2 oder
5 °C gesteigert werden. Bei jeder Temperatur werden wenigstens 10 Proben

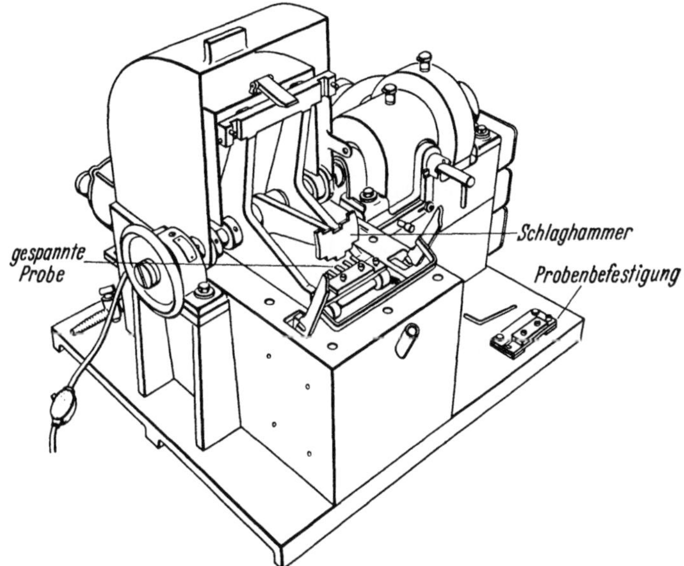

Abb. 34. Elektrisch angetriebenes Gerät zur Messung der Versprödungstemperatur

geprüft und die Zahl der Brüche notiert. Für die Berechnung der Versprödungstemperatur T_B gilt die Beziehung:

$$T_B = T_h + \Delta T \left(\frac{S}{100} - \frac{1}{2} \right).$$

T_h　höchste Temperatur, bei der alle Proben brechen,
ΔT　Temperatursteigerung in °C,
S　Summe der Prozentsätze der Brüche bei jeder Versuchstemperatur, beginnend bei
　　der Temperatur, bei der kein Bruch eintritt bis einschließlich T_h.

Ein Weich-PVC zeigt z. B. folgenden Ablauf des Prüfvorganges:

$-$30 °C: alle Proben gut,
$-$32 °C:　4 Proben gebrochen,
$-$34 °C:　5 Proben gebrochen,
$-$36 °C:　8 Proben gebrochen,
$-$38 °C: 10 Proben gebrochen,
$-$40 °C: alle 10 Proben gebrochen.

Demnach:　$T_h = -38$ °C,　$\Delta T = 2$,　$S = 40 + 50 + 80 + 100 = 270$
und

$$T_B = -38 + 2 \left(\frac{270}{100} - \frac{1}{2} \right) = -33{,}6.$$

Als Versprödungstemperatur des geprüften Weich-PVC wird $-$34 °C angegeben.

Bei der Prüfung werden auch Langzeiteffekte, wie Kristallisation, erfaßt.
Eine evtl. Unverträglichkeit des Weichmachers ist ebenfalls zu erkennen. Die

nach dieser Methode erhaltenen Ergebnisse geben einen Anhalt für das Verhalten des Materials unter der Voraussetzung gleicher Deformationsbedingungen. Die ermittelte Sprödigkeitstemperatur braucht aber nicht unbedingt die niedrigste Temperatur zu sein, bei der das Material noch eingesetzt werden kann.

In der anschließenden Tab. 6 sind für einige Kunststoffe die Einfrier- und Versprödungstemperaturen nach VAN AMERONGEN [72] zusammengestellt.

Tabelle 6. *Einfriertemperatur T_E und Versprödungstemperatur T_B einiger Kunststoffe*

Substanz	T_E in °C	T_B in °C
Polyisobutylen...........	—77	—65
Polyäthylen	—	—68
Polymethylacrylat	3	4
Polyvinylacetat	28	—
Polymethylmethacrylat	65	90
Polyvinylchlorid	75	81
Polystyrol	80 bis 100	80
Polyvinylidenchlorid	—17	150

Bei Polyvinylidenchlorid ist der Unterschied zwischen der Versprödungs- und Einfriertemperatur besonders auffallend. Die erstere wird hier deshalb so niedrig gefunden, weil die starke Neigung dieses Materials zur Kristallisation den E-Modul erhöht und die Bruchdehnung herabsetzt. Dieses Beispiel zeigt, daß die Bestimmung des Versprödungspunktes nur für die Kunststoffe von Interesse ist, deren elastische Eigenschaften überwiegend durch das Verhalten der amorphen Bereiche bestimmt werden.

b) Irreversibles Wärmeverhalten. Bei Erwärmung zeigen die Kunststoffe oberhalb eines gewissen Temperaturbereiches irreversible Veränderungen, die verschiedene Ursachen haben. So können niedermolekulare Bestandteile durch Verdampfen entweichen bzw. tritt bei zu hoher Temperaturbeanspruchung eine Zersetzung ein.

α) *Flüchtige Bestandteile.* In einem Kunststoff können u. a. noch geringe Mengen niedermolekularer Bestandteile, Wasser sowie evtl. Lösungsmittelanteile vorhanden sein. In der Wärme tritt daher ein Gewichtsverlust auf, der bei nicht zu hohen Temperaturen mit der Zeit einem konstanten Endwert zustrebt (s. u. auch II 3.1.2). Bei einem Duroplasten ist weiterhin zu beachten, daß in der Wärme durch das Fortschreiten der Kondensation Reaktionswasser entstehen kann. Schließlich ist mit merklichen Gewichtsverlusten in der Wärme zu rechnen, wenn der Kunststoff zur Herabsetzung seiner Einfriertemperatur größere Mengen flüchtiger Weichmacher enthält.

Messung der Weichmacherflüchtigkeit nach BS 5082, Appendix R. Aus einer konditionierten Weich-PVC-Folie werden 3 Proben von 10 cm × 0,64 cm herausgeschnitten und auf 1 mg genau gewogen. Sie werden dann in zylindrische Käfige aus Bronzegaze gebracht, die in eine Metallbüchse mit einem entsprechend großen aufklappbaren Deckel eingelegt werden. Die Büchse wird vorher teilweise mit Aktivkohle bestimmter Körnung beschickt. Über den ersten Käfig wird eine weitere Schicht Aktivkohle gegeben, wobei darauf geachtet wird, daß nichts in den Käfig hineinfällt. Hierauf wird der zweite Käfig in die Büchse gebracht usw. Die Metallbüchse wird verschlossen und in einem mit einer Luftumwälzung versehenen Ofen bzw. einem Heizbad von 100 °C ± 1 grd 24 Stunden belassen. Die behandelten Proben werden in einem

Exsikkator auf Raumtemperatur abgekühlt und gewogen. Der Gewichtsverlust wird als Prozentsatz des ursprünglichen Gewichtes angegeben.

Messung nach ASTM D 1203–55. Gegenüber der britischen „Käfig-Methode" kommen hier die Proben direkt mit der Aktivkohle in Berührung. Die Methode liefert bei Proben gleicher Dicke für verschiedene Materialien brauchbare Vergleichswerte. Der Einfluß des Wassergehaltes der Proben ist vernachlässigbar, wenn er von Anfang an nicht zu verschieden ist, da die Proben rekonditioniert werden.

Nach Wägung (W_1) werden die konditionierten, scheibenförmigen Proben unter Zwischenschichtung von Aktivkohle in einem zylindrischen Behälter untergebracht. Der Behälter wird mit einem durchlöcherten Deckel verschlossen und 24 Stunden in einem Wärmebad auf einer Temperatur von 70 °C $\pm$ 1 grd gehalten. Es dürfen nur gleichartige Proben in einem Behälter geprüft werden.

Die herausgenommenen Proben werden nach Rekonditionierung gewogen (W_2). Um die Prüfbedingungen den in einem speziellen Falle vorliegenden Verhältnissen anpassen zu können, ist auch die Anwendung anderer Prüfzeiten und Prüftemperaturen zulässig. Der Gewichtsverlust ergibt sich zu:

$$\frac{W_1 - W_2}{W_1} \cdot 100 \quad [\%].$$

Der Nachteil dieser Prüfmethode besteht darin, daß die Aktivkohle direkt auf der Probenoberfläche liegt. Dadurch tritt nach K. ZÖHRER und A. MERZ [42] neben dem Gewichtsverlust durch Verdampfen auch ein Gewichtsverlust durch Weichmacherwanderung gegen Aktivkohle auf. Die vorher erwähnte britische Methode vermeidet diesen Nachteil durch die Lagerung der Proben in Bronzegaze-Käfigen.

Messung nach ISO/DR 191*. Abschließend sei auf die ISO-Empfehlung „Bestimmung des Weichmacherverlustes aus Kunststoffen" (Aktivkohle-Verfahren) hingewiesen. Diese empirische Prüfung soll zum schnellen Vergleich der Weichmacherverluste aus verschiedenen Kunststoffen dienen. Dieser Vergleich ist jedoch nur dann möglich, wenn alle Proben von gleicher Dicke sind.

β) Gebrauchsdauer in Abhängigkeit von der Temperatur. Beim Ablauf einer chemischen Reaktion läßt sich für jede Temperatur eine Geschwindigkeitskonstante definieren, deren Temperaturfunktion zuerst von ARRHENIUS im Jahre 1889 angegeben worden ist.

$$\log k = \frac{A}{T} + H\,.$$

k Geschwindigkeitskonstante,
T absolute Temperatur in °K,
A Konstante der Aktivierungsenergie, z. B. eines Alterungsvorganges,
H für die Betrachtung unwesentliche Konstante.

Die vorliegende Beziehung gilt auch weitgehend für die komplexen Reaktionsabläufe, wie sie z. B. Alterungsvorgänge bei Kunststoffen durch Oxydation, Nachhärtung, Depolymerisation, Dehydrierung u. a. darstellen. Die hierdurch bedingte Änderung der Eigenschaften legt die Länge der Gebrauchsdauer in

---

* 1961 als ISO/R 176 verabschiedet.

Abhängigkeit von der Einsatztemperatur und den geforderten Bedingungen fest. Die Anwendbarkeit der Arrheniusschen Gleichung auf solche Vorgänge zeigte MONTSINGER [73] an Isolierpapieren. Entsprechende Messungen an Kunststoffen wurden von anderen Autoren durchgeführt [74 bis 79].

Bei Untersuchungen solcher Alterungsvorgänge interessiert naturgemäß weniger die Geschwindigkeitskonstante als die Gebrauchsdauer solcher Stoffe. Sie ist dadurch begrenzt, daß im Laufe der Alterung die Eigenschaften unter die für ihren Einsatz erforderlichen Werte absinken. Bei ihrer Festlegung herrscht daher eine gewisse Willkür, da die jeweils zu fordernden Eigenschaftswerte von den Einsatzbedingungen abhängig sind. Weiterhin ist die Änderung der einzelnen Eigenschaften im Verlauf der Alterungszeit verschieden groß, so daß zur eingehenden Beurteilung stets mehrere herangezogen werden müssen [78].

Statt des Logarithmus der Geschwindigkeitskonstanten in der Arrheniusschen Gleichung wird hier der Logarithmus der Gebrauchsdauer in die entsprechende Gleichung eingesetzt bzw. bei einer graphischen Auswertung gegen die reziproke absolute Temperatur aufgetragen.

$$\log L = a + \frac{b}{T}.$$

L Gebrauchsdauer,
a, b Konstante,
T absolute Temperatur in °K.

Die Gleichung besitzt nur in solchen Temperaturbereichen Gültigkeit bzw. der Logarithmus der Gebrauchsdauer ändert sich nur solange linear in Abhängigkeit von dem reziproken Wert der absoluten Temperatur, wenn mit steigender Alterungstemperatur keine zusätzlichen Reaktionen auftreten, Ist dies der Fall, so ändert die Gerade ihre Steigung. Eine Extrapolation zu Zeiten, die sehr viel länger sind als die Alterungszeit, ist daher stets mit einer erheblichen Unsicherheit verbunden. Im übrigen eignen sich solche Auswertungsverfahren mehr zur Bestimmung des relativen Verhaltens der Materialien.

Messung nach DIN 53391 Vornorm. Das hier angegebene Prüfverfahren dient dazu, bleibende Eigenschaftsänderungen von Kunststoff-Folien nach lang dauernder Wärmebehandlung zu ermitteln. Es soll Aufschluß darüber geben, bei welchen Temperaturen und nach welcher Einwirkungsdauer eine bleibende Werkstoffveränderung beginnt. Zu diesem Zweck werden für den Einsatz der Folien maßgebende Eigenschaften im Anlieferungszustand und nach verschiedenen Alterungszeiten bestimmt. Die Prüftemperaturen – mindestens drei — sollen teils über, teils unter der Temperatur liegen, bei der merkliche, bleibende Eigenschaftsänderungen auftreten und sind aus der folgenden Reihe zu wählen (in °C): 60, 75, 90, 105, 120, 135, 150, 165, 180, 195, 210. Die Prüfdauer soll 1, 2, 4, 8 und 16 Wochen betragen.

Je nach Vereinbarung sollen Reißfestigkeit, Dehnung, E-Modul, Biegezahl, Substanzverlust, Volumenänderung und elektrische Durchschlagfestigkeit bestimmt werden. Die Herstellung der Proben ist den entsprechenden Prüfnormen zu entnehmen. Je Meßbedingung sollen 5 Proben geprüft werden. Bei 3 Temperaturen und 5 Zeiten werden also 80 Proben für jede zu prüfende Eigenschaft benötigt. Vor Durchführung einer Prüfung werden die Proben bei 20 °C $\pm$ 2 grd und (65 $\pm$ 5)% relativer Luftfeuchte konditioniert und zur Bestimmung des

Gewichtsverlustes über Phosphorpentoxyd gelagert. In einem Ofen dürfen stets nur gleichartige Proben gealtert werden.

Für die ermittelten Eigenschaften werden die Mittelwerte als Funktion der Zeit mit der Temperatur als Parameter dargestellt. Als Ordinate können die absoluten Mittelwerte oder spezifischen Werte oder Verhältniszahlen eingetragen werden. Für jede einzelne Eigenschaft ist sowohl diejenige Temperatur anzugeben, bei der sich die Eigenschaft durch die Wärmebehandlung nicht nennenswert geändert hat als auch die nächst höhere Temperatur, bei der sich die Eigenschaft deutlich geändert hat. Diese beiden Temperaturen grenzen den Temperaturbereich ein, in dem die bleibende Eigenschaftsänderung beginnt. Bei der Ermittlung der Temperaturabhängigkeit mehrerer Eigenschaften ist diejenige mit dem niedrigsten Temperaturbereich für die Beurteilung der untersuchten Folie maßgebend.

Messung nach VDE 0304, Teil 2. In dieser Norm liegt eine Vorschrift vor, die bei einer festgelegten Gebrauchsdauer von 25000 Std. an Hand des Abfalles der interessierenden Eigenschaften die Festlegung der maximalen Einsatztemperatur gestattet. An dieser Stelle sei auch auf den „Test Code for Evaluation of Systems of Insulating Materials for Random-Wound Electric Machinery" [80] hingewiesen, der insbesondere für die Gebrauchsdauerprüfung in Europa Bedeutung zu gewinnen beginnt.

Zu den vorliegenden Prüfverfahren ist zu bemerken, daß bei thermischer Alterung in elektrischen oder mechanischen Kraftfeldern durch diese zusätzliche Beanspruchung bisweilen abweichende Ergebnisse erhalten werden. Ebenso kann eine Beanspruchung in einem geschlossenen System, aus dem flüchtige Zersetzungsprodukte nicht entweichen können, zu einem anderen Ergebnis führen. Unter diesen Gesichtspunkten wurde von P. Nowak und A. Wolter [81] das Verhalten technischer Zellulosetriesterfolien bei höheren Temperaturen untersucht (s. II 3.5.5).

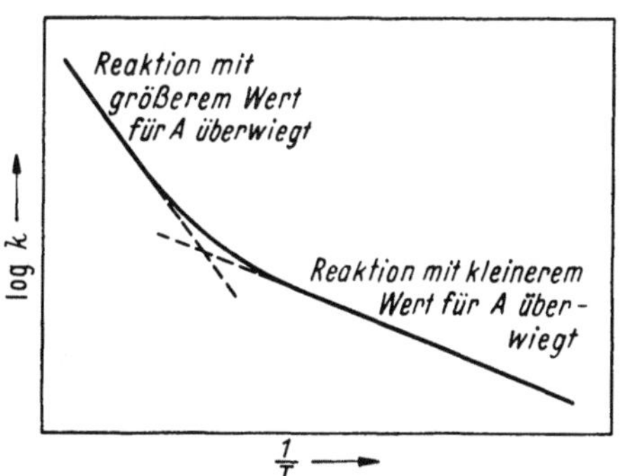

Abb. 35. Temperaturabhängigkeit der Geschwindigkeitskonstanten bei Überlagerung zweier Zersetzungsreaktionen mit verschiedener Aktivierungsenergie

Das Problem der Ermittlung der Dauerwärmebeständigkeit mit Hilfe von Kurzzeitprüfungen ist noch nicht befriedigend gelöst. Bei relativ kurzen Prüfzeiten kann, bedingt durch Anlaufvorgänge, ein Stoff sich anfangs besser verhalten als ein anderer, während nach längeren Zeiten ein umgekehrtes Verhalten auftritt.

γ) *Thermische Stabilität (s. auch II 3.5.5).* Mit steigender Alterungstemperatur können zusätzliche Reaktionen auftreten; ein Vorgang, der sich bei der graphischen Auswertung durch eine Änderung der Steigung der erhaltenen Geraden bemerkbar macht (Abb. 35).

Ist der Betrag der neu hinzugekommenen Geschwindigkeitskonstanten groß, so kann eine solche Verkürzung der Gebrauchsdauer eintreten, daß eine Verwendung dieses Kunststoffes oberhalb der Temperatur des Knickpunktes nicht mehr möglich ist.

Messung nach DIN 53381 – Vornorm. Diese Prüfung dient zur Feststellung, ob Kunststoff-Folien auf Basis von Polyvinylchlorid und Mischpolymerisaten des Vinylchlorids beim Erwärmen zur Chlorwasserstoffabspaltung neigen. Für die Beurteilung der „thermischen Stabilität" der Folie wird die Zeit bestimmt, nach der sich bei einer bestimmten Temperatur Chlorwasserstoff aus der Folie abzuspalten beginnt. Dabei wird die Chlorwasserstoffabspaltung mit Kongorotpapier festgestellt. Zur Durchführung des Prüfverfahrens wird eine Vorrichtung gemäß Abb. 36 benötigt:

Es wird 1,0 g der zerkleinerten Probe in das Reagenzglas gebracht und dieses mit einem Korkstopfen, an dem ein Streifen Kongorotpapier befestigt ist, verschlossen. Das Reagenzglas wird 30 mm tief in das Ölbad getaucht und die Zeit vom Eintauchen bis zum Farbumschlag des Indikatorpapiers zum sauren p_H-Bereich gemessen. Als Prüftemperaturen werden für Hart-PVC-Erzeugnisse (auch für Formmassen) 170 °C und für Weich-PVC-Erzeugnisse 170 °C, 180 °C oder 200 °C empfohlen.

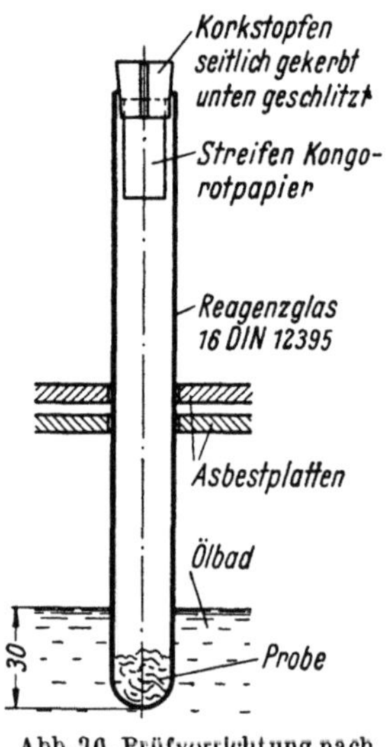

Abb. 36. Prüfvorrichtung nach DIN 53381

Die anzuwendende Temperatur ist abhängig von der Art des Erzeugnisses (z. B. Suspensionspolymerisat, Emulsionspolymerisat, Verwendung von Stabilisator) und vom Verwendungszweck. Sie muß daher von Fall zu Fall vereinbart werden.

Messung nach ISO/DR 216*). Diese Empfehlung zur Prüfung der thermischen Stabilität von PVC und entsprechenden Copolymeren und ihren Verbindungen stimmt im Prinzip mit DIN 53381 und der britischen Norm BS 2571 überein.

Messung nach dem Verfärbungsverfahren. In ISO/DR 217 wird ein Verfahren angegeben, daß auf der Grundlage von Farbänderungen beruht.

In dem deutschen Normvorschlag DIN 53416 „Bestimmung der thermischen Stabilität von Polyvinylchlorid nach dem Verfärbungsverfahren" liegt ein apparativ verbessertes und vereinfachtes Verfahren vor, das für eine ISO-Empfehlung (ISO/DR 217) vorgesehen ist. Die vorgeschlagene Versuchsanordnung schaltet den Einfluß von Sauerstoff weitgehend aus. Quantitative Aussagen können gegebenenfalls mit einer vereinbarten Vergleichsskala oder einem photometrischen Verfahren gemacht werden.

Die vorstehenden Verfahren dienen zur Prüfung des Verhaltens bei den üblichen Verarbeitungstemperaturen und erfordern in den meisten Fällen nur relativ kurze Beobachtungszeiten. Bei tieferen Temperaturen sind diese visuellen Methoden wegen der zu langen Beobachtungszeiten nicht mehr brauchbar.

Messung der Leitfähigkeit und des p_H-Wertes. Zur Erzielung genauerer Werte wird in steigendem Maße dazu übergegangen, mit Hilfe von Leitfähigkeits- und p_H-Wert-Messungen den gesamten Zersetzungsverlauf während der Prüf-

---

* 1961 als ISO/R 182 verabschiedet.

zeit festzuhalten. Als Zersetzungsgefäß wird ein Reagenzglas nach DIN 12395 verwandt, das ein Luftzuführungsrohr sowie eine Verbindung zu einer Meßzelle besitzt, die destilliertes Wasser enthält. Mittels eines neutralen Spülgases werden die Zersetzungsprodukte in das Wasser geleitet. Das Verfahren erlaubt bei Anschluß eines registrierenden Meßgerätes den Vorgang über den interessierenden Zersetzungsbereich festzuhalten [*82*].

3.8.4 Verhalten gegenüber klimatischer Beanspruchung

Für den Einsatz der Kunststoffe spielt die Klimabeständigkeit häufig eine maßgebliche Rolle (s. auch I 6.4). Da die klimatischen Verhältnisse nur über Jahre hinaus am gleichen Ort im Mittel gleich sind, ist es nicht möglich, den Begriff der Klimabeständigkeit genau zu definieren. Es sei hier auf DIN 50010 – Entwurf „Werkstoffe und Geräteprüfung – Klimabeständigkeit – Allgemeine Richtlinien" hingewiesen, der sich mit diesen Begriffsbestimmungen befaßt.

a) Natürliche Bewitterung. Bei der Durchführung einer natürlichen Bewitterung werden die Proben ähnlich wie nach BS 2782, Part 5, auf Gestellen angebracht, die so geneigt sind, daß sie von den Sonnenstrahlen möglichst senkrecht getroffen werden, um eine Abkürzung der Prüfzeit zu erreichen (s. II 3.8.2 a).

b) Künstliche Bewitterung. Um nach möglichst kurzer Zeit ein ungefähres Urteil über die Wetterbeständigkeit der Kunststoffe abgeben zu können, ist es notwendig, vor allem ihr Verhalten gegenüber der Einwirkung von Wasser, Wärme, Kälte und Licht durch künstliche Bewitterung zu prüfen. Zur Herstellung solcher klimatischer Bedingungen stehen in den Laboratorien Klimaschränke, Tiefkühlschränke, Ärosolkammern u. a. zur Verfügung. Bei den sehr komplexen Beanspruchungen ist es zur Erzielung von Vergleichsmöglichkeiten zweckmäßig, nach genormten Prüfverfahren zu arbeiten. Es ist darauf zu achten, daß die ausgewählten Bedingungen denen am Einsatzort vorherrschenden Klimaten möglichst nahekommen.

Messungen nach DIN 50013 bis 50016 – Entwürfe. Diese Entwürfe sehen folgende Prüfklimate vor.

Nach DIN 50013 sind folgende Temperaturstufen für Kälte- und Wärmebeanspruchungen vorgesehen:

Kältestufen °C	zulässige Abweichung ± grd	Warmestufen °C	zulässige Abweichung ± grd
−10 −25 −30	2	70 85 105 120	2
−40 −55 −65	3	140 160 180 200	3

In DIN 50014 sind folgende Normklimate in Aussicht genommen:

Normklima I   20 °C Temperatur, 65% relative Luftfeuchte,
Normklima II   23 °C Temperatur, 50% relative Luftfeuchte.

Die zulässige Abweichung für die Temperatur ist mit $\pm\,1$ grd oder $\pm\,2$ grd zu wählen.

Die Klimastufen für konstante Klimabeanspruchungen sind nach DIN 50015 folgende:

Klima	Kurz-zeichen	Tem-peratur °C	zulässige Abweichung ± grd	rel. Luft-feuchte %	zulässige Abweichung %
Feuchtraumklima	22/83	22		83	± 3
Feuchtwarmes Klima ...	40/93	40	2	93	
Trockenes Klima	55/20	55		20	-3

Für die Prüfungen bei Wechselbeanspruchungen gelten nach DIN 50016 folgende Klimate:

Wechsel	Temperatur °C	relative Luftfeuchte %	Zeit Std.
Klima I	$+25 \pm 2$	90 ± 5	3
Erwärmen	von $+25$ auf $+40$	steigend bis 100, dann fallend auf 90	$^1/_2$
Klima II	$+40 \pm 2$	90 ± 5	$16^1/_2$
Abkühlen	von $+40$ auf $+25$	zunächst fallend, dann wieder auf 90 steigend	4

Die interessierenden Materialeigenschaften werden zu Beginn und während der Prüfung in festgesetzten Zeitabständen nach den einschlägigen DIN-Vorschriften erfaßt.

Messung nach ASTM 795–57 T. Nach dieser Vorschrift wird in USA die Wetterbeständigkeit von Kunststoffen untersucht. Die verwendete Bewitterungskammer ist dort eingehend beschrieben. Die Belichtungsapparatur entspricht der in ASTM D 620–57 T angegebenen (s. II 3.8.2 b).

Die Witterungseinflüsse sind so verschiedener Art (Tau, Regen, Nebel, Reif, Eis, Schnee, Sonne, Temperaturschwankungen, Seeluft, Verunreinigungen der Luft durch industrielle Abgase usw.) und von der Dauer und der Häufigkeit des Wechsels abhängig, daß sie im Laboratorium nicht naturgetreu nachzubilden sind. Ein sicheres Urteil über das Verhalten eines Kunststoffes kann daher nur dadurch gewonnen werden, daß er an mehreren klimatisch verschiedenen Einsatzorten über einige Jahre der Witterung ausgesetzt wird.

Literatur

[1] BARRER, R. M.: Trans. Faraday Soc. 35 (1939) S. 628 u. 644 — Kolloid-Z. 120 (1951) S. 177.
[2] BARRER, R. M.: Diffusion in and through Solids. Cambridge 1941.
[3] GRAHAM, T.: Phil. Mag. 32 (1866) S. 401.
[4] FRANK, H. P.: Kunststoffe 44 (1954) S. 577.
[5] Marburger Diskussions-Tagung. Kolloid-Z. 120 (1951) S. 188.
[6] SIMRIL, V. L., u. A. HERSHBERGER: Mod. Plastics 27 (1950) S. 97—102 u. 150—158.
[7] MÜLLER, F. H. in R. HOUWINK: Chemie und Technologie der Kunststoffe, Bd. I, S. 450. Leipzig 1954.
[8] JENCKEL, E., u. FR. WOLTMANN: Kunststoffe 28 (1938) S. 235.

[9] BADUM, E., u. K. LEILICH: Rundschau 22 (1938) S. 13—17.

[10] HEERING, H., H. PUELL u. I. DREWITZ: Kunststoffe 38 (1948) S. 49—52.

[11] NOWAK, P., u. H. HOFMEIER: Kunststoffe 27 (1937) S. 184.

[12] SCHUPP, F. O.: Europ. Fernsprechdienst 55 (1940) S. 110—116.

[13] NAGEL, W., u. E. BRANDENBURGER: Wiss. Veröff. Siemens-Werken 13 (1939) S. 231.

[14] NOWAK, P.: Kunststoffe 34 (1944) S. 120/21.

[15] MÜLLER, F. H.: Physik. Z. 42 (1952) S. 48; Kolloid-Z. 100 (1942) S. 355—361.

[16] CARTWRIGHT, L. C.: Anal. Chem. 19 (1947) S. 393—396.

[17] SCHRÜFER, W.: Kunststoffe 46 (1956) S. 143—147 u. 270—273.

[18] BRUBAKER, D. W., u. K. KAMMERMEYER: Industr. Engng. Chem. 44 (1952) S. 1465 bis 1474.

[19] HESS, W.: Werkstoff u. Korrosion 6 (1955) S. 325—328; Techn. Mitt. PTT Nr. 4 (1954).

[20] ROELIG, H.: Z. Kautschuk 13 (1937) S. 158.

[21] BAUGHAN, E. C.: Trans. Faraday Soc. 44 (1948) S. 495—506.

[22] MÜLLER, F. H. in R. HOUWINK: Chemie und Technologie der Kunststoffe, Bd. I, S. 432. Leipzig 1954.

[23] MOLL, W. H. L.: Kolloid-Z. 77 (1936) S. 85; 85 (1938) S. 355.

[24] GREEN jr., H. J.: Mod. Plastics 26 (1948) S. 127 u. 167—181. Ref.: Kunststoffe 39 (1949) S. 320.

[25] FUCHS, O.: Kunststoffe 43 (1953) S. 409—415.

[26] NITSCHE, R., u. G. PFESTORF in: Prüfung und Bewertung elektrotechnischer Isolierstoffe, S. 264. Berlin: Springer 1940.

[27] ZEBROWSKI, W.: ETZ 52 (1931) S. 1353.

[28] HOUWINK, R.: Chemie und Technologie der Kunststoffe, Bd. I, S. 434. Leipzig 1954.

[29] VALE, C. P.: Plast. Inst. Trans. XX (April 1952) Nr. 40.

[30] WOLF, K.: Kunststoffe 41 (1951) S. 89—97.

[31] RICHARD, K., u. G. DIEDRICH: Kunststoffe 45 (1955) S. 430/31.

[32] JACOBI, H. R.: Kunststoffe 45 (1955) S. 146—150.

[33] ESSER, FR.: Kunststoffe 40 (1950) S. 305—310.

[34] ZIEGLER, E. E.: SPE-Journal 10 (1954) S. 12/13, 16—21, 42/43 u. 46.

[35] PELAGETTI, U., u. G. BERETTA: Mod. Plastics (Juni 1959).

[36] SCHWARZ, A.: Kunststoffe 48 (1958) S. 292—298-

[37] KORDATZKI, W.: Taschenbuch der praktischen p_H-Messung, 4. Aufl. München 1949.

[38] KOHLRAUSCH, F.: Praktische Physik, 19. Aufl., Bd. II, S. 61—72. Leipzig 1950.

[39] VDCh-Richtlinien: Kunststoffe 33 (1943) S. 297—301.

[40] RÖSSIG, L.: Kunststoffe 44 (1954) S. 250—253.

[41] ZÖHRER, K., u. A. MERZ: Kunststoffe 45 (1955) S. 9—12.

[42] BECK, G.: Kunststoffe 45 (1955) S. 230/31.

[43] REED, M. C., u. J. HARDING: Industr. Engng. Chem. 41 (1949) S. 675—684.

[44] EGERTON, G. S.: Symposium on Photochemistry. J. Soc. Dyers Colour. (Sept. 1949).

[45] DEAN, R. T., u. J. P. MANASIA: Mod. Plastics 32 (1955) S. 131—138.

[46] RUGG, FR. M., J. J. SMITH u. R. C. BACON: J. Polymer Sci. 13 (1954) S. 535—547.

[47] SIPPEL, A.: Textilpraxis (März 1952).

[48] Ref.: Kunststoffe 45 (1955) S. 543/44.

[49] RAEITHEL, H. A.: Kunststoffe 44 (1954) S. 281—284.

[50] SCHRÖTER, G. A.: Kunststoffe 41 (1951) S. 291—294.

[51] SEITZ, E. O.: Dechema-Monographien 31 (1958).

[52] IES, Februar 1958: Recommended Light Characteristics of Polystyrene used in Illumination.

[53] POTTHOFF, K.: Kunststoffe 31 (1941) S. 358—361.

[54] WÜRSTLIN, F.: Z. angew. Phys. 2 (1950) S. 131.

[55] STUART, H. A.: Die Physik der Hochpolymeren, Bd. II. Berlin/Göttingen/Heidelberg: Springer 1955.

[56] STUART, H. A.: Kolloid-Z. 120 (1951) S. 57—75.

[57] SCHULZ, G., u. K. MEHNERT: Kunststoffe 45 (1955) S. 410—414.

[58] STUART, H. A.: Kunststoffe 44 (1954) S. 285—289.

[59] HERMANS, P. H.: Kolloid-Z. 120 (1951) S. 1.

[60] HUNTER, E., u. C. W. OAKES: Trans. Faraday Soc. 41 (1945) S. 49.

[61] AMERONGEN, G. J. VAN in R. HOUWINK: Chemie und Technologie der Kunststoffe, Bd. I, S. 456. Leipzig 1954.

[62] MÜLLER, F. H.: Kolloid-Z. 95 (1941) S. 138.

[63] MÜLLER, F. H. in H. STÄGER: Werkstoffkunde der Elektrotechnischen Isolierstoffe, S. 215. Berlin 1955.

[64] BOYER, R. F., u. R. S. SPENCER: Advances in J. Colloid Sci., II, New York (1946) S. 1.

[65] SPENCER, R. S., u. R. F. BOYER: J. appl. Phys. 21 (1950) S. 482.

[66] JENCKEL: Kunststoffe 45 (1955) S. 3—8.

[67] HOUWINK, R.: Chemie und Technologie der Kunststoffe, Bd. I, S. 464. Leipzig 1954.

[68] ROELIG, H., u. W. HEIDEMANN: Kunststoffe 38 (1948) S. 125—148.

[69] JENCKEL, E.: Kunststoffe 40 (1950) S. 98—103.

[70] NOWAK, P., u. E. STEINBACHER: Kunststoffe 48 (1958) S. 558—563.

[71] WÜRSTLIN, F.: Kolloid-Z. 120 (1951) S. 136.

[72] AMERONGEN, G. J. VAN in R. HOUWINK: Chemie und Technologie der Kunststoffe, Bd. I, S. 459. Leipzig 1954.

[73] MONTSINGER, V. M.: Trans. Amer. Inst. electr. Engng. 49 (1930) S. 776—790.

[74] DAKIN, TH. W.: Trans Amer. Inst. electr. Engrs. 67 (1948) S. 113—118.

[75] BÜSSING, W.: Arch. Elektrotechn. 36 (1942) S. 333—361.

[76] MOSES, G. L.: Westinghouse-Eng. 5 (1945) S. 106/07.

[77] WHITMAN, L. C., u. P. DOIGAN: Charact. of Calc. Life Insulation. AIEE Techn. (November 1953) S. 54—72.

[78] NITSCHE, R., u. E. SALEWSKI: Plast. Massen 6 (1936) S. 411; 4 (1937) S. 6 u. 37.

[79] NOWAK, P.: ETZ-A 80 (1959) S. 692—698.

[80] AIEE, Nr. 1 C, Januar 1954.

[81] NOWAK, P., u. A. WOLTER: Kunststoffe 30 (1940) S. 131—137.

[82] SCHMITT, B., u. F. HECK: Kunststoffe 46 (1956) S. 555/56.

3.9 Prüfung auf elektrische Eigenschaften

Von H. Suhr, Berlin

3.9.1 Elektrische Widerstandswerte

Kunststoffe werden häufig in der Elektrotechnik eingesetzt. Sie dienen dann zumeist als Isolierstoff zwischen Metallteilen, die eine Potentialdifferenz, d. h. einen Spannungsunterschied, aufweisen. Es ist daher von Interesse, die elektrischen Werte dieser Isoliermaterialien zu kennen. Der Isolationswiderstand zwischen 2 Klemmen setzt sich aus 2 Widerstandswerten zusammen. Ein Widerstand wird im Innern des Kunststoffes gemessen, der andere wird durch die Oberfläche bzw. die Grenzflächen bestimmt. Der Widerstand im Innern ist vergleichbar mit dem Widerstand der Metalle. Er kann als Durchgangswiderstand physikalisch exakt gemessen werden. Aus dem Ergebnis kann dann, bei Kenntnis der geometrischen Abmessungen der Prüfanordnung, der spezifische Widerstand errechnet werden. Die Messung des Widerstandes an der Oberfläche dagegen ist nicht genau zu definieren. Das Innere der Probe nimmt immer an der Stromleitung teil, und es ergibt sich dann ein Meßergebnis, das wohl den Widerstand der Oberfläche mit erfaßt, jedoch auch den Teilwiderstand im Innern enthält (Abb. 1). Daher ist der Oberflächenwiderstand nur dann als definiert anzusehen, wenn Elektrodenanordnung und Materialdicke vorgeschrieben sind. Da die Eindringtiefe des elektrischen Feldes spannungsabhängig ist, hängt der

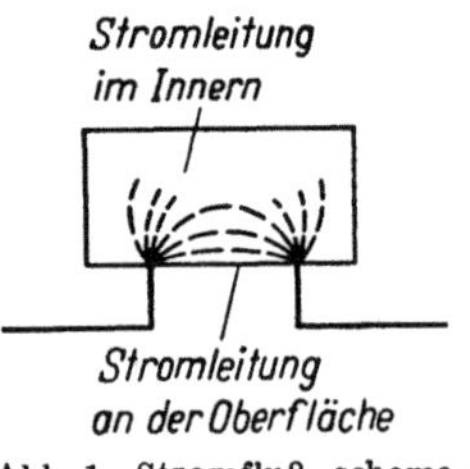

Abb. 1. Stromfluß, schematisch, bei der Messung des Oberflächenwiderstandes

gemessene Oberflächenwiderstand zudem auch noch von der Höhe der Spannung ab. Der Widerstandswert steigt mit fallender Spannung, d. h. das Innere der Probe nimmt weniger an der Stromleitung teil. Zwischen 1000 V und 100 V Meß-spannung können die Unter-schiede, je nach Art der Probe bis zu 2 Zehnerpotenzen betragen.

a) Oberflächenwiderstand.
Nach DIN 53482, Abschn. 6, wird der Oberflächenwiderstand R_0 mittels Metallschneiden von 100 mm $\pm$ 0,5 mm Länge und 0,3 mm Schneidendicke bei 10 mm $\pm$ 0,1 mm Abstand gemessen. Die Ausführung eines solchen Gerätes zeigt Abb. 2 (C. PETERSEN [1]). Die Dicke b der Schneiden geht, wie in Abb. 3 dargestellt, in das Prüfergebnis ein, da bei dickeren

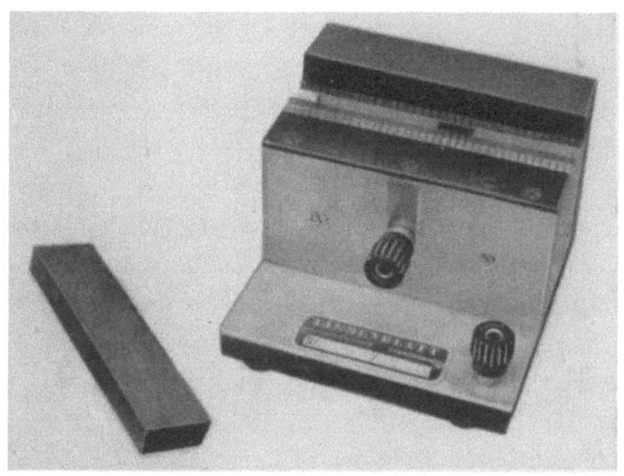

Abb. 2. Ausführungsbeispiel einer Federzungenelektrode

Auflageflächen das Innere der Probe mehr an der Stromleitung teil hat und damit der Widerstandswert sinkt (H. SUHR [2]).

Auch die Dicke der Probe geht, wie schon erwähnt, in die Messung ein. Bei dünnen Proben ist der Anteil des Leitungsvorganges im Innern geringer als bei dicken Proben. Daher werden sich bei dünnen Proben, z. B. Platten, höhere Widerstandswerte ergeben als bei dicken Proben, z. B. Stäben. Die Unterschiede sind jedoch nicht so groß, daß sie bei den relativ geringen Meßgenauigkeiten erheb-lichen Einfluß auf das Ergebnis haben. Werden bei dünnen Proben Metallteile ohne isolierende, dicke Zwischenlagen zur Belastung verwendet, können Fehlmessun-gen durch die Veränderung der Strom-linien eintreten.

Da diese Meßmethode des Oberflächen-widerstandes mannigfachen Abhängig-keiten unterworfen ist und somit Schwan-kungen kaum zu vermeiden sind, wird als Ergebnis nur der Logarithmus des ge-messenen Widerstandes in Ohm, d. h. die Potenz, als Vergleichszahl angegeben.

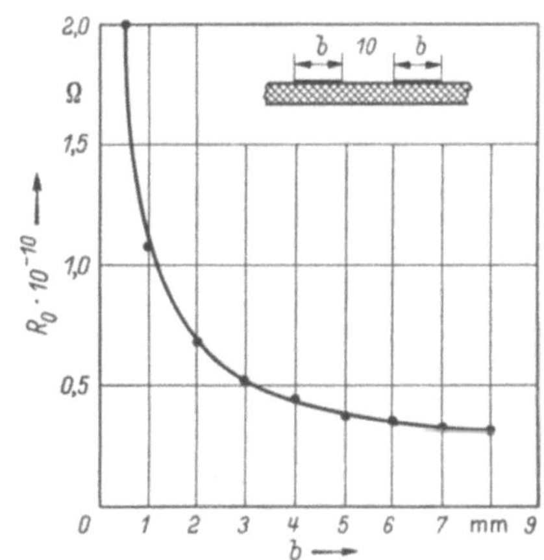

Abb. 3. Oberflächenwiderstand als Funktion der Elektrodendicke

Hinzu kommt, daß die Proben den Umweltbedingungen bei der Herstellung, während der Lieferung und bei der Prüfung unterworfen sind. Daher genügt ein einziger Meßwert nicht. Es werden 5 Proben gemessen und den Vorschriften entsprechend das Ergebnis gebildet.

Besonders beim Oberflächenwiderstand ist eine genau einzuhaltende Vor-behandlung der Probe notwendig. Zumeist wird verlangt (s. die besonderen Stoffvorschriften z. B. DIN 7708, Bl. 2, 6.209, daß nach Reinigung mit Alkohol

24 Std. unter Wasser gelagert wird. Nach oberflächlichem Abtrocknen folgt eine 2stündige Trocknung in Luft von 65% relativer Feuchte. Sofort im Anschluß daran erfolgt die Messung. Es ist günstig, die Messungen direkt im Klimaraum durchzuführen, da sich nach der Entnahme die Feuchtigkeitsverhältnisse an der Oberfläche ändern. Dieser Hinweis ist um so wichtiger, je größer die Klimadifferenzen zwischen Vorbehandlungsraum und Meßraum sind und je höher die relative Luftfeuchte der Vorbehandlung vorgeschrieben ist. Weiterhin muß das Berühren der Oberflächen vermieden werden, da die Feuchtigkeit der Hand mit ihrem Salz- und Säuregehalt den Oberflächenwiderstand um 1 bis 2 Zehnerpotenzen herabsetzen kann.

Die Messung des Oberflächenwiderstandes an Proben mit kleineren Flächen erfolgt nach einer von R. VIEWEG angegebenen Methode. Es werden auf die Oberfläche zwei 25 mm lange, 1,5 mm breite leitende Striche in 2 mm Abstand aufgebracht und zwischen diesen der Oberflächenwiderstand gemessen (s. DIN 53482). Die möglichen Meßfehler sind die gleichen wie bei der Messung an größeren Proben.

Graphitstriche, die mit einem weichen Bleistift als Elektroden aufgetragen werden, sind ungeeignet, da sie meist zu hohe Widerstandswerte infolge des großen Eigenwiderstandes des Elektrodenstriches erbringen. Der Graphit lagert sich auf der Oberfläche der Probe schuppenförmig ab und hat verschiedentlich Unterbrechungen. Kolloidaler Graphit ist nur bedingt verwendbar, da manche Materialien Fasern als Füllstoffe enthalten und sich leitfähige Brücken über der 2 mm breiten Fläche zwischen den Elektroden bilden können. Mit Leitsilber wurden bisher gute Erfolge erzielt, zumal diese Elektroden vor der Vorbehandlung aufgebracht werden können.

b) Isolationswiderstand. Eine weitere Meßmethode ist die Messung des Isolationswiderstandes zwischen Stöpseln (vgl. DIN 53482, Abschn. 5). Es werden im Abstand von 15 mm in die Probe zwei metallene Stöpsel von 5 mm Durchmesser eingesetzt oder, z. B. bei Formpreßmassen, eingepreßt. Der zwischen diesen Stöpseln gemessene Isolationswiderstand stellt, wie beim Oberflächenwiderstand, ein Gemisch aus dem Widerstand im Innern und den Grenzschichten dar. Der gemessene Widerstand ist definiert durch die Elektrodenanordnung und kann nicht als ein spezifischer Wert angesehen werden. Er wird in der elektrotechnischen Konstruktion jedoch häufig verwendet, da die Meßanordnung in ihrer Form der Anbringung von Schrauben und Konstruktionsteilen auf oder in dem Isoliermaterial entspricht. Hinzu kommt, daß bei geschichtetem Material, z. B. Hartpapier, die Messung in Richtung der Schichten Aufschlüsse über die Verarbeitung, Durchhärtung usw. erbringt. Die Vorbehandlung der Proben erfolgt, wenn keine eingepreßten Stifte verwendet werden, vor dem Einsatz der Stöpsel.

c) Durchgangswiderstand. Der Durchgangswiderstand R_D wird in definierten Anordnungen (vgl. DIN 53482, Abschn. 4) gemessen. An plattenförmigen Proben kann mit Schutzringelektroden gemessen werden. Ist die Fläche der Elektroden bekannt oder bestimmbar und die Dicke der Probe gemessen, so ist es möglich, den spezifischen Durchgangswiderstand ϱ_D des Materials zu berechnen. Im Gegensatz zu den Metallen wird bei den Kunststoffen der Widerstand meist in $\Omega \cdot$ cm angegeben [3].

Da die Fläche der Elektrode zur Berechnung benötigt wird, ist man bestrebt, solche Flächen zu wählen, deren Größe leicht zu berechnen ist. Um die

Elektroden handlich zu gestalten, verwendet man Drehkörper als Elektroden, d. h. also Kreisflächen. Hinzu kommt, daß die gleichen Elektroden auch zur Bestimmung der dielektrischen Werte Verwendung finden. DIN 53482 schlägt daher kreisförmige Plattenelektroden von 5, 20 und 80 cm² vor.

Bei größeren Probendicken muß man das elektrische Feld homogenisieren, um einwandfreie Meßergebnisse zu erreichen. Fehlmessungen durch möglicherweise auftretende Ströme längs der Oberfläche sollen vermieden werden. Es ist daher notwendig, mit einem Schutzring zu arbeiten (Abb. 4). Der Schutzspalt g soll nicht größer als 1 mm sein. In dieser Anordnung wird dann die Meßfläche durch die Schutzspaltmittellinie, d. h. $d_1 + \dfrac{2g}{2} = d_1 + g$, begrenzt. Bei Probendicken unter 1 mm kann der Schutzring fortfallen, wenn er ausschließlich der Homogenisierung des elektrischen Feldes dienen soll. Dann ist die Meßfläche gleich der Elektrodenfläche zu setzen. Das Aufsetzen einer solchen ebenen Metallelektrode unmittelbar auf die Probe wird meist kein festes und sattes Anliegen auf der Oberfläche der Probe gewährleisten. Besonders bei harten Materialien wird die Elektrode nur die höchsten Punkte der stets etwas unebenen Probenoberfläche berühren, wodurch zu gute Werte gemessen werden. Es ist daher unerläßlich, auf die Probe eine festhaftende elektrisch leitende Schicht aufzubringen und dann die Plattenelektrode aufzusetzen [4, 5].

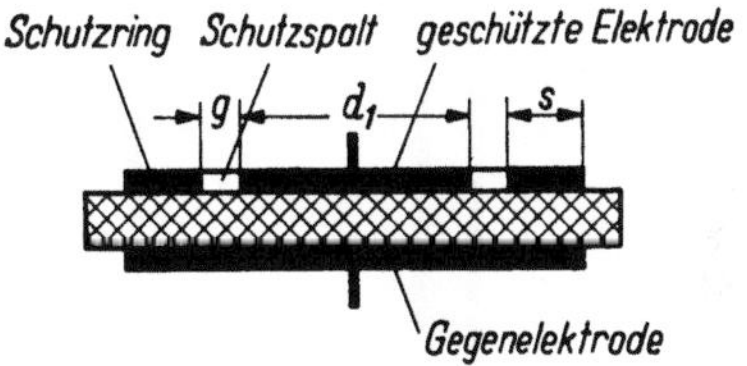

Abb. 4. Schutzringelektrode

Da zumeist Vorbehandlungen durch Einwirkung von Feuchtigkeit, z. B. Lagerung in Luft von 80% relativer Luftfeuchte, verlangt werden, ist es notwendig, Schichten zu verwenden, die diese Feuchtigkeit durchlassen. Kolloidaler Graphit kann als Haftelektrode verwendet werden. Er wird mit dem Pinsel oder durch Spritzen aufgetragen. Es ist oft infolge der Oberflächenspannung des flüssigen Mittels schwierig, eine einheitliche Haftelektrode zu erzielen. Deshalb wird die Oberfläche vorher zweckmäßig mit Alkohol gereinigt. Weiterhin kann durch Zusatz von einigen Tropfen Nekal-Lösung zum kolloidalen Graphit, dessen Oberflächenspannung herabgesetzt werden. Diese Graphit-Haftelektroden haben einen Durchgangswiderstand, der bei 20 cm² Fläche in der Größe von 7 bis 15 Ω, je nach Dicke der Schicht, liegt. Für Widerstandsmessungen ist dieser Wert jedoch zu vernachlässigen.

Manche Vorbehandlungsarten erfordern das Aufbringen der Haftelektrode nach der Vorbehandlung. Dann wird von Fall zu Fall entschieden werden müssen, welche Haftelektrode in Frage kommt. Es können neben der genannten Haftelektrode solche aus Leitsilber, Einbrennsilber, leitendem Lack, aufgedampftem oder aufgesprühtem Metall u. a. in Frage kommen. Zusammengefaßt seien die wichtigsten Punkte genannt:

1. Elektrodenflächen wählen, die geometrisch einfach sind, vorzugsweise kreisförmige mit 5, 20 oder 80 cm² Meßfläche.

2. Bei Probendicken über 1 mm zur Erreichung eines homogenen Feldes Schutzringelektroden verwenden.

3. Unter den Aufsatzelektroden Haftelektroden je nach Vorbehandlung und Material aufbringen. Achtung! Die Haftelektrode und ihre Aufbringungsart

dürfen die elektrischen Eigenschaften nicht ändern und das Material weder angreifen noch anlösen.

Der spezifische Durchgangswiderstand ϱ_D einer plattenförmigen Probe ist:

$$\varrho_D = \frac{R_D F}{a} \quad \left[\frac{\Omega\,\text{cm}^2}{\text{cm}} = \Omega\,\text{cm}\right].$$

R_D gemessener Durchgangswiderstand [Ω],
F Meßfläche [cm²],
a Dicke [cm].

Die Meßfläche F, auf mindestens 1% Genauigkeit, soll mit geeigneten Meßwerkzeugen, z. B. Schublehre, gemessen und dann berechnet werden. Die Dicke a der Probe soll nach DIN 53482 mit einer Genauigkeit von 2% der Probendicke $+$ 0,005 mm bestimmt werden. Der Gesamtfehler durch diese Elektrodenabmaße kann dann höchstens 3% betragen, sofern die Proben nicht sehr dünn sind. Die Meßeinrichtungen können, wie später gezeigt wird, bei Messungen über 10^{10} bis $10^{12}\ \Omega$ Meßfehler von $\pm 20\%$ aufweisen. Damit ist der Fehler der Elektrodenanordnung klein gegenüber dem Meßfehler, jedoch darf die Genauigkeit der Längenmessung nicht vernachlässigt werden.

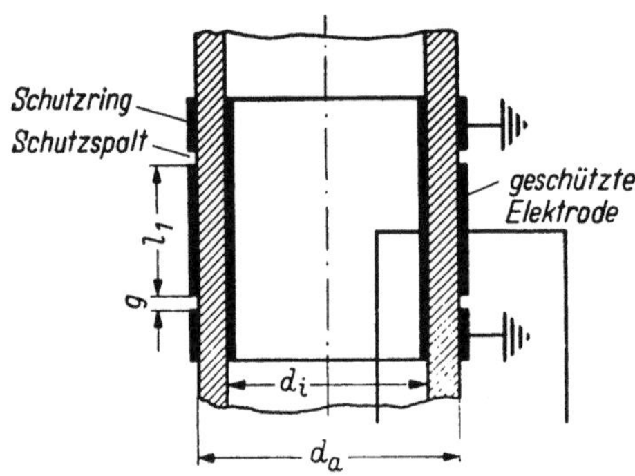

Abb 5. Elektrodenanordnung für Rohre

Die Dicke a wird vor der Vorbehandlung und vor dem Aufbringen der Haftelektroden gemessen. Wenn nicht anders vorgeschrieben, werden 5 Stellen im vorgesehenen Elektrodenraum gemessen und der Mittelwert berechnet. Bei Folien ($a \leq 0,2$ mm) ist es zur Mittelwertbildung günstig, mehrere Folien übereinanderzulegen und dann zu messen. Bei weichen Materialien, wie z. B. Schaumstoffen, muß beim Aufsetzen der Meßwerkzeuge eine Deformierung vermieden werden. Ebene Platten bekannter Dicke können als Hilfsmittel zum Unterlegen dienen.

Nicht immer stehen die zu prüfenden Kunststoffe als plattenförmige feste Proben zur Verfügung. Sie können auch in Rohrform, als schmelzbare Massen oder als Flüssigkeiten vorliegen. DIN 53482 gibt im Abschn. 4.3 Ausführungsbeispiele für Elektroden an.

Rohrförmige Proben werden mit Schutzringelektroden versehen (Abb. 5). Der spezifische Durchgangswiderstand ist:

$$\varrho_D = \frac{2{,}72\,R_D(l_1 + g)}{\lg \dfrac{d_a}{d_i}} \quad [\Omega\,\text{cm}]\,.$$

R_D gemessener Durchgangswiderstand [Ω]
l_1 Länge der geschützten zylindrischen Elektrode [cm],
d_a Außendurchmesser der rohrförmigen Probe [cm],
d_i Innendurchmesser der rohrförmigen Probe [cm].

Meßzellen zur Prüfung flüssiger Isolierstoffe sind in den Abb. 6 und 7 dargestellt. Schmelzbare Massen können in einer Elektrode nach Abb. 8

gemessen werden. Während sich die Elektrode nach Abb. 6 als zylinderförmig berechnen läßt, ist das bei den Elektroden nach Abb. 7 und 8 nicht mehr möglich. Der spezifische Durchgangswiderstand ist dann über den Umweg der Kapazitätsmessung errechenbar. Er ist:

$$\varrho_D = R_D \frac{C_0}{\varepsilon_0 \, \varepsilon_L} \quad [\Omega \, \mathrm{cm}].$$

R_D gemessener Durchgangswiderstand $[\Omega]$,

ε_0 0,08859 pF/cm,

ε_L Dielektrizitätskonstante der Luft $= 1,00$,

C_0 gemessene Kapazität mit Luft als Dielektrikum [pF].

Der Wert C_0/ε_0 ist für eine Elektrode ein konstanter Wert, der einmal gemessen wird und nur von Zeit zu Zeit einer Kontrolle bedarf.

d) Ausländische Normen [6 bis 8]. Der spezifische Durchgangswiderstand ist physikalisch definiert. Die ausländischen Normen unterscheiden sich nur in den Elektrodenarten voneinander. Die Ergebnisse müssen bei gleichen Voraussetzungen und bei exakter Durchführung der Messung bei allen Vorschriften die gleichen sein. In ASTM D 257–52 T [6] ist eine Schutzringelektrode mit Quecksilber vorgeschlagen. Diese Elektrodenart wird in Deutschland jedoch infolge der Sicherheitsbestimmungen (freies Quecksilber!) abgelehnt. Verschiedentlich wird statt mit Quecksilber- mit Wasserelektroden gearbeitet.

Die Messung des Oberflächenwiderstandes (Surface Resistance) weicht jedoch erheblich von der in Deutschland üblichen Methode ab. Dazu wird in ASTM noch zwischen dem Oberflächenwiderstand und dem spezifischen Oberflächenwiderstand unterschieden.

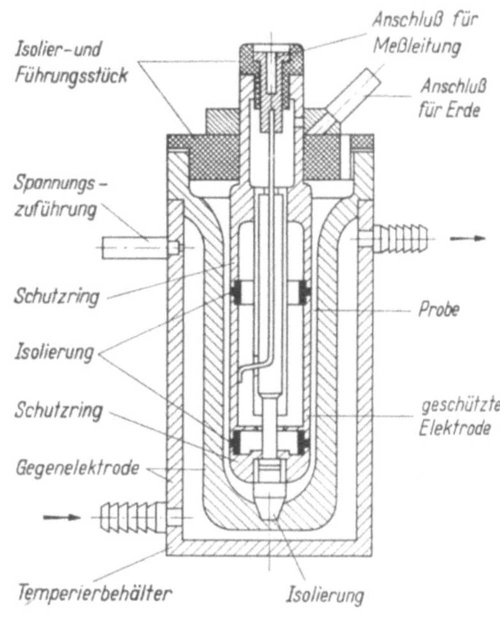

Abb. 6
Schutzringelektrode für Flüssigkeiten, temperierbar

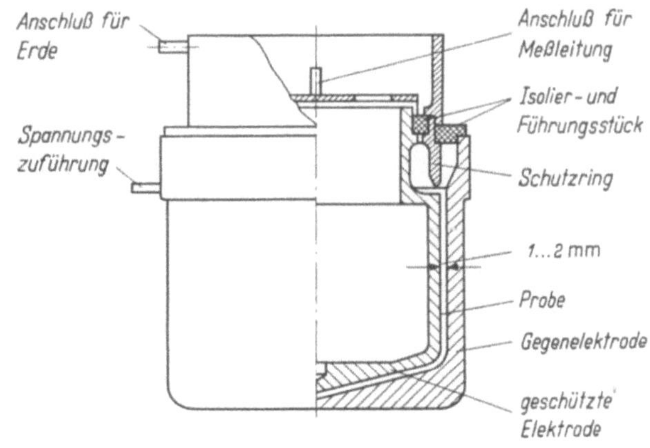

Abb. 7. Schutzringelektrode für Flüssigkeiten

Der spezifische Oberflächenwiderstand wird in einer Schutzringanordnung nach Abb. 9 zwischen den Elektroden *1* und *2* gemessen. Elektrode *3* wird als Schutzelektrode verwendet, *1* stellt die geschützte Elektrode dar. Es ist dann der spezifische Oberflächenwiderstand:

$$\varrho_0 = R \, \frac{2\pi \dfrac{r_1 + r_2}{2}}{g} \quad [\Omega].$$

Alle Längen sind in der gleichen Maßeinheit einzusetzen.

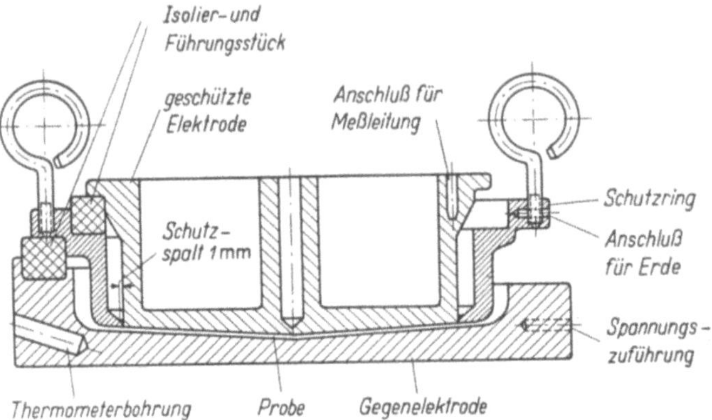

Abb. 8. Elektrode für schmelzbare Massen

Der Isolationswiderstand (Insulating Resistance) nach den amerikanischen Normen wird in ähnlichen Prüfanordnungen wie in Deutschland gemessen (s. Abb. 10). Stöpselverfahren zeigen die Abb. 11 und 12. Die mit diesen

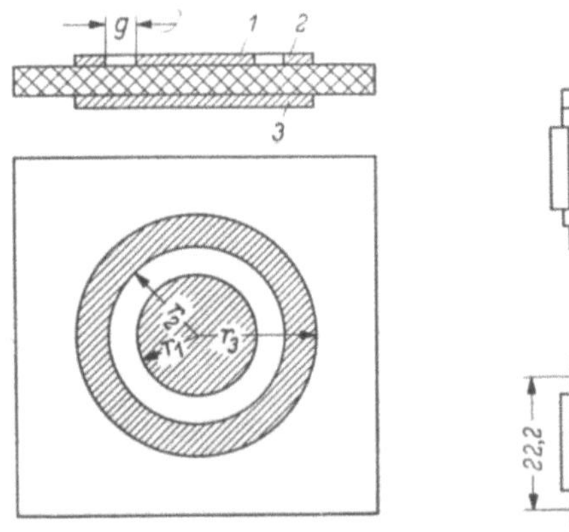

Abb. 9. Messung des spezifischen Oberflächenwiderstandes

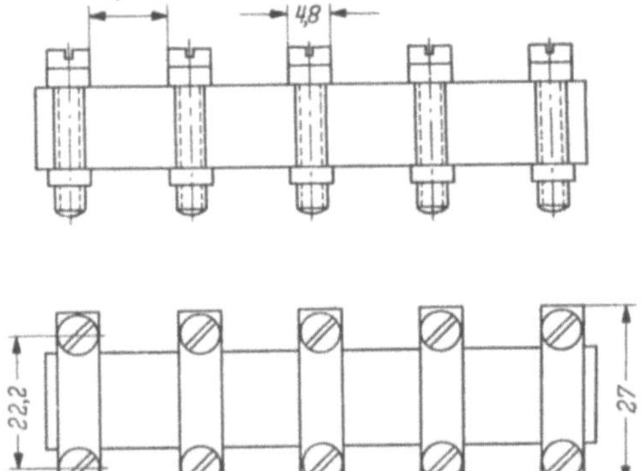

Abb. 10. Anordnung der Elektroden nach ASTM D 257-52 T
Probe: 12,7 mm × 12,7 mm × 127 mm

Verfahren erzielten Ergebnisse weichen nicht nennenswert von den nach den deutschen Verfahren ermittelten Werten ab.

Andere ausländische Vorschriften haben ähnliche Abweichungen, jedoch würde die Aufführung aller Verfahren hier zu weit führen.

e) Meßmethoden zur Bestimmung der Widerstandswerte. α) *Klassische Meßmethode.* Die klassische Methode zur Bestimmung von Widerständen ist die

Errechnung aus Spannung U und Strom I (Abb. 13) nach dem Ohmschen Gesetz:

$$R = \frac{U}{I} \quad [\Omega].$$

Als Spannungsquellen können Anodenbatterien oder Netzgleichrichter dienen. Die Stromentnahme ist gering. Das besagt, daß der Netzgleichrichter keiner großen Siebung bedarf, da die Welligkeit der Spannung mit steigender Last

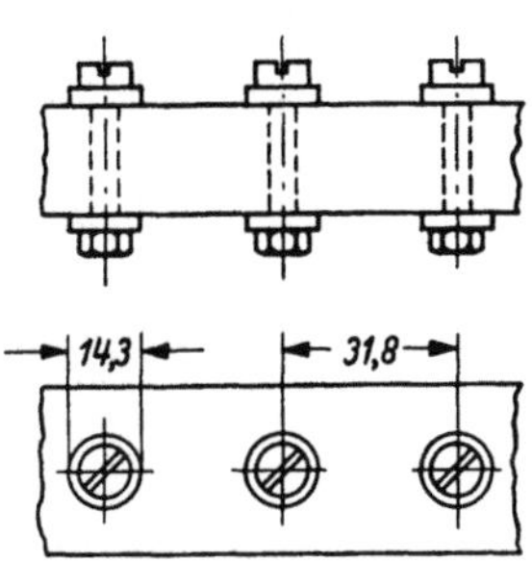

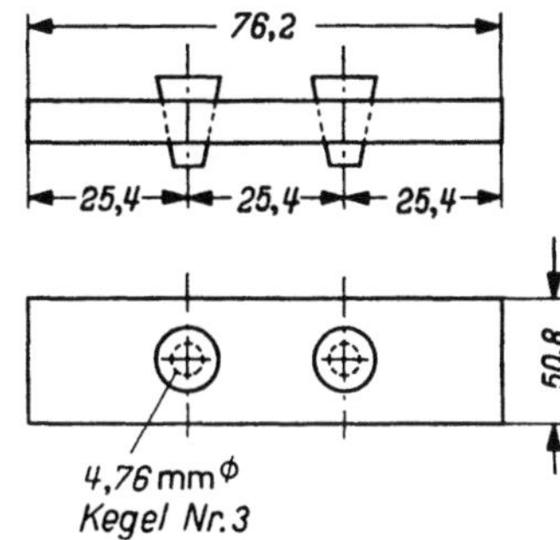

Abb. 11. Messung des Isolationswiderstandes nach ASTM D 257-52T   Abb. 12. Stöpselelektroden nach ASTM D 257-52 T

zunimmt. Vorwiegend erfolgen die Messungen mit 1000 V. Ein Voltmeter (vorzugsweise werden statische Voltmeter benutzt) wird zur Messung der Spannung hinter einem Schutzwiderstand von 10 bis 30 kΩ benutzt. Zur Strommessung dienen μA-Meter bei kleinen Widerständen, doch werden für die meisten Messungen Galvanometer mit Empfindlichkeiten bis 10^{-10} A/mm benutzt. Bei einer Spannung von 1000 V können dann Widerstände bis 10^{13} Ω gemessen werden. Die Genauigkeit der Messung hängt von der Güte der verwendeten Meßinstrumente ab. Wenn das Voltmeter der Klasse 1,5 entspricht und dem Galvanometer ein Fehler von $\pm 2\%$ zugeordnet wird, kann der Gesamtfehler, ohne die subjektiven Fehler zu berücksichtigen, $\pm 3,5\%$ betragen. Es ist dann jedoch vorausgesetzt, daß die Ablesung des Voltmeters im letzten Drittel seiner Skala erfolgt, da andernfalls der effektive Fehler sehr viel größer wird. Zum Beispiel darf ein Voltmeter der Klasse

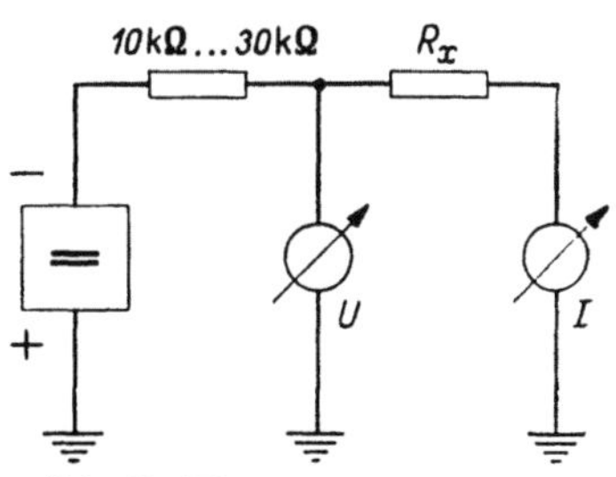

Abb. 13. Widerstandsmessung nach der Strom-Spannungs-Methode

1,5 mit einem Meßbereich bis 2000 V bei der Ablesung 1000 V einen effektiven Fehler von 3% haben, da die angegebene Klassengenauigkeit sich stets auf den Skalenendwert bezieht.

Wie bei allen Meßmethoden, können auch bei dieser Meßfehler eintreten. An Hand einiger Beispiele sollen diese erläutert werden. Abb. 14 zeigt die Prinzipschaltung unter Verwendung einer Schutzringelektrode. Zwischen der geschützten Elektrode 2 und dem Schutzring 3 liegt ein Isolationswiderstand R_{23}, der sich der Schaltung entsprechend parallel zum Innenwiderstand R_i des Meßinstrumentes legt und damit eine Teilableitung des Meßstromes I hervorruft. Um den Fehler klein zu halten (unter 1%), soll $R_{23} \geqq 10^2 \cdot R_i$ sein. Da die Innenwiderstände von Galvanometern in der Regel bis 10^4 Ω betragen, ist diese Bedingung fast immer erfüllt, und es bedarf bei der Messung keiner besonderen Kontrolle. Auf Grund des Aufbaues des Meßplatzes ist es möglich, daß ein Fehlwiderstand R_{12} zwischen der Spannungsseite *1* und der Meßseite *2* liegt. Dieser Widerstand liegt dann parallel zum Meßobjekt und kann Fehler von 50% und mehr erbringen. Deshalb ist es notwendig, dem Aufbau des Meßplatzes besondere Aufmerksamkeit zu schenken. Geerdete Metallunterlagen sorgen dafür, daß alle Fehlströme zwischen Spannungselektrode *1* und Meßelektrode *2* zur Erde geleitet werden. Die Fehlströme fließen dann parallel zum Voltmeter zur Erde ab und können keine Meßfehler mehr ergeben.

β) Elektronische Meßgeräte. In den letzten Jahren werden zur Messung in steigendem Maße elektronische Meßgeräte mit direkt anzeigender Ohmskala

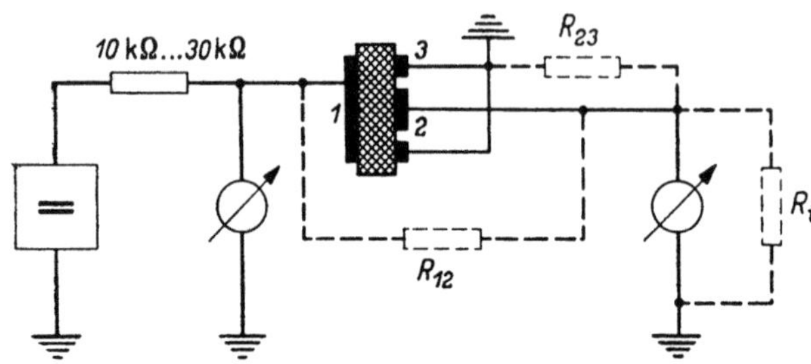

Abb. 14. Fehlwiderstände in der Meßschaltung nach Abb. 13

verwendet. Mit Elektrometerröhren arbeitende Geräte haben das in Abb. 15 angegebene Meßprinzip. Der von U_G durch R_X und R_N fließende Strom I ruft an R_N einen Spannungsabfall hervor, dessen Höhe von der Größe R_X abhängt. Dadurch steht am Gitter der Röhre eine bestimmte Spannung, bei der sich, konstante Anodenspannung U_A vorausgesetzt, ein der Kennlinie der Röhre zugeordneter Anodenstrom einstellt. Es kann dann das den Anodenstrom anzeigende Meßinstrument in Ohm geeicht werden. Die Spannung U_k und der Regelwiderstand R_k dienen zur Nullkompensation des Meßinstrumentes. Durch besondere Schaltmaßnahmen ist es möglich, die Speisespannungen konstant zu halten und gegebenenfalls sauber einzuregulieren.

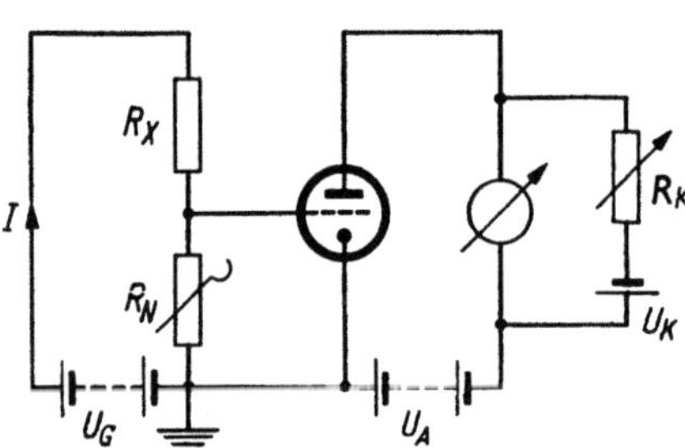

Abb. 15. Messung mit Elektrometerröhre

Durch Umschaltung von R_N können mit einem Gerät mehrere Meßbereiche bestrichen werden. Da der Spannungsabfall an R_N nur wenige Volt beträgt (bis etwa 3 V), ist die Abweichung der an der Probe liegenden Spannung von der Meßspannung nur gering. Diese Meßspannungsänderung würde auch nur dann in das Meßergebnis eingehen, wenn es sich um Meßobjekte handelt, deren Widerstandswerte stark spannungsabhängig sind. Ein Spannungsfehler von z. B. 3%, bezogen auf 100 V, ist jedoch zu vernachlässigen. Die Meßgenauigkeit dieser Meßgeräte ist bis $10^{13}\ \Omega$ meist besser als 5%. Sie wird schlechter bei höheren Meßbereichen. Bei $10^{15}\ \Omega$ muß schon mit Fehlern bis 10% und mehr gerechnet werden.

Zur Veranschaulichung der Fehlermöglichkeiten soll wieder das Beispiel der angeschalteten Schutzringelektrode (Abb. 16) dienen. Der Isolationswiderstand R_{23} des Schutzspaltes liegt parallel zu R_N. Da R_N aber, um den notwendigen Spannungsabfall zu erbringen, recht hohe Werte haben muß (bis $10^{10}\ \Omega$), ist es notwendig, um den Fehler unter 1% zu halten, die Größe dieses Widerstandes sehr genau zu beachten. Es soll $R_{23} = 10^2 \cdot R_N$ sein. Ob diese Bedingung eingehalten wird, muß von Fall zu Fall geprüft werden. Die durch den Fehlwiderstand R_{12} auftretenden Meßfehler können durch geeigneten Aufbau und Abschirmung beseitigt werden.

Mit handelsüblichen Elektronenröhren arbeitet ein von U. Knick, Berlin, entwickeltes Gerät, das nach dem Prinzip einer selbstabgleichenden Brücke

(Abb. 17) arbeitet. Sie enthält die Brückenzweige: 1. das Meßobjekt R_X, 2. die Meßspannung U, 3. einen umschaltbaren Vergleichswiderstand R_N und 4. ein Voltmeter. Ein, je nach Meßbereich, 1- bis 3stufiger Gleichstromröhrenverstärker liegt mit seinem Eingang an der Brückendiagonale, während sein Ausgang an dem 4. Zweig eine Spannung erzeugt, die die Brückendiagonalspannung selbsttätig auf annähernd Null abgleicht. Es ist dann

$$R_X = R_N \frac{U}{\text{Spannung am Voltmeter}} \, .$$

Die Eigenschaften des Verstärkers gehen infolge der Nullmethode nicht in die Messung ein. Die Genauigkeit des Meßgerätes wird mit 3% bis $10^{10}\,\Omega$, 5% bis $10^{11}\,\Omega$ und 10% über $10^{11}\,\Omega$ angegeben.

γ) *Wheatstonetyp als Meßbrücke.* Für weitgehendst genaue Messungen werden Meßbrücken des WHEATSTONE-Typs verwendet (Abb. 18). Es ist, wenn die Brücke auf Null

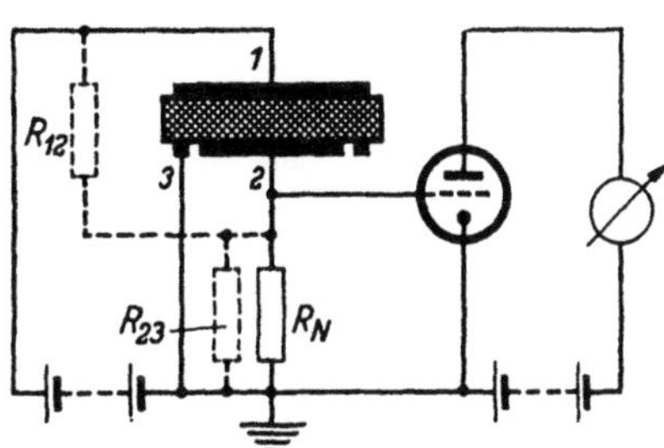

Abb. 16. Fehlwiderstände in der Meßschaltung nach Abb. 15

abgeglichen ist, $R_2 \cdot R_3 = R_1 \cdot R_4$. Als Nullinstrument kann z. B. eine Elektrometerröhrenanordnung dienen.

Es ist möglich, mit derartigen Brücken unter Verwendung von guten Hochohmwiderständen, Genauigkeiten besser als 1% für Widerstände bis $10^{10}\,\Omega$ zu erreichen. Messungen bis $10^{15}\,\Omega$ lassen sich ausführen. Die Meßgenauigkeit liegt dann bei etwa 3%. Doch werden derartige Meßbrücken, da die Abgleich-

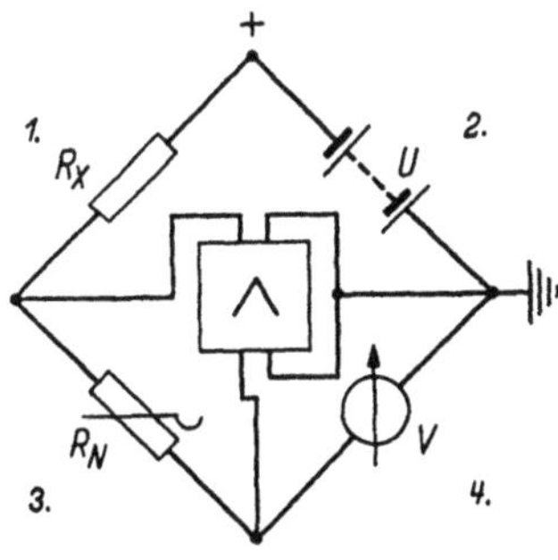

Abb. 17. Meßanordnung nach U. KNICK

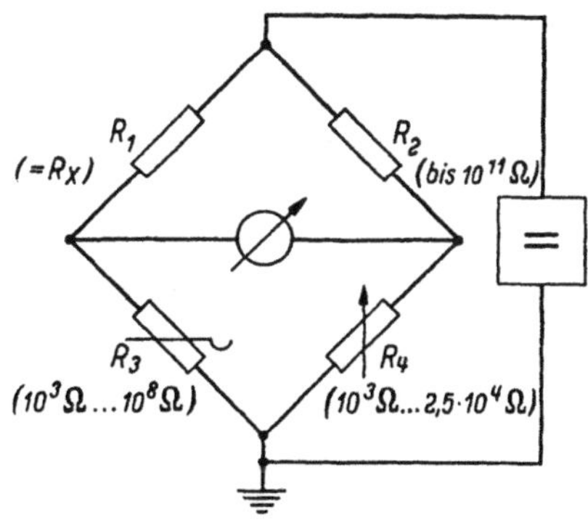

Abb. 18. Meßbrücke nach WHEATSTONE

arbeit recht umständlich ist, für technische Messungen nicht verwendet. Sie dienen meist zur Einmessung hochohmiger Vergleichswiderstände, die zum Betrieb der oben angegebenen Meßverfahren notwendig sind. Als Vergleichswiderstände verwendet K. H. WINTERLING [9] mit Platin bestäubte Quarzglasträger mit Widerstandswerten bis $10^{12}\,\Omega$.

Eine Reihe anderer Meßmethoden werden noch angewandt, von denen eine hier noch Erwähnung finden soll. Die Entladung eines Kondensators C über einen Widerstand benötigt eine bestimmte Zeit t. Wird ein Kondensator mit einer Spannung U_1 aufgeladen und diese Ladung mit einem statischen Voltmeter, dessen Kapazität klein gegen den Ladekondensator ist, gemessen, dann wird, wenn der Isolationswiderstand des Kondensators sehr hoch ist, die Spannung U_1 unverändert als Ladung auf dem Kondensator stehen bleiben. Wird nun der zu messende Widerstand R_x als Entladewiderstand geschaltet, so ist die Zeit t bis zu einem gewissen Entladungswert U_2, ein Maß für die Größe des Widerstandes R_x. Es ist dann

$$R_x = \frac{1}{C} \frac{t}{\ln \dfrac{U_1}{U_2}} \quad [\Omega].$$

C Ladekondensator [F],
t Entladezeit [Sek.].

Die angegebene Formel gilt jedoch nur für den Fall, daß die Eigenableitung des Kondensators gegen den zu messenden Widerstand zu vernachlässigen ist. Bei geeignetem Aufbau kann man für Voltmeter einschließlich Kondensator und Aufbau einen Isolationswiderstand in der Größe von $10^{18}\,\Omega$ erreichen. Es ist dann möglich, ohne Korrekturen Widerstände bis $10^{15}\,\Omega$ zu messen. Ist der Isolationswiderstand der Meßanordnung nicht zu vernachlässigen, ergibt sich

$$R_x' = \frac{R_A\,R_x}{R_A - R_x} \quad [\Omega].$$

R_x' Widerstand der Probe,
R_A Widerstand der Anordnung,
R_x ermittelter Widerstand.

Ist die Spannung z. B. auf den Wert $\dfrac{U_1}{2{,}718}$ abgesunken, dann folgt

$$\ln \frac{U_1}{U_2} = 1\,,$$

und es ist somit

$$R_x = \frac{t}{C} \quad [\Omega],$$

d. h., bei einer Kapazität $C = 10^{-10}$ F und einer Zeit $t = 100$ Sek. ergibt sich $R_x = 10^{12}\,\Omega$. Hochohmige Meßobjekte benötigen längere Zeiten zur Messung. Das Voltmeter braucht nicht geeicht zu sein. Es muß jedoch eine lineare Skala besitzen. Für spannungsabhängige Isolationswiderstände ist die Entladungsmethode nicht ohne weiteres brauchbar.

3.9.2 Dielektrische Eigenschaften

Die zweite Gruppe elektrischer Prüfverfahren befaßt sich mit der Ermittlung der dielektrischen Eigenschaften. Die Ergebnisse sind einmal für den Konstrukteur von Bedeutung und zum zweiten für den Chemiker, der aus ihnen wichtige Schlüsse auf die Zusammensetzung des Stoffes ziehen kann. Die Messungen erstrecken sich über den ganzen technisch erfaßbaren Frequenzbereich von etwa 15 Hz bis 10000 MHz. Der Spannungsbereich geht bis zur Grenze des Durchschlages. Um Rückschlüsse auf die physikalische Struktur ziehen zu können, wird es zumeist auch notwendig sein, in einem weiten Temperaturbereich die dielektrischen Eigenschaften zu messen. Diese großen Variationsbereiche machen es notwendig, die unterschiedlichsten Prüfgeräte zur Messung zu verwenden. Während z. B. in den unteren Frequenzbereichen Brückenschaltungen Verwendung finden, werden über etwa 1 MHz spezielle Hochfrequenzmeßgeräte eingesetzt.

a) Dielektrizitätskonstante. Die relative Dielektrizitätskonstante ε_r eines Kunststoffes ist eine dimensionslose Verhältniszahl, die angibt, um welchen Faktor die Kapazität eines Kondensators mit Luft als Dielektrikum größer wird, wenn die Luft vollständig durch den zu messenden Kunststoff ersetzt wird. Exakt muß jedoch gesagt werden, daß als Bezugswert das Vakuum zu gelten hat, da Luft bei 760 mm und 0 °C ein $\varepsilon_r = 1{,}0006$ aufweist. Es ist somit

$$\varepsilon_r = \frac{C_x}{C_0} \, .$$

C_x Kapazität des Kondensators mit dem zu prüfenden Stoff als Dielektrikum,
C_0 Kapazität des gleichen Kondensators mit Luft (Vakuum) als Dielektrikum.

Die Herstellung derartiger Kondensatoren mit dem zu prüfenden Kunststoff als Dielektrikum erfordert, um richtige Meßergebnisse zu erhalten, exakte Vorarbeiten. Besonders bei festen Dielektrika ist es notwendig, definierte, geometrisch berechenbare Formen zu verwenden. Bei plattenförmigen Proben werden Schutzringelektroden in kreisförmiger Anordnung nach Abb. 4 ver-wendet. Um Fehler durch Lufteinschlüsse zwischen Aufsatzelektrode und Probe (die ein zu kleines ε_r vortäuschen) auszuschalten, ist es erforderlich, mit aufgebrachten Haftelektroden zu arbeiten. Nur in wenigen Fällen, z. B. bei Papieren, wird es möglich sein, mit einer direkt aufgesetzten Elektrode zu messen. Als Haftelektroden können verwendet werden: Graphitelektroden, z. B. Hydrokollag. Diese werden mit einem Pinsel oder einer Spritzapparatur aufgebracht. Sie haben den Vorteil der Feuchtigkeitsdurchlässigkeit. Ihre Verwendbarkeit bis 100 °C ist mög-

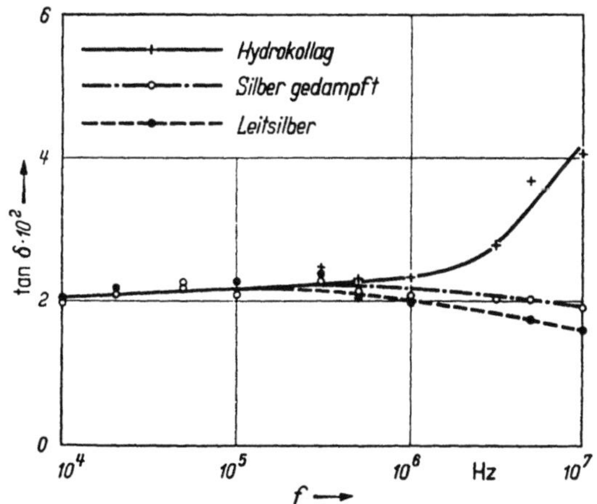

Abb. 19. Verlustwinkel als Funktion vom Material der Haftelektrode in Abhängigkeit von der Frequenz

lich. Um die Benetzbarkeit zu erhöhen, ist es zweckmäßig, einige Tropfen einer etwa 5%igen Nekal-Lösung beizufügen. Weiterhin eignen sich Silberelektroden, z. B. Leitsilber. Diese Elektroden werden in gleicher Weise aufgetragen, sind jedoch nur bedingt feuchtigkeitsdurchlässig. Sie lassen sich für höhere Temperaturen, bis 250 °C, verwenden. Es ist jedoch zu beachten, daß die Suspension manche Kunststoffe anlöst. Silberelektroden können ebenso aufgedampft oder aufgestäubt werden.

Zu beachten ist, daß durch das Einbringen der Probe in das Vakuum die Eigenschaften mancher Kunststoffe durch den Austritt verdampfender Substanzen verändert werden. Im Bereich höherer Frequenzen ist der Eigenwiderstand der Haftelektrode nicht mehr zu vernachlässigen. Dem Diagramm, Abb. 19, kann entnommen werden, daß z. B. Hydrokollag nur bis etwa 50 kHz verwendbar ist, bei höheren Frequenzen als Reihenwiderstand zum Kondensator wirkt, und damit einen schlechteren Verlustwinkel vortäuscht.

Für Rohre werden ringförmige Elektrodenanordnungen verwendet, wie sie in Abb. 5 angegeben sind.

Bei dünnen Proben ($a \leq 1$ mm) kann auf die Anbringung eines Schutzringes verzichtet werden, da er keine Homogenisierung erbringt.

Bei Messungen mit Frequenzen von 1 bis 100 MHz wird ohne Schutzring gearbeitet. Für das Frequenzgebiet über 100 MHz werden Sonderformen (Zylinder), die den Meßgliedern angepaßt werden müssen, angewendet.

Während die Kapazität C_X in einer Meßanordnung bestimmt wird, muß die Kapazität C_0 aus den geometrischen Abmessungen der Anordnung errechnet werden.

Für einen kreisförmigen Plattenkondensator mit Schutzring ist

$$C_0 = \frac{\pi}{4}\,\varepsilon_0\,\frac{(d_1 + g)^2}{a}\quad [\text{pF}].$$

Kreisförmige Plattenkondensatoren ohne Schutzring erfordern dagegen eine Korrektur, bedingt durch den Kapazitätsanteil des Randfeldes [11, 12]. Es

Abb. 20 a. Dünne Elektrode
$t \ll a$ und $t < a$

Abb. 20 b. Dünne Elektrode $t \ll a$
bei überstehender Probe

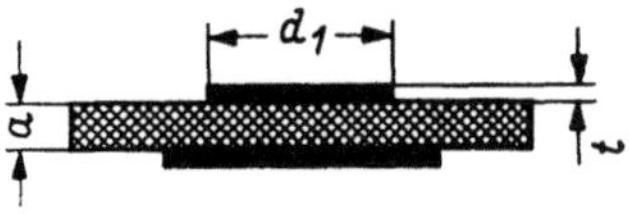

Abb. 21
Dünne Elektrode $t \ll a$ mit ungleichen Elektrodendurchmessern

ist für einen kreisförmigen Plattenkondensator ohne Schutzring

$$C_0 = \frac{\pi}{4}\,\varepsilon_0\,\frac{d_1^2}{a}\quad [\text{pF}].$$

Von dem gemessenen C_X ist die Korrektur C_e zu subtrahieren: Für die einzelnen Anordnungen gelten:

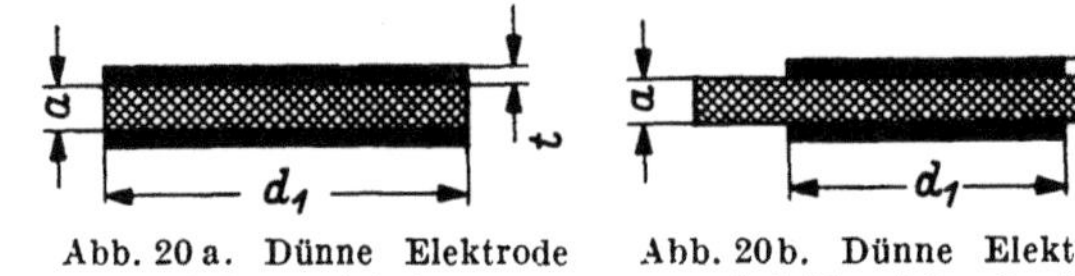

Abb. 22

Kapazitätsanteil des Randfeldes C_e

$t \ll a$ (sehr dünne Elektroden) nach Abb. 20 a

$$C_e = \pi\,d_1\left(0{,}058\;\lg\frac{1{,}5}{a} + 0{,}0185\right)\quad [\text{pF}]$$

$t < a$ (dicke Elektrode) nach Abbildung 20 a

$$C_e = 0{,}0326\,\pi\,d_1 \times \left(\lg\frac{8\,d_1}{a} + Z - 1{,}305\right)\quad [\text{pF}]$$

$$Z = (1 + x)\lg(1 + x) - x\lg x$$

$$x = \frac{t}{a}$$

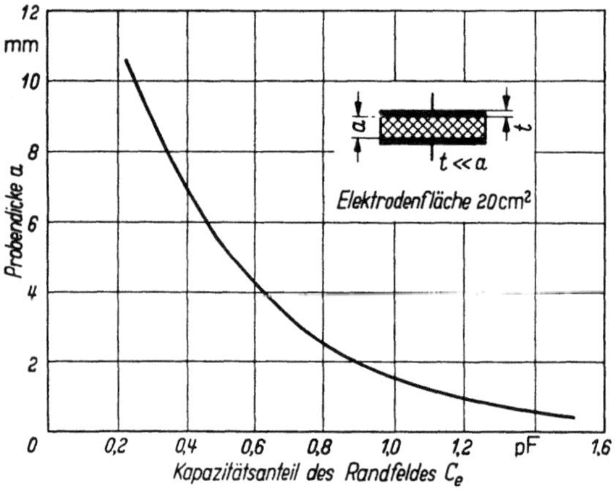

Wenn bei überstehender Probe $t \ll a$ (Abb. 20 b) ist, so gilt bei einer geschätzten Dielektrizitätskonstante ε_r der Probe:

$$C_e = \pi\,d_1\left(0{,}058\;\lg\frac{1{,}5}{a} + 0{,}0185\,\varepsilon_r'\right)\quad [\text{pF}]$$

und für ungleiche Elektrodendurchmesser (Abb. 21)

$$C_e = \pi\,d_1\left(0{,}077\;\lg\frac{3{,}8}{a} + 0{,}0405\,\varepsilon_r'\right)\quad [\text{pF}].$$

a Dicke der Probe [cm],
d_1 Durchmesser der Meßelektrode [cm]
g Schutzspaltbreite [cm],
t Dicke der Elektrode [cm],
ε_0 absolute Dielektrizitätskonstante $= 0{,}088\,59\;\dfrac{\text{pF}}{\text{cm}}$
(für Zylinderelektrode vgl. DIN 53483, Tab. 2).

Als Fehler zweiter Ordnung tritt noch eine Streukapazität C_g auf, die jedoch in den meisten Fällen zu vernachlässigen ist. Auch eine Abschätzung der Größe ist kaum möglich. In den Abb. 22 bis 25 sind für bestimmte Fälle die Werte für C_e aufgezeichnet.

Flüssige und schmelzbare Kunststoffproben können in Meßzellen (wie in Abb. 6 bis 8 dargestellt) geprüft werden. Die Kapazität C_0 wird meist gemessen, ist jedoch bei manchen Anordnungen auch geometrisch errechenbar. Bei der Messung von C_0 ist jedoch zu berücksichtigen, daß die Korrektur C_e in gleicher Weise wie bei C_X anzubringen ist.

b) Dielektrischer Verlustfaktor. In einem idealen Kondensator im Vakuum ist die Phasenverschiebung zwischen Strom und Spannung $\pi/2 = 90°$. Das Einbringen eines anderen Dielektrikums wird eine Abweichung vom $\pi/2$-Wert bringen. Der auftretende Fehlwinkel gibt somit Auskunft über die dielektrischen Verluste des Stoffes. Es ist möglich, jeden verlustbehafteten Kondensator für eine bestimmte Frequenz im Ersatzschaltbild als verlustlosen Kondensator parallel mit einem reellen Widerstand darzustellen (Abb. 26). Aus dem Vektordiagramm dieser Schaltung ist der Winkel δ zu ersehen. Es ist

$$\tan\delta = \frac{G}{C_p}.$$

Für kleine Winkel kann $\tan\delta \approx \delta$ gesetzt werden.

Der Leitwert G, der die dielektrischen Verluste darstellt, ist nicht mit dem Gleichstromleitwert zu vergleichen. Das elektrostatische Feld im Isolierstoff stimmt nicht mit dem Strömungsfeld über-

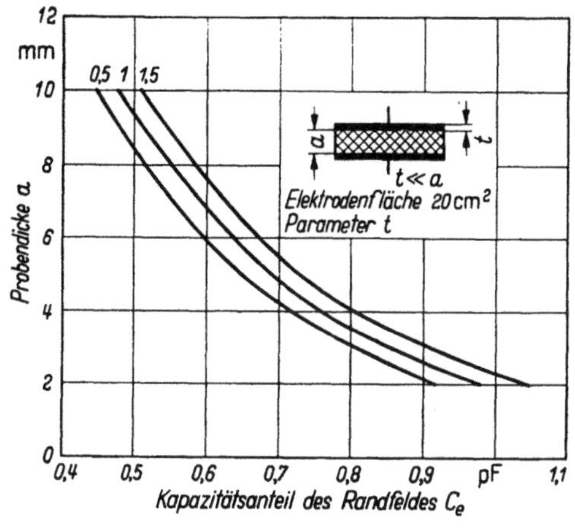

Abb. 23

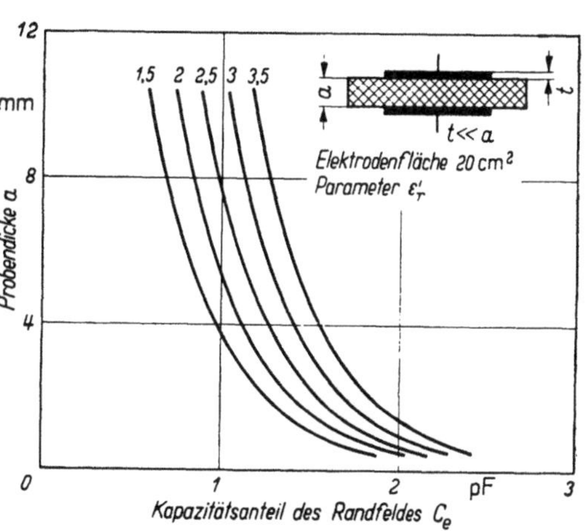

Abb. 24

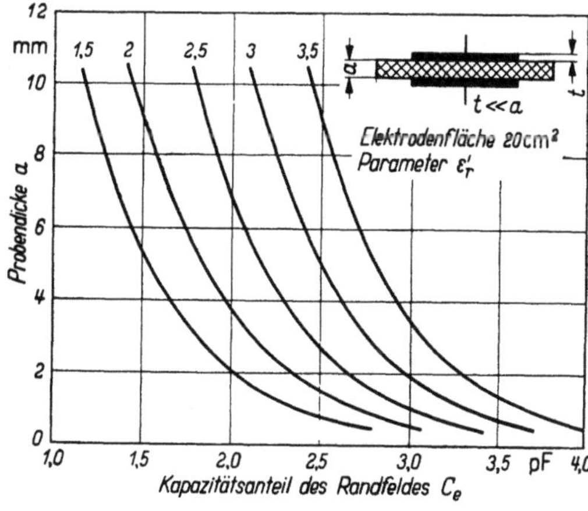

Abb. 22—25. Diagramme zur Bestimmung des Kapazitätsanteiles des Randfeldes C_e

ein. Unter der Einwirkung des Wechselfeldes finden in den Grenzflächen Umladungen statt, die die Ursache der dielektrischen Verluste sind. Außer dem in Abb. 26 dargestellten Ersatzschaltbild können die Verluste auch als Serienschaltung Widerstand – verlustloser Kondensator angesehen werden (Abb. 27).

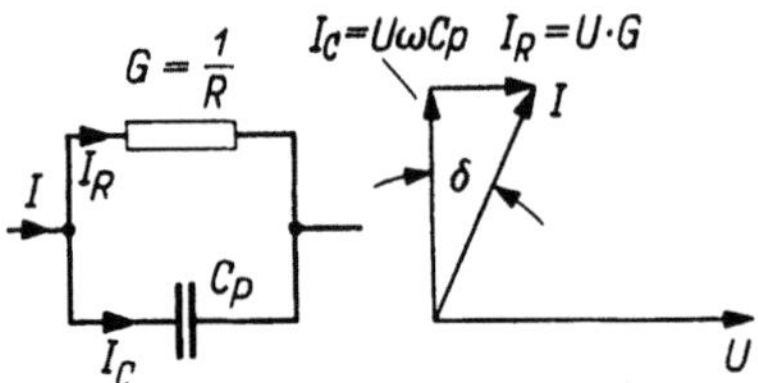

Abb. 26. Ersatzschaltbild des Fehlwinkels 0 als Parallelschaltung eines Widerstandes zum verlustfreien Kondensator

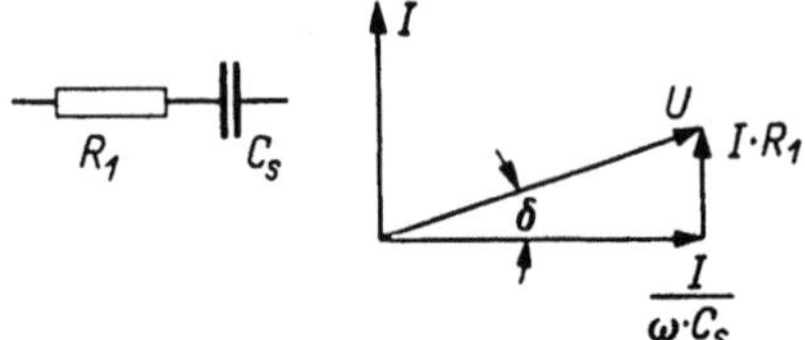

Abb. 27. Ersatzschaltbild des Fehlwinkels 0 als Serienschaltung eines Widerstandes mit dem verlustfreien Kondensator

Sollen beide Ersatzschaltbilder elektrisch gleich sein, muß

$$R = R_1 + \frac{1}{j\,\omega\,C_1} = \frac{1}{G + j\,\omega\,C}$$

sein. Es ergibt dann der Imaginärteil

$$C_s = C_p \left(1 + \frac{G^2}{\omega^2\,C^2}\right) = C_p(1 + \tan^2\delta)$$

und der Realteil

$$R_1 = \frac{G}{G^2 + \omega^2\,C_p^2} = \frac{G}{\omega^2\,C_p^2}\left(\frac{1}{1 + \tan^2\delta}\right).$$

Daraus folgt, daß C_s nicht gleich C_p ist. Dieser Fehler in der Größe von $\tan^2\delta$ liegt für

$$\tan\delta < 0{,}1 \quad \text{unter } 1\%,$$

$$\tan\delta < 0{,}03 \quad \text{unter } 0{,}1\%,$$

so daß praktisch mit den Gleichungen

$$C_s = C_p,$$

$$R_1 = \frac{G}{\omega^2\,C_p^2}$$

gerechnet werden kann.

Welches Ersatzschaltbild den Tatsachen mehr entspricht, ist nicht geklärt. Kleine Verlustwinkel, $\tan\delta < 0{,}1$, werden meist durch die Annahme nach Abb. 27 betrachtet.

c) Meßverfahren zur Ermittlung der dielektrischen Werte. Zur Messung von Kapazität und Verlustwinkel werden, je nach Aufgabenstellung, verschiedene Meßeinrichtungen verwendet.

α) *Brückenschaltungen.* Im Frequenzbereich von 15 Hz bis etwa 1 MHz werden Brückenschaltungen bevorzugt. Es handelt sich fast ausschließlich um R–C-Brücken [12]. Die bekannteste Schaltung wurde von SCHERING angegeben und vielfach modifiziert (Abb. 28). Ist C_{1S} die verlustbehaftete zu messende Probe und C_2 ein verlustfreier Normalkondensator bekannter Kapazität, ergibt sich unter der Bedingung, daß R_3 und R_4 winkelfreie Widerstände sind,

$$C_{1S} = C_2 \frac{R_4}{R_3} \quad \text{und} \quad \tan\delta_1 = R_4\,\omega\,C_4 .$$

Die Umrechnung nach der Deutung entsprechend Abb. 26 ergibt:

$$C_{1P} = \frac{C_{1S}}{1 + \tan^2\delta_1} .$$

Ist C_2 nicht verlustfrei, wird

$$\tan\delta_1 = R_4\,\omega\,C_4 + \tan\delta_2 .$$

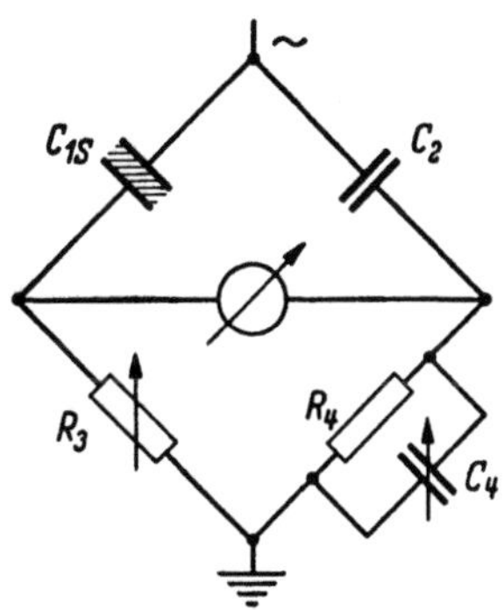

Abb. 28. SCHERING-Brücke

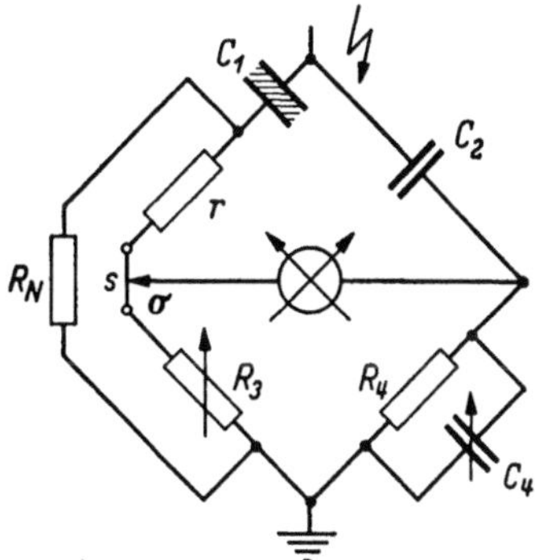

Abb. 29. Erweiterte SCHERING-Brücke

Die erweiterte SCHERING-Brücke mit Schleifdraht (Abb. 29) wird vorwiegend für Hochspannungsprüfungen im technischen Frequenzbereich von 15 bis 150 Hz verwendet. Sie gestattet durch die Anordnung eines Nebenwiderstandes R_N auch Messungen mit größeren Ladeströmen.

Es sind

$$C_1 = C_2\,R_4\,\frac{r + R_3 + s + R_N}{R_N\,(R_3 + \sigma)} ,$$

$$\tan\delta_1 = C_4\,R_4 - C_2\,R_4 \left(\frac{r + s - \sigma}{R_3 + \sigma} \right) .$$

Technisch wird diese Brückenschaltung mit den Größen $(r + s + R_N) = 100\,\Omega$ und $R_4 = 1000/\pi$ ausgeführt. Dann ergibt sich für 50 Hz

$$\tan\delta = 0{,}1\,C_4 \quad (C_4 \text{ in } \mu\text{F}) .$$

Der Verlustwinkel am Kondensator C_4 ist direkt ablesbar.

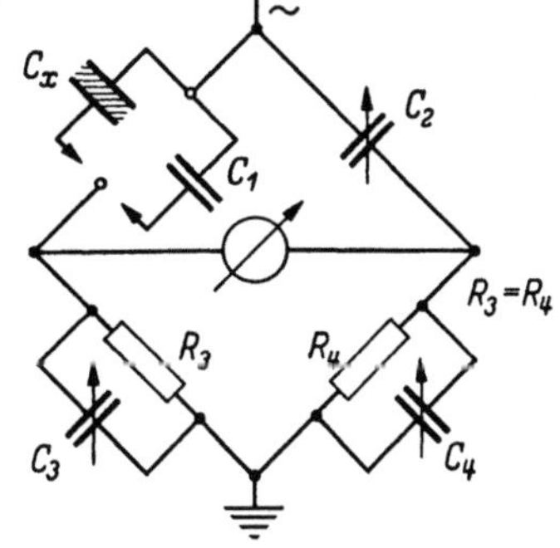

Abb. 30
SCHERING-Brücke, Substitutionsmethode nach GIEBE und ZICKNER

GIEBE und ZICKNER haben für die Brücke nach SCHERING eine Substitutionsmethode angegeben, die die genauesten Meßergebnisse liefert (Abb. 30).

Mit angeschlossenem C_x wird mit C_2 und C_4 abgeglichen. Danach wird C_x durch das verlustfreie Normal C_1 ersetzt und der neue Abgleich durch Regelung von C_1 und C_4 geschaffen. Es ist dann

$$C_{xs} = C_1 \quad \text{und} \quad \tan\delta = R_4\,\omega\,\varDelta C_4 .$$

Mit der gleichen Brückenschaltung kann auch im direkt vergleichenden Verfahren gemessen werden. Es ist jedoch zu beachten, daß die Einmessung

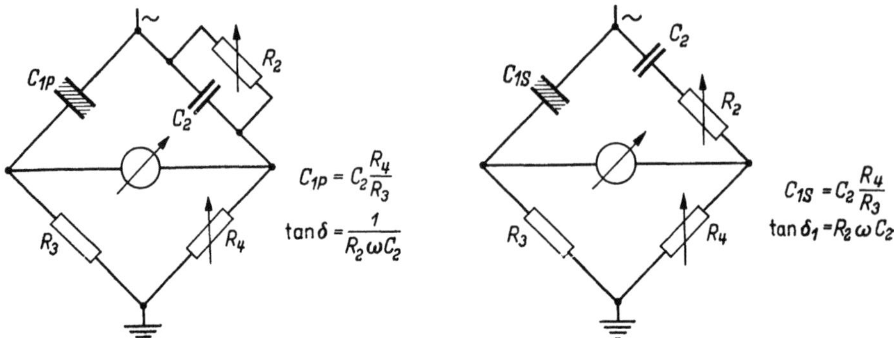

<table>
<tr><td>

Abb. 31. Parallelwiderstands-Meßbrücke

$$C_{1P} = C_2 \frac{R_4}{R_3}$$
$$\tan\delta = \frac{1}{R_2\,\omega C_2}$$

</td><td>

Abb. 32. Serienwiderstands-Meßbrücke

$$C_{1S} = C_2 \frac{R_4}{R_3}$$
$$\tan\delta_1 = R_2\,\omega C_2$$

</td></tr>
</table>

der Brücke und der Abgleich der Fehlkapazitäten vorher mit Normalkondensatoren erfolgt. Die Brücke ist bis 300 kHz verwendbar.

Entsprechend der elektrischen Ersatzschaltbilder für einen verlustbehafteten Kondensator können Brücken mit Parallel- (Abb. 31) und Serienwiderständen (Abb. 32) zum Normalkondensator verwendet werden.

Es ist nicht möglich, alle Varianten von Brückenschaltungen hier anzugeben (H. WILIMZIG [13]). Die Speisung der Brücken erfolgt für technische Frequenzen aus dem Netz oder von Maschinen über Transformatoren geeigneter Größe. Ton- und Mittelfrequenzen werden durch Tongeneratoren in verschiedenen Schaltungsarten als $R\!-\!C$-Generatoren oder HF-Differenzschaltungen mit nachgeschalteten Verstärkern hergestellt. Die entnommene

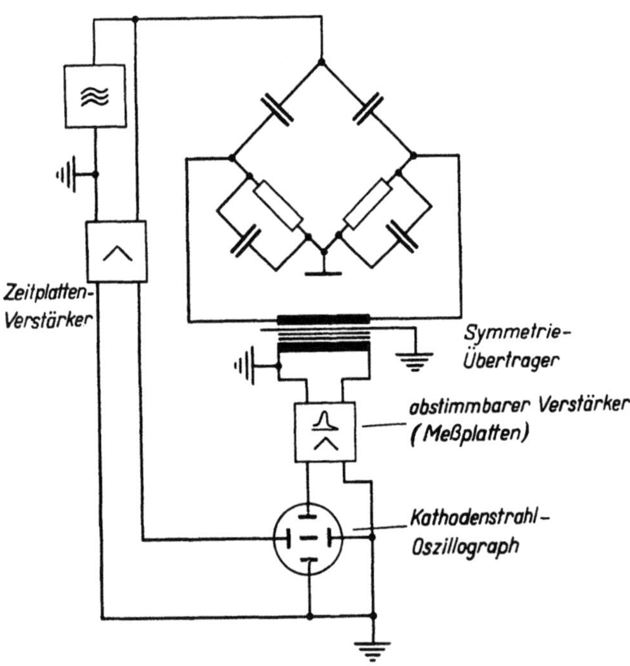

Abb. 33. Nullanzeige mit Kathodenstrahl-Oszillograph

Leistung ist meist sehr gering. Es ist anzustreben, daß die Spannung möglichst sinusförmig ist. In dem Nullzweig der Brücke können verschiedene Einrichtungen Verwendung finden. Bei technischen Frequenzen werden Vibrationsgalvanometer bzw. Nullindikatoren infolge ihrer extrem scharfen Resonanzlage bevorzugt. Bei höheren Frequenzen finden Verstärker mit Kopfhörer (400 bis 2000 Hz)

Verwendung; weiterhin Röhrenvoltmeter und Resonanzverstärker mit Schwingungskreisen oder Wienschen Brücken.

Gute Dienste leisten Kathodenstrahloszillographen, um eine Abstimmung nach Amplitude und Phase zu beobachten (Abb. 33). Wichtig bei diesen Schaltungen ist die Phasenreinheit der Verstärker. Unter saubersten Bedingungen

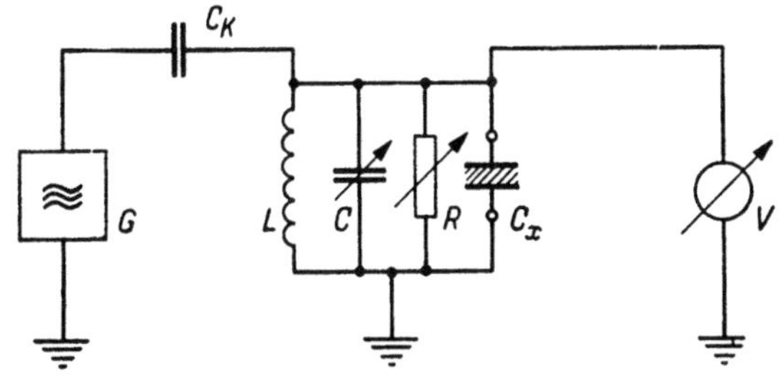

Abb. 34. Schwingkreisschaltung zur Bestimmung der dielektrischen Werte

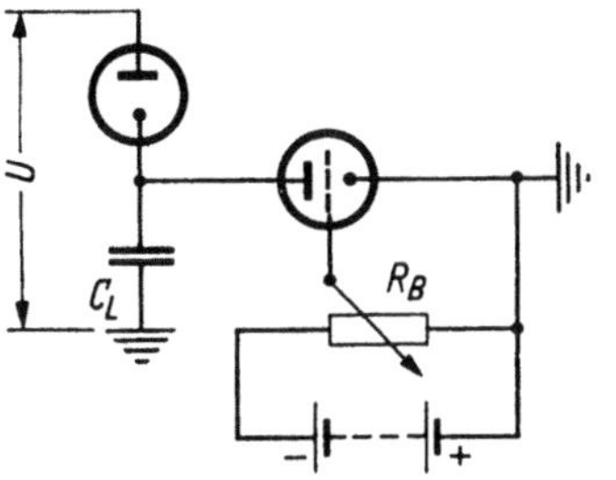

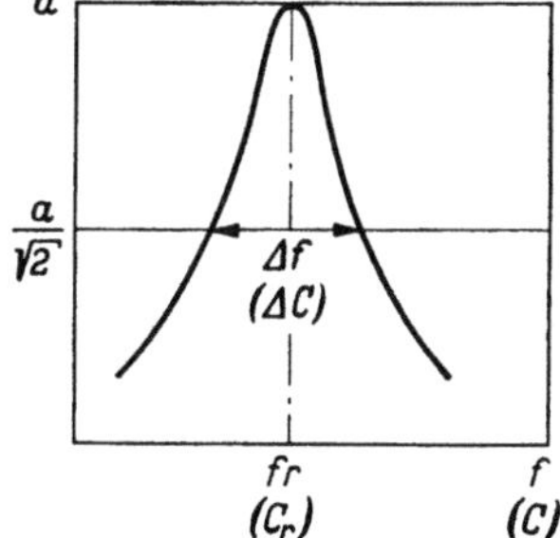

Abb. 35. Elektronischer Belastungskreis für Abb. 34

lassen sich Verlustwinkeländerungen $\Delta \tan \delta = 1 \cdot 10^{-5}$ und Kapazitätsänderungen $\Delta C = 1 \cdot 10^{-3}$ pF beobachten.

Abgesehen von einigen Sonderbrückenschaltungen [14] werden bei Frequenzen über 1 MHz Meßeinrichtungen mit den in der Hochfrequenztechnik üblichen Schaltungen verwendet.

β) *Schwingungskreisschaltungen 0,1 bis 100 MHz nach Abb. 34.* Der Schwingungskreis $L \parallel C \parallel [C_x \parallel G_x]$ $(R = \infty)$ wird lose an den Generator G über C_k angekoppelt und mit C auf Resonanz abgestimmt. Dann wird $[C_x \parallel G_x]$ abgeschaltet und mit L, C, R, ohne den Ankopplungsfaktor C_k und L zu ändern, erneut Resonanz eingestellt. Die Höhe der Amplitude wird mit R auf den Wert der Vormessung eingeregelt. Es ist dann $G_x = 1/R$ und $C_x = \Delta C$. Der Verlustwinkel ist aus G_x zu berechnen:

$$\tan \delta = \frac{G_x}{\omega\,C_x} = \frac{1}{\omega\,C_x\,R}\,.$$

Der Widerstand R wird meist durch einen elektronischen Belastungskreis, bestehend aus Diode und Triode, dargestellt (Abb. 35). Der Kondensator C_2 wird über die Diode aufgeladen. Durch Änderung der Gitterspannung der Triode stellt die Anordnung einen veränderlichen hochfrequenten Wirkwiderstand dar. Der Widerstand R_B kann dann in Ω geeicht sein.

Abb. 36. Bestimmung der dielektrischen Werte nach dem Resonanzverfahren

γ) *Resonanzschaltungen 0,1 bis 50 MHz.* Diese Schaltungen können in verschiedener Ausführung mit mannigfachen variablen Gliedern (f, C, L) aufgebaut werden. Die Bestimmung von C_x und $\tan \delta_x$ erfolgt jedoch stets aus der Bestimmung der Halbwertsbreite der Resonanzkurve (Abb. 36). Dabei kann der Wert a durch den Strom I oder die Spannung U dargestellt werden.

δ) *Messungen bei Frequenzen über 100 MHz.* Es werden Meßleitungen (Hohlraumresonatoren und Topfkreise) verwendet (s. u. a. R. EICHACKER [15]). Diese Meßverfahren verlangen eine genaue Kenntnis der cm-Wellentechnik. Es führt jedoch im Rahmen dieses Abschnittes zu weit, die einzelnen Verfahren zu beschreiben.

d) Fehlermöglichkeiten durch Fehlkapazitäten. Die bei den einzelnen Meßverfahren möglichen Fehler sind sehr mannigfaltig. Für eine einfache Brückenschaltung seien im nachfolgenden die Fehlerquellen und die Abschätzung der Größen an Hand eines Beispieles aufgeführt (Abb. 37).

Unter der Annahme $R_3 = R_4 = 1000\,\Omega$ muß zum Amplitudenabgleich der Brücke $C_1 = C_2$ sein. Wenn C_2 durch einen Normalkondensator mit den Eigenverlusten $\tan\delta = 10^{-4}$ dargestellt wird, ist der Verlust unter Vernachlässigung der Fehlkapazitäten

$$\tan\delta_1 = \omega\,R\,(C_4 - C_3)\,.$$

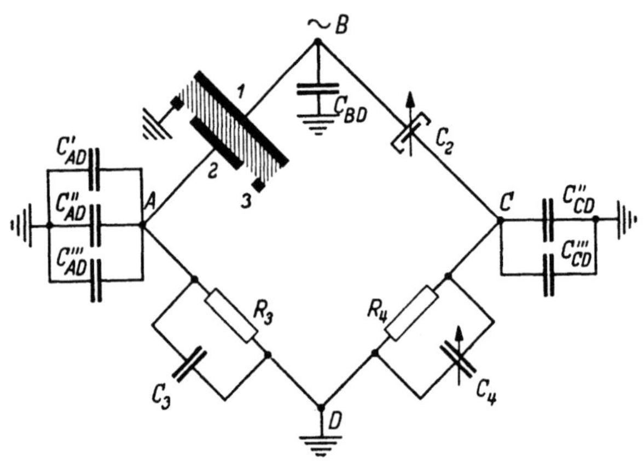

Abb. 37. Brückenschaltung mit Fehlkapazitäten

Die Fehlkapazitäten stellen dar:

C'_{AD} Schutzringkapazität des Prüfkondensators,

C''_{AD} Schaltungskapazität der Verbindungen zwischen Probe und R_3, C_3 und Nullzweig einschließlich der Erdkapazität des Nullzweiges,

C'''_{AD} Eigenkapazität R_3,

$\left.\begin{array}{l} C''_{CD} \\ C'''_{CD} \end{array}\right\}$ entsprechend für den anderen Brückenarm,

C_{BD} Fehlkapazitäten von der Einspeisung zur Erde.

Die Kapazitäten C_{AD} liegen parallel C_3, C_{CD} parallel C_4. Kapazität C_{BD} liegt parallel der Spannungsquelle und belastet diese ohne Wirkung auf das Meßergebnis. Bei symmetrischem Brückenaufbau sind $C''_{AD} + C'''_{AD} = C''_{CD} + C'''_{CD}$. Wenn ihre Asymmetrie bei 800 Hz $\leq \pm 10\,\text{pF}$ ist, wird der Fehler des Verlustes $\leq 5 \cdot 10^{-5}$. Der Schutzringkondensator setzt sich nach der Abb. 37 aus den Kapazitäten

C_{12} Meßkapazität,
C_{13} Kapazität C_{BD},
C_{23} Kapazität C'_{AD}

zusammen. Die Kapazität C_{23} beträgt für die in DIN 53483 vorgeschlagenen Kondensatoren (gemessen an Kondensatoren des Verfassers) in Luft:

Kreisplattenkondensator	5 cm² =	9 pF,
Kreisplattenkondensator	20 cm² =	16 pF,
Kreisplattenkondensator	80 cm² =	26 pF,
Flüssigkeitskondensator	(Abb. 6) =	44 pF,
Kondensator für Massen	(Abb. 8) =	74 pF.

Diese Fehlkapazitäten ergeben, wenn sie nicht bei den Messungen Berücksichtigung finden, Fehler des Verlustwinkels in der Größe von $5 \cdot 10^{-5}$ bis $4 \cdot 10^{-4}$ bei 800 Hz.

Die Abschirmfehler können durch die Verwendung des von K. W. WAGNER angegebenen Hilfszweiges vermieden werden. Derartige Brücken sind in der Literatur angegeben.

Weiterhin ist es wichtig, die Brücken sauber zu schirmen. Auch hier muß auf die Literatur verwiesen werden. Die zur Verwendung kommenden Normalen müssen ihrem Frequenzbereich entsprechend gebaut sein. Ihre Fehlwinkel sollen über den ganzen Bereich möglichst konstant sein. Für den Frequenzbereich bis etwa 20 kHz eignen sich drahtgewickelte Manganinwiderstände nach WAGNER und WERTHEIMER. Über 20 kHz werden meist Massewiderstände nach Spezialverfahren hergestellt und gealtert verwendet. Die Normalkondensatoren der Physikalisch-Technischen Bundesanstalt eignen sich für Frequenzen bis etwa 40 kHz. Für die Kondensatoren nach Bauart R. Jahre, Berlin, wird eine Grenzfrequenz von 1 MHz angegeben. Für Hochspannungsmessungen eignen sich Preßgaskondensatoren und, für niedrigere Spannungen bis 10 kV, Vakuumkondensatoren der Bauart Telefunken.

Da es sich bei der Messung von Dielektrizitätskonstante und Verlustwinkel um die Bestimmung exakter physikalischer Größen handelt, sind die ausländischen Meßverfahren [7, 16] ähnlich. Es kommen zwar andere Elektrodenformen zur Anwendung, doch sind die Ergebnisse der Messung die gleichen, natürlich unter der Voraussetzung einer sauberen Aufbringung der Elektroden und einer fehlerfreien Messung.

3.9.3 Durchschlagfestigkeit

Liegt im Feld zwischen 2 Elektroden ein Isolierstoff und wird die Potentialdifferenz zwischen den Elektroden erhöht, so tritt bei einer bestimmten Spannung entweder ein Durchschlag durch den Isolierstoff oder ein Überschlag in Luft über die Oberfläche des Isolierstoffes ein. Für die Prüfung ist der Überschlag ohne Interesse und muß weitgehend vermieden werden. Die Spannung, bei der der Durchschlag eintritt, heißt Durchschlagspannung U_d. Ihre Höhe ist von Material, Dicke, Art der Elektroden, Frequenz und Temperatur abhängig (s. u. a. G. LESCH [17], P. PERLICK [18], R. STRIGEL [19]). Sie ist keine Materialkonstante wie z. B. $\tan \delta$ und ε_r. Der Sinn der Prüfung ist, den elektrischen Durchschlag im Betrieb elektrischer Anlagen mit Sicherheit zu vermeiden.

Die Durchschlagfestigkeit E_d ist der Quotient aus der Durchschlagspannung und der geringsten Dicke zwischen den Elektroden. Die Dimension der Durchschlagfestigkeit ist kV/mm oder z. B. bei Isolierölen kV/cm. Es ist nicht möglich, bei der Angabe einer Durchschlagfestigkeit für ein Material linear auf die Durchschlagspannung bei anderen Materialdicken zu schließen. Darum soll stets bei Angabe der Durchschlagfestigkeit die Dicke angegeben werden, bei der die Prüfung durchgeführt wurde.

Es ist für den Konstrukteur wichtig, zu wissen, daß die Prüfung im möglichst homogenen Feld ausgeführt wird und daß somit über die Glimmfestigkeit (Korona) keine Aussagen gemacht werden. Besonders bei Isolationsaufbauten ist das homogene Feld meist nicht gegeben, und es kann, wenn ein Material nicht glimmfest ist, trotz hoher Durchschlagfestigkeit nach einer gewissen Betriebsdauer der Durchschlag bei weit niedrigeren Spannungen als der Durchschlagspannung eintreten. Die Prüfung der Koronafestigkeit ist bisher nicht näher definiert, kann jedoch mit scharfkantigen Elektrodenanordnungen durchgeführt werden. Oft wird, vorwiegend bei geschichteten Stoffen, die Spannungsfestigkeit geprüft. Es wird dann die Spannung angegeben, bei der ein Stoff in einer bestimmten Elektrodenanordnung unter definierten Bedingungen eine bestimmte Zeit (1, 5, 10 oder 30 min) durchsteht. Man spricht dann von der Stehspannung (z. B. 5 min-Stehspannung).

a) Meßverfahren. Zur Prüfung der Durchschlagspannung werden Hochspannungseinrichtungen und Elektrodenanordnungen [20] benötigt. Als Hochspannungserzeuger dient ein Transformator, der, je nach Art des Materials, Spannungen abgeben muß, die über der Durchschlagspannung liegen. Im allgemeinen werden Transformatoren mit Nennspannungen von 80 kV ausreichend sein. Die Leistung des Transformators muß so bemessen werden, daß durch die Prüfkapazität keine Verschlechterung der Kurvenform eintritt und auch ein Absinken der Spannung unter Einfluß des dielektrischen Stromes nicht auftritt. Die üblichen Prüftransformatoren haben Leistungen von 10 kVA. Die Speisespannung wird meist dem Wechselstromnetz entnommen. Geringe Abweichungen von der Nennfrequenz (50 Hz) bringen kaum Fehler der Messung, jedoch können schlechte Formfaktoren solche ergeben. Der Scheitelwert der sinusförmigen Prüfspannung soll mit $\pm 5\%$ gewährleistet sein. In normalen Stromversorgungsnetzen liegt dieser Wert bei etwa $\pm 2\%$. Er kann sich jedoch durch ungeeignete Prüfanordnungen verschlechtern.

Die Spannung wird günstig mit einem Regeltransformator oder auch über einen Generator mit veränderlicher Erregerspannung geregelt. Da die Spannungssteigerung wegen der dielektrischen Erwärmung einen gewissen Einfluß auf das Prüfergebnis hat, ist sie in DIN 53481 vorgeschrieben. Von der halben zu erwartenden Durchschlagspannung soll bei festen und schmelzbaren Isolierstoffen mit einer Spannungssteigerung von 0,5 bis 1,0 kV/s, bei flüssigen von 1,0 bis 2,0 kV/s gearbeitet werden. Es ist daher günstig, einen Regeltransformator mit Motorantrieb zu verwenden.

Die Spannung kann oberspannungsseitig mit weniger Fehlern als unterspannungsseitig gemessen werden. Die Hochspannung wird mit einem Wandler, einem statischen Voltmeter oder einem kapazitiven Teiler gemessen. Günstig ist die Messung mittels Scheitelspannungsmesser, auf dessen Skala die Spannung in $kV/\sqrt{2}$ abzulesen ist. Hochspannung ist lebensgefährlich und es ist daher eine Selbstverständlichkeit, alle Gefahren, auch solche, die durch Unachtsamkeit eintreten können, auszuschließen. Der Hochspannungserzeuger soll in einem allseitig abgetrennten Raum, z. B. in einem Käfig stehen, dessen Tür durch Sicherheitskontakte so gesichert ist, daß beim Öffnen die Anlage selbsttätig abgeschaltet wird und bei offener Tür auch nicht einschaltbar ist. Zusätzliche Erdungsstangen mit Entladungswiderständen versehen, sollen beim Arbeiten mit größeren Kapazitäten stets vorhanden sein und vor dem Berühren der Hochspannungsleitungen nochmals gegen mögliche Restspannungen sichern.

b) Elektrodenanordnungen. Zur einwandfreien Bestimmung der Durchschlagfestigkeit ist es notwendig, das elektrische Feld zwischen den Elektroden zu kennen. Das Feld muß raumladungsfrei sein. Dieser Zustand kann als erreicht angesehen werden, wenn keine Vorentladungen zu bemerken sind. Eine weitere Voraussetzung zur genauen Bestimmung der Durchschlagfestigkeit ist ein homogenes Feld zwischen den Elektroden, das nach den Rändern gleichmäßig abnimmt. Diese Forderungen zu verwirklichen, ist in der Praxis sehr schwierig.

Zur Erreichung von Kennwerten werden ROGOWSKI-Elektroden [20] oder Kugelelektroden verwendet. Die ROGOWSKI-Elektroden stellen in ihrer äußeren Begrenzung die Äquipotentialflächen ($\varphi = 90°$) eines ebenen Kondensators dar.

Die Durchschläge zwischen den ebenen Elektrodenflächen wandern erst dann zum Rande ab, wenn die Randfeldstärke um 27% größer als die in der Mitte ist.

Daher können nach DIN 53481 auch Elektrodenformen bis zu einem Grenzwinkel $\varphi = 120°$ gewählt werden. Wichtig bei der Herstellung solcher Elektroden ist der glatte Übergang der ebenen Flächen in die Rundungen. Als Gegenelektrode wird eine ebene Platte verwendet.

Die Elektrode muß von dem zu prüfenden Isolierstoff vollständig umgeben sein (gasförmige, flüssige, schmelzbare Proben). Es

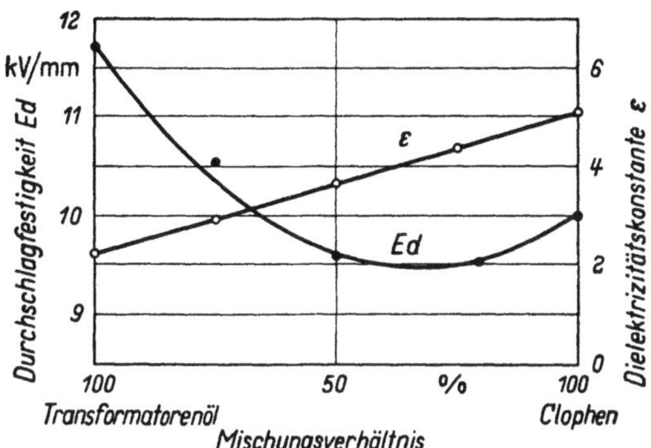

Abb. 38. E_d und ε_r in Abhängigkeit vom Mischungsverhältnis

können jedoch auch feste Isolierstoffe geprüft werden, wenn die Bedingungen

$$\varepsilon_2 \geqq \varepsilon_1 \quad \text{und} \quad E_{d2} \geqq \frac{\varepsilon_1}{\varepsilon_2} E_{d1}.$$

ε_1 DK der Probe,
ε_2 DK des Einbettungsmittels,
E_{d1} Durchschlagfestigkeit der Probe,
E_{d2} Durchschlagfestigkeit des Einbettungmittels.

Als Einbettungsmittel können Öle, Paraffine, chlorierte Kohlenwasserstoffe usw. Verwendung finden. In Abb. 38 sind einige Werte für Isolieröl, Clophen D 88 und ihre Mischungen angegeben. Die Beimengung von Titandioxyd zur Erhöhung von ε_2 ist ungünstig, da dessen Rohdichte gegenüber den Einbettungsmitteln hoch ist und TiO_2 sich nach dem Rühren als Schicht absetzt. Eine Inhomogenität der Einbettung ist dann unvermeidbar. Zu beachten ist, daß das Einbettungsmittel die Probe nicht beeinflussen darf.

Zwischen Kugelelektroden herrscht in der Achse des Feldes ein etwa gleichförmiges Feld, wenn das Verhältnis Elektrodenabstand a zu Kugeldurchmesser D wie 1:3 gewählt wird. Aus der Errechnung des elektrischen Feldes in der Probe kann die Durchschlagfestigkeit für ein homogenes Feld angegeben werden (Abb. 39). Entsprechend den verschiedenen Probendicken werden Kugeldurchmesser von 5, 10, 20 oder

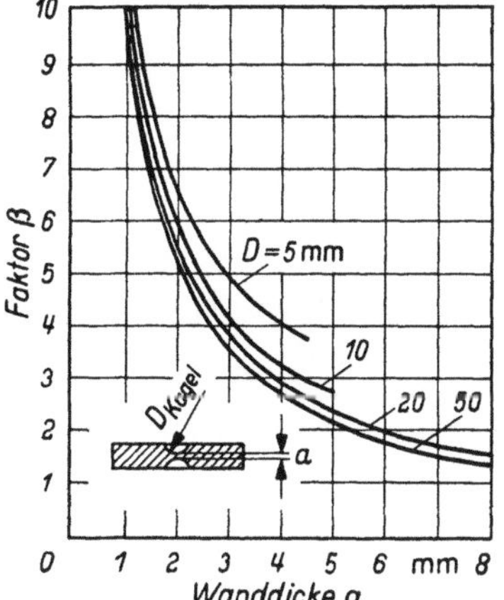

Abb. 39. Umrechnungsfaktor β für die Berechnung der Durchschlagfestigkeit Kugel–Kugel. $E_d = \beta\, U_d$

50 mm verwendet. Als Kugeln werden solche aus Stahl bevorzugt. Zur Anbringung des Halteschaftes werden sie ausgeglüht und bearbeitet. Nach der Fertigstellung müssen die Kugeln wieder poliert werden. Sie sind während der Prüfung zu überwachen und gegebenenfalls neu zu polieren. Das ist ein etwas umständliches Verfahren. Besser ist die Halterung der Kugel mit einem

kleinen runden Stabmagneten. Das hat nebenbei noch den Vorteil, daß man die Kugel beliebig drehen kann, falls ihre Oberfläche an einer Stelle durch Durchschläge beschädigt worden ist. Es können auch Anordnungen Kugel gegen Platte (Plattendurchmesser = 3 × Kugeldurchmesser) verwendet werden. Die Umrechnungsfaktoren sind Abb. 40 zu entnehmen. In die Proben werden kugelförmige Vertiefungen eingearbeitet. Diese werden noch mit einem leitfähigen Belag, Hydrokollag oder Leitsilber, versehen.

Sollten die Durchschläge nicht an der dünnsten Stelle eintreten, so gilt trotzdem zur Berechnung der Durchschlagfestigkeit der Quotient aus Durchschlagspannung und kleinstem Elektrodenabstand. Auch die Prüfungen mit Kugelelektroden sollten unter einem Einbettungsmittel durchgeführt werden.

Zu Vergleichsmessungen werden verschiedene andere Elektrodenanordnungen verwendet. Sie sollen hier kurz Erwähnung finden: Platte gegen Platte (Plattendurchmesser 25 oder 50 mm), Kugelkalottenelektroden für Ölprüfungen, Stöpselelektroden für geschichtete Stoffe bei der Prüfung längs zu den Schichten, Winkelleiste-Platte zur Prüfung schmaler Bänder.

Da die Durchschlagspannung starke Streuungen aufweist und besonders kritisch auf Inhomogenitäten der Probe anspricht, werden in der Regel mindestens 5 Prüfungen durchgeführt. Bei dünnen Proben, z. B. Folien, müssen es jedoch mehr (bis zu 40) sein.

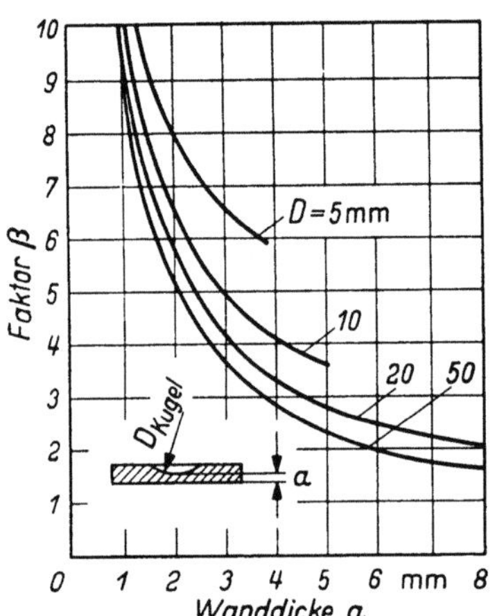

Abb. 40. Umrechnungsfaktor β für die Berechnung der Durchschlagfestigkeit Kugel-Platte $E_d = \beta\, U_d$

c) Prüfung mit Gleichspannung und Wechselspannung abweichender Frequenzen. Für Sonderzwecke wird die Ermittlung der Durchschlagfestigkeit von Kunststoffen bei Gleichspannung oder bei Wechselspannung einer von 50 Hz abweichenden Frequenz gefordert. Die Elektrodenanordnungen für diese Prüfungen sind die gleichen wie vorstehend beschrieben. Als Generatoren zur Erzeugung der Prüfspannungen werden benutzt:

Gleichspannung: Röhrengleichrichter

Wechselspannungen: $16^2/_3$ bis 1000 Hz: Maschinengeneratoren
                        1 kHz bis 10 MHz: Röhrengeneratoren-Verstärker

Als Hochspannungstransformatoren für Frequenzen bis zu 100 kHz werden Spezialanfertigungen mit Eisenpulverkernen verwendet. Die Prüfungen sind schwierig und die Steigerung der Prüfspannung recht kompliziert durchzuführen.

Neben der Frequenzabhängigkeit ist die Temperaturabhängigkeit der Durchschlagfestigkeit von großem Interesse. In der Elektrotechnik sind Übertemperaturen bis 100 °C zulässig, so daß Temperaturen bis 130 °C auftreten können. Der Durchschlag erfolgt meist als Wärmedurchschlag, wobei die Spannungsfestigkeit eines Stoffes mit steigender Temperatur abnimmt. Bei den Prüfungen mit von der Raumtemperatur abweichenden Werten ist zu beachten, daß Probe und Elektrode die Prüftemperatur angenommen haben. Besondere

Beachtung ist der Tatsache zu geben, daß bei längerer Beeinflussung bei höherer Temperatur das Einbettungsmittel unerwünschte Einflüsse auf die Probe nimmt. Bei Reihenuntersuchungen an Folien hat sich die in Abb. 41 angegebene Anordnung gut bewährt. Für höhere Spannungen sind jedoch die Abstände zu gering, und für die Prüfung ist dann ein Wärmeschrank mit Hochspannungsdurchführungen zu bevorzugen. Wird die Probe vom Einbettungsmittel bei längerer Lagerung angegriffen, so ist sie in Luft vorzulagern und erst nach völliger Durchwärmung unmittelbar vor der Prüfung zwischen die Elektroden zu bringen.

Die ausländischen Vorschriften [7, 21] schreiben andere Prüfmethoden in bezug auf Elektrodenformen, Einbettisolierstoff und Spannungssteigerung vor. Die nach DIN 53481 und ausländischen Verfahren gewonnenen Ergebnisse sind daher nur bedingt vergleichbar.

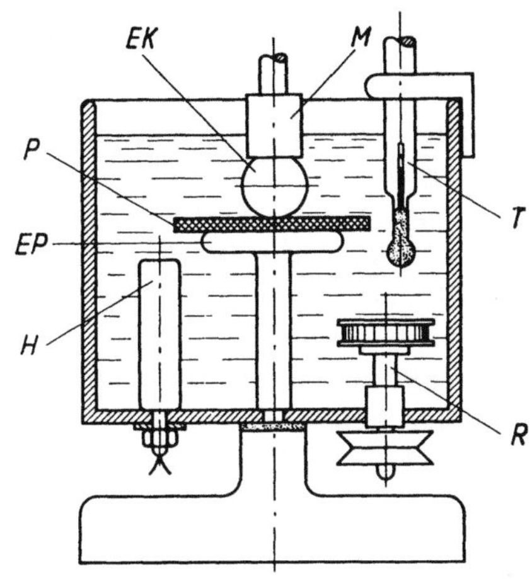

Abb. 41. Temperierbare Elektrodenanordnung
H Heizpatrone, *P* Probe, *T* Kontaktthermometer, *EP* Plattenelektrode, *EK* Kugelelektrode, *R* Rührwerk, *M* Magnet

3.9.4 Kriechstromfestigkeit

a) Begriff und Wesen. Die Kriechstromfestigkeit ist die Fähigkeit eines Isolierstoffes, bei bestimmten äußeren Einwirkungen, wie Ablagerung von Schmutz, Staub und Chemikalien, in Verbindung mit Feuchtigkeit unter Spannung keine Zerstörungen zu erleiden, die seine weitere Verwendung als Isolation für elektrische Potentialdifferenzen verhindert.

Der Ausgangspunkt der zwischen 2 Elektroden entstehenden Kriechwege sind die Kriechströme, die an der Oberfläche oder an Grenzflächen eines Isoliermaterials fließen. Solche Ströme können nur dann in hinreichender Größe entstehen, wenn sich Feuchtigkeit zusammen mit Staub oder Schmutz oder Chemikalien auf der Oberfläche ablagert. Unter dem Einfluß der dann entstehenden Stromwärme verdampft die Feuchtigkeit, und es bilden sich an den Abrißstellen kleine Lichtbögen. Diese greifen die Oberfläche des Isolierstoffes zunächst punktförmig an und zerstören sie an diesen Punkten in irgendeiner Form. Durch die immer neue Wiederholung des Vorganges: Leitende Wasserhaut, Kriechströme, Stromwärme, Verdampfung, Lichtbogen und punktförmige Zerstörung der Oberfläche entsteht schließlich aus vielen Einzelpunkten eine zusammenhängende Zerstörung, deren sichtbare Auswirkung je nach Art des Isolierstoffes tangential oder senkrecht zu den Linien des elektrischen Feldes stehen kann. Werden solche Zerstörungen aus leitenden Kohleteilchen gebildet, so kann ein starker Strom fließen, der bei fehlender Begrenzung zur völligen Zerstörung des Isolierstückes führt.

Diese Zerstörungen können in verschiedenster Weise auftreten:

1. Verkohlen von Teilchen des Isoliermaterials, die zusammenhängend einen leitenden Weg bilden.

2. Verkohlen der Füllstoffe, wobei jedoch die leitenden Kohleteilchen sofort mit flüssig gewordenem Kunststoff umgeben und dadurch wieder elektrisch isoliert werden.

3. Vergasung des Materials unter Wärmeeinwirkung.

Kriechwegerscheinungen sind erst nach längeren Zeiträumen zu beobachten. Da Langzeitprüfungen aber nur in Ausnahmefällen durchführbar sind, wurde versucht, laboratoriumsmäßige Prüfverfahren zu finden. Die Schwierigkeiten in der Definition der Kriechstromprobleme erlaubten zunächst nur qualitative Festlegungen. Neuerdings werden aber in den Prüfvorschriften genaue quantitative Angaben gemacht.

b) Prüfverfahren. In DIN 53480 ist als Prüfmethode das *Tropfverfahren* genormt, nachdem H. SUHR [22], W. CLAUSSNITZER und V. SIEGEL [23] und E. WANDEBERG [24] umfangreiche Messungen durchführten. Hiernach werden Tropfen einer Lösung (destilliertes Wasser mit Zusatz von 0,1% NH_4Cl und 0,5% Nekal BX Trocken) in Abständen von 30 Sek. zwischen zwei auf der Probe aufliegende Wolframschneiden von 10 mm Breite bei 4 mm Abstand getropft. Ein bereits vorliegender Neuentwurf sieht, in Angleichung an die IEC-Publication 112, eine andere Prüflösung (destilliertes Wasser mit Zusatz von 0,1% NH_4Cl) sowie einen anderen Elektrodenaufbau (meißelförmige Platinelektroden von 5 mm Breite im Abstand von 4 mm) vor [25]. An den Elektroden liegt dauernd 380 V Wechselspannung. Die Anzahl der Tropfen bis zur Auslösung eines im Prüfstromkreis liegenden Überstromauslösers (3 A) werden gezählt. Im Neuentwurf sind die Abschaltzeiten und Auslöseströme genauer definiert. Im Prüfstromkreis soll ein zeitverzögerter Überstromauslöser angeordnet sein, der die Prüfspannung abschaltet, wenn der Strom 2 Sek. lang höher als 0,5 A ist. Eine derartige Abschaltvorrichtung ist mit elektronischen Schaltungen einfach zu erstellen.

Da auch ein starker Materialverlust für ein Konstruktionsteil nicht tragbar ist, ist die Bestimmung der Aushöhlung nach der Prüfung mit einer Meßuhr, deren Tastkopf eine Abrundung von 0,5 mm besitzt, vorgesehen. Tropfenzahl und Aushöhlungstiefe sind ein Maß für die Kriechstromfestigkeit des Isolierstoffes.

Ferner findet ein Hochspannungs-Prüfverfahren, das *Dampfverfahren*, verschiedentlich Anwendung. Zwischen den unter Hochspannung liegenden Elektroden kondensiert Wasserdampf. Die zwischen den Wassertröpfchen überspringenden Funken zerstören die Oberfläche des Isolierstoffes, wodurch schließlich ein Kriechweg entsteht. Die Zeit vom Beginn der Prüfung bis zum Eintreten des Kriechweges in Sekunden ist ein Maß für die Kriechstromfestigkeit des Materials.

Das von Mikafil, Zürich, angegebene Prüfverfahren arbeitet wie folgt: In einem elektrisch beheizten Gefäß mit etwa 800 ml Inhalt wird destilliertes Wasser verdampft. Das verdampfte Wasser wird aus einem Vorratsbehälter ergänzt. Die zugeführte Wärmeleistung wird so eingestellt, daß stündlich etwa 100 ml verdampfen. Der Wasserdampf steigt durch eine Düse mit 20 mm Durchmesser durch 4 Bohrungen in den Prüfteil des Gerätes. 50 mm über dem Düsenende liegt auf den 40 mm auseinanderliegenden Schneiden der Prüfstab. Die Spannung an den Elektroden beträgt 10 kV Wechselspannung.

Im Ausland werden verschiedene andere Verfahren verwendet. Das in der *Schweiz* angewendete Tropfverfahren unterscheidet sich in Tropfengröße (20 mm^3) und Elektrodenbreite (5 mm) sowie in der Prüflösung (0,1% NH_4Cl) vom derzeit gültigen deutschen Verfahren.

In *Schweden* wird mit den gleichen Abweichungen wie oben angegeben gearbeitet, jedoch wird die *Kriechgrenzspannung* aufgenommen. Die Kriechgrenzspannung ist jene Spannung (bei einer bestimmten Prüflösung), bei der auch die höchste Tropfenzahl keinen Kriechweg mehr verursacht. Die Bestimmung dieser Spannung ist mühsam und zeitraubend. In einem Diagramm werden über der Spannung die Tropfenzahlen aufgetragen. Neben der Kriechgrenzspannung wird vielfach die *50 Tropfen-Spannung* angegeben, jene Spannung, bei der die Probe gerade 50 Tropfen durchsteht (entsprechend der IEC-Empfehlung).

In *Großbritannien* werden ringförmige Elektroden von 12,5 mm Innendurchmesser für die Außenelektrode und 2,5 mm Außendurchmesser für die Innenelektrode vorgeschlagen. Die Ringelektroden haben den Vorteil eines gleichmäßigeren elektrischen Feldes, können aber den Nachteil unliebsamer Stauungen der Prüflösung mit sich bringen.

Die *IEC-Empfehlung* (*Publication 112*) [26] schlägt ein Tropfverfahren vor, dem der Neuentwurf von DIN 53480 weitgehend angeglichen ist. Die Prüflösung (0,1% NH_4Cl) wird in 30 Sek.-Abständen zwischen 5 mm breite mit 4 mm Abstand auf dem Isolierstoff aufliegende Elektroden aus Messing (auch Platin und Wolfram) aufgetropft [Tropfengröße 20 mm^3 ($+ 5 - 0$) mm^3]. Die Prüfungen werden bei verschiedenen Spannungen (100 bis 600 V) durchgeführt und die Spannung ermittelt, bei der der Isolierstoff 50 Tropfen ohne einen Kurzschluß zu ergeben noch aushält. Die sonstigen technischen Daten der Prüfanordnung sind für die Abschaltzeit 0,5 Sek. und für den Auslösestrom 0,1 A. Diese beiden Bedingungen sind nach Untersuchungen des Verfassers zu niedrig gewählt, da die Leitfähigkeit des zwischen die Elektroden fallenden Tropfens bei 400 V bereits einen Stromfluß von etwa 0,3 A für die Dauer von 1 bis 2 Sek. hervorruft und damit, ohne daß ein Kriechweg entsteht, das Gerät abgeschaltet wird. Allgemein erscheint das Prüfverfahren mit den angegebenen technischen Daten vorwiegend zur Differenzierung der Phenol-Kresol-Preßmassen geeignet.

c) **Elektrodenmaterial.** Das Elektrodenmaterial kann verschiedentlich Einfluß auf das Prüfergebnis haben. Es wurde beobachtet, daß z. B. bei Gießharzen Kupferelektroden schlechtere Ergebnisse erbrachten als andere Metalle.

Die im Neuentwurf vorgesehenen Platinelektroden zeigen im Gegensatz zu den ursprünglich vorgesehenen Wolframelektroden nur einen geringen Materialverlust und sind daher, trotz des hohen Preises, günstiger. Da in der Elektrotechnik überwiegend Messing und Kupfer (meist vernickelt) als Elektrodenmaterial verwendet werden, ist es angebracht, bei genaueren Untersuchungen auch mit verschiedenen Elektroden zu arbeiten.

d) **Kriechstromfestigkeit in Abhängigkeit von der Spannung.** Vielfach kann beobachtet werden, daß mit höherer Spannung die Kriechstromfestigkeit steigt, daß z. B. die Tropfenzahlen bis zur Zerstörung höher werden. Dieses ist auf den unter der größeren Feldstärke schneller ablaufenden Trocknungsprozeß der Flüssigkeitshaut zurückzuführen. Der Angriff auf die Oberfläche ist dann geringer.

e) **Kriechstromsicherheit.** Die Ergebnisse der Kriechstromfestigkeitsprüfung können nur bedingt bei der Konstruktion verwendet werden. Durch Verlängerung der Kriechwege, z. B. durch das Einfügen von Rippen, ist es möglich, aus einem weniger kriechstromfesten Stoff ein kriechstromsicheres Bauteil herzustellen. Die Kriechstromsicherheit umfaßt die Kriechstromfestigkeit des Materials und die Konstruktion. Sie ist damit keine Materialeigenschaft. Verbindliche Prüfvorschriften liegen noch nicht vor.

Die Entwicklung auf dem Gebiet der Kriechstrom-Prüfverfahren ist keineswegs abgeschlossen, und es ist damit zu rechnen, daß noch weitere Verfahren vorgeschlagen werden, z. B. können die Proben auch in eine Staubkammer gebracht werden, um das natürliche Entstehen der Kriechwege nachzuahmen.

3.9.5 Lichtbogenfestigkeit

Bei der Prüfung der Lichtbogenfestigkeit von Isolierstoffen [25] werden grundsätzlich zwei verschiedene Arten der Prüfung unterschieden:

1. Die Festigkeit des Stoffes gegenüber einem Lichtbogen von großem Strom bei kleiner Spannung. Diese Art von Beanspruchung tritt z. B. in Schaltkammern auf.

2. Die Festigkeit gegenüber einem Lichtbogen kleinen Stromes bei hoher Spannung. Diese Beanspruchung wird vorwiegend bei Hochspannung auftreten und ist mit einer Kriechstromfestigkeitsprüfung zu vergleichen.

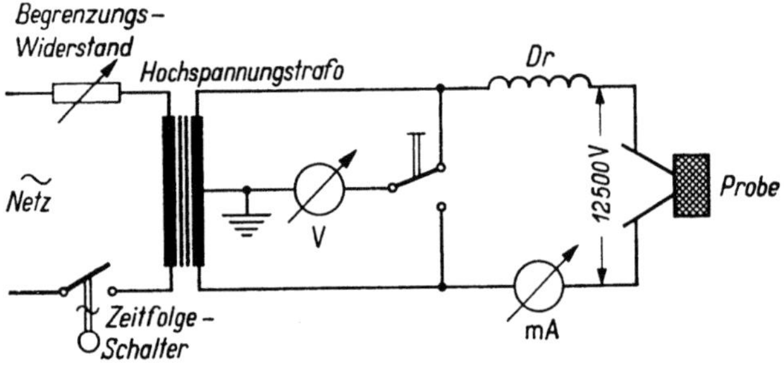

Abb. 42. Prinzipschaltbild des ASTM-Prüfgerätes

Die Prüfungen zu 1. werden nach DIN 53484 durchgeführt. An 2 Elektroden aus Reinkohle von 8 mm Durchmesser wird eine Gleichspannung von 220 V über einen Vorschaltwiderstand von 20 Ω gelegt. Die Elektroden werden mit einem Winkel von 90° gegeneinander und einem Winkel von 60° gegen die Waagerechte auf die Probe aufgesetzt und langsam mit einer Geschwindigkeit von etwa 1 mm/s auseinandergezogen. Die Einstufung des Stoffes erfolgt in die Stufen 1 bis 6. Zur Bewertung werden herangezogen: Die Länge des Lichtbogens, die Leitfähigkeit des verbrannten oder verkohlten Stoffes und sein äußeres Verhalten (Verkohlen, Verbrennen, Zerspringen, Verdampfen oder Schmelzen). Diese Prüfmethode soll zu gegebener Zeit durch eine neue ersetzt werden.

Die unter 2. angegebene Prüfart wird in den ASTM-Vorschriften D 495–58 T [27] genauestens beschrieben. Der Lichtbogen, dessen Strom durch Widerstände begrenzt wird, wird für definierte Zeiten, die während der Prüfdauer gleichfalls geändert werden, eingeschaltet (Abb. 42). Als Elektroden werden 2 Wolframstäbe von 2,5 mm Durchmesser in einem Winkel von 45° im Abstand von 8,1 mm auf die Oberfläche der Probe aufgesetzt. Die Spannung an den Elektroden beträgt 12000 V. Hochfrequente Spannungen, die Fehler ergeben können, werden durch Drosselketten gedämpft. Die Ergebnisse sind gut reproduzierbar.

3.9.6 Glimmfestigkeit

Wenn zwischen zwei voneinander isolierten Elektroden eine Potentialdifferenz besteht, die einen bestimmten Schwellwert, die Glimmeinsatzspannung, überschritten hat, tritt eine Erscheinung an den Kanten der Elektroden auf, die entsprechend ihrem optischen Eindruck mit „Glimmen" bezeichnet wird. Diese Glimmentladungen greifen, in Verbindung mit sekundären, chemischen Vorgängen, die Oberfläche eines Isolierstoffes mehr oder weniger heftig an. Das Glimmen ist als eine Einleitung zum elektrischen Durchschlag anzusehen.

Genormte Prüfverfahren sind bisher noch nicht bekannt geworden. Verschiedene Vorschläge (u. a. von H. Suhr [28]) liegen vor. Eine Besprechung der einzelnen Verfahren würde an dieser Stelle zu weit führen, da die Entwicklung auf diesem Spezialgebiet der Prüftechnik in absehbarer Zeit noch zu keinem befriedigenden Abschluß gelangen wird.

Literatur

[1] Petersen, C.: Zur Messung des Oberflächenwiderstandes von Kunststoffen. Kunststoffe 42 (1952) S. 223.

[2] Suhr, H.: Zur Messung des Oberflächenwiderstandes bei Isolierstoffen. Anlage zum Tätigkeitsbericht der PTR, Berlin 1951.

[3] Hetzel, W.: Messung des spezifischen Durchgangswiderstandes elektrischer Isolierstoffe (30 Quellenangaben). Arch. techn. Messen Lfg. 268 (Mai 1958) S. 91/92; Lfg. 273 (Oktober 1958) S. 209—212.

[4] Kummer, K.: Über elektrische Isolationsmessungen mit Wasserelektroden. Z. angew. Physik 6 (1954) S. 420.

[5] Kallweit, J. H.: Gleichstrommessungen an technischen und reinen Polymeren. Kunststoffe 47 (1957) S. 651.

[6] ASTM D 257-57 T: Der elektrische Widerstand von Isoliermaterial (engl.).

[7] British Standard 2782: Part 2: 1957. Methoden zur Prüfung von Kunststoffen, Teil 2: Elektrische Eigenschaften (engl.).

[8] IEC, Publication 73: Empfohlene Methoden zur Prüfung des spezifischen und Oberflächenwiderstandes elektrischer Isoliermaterialien (engl.).

[9] Winterling, K. H.: Messung von Widerständen über 10^{12} Ohm. Arch techn. Messen V 3517-3, Lfg. 201 (Oktober 1952) S. 221.

[10] Heywang, W.: Streukapazität bei hochdielektrischen Substanzen. Z. angew. Phys. 5 (1953) S. 161.

[11] Lynch, A. C.: Ein Verfahren zur genauen Messung der DK plattenförmiger Proben (engl.). Proc. Instn. electr. Engr. 104 (1957) Teil B, S. 359.

[12] Krönert, J.: Meßbrücken und Kompensatoren. R. Oldenburg 1935.

[13] Wilimzig, H.: Automatische Aufzeichnung des Verlustwinkels von Isolierstoffen. Siemens-Z. 31 (1957) S. 598.

[14] Glarum, S. H.: Eine Brückenmethode für die Messung der Dielektrizitätskonstanten im Mikrowellengebiet (engl.). Rev. sci. Instrum. 29 (1958) H. 11, S. 1016.

[15] Eichacker, R.: Ein Meßplatz zur Bestimmung der elektromagnetischen Stoffkonstanten fester und flüssiger Medien bei Frequenzen zwischen 30 und 7000 MHz und Temperaturen zwischen — 60 und + 240 °C. Rhode u. Schwartz Mitt. (1958) S. 185.

[16] ASTM D 150-54 T: Kapazität, Dielektrizitätskonstante und Verluste elektrischer Isoliermaterialien (engl.).

[17] Lesch, G.: Lehrbuch der Hochspannungstechnik. Berlin/Göttingen/Heidelberg: Springer 1959.

[18] Perlick, P.: Der Wärmedurchschlag nach K. W. Wagner. ETZ-A 74 (1953) S. 169.

[19] Strigel, R.: Elektrische Stoßfestigkeit. Berlin/Göttingen/Heidelberg: Springer 1959.

[20] Strigel, R.: Elektrodenformen für Durchschlagsprüfungen (18 Quellenangaben). Arch. techn. Messen J 831-3 (März 1935.)

[21] ASTM D 149-55 T: Durchschlagspannung und Durchschlagfestigkeit elektrischer Isoliermaterialien bei technischen Frequenzen (engl.).

[22] Suhr, H.: Kriechstromfestigkeit, ein kritischer Beitrag zur Verfahrenstechnik. Kunststoffe 44 (1954) S. 503.

[23] CLAUSSNITZER, W., u. V. SIEGEL: Zur Kennzeichnung der Kriechstromfestigkeit nach dem Tropfverfahren durch Grenztropfenzahlen oder Grenzspannungen. Kunststoffe 48 (1958) S. 299.
[24] WANDEBERG, E.: Kriechstromfestigkeit und Lichtbogenfestigkeit. Kunststoffe 43 (1953) S. 254.
[25] SUHR, H.: Über einen neuen Tropfengeber. Kunststoffe 50 (1960) S. 595.
[26] IEC-Publication 112: Methode zur Bestimmung des Verhältnisindex der Kriechstromfestigkeit von festen Isoliermaterialien unter Feuchtigkeitseinwirkung (engl. u. franz.).
[27] ASTM D 495-58 T: Lichtbogenfestigkeit fester elektrischer Isoliermaterialien bei Hochspannung mit niedrigem Strom (engl.).
[28] SUHR, H.: Über die Glimmfestigkeit von Isolierstoffen. Kunststoff-Rdsch. 7 (1960) S. 216 (24 Quellenangaben).

3.10 Prüfung auf Verhalten gegen Organismen
Von G. Theden und G. Becker, Berlin

Kunststoffe sind bei der Lagerung und im Gebrauch neben den sonstigen Beanspruchungen auch den Einwirkungen von Organismen ausgesetzt. Dies führt häufig zu einer Veränderung ihrer Eigenschaften, in manchen Fällen sogar zu ihrer völligen Zerstörung. Vor einer Behandlung von Prüfverfahren zur vergleichenden Ermittlung der Widerstandsfähigkeit von Kunststoffen gegenüber schädlichen Organismen sollen jeweils die in Betracht kommenden Lebewesen, ihre Abhängigkeit von Stoffwechsel- und Umweltfaktoren und die durch sie entstehenden Schäden kurz gekennzeichnet werden.

Organismen, die Kunststoffe beeinträchtigen oder zerstören können, gibt es sowohl unter den niederen Pflanzen als auch unter den Tieren. Es handelt sich jeweils um besondere Gruppen von Lebewesen; sie schädigen Kunststoffe in sehr verschiedenem Maß von der Ausbildung störender Überzüge bis zur Festigkeitsverminderung oder Substanzvernichtung durch mechanischen oder chemischen Abbau des Gefüges. Im ungestörten Kreislauf der Natur sind auch die als Kunststoffschädiger in Betracht kommenden Organismen nützliche Glieder, da sie durch den Abbau toter Substanz Bausteine und Voraussetzungen für neues Leben schaffen. Der Mensch aber, der zersetzliche oder anderweitig gefährdete Stoffe benutzt oder ansammelt, muß nötigenfalls gegen die für ihn schädlichen Organismen Vorkehrungen treffen.

Die zu fordernde Widerstandsfähigkeit eines Kunststoffes wird von dem Maß seiner Gefährdung bei der jeweiligen Benutzungsart bestimmt. Sie muß verschieden groß sein, je nachdem, ob das Material von trockener oder feuchter Luft umgeben ist, in der Erde oder im Wasser liegt, oder sich in unmittelbarer Berührung mit anderen in Zersetzung übergehenden Stoffen befindet. Auch die geographische Verbreitung der Schädlingsarten ist zu beachten. – Von dem Verwendungszweck eines Werkstoffes hängt es andererseits ab, ob eine Schädigung von Bedeutung ist oder nicht; während in manchen Fällen leichte Beschädigungen oder selbst die Zerstörung einzelner untergeordneter Bestandteile die technische Verwendbarkeit des Materials nicht aufzuheben braucht, können beispielsweise für Isolierzwecke bereits kleine Fraßlöcher von Insekten oder sogar winzige Zersetzungswege durch Mikroorganismen einen Werkstoff oder ein Gerät unbrauchbar machen.

Man kann Stufen der einem Material von vornherein eigenen oder zusätzlich verliehenen Widerstandsfähigkeit gegen Organismen unterscheiden (vgl. [39, 102]). In Tab. 1 ist eine Gliederung zusammengestellt, mit der versucht wird,

²-widerstands-fähig -resistent / -anfällig -susceptibel	Material	Begriff	Beschreibung	Begriff	Wirkung	Fernwirkung	Nr.
²-*widerstands-* *fähig* *-resistent*	Material wird von den Organismen nicht verändert	*-widrig* (*-giftig*) *-toxisch*	Material schädigt die Organismen	*-tötend* *-cid*	Material tötet die Organismen	mit Fernwirkung	1
						ohne Fernwirkung	2
				-unterdrückend (*-hemmend*) *-statisch*	Material unterdrückt die Lebenstätigkeit der Organismen	mit Fernwirkung	3
						ohne Fernwirkung	4
				-abschreckend *-repellent*	Material schreckt freibewegliche Organismen ab		5
		-verträglich *-inert*	Material beeinflußt die Organismen nicht (wirkt nicht giftig, liefert ihnen andererseits keine Nahrung) und wird von den Organismen nicht beeinflußt (auch wenn diese an ihm leben)				6
		fast nicht *-zerstörbar* (*fast nicht* *-zersetz-* *lich*) *-subdestruc-* *tibel*	Material wird zwar von Organismen verändert, liefert ihnen u. U. auch kümmerliche Nahrung, erleidet dadurch aber keine Schädigung von technischer Bedeutung				7
-anfällig *-susceptibel*	Material wird von den Organismen verändert	*-zerstörbar* (*-zersetz-* *lich*) *-destructibel*	Material wird an kleinen oder größeren Stellen oder im ganzen so beschädigt oder zerstört, daß es seine technischen Aufgaben nicht mehr erfüllen kann	*nicht -ernährend* *-non-nutritiv*	Material wird durch chemische oder mechanische Einwirkung der Organismen (Ausscheidungen von Mikroorganismen oder Tieren, Benagung durch Tiere) beschädigt oder zerstört, ohne daß es ihnen dabei als Nahrung dient		8
				-ernährend *-nutritiv*	Material bietet den Organismen Ernährungsgrundlage		9

[1] In diesem Zusammenhang sollen „Materialien" neben Werkstoffen auch Bauteile und Geräte umfassen.   [2] Vor den Strich kann jeweils der in Betracht kommende Schädling gesetzt werden, z. B. Schimmelpilz-resistent, Pilz-widrig, Bakterien-tötend usw.

die wichtigsten Stufen für Mikroorganismen und Tiere (besonders Insekten) gemeinsam zu erfassen. Natürlich hat jedes Schema seine Mängel, es gibt Übergangsfälle, die man schwer einordnen, und Sonderfälle, die man dabei nicht erfassen kann. Lateinische Begriffsbestimmungen sind besonders wegen des Anschlusses an andere Sprachen beigefügt. Die Bezifferung stellt nicht unbedingt eine Bewertungsreihenfolge dar. (Beispielsweise kann im Falle der Termiten eine Widerstandsfähigkeit nach 3 und 5 nicht weniger wirksam oder sogar erwünschter sein als nach 1 und 2.)

Voraussetzungen für die Prüfungen auf Widerstandsfähigkeit sind zweckmäßige Auswahl und Bereithaltung von geeigneten Organismenarten, gleichbleibende, möglichst günstige Bedingungen für diese während der Untersuchungen und damit eine Wiederholbarkeit sowie Anhalte für die Übertragbarkeit der Ergebnisse auf natürliche Verhältnisse.

3.10.1 Mikroorganismen

Mikroorganismen (oder Mikroben) sind, wie der Name sagt, kleine, meist nur mit Vergrößerungsgeräten erkennbare Lebewesen. Als Schädlinge an Kunststoffen kommen *Bakterien* und *Pilze* sowie einige ähnliche Gruppen des Pflanzenreiches in Betracht. Gelegentlich können auch Algen als störender Bewuchs auftreten.

a) Vorkommen und Umweltabhängigkeit. Mikroorganismen sind in großer Anzahl auf der Erde vorhanden; Zahlen wie 5000 Millionen Bakterien und an Pilzmycel noch etwa das gleiche Gewicht werden für 1 g Gartenerde genannt [*83, 24*]. Mikroben spielen für die Stoffumsetzungen eine ausschlaggebende Rolle. Wo sich im Erdboden oder auf ihm, im Schlamm der Gewässer oder in den Gewässern selbst organische Substanz findet, sei es als Ausscheidungen, sei es als Überreste von pflanzlichen oder tierischen Organismen, sind auch Mikroorganismen dabei, diese Stoffe abzubauen. (Daß auch parasitische Lebensweise vorkommt, spielt für die Fragestellung keine Rolle.) Sie schaffen so nicht nur Raum für neues Leben, sondern setzen auch Kohlendioxyd zum erneuten Aufbau lebender Substanz frei. Aber nicht nur für den Kreislauf des Kohlenstoffes in der Natur, sondern auch für den des Stickstoffes, Schwefels und Phosphors haben Mikroorganismen eine entscheidende Bedeutung. Es gibt auch Bakterien mit der Fähigkeit, Energie aus der Oxydation von Wasserstoff, Schwefelwasserstoff, Schwefel, Thiosulfat, Selen, Ammoniak, Nitrit, zweiwertigem Eisen und Mangan zu gewinnen. Andere können Verbindungen abbauen, die gemeinhin als nicht-angreifbar oder sogar giftig für die lebende Substanz anzusehen sind: Kohlenmonoxyd, Methan, Paraffin, amorphe Kohle, Benzin, Petroleum, Bitumen, Phenol, Kresol, Naphthol, Chlorbenzol, Nitrobenzol, Benzoesäure [*24, 105, 111*]. Man muß diese weitgespannten Möglichkeiten im Auge behalten, wenn man die Angreifbarkeit von Kunststoffen durch Mikroorganismen erwägt, und beachten, daß keineswegs – wie Versuche gezeigt haben – eine Begrenzung der Angreifbarkeit organischer Verbindungen in ihrem natürlichen Vorkommen liegt; es können vielmehr auch Stoffe verwertet werden, die nie in der Natur vorkommen [*24*].

Über Umweltabhängigkeit und Stoffwechsel können hier lediglich die wichtigsten Gesichtspunkte erwähnt werden. Die *Temperatur*bedingungen, unter

denen sich Mikroorganismen zu entwickeln vermögen, reichen – bei großen
Unterschieden zwischen den einzelnen Arten – von einigen Graden unter
Null bis etwa $+80$ °C. Für Arten, die man als Schädiger von Kunststoffen
in Betracht ziehen muß, liegt im allgemeinen der günstigste Bereich zwischen
20 und 35 °C. *Wasser* ist eine Voraussetzung für jede Lebenstätigkeit. Für die
Verhütung von Schäden durch Mikroorganismen ist die untere Grenze der
Feuchtigkeit, die noch Stoffwechselvorgänge zuläßt, von Bedeutung. Sehr viele
Arten müssen schon unmittelbar oder wenige Prozent unterhalb des Zustandes,
der gesättigter Dampfspannung entspricht, ihre Lebenstätigkeit weitgehend
einschränken; andere sind „xerophil" und gedeihen noch, wenn auch weniger
üppig, bis herab zu 85% relativer Dampfspannung. Bei gewissen Mikroorganismen
sind geringfügige Lebensäußerungen sogar bis zu noch geringerer Feuchtigkeit
von 60 bis 75% relativer Dampfspannung nachweisbar. Umgekehrt kann auch
ein Zuviel an Wasser das Leben von bestimmten Mikroorganismen hemmen.
Sauerstoff ist für einen Teil der Mikroorganismen unentbehrlich (obligat aerobe),
andere können sich in ihrem Stoffwechsel auf Sauerstoffmangel umstellen
(fakultativ anaerobe); es gibt auch solche, die Sauerstoff nicht vertragen (obligat
anaerobe). – Der Entzug der genannten Lebensvoraussetzungen bedeutet in
vielen Fällen noch nicht den Tod des Mikroorganismus; er verfällt dabei nur
in den Zustand der „Starre" und kann bei Wiederkehr günstiger Bedingungen
wieder aufleben. Als Spore ist er sogar zum Teil geradezu darauf eingestellt,
durch den Luftraum, der trocken oder kalt oder sonstwie als Lebensraum un-
annehmbar sein darf, in die Ferne zu gelangen.

b) Laboratoriumsprüfungen. Um Laboratoriumsprüfungen so durchzuführen,
daß sie der Praxis zuverlässige Beurteilungen und Voraussagen liefern, sind
die voraussichtlichen Benutzungsbeanspruchungen des zu prüfenden Materials
zu berücksichtigen. Diese können bei Kunststoffen sehr unterschiedlich sein.
Vor allem daher ist die große Zahl von Prüfanordnungen, die zur Erfassung der
Mikrobenwiderstandsfähigkeit von Kunststoffen bisher vorgeschlagen und benutzt worden sind, verständlich. An dieser Stelle können sie nur zu Typen zusammengefaßt abgehandelt werden. Vorzugsweise auf Normen und Norm-
vorschläge wird im folgenden etwas näher eingegangen. Es ist dabei im Auge
zu behalten, daß auf diesem Gebiet zur Zeit noch vieles im Fluß ist (vgl. [*103*]).
Da das Problem der Widerstandsfähigkeit von Kunststoffen gegen Mikroorganismen besondere Dringlichkeit für die verschiedenen Anwendungsgebiete
der Elektrotechnik hat und hier wie dort – besonders im Hinblick auf die
Bewährung in den Tropen – die gleichen Fragen zu lösen sind [*88, 89*], müssen
im folgenden auch Prüfanordnungen, die sich ausdrücklich auf elektrische
Geräte beziehen, mit berücksichtigt werden.

Auf die *Vorbereitung der Proben*, besonders vorangehende Klimabeanspruchungen und
Lagerungen zum Erfassen der Dauer einer Widerstandsfähigkeit, soll erst in einem Schluß-
abschnitt eingegangen werden, da die Voraussetzungen dabei für Mikroorganismen und
Tiere dieselben sind. – Die Frage der *Reinigung* der Proben vor dem Versuch ist für solche
Anordnungen wichtig, bei denen das Bewachsen durch Pilze beurteilt werden soll, insbesondere daraufhin, ob das Material pilzinert ist. Proben, die in üblicher Weise mit den
Fingern angefaßt worden sind, werden gelegentlich von Schimmelpilzen ziemlich kräftig
bewachsen, ohne daß der Werkstoff selbst zu deren Ernährung beiträgt. Das Aussehen
des entstehenden Bewuchses gibt keine Auskunft, woher die Nahrung stammt. Man muß

also Fremdstoffe nach Möglichkeit fernhalten. Da man bei der Reinigung nur Lösungsmittel benutzen darf, die das Material nicht verändern, ist eine Anpassung an die jeweilige Probe nötig. Reinigung oder Reinhalten der Proben tragen auch zur Verminderung fremder Keime bei, die man ausschalten muß, falls man nur mit ganz bestimmten Mikroorganismen prüfen möchte. Da oft Einwände gegen die Hitzesterilisation zu erheben und chemische Sterilisationsverfahren z. T. umständlich und unsicher sind, wird man sich außerdem oft damit behelfen, daß man die Umweltbedingungen für den Prüforganismus möglichst günstig gestaltet.

α) *Prüforganismen.* Bei der Auswahl und Anwendung der Prüforganismen geht man verschiedene Wege. Da Keime von Mikroorganismen überall vorhanden sind, hat man zuweilen auf die Benutzung bestimmter Arten verzichtet und lediglich den an den Proben natürlicherweise haftenden Sporen die Voraussetzungen zum Keimen und Wachsen geboten. Bei Versuchsanordnungen mit Erde ist man sicher, Mikroorganismen in großer Anzahl und Mannigfaltigkeit an die Proben heranzubringen, ohne im allgemeinen Näheres über diese zu wissen. Die Prüfung mit Mikroorganismen in Reinzuchten gewährleistet indessen größere Gleichmäßigkeit und Beherrschung der Versuche. Es bleibt dabei noch die Frage offen, ob die Arten einzeln oder zu mehreren als Mischinfektion an die Proben gebracht werden sollen. Da man bei der Kunststoffprüfung oft von vornherein nicht übersieht, welche Mikrobe als Angreifer in Betracht kommt, darf die Anzahl der Prüforganismen nicht gering sein. Um den Umfang der Prüfung andererseits nicht zu groß werden zu lassen, empfiehlt sich – trotz gewichtiger Gegengründe – die Mischinfektion. Anders liegt es bei der Prüfung pilzwidriger Schutzausrüstungen. Hier kommen Mikroben in Betracht, die unausgerüstetes Material mit Sicherheit deutlich angreifen. Auch in diesen Fällen benutzt man mehrere Arten, aber nur wegen der meist sehr unterschiedlichen Giftempfindlichkeit. – Die Bemühungen, die Organismen, die in der Praxis die Schäden anrichten, kennenzulernen und sie gegebenenfalls zu Prüfungen heranzuziehen, dürfen trotz der bereits vorhandenen Erfahrungen nicht eingestellt werden (vgl. [90]). Über die zu Prüfungen benutzten Organismen sollten möglichst umfassende Kenntnisse erworben werden (vgl. [104]). Tab. 2 gibt einen Überblick über die Pilzarten, die in Normen oder Normvorschlägen vorgeschrieben sind.

Tabelle 2. *Pilzarten für die Prüfung der Widerstandsfähigkeit von Kunststoffen gegen Mikroorganismenbefall nach verschiedenen Vorschriften*

Pilzarten	SAA Int. 88 u. 101 *)	NBS MP 188 *)	MS	SABS 15/14;'23	BS 2011	IEC 68	VDE	CCTU 407 A	CCTU 407 B	PN X 41-504 *)	ISO/TC 61 **)
Acrostalagmus koningi								+	+	+	
Alternaria tenius[1]											+
*Aspergillus amstelodami****			+	+	+	+	+			+	+
Aspergillus flavus	+									+	

Tabelle 2. (Fortsetzung)

Pilzarten	*) SAA Int. 88 u. 101	*) NBS MP 188	MS	SABS 15/14/23	BS 2011	IEC 68	VDE	CCTU 407 A	CCTU 407 B	*) PN X 41-504	**) ISO/TC 61
*Aspergillus glaucus****	+										
Aspergillus niger (= *Sterigmatocystis nigra*)	+	+	+	+	+	+	+	+		+	+
Aspergillus nidulans								+			
Aspergillus sydowi											+
Aspergillus tamarii								+	+		
Aspergillus versicolor											+
Chaetomium globosum[2]			+	+	+	+	+			+	+
Coriolus (= *Polystictus*) *versicolor*[3]								+			
Cladosporium herbarum[1]											+
Gyrophana (= *Merulius*) *lacrimans*[3]								+	+		
Lentinus tigrinus[3]								+			
Memnomiella echinata[2]	+									+	
Myrothecium verrucaria[2]								+	+	+	
Neurospora sitophila[2]								+	+	+	
Paecilomyces varioti			+	+	+	+	+			+	
Penicillium brevi-compactum			+	+	+	+	+				+
Penicillium camerunense								+	+		
Penicillium cyclopium				+	+	+	+				+
Penicillium glaucum											+
Penicillium luteum[1]	+									+	
Penicillium spec. 40	+										
Rhizopus nigricans	+										
Sepedonium chartarum								+			
Stachybotrys atra[2]			+	+	+	+	+			+	+
Thielaviopsis paradoxa								+			

* Nicht nur die Arten, sondern auch ganz bestimmte Stämme der Prüfpilze sind festgelegt.

** Es handelt sich hier um einen Vorschlag, noch nicht um eine Festlegung!

*** Der Name *Aspergillus glaucus* bezeichnet eine Artengruppe, die beispielsweise *Aspergillus amstelodami* mit umfaßt.

Besonderheiten der Pilze:

[1] Fähigkeit zur Cellulosezersetzung vorhanden.

[2] Fähigkeit zur Cellulosezersetzung ausgeprägt vorhanden.

[3] Holzzerstörender Basidiomycet.

Tabelle 3. *Vergleichende Übersicht über diejenigen Prüfanordnungen, bei denen 1. den Pilzen – abgesehen von den Proben – keine organische Nahrung geboten wird („Gruppe 1") und 2. die Proben sich frei (hängend, stehend oder liegend) in feucht-warmer Luft befinden*

Prüf-vorschrift	Proben	Prüfbedingungen			Prüfpilze	Prüfdauer	Beurteilung der Proben
		Temperatur °C	rel. Luftfeuchte %	Prüfkammer oder -gefäß			
(1) DIN 7949	keine Beschränkung	18 bis 25	100 (über Wasser)	nicht festgelegt	natürliche Infektion	2 Wochen bis 3 Monate	Bewuchs/ Zerstörung
(2) SAA 101	elektrotechnische Erzeugnisse	30 ± 2 grd	wechselnd zwischen 95 und 100 mit Konden-sation	mindestens 152 cm × 81 cm × 92 cm, jedoch für kleine Teile geschlossene Glasgefäße mit Wasser	7 festgelegte Arten, wäßrige Sporenauf-schwemmung	28 Tage	Bewuchs und Funktions-prüfungen
(3) SAA 88	Kunststoffe, Anstriche, elektro-technische Erzeug-nisse u. ä. [für Kunststoff-Folien (!), Leder, Holz, Papier, Textilien anders-artige Prüfvor-schriften]	30 ± 2 grd	100 (über Wasser)	geschlossene Glasgefäße, Wasser darin, mit dem die Proben nicht in Berührung kommen		teils 28, teils 21 Tage	Bewuchs und gegebenen-falls andere Prüfungen
(4) MS	keine Beschränkung	30	wasserdampf-gesättigt	geeignete Gefäße, die in einem Brut-raum von 30 °C untergebracht werden	6 festgelegte Arten	28 Tage	

(5) SABS 15/14/23	keine Beschränkung	30 ± 1 grd	98 bis 100	nicht festgelegt, es ist wohl meist an eine größere Prüfkammer gedacht	7 festgelegte Arten [z. T. andere als bei (2) und (3), dieselben wie bei (4), jedoch um eine vermehrt], wäßrige Sporenaufschwemmung	28 Tage	Bewuchs und gegebenenfalls andere Prüfungen*
(6) BS 2011	elektrotechnische Erzeugnisse	28 bis 30	$\geqq$ 95				
(7) IEC 68			95 bis 100				
(8) VDE 0560							
(9) ISO	Kunststoffproben 30 mm × 80 mm Dicke $\leqq$ 3 mm	30	100 (über Wasser)	Petrischale 9 cm Durchmesser	11 festgelegte Arten, Sporen in Infusorienerde	30 Tage	Bewuchs und Veränderungen im Aussehen der Proben

* (5) und (8) legen den Nachdruck auf die Beurteilung des Bewuchses, (6) und (7) sprechen nur von den Funktionsprüfungen.

β) Prüfanordnungen. Die Prüfanordnungen selbst lassen sich in 4 Gruppen aufteilen. Bei den drei ersten werden Veränderungen der Proben durch die zur Prüfung herangezogenen Organismen der Beurteilung zugrunde gelegt, wobei sowohl Beobachtungen über den Bewuchs als auch Feststellungen über verändertes Aussehen, Festigkeitsverluste oder beeinflußte elektrische Eigenschaften ausschlaggebend sein können. Bei der vierten werden in kurzfristigen Versuchen Stoffwechselerzeugnisse als Anzeichen für die Zersetzlichkeit des Materials benutzt. Die Reihenfolge der drei ersten Gruppen stellt eine Stufenleiter in der Lebensgrundlage für die angreifenden Organismen und damit in der „Schärfe" der Versuchsbeanspruchung dar. Bei der ersten wird den Mikroorganismen – entsprechend dem „Fraßzwangversuch" bei Tieren – keine andere Ernährungsgrundlage neben dem zu prüfenden Material geboten; bei der zweiten erhalten sie durch die gleichzeitig vorhandene Nahrung eine günstige Ausgangsstellung für einen Angriff; bei der dritten, dem sog. Erdfaulversuch, wirkt eine Mannigfaltigkeit von Mikroorganismen in natürlicher Umgebung auf das Material ein.

1. Gruppe. In die 1. Gruppe ist eine ganze Reihe von Versuchsanordnungen, Normentwürfen, Normen oder sonstigen Vorschriften mit größerem Geltungsbereich einzuordnen, deren gemeinsames Kennzeichen es ist, daß die Proben möglichst frei – sei es hängend, stehend oder

liegend – d. h. weitgehend nur in Berührung mit feuchtwarmer Luft – den Pilzen ausgesetzt werden: 1. DIN-Entwurf 7949, Abschn. 6.5 [*34*]; 2. SSA Int. 101, Abschn. 3 [*100*]; 3. SAA Int. 88, Abschn. 9 und 11 [*99*]; 4. MS Abschn. 2.1 [*77*]; 5. SABS. 15/14/23, Abschn. 17.1 [*97*]; 6. BS 2011, Abschn. 4.17 [*27*]; 7. IEC 68, Abschn. 4.9 [*61*]; 8. VDE 0560 Teil 1, Abschn. 53 b [*106*]; 9. ISO/TC 61/WG 6, Verfahren A [*62*]. – Die kennzeichnenden Angaben für die einzelnen Prüfvorschriften sind in Tab. 3 zusammengestellt. – Die unter 2. bis 8. genannten Anordnungen sind einander besonders ähnlich, 5. ist überhaupt ohne nennenswerte Änderung in 6. bis 8. übernommen. Dieses Verfahren hat den Vorteil, Spielraum für das Anpassen an Sonderfälle zu lassen. Abb. 1 soll eine Vorstellung vermitteln, wie man in der Prüfpraxis vorgehen kann. – Eine dem biologischen Versuch zeitlich vorausgehende Beanspruchung durch Klimaeinwirkungen ist bei 3. ausdrücklich vorgesehen. – Bei 2. findet man den Hinweis, daß ein zu reichliches Besprühen mit der Sporenaufschwemmung zu vermeiden ist, da sonst Pilzwachstum auf Grund der mitgebrachten Nährstoffe entstehen und Anfälligkeit vortäuschen kann. Bei 4. bis 8. wird eine möglichst geringe Aufbringung von Nahrungsstoffen mit der Sporenaufschwemmung dadurch angestrebt, daß nicht die Oberflächen der Kulturen mit Wasser abgeschwemmt werden, sondern

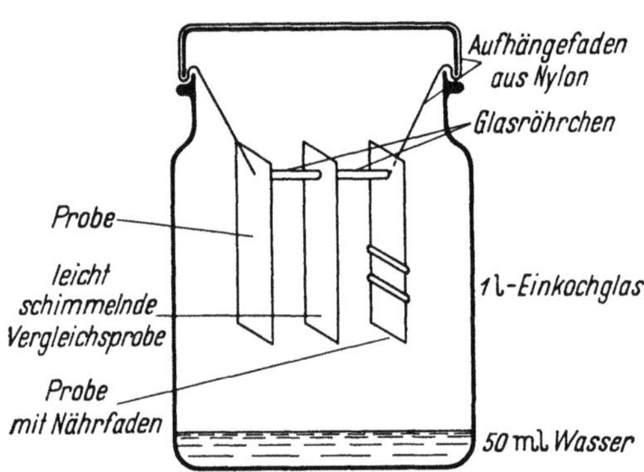

Abb. 1. Versuchsanordnung der Bundesanstalt für Materialprüfung für die Prüfung kleiner Proben gemäß IEC 68, Abschnitt 4.9. Die eine der Proben ist in Abwandlung der Vorschrift mit einem als Pilznahrung geeigneten Faden umbunden (BAM, Berlin-Dahlem)

daß nur ein Klümpchen Sporen entnommen und in das Wasser eingetragen wird. Nach 9. sollen die Proben sorgfältig unter Benutzung von Äther gereinigt werden.

Diesem Streben nach Fernhalten von Fremdstoffen laufen Vorschläge [*43*] entgegen, bei der Prüfanordnung 7. die Sporenaufschwemmung gerade in einer Nährsalze und Zucker enthaltenden Lösung herzustellen. Damit würden die zufälligen Unterschiede in der „Reinheit" der zu prüfenden elektrischen Apparate ausgeschaltet, indem sie alle – im hier gemeinten Sinne – erheblich „verschmutzt" würden, ein Zustand, mit dem man in der Praxis zu rechnen hat. Außerdem erhielten die Pilze eine Ausgangsgrundlage für ihre Entwicklung, die es ihnen erleichtert, anfällige Materialien tatsächlich anzugreifen, was ihnen unter Mangelbedingungen, wie sie bei weitgehender „Reinheit" bestehen, oft gar nicht gelingt. Ein 1958 eingebrachter ISO-Vorschlag, der sich ausdrücklich auf Kunststoffe bezieht, sieht vor, nebeneinander einen Versuch mit reinen Proben und einen, bei dem mit Malzextraktlösung besprüht wird, durchzuführen [*63*]. Mit der Verwendung einer Pilznahrungsstoffe enthaltenden Sporenaufschwemmung, die offensichtlich nur eine geringe Abänderung darstellt, wäre das Verfahren dann schon zur 2. Gruppe zu rechnen. Das gleiche gilt auch für eine Abwandlung, die sich im Laboratorium der Verfasser als aufschlußreich erwiesen hat[1]. Hierbei wird ein mit Salz- und Zuckerlösung getränkter Faden aus saugfähiger Baumwolle oder – besser noch – ein durch Malzlösung gezogener, leicht gedrillter Streifen aus Cellulosehydratfolie ein- bis mehrmals – je nach der Größe der Probe – um diese gebunden, möglichst nur um ihren unteren Teil. Den vorschriftsgemäß als Aufschwemmung in Wasser aufgebrachten Sporen wird hiermit an begrenzten Stellen, die vom Versuchsansteller bestimmt werden, die beabsichtigte günstigere Ausgangsstellung geboten. Man braucht hierbei nicht zu fragen, ob jeweils die ursprüngliche oder die abgewandelte Form der Prüfung durchzuführen sei, sondern kann ohne besonderen experimentellen Aufwand die Ergebnisse beider in gegenseitiger Ergänzung auswerten (Abb. 1).

Als zur 1. Gruppe gehörig sind noch weitere Prüfanordnungen zu nennen, bei denen die Entwicklung der Pilze zwar nicht durch organische Nahrung gefördert wird, wohl aber durch zugeführte anorganische Salze, die vor allem den Stickstoff-, Phosphor- und Kalibedarf der Pilze befriedigen. Die Voraussetzungen für Wachstum und Angriff der Pilze werden erheblich verbessert, wenn man bei Versuchsanordnungen der unter 2. bis 8. gekennzeichneten Art eine Sporenaufschwemmung in Nährsalzlösung statt in Wasser benutzt (Erfahrungen im Laboratorium der Verfasser, vgl. auch [101]).

In SAA 88 [99], Abschn. 4, wird für beschichtete Gewebe, Kunststoff-Folien und ähnliche Materialien eine Prüfanordnung geschildert, bei der die Probeplättchen (5 cm × 5 cm oder 3 cm Durchmesser) auf Salz-Agar in Petrischalen gelegt und mit derselben Sporenaufschwemmung wie bei den auf Tab. 3 unter 2. und 3. aufgeführten Verfahren besprüht werden. Die Proben werden 2 Wochen bei 30 °C gehalten. Beurteilt wird der Bewuchs. Sinnentsprechende Klimabeanspruchungen vor dem biologischen Versuch sind vorgesehen.

Aus den USA ist über Prüfungen berichtet worden, bei denen Kunststoffproben, 5 cm × 5 cm groß, in Petrischalen von 10 cm Durchmesser auf Salz-Agar gelegt und mit Sporen eines ausgesuchten Stammes von *Aspergillus niger* bestäubt wurden. Der Bewuchs wurde nach 14 tägigem Aufenthalt bei 28 bis 30 °C beurteilt (NBS MP 188, Abschn. IX b 2 [1]). Weichmacher wurden in entsprechender Weise geprüft, indem sie in eine in der Mitte des Agars mit Hilfe eines Glasringes frei gelassene Vertiefung gebracht wurden. Das Auflegen einer Weichmacherprobe in Form eines damit vollgesaugten Glasfasergewebes [53, S. 543] hat sich jedoch anscheinend als handlicher erwiesen.

Nach dem französischen Normvorschlag PN X 41–504 (1955), Abschn. V, werden die Proben auf einen Salz-Agar in Roux- oder Petrischalen gelegt und mit einer Sporenaufschwemmung der 11 vorgeschriebenen Schimmelpilzstämme (s. Tab. 2) beimpft. Die Temperatur beträgt 30 °C ± 1 grd, die Versuchsdauer 30 Tage, bei schwachem Angriff 2 × 30 Tage. Die Beurteilung richtet sich nach dem Bewuchs und dem Ausfall physikalischer Prüfungen. Klimabeanspruchungen der Proben vor dem biologischen Versuch sind vorgesehen. Bemerkenswerterweise enthält der französische Normvorschlag auch eine Prüfvorschrift für Weichmacher und pilzwidrige Stoffe, bei der diese in einer nährsalzhaltigen Lösung nach Art einer Schüttelkultur untersucht werden.

---

[1] Den Vorschlag hierzu verdanken wir Herrn Dipl.-Ing. H. BURCHARD. Daß auch anderswo [70] eine entsprechende Versuchsanordnung angewendet wird, kam erst nachträglich zu unserer Kenntnis.

Schließlich sind noch Prüfverfahren zu erwähnen, bei denen die Veränderung der Keimzahl im Wasser als Folge der Anwesenheit des zu prüfenden Kunststoffes verfolgt wird. Bei der Verwendung von Kunststoffrohren in Trinkwasserleitungen ist es entscheidend, daß der Kunststoff nicht von Mikroorganismen angegriffen wird, wobei es in erster Linie darauf ankommt, daß keine hygienisch bedenklichen Abbauprodukte ins Trinkwasser gelangen. Dieses Beispiel verdeutlicht, wie notwendig es ist, daß sich die Prüfung an die jeweiligen Erfordernisse der praktischen Anwendung der Kunststoffe anpaßt. A. MÜLLER und W. SCHWARTZ [78] sind so vorgegangen, daß sie die Kunststoffprobe, zum Teil in Gestalt feiner Späne (0,05 bis 0,1 g), in 50 ml einer anorganischen keimfreien Nährlösung einlegten und mit 0,1 ml einer Aufschwemmung von Keimen, die als Kunststoffzerstörer in Betracht kamen, beimpften. Über mehrere Monate verfolgten sie die Keimzahl. Ein nur anfänglicher Anstieg erwies sich als bedeutungslos, da er durch geringe Mengen Verunreinigungen verursacht werden kann. – Dieses Vorgehen hat der Durchführung nach Ähnlichkeit mit Gruppe 4, dem Wesen nach gehört es der Gruppe 1 an.

2. Gruppe. Die 2. Gruppe umfaßt die Prüfverfahren, bei denen die Pilze außer der Probe einen für ihre Lebensansprüche ausreichenden Nährboden zur Verfügung haben. Es wird auf die hierher gehörigen, bereits im vorangegangenen Abschnitt geschilderten Abwandlungen von IEC 68 [61] verwiesen. Hierbei können sich die beiden einander entsprechenden Anordnungen aus Gruppe 1 und 2 in ihren Ergebnissen ergänzen. Die zwei weiteren nun aufzuführenden Verfahren sind ebenfalls darauf abgestellt, daß sie zusammen mit den dazugehörigen Versuchen aus der 1. Gruppe die Beurteilungsgrundlage ergeben.

Der ISO-Normvorschlag [62] enthält neben dem bereits genannten Verfahren „A" auch ein mit „B" bezeichnetes. Bei diesem wird auf die eine Hälfte der auch in diesem Falle 8 cm × 3 cm großen und höchstens 3 mm dicken, gereinigten Probe des zu prüfenden Kunststoffes ein Stück mit gemischten Schimmelpilzsporen (Pilzarten s. Tab. 2) frisch beimpften, Salz und Zucker enthaltenden Agars gelegt. Falls von dem Kunststoff keine Giftwirkung ausgeht, keimen die Sporen, entwickeln sich auf dem Nähr-Agar und können die Probe mehr oder weniger weit bewachsen und gegebenenfalls angreifen, wozu ihnen 30 Tage lang bei 30 °C und gesättigter Luftfeuchtigkeit Gelegenheit geboten wird. Die Verfahren „A" und „B" des ISO-Normvorschlages sollen einander bei der Beurteilung ergänzen, indem „A" die Unterscheidung zwischen pilzinert und pilzsusceptibel, „B" die zwischen inert und toxisch deutlich macht (Ausdrucksweise nach Tab. 1).

In entsprechender Weise ist auch in NBS MP 188 [1] eine zweite Versuchsanordnung, IX b 1, beschrieben, die zu der in Gruppe 1 genannten im Verhältnis gegenseitiger Ergänzung steht: Der *Aspergillus niger*-Stamm wird in diesem Falle auf zuckerhaltigem Agar herangezogen, bis er einen weißen Rasen, aber noch keine schwarzen Sporenköpfchen gebildet hat. Dann wird die Kunststoffprobe aufgelegt. Eine etwa vorhandene Pilzwidrigkeit macht sich durch Unterdrückung der Sporenköpfchenbildung bemerkbar, die bei Fernwirkung nicht nur unmittelbar unter und an der Probe, sondern auch in größerem Umkreis um sie herum erkennbar wird. Abb. 2 zeigt einen Versuch dieser Art.

Auch andere Pilzarten kann man auf einem ihnen zusagenden Nährboden
heranziehen und die Proben auf den voll entwickelten Pilzrasen legen. Bei
Kunststoffen, die Cellulose in irgendeiner Form enthalten, insbesondere als
Gewebe-, Papier- oder Holzfüllstoffe, liegt es nahe, die Prüfung mit cellulose-
zersetzenden Pilzen wie *Chaetomium globosum* oder auch mit holzzerstörenden
Pilzen aus der Gruppe der Basidiomyceten durchzuführen. Hinsichtlich der
Einzelheiten der Versuchsdurchführung wird man sich an die ausgearbeiteten
Verfahren der Textil- und Holzschutzmittel-Prüfung halten [*1, 60, 40, 2, 6, 35,
33, 4*].

Oft wird so gearbeitet, daß die Probe auf den Nährboden gelegt und danach
beide, Nährboden und Probe, mit Pilzsporen versehen werden (z. B. [*43, 42*]).

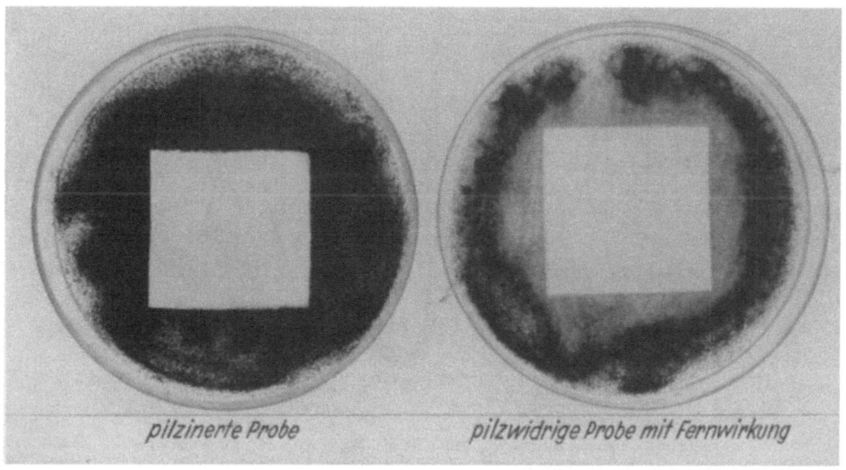

Abb. 2. Versuchsanordnung, bei der die Kunststoffprobe auf einen jungen, noch weißen Rasen von
Aspergillus niger gelegt wird (nach NBS MP 188). Bei pilzinertem (oder pilzsuszeptiblem) Material entwickelt
der Pilz schwarze Sporenköpfchen (und greift auf die Probe über), bei toxischem Material unterbleibt im
Bereich der Giftwirkung die Weiterentwicklung. (Aufn.: M. GERSONDE, BAM, Berlin-Dahlem.)

Gemäß der französischen Vorschrift CCTU 407, 1954 [*31*], werden kleine elektrische Geräte oder Geräteteile auf einen 48 Std. zuvor mit zwölf verschiedenen
Pilzen (s. Tab. 2) beimpften Nährboden gelegt, größere werden mit Klecksen
aus Nähr-Agar versehen, auf die 6 Pilze zu übertragen sind. Nach einem ISO-
Vorschlag soll ein aus Sägemehl und Haferflocken hergestellter Nährboden
gleichzeitig mit der unter Zwischenschaltung eines Glasrostes aufgelegten Kunststoffprobe mit einer Mischsporenaufschwemmung (nach IEC 68) beimpft
werden [*64*].

3. Gruppe. Die 3. Gruppe, in der Versuche mit Erde zusammengefaßt
werden, ist auf besonders umfassende und scharfe mikrobiologische Beanspruchung abgestellt.

Der oben schon aufgeführte Normvorschlag des South African Bureau of
Standards 1951 [*97*] enthält als Abschn. 17.2 eine Anweisung für den „Erdfaul"-
oder „Erd-Eingrabe"-Versuch. Genauere Festlegungen sind auf dem Gebiet
der Textilprüfung getroffen worden [*91, 60, 40, 2, 6, 35*]. Die auf diesem Gebiet
gemachten Erfahrungen darf man sich für die Kunststoffprüfung zunutze

machen. Die Hauptschwierigkeit liegt darin, daß sich keine Möglichkeit bietet, die Erde zu normen. Gute Blumentopferde hat sich als allgemein brauchbar erwiesen. Durch Art und zeitlichen Verlauf der Zersetzung von Baumwoll-segeltuch-Streifen, von denen in jedem Versuch einer mit eingelegt wird, hat man wenigstens ein Vergleichsmaß für die Zersetzungsfähigkeit der Erde. Freilich besagt die biologische Aktivität gegenüber Cellulose noch nicht alles über die Wirksamkeit gegenüber den verschiedenen Verbindungen, die in Kunst-stoffen in Betracht kommen. Für eine umfassende Prüfung scheint es erforder-lich zu sein, mehrere Erden heranzuziehen.

Als Beispiel aus dem Schrifttum sei eine Untersuchungsreihe angeführt, bei der in nur einer von drei – der Beschreibung nach ähnlichen – Erden Mikroorganismenangriff auf „GR-S" stattfand, während Naturgummi in allen 3 Erden bald versagte [17].

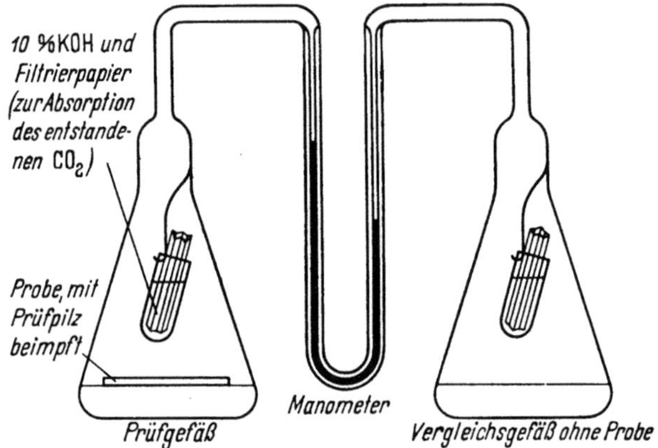

Abb. 3. Versuchsanordnung von R. G. H. SIU und G. R. MANDELS zur manometrischen Bestimmung des Sauerstoffverbrauches als Kennzeichen der Zersetzungstätigkeit von Pilzen. (Vereinfachtes Schema nach R. G. H. SIU.)

Die Durchführung der Prüfung geht so vor sich, daß man die Proben inner-halb geeigneter Gefäße aus Holz (oder anderem nicht völlig luftdichtem Material) in Erde eingräbt. Die Frage der Feuchtigkeit spielt dabei eine wichtige Rolle, da sowohl zu geringe als auch zu hohe Wassergehalte die Entfaltung des Lebens in der Erde hemmen. Allgemeine Angaben lassen sich schwer machen, da die günstigste Feuchtigkeit von der Eigenart der Erde abhängt. Die Kästen werden bei 30 °C untergebracht. Als Einwirkungsdauer werden meist Zeiten von 1 bis 9 Wochen genannt.

Vielseitige Anpassung des Erdfaulversuches an Sonderfragen ist möglich. Zum Beispiel schweißten J. T. BLAKE und seine Mitarbeiter [19, 20, 21] Nähr-Agar steril in zu prüfende Isolierschläuche ein und vergruben diese für abgestufte Zeiten in der Erde. Wenn es irgendwelchen Mikroorganismen gelang, durch das Isoliermaterial hindurchzudringen, waren sie in den Agarfäden, die bei Ver-suchsschluß aus den Schläuchen herausgequetscht wurden, festzustellen.

Nach Erfahrungen im Laboratorium der Verfasser verspricht auch die Be-obachtung des Bewuchses, der an Kunststoffproben auftritt, wenn diese unter feuchtwarmen Bedingungen an der Oberfläche von Erde liegen, wesentliche Aufschlüsse [103]. J. T. BLAKE, D. W. KITCHIN und O. S. PRATT [18] benutzten diese Versuchsanordnung, um im Vorversuch leichter anfällige Isoliermaterialien auszusondern und den Erdfaulversuch, der in diesem Falle regelmäßige Messungen des elektrischen Widerstandes umfaßte, nur mit den aussichtsreicheren Kabeln durchzuführen.

4. Gruppe. In der 4. Gruppe werden Prüfverfahren zusammengefaßt,

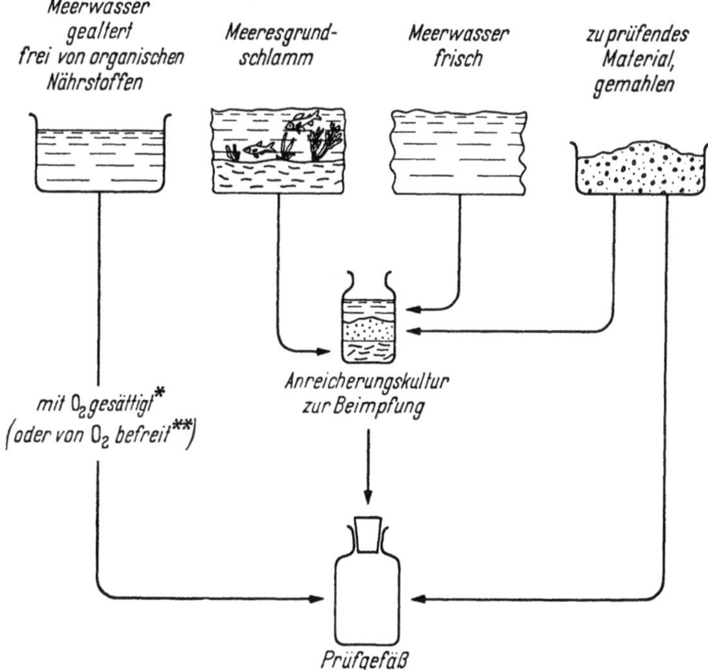

Abb. 4. Schema der biochemischen Versuchsanordnung von L. R. SNOKE. Die Zersetzlichkeit des Materials wird nach dem Sauerstoffverbrauch* (oder der Schwefelwasserstoff-Erzeugung**) im Prüfgefäß beurteilt. * bei aeroben Mikroorganismen ** bei anaeroben Mikroorganismen

bei denen den Mikroorganismen keine andere Kohlenstoffquelle angeboten wird als das zu prüfende Material, und zwar als feine Filme oder besser noch – um eine große Oberfläche zu erzielen – zu Mehl gemahlen. Messungen des Sauerstoffverbrauches, gegebenenfalls auch anderer Stoffwechselvorgänge, z. B. der Schwefelwasserstoff-Entwicklung bei anaeroben Bakterien, lassen erkennen, ob und wie lebhaft die Mikroorganismen Bestandteile des Materials abbauen [113, 112, 76, 91, 92, 93]. Die Versuchsergebnisse liegen meist bald, teils sogar schon nach Stunden vor. Eine Vorstellung von den Möglichkeiten sollen die Abb. 3 bis 5 vermitteln, die für sich sprechen.

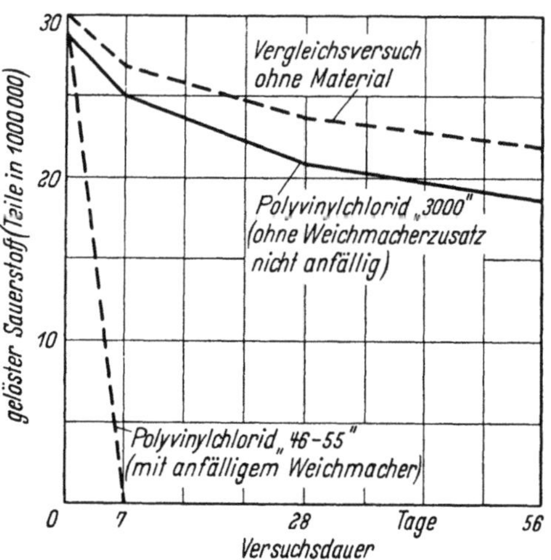

Abb. 5. Ergebnis einer Untersuchung mit dem biochemischen Verfahren von L. R. SNOKE (Abb. 4). Sauerstoffverbrauch von aeroben Meeresbakterien bei Anwesenheit von Polyvinylchlorid (2 Sorten) als einziger Nahrungsquelle. (Nach L. R. SNOKE.)

3.10.2 Insekten

Die Insekten oder Kerfe sind durch eine meist deutliche Teilung („Kerbung")
ihres Körpers in Kopf-, Brust- und Hinterleibsabschnitt, durch den Besitz
von 3 Beinpaaren (spätestens im erwachsenen Zustand) und durch eine mehr
oder weniger stark ausgeprägte Trennung in mehrere körperlich und oft auch
in der Ernährungs- und Verhaltensweise sehr voneinander abweichende Ent-
wicklungsstadien gekennzeichnet. An Artenzahl übertreffen sie alle übrigen Tiere

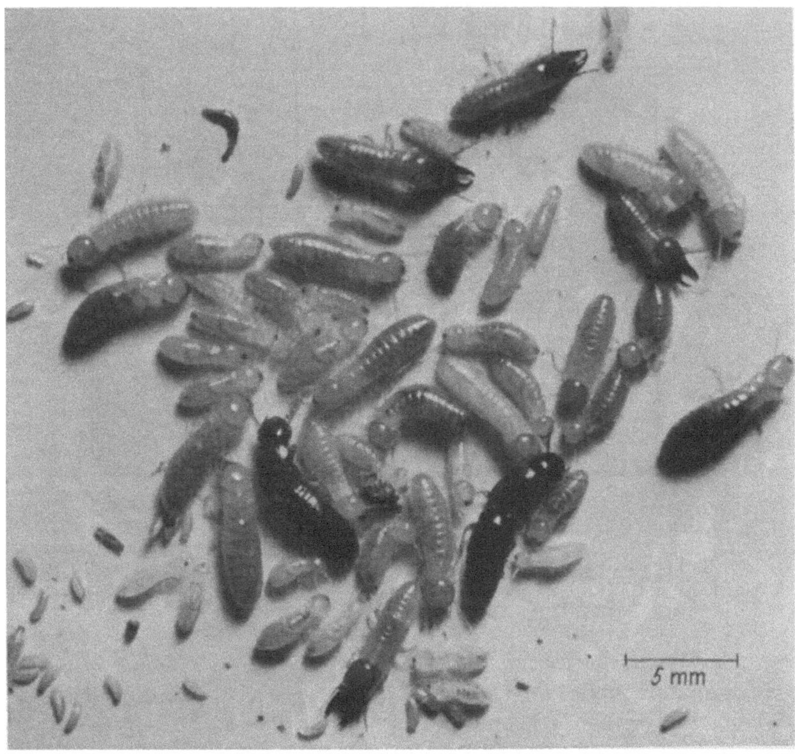

Abb. 6. Termitenfamilie der Trockenholzart *Kalotermes flavicollis* Fabr. — Dunkle Geschlechtstiere
(„Königin" und „König"), Eier, junge und ältere Larven und verschieden große Soldaten.
(Aufn.: M. GERSONDE, BAM, Berlin-Dahlem, nach G. BECKER 1960.)

zusammengenommen. Ihre Lebensweise ist – von allgemeinen Gesetzmäßigkeiten abgesehen – bei den einzelnen Gruppen ganz unterschiedlich.

Als Schädiger von Werkstoffen kommen nur Arten in Betracht, die hinreichend harte, zum Nagen geeignete Mundwerkzeuge besitzen. Teils sind die
fertig entwickelten, fortpflanzungsfähigen Tiere, teils die Jugendstadien,
„Larven" (bei den Schmetterlingen „Raupen") genannt, die Angreifer. Beschädigungen kommen nicht nur am Material vor, das als Nahrung geeignet
ist, sondern auch (vgl. Tab. 1) als natürliche Begleiterscheinungen von verschiedenen anderen Lebensäußerungen und instinktgebundenen Handlungs-
weisen der Tiere, wenn sie den Werkstoffen des Menschen „begegnen" (vgl. [*10*]).

a) Termiten. α) *Lebensweise und Schädlichkeit.* Unter den Insekten sind die
gefährlichsten Materialschädlinge, auch für Kunststoffe, die Termiten. Sie

leben – ähnlich wie die Bienen und Ameisen, die aber nach der zoologischen
Systematik weit von ihnen getrennt sind – in größeren Gruppen, sog. Staaten,
beisammen, die eine Familie bilden. Die Individuenzahl volkreicher Termiten-
staaten kann mehrere Millionen betragen. Bei allen staatenbildenden Insekten
beruht das Zusammenleben auf der Fortpflanzungsunfähigkeit der meisten
Tiere und einer Gliederung in sog. „Kasten". Neben den fertilen geflügelten
Tieren gibt es „Arbeiter" und „Soldaten" sowie einen großen Anteil jugendlicher
Tiere, die man als Larven oder Nymphen bezeichnet (Abb. 6). Die fortpflanzungsfähigen Tiere, die bei vielen Termiten, darunter gerade auch große Staaten
bildenden Arten, in nur einem einzigen Paar vorhanden sind, werden als „Köni-
ginnen" und „Könige" bezeichnet. Bisher sind mehr als 1600 Termitenarten
beschrieben worden. (Allgemeines vgl. P. P. GRASSÉ [51], C. A. KOFOID u. a.[67],
H. SCHMIDT u. a. [87], T. E. SNYDER [94, 95, 96].)

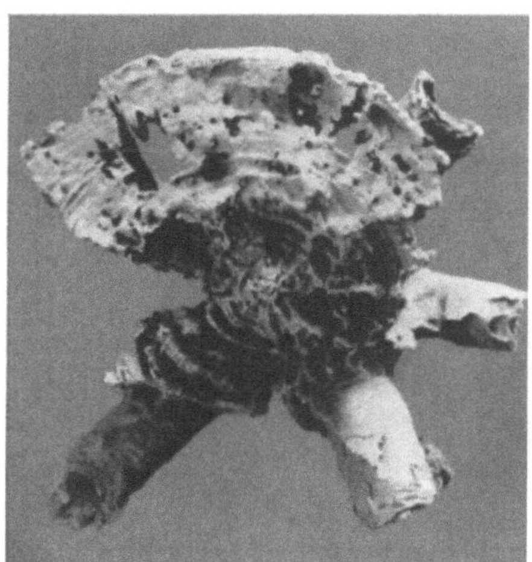 

Abb. 7. Von Termiten (*Reticulitermes lucifugus* Rossi) in Laboratoriumszuchten zerstörtes Kiefernholz.
(Aufn.: BAM, Berlin-Dahlem.)

Die *Nahrung* der Termiten ist hauptsächlich Holz (Abb. 7). Doch werden
auch sehr viele andere kohlenhydrat- oder eiweißhaltige Stoffe verzehrt. Beispielsweise sind Viskose- und Kupferkunstseide sehr gefährdet, wie G. BECKER [8],
K. GÖSSWALD [49] und A. HERFS [57] gezeigt haben. Mit Hilfe der chitinisierten
Mundwerkzeuge, so winzig diese auch bei dem einzelnen Individuum sind, voll-
bringen die Tiere erstaunliche mechanische Leistungen an harten Materialien.
Der chemische Abbau der Cellulose im Darminnern gelingt ihnen nur durch
eine Symbiose mit Mikroorganismen (vgl. [51, 52]).

Die *Nestbauweise* der Termiten weist große Mannigfaltigkeit auf. Die primitiveren
Termitenarten legen keine besonderen Nester an, sondern wandern mit Königspaar, Eiern
und Jungen wie Nomaden im Inneren des Holzes langsam weiter. Sie fressen dabei Gänge
und erweiterte Kammern, die – ähnlich wie bei den Ameisen, aber im Gegensatz zu den
fraßmehlgefüllten Larvenwegen der meisten holzfressenden Käfer – über weite Strecken
leer sind (Abb. 7). Während die sog. Trockenholztermiten dauernd auf ein Leben
im Holz beschränkt bleiben können, bedürfen andere, die man als Feuchtholztermiten
oder auch Erdtermiten bezeichnet, einer Verbindung mit dem Erdboden. Viele dieser
Arten haben zwar ihren Hauptlebensraum ebenfalls im Holz, durchziehen aber das

Erdreich auf Suche nach neuer Nahrung in ausgedehnten Gängen. Bei den „höheren"
Termiten gibt es – neben einem ausgedehnten Gangsystem – richtige Nestbauten. Diese
bestehen entweder aus einer dunkelbraunen, festen Kartonmasse in hohlen Stämmen, an
Ästen von Bäumen oder an der Erde, oder es sind mehr oder weniger große Erdhügel, die
bei manchen Arten außerordentlich fest sein und eine beachtliche Höhe erreichen können,
wie sie in Afrika, Südasien, Indonesien und Australien, vielfach geradezu das Landschafts-
bild beeinflussend, vorkommen. Wenn die Termiten ihr Nest, den Erdboden oder das
befallene Holz verlassen, bauen sie aus Erde und Speichel lange, enge, tunnelartig über-
dachte „Galerien" (Abb. 8).

Die Termiten sind bis auf die geflügelten Geschlechtstiere und die Vorstufen dazu
meist augenlos. Das Anlegen der genannten Galerien und der sorgfältige Verschluß der
Nester ist aber nicht allein auf ihre Lichtscheu zurückzuführen, sondern dient der Er-

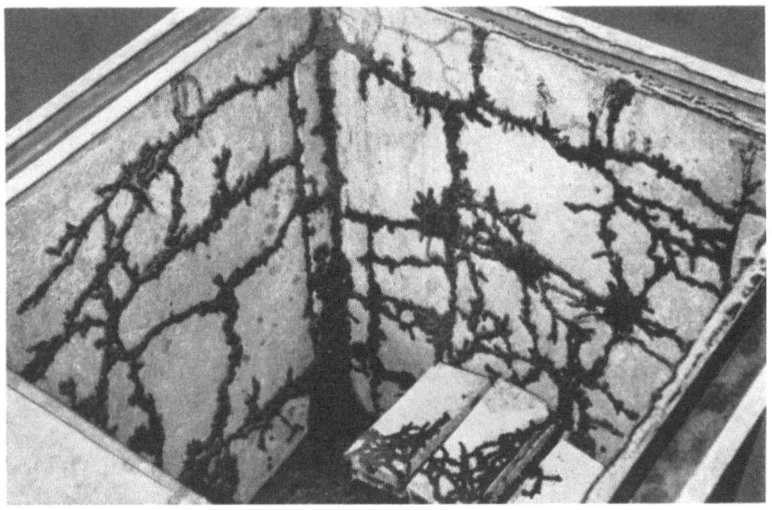

Abb. 8. „Galerien", von Erde überdeckte Laufgänge von Termiten der Gattung *Reticulitermes*, in Zucht
behältern. (Aufn.: BAM, Berlin-Dahlem.)

haltung einer hohen Feuchtigkeit, da die zarthäutigen Tiere gegen Austrocknen sehr empfindlich sind, sowie der Fernhaltung von Feinden. Unter diesen sind die Ameisen die wichtigsten. Auch die Verteidigungstätigkeit der „Soldaten" richtet sich vor allem gegen
die Ameisen als natürliche Widersacher.

Die Grenze der *geographischen Verbreitung* der Termiten insgesamt ist im
wesentlichen durch die Temperatur im Winter bedingt (Abb. 9). Die Temperaturabhängigkeit der einzelnen Arten ist indessen verschieden. Ihre stärkste
Entwicklung haben die Termiten in den Tropen, wo Arten- und Individuenzahl
sehr groß sind. In Europa endet das Termitenvorkommen an den Alpen und
in Frankreich im Küstenbereich der Bretagne; eingeschleppt leben sie in Paris,
Hamburg und Hallein. Auch der Bedarf an *Feuchtigkeit* und die Widerstandsfähigkeit gegen zeitweilige oder längere Trockenheit ist artenweise sehr verschieden. (Beispiele vgl. [*37*].) Wohl für alle Arten ist gesättigte Luftfeuchtigkeit
am günstigsten. Mit ihren großen Nestbauten, in denen eigenartige Pilzkultu-
ren die Feuchtigkeit erhöhen, vermögen gewisse Termiten in Gebieten zu leben,
die für Monate sehr trocken sind. Umgekehrt verhindert das Wandmaterial
der Nester eine Tropfwasserbildung bei Temperaturabfall, die den Termiten
schädlich wäre.

Die durch Termiten angerichteten *Schäden* an Holz in Bauten, Telegraphen-
masten, Zaunpfählen, aber auch in Bibliotheken und anderen Sammlungen und

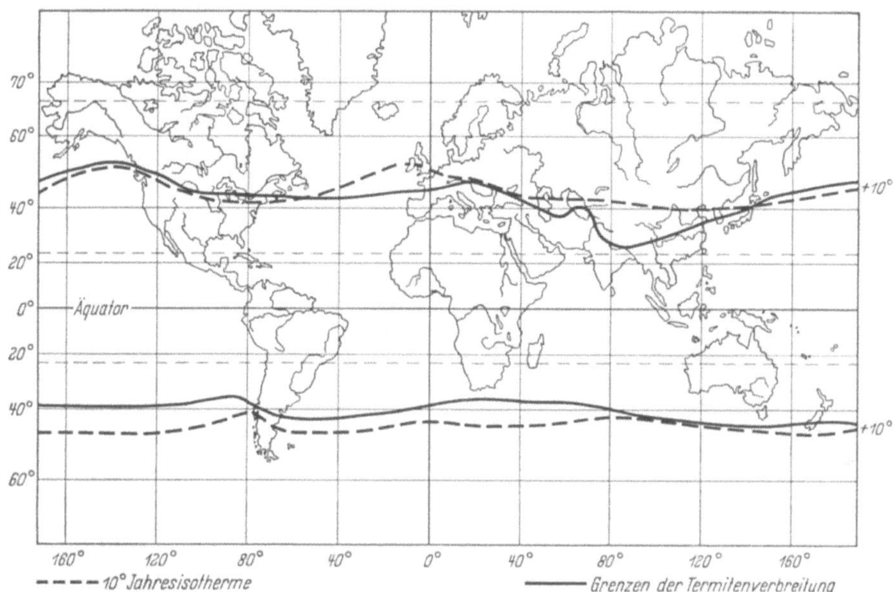

Abb. 9. Grenzen der Termitenverbreitung in Beziehung zur Temperatur (nach A. E. EMERSON, von
H. SCHMIDT 1953 verändert). Die Verbreitungsgrenze ist in Frankreich anders als dargestellt

an sonstigem Material, wie z. B. Textilien, ist infolge der riesigen Zahl, mit der sie
aufzutreten pflegen, in allen Ländern, in denen sie vorkommen, besonders aber
in den Tropen, sehr groß. (Nähere Angaben findet man z. B. bei A. HERFS [57],
C. A. KOFOID u. a. [67],
T. E. SNYDER [94, 96].)
Werkstoffe in Instru-
menten, Kabeln und an-
deren technischen Gerä-
ten werden geschädigt
(Abb. 10 bis 12), wenn
sie von den Tieren als
Nahrung verwendet wer-
den können, aber auch
wenn sie dazu völlig
ungeeignet sind (vgl.
C. J. H. FRANSSEN [41],
L. G. E. KALSHOVEN [65],
W. M. H. SCHULZE [89],
T. E. SNYDER [94, 96]).

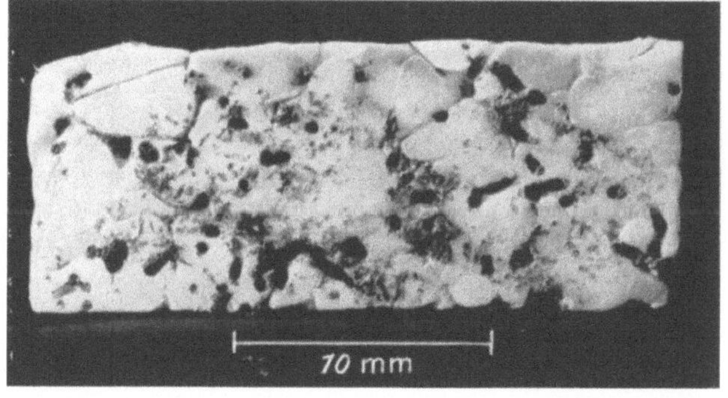

Abb. 10. Polystyrol-Schaumstoffprobe, im Fraßwahlversuch (3 Wochen
lang in einem großen Behälter mit sehr zahlreichen Tieren) von *Heterotermes indicola Wasmann* zerstört. (Aufn.: BAM, Berlin-Dahlem.)

Anlaß für eine Nagetätigkeit kann sein, daß das Material den Tieren als
Hindernis im Wege liegt oder daß irgendeine Oberflächenrauheit zum Benagen
anreizt und sich dann auf Grund eines sehr ausgeprägten Nachahmungstriebes
eine große Zahl von Tieren an dieser Stelle weiter beschäftigt. Dabei können

einzelne Löcher oder sonstige geringfügige Nagestellen (Abb. 12) unwesentlich und harmlos sein, aber andererseits auch bei Kabeln, elektrischen Geräten, Isolierungen und anderem Material einen großen Schaden auslösen. Kabelbeschädigungen sind von Zeit zu Zeit aus den meisten Gebieten, in denen Termiten vorkommen, berichtet worden. Das Benagen oder Durchlöchern verschiedenartigen Materials, das gar nicht als Nahrung geeignet ist, teils aus einem Betätigungsbedürfnis, teils um ein Hindernis zu durchdringen, verbunden mit der großen Zahl an Tieren eines Staates und deren ausgeprägtem Nachahmungstrieb, ist es, was die Termiten als mögliche Kunststoffbeschädiger vor allen anderen

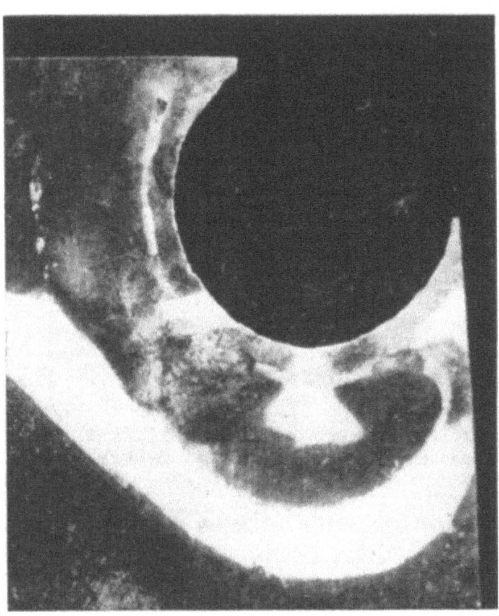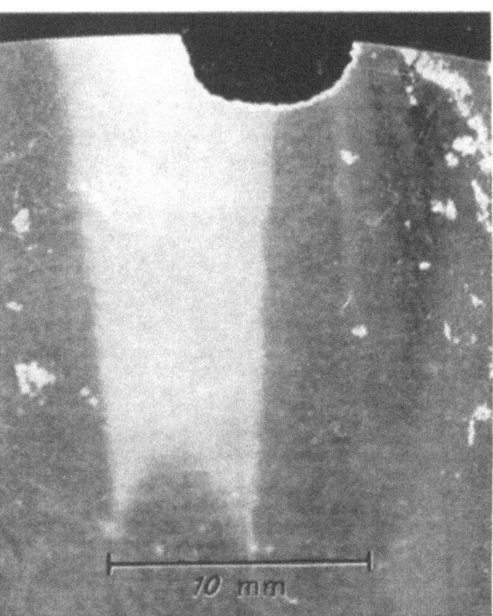

Abb. 11. Cellulosehydrat-Folie (links) und Polyterephthalat-Folie (rechts) im Fraßzwangversuch (nach G. BECKER) von *Kalotermes flavicollis* Fabr. in 30 Tagen (links) von 10 Tieren aufgefressen, (rechts) von 30 Tieren angenagt. (Die weiße Verfärbung im linken Bild ist auf die Plastilinbefestigung des Glasringes zurückzuführen.) (Aufn.: BAM, Berlin-Dahlem.)

Insekten auszeichnet. Schädigungen brauchen nicht nur durch ein Benagen des Materials aufzutreten, sondern sie können auch dadurch zustande kommen, daß die Termiten in Verpackungsmaterial oder Geräte eindringen, darin ihre Galerien anlegen und dabei durch die Erhöhung der Feuchtigkeit und durch ihre Körperabscheidungen die chemische Korrosion von Werkstoffen beschleunigen.

Zu Geräten in Gebäuden können die Termiten nur im Innern von Bauholz oder in ihren Erdgalerien vordringen, die sie – wie gesagt – über sehr lange Strecken bauen. Wenn eine technische Anlage sehr übersichtlich angeordnet ist und die Tiere nur auf dem Wege über Galeriebauten dorthin gelangen können, so ist eine Beaufsichtigung, die regelmäßige Entfernung von etwa auftretenden Erdgalerien und damit ein Fernhalten der Schädlinge nicht schwer. In unbeaufsichtigten Anlagen sowie bei Lagerung im Exportlande ist aber jeweils mit der Termitengefahr zu rechnen.

β) *Prüfung auf Widerstandsfähigkeit gegen Termiten.* Zur Prüfung von Materialien auf Widerstandsfähigkeit gegen Termiten unter natürlichen Bedingungen hat man diese oft in oder bei Termitennestern eingegraben. Eine Unterbringung

der Proben in den Bauten der Hügel errichtenden Termitenarten hat aber oft
nicht den gewünschten Erfolg, weil die Tiere bestrebt sind, die Zerstörungen
am Bau rasch auszubessern und dabei die Proben mit Erde bedecken, so daß
sie einem Angriff der Tiere nicht mehr ausgesetzt sind. Sicherer zu Ergebnissen
führen kann ein Vergraben oder eine Lagerung auf der Erde in der Nähe von
Termitenansiedlungen.

In Australien haben F. J. GAY, T. GREAVES, F. G. HOLDAWAY und
A. H. WETHERLY [45] besondere Freilandprüfungen für die Untersuchung von
Hölzern und Holzschutzmitteln entwickelt, die man auch zur Prüfung anderen
Materials verwenden könnte. Dabei werden die Proben in rd. 1 m Entfernung
vom Termitennest in der Erde eingegraben und mit einem Sperrholzstreifen

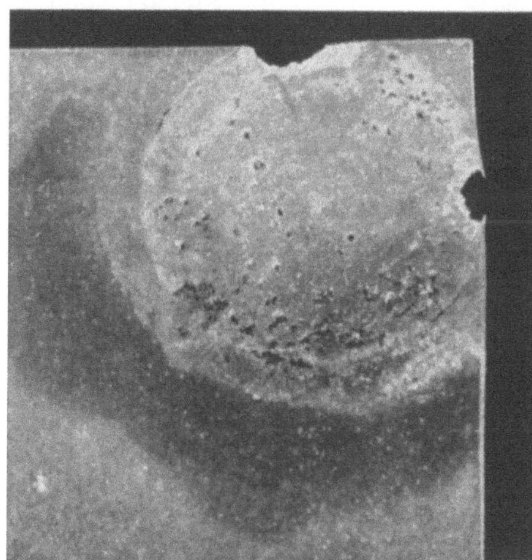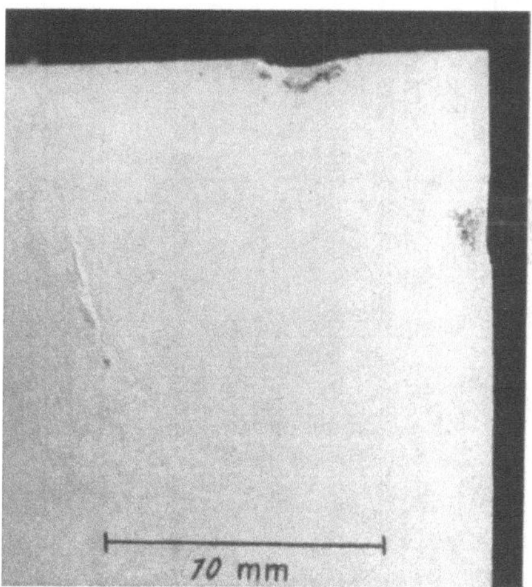

Abb. 12. Proben von verschieden weichem Polyvinychlorid, im Fraßzwangversuch (nach G. BECKER) von
Kalotermes flavicollis Fabr. von den Schnittkanten und der Oberfläche her angegriffen. Versuchsdauer
30 Tage; links 10 Tiere, rechts 30 Tiere. (Die dunkle Verfärbung im linken Bild ist auf die Plastilinbefestigung des Glasringes zurückzuführen.) (Aufn.: BAM, Berlin-Dahlem.)

einer anfälligen Holzart miteinander verbunden. Über einige Ergebnisse von
Freilandversuchen mit Kunststoffen berichtet T. R. DAWSON [30].

Bei einer Prüfung im Laboratorium kann man „Wahlversuche" durchführen,
bei denen die Tiere ausreichend Nahrung zur Verfügung haben und das zu
prüfende Material nach Wahl zu meiden oder anzugreifen vermögen, oder
„Zwangversuche" anstellen, in denen Gruppen von Termiten Werkstoffproben
ohne jede weitere Nahrungsquelle geboten werden (vgl. Tab. 4).

Im Falle der Wahlversuche besteht eine Prüfmöglichkeit darin, das Material
Termitenvölkern in größeren Gefäßen auszusetzen, also ähnlich vorzugehen
wie im Freiland. Natürlich wird man dabei nur Proben verwenden, bei denen
auf Grund von Vorversuchen die Gewißheit besteht, daß sie die Termitenzucht
nicht gefährden oder durch Auslese auf Giftwiderstandsfähigkeit verändern.

Als Versuchstierarten kommen besonders Rhinotermitidae der Gattungen
Reticulitermes [12, 56, 75, 86], *Heterotermes* (G. BECKER [unveröffentlicht]) und
Coptotermes [44], aber natürlich auch andere Gruppen, die sich im Laboratorium
halten lassen, in Betracht (vgl. Tab. 4).

Tabelle 4. *Termitenarten und Versuchsbedingungen bei verschiedenen Materialprüfungen mit Termiten im Laboratorium*

Termitenfamilie	Termitenart	Prüfverfahren vorgeschlagen von	Anzahl der Versuchstiere	Wahl- oder Zwang-versuch	Temperatur °C	Relative Luft-feuchte %	Versuchsdauer
Kalotermitidae (,,Trockenholz-termiten'')[1]	*Zootermopsis angusticollis*	M. RANDALL u. a.	10	Z	—	—	—
	Kalotermes minor	C. A. KOFOID, E. E. BOWE	10 100 Pärchen	Z	25	90	60 Tage
	Kalotermes flavicollis	G. BECKER	10 bis 30 100 bis 200	Z	26 ± 0,3 grd	97 bis 98	mehrere Wochen
		K. GÖSSWALD	30 150	Z	25	98 bis 99	mehrere Wochen
	Cryptotermes brevis	G. N. WOLCOTT	unbestimmt	Z	—	—	Tage bis Wochen
Rhinotermiditae (,,Feuchtholz-termiten'')	*Reticulitermes lucifugus*	A. HERFS	40 bis 50 140 bis 150 unbestimmt	Z Z W	29 bis 30	≧ 90	3 Tage 1 Monat
		G. BECKER	1000 unbestimmt	(W) W	26 ± 0,3 grd	100	12 Wochen 1 bis 3 Monate
	Reticulitermes lucifugus var. santonensis	AFNOR	100 500	W W	23 ± 2 grd	100	6 Wochen
	Reticulitermes flavipes	H. SCHMIDT	unbestimmt	W	28	100	mehrere Wochen
	Reticulitermes hesperus	A. E. LUND	140	W	26,5	90	25 Tage
	Coptotermes formosanus	China (K. BUDIG)	100 bis 150	Z	—	—	4 Wochen
	Coptotermes acinaciformis	F. J. GAY u. a.	≈ 7000	W	26 ± 0,5 grd	75 ± 2[2]	12 Wochen
	Coptotermes lacteus	F. J. GAY u. a.	≈ 7000	W	26 ± 0,5 grd	75 ± 2[2]	12 Wochen
	Heterotermes indicola	G. BECKER	≈ 2000 unbestimmt	(W) W	30 ± 0,5 grd	100	12 Wochen 1 bis 3 Monate
Termitidae	*Nasutitermes exitiosus*	F. J. GAY u. a.	≈ 7000	W	26 ± 0,5 grd	75 ± 2[2]	12 Wochen

[1] *Zootermopsis* hat höheren Feuchtigkeitsbedarf.
[2] Feuchtigkeit des Versuchsraumes; sie ist in den Gefäßen höher.

Zu den Wahlversuchen zu rechnen sind das von F. J. GAY, T. GREAVES, F. G. HOLDAWAY und A. H. WETHERLY [*44*] beschriebene australische Laboratoriumsprüfverfahren und der französische Normvorschlag für die Prüfung von Holzschutzmitteln ([*7*] (neuerdings abgeändert, noch unveröffentlicht). Im ersteren Falle werden in Glas- oder Kunststoffdosen von rd. 10 cm Durchmesser und rd. 15 cm Höhe zusammen mit Nestbruchstücken, Erde und etwas Holz je 25 g Termiten, entsprechend 5000 bis 7000 Arbeitern, der Arten *Nasutitermes exitiosus* Hill., *Coptotermes acinaciformis* Frogg. oder *Coptotermes lacteus* Frogg. gehalten. Dazu gibt man die fraglichen Proben. Der Versuch läuft 12 Wochen bei 26 °C ± 0,5 grd und (75 ± 2)% relativer Luftfeuchte. – Da der französische Normvorschlag noch nicht zur Kunststoffprüfung erprobt ist, soll er nicht näher beschrieben werden.

Zwangversuche mit den Feuchtholztermiten der Gattung *Reticulitermes* hat A. HERFS [*56*] für Textilien entwickelt. Das Prüfmaterial wird auf Erde aufgelegt; die Termiten werden in einem Ring auf dem Stoff gehalten, und bei ihrem Trieb, sich in die Erde zu verziehen, durchnagen sie das Gewebe, falls es ihnen nicht standhält oder sie nicht vom Benagen abschreckt. Es werden von *Reticulitermes lucifugus* Rossi für Vorversuche 20 bis 50, sonst 140 bis 150 Tiere und 29 bis 30 °C und mind. 90% relative Luftfeuchte als Versuchsbedingungen empfohlen; die Versuchsdauer beträgt für Vorversuche 3 Tage, sonst 1 Monat.

Über ähnliche Versuche mit *Coptotermes formosanus* in China, die in Tongefäßen mit je 150 oder 200 Termiten durchgeführt wurden, hat P. K. BUDIG [*29*] berichtet.

Häufig werden für Zwangversuche im Laboratorium Kalotermitiden, sog. „Trockenholz-Termiten", verwendet. In USA haben z. B. C. A. KOFOID und E. E. BOWE [*68*] *Kalotermes minor* Hagen, M. RANDALL, T. C. DOODY und B. WEIDENBAUM [*80*] *Zootermopsis angusticollis* Hagen (eine allerdings feuchtigkeitsbedürftige Kalotermitide) benutzt, auf Puerto Rico hat G. N. WOLCOTT [*107, 108*] die im Karibischen Raum weitverbreitete Art *Cryptotermes brevis* Walker zu vielen Versuchen herangezogen (die C. R. BOETTGER [*22*] als „Standard-Termite" für Laboratoriumsprüfungen empfehlen möchte, wogegen allerdings verschiedenes spricht), und in Europa, besonders in Deutschland und der Schweiz, wird seit langem die mediterrane Art *Kalotermes flavicollis* Fabr. verwendet [*8, 9, 14, 13, 47, 49, 50, 74*] (vgl. Tab. 4).

Bei allen Kalotermitiden-Arten lassen sich kleinere Tiergruppen als ein natürlicher Verband, gewissermaßen ein geschlossener kleiner „Staat", halten. Ein weiterer Vorzug der Trockenholz-Termiten für Laboratoriumsprüfungen ist, daß man sie bei Luftfeuchtigkeiten unterhalb der Sättigung benutzen kann. Die Tiere werden nach ihrer Größe ausgewählt und gleichmäßig auf die Einzelversuche verteilt. Bei *Kalotermes flavicollis* werden in der Regel zur Hälfte Nymphen mit kleinen Flügelanlagen, die noch selbst fressen, und ältere bis mittelgroße Larven verwendet. Für Vorversuche genügen 30, 20 oder gegebenenfalls auch nur 10 Tiere. Versagt das Material gegenüber solchen kleinen Gruppen noch nicht, werden die Versuche mit je 50, 100, 150 oder 200 Termiten wiederholt. Die Tiere werden zusammen mit kleinen Proben des Prüfmaterials in geeigneten Gefäßen gehalten. Es sind dies übliche oder kleinere Petri-Schalen oder sog. Zwölfer-Schalen (Abb. 13), bei denen sich die Tiere auf einem feinen

Drahtnetz über einer Schale mit gesättigter Kaliumsulfatlösung, die eine relative Luftfeuchte von 97 bis 98% ergibt, befinden. Die Versuchstemperatur beträgt 25 oder 26 °C. Man kann die abgestorbenen Termiten täglich durch neue ersetzen (was K. GÖSSWALD [49, 50] empfiehlt) oder sie nur entfernen und die durchschnittliche Lebensdauer zur Beurteilung der Giftigkeit des Materials benutzen.

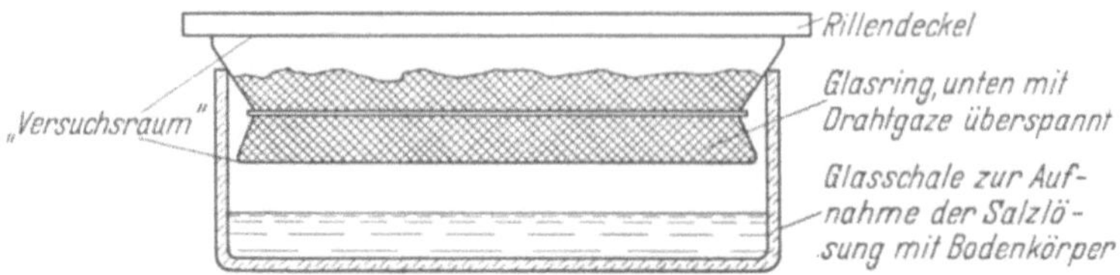

Abb. 13. Versuchsgefäß nach W. ZWÖLFER, das zur Durchführung von Termitenprüfungen geeignet ist

Wenn die Termiten frei im Versuchsgefäß umherlaufen, ist es besonders bei kleineren Tiergruppen oft sehr schwierig festzustellen, ob sie die Kunststoffprobe am Rande benagt haben. Dies wird bedeutend erleichtert, und zugleich wird der Befreiungstrieb der Tiere zum Nagen ausgenutzt, wenn man die Termitengruppe in einem Glasring zusammenhält. Dieser wird so auf die Probe aufgesetzt, daß an einer Kante eine Öffnung vorhanden ist, die schmaler als die Kopfbreite der Termiten ist (Abb. 14). Der innere Durchmesser der 20 mm hohen Glasringe muß mindestens bei 10 Tieren 12 mm, bei 20 Tieren 17 mm, bei 30 Tieren 20 mm, bei 50 Tieren 26 mm und bei 100 Tieren 37 mm betragen.

Nicht widerstandsfähige Werkstoffe werden im Fraßzwangversuch mit *Kalotermes flavicollis* in wenigen Tagen angenagt. Die Einzelversuche länger als 4 Wochen laufen zu lassen, verlohnt nicht, weil die Termiten mit zunehmender Hungerzeit an Kraft verlieren; die stärksten Benagungen richten sie in den beiden ersten Wochen an. Das Material muß mit einer Lupe oder im Binokular auf Nageschäden untersucht werden, wenn diese nicht ohne weiteres leicht zu erkennen sind. Auch geringfügige Schäden müssen beachtet werden, da unter natürlichen Verhältnissen weitaus mehr Termiten am Nagen beteiligt sein können als im Laboratoriumsversuch.

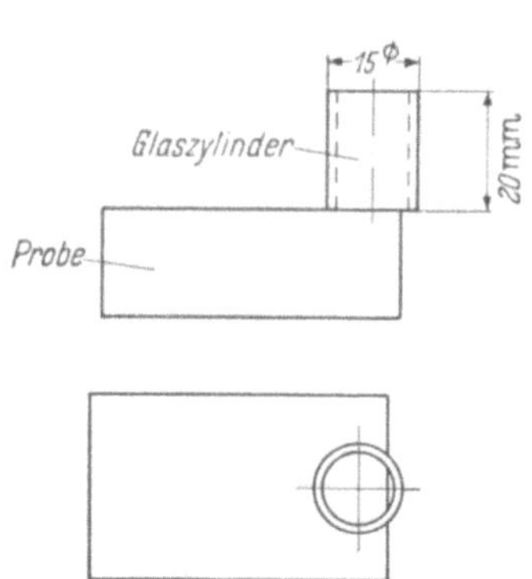

Abb. 14. Versuchsanordnung zur Prüfung von Kunststoffen auf Termitenfestigkeit nach G. BECKER. (Seit vielen Jahren in der BAM Berlin-Dahlem benutzt; veröffentlicht bisher nur in einem Vortrag in Paris 1957.) Bei größerer Versuchstierzahl ist der Durchmesser des Glasringes entsprechend größer

Im Vergleich zu den Termiten haben *andere Insekten* als Kunststoffschädlinge eine geringere Bedeutung. Einige Arten gefährden vor allem Kunstseiden auf Cellulosegrundlage, besonders Viskose- und Kupferkunstseide, die sie fressen. Sie sollen als nächste behandelt werden.

b) Schaben. Die Schaben, zu denen die bekannten Küchenschaben oder Kakerlaken gehören, sind primitive, den Termiten verwandtschaftlich nahestehende Tiere, die mehrere Zentimeter lang werden können (Abb. 15). Sie sind dunkelheits- und wärmeliebend, besonders in tropischen Gebieten weitverbreitet und häufig, vermehren sich meist rasch, sind sehr beweglich und gefräßig. Die Schaben, die von pflanzlicher Nahrung leben, werden nicht selten

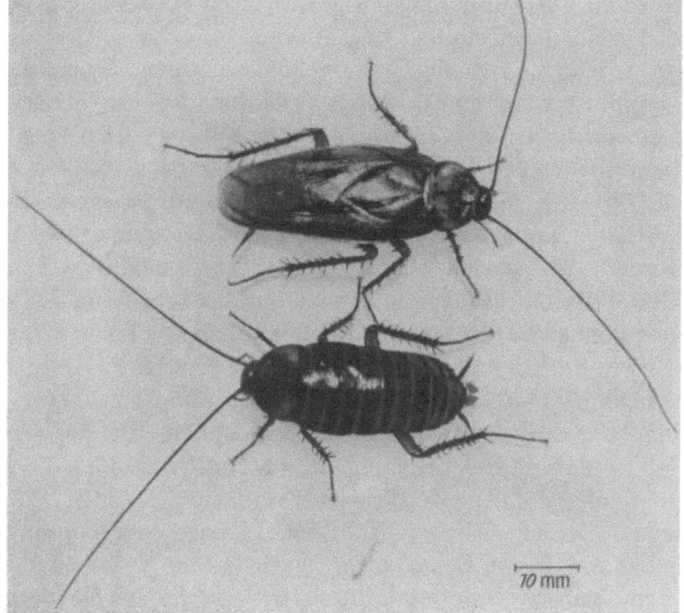

Abb. 15. Schaben der Art *Periplaneta americana*, L. (Aufn.: BAM, Berlin-Dahlem.)

zu Materialschädlingen. Sie fressen Kunstseiden, benagen andere Textilien, wenn diese stärkehaltige Appreturen besitzen [*55*], und durchlöchern Membranen, Folien (Abb. 16) und ähnliches Material, auch aus Kunststoffen, soweit diese für ihre Kauwerkzeuge weich genug sind. Es kann dabei auch zu Beschädigungen solcher Werkstoffe kommen, die für die Tiere gar keinen Nahrungswert haben. Nebenher ist die Verschmutzung von Material durch sie lästig.

Zur Prüfung der Widerstandsfähigkeit von Werkstoffen gegen Schaben ist bisher ein Verfahren in den USA veröffentlicht worden [*3*]. Bei diesem Versuch dient als Trägerstoff für das zu prüfende Material und als Kontrolle Filtrierpapier. Versuchstiere sind je Gefäß 10 amerikanische Schaben (*Periplaneta americana*), 5 bis 6 Monate alt, von denen je 5 Männchen und Weibchen sein sollen. Der Versuch beginnt, nachdem die Tiere 48 Std. lang gehungert haben.

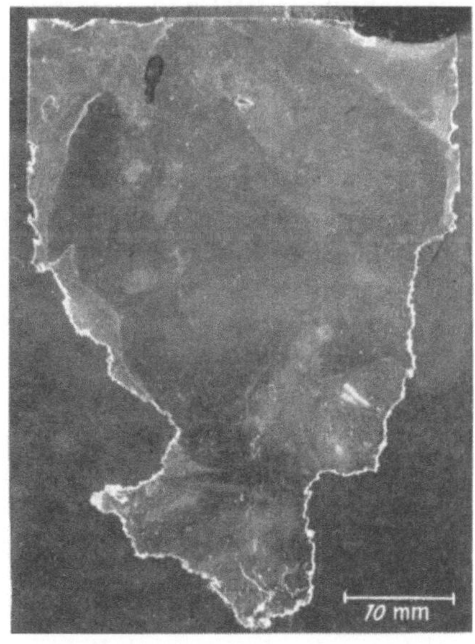

Abb. 16 Von Schaben zerstörte Cellulosehydrat-Folie. (Aufn.: BAM, Berlin-Dahlem.)

Er wird bei 23 °C $\pm$ 1,1 grd und (50 $\pm$ 2)% relativer Luftfeuchte durchgeführt und soll 14 Tage lang laufen. Die Schaben erhalten als Wasservorrat nasse Wolle in das Gefäß, die mehrmals nachgefeuchtet wird. Sind bei Versuchsende mehr als 3 Tiere tot, ist eine Wiederholung nötig. Man kann Fraßzwang- wie Fraßwahlversuche mit derselben Anordnung durchführen.

c) Sonstige Insekten. Schäden an cellulosehaltigen Kunstseidenstoffen, Papier und Pappe werden häufig durch *Silberfischchen* (in Mitteleuropa der Art *Lepisma saccharina* L.) hervorgerufen. Diese bis etwa 1 cm lang werdenden primitiven, lichtscheuen Insekten bedürfen hoher Luftfeuchtigkeit und bevorzugen Wärme [*71*]. Sie vermögen Cellulose durch körpereigene Enzyme abzubauen [*72*]. Schäden an anderen Kunststoffen als Kunstseiden sind bisher nicht bekannt geworden. Da es sich bei ihnen um Textilschädlinge handelt, wird hinsichtlich der Materialprüfungen mit ihnen auf das Schrifttum [*13*] verwiesen.

Gelegentlich können *Ohrwürmer* der Gattung *Forficula* Löcher in Kunststoffgewebe nagen, wie S. WOLF [*110*] gezeigt hat; sie fressen Faserstücke, obwohl sie Cellulose nicht zu verdauen vermögen, selbst wenn sich keine für sie als Nahrung geeigneten Speisereste od. ä. daran befinden, die bei verschiedenen Insekten Anlaß zu Materialbeschädigungen sind. Sonst zerbeißen die Ohrwürmer Gewebe auch, wenn es ihnen als Hindernis erscheint.

Nachbarschaft zur eigentlichen Nahrung, Hunger oder ein unbefriedigter Nagetrieb können Anlaß zum Benagen von synthetischen Textilien und anderem, nicht zu hartem Kunststoffmaterial durch *Grillen*, *Käfer*, *Kleinschmetterlinge* und *Ameisen* sein. Appreturen, Vorrats- und Speisereste sowie Verschmutzungen sind vielfach die Ausgangsursachen solcher Schäden. Dabei können beispielsweise Mehlsiebe von getreide- und mehlfressenden Käfern und Motten durchlöchert werden. Häufig und meist mit wirtschaftlichen Nachteilen verbunden ist die Zerstörung von Folien, auch aus Kunststoffen, als Verpackungsmaterial für Nahrungsmittel und andere Güter durch Kornkäfer, Mehlkäfer und andere Getreidekäfer (vgl. [*85*] und dort angegebenes Schrifttum). Knöpfe aus formaldehydgehärtetem Kaseinkunststoff sind nach A. HERFS [*58*] vereinzelt von den Käfern *Anthrenus fasciatus* Herbst und *Gibbium psylloides* Czempinski angenagt und entwertet worden. – Ameisen, und zwar auf Java und Celebes die kleine Art *Monomorium destructor* Jerd., in Australien *Pheidole megacephala* F., haben Kabelumhüllungen aus Kunststoff zernagt (Abb. 17), im ersteren Falle, wenn größere Völker auf ihrem Wege zu Futterplätzen in Limonadekiosken, Pfefferminzfabriken, Zuckerlagerschuppen und ähnlichen Stellen mit elektrischen Leitungen in Berührung kamen [*65, 66, 26*].

Beim Köcherbau von Larven wird verschiedenes für sie ungenießbares Material mitbenutzt, wobei z. B. *Kleidermotten* auch synthetische Textilien zerstören [*54, 10, 13*]. Bei Faserstoffen vergleichbarer Feinheit steigt dabei die Widerstandsfähigkeit gegen Mottenfraß in folgender Reihenfolge an: Viskose-, Polyvinylchlorid-, Polyacrylnitril-, Polyester-, Polyamidmaterial [*109*]. Bei Prüfungen auf Beständigkeit synthetischer Faserstoffe kann man den für Textilprüfungen auf Mottenfestigkeit bestehenden Richtlinien (vgl. [*13*]) folgen.

Beim Schlüpfen der fortpflanzungsfähigen letzten Entwicklungsstufen von *holzfressenden Käfern* und *Holzwespen* werden Beläge, Lackierungen, Überzüge, Umwicklungen aus Textilien, Linoleum, plastisches Material, weiche Metalle und andere Stoffe, die den Tieren als Widerstände entgegenstehen und ihren Kauwerkzeugen nicht standhalten, durchbohrt (Hinweise [*10, 88*]). Aber auch *Käferarten*, die von Nahrungsmitteln leben, können beim Schlüpfen aus der Puppenwiege oder bei sonstigen Befreiungsbemühungen Schäden durch Lochfraß verursachen, die sich bei der Verpackung von Gütern, während der Lagerung oder beim Versand auswirken. Beispielsweise durchbohren Kornkäfer beiderseitig mit Saran überzogenes Zellglas, und andere Getreidekäfer zernagen Polyäthylenfolien von 100 μm Dicke ([*85*] und dort weitere Literatur) und sogar Kombinationen von je 25 μm-Schichten von Polyäthylen- und Aluminiumfolie [*73*].

Zur Prüfung der Widerstandsfähigkeit von Verpackungsfolien gegen Käferfraß beim Verlassen der Fluglöcher ist der Speisebohnenkäfer (*Acanthoscelides*

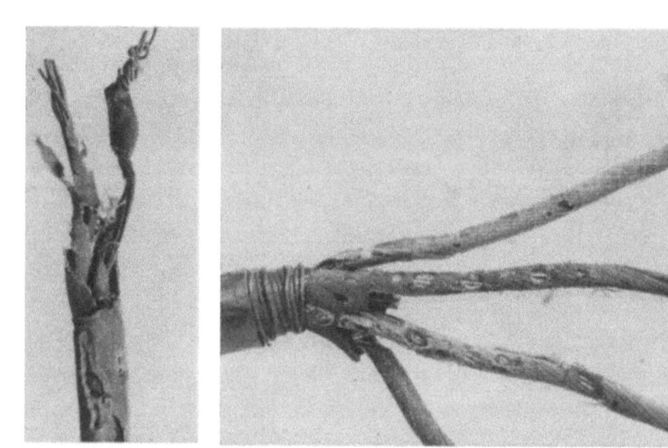

Abb. 17. Von der Ameise *Monomorium destructor* Jerd. auf Java zerstörte Leitungskabel
(Aufn.: L. G. E. Kalshoven)

obsoletus Sag) verwendet worden [*28*]. Aus den Folien, die geprüft werden sollten, wurden Flachbeutel von etwa 80 mm × 110 mm hergestellt, straff mit stark befallenen Bohnenkörnern gefüllt, fest verschlossen und in Glasgefäßen mit Gazeabschluß bei 25 °C aufgestellt. Wo die Käferschlupflöcher der Beutelwand eng anliegen, versuchen die Tiere, diese zu durchnagen. Mit dieser Versuchsanordnung kommt man rasch zu vergleichbaren Ergebnissen.

Schließlich können bei der Eiablage solcher *Käfer*, die dazu Löcher in lebende oder tote Zweige nagen (Scolytiden, Bostrychiden), durch Instinktverirrung gelegentlich Schäden entstehen, wie man sie an Freileitungskabeln, besonders in den Tropen, und zwar meist in der Nähe der Aufhängringe, beobachtet hat [*88, 89*]. Falls Prüfungen erwünscht sind, muß man die fortpflanzungsbereiten Käfer der betreffenden Arten unter geeigneten Klimabedingungen verwenden.

Bei einer Reihe der hier aufgezählten Schadensmöglichkeiten sind Prüfverfahren für Kunststoffe nicht erwähnt worden, soweit es nicht dafür besondere Angaben im Schrifttum gibt. Auch mit verschiedenen anderen, dabei nicht erwähnten Insekten kann man bei Bedarf Prüfungen vornehmen, indem man bereits vorhandene Prüfverfahren in zweckentsprechender Weise abwandelt oder unter Berücksichtigung der Lebenserscheinungen und Umweltabhängigkeit der Schädlinge und der Besonderheiten ihres Angriffes auf Kunststoffe neue Prüfverfahren in dafür geeigneten Laboratorien entwickelt.

3.10.3 Wassertiere

Schäden an Kunststoffen durch Tiere, die im Wasser leben, sind selten, sollen aber doch der Vollständigkeit halber erwähnt werden.

Gewisse *Krebse*, z. B. Wollhandkrabben, pflegen Fischernetze aus Naturfasern zu beschädigen. Netze aus Perlon, das sich gegen Zersetzung durch Mikroorganismen im Wasser und Erdboden sowie gegen Beschädigungen durch Insekten gut bewährt hat, werden im Süßwasser von *Trichopteren-Larven* zerstört [*25*].

Bohrasseln und *Bohrmuscheln*, wirtschaftlich sehr bedeutsame, weitverbreitete Holzzerstörer im Meerwasser, greifen gelegentlich Unterwasserkabel an und können dabei auch weichere Kunststoffe durchbohren. Derartige Schäden sind für die Bohrasseln der Gattung *Limnoria*, für den Bohrflohkrebs *Chelura terebrans* und für Bohrmuscheln der Gattungen *Teredo* und *Xylophaga* sowie Würmer verschiedener Polychaetengruppen angegeben [*84*]. Besonders über Beschädigungen durch *Teredo*, *Limnoria* und *Chelura* ist seit dem vorigen Jahrhundert berichtet worden. (Auf die Wiedergabe aller Schrifttumsstellen wird hier verzichtet.) Neuerdings hat L. B. SNOKE [*93*] beobachtet, daß Bohrmuscheln der Gattung *Martesia* (mit typischer Muschelgestalt, während *Teredo* und verwandte Gattungen einen sehr lang gestreckten Weichkörper besitzen) sogar in runde Plexiglasstäbe („Lucite") Bohrlöcher nagen, wenn sie sich in einer äußeren Juteumwicklung haben festsetzen können. Auch synthetische Leime im Sperrholz werden von *Teredo*, *Martesia* und *Limnoria* nach A. P. RICHARDS und W. F. CLAPP [*82*] durchbohrt. – Bei der Verwendung von Kunststoffen unter Wasser sind also gewisse Beschädigungsmöglichkeiten zu beachten.

Bei Prüfungen im Meer von P. DESCHAMPS [*32*] waren Phenolformaldehyde und Chlorkautschuk nach rd. 13 Monaten stark zerstört, während Melamine erst nach 16 Monaten leicht angegriffen waren. – Erfahrungen über die Beständigkeit von Kunststoffen gegen Meeresorganismen sind von T. R. DAWSON [*30*] zusammengestellt worden.

Prüfungen von Materialien auf Widerstandsfähigkeit gegen Wassertiere muß man in der Regel unter natürlichen Bedingungen ausführen [*32*], indem man Proben zusammen mit anfälligem Vergleichsmaterial (beispielsweise Holz oder Tauen aus natürlichen Fasern) in geeigneter Weise an Stellen mit reichlichem Tiervorkommen aushängt. *Limnoria* kann man im Laboratorium, auch in künstlichem Meerwasser, halten[1] und für Prüfungen verwenden.

3.10.4 Wirbeltiere

Als Beschädiger von Kunststoffen im Lager oder beim Gebrauch können Nagetiere in Betracht kommen, die ihre dauernd wachsenden Schneidezähne durch ständiges Benutzen – bei der natürlichen Nahrungsbeschaffung oder durch zusätzliches Abwetzen – kurz halten müssen. Es sind dies Mäuse und

---

[1] In der Bundesanstalt für Materialprüfung Berlin-Dahlem gelingt dies seit vielen Jahren.

Ratten, selten Goldhamster, Kaninchen oder Eichhörnchen und ähnliche Tiere. Wiederholt sind Kabelumhüllungen aus Polyvinylchlorid in Gebäuden, im Freien und in der Erde angegriffen worden [vgl. [16]).
Eine anlockende oder das Benagen auslösende Geruchs-
wirkung konnte bei Ratten
und Mäusen nicht festgestellt
werden [79]. Diese Tiere benagen Kunststoffe (Abb. 18)
wie anderes Material (einschließlich weicher Metalle)
vor allem, wenn es ihnen
einen Zugang versperrt oder
beim Nestbau im Wege ist.
Dabei lösen vorhandene
Spalten oder Kanten den
Nagetrieb aus, während
glatte Oberflächen unver-
sehrt bleiben [16]. Von dem
durchlaufenden Strom er-
wärmte Kabel wurden leichter angenagt als unbelastete.

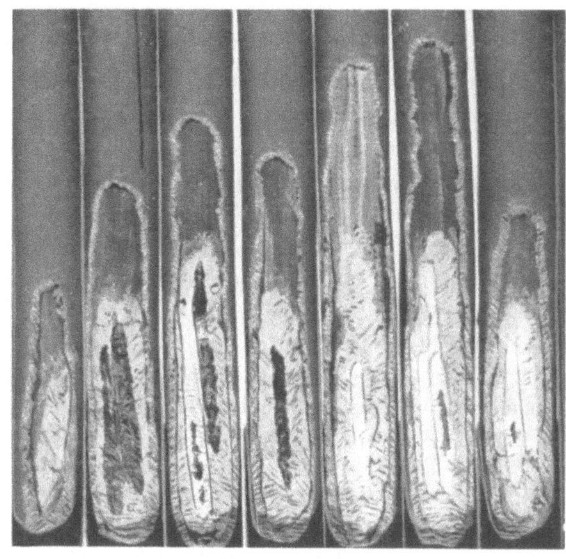

Abb. 18. Von einer Wanderratte angenagte 21 mm starke Kabel-
stücke. (Aufn.: KURT BECKER, Berlin-Dahlem.)

Wahrscheinlich ist dies auf
die mit der Erwärmung verbundene Erweichung des Kunststoffmantels zurückzuführen [79]. Die abgenagten Polyvinylchloridspäne wurden weder gefressen
noch zum Nestbau verwen-
det [16]. Ob dies auch für Polyäthylen gilt, ist noch fraglich;
einem der Verfasser wurden
in Indien Polyäthylenflaschen
von Ratten in Verstecke fort-
getragen und dort weitgehend
zerfressen (Abb. 19), ohne daß
die Späne bei den zerstörten
Flaschen gefunden wurden.

Prüfungen auf Widerstandsfähigkeit gegen Mäuse und
Ratten kann man im Laboratorium verhältnismäßig leicht
durchführen. Es sind natürliche
Bedingungen in Räumen mit
Kunststoffen als Hindernissen

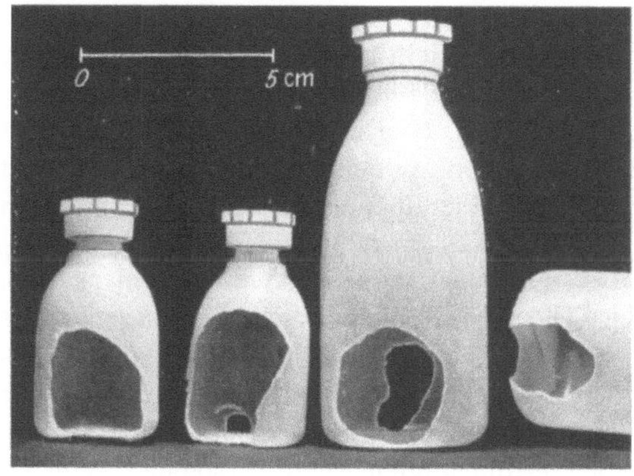

Abb. 19. Von Ratten in Indien zerstörte Polyäthylen-Flaschen
(Mat.: G. BECKER, Aufn.: BAM, Berlin-Dahlem.)

an Laufstraßen der Ratten [79] geschaffen oder Versuche in Käfigen mit Ratten
und Mäusen durchgeführt worden. Bei diesen hat man entweder eine Trennwand
aus einem lockeren Gitter von Kabelabschnitten zwischen Tieren verschiedenen
Geschlechts [59] oder zwischen Schlafplatz und Futterstelle [16] angebracht.

Besonders die letztgenannte Prüfanordnung ist zur Untersuchung von Kunststoffproben geeignet. Offenbar wird sehr verschiedenartiges Material bis zu einer Ritzhärte nach der Mohrschen Skala von 3 angenagt. Die Form des Werkstoffes beeinflußt natürlich die Anfälligkeit.

3.10.5 Zusätzliche Klimabeanspruchungen

Man muß damit rechnen, daß Kunststoffe sich durch verschiedene Klimabeanspruchungen in ihrer Widerstandsfähigkeit gegenüber Organismen verändern können.

Bei Laboratoriumsprüfungen ist es meist nicht angängig, die Klimabeanspruchungen mit den biologischen Versuchen in einem Prüfgang zu vereinigen, weil die meisten Klimabeanspruchungen nicht den für die Prüforganismen günstigen Lebensverhältnissen entsprechen. Vielmehr wird man zuerst die Klimaeinflüsse einwirken lassen und danach die Prüfungen mit Organismen, und zwar unter ihnen zusagenden Verhältnissen, durchführen.

Dieser Grundsatz schließt natürlich nicht aus, daß man durch die biologischen Versuche, die im allgemeinen unter Bedingungen eines feuchtwarmen Klimas durchgeführt werden, zugleich Anhaltspunkte für das Verhalten des betreffenden Kunststoffes bei diesem Klima gewinnen kann.

Welche Klimabeanspruchungen durchgeführt werden müssen, um eine zutreffende Voraussage über die biologische Widerstandsfähigkeit in der Praxis zu gewinnen, wird von verschiedenen Gesichtspunkten bestimmt, von denen die voraussichtliche Beanspruchung in der Praxis am wichtigsten ist. Materialien, die bei ihrer Verwendung in der Erde vergraben liegen, brauchen beispielsweise in der Prüfung nicht starker Lichtstrahlung ausgesetzt zu werden – es sei denn, es bestünde für sie die Gefahr einer erheblichen Einwirkung dieser Art vor ihrem Einbau. Entsprechend kann man bei Materialien, die bei ihrem Gebrauch nicht längere Zeit mit Wasser zusammenkommen, auf die Prüfung der Auswaschbarkeit herauslösbarer Bestandteile verzichten. Von besonderer Wichtigkeit ist die Beanspruchung auf Verdunstbarkeit solcher Bestandteile, die für die Widerstandsfähigkeit gegen Organismen ausschlaggebend sein können. Hierbei ist vor allem an zugesetzte Gifte, die als Schutzmittel wirken sollen, zu denken. Aber auch verdunstende Stoffe, die etwa von der Herstellung her in einem Kunststoff vorhanden sind, müssen hierbei beachtet werden.

Beispiele für den Wirkungsverlust von Schutzausrüstungen von Kunstseiden durch Beanspruchungsfaktoren enthält eine Untersuchung von G. BECKER und H. SOMMER [15].

Die vor die biologischen Prüfungen vorgeschalteten Klimabeanspruchungen werden zweckmäßigerweise im allgemeinen so durchgeführt wie auch sonst bei der Feststellung der Wirkung von Klimaeinflüssen (s. u. a. II 2.2.1; II 3.8.4). Für die Verdunstungsbeanspruchung empfiehlt sich aber ein Gerät, bei dem die verdunstenden Dämpfe sogleich von der Probe weggeführt werden. Ein Luftstrom von 1 m/s Windgeschwindigkeit und einer Temperatur von 40 °C ist nach den Erfahrungen in der Bundesanstalt für Materialprüfung für eine zeitraffende, aber nicht unnatürliche Verdunstungsbeanspruchung geeignet. In dem hier verwendeten „Windkanal"[1] kann außerdem die Temperatur periodisch gewechselt werden, beispielsweise für 16 Std. 40 °C und 8 Std. 20 °C.

---

[1] Vgl. M. GERSONDE: Windkanal für zeitraffende Prüfung der Verdunstbarkeit von Holzschutzmitteln. Materialprüfung 2 (1960) S. 307.

Falls sich die biologische Widerstandsfähigkeit durch Klimabeanspruchungen überhaupt ändert, ist auch der zeitliche Verlauf dieser Änderung wissenswert. Einen Einblick erhält man, wenn man nicht nur *einen* biologischen Versuch nach *einer* Klimabeanspruchung durchführt, sondern abgestufte Klimaeinwirkungen heranzieht. Ein Beispiel wäre eine biologische Prüfung des betreffenden Kunststoffes im Anlieferungszustand, eine weitere nach 4 und eine dritte nach 12 Wochen Beanspruchung im Windkanal.

3.10.6 Übertragbarkeit von Laboratoriumsergebnissen

Schließlich sei darauf hingewiesen, daß alle Laboratoriumsprüfverfahren ihre Bestätigung durch das erhalten müssen, was unter praktischen Verhältnissen geschieht. Ist aber erst einmal der zutreffende Übertragungsmaßstab vom Laboratorium zur Praxis bekannt, so ermöglichen die Laboratoriumsprüfungen Schlußfolgerungen, die oft nicht nur weniger Zeit und Kosten beanspruchen, sondern auch - infolge der Ausschaltung von Zufälligkeiten des praktischen Falles - sicherer sind. Aber auch dann bleibt der dauernde Erfahrungsaustausch zwischen Laboratoriumsergebnissen und Praxiserfahrungen wünschenswert.

Literatur

[1] ABRAMS, E.: Microbiological deterioration of organic materials, its prevention and methods of test. Bureau of Standards, Misc. Publ. 188, 1948.

[2] American Society for Testing Materials: Standard methods of test for resistance of textile materials to microorganisms. ASTM D 684–54.

[3] American Society for Testing Materials: Tentative method of test for susceptibility of dry adhesive films to attack by roaches. ASTM D 1382–55 T.

[4] American Society for Testing Materials: Tentative method of testing wood preservatives by laboratory soil-block cultures. ASTM D 1413–56 T.

[5] Association Française de Normalisation (AFNOR): Protection. Essai d'attaque des plastifiants et des matières plastiques par les moissisures (Projet de norme en application). PN X 41–504, 1955.

[6] Association Française de Normalisation: Essais de résistance des textiles cellulosiques naturelles ou artificielles à l'attaque des microorganisms. NF X 41–503, 1955.

[7] Association Française de Normalisation: Essais de résistance des materiaux aux termites: Essais des produits de protection contre ces insectes (Méthode de laboratoire). Project EP. Nr. 1007, 1956.

[8] BECKER, G.: Prüfung von Textilien auf Termitenfestigkeit. Melliand Textilber. 23 (1942) S. 523—527 u. 573—577.

[9] —: Der Einfluß verschiedener Versuchsbedingungen bei der „Termitenprüfung" von Holzschutzmitteln unter Verwendung von *Calotermes flavicollis* als Versuchstier. Wiss. Abh. dtsch. Materialprüf.-Anst. II/3 (1942) S. 55—66.

[10] —: Werkstoffschäden durch Organismen und ihre Verhütung. Z. hyg. Zool. Schädlingsbekämpf. 37 (1949) S. 70—80.

[11] —: Zerstörung des Holzes durch Tiere. In: MAHLKE-TROSCHEL-LIESE: Handbuch der Holzkonservierung, 3. Aufl., S. 111—165. Berlin/Göttingen/Heidelberg: Springer 1950.

[12] —: Untersuchungen über die Schutzwirkung von Pentachlorphenol gegen holzzerstörende Insekten. Holz, Roh- u. Werkstoff 10 (1952) S. 341—352.

[13] —: Biologische Untersuchungen an Textilien. In: Die Prüfung der Textilien. Handbuch der Werkstoffprüfung, Bd. V, S. 971—1007. Berlin/Göttingen/Heidelberg: Springer 1960.

[14] BECKER, G., B. SCHULZE u. E. SCHULZ: Prüfung der vorbeugenden Wirkung von Holzschutzmitteln gegen Termiten. Wiss. Abh. dtsch. Materialprüf.-Anst. II/3 (1942) S. 40—55.

[15] BECKER, G., u. H. SOMMER: Über die Berücksichtigung der Gebrauchseinflüsse bei der Prüfung von Textilien mit Sonderausrüstung auf Termitenfestigkeit. Melliand Textilber. 26 (1946) S. 247—251.

[16] BECKER, K.: Über die Beschädigung kunststoffisolierter Leitungen durch Nagetiere. ETZ, B 12 (1960) H. 13, S. 311—314.

[17] BLAKE, J. T., u. D. W. KITCHIN: Effect of soil microorganisms on rubber insulation. Industr. Engng. Chem. 41 (1949) S. 1633—1641.

[18] BLAKE, J. T., D. W. KITCHIN u. O. S. PRATT: Failures of rubber insulation caused by soil microorganisms. Amer. Inst. Electr. Eng. Trans. 69 (1950) S. 748—755.

[19] —, —, —: The microbiological deterioration of rubber insulation. Amer. Inst. Electr. Eng. Trans. 72 (1953) S. 321—328.

[20] —, —, —: The microbiological deterioration of rubber insulation. Appl. Microbiol. 3 (1955) Nr. 1, S. 35—39.

[21] —, —, —: La détérioration microbiologique des isolants en caoutchouc. Rev. gén. Caoutchouc 36 (1959) Nr. 4, S. 529—536.

[22] BOETTGER, C. R.: Termiten als Schädlinge von Nutzholz und ihre Abwehr. Ber. Forsch. u. Hochschulleben 1954—1957, TH Braunschweig (1957) S. 105, 107, 108, 109, 111, 113, 115, 117, 119 u. 121.

[23] BORLAUG, N. E.: Resistance of various textile fibers to mildew. Rayon Text. Monthly 24 (1943) S. 416—418 u. 475/76.

[24] BRACKEN, A.: The chemistry of microorganisms. London 1955.

[25] BRANDT, A. v.: Widerstandsfähigkeit von „Perlon"-Tauwerk gegen Bewuchs. Ein Beitrag zur Frage der biologischen Tauwerksprüfung. Arch. Fischereiwiss. 11 (1960) Nr. 1, S. 60—69.

[26] BRIMBLECOMBE, A. R.: Damage by ants to plastic sheathed cables. J. Agric. Sci. (Brisbane) 15 (1958) S. 157—159.

[27] British Standards Institution: Basic climatic and durability tests for components for radio and allied electronic equipment. BS 2011, 1954.

[28] BROOCKMANN, K., u. R. SCHNELL: Aluminium-Kunststoff-Verbundfolien. Kunststoffe 46 (1956) Nr. 6, S. 244—249.

[29] BUDIG, P. K.: Ermittlungen und Untersuchungen zur Frage der Termitenfestigkeit. Dtsch. Elektrotechn. 1 (1957) Nr. 6, S. 265—268.

[30] DAWSON, T. R.: Resistance of synthetic rubbers and resins to bacteria, fungi, insects and other tests. J. Rubber Res. 15 (1946) S. 1—9.

[31] Département Normalisation et Recherches Physico-chimiques: Télécommunications, essais généraux, essais de résistance aux champignons. (Specification unifiée CCTU.) CCTU 407, 1954.

[32] DESCHAMPS, P.: Traitement pour la protection des bois immergés. Corrosion et Anti-corrosion 3 (1955) S. 55/56.

[33] Deutscher Normenausschuß: Prüfung von Holzschutzmitteln. Mykologische Kurz-prüfung (Klötzchen-Verfahren). DIN 52176, Blatt 1, 1939.

[34] Deutscher Normenausschuß: Klimaeinwirkungen, Prüfung. DIN 7949 (Entwurf), 1948.

[35] Deutscher Normenausschuß: Prüfung von Textilien. Bestimmung der Widerstands-fähigkeit zellulosehaltiger Textilien gegen Schädigungen durch Mikroorganismen. DIN 53930 bis 933 (Entwurf), 1956.

[36] EMERSON, A. E.: The biography of termites. Bull. Amer. Mus. Natur. Hist. 99 (1952) S. 217—225.

[37] ERNST, E.: Der Einfluß der Luftfeuchtigkeit auf Lebensdauer und Verhalten ver-schiedener Termitenarten. Acta tropica 14 (1957) Nr. 2, S. 97—156.

[38] ESSIG, E. O., W. M. HOSKINS, E. G. LINSLEY, A. E. MICHELBACHER u. R. F. SMITH: A report on the penetration of packaging materials by insects. J. econ. Entomol. 36 (1944) S. 822—829.

[39] EZEKIEL, W. N.: „Funginert" – A designation for inherently fungus-resistent material. Science 112 (1950) S. 259/60.

[40] Federal Standard Stock Catalog, Section IV, Part 5: Textile test methods, mildew resistance, methods 4750ff. and 5750ff. CCCT 191b, 1951.

[41] Franssen, C. J. H.: Termitenbeschadiging aan electrische geleidingsdraden. Ent. Med. Ned.-Indie 3 (1937) Nr. 1, S. 3—5.

[42] Fritsche, O., u. W. Kahl: Tropenschutz elektrotechnischer Erzeugnisse II. Dtsch. Elektrotechn. 10 (1956) Nr. 7, S. 261—263.

[43] Ganz, E., u. O. Wälchli: Schimmelpilze in elektronischen Apparaten. Bull. Schweiz. Elektrotechn. Ver. 46 (1955) Nr. 6, S. 233—239.

[44] Gay, F. J., T. Greaves, F. G. Holdaway u. A. H. Wetherly: Standard laboratory colonies of termites for evaluating the resistance of timber, timber preservatives, and other materials to termite attack. Commonw. Sci. Ind. Res. Org., Australia, Bull. Nr. 277 (1955), 60 S.

[45] —, —, —, —: The development and use of field testing techniques with termites in Australia. Commonw. Sci. Ind. Res. Org., Australia, Bull. Nr. 280 (1957), 31 S.

[46] Goetsch, W.: Die Bedeutung der Ameisen- und Termiten-Psychologie für die Praxis. Beitr. Vorratsforsch. (1959) S. 19—24.

[47] Gösswald, K.: Die Methoden der Untersuchung von Termitenbekämpfungsmitteln. A. Prüfung von Materialien auf Termitenfestigkeit. Kolonialforstl. Mitt. 5 (1942) S. 343—376.

[48] —: Richtlinien zur Zucht von Termiten. Z. angew. Entomol. 30 (1943) S. 297—316.

[49] —: Methoden zur Prüfung von Textilien auf Termitenfestigkeit im fabrikneuen und im Gebrauchszustand. Z. angew. Entomol. 31 (1949) S. 99—134.

[50] —: Die Gelbhalstermite (*Calotermes flavicollis* Fabr.) als Versuchstier. In: H. Schmidt (als Herausgeber), Die Termiten, ihre Erkennungsmerkmale und wirtschaftliche Bedeutung, S. 165—192. Leipzig 1955.

[51] Grassé, P.-P.: Ordre des Isoptères ou termites. Traité de Zoologie 9, S. 408—544. Paris 1949.

[52] —: *Flagellata*. In: Traité de Zoologie 1, 1. Fasc. Paris 1952.

[53] Greathouse, G. A., u. C. J. Wessel: Deterioration of materials. Causes and preventive techniques. New York, USA, 1954. Besonders folgende Kapitel: Kap. 3: Biological agents of deterioration von R. A. St. George, T. E. Snyder, W. W. Dykstra, L. S. Henderson u. a., Kap. 9: Plastics and rubber von A. Lightbody, M. E. Roberts u. C. J. Wessel.

[54] Hase, A.: Die Ursachen von Mottenschäden an Kunstseidenbezügen. Melliand Textilber. 18 (1937) S. 765—771.

[55] Herfs, A.: Insektenschäden an Kunstseide. Melliand Textilber. 17 (1936) S. 689 bis 704 u. 765—772.

[56] —: Die Termitenstation der Farbenfabriken Bayer in Leverkusen, 1950, 47 S.

[57] —: Die wirtschaftliche Bedeutung der Termiten in tropischen Ländern. Farbenfabriken Bayer, Leverkusen, 1952, 39 S.

[58] —: Insektenschäden an Knöpfen. Z. angew. Entomol. 42 (1958) Nr. 4, S. 420—428.

[59] Hueck, H. J., u. J. La Brijn: Eine einfache Methode zur Bestimmung der Nagetierresistenz von technischen Materialien. Anz. Schädlingskde. 32 (1959) Nr. 1, S. 9//10.

[60] Indian Standards Institution: Procedures for testing cotton textiles and cordages (other than jute) for resistance to attack by microorganisms. IS 19, 1949.

[61] International Electrotechnical Commission affiliated to the International Organization for Standardization: Basic climatic and mechanical robustness testing procedure for components. IEC 68, 1954.

[62] International Organization for Standardization/Tschechoslowakei: First draft proposal – Determination of resistance of plastics to moulds. ISO/TC 61 WG 6, 1957.

[63] International Organization for Standardization/USSR 1: USSR proposed method for determination of resistance of plastics to moulds. ISO/TC 61 WG 6, 1958.

[64] International Organization for Standardization/USSR 2: Method for determination of resistance of plastics to moulds in conditions of additional nourishment for microorganisms. ISO/TC 61 WG 6, 1958.

[65] Kalshoven, L. G. E.: Nog enkele aanteekeningen over beschadiging van electrische geleidingsdraden. Ent. Med. Ned.-Indie 3 (1937) Nr. 1, S. 5/6.

[66] —: Verdere aanteekeningen over de huismier *Monomorium destructor* Jerd. Ent. Med. Ned.-Indie 3 (1937) Nr. 4, S. 66—71.

[67] Kofoid, C. A. (editor): Termites and termite control. Berkeley (Calif.) 1935, 2. ed. 1946, 795 S.

[68] Kofoid, C. A., u. E. E. Bowe: Biological tests of untreated and treated woods. In: C. A. Kofoid (editor), Termites and termite control, S. 517—545. Berkeley (Calif.) 1935, 2. ed. 1946.

[69] Koninklijke Instituut voor de Tropen: Kunststoffen in de tropen. In: Inlichtingen en onderzoekingen van de afdeling tropische producten. Medded. (1954/1955) Nr. 113, S. 31/32.

[70] Kulman, F. E.: Microbiological deterioration of buried pipe and cable coatings. Corrosion 14 (1958) Nr. 5, S. 213t—222t.

[71] Laibach, E.: *Lepisma saccharina* L., das Silberfischchen. Z. hyg. Zool. Schädlingsbekämpf. 40 (1952) S. 321—370.

[72] Lasker, R.: Silverfish, a paper-eating insect. Sci. Monthly 84 (1957) Nr. 3, S. 123 bis 127.

[73] Lowig, E.: Beitrag zur Frage der Insektenfestigkeit von Aluminiumfolien und Aluminium-Kunststoff-Verbundfolien. Aluminium 33 (1957) Nr. 10, S. 649—654.

[74] Lüscher, M.: Termiten und Holzschutz gegen Termiten. Holz 5 (1951) S. 10—12.

[75] Lund, A.: An accelerated wood-preservative termite study. For. Prod. J. 7 (1957) Nr. 10, S. 363—367.

[76] Mandels, G. R., u. R. G. H. Siu: Rapid assay for growth: Determination of microbiological susceptibility and fungistatic activity. J. Bacteriol. 60 (1950) S. 249—262.

[77] Ministry of Supply and Department of Scientific and Industrial Research: Tropic proofing. Protection against deterioration due to tropical climates. London 1949.

[78] Müller, A., u. W. Schwartz: Über die Verwendung von Kunststoffrohren in Trinkwasserleitungen. Kunststoffe 47 (1957) Nr. 10, S. 583—588.

[79] Neuhaus, W.: Ursachen und Grenzen von Kabelbeschädigungen durch Ratten. Anz. Schädlingskde. 30 (1957) Nr. 6, S. 81—83.

[80] Randall, M., T. C. Doody u. B. Weidenbaum: Paints and termite damage. In: C. A. Kofoid (editor), Termites and termite control. S. 448—462. Berkeley (Calif.) 1935, 2. ed. 1946.

[81] Rauschert, M.: Ergebnisse von Tropenbeständigkeitsuntersuchungen mit Kunststoffen im Amazonasgebiet. Kunststoffe 45 (1955) S. 407/08.

[82] Richards, A. P., u. W. F. Clapp: Control of marine borers in plywood. Trans. Amer. Soc. mech. Eng. 69 (1947) S. 519—524.

[83] Rippel-Baldes, A.: Grundriß der Mikrobiologie, 2. Aufl. Berlin/Göttingen/Heidelberg: Springer 1952.

[84] Roch, F.: Die Teridiniden des Mittelmeeres. Thalassia 4 (1940) Nr. 3, 147 S.

[85] Schelhorn, M. v.: Verpackungen aus Papier, Karton, Folien und Geweben als Schutz für Nahrungsmittel vor Insekten. Verpackungs-Rdsch. 7 (1956) Nr. 1, S. 5—9 der gelben Beilage.

[86] Schmidt, H.: Studien an Holzwerkstoffen in der „Termitenprüfung". 1. Mitt. Eigenschaften und Bewertung der Versuchstermiten (*Reticulitermes*). Holz, Roh- u. Werkstoff 11 (1953) S. 385—388.

[87] Schmidt, H. (Herausgeber): Die Termiten. Ihre Erkennungsmerkmale und wirtschaftliche Bedeutung. Beiträge zur angewandten Termitenkunde von W. Bavendamm, K. Gösswald, A. Herfs, W. Sandermann, H. Schmidt und H. Weidner. Leipzig: Akad. Verlagsges. Geest u. Portig 1955, 309 S.

[88] Schulze, W. M. H.: Tropenklima und Fernmeldetechnik. Elektr. Nachr.-Techn. 18 (1941) S. 134—147.

[89] —: Zur Frage der Schädlingsabwehr bei fernmeldetechnischen Anlagen und Geräten. Frequenz 11 (1957) Nr. 10, S. 297—308.

[90] Schwartz, W., u. A. Müller: Mikrobielle Korrosion. Korrosionsvorgänge, die von Mikroorganismen hervorgerufen werden. Dtsch. Elektrotechn. 11 (1957) Nr. 6, S. 268 bis 271.

[91] Siu, R. G. H.: Microbial decomposition of cellulose. New York 1951. Siehe besonders Abschn. IX: Methods for testing microbiological resistance of cotton textiles, S. 326 bis 635.

[92] Siu, R. G. H., u. G. R. Mandels: Rapid method for determining mildew susceptibility of materials and disinfecting activity of compounds. Textile Res. J. 20 (1950) S. 516 bis 518.

[93] Snoke, L. R.: Marine tests of organic materials. Bell Lab. Rec. (August 1957) S. 287 bis 292.

[94] Snyder, T. E.: Our enemy the termite. Ithaca, N. Y., Rev. ed. 1948.

[95] —: Catalog of the termites (*Isoptera*) of the world. Smithsonian Misc. Collections, Washington (D. C.) 112 (1949), 440 S.

[96] —: Annotated, subject-heading, bibliography of termites. Smithsonian Misc. Collections, Washington (D. C.) 130 (1956), 305 S.

[97] South African Bureau of Standards: Proposed code for the prevention of deterioration due to tropical conditions. SABS 15/14/23, 1951.

[98] Spoon, I. W., u. L. G. E. Kalshoven: Kunststoffen in de tropen. Plastica 8 (1955) Nr. 9.

[99] Standards Association of Australia: Interim specification for procedures to be adopted in testing materials for resistance to mould attack. SAA Int. 88, 1944.

[100] Standards Association of Australia: Interim specification for methods of testing equipment for suitability for service conditions. SAA Int. 101, 1944.

[101] Teitell, L., S. Berk u. A. Kravitz: The effects of fungi on the direct current surface conductance of electrical insulating materials. Appl. Microbiol. 3 (1955) Nr. 2, S. 75 bis 81.

[102] Theden, G.: Der Begriff der Widerstandsfähigkeit gegen Schimmel. Materialprüf. 1 (1959) Nr. 5, S. 175/76.

[103] —: Vergleichende Erprobung von Verfahren zur Prüfung der Pilz-Widerstandsfähigkeit von Werkstoffen. Materialprüf. 2 (1960) Nr. 3, S. 88—97.

[104] Theden, G., u. M. Schultze-Motel: Untersuchungen über sieben zu Prüfzwecken benutzte Schimmelpilze. Angew. Bot. 34 (1960) S. 133—157.

[105] Themme, Th.: Mikroben als Ursache der Zerstörung einer Bitumenisolierung. Bitumen, Teere, Asphalte, Peche und verwandte Stoffe 6 (1955) S. 161—164.

[106] Verband Deutscher Elektrotechniker: Regeln für Kondensatoren. VDE 0560, Teil 1/III. 56, 1956.

[107] Wolcott, G. N.: A list of woods arranged according to their resistance to the „Polilla", the dry-wood termite of the West Indies, *Cryptotermes brevis* Walker. Caribbean For. 1 (1940) S. 1—10.

[108] —: Termite repellents: A summary of laboratory tests. Univ. Puerto Rico, Agric. Exp. Sta., Bull. Nr. 73 (1947), 18 S.

[109] Wolf, S.: Wollschädlinge und Chemotextilien. Wiss. Ann. 5 (1956) Nr. 6, S. 525—532.

[110] —: Zur Frage der Textilschädigungen durch Ohrwürmer. Faserforsch. Textiltechn. 9 (1958) Nr. 10, S. 445—449.

[111] ZoBell, C. E.: Action of microorganisms on hydrocarbons. Bacteriolog. Rev. 10 (1946) Nr. 1/2, S. 1—49.

[112] ZoBell, C. E., u. J. D. Beckwith: The deterioration of rubber products by microorganisms. J. Amer. Water Works Ass. 36 (1944) Nr. 4, S. 439—453.

[113] ZoBell, C. E., u. C. W. Grant: The bacterial oxidation of rubber. Science 96 (1942) S. 379/80.

3.11 Prüfung auf physiologische und toxische Wirkung

Von **F. Bär**, Berlin

3.11.1 Einwirkungsmöglichkeiten der Kunststoffe

Die Einwirkungsmöglichkeiten der Kunststoffe, zusammen mit ihren Ausgangsstoffen (Reaktionspartner) und ihren Fabrikationshilfsmitteln (Antioxydantien, Aufheller = Blankophore, Emulgatoren, Farbpigmente bzw. Druckfarben, Füllstoffe, Gleitmittel, Härtungsmittel, Kaschiermittel = Klebstoffe,

Katalysatoren, Lösungsmittel, Stabilisatoren, Trockenstoffe, Weichmacher u. a.), auf den menschlichen Organismus steigen mit der stürmischen Zunahme ihrer praktischen Verwendung. Hierbei sind 2 Arten des Kontaktes, nämlich mit der äußeren Körperoberfläche und nach Einführung in das Körperinnere – eventuell auch indirekt über ein verunreinigtes Arzneimittel oder Lebensmittel – zu unterscheiden.

Die Tab. 1 bringt einen Überblick über den Einfluß der Kunststoffe je nach der Verwendungsart (I) unter Angabe der erwünschten Eigenschaften (II):

Tabelle 1

1. Kontakt mit der äußeren Körperoberfläche

I	II
Einrichtungsgegenstände, Boden- und Tischbeläge, Gebrauchsgegenstände (Spielzeug), Haushaltsartikel, Schaummatratzen, Kleidung, Strümpfe, Imprägnierungsmittel, Kunstleder.	Kein störender Geruch, technische Beständigkeit, Korrosionsfestigkeit, chemische Beständigkeit besonders gegenüber Schweiß, Ermöglichen der freien Transpiration, keine Schädigung der Körperhaut, keine Beeinflussung von dermatologischen Mitteln.
Chirurgie (Orthopädie): Stützapparate (Schienen, Korsetts), Prothesen, Einlagen, Verbandsmaterial, künstliche Fingernägel.	
Dermatologie und Kosmetik: Salbengrundlagen, Hautschutzsalben, Nagellacke, Haarpflegemittel.	

2a. Direkte Einführung in den Organismus bzw. in das Körpergewebe

I	II
Zusätze und Trägersubstanzen (Depotmittel) für Arzneimittel (Suspensions- und Lösungsmittel), Abführmittel, Antikoagulantien, Antischaummittel (Herstellung von Drogenextrakten), Blutplasmaersatz, Ionenaustauscher, Entgiftungsmittel, Tablettenüberzüge.	Keine Reizwirkung im Verdauungstrakt, keine Beeinträchtigung der Verdauungsfermente, keine Adsorption lebenswichtiger Nahrungsbestandteile, keine Schädigung des Blutes oder der Gefäßwand, keine Giftwirkung auf die Organe, keine Inaktivierung von Arzneimitteln.
Kanülen, Dauerkatheter, Drainagerohre, Gleitmittel in der Urologie, Lungenplomben, Nahtmaterial in der Chirurgie, Prothesenmaterial (Knochenteile, Gelenkplastik, Blutgefäße, Speiseröhre usw.), hydrophile Schwämme, Verschluß von Bauchwanddefekten, Ohrknorpelersatz, Plastikröhrchen bei Otosklerose, Aufsattelung der Nase.	Korrosionsfestigkeit (keine Beeinflussung durch die Gewebsflüssigkeit, Fermente)' keine Ausbildung besonderer chemischer Affinitäten oder von elektrischen Spannungen, gute Verträglichkeit für das Gewebe und für die Körpersäfte (keine Eliminationsreaktion oder fibröse Abkapselung) insbesondere keine krebserregende Wirkung, keine Schädigung durch resorbierte Abbauprodukte, geeignete Wasseraufnahmefähigkeit, Verträglichkeit mit Arzneimitteln, Zahnverträglichkeit und Säureunempfindlichkeit, keine Schleimhautreizungen oder subjektive Störungen der Mundschleimhaut, kein störender Geruch und Geschmack.
Augenprothesen, Augenlinsen (vgl. Amer. Standards Ass. [1]), Augenhaftgläser (Skleral- und Cornealschalen).	
Künstliche Zähne, Zahnprothesen, Wurzelfüllungen.	
Babylutscher und -sauger, Kaugummi.	

2b. Einwandern von Kunststoffen in Arzneimittel und Lebensmittel

I	II
Kontakt mit Arzneimitteln: Überzüge über Geräte, Glasgegenstände und Nadeln („Klarsicht-Ampullen"). Bluttransfusionsgeräte, Infusionsgeräte, Rohre, Ventile und Gefäße für medizinischen Bedarf.	Beständigkeit beim Sterilisieren, keine Abgabe blutgerinnungsfördernder, pyrogener oder auf andere Weise toxischer Stoffe, keine Beeinflussung des therapeutischen Wertes der Infusion.
Kontakt mit Lebensmitteln: Trennmittel zum „Einfetten" von Backformen, Konstruktionselemente (Dichtungen, Auflagen und Transportbänder) in der Lebensmittelindustrie, Kühlschrankauskleidungen, Flaschen, Eimer, Eßgeschirr, Schläuche für Flüssigkeiten, Getränkeleitungen z. B. für Schankanlagen (Rohrleitungen).	Keine Abgabe von Geruchs- und Geschmacksstoffen sowie von monomeren Ausgangsprodukten der Kunststoffe oder von Fabrikationshilfsmitteln in toxischen und technologisch vermeidbaren Mengen, Temperaturbeständigkeit (z. B. beim Sterilisieren), gegebenenfalls Widerstandsfähigkeit gegen Säure, Alkalien, Alkohol, Öle und Fette; gegen Lippenstiftsubstanzen.
Ionenaustauscher zur Behandlung von Fruchtsäften, Innenauskleidung von Behältern (Fässer, Kochtöpfe, Konservendosen, Tuben), Verschlußkapseln, Verpackungsmaterial bzw. Einwickler (Folien, Beutel, Sichtpackungen). Härten von Gewebe, Papier, Rosten.	Anforderungen an Kunstharzlacke in der Fleischindustrie (NEHRING [2]): Geschmacksfreiheit, Schwartenfestigkeit, Gasundurchlässigkeit zur Vermeidung der Dunkelverfärbung des Zinns unter der Lackschicht, Beständigkeit gegen Salz, Nitrat, Nitrit und Polyphosphat, Sterilisationsfestigkeit.

Die physiologische Indifferenz bzw. biologische Verträglichkeit des festen Kunststoffes (zusammen mit den vorhandenen Hilfsstoffen) erweist sich letzten Endes aus den Erfahrungen der Gewerbetoxikologie bei der industriellen Herstellung der Kunststoffe und aus den gewonnenen Erkenntnissen bei der speziellen Anwendung im Kontakt mit dem menschlichen Organismus. Diese Hinweise bedürfen jedoch einer sorgfältigen Überprüfung der physiologischen und toxischen Wirkung auf den Lebensablauf von Versuchstieren. Die erforderlichen Prüfmethoden gliedern sich in die allgemeinen Methoden der experimentellen Untersuchung körperfremder sowie giftiger Substanzen und in solche, die dem speziellen Anwendungszweck angepaßt sind.

3.11.2 Allgemeine Prüfmethoden

Die allgemeinen Prüfmethoden zur biologischen Charakterisierung von Kunststoffen in bestimmten Mengen unter Einbeziehung der üblichen Laboratoriumstiere (meist Mäuse, Ratten, Meerschweinchen, Kaninchen und Hunde) und von Hauttesten am Menschen gliedern sich unter Berücksichtigung der vorliegenden Form des Kunststoffes in das folgende Schema:

Verabreichung über den Verdauungstrakt (peroral), eventuell über längere Zeiträume, die gesamte Lebenszeit oder über 3 Generationen,
Injektion (in die Bauchhöhle, in die Haut oder unter die Haut, in die Vene und in den Muskel),
Einwirkung von Dämpfen (Inhalation),
Einträufelung in das Kaninchenauge,
Hautverträglichkeit: Reizwirkungen oder sensibilisierende Wirkung (Allergie) am Meer-

schweinchen, am Kaninchenohr; Läppchentest an (hautkranken und gesunden) Versuchspersonen.
(Vergleiche das allgemeine Prüfungsschema der Food and Drug Administration, Washington 1959 [3].)

Nach einem derartigen Schema wurden z. B. die verschiedenen *Silikone*
(Silikonöle, Silikonpasten = Antischaummittel, Silikonharze, Silikonkautschuk)
untersucht (Literaturzusammenstellung von LEISS und PETER [4]); sowie
die *Epoxydharze* mit ihren Ausgangsprodukten und Härtungsmitteln (HINE
und Mitarbeiter [5, 6, 7]). Auch die entsprechende Prüfung zahlreicher
Weichmacher ist in der Literatur niedergelegt (SMITH [8], TREON und Mitarbeiter [9], HALPERN und WEISS [10], HODGE und Mitarbeiter [11], CAR-
PENTER und Mitarbeiter [12]). Für die Prüfung einzelner Weichmacher waren
als Versuchstiere Katzen (Triphenylphosphat und Trikresylphosphat; HIER-
HOLZER und Mitarbeiter [13]) und Hühner (Trikresylphosphat; HENSCHLER [14])
besonders geeignet. Außerdem liegen auch zusammenfassende Berichte über
Kunststoffe und verschiedene Fabrikationshilfsmittel vor (LEFAUX [15],
MALLETTE und VON HAAM [16]; WILSON und McCORMICK [17]).

3.11.3 Spezielle Prüfmethoden

Die speziellen Prüfmethoden umfassen folgende angepaßten Untersuchungen:

a) Pyrogentest zum Nachweis der Abgabe löslicher fiebererzeugender Stoffe, z. B. aus
synthetischem Kautschuk (RUOSS [18]).

b) Prüfung der akanthogenen Wirkung (Erkrankung der Oberhaut) von Salbengrundlagen und Emulsionen mit salbenähnlicher Konsistenz (SCHAAF und GROSS [19]).

c) Prüfung des Verhaltens gegenüber Arzneimitteln (HORNAUER [20]).

d) Bestimmung der Einwirkung auf Gewebsexplantate von Hühnerembryonen (Gewebe-
kulturen; vgl. LEISS und PETER [4]).

e) Prüfung auf „Gewebefreundlichkeit" bzw. Gewebsreaktionen nach Implantation
beim Hund (HARRISON und Mitarbeiter [21]) oder nach Kontakt von Prothesenmaterial
mit der Mundschleimhaut, Potentialmessungen (LANGER [22]).

f) Untersuchung implantierter Kunststoff-Folien auf krebserregende Wirksamkeit
(OPPENHEIMER und Mitarbeiter [23]; DRUCKREY und SCHMÄHL [24]; LASKIN, ROBINSON
und WEINMANN [25]; NOTHDURFT [26]; SCHUBERT und UHLMANN [27]; BRUNNER [28];
von Kunststoffen in Pulverform (HUEPER [29]). Induktion von Tumoren nach Fütterung
von Ruß (NAU, NEAL und STEMBRIDGE [30]) oder Behandlung der Haut mit Extrakten
(VON HAAM und MALLETTE [31]). Injektion und Läppchentest mit imprägniertem Gewebe
sowie Prüfung des Einflusses auf das spontane Lungenadenom der Maus nach Fütterung
oder Injektion (Epoxydharze; HINE und Mitarbeiter [6, 7]).

g) Nachweis von Abbauprodukten aus radioaktiv markierten Kunststoffen im Harn
nach Implantation in das Rattengewebe (vgl. OPPENHEIMER und Mitarbeiter [23]).

h) Prüfung des Einwanderns von Kunststoffen in Lebensmittel, Extraktionstest
(WIEDERHOLT [32], KASKIE [33], Nat. Acad. Sci. [34], LEHMAN und PATTERSON [35];
LEHMAN [36]; Ass. Food Drug Off. [37]; ROBINSON-GÖRNHARDT [38]), biologischer
Nachweis von Diphenylthioharnstoff s. SCHÜTZ, LOESER und BORNMANN [39].

i) Untersuchung von Kunststoffen und deren Hilfsstoffen im Hinblick auf ihre gesundheitliche Beurteilung im Rahmen des Lebensmittelgesetzes (BORNMANN, LOESER, MIKULICZ
und RITTER [40]; BORNMANN und LOESER [41]):

1. Prüfung von Fabrikationshilfsmitteln (z. B. Weichmacher) im Fütterungsversuch
(Ratte):
akuter Versuch (Verhalten des Organismus bei einmaliger Einwirkung),
subakuter Versuch (Verhalten des Organismus bei mehrfacher Einwirkung, 6 Wochen),
unter Kontrolle des Allgemeinbefindens, des Stoffwechsels (Sauerstoffverbrauch),

Untersuchung der Scheidenabstriche (ALLEN-DOISY-Test) über 52 Wochen und pathologisch-histologische Untersuchung der Organe.

Chronischer Versuch (Verhalten des Organismus bei wiederholter Einwirkung, 1 Jahr) unter Kontrolle des Allgemeinverhaltens, der Sterblichkeit, des Knochensystems und der Zähne, des Blutbildes sowie pathologisch-histologische Untersuchung der Organe.

Fortpflanzungsversuch (Verhalten des Organismus über 3 Generationen) unter Prüfung der Fortpflanzungsfähigkeit sowie der körperlichen Entwicklung.

2. Prüfung des fertigen Kunststoffes im Tierversuch (Ratte):

subchronischer Fütterungsversuch (8 Wochen) mit dem monomeren Ausgangsstoff und dem feingemahlenen Kunststoff,

chronischer Fütterungsversuch (1 Jahr) unter Verwendung von Leitungswasser als Trinkwasser, das 48 Std. über dem Kunststoffgranulat gestanden hat bzw. dem das Monomere zugesetzt wurde.

3.11.4 Gesundheitliche Beurteilung

Die gesundheitliche Beurteilung bezieht sich sowohl auf den fertigen Kunststoff an sich als auch auf Ausgangs- und Hilfsstoffe (vgl. OETTEL [42]). Während die fertigen Kunststoffe nur bei einem kleineren Teil der beteiligten Personen zu allergischen Äußerungen führen können (LOCKEY [43], SCHWARTZ, TULIPAN und PECK [44], BUESS [45] u. a.), sind in zahlreichen Fällen Reizwirkungen auf die Haut und schwere allergische Ekzeme durch den Kontakt der Arbeiter mit den Ausgangs- und Hilfsstoffen bekannt geworden, so z. B. bei der Herstellung von Polykondensaten (Phenoplaste, Aminoplaste, Polyesterharze. MORRIS [46]; LACHNIT [47]), von Polyurethanen (REINL [48]), von Gummizubereitungen (FRIEDRICH und RIEDEL [49]), von Polyacrylharzen (FISHER und Mitarbeiter [50]), von Epoxydharzen (Äthoxylinharze) (PLETCHER, SCHUPPLI und REIPERT [51], PLÜSS [52], GRANDJEAN [53], TERRY [54]), sowie bei der Nylonfabrikation (vgl. POLEMANN und SCHOLL [55]) oder durch Beschleuniger, Aktivatoren, Antioxydantien und Weichmacher (MALLETTE und VON HAAM [16]). Unter den Ausgangs- und Hilfsstoffen befinden sich bekanntlich verschiedene chemische Substanzen, die nach erfolgter Einwirkung zu schweren Vergiftungen Anlaß geben; auf diese wird bereits durch einen niedrigen *MAK-Wert* (maximale Arbeitsplatzkonzentration, die beim Einatmen noch zu keiner Gesundheitsschädigung führt) hingewiesen (Tab. 2). Diese außerordentlich gesundheitsschädlichen Stoffe dürfen selbstverständlich keinesfalls so verwendet werden, daß sie in Lebensmittel übertreten können.

Tabelle 2

Besonders toxische Stoffe bei der Kunststoffherstellung (Ausgangsstoffe, Lösungsmittel)

	MAK-Wert (mg/m³ Luft)		MAK-Wert (mg/m³ Luft)
Diisocyanate	0,1	o-Toluidin	22
Tetrachloräthan	5	Methylacrylat	35
Formaldehyd	6	Acrylnitril	45
Anilin	19	Allylglycidyläther	45
Furfurol	20	Benzol	80
Äthylacrylat..............	100	Chloropren	90
Kresol	22	Tetrachlorkohlenstoff	160

Als äußerst bedenklich werden bei Verunreinigungen von Lebensmitteln auch verschiedene *Weichmacher* (z. B. organische Phosphate, n-Butyllactat, einige Phthalate, Methoxyäthyloleat u. a.), *Stabilisatoren* (z. B. Verbindungen des Kadmium, Blei, Barium, Strontium sowie Dibutylzinndilaurat, Dibutylzinnmaleat u. a.) und *Gleitmittel* (z. B. Barium- und Chromseifen) angesehen (Brit. Plastics Fed. [*56*], vgl. SCHMÜLLING [*57*]; Toxikologie von Zinnverbindungen, vgl. BARNES und STONER [*58*]). Eine besondere Vergiftungsquelle bildete das *Trikresylphosphat* (Igelitvergiftung), das bei der ursprünglichen Verwendung durch Fette und Öle verhältnismäßig leicht aus Polyvinylchlorid herausgelöst wurde; dabei gelangte dieser toxische Stoff entweder durch das verunreinigte Lebensmittel oder durch direkte Berührung mit der Haut (Windelhöschen) in den Organismus (vgl. HENSCHLER [*14*]).

Der Nachweis der *Tumorbildung* bei Ratten nach Einbettung von Kunststoff-Folien (Polyäthylen, Polyvinylchlorid, Zellophan, Saran, Silikon, Vinyon, Methacrylatharz, Polystyrol, Nylon, Dacron, Teflon; nach NOTHDURFT [*26*] aber auch Metalle) je nach der Form des eingeführten Materials (vgl. BUU-HOÏ [*59*]) sowie von Polyvinylpyrrolidon in Pulverform (HUEPER [*29*]) spricht zwar gegen eine kritiklose Anwendung von Kunststoffen, liefert aber keine bindenden Schlußfolgerungen hinsichtlich einer möglichen spezifisch-karzinogenen Wirkung gewisser Kunststoffe beim Menschen.

Auf dem *Lebensmittelsektor* stützt sich die gesundheitliche Beurteilung auf ein größeres Erfahrungsmaterial. In USA (McCOLLISTER und SAUBER [*60*]) sind die *Food and Drug Administration* (FDA) in Washington (Department of Health, Education and Welfare) und die *Meat Inspection Division* (Department of Agriculture) als staatliche Überwachungsorgane tätig. Zur Beurteilung von Kunststoffleitungen für Trinkwasser besitzt in USA die National Sanitation Foundation lediglich beratende Funktionen. Auf Grund vorliegender geeigneter experimenteller Ergebnisse wurde von der FDA eine Liste der annehmbaren Kunststoffe, Weichmacher, Stabilisatoren, Trockner, trocknenden Öle, Farbstoffe und Gleitmittel zur Verwendung in der Lebensmittelverpackung aufgestellt. Diese Liste umfaßt zur Zeit insgesamt etwa 50 Kunststoffe und etwa 78 Hilfsstoffe (vgl. auch Food Drug Cosmetic Law [*61*]).

Infolge der zunehmenden Verwendung von Kunststoffen bei der Bearbeitung, Verteilung und dem Gebrauch von Lebensmitteln, als Verpackungsmaterial sowie als Eßgeschirr, Trinkbecher, neuerdings aber auch von Kaugummi, wurde in der Deutschen Bundesrepublik eine ,,Kommission für die gesundheitliche Beurteilung von Kunststoffen im Rahmen des Lebensmittelgesetzes" beim *Bundesgesundheitsamt* Berlin einberufen. Die Ergebnisse der Kommissionsarbeit werden als Empfehlungen im Bundesgesundheitsblatt laufend mitgeteilt. Die bisherigen Empfehlungen (Bundesgesundheitsblatt [*62*]) beschäftigen sich mit folgenden Punkten:

1. Weichmacherhaltige Kunststoffe, deren Verwendung unerwünscht ist, sofern die Weichmacher auf die Lebensmittel übergehen.

2. Weichmacherfreies Polyvinylchlorid sowie weichmacherfreie Mischpolymerisate des Vinylchlorids mit Vinylacetat, Vinylpropionat, Acrylsäureestern und Maleinsäureestern.

3. Polyäthylen.

4. Polyvinylidenchlorid-Dispersions-Mischpolymerisate.

5. Polystyrol, das ausschließlich durch Polymerisation von Styrol gewonnen wurde.

6. Polystyrol-Mischpolymerisate und Mischungen von Polystyrol mit Polymerisaten.

7. Polypropylen.

Allgemein kann die Verwendung eines Kunststoffes zur Verpackung oder Aufbewahrung von Lebensmitteln unter folgenden Bedingungen befürwortet werden:

Genaue Zusammensetzung sowie Einheitlichkeit des speziellen Produktes.
Keine besonders giftigen Bestandteile, keine schädlichen Verunreinigungen.
Nachweis seiner Beständigkeit unter den gegebenen Verhältnissen.
Eine höchstens sehr geringe Löslichkeit im Lebensmittel unter den ungünstigsten Bedingungen.
Keine Beeinflussung des Geruches und Geschmackes.
Beschränkung auf den angegebenen Anwendungszweck (z. B. für fetthaltige Lebensmittel).

Die Beurteilung von Bluttransfusionsgeräten und Infusionsgeräten liegt nach geeigneter Prüfung an bestimmten Instituten im Bereich des Fachnormenausschusses Feinmechanik und Optik im *Deutschen Normen-Ausschuß*. Einzelfragen der Kunststoffanwendung auf dem Arzneimittelgebiet wird die *Deutsche Arzneibuchkommission* bearbeiten. Doch ist vorgesehen, daß sich die Kunststoffkommission des Bundesgesundheitsamtes später auch mit diesem Gebiet näher beschäftigen wird. Kunststoffe als Kaugrundlage für Kaugummi werden im Zusammenhang mit einer *Verordnung über die Zulassung fremder Stoffe bei der Herstellung von Kaugummi* geregelt.

Die Kenntnisse über die biologische Verträglichkeit und die möglichen gesundheitsschädlichen Wirkungen der Kunststoffe und ihrer Fabrikationshilfsmittel stecken noch in den Anfängen. Auch hier besteht ein gewisses Mißverhältnis zwischen dem Vorwärtsstürmen der chemischen Industrie und den derzeitigen Möglichkeiten der hygienisch-toxikologischen Forschung. Eine Giftwirkung der meisten Kunststoffe ist bei geeigneter Anwendung infolge ihrer Reaktionsträgheit zwar unwahrscheinlich, doch ist je nach den vorliegenden Verhältnissen das Vorhandensein oder die Neubildung reaktionsfähiger Ausgangsstoffe sowie die Gegenwart löslicher Hilfsstoffe in der gesundheitlichen Auswirkung zu berücksichtigen. Die Beurteilung kann sich also jeweils nur auf ein ganz bestimmtes Produkt beziehen.

Literatur

[1] Amer. Standard Assoc.: The spectral-transmissive properties for use in eye protection. New York 1955.
[2] NEHRING, E.: Die Weißblechdose in der Fleischwirtschaft. Fleischwirtschaft 8 (1956) S. 107.
[3] Food and Drug Administration-Appraisal of the safety of chemicals in food, drugs and cosmetics 1959.
[4] LEISS, F., u. K. H. PETER: Die Silicone in Medizin, Pharmazie und Lebensmittelindustrie. Arzneimittel-Forsch. 4 (1954) S. 571.
[5] HINE, C. H., R. J. GUZMAN, M. M. COURSEY, J. S. WELLINGTON u. H. H. ANDERSON: An investigation of the oncogenic activity of two representatives epoxy resins. Cancer Res.
[6] HINE, C. H., J. K. KODAMA, H. H. ANDERSON u. J. S. WELLINGTON: Toxicology of epoxy resins. Arch. Indust. Health 17 (1958) S. 129.
[7] HINE, C. H., J. K. KODAMA, J. S. WELLINGTON, M. K. DUNLAP u. H. H. ANDERSON: The toxicology of glycidol and some glycidyl ethers. Arch. Indust. Health 14 (1956) S. 250.
[8] SMITH, C. C.: Toxicity of butyl stearate, dibutyl sebacate, dibutyl phthalate and methoxyethyloleate. Arch. Industr. Hyg. 7 (1953) S. 310.

[9] TREON, J. F., J. CAPPEL u. H. SIGMON: Toxicity of 2-ethylhexyldiphenylphosphate. II. Metabolic fate in man and animals. Arch. Industr. Hyg. 8 (1953) S. 268.

[10] HALPERN, L. K., u. R. S. WEISS: Toxicity of 2-ethylhexyldiphenylphosphat IV. Skin sensitization studies of santicizer 141. Arch. Industr. Hyg. 8 (1953) S. 284.

[11] HODGE, H. C., E. A. MAYNARD, H. J. BLANCHET, R. E. HYATT, V. K. ROWE u. H. C. SPENCER: Chronic oral toxicity of ethyl phthalyl ethyl glycolate in rats and dogs. Arch. Industr. Health 8 (1953) S. 281.

[12] CARPENTER, CH. P., C. S. WEIL u. H. F. SMYTH: Chronic oral toxicity of di-(2-ethylhexyl)-phthalate for rats, guinea pigs and dogs. Arch. Indust. Hyg. 8 (1953) S. 219.

[13] HIERHOLZER, K., H. NOETZEL u. L. SCHMIDT: Vergleichende toxikologische Untersuchung von Triphenylphosphat und Trikresylphosphat. Arzneimittel-Forsch. 7 (1957) S. 585.

[14] HENSCHLER, D.: Die Trikresylphosphatvergiftung. Klin. Wschr. 36 (1958) S. 663.

[15] LEFAUX, R.: Toxicologie des matières plastiques et des composés macromoléculaires. Paris: Masson & Cie. 1952.

[16] MALLETTE, F. S., u. E. v. HAAM: Studies on the toxicity and skin effects of compounds used in the rubber and plastics industries: I. Accelerators, activators and antioxidants. Arch. Industr. Hyg. 5 (1952) S. 311; II. Plasticizers. Arch. Industr. Hyg. 6 (1952) S. 321

[17] WILSON, R. H., u. W. E. MCCORMICK: Toxicology of plastics and rubber. Industr. Med. Surg. 23 (1954) S. 479.

[18] RUOSS, L.: Untersuchungen über Kautschuk in der pharmazeutischen Praxis. Pharmaceutica Acta Helv. 31 (1956) S. 42.

[19] SCHAAF, F., u. F. GROSS: Die Reaktion der Haut gegenüber äußerlich applizierten Stoffen. Dermatologica 106 (1953) S. 170; Tierexperimentelle Untersuchungen mit Salben und Salbengrundlagen. Dermatologica 106 (1953) S. 357.

[20] HORNAUER, H.: Kunststoffe der Chirurgie in ihrem Verhalten gegenüber Arzneimitteln. Pharmazie 12 (1957) S. 141.

[21] HARRISON, J. H., D. S. SWANSON u. A. F. LINCOLN: A comparison of the tissue reactions toplastic materials. Arch. Surg. 74 (1957) S. 139.

[22] LANGER, H.: Über pathogene Wirkungen von Metallen und Kunststoffen in der Mundhöhle. Wien. Klin. Wschr. 67 (1955) S. 1002.

[23] OPPENHEIMER, B. S., E. T. OPPENHEIMER, J. DANISHEFSKY, A. P. STOUT u. F. R. EIRICH: Further studies of polymers as carcinogenic agents in animals. Cancer Res. 15 (1955) S. 333.

[24] DRUCKREY, H., u. D. SCHMÄHL: Cancerogene Wirkung von Kunststoff-Folien. Z. Naturforsch. 7b (1952) S. 353; 9b (1954) S. 529.

[25] LASKIN, S. M., A. B. ROBINSON u. C. D. WEINMANN: Experimental production of sarcomas by methyl methacrylate implants. Proc. Soc. exp. Biol. Med. 87 (1954) S. 329.

[26] NOTHDURFT, H.: Über die Sarkomauslösung durch Fremdkörperimplantationen bei Ratten in Anhängigkeit von der Form der Implantate. Naturwiss. 42 (1955) S. 106.

[27] SCHUBERT, G., u. G. UHLMANN: Zur krebserregenden Wirkung von Kunststoffen (Polyamide). Dtsch. Med. Wschr. 80 (1955) S. 1530.

[28] BRUNNER, H.: Experimentelle Auslösung von Tumoren durch Implantation von Polymethylmethacrylat bei Ratten. Arzneimittel-Forsch. 9 (1959) S. 396.

[29] HUEPER, W. W.: Experimental carcinogenic studies in macromolecular chemicals II. Neoplastic reactions in rats and mice after parenteral introduction of polyvinylpyrrolidones. Cancer 10 (1957) S. 8.

[30] NAU, C. A., J. NEAL u. V. STEMBRIDGE: A study of the physiological effects of carbon black. I. Arch. Industr. Health 17 (1958) S. 21.

[31] HAAM, E. v., u. F. S. MALLETTE: Studies on the toxicity and skin effects of compounds used in the rubber and plastic industries III. Carcinogenicity of carbon black extracts. Arch. Industr. Hyg. 6 (1952) S. 237.

[32] WIEDERHOLT, W.: Laboratoriumsprüfung von Konservendosen- und Milchkannenlacken. Verpackungswirtschaftl. Hefte (1950) S. 20; Ref.: Z. Untersuchg. Lebensmitt. 84 (1952) S. 455.

[33] Kaskie, J. C.: Toxicity of 2-ethylhexyldiphenylphosphate III. Studies of the extractions of santicizer 141 from polyvinylchloride films by foodstuffs under various conditions of storage. Arch. Industr. Hyg. 8 (1953) S. 281.

[34] National Academy of Sciences-National Research Council, Publication 645: Food-packaging materials, their composition and uses. Report of the Food Protection Committee. Food and Nutrition Board. 1958.

[35] Lehman, A. J., u. W. J. Patterson: F & D A acceptance criteria. Basic considerations in determining safety of chemicals used in food-packaging materials. Modern Packing 28 (1955) S. 115 u. 172.

[36] Lehmann, A. J.: Plastic packaging materials. Ass. Food Drug Off. 18 (1954) S. 129; Food packaging. Ass. Food Drug Off. 20 (1956) S. 159.

[37] Ass. Food Drug Off. 21 (1957) S. 113: A procedure for determining the leachability of uncertified pigments for printing food wraps and coloring plastic food containers.

[38] Robinson-Görnhardt, L.: Kunststoffe in der Lebensmittelverpackung. Die Untersuchung von Kunststoff-Folien zur Lebensmittelverpackung durch Gebrauchsteste. Kunststoffe (1958) S. 463.

[39] Schütz, E., A. Loeser u. G. Bornmann: Biologische Nachweisbarkeit der antithyreoiden Wirkung von Diphenylthioharnstoff. Z. Untersuchg. Lebensmitt. 108 (1958) S. 45.

[40] Bornmann, G., A. Loeser, K. Mikulicz u. K. Ritter: Über das Verhalten des Organismus bei Einwirkung verschiedener Weichmacher. Z. Lebensmitteluntersuchg. 103 (1956) S. 413.

[41] Bornmann, G., u. A. Loeser: Monomer-Polymer. Studie über Kunststoffe aus ε-Caprolactam oder Bisphenol. Arzneimittel-Forsch. 9 (1959) S. 9.

[42] Oettel, H.: Zur Frage der Gesundheitsgefährdung durch Kunststoffe im täglichen Leben. Arch. Toxikol 16 (1957) S. 381.

[43] Lockey, S. D.: Contact dermatitis resulting from the manufacture of synthetic resins and methods of control. J. Allergy 15 (1944) S. 188.

[44] Schwartz, L., L. Tulipan u. S. M. Peck: Occupational diseases of skin. Philadelphia: Lea & Febiger 1947.

[45] Buess, H.: Allergic eczemas in the chemical industry. Evolution Med. 2 (1958) S. 151.

[46] Morris, G. E.: Vinyl plastics. Their dermatological and chemical aspects. Arch. Industr. Hyg. 8 (1953) S. 535; Synthetic rubbers. Their chemistry and dermatological aspects. Arch. Industr. Hyg. 8 (1953) S. 540; Condensation plastics. Arch. Industr. Hyg. 5 (1952) S. 37.

[47] Lachnit, V.: Zur Toxikologie plastischer Massen. Wien. Med. Wschr. (1955) S. 821.

[48] Reinl, W.: Über Erkrankungen bei der Verarbeitung von Kunststoffen und Lacken auf der Basis der Polyurethane. Farbe u. Lack 60 (1954) S. 69.

[49] Friedrich, H. C., u. G. Riedel: Dermatitiden infolge kautschukhaltiger Gebrauchsgegenstände. Dermat. Wschr. 127 (1953) S. 193.

[50] Fisher, A. A., A. Franks u. H. Glick: Allergic sensation of the skin and nails to acrylic plastic nails. J. Allergy 28 (1957) S. 84.

[51] Pletscher, A., R. Schuppli u. R. Reipert: Über Gesundheitsschäden durch Gießharze. Z. Unfallmed. Berufskrankh. 47 (1954) S. 163.

[52] Plüss, J.: Ekzem durch neue Kunstharze (Epoxyharze). Z. Unfallmed. Berufskrankh. 47 (1954) S. 83.

[53] Grandjean, E.: The danger of dermatoses due to cold setting ethoxyline resins (epoxide resins). Brit. J. Industr. Med. 14 (1957) S. 1.

[54] Terry, E. A.: An epoxy resin dermatitis outbreak. Industr. Med. 27 (1958) S. 424.

[55] Polemann, G., u. L. Scholl: Über die biologische Verträglichkeit verschiedener Kunststoffe. Med. Klin. (1955) S. 241.

[56] British Plastics Federation, Publication No. 40, Report of the „Toxicity" Sub-Committee of the Main Technical Committee 1958.

[57] Schmülling, E.: Verwendung von Kunststoffen zur Verpackung fetter und fetthaltiger Lebensmittel. Fette u. Seifen 61 (1959) S. 117.

[58] Barnes, J. M., u. H. B. Stoner: Toxic properties of some dialkyl and trialkyl tin salts. Brit. J. Industr. Med. 15 (1958) S. 15; The toxicology of tin compounds. Pharmacol. Rev. 11 (1959) S. 211.

[*59*] Buu-Hoï, N. P.: Kanzerogene Stoffe in K. F. Bauer: Medizinische Grundlagenforschung II. (1959) S. 465.

[*60*] McCollister, D. D., u. W. J. Sauber: Physiologische Beurteilung von Kunststofferzeugnissen in den Vereinigten Staaten von Amerika. Kunststoffe 48 (1958) S. 350.

[*61*] Food Drug Cosmetic Law J. 13 (1958) S. 840. Acceptable materials for plastics.

[*62*] Bundesgesundheitsblatt (1958) S. 235; (1959) S. 263; Gesundheitliche Beurteilung von Kunststoffen im Rahmen des Lebensmittelgesetzes.

Hinweise auf weiteres Schrifttum

Anstett, F., R. Börner, R. Heinze, P. F. Matzer u. K. Thinius: Kunststoffe in der Medizin. Leipzig: J. Ambrosius Barth 1955.

Barnes, J. M., u. F. A. Denz: Experimental methods used in determining chronic toxicity. Pharmacol. Rev. 6 (1954) S. 191.

Bering, A. E., R. L. McLaurin, J. B. Lloyd u. F. D. Ingraham: The production of tumors in rats by the implantation of pure polyethylene. Cancer Res. 15 (1955) S. 300.

Cobey, M. C.: The study and preparation of plastics. J. Intern. Coll. Surg. 25 (1956) S. 91.

Debrunner, H. U.: Die Verwendung von Kunststoffen in der Medizin. Medizinische (1954) S. 251.

Deichmann, W.: Toxicity of methyl, ethyl and n-butyl methacrylate. J. Industr. Hyg. Toxicol. 23 (1941) S. 343.

Gloxhuber, Ch., u. G. Hecht: Pharmakologische Untersuchungen an Siliconen. Therapeut. Berichte 28 (1956) S. 44.

Gockell, W.: Therapeutische Erfahrungen mit neuartigen atmungsaktiven Kunststoffanfertigungen in der Dermatologie. Medizinische (1957) S. 93.

Goldblatt, M. W., M. E. Farquarson, G. Bennett u. B. M. Askew: ε-Caprolactam. Brit. J. Industr. Med. 11 (1954) S. 1.

Harris, D. K.: Health problems in the manufacture and use of plastics. Brit. J. Industr. Med. 10 (1953) S. 255; 11 (1954) S. 1.

Koch, F., u. J. Hussong: Hautverträglichkeit von Textilerzeugnissen aus Polyamidfäden und -fasern (Perlon). Z. Hautkrankh. 19 (1955) S. 170.

Loeser, A., G. Bornmann: Biologische Wirkungen von monomerem Styrol. Fette u. Seifen 58 (1956) S. 181.

MacDougall, J. D.: Toxicity studies on silicone rubber and other substances. Nature 172 (1953) S. 124.

Oppenheimer, B. S., E. T. Oppenheimer, A. P. Stout, M. Willhite u. J. Danishefsky: The latent period in carcinogenesis by plastics in rats and its relation to the presarcomatous stage. Cancer 11 (1958) S. 204.

Osborn, G. H.: Synthetic ion-exchangers. London: Chapman & Hall Ltd. 1955.

Polemann, G., u. G. Froitzheim: Tierexperimentelle Untersuchungen zur biologischen Verträglichkeit von Siliconen. Arzneimittel-Forsch. 3 (1953) S. 457.

Reed, W. A., u. C. F. Kittle: Observations on toxicity and use of antifoam A. Arch. Surg. 78 (1959) S. 220.

Rowe, V. K., H. C. Spencer u. S. L. Bass: Toxicological studies on certain commercial silicones. J. Industr. Hyg. 30 (1948) S. 332; II. Two year dietary feeding of „DC Antifoam A" to rats. Arch. Industr. Hyg. 1 (1950) S. 539.

Schmitz, R., u. W. Wagner: Perlon und Hautkrankheiten. Medizinische (1955) S. 349.

Steiner, P. E.: The conditional biological activity of the carcinogens in carbon blacks and its elimination. Cancer Res. 14 (1954) S. 103.

Strecker, F. J.: Die histologische Reaktion von Ionenaustauschsäuren und -basen in intraperitonealen Mäusetests. Beitr. Silicose Forsch. Nr. 36 (1955) S. 19.

Suskind, R.: Allergic problems in modern industry. Ann. Allergy 10 (1952) S. 745.

Tabershaw, I. R., u. J. B. Skinner: Dermatitis due to vinylcarbazole. J. Industr. Hyg. 26 (1944) S. 313.

Treon, J. F., F. R. Dutra u. F. P. Cleveland: I. Immediate toxicity and effects of long-term feeding experiments. Arch. Industr. Hyg. 8 (1953) S. 170.

WALPOLE, A. L., D. C. ROBERTS, F. L. ROSE, J. A. HENDRY u. R. F. HOMER: Cytotoxic agents IV. The carcinogenic actions of some monofunctional ethylenimine derivatives. Brit. J. Pharmacol. 9 (1954) S. 306.

WANDEBERG, E.: Kunststoffe. Berlin/Göttingen/Heidelberg: Springer 1959.

ZAPP, J. A.: Scientific problems under the amendment with respect to food packaging. Food Drug Cosmetic Law J. 13 (1958) S. 812.

4. Betriebs- und Abnahmeprüfung von Kunststofferzeugnissen

4.1 Massen

Von **W. Woebcken,** Bonn (4.1.1), und **A. Krause,** Troisdorf (4.1.2)

4.1.1 Preßmassen

a) Betriebs- und Abnahmeprüfung. Die rationelle Herstellung von Preßteilen setzt voraus, daß eine echte Massenfertigung möglich ist. Erst von einer bestimmten Stückzahl an macht sich die relativ teure Form bezahlt. Sofern das Werkzeug, d. h. die Form, sachgemäß und genau angefertigt wurde, sind daraus Formteile in fast beliebiger Zahl bei gleichbleibender Qualität und Maßhaltigkeit herstellbar. Eine Grenze ist allerdings infolge des Verschleißes der Form nach z. B. 100000 Preßlingen gegeben, so daß unter Umständen schon vor Erreichen dieser Stückzahl geringe Korrekturen am Werkzeug erforderlich sind [1].

Der Verarbeiter von Preßmassen wird deshalb zum Zwecke einer gleichmäßigen Fertigung 3 Punkte beachten müssen:

Sorgfältige Herstellung und Kontrolle des Werkzeuges.

Gleichmäßige Verarbeitungsbedingungen.

Auswahl einer für den Anwendungszweck geeigneten und von Lieferung zu Lieferung gleichmäßigen Preßmasse.

Dabei sei vorausgesetzt, daß auch die Konstruktion des Preßteiles werkstoffgerecht durchgeführt wurde. Es ist somit klar, daß der Preßmasseverarbeiter für die technisch gute Fertigung der Teile entscheidend verantwortlich ist. Die Gleichmäßigkeit der Verarbeitung erreicht man durch Einhalten konstanter Verarbeitungstemperaturen, Verarbeitungszeiten und Drücke. Es bleibt zum Schluß nur die sachgemäße Auswahl der Preßmasse und die Kontrolle der Gleichmäßigkeit der Masse.

Seit Bestehen der Preßtechnik sind eine Reihe von Prüfverfahren entwickelt worden, welche diesem Zweck dienen. Man muß hierbei beachten, daß der Sinn von Betriebs- und Abnahmeprüfungen an Preßmassen nicht der sein kann, alle Eigenschaften der zu fertigenden Preßteile umfassend zu ermitteln [2]. Im Vordergrund steht die Kontrolle der zu fordernden Mindestbedingungen und der Gleichmäßigkeit [3, 4]. Man hat im wesentlichen folgende Wünsche an diese Prüfverfahren:

1. Möglichst wenige und einfache Prüfungen, die jedoch zuverlässige Schlüsse über das Gesamtverhalten des betreffenden Werkstoffes gestatten.

2. Möglichst wenig Probekörper und vor allem wenig Probekörperformen; erwünscht sind Probekörperformen, welche für mehrere Prüfverfahren geeignet sind.

3. Erforderlich sind Prüfungen über die Verarbeitbarkeit der Masse als auch solche, welche die Eigenschaften des gepreßten Materials zu beurteilen gestatten.

4. Die Prüfungen an Probekörpern sollen in erster Linie zur Beurteilung der Regelmäßigkeit von Lieferungen dienen bzw. für die Kontrolle, ob bestimmte Mindestwerte eingehalten sind. Daher sind sog. „Einpunktprüfungen" ausreichend, sofern danach die Gleichmäßigkeit der Masse von Lieferung zu Lieferung beurteilt werden kann.

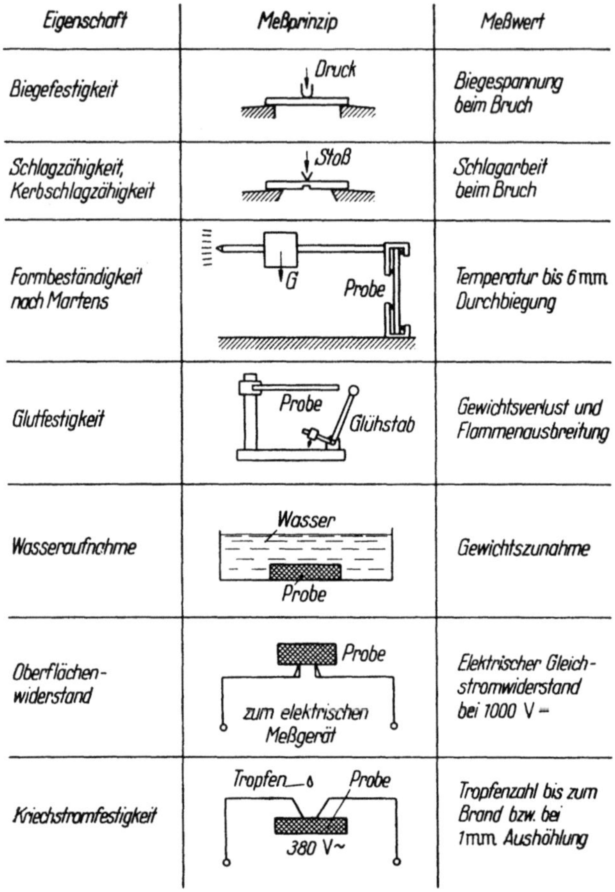

5. Die Übertragbarkeit der an Probekörpern gewonnenen Meßergebnisse auf beliebige Fertigteile ist im allgemeinen nur bedingt möglich. Es sollten jedoch solche Probekörperformen und Prüfverfahren angestrebt werden, bei welchen die Übertragbarkeit möglichst weitgehend erreicht wird.

Sinngemäß gelten diese Ausführungen auch für Betriebs- und Abnahmeprüfungen an anderen Kunststofferzeugnissen (s. II 4.1.2 bis 4.8).

Die deutsche Normung hat rechtzeitig – seit Anfang der dreißiger Jahre – diese Forderungen berücksichtigt. Es gibt in Deutschland, und ähnlich auch in anderen Ländern, schon eine große Zahl von genormten Prüfverfahren dieser Art. Parallel damit läuft die Typisierung der Preßmassen, welche ja nur nach Festlegung geeigneter Prüfverfahren möglich ist. So dienen der Überwachung der Mindestwerte und der Gleichmäßigkeit bei typisierten oder vortypisierten Phenoplast-, Aminoplast- und bei Kaltpreßmassen und Bitumenpreßmassen jeweils 7 bis 10 Prüfverfahren (s. Abb. 1), welche an bestimmten Probekörpern durchzuführen sind (DIN 7708).

Eigenschaft	Meßprinzip	Meßwert
Biegefestigkeit	Druck	Biegespannung beim Bruch
Schlagzähigkeit, Kerbschlagzähigkeit	Stoß	Schlagarbeit beim Bruch
Formbeständigkeit nach Martens	G, Probe	Temperatur bis 6 mm Durchbiegung
Glutfestigkeit	Probe, Glühstab	Gewichtsverlust und Flammenausbreitung
Wasseraufnahme	Wasser, Probe	Gewichtszunahme
Oberflächenwiderstand	Probe, zum elektrischen Meßgerät	Elektrischer Gleichstromwiderstand bei 1000 V –
Kriechstromfestigkeit	Tropfen, Probe, 380 V~	Tropfenzahl bis zum Brand bzw. bei 1 mm Aushöhlung

Abb. 1. Prüfverfahren zur Überwachung typisierter Aminoplast-Preßmassen (nach H. Draeger u. W. Woebcken)

Darüber hinaus gibt es eine Reihe von genormten oder noch im Stadium der Normung befindlichen Prüfverfahren, welche an ungeformten Preßmassen durchführbar sind. Gerade diese Verfahren, welche z. B. die Verarbeitbarkeit der Massen bewerten oder aber die Zusammensetzung der Massen zu analysieren erlauben, sind von großer Bedeutung.

Das Ziel der Typisierung (s. II 6) von Preßmassen muß sein, daß auch die wesentlichsten Verarbeitungseigenschaften der Massen in die Typisierung einbezogen werden. Erst dann, wenn gleiche Füllfaktoren und gleiche Fließeigenschaften bei einem Typ gewährleistet sind, ist die Austauschbarkeit der Massen und die volle Sicherung der Gleichmäßigkeit gegeben [5].

Die Verwendung von typisierten und überwachten Preßmassen, deren Überprüfung in Deutschland durch 3 Prüfämter erfolgt (Bundesanstalt für mechanische und chemische Materialprüfung = BAM, Berlin-Dahlem; Materialprüfungsanstalt = MPA, Darmstadt; Deutsches Amt für Material- und Warenprüfung = DAMW, Halle), bietet für den Verarbeiter u. a. den Vorteil, daß Betriebs- und Abnahmeprüfungen weitgehend erspart werden können [6]. Bei Sonderpreßmassen, insbesondere solchen, welche in Zusammenarbeit mit Preßmasseherstellern entwickelt wurden, wird der Verarbeiter einen größeren Prüfaufwand betreiben müssen, um sich ausreichende Sicherheiten zu verschaffen. Die Typisierung erleichtert somit die technische Anwendung.

Sowohl in den Laboratorien der Preßmassehersteller als auch der Preßmasseverarbeiter gibt es z. Z. eine Reihe von Prüfverfahren, welche noch nicht genormt sind, sich aber als Betriebsprüfungen bewährt haben. Die Entwicklung in diesem relativ jungen Werkstoffgebiet ist noch im Fluß. Im folgenden werden teilweise auch solche Verfahren erwähnt, sofern sie als Beispiele geeignet sind.

b) Prüfungen an ungeformten Preßmassen. α) *Verarbeitbarkeit und Zusammensetzung.* Prüfungen an ungeformten Preßmassen sind zur Beurteilung der Verarbeitbarkeit der Massen und zur Analyse der Zusammensetzung erforderlich. Die Verarbeitbarkeit wird durch die Harzart, den Feuchtigkeitsgehalt und durch Füllstoffart und -struktur wesentlich bestimmt. Vor allem können die Füllstoffarten und -strukturen bei Phenoplast- oder Aminoplastpreßmassen sehr unterschiedlich sein. Es gibt zwischen sehr feinkörnigen und sehr grobfaserigen Preßmassen viele Zwischenstufen.

β) *Kornverteilung.* Die „Kornverteilung" einer Masse gibt an, welche Abmessungen die Preßmasseteilchen einer trockenen Preßmasse besitzen. Die Körnung kann vom Hersteller durch mehr oder weniger starkes Mahlen oder Brechen der Felle beeinflußt werden. Nun ist die Angabe einer Körnung von z. B. 1 mm bei Typ 31 häufig unbefriedigend, weil die Teilchengröße im allgemeinen ein breites Spektrum ausfüllt, so daß in der Masse neben den zwar häufig vorhandenen Partikeln von 1 mm auch sehr viele kleinere staubartige Anteile vorhanden sind. Dieser Staubanteil kann erwünscht sein, z. B. zur Erreichung bestimmter Festigkeiten oder höheren Glanzes, er kann aber nachteilig sein wegen der Staubentwicklung. Häufig wünschen die Pressereien „staubfreie" Preßmassen[1].

Man braucht somit ein Prüfverfahren, welches die Verteilung der verschiedenen Teilchengrößen angibt. Hierzu eignet sich das auch in der keramischen

---

[1] Außerdem kann es vorkommen, daß in der Mahlanlage des Preßmasseherstellers ein Sieb beschädigt wurde und dadurch ungemahlene, grobe Stücke in das Mahlgut gelangen. Diese groben Stücke können zu Störungen beim Tablettieren führen oder Preßteile mit schlechten Oberflächen ergeben.

Industrie bekannte Verfahren der Siebanalyse. Ein sog. Mahlfeinheitsprüfer mit 6 Sieben von 2 bis 0,06 mm Maschenweite wird mit 100 g einer Preßmasse beschickt und 10 min geschüttelt. Die in den Sieben verbliebenen Anteile werden auf 0,1 g genau zurückgewogen und in Prozent der Gesamtmenge angegeben.

Bei faserigen Preßmassen ist eine solche Siebanalyse nur sinnvoll, wenn feinkörnige Anteile vorhanden sind. Man gibt bei Fasermassen im allgemeinen die durchschnittliche Faserlänge bzw. Teilchenlänge an. Bei Schnürenmassen ist außerdem die Angabe der Dicke der Schnüre angebracht. Ebenso ist bei pastenartigen oder kittartigen Preßmassen, z. B. auf Polyesterharzbasis, die Angabe der durchschnittlichen Faserlänge wünschenswert.

γ) *Füllfaktor und Schüttdichte.* Für die Pressereien ist weiterhin die Angabe des Raumbedarfes der Preßmassen beim Einfüllen in das Werkzeug wichtig. Der Füllfaktor einer Masse gibt an, um wieviel größer das Volumen der lockeren Preßmasse als das des gepreßten Formteiles ist. Dieser Füllfaktor – im Englischen: bulk factor – ist das Verhältnis aus Preßstoffdichte zu Preßmasse–Schüttdichte. Um die Preßstoffdichte zu wissen, muß also zunächst ein Preßteil gepreßt sein. Die Schüttdichte dagegen wird an der lockeren Preßmasse ermittelt (DIN 53468). In der ISO-Empfehlung R 60 lautet der Titel

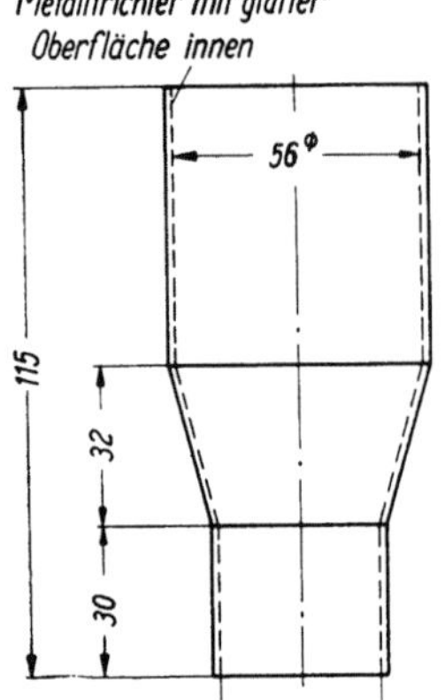

Abb. 2. Trichter zur Bestimmung der Schüttdichte von Preßmassen nach der ISO-Empfehlung R 60

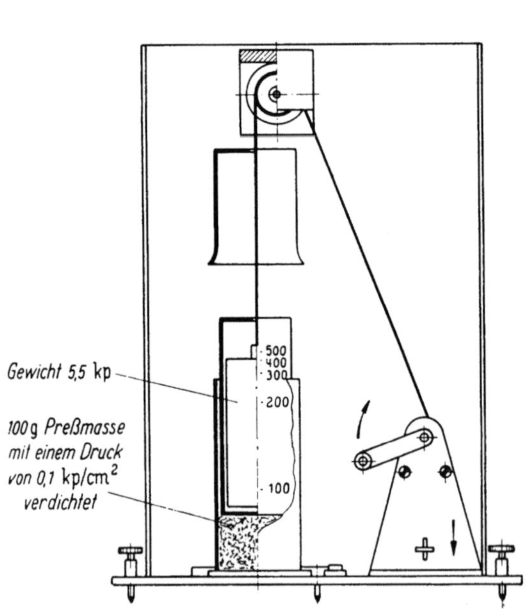

Abb. 3. Prüfgerät zur Bestimmung der Stopfdichte von Preßmassen. Das Belastungsgewicht kann angehoben werden, um die Rückfederung faseriger Preßmassen zu berücksichtigen (nach W. WOEBCKEN)

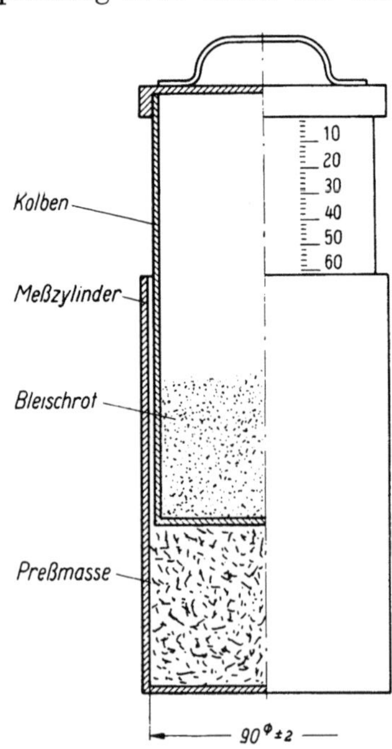

Abb. 4. Prüfanordnung zur Bestimmung der Stopfdichte von nicht-rieselfähigen Preßmassen gemäß ISO/R 61

dieser Prüfung: Bestimmung der scheinbaren Dichte von Massen, die durch einen Trichter geschüttet werden können (s. Abb. 2).

δ) *Stopfdichte.* Bei langfaserigen Massen, welche vom Presser in die Form „gestopft" werden, spricht man nicht von einer Schüttdichte, sondern sinngemäß von einer „*Stopfdichte*". (ISO/R 61: Bestimmung der scheinbaren Dichte von Formmassen, die nicht durch einen Trichter geschüttet werden können.) Die Messung erfolgt analog zur Praxis mit einem gewissen Verdichtungsdruck. Nach einem deutschen Vorschlag wird die Masse mit 0,1 kp/cm² verdichtet, dann wieder entlastet und nach Rückfederung das Volumen der komprimierten Masse gemessen [7] (s. Abb. 3). Die entsprechende ISO-Empfehlung (Abb. 4) verzichtet auf die Entlastung, verdichtet aber auch mit nur 0,036 kp/cm². Die Ergebnisse beider Verfahren sind mit ausreichender Genauigkeit übereinstimmend.

ε) *Tablettierdichte.* Schließlich wünschen die Pressereien zu wissen, wie groß der Füllfaktor von tablettierten Preßmassen ist. Man muß hierzu Tabletten herstellen und zunächst analog wie bei der Schütt- bzw. Stopfdichte eine „Tablettierdichte" bestimmen. Es hat sich gezeigt – in Übereinstimmung mit dem Druckbedarf bei üblichen Tablettierpressen –, daß ein Verdichtungsdruck von 200 bis 400 kp/cm² geeignet ist, die Tablettierdichte zu messen. Man benutzt zweckmäßigerweise die in allen Laboratorien üblichen Probepressen mit einem Plattenwerkzeug, wie es z. B. zur Herstellung von Normplatten 120 mm

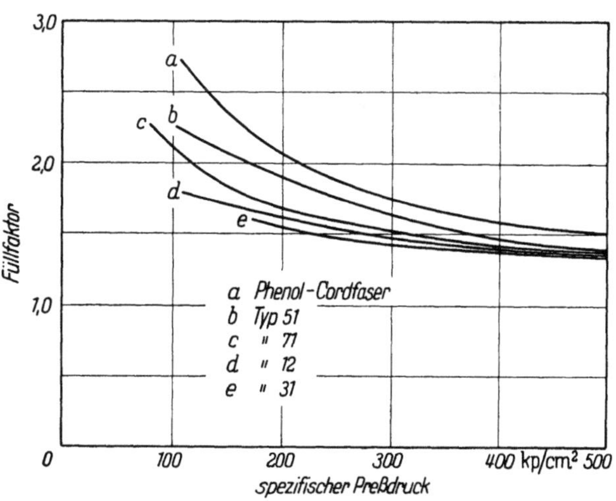

Abb. 5. Füllfaktoren von Preßmassen in Abhängigkeit vom Verdichtungsdruck

× 120 mm nach DIN 53470 verwendet wird. Abgewogene Preßmassemengen – bei einem Plattenwerkzeug 120 mm × 120 mm nimmt man vorteilhafterweise 200 g – sind gleichmäßig verteilt ins kalte Werkzeug einzufüllen und von 200 kp/cm² an mit steigendem Druck zu verdichten, bis Tabletten ausreichender Bruchfestigkeit entstehen. Eine exakte Druckangabe ist nicht möglich, weil z. B. faserige Preßmassen weniger Druck, körnige Preßmassen im allgemeinen höheren Druck benötigen. Bei 400 kp/cm² Verdichtungsdruck sind die Unterschiede zwischen den Füllfaktoren verschiedenartiger Preßmassen gering, bei kleinerem Verdichtungsdruck von z. B. 200 kp/cm² erhöhen sich die Füllfaktoren langfaseriger Preßmassen erheblich (s. Abb. 5)[1].

ζ) *Fließ- und Härtungseigenschaften.* Die Verarbeitbarkeit einer Preßmasse wird in entscheidender Weise durch Prüfung der Fließ- und Härtungseigenschaften

---

[1] Da faserige Preßmassen die Tendenz zeigen, nach der Tablettierung mit der Zeit wieder 10 bis 20% zurückzufedern, wird man in der Praxis höhere Verdichtungedrücke anstreben, z. B. bis zu 600 kp/cm².

bewertet. Die hierfür vorgeschlagenen Prüfverfahren sind sehr zahlreich. Man benutzt in den verschiedenen Ländern hauptsächlich 3 Prüfkörperformen: Platten, Stäbchen oder Becher. Die Form des Prüfkörpers ist jedoch nicht so entscheidend als vielmehr das Verfahren, wie man prüft und welcher Meßwert als Kriterium genommen wird (s. Abb. 6).

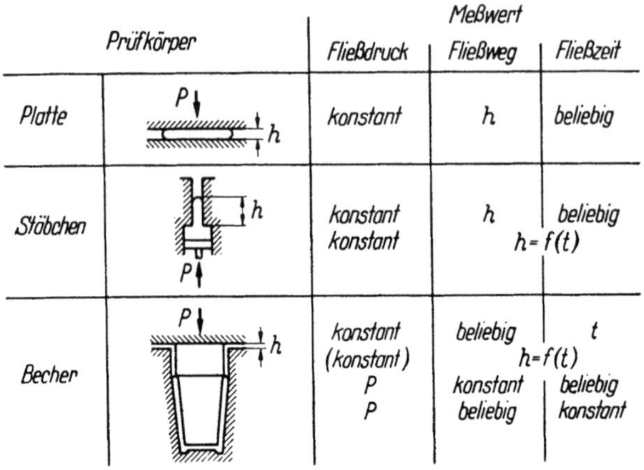

In USA, England und Deutschland ist z. Z. noch die Prüfung der Verarbeitbarkeit beim Becherversuch genormt. Die deutsche Norm DIN 53465, Vornorm, bewertet die Schließzeit bei konstant vorgeschriebenem Preßdruck. Die amerikanische Norm ASTM D 731–50 bewertet den Mindestdruck, der erforderlich ist, um einen brauchbaren Becher mit einem Mindestspalt zwischen den Werkzeughälften herzustellen. Beim neuerdings vorgeschlagenen Flowtest-Verfahren wird die Länge des Fließweges bewertet oder auch der zeitliche Ablauf des Fließens ([8 bis 10] s. auch II 3.3.1). In einem sehr vereinfachten Versuch

		Meßwert		
Prüfkörper		Fließdruck	Fließweg	Fließzeit
Platte		konstant	h	beliebig
Stäbchen		konstant konstant	h $h = f(t)$	beliebig
Becher		konstant (konstant) P P	beliebig $h = f(t)$ konstant beliebig	t beliebig konstant

Abb. 6. Bisher vorgeschlagene Prüfverfahren zur Bestimmung des Fließvermögens von Preßmassen (nach H. DRAEGER u. W. WOEBCKEN

einen brauchbaren Becher mit einem Mindestspalt zwischen den Werkzeughälften herzustellen. Beim neuerdings vorgeschlagenen Flowtest-Verfahren wird die Länge des Fließweges bewertet oder auch der zeitliche Ablauf des Fließens ([8 bis 10] s. auch II 3.3.1). In einem sehr vereinfachten Versuch

Preßmassearten			30 - Sekunden - Fließdruck in Mp
Füllstoffart	Füllstoffstruktur	Beispiel Typ	
anorgan.	fein	11, 12	w m h
"	grob	16	w m h
organ	fein	31, 131	w m h
"	grob	51, 54, 71, 74	w m h

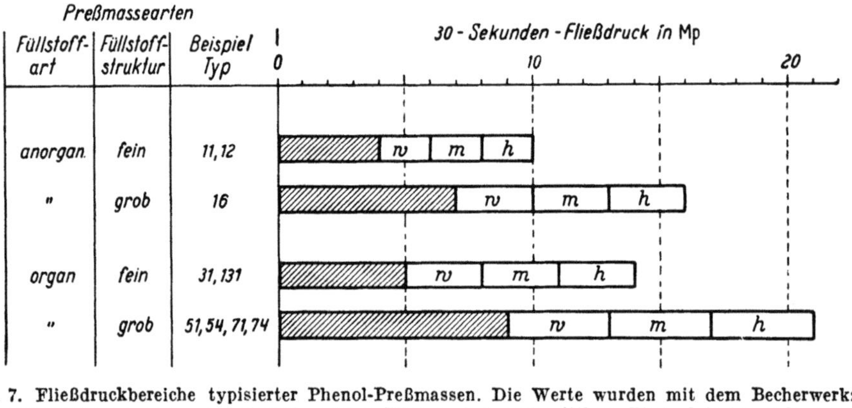

Abb. 7. Fließdruckbereiche typisierter Phenol-Preßmassen. Die Werte wurden mit dem Becherwerkzeug nach DIN 53 465 gemessen, w bedeutet weicher Fluß, m bedeutet mittlerer Fluß, h bedeutet harter Fluß (nach H. DRAEGER u. W. WOEBCKEN)

wird beim Auspressen eines Pfannkuchens zwischen zwei ebenen Platten lediglich die Dicke als Maß der Fließbarkeit geprüft. Eine leicht fließende Masse gibt einen dünnen, eine schwer fließende Masse einen dicken Pfannkuchen.

Alle diese Prüfverfahren sind als Betriebs- und Abnahmeprüfungen durchaus geeignet, wenn es sich lediglich um die Beurteilung einer bestimmten Preßmasse handelt. Wenn man jedoch mit dem gleichen Verfahren sämtliche bekannten Preßmassearten prüfen und vergleichen will, so ergeben sich Werte, welche nicht unmittelbar für die Praxis nutzbar sind.

Die Übertragbarkeit der Werte des Prüfverfahrens auf die Praxis muß in der zukünftigen Normung mehr berücksichtigt werden. Hier genügt nicht eine willkürliche Zahl, man möchte aus der Prüfung erkennen, wie groß der Druckbedarf der Masse ist und wie rasch das Harz bei einer bestimmten Temperatur härtet. Diese beiden Angaben sind zur Beurteilung der Verarbeitbarkeit mindestens erforderlich.

Eine Angleichung des Prüfverfahrens an die Praxis ist – ähnlich dem amerikanischen Becherversuch – dann gegeben, wenn man nicht „indirekte" Meßwerte vergleicht, sondern Fließdruckwerte mißt und bewertet. Beim Becherversuch z. B. bedeutet das, daß man eine konstante Schließzeit von 30 Sek. vorschreibt und den dazugehörigen Fließdruck mißt. Bei einem anderen Prüfkörper kann eine andere Schließzeit zweckmäßig sein. Alle Preßmasseproben werden dann im gleichen Zeitrhythmus erwärmt und in den Formenraum gedrückt. Dies entspricht auch der Praxis, wo ebenfalls bei einer härteren Preßmasse der Druck erhöht werden muß, damit das Werkzeug mit nahezu gleicher Schließzeit schließt (s. Abb. 7).

Eine wesentliche Ergänzung erfährt der oben erwähnte Becherversuch durch die Prüfung der Formsteifheit (s. Abb. 8), d. h. des Widerstandes des frisch entformten und noch preßwarmen Bechers gegen ein Zusammendrücken.

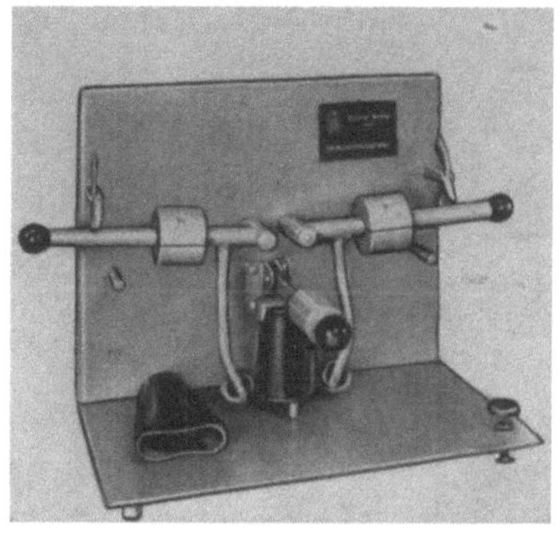

Abb. 8. Belastungsvorrichtung zur Bestimmung der Formsteifheit von Preßstoff-Bechern (hergestellt nach DIN 53465). Die noch warmen Becher werden kurz nach dem Entformen mit 1 kp am Rand gedrückt (nach H. DRAEGER u. W. WOEBCKEN)

Werden die Prüfbecher bei gleichen Preßtemperaturen und Preßzeiten – bei den folgenden Angaben handelt es sich um Preßzeiten von 2 min, d. h. 30 Sek. Schließzeit + 90 Sek. Backzeit = 120 Sek. Preßzeit – anschließend der gleichen Belastung, nämlich 1 kp, am Becherrand unterworfen, so ist die Größe der bleibenden Verformung ein Hinweis auf die Härtungsgeschwindigkeit des Harzes. Wiederholt man diese Formsteifheitsprüfung bei verschiedenen Verarbeitungstemperaturen, so ist diejenige Temperatur der Praxis zu empfehlen, bei welcher eine Formsteifheit zwischen 80 und 95% gemessen wird (gequetschter Becherdurchmesser dividiert durch den ursprünglichen Durchmesser mal 100 in %). Bei langfaserigen Preßmassen sollten höhere, bei kurzfaserigen tiefere Formsteifheiten als „normal" gelten. Immerhin würde z. B. eine langsam härtende Kresolharzpreßmasse, welche bei 165 °C geprüft wird, durch geringe Formsteifheit von beispielsweise 50 bis 60% erkannt. Bei einer rasch härtenden Melaminharzpreßmasse, welche zunächst bei 155 °C geprüft wird und dabei z. B. eine Formsteifheit von 97% zeigt, würde man zweckmäßigerweise ein zweites Mal bei 145 °C prüfen und z. B. eine Formsteifheit von 90% feststellen. Diese Preßmasse würde in der Presserei auch vorteilhafterweise nur bei Temperaturen unter 150 °C verarbeitet werden. Interessant ist die Beobachtung, daß bei Variation der Temperatur des Becherwerkzeuges die Formsteifheitswerte stark verändert werden, infolge der Abhängigkeit der chemischen Reaktion von der Temperatur, die Fließdruckwerte jedoch wenig, sofern man im Temperaturbereich „brauchbarer" Becher bleibt. Das entspricht auch der praktischen Erfahrung in der Presserei.

η) *Feuchtigkeitsgehalt.* Eine weitere wesentliche Prüfung bei Preßmassen ist die Bestimmung des Feuchtigkeitsgehaltes der Massen. Da durch mangelhafte Verpackung oder längeres Lagern geöffneter Behälter Änderungen des Feuchtigkeitsgehaltes eintreten können, ist eine Überprüfung vor der Verarbeitung angebracht. Preßmassen dürfen weder zu trocken noch zu feucht sein; trockene Massen fließen sehr schwer, feuchte erzeugen bei den Preßlingen Blasen und größere Schwindung. Man prüft den Feuchtigkeitsgehalt einer Masse exakt durch Lagern einer abgewogenen Menge im Exsikkator über z. B. Phosphorpentoxyd. Leider ist dieses Verfahren etwas zeitraubend. Deshalb besteht der Wunsch, in einem zwar weniger exakten aber dafür einfacheren Verfahren die Feuchte zu messen. Der auch in anderen Industriezweigen bekannte Schnellwasserbestimmer nach BRABENDER (s. Abb. 9) erlaubt es, 10 Proben von je 10 g gleichzeitig durch Ausheizen wasserfrei zu machen. Eine eingebaute Präzisionswaage gibt den Feuchtigkeitsgehalt unmittelbar in Prozent an. Die in den Abb. 10 und 11 wiedergegebenen Kurven zeigen die Gewichtsabnahme in Abhängigkeit von der Zeit. Nach etwa 20 bis 30 min bei 105 °C

Abb. 9. Schnellwasserbestimmer nach BRABENDER mit eingebauter Präzisionswaage zur Messung des Gewichtsverlustes nach Ausheizung der Probe (Werkphoto Fa. Brabender, Duisburg)

sind die Feuchtigkeitsanteile im wesentlichen abgedampft. Da außerdem aber auch Preßmassebestandteile, wie Ammoniak, Phenol, Essigsäure usw., in geringen Mengen abdampfen, andererseits aber bei 105 °C bereits Kondenswasser in dem Harz entstehen kann (sofern z. B. ein Phenol- oder Melaminharz vorliegt), ist es erforderlich, den Versuch bei der Temperatur abzubrechen, bei welcher Meßwerte ähnlich dem Exsikkatorversuch entstehen. Vergleichsversuche ergaben, daß bei 105 °C und 30 min Heizzeit mit ausreichender Genauigkeit (Abweichungen unter 0,2%) gleiche Ergebnisse erzielt werden.

ϑ) *Acetonlösliche Bestandteile.* Acetonlösliche Bestandteile werden in Extraktionsgeräten, z. B. im GRÄFE-Apparat oder in Ausführungen nach SOXHLET oder

Twisselmann bestimmt. 100 g der Preßmasse werden in eine Filterhülse eingewogen, das Harz bis zu 16 Std. extrahiert, die zurückgebliebenen Füllstoffanteile getrocknet und gewogen. Bei Novolakharzen gibt der so ermittelte acetonlösliche Anteil etwa den Harzgehalt an.

Es empfiehlt sich folgende Berechnung des acetonlöslichen Anteiles a:

$$a = \frac{H + M - HF}{M} \cdot 100\,(\%) - f\,(\%).$$

Hierin bedeuten:

H Hülsengewicht der trockenen Hülse in g (nach 60 min bei 105 °C im Schnellwasserbestimmer nach Abbildung 9),

M Gewicht der Preßmasseprobe in g (z. B. im Anlieferungszustand),

HF Trockengewicht von Hülse und Füllstoffrest nach der Extraktion in g (gemessen 1 min nach Entnahme aus dem Schnellwasserbestimmer, Ausheizung wie oben, 60 min bei 105 °C),

f Feuchtigkeitsgehalt der Preßmasse in % (gemessen an einer weiteren Preßmasseprobe, z. B. mit dem Schnellwasserbestimmer, s. Abb. 9).

Nach Wallhäuser arbeitet man vorteilhafter mit Cyclohexanon, welches sowohl bei Novolaken als auch bei Resolen gut extrahiert [11, 12]. Da bei Novolakmassen auch Farbstoffe und Gleitmittel weitgehend extrahiert werden, empfiehlt Wallhäuser den doppelten Wert von f in die Formel einzusetzen; falls Füllstoffe mit Eigenharz vorliegen, soll man zusätzlich noch 1% abziehen.

Eine entsprechende Empfehlung ISO/R 59 umgeht die Feuchtigkeitsbestimmungen, indem das extrahierte Harz nach Eindampfen direkt gemessen wird (s. Abb. 12). Dieser Vorgang dauert bis zum Erreichen der Gewichtskonstanz länger, führt jedoch zu fast gleichen Ergebnissen.

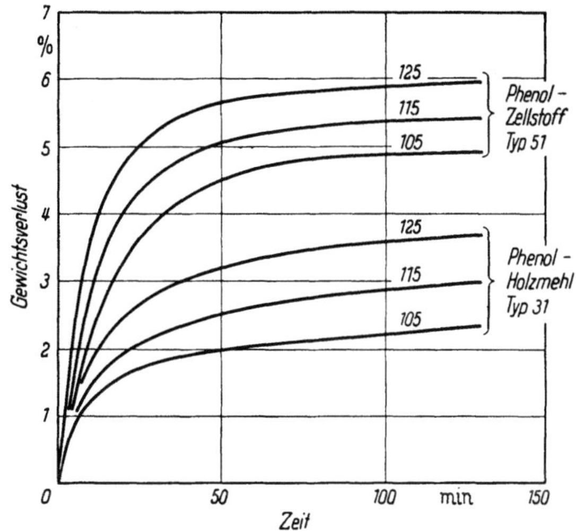

Abb. 10. Gewichtsabnahme von 2 Preßmassesorten im Schnellwasserbestimmer nach Abb. 9 als Funktion der Zeit bei Temperaturen von 105, 115 und 125 °C

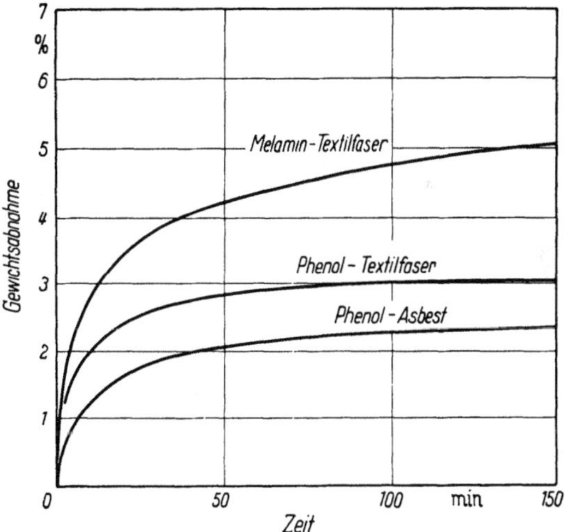

Abb. 11. Gewichtsabnahme verschiedener Preßmassesorten im Schnellwasserbestimmer nach Abb. 9 als Funktion der Zeit bei 105 °C. Die Gewichtsabnahme bei einer Heizzeit von 30 min entspricht etwa dem Feuchtigkeitsgehalt

c) Prüfungen an Probekörpern. Preßmassen werden zu einem großen Teil dadurch beurteilt, daß aus der zu prüfenden Masse Probekörper hergestellt und an diesen dann „Eigenschaften" gemessen werden. Auch eine vollständige chemische Analyse einer Preßmasse würde nicht ausreichen, um sichere Aussagen des physikalisch-chemischen Verhaltens von daraus hergestellten Preßteilen zu machen. Deshalb ist die Anfertigung von Probekörpern unerläßlich (s. II 2.1). Es sind heute noch nicht alle Wünsche erfüllt, die das Problem der Probekörperherstellung und -prüfung betreffen. Genau wie beim Pressen oder Spritzpressen beliebiger Formteile gibt es auch beim Herstellen der Probekörper erhebliche Einflüsse der Verarbeitungsart auf die Eigenschaften der Probekörper. Dies liegt einmal an den bei der Herstellung möglicherweise variablen Preßbedingungen, zum anderen aber ganz besonders an dem Ordnungszustand des Gefüges, welches beim Fließen der Masse entsteht. Eine Orientierung der Füllstoffteilchen ist stets mehr oder weniger vorhanden. Dadurch werden insbesondere die Werte der mechanischen Festigkeit und des thermischen Verhaltens beeinflußt.

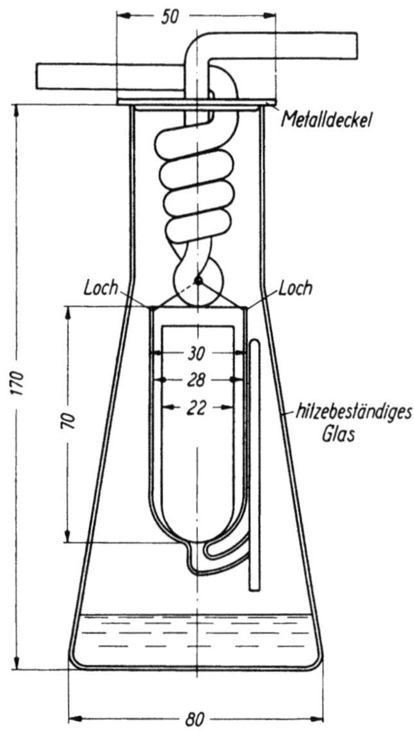

Abb. 12. Extraktionsgerät zur Bestimmung der acetonlöslichen Bestandteile nach der ISO-Empfehlung R 59

Sofern die Werkzeuge für die Herstellung der Probekörper, die Herstellverfahren und Prüfbedingungen weitgehend genormt sind, ergeben die Meßwerte immerhin vergleichbare Relativzahlen, welche zur Überwachung der Gleichmäßigkeit genügen. Es bleibt lediglich der Umstand unbefriedigend, daß über die Größe der im Gefüge vorhandenen Anisotropien kaum etwas bekannt ist. Da die Füllstoff-Orientierung entscheidenden Einfluß hat, sollte man zumindest bei einigen thermischen und mechanischen Prüfungen diesen Einfluß prüfen.

α) *Schwindung.* Die Schwindung, d. h. der Unterschied zwischen den Maßen des kalten Werkzeuges und des kalten Preßteiles (DIN 53464), ist eine Preßmasseeigenschaft, welche noch sorgfältiger als bisher üblich geprüft werden muß, da die Ansprüche hinsichtlich der Fertigungstoleranzen ständig wachsen [13]. Man rechnet im Werkzeugbau bisher durchschnittlich mit 0,5 bis 0,8 % Schwindung. Dabei geht man von Meßwerten aus, die am Normstab gemessen wurden. Die Orientierung im Normstab ist nun aber „durchschnittlich", d. h. in Richtung der Stablänge herrscht keine ausgesprochen einseitige Orientierung vor, deshalb sind die ermittelten Schwindungs- und Nachschwindungswerte mittlere Werte.

Man findet bei allen Preßmassen, daß die Schwindung senkrecht zur Orientierung größer ist als parallel zur Orientierung der Fasern. Deshalb ist ein Probekörper interessant, welcher die extremen Schwindungswerte zu messen gestattet.

Eine spritzgepreßte Viertelscheibe, Radius 60 mm, Dicke 4 mm, eignet sich sehr gut hierfür [14]. Die Orientierung des Gefüges wird deutlich, wenn man ein Schliffbild aus einer halb abgeschliffenen Scheibe anfertigt (s. Abb. 13). Zur Hervorhebung eignet sich z. B. eine Mischmasse aus schwarzer und heller Phenol-Holzmehl-Masse im Verhältnis 1:5. Noch bessere Kontraste erzielt man, wenn man eine Mischung von 90% einer weißen Melamin-Cellulose-Masse mit 10% einer schwarzen Phenol-Holzfaser-Masse verwendet. Die Messung erfolgt durch

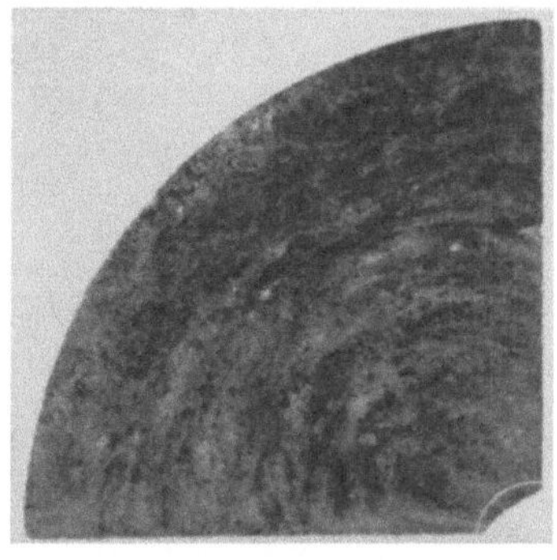
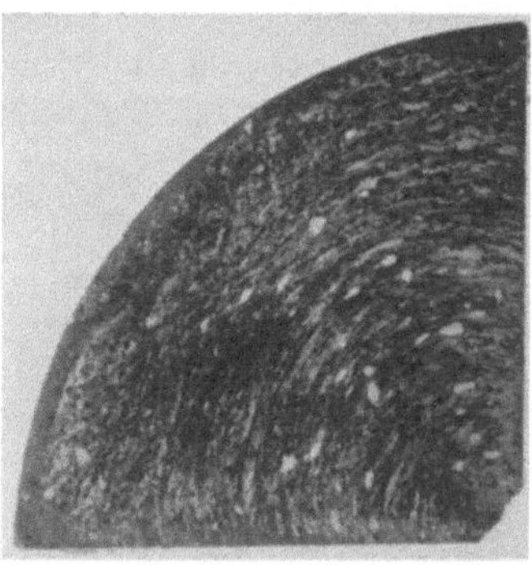

a   b

Abb. 13 a und b. Spritzgepreßte Viertelscheibe als Probekörper zur Bestimmung der Schwindung und Nachschwindung von Preßmassen. Zur Anwendung gelangte eine helldunkle Mischungsmasse, um die geringe Füllstoff-Orientierung auf der Außenhaut (a) und die sehr starke Füllstoff-Orientierung im Preßteilinnern (b) sichtbar zu machen (nach W. WOEBCKEN)

eine Meßvorrichtung mit 2 Meßuhren (s. Abb. 14). Die Eichung des Meßgerätes geschieht durch Bleiabdrücke vom kalten Werkzeug.

Aus der Zusammenstellung der Meßwerte einiger Preßmassen geht hervor, daß die Anisotropien des Gefüges z. T. erheblich sind. Die Höhe der Anisotropie, d. h. die Differenz zwischen den Schwindungswerten (bzw. Nachschwindungswerten) senkrecht und parallel zur Orientierung ist ein Maß dafür, wie stark eine Preßmasse zur Verbiegung und Rißbildung der Preßteile neigt! Insbesondere beim Spritzpressen ist diese Eigenschaft unangenehm, man muß sie kennen und beherrschen. Andererseits ist einleuchtend, daß Preßmassen mit vorwiegend kugeligen Füllstoffteilchen keine

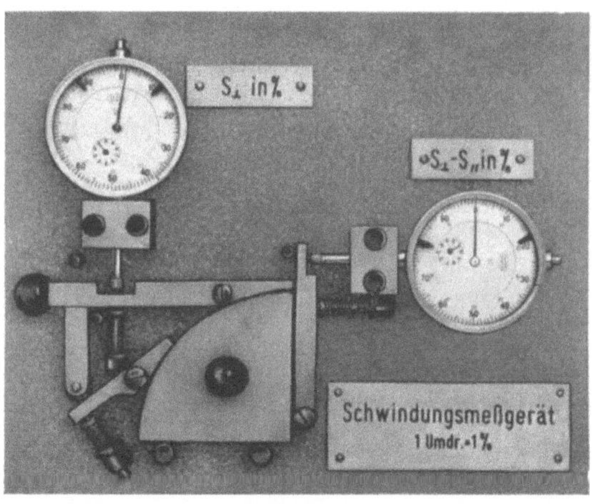

Abb. 14. Meßgerät zur Ermittlung der Schwindmaße von Viertelscheiben nach Abb. 13. Wegen der Anisotropie des Gefüges sind die Werte in radialer Richtung ($S_\perp$) und in tangentialer Richtung ($S_\parallel$) i. allg. stark verschieden (nach W. WOEBCKEN)

bevorzugten Orientierungserscheinungen besitzen, z. B. Typ 11 (Phenolharz mit Gesteinsmehl-Füllung), ebenso füllstofffreies Preßharz. Die Tab. 1 zeigt außerdem die recht großen Nachschwindungswerte einiger Melaminharzpreßmassen. Diese große Nachschwindung von Melaminharz beeinträchtigt leider die breitere Anwendung in der Elektrotechnik. Polyesterharz-Preßmassen dagegen sind sehr stabil in der Wärme, es treten keine Kondensationsprozesse auf, die mit Substanzabgabe verbunden sind.

Tabelle 1

Schwindung S und Nachschwindung NS einiger Preßmassen, gemessen an Viertelscheiben.
Die Nachschwindungswerte wurden gemessen nach 200 stündiger Lagerung bei 110 °C. Das
Zeichen $\perp$ bedeutet: senkrecht zur Füllstofforientierung, das Zeichen $\|$ bedeutet: parallel
zu dieser Orientierung

Nr.	Preßstoffart			Normstab		Viertelscheibe			
	Bezeichnung	Harz	Füllstoff	S %	NS %	$S_\perp$ %	$S_\|$ %	$NS_\perp$ %	$NS_\|$ %
1	Preßharz	Phenol	—	.	.	0,98	0,94	0,23	0,22
2	Typ 11	Phenol	Gesteinsmehl	.	.	0,65	0,51	0,26	0,22
3	Typ 155	Melamin	Gesteinsmehl	.	.	0,64	0,52	1,63	1,10
4	Typ 12 1309	Phenol	Asbestfaser	0,27	0,07	0,58	0,05	0,29	0,08
5	Typ 156	Melamin	Asbestfaser	.	.	1,38	0,57	2,06	0,94
6	Typ 31 1418	Phenol	Holzmehl	0,79	0,37	0,81	0,42	0,69	0,38
7	Typ 31 1524	Phenol	Holzmehl	0,89	0,71	1,37	0,52	1,39	0,52
8	Typ 31 1609	Phenol	Holzmehl	0,86	0,39	1,25	0,55	0,79	0,40
9	Typ 31 1635	Phenol	Holzmehl	0,91	0,51	1,34	0,53	1,06	0,50
10	Typ 31 1649	Pheno.	Holzmehl	0,70	0,32	1,07	0,51	0,66	0,35
11	Typ 150	Melamin	Holzmehl	0,88	1,07	0,97	0,51	1,79	0,85
12	Typ 150	Melamin	Holzmehl	0,93	1,59	0,97	0,49	2,25	1,21
13	Typ 51 1508	Phenol	Halbstoff	0,47	0,35	1,09	0,36	1,16	0,45
14	Typ 51 1549	Phenol	Halbstoff	0,48	0,33	1,02	0,29	0,95	0,32
15	Typ 71 1549	Phenol	Textilfaser	0,49	0,58	0,68	0,37	0,88	0,31
16	Typ 153	Melamin	Textilfaser	0,47	0,99	0,58	0,21	2,12*	0,67
17	Typ 131	Harnstoff	Cellulose	0,63	1,49	0,95	0,24	1,26*	0,54
18	—	Polyester	Glasfaser	.	.	1,02	0,37	−0,06	−0,03

* Teilweise Rißbildung bei Wärmebeanspruchung

Die Orientierungen der Füllstoffteilchen im Innern von Spritzpreßteilen veranschaulicht Abb. 13.

An Dynstatproben, welche aus den genannten Viertelscheiben herausgeschnitten wurden, konnte der Einfluß der Orientierung auf die mechanischen Festigkeitswerte bestätigt werden. Es ergaben sich bei einer Phenol-Textil-Preßmasse vom Typ 71 beispielsweise reproduzierbar gemessene Unterschiede im Verhältnis 1:3, je nach Orientierung der Faserteilchen. Es ist somit nicht verwunderlich, wenn an beliebigen Formteilen häufig große Streuungen der mechanischen Festigkeitswerte gemessen werden [15]. Man kann die Streuung solcher Meßwerte nicht dem Dynstatprüfgerät zur Last legen, es handelt sich hierbei um unvermeidliche bzw. nur begrenzt vorausberechenbare Festigkeitsschwankungen, die aber mit Hilfe des Dynstatgerätes erfaßt werden können.

Die übrigen thermischen, mechanischen und elektrischen Prüfverfahren, welche der Überwachung von Preßmassen nach DIN 7708, Bl. 2 bis 4, dienen, sind mit zugehörigen Eigenschaftswerten einzelner Formmassetypen in Tab. 2 aufgetragen und werden im folgenden nur kurz behandelt.

β) Thermische Prüfungen. Die Meßwerte der Formbeständigkeit nach MARTENS [16 bis 18] oder ähnlicher im Ausland gebräuchlicher Verfahren sowie die Glutfestigkeit grenzen die Stoffklasse der härtbaren Harze deutlich ab von thermoplastischen Massen. Sofern eine Prüfung der Fließ- und Härtungseigenschaften in Zukunft in die Typisierung einbezogen wird, werden ein-

seitige „Hochzüchtungen" z. B. der
Formbeständigkeit unmittelbar durch
Festlegung der Verarbeitungseigen-
schaften begrenzt.

γ) *Mechanische Prüfungen.* Die
Kennzeichnung der mechanischen
Festigkeiten durch Bestimmung der
Biegefestigkeit, Schlag- und Kerbschlagzähigkeit sowie der Härte sichert
andererseits auf großer Breite das
mechanische Verhalten [*19* bis *21*]. Gewiß kann damit das gesamte Tempe-
ratur-Zeitverhalten eines Stoffes nicht
erkannt werden, das gehört in die
Eigenschaftstafeln. Zur Festlegung der
Gleichmäßigkeit jedoch sind eine statische und zwei dynamische Prüfungen
ausreichend.

δ) *Elektrische Prüfungen.* Die elektrischen Prüfverfahren (s. auch II. 3.9):
Oberflächenwiderstand, spezifischer
Durchgangswiderstand, dielektrischer
Verlustfaktor und Kriechstromfestigkeit ermitteln das Stoffverhalten bei
Einfluß von Gleich- und Wechselspannungen. Bei Verwendung von
Kunststoffen in Gleichspannungsan-
lagen ist von Bedeutung, ob Bestandteile aus dem Kunststoff herauswandern
und zu Korrosionserscheinungen an
den Metallteilen führen können [*22*].

Abb. 15. Prüfgerät zur Bestimmung der Kriechstromfestigkeit nach dem Tropfverfahren DIN 53 480
(Werkphoto Fa. Klöckner-Moeller, Bonn)

Die Prüfung der Kriechstromfestigkeit ([*23* bis *33*]; II 3.9.4) hat in jüngster
Zeit Bedeutung erlangt, weil damit die Abgrenzung der Aminoplast-Preßmassen

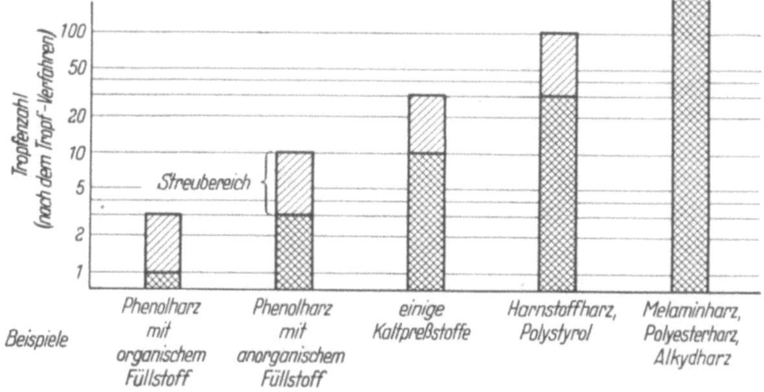

Abb. 16. Bereiche für gemessene Tropfenzahlen nach DIN 53 480 bei einigen Kunststoffarten

Tabelle 2. *Eigenschaften typisierter Phenol-Preßmassen*

Typenbezeichnung nach DIN 7708.............	11	12	16	31
Füllstoffart	Gesteinsmehl	Asbestfaser	Asbestschnur	Holzmehl
Schüttdichte .... kg/dm³	0,85 bis 0,95	0,55 bis 0,75	$<$0,15	0,54 bis 0,63
Stopfdichte .... kg/dm³	—	—	0,17 bis 0,21	—
Tablettierdichte.............. kg/dm³	—	1,27 bis 1,40	—	0,95 bis 1,07
Rohdichte.................... kg/dm³	1,80 bis 1,90	1,80 bis 1,90	1,80 bis 1,90	1,33 bis 1,40
Biegefestigkeit .... kp/cm²	**500**	**500**	**700**	**700**
Schlagzähigkeit .... kpcm/cm²	**3,5**	**3,5**	**15,0**	**6,0**
Kerbschlagzähigkeit .... kpcm/cm²	**1,0**	**2,0**	**15,0**	**1,5**
Druckfestigkeit .... kp/cm²	**1200**	**1200**	**1200**	**2000**
Zugfestigkeit .... kp/cm²	**150**	**200**	**250**	**250**
Deformationsmodul .... kp/cm²	**60 000 bis 150 000**	**90 000 bis 150 000**	**90 000 bis 160 000**	**55 000 bis 80 000**
Kugeldruckhärte (VDE) .... kp/cm²	**1800**	**1500**	**1500**	**1300**
Formbeständigkeit nach MARTENS .. °C	**150**	**150**	**150**	**125**
Zulässige Dauerwärmebeanspruchung °C	150	150	150	100
Wärmeleitfähigkeit........ kcal/m h °C	**0,65**	**0,65**	**0,65**	**0,27**
Lineare Wärmedehnzahl 10^{-6}-Werte 1/°C	**15 bis 30**	**15 bis 30**	**15 bis 30**	**30 bis 50**
Glutfestigkeit (VDE) Gütegrad........	**4**	**4**	**4**	**3**
Brennbarkeit	sehr gering	sehr gering	sehr gering	gering
Schwindung .... %	0,1 bis 0,4	0,1 bis 0,4	0,1 bis 0,3	0,4 bis 0,9
Nachschwindung, 200 Std. 130 °C .. %	0,1 bis 0,2	0,1 bis 0,3	0,1 bis 0,2	0,3 bis 0,8
Widerstand zwischen Stöpseln, unvorbehandelt .... Ω	10^9	10^9	—	10^{10}
nach 4 Tagen in 80% rel. Luftfeuchte Ω	10^8	10^8	—	10^9
Oberflächenwiderstand, unvorbehandelt .... Ω	10^{10}	10^9	—	10^{10}
nach 24 Std. in Wasser .... Ω	**10^8**	**10^8**	**10^7**	**10^8**
Dielektrizitätskonstante 800 Hz	**6 bis 20**	**6 bis 20**	**10 bis 20**	**6 bis 9**
10^6 Hz	**5 bis 10**	**5 bis 10**	—	**6**
Dielektrischer Verlustfaktor $\tan \delta$ 800 Hz	**0,3**	**0,5**	**0,3**	**0,3**
Durchschlagsfestigkeit......... kV/mm	**8 bis 15**	**4 bis 7**	**3 bis 5**	**5 bis 10**
Kriechstromfestigkeit, Stufe	**T 2**	**T 2**	**T 2**	**T 1**
Wasseraufnahme nach 7 Tagen 100 mg/100 cm²	**45**	**60**	**90**	**180**

Fettgedruckte Zahlen sind Werte nach DIN 7708, Beiblatt.

Die nicht fettgedruckten Zahlen entstammen den Eigenschaftstabellen verschiedener Preßschwindung, s. auch Tab. 1.

und der Kaltpreßmassen von den Phenoplast-Preßmassen möglich wurde. Die Vorschläge, das Kriechstromverhalten zu messen, sind fast ähnlich zahlreich und unterschiedlich wie bei Prüfungen des Fließvermögens von Massen. Zur Klärung des Problems muß man zunächst fragen, welchen Zweck das Verfahren erfüllen soll. Offenbar genügt es, eine grobe Abgrenzung oder Grobeinteilung in Klassen zu erreichen; eine Feineinteilung wäre sogar irreführend, weil die Bedingungen der Praxis zu unterschiedlich sind. DIN 53480 dürfte diesen Zweck erfüllen, da das dort angegebene Tropfverfahren: Messung *und daraus hergestellter Norm-Probekörper*

31,5	51	54	57	71	74	77
Holzmehl	Zellstoff-flocken	Zellstoff-schnitzel	Zellstoff-bahnen	Textilfaser	Textilschnitzel	Textilbahnen
0,48 bis 0,80	$<0,30$	$<0,25$	—	$<0,25$	$<0,20$	—
—	0,25 bis 0,34	0,10 bis 0,28	—	0,23 bis 0,28	0,14 bis 0,25	—
—	0,47 bis 0,88	—	—	0,6 bis 0,9	—	—
1,33 bis 1,40	1,34 bis 1,44	1,34 bis 1,44	1,34 bis 1,44	1,38 bis 1,45	1,38 bis 1,45	1,38 bis 1,45
700	600	800	1200	600	600	800
6,0	5,0	8,0	15,0	6,0	12,0	25,0
1,5	3,5	5,5	10	6	12	18
2000	1400	1400	1400	1400	1400	1500
250	250	250	400	250	250	600
55 000	40 000	60 000	80 000	50 000	70 000	60 000
bis 80 000	bis 80 000	bis 100 000	bis 100 000	bis 90 000	bis 100 000	bis 80 000
1300	1300	1300	1300	1300	1300	1300
125	125	125	125	125	125	125
100	100	100	100	100	100	100
0,27	0,27	0,25	0,25	0,32	0,29	0,29
30 bis 50	15 bis 30	10 bis 30	—	15 bis 30	15 bis 30	—
3	3	3	3	2	2	2
gering	gering	gering	gering	gering	gering	gering
0,4 bis 0,9	0,2 bis 0,6	0,2 bis 0,6	0,1 bis 0,4	0,2 bis 0,6	0,2 bis 0,6	0,2 bis 0,5
0,3 bis 0,8	0,4 bis 0,7	0,4 bis 0,7	0,3 bis 0,6	0,4 bis 0,7	0,4 bis 0,7	0,4 bis 0,6
10^{12}	10^{9}	10^{9}	10^{9}	10^{9}	10^{9}	10^{8}
10^{12}	10^{8}	10^{8}	10^{8}	10^{8}	10^{8}	10^{8}
10^{12}	10^{9}	10^{9}	10^{9}	10^{9}	10^{9}	10^{8}
10^{10}	10^{7}	10^{7}	10^{7}	10^{7}	10^{7}	10^{7}
6 bis 9	5 bis 8	6	6 bis 8	6 bis 10	6 bis 10	6 bis 10
6	4 bis 6	4 bis 6	4 bis 6	4 bis 7	4 bis 7	4 bis 7
0,1	0,5	0,5	0,5	0,4	0,4	0,4
8 bis 15	5 bis 10	5 bis 10	5 bis 10	5 bis 10	5 bis 10	5 bis 10
T 1	T 1	T 1	T 1	T 1	T 1	T 1
180	300	500	1500	250	300	450

massehersteller. Diese Zahlen sind als Richtwerte zu betrachten. Werte für Schwindung und Nach-

der Tropfenzahl bei vorgeschriebener Prüfspannung von 380 V und 50 Hz – die Phenolharze eindeutig in Stufe T 1 und T 2 verweist, die neueren, sehr kriechstromfesten Materialien jedoch mit Stufe T 4 bzw. T 5 bewertet. Abb. 15 zeigt eine Prüfanordnung nach DIN 53480 und in Abb. 16 sind Beispiele einzelner Kunstharzgruppen wiedergegeben. Der Prüfaufwand nach DIN 53480 ist, verglichen mit dem entsprechenden Verfahren der IEC-Publikation 112, gering. Dieses Verfahren ermittelt die Grenzspannung, bei welcher auch nach 50 Tropfen kein Überschlag eintritt.

Die amerikanische Norm ASTM D 731–50 (s. Abb. 17) sieht vor, die Zeit bis zum Kurzschluß einer Hochspannungsfunkenstrecke auf der Probenfläche als Kriterium der Lichtbogenfestigkeit (arc-resistance) zu wählen (s. II 3.9.5). Auch hierbei wird das Verhalten der Isolierstoffoberfläche gegenüber kurz-

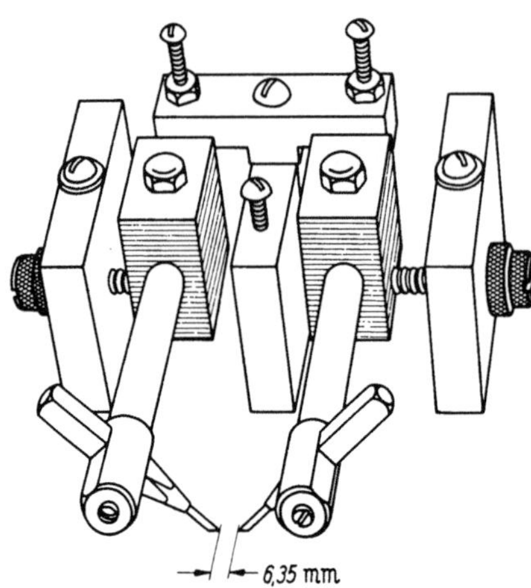

Abb. 17. Elektrodenanordnung nach der amerikanischen Norm ASTM D 731–50 zur Bestimmung der Lichtbogenfestigkeit von Isolierstoffen

zeitigen, kleinen Lichtbögen ermittelt. Die Ergebnisse dieses Verfahrens sind daher auch sehr ähnlich dem sonst andersartigen Tropfverfahren nach DIN 53480.

γ) *Chemische Beständigkeitseigenschaften.* Zu den chemischen Beständigkeitseigenschaften gehört in erster Linie die Wasseraufnahme an gepreßten Platten (s. II 3.8.1). Die Wasseraufnahme ist eine Eigenschaft, welche im Zusammenhang mit der Formbeständigkeit nach MARTENS oder VICAT und mit den Fließ- und Härtungseigenschaften zu sehen ist. Die speziellen Prüfungen auf Gehalt an flüchtigen Säuren für sog. .8-Typen oder auf Ammoniakfreiheit für .9-Typen, sind in DIN 7708 näher beschrieben, so daß sich eine Erläuterung erübrigt (s. auch ISO/R 119).

Die chemische Beständigkeit ist eine grundsätzliche Eigenschaft der Massenzusammensetzung und speziell des Harzes, so daß solche Prüfungen nur selten gemacht werden und nicht als regelmäßige Abnahmeprüfungen in Frage kommen.

Literatur

[1] DRAEGER, H., u. W. WOEBCKEN: Pressen und Spritzpressen. Folge 3 der Reihe Kunststoffverarbeitung. München: Hanser 1960, 2. Aufl.

[2] WOEBCKEN, W.: Zur Prüfung der Schlagfestigkeit von Kunststoff-Formteilen. Kunststoffe 49 (1959) S. 485—488.

[3] NITSCHE, R.: Zur Preßmasse-Typisierung und Güte-Überwachung. Kunststoffe 41 (1951) S. 346—349.

[4] HARTMANN, G. B. v.: Prüfung, Typisierung und Überwachung von härtenden Kunststoffen. Werkstoffe u. Korrosion 1 (1950) S. 437.

[5] NITSCHE, R.: Prüfung härtbarer Preßmassen auf Verarbeitungs-Eigenschaften. Kunststoffe 34 (1944) S. 181.

[6] —: Einige aktuelle Fragen zur Kunststoff-Prüfung. Kunststoffe 42 (1952) S. 427—433.

[7] WOEBCKEN, W.: Zur Bestimmung des Füllgewichtes langfaseriger Preßmassen. Kunststoffe 41 (1951) S. 123/124.

[8] KRAHL, M.: ETZ (1931) S. 439/40 und Plast. Massen 4 (1943) S. 157—160.

[9] PEAKES, G. L.: Plastic Products (Februar 1934) und Brit. Plastics (Februar 1934).

[10] MEYSENBURG, C. M. v.: Verfahren zur Bestimmung der Fließeigenschaften von härtbaren Preßmassen. Kunststoffe 45 (1955) S. 48—52 – Zur Prüfung des Fließverhaltens von Kunststoff-Formmassen. Kunststoffe 47 (1957) S. 15—17 – Bestimmung des Fließverhaltens von härtbaren Formmassen mit dem Fließprüfgerät. Kunststoffe 49 (1959) S. 130—132.

[11] WALLHÄUSSER, H.: Bestimmung des Harzgehaltes bei Phenolharz-Preßmassen. Kunststoffe 49 (1959) S. 171—173.

[12] HOFFMANN, H.: Zwei Methoden zur Harzgehaltbestimmung von Melaminharzpreßmassen. AEG-Mitt. 48 (1958) S. 141.

[*13*] BAUER, W., u. W. GRUBER: Schwindung und Nachschwindung von Melaminharz-preßmassen. Kunststoffe 49 (1959) S. 297—300.

[*14*] WOEBCKEN, W.: Bestimmung der Schwindung, Nachschwindung und Quellung von Preßstoffen. Kunststoffe 49 (1959) S. 373—381.

[*15*] WOEBCKEN, W.: Einflüsse der Verarbeitungsart auf die Festigkeit, erläutert an Preß-spritzteilen. Kunststoffe 42 (1952) S. 460—465.

[*16*] MEYSENBURG, C. M. v.: Bestimmung der Wärmeformbeständigkeit von Kunststoffen nach dem MARTENS-Verfahren. Kunststoffe 43 (1953) S. 214—220.

[*17*] WATSON, M. T., G. M. ARMSTRONG u. W. D. KENNEDY: Thermal Distortion. Mod. Plastics 34 (1956) S. 169—178 u. 258; Ref.: Kunststoffe 47 (1957) S. 547/548.

[*18*] GOHL, W.: Zur Messung der „Formbeständigkeit in der Wärme". Kunststoffe 49 (1959) S. 228/29.

[*19*] NITSCHE, R.: Über die Härteprüfung und ihre Anwendung bei Kunststoffen. Kunststoffe 41 (1951) S. 245/46.

[*20*] GOHL, W.: Zur Messung der Härte von Kunststoffen. Kunststoffe 46 (1956) S. 139 bis 143.

[*21*] ROST, A.: Probleme der Normung von Polyester-Preßmassen. Kunststoffe 49 (1959) S. 459/60.

[*22*] WEISSLER, E. P.: Prüfung der Korrosionseinwirkung von Kunststoffen auf Metalle. Kunststoffe 48 (1958) S. 213—216.

[*23*] LIANDER, H., u. A. ASPLUND: Creepage Flash-Over Testing of Plastics. CEE (032) S. 105—150.

[*24*] KAPPELER, H.: Micafil-Nachr. (Mai 1945); Ref.: Kunststoffe 40 (1950) S. 40.

[*25*] WOEBCKEN, W.: Tropfverfahren zur Beurteilung der Kriechstromfestigkeit von Isolier-stoffen. Kunststoffe 42 (1952) S. 253—256.

[*26*] BERG, E.: Prüfung der Kriechstromfestigkeit nach praktischen Gesichtspunkten. Kunststoffe 42 (1952) S. 257—260.

[*27*] BARTSCH, E.: Registrierende Methode zur Festlegung der Kriechwegfestigkeit von Isoliererstoffen. Dtsch. Elektrotechnik 7 (1953) S. 60—62.

[*28*] WANDEBERG, E.: Kriechstromfestigkeit und Lichtbogenfestigkeit. Kunststoffe 43 (1953) S. 254—260.

[*29*] WEIGELT, W.: Über die Kriechstromfestigkeit von Isolierstoffen bei Niederspannung. VDE-Fachber. 18 (1954) S. I/4—I/8.

[*30*] SUHR, H.: Kriechstromfestigkeit, ein kritischer Beitrag zur Verfahrenstechnik. Kunststoffe 44 (1954) S. 503—507.

[*31*] ALBRIGHT, M. W., u. W. T. STARR: Tracking Resistance Test Methods. Amer. Inst. electr. Engr. Trans. Paper Nr. 56 (1956) S. 151.

[*32*] SCHUMACHER, K.: Kriechwegbildung bei Kunststoffen. ETZ-A 76 (1955) S. 369—376 – Ref.: Kunststoffe 46 (1956) S. 14/15.

[*33*] CLAUSNITZER, W., u. V. SIEGEL: Zur Kennzeichnung der Kriechstromfestigkeit nach dem Tropfverfahren durch Grenztropfenzahlen oder Grenzspannungen. Kunststoffe 48 (1958) S. 299—305.

4.1.2 Spritzgußmassen

Spritzgußmassen sind Formmassen, die sich mit Spritzgußwerkzeugen spritzgießen lassen, d. h. nach der Definition des DNA (DIN 16700) „Um-formen der Preßmasse derart, daß die in einem Massezylinder für mehrere Spritzgußvorgänge enthaltene Masse unter Wärmeeinwirkung plastisch er-weicht und unter dem Druck des Kolbens durch eine Düse in den Hohlraum eines vorher geschlossenen Werkzeuges einfließt." Für die Verarbeitung nach diesem Verfahren kommen hauptsächlich Thermoplaste in Frage, d. h. hoch-polymere Kunststoffe, die sich durch Erwärmen reversibel erweichen lassen.

Da die thermoplastischen Kunststoffe immer größere Verwendung finden, insbesondere für technische Gebiete, z. B. für die Elektrotechnik, erwies sich eine Festlegung von Kennwerten für diese Stoffe als notwendig, um richtige Anwendung und Sicherheit zu gewährleisten.

Die Beurteilung dieser Spritzgußmassen geschieht nach 2 Gesichtspunkten, einmal nach den Masseeigenschaften, die eine einwandfreie Verarbeitung ermöglichen, und andererseits nach den Eigenschaften der geformten Masse. Es muß weiter unterschieden werden zwischen den Eigenschaften, die massebedingt sind, und denen, die durch die Verarbeitung beeinflußbar werden.

a) Spritzgußmasse-Eigenschaften. Grundsätzlich gilt für alle Spritzgußmassen die Forderung gleichmäßiger Beschaffenheit; Korngröße und Gestalt sollen gleichmäßig sein, wobei jedoch keine bestimmten Forderungen bestehen, sondern Einzelheiten den Abmachungen zwischen Hersteller und Verarbeiter unterliegen. Für die Feststellung der *Korngrößen* gibt es jedoch bestimmte Prüfverfahren und Vorschriften, von denen Siebanalysen die wichtigsten sind. Die Siebe hierfür sind genormt, so daß die Trennung der einzelnen Teilchen in gleicher Weise durchgeführt werden kann. Die Prüfmethode selbst ist bisher in Deutschland nicht genormt. In USA sind 2 Verfahren in den ASTM-Normen D 392–38 beschrieben. Die British Standards hingegen stellen auch bestimmte Forderungen an die Korngrößen, und zwar wird in den BS 1493:1948 für Polystyrol-Spritzgußmassen gefordert, daß keine Teilchen auf einem Sieb mit der Maschenweite von 9,5 mm zurückbleiben, wenigstens 60% auf einem Sieb von 1,405 mm Maschenweite zurückbleiben und nicht mehr als 2% durch ein Sieb von 0,7 mm hindurchgehen[1]. Für Celluloseacetat-Massen dürfen nach BS 1524:1955 höchstens 5% durch ein Sieb mit 0,85 mm Maschenweite gehen. (Die Siebe sind in BS 410 genormt.)

Weitere wichtige Eigenschaften zur Kontrolle der Gleichmäßigkeit und Verarbeitung der Massen sind *Füll-* bzw. *Schüttgewicht*, d. h. der Gewichte je Volumeneinheit von loser Formmasse. Außer der Norm DIN 53468 liegen für die Bestimmungen die ASTM-Norm D 392–38 und ISO-Empfehlungen R 60 und R 61 vor. Die Amerikaner benutzen diese Bestimmung der „apparent density" weiter für die Berechnung des „*bulk factor*". Der „bulk factor" ist das Verhältnis des Volumens des Pulvers zum Volumen des Preßteiles.

Eine weitere kennzeichnende Eigenschaft der Massen ist ihr *Fließverhalten*. Die Amerikaner haben für die Bestimmung der „Flow temperature" den „Flow test" entsprechend ASTM D 569–48 eingeführt, der für die Verarbeitbarkeit der Massen gute Anhaltspunkte liefert. In Deutschland liegen mit derartigen Prüfgeräten bei Thermoplasten nicht genügend Erfahrungen vor; es ist aber beabsichtigt, später das eine oder andere Normblatt durch diese Prüfung zu ergänzen.

Für die Verarbeitung spielen weitere Faktoren, wie Feuchtigkeitsgehalt, Viskosität usw., eine Rolle, jedoch nur bei bestimmten Stoffgruppen; deshalb sollen diese Forderungen bei den einzelnen Stoffen behandelt werden.

b) Spritzguß-Formstoffe. Die wesentlichste Beurteilung der Spritzgußmassen wird durch die Prüfung der Eigenschaften an genormten Prüfkörpern vorgenommen, wobei die in dem Abschnitt „Herstellung der Probekörper" (II 2.1) genormten bzw. vorgeschlagenen Bedingungen zu beachten sind. Da jedoch die

---

[1] In einer Neubearbeitung der BS 1493:1958 ist die Forderung über Korngröße den Abmachungen zwischen Herstellern und Verarbeitern überlassen worden.

gleichmäßige Herstellung der Probekörper von Spritzgußmassen nicht nur von der Masse, Temperatur und dem Druck abhängig ist, sondern weitgehend Einflüssen durch die jeweiligen Spritzgußmaschinen, Formen usw. unterworfen ist, müssen auch die *Herstellungsbedingungen* zunächst noch der Vereinbarung zwischen Hersteller und Verarbeiter überlassen bleiben.

Die Amerikaner geben in ASTM D 1130–50 T versuchsweise Empfehlungen für die Herstellung der Probekörper nach dem Spritzgußverfahren. Es handelt sich hierbei um allgemeine Richtlinien, um die Verfahren zu vereinheitlichen und insbesondere um Hinweise auf alle Einzelheiten, die bei der Herstellung zu beachten sind, sowohl in maschineller Hinsicht wie auch bezüglich der Verfahrenstechnik, zu geben (s. II 2.1).

In Deutschland hat man für die Prüfung von Spritzgußmassen bestimmte *Probeformen* festgelegt, und zwar allgemein den Normkleinstab 50 mm × 6 mm × 4 mm, der für die Bestimmung der Kerbschlagzähigkeit mit einer U-Kerbe versehen wird. Dieser läßt sich im Spritzgußverfahren leicht herstellen und entspricht mehr den praktischen Anforderungen, da Spritzgußteile im allgemeinen mit dünneren Wandstärken verwendet werden. Nachteilig hierbei ist die Messung der Schlag- und Kerbzähigkeit, die für die kleinen Prüfkörper empfindliche Pendelschlagwerke erfordert. Die internationale Normung sieht einen Prüfstab von 110 mm × 10 mm × 4 mm vor; man wird also möglicherweise später die Form der Probekörper ändern müssen und damit auch die Typwerte, um so auch international vergleichbare Ergebnisse zu erhalten. Außerdem werden 1 mm-Platten in den für die einzelnen Prüfungen vorgesehenen Abmessungen benötigt. Die Normkleinstäbe sollen grundsätzlich in ihrer Längsrichtung gespritzt werden. Es sei hier darauf hingewiesen, daß die mechanischen Eigenschaften von Spritzgußteilen stark von der Fließrichtung abhängen können. Für die Beurteilung der Masse genügt jedoch die Prüfung in einer Richtung. Die Platten werden gespritzt oder gepreßt. Abweichungen bei der Herstellung werden bei der Prüfung der einzelnen Stoffe behandelt. Auch im Ausland bestehen Vorschriften für Probeabmessungen. (Die Einzelheiten wurden in II 2 behandelt.)

Für die Charakterisierung der Spritzgußmassen werden an diesen genormten Prüfkörpern mechanische, elektrische, thermische und optische Eigenschaften bestimmt, weiter die Chemikalienbeständigkeit. Die Prüfmethoden hierfür sind größtenteils genormt (s. II 3). Bei diesen Methoden handelt es sich in den meisten Fällen um Einpunktmethoden, die zwar nicht das gesamte Verhalten der Massen unter Temperatur-, Zeit- und Spannungseinflüssen kennzeichnen, aber doch eine Beurteilung des Materials bezüglich Gleichmäßigkeit und Güte zulassen. Die jeweils charakteristischsten Eigenschaften der verschiedenen Kunststoffe sind in einzelnen Normblättern festgelegt. Man hat zunächst für fast alle Formmassen – unabhängig von ihrer Zusammensetzung – dieselben Eigenschaften als „typisch" festgelegt, und zwar Biegefestigkeit, Schlag- und Kerbschlagzähigkeit, Formbeständigkeit in der Wärme, die nach VICAT angegeben wird, zusätzlich jedoch, um Vergleiche mit den Preßmassen zu ermöglichen, auch nach MARTENS, Wasseraufnahme und, soweit für die spätere Anwendung notwendig, bestimmte elektrische Eigenschaften; darüber hinaus sind in den Normblättern, insbesondere in den ASTM-Vorschriften und den British Standards, einige Masseeigenschaften festgelegt.

In den nachfolgenden Abschnitten sollen die Prüfungen der einzelnen Stoffgruppen besprochen werden; wenn in einzelnen Fällen hierbei Preß- und Strangpreßmassen berührt werden, so ist dies durch eine neuere Entwicklung in USA
begründet. Man geht dort bei der Überarbeitung der ASTM-Standards in vielen
Fällen dazu über, die Massen nicht nach ihrer Verarbeitungsart zu unterscheiden,
sondern unabhängig hiervon Typen zu schaffen, die durch typische Eigenschaften charakterisiert werden, gleichgültig in welcher Weise sie später verformt werden. Es gelten also die gleichen Typen für Spritzguß-, Preß- und Extrudermassen, soweit sie nach diesen Verfahren verarbeitbar sind; da dies bei
den meisten Thermoplasten der Fall ist, sind Überschneidungen nicht zu vermeiden.

c) Polystyrol-Spritzgußmassen. Polystyrol-Spritzgußmassen sind thermoplastische Spritzgußmassen auf der Grundlage von Polymerisaten des Styrols
oder von Mischpolymerisaten mit überwiegendem Anteil an polymerisiertem
Styrol.

In DIN 7741 ·sind zunächst für 2 Typen, 501 und 502, charakteristische
Werte festgelegt. Es handelt sich hierbei um reine Polymerisate des Styrols, von
denen der Typ 501 für den allgemeinen Gebrauch und der Typ 502 auf Grund
seiner höheren mechanischen und thermischen Werte für Anwendungen mit
größeren Forderungen an Festigkeit und Wärmebeständigkeit in Frage kommen.

Als charakteristisch sind Mindestwerte festgelegt für Biegefestigkeit, Schlag-
und Kerbschlagzähigkeit, Formbeständigkeit in der Wärme nach VICAT und
den spezifischen Widerstand, außerdem für die ungefärbten Massen, da diese
in der Hauptsache in der Elektrotechnik Verwendung finden, Höchstwerte für
den dielektrischen Verlustfaktor.

Zu der Prüfung der Formbeständigkeit nach VICAT ist zu bemerken, daß
diese in Abänderung des in VDE 0302 angegebenen Verfahrens, das Messung
in Luft vorsieht, auch im Glykolbad gemessen wird. Durch die Übertragung
der Wärme auf den Prüfkörper mittels Flüssigkeiten erhält man gleichmäßigere
Werte, die allerdings etwa 5 °C niedriger liegen als in Luft gemessene Werte.
Es wäre wünschenswert, allgemein für die Prüfung der Formbeständigkeit nach
VICAT Flüssigkeitsbäder vorzusehen, wobei selbstverständlich die gewählten
Flüssigkeiten den Kunststoff nicht angreifen dürfen. Angegeben sind beide
Werte.

Um die Typen schärfer zu charakterisieren, sind zusätzlich die K-Werte
festgelegt, und zwar unter Angabe von Höchst- und Mindestwerten. Hierzu
sei bemerkt, daß die Angabe von Höchstwerten neben den Mindestwerten schon
seit langem für alle Eigenschaften angestrebt wird, besonders mit Rücksicht
auf die Austauschbarkeit der Massen gleichen Typs verschiedener Hersteller.
Bis zur Verwirklichung dieses Wunsches werden zwar noch umfangreiche
Arbeiten notwendig sein, doch sollte auf den Wert solcher Angaben immer
wieder hingewiesen werden.

In Tab. 3 sind die Typwerte des Normblattes angegeben.

Zur weiteren Charakterisierung der Polystyrole ist in Ergänzung zu den
Typwerten ein Eigenschaftsblatt aufgestellt worden, das jetzt als DIN 7741,
Beiblatt, vorliegt; es enthält Eigenschaftsangaben, die den Anwendungsbereich
der Massen besser erkennen lassen, wenn auch zunächst die Werte an besonders

Tabelle 3. *Mindestanforderungen an Polystyrol nach DIN 7741, Vornorm*

Typ	Spritzgußmasse		Probekörpern						
	K-Wert		Formbeständigkeit in der Wärme mit VICAT-Nadel		Biegefestigkeit	Schlagzähigkeit	Kerbschlagzähigkeit	Spezifischer Durchgangswiderstand	Dielektrischer Verlustfaktor bei 1 MHz
			gemessen in Luft °C	gemessen in Glykol °C	σ_{bB} kp/cm²	a_n kpcm/cm²	a_k kpcm/cm²	ϱ_D $\Omega \cdot$ cm	$\tan\delta$
	mindestens	höchstens	mindestens	mindestens	mindestens	mindestens	mindestens	mindestens	höchstens
501	65,0	72,0	90	85	900	17	2,0	10^{14}	$3 \cdot 10^{-4}$
502	65,0	72,0	100	95	1000	22	2,5	10^{14}	$3 \cdot 10^{-4}$

hergestellten Probekörpern unter bestimmten Prüfbedingungen ermittelt wurden und für anders gestaltete und hergestellte Spritzgußteile die Werte, insbesondere die mechanischen Eigenschaften, unter Umständen nicht unerheblich abweichen können.

Als Betriebsprüfung bzw. nach Vereinbarung mit dem Verarbeiter werden die Viskosität in Toluollösung und methanollösliche Anteile bestimmt, Werte, die den Polymerisationsgrad kennzeichnen.

Eine Prüfvorschrift für die Bestimmung des methanollöslichen Anteils in Polystyrol ist in ISO/R118 angegeben; diese wird in eine entsprechende deutsche Norm übernommen. Ergänzt wird diese Prüfung durch die Bestimmung des Gehaltes an monomerem Styrol und anderen ungesättigten Verbindungen in unmodifiziertem Polystyrol mit Hilfe von Jodmonochlorid. Es kann hiermit festgestellt werden, ob ein hoher methanollöslicher Anteil auf einen hohen Styrolgehalt zurückzuführen ist oder auf das Vorhandensein anderer Substanzen, z. B. Gleitmittel. Auch diese Prüfmethode ist in den DIN-Vorschriften (DIN 53719, Bestimmung von Styrol in Polystyrol mit WIJS-Lösung) und als ISO-Empfehlung festgelegt.

In den englischen Vorschriften BS 1493:1958 sind auch für diese Eigenschaften Typwerte angegeben; außerdem enthalten diese Vorschriften noch eine weitere Forderung bezüglich flüchtiger Anteile, die je nach Typ 0,5 bis 3% nicht übersteigen dürfen. Die methanollöslichen Anteile sollen dabei 1,5 bis 7% nicht übersteigen.

In USA waren früher ebenfalls Typwerte für Viskosität und methanollösliche Anteile gefordert, doch wurden diese in der letzten Überarbeitung der ASTM-Vorschrift D 703–56 T fallengelassen. Zusätzlich wird hier Gleichmäßigkeit der Korngrößen und Färbung entsprechend der Vereinbarung mit dem Hersteller gefordert. Für die Korngrößenbestimmung wird eine Siebanalyse, wie sie in ASTM D 392–38 für alle Formmassen beschrieben ist, empfohlen.

Die BS 1493:1958 umfaßt 4 Polystyroltypen, unterschieden nach Erweichungspunkten. In den ASTM-Standards der letzten Fassung von 1956 sind ebenfalls 4 Typen enthalten, und zwar Typ 1 für allgemeine Anwendung, Typ 2 desgleichen, jedoch unter Zusatz von Gleitmitteln, Typ 3 mit verbesserter Wärmebeständigkeit und Typ 4, der durch verbesserte Fließeigenschaften gekennzeichnet ist. Die 4 Typen unterscheiden sich weiterhin in ihrem Verhalten gegenüber

Wärmebeanspruchungen. Mindestwerte für die „Heat distortion temperature" (bestimmt an Proben von 12,7 mm × 6,35 mm × 127 mm) werden gefordert, und zwar für

Typ 1	79 °C,
Typ 2	74 °C,
Typ 3	85 °C,
Typ 4	68 °C.

Die englischen und amerikanischen Vorschriften verzichten auf die Bestimmung der Biegefestigkeit, an Stelle deren in den ASTM-Standards Mindestwerte für Zugfestigkeit und Dehnung gefordert werden und Höchstwerte für eine Veränderung unter Belastung von 280 kp/cm² bei 50 °C. Die als „Deformation under load" bezeichnete Prüfmethode ist in ASTM 621–51 beschrieben. Man könnte sie auch als Bestimmung des kalten Flusses bezeichnen.

Interessant ist, daß in der neuesten Fassung der ASTM die Werte der Kerbschlagzähigkeit in Abhängigkeit von der Probengröße angegeben werden, wodurch eine wesentlich bessere Charakterisierung der Festigkeitseigenschaften gegeben wird, insbesondere im Hinblick auf eine spätere Beurteilung von Formteilen. Auch die geforderten Werte für die Formbeständigkeit in der Wärme sind nach Probengrößen gestuft. Für die Typprüfung selbst genügt es, eine Prüfung an einem der Prüfkörper durchzuführen.

Tabelle 4. *Amerikanische Anforderungen an Spritzgußmassen aus Polystyrol*

		Typ 1	Typ 2	Typ 3	Typ 4
Dichte bei 23 °C .... g/cm³	max.	1,07	1,07	1,07	1,07
	min.	1,045	1,045	1,045	1,045
Brechungsindex bei 23 °C	max.	1,600	1,600	1,600	1,600
	min.	1,585	1,585	1,585	1,585
Zugfestigkeit .... kp/cm² min.		422	387	492	352
Dehnung .... % min.		1,4	1,4	1,5	1,4
Kerbschlagzähigkeit nach					
Izod .... kpcm/cm² min.					
Probe: 12,7 mm × 12,7　mm × 63,5 mm		1,38	1,38	1,38	1,38
12,7 mm ×　6,35 mm × 63,5 mm		1,54	1,54	1,54	1,54
12,7 mm ×　3,17 mm × 63,5 mm		1,76	1,76	1,76	1,76
Formbeständigkeit in der Wärme					
bei 18,6 kp/cm² Biegespannung .. °C min.					
Probe: 12,7 mm × 12,7　mm × 127 mm		82	77	88	71
12,7 mm ×　6,35 mm × 127 mm		79	74	85	68
12,7 mm ×　3,17 mm × 127 mm		77	71	82	66
Verformung bei Belastung von					
281 kp/cm² bei 50 °C .... % max.		1,5	2,0	1,3	6,0
Dielektrischer Verlustfaktor bei					
60 Hz					
1000 Hz　} max.		0,005	0,005	0,005	0,005
10⁶ Hz					
Dielektrische Konstante bei					
60 Hz					
1000 Hz　} max.		2,60	2,60	2,60	2,60
10⁶ Hz					

Die für die Typen einzuhaltenden Mindest- bzw. Maximalwerte – für einzelne
Eigenschaften, wie Brechungsindex und spezifisches Gewicht, werden beide,
Mindest- und Höchstwerte, verlangt – sind in der Tab. 4 zusammengestellt.
Die Angaben der Tabelle gelten speziell für Spritzgußmassen, während die
übrigen Angaben, Typkennzeichnung usw., auch für Massen gelten, die nach
dem Extruderverfahren verarbeitet werden.

Der Weiterentwicklung von Polystyrol-Formmassen, insbesondere von Mischpolymerisaten, Rechnung tragend, werden in USA versuchsweise ASTM-
Specifications für Styrol-Acrylnitril-Mischpolymerisate aufgestellt. Entsprechend der Tendenz, Massetypen nicht nur für eine Verarbeitungsart aufzustellen, gilt der neue Entwurf ASTM D 1431–56 T für die Spritzguß- und
Extrusionsverarbeitung. Zunächst ist ein Typ vorgesehen, der ganz allgemein
für die beiden genannten Verarbeitungsarten gilt. Festgelegt ist für die Zusammensetzung ein Mindestanteil Acrylnitril von 27%, der durch eine N-Bestim-
mung überprüft wird. Weiter sind einige physikalische Daten – mechanische,
elektrische und thermische – für die Spritzgußmassen festgelegt. Auch hier
werden für die Werte der Kerbschlagzähigkeit und der Wärmebeständigkeit
die Probengrößen berücksichtigt. Die Mindestwerte für den Standardtyp sind:

Spezifisches Gewicht bei 23 °C	g/cm³	max.	1,085
		min.	1,065
Brechungsindex bei 23 °C		max.	1,568
		min.	1,563
Zugfestigkeit	kp/cm²	min.	670
Dehnung	%	min.	1,5
Biegefestigkeit	kp/cm²	min.	
Probe: 12,7 mm × 6,35 mm × 127 mm			915
Kerbschlagzähigkeit nach Izod	kpcm/cm²	min.	
Probe: 12,7 mm × 12,7 mm × 63,5 mm			1,65
12,7 mm × 6,35 mm × 63,5 mm			1,80
12,7 mm × 3,17 mm × 63,5 mm			2,2
Formbeständigkeit in der Wärme bei 18,6 kp/cm² Biege-			
spannung	°C	min.	
Probe: 12,7 mm × 12,7 mm × 127 mm			90,6
12,7 mm × 6,35 mm × 127 mm			87,8
12,7 mm × 3,17 mm × 127 mm			85
Verformung bei Belastung von 281 kp/cm² bei 50 °C	%	max.	1,1
Dielektrischer Verlustfaktor bei 60 Hz		max.	0,010
1000 Hz		max.	0,010
10^6 Hz		max.	0,013
Dielektrische Konstante bei 60 Hz		max.	3,4
1000 Hz		max.	3,2
10^6 Hz		max.	3,1

Außerdem sind in den USA Spezifikationen für zwei weitere Polystyrole
herausgebracht worden, und zwar für Methylstyrol-Acrylnitril-Copolymere die
ASTM-Vorschrift D 1594–58 T und für Polymethylstyrol die ASTM-Vorschrift D 1595–58 T. In beiden Vorschriften sind zunächst nur wenige Werte
für je einen Typ, der sowohl für Spritzguß als auch für Extruderverarbeitung

geeignet ist, festgelegt; man beschränkt sich zunächst auf Angaben für spezifisches Gewicht, Brechungsindex, Zugfestigkeit, Dehnung, Wärmeverhalten und dielektrische Werte; weitere Werte sollen erst später je nach Wunsch und Notwendigkeit hinzukommen.

Die Normung schlagfester Polystyrole wird auch in England betrieben. In der BS 3126:1959 – Toughened polystyrene moulding materials – werden für 3 Typen Grenzwerte für Schlagzähigkeit, Erweichungspunkt, Zugfestigkeit, Bruchdehnung, flüchtige Anteile, Wasseraufnahme und elektrische Eigenschaften sowie Einzelheiten für die Prüfmethodik angegeben.

d) Celluloseester-Spritzgußmassen. Die ersten Spritzgußmassen, für die in Deutschland Abnahmebedingungen und Typen festgelegt wurden, waren Celluloseacetat-Spritzgußmassen. In der Typentafel DIN 7708 wurden schon 1928 zwei deratige Massen Typ 400 und 400.5 typisiert mit Grenzwerten, die jedoch der Vielseitigkeit dieser Stoffgruppe nicht gerecht werden, denn diese Celluloseacetatmassen lassen sich durch Wahl des Acetats, dessen Essigsäuregehalt zwischen 52,5 und 56% liegt, dessen K-Werte von 70 bis 120 schwanken, sowie durch Art und Menge der zugesetzten Weichmacher, durch Füllstoffe und Zusätze weitgehend variieren. Bei einer Neubearbeitung wurden deshalb in DIN 7742 5 Typen vorgesehen, 3 Typen, die sich bezüglich ihres Härtegrades unterscheiden, und zwei weitere wärmefeste Typen, die auch wieder unterschiedliche Härte- und Temperatureigenschaften aufweisen.

Tab. 5 gibt einen Überblick über die Mindestwerte dieser Celluloseacetatmassen.

Tabelle 5. *Typwerte für Celluloseacetat (CA)-Spritzgußmassen nach DIN 7742*

Typ	Mindestanforderungen an die Eigenschaften von Probekörpern							
	Grenzbiegespannung σ_{bG}	Schlagzähigkeit a_n	Kerbschlagzähigkeit a_k	Formbeständigkeit in der Wärme mit VICAT-Nadel		Wasseraufnahme gegenüber „Trockenzustand"	Gewichtsverlust durch Abgabe von Bestandteilen an das Wasser	Gewichtsverlust bei 80 °C
				gemessen in Luft	gemessen in Glykol			
	kp/cm² mindestens	kpcm/cm² mindestens	kpcm/cm² mindestens	°C mindestens	°C mindestens	mg höchstens	mg höchstens	% höchstens
431	550	50	6	65	60	250	100	4
432	440	50	10	55	50	160	120	5
433	330	50	12	50	45	150	150	6
434	600	75	5	80	75	200	20	3
435	480	65	8	65	60	150	40	5

Darüber hinaus erwies sich eine Typisierung der Celluloseacetobutyratmassen (CAB-Massen) als notwendig; ein entsprechendes Normblatt – DIN 7743 – liegt bereits vor. Dieses Normblatt beschränkt sich auf 3 Typen, die drei verschiedenen Weichheits- bzw. Härtegraden entsprechen. Für alle CAB-Massen besteht die Forderung, daß der Buttersäuregehalt des Celluloseesters mindestens 40% betragen soll. Abweichend von den übrigen Preß- und Spritzgußmassen ist für die CAB-Typen neben den üblichen Festigkeitsprüfungen der Biegefestigkeit, Schlagzähigkeit und Kerbschlagzähigkeit bei 20 °C die Prüfung der Schlagzähigkeit und Kerbschlagzähigkeit bei −40 °C vorgesehen; der Grund hierfür liegt einmal darin, daß bei der Schlagzähigkeit bei 20 °C kein Bruch eintritt und andererseits in dem Wunsch, einen Überblick über das Verhalten bei tieferen Temperaturen zu erhalten. Über das Verhalten bei höheren Temperaturen gibt die Formbeständigkeit nach VICAT einen Einblick. Weiterhin lassen sich durch die Prüfung des Gewichtsverlustes durch Abgabe von Bestandteilen an das Wasser Rückschlüsse auf die Weichmacherqualität und den Weichmachergehalt ziehen; die Verwendung leichtflüchtiger und unzweckmäßiger Weichmacher wird durch diese Prüfung ausgeschlossen. Die in der deutschen Norm vorgeschriebenen Typwerte sind in Tab. 6 zusammengestellt.

Tabelle 6. *Typwerte für Celluloseacetobutyrat (CAB)-Spritzgußmassen nach DIN 7743*

Typ	Anforderungen an die Eigenschaften von Probekörpern								
	Grenzbiegespannung (bei 20 °C) σ_{bG} kp/cm² mindestens	Schlagzähigkeit bei −40 °C a_n kpcm/cm² mindestens	Kerbschlagzähigkeit bei 20 °C a_k kpcm/cm² mindestens	bei −40 °C	Formbeständigkeit in der Wärme mit VICAT-Nadel gemessen in Luft °C mindestens	gemessen in Glykol °C mindestens	Wasseraufnahme gegenüber „Trockenzustand" mg höchstens	Gewichtsverlust durch Abgabe von Bestandteilen an das Wasser mg höchstens	Gewichtsverlust bei 80 °C % höchstens
411	550	18	2,0	1,3	100	95	75	7	0,5
412	450	15	5,0	1,6	80	75	70	10	1,8
413	380	12	15,0	1,9	70	65	55	15	3,5

In USA hat man mit der Typisierung von Spritzgußmassen und auch von Celluloseacetat- und Celluloseacetobutyratmassen schon wesentlich früher begonnen; die ersten 1943 aufgestellten „Specifications" sind mehrfach überarbeitet worden. Die ASTM D 706–55 T sehen 3 Typen in 13 Modifikationen (grades) für die Celluloseacetat-Spritzgußmassen vor, wobei diese nach ihren Fließtemperaturen unterschieden werden, etwa entsprechend unseren Bezeichnungen weich, mittel, hart. Jeder „grade" ist durch andere Grenzwerte charakterisiert; ein direkter Vergleich mit den deutschen Werten ist jedoch nicht möglich, da die Werte nach anderen Prüfverfahren ermittelt worden sind. Zum Beispiel werden die Werte für die Formbeständigkeit in der Wärme in Amerika mit wesentlich geringerer Biegespannung gemessen, liegen also etwas höher als die nach MARTENS. Die Kerbzähigkeit wird nach IZOD an 12,7 mm breiten, gekerbten Stäben quer zur Preßrichtung ermittelt und nicht auf den Querschnitt, sondern auf die Kerblänge umgerechnet. Solche Vergleiche zeigen deutlich die Notwendigkeit der Schaffung einheitlicher Prüfmethoden, wie sie durch die ISO begonnen sind.

Das gleiche wie für die Celluloseacetatmassen gilt für die amerikanische Typisierung der Celluloseacetobutyratmassen entsprechend ASTM D 707–55 T. Hier ist ebenfalls die Einordnung nach den Fließeigenschaften vorgenommen in 3 Typen (mittel, hart, weich) mit 12 „grades", für die eine Anzahl Eigenschaften festgelegt ist, so daß der Anwender aus jedem Typ den seinen Anforderungen entsprechenden „grade" auswählen kann, z. B. einen für allgemeine Zwecke oder solche mit Sonderanforderungen betr. Wärmebeständigkeit, Schlagzähigkeit oder Feuchtigkeitsbeständigkeit.

In den Tab. 7 und 8 sind die in den ASTM D 706–55 T und D 707–55 T für diese Massen gestellten Forderungen zusammengestellt.

Tabelle 7. *Amerikanische Typen für Celluloseacetat-Spritzgußmassen (nach ASTM D 706–55 T).*
Anforderungen an die Spritzgußmasse und die daraus hergestellten Prüfkörper

Type	I. Mittel (Medium)					II. Hart (Hard)						III. Weich (Soft)	
grade	$MH-1$	$MH-2$	$MH-3$	$MS-1$	$MS-2$	H_6-1	H_4-1	H_4-2	H_2-1	H_2-2	H_2-3	S_2-1	S_2-2
Fließtemperatur[1] [°C $\pm$ 5 grd]	150	150	150	140	140	180	170	170	160	160	160	130	130
Spezifisches Gewicht[2] bei 23 °C max.	1,34	1,32	1,34	1,34	1,31	1,33	1,34	1,33	1,34	1,33	1,34	1,34	1,30
Zugfestigkeit[3] [kp/cm²]													
bei 23 °C	265	250	265	210	190	420	395	380	325	350	325	170	135
bei 70 °C	135	110	105	91	77	280	210	210	160	160	160	63	56
Formbeständigkeit in der Wärme[4][°C]	54	52	53	48	47	80	73	68	62	62	60	45	44
Kerbschlagzähigkeit nach													
Izod[5] [kpcm/cm²] bei 23 °C....	6,0	9,3	6,5	7,6	13,0	2,2	3,3	3,3	3,8	4,4	4,4	11,0	19,0
bei $-$40 °C....	1,6	2,2	2,2	2,2	2,7	1,1	1,6	1,6	1,6	1,6	1,6	2,7	2,7
Wasseraufnahme[6] nach 24 Std.													
a + b [%]................ max.	5,5	4,4	2,7	5,7	5,0	3,5	3,6	2,6	5,3	3,8	2,7	6,5	5,7
b [%]................ max.	1,1	0,9	0,4	1,4	1,7	0,5	0,6	0,3	0,9	0,8	0,3	2,1	2,8
Gewichtsverlust in der Wärme													
(nach 72 Std. bei 82 °C) [%] max.	6,0	5,8	4,1	7,5	8,8	0,8	2,0	2,0	5,0	2,5	2,5	11,5	12,0
Verformung[7] bei 50 °C													
bei Belastung von 70 kp/cm² [%] max.	2,0	3,0	3,0	9,0	17,0	1,0	1,0	1,0	2,0	2,0	2,0	—	—
bei Belastung von 140 kp/cm² [%] max.	25	20	25	—	—	2	5	7	5	6	6	—	—

[1] Nach ASTM D 569–48.   [4] Nach ASTM D 648–45 T.   [6] Nach ASTM D 570–54 T; a = Gewichtszunahme, b = lösliche Anteile.
[2] Nach ASTM D 792–50.   [5] Nach ASTM D 256–54 T und 758–48.   [7] Nach ASTM D 621–51.
[3] Nach ASTM D 759–48.

Tabelle 8. *Amerikanische Typen für Celluloseacetobutyrat-Spritzgußmassen (nach ASTM D 707–55 T).*
Anforderungen an die Spritzgußmasse und die daraus hergestellten Prüfkörper.

Type.................... grade	I. Mittel (Medium)						II. Hart (Hard)				III. Weich (Soft)	
	MH – 1	MH – 2	MH – 3	MS – 1	MS – 2	MS – 3	H_4 – 1	H_2 – 1	H_2 – 2	H_2 – 3	S_2 – 1	S_2 – 2
Fließtemperatur[1] [°C ± 5 grd]	150	150	150	140	140	140	170	160	160	160	130	130
Spezifisches Gewicht[2] bei 23 °C .... max.	1,24	1,23	1,21	1,23	1,23	1,20	1,25	1,24	1,24	1,22	1,22	1,18
Zugfestigkeit[3] [kp/cm²]												
bei 23 °C	310	310	275	225	260	200	415	370	350	345	210	160
bei 70 °C	160	170	170	110	110	105	290	225	225	225	63	53
Formbeständigkeit in der Wärme[4] [°C] ..	65	64	61	58	57	54	86	74	73	70	52	49
Kerbschlagzähigkeit nach												
Izod[5] [kpcm/cm²] bei 23 °C	6,0	5,4	8,2	9,3	8,2	12,0	3,3	4,4	3,8	5,4	13,6	17,4
bei – 40 °C	2,2	2,7	2,7	2,7	3,3	3,8	2,2	2,2	2,2	2,2	3,8	5,4
Wasseraufnahme[6] nach 24 Std.												
a + b [%] .... max.	1,8	1,7	2,1	1,5	1,7	1,9	2,2	2,0	1,8	2,2	2,1	1,8
b [%] .... max.	0,2	0,2	0,2	0,2	0,4	0,3	0,2	0,2	0,2	0,2	0,8	0,3
Gewichtsverlust in der Wärme												
(nach 72 Std. bei 82 °C) [%] ..... max.	1,2	1,5	1,1	1,9	2,8	1,7	0,3	0,6	0,7	0,5	4,0	1,4
Verformung[7] bei 50 °C												
bei Belastung von 70 kp/cm² [%] max.	2	3	5	8	13	20	1	2	2	3	—	—
bei Belastung von 140 kp/cm² [%] max.	16	—	19	—	—	—	3	—	—	5	—	—

[1] Nach ASTM D 569–48.   [4] Nach ASTM D 648–45 T.   [6] Nach ASTM D 570–54 T; a = Gewichtszunahme, b = lösliche Anteile.
[2] Nach ASTM D 792–50.   [5] Nach ASTM D 256–54 T und 758–48.   [7] Nach ASTM D 621–51.
[3] Nach ASTM D 759–48.

Die englischen Vorschriften für Acetatmassen BS 1524 sind 1955 ebenfalls neu bearbeitet worden. Die Einteilung der Typen ist auch hier nach den Fließeigenschaften, der Fließtemperatur (Flow temperature nach ROSSI-PEAKES), da sich diese Methode gegenüber dem früher bestimmten Erweichungspunkt als günstiger erwies, vorgenommen worden. Es sind 5 Typen – sehr weich, weich, mittel, hart und sehr hart – mit 15 „grades", wobei jedoch die Eigenschaften der verschiedenen „grades" innerhalb eines Typs gleich sind, vorgesehen. Bestimmt werden Festigkeitseigenschaften, das Verhalten in der Wärme und bei der Verarbeitung sowie Feuchtigkeitseinflüsse. In Tab. 9 sind die Mindestwerte zusammengestellt.

Darüber hinaus werden noch Prüfverfahren für Gebrauchseigenschaften angegeben, wie für Brennbarkeit, Farbechtheit, Erweichungspunkt; die Prüfung dieser Eigenschaften wird jeweils nach den Wünschen des Käufers der Massen durchgeführt.

Tabelle 9. *Anforderungen an Celluloseacetatmassen nach BS 1524:1955*

Typen	sehr weich	weich	mittel	hart	sehr hart
Fließtemperatur [°C] (Flow tester nach ROSSI PEAKES) ...	108 bis 122	122 bis 137	138 bis 152	153 bis 167	168 bis 182
Schlagprüfung[1] [kpcm] Arbeitsaufnahme .... min.	[2]	41	28	14	[2]
Zugfestigkeit [kp/cm²] ..... min.	[2]	155	210	280	[2]
Durchbiegung unter Last[3] [mm] .... max.	[2]	50	40	35	[2]
Viskositätsänderung bei der Verarbeitung [%] .... max.	40	40	40	50	50
Feuchtigkeitsaufnahme in 24 Std.bei Lagerung über Wasser [%] .... max.	[2]	4,5	5,0	5,5	[2]
Gewichtsverlust bei 48 Std. Lagerung in Wasser [%] max.	[2]	6,0	4,0	3,0	[2]
Gewichtsverlust bei +70 °C [%] .... max.	[2]	6,0	4,0	3,0	[2]

[1] Bestimmt wird die Energie eines Fallgewichtes, die notwendig ist, um einen Bruch des Probekörpers (runde Scheibe von 57 mm Durchmesser und 1,5 mm Dicke) zu bewirken. Die Methode ist beschrieben in BS 1524: 1955, Appendix E.

[2] Nach Vereinbarung.

[3] Prüfbedingungen s. BS 1524: 1955, Appendix G.

Die Weiterentwicklung der Celluloseestermassen führte in den USA auch zu einer Normung der Cellulosepropionatmassen für Spritzguß- und Extruderverarbeitung. Die ASTM D 1562–58 legt Werte für 6 Typen von plastizierten Cellulosepropionaten fest. Der Propionylgehalt beträgt mindestens 38%, der Acetylgehalt nicht mehr als 9%. Die Massen können Farbstoffe enthalten. Die Typen unterscheiden sich durch ihre Härtegrade (ROCKWELL-Härte R von 95 bis 100) und mechanischen und thermischen Eigenschaften. Alle Typen können auch noch als wetterfest gekennzeichnet werden, wenn sie bestimmten Bedingungen der Bewitterungsprüfung nach der ASTM D 795, „Recommended Practice for Accelerated Weathering of Plastics", entsprechen.

e) Äthylcelullose-Spritzgußmassen. Äthylcellulose-Spritzgußmassen werden in Deutschland nur in verhältnismäßig kleinen Mengen verwendet, da die Äthylcellulose z. Z. nicht hergestellt wird und die Rohstoffe aus dem Ausland bezogen werden müssen.

Als Abnahmeprüfungen wird man die gleichen anwenden wie bei den Celluloseacetat-Spritzgußmassen, also eine Prüfung am gespritzten Normkleinstab durchführen. Die Amerikaner haben in den ASTM-Standards D 787–55 bereits 2 Typen mit 6 ,,grades'' vorgesehen, einen Typ für allgemeine Anwendung mit 4 ,,grades'' und einen mit hoher Schlagfestigkeit, unterteilt in 2 grades. Sie unterscheiden sich in ihren physikalischen Eigenschaften, die den in Tab. 10 zusammengestellten Werten entsprechen müssen. Weitere Eigenschaften, wie Farben, Granulatgröße und Fließeigenschaften, werden von Fall zu Fall vereinbart.

Tabelle 10. *Amerikanische Typen für Äthylcellulose (nach ASTM D 787–55)*

	Typ I für allgemeinen Gebrauch				Typ II hochschlagfest	
grade	1	2	3	4	5	6
Spezifisches Gewicht bei 23 °C .. max.	1,16	1,16	1,16	1,16	1,16	1,16
Zugfestigkeit[1] [kp/cm²] .... min.	420	340	280	245	315	245
Kerbschlagzähigkeit nach Izod[2] [cmkp/cm²]						
bei 23 °C	9,8	10,9	13,0	15,2	19,0	21,8
bei − 40 °C	5,4	4,4	3,3	2,7	5,4	6,6
Formbeständigkeit in der Wärme[3] bei 18,6 kp/cm² Biegespannung [°C] min.	64	60	56	52	58	56
Wasseraufnahme[4] nach 24 Std. in Wasser						
a + b [%] .... max.	2,0	1,8	1,6	1,4	2,0	2,0
b [%] .... max.	0,2	0,2	0,2	0,2	0,2	0,2
Gewichtsverlust in der Wärme (72 Std. bei 82 °C) [%] .... max.	0,4	0,6	1,2	1,6	1,0	2,0
Härte (Rockwell) R-Skala[5] ..... min.	110	100	90	80	80	70

[1] Nach ASTM D 638–58 T.   [2] Nach ASTM D 758–48.
[3] Nach ASTM D 648–56.
[4] Nach ASTM D 570–57 T; a = Gewichtszunahme, b = lösliche Anteile.
[5] Nach ASTM D 785–51.

f) Polyvinylchlorid und Mischpolymerisate. Für die Beurteilung der Polyvinylchloridmassen, sowie Mischpolymerisate mit überwiegendem Anteil an Polyvinylchlorid – die zweite Komponente ist meist Polyvinylacetat, Polyacrylsäureester oder Polyvinylidenchlorid – werden allgemein die gleichen Kennwerte herangezogen wie bei den vorher genannten Spritzgußmassen, soweit es die Charakterisierung der geformten Masse – Prüfung am Normstab – betrifft.

Wesentlich für die Verarbeitung sind aber einige Masseeigenschaften; so ist vor allem die ,,thermische Stabilität'' von Wichtigkeit, da bei nicht genügender Stabilität Stabilisatoren, meist organische Metallverbindungen, zugesetzt werden müssen. Bei nicht vorhandener Stabilität tritt eine Chlorwasserstoff-Abspaltung ein. Für die Prüfung der Chlorwasserstoff-Abspaltung eignet sich das Silbernitratverfahren, das für reines PVC ausreicht. Es ist möglich, daß man für andere PVC-Typen, Mischpolymerisate oder Mischungen ein anderes Bestimmungsverfahren wählen muß [z. B. entsprechend DIN 53381 Vornorm, „Bestimmung der Neigung zur Chlorwasserstoff-Abspaltung von Folien auf Basis von Polyvinylchlorid und Mischpolymerisaten des Vinylchlorids", bei der das Auftreten der HCl-Abspaltung mit Indikatorpapier (Kongopapier) gemessen wird].

Weiter interessiert den Verarbeiter die Viskositätszahl bzw. der K-Wert[1], Alkaligehalt, gleichmäßige Körnung und bei Weiterverarbeitung zu weichen Massen die Gelierfähigkeit, die durch die M-Zahl ausgedrückt wird. Die Festlegung dieser Werte ist der Vereinbarung zwischen Hersteller und Verarbeiter überlassen, da diese Werte wohl für die Verarbeitung, aber nicht für die geformte Masse, den Stoff, ausschlaggebend sind.

In manchen Fällen mag noch der Chlorgehalt von Interesse sein, wodurch die reinen PVC-Typen von Mischpolymerisaten, die andere Verarbeitungsbedingungen, spezielle Stabilisatoren, Gleitmittel usw. verlangen, zu unterscheiden sind. Für die Bestimmung des Chlors kommt u. a. die Methode von WURZSCHMITT [1] – Aufschluß mit Alkalisuperoxyd in einer Universalbombe und Titration nach VOLHARD – in Frage. Diese Methode ist in die DIN-Norm 53474 aufgenommen neben zwei weiteren Verfahren. Ähnliche Vorschriften sind für die internationale Normung vorgesehen.

In Deutschland wurde im Juli 1956 eine Vornorm für eine PVC-Masse herausgegeben, diese jedoch 1957 wieder zurückgezogen, da das hier typisierte Polymerisat des reinen Vinylchlorids in Pulverform als solches nur zu einem kleinen Teil unmittelbar zur Verarbeitung zu Halbzeug und Fertigteilen dient und überwiegend erst nach Zusatz von Stabilisatoren, Gleitmitteln u. a. Hilfsstoffen beim Verarbeiter zu Fertigteilen verformt wird. Diese Zusätze und eine meist noch vorgenommene Umarbeitung zu Granulat oder anderer Form unter Wärmeeinwirkung sind aber bestimmend für die Eigenschaften der Formmasse bzw. des fertigen Erzeugnisses. Hinzu kommt, daß die verschiedenen PVC-Sorten (Emulsionspolymerisate, Suspensionspolymerisate) mit verschiedenen K-Werten und die verschiedenen Formen (Pulver, Granulat, Agglomerat) der Formmassen z. Z. noch einer Normung entgegenstehen.

Auf dem Gebiet der PVC-Erzeugnisse werden deshalb zunächst Technische Lieferbedingungen für die fertigen Erzeugnisse selbst, wie z. B. Rohre, Schläuche, Kabel, in Betracht kommen und liegen z. T. bereits vor [2].

Weiter in der Normung von Massen auf Polyvinylchloridbasis sind die Amerikaner; in ASTM-Standard D 728–50 sind bereits 3 Typen von Spritzgußmassen auf Basis von Vinylchlorid-Vinylacetat-Mischpolymerisaten (der Vinylchloridanteil beträgt ungefähr 86%) mit den notwendigen Zusätzen an Gleitmitteln, Stabilisatoren, Farbstoffen und Füllstoffen vorgesehen. „Grade" 1 und 2 unterscheiden sich durch mechanische Eigenschaften, „grade" 3 ist ein wärmefesterer Typ. Tab. 11 zeigt die festgelegten Typwerte. Die Tabelle soll später durch weitere Eigenschaftswerte ergänzt werden. Die Anforderungen an die Masse werden bezüglich Gleichmäßigkeit der Farbe, Granulatform und -größe

---

[1] Bestimmung der Viskositätszahl und des K-Wertes von Polyvinylchloriden in Lösung, s. DIN 53 726.

den Vereinbarungen der Vertragspartner überlassen. Für die Prüfung weiterer Masseeigenschaften sind bisher nur die Prüfmethoden festgelegt, z. B. die Bestimmung der spezifischen Viskosität in ASTM D 1243–54 (durch Lösen des Polymeren in Nitrobenzol und Prüfung im UBBELOHDE-Viskosimeter) und die Chlorbestimmung in ASTM D 1303–55 (durch Aufschließen mit Natriumperoxyd und Ausfällen als Silberchlorid mit Silbernitrat).

Tabelle 11. *Amerikanische Typen für Vinylchloridacetatmassen*
(*nach ASTM D 728–50*). *Anforderungen an die Eigenschaften von Probekörpern*

		grade 1	grade 2	grade 3
Spezifisches Gewicht bei 23 °C	min.	1,30	1,30	1,30
	max.	1,35	1,40	1,40
Zugfestigkeit [kp/cm²]	min.	530	320	350
Kerbschlagzähigkeit nach IZOD [kpcm/cm²] bei 23 °C		1,35	1,9	1,9
Formbeständigkeit in der Wärme[1] bei 18,6 kp/cm² Biegespannung [°C]		52	52	54
Entflammbarkeit[2] [°C]		selbst auslöschend		
Thermische Stabilität[3] [mg HCl/g]	max.	2	2	2
Spezifischer Widerstand [$\Omega \cdot$ cm]		10^{14}	10^{14}	10^{14}
Wasseraufnahme in 24 Std. [%]	max.	0,15	0,15	0,15

[1] Nach ASTM D 648–45 T.   [2] Nach ASTM D 635–44.   [3] Nach ASTM D 793–49.

Neben diesen 3 Typen ist in den ASTM-Standards D 729–57 noch ein Typ für ein weiteres Mischpolymerisat festgelegt; es handelt sich um ein Mischpolymerisat aus Vinylchlorid und Vinylidenchlorid, wobei jedoch der Anteil an Vinylchlorid nur 10% beträgt. Neben den Eigenschaften am geformten Stoff ist für dieses Mischpolymerisat eine Viskosität von 0,96 Centipoisen festgelegt, bestimmt in 2%iger Lösung in o-Dichlorbenzol bei 120 °C. Die weiter geforderten Werte sind:

Fließtemperatur [°C]	min.	120
	max.	140
Spezifisches Gewicht bei 23 °C	min.	1,68
	max.	1,75
Zugfestigkeit [kp/cm²]	min.	210
Formbeständigkeit in der Wärme bei 18,6 kp/cm² Biegespannung [°C]		55
Wasseraufnahme (24 Std. in Wasser) [%]	max.	0,1
Durchschlagfestigkeit[1] [kV/cm] Kurzzeit		140
bei stufenweiser Spannungssteigerung		120
Kerbschlagzähigkeit nach IZOD [kpcm/cm] bei 23 °C		2,7
bei −40 °C		0,55
Gewichtsverlust nach 72 Std. bei 82 °C [%]	max.	2,0

Für *weichgemachte Polyvinylprodukte* als Spritzgußmassen sind feste Abnahmebedingungen in Deutschland noch nicht aufgestellt; die Anforderungen

[1] Nach ASTM D 149–55 T.

und spezifischen Eigenschaften werden jeweils zwischen Verarbeiter und Hersteller vereinbart. Von Wichtigkeit dürfte die Bestimmung der Stabilität, der Verspritzbarkeit, der Farbechtheit und ähnlicher Gebrauchseigenschaften sein. Für das Formteil kommen vor allem Prüfung der Härte, der Wärme- und Kältefestigkeit in Frage, außerdem je nach Verwendungszweck die Festlegung elektrischer Werte und Chemikalienbeständigkeit. Für Normung und Typisierung könnten auch hier ASTM-Vorschriften als Vorbild dienen. Die Amerikaner hatten versuchsweise Werte festgelegt, sowohl für weichgemachtes Polyvinylchlorid wie auch für Mischpolymerisate aus Vinylchlorid/Vinylacetat; diese Standards (ASTM D 742 und D 744), die allgemein für Kunststoffe auf Basis von Polyvinylchlorid, sowohl als Granulat für Spritzguß- und Strangpreßverarbeitung als auch für geformte Massen, z. B. Folien und Tafeln, galten, wurden in die Neuausgabe der ASTM (1957) nicht mehr aufgenommen.

Die an ihre Stelle getretene neue Standard ASTM D 1432–56 T gilt nur für Weich-PVC-Formmassen zur Verarbeitung nach Preß-, Spritzguß- und Extruderverfahren. Sie sind aufgebaut auf Basis von PVC oder Copolymeren, in denen der Harzanteil jedoch mindestens 90% Vinylchlorid betragen soll;

Tabelle 12. *Typen und „grades" von Weich-PVC-Massen nach ASTM D 1432–58*

Typ	grade	Durometerhärte	Zugfestigkeit kp/cm^2	Charakterisierung
I. Preß-, Spritz- und Strangpreßmassen für allgemeine Anwendung	1	60	70	Reihen von weich bis hart für allgemeine Anwendung für Verarbeitung nach Preß-, Spritzguß- und Extruderverfahren. Bei jeder Reihe gleicher Härte unterscheiden sich die Massen noch durch die Zugfestigkeitswerte, die mit steigendem Füllstoffgehalt abnehmen.
	2	60	77	
	3	60	85	
	4	70	85	
	5	70	105	
	6	70	125	
	7	80	105	
	8	80	125	
	9	80	155	
	10	90	125	
	11	90	155	
	12	90	185	
	13	70	115	Weiche Masse mit besonders guter Kältebeständigkeit für allgemeine Anwendung.
	14	80	140	Härtere, gut kältebeständige Masse.
	15	80	140	Physiologisch indifferente Masse.
	16	80	140	Schwer entflammbare Masse.
II. Massen für elektrische Isolationen	17	75	155	Hochwertige Masse für Isolationen für Temperaturen bis 60 °C.
	18	75	140	Gefüllte Isolationsmasse für Temperaturen bis 60 °C.
	19	75	155	Hochwertige Isolationsmasse, bis 90 °C.
	20	85	155	Hochwertige Isolationsmasse für Temperaturen bis 90 °C.
	21	85	140	Hitzebeständige, hochwertige Isolationsmasse für Temperaturen bis 105 °C.
	22	75	140	Hochwertige Isolationsmasse mit guter Kältebeständigkeit.

die restlichen 10% können andere Monomere sein, die mit dem Vinylchlorid copolymerisiert werden oder später mechanisch eingemischte Harze.

Die Einteilung der Typen erfolgt nach Härtegraden, die von den Zusätzen, Weichmachern, Stabilisatoren und Füllstoffen abhängig sind.

Vorgesehen sind 2 Typen, solche für allgemeine Anwendung und solche für elektrische Zwecke, die in 22 „grades", klassifiziert nach Härte und weiter innerhalb der Härtegrade nach den Zugfestigkeiten, unterteilt sind. Für die physikalische Prüfung sind nur einige Eigenschaften vorgesehen, und zwar die schon erwähnte Härte und Zugfestigkeit, weiter die Bruchdehnung, spezifisches Gewicht, flüchtige Anteile und Brüchigkeit. Für die elektrischen Typen kommen noch der spezifische Widerstand und die Wasseraufnahme dazu. Festlegung weiterer Werte bleiben zunächst Abmachungen zwischen Hersteller und Verbraucher überlassen.

Die Tab. 12 gibt eine Übersicht über die Typen und „grades". In Tab. 13 sind die geforderten Werte gezeigt.

Tabelle 13. *Physikalische Eigenschaften für weiche PVC-Massen nach ASTM D 1432–58*

grade	Durometerhärte	Zugfestigkeit kp/cm^2 min.	Dehnung % min.	Spez, Gewicht max.	Flüchtigkeit bei 105 °C max.	Versprödungstemp. °C max.	Spez. Widerstand $\Omega \cdot cm$ bei 50 °C min.	Wasseraufnahme % max.
1	60 ± 5	70	325	1,60	7,0	− 20		
2	60 ± 5	77	350	1,50	7,0	− 25		
3	60 ± 5	85	375	1,35	7,0	− 30		
4	70 ± 5	85	275	1,60	6,0	− 15		
5	70 ± 5	105	300	1,50	6,0	− 20		
6	70 ± 5	125	325	1,40	6,0	− 25		
7	80 ± 5	105	250	1,65	5,0	− 10		
8	80 ± 5	125	275	1,55	5,0	− 15		
9	80 ± 5	155	300	1,45	5,0	− 20		
10	90 ± 5	125	200	1,70	3,0	− 5		
11	90 ± 5	155	225	1,60	3,0	− 10		
12	90 ± 5	185	250	1,45	3,0	− 15		
13	70 ± 5	115	325	1,35	6,0	− 55		
14	80 ± 5	140	300	1,40	4,0	− 40		
15	80 ± 5	140	300	1,35	1,0	− 10		
16	80 ± 5	140	275	1,40	4,0	− 15		
17	75 ± 5	155	300	1,35	3,0	− 25	$1 \cdot 10^{13}$	0,35
18	75 ±10	140	250	1,45	5,0	− 20	$5 \cdot 10^{12}$	0,60
19	75 ±10	155	275	1,45	2,0	− 10	$3 \cdot 10^{12}$	0,40
20	85 ± 5	155	275	1,40	1,5	− 10	$2 \cdot 10^{12}$	0,40
21	85 ± 5	140	275	1,40	1,0	− 10	$1 \cdot 10^{12}$	0,50
22	75 ± 5	140	300	1,40	4,0	− 45	$5 \cdot 10^{11}$	0,30

g) Polyäthylen-Spritzgußmassen. Auf Grund ihrer guten Festigkeitseigenschaften, verbunden mit ausgezeichneter Lösemittel- und Chemikalienbeständigkeit, finden Polyäthylene auch auf dem Spritzgußgebiet immer größere Anwendung. Auf dem Markt sind verschiedene Arten von Polyäthylenen, die sich auf Grund ihrer Herstellungsverfahren bezüglich Dichte, Festigkeit und Biegsamkeit unterscheiden. Ausschlaggebend für die Eigenschaften ist hierbei die Molekülstruktur; es können sich bei der Polymerisation gradlinige oder verzweigte

Ketten bilden, wobei noch Zahl und Länge der Seitenketten eine Rolle spielen. Polyäthylene sollten auf Grund des einfachen Molekülbaues Fadenmoleküle mit unverzweigter Kette darstellen; bei den technischen Polymerisationsprozessen bilden sich aber auch Kettenverzweigungen, insbesondere bei dem Hochdruckverfahren. Je weniger Kettenverzweigungen, um so leichter können sich kristalline Bereiche ausbilden, die ihrerseits festigkeitserhöhend wirken. Hierin liegt der Unterschied der Hochdruck- und Niederdruckpolyäthylene; in den Niederdruckpolyäthylenen ist der kristalline Anteil höher.

Den Verarbeiter werden für die Abnahme vor allem Masse- und Verarbeitungseigenschaften interessieren, die weitgehend von dem Polymerisationsgrad abhängig sind. Für die Charakterisierung werden deshalb vor allem das Molekulargewicht, bestimmt aus der Lösungsviskosität, herangezogen und der sog. Schmelzindex. Die Bestimmung der Schmelzviskosität wird in dem „ICI-Grader" (bezeichnet nach der ICI-Imperial Chemical Industries, London, die das Gerät entwickelt hat) vorgenommen. Die Methode wird in BS 1973:1953, Appendix A, beschrieben und ist von ASTM D 1238-52 T übernommen. Im Prinzip sind die hier beschriebenen Methoden die gleichen; sie zeigen nur in der Ausführung geringe Abweichung. Hierbei wird das auf 190 °C erwärmte Material mittels eines Stempels durch eine Düse von etwa 2 mm Durchmesser mit einem Druck von etwa 3 kp/cm² gedrückt. Die in 10 min ausgeflossene Polyäthylenmenge in g wird als Schmelzindex oder als „Grader"-Wert angegeben. Die Methode ist als ISO-Norm vorgeschlagen.

Die Typen- bzw. „grade"-Einteilung von Hochdruck-Polyäthylenen wird heute allgemein nach dem Schmelzindex vorgenommen. Auch bei Niederdruck-Polyäthylenen beginnt man, unter Angleichung der Prüfbedingungen an die Eigenschaften, zu dieser Bestimmung überzugehen und die frühere Charakterisierung nach der Viskosität, bei der als Kennzahl die reduzierte Viskosität, η-red, angegeben wurde, fallenzulassen. Der Schmelzindex gibt aber nur Auskunft über die Gleichmäßigkeit des Fließverhaltens von Polymeren, die von einem Hersteller nach einem bestimmten Verfahren hergestellt sind und damit auch über andere Eigenschaften. Haben Polymere, nach verschiedenen Verfahren hergestellt, gleichen Schmelzindex, so ist damit nicht gesagt, daß auch die anderen Eigenschaften übereinstimmen.

Für die weitere Beurteilung zur Verarbeitung wird der Schmelzpunkt bestimmt; Polyäthylene besitzen, im Gegensatz zu den bisher besprochenen Thermoplasten, die einen größeren Erweichungsbereich zeigen, einen relativ scharfen Schmelzpunkt; dadurch sind auch beim Spritzguß besondere Verarbeitungsbedingungen zu beachten. Die übrigen Prüfungen werden wie bei den schon besprochenen Massen an Prüfstäben vorgenommen; bestimmt werden vor allem Zugfestigkeit und Dehnung, Kerbschlagzähigkeiten sowie thermisches und elektrisches Verhalten. Genormte Abnahmebedingungen liegen in Deutschland noch nicht vor. Die Amerikaner hingegen haben für Polyäthylen eine Norm ASTM D 1248-58 T herausgebracht. Die Hauptunterscheidung der Typen liegt in der Dichte; zunächst sind 3 Typen vorgesehen:

Typ   I mit Dichte 0,910 bis 0,925,

Typ II mit Dichte 0,926 bis 0,940,

Typ III mit Dichte 0,941 bis 0,965,

die später bei Bedarf durch einen Typ 0 mit Dichte unter 0,910 und Typ IV mit Dichte über 0,965 ergänzt werden sollen. Diese Typen werden nach der Zusammensetzung und Verwendungsart in die Klassen A, B und C unterteilt; Klasse A enthält Farben und keinerlei Zusätze, Klasse B ist gefärbt und enthält gegebenenfalls noch nach Vereinbarung Antioxydantien oder sonstige Zusätze, während der Klasse C mindestens 2% Ruß zugesetzt sind und weitere Zusätze wie bei Klasse B. Nach den physikalischen Eigenschaften sind die Typen weiter in „grades" unterteilt, Typ I in 4, Typ II und III in 3 „grades".

Für die Beurteilung des Rohstoffes (Pulver, Granulat) sind Bestimmung der Korngröße, Schüttdichte, Dichte, des Schmelzindexes und des Rußgehaltes nach ASTM D 1603 vorgesehen. Weiter werden aus dem Material Probekörper hergestellt und an diesen Zugfestigkeit, Dehnung, Versprödungstemperatur und dielektrische Eigenschaften ermittelt. Tab. 14 zeigt die für die verschiedenen Typen festgelegten Werte; die dielektrischen Eigenschaften werden nur bei Verwendung für dielektrische Zwecke gefordert.

Tabelle 14

Anforderungen an Polyäthylene; Werte ermittelt an Probekörpern nach ASTM D 1248–58 T

	Klasse	Typ I				Typ II			Typ III		
		grade 1	grade 2	grade 3	grade 4	grade 1	grade 2	grade 3	grade 1	grade 2	grade 3
Zugfestigkeit [kp/cm²] .. min.	A, B, C	56	84	105	126	70	98	126	168	196	224
Bruchdehnung [%] .... min.	A, B, C	50	300	400	500	50	200	400	50	75	100
Versprödungstemperatur [°C] .... max.	A, B	0	−20	−60	−75	−30	−50	−70	−45	−60	−75
	C	+5	−15	−55	−70	−20	−30	−60	−35	−55	−70
Dielektrischer Verlustfaktor bei 10^4 bis 10^8 Hz ..... max.	A, B	0,0005	0,0005	0,0005	0,0005	0,001	0,001	0,001	0,001	0,001	0,001
	C	0,005	0,005	0,005	0,005	0,005	0,005	0,005	0,005	0,005	0,005
Dielektrizitätskonstante bei 10^4 bis 10^8 Hz ...... max.	A	2,35	2,35	2,35	2,35	2,40	2,40	2,40	2,45	2,45	2,45
	B	2,40	2,40	2,40	2,40	2,45	2,45	2,45	2,50	2,50	2,50
	C	2,75	2,75	2,75	2,75	2,80	2,80	2,80	2,90	2,90	2,90

Eine für die Beurteilung von Polyäthylenen geeignete Methode, die auch für die ASTM-Standards vorgesehen ist, ist der ZST-Test (Zero-strength time test [3]), eine Methode, die für die Bestimmung des scheinbaren Molekulargewichtes von Monochlortrifluoräthylen entwickelt wurde und sich dabei gut bewährte. Hierbei wird die Zeit gemessen, die erforderlich ist, um eine gekerbte Standardprobe bei Belastung mit einem vorgeschriebenen Gewicht und einer konstanten Temperatur zum Bruch zu bringen.

Für die Prüfung wird der „Kellogg-ZST-Tester" benutzt, der im Handel erhältlich ist. Die Proben, Prüfstreifen von etwa 51 mm Länge, 4,8 mm Breite und 1,6 mm Dicke werden 3,6 mm tief eingekerbt, einseitig eingespannt und an dem freien Ende mit 7,5 p ± 0,1 p belastet. Nach Einbringen in einen Wärmeschrank wird die Zeit bis zum Bruch an der Kerbstelle bestimmt. Prüfungen bei verschiedenen Temperaturen zeigen eine lineare Abhängigkeit zwischen dem Logarithmus der ZST-Werte und dem Durchschnitts-Molekulargewicht der geprüften Stoffe. Hieraus ergibt sich die Möglichkeit der Einstufung der Polymeren.

Die an verschiedenen Polyäthylenen bei Temperaturen von 130 bis 175 °C gefundenen Werte wurden logarithmisch gegen das Molekulargewicht aufgetragen; bei allen Temperaturen ist, wie Abb. 18 zeigt, die lineare Beziehung deutlich.

KAUFMANN und KRONCKE zeigen die Brauchbarkeit des ZST-Testes für die Einstufung der Polyäthylene an Polyäthylenen mit verschiedenen Molekulargewichten. Meßergebnisse für Bakeliteprodukte, gemessen bei 105 °C, zeigt Tab. 15.

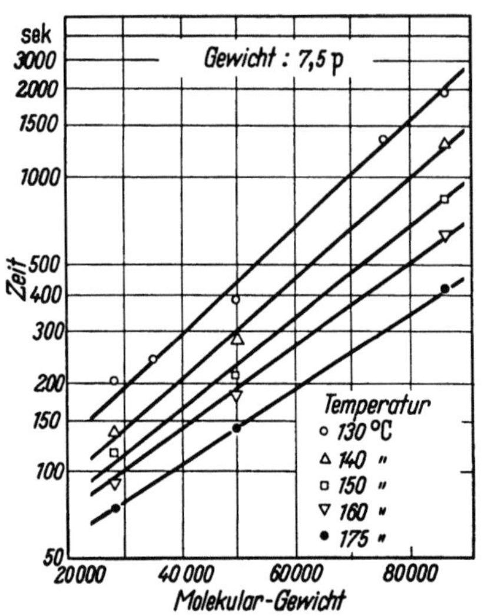

Abb. 18. ZST-Werte von Polyäthylenen (logarithmisch über dem Molekulargewicht aufgetragen)

Tabelle 15. *ZST-Werte für Polyäthylen der Bakelite*

Bezeichnung der Bakelite	Durchschnitts-Mol.-Gew. aus Viskosität [4]	ZST-Wert Sek.	Schmelzindex bei 190 °C g/10 min
DYNB	—	94	21
DYNF	19000	132	2,30
DYNH–1..	20000	138	1,94
DYNI	22000	150	0,92
DYNK....	25000	163	0,30

Unter gleichen Bedingungen geprüfte Niederdruck-Polyäthylene ergaben folgende Werte:

Polyäthylen	ZST-Wert Sek.	Schmelzindex g/10 min
Phillips Marlex 50	400	0,6
Kopper's Super Dylan ...	263	0,44

Der Vergleich der Werte zeigt die Brauchbarkeit des ZST-Testes für die Einstufung der Polyäthylene; die Prüfung ist einfach und schnell durchzuführen.

α) *Fluorhaltige Polyäthylene.* Eine noch verhältnismäßig neue Gruppe Kunststoffe bilden die Polyfluoräthylene, von denen bisher das Polytetrafluoräthylen, als Teflon und Fluon bekannt, und Polychlortrifluoräthylen, z. B. Kel F und Hostaflone, auf dem Markt sind. Das Polytetrafluoräthylen ist in seiner jetzigen Form zunächst nur nach Spezialverfahren verarbeitbar, die Trifluormonochlor-Produkte hingegen können nach Preß-, Spritzguß- und Extrusionsverfahren verarbeitet werden. In Deutschland sind die Produkte noch zu neu, um Typen aufstellen zu können. In USA hat man jedoch schon für beide Gruppen Tentative Standards aufgestellt.

Die Standards ASTM D 1430–58 T umfassen gefärbte und ungefärbte Preß-, Spritzguß- und Extrudermassen aus unmodifizierten Polychlortrifluoräthylenen. Vorgesehen sind 5 „grades", die durch das scheinbare Molekulargewicht charakterisiert werden. Für diese Prüfung sind der ZST-Test (Einzelheiten sind bei Polyäthylen, S. 453 und 454, angegeben), die Bestimmung der Lösungsviskosität und der Schmelzindex vorgesehen. Bei „grade" 4 und 5 sind die Bestimmungen von Lösungsviskosität und der Schmelzindex schwierig bzw. ungenau.

Die Prüfung geschieht an etwa 1,5 bis 1,6 mm dicken Platten, die nach einem genau beschriebenen Verfahren hergestellt werden. Auch die verschiedenen Prüfmethoden werden sehr genau in allen Einzelheiten festgelegt und beschrieben.

Die für die einzelnen Typen geforderten Werte enthält die folgende Tab. 16.

Tabelle 16
Anforderungen an Polychlortrifluoräthylene; Werte ermittelt an gepreßten Prüfkörpern

	grade 1	grade 2	grade 3	grade 4	grade 5
Spezifisches Gewicht bei 23 °C min.	2,10	2,10	2,10	2,10	2,10
Scheinbares Molekulargewicht ZST-Test [Sek.]	115 bis 175	176 bis 300	301 bis 750	751 bis 2500	>2500
Lösungsviskosität [cSt]	0,64 bis 0,82	0,83 bis 1,05	1,06 bis 1,44	—	—
Schmelzindex [mg/min]	35,1 bis 92,0	12,1 bis 35,0	2,4 bis 12,0	—	—
Verformung unter Belastung (113 kp, 24 Std. bei 70 °C) [%] max.	10	10	10	10	10
Dielektrizitätskonstante 10^3 Hz max.	2,7	2,7	2,7	2,7	2,7
10^6 Hz max.	2,5	2,5	2,5	2,5	2,5
Dielektrischer Verlustfaktor bei 10^3 Hz max.	0,030	0,030	0,030	0,030	0,030
10^6 Hz max.	0,012	0,012	0,012	0,012	0,012

Über diese obligatorisch festgelegten Werte hinaus, werden in einem Anhang noch Richtwerte für einige Eigenschaften angegeben, die in der Tab. 17 zusammengestellt sind. Diese Angaben dürften ähnlich wie die in den Eigenschaftstafeln, die man in der Deutschen Normung als Ergänzung zu den Typentafeln vorsieht, zu werten sein.

Tabelle 17. *Zusätzliche Eigenschaften (Durchschnittswerte) ermittelt an Prüfkörpern aus Polychlortrifluoräthylen*

	grade 1	grade 2	grade 3	grade 4
Zugfestigkeit bei 23 °C [kp/cm²]	316	316	316	316
Dehnung bei 23 °C [%]	150	150	150	150
Kerbschlagzähigkeit nach IzOD [kpcm/cm²]	16,5	16,5	16,5	16,5
Durchschlagfestigkeit (Kurzzeitprüfung gemessen an 1,6 mm-Platten) [kV/mm]	40	40	40	40
Spezifischer Widerstand [$\Omega \cdot$ cm]	$>10^{15}$	$>10^{15}$	$>10^{15}$	$>10^{15}$

Weiterhin wird in den ASTM-Standards D 1457–56 T versucht, Werte und Prüfmethoden für 3 Typen Polytetrafluoräthylen festzulegen; die Verarbeitung geschieht nach einem Spezialpreßverfahren, einem kombinierten Verfahren oder durch Extrusion. Auf die Probenherstellung muß bei den Polytetrafluoräthylenen noch größere Sorgfalt verwendet werden als bei den Polytrifluormonochloräthylenen; die Proben werden hier nach einer Art Sinterverfahren hergestellt, für das die Form, Preßverfahren, anschließendes Sintern und Temperaturführung sehr genau festgelegt sind; außerdem sind Vorsichtsmaßregeln zu beachten, da bei Temperaturen über 200 °C Gasentwicklung auftritt. Auch für die Prüfmethoden werden sehr genaue Vorschriften gegeben.

Die drei vorgesehenen Typen sind folgendermaßen charakterisiert:

Typ I Granulat für allgemeine Zwecke.

Typ II Feines Pulver zur Verarbeitung nach Preß- und Strangpreßverfahren zur Herstellung von in der Elektrotechnik zu verwendender Teile, bei denen möglichst geringe Lufteinschlüsse erwünscht sind.

Typ III Pulver zur Herstellung von Extrudermassen oder Preßteilen mit sehr großen Ausmaßen.

Die für diese Typen geforderten Eigenschaften zeigen Tab. 18 und 19.

Tabelle 18. *Anforderungen an das Pulver*

	Typ I	Typ II	Typ III
Scheinbare Dichte [g/l]	550 ± 100	550 ± 100	475 ± 100
Teilchengröße (Durchschnitt) [μm]	600 ± 180	300 ± 100	500 ± 150
Wassergehalt [%] .... max.	0,05	0,05	0,05

Tabelle 19. *Anforderungen an geformte Proben*

		Typ I	Typ II	Typ III
Schmelzpunkt [°C].........................		327 ± 10	327 ± 10	327 ± 10
Index für Wärmeinstabilität[1] .... max.		50	50	50
Spezifisches Gewicht [g/cm³]	min.	2,10	2,10	2,19
	max.	2,18	2,18	—
Zugfestigkeit [kp/cm²] .... min.		120	120	160
Dehnung [%]....................... min.		125	125	400

[1] Durch den Wärme-Instabilitäts-Test wird der Abfall des Molekulargewichtes nach Erhitzen über längere Zeit auf 380 °C gemessen. Der Index wird berechnet aus der Differenz des spezifischen Gewichtes des nach der Vorschrift hergestellten Prüfkörpers (30 min bei 38 °C gesintert) = Pa und dem spezifischen Gewicht des Prüfkörpers nach 2 Std. Sintern auf 380 °C = Pb. Angegeben wird: Wärme-Instabilitäts-Index = $Pb - Pa \times 1000$. Für die Anwendung werden auch hier in einem Anhang zusätzliche Eigenschaftswerte angegeben, die an den genormten Prüfkörpern ermittelt wurden; diese können aber je nach Verarbeitungsverfahren erheblich variieren. Tab. 20 enthält eine Zusammenstellung dieser Werte.

Tabelle 20. *Richtwerte für zusätzliche Eigenschaften von Tetrafluoräthylenen, ermittelt an genormten Prüfkörpern*

	Prüf.-Meth. ASTM	Typ I	Typ II	Typ III
Dielektrischer Verlustfaktor [1000 Hz]..	D 150	<0,0005	<0,0005	<0,0005
Dielektrizitätskonstante [1000 Hz]	D 150	2,0 bis 2,1	2,0 bis 2,1	2,0 bis 2,1
Durchschlagfestigkeit (Kurzzeitprüfung, gemessen an 1,6 mm-Platten) [kV/mm]..	D 149	40	40	40
Verformung bei 70 kp/cm² Last bei 50 °C [%]	D 621	3 bis 6	3 bis 6	3 bis 4

h) Methacrylat-Spritzgußmassen. Thermoplastische Spritzgußmassen auf der Basis von Polymethacrylderivaten zeichnen sich durch hohe mechanische Festigkeit, Oberflächenhärte, Witterungsbeständigkeit und Glasklarheit aus. Für die Beurteilung kommen daher neben den für Spritzgußmassen üblichen Festigkeitsprüfungen Bestimmung der Härte und Brechungszahl in Frage. Auf dem Markt sind unter der Bezeichnung Plexigum und Resarit Spritzguß- und Strangpreßmassen verschiedener Wärmeformbeständigkeit mit internationaler Typenbezeichnung „grade" 5 bis 8 entsprechend ASTM D 788–56 T. Die Eigenschaften der deutschen Typen „grade" 6, 7 und 8 sind aus Tab. 21 zu ersehen.

Tabelle 21. *Eigenschaftswerte von Polymethacrylderivaten* [5], *ermittelt an gespritzten Prüfkörpern*

grade	6	7	8
Spezifisches Gewicht [g/cm³]	1,18	1,18	1,18
Zugfestigkeit (3 min-Wert) [kp/cm²]	700	740	760
Druckfestigkeit [kp/cm²]	1200	1250	1300
Biegefestigkeit (DIN 53452) [kp/cm²]	1050	1100	1150
Schlagzähigkeit[1] (DIN 53453) [kpcm/cm²]	18 bis 20	18 bis 20	18 bis 20
Kerbschlagzähigkeit[1] (DIN 53453) [kpcm/cm²].	2 bis 3	2 bis 3	2 bis 3
Dauerstandfestigkeit[1] (Zug) [kp/cm²]	120 bis 160	120 bis 160	120 bis 160
Kugeldruckhärte (DIN 57302) [kp/cm²]			
nach 10 Sek.	1750	1820	1900
nach 60 Sek.	1550	1650	1750
Elastizitätsmodul [kp/cm²]	28000	30000	32000
Ritzhärte nach MOHS	2 bis 3	2 bis 3	2 bis 3
Wärmeleitzahl [kcal/m h °C]	0,16	0,16	0,16
Spezifische Wärme [kcal/m h °C]	0,45	0,45	0,45
Wärmeausdehnungszahl (linear) [10^{-6}/°C]	80	80	80
Wärmeformbeständigkeit mit VICAT-Nadel (DIN 57302) [°C]	90	100	110
Wärmeformbeständigkeit ohne Belastung [°C]	75	85	95
Formschwundmaß [%]	0,5 bis 0,7	0,5 bis 0,9	0,6 bis 1,0
Brechungszahl n_D 20 °C (DIN 53491)	1,492	1,492	1,492
Wasserdampfdurchlässigkeit $\left[\dfrac{10^{-8}\,g}{cm\,h\,torr}\right]$	5,7	5,7	5,7
Dielektrizitätskonstante ε bei 10^6 Hz (DIN 53483)	3,4	3,4	3,3
Dielektrischer Verlustfaktor (tan δ) bei 10^6 Hz und $+20$ °C (DIN 53483)	0,03	0,03	0,03
Durchschlagfestigkeit (DIN 53482) [kV/mm]	40	40	40
Spezifischer Widerstand (DIN 53481) [$\Omega \cdot$ cm]	10^{15}	10^{15}	10^{15}
Oberflächenwiderstand nach 24 Std. in Wasser [Ω].	10^{15}	10^{15}	10^{15}

In ASTM D 788–56 T wurden 3 „grades" genormt mit den Bezeichnungen „grade" 5, 6 und 8, die sich durch die Formbeständigkeit in der Wärme (Heat distortion temperature) unterscheiden.

Die Eigenschaften werden in 2 Gruppen geteilt, in solche, die die Methacrylate von anderen Kunststoffen unterscheiden und in solche, die die einzelnen Acrylat-Masse-Typen charakterisieren. Zur ersten Gruppe gehören spezifisches Gewicht, Brechungsindex, Lichtdurchlässigkeit, Wasseraufnahme und dielektrische Werte, während zur zweiten Gruppe „Heat distortion temperature", Zugfestigkeit und Verformung unter Last zählen. Die Werte für die Brennbarkeit und die Fließtemperatur, die in älteren Fassungen angegeben waren, wurden bei der letzten Überarbeitung der Vorschrift nicht mehr aufgenommen, desgleichen nicht die Werte für Biegefestigkeit und Kerbschlagzähigkeit.

---

[1] Die höheren Werte erhält man bei einer härteren Ausführung.

Tab. 22 bringt die Typwerte:

Tabelle 22
Anforderungen an amerikanische Typen von Methacrylatmassen nach ASTM D 788–56 T

grade	Prüfung nach ASTM	5	6	8
Prüfung der Gruppe 1				
Spezifisches Gewicht bei 23 °C [g/cm³] .... max.	D 792–50	1,19	1,19	1,19
Brechungsindex bei 23 °C .... { min.	D 542–50	1,48	1,48	1,48
max.		1,50	1,50	1,50
Lichtdurchlässigkeit durch mm-Material [%].. min.	D 791–54	90	90	90
Wasseraufnahme 24 Std. in Wasser				
Gewichtszunahme + lösliche Anteile [%]... max.	D 570–54 T	0,5	0,5	0,5
Lösliche Anteile [%] .... max.		0,1	0,1	0,1
Dielektrizitätskonstante				
bei 60 Hz .... max.	D 150–54 T	4,5	4,5	4,5
bei 1000 Hz .... max.		4,0	4,0	4,0
bei 10^6 Hz .... max.		3,5	3,5	3,5
Dielektrischer Verlustfaktor				
bei 60 Hz .... max.	D 150–54 T	0,05	0,05	0,06
bei 1000 Hz .... max.		0,04	0,04	0,05
bei 10^6 Hz .... max.		0,03	0,03	0,03
Prüfung der Gruppe 2				
Formbeständigkeit in der Wärme				
bei 18,6 kp/cm² Biegespannung [°C] .... min.	D 648–45 T	65	72	84
bei 4,6 kp/cm² Biegespannung [°C] .... min.		68	76	91
Zugfestigkeit				
bei 23 °C [kp/cm²] .... min.	D 638–52 T	560	560	630
bei 70 °C [kp/cm²] .... min.		140	210	280
Verformung bei 50 °C bei Belastung von				
140 kp/cm² [%] .... max.	D 621–51	4,0	3,0	2,0

i) Polyamid-Spritzgußmassen. Polyamide besitzen ein sogenanntes kristallin-amorphes Gefüge. Das Verhältnis des kristallinen zum amorphen Anteil ist bestimmend für eine Reihe von Eigenschaften. Je höher der amorphe Anteil, um so weicher, flexibler und schlagfester wird das Material, während eine Erhöhung des kristallinen Anteiles, Härte Abriebfestigkeit und Steifheit verbessert. Auf dieses Verhalten ist beim Spritzvorgang zu achten. Bei hohen Form- und Zylindertemperaturen, also bei langsamem Abkühlen des Spritzgußteiles erhält man ein höher kristallines Gefüge. Rasches Abkühlen der Schmelze durch gutes Kühlen der Form führt zur Erhöhung der amorphen Anteile.

Die mechanischen Eigenschaften von gespritzten Formteilen aus Polyamiden werden durch den Feuchtigkeitsgehalt des Polymeren beeinflußt. Für die einwandfreie Verarbeitung muß die Forderung nach möglichst niedrigem Wassergehalt gestellt werden, da sonst Aussehen und physikalische Eigenschaften leiden; wichtig sind weiter der Schmelzpunkt und die relative Viskosität der Massen.

An den geformten Teilen, Normstäben, werden Schlag- und Kerbschlagzähigkeiten, Zugfestigkeiten sowie thermische Eigenschaften geprüft. Die ermittelten Werte geben ein Bild der einwandfreien Verarbeitung.

Auch für die Polyamide liegen in Deutschland noch keine Normvorschriften vor, so daß die Festlegung bestimmter Eigenschaften Abmachungen der Vertragspartner überlassen werden müssen. In USA sind in ASTM D 789–53 T versuchsweise Werte für 2 Typen, die sich bezüglich Wärmefestigkeit, Steifheit, spezifisches Gewicht usw. unterscheiden, festgelegt. Für die Massen werden Höchstwerte für den Wassergehalt sowie bestimmte Schmelzpunkte und Viskositätswerte, für die Normprüfkörper bestimmte Festigkeiten, Wärmebeständigkeit und spezifisches Gewicht gefordert.

Bei einer Überarbeitung (D 789–59 T) wurde die Zahl der Typen erweitert; sie sind klassifiziert nach ihrer chemischen Zusammensetzung. Einige von ihnen sind weiter unterteilt nach der relativen Viskosität. Angegeben sind Werte für die relative Viskosität, den Schmelzpunkt, das spezifische Gewicht und den Elastizitätsmodul. Es wird noch darauf hingewiesen, daß einige der Typen auch für die Verarbeitung nach dem Preßverfahren oder aus Lösungen geeignet sind. Eine weitere Charakterisierung der Massen durch spezielle Eigenschaften bleibt Abmachungen zwischen Hersteller und Verarbeiter überlassen. Die Anforderungen nach ASTM für Spritzguß- und Extrudermassen sind in Tab. 23 zusammengestellt.

Tabelle 23. *Anforderungen für Nylon, Spritzguß- und Extrudermassen*

Typ	Bezeichnung [1]	grade	Relative Viskosität cP [2]	Schmelzpunkt °C	Spez. Gewicht	Elastizitätsmodul (Biegeversuch) kp/cm²
I	6/6	2	41 bis 100	250 bis 260	1,13 bis 1,15	24 600
		4	über 200	250 bis 260	1,13 bis 1,15	24 600
II	6	1	25 bis 40	210 bis 225	1,12 bis 1,14	21 800
		2	41 bis 100	210 bis 225	1,12 bis 1,14	22 600
		2 A	41 bis 100	195 bis 225	1,12 bis 1,14	13 500
		3	101 bis 200	210 bis 225	1,12 bis 1,14	23 400
		4	über 200	210 bis 225	1,12 bis 1,14	24 600
III	6/10	1	25 bis 40	208 bis 220	1,07 bis 1,09	17 000
		2	41 bis 100	208 bis 220	1,07 bis 1,09	17 000
IV	8	2	41 bis 100 [3]	143 bis 158	1,09 bis 1,12	2 100
V	6/6 modifiziert	2	41 bis 100	148 bis 160	1,08 bis 1,10	3 500
VI	6/10 modifiziert	2	41 bis 100	140 bis 153	1,07 bis 1,10	1 400

[1] Die chemische Zusammensetzung der Typen ist:

Typ	*Chemische Basis*
6/6	Hexamethylendiamin-Adipinsäure
6/10	Hexamethylendiamin-Sebacinsäure
6	Caprolactam
8	Alkoxysubstituiertes Nylon, Hexamethylen-Adipinsäure

[2] Bestimmung der relativen Viskosität in einer Lösung von 11 g trockenem Nylon in 100 ml 90%iger Ameisensäure.

[3] Die relative Viskosität dieses Materials wurde in einer 8,4%igen Lösung von trockenem Nylon in m-Kresol bestimmt.

j) Hinweise auf weitere Prüfungen. Bei den aufgeführten Prüfungen handelt es sich um diejenigen, die für Betriebs- und Abnahmebedingungen charakteristisch sind. Darüber hinaus werden eine große Anzahl weiterer Eigenschaften geprüft, die für den Einsatz wichtig sind, aber nicht maßgeblich für Herstellungs- und Verarbeitungsbedingungen. Von den Herstellern werden diese Masseeigenschaften in Prospekten usw. angegeben und nur einzelne hiervon in Sonderfällen als Abnahmebedingungen gefordert. Trotzdem ist es wichtig, auch diese Eigenschaften zu erfassen und in Eigenschaftsblättern niederzulegen. Ein erster Anfang hierfür besteht in Deutschland in den Beiblättern zu den DIN-Normen 7708, Bl. 2 und 3, betr. Phenoplast- und Aminoplast-Preßmassen und DIN 7741, betr. Polystyrol. Weitere Eigenschaften für Celluloseacetatmassen, Polyvinylchlorid usw. werden z. Z. aufgestellt.

Vorgesehen ist noch die Erweiterung der Typentafeln für Spritzgußmassen durch Angaben über Verarbeitungseigenschaften; die ASTM-Standards bringen bereits derartige Angaben.

Nicht unwesentlich sind die Bestimmung der Schrumpfung und Schwindung, Eigenschaften, die für den Formenkonstrukteur und die spätere Anwendung von Bedeutung sind.

Im Hinblick auf die neuen Lebensmittelgesetze dürfte auch eine Prüfung der Giftigkeit der Stoffe selbst und der Zusätze, die durch Nahrungsmittel extrahierbar sind, von Wichtigkeit sein.

Für viele Einsatzgebiete interessiert weiter die Brennbarkeit und Entflammbarkeit, so daß auch diesbezügliche Angaben erforderlich werden.

Literatur

[1] WURZSCHMIDT, B.: Ein neues Schnell-Aufschlußverfahren mit Alkalisuperoxyd in einer Universalbombe für Mikro-, Halbmikro- und Makroeinwaagen. Chemiker-Ztg. 74 (1950) S. 356—360.

[2] HÖCHTLEN u. EHLERS: Tätigkeitsbericht 1957 des Fachnormenausschusses Kunststoffe. 48 (1956) H. 6, S. 251.

[3] KAUFMANN u. KRONCKE: The M. W. Kellogg Company. Grading of polyethylene by ZST-Test. Mod. Plastics 33 (März 1956) S. 167 u. 254/55.

[4] CHAREY: SPE-J. 10 (März 1954) S. 16.

[5] SAECHTLING-ZEBROWSKI: Kunststoff-Taschenbuch, 14. Ausg. 1959, S. 149/50.

4.2 Formteile

Von C. M. v. Meysenbug, Darmstadt

Kunststoff-Formteile werden nach DIN 7708, Blatt 1, definiert als „Teile, die aus Formmassen durch spanlose Formung (z. B. durch Pressen, Preßspritzen oder Spritzgießen) in allseitig geschlossenen Werkzeugen hergestellt worden sind". Damit wird einmal eine Eigenart der Kunststoffe gekennzeichnet, die sie bevorzugt zu der eleganten und wirtschaftlichen Formgebungsweise der „spanlosen Formung" verwendbar macht, zum anderen aber bedeutet Formteil „Konstruktionsteil", ein Bauteil also, dem eine konstruktive Form gegeben wurde.

4.2.1 Werkstoff- und Gestaltfestigkeit

Die Konstruktion eines solchen Formteiles geht von der Werkstoffestigkeit aus, von den mechanischen Eigenschaften, die für den gewählten Werkstoff – hier also für den Kunststoff – kennzeichnend sind. Diese mechanischen Eigenschaftswerte sind ebenso wie etwa die thermischen und die elektrischen Eigenschaften Werkstoffkennwerte, die – wie in den vorangegangenen Abschnitten dieses Buches beschrieben – in konventionell festgelegten Prüfverfahren unter mehr oder weniger idealisierten Bedingungen ermittelt sind. Während nun einige thermische, elektrische und andere Eigenschaften auch nach der Umgestaltung des Werkstoffes zum Formteil erhalten bleiben und somit auch am Formteil unverändert festgestellt werden können, werden insbesondere die mechanischen Eigenschaften stark von der Verarbeitungsweise, von der Art der Beanspruchung und vor allem von der konstruktiven Gestaltung beeinflußt [1].

Der Einfluß des Verarbeitungszustandes erscheint für Kunststoffe besonders einleuchtend, weil es sich hier größtenteils um Formmassen handelt, die durch die Verarbeitung erst zum „Kunststoff" werden. Aber auch bei der Weiterverarbeitung von thermoplastischem Halbzeug durch Warmverformung können sich die Werkstoffeigenschaften ebenso verändern wie etwa bei der Wärme- oder Knetbehandlung von Stahl, wo z. B. unterschieden wird zwischen der Festigkeit im „geglühten", im „angelassenen", im „gereckten" Zustand usw. Dieser Einfluß kann vom Konstrukteur nur insoweit berücksichtigt werden, als er die Mindestwerte voraussetzen muß, die bei einer für den gegebenen Zweck sinnvollen oder notwendigen Verarbeitungsart erreichbar sind.

Die Art der Beanspruchung kommt schon bei den üblichen Werkstoffkennwerten zum Ausdruck, die in Tabellen, Typentafeln usw. angegeben werden. Dort unterscheidet man z. B. zwischen der Biegefestigkeit und der Schlagzähigkeit: das Beanspruchungsschema ist in beiden Fällen das gleiche (vgl. II 3.4.1 und II 4.1), nur daß im einen Fall die Biegebeanspruchung „zügig" im anderen Fall „schlagartig" erfolgt.

In den Werkstofftabellen für metallische Werkstoffe, insbesondere für Stähle, findet man neben den Kurzzeitkennwerten für zügige und schlagartige Beanspruchung meist auch die Langzeitkennwerte für „Wechselfestigkeit" oder „Schwingfestigkeit" und „Zeitstandfestigkeit" angegeben. Für Kunststoffe liegen bisher noch verhältnismäßig wenige Ergebnisse von Langzeituntersuchungen vor, jedoch gewinnen insbesondere Zeitstanduntersuchungen (z. B. für Rohre [2]) immer mehr an Bedeutung.

Zu der Abhängigkeit der Festigkeitseigenschaften und Beanspruchungsart kommt nun als wichtigster Faktor der Gestalteinfluß hinzu. In den Typentafeln und Eigenschaftstabellen für die Kunststoffe wird neben dem Wert für die Schlagzähigkeit der für die Kerbschlagzähigkeit angegeben. Die Versuchsdurchführung zur Ermittlung beider Werte ist vollkommen gleich, nur wurde in den Probestab für die Bestimmung der Kerbschlagzähigkeit eine Kerbe eingearbeitet, wodurch sich bei den meisten Kunststoffen eine erhebliche „Versprödung" ergibt [3]. Auch für die metallischen Werkstoffe sind solche Unterschiede bekannt, sowohl bei den zügigen Festigkeitswerten als auch bei den Werten für die Wechselfestigkeit an glatten und an gekerbten Probestäben. Der Grund ist eine örtliche Spannungserhöhung an der Kerbe infolge Störung des Kraftflusses, worauf der eine Werkstoff „empfindlicher" reagiert als der andere. Eine solche Störung des Kraftflusses ist aber an jedem konstruktiven Querschnittsübergang gegeben, an jedem Absatz, jeder „Ecke" eines Bauteiles, so daß die Kerbe und die durch sie verursachte „Kerbwirkung" zum Symbol für den Einfluß der Gestaltung auf die Werkstoffeigenschaften wird.

Für die Konstruktion eines Formteiles und seine Bewährung in der ihm zugedachten Verwendung ist also nicht allein die Festigkeit des Werkstoffes, gewonnen aus Versuchen an einfachen glatten Probestäben, und die entsprechende Dimensionierung nach den Grundsätzen der Festigkeitslehre maßgebend, sondern die Gestaltfestigkeit, die die Form und die ganze konstruktive Anordnung berücksichtigt [4]. Die Gestaltfestigkeit resultiert bei gegebener Beanspruchungsart in erster Linie aus 3 Faktoren: Werkstoffestigkeit, Form und Größe des Bauteiles, wobei sowohl der Formeinfluß werkstoff- und größenabhängig als auch der Größeneinfluß form- und werkstoffabhängig ist.

Wie der Konstrukteur keinen dieser Einflüsse für sich allein betrachten darf, sondern sie sinnvoll aufeinander abstimmen muß, will er werkstoffgerecht und gestaltfest konstruieren, so kann auch die Prüfung [5] letzten Endes nur am ganzen Formteil unter weitgehender Nachahmung der in der praktischen Verwendung gegebenen Beanspruchungsverhältnisse zu einem uneingeschränkten und befriedigenden Resultat führen. Gestaltfestigkeitsversuche werden daher seit langem im Maschinenbau besonders an Konstruktionsteilen vorgenommmen, von deren sicherer Bewährung große wirtschaftliche Investitionen oder gar Menschenleben abhängen (z. B. Motorkurbelwellen, Achsschenkel oder Rahmen von Fahrzeugen, tragende Teile im Flugzeugzellenbau).

Für Kunststoff-Formteile sind solche Gestaltfestigkeitsprüfungen im allgemeinen nicht lohnend, die speziell auf eine bestimmte Konstruktionsform abgestellt sind und unter den tatsächlichen Beanspruchungsverhältnissen vorgenommen werden. Hier handelt es sich doch meist um gering beanspruchte Teile, denen oft nicht einmal eine einwandfreie konstruktive Berechnung zugrunde gelegt werden braucht. Der Konstrukteur muß mehr nach den oben angedeuteten Grundsätzen der Gestaltung arbeiten, als Berechnungen nach den Regeln der Festigkeitslehre anstellen, zumal für die Kunststoffe die genannten Beziehungen zwischen Werkstoffestigkeit, Form und Größe noch nicht im einzelnen erforscht sind [6]. Prüfungen am ganzen Formteil sind daher zweckmäßig, aber sie werden meist im vereinfachten Kurzversuch als „Gebrauchsprüfung" ausgeführt und können so einen Anhalt für die Gebrauchseignung des Formteiles unter bestimmten Bedingungen geben. Die bei einer Gebrauchsprüfung auftretenden Einflüsse sind jedoch so zahlreich und können bei verschiedenartigen Formteilen so unterschiedlich sein, daß für eine sichere Produktionskontrolle eine zusätzliche Werkstoffprüfung am Formteil unumgänglich notwendig erscheint.

4.2.2 Gebrauchsprüfungen am Formteil

Wie die Versuche für die Gestaltfestigkeit wollen die Gebrauchsprüfungen die tatsächlichen Beanspruchungsverhältnisse erfassen und werden deshalb am ganzen Formteil ausgeführt. Man versucht die Gebrauchsbeanspruchungen zu reproduzieren, die jedoch in der Praxis meist erst durch Dauereinwirkung zur Zerstörung führen. Wenn man daher im Interesse der Wirtschaftlichkeit und eines raschen Versuchsablaufes die Bedingungen zugleich zusammenrafft und verschärft, so muß man sich darüber klar sein, daß solche Prüfungen wohl Hinweise, aber selten eine Garantie für die Gebrauchseignung geben können. Außerdem kann das Ergebnis von Prüfungen am ganzen Formteil immer nur für den einen speziellen Fall gelten, so daß dringend vor Verallgemeinerungen gewarnt werden muß. Die Übertragbarkeit der Ergebnisse wird bei Gebrauchsprüfungen noch dadurch erschwert, daß diese Prüfmethoden meist keine meßbaren Zahlengrößen bringen, sondern nur eine Gut-Schlecht-Beurteilung zulassen. Die Prüfergebnisse sind nicht absolut vergleichbar und haben keine allgemeine Gültigkeit; Maßstäbe für die Qualität oder die Eignung können deshalb nur im Einzelfall als „Lieferbedingung" für ein bestimmtes Formteil aufgestellt werden. Eine Gütenorm, wie sie für die Werkstoffe besteht (z. B. Typentafel), ist aber für Formteile insgesamt nicht möglich.

Es gibt wohl eine Reihe von Gebrauchsprüfungen, die auch in Abnahmevorschriften verankert sind und somit scheinbar den Charakter einer Norm haben. Hierher gehören z. B. die Kugelfallprüfung für Schutzhelme [7] oder die bekannte Fallhammerprüfung, wie sie der VDE bei Schalterkappen, Steckdosenkappen usw. [8] verwendet. Die Anwendung beschränkt sich aber auf untereinander ähnliche Teile, und das Ergebnis ist nur eine qualitative Aussage: bestanden oder nicht bestanden, wobei man nicht weiß, ob dieser Befund durch das Material oder durch die Konstruktion bedingt ist, und ob die Beanspruchung bei verschiedener Formgebung wirklich jedesmal der Gebrauchsbeanspruchung entspricht.

Eine quantitative Aussage ist nur dann möglich, wenn die konstruktive Ausführung, d. h. die Formgebung in allen Einzelheiten festgelegt wird. Wenn z. B. die Postbehörde für Telefongehäuse nicht nur die äußere Form, sondern auch die Verrippungen und Verstärkungen auf der Innenseite genau vorschreibt, so kann das Ergebnis einer vereinbarten Beanspruchungsprüfung als absolute Zahl etwas aussagen und ein Sollwert dafür festgelegt werden, der jedoch wiederum nur für *das* Posttelefongehäuse gilt. Wenngleich der Sinn einer Abnahmeprüfung die Ermittlung von Zahlenwerten und deren quantitativer Ver-

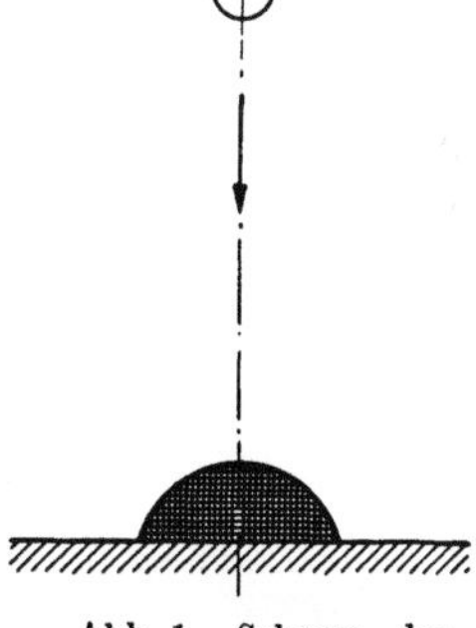

Abb. 1. Schema der Fallgewichtprüfung

gleich mit einem festgelegten Sollwert ist (nur so ist eine objektive Beurteilung und damit eine „Abnahme" möglich), so muß sie sich aus den erwähnten Gründen vielfach mit einer qualitativen Beurteilung begnügen. Die Prüfmethoden, die hierfür angewendet werden, sind so mannigfaltig wie die vorhandenen Formteile. Es haben sich jedoch einige Standardmethoden [9] herausgebildet, weshalb im folgenden die gebräuchlichsten Prüfungen und ihre Bewertung zusammengestellt werden sollen.

a) Prüfungen auf mechanisches Verhalten. α) *Schlagbeanspruchung.* Die meisten mechanischen Gebrauchsprüfungen suchen das Verhalten der Formteile bei Schlag- oder Stoßbeanspruchung zu erfassen. Dafür kommen 3 Hauptarten von Schlagprüfungen in Betracht: 1. Fallgewichtprüfungen, 2. Schlagpendelprüfungen, 3. Trommelprüfungen.

1. Fallgewichtprüfungen in verschiedenen Abarten bestehen im Prinzip (Abb. 1) darin, daß ein Körper von bestimmten Abmessungen und bestimmtem Gewicht aus festgelegter Höhe auf das fixierte Formteil fällt. Die Wirkung des Schlages oder mehrerer Schläge wird beurteilt. Das Gewicht soll das Formteil möglichst so treffen, wie auch im Gebrauch am wahrscheinlichsten eine Zerstörung erfolgt.

Die Prüfeinrichtung ist ein Gestell mit einer ausreichend starken Stahlplatte oder einem Rahmen zur Befestigung der Probe. Das Fallgewicht wird an einem

Faden, einer Führungsschiene oder an einem Elektromagneten (vgl. Abb. 15
und 19) auf einer bestimmten Höhe gehalten und kann frei herunterfallen.
Je nach Art des zu prüfenden Formteiles kann als Fallgewicht eine Stahlkugel,
Stahlspitze oder Stahlschneide, ein Stahlzylinder oder auch ein Schrotsack verwendet werden. Die Prüfung setzt voraus, daß die Auflage, der Auftreffpunkt,
die Größe des Gewichtes, die Fallhöhe und die Zahl der Schläge sowie die
Beurteilung für jede Form des Prüfstückes genau festgelegt werden.

Vielfach erstreckt sich die Prüfung auch nur auf das Verhalten des Formteiles beim Fall unter seinem Eigengewicht. Das Prüfstück fällt entweder frei
oder gleitet an einer geneigten Schiene (geführter Fallversuch, vgl. Abb. 20), so
daß es mit seinem Eigengewicht in bestimmter Lage auf einen Amboß schlägt.
Auch hier muß die Fallhöhe, die Zahl der Fälle, die Auftreffrichtung und die
Beurteilung für jede Art von Formteilen spezifiziert werden.

2. Schlagpendelprüfungen an Formteilen ähneln in ihrer Wirkung den
Fallgewichtsprüfungen. Ein Pendelhammer, der sich von den gebräuchlichen
IZOD- oder CHARPY-Pendeln durch die Aus-
bildung der Schlagfinne unterscheidet,
schlägt in seinem tiefsten Punkt seitlich
gegen eine oder nacheinander gegen mehrere
Stellen der befestigten Probe. Eine Abart
ist der sogenannte übertragene Schlagtest,
bei dem die Probe nicht direkt getroffen
wird, sondern (vom Hammer abgewandt)
an einer federnden Zwischenlage angebracht ist (Abb. 2). Bei häufiger Wiederholung der Schläge wird dieser Test mehr
zu einer Erschütterungsprüfung.

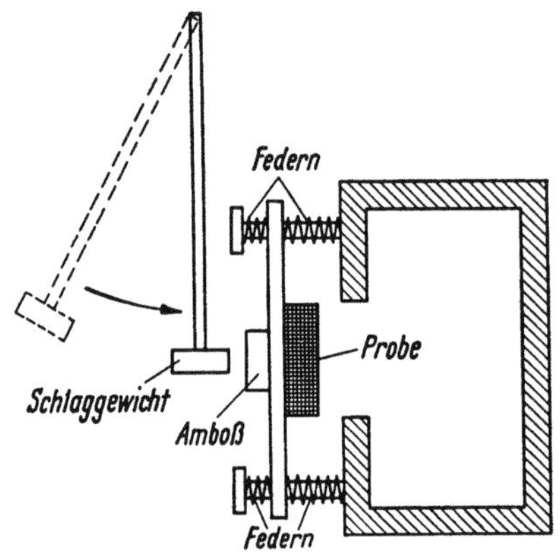

Abb. 2. Schema einer Schlagpendelprüfung
(hier: „Übertragener" Schlagtest)

3. Trommelprüfungen. Der Trommel-
test dient ausschließlich einem qualitativen
Vergleich zweier oder mehrerer (beispiels-
weise nach Material oder nach Gestalt) verschiedener Sorten von Formteilen.
Eine Anzahl der zu prüfenden Teile wird zusammen mit einer entsprechenden
Anzahl bekannter oder sonst zum Vergleich stehender Teile in eine Trommel-
mühle gegeben. Nach bestimmter Laufzeit wird der Bruch der einen mit dem
der anderen Sorte verglichen.

β) *Druck-, Zug- und Biegebeanspruchung.* Der Zweck von Druckprüfungen
ist, festzustellen, ob das Teil Druckbeanspruchungen (z. B. Zusammendrük-
kungen) standhält, denen es im Betrieb ausgesetzt werden kann. Die Grundmethode des Druckversuches (etwa nach DIN 53454) kann beliebig für die
speziellen Anwendungsfälle und Formteile variiert werden.

Ähnlich lassen sich im Bedarfsfall auch der Biegeversuch und der Zugversuch (DIN 53452 bzw. DIN 53455) abwandeln, wenn die Formteile diesen
Beanspruchungen im Gebrauch ausgesetzt sind. Es ist jedoch jedesmal zu
beachten, daß die Wirkung der aufgegebenen Beanspruchung von der Gestalt des Formteiles abhängt und deshalb auch zahlenmäßige Ergebnisse nicht
von einem auf das andere Teil übertragen werden können.

γ) *Ermüdungsbeanspruchung.* Unter Ermüdungsbeanspruchung versteht man die häufige Wiederkehr verhältnismäßig geringer Belastungen, die zu einer Zerrüttung des Werkstoffes führen. Die größte mechanische Beanspruchung, die ein Werkstoff praktisch beliebig oft ohne Bruch erträgt, wird als seine Ermüdungsfestigkeit (oder Dauerfestigkeit) bezeichnet. Dieser Werkstoffkennwert wird an einfach gestalteten Probekörpern bestimmt, für Formteile gilt als entsprechender Wert die Gestaltfestigkeit. Die experimentelle Bestimmung der einen wie der anderen Größe erfordern neben dem apparativen Aufwand eine Versuchsdauer über mindestens 10 Millionen Lastspiele, wobei die Frequenz der Belastungen für Kunststoffe wegen der Gefahr zu großer Erwärmung nicht sehr hoch gewählt werden kann (s. II 3.4.3).

Wirkliche Ermüdungsversuche sind also als Gebrauchsprüfung für Kunststoff-Formteile im allgemeinen zu teuer und wohl auch nur bei wenigen der bisher bekannten technischen Kunststoffteile erforderlich. Vielfach werden schon einige Wiederholungen der oben beschriebenen Einzelprüfungen als Ermüdungsversuche angesehen, jedoch sollte man mit solchen Bezeichnungen vorsichtig sein. Eine (wenn auch undefinierte) Ermüdungsprüfung wäre allenfalls die Trommelprüfung. Ein Dauerschlagversuch, bei dem das Schlagpendel oder das Fallgewicht etwa durch Nocken oder durch eine Kurbel immer wieder angehoben wird, kann nur dann als Ermüdungsprüfung gewertet werden, wenn die angewandte Schlagenergie genügend klein ist und nicht bereits nach 5 oder 10 Schlägen zum Bruch führt.

δ) *Verschleiß.* Die Verschleißfestigkeit gilt im allgemeinen als Werkstoffeigenschaft, die durch die Gestaltung wenig beeinflußt wird. Wenn also der Verschleißwiderstand bei der Auswahl des Werkstoffes entsprechend dem Verwendungszweck des Formteiles berücksichtigt wurde, so wird sich eine Verschleißprüfung am Formteil vielfach erübrigen. Verschleißmessungen können meist nicht in absoluten Zahlen ausgedrückt werden, und es gibt noch keine Standardmeßverfahren dafür. Aber durch Vergleichsversuche läßt sich feststellen, welcher der in Frage stehenden Stoffe die größte Beständigkeit gegen Abrieb oder Verschleißbeanspruchungen unter den jeweiligen Betriebseinflüssen hat.

Eine häufig angewandte Methode, die gegebenenfalls auch auf Formteile übertragen werden kann, ist der Fall-Abriebtest: ein Strom von Schmirgelpulver, z. B. Carborund, fällt auf die unter 45° geneigte zu prüfende Oberfläche, wobei die Körnung des Schmirgels, die Auftreffgeschwindigkeit und die Auftreffzeit definiert sein müssen.

b) Beständigkeitsprüfungen. α) *Maßbeständigkeit.* Maßveränderungen bei Kunststoff-Formteilen können unter Umständen zu erheblichen Störungen und Mißerfolgen im Gebrauch führen. Sie können folgende Ursachen haben:
Deformation unter Last (Kriechen),
Quellung oder Schrumpfung durch Feuchtigkeitsaufnahme oder -abgabe,
Eigenspannungen,
Temperaturveränderungen.
(Die „Schwindung", die den zu erwartenden Maßunterschied zwischen Formwerkzeug und Formteil kennzeichnet, ist eine Werkstoffeigenschaft und deshalb nicht in diesem Zusammenhang zu behandeln, s. II 4.1).

Die Deformation unter Last bedeutet ein mögliches Versagen des Formteiles bei von außen angreifenden Kräften (z. B. Befestigung von Einsatzteilen, Stapelung während des Transportes usw.) und ist deshalb besonders zu beachten, wo es auf genaue Dimensionierung ankommt, etwa im Instrumentenbau, in der Feinwerktechnik. Teile aus härtbaren Kunststoffen neigen weniger zum Kriechen als solche aus Thermoplasten (vgl. II 3.4.1 c).

Eine zuverlässige und einfache Methode zur Bestimmung des Kriechens („kalten Flusses") ist das in ASTM D 621 beschriebene „constant load system". Die Probe wird zwischen 2 Platten mit der maximalen Gebrauchslast belastet, die Versuchstemperatur soll nicht unter 85 °C liegen, nach einer festgesetzten Versuchszeit (nicht weniger als 6 Std.) wird die Maßveränderung zwischen den Platten mittels Meßuhr bestimmt.

Quellung und Schrumpfung durch Feuchtigkeitsaufnahme treten besonders bei Formteilen aus Cellulosederivaten und auch bei cellulosegefüllten Duroplasten auf, sind also vorwiegend werkstoffbedingt. Man kann die entsprechenden Maßveränderungen bestimmen, wenn man die Teile nacheinander in definierten Feuchtigkeits- bzw. Trocknungszustand bringt. In ASTM D 756 wird z. B. Lagerung bei 60 °C in 88% relativer Luftfeuchte und anschließend bei 60 °C im Luftofen über bestimmte Zeit vorgeschlagen. Bei den quellungs- und schrumpfungsanfälligen Materialien beobachtet man auch eine fortschreitende Schrumpfung über längere Zeiträume. Sie kann ermittelt werden, wenn man die Formteile z. B. mindestens 3mal dem oben angegebenen Turnus aussetzt und die Maßveränderung vorher und nachher feststellt. Auch der altbewährte Kochversuch (30 min Kochen in destilliertem Wasser) gibt meist einen brauchbaren Aufschluß über das Quellverhalten und vermag zusätzlich noch weitere Mängel aufzuzeigen.

Eigenspannungen können in einem Formteil bei der Verarbeitung, etwa durch „Einfrieren" der Fließ- oder Spritzkräfte, verursacht werden. Auch beim Entformen können innere Spannungen entstehen. Sie bilden dann eine ständige Gefahr für die Formbeständigkeit des Teiles, denn nur durch die Steifigkeit der Konstruktion bleibt die Gestalt bei der Gebrauchstemperatur erhalten, während sich bei höheren Temperaturen die Spannungen auslösen und im günstigsten Fall als Maßveränderungen in Erscheinung treten. Die Prüfung sieht deshalb meist Lagerung bei erhöhter Temperatur vor, wobei sich Lagerungszeit und Temperaturhöhe nach Material und Verwendungszweck richten, und bestimmt die Maßveränderung nach Abkühlung gegenüber dem Ausgangszustand. Nötigenfalls wird die Prüfung bei höherer oder niedrigerer Temperatur wiederholt. Eine vereinfachte Kurzprüfung kann auch hier der Kochversuch sein (s. II 3.8.1 b, β).

Die Erscheinungen, die hier als Ursachen für die Maßveränderungen aufgeführt sind, können selbstverständlich zusätzlich noch weitere Wirkung haben. Sie werden daher im folgenden auch in anderen Zusammenhängen genannt.

β) *Witterungsbeständigkeit.* Die Bestimmung der Wetterbeständigkeit von Kunststofferzeugnissen erfordert viel Aufwand an Zeit und Geld, da die Versuchsstände unter den verschiedensten klimatischen Bedingungen aufgestellt und über mehrere Jahre beobachtet werden müssen, sofern sich wirklich ein umfassendes Bild ergeben soll. Die beschleunigten Bewitterungsprüfungen im

Labor (s. II 3.8.4) ermöglichen nur bedingte Aussagen über die Wetterbeständigkeit.

γ) *Wasseraufnahme und Chemikalienbeständigkeit.* Die Aufnahme von Feuchtigkeit verursacht nicht nur Maßveränderungen, sondern auch eine Gewichtszunahme. Diese kann an den Formteilen nach (genügend langer) Lagerung in Wasser durch Wägung festgestellt werden, wozu man im wesentlichen wie bei der Bestimmung der Wasseraufnahme an besonderen Probekörpern (z. B. DIN 53472, Vornorm) verfährt. Dabei sollten nach Möglichkeit nur ganze Formteile verwendet werden, deren Gewichtszunahme dann in mg (ohne Bezug auf die Oberfläche) angegeben wird. Bei Verwendung von Ausschnitten von Formteilen ist besonders für Vergleichsmessungen darauf zu achten, daß die geschnittenen Kanten meist mehr Wasser aufnehmen als die unverletzten Oberflächen. Die Schnittkanten werden daher vielfach mit Paraffin oder einem geeigneten Lack für den Versuch ,,abgesperrt''.

Bei Lagerung in Chemikalien soll im allgemeinen nicht die durch Eindringen der Flüssigkeit verursachte Maß- oder Gewichtsveränderung festgestellt werden, sondern die Zerstörung der Oberfläche bzw. des ganzen Formteiles. Die Anwendung der verschiedenen Agenzien richtet sich ebenso wie die Versuchszeit nach dem Material und dem Verwendungszweck (s. auch II 3.8.1 b).

δ) *Eigenspannungen.* Eigenspannungen treten nicht nur als Verformung in Erscheinung, wenn das Formteil einer Erwärmung ausgesetzt wird und dadurch den ,,eingefrorenen Spannungen'' nicht mehr standhält. Sie verursachen vielfach auch Haarrisse oder Brüche, besonders bei Thermoplasten mit geringer Verformungsmöglichkeit (spröde Stoffe). Solche Zerstörungen können sich schon bei normalen Gebrauchsbedingungen zeigen, sie werden aber gefördert durch Einwirkung von Chemikalien (Spannungskorrosion, s. II 3.8.1 b, δ).

Durch Temperung können die Eigenspannungen vielfach gemindert werden, wobei sich die Temperatur nach dem Material (in jedem Fall niedriger als die für die ,,Formbeständigkeit in der Wärme'' ermittelte Temperatur) und die Temperungszeit nach der Größe der Formteile (mindestens $^1/_2$, höchstens 4 Std.) richtet. Die Wirkung der Temperung kann dann qualitativ durch Auslösen von Spannungskorrosion in einem geeigneten Medium im Vergleich zu ungetemperten Teilen festgestellt werden.

c) **Prüfung auf thermisches Verhalten (s. auch u. a. II 3.5).** α) *Glutfestigkeit.* Die Glutfestigkeit ist eine Werkstoffeigenschaft, die im allgemeinen an Formteilen nicht festgestellt werden braucht. Soll doch das Verhalten bei direkter Berührung mit einem glühenden Körper bestimmt werden, so läßt sich hierfür in sinnvoller Abwandlung das Glutfestigkeitsprüfgerät nach SCHRAMM-ZEBROWSKI (VDE 0302, DIN 53459, Entwurf) verwenden. Als spezieller Test für die ,,Feuerbeständigkeit von Isolierstoffteilen'' (CEE Publication Nr. 7, § 27) gilt die Glühdornprüfung, die aber auch weniger eine Formteilprüfung als eine Werkstoffprüfung ist.

β) *Entflammbarkeit.* Entflammbarkeitsprüfungen werden nach verschiedenen konventionellen Methoden an besonderen Proben zur Kennzeichnung des Werkstoffes durchgeführt. Die Entflammbarkeit von Formteilen kann grundsätzlich durch deren Größe und Gestalt bedingt sein. Deshalb sollte das ganze Formteil einer solchen Prüfung ausgesetzt werden, sofern die Entflammbarkeit von Interesse ist.

d) Prüfungen auf elektrisches Verhalten. Für Kunststoff-Formteile, die in elektrischen Geräten neben mechanischen Aufgaben auch den Isolationsschutz gegen spannungsführende Leiter übernehmen, ist eine Nachprüfung der einwandfreien Erfüllung dieser Aufgabe notwendig. Die grundlegenden elektrischen und dielektrischen Eigenschaften des Werkstoffes sollten durch sachgemäße Verarbeitung nicht nennenswert verändert werden, so daß bereits durch die Auswahl des Formstoffes hier eine gewisse Gewähr gegeben ist, sofern die Qualität dieses Formstoffes garantiert ist. Wie beim mechanischen Verhalten führen jedoch auch hier die spezifischen Werkstoffeigenschaften erst im Zusammenwirken mit der Konstruktion, mit der Dimensionierung, zur elektrischen Haltbarkeit des Gerätes. Die Durchschlagfestigkeit des Werkstoffes fordert eine bestimmte Wanddicke, damit bei gegebener Spannung im Gerät nicht doch ein Durchschlag auftritt, und auch bei kriechstromfestem Material gibt es im Gerät Überschläge, wenn die Kriechstrecke zu kurz ist.

e) Zerstörungsfreie Prüfungen. Der bei den obigen Verfahren unterstellten und bisher vorzugsweise angewendeten Stichprobenprüfung an einigen Teilen von vielleicht vielen Tausend steht die zerstörungsfreie Prüfung gegenüber, durch die eine lückenlose Produktionskontrolle mit größerer Sicherheit und erheblicher Kosteneinsparung möglich wird. Trotz verhältnismäßig hoher Investitionskosten für die Betriebseinrichtungen gewinnt dieser noch sehr junge Zweig der Werkstoffprüfung immer mehr an Bedeutung, gerade für die Prüfung von Formteilen. Röntgendurchstrahlung, magnetische Durchflutung, Ultraschall (s. II 3.2.5) und andere Methoden werden je nach Material, Form und Verwendungszweck zur Fehlersuche in Fertigteilen angewendet. Für Kunststoffe sind die bei der Metallprüfung zum Teil schon bewährten Methoden jedoch vielfach nicht geeignet. Es bleibt abzuwarten, wie sich auch für Kunststoff-Formteile entsprechende zerstörungsfreie Prüfungen entwickeln werden.

4.2.3 Werkstoffprüfungen am Formteil

Es wurde ausgeführt, daß die Gebrauchsprüfungen meist nur eine relative und in manchen Fällen auch sehr subjektive Bewertung zulassen. Zur allgemein gültigen Qualitätskontrolle muß man sich deshalb auf die Prüfung der Werkstoffeigenschaften im Formteil, d. h. auf eine Prüfung des zum Formteil verarbeiteten Formstoffes, beschränken. Diese Werkstoffprüfungen am Formteil sind jedoch nicht als Behelf mangels geeigneter Möglichkeiten für vergleichbare Gebrauchsprüfungen zu betrachten, sondern sie sind gerade für die Beurteilung von Formteilen aus Kunststoff von grundlegender Wichtigkeit [10]. Einmal wird damit die Einhaltung der Werkstoffeigenschaften selbst kontrolliert, die bei den Kunststoffen unter Umständen durch die Verarbeitung stark verändert werden können, da ja der Stoff, von dem diese Eigenschaften erwartet werden, erst bei der Verarbeitung, beim Pressen, beim Spritzgießen entsteht. Infolgedessen wird gleichzeitig auch die Gleichmäßigkeit der Verarbeitung innerhalb einer Fertigung oder von einer Fertigung zur anderen kontrolliert. Schließlich können durch die Verarbeitung bedingte Eigenschaftsunterschiede innerhalb desselben Formteiles festgestellt werden, die sich bei der Eigenart der Verarbeitungsverfahren und der Struktur der Kunststoffe nie ganz vermeiden, aber, wenn sie erkannt werden, möglicherweise vermindern lassen.

Die Prüfungen im einzelnen entsprechen den für die Kennzeichnung der Formmassen angewandten Methoden (s. II 4.1), mit dem grundlegenden Unterschied, daß die Probekörper nicht speziell hergestellt, sondern in geeigneter Weise aus dem Formteil entnommen werden. Dabei wirkt sich einmal die Form der Proben und ihre Lage im Formteil auf das Prüfungsergebnis aus, wovon anschließend noch die Rede sein soll, zum anderen ist aber auch zu beachten, daß mit veränderter Probenform oder -größe oft auch eine Abwandlung des Prüfmechanismus notwendig wird, wodurch das Ergebnis ebenfalls beeinflußt werden kann. Dies sollte beim Vergleich von Prüfwerten immer bedacht werden.

a) Probenform. Dem altbewährten Normstab 10 mm × 15 mm × 120 mm, an dem die Werkstoffkennwerte der Typentafeln, z. B. für die härtbaren Preßmassen ermittelt werden, hat man häufig vorgeworfen, er sei „technisch überholt", weil man Wanddicken von 10 mm für Kunststoffe in der Praxis kaum anwendet [*11*]. Die Normstabwerte könnten deshalb nicht mit der praktischen Konstruktion übereinstimmen, weil hier vielleicht 3 und dort 10 mm Wanddicke verwendet würden. Derartigen Äußerungen liegt der gefährliche Irrtum zugrunde, daß etwa bei Übereinstimmung der Wanddicken auch eine Übereinstimmung zwischen der Werkstoffestigkeit und der Haltbarkeit der Konstruktion, also der Gestaltfestigkeit des Formteiles zu erzielen sei. In II 4.2.1 wurde angedeutet, daß der Einfluß der konstruktiven Gestaltung niemals am Probestab erfaßt werden kann, daß man aber trotzdem auf die einfachen Prüfverfahren mit idealisierten Probekörpern nicht verzichten kann, um unter Ausschaltung aller störenden Einflüsse das Verhalten des Werkstoffes kennenzulernen.

Die Abmessungen der Probestäbe sind innerhalb der in Frage kommenden Grenzen gar nicht von so ausschlaggebender Bedeutung für das Prüfergebnis, wenn vergleichbare Prüfmethoden angewendet werden, die eine wirkliche Umrechnung, nicht nur hinsichtlich der Probengröße, sondern auch hinsichtlich des Beanspruchungsmechanismus gestatten. Beim Biegeversuch erhält man z. B. mit einer Preßmasse Typ 31 folgende Mittelwerte:

Normstäbe 10 mm × 15 mm × 120 mm, gepreßt .... 922 kp/cm²,
Normkleinstäbe 4 mm × 6 mm × 50 mm, gepreßt .... 908 kp/cm²,
Kleinstäbe ∼ 3 mm × 6 mm × 50 mm ...... } aus Preßteil (Telefon- } 900 kp/cm²,
Dynstatproben ∼ 3 mm × 10 mm × 15 mm .. } gehäuse nach Abb. 10) { 935 kp/cm².
                                            herausgeschnitten

Entsprechende Übereinstimmung für die Biegefestigkeit wurde auch mit einer Celluloseacetat-Spritzgußmasse an in Längsrichtung gespritzten Normkleinstäben, parallel zur Fließrichtung ausgeschnittenen Kleinstäben und Dynstatproben (ebenfalls aus einem Telefongehäuse nach Abb. 12) gefunden:

Normkleinstäbe 4 mm × 6 mm × 50 mm, gespritzt .... 814 kp/cm²,
Kleinstäbe ∼ 2,5 mm × 6 mm × 50 mm, ausgeschnitten .... 792 kp/cm²,
Dynstatproben ∼ 2,5 mm × 10 mm × 15 mm, ausgeschnitten ...... 820 kp/cm².

Die Auswertung von nach Tausenden zählenden Biegeversuchen an Dynstatproben aus Preßteilen unterschiedlicher Wanddicke, die an der Bundesanstalt

für Materialprüfung, Berlin-Dahlem, und an der Staatlichen Materialprüfungsanstalt, Darmstadt, vorgenommen wurden [*12*], ergab (bei sinnvoller Berücksichtigung der Entnahmerichtung) weitgehende Übereinstimmung mit der

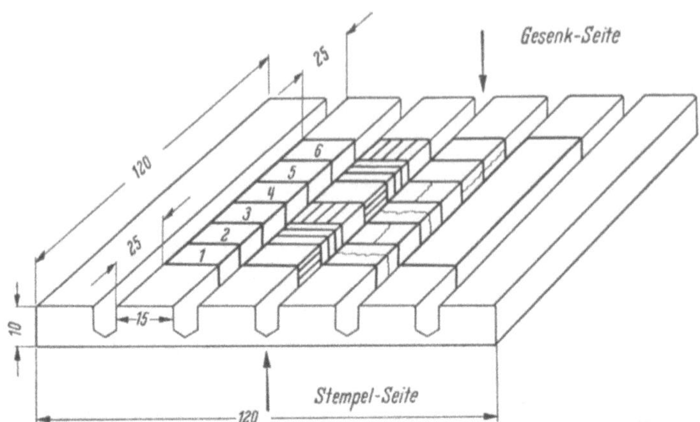

Abb. 3. Aufteilung einer Normstab-Rippenplatte in Dynstatproben zur Untersuchung des Gefügeeinflusses
(nach NITSCHE)

Biegefestigkeit der betreffenden Massen am Normstab. Bei Schlagversuchen
läßt sich dagegen eine Relation nicht herstellen, weil weder die Probenform
noch der Beanspruchungsmechanismus in die Berechnung der von der Probe

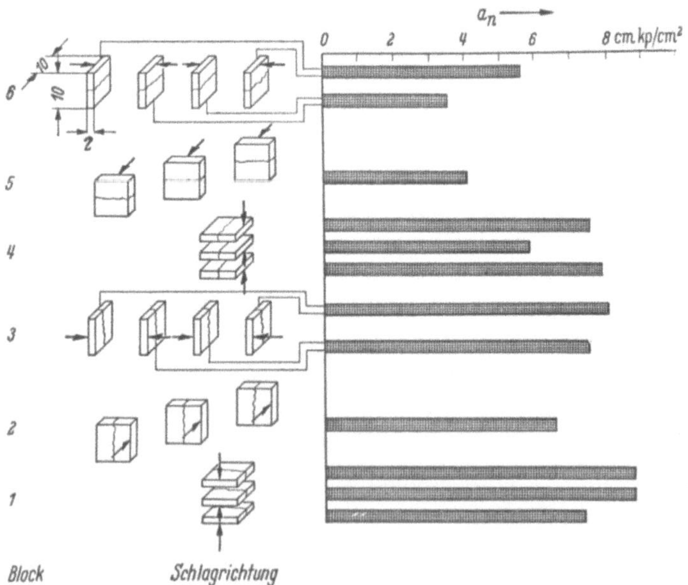

Abb. 4. Schlagzähigkeit von Dynstatproben aus Normstab-Rippenplatte (Typ 31) in Abhängigkeit vom
Ort der Probenentnahme und der Beanspruchungsrichtung (nach NITSCHE)

verbrauchten Schlagarbeit eingeht. So ergeben sich bei der CHARPY-Prüfung
nach DIN 53453 am Normstab andere Werte als am Normkleinstab, die
weder mit den Ergebnissen des Dynstatversuches nach der gleichen Norm,

noch mit denen der Izod-Prüfung nach ASTM D 256 übereinstimmen. Dies dürfte aber wohl in erster Linie auf die Prüfverfahren und ihre Auswertung und dann erst auf die unterschiedlichen Probengrößen zurückzuführen sein.

Wie bei den hier als Beispiel angeführten mechanischen Untersuchungen, so können auch bei anderen Prüfungen die Ergebnisse teils mehr, teils weniger durch die Form und Größe der Proben beeinflußt werden. Für vergleichbare Messungen sollte man daher (neben gleichartigen Prüfverfahren) nach Möglichkeit immer gleichartige Proben verwenden. Übereinstimmende Herstellung der Proben und Berücksichtigung der durch die Verarbeitung wie durch die Entnahme bedingten Struktur sind selbstverständliche Voraussetzungen.

b) Lage der Proben im Formteil. Bei der Eigenart der Kunststoffe kann das Gefüge innerhalb eines Formteiles sehr unterschiedlich sein. Schon bei der spanlosen Herstellung von Probestäben durch Pressen, Spritzpressen, Spritzgießen, insbesondere aber bei der spangebenden Entnahme von Proben aus dem Formteil muß deshalb die durch diese Verarbeitungsarten und durch die Fließfähigkeit [13] der Masse bedingte Orientierung beachtet werden (s. auch II 2).

Nitsche [14] weist diesen Gefügeeinfluß z. B. an einer Rippenplatte nach, aus der nach DIN 53470 Normstäbe zur Prüfung von Preßmassen hergestellt werden. Abb. 3 zeigt die Aufteilung der einzelnen Stäbe in Dynstatproben und Abb. 4 das Verhalten der Proben im Schlagversuch, wobei, wie aus der Darstellung ersichtlich, sämtliche möglichen Richtungen für Entnahme und Beanspruchung berücksichtigt wurden.

Hemmersbach [15] findet ähnliche Orientierungseinflüsse für Spritzgußteile an einem Sonderprobekörper nach Abb. 5.

Wie aus den in Abb. 6 und 7 aufgetragenen Festigkeitseigenschaften an Dynstatproben hervorgeht, spielt hier auch die Spritztemperatur eine erhebliche Rolle.

Högberg [16] empfiehlt zur Erfassung der Verarbeitungseinflüsse beim Spritzgießen (Fließorientierung und Schweißnähte)

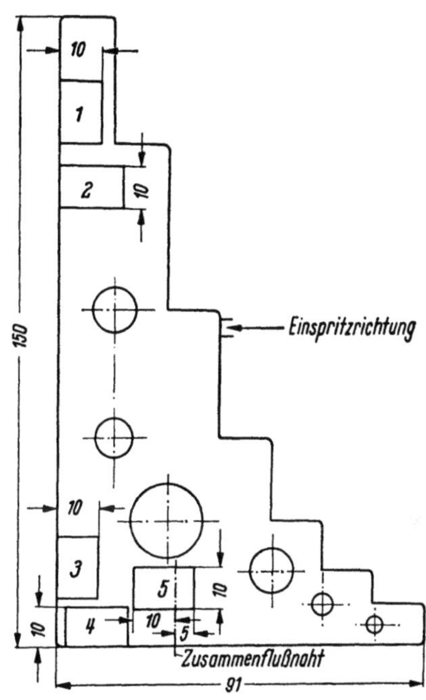

Abb. 5. Sonderprüfkörper zum Nachweis der Orientierung beim Spritzgießen (nach Hemmersbach)

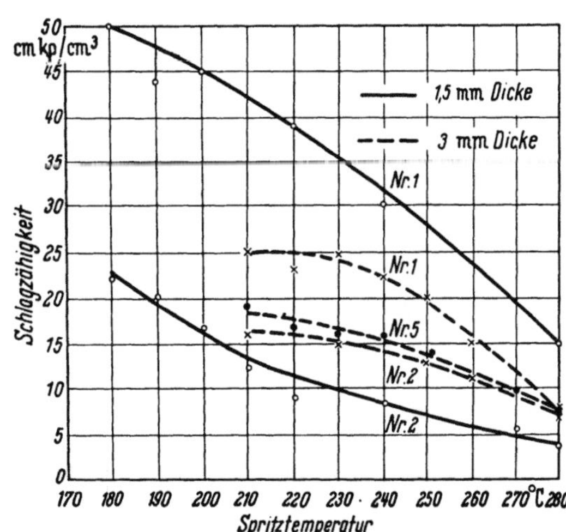

Abb. 6. Schlagzähigkeit von 1,5 und 3 mm dicken Dynstatproben (Trolitul EF) in Abhängigkeit von Entnahmerichtung und Spritztemperatur (nach Hemmersbach)

die Prüfung von Spritzgußmassen an Proben, die nach Abb. 8 hergestellt sind. Er stellt dabei für verschiedene Materialien unterschiedliche Abhängigkeit der Schlagzähigkeit von der Lage der Proben zur Fließrichtung und vom Vorhandensein einer Schweißnaht durch Materialzusammenfluß fest.

Auf beliebige Formteile übertragen, bedeuten diese Beobachtungen also eine starke Beeinflussung der Festigkeitseigenschaften durch die Verarbeitungsart, die Beanspruchungsrichtung (Entnahmerichtung der Proben) und die Gestalt des Formteiles. FREY [17] mißt an Dynstatproben für eine rechteckige, im Spritzguß hergestellte Polystryrolschale die in Abb. 9 dargestellte Verteilung der Biegefestigkeiten.

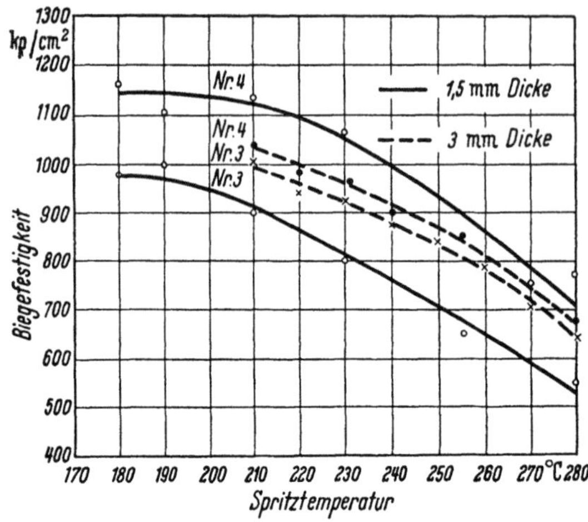

Abb. 7. Biegefestigkeit von 1,5 und 3 mm dicken Dynstatproben (Trolitul EF) in Abhängigkeit von Entnahmerichtung und Spritztemperatur (nach HEMMERSBACH)

An Kleinstäben von 2,5 bis 3 mm × 6 mm × 50 mm für Telefongehäuse, in gleichartiger Gestaltung einmal aus Phenolharz-Holzmehl-Preßmasse (Typ 31) gepreßt, zum anderen aus Celluloseacetat-Spritzgußmasse (Cellidor) gespritzt, fand v. MEYSENBUG [18] die in den Abb. 10 bis 13 eingetragenen Biegefestigkeiten und Schlagzähigkeiten. Bemerkenswert ist hier bei den Preßteilen der verhältnismäßig geringe Unterschied der Festigkeitswerte für Bodenzone und Randzone, der für sehr gut abgestimmte Verarbeitungsbedingungen spricht. In der Steigzone haben jedoch die senkrecht zueinander entnommenen Stäbe verschiedene Festigkeiten (Abb. 10 und 12). Dieser Orientierungseffekt zeigt sich deutlicher noch bei den gespritzten Gehäusen, wo die Biegefestigkeit quer zur Fließrichtung um 25%, die Schlagzähigkeit sogar um 90% niedriger liegt als parallel zur Fließrichtung. Ein Einfluß der Schweißnaht, die in den Proben gegenüber der Angußseite jeweils schwach zu sehen war, konnte hier praktisch nicht festgestellt werden. Dies läßt wiederum auf sorgfältige Ermittlung der geeigneten Spritztemperatur schließen. Die angeführten Beispiele zeigen, wie bei der Ent-

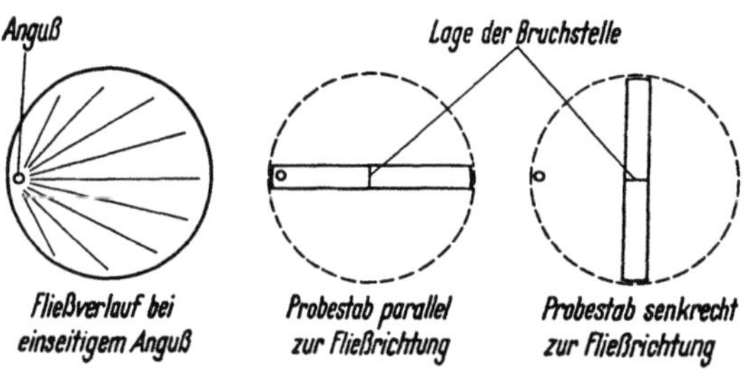

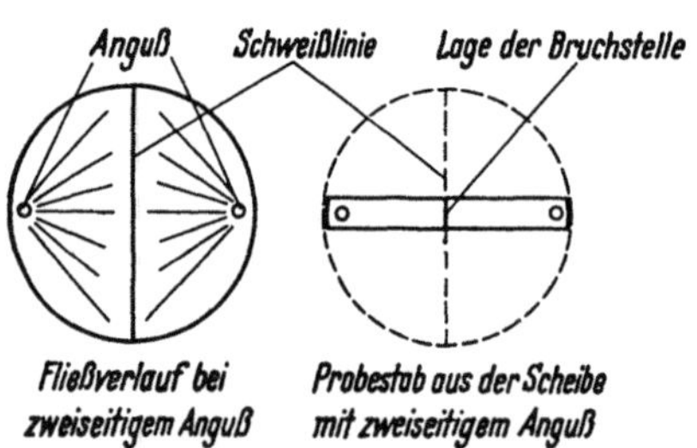

Abb. 8. Entnahme von Probestäben aus einseitig bzw. zweiseitig angespritzten Platten (nach HÖGBERG)

nahme von Proben aus Formteilen den durch die Verarbeitung bedingten Struktureinflüsssen Beachtung geschenkt werden muß. Sie zeigen gleichzeitig, daß die Prüfung kleiner aus dem Formteil herausgeschnittener Proben die

Schwachstellen zu finden und die Gleichmäßigkeit einer Fertigung zu Kontrollieren vermag.

c) Prüfverfahren. Eine Aufzählung der Prüfverfahren zur Kennzeichnung der Werkstoffeigenschaften und zur Qualitätskontrolle am Formteil kann keinen Anspruch auf Vollständigkeit erheben. Im folgenden wird deshalb nur ein Überblick über die Prüfmöglichkeiten gegeben, wobei in erster Linie die Verfahren berücksichtigt sind, für die Prüfnormen bestehen, und für die auch Bewertungsmaßstäbe vorhanden sind.

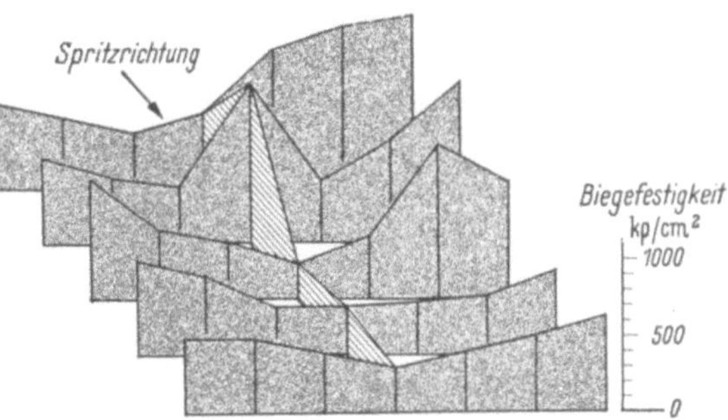

Abb. 9. Örtliche Verteilung der Biegefestigkeit in einer aus Polystyrol gespritzten rechteckigen Schale (nach FREY)

Die *chemische Analyse* vermag nicht immer Art und Herkunft des Kunststoffes eindeutig festzustellen, da es ihr vielfach nicht möglich ist, nach der bei der Verarbeitung erfolgten Umwandlung die ursprünglichen Bestandteile

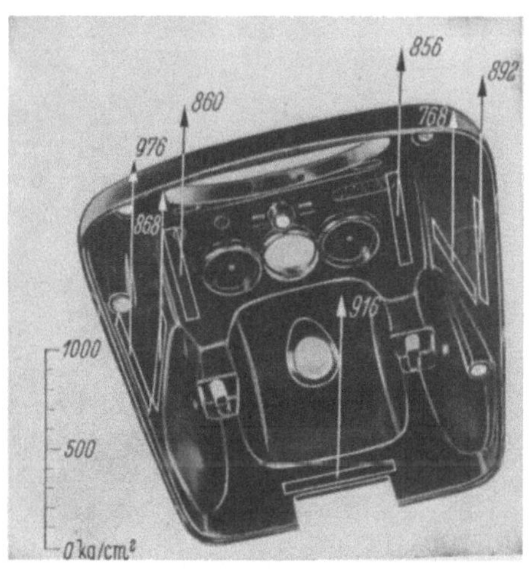

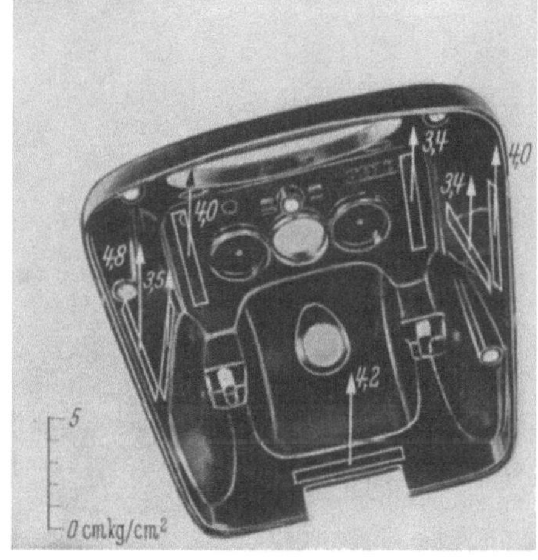

Abb. 10   Abb. 11

Abb. 10 und 11. Abhängigkeit der Biegefestigkeit und Schlagzähigkeit von der Lage der Proben in gepreßten Telefongehäusen, Typ 31 (nach v. MEYSENBUG). (Lies kp statt kg)

wieder nachzuweisen. In solchen Fällen führen Methoden, wie z. B. die Infrarot-Spektrographie, zu einer genauen Kennzeichnung der Materialzusammensetzung.

Einen Hinweis auf die Art des Kunststoffes und seine Verarbeitung kann auch die Bestimmung der Rohdichte (z. B. nach DIN 53479) geben. Sie wird in den britischen Normen neben der Ermittlung der acetonlöslichen

Bestandteile und dem Kochversuch (beide zur Feststellung des Aushärtungsgrades) für die Prüfung von Preßteilen aus härtbaren Preßmassen vorgeschrieben,
um die Verarbeitung, jedoch nicht die Gebrauchseignung zu beurteilen [19].
Für Thermoplaste ist zur Charakterisierung des Werkstoffes das Molekulargewicht maßgebend, das meist durch viskosimetrisch ermittelte Kenngrößen
ausgedrückt wird (z. B. K-Wert u. a. nach DIN 7741, Vornorm; reduzierte
Viskosität).

Die *mechanischen* Werkstoffprüfungen sind in der Mehrzahl der Fälle die
sicherste Kontrolle für die Qualität des Formteiles und die Gleichmäßigkeit
seiner Verarbeitung. Wie auch sonst in der Materialprüfung gebräuchlich,
werden aus den Kunststoff-Formteilen kleine Proben (10 mm × 15 mm) möglichst

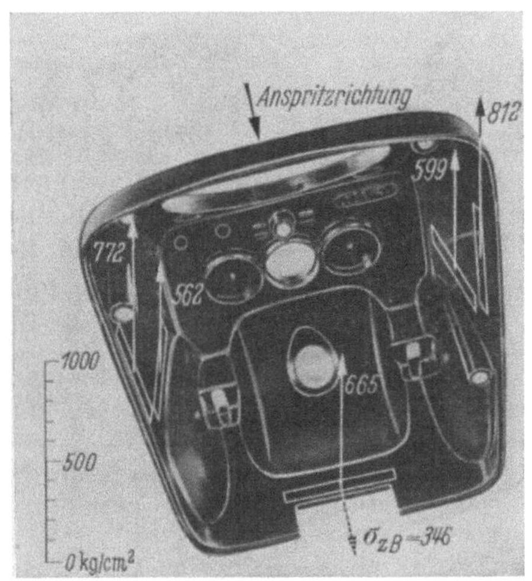

Abb. 12

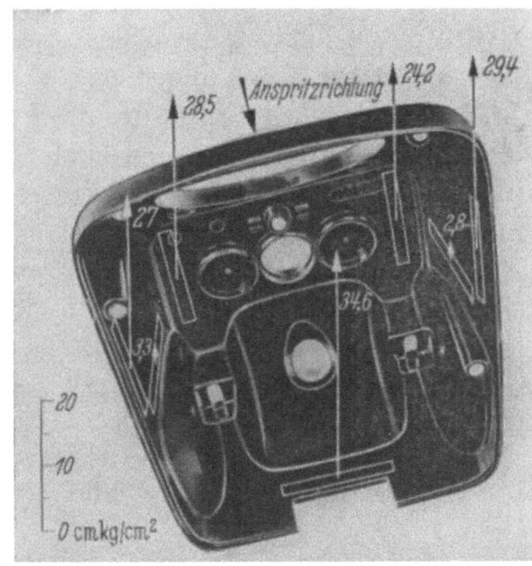

Abb. 13

Abb. 12. und 13. Abhängigkeit der Biegefestigkeit und Schlagzähigkeit von der Lage des Proben in
gespritzten Telefongehäusen; Celluloseacetat (nach v. MEYSENBUG). (Lies kp statt kg)

unter Beibehaltung der gegebenen Wanddicke herausgeschnitten. Das inzwischen allgemein bekannte Dynstatgerät, das bereits vor mehr als 25 Jahren
eingeführt wurde [10], erlaubt diese Proben unter zügiger und unter schlag-
artiger Beanspruchung zu prüfen und so die Werkstoffestigkeit im Formteil
und ihre Beeinflussung durch Verarbeitung und Formgebung festzustellen.
Bei einer solchen Prüfung, die infolge der kleinen Proben auch die Inhomogenität des Werkstoffes erfaßt, müssen selbstverständlich größere Streuungen
erwartet werden als bei der Prüfung größerer Probekörper. Ebenso müssen
bei der Bestimmung der größenabhängigen Schlagzähigkeit die gefundenen Zahlenwerte anders liegen als z. B. am Normstab. Das mindert aber
nicht die Brauchbarkeit und die Bedeutung des Dynstatverfahrens selbst.
Durch die Vorbereitung einer Norm für die konstruktive Ausführung des
Dynstatgerätes werden in Zukunft die von der Apparateseite herrührenden
Mängel beseitigt. Auch das Ausland, das unabhängig auf anderen Wegen nach
geeigneten Prüfungen für Formteile seiner Kunststoffindustrie suchte, wendet

mehr und mehr die Dynstatprüfung an, und insbesondere von französischer Seite wurden konstruktive Verbesserungen für die prüftechnisch einwandfreie Ausführung des Dynstatgerätes vorgeschlagen [20]. – Aus größeren Formteilen können zur Untersuchung der mechanischen Eigenschaften, vielfach auch andere Probekörper, etwa Normkleinstäbe od. ä. herausgearbeitet werden. Dabei ist ebenso wie bei den Dynstatproben zu beachten, daß die Prüfergebnisse meist nicht unmittelbar mit den Werkstoffkennwerten am Normstab verglichen werden können.

Zur Kontrolle der Gleichmäßigkeit, nicht nur der Verarbeitung, sondern insbesondere der Gleichmäßigkeit des Werkstoffes innerhalb desselben Formteiles – also etwa zur Auffindung von (durch unsachgemäße Verarbeitung bedingten) Schwachstellen – kann ferner die Messung der Oberflächenhärte nach einem Eindringverfahren dienen.

Während füllstoffhaltige Phenoplaste wegen ihrer groben Struktur verhältnismäßig große Eindringkörper zur Härtemessung erfordern (5 mm-Kugel), erbringt bei den thermoplastischen Spritzgußmassen die Mikrohärtemessung mit der Diamantpyramide nach VICKERS oder mit dem KNOOP-Diamanten bei geringen Belastungen gut vergleichbare Werte (s. II 3.4.1). Die Prüfung läßt sich also auch an kleinsten Formteilen und fast zerstörungsfrei vornehmen.

Die *thermischen* und *elektrischen* Eigenschaften des zu Formteilen verarbeiteten Materials werden meist in der üblichen Weise ermittelt; die Formbeständigkeit in der Wärme z. B. mit der VICAT-Nadel, wobei praktisch kein Unterschied gegenüber der Messung an der Normprobe vorliegt, die in VDE 0302 beschrieben ist. Es ist nur darauf zu achten, daß die Nadel auf einer ebenen, glatt aufliegenden Fläche aufgesetzt wird und die Wanddicke an dieser Stelle nicht weniger als 2 mm beträgt. Das MARTENS-Verfahren nach DIN 53458 kann dann angewandt werden, wenn sich aus dem Formteil Probekörper von der Größe der Normkleinstäbe herausarbeiten lassen. Die Bestimmung der Glutfestigkeit kann in vielen Fällen bei genügender Größe der Formteile nach VDE 0302, DIN 53459, Entwurf, vorgenommen werden (s. II 3.5.4 u. 3.5.6).

Der elektrische Oberflächenwiderstand wird mit aufgelegten Leitsilberelektroden gemessen, die sich bei der Prüfung von Formteilen seit langem bewährt haben, und die erfahrungsgemäß die gleiche Größenordnung der Meßwerte ergeben, wie die Schneidenelektroden nach DIN 53482 (s. II 3.9.1). Dielektrische Messungen erfordern fast immer größere ebene Proben, als sie aus Formteilen herausgeschnitten werden können. Sie lassen sich deshalb selten an den Formteilen selbst durchführen, jedoch kann im allgemeinen auf Einhaltung der ursprünglichen Kennwerte geschlossen werden, wenn die übrigen Prüfungen die Verarbeitung des Materials als einwandfrei ausweisen.

Eine weitere Prüfmöglichkeit für die Materialeigenschaften ist bei thermoplastischen Spritzgußteilen durch die Ermittlung des *Fließverhaltens* gegeben. Die Fließfähigkeit einer Spritzgußmasse nimmt ab, je öfter sie wieder eingeschmolzen bzw. je mehr gemahlener Abfall, der schon einmal verspritzt war, ihr zugesetzt wird. Die Gleichmäßigkeit der Produkte kann daher durch Fließprüfungen an den plastifizierten Spritzgußteilen kontrolliert werden, wofür sich in der Praxis bereits verschiedene Hausmethoden bewährt haben. Als Standardmethode wäre der bekannte Flow-Test nach ROSSI-PEAKES vor-

zuschlagen, der in Amerika für die Prüfung von thermoplastischen Spritzgußmassen genormt ist (ASTM D 659).

Auswahl der Prüfmethode. Es wird von Fall zu Fall zu entscheiden sein, ob für
die Beurteilung der Qualität von Formteilen die Prüfung auf Werkstoffeigenschaften oder
auf Gebrauchseignung vorzuziehen ist. Geht es um eine Kontrolle der sachgemäßen Verarbeitung und können einzelne Eigenschaften schon Hinweise auf die Gebrauchseignung
geben, so empfiehlt sich stets die Werkstoffprüfung, weil sie fast immer gegenüber der
Gebrauchsprüfung eine klarere und objektivere Beurteilung nach zahlenmäßig vergleichbaren Ergebnissen ermöglicht. Wenn sich ein Kunststoff grundsätzlich für einen bestimmten
Gebrauchszweck in einer bestimmten Konstruktionsform bewährt, so kann durch solche
Werkstoffprüfungen die Gleichmäßigkeit der Fertigung und damit die Bewährung des
letzten wie des ersten Teiles nachgewiesen werden. Gilt es dagegen, die Gebrauchstüchtigkeit
eines Formteiles mehr oder weniger ohne Berücksichtigung des verwendeten Kunststoffes
zu ermitteln oder Vergleiche zwischen den Ausführungen in verschiedenen Werkstoffen
anzustellen, so kommt nur eine Gebrauchsprüfung in Frage. Vielfach müssen Werkstoff-
und Gebrauchsprüfung nebeneinander hergehen, besonders dann, wenn z. B. erst das
Kunststoff-Formteil allein und dann das gebrauchsfertige Gerät, d. h. das Formteil in
Verbindung mit Einbauteilen od. dgl., geprüft werden soll.

Nach den Ausführungen über die grundsätzlichen Unterschiede zwischen Gebrauchs-
und Werkstoffprüfung am Formteil sowie bei Beachtung der sehr wesentlichen Tatsache,

Tabelle 1. *Prüfung von Kunststoff-Formteilen*

Prüfung auf	Werkstoffeigenschaften		Gebrauchseigenschaften
Zweck	Kontrolle der Verarbeitung		Eignungsnachweis
Ausführung	meist Prüfung von *Probekörpern* definierter Form (aus dem Fertigteil herausgearbeitet)		Gebrauchsprüfung am *ganzen Formteil* (entsprechend dem Verwendungszweck, in jedem Fall anders)
mechanische Beanspruchung	Dynstatproben Normkleinstäbe	Biegefestigkeit, DIN 53452 Schlagzähigkeit, DIN 53453 Kerbschlagzähigkeit, DIN 53453	z. B. Fallhammer-prüfung, Kugelfall-prüfung, Fallprü-fung, sonstige Be-lastungsprüfungen, Dauerversuche, Ver-formung unter Last
	Härte (Kugeleindruck, VICKERS- oder KNOOP-Diamant)		
thermische Beanspruchung	Formbeständigkeit in der Wärme (Dynstatproben) nach VICAT, VDE 0302 Normkleinstäbe nach MARTENS, DIN 53458 Glutfestigkeit entsprechend VDE 0302 (DIN-Entwurf 53459)		z. B. Wärmelagerung bei Verwendungs-temperatur, Ent-flammbarkeit
elektrische Beanspruchung	Oberflächenwiderstand, DIN 53482 Kriechstromfestigkeit, DIN 53480		z. B. Spannungs-prüfung (Durch-schlagspannung), Kriechwegsicherheit
Eigen-spannungen	Kochversuch, Wärmelagerung, Spannungsoptik (bei durchsichtigen Teilen)		
Ergebnis	reproduzierbar und auf allgemeingültige Maßstäbe (z. B. Typentafel) zu beziehen		nur für den speziellen Fall gültig und nicht einheitlich bewertbar

daß Werkstoffkennwerte niemals Konstruktionskennwerte sein können, vermag Tab. 1 einen Überblick über die Prüfmöglichkeiten am Formteil zu geben und die Auswahl der geeigneten Prüfmethode zu erleichtern [21].

4.2.4 Prüfung technischer Artikel

Für die Prüfung technischerArtikel bestehen verschiedene Prüfbestimmungen, die zum Teil den Charakter von Normvorschriften haben. Soweit es sich dabei um Gebrauchsprüfungen handelt, können sich diese Vorschriften jedoch nur jeweils auf eine ganz bestimmte Art von Formteilen beziehen. Die Werkstoffprüfungen an Formteilen sind dagegen auf eine allgemeine Anwendung abgestellt. Im folgenden werden aus der großen Zahl bestehender Prüfbestimmungen einige Beispiele angeführt.

a) Überwachungsprüfung der Technischen Vereinigung. Die Technische Vereinigung der Hersteller und Verarbeiter typisierter Kunststoff-Formmassen e. V. hat sich die Aufgabe gestellt, neben der Überwachung der Kunststoff-Formmassen selbst auch die Gleichmäßigkeit der Verarbeitung dieser Formmassen zu Formteilen auf dem deutschen Markt zu überwachen. Hierzu werden von den beauftragten Prüfstellen, der Bundesanstalt für Materialprüfung, Berlin-Dahlem, der Kunststoffprüfstelle der Staatlichen Materialprüfungsanstalt, Darmstadt, und dem Deutschen Amt für Material- und Warenprüfung, Halle, an Preßteilen folgende Prüfungen vorgenommen [22]:

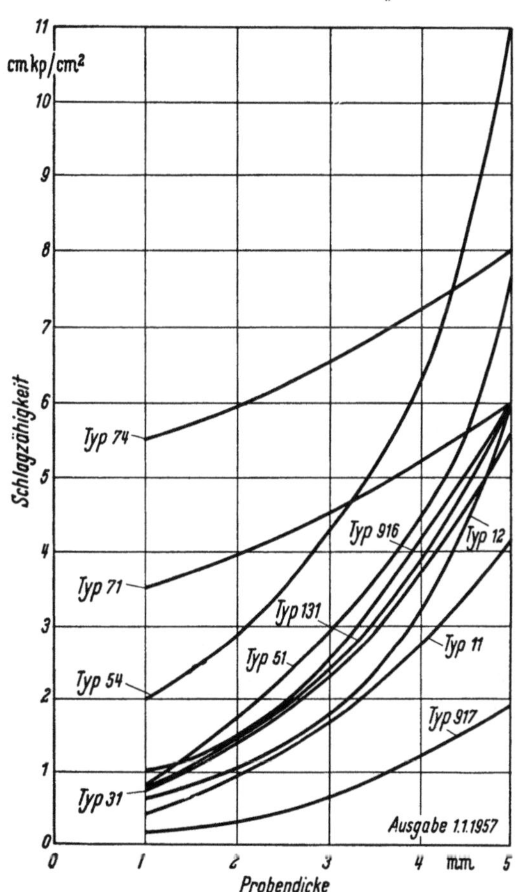

Abb. 14. Schlagzähigkeit an Formteilen in Abhängigkeit von der Wanddicke

Kochversuch in destilliertem Wasser am ganzen Preßteil, für Phenoplaste 30 min, für Aminoplaste 15 min. Beurteilung auf Glanzverlust, Farbveränderung, Risse, Blasen, Verzug usw.

Biegefestigkeit an Dynstatproben (DIN 53452). Bewertung nach der Typentafel DIN 7708.

Schlagzähigkeit an Dynstatproben (DIN 53453). Bewertung in Abhängigkeit von der Probendicke nach Abb. 14.

Oberflächenwiderstand an Strichelektroden aus Leitsilber (DIN 53482). Bewertung nach der Typentafel DIN 7708.

Formbeständigkeit in der Wärme nach VICAT. Belastung mit 5 kp 1 min bei konstanter Temperatur. Größte zulässige Eindringtiefe 0,1 mm.

Glutfestigkeit mit dem Glühstabgerät (VDE 0302, DIN 53459, Entwurf). Bewertung nach der Typentafel DIN 7708.

b) Gebrauchsprüfung an Isolierteilen. Der Verband Deutscher Elektrotechniker (VDE) hat für Deutschland und die Internationale Kommission für Regeln zur Begutachtung Elektrotechnischer Erzeugnisse (CEE) auf internationaler Basis Vorschriften für Gebrauchsprüfungen an Isolierteilen erlassen.

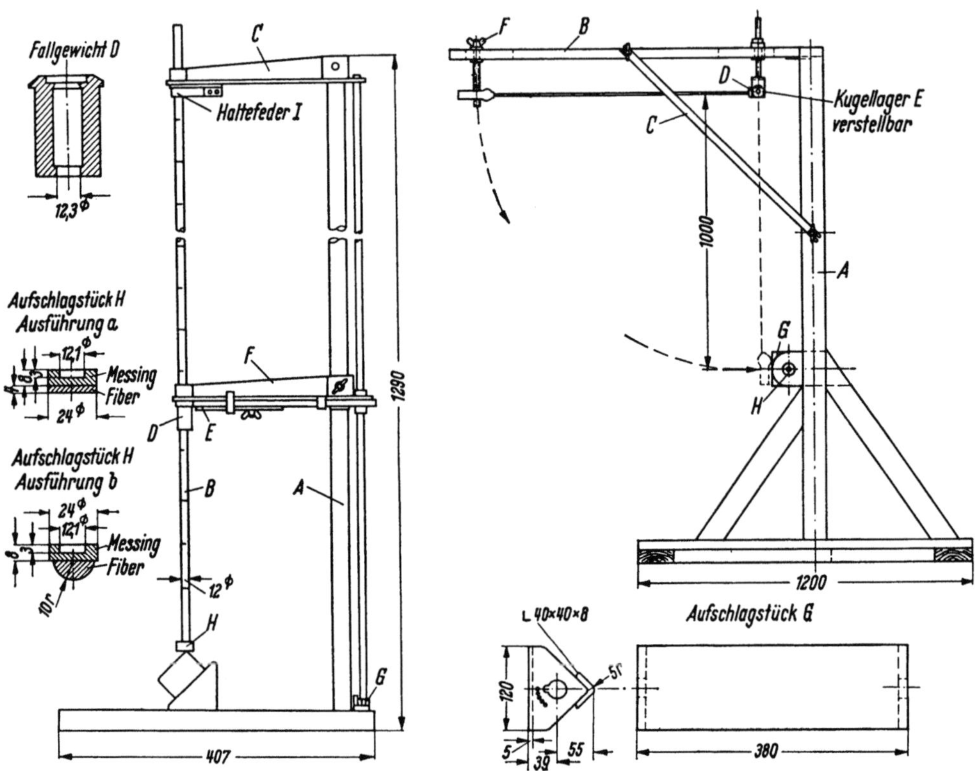

Abb. 15. Prüfvorrichtung für die Fallgewichtprüfung an Isolierkappen nach VDE

Abb. 16. Prüfvorrichtung für die Aufschlagprüfung von Steckerteilen nach VDE

Aus diesen umfangreichen Vorschriftensammlungen seien nachstehend die Prüfbestimmungen für Schalterkappen und Steckvorrichtungen als Beispiele für Gebrauchsprüfungen an Formteilen betrachtet.

α) *Fallgewichtprüfung nach VDE 0470 [23].* Prüfung für Schalterkappen, Steckdosenkappen usw. Die Probe wird auf einem unter 45° geneigten Amboß der Prüfvorrichtung nach Abb. 15 befestigt. Die Gleitstange B wird unter Zwischenlegen des Aufschlagstückes H auf die Probe aufgesetzt. Das Fallgewicht D fällt entlang der Gleitstange aus einer „vorgeschriebenen" Höhe auf das Aufschlagstück. Die Fallhöhe, die zu verwendende Ausführung des Aufschlagstückes und die Zahl der Schläge „sind den einschlägigen Bestimmungen zu entnehmen".

β) *Aufschlagprüfung nach VDE 0470 [23].* Prüfung für Geräte, die beweglich an einer Zuleitung betrieben werden (z. B. Schnurschalter, Handleuchten, Gerätesteckdosen usw.). Das freie Ende der Zuleitung wird in der Prüfvorrichtung nach Abb. 16 an der Klemmvorrichtung D befestigt, die Probe schlägt unter seinem Eigengewicht auf einem Schwingkreis von 1 m Radius gegen das Aufschlagstück G. Die Zahl der Schläge wird für jedes Gerät entsprechend vorgeschrieben.

γ) *Schlagpendelprüfung nach CEE Publ. 7* [24]. Auf der Prüfvorrichtung nach Abb. 17 kann die Probe in verschiedenen Lagen angebracht werden. Der Hammer fällt aus 15 bzw. 25 cm Höhe auf „10 Stellen, die gleichmäßig über die Probe verteilt sind".

δ) *Glühdornprüfung nach CEE Publ. 7* [24]. Prüfung der Wärme- und

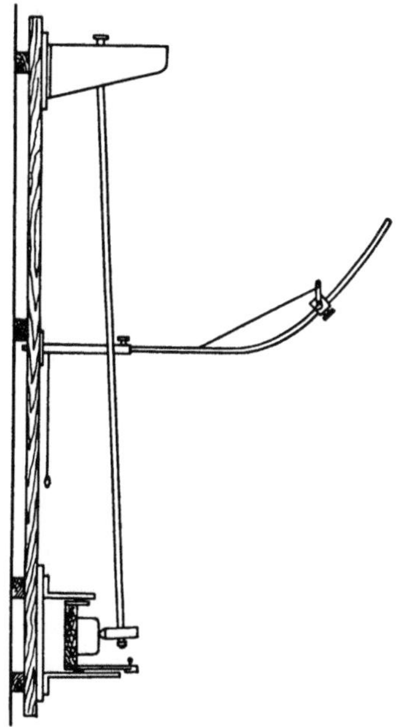

Abb. 17. Pendelschlaggerät nach CEE 7

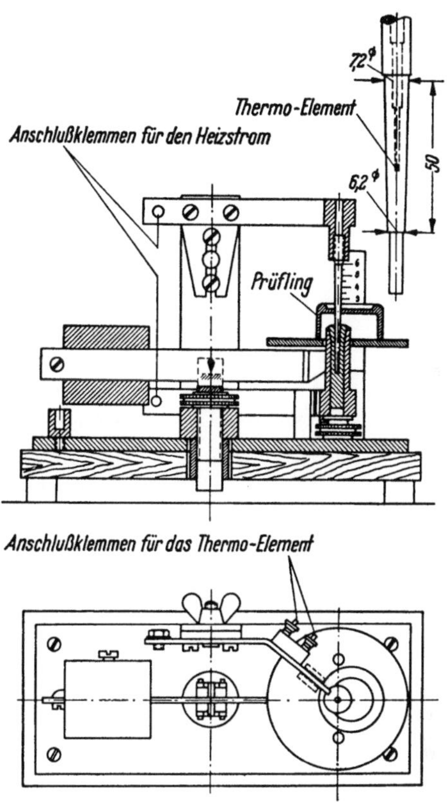

Abb. 18. Glühdornprüfgerät nach CEE 7

Feuerbeständigkeit von Isolierstoffteilen. Der konische Glühdorn (Abb. 18) wird in ein konisch aufgeriebenes Loch in der Probe eingesetzt und 2 Minuten lang auf 500 bzw. 300 °C gehalten. Dabei dürfen keine entzündbaren Gase entstehen, und der Dorn darf nicht mehr als 2 mm in die Probe eindringen.

c) Französische Prüfvorschriften für Isolierstoffe der Elektrotechnik. Im Gegensatz zu den Gebrauchsprüfungen, die VDE und CEE für Isolierteile vorschreiben, steht das Vorgehen der zuständigen französischen Kommission, die in ihren Prüfvorschriften für Isolationsmaterial [25] eine umfassende Werkstoffprüfung an eigens dazu hergestellten Probekörpern vorsieht. Daneben wird eine Werkstoffprüfung an einem idealisierten Formteil vorgenommen, das aus dem zu untersuchenden Kunststoff gepreßt werden muß. Es handelt sich um einen kastenförmigen Körper mit unterschiedlichen Wanddicken, in dessen Wandungen verschiedene Probestäbe abgeteilt sind. Bei dieser Werkstoffprüfung wird der grundsätzliche Einfluß der Verarbeitung auf die Werkstoffeigenschaften erfaßt.

4.2.5 Prüfung von Gebrauchsartikeln

a) Überwachungsprüfung der Technischen Vereinigung. Die in II 4.2.4a erwähnte Formteilüberwachung durch die Technische Vereinigung soll eine allgemeingültige Kontrolle für die Gleichmäßigkeit der Verarbeitung darstellen. Sie erstreckt sich daher nicht nur auf technische Teile, sondern wird in gleicher Weise auch als Qualitätskontrolle für Gebrauchsartikel angewandt, die dann das Überwachungszeichen nach DIN 7702 als Qualitätszeichen führen.

b) Prüfung von Eß- und Trinkgeschirr. Vom Verband der Hersteller von Gebrauchsartikeln aus Kunstharzen e. V. wurden bereits im Jahre 1941 Prüfvorschriften für die Prüfung von Eß- und Trinkgeschirren aus Kunststoffen herausgegeben, die zum Teil heute noch angewendet werden und die Grundlage für DIN 7729, Entwurf, bilden. Die amerikanische Specification MIL–C–11001 (QMC) gibt Vorschriften für die Prüfung von Tafelgeschirr aus Melaminharzpreßmassen [*26*]. Eine ähnliche Vorschrift ist auch in der Schweiz gültig und wurde in Deutschland von der Gütezeichen- und Werbegemeinschaft Durmelit e. V. [*27*] für die Qualitätskontrolle von Geschirren aus Melaminharzformstoffen herausgegeben.

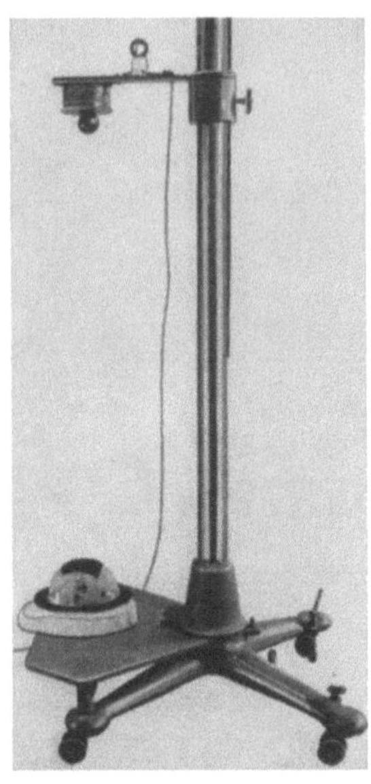

Abb. 19
Prüfvorrichtung für Fallgewichtprüfungen an Helmen

Gemeinsamer Zweck dieser Prüfvorschriften ist die Gebrauchsprüfung an Formteilen (in erster Linie aus Melaminharzpreßstoffen) hinsichtlich ihres Verhaltens in heißem Wasser, alkoholischen Flüssigkeiten, Fruchtsäuren usw. Außerdem werden Anforderungen an mechanische Festigkeit, Hitzebeständigkeit und Lichtechtheit der Formteile gestellt.

c) Fallgewichtprüfung an Helmen. In einem Entwurf zu DIN 23313 ist eine Gebrauchsprüfung für Bergmannshelme vorgeschlagen. Die British Standards BS 1869:1952 und BS 2001:1953 geben Vorschriften für die Prüfung von Sturzhelmen bzw. Schutzhelmen für Motorradfahrer [*7*]. Wesentlicher Bestandteil dieser und entsprechender anderer Prüfvorschriften ist eine Fallgewichtprüfung, bei der entweder eine Kugel (vgl. Abb. 19) oder ein mit einer Schneide versehenes Gewicht auf den Scheitel des Helmes fällt. Der Helm wird zu diesem Zweck auf eine Vorrichtung aufgelegt, an der die zulässige Durchbiegung gemessen werden kann (in Abb. 1 einfach durch

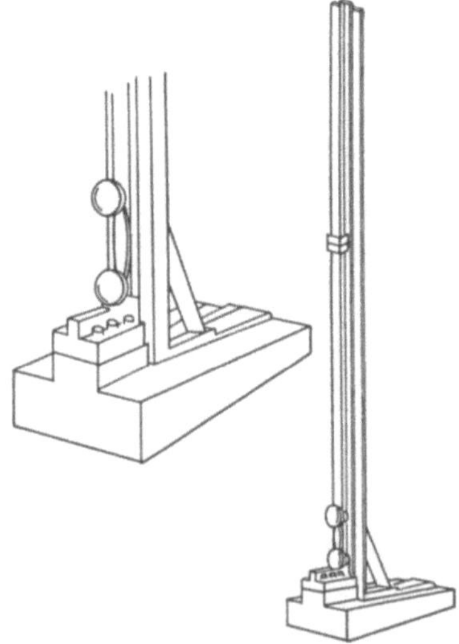

Abb. 20. Ausführung des Fallversuches
an Telefonhörern

Zwischenlegen eines Blaupapiers, das das Erreichen einer bestimmten zugelassenen Durchbiegung markiert).

d) Fallprüfung an Telephonhörern. Ein Beispiel für den in II 4.2.2 a, α erwähnten „geführten Fallversuch" zeigt Abb. 20. Ein Telephonhörer wird an einem Gleitstück befestigt und fällt an der Führungsschiene entlang auf einen Amboß.

Literatur

[1] MEYSENBUG, C. M. v.: Kunststoffe als Konstruktionswerkstoffe. Kunststoffe 43 (1953) S. 524—529.

[2] RICHARD, K., u. G. DIEDRICH: Rohre aus Niederdruckpolyäthylen. Kunststoffe 46 (1956) S. 183—190.

[3] NITSCHE, R., u. W. ZEBROWSKI: Entwicklung neuer Prüfverfahren zur Beurteilung der Sprödigkeit formfester Kunststoffe. Plast. Massen 8 (1938) S. 33—37 u. 65—70.

[4] BUCHMANN, W.: Festigkeit von Bauteilen (Gestaltfestigkeit) bei Raumtemperatur, in W. KRANNICH: Kunststoffe im technischen Korrosionsschutz, S. 90ff. München/Berlin: 1943. — THUM, A.: Die Entwicklung der Lehre von der Gestaltfestigkeit. Z. VDI 88 (1944) S. 609—615.

[5] THUM, A.: Werkstofftechnische Grundlagen der Konstruktion, in H. DUBBEL: Taschenbuch für den Maschinenbau, 11. Aufl., S. 485—502. Berlin/Göttingen/Heidelberg: Springer 1953. — SIGWART, H.: Die Dauerhaltbarkeit der Konstruktion, in E. SIEBEL: Handbuch der Werkstoffprüfung, Bd. II, 2. Aufl., S. 256—272. Berlin/Göttingen/Heidelberg: Springer 1955.

[6] TSCHUDI, H.: Der Verwendungsbereich von Formpreßstücken aus härtbaren Kunststoffen. Schweiz. Arch. angew. Wiss. Techn. 9 (1943) S. 360—366.

[7] BS 1869:1952 und BS 2001:1953. DIN-Entwurf 23313.

[8] VDE 0470/III. 43, Regeln für Prüfgeräte und Prüfverfahren.

[9] Testing Plastic Articles. Plastics Engineering Handbook 1954, S. 735ff. (Soc. Plastics Industry, USA).

[10] SCHOB, A., R. NITSCHE u. E. SALEWSKI: Die Prüfung von Fertigstücken aus Isolierpreßstoffen auf Werkstoff-Eigenschaften. Plast. Massen 5 (1935) S. 353—358; 6 (1936) S. 1—5.

[11] RÖHRS, W.: Vortrag auf der Hauptversammlung des DVM 1935. Kunststoffe 26 (1936) S. 53.

[12] NITSCHE, R.: Die Überwachung nichtkeramischer Isolierstoffe. Plast. Massen 5 (1935) S. 251—253 u. 288—293.

[13] KAUTTER, C. TH.: Spritzen und Pressen von Plexigum. Kunststoffe 40 (1950) S. 249 bis 253.

[14] NITSCHE, R.: Einige aktuelle Fragen zur Kunststoff-Prüfung. Kunststoffe 42 (1952) S. 427—433.

[15] HEMMERSBACH, J.: Einfluß der Spritztemperatur auf die Wirtschaftlichkeit des Spritzgußverfahrens und auf die mechanische Festigkeit der Spritzgußteile. Kunststoffe 36 (1946) S. 81—84.

[16] HÖGBERG, H.: Modified Polystyrenes. Mod. Plastics (November 1955) S. 150, 152, 157 u. 259. Ref.: Kunststoffe 46 (1956).

[17] FREY, K.: Einige Gesichtspunkte für die Herstellung und Gestaltung von Prüfkörpern aus Kunststoff für die mechanische Materialprüfung. Kunststoffe 42 (1952) S. 217—222.

[18] Bisher unveröffentlichte Messungen an der Staatlichen Materialprüfungsanstalt Darmstadt.

[19] BS 2906:1957, Aminoplastic Mouldings. BS 2097:1957, Phendic Mouldings.

[20] Veröffentlichungen des Centre d'Etude des Matières Plastiques, Paris.

[21] MEYSENBUG, C. M. v.: Die Prüfung von Kunststoff-Formteilen. Kunststoffe 46 (1956) S. 95—97.

[22] Ausführungsbestimmungen der Technischen Vereinigung zum Überwachungsvertrag für Preßstücke aus typisierten und überwachten Preßmassen. Frankfurt (Main): 1957.

[23] VDE-Vorschriften-Sammlung, 25. Aufl. Berlin: VDE-Verlag 1955.
[24] CEE-Publikation Nr. 7. Berlin: VDE-Verlag 1951.
[25] Méthodes d'essais des matières isolantes utilisées dans la construction electrique.
[26] US-Military Specification Mil–T–11001/1951. Commercial Standards CS 173–50.
[27] Prüfvorschriften der Gütezeichen- und Werbegemeinschaft Durmelit e.V., Frankfurt
     (Main): 1955.

4.3 Profile

Von **E. Nümann** und **E. Scholz,** Troisdorf (4.3.1), und **W. Burmeister,** Hameln (4.3.2)

4.3.1 Rohre und steife Profile

a) Allgemeines. Die Prüfung von Rohren und Profilen erfordert spezielle Prüfverfahren. Die Wahl der Prüfungen richtet sich nach dem Verwendungszweck und der Art des Kunststoffes. Bei der Fertigungskontrolle spielen die schnelle Durchführbarkeit und kurze Probenvorbereitungszeit eine wichtige Rolle, um Fehler möglichst schon während der Fabrikation erkennen zu können. Man wird sich deshalb oft mit Relativwerten, die an eine bestimmte Abmessung gebunden sind, begnügen.

Geprüft werden Maßhaltigkeit und die äußerlich einwandfreie Beschaffenheit. Für die Kontrolle der mechanischen Festigkeit eignen sich der Zug-, Biege-, Scher-, Torsions- und Schlagversuch. Für elektrische Zwecke werden Prüfungen des Isolationswiderstandes, des dielektrischen Verlustfaktors, der Dielektrizitätskonstanten, der Durchschlagfestigkeit und der Kriechstromfestigkeit herangezogen. Innere Spannungen können häufig durch Maßänderungen nach Warmlagerung festgestellt werden. Sie können in manchen Fällen auch durch Haarrißbildung nach Einwirkung Spannungskorrosion auslösender Chemikalien nachgewiesen werden, z. B. Petroleum beim Polystyrol. Bei vernetzten Stoffen kann die Formbeständigkeit in der Wärme, die Härte und das Quellvermögen in geeigneten Quellmitteln Aussagen über den Aushärtezustand machen. Einschlüsse und Lunker können durch Röntgen- und Ultraschalldurchstrahlung festgestellt werden.

Besonders wichtig ist die Prüfung von Rohren, die zum Transport unter Druck stehender Flüssigkeiten und Gase dienen. Auf einige an diesen Rohren erforderliche Untersuchungen soll etwas ausführlicher eingegangen werden.

Da Druckrohre einer dauernden mechanischen Beanspruchung ausgesetzt sind, ist es notwendig, die *Zeitstandfestigkeit* zu kennen [1]. Beispielsweise wird von einem Trinkwasserrohr eine Lebensdauer von 50 Jahren verlangt. Kunststoffe zeigen bei Raumtemperatur ein mehr oder weniger starkes Kriechen oder kalten Fluß. Unter Kriechen versteht man die plastische Weiterverformung bei ruhender Beanspruchung. Als Folge des Kriechens wird die Festigkeit abhängig von der Beanspruchungszeit, und zwar fällt sie mit wachsender Belastungszeit ab. Zur Bestimmung der Zeitstandfestigkeit genügt es nicht, Untersuchungen an Prüfstäben vorzunehmen, die aus Rohren herausgeschnitten wurden. In diesen Stäben liegt ein einachsiger Spannungszustand vor, während in einem druckbeanspruchten Rohr ein dreiachsiger Spannungszustand herrscht. Es gibt noch keine sichere Methode, die es gestattet, aus den mit einachsiger Spannung gewonnenen Kriechkurven die Kriecheigenschaften für den dreiachsigen Spannungszustand zu berechnen [*2*]. Außerdem geht auch das Beanspruchungsmedium in die Festigkeitsuntersuchungen ein. Deshalb ist man gezwungen, die Zeitstanduntersuchungen direkt an Rohrabschnitten unter in der Praxis herrschenden Bedingungen vorzunehmen. Über derartige Untersuchungen an verschiedenen Kunststoffrohren liegen zahlreiche Arbeiten vor [*2* bis *14*]. Bei der Auswertung von Zeitstanduntersuchungen ist man grundsätzlich auf Extrapolationsverfahren angewiesen, da man die Prüfung nicht über Jahrzehnte hinaus ausdehnen kann [*8, 15*].

Um zu schnelleren Aussagen zu kommen, hat es sich als vorteilhaft erwiesen, die Untersuchungen nicht auf Raumtemperatur zu beschränken, sondern sie auch auf höhere Temperaturen auszudehnen. Temperaturerhöhung beschleunigt den Bruch und wirkt dadurch wie eine Zeitraffung. Selbstverständlich darf man mit der Prüftemperatur nicht zu dicht an den Transformationspunkt herankommen. Extrapolieren darf man nur in einem Temperaturbereich, in dem die Zeitstandkurven einen symbaten Verlauf erkennen lassen. Wesentlich für die Beurteilung sind außer den Bruchzeiten auch die Bruchformen, d. h. ob es sich um einen verformungslosen oder um einen

Abb. 2. Rohrprüfstand mit Einrichtung zur automatischen Aufrechterhaltung eines konstanten Druckes. Eingespannt sind je 1 Rohr von 110 und 32 mm Außendurchmesser.

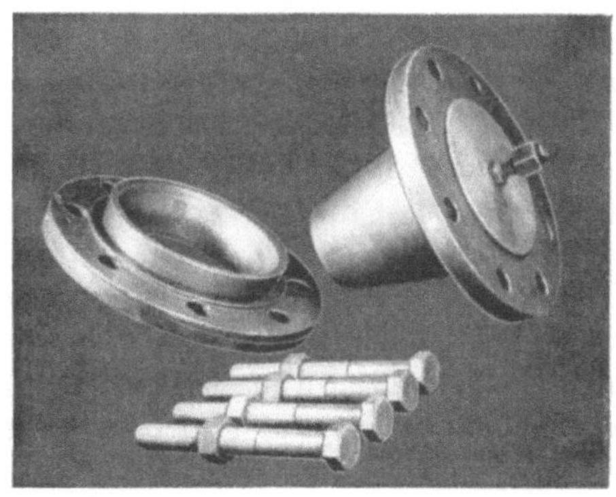

Abb. 1
Endverschluß für ein Rohr mit 110 mm Außendurchmesser

Dehnungsbruch handelt. Weiterhin ist es wichtig, die Änderung der Dehnung während der Standzeit zu verfolgen.

b) Prüfung auf mechanisches Verhalten. Zur Vornahme des Innendruckversuches werden Rohrabschnitte mit Endverschlüssen versehen. Die freie Länge des Rohrstückes zwischen den Endstücken muß so bemessen sein, daß kein nennenswerter Einfluß der Endeinspannung auftritt. In den deutschen Normen ist für die freie Probenlänge l ein Wert von $l = 250$ mm $+ 3 d_a$ vorgeschlagen, wobei d_a der Außendurchmesser des Rohres ist. Bewährt haben sich die in Abb. 1 und 2 dargestellten Verschlüsse. Sie bestehen aus einem konischen Kern, über den das warmgemachte Rohrende geschoben wird. Beide Teile werden zusammengehalten durch Flansche oder Überwurfmuttern. Brüche, die in der Nähe der Einspannungen auftreten, werden bei der Auswertung nicht berücksichtigt. Die beiden Rohrenden dürfen nicht fest eingespannt werden, so daß das Rohr die vom Innendruck herrührenden Axialkräfte aufnehmen muß. Vor Aufbringen des Druckes wird das Rohr mindestens 1 Std. auf Prüftemperatur gehalten. Die Zeit bis zum Erreichen des Prüfdruckes soll zwischen 10 und 15 Sek. liegen. Der Prüfdruck soll nicht mehr als 2,5% vom Solldruck abweichen. Das Konstanthalten des Druckes kann durch eine Automatik erfolgen. Der von einem Kompressoraggregat gelieferte Druck wird über ein Magnetventil der Probe zugeleitet und mit einem Kontaktmanometer konstant gehalten (Abb. 2). Die Einrichtung kann mit einem Schreiber versehen werden, der die Standzeiten aufzeichnet, so daß keine weitere Wartung der Anlage erforderlich ist. Für die Einstellung des Druckes empfiehlt sich die Verwendung von Hochgenauigkeitsmanometern der Klasse 0,6 mit Doppelsystem, da die üblichen Manometer nicht sehr genau sind und auch im Laufe der Untersuchungen durch die stoßartige Beanspruchung beim Bersten der Rohre ihre Einstellung zeitlich ändern. Diese Automatik lohnt sich nur bei Zeitstanduntersuchungen, die sich nicht über einige 100 Std. ausdehnen. Bei länger dauernden Untersuchungen hat es sich als ausreichend erwiesen, ein Puffervolumen, das den Druckabfall bei Dehnung der Probe ausgleicht, vorzuschalten und die Proben täglich zu überwachen. Da das Dauerstandverhalten in erster Linie für Trinkwasserleitungen von Interesse ist, sind die meisten Untersuchungen mit wassergefüllten Rohren durchgeführt. Die

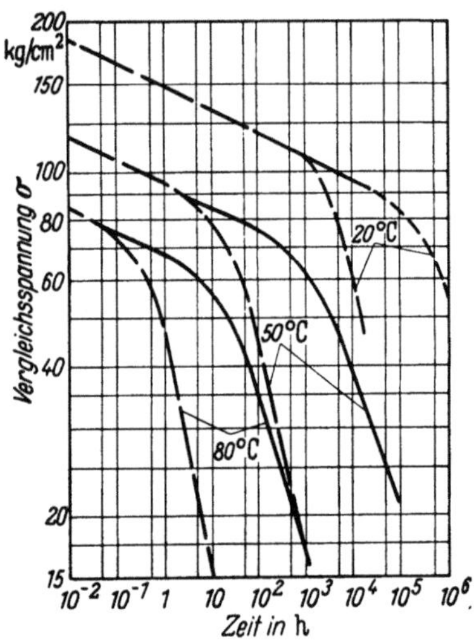

Abb. 3. Zeitbruchkurven nach E. GAUBE[5] von Rohren aus 2 Niederdruck-Polyäthylen-Sorten mit verschiedenem Molekulargewicht
——— höhermolekular; — — — niedrigermolekular; ······· extrapolierter Kurvenverlauf. (Lies kp statt kg)

erhaltenen Prüfergebnisse sind nicht ohne weiteres auf andere Flüssigkeiten übertragbar. Außerhalb der Rohre ist sowohl ein Wasser- als auch Luftbad zulässig. Die Auswahl hängt vom Einsatzzweck und vom Stoff ab.

Um zu einem von der Rohrdimension unabhängigen Kennwert zu kommen, berechnet man die in der Rohrwand herrschende maximale Tangentialspannung (Vergleichsspannung) nach der Formel

$$\sigma = \frac{p(d_a - s)}{2s} \quad \left[\frac{\text{kp}}{\text{cm}^2}\right].$$

In dieser Formel bedeutet p den Prüfdruck, d_a den Außendurchmesser und s die Wanddicke. Für den Wert s muß man die kleinste in dem Rohrabschnitt gefundene Wanddicke einsetzen. Die gefundenen σ-Werte und die zugehörigen Bruchzeiten werden auf doppeltlogarithmischem Papier aufgezeichnet.

Die Auswertung von Zeitstandkurven sei am Beispiel des Niederdruck-Polyäthylens erläutert, für das umfangreiche Untersuchungen von K. RICHARD und Mitarbeitern vorliegen [3 bis 6].

In Abb. 3 sind Meßergebnisse an Rohren aus verschiedenen Chargen zweier Polyäthylensorten mit unterschiedlichen Molekulargewichten aufgezeichnet, jedoch nur die unteren Grenzkurven der Streubereiche der Einzelmessungen. Gemessen wurde bei den Temperaturen 80 °C, 50 °C und 20 °C. Die ausgezogene Kurve für das höhermolekulare Polyäthylen bei 80 °C zeigt in den ersten 10 Std. einen gradlinigen Verlauf, um dann zu längeren Zeiten hin steiler abzubiegen. Das Abknicken ist mit einem Wechsel des Bruchmechanismus verbunden. Im oberen flachen Teil der Kurven treten Verformungsbrüche auf, wobei das Rohr auf einer Mantellinie sich blasenförmig aufwölbt und reißt (Abb. 4). Im steilen Bereich der Kurve tritt ein praktisch verformungsloser Bruch durch Bildung feiner Risse auf, eine Bruchform, die ihres Aussehens wegen gelegentlich auch als Sprödbruch bezeichnet wird. Einen ähnlichen Verlauf zeigt auch die Kurve bei 50 °C, nur beginnt das Abbiegen bei dieser Temperatur um etwa 2 Zehnerpotenzen später. Die 20 °C-Kurve verläuft innerhalb der vorliegenden Meßzeiten noch gradlinig. Aus der

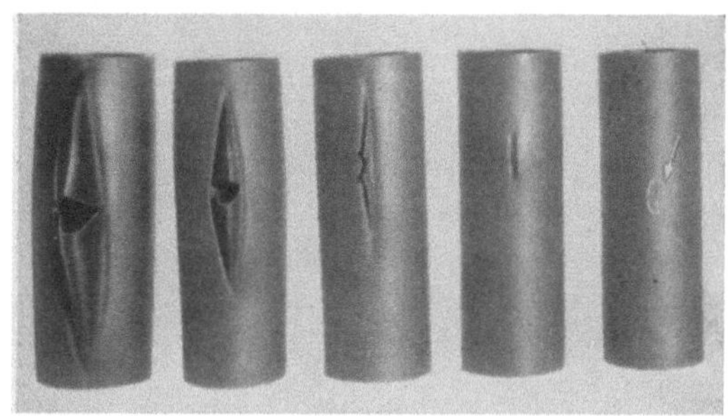

Abb. 4. Verschiedene Bruchformen von Niederdruck-Polyäthylen-Rohren beim Innendruckversuch

Gleichartigkeit dieser Kurven kann man den Schluß ziehen, daß nach längeren Zeiten auch die 20 °C-Kurve einen ähnlichen Verlauf zeigen wird wie die Kurven bei höheren Temperaturen. Die Richtigkeit dieser Annahme bestätigen die Untersuchungen an den Rohren mit dem niedrigeren Molekulargewicht. Der Charakter der Zeitstandkurven ist der gleiche, nur sind die Kurven zu kürzeren Zeiten hin verschoben. Die 20 °C-Kurve zeigt schon deutlich das Abknicken. Aus diesen Darlegungen geht hervor, daß man bei Rohren aus Niederdruck-Polyäthylen durch Zeitstanduntersuchungen bei 80 °C Aussagen über ihr Verhalten bei 20 °C machen kann, und zwar nach wesentlich kürzeren Prüfzeiten. Legt man den in Abb. 3 für das höhermolekulare Polyäthylen bei 80 °C erhaltenen Kurvenverlauf bis etwa 200 Std. als Abnahmebedingung fest, so ist damit auch der für 20 °C extrapolierte Kurvenverlauf sichergestellt.

Ein von K. RICHARD und R. EWALD angegebenes graphisches Extrapolationsverfahren [8] für die 20 °C-

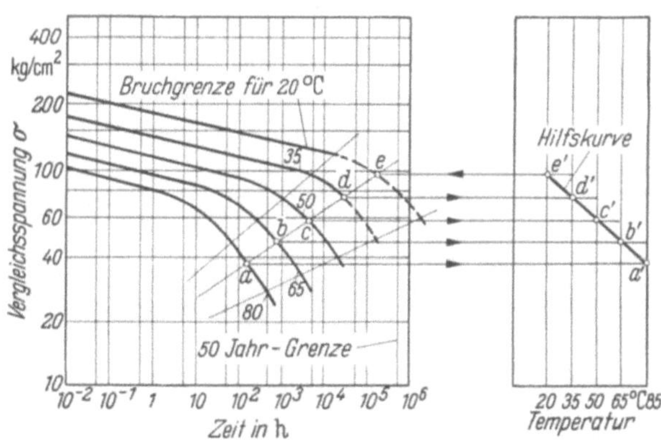

Abb. 5. Graphische Extrapolation von Zeitstandfestigkeitskurven (Mittelwerte) für Niederdruck-Polyäthylen-Rohre [8]. (Lies kp statt kg)

Kurve zu längeren Zeiten hin ist in Abb. 5 gezeigt. Ein anderes Extrapolationsverfahren ist von GLOOR angegeben [15]. Er benutzt das von LARSON-MILLER für metallische Werkstoffe angegebene Verfahren.

Für die zur Bemessung eines Rohres notwendige Kenntnis der maximal zulässigen Vergleichsspannung σ sind neben der Zeitstandfestigkeit die Zeitdehngrenzen, das Verhalten bei Schwankung der Gebrauchstemperatur und der Sicherheitsbeiwert von Bedeutung [8]. Im allgemeinen wird der Standpunkt vertreten, daß die Aufweitung des Rohres durch den Innendruck nach 50 Jahren 2 bis 3% nicht überschreiten sollte. Um genügende Sicherheit gegen Überschreitung der Gebrauchstemperatur zu haben, soll die 50 Jahr-Festigkeit für eine 5 °C höher liegende Temperatur nicht unter dem zulässigen σ-Wert liegen. Für die Festlegung des Sicherheitsbeiwertes müssen die Materialeigenschaften, das Verhalten bei Wasserstößen [16], das bei Kunststoffen im allgemeinen recht gut ist, und mögliche Verlegefehler berücksichtigt werden.

Alle Kunststoffe zeigen mit abnehmender Temperatur ein Härterwerden und damit zusammenhängend ein spröderes Verhalten bei Schlagbeanspruchung. Die Temperatur, bei der diese Versprödung auftritt, ist für die einzelnen Kunststoffe unterschiedlich. Bei Polyäthylen ist die Versprödung für den praktischen Gebrauch unwichtig, da sie bei Temperaturen unter -30 °C liegt. Beim PVC wird sie schon bei 0 °C merklich. Die Sprödigkeit ist nicht eine reine Stoffeigenschaft; sie ist auch von der Art der Fertigung abhängig. Infolgedessen ist bei Rohren eine Prüfung dieser Eigenschaft erforderlich.

Da Rohre die verschiedensten Abmessungen haben können, lag es nahe, einheitliche Prüfstäbe daraus zu entnehmen und in der üblichen Weise auf Schlagzähigkeit und Kerbschlagzähigkeit mit einem Pendelschlagwerk zu prüfen [17]. Der Nachteil dieser Methode besteht darin, daß nur relativ begrenzte Abschnitte, noch dazu aus einer bestimmten Richtung (Längsrichtung) geprüft werden und nicht das Rohr als solches. Deshalb ist es zweckmäßig, die Prüfung an Rohrabschnitten vorzunehmen. In der holländischen KIWA-Vorschrift ist bereits eine Methode erwähnt, bei der die Schlagzähigkeit an Rohren bis zu 40 mm Außendurchmesser mit Hilfe eines CHARPY-Schlagpendels bei 0 °C und einer Schlaggeschwindigkeit von 2 m/s mit einem Gewicht des Schlaghammers von 10 kp gemessen wird [18, 19]. Dieser Methode sind dadurch Grenzen gesetzt, daß man für die Prüfung von Rohren mit großen Durchmessern sehr große Schlagpendel benötigt. Hingegen bestehen keine Beschränkungen in der Rohrdimension bei Prüfungen mit Fallgewichten. Hierbei müssen Gewicht des Fallkörpers und Fallhöhe für jede Dimension gesondert festgelegt werden.

Natürlich ist es bei dieser Methode kaum zu erreichen, daß man Rohre verschiedener Dimensionen eindeutig miteinander vergleicht. Versuchsarbeiten in dieser Richtung laufen z. Z. noch bei der ISO/TC 5/SC 6 (International Standard Organization, Technical Comittee 5, Sub-Comittee 6 – Kunststoffrohre) [20].

Da die Kunststoffrohre häufig bei der Verlegung eine Wärmebehandlung erfahren müssen, ist es notwendig, dafür zu sorgen, daß dabei keine unzulässigen *Maßänderungen* auftreten. Die Testung ist recht einfach, indem Probenabschnitte bei einer für den jeweiligen Werkstoff vorgeschriebenen Temperatur bestimmte Zeit gelagert werden, wobei die Maßänderungen ein festgelegtes Maß nicht überschreiten dürfen.

Bei Metallrohren ist es üblich, jedes Rohr auf *Dichtheit* zu prüfen. Dieser Grundsatz wurde auch für Kunststoffrohre übernommen. Diese Prüfung wird bei Rohren, die spröde brechen, mit Wasser vom 1,5fachen Nenndruck vorgenommen. Bei nicht spröde brechenden Rohren kann die Prüfung auch mit Luftdruck durchgeführt werden, wobei der Druck das 0,6fache des Nenndruckes beträgt.

c) Prüfung auf physiologisches Verhalten. Rohre, die in der Nahrungsmittel-
branche und für die Trinkwasserversorgung verwendet werden, dürfen keinen
Geruch, Geschmack oder gar gesundheitsschädliche Bestandteile an die zu transportierende Flüssigkeit abgeben. Durch umfangreiche Untersuchungen ist
zwar nachgewiesen, daß die hauptsächlichsten Grundstoffe Polyvinylchlorid und
Polyäthylen unbedenklich bzw. ungiftig sind. Für die Verarbeitung ist jedoch
in vielen Fällen der Zusatz von Gleitmitteln, Farbstoffen und Stabilisatoren
notwendig, für die eine solche Unbedenklichkeit zunächst nicht feststeht. Unter
den Stabilisatoren befinden sich eine Anzahl Verbindungen mit Schwermetall-
charakter. Für die Anwendung ist von ausschlaggebender Bedeutung, ob und
in welcher Menge diese Zusatzstoffe in die zu transportierende Flüssigkeit übergehen und gesundheitsschädliche Wirkungen haben können. Für die Durchführung dieser Versuche sind natürliche, umfangreiche pharmakologische Untersuchungen und Tierversuche notwendig, ehe bestimmte Grenzkonzentrationen
festgelegt werden können [*21, 22*]. Bezüglich des bakteriologischen Verhaltens [*23*],
das bei Trinkwasserrohren eine große Rolle spielt, ist durch umfangreiche Versuche festgestellt worden, daß die gebräuchlichen Rohre aus PVC, Hochdruck-
und Niederdruck-Polyäthylen von den Bakterien nicht angegriffen werden und
auch das Bakterienwachstum nicht fördern (s. II 3.10). Eine laufende Überwachung wird hier kaum stattfinden können. Lediglich bei Neuentwicklungen
wird man einen Unbedenklichkeitsnachweis durch ein entsprechendes Institut
beibringen müssen.

d) Lieferbedingungen und Abnahmeprüfungen. In Deutschland bestehen
Entwürfe für *Technische Lieferbedingungen für Rohre aus Polyvinylchlorid hart,
Polyäthylen weich und Polyäthylen hart.*

Die Lieferbedingungen für *PVC-hart-Rohre* sind in DIN 8061, Vornorm,
niedergelegt. Diese Vornorm enthält Mindestanforderungen für den Lieferzustand, die Festigkeitseigenschaften beim Innendruckversuch, Schlagzähigkeit, Maßänderungen bei 140 °C, Wasseraufnahme, Dichtheit und Oberflächenbeschaffenheit. Maße und Gewichte und deren zulässige Abweichungen sind
in DIN 8062 festgelegt.

Der Lieferzustand und die Oberflächenbeschaffenheit werden nach äußeren
Merkmalen beurteilt. Die Rohre müssen gerade und glatt sein, frei von Blasen
und Lunkern. Zusätzlich müssen Trinkwasserleitungen genügend lichtundurchlässig sein, um Algenbildung und Bakterienwachstum nicht zu begünstigen.

Bei der Festlegung der Prüfbedingungen für die Festigkeitseigenschaften
beim Innendruckversuch ging man davon aus, daß es zumindest z. Z. kein
Verfahren gibt, das erlaubt, in kurzer Zeit sichere Aussagen über das Langzeit-
verhalten des PVC-Rohres zu machen. Eingeführt wurde deswegen eine Prüfung,
bei der das Rohr bei 60 °C drei verschiedenen Prüfspannungen ausgesetzt
wird und dabei gewisse Mindeststandzeiten erreichen muß, die 1 bis 200 bzw.
1000 Std. betragen (s. Tab. 1). Die Prüfung A dient zur Definition der Qualität
des Rohres und geht von der Annahme aus, daß die Qualität durch die verwendeten Rohstoffe und das zur Herstellung benutzte Verfahren festgelegt ist.
Solange sich hieran nichts ändert, tritt auch keine Änderung des grundsätzlichen
Verhaltens des Rohres ein. Diese umfangreiche Prüfung kann naturgemäß nur
in größeren Zeitabständen durchgeführt werden. Die Norm schreibt vor, min-

destens einmal im Jahr eine solche Prüfung durch eine anerkannte Materialprüfanstalt vornehmen zu lassen. Durch die Prüftemperatur von 60 °C soll einmal eine gewisse Zeitraffung erfolgen. Außerdem wird dadurch sichergestellt, daß die Rohre tatsächlich ohne weichmachende Zusätze hergestellt sind.

Für die Fertigungskontrolle und den schnellen Abnahmeversuch hat man eine Kurzzeitprüfung B eingeführt, die jedoch nur einen Hinweis gibt, daß bei der Fabrikation keine groben Fehler vorgekommen sind. Das Rohr muß bei 20 °C eine Vergleichsspannung von 390 bzw. 420 kp/cm² mindestens 1 Std. aushalten.

Die vorliegenden Zeitstanduntersuchungen zeigen, daß es PVC-Rohre mit sehr unterschiedlichem Dauerverhalten gibt, so daß man sich entschlossen hat, Abnahmebedingungen für 2 Typen zu schaffen: den Rohrtyp PVC 60 und den Rohrtyp PVC 100, wobei die Zahlen 60 und 100 die maximal zulässige Vergleichsspannung σ unter Berücksichtigung einer 50jährigen Lebenserwartung bedeuten. Die für diese beiden Typen beim Innendruckzeitstandversuch festgelegten Festigkeitseigenschaften sind in Tab. 1 zusammengestellt.

Tabelle 1. *Festigkeitsanforderungen an PVC-Rohre beim Innendruck-Zeitstandversuch*

Festigkeitsanforderung	Prüftemperatur	Prüfdauer (Mindeststandzeit)	Prüfspannung σ [1]	
			Rohrtyp PVC 60	Rohrtyp PVC 100
	°C	Stunden	kp/cm²	kp/cm²
A	60	1	140	170
	60	20	105	—
	60	200	85	110
	60	1000	—	100
B	20	1	390	420

[1] Berechnung siehe S. 484

Zur Charakterisierung dieser 2 Typen dient auch die Wasseraufnahme, die für PVC 60 mit 3,5% und für PVC 100 mit 1,2% begrenzt wurde. Die Bestimmung erfolgt an Rohrabschnitten von 2,5 mm Dicke und einer Gesamtoberfläche von 50 bis 60 cm² durch 24stündige Lagerung in kochendem Wasser.

Wie unter b) bereits beschrieben, bereitet die Prüfung der Schlagzähigkeit an Rohrabschnitten noch Schwierigkeiten. Es wurde deshalb in DIN 8061 vorläufig noch eine Prüfung an in Längsrichtung aus dem Rohr herausgeschnittenen Stäben vorgesehen. Die Stäbe werden auf einem Pendelschlagwerk geschlagen und dürfen dabei nicht brechen. Nur Rohre mit Außendurchmesser unter 25 mm werden als Ganzes geschlagen.

Bei der unter b) beschriebenen *Dichtheitsprüfung* darf das Rohr keine Undichtigkeiten zeigen. Diese Prüfung wird bei PVC-Rohren nur mit Wasser durchgeführt. Der Prüfdruck muß 10 Sek. aufrechterhalten bleiben.

Bei der Prüfung auf *Maßänderungen* wird ein Rohrabschnitt von der doppelten Länge des Außendurchmessers, jedoch von mindestens 120 mm Länge, 30 min lang bei 140 °C ± 2 grd gelagert. Nach dem Abkühlen auf Raumtemperatur dürfen die Maßabweichungen des Rohrabschnittes in Längsrichtung nicht mehr als 5% und in Querrichtung nicht mehr als 2,5% (letztere gemessen am Rohrumfang) betragen.

Für Rohre aus *Polyäthylen weich* sind in DIN 8073 Technische Lieferbedingungen und in DIN 8072 Abmessungen festgelegt, die bezüglich Lieferzustand, Oberflächenbeschaffenheit und Maßtoleranzen weitgehend mit denen für PVC-Rohre übereinstimmen. Die für die Festigkeitsanforderungen beim Innendruckversuch geforderten Mindestwerte zeigt Tab. 2.

Tabelle 2. *Festigkeitsanforderungen an Rohre (Polyäthylen weich) beim Innendruck-Zeitstandversuch*

Festigkeits-anforderung	Prüftemperatur °C	Prüfdauer (Mindeststandzeit) Stunden	Prüf-spannung σ kp/cm²
A	80	1000	15
B	20	1	70

Die für die Überwachungsprüfung vorgeschriebene Temperatur von 80 °C wird von verschiedenen Seiten für Polyäthylen weich für zu hoch erachtet. Der ISO-Vorschlag [20] sieht eine Prüfung bei 70 °C vor, wobei die Spannung 25 bzw. 30 kp/cm² und die Mindeststandzeit 100 Std. betragen sollen.

Beim Polyäthylen weich kann die *Dichtheitsprüfung* mit Wasser und mit Luft vorgenommen werden. Bei der Prüfung der Ringbunde mit Luft wird der Bund unter Wasser geprüft, um austretende Luftblasen sichtbar zu machen. Der Luftdruck soll das 0,6fache des Nenndruckes betragen und 2 min aufrechterhalten werden. Beim Abdrückversuch mit Wasser, der für gerade Rohre vorgeschrieben ist, muß der 1,5fache Nenndruck 10 Sek. aufrechterhalten werden.

Die zulässigen *Maßänderungen* sind die gleichen wie beim PVC, in Längsrichtung 5% und in Querrichtung 2,5%. Geprüft wird dagegen bei einer Temperatur von 100 °C $\pm$ 2 grd mit der üblichen Prüfdauer von 30 Minuten.

Für Rohre aus *Polyäthylen hart* enthält DIN 8075 die Technischen Lieferbedingungen und DIN 8074 die Maße. Unterschiede zum Polyäthylen weich bestehen nur bei der Innendruckprüfung (Tab. 3).

Tabelle 3. *Festigkeitsanforderungen an Rohre (Polyäthylen hart) beim Innendruck-Zeitstandversuch*

Festigkeits-anforderung	Prüftemperatur °C	Prüfdauer (Mindeststandzeit) Stunden	Prüf-spannung σ kp/cm²
A	80	48	41
	80	95	35
	80	170	30
B	20	1	150

Beim Polyäthylen hart sind die zulässigen Maßänderungen die gleichen wie beim Polyäthylen weich, dagegen beträgt die Prüftemperatur 110 °C $\pm$ 2 grd.

c) Sonstige Rohstoffe. Außer Polyvinylchlorid und Polyäthylen spielen als Werkstoffe für Rohrleitungen Celluloseacetat, Celluloseacetobutyrat [11], schlagfeste Polystyrole und schlagfeste PVC-Sorten [9] eine Rolle, für die in Deutschland Prüfvorschriften und Lieferbedingungen aber noch nicht vorliegen. In

USA gilt für Celluloseacetobutyrat-Rohre ASTM D 1503–57 T, ,,Tentative Specification for Solvent Welded (SWP Size) Cellulose Acetate Butyrate Pipe". Diese
Norm unterscheidet 2 Typen: Typ I transparente Rohre, Typ II schwarze,
undurchsichtige Rohre (für Verwendung im Freien, Rußzusatz 2%). Der Rohstoff für die Rohrherstellung muß ASTM D 707–55 T, ,,Tentative Specification
for Cellulose Acetate Butyrate Molding and Extrusion-Compounds", entsprechen,
und zwar dem Typ I, Medium, MH–3 (s. II 4.1.2). Für das Rohr selbst gelten
nur Dimensionsvorschriften. ASTM D 1527–58 T und D 1528–58 T enthalten
Dimensionsvorschriften für Rohre aus Acrylnitril-Butadien-Styrol-Mischpoly-
merisat.

f) Installationsrohre. Neben den im vorhergehenden behandelten Kunststoffrohren für den Transport von Flüssigkeiten und Gasen finden Rohre, Stäbe,
Profile u. a. weitere Einsatzgebiete in der Elektroindustrie. *Installationsrohre* zur
Verlegung von Leitungen in elektrischen Anlagen können nach VDE 0605 auch
aus Kunststoff gefertigt werden. Diese Vorschrift unterscheidet 2 Rohrsorten:
Rohre mit Kennzeichen ,,A" für Verlegung auf Putz, Rohre mit Kennzeichen ,,B"
für Verlegung unter und im Putz. Für diese Elektrorohre sind folgende Eigenschaften festgelegt: Druckfestigkeit, Schlagfestigkeit, Wärmefestigkeit, Spannungsfestigkeit und Isolationswiderstand. Rohre mit Kennzeichen ,,A" werden
derart auf Druckfestigkeit geprüft, daß ein Rohrstück von 10 cm Länge in
waagerechter Lage auf seiner ganzen Länge mit einem Gewicht von 10 kp
5 min lang bei 20 °C $\pm$ 5 grd gleichmäßig belastet wird. Hierbei darf sich der
Außendurchmesser des Rohres um nicht mehr als 10% seines ursprünglichen
Maßes verändern. Bei Rohren mit Kennzeichen ,,B" ist die Prüflast auf 6 kp
herabgesetzt.

Die Schlagfestigkeit wird mit einem Fallgewicht von 250 p, das aus 25 cm
Höhe auf die vorher 10 Tage bei 60 °C und anschließend 2 Std. bei -5 °C
vorbehandelten Rohre bei -5 °C fällt, geprüft. Nach 4 Schlägen auf die gleiche
Stelle des Rohres dürfen keine Brüche und Risse auftreten.

Durch eine 10 tägige Lagerung bei 60 °C $\pm$ 2 grd werden die Rohre auf Wärmefestigkeit geprüft. Nach dieser Behandlung dürfen keine die Wirkungsweise
beeinträchtigenden Veränderungen auftreten. Nach Abkühlung auf Raumtemperatur müssen die Rohre noch biegefähig sein und die geforderte Druck-
festigkeitsprüfung erfüllen.

Weiter wird an den Rohren eine Prüfung auf Spannungsfestigkeit durchgeführt. Ein U-förmig gebogenes Rohrstück von 1 m Länge wird so in einen
Behälter mit Wasser von 20 °C gestellt, daß die Enden etwa 10 cm über den
Wasserspiegel hinausragen. Das Rohr wird mit Wasser gefüllt. Nach 24 Std.
wird eine praktisch sinusförmige Wechselspannung von 50 Hz und 2000 V
$^1/_2$ Std. lang zwischen dem Wasser im Rohrinnern und dem Wasser im Behälter
gelegt. Dabei darf kein Durchschlag des Rohres erfolgen.

Die Prüfung des Isolationswiderstandes wird mit Gleichspannung von 500 V
an gleichen U-förmig gebogenen Rohrstücken bei 60 °C durchgeführt. Der
Isolationswiderstand muß mindestens 200 Megohm je Meter Rohrlänge betragen.

In Holland existiert für Elektrorohre die Vorschrift der KEMA (N. V. Tot Keuring
van electrotechnische Materialien, Arnheim). Sie bezieht sich speziell auf PVC-Rohre.

In den meisten Punkten deckt sie sich mit der vorstehend genannten VDE-Vorschrift, enthält jedoch noch zusätzlich eine Prüfung auf Brennbarkeit, Kriechstromfestigkeit und Chemikalienbeständigkeit.

Für die Elektroindustrie interessieren auch Rohre, Stäbe und Profile auf der Basis härtbarer Harze mit Papier und Gewebe als Trägermaterialien, die üblicherweise gewickelt und anschließend gegebenenfalls formgepreßt werden. Typwerte für Rohdichte, Biegefestigkeit, Druckfestigkeit, Oberflächenwiderstand, Widerstand zwischen Stöpseln, 5 Minuten-Stehspannung und Wärmebeständigkeit für Rohre, Stäbe und Profile aus Phenolharz-Hartpapier und -Hartgewebe enthält DIN 7735. Die Prüfverfahren sind in DIN 7736, die Dimensionen in DIN 40607 und DIN 40608 niedergelegt. Die amerikanische Prüfvorschrift „Nema" (National Electrical Manufacturers Association) Publ., No. LP 1–1959, „Industrial Laminated Thermosetting Products", enthält Mindestwerte, Maße und Prüfbestimmungen für Rohre und Stäbe aus härtbaren Harzen, wie Phenol-, Melamin-, Silikon-, Polyester und Epoxydharz und Harzträgern, wie Cellulosepapier, Baum- und Zellwollgewebe, Asbestpapier und -gewebe, Glasgewebe und Nylongewebe.

Rohre, Stäbe und Profile aus Vulkanfiber werden für verschiedene Zwecke eingesetzt. Anforderungen und technische Lieferbedingungen enthält DIN 7737, Prüfverfahren DIN 7738. Festigkeitsprüfungen sind nicht vorgesehen. Geprüft werden lediglich Kugeldruckhärte, Feuchtigkeitsgehalt, Wasseraufnahme, spezifisches Gewicht, Durchschlagfestigkeit, Oberflächenwiderstand und Widerstand zwischen Stöpseln, Chlorzinkgehalt und p_H-Wert. In USA bestehen die „Nema"-Vorschriften, „Standards for Vulcanized Fibre", und die ASTM D 710–54 T, in England die BS 216.

Für Rohre, Stäbe und Profile aus Polymethacrylat, Allylharz und Cellulosenitrat gibt es in Deutschland keine allgemeingültigen Gütevorschriften. Deshalb sei auf die in Amerika herausgegebenen ASTM-Spezifikationen hingewiesen.

Lieferbedingungen für nach dem Gießverfahren hergestellte Rohre, Stäbe und Profile aus Polymethacrylat enthält ASTM D 702–58 T, „Tentative Specification for Cast Methacrylate Plastic Sheets, Rods, Tubes and Shapes". Nach der Formbeständigkeit in der Wärme nach ASTM D 648 werden 2 Typen unterschieden. Typ I für allgemeine Anwendungszwecke hat eine „Deflection Temperature" von mindestens 65 °C und höchstens 90 °C, Typ II mit erhöhter Wärmebeständigkeit mindestens 90 °C und höchstens 115 °C. Die „Deflection Temperature" ist dickenabhängig. Die genannten Werte gelten für 10 mm Dicke. Neben Dimensionen und Toleranzen sind Mindestwerte festgelegt für Brechungsindex, spezifisches Gewicht, Lichtdurchlässigkeit, Trübung, Wasseraufnahme, Formbeständigkeit in der Wärme nach ASTM D 648, Zugfestigkeit, Bruchdehnung und Kerbschlagzähigkeit.

Gütewerte für Rohre und Stäbe aus *Cellulosenitrat* enthält ASTM D 701–49, „Standard Specification for Cellulose-Nitrate (Pyroxylin) Plastic Sheets, Rods and Tubes". Unterschieden werden 4 Typen: Typ I für allgemeine Anwendungszwecke, transparent; Typ II mit verbesserter Schlagzähigkeit, transparent; Typ III für allgemeine Anwendungszwecke, pigmentiert; Typ IV mit verbesserter Schlagzähigkeit, pigmentiert. Festgelegt sind Werte für Stickstoffgehalt, Zusammensetzung, flüchtige Teile, Entzündungstemperatur und Säurezahl.

In der ASTM-Vorschrift D 819–50 (Standard Specification for Cast Allyl Plastic Sheets, Rods, Tubes and Shapes) sind Mindestwerte für nach dem Gießverfahren hergestellte Stäbe, Rohre und Profile aus *Allylharz* festgelegt. Es gibt nur einen Typ für allgemeine Anwendungszwecke. Typwerte bzw. Mindestwerte bestehen für Brechungsindex, spezifisches Gewicht, Lichtdurchlässigkeit, Trübung, Wasseraufnahme (Gewichtszunahme und lösliche Anteile), Aceton-Absorption, Formbeständigkeit in der Wärme nach ASTM D 648, Durchbiegung bei 130 °C, Widerstand gegen Verkratzen, Zugfestigkeit und Kerbschlagzähigkeit.

Literatur

[1] DIN 50119.

[2] NIKLAS, H., u. K. EIFFLÄNDER: Kunststoffe 49 (1959) H. 3, S. 109—113.

[3] RICHARD, K., u. G. DIEDRICH: Kunststoffe 46 (1956) H. 5, S. 183—190.

[4] RICHARD, K., G. DIEDRICH u. E. GAUBE: Rubber Plastics Age 39 (1958) S. 364—368.

[5] RICHARD, K., E. GAUBE u. G. DIEDRICH: Plastics 23 (Dezember 1958) S. 444—446.

[6] GAUBE, E.: Kunststoffe 49 (1959) H. 9, S. 446—454.

[7] NÜMANN, E., u. O. UMMINGER: Kunststoffe 49 (1959) H. 3, S. 113—116.

[8] RICHARD, K., u. R. EWALD: Kunststoffe 49 (1959) H. 3, S. 116—120.

[9] SANSONE JO, L. F.: SPE-J. 15 (1959) Nr. 5, S. 418—426.

[10] GISOLF, J. H., u. H. VAN GOUDOEVER: Kunststoffe 49 (1959) H. 6, S. 264—268.

[11] MEYER, L. W. A., u. R. I. SCOGIN: Gas (1955) S. 62—70, s. Plastics Technol. (Juni 1956).

[12] HOFF, E. A. W., P. L. CLEGG u. K. SHERRARD-SMITH: Brit. Plastics (September 1958) S. 384—389.

[13] FAUPEL, J. H.: Mod. Plastics (Juli 1958) S. 120—128; (August 1958) S. 132—139 u. 202.

[14] ASTM D 1598–58 T.

[15] GLOOR, W. E.: Mod. Plastics 36 (Okt. 1958) S. 144, 146, 148 u. 214.

[16] BÖSS, P.: Gas- u. Wasserfach 98 (1957) H. 22, S. 548—552.

[17] BUCHMANN, W.: München/Berlin: J. H. Lehmanns 1944, S. 45/46.

[18] Prüfungsinstitut für Wasserleitungsartikel A. G. Den Haag: KIWA, van Speykstraat 34. Mitteilung Nr. 1, Moorman's Periodike Pers. NV, Den Haag.

[19] UYLENBURG, H.: Plastica 9 (Mai 1956) S. 266—268.

[20] JAMM, W., u. G. EHLERS: Kunststoffe 49 (1959) H. 8, S. 382.

[21] Bundesgesundheitsblatt 1 (1958) Nr. 15, S. 235/36.

[22] TIEDEMANN, W. D.: A Study of Plastic Pipe for Potable Water Supplies. Published by National Sanitation Foundation. University of Michigan, Ann Arbor, Michigan.

[23] MÜLLER, A., u. W. SCHWARTZ: Kunststoffe 47 (1957) S. 583—588.

4.3.2 Nicht steife Profile (Bänder, Schläuche)

a) Allgemeines. Im allgemeinen besitzen nicht steife Profile, bedingt durch den Charakter der verwendeten Thermoplaste, Eigenschaften, die denen aus Natur- oder Synthesegummi ähneln. Demzufolge werden auch fallweise bei der Prüfung nicht steifer Profile Prüfmethoden verwendet, wie sie bei der Prüfung von Gummi oder Fertigteilen aus Gummi zur Anwendung kommen. Dies gilt besonders für Prüfung und Prüfmethoden, bei welchen noch keine allgemeingültigen Richtlinien oder Normen für Kunststoffe vorliegen.

Die Prüfung von mechanischen, elektrischen und Gebrauchseigenschaften, wie sie ja für die Auswahl eines bestimmten Thermoplasten für den jeweiligen Zweck vor Aufnahme der Fertigung durchgeführt werden muß, wird im allgemeinen in gleicher oder ähnlicher Form auch bei der Betriebs- und Abnahmeprüfung von Profilen durchgeführt, wobei eine schnelle und einfache Durchführbarkeit der Prüfung von besonderer Wichtigkeit für die Betriebsprüfung ist.

Die Betriebsprüfung erstreckt sich naturgemäß vor allen Dingen auf die Eigenschaften, die durch die Herstellungsverfahren beeinflußt werden können, weniger auf die Eigenschaften, die durch die verwendeten Thermoplaste bedingt sind.

Hierzu gehört in erster Linie die Kontrolle durch Augenschein: auf äußere Beschaffenheit, Gleichmäßigkeit, Oberflächenglätte und -güte, Freisein von Streifigkeit, Welligkeit, Rissen, Porosität, Blasen, Schicht- oder Schuppenbildung, Klebrigkeit, Verunreinigung durch andere Stoffe, oder zersetzte Massen oder sonstige Fehler. Ferner ist es bei farbigen Profilen des öfteren notwendig, die Farbeinstellung durch Vergleich mit einem als Standard dienenden Muster oder Mustern gleicher Farbeinstellung aus früheren Lieferungen zu überprüfen. Von gleicher Bedeutung ist die Prüfung auf Maßhaltigkeit der Profile. Die Abmessungen werden mit Hilfe der üblichen Meßgeräte, wie Schublehre, Mikrometer, Meßtaster, Winkelmesser oder Goniometerokular bestimmt. Wegen der möglichen Deformation ist dem Meßdruck bei der Messung gegebenenfalls besondere Beachtung zu schenken; in DIN 53504, Prüfung von Kautschuk, ist er z. B. mit 50 p auf eine Fläche mit 5 mm Durchmesser festgelegt. Erforderlichenfalls sind die Abmessungen mit Hilfe einer Meßlupe oder eines Meßmikroskops an einem Querschnitt des Profils oder an einem mit Stempelfarbe erzeugten Abdruck durchzuführen. Eine laufende Kontrolle des Metergewichtes kann Hinweise auf Schwankungen in der Materialzusammensetzung oder in den Abmessungen geben.

Bei Schläuchen wird der Innendurchmesser zweckmäßig mit einem abgestuften oder konischen Lehrdorn bestimmt, und der Außendurchmesser bei eingeschobenem Lehrdorn gemessen. Schläuche werden ferner auf Dichtigkeit und Druckfestigkeit durch Abdrücken mit Luft, mit Luft unter Wasser oder Wasser geprüft. Hierbei wird der Prüfdruck eine bestimmte Zeit – etwa 5 bis 15 Minuten – aufrechterhalten und gegebenenfalls Durchmesser- und Längenänderungen gemessen. Bei druckbeanspruchten Schläuchen beträgt der Prüfdruck oft das Doppelte des Betriebsdruckes, während der geforderte Platzdruck je nach der notwendigen Sicherheit 50 bis 150% über dem Prüfdruck, aber auch noch höher liegen kann. In DIN 4815, Schläuche für Propan/Butan, werden bei einem Nenndruck von 500 mm Wassersäule, Schläuche aus Kunststoff mit Wasser 5 min einem Prüfdruck von 15 atü, mit Luft 15 min einem Prüfdruck von 10 atü unterworfen.

Für Abnahmebedingungen von Profilen bestehen keine allgemeingültigen Vorschriften außer für bestimmte Arten von Schläuchen. Entsprechend dem Verwendungszweck sind gegebenenfalls außer den im vorhergehenden erwähnten Prüfungen z. B. folgende Prüfungen, ohne etwa alle Möglichkeiten aufzuzählen, durchzuführen; Prüfung auf elektrische Eigenschaften, wie Durchschlagfestigkeit, spezifischer Widerstand usw., oder auf mechanische Eigenschaften, wie Härte, Zugfestigkeit, Bruchdehnung, Spannung bei bestimmter Dehnung, Abrieb, Verhalten bei Temperaturbeanspruchung, Beständigkeit gegen die verschiedensten Flüssigkeiten, Verhalten bei Alterung, bei Bewitterung, Prüfung auf Kontaktverfärbung, Korrosionserscheinungen bei Berührung mit Metallen, Geruchs- oder Geschmacksbeeinflussung von Lebensmitteln usw.

Für bestimmte Schläuche gelten folgende Normen: in Deutschland DIN 40621, Isolierschläuche B (gewebelos); in USA ASTM D 876–54 T, Entwurf für Prüfungsmethoden für nicht steife PVC-Rohre, ASTM D 922–54 T, Entwurf für Liefervorschriften für nicht steife PVC-Rohre.

Die wichtigsten Angaben dieser Normblätter sind im nachfolgenden aufgeführt. Die Vorschriften von DIN 40621 gelten allgemein für gewebelose Isolierschläuche aus Thermoplasten für Dauertemperaturen bis zu 80 °C. Als Farben für die Schläuche werden vorzugsweise Gelb, Blau, Grün, Rot, Schwarz, Grau, Violett und daneben auch Braun, Orange, Rosa, Weiß und Naturfarben vorgesehen. Die der DIN-Vorschrift entsprechenden Abmessungen sind in Tabelle 4 aufgeführt.

Aus je 200 m einer Abmessung und Farbe der Isolierschläuche ist je eine Probe zu entnehmen, die keine sichtbaren Fehler aufweisen soll. Die folgenden Prüfverfahren sind vorgesehen:

b) Mechanische Prüfverfahren. *Schlauchabmessungen.* Der Innendurchmesser ist gleich dem Durchmesser eines Dornes, der sich ohne Spiel leicht in den Schlauch einschieben läßt. Zum Ausmessen werden Stahldorne verwendet, die um 0,1 mm gestuft sind; diese werden etwa 50 mm in den Schlauch eingeschoben. Der Außendurchmesser wird bei eingeschobenem Dorn auf 0,1 mm genau gemessen. Die Wanddicke wird zur Feststellung der Grenzwerte im Querschnitt unter dem Mikroskop gemessen.

Zugversuch. Der Zugversuch wird nur bei Schläuchen mit Innen-Nenndurchmesser bis 8 mm durchgeführt. Zur Bestimmung der Bruchlast und Dehnung beim Reißen werden Schlauchstücke mit 100 mm freier Einspannlänge bei einer Temperatur von 20 °C auf einer Zugprüfmaschine mit einer Dehnungsgeschwindigkeit von 100 mm/min bis zum Bruch gedehnt. Schläuche mit Innen-Nenndurchmesser bis 5 mm sind im ganzen zu zerreißen; bei Schläuchen mit Innen-Nenndurchmesser über 5 mm sind aus den Schläuchen Streifen von 10 mm Breite zu schneiden. Die Bruchlast ist als Vielfaches vom Metergewicht der Proben, die Dehnung beim Reißen in Prozent anzugeben.

c) Elektrische Prüfverfahren. Die elektrischen Prüfungen erfolgen nach 24stündiger Lagerung in 80% relativer Luftfeuchte und Raumtemperatur von 20 °C, außerhalb des Feuchtraumes und nach 1 stündiger Lagerung bei 70 °C im Wärmeschrank, wobei die Proben durch Einführen von metallischen Dornen in die Schläuche und Aufbringen eines metallischen Leiters auf die Außenseite der Schläuche für die Messung entsprechend vorbereitet wurden.

Durchgangswiderstand. Der Durchgangswiderstand ist 1 min nach Anlegen der Spannung an je einer Probe nach den jeweiligen obigen Vorbehandlungen zwischen dem äußeren Metalleiter und dem eingeschobenen Dorn mit einer Gleichspannung von 110 V und einem geeigneten Instrument zu messen. Der Durchgangswiderstand ist in $M\Omega$, bezogen auf 1 m Länge, anzugeben.

Spannungsfestigkeit. Die Spannungsfestigkeit ist ähnlich wie oben mit einer Wechselspannung von 50 Hz, die von der Spannung Null beginnend, in etwa 20 Sek. bis zum Prüfwert gesteigert wird, zu prüfen (s. VDE 0303, § 19).

d) Sonstige Prüfverfahren. *Wärmebeständigkeit.* Zur Prüfung der Wärmebeständigkeit wird bei Schläuchen bis 3 mm Innendurchmesser ein Schlauchstück von 300 mm Länge mit eingeschobenem Dorn in Haarnadelform gebogen,

Tabelle 4. *Abmessungen für Schläuche nach DIN 40 621*

Nennmaß (Innendurchmesser × Wanddicke)	Innendurchmesser		Wanddicke		Gewicht (1,3 kg/dm³) g/m ≈
	d	zul. Abw.	s	zul. Abw.	
0,3 × 0,25	0,4	+0,2	0,25		0,6
0,4 × 0,25	0,5	+0,2	0,25	±0,1	0,7
0,5 × 0,25	0,6	+0,2	0,25		0,8
0,5 × 0,4	0,6	+0,3	0,4		1,5
0,8 × 0,25	0,9	+0,2	0,25	±0,1	1,1
0,8 × 0,4	0,9	+0,3	0,4		2,0
1 × 0,25	1,1	+0,2	0,25		1,3
1 × 0,4	1,1	+0,3	0,4	±0,1	2,3
1,2 × 0,25	1,3	+0,3	0,25		1,5
1,2 × 0,4	1,3	+0,3	0,4		2,6
1,5 × 0,25	1,6	+0,3	0,25	±0,1	1,8
1,5 × 0,4	1,6	+0,3	0,4		3,2
2 × 0,25	2,1	+0,3	0,25		2,3
2 × 0,4	2,1	+0,3		±0,1	3,9
2,5 × 0,4	2,6	+0,4	0,4		4,8
3 × 0,4	3,1	+0,4		±0,1	5,6
3,5 × 0,4	3,6	+0,4			6,4
4 × 0,5	4,1	+0,3	0,5		9,2
4,5 × 0,5	4,6	+0,3	0,5	±0,15	10
5 × 0,6	5,1	+0,3	0,6		14
6 × 0,6	6,1	+0,3			16
7 × 0,7	7,1	+0,3		±0,15	21
8 × 0,7	8,1	+0,3			25
9 × 0,7	9,1	+0,4	0,7		28
10 × 0,7	10,1	+0,4			31
11 × 0,7	11,1	+0,4		±0,15	34
12 × 0,8	12,1	+0,4	0,8		41
13 × 0,8	13,1	+0,5	0,8		45
14 × 1	14,1	+0,5	1	±0,2	62
16 × 1	16,1	+0,6	1		70
18 × 1	18,1	+0,6		±0,2	78
20 × 1,2	20,1	±0,6			104
22 × 1,2	22,1	+0,7	1,2		112
25 × 1,2	25,1	+0,7		±0,2	126
30 × 1,2	30,1	+0,9			153

und beide Schenkel werden miteinander verdrallt (4 Verdrallungen). Bei Innendurchmessern von 0,5, 0,8, 1, 1,5, 2 und 3 mm sind die entsprechenden Dorndurchmesser 0,4, 0,6, 0,8, 1, 1,5 und 2 mm; bei Schläuchen über 3 mm Innendurchmesser werden 2 Schlauchstücke von je 150 mm Länge ohne Drahteinlagen an den Enden und in der Mitte zusammengeklammert. Anschließend werden die so vorbereiteten Proben 24 Std. bei 80 °C im Wärmeschrank gelagert oder 5 min in ein Paraffinbad von 150 °C getaucht.

Schrumpfung. Um das Schrumpfen von aufgeschobenen Schläuchen, wie es bei Lötvorgängen eintreten kann, zu beurteilen, sind bei Schläuchen mit Innendurchmessern bis zu 5 mm Schlauchstücke von 100 mm Länge 15 min einer Temperatur von 150 °C auszusetzen. Nach dem völligen Erkalten ist die Schrumpfung des Schlauches festzustellen und in Prozent anzugeben.

Kältebeständigkeit. Zur Prüfung der Kältebeständigkeit werden Schlauchstücke schraubenförmig um einen 1,5 mm dicken Blechstreifen mit halbrunden Kanten gewickelt und 30 min bei einer Temperatur von −10 °C gelagert. Unmittelbar nach der Kältelagerung wird der Schlauch vom Blechstreifen abgewickelt und geradegerichtet.

Korrosionseinwirkung. Zur Bestimmung der Korrosionseinwirkung auf Metalle wird der Schlauch auf etwa Reiskorngröße zerkleinert; 2 g des zerkleinerten Schlauches werden 48 Std. im Feuchtraum bei 90% relativer Luftfeuchte offen gelagert, darauf mit einem 150 mm langen Messingstreifen Ms 63, der eine metallisch reine Oberfläche hat, in ein Reagenzglas von 15 mm Durchmesser eingebracht, dieses verschlossen und bei 80 °C 6 Tage aufrechtstehend gelagert. Ein entsprechender Blindversuch mit dem Messingstreifen ohne Material ist parallel durchzuführen.

Alterung. Zur Prüfung der Alterung werden Schläuche 4 Tage bei 110 °C im Wärmeschrank mit Eigenbelüftung gealtert. Nach dieser Zeit werden die Schläuche mit dem 200 fachen des Metergewichtes der Proben 24 Std. lang auf Zug belastet. Darauf ist die Dehnungsveränderung gegenüber ungealterten Proben festzustellen.

Die Sollwerte der Lieferbedingungen des Normblattes sind in Tabelle 5 enthalten.

In der oben erwähnten ASTM D 876–54 T sind im Entwurf Prüfmethoden für PVC-Rohre mit der Qualitätsbezeichnung A oder C für elektrische Zwecke, die mindestens eine Bruchdehnung von 100% aufweisen müssen, festgelegt. Die Abmessungen werden ähnlich wie in DIN 40621 mit Hilfe eines Lehrdornes bestimmt. Analog wird die Bestimmung von Zugfestigkeit und Bruchdehnung unter Zugrundelegung der entsprechenden Prüfmethoden für Gummi (entsprechend ASTM D 412) vorgenommen. Der Isolationswiderstand wird nach ASTM D 470 an einem Schlauchabschnitt, der U-förmig in 1%ige Kochsalzlösung teilweise eingelagert wird, und innen ebenfalls mit der Kochsalzlösung gefüllt ist, bestimmt, wobei entsprechende Elektroden innerhalb und außerhalb des Schlauches sich in der Kochsalzlösung befinden. Die Durchschlagfestigkeit wird nach 96 Std. Lagerung über Calciumchlorid und nach 96 stündiger Lagerung bei 96,5% relativer Luftfeuchte nach ASTM D 149 ermittelt. Für die Bestimmung des Kälteverhaltens gilt ASTM D 746. Ferner seien einige besondere Prüfmethoden hier kurz beschrieben:

Tabelle 5. *Sollwerte entsprechend den Liefervorschriften DIN 40 621*

Prüfverfahren	*Sollwerte*
1. Bestimmung der Abmessungen	s. Tab. 1
2. Zugversuch:	
Zugfestigkeit	größer als das 800fache des Metergewichtes
Bruchdehnung	größer als 100%
3. Durchgangswiderstand:	
a) nach 24 Std. Lagerung bei 80% re-lativer Luftfeuchte	größer als 200 MΩ
b) nach 1 Std. Lagerung bei 70 °C ...	größer als 20 MΩ
4. Spannungsfestigkeit nach obigen beiden Vorbehandlungen bei Wandstärken	Mindestspannung
von 0,25 mm	3 kV
von 0,4 mm	4 kV
von 0,5 bis 0,7 mm	5 kV
von 0,8 bis 1,0 mm	7 kV
von 1,2 mm	10 kV
5. Wärmebeständigkeit	
a) nach 24 Std. bei 80 °C	Die Schläuche dürfen nicht miteinander verkleben, keine Risse und Brüche zeigen, noch darf der Weichmacher ausschwitzen.
b) nach 5 min Paraffinbad bei 150 °C	Die Farbenerkennbarkeit muß erhalten bleiben, der Farbton darf sich nicht wesentlich geändert haben.
6. Schrumpfung	kleiner als 10%
7. Kältebeständigkeit	kein Einreißen oder Brechen
8. Korrosionseinwirkung	keine Vergrünung oder Entzinkung
9. Alterung...........................	Abnahme der Dehnung höchstens 50%; Oberfläche darf nicht rissig oder blasig werden.
10. Prüfung nach VDE 0472, § 27	p_H-Wert des wäßrigen Auszuges: 6 bis 9, Chlorionen höchstens 34,5 mg/l.

Die Entflammbarkeit wird an einem Schlauchabschnitt bestimmt, der in einem Winkel von 70° zur Horizontalen über 2 Eisenstäbe mit Hilfe eines eingezogenen Drahtes und eines Gewichtes gespannt ist, und der am unteren Ende mit einer definierten Gasflamme zur Entflammung gebracht wird. Die Zeitdauer bis zum Verlöschen der Flammen gibt das Maß für die Entflammbarkeit. Das Verhalten bei Wärmealterung wird durch Bestimmung von Änderungen der Zugfestigkeit und Bruchdehnung und des Gewichtsverlustes nach 72 Std. Lagerung im Luftstrom für Qualität A bei 100 °C und für Qualität C bei 130 °C gemessen. Die Ölbeständigkeit wird durch 4stündige Einlagerung in ASTM-Öl Nr. 3 (stark aromatenhaltig) bei 70 °C für Qualität A und bei 105 °C für Qualität C und anschließende Bestimmung der Bruchdehnung geprüft. Bei der Prüfung auf Druckverhalten (Penetration) wird die Wand eines aufgeschnittenen Schlauchabschnittes mit einer $^1/_{16}{''}$-Kugel, die ein Gewicht von 1 kg trägt, belastet, und bei einer Temperatursteigerung von 1 °C/min die Temperatur bestimmt, bei der durch die Belastung das Schlauchmaterial vollkommen weggedrückt wird und damit ein Stromschluß zwischen der Kugel und der das

Schlauchmaterial tragenden Metallunterlage stattfindet. Innere Spannungen werden durch die Ermittlung der Schrumpfung von 250 mm langen Abschnitten nach 15 min langer Einlagerung auf einer siebartigen Unterlage in einem Glycerinbad bei 150 °C und anschließendem Abkühlen auf Raumtemperatur gemessen. Die in ASTM D 922-54 T geforderten Sollwerte sind in den Tabellen 6 und 7 aufgeführt.

Für nicht steife Preß- und Spritzmassen aus PVC und PVC-Copolymeren besteht in den USA ein Vorentwurf (Juni 1956), der eine Zusammenfassung

Tabelle 6. *Abmessungen, Toleranzen und Durchschlagfestigkeit nach ASTM D 922-54 T*

	Innendurchmesser			Wanddicke		
	Nenngröße	Maximal	Minimal	Wanddicke	Plus- oder Minustoleranz	Mindestdurchschlagfestigkeit
	mm[1]	mm	mm	mm	mm	V/mil.[2]
No. 24	0,56	0,686	0,508	0,305	0,05	—
No. 22	0,69	0,813	0,635	0,305	0,05	—
No. 20	0,86	0,991	0,813	0,406	0,076	780
No. 18	1,07	1,245	1,016	0,406	0,076	780
No. 16	1,35	1,549	1,295	0,406	0,076	780
No. 14	1,68	1,829	1,626	0,406	0,076	780
No. 12	2,16	2,261	2,057	0,406	0,076	780
No. 11	2,41	2,570	2,311	0,406	0,076	780
No. 10	2,70	2,845	2,590	0,406	0,076	780
No. 9	3,00	3,150	2,890	0,508	0,076	700
No. 8	3,38	3,58	3,28	0,508	0,076	700
No. 7	3,76	4,01	3,66	0,508	0,076	700
No. 6	4,22	4,52	4,11	0,508	0,076	700
No. 5	4,72	5,03	4,62	0,508	0,076	700
No. 4	5,28	5,69	5,18	0,508	0,076	700
No. 3	5,94	6,33	5,82	0,508	0,076	700
No. 2	6,68	7,06	6,55	0,508	0,076	700
No. 1	7,47	7,90	7,34	0,508	0,076	700
No. 0	8,38	8,81	8,26	0,508	0,076	700
	7,94	8,48	7,95	0,635	0,076	630
	9,53	10,14	9,53	0,635	0,076	630
	11,11	11,73	11,13	0,635	0,706	630
	12,70	13,31	12,70	0,635	0,076	630
	15,88	16,64	15,88	0,762	0,076	570
	19,05	19,96	19,05	0,889	0,127	515
	22,23	23,14	22,23	0,889	0,127	515
	25,40	26,31	25,40	0,889	0,127	515
	31,75	32,77	31,75	1,016	0,127	480
	38,10	39,37	38,10	1,143	0,152	455
	44,45	46,03	44,45	1,397	0,203	415
	50,80	50,98	50,80	1,524	0,254	400

[1] Die Angaben in mm sind aus Originalangaben in Zoll errechnet.
[2] Nach Einlagerung bei 96% relativer Luftfeuchte
      für Qualität A mindestens 90% obiger Werte,
      für Qualität C mindestens 85% obiger Werte.
1 V/mil = 0,04 kV/mm.

Tabelle 7. *Sollwerte[1] für nicht steife PVC-Rohre nach ASTM D 922-54 T*

Prüfverfahren	Qualität A für allgemeine Zwecke	Qualität C für höhere Temperaturen
Farbe	Klar, Transparent, Schwarz, Weiß, Gelb, Grün, Blau, Rot oder andere zu vereinbarende Farben	
Entflammbarkeit	Brenndauer kleiner als 15 Sek.	
Zugfestigkeit	größer als 140 kp/cm²	
Bruchdehnung	größer als 200%	
Hitzealterung...........	Änderung der Bruchdehnung weniger als 25%	
	Gewichtsverlust:	
	kleiner als 15%	kleiner als 10%
Ölbeständigkeit	Änderung der Bruchdehnung gegenüber nicht beanspruchtem Material:	
	−20%	±20%
	+ 5%	
Versprödungstemperatur ..	−30 °C	−10 °C
Penetrationsprüfung	Alle Nenngrößen höher als 75 °C	Nenngröße höher als 0,4 bis 0,5 mm 70 °C 0,64 bis 0,9 mm 75 °C 1,02 bis 1,52 mm 85 °C
Isolationswiderstand	größer als 10000 MΩ/cm	
Schrumpfung...........	kleiner als 12% für Nenngröße 508 bis 254 mm kleiner als 9% für Nenngröße 228 bis 50,8 mm	

von ASTM D 742–46 T, nicht steife Vinylchlorid-Acetat-Massen, und D 744–49 T, nicht steife PCV-Massen, darstellt, ferner ASTM D 1277–53 T, nicht steife plastische Massen für Anwendungen in der Automobil- und Flugzeugindustrie.

Der Entwurf bezieht sich auf Massen mit mindestens 90% polymerisiertem Vinylchlorid im Polymerisat, wobei der Rest aus Copolymerisaten auf Basis Vinylchlorid oder mechanischen Verschnitten mit anderen Polymerisaten bestehen kann. Die verschiedenen Härtegrade und andere Eigenschaften können durch geeignete Zusätze von Stabilisatoren, Weichmachern, Farbstoffen und Pigmenten erzielt werden. Typen, Qualitätsgruppen und geforderte Eigenschaften s. 4.1.2, Tab. 11 bis 13.

Ähnlich wie für Gummi in ASTM D 735–53 werden für Thermoplaste bestimmte Eigenschaftswerte durch ein Code-System in ASTM 1277–53 T für jede Qualität gekennzeichnet, wozu Zahlen und Buchstaben benutzt werden. So bedeutet NP 510–C eine nicht steife thermoplastische Masse (Non rigid plastic) mit der Härte 50 und der Zugfestigkeit 1000 p/si (70 kp/cm²), das eine Bewitterungsprüfung bestanden haben muß. Eigenschaften und die Code-Bezeichnung sind in den Tabellen 8 und 9 enthalten.

Ähnlich den amerikanischen Normen sind in der englischen Norm BS 2571–1955 die Anforderungen für nicht steife PVC-Spritzmassen zusammengestellt. Diese Norm bezieht sich auf Spritzmassen aus PVC oder Copolymerisaten des PVC mit Weichmachern und anderen Zusätzen. Diese Massen werden in 3 Klassen entsprechend der Höhe ihres spezifischen elektrischen Wider-

---

[1] Außer für Nennmaß No. 24 und No. 22.

standes eingeteilt, wobei dieser bei

Klasse 1 größer als $10^{12}\,\Omega \cdot$ cm,

Klasse 2 größer als $5 \times 10^8\,\Omega \cdot$ cm

sein muß und bei Klasse 3 nicht bestimmt ist. In dieser Norm sind außerdem Angaben über Lieferungsart, Farbe und Prüfung auf Farbbeständigkeit und Entflammbarkeit enthalten.

Tabelle 8
Physikalische Werte für nicht steife thermoplastische Massen nach ASTM D 1277–53 T

Code-Nr.	Durometerhärte	Mindest-zugfestigkeit kp/cm² [1])
NP 510	50 ± 5	70,3
610		70,3
613	60 ± 5	91,4
616		112,5
710		70,3
715	70 ± 5	105,5
720		140,7
810		70,3
815	80 ± 5	105,5
820		140,7
825		175,8
915		105,5
920	90 ± 5	140,7
925		175,8
930		211,0

Im Zusammenhang mit den angeführten Normen muß darauf hingewiesen werden, daß die physikalischen Werte der Thermoplaste entsprechend den Vorschriften an gepreßten Probeplatten ermittelt werden. Da – wie bekannt – durch den Spritzvorgang eine

Tabelle 9
Bedeutung der Suffixe nach ASTM 1277–53 T

Buchstabe	Prüfung erforderlich auf
C	Bewitterungsverhalten
E	Beständigkeit gegen Chemikalien
F_1	Kälteverhalten bei -40 °C
F_2	Kälteverhalten bei -54 °C
J	Abrieb
K	Klebeverhalten
M	Entflammbarkeit
P	Verfärbung
Z	Sonderprüfungen nach Vereinbarung zwischen Lieferer und Besteller

anisotrope Struktur im Fertigteil auftritt, können bei der Prüfung an fertigen Teilen Abweichungen von den geforderten Werten je nach Art der Probenahme auftreten. So ist z. B. im allgemeinen die Zugfestigkeit in Längsrichtung gemessen größer als senkrecht dazu. Bei Vereinbarung von Lieferbedingungen über Prüfungen an Fertigteilen ist dieser Tatsache Rechnung zu tragen (s. auch I 6.2).

4.4 Folien

Von **H. Mendrzyk**, Berlin

Folien sind flächige, in der Regel homogen erscheinende Gebilde, deren Dicke gegenüber den beiden anderen Dimensionen gering ist. Als obere Grenze wird bei Hartfolien eine Dicke von 0,5 mm, bei Weichfolien von 1 mm angesehen, wobei die Grenze zwischen „hart" und „weich" in den Erläuterungen zum Normblatt DIN 5337 auf einen Schubmodul von $5 \cdot 10^3$ kp/cm² festgelegt wurde. Die untere Grenze der Dicke liegt bei wenigen µm und wird durch den Verwendungszweck und die mechanischen Eigenschaften der Folie bedingt. Außer durch die geringe Dicke wird eine Folie auch durch ihre Bieg-

---

[1]) Die Angaben in kp/cm² sind aus Originalangaben in p/si errechnet.

samkeit gekennzeichnet; diese Eigenschaft unterscheidet sie von dünnen Platten. Die optischen Eigenschaften sind dagegen variabel, sie reichen von glasklarer Durchsichtigkeit bei farbloser oder beliebig gefärbter Substanz bis zur völligen Undurchsichtigkeit über alle Grade der Farbtiefe und Trübung hin. Auch die Oberfläche kann glatt und glänzend, matt oder genarbt sein. Das letztere ist besonders häufig bei den dickeren Weichfolien der Fall, die unter den Begriff „Kunstleder" bzw. „Folienkunstleder" fallen. (Vgl. DIN 16922, Kunstleder, Begriffe, Einteilung, und II 4.5, Kunstleder.)

Insbesondere für dünnere Folien findet sich daneben gelegentlich der Ausdruck „Film", der jedoch mißverständlich ist und daher vermieden werden sollte. Abgesehen von den bekannten photographischen Erzeugnissen werden auch zusammenhängende dünne Schichten, die sich auf einer Unterlage befinden, üblicherweise als „Film" bezeichnet.

Da die Grundstoffe der Folien die gleichen sind wie diejenigen dickerer Kunststoffteile, sind für Folien in vielen Fällen keine abweichenden Prüfverfahren notwendig. Lediglich wo die charakteristischen Eigenschaften der Folien, die geringe Dicke und große Oberfläche sowie die Biegsamkeit eine Rolle spielen, müssen entweder gesonderte oder zumindest abgewandelte Prüfverfahren angewendet werden.

4.4.1 Maß- und Gewichtsbestimmungen

Während es im allgemeinen keine Schwierigkeiten macht, *Länge* und *Breite* eines Folienabschnittes genügend genau zu messen, sind bei der Bestimmung der *Foliendicke* zahlreiche Fehlerquellen zu beachten. Überdies spielt die Dicke bei sehr vielen Prüfungen eine wesentliche Rolle [1], so daß es notwendig ist, sie so genau und gleichzeitig so einfach und schnell wie möglich zu messen.

Für die Messung der *Dicke* werden zahlreiche Geräte angeboten, die nach verschiedenen Methoden arbeiten. Einzelmessungen an Folienabschnitten werden meist mit mechanischen oder mechanisch-optischen Geräten (Abb. 1 und 2) durchgeführt, deren Anwendung in DIN 53370 festgelegt wurde. Abgesehen von den durch Konstruktion und Ausführung des Meßgerätes selbst möglichen Fehlern, beruhen die wesentlichen Schwierigkeiten der Dickenmessung auf den Einflüssen

des Meßdruckes (besonders bei weichen Folien),
der Unebenheiten (besonders bei harten Folien) und
der häufig sehr geringen Größe der Meßwerte.

Der Meßdruck, der sich aus dem Anpreßdruck und der Größe der Meßfläche ergibt, darf bei weichen Folien nicht so hoch sein, daß er zu einer Deformation der gemessenen Folienfläche führt; andererseits muß er bei harten Folien groß genug sein, um Wellen oder andere Unebenheiten harter Folien zu glätten. Er liegt normalerweise zwischen 0,25 und 3 kp/cm² und ist gegebenenfalls zu variieren. Aus der Druckabhängigkeit der Meßwerte kann die wahre Dicke in der Regel an einem Wendepunkt der Kurve abgelesen werden. Um eine solche Kurve aufstellen zu können, muß entweder die Größe der Meßfläche, oder der absolute Anpreßdruck, oder beides verändert werden können. Am einfachsten ist es, den Druck bei gleichbleibender Prüffläche durch Zusatzgewichte zu erhöhen. Die Prüfflächen sind runde ebene Stempel von meist 5 bis 10 mm Durchmesser, die einer gleichen oder größeren Fläche genau parallel gegenüberstehen. Für die Messung harter Folien, die leicht wellig zwischen den Prüfflächen liegen, empfiehlt sich eine Verringerung der Meßfläche, u. U. bis zur Verwendung einer Kugelkalotte. Bei sehr weichen Folien könnte man den Meßdruck auch durch Vergrößerung der Prüffläche vermindern, jedoch wirkt sich hier jede Unebenheit der Folienoberfläche in einer Erhöhung der Meßwerte aus.

Vorteilhafter ist die Verwendung rein optisch wirkender Meßgeräte (Abb. 3), die ohne jede Anwendung von Druck auf die Folienoberflächen arbeiten.

Bei dünnen Folien tritt noch die Schwierigkeit hinzu, daß der Meßfehler im Vergleich zum geringen Meßwert erheblich sein und 10%

Abb. 1. Dickenmeßgerät mechanisch, Meßtaster
(Hersteller: Carl Mahr, Eßlingen a. Neckar)

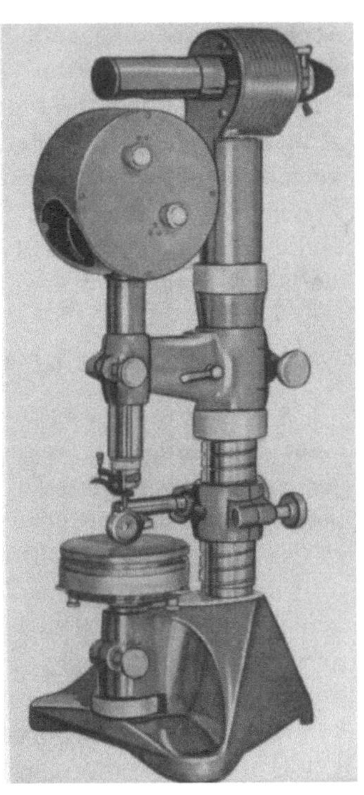

Abb. 2. Dickenmeßgerät mechanisch-
optisch, „Projektometer".
(Hersteller Ernst Leitz GmbH. Wetzlar)

und mehr erreichen kann. Bedenkt man, daß die Meßgröße 1 µm bereits nahe der Wellenlänge des sichtbaren (roten) Lichtes liegt, so wird es verständlich, daß eine Meßfehlergrenze von $\pm$ 3 µm nicht mit Sicherheit unterschritten werden kann, wenn Folien von 0,01 bis 1 mm Dicke mit einem mechanisch wirkenden Meßinstrument geprüft werden sollen. Zur Verminderung des relativen Meßfehlers ist daher vorgeschlagen worden, die Dicke eines Stapels von 10 oder mehr Folienabschnitten zu messen, doch lassen sich dabei Luftspalte zwischen den einzelnen Folienabschnitten, die den Meßfehler wieder erhöhen, schwer vermeiden.

Dem muß auch die Festlegung von Grenzwerten für bestimmte vorgeschriebene Foliendicken Rechnung tragen, so ist z. B. im VDE-Blatt 0345 eine

Dickentoleranz von $\pm 5\,\mu$m selbst bei den dünnsten Isolierfolien von 25 μm Dicke zulässig.

Bei der *Messung* selbst ist zu beachten, daß die Meßfläche sanft – mit geringer Geschwindigkeit – aufgesetzt werden muß und daß eine häufige Kontrolle des Nullpunktes angebracht ist.

Eine größere Zahl von Dickenmeßwerten gestattet auch die Bewertung der *Gleichmäßigkeit* einer Folie, die für manche Verwendungszwecke, z. B. für Isolierfolien, von besonderer Bedeutung ist. In der Praxis kann die Gleichmäßigkeit einfacher und an der laufenden Folienbahn durch Geräte geprüft und überwacht werden, die auf der Messung elektrischer Kennwerte – z. B. die Dielektrizitätskonstante – oder der Durchlässigkeit für radioaktive Strahlen beruhen. Als Strahlenquelle werden verschiedene Substanzen mit natürlicher (BERTHOLD [2] – Radium –) oder künstlicher Radioaktivität (MORRIS [3] – C 14 – und DELMONTE [4] – Sr 90 –) verwendet. Ein solches Meßgerät (Abb. 4) besteht aus der Meßsonde, die $\subset$-förmig gestaltet ist und an einem Arm die radioaktive Substanz, am gegenüberliegenden

Abb. 3. Dickenmeßgerät optisch, Klein-Perflekto-Comparator (der Fa. Ernst Leitz, Wetzlar)

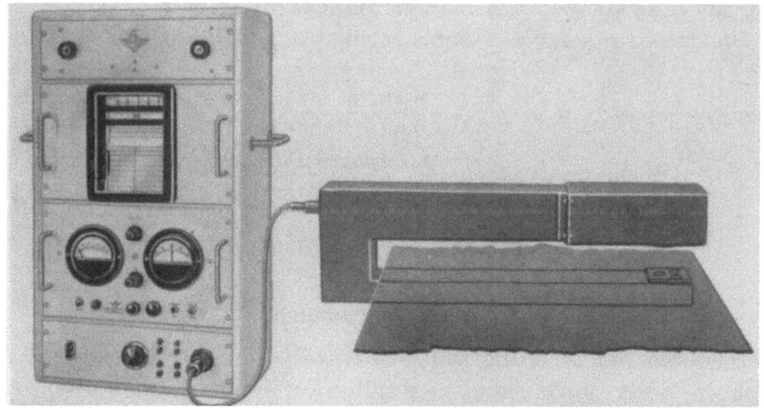

Abb. 4
Dickenmeßgerät radioaktiv, β-Strahler. (Meßanlage FH 46 der Fa. Frieseke & Höpfner, Erlangen-Bruck)

Teil der Sonde eine Ionisationskammer trägt, und dem elektrischen Meß-, Schreib- oder Regelinstrument, das von dem in der Ionisationskammer erzeugten Spannungsabfall gesteuert wird. Da die Durchlässigkeit einer Folie für radioaktive Strahlen von der Masse und nicht von der Dicke selbst abhängt, messen derartige Anlagen eher das Flächengewicht als die Dicke von Folien. Je nach Stoffart, Weichmacher und eventuell Feuchtigkeitsgehalt, muß also die Anzeige eines solchen Instrumentes auf die Dickenangabe umgestellt werden.

Auch ohne Dickenmeßgeräte kann die durchschnittliche Dicke von Folien durch Bestimmung des *Flächengewichtes* und des spezifischen Gewichtes ermittelt werden. Diese Methode empfiehlt sich vor allem für dünne Folien, deren Dicke direkt nur mit erheblichen Fehlern gemessen werden kann; sie ist daher auch in den British Standards 1763:1956 und 2739 als einzige vorgeschrieben. Das Flächengewicht wird dazu entweder aus einer größeren Anzahl an verschiedenen Stellen der Folienbahn herausgestanzten, genau 100 cm² großen Ausschnitten, oder an ein bis drei über die ganze Folienbreite entnommenen Abschnitten durch Ausmessen und Wägen geprüft. Dabei ist zu beachten, daß bei einigen Folien die Absorption von Feuchtigkeit aus der Luft das Gewicht und vereinzelt auch die Abmessungen beeinflußt, so daß man in Fällen, wo es auf große Genauigkeit ankommt, die vorbereiteten Proben bis zum Gleichgewicht an das Normalklima 20/65 DIN 50014 (20 °C Raumtemperatur und 65% relative Luftfeuchte) angleichen muß, ehe man sie ausmessen und wägen kann.

Bei der Bestimmung des *spezifischen Gewichtes*, die nach der Verdrängungs-, Auftriebs- oder Schwebemethode vorgenommen werden kann, ist darauf zu achten, daß die verwendete Flüssigkeit bzw. die Flüssigkeitsmischungen keinerlei Quellungserscheinungen hervorrufen und auch nicht Teile – z. B. Weichmacher – herauslösen dürfen. Diese Fehlerquellen spielen bei der meist sehr geringen Dicke der Folien, selbst bei raschem Arbeiten, eine wesentlich größere Rolle als bei massiven Kunststofferzeugnissen. Auch die hartnäckig an rauhen Schnittkanten hängenden Luftbläschen müssen sorgfältig entfernt werden, da sie außerordentlich große Fehler veranlassen. Wasser, das für viele Folien sehr geeignet ist, muß unmittelbar vorher ausgekocht werden.

Für die Berechnung des Flächengewichtes und der Dicke gelten folgende Formeln:

$$\text{Flächengewicht (g/m}^2) = \frac{\text{Gewicht (g)}}{\text{Länge (m)} \times \text{Breite (m)}}$$

$$\text{Dicke (mm)} = \frac{\text{Flächengewicht (g/m}^2)}{10^3 \times \text{spezifisches Gewicht (g/cm}^3)}$$

$$= \frac{\text{Gewicht (g)}}{10^3 \times \text{Länge (m)} \times \text{Breite (m)} \times \text{spez. Gewicht (g/cm}^3)} \cdot$$

4.4.2 Zugversuch

Während bei der Prüfung von Kunststoffen und Formkörpern die Zugfestigkeit in ihrer Bedeutung gegenüber anderen Festigkeitseigenschaften zurücktritt, spielt sie bei Folien eine nicht unbeträchtliche Rolle, wie z. B. bei der Verwendung von Folienbändern zum Umwickeln und Isolieren von Drähten, Rohren usw.

Vorschriften für die einheitliche Durchführung der Zugversuche sind in DIN 53371, Vornorm, enthalten. Die etwas abweichenden Bedingungen, die VDE 0345 in § 6 vorschreibt, werden hoffentlich bei der Neubearbeitung des Blattes den DIN-Vorschriften angeglichen werden.

Als *Prüfgeräte* sind am besten solche geeignet, die mit konstanter Dehnungszunahme arbeiten, bei denen also die Kraftmessung praktisch weglos erfolgt, jedoch sind auch Geräte zulässig, bei denen die Klemme, von der aus die Kraftmessung betätigt wird, nur einen Weg von höchstens 10 mm zurücklegt. Da die Dehnung bei vielen Folien sehr hoch ist, muß ein genügender Spielraum für die Zunahme des Klemmenabstandes vorhanden sein. Außerdem ist es erwünscht, wenn die Klemmengeschwindigkeit in besonders weiten Grenzen regulierbar ist, um die Verformungseigenschaften bei verschiedenen Dehngeschwindigkeiten untersuchen zu können. Schließlich kann eine Folie nicht allein nach den bei einer Temperatur durchgeführten Zugversuchen umfassend beurteilt werden. Es empfiehlt sich, eine Versuchsanordnung zur Verfügung zu haben, die die Prüfung bei verschiedenen Temperaturen gestattet.

Für Betriebskontrollen und Abnahmeprüfungen ist es jedoch zu zeitraubend und in der Regel auch unnötig, das Zugverhalten unter verschiedenen *Versuchsbedingungen* zu überwachen. Es genügt, die Versuche bei einer Verformungsgeschwindigkeit und einer Temperatur durchzuführen.
In DIN 53371 sind dafür vorgesehen:

eine Versuchsdauer bis zum Reißen von 2 min,

eine Vorbehandlung (Aushängen für mindestens 48 Std.) und

Durchführung der Prüfung bei Normalklima 20/65 nach DIN 50014 (20 °C Raumtemperatur und 65% relative Luftfeuchte).

Abweichend davon schreibt VDE 0345 eine Geschwindigkeit der ziehenden Klemme von 30 mm ± 3 mm/min vor.

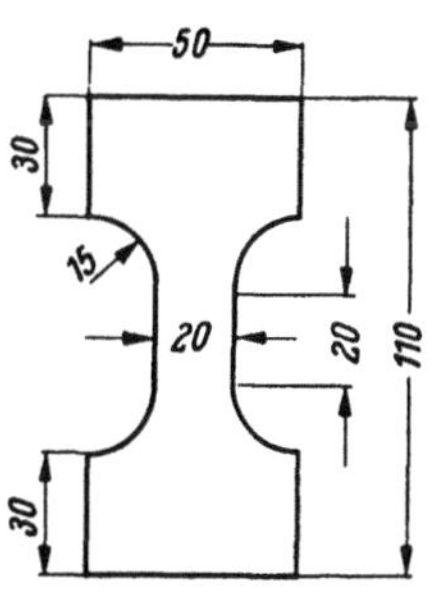

Abb. 5
Probeform für Polyisobutylen für Bautenabdichtungen (DIN 16 935)

Im Normalfall haben die auf Zugfestigkeit zu prüfenden *Proben* eine Breite von 15 mm ± 0,1 mm und eine Länge von etwa 170 mm. (In VDE 0345 ist eine freie Prüflänge von 180 mm und eine entsprechende Gesamtlänge der Probestreifen von 210 mm vorgeschrieben.) In verschiedenen Normblättern, die technische Lieferbedingungen von Folien für Bautenabdichtungen behandeln, sind jedoch noch andere Probenformen und Versuchsbedingungen vorgesehen. So schreibt z. B. der Enwurf DIN 16935, Polyisobutylenfolien für Bautenabdichtungen, eine geschulterte Probe nach Abb. 5 und eine Abzugsgeschwindigkeit der ziehenden Klemme von 200 mm/min vor, während sich eine Vorlage betreffend technische Lieferbedingungen für beiderseitig mit bituminiertem Papier kaschierte PVC-hart-Folien für Bautenabdichtungen an die Vorschrift DIN 52 123, „Dachpappen und nackte Pappen", hält und 50 mm breite Probestreifen vorsieht, die mit einer freien Prüflänge von 200 mm in die Prüfmaschine eingespannt und mit einer Geschwindigkeit der ziehenden Klemme von 40 mm/min geprüft werden. Bei schmalen Folienbändern ist es in der Regel vorteilhafter, Abschnitte in voller Breite zu prüfen (vgl. VDE 0345, § 6), da der Zustand der Ränder infolge der Kerbempfindlichkeit vieler Folien für die Zugfestigkeit in diesen Fällen ausschlaggebend ist. Aus diesem Grunde ist auch beim Zuschneiden der Probestreifen auf die vorgeschriebene Breite von 15 mm besonders der Zustand der Schneidwerkzeuge zu beachten und die Kerbfreiheit durch Betrachten der

Schnittkanten mit der Lupe zu kontrollieren. Als geeignet wird ein ziehender, nicht stanzender Schnitt mit einem Schneidwerkzeug nach Abb. 6 empfohlen, jedoch haben sich andere Schneidgeräte mit ziehendem Schnitt bewährt.

Abb. 6. Schneidwerkzeug für die Vorbereitung von Folienstreifen zum Zugversuch. (Askania-Werke Berlin-Mariendorf)

Da die Streuung der Einzelwerte mit abnehmender Foliendicke zunimmt, muß bei dünnen Folien eine größere Anzahl von Probestreifen geprüft werden. In DIN 53371 ist folgende Mindestzahl angegeben:

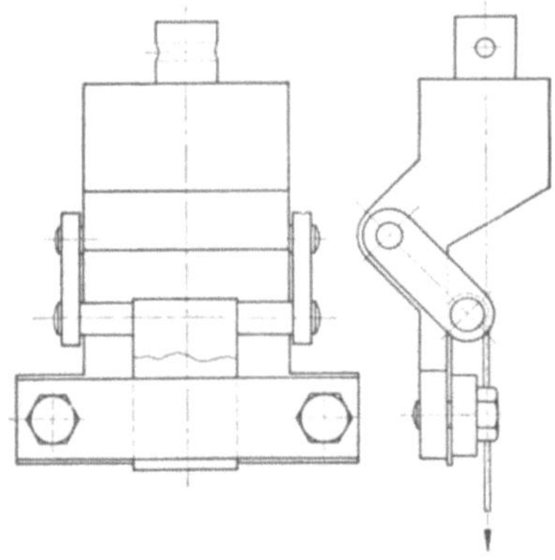

Abb. 7. Spezialklemme für die Zugfestigkeitsprüfung von Folien (nach DIN 53371, Vornorm)

bei Dicken unter 0,04 mm 15 Probestreifen,
bei Dicken von 0,04 bis 0,1 mm

                                    10 Probestreifen,
bei Dicken über 0,1 mm 5 Probestreifen.

Die Empfindlichkeit zahlreicher Folien gegen Druckbeanspruchungen bewirkt, daß sie beim Zugversuch in den Klemmen abgequetscht werden und dort vorzeitig reißen. Die Schwierigkeit kann durch verschiedenartige Klemmeneinlagen (Gummi, Leder) oder durch Führen der Probestreifen über eine Rolle in einer Spezialklemme (Abb. 7) behoben werden. Da die Dehnung in diesem Fall nicht an der Veränderung des Klemmenabstandes abgelesen werden kann, muß sie gesondert an einer Meßlänge verfolgt werden, die in Form von zwei genau 100 mm voneinander entfernten Strichen auf den Probestreifen markiert wird.

Bei der *Auswertung* der Zugversuche ist zu unterscheiden zwischen der Höchstlast, die beim Zugversuch erreicht wird, und der „Reißlast". Führt man nämlich die Zugversuche mit Prüfgeräten aus, die mit gleichförmiger

Reckung oder nach dem Pendelwaagen-Prinzip arbeiten, so verringert sich der Querschnitt der Folie während des Versuches, so daß die Lastanzeige – vornehmlich bei stark fließenden Folien – nach Erreichen eines Maximums mit zunehmender Dehnung wieder abnimmt. (Benutzt man zur Prüfung ein Gerät, das mit gleichmäßig zunehmender Belastung arbeitet, wie es zwar nicht in der deutschen Vornorm, aber im amerikanischen Normblatt D 882–49 vorgeschrieben ist, so ist die Höchstlast stets auch die Reißlast.) Die bei Erreichen der Höchstlast abgelesene Verlängerung des Probestreifens bzw. des Meßmarkenabstandes, ausgedrückt in Prozent der ursprünglichen Meßlänge, wird „Dehnung" genannt und von der „Reißdehnung", die der Reißlast entspricht, unterschieden.

Zum Vergleich der Festigkeitseigenschaften von Folien verschiedener Dicke oder aus verschiedenen Grundstoffen kann die Höchstlast auf den Querschnitt oder auf das Gewicht der Proben bezogen werden.

Die auf den Querschnitt bezogene „Zugfestigkeit" wird aus der Höchstlast P_max (in kp) und der vor dem Versuch an je 3 Stellen jedes Probestreifens gemessenen Breite b (in mm) und Dicke d (in mm) nach der Formel

$$\sigma_{zB} = \frac{P_\mathrm{max}}{b\,d} \quad \left[\frac{\mathrm{kp}}{\mathrm{mm^2}}\right]$$

berechnet. Zur Kennzeichnung der Versuchsdurchführung kann σ_{zB} noch durch weitere Indizes ergänzt werden, z. B. $\sigma_{zB\,2\,\mathrm{min}}$ für den in 2 min durchgeführten Versuch. Es ist auch möglich, die Zugfestigkeit in $\mathrm{kp/cm^2}$ anzugeben, jedoch wäre es, um Verwechslungen zu vermeiden, zweckmäßig, sich auf eine der beiden Möglichkeiten zu beschränken.

Die auf das Gewicht bezogene Festigkeit wird als „Reißlänge" bezeichnet. Die Reißlänge gibt diejenige Länge der Probestreifen an, deren Gewicht (Masse) am Ort der Normalfallbeschleunigung zahlenmäßig der Höchstlast entspricht. Normalerweise wird zu ihrer Berechnung das vorher an einem größeren oder mehreren kleineren Folienabschnitten bestimmte Flächengewicht G (in $\mathrm{g/m^2}$) benutzt. Aus diesem, der mittleren Höchstlast beim Zugversuch P_max (in kp) und der Breite b (in mm) der Probestreifen, läßt sich die Reißlänge R_B nach der Formel

$$R_B = \frac{P_\mathrm{max}\cdot 1000}{G\,b} \quad [\mathrm{km}]$$

berechnen. Wenn aus den gerissenen Probestreifen nach dem Versuch die Meßlängen genau herausgeschnitten, gewogen und daraus die Reißlänge berechnet werden, stimmen die Werte bei Wiederholungsprüfungen noch besser überein. Für die Berechnung gilt die Formel

$$R_B = \frac{n\,l\,P_\mathrm{max}}{g} \quad [\mathrm{km}],$$

wenn

   n die Zahl der geprüften Streifen,
   l die Meßlänge der geprüften Streifen (in m),
   g das Gewicht der geprüften Streifen (in g)

bedeuten.

Weicht die Fallbeschleunigung am Ort der Prüfung von der Normalfallbeschleunigung wesentlich ab, so dient die Beziehung

$$1\ \text{kp} = 1\ \text{kg}\ \frac{\text{Normalfallbeschleunigung}\,[1]}{\text{örtliche Fallbeschleunigung}}$$

zur Umrechnung.

Die Bewertung der Festigkeit nach der Reißlänge ist bei schwer zu bemessenden Querschnitten, z. B. bei genarbten Folien, sicherer als der Vergleich der „Zugfestigkeiten".

In vielen Fällen interessiert weniger das Verhalten bis zum Zerreißen beanspruchter Folien als vielmehr die bei Einwirkung kleinerer Kräfte entstehenden Veränderungen. Um einen Überblick über diesen Bereich zu erhalten, wird in graphischer Darstellung die Kraft über der zugehörigen Verlängerung der Meßstrecke aufgetragen (*Kraft-Dehnungs-Schaulinie*). Die durch den Kurvenzug, die Abszisse und die jeweilige Ordinate begrenzte Fläche stellt ein Maß für die bis zu dem jeweils betrachteten Kurvenpunkt geleistete Arbeit dar; besonders interessant ist neben der auf den Endpunkt der Kurve bezogenen „Zerreißarbeit" auch das auf den Beginn des „Fließens" (Streckgrenze) bezogene Arbeitsvermögen einer Folie, da praktisch nur dieser Teil des Gesamtbereiches nutzbar ist.

Zur Kennzeichnung des elastischen Verhaltens beim Zugversuch kann aus dem Anfangsteil der Kraft-Dehnungs-Schaulinie (soweit die Dehnung der Probe noch vollelastisch ist, Hookescher Bereich) der Elastizitätsmodul als Verhältnis der Spannung (auf den Querschnitt bezogene Kraft) zur zugehörigen elastischen Dehnung berechnet werden.

Ist der Hookesche Bereich zu klein, als daß man die Verhältniszahl mit genügender Genauigkeit aus der Kraft-Dehnungs-Schaulinie entnehmen könnte, so legt man die Tangente an den Anfangspunkt der Schaulinie und berechnet das Verhältnis aus Ordinate und Abszisse eines beliebigen, auf der Tangente liegenden Punktes.

Zur Beurteilung des elastisch-plastischen Verhaltens der Folie kurz vor dem Reißen wird die Probe auf einen Betrag von 90% der Reißdehnung gereckt, unmittelbar anschließend entlastet und aus der Einspannung entnommen. Man mißt die bleibende Verlängerung der Meßlänge nach Erholungszeiten von 15 Sek., 1 Std. und 24 Std., in denen die Probe spannungslos im Normalklima lagert und gewinnt aus diesen 3 Punkten einen Anhalt für die Erholungsfähigkeit der Folie.

4.4.3 Aus dem Zugversuch abgeleitete Prüfungen

Für die Beurteilung der Gebrauchstüchtigkeit haben sich noch weitere vom Zugversuch abgeleitete und mit dem gleichen Gerät durchführbare Prüfungen eingeführt, so z. B. die Bestimmung der Einreiß- und Weiterreißfestigkeit, der Stichausreißfestigkeit und der Trennfestigkeit (Haftfestigkeit) mehrlagiger Folien.

a) Einreißfestigkeit. Die Einreißfestigkeit wird durch die Kraft bewertet, die notwendig ist, um eine glatte, nicht gekerbte Schnittkante einer Folienprobe durch Zug nach zwei um 180° verschiedenen Richtungen einzureißen. Dabei können diese Zugkräfte in der Richtung der Folienebene oder senkrecht dazu (Scherkräfte) wirken; in beiden Fällen ist es notwendig, die Einwirkung auf eine sehr kleine Kantenlänge zu beschränken. Trotzdem werden nur bei starren,

---

[1] Gleich 9,806 65 m s^{-2}.

wenig dehnbaren Proben brauchbare Werte erhalten. Folien mit hoher Dehnbarkeit lassen sich meist überhaupt nicht befriedigend auf ihre Einreißfestigkeit prüfen.

In Richtung der Folienebene wirken die Kräfte bei der Bestimmung der „Tear-strength" nach den britischen Normblättern BS 1763:1956 und BS 2739:1956, Dünne (bzw. Dicke) trägerlose PVC-Weichfolien, und dem amerikanischen Normblatt D 1004–49, Einreißwiderstand von Weichfolien. Danach werden aus der Folie, die bis zu fünffach übereinandergelegt wird, Proben bzw. Probenbündel mit einem Stanzmesser in der in Abb. 8 dargestellten Form ausgestanzt. Die Prüfung einzelner oder bis zu fünffach übereinanderliegender Proben soll dazu dienen, die Einreißkraft in einen geeigneten mittleren

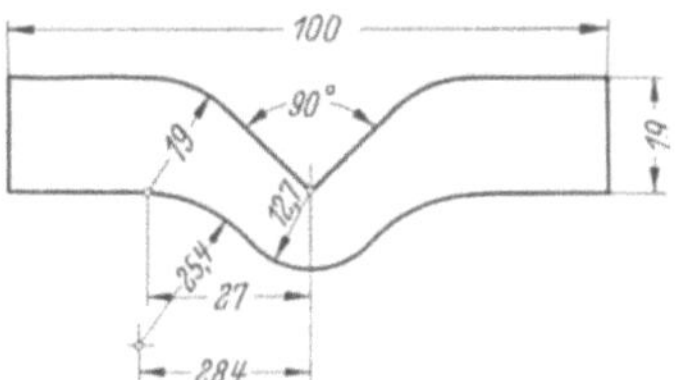

Abb. 8. Probenform für die Messung der Einreißfestigkeit (nach ASTM D 1004-49 T)

Teil des Meßbereiches zu bringen. Die Proben bzw. Probenbündel werden in die obere und untere Klemme eines Zugfestigkeitsgerätes eingespannt, so weit, wie die Streifenkanten parallel laufen und die Prüfung mit einer Klemmengeschwindigkeit von 280 mm ± 25 mm (BS) bzw. 500 mm je Minute durchgeführt.

Durch die seitliche, in einem Winkel von 90° sich öffnende Einbuchtung greifen die in der Längsrichtung der Probestreifen wirkenden Kräfte im Scheitelpunkt des Öffnungswinkels an und erzeugen nach Überschreitung der Einreißfestigkeit einen Einriß an dieser Stelle. Obwohl zweifellos nicht nur die Qualität des Stanzschnittes (Freiheit von Kerben u. a. Beschädigungen der Schnittkante) sondern auch der Radius der Winkelspitze eine Rolle spielen, ist darüber nirgends eine Maßangabe zu finden. Da die zum Weiterreißen notwendige Kraft geringer ist als die Einreißkraft, ist die beim Versuch erreichte Höchstkraft

Abb. 9. Einreiß-Prüfgerät nach BEKK (nach KORN-BURGSTALLER, Hersteller: van der Korput, Baarn)

als Meßergebnis abzulesen. Um einen Vergleich verschieden dicker Folien zu ermöglichen, kann die Einreißkraft auf die Einheit der Dicke bezogen werden. Bei Folien, die z. B. infolge einer Walz- oder Ziehstruktur anisotrop sind, unterscheiden sich die in Walzrichtung und quer dazu entnommenen Proben z. T. erheblich in ihrer Einreißfestigkeit.

Gleichfalls durch Zug in Richtung der zu prüfenden Kante wird nach dem Verfahren (und mit einem besonderen Gerät) von BEKK [5] (Abb. 9 und 10) geprüft. Hierbei wird ein 50 mm breiter Streifen in zwei im Abstand von 5 mm nebeneinanderliegenden Klemmen eingespannt. Die Klemmen sind auf einem Kreisbogen beweglich angeordnet, dessen Mittelpunkt auf einer der beiden Längskanten des Probestreifens liegt. Durch die Bewegung wird auf die andere Kante ein Längszug ausgeübt, dessen Größe mit der an einer Klemme befestigten Pendelwaage gemessen wird.

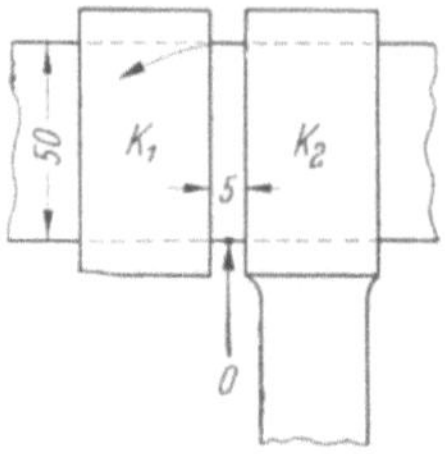

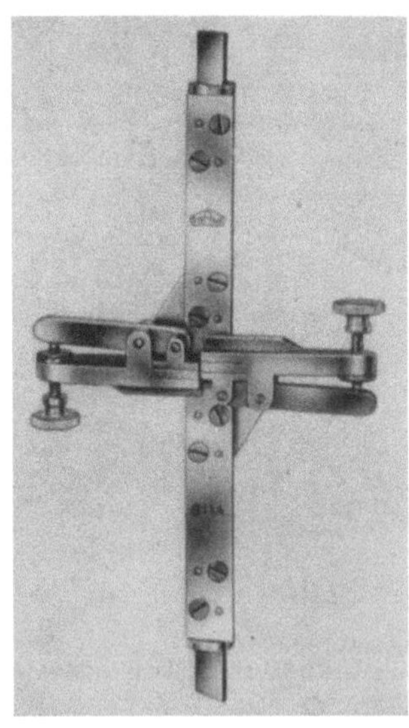

Abb. 10. Schemazeichnung zum EinreißPrüfgerät. K_1 und K_2 sind die beiden Klemmen, in die der 50 mm breite Probestreifen eingespannt wird (nach KORN-BURGSTALLER)

Senkrecht zur Ebene des Probestreifens greifen die Zugkräfte bei der Prüfung mit dem „MPA"-Einreißgerät (Abb. 11 und 12) an. Die in einer Größe von 25 mm × 30 mm zugeschnittene Probe wird in 2 Klemmen so befestigt, daß sich die Einspannbacken fast berühren. Das Gerät selbst wird in einen Zugfestigkeitsprüfer eingespannt (in diesem Falle am besten in ein Gerät mit Pendelwaage oder mit gleichmäßig zunehmender Belastung) und die Kraft abgelesen, die beim Einreißen der Probe erreicht ist. Zur Berechnung der Einreißfestigkeit muß von diesem Wert noch das Gewicht des oberen Teiles der Einreißklemme abgezogen werden, wenn es nicht möglich ist, den Nullpunkt der Kraftanzeige von vornherein entsprechend zu korrigieren.

b) Weiterreißfestigkeit. Die Weiterreißfestigkeit, die stets geringer ist als die Einreißfestigkeit, kann auch an Folien nach DIN 53356, „Weiterreißversuch an Gewebe- und Faser-Kunstleder", geprüft werden. Die Versuchsanordnung

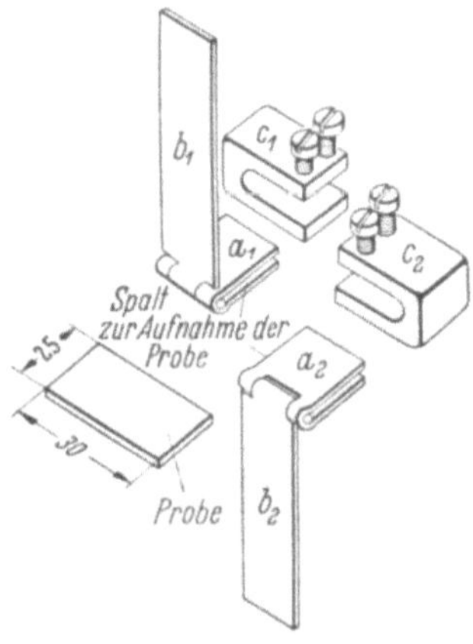

Abb. 11. Einreißklemme „MPA".
(Hersteller Fa. Karl Frank, Weinheim-Birkenau)

Abb. 12. Schemazeichnung zur Einreißklemme „MPA". Die Probe wird in die Klemmenspalte a_1 und a_2 eingelegt und mit c_1 und c_2 fest eingespannt. Die ganze Vorrichtung wird dann mit den Bändern b_1 und b_2 in der oberen und unteren Klemme des Zugfestigkeitsprüfgerätes befestigt.

besteht darin, einen 50 mm breiten und 100 mm langen Streifen von der Mitte einer Schmalseite her in der Längsrichtung 50 mm weit einzuschneiden, so daß die dadurch entstehenden beiden Laschen in die Klemmbacken eines Zugfestigkeits-Prüfgerätes eingespannt werden können. Die Geschwindigkeit der ziehenden Klemme wird so eingestellt, daß der Riß in einer Minute um 50 mm länger wird. Die dabei abgelesene Kraft – bei Pendelwaagengeräten müssen die Sperrklinken ausgehoben werden – schwankt in der Regel, hält sich jedoch während des ganzen Reißvorganges in einer bestimmten Höhenlage. Wird eine praktisch weg- und trägheitslose Kraftmessung verwandt, so gilt die mittlere Höhe der Kraftanzeige als Weiterreißfestigkeit; bei Pendelwaagengeräten muß die beim Weiterreißen herabfallende Masse des Pendelgewichtes durch die Probe aufgefangen werden. Die Kraftanzeige sinkt also stärker ab als der Weiterreißfestigkeit entspricht. Bei weiterer Klemmenbewegung wird das Hebelgewicht wieder so weit angehoben, bis die Weiterreißlast überschritten wird, worauf sich das Spiel wiederholt. In diesem Falle ist es richtiger, eine Reihe von oberen Umkehrpunkten zur Berechnung der mittleren Weiterreißlast heranzuziehen als den Mittelwert der gesamten Lastanzeige während des Weiterreißens. Korrekter ist die Verwendung einer weglosen Kraftmessung.

Die in DIN 53515, „Weiterreißversuch mit der Winkelprobe nach GRAVES mit Einschnitt", vorgesehene Probenform erzeugt im Gegensatz zu der eben beschriebenen Versuchsanordnung einen quer zur Zugrichtung verlaufenden Riß. Das Ergebnis ist dadurch unabhängig von der für die Biegung der Probe notwendigen Kraft. Die nach Abb. 6 mit einem Stanzmesser aus der Längs- und Querrichtung der Folienbahn entnommenen Proben werden von der Winkelspitze ausgehend senkrecht zur Längsrichtung der Probe mit einem scharfen Rasiermesser 1 mm ± 0,05 mm tief eingeschnitten und die Größe, Lage und Qualität des Einschnittes mit dem Mikroskop kontrolliert. Nicht ganz einwandfrei ausgefallene Proben werden ausgeschieden. Um den Schnitt mit größerer Sicherheit korrekt anzubringen, verwendet man am besten eine Einspannvorrichtung für die gestanzte Probe und eine mit einer Meßuhr versehene Führung für das Messer.

Die Proben werden nach Angleichen an das Normalklima 20/65 einzeln in eine Zugprüfmaschine so weit eingespannt, wie die Begrenzungen parallel laufen und mit einer Klemmengeschwindigkeit von 500 mm/min auseinandergezogen. Pendelprüfgeräte sind hierzu weniger geeignet als Geräte mit gleichförmiger Reckung. Die beim Zugversuch mit der beschriebenen gekerbten Winkelprobe abgelesene Höchstlast wird als *Weiterreißwiderstand* bezeichnet. Ungefähre Richtwerte können bereits durch Prüfung von 3 Proben aus jeder der beiden Richtungen gewonnen werden; um genauere Zahlen zu erhalten, sind mindestens 10 Einzelwerte jeder Richtung notwendig. Bei wenigen Einzelwerten kann das arithmetische Mittel gebildet werden. Bei mehr als 5 Einzelwerten streicht man jeweils den höchsten und den tiefsten Wert, so lange, bis nur noch die beiden Zentralwerte übrigbleiben, aus denen das Mittel gebildet wird.

Für Vergleiche verschieden dicker Folien kann der Weiterreißwiderstand durch die in der Umgebung der Kerbe gemessene Dicke dividiert werden.

Außer dem Zahlenwert kann auch die Form und der Verlauf des Risses interessant sein.

Theoretische Betrachtungen über das Einreißen und Weiterreißen von Papieren, die bis zum gewissen Grade auch auf Folien übertragen werden können, haben BRECHT und IMSET [6] angestellt. Als Ergebnis dieser Überlegungen entwickelten sie in Anlehnung an das amerikanische „Elmendorf"-Gerät eine Vorrichtung, die mit einem Pendelschlaggerät ein Bündel eingerissener Blätter durchreißt. Die schlagartige Beanspruchung unterscheidet dieses Verfahren von dem vorher genannten. Das Pendelschlagwerk gestattet nur die Bestimmung der integralen Arbeitsaufnahme, nicht die Messung der Kraft an sich.

c) Stichausreißfestigkeit. Für die Befestigung von Folien durch Nageln und Nähen ist die Stichausreißfestigkeit wichtig. Obwohl dieses Verfahren als nicht normungsreif bezeichnet wurde, kann es doch im Einzelfall Auskunft über die Eignung der Proben für die genannten Zwecke geben. Für die Prüfung wird ein Zugfestigkeitsprüfgerät geeigneten (meist geringeren) Meßbereiches benötigt, in dessen obere Klemme eine Probe nach Abb. 13 eingespannt wird. Die untere Klemme wird mit dem gabelförmigen Halter für den Dorn versehen, der durch die

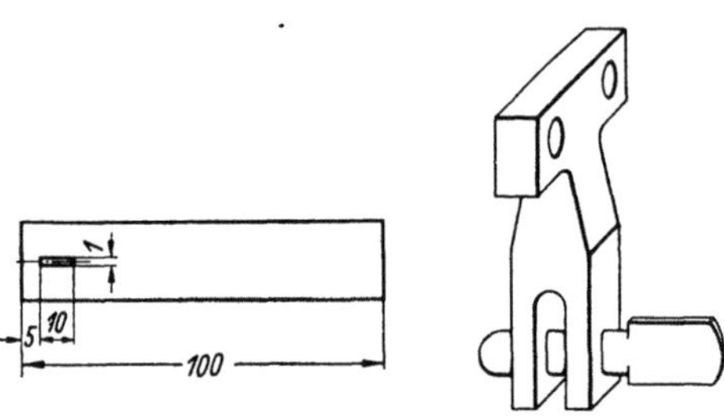

Abb. 13. Probe und Probeneinspannung für die Prüfung auf Stichausreißfestigkeit (nach DIN 53355)

Löcher des Halters und der Probe gesteckt wird. Zieht die untere Klemme mit gleichbleibender Geschwindigkeit den Dorn nach unten, so steigt die auf die untere Begrenzung des Loches wirkende Kraft so lange an, bis sie ausreicht, um die Folie ein- und anschließend durchzureißen.

d) Wickelfähigkeit. Schließlich fällt in die gleiche Gruppe von Prüfungen, die sich vom Zugversuch ableiten, eine Spezialprüfung von Folienbändern auf Wickelfähigkeit, die in VDE 0345, § 7, enthalten ist. Zu dieser Prüfung wird in die obere Klemme der Zugprüfmaschine ein bogenförmiges Blech nach Abb. 14 eingespannt; durch die von dem Blechstreifen gebildete Öffnung wird der Folienstreifen gezogen und beide Enden – hintereinandergelegt – in der unteren Klemme befestigt. Beim Zugversuch mit der so eingespannten Probe wird die Kraft abgelesen, bei der sich das Band in die Rundung einschmiegt (*Schmieglast*), und diejenige, bei der das Band reißt (*Reißlast*).

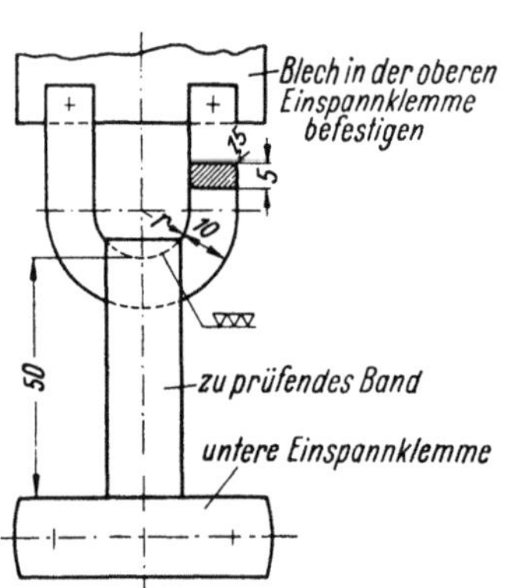

Abb. 14. Versuchsanordnung zur Prüfung auf „Wickelfähigkeit" von Folienbändern (nach VDE 0345)

e) Haftfestigkeit. Analog der Prüfung auf Weiterreißfestigkeit wird auch die Kraft gemessen, die zum *Trennen mehrlagiger Folien* und zur Bewertung der Haftfestigkeit (Klebkraft) *von Klebefolien* aufgewendet werden muß. Die Trennlast mehrlagiger Folien kann nach DIN 53357, „Trennversuch der Schichten von Gewebekunstleder", durchgeführt werden. Für die Messung der Klebkraft von „Isolierbändern aus dehnbarem Kunststoff, gewebelos" wird in DIN 40631 (Entwurf) unter Ziffer 2.3 eine Arbeitsvorschrift angegeben. Bei diesem Prüfverfahren werden zur Messung der Klebkraft auf Glas und auf der Rückseite des gleichen Bandes zwei je 250 mm lange Proben des Isolierbandes unmittelbar nach dem Abziehen von der Rolle nacheinander auf eine etwa 2,5 mm dicke, 85 mm breite und 125 mm lange Platte aus gewöhnlichem, sorgfältig gereinigtem Fensterglas gelegt, und zwar so, daß beide Folienbänder an einer Schmalseite mit dem Glasrand abschneiden und auf der anderen Schmalseite um 125 mm frei herunterhängen (Abb. 15a). Dann wird eine Stahlrolle von 2,5 kg Eigengewicht ohne zusätzlichen Druck einmal in jeder Richtung mit einer Geschwindigkeit von 30 cm/min über die obere Folie gezogen. Die Prüfung der Klebkraft von Klebefolie auf Klebefolie wird durch Abziehen der oberen Folie von der unteren (Abb. 15b), die von Folie auf Glas durch Abziehen der unteren Folie von der Glasplatte, mit einer Geschwindigkeit von 20 cm/min durchgeführt (Abb. 15c).

Analog kann die Klebkraft auch für andere Unterlagen als Glas geprüft werden. Bei den Prüfungen auf Weiterreißfestigkeit nach DIN 53356, Haftfestigkeit der Lagen und Klebkraft, geht in die Prüfung auch diejenige Kraft mit ein, die zum Biegen der Proben notwendig ist. Die gemessene Kraft ist also insoweit nur für die geprüfte Probenkombination kennzeichnend, nicht für die Eigenschaften der Klebmasse oder der Oberflächenverbindung allein. Die gleiche Klebmasse auf einer Folie aus gleichem Rohstoff, aber verschiedener Dicke (Steifheit), ergibt verschiedene „Klebkraftwerte".

Ebenso ergeben sich Unterschiede in der Kraft, die zum Trennen zweier miteinander verbundener Folien benötigt wird, wenn der Winkel zwischen dem ungetrennten und dem getrennten Material etwa 90° beträgt, oder wie bei der „Klebkraft"-Messung nach DIN 40631 etwa 180°.

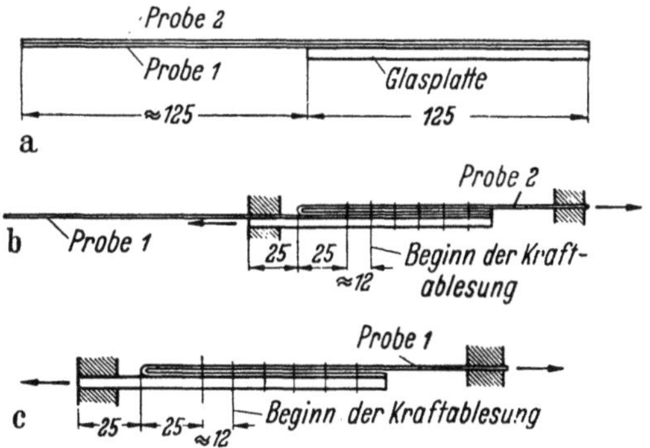

Abb. 15. Anordnung der Proben zur Prüfung der Klebkraft von Bändern (nach DIN-Entwurf 40631 Bl. 2)

Das Aneinanderhaften von Folien kann auch eine unerwünschte Eigenschaft sein. Verkleben Folien, die in größerer Menge aufeinandergeschichtet lagern (im „Block") unter dem Druck ihres Eigengewichtes oder anderer darauf ruhender Belastung, so daß sie schwer oder nur unter Verletzung ihrer Oberflächen voneinander getrennt werden können, so spricht man vom „Blocking". Ein Prüfverfahren auf diese nachteilige Eigenschaft muß, wie die Messung der „Klebkraft", 2 Vorgänge umfassen, nämlich die Druckeinwirkung und die Messung der Trennkraft. Dem ersten Vorgang widmet das amerikanische Normblatt D 884–48, Schätzung des „Blocking" von Kunststoffolien, die Hauptaufmerksamkeit. Beachtet werden muß:

1. der Zustand der Proben, Angleichung an das Normklima oder an eine Atmosphäre mit erhöhter Luftfeuchte,

2. die Lage der Folienproben zueinander – Oberseite auf Oberseite, Unterseite auf Unterseite und Ober- auf Unterseite,

3. der Druck beim Lagern – verwendet werden Drücke von $^1/_3$ und 1 Pfund je Quadrat-Zoll,

4. die Lagerbedingungen, vor allem die Temperatur; vorgeschrieben sind 50 °C, 60 °C, 70 °C und 82 °C bei normaler Luftfeuchte und 38 °C bei wasserdampfgesättigter Atmosphäre.

Für die Prüfung werden ,,Sandwiches'' aus je

> einer Glasplatte (3 Zoll × 4 Zoll),
> einem Blatt Zeitungsdruckpapier (3 Zoll × 5 Zoll),
> zwei Folienproben (3 Zoll × 5 Zoll),
> einem Blatt Zeitungsdruckpapier (3 Zoll × 5 Zoll) und
> einer Glasplatte

angefertigt, mit entsprechendem Gewicht belastet und 24 Std. unter den angegebenen Bedingungen gelagert. Der Grad des ,,Blocking'' wird dagegen nur subjektiv durch Auseinanderziehen der jeweils 2 Folienproben nach dem Lagern beurteilt und in 4 Klassen eingeteilt:

N.B.	kein Blocking,
V.Sl.B.	leichtes Haften der Folienproben,
Sl.B.	deutliches Haften der Folienproben, aber Abziehen ohne Beschädigung der Oberflächen möglich,
B.	Beschädigung der Oberflächen bei der Trennung der Proben.

In Deutschland wurde zur genaueren Bestimmung der Haftfestigkeit der auf ,,Blocking'' zu prüfenden Folien von Umminger [7] ein besonderes Dynamometer entwickelt, das nach dem Prinzip der Torsionswaage arbeitet. Um die Meßbereiche den sehr verschiedenen Haftfestigkeiten anpassen zu können, ist das Gerät mit auswechselbaren Federn ausgestattet worden. Das in Abb. 16 dargestellte Gerät besteht aus einem Träger für die Folienproben – er trägt 6 Probenpaare gleichzeitig – und dem eigentlichen Dynamometer, auf das der Probenträger gesetzt wird.

Die Prüffläche ist rund und 2 cm² groß; wenn es sich um dünne, weiche Folien handelt, werden entsprechend größere, kreisförmige Abschnitte mit Gummiringen straff über die Probenträger gezogen. Dickere oder steife Folien müssen in der genauen Prüfflächengröße gestanzt und mit einem Haftkleber, der frei von leichtflüchtigen Lösungsmitteln ist, auf die Prüffläche geklebt werden. Für jeden Einzelwert muß ein Probenträgerpaar vorbereitet werden. Besonders muß darauf geachtet werden, daß die Prüfflächen staub- und fettfrei bleiben, keinesfalls dürfen sie mit den Fingern berührt werden.

Im Normalfall sollen die beiden zu prüfenden Folienoberflächen im Normalklima 20/65 1 Std. dem Druck von 500 p ausgesetzt werden, jedoch können auch andere Drücke, Feuchtigkeitsgrade, Temperaturen und Prüfzeiten gewählt werden.

Nach der Drucklagerung werden die Proben mit dem Probenhalterring auf die Grundplatte der Torsionswaage aufgesetzt und eines der 5 Probenträgerpaare an dem Häkchen des Waagebalkens befestigt. Durch Einschalten des Motors wird die Kraftmeß-Spiralfeder so lange gedreht, bis die Prüfflächen sich unter ihrer Einwirkung voneinander trennen und der Waagebalken den Abstellkontakt berührt. Durch Auswechseln der Spiralfedern können die Meßbereiche in weiten Grenzen variiert werden.

Entsprechende Prüfverfahren mit größeren Prüfflächen (25 cm²) und anderen Kraftmeßvorrichtungen (Zugfestigkeitsprüfgeräte, Schwimmer in auslaufendem Wasserbehälter) sind im DNA/FNK, Arbeitsausschuß 10.3, „Chemische und Gebrauchseigenschaften von

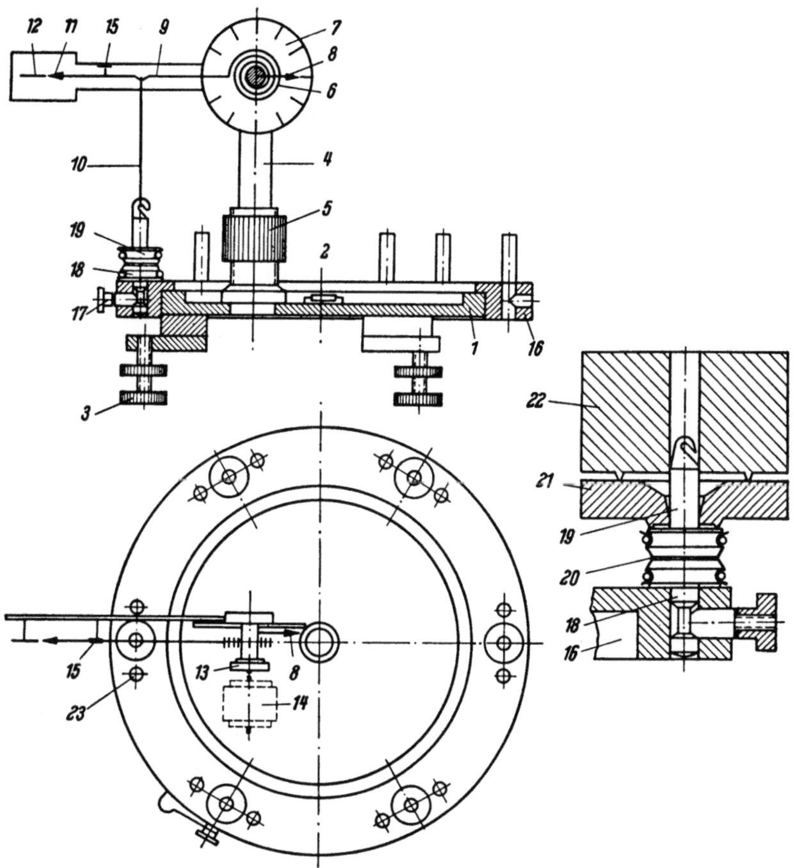

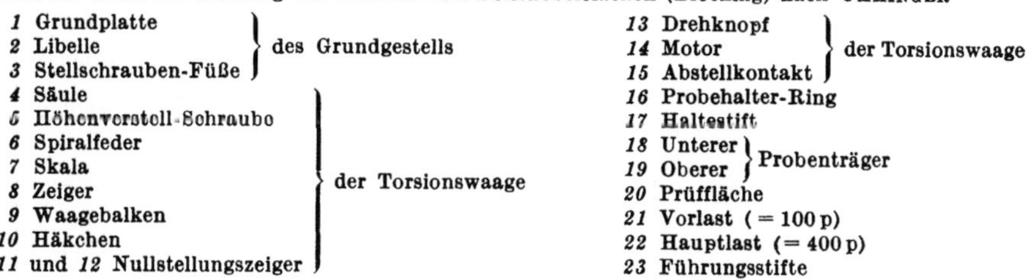

Abb. 16. Gerät zur Messung des Haftens von Folienoberflächen (Blocking) nach UMMINGER

1 Grundplatte	⎫	
2 Libelle	⎬ des Grundgestells	
3 Stellschrauben-Füße	⎭	
4 Säule	⎫	
5 Höhenverstell-Schraube		
6 Spiralfeder		
7 Skala		
8 Zeiger	⎬ der Torsionswaage	
9 Waagebalken		
10 Häkchen		
11 und 12 Nullstellungszeiger	⎭	

13 Drehknopf	⎫	
14 Motor	⎬ der Torsionswaage	
15 Abstellkontakt	⎭	
16 Probehalter-Ring		
17 Haltestift		
18 Unterer	⎫ Probenträger	
19 Oberer	⎭	
20 Prüffläche		
21 Vorlast (= 100 p)		
22 Hauptlast (= 400 p)		
23 Führungsstifte		

Folien", gleichfalls vorgeschlagen worden, jedoch noch in der Erprobung durch Gemeinschaftsversuche, so daß hier nur ein Hinweis auf abweichende Prüfmöglichkeiten gegeben werden kann.

f) Heißsiegelfähigkeit. W. VOIGT [8, 9] empfiehlt für den gleichen Zweck sowie zur Prüfung der Haftfestigkeit von Klebungen, z. B. zur Bewertung der sog. „Heißsiegelfähigkeit" lackierter Folien, ein von ihm konstruiertes Gerät, das für eine praktisch weglose Kraftmessung ein „pneumatisches" Dynamometer verwendet (Abb. 17). Von den miteinander verklebten Folienstreifen d

wird der untere auf eine sich langsam drehende Trommel gewickelt, während
die zum Trennen der beiden Streifen benötigte Kraft von dem oberen Streifen
auf den pneumatischen Kraftmesser übertragen wird. Dieser besteht aus einem Zylinder, in den ein Doppelstempel genau eingepaßt ist. Zwischen die beiden Stempelflächen wird die Druckluft zugeleitet, die nach Überwindung der Trennkraft den Stempel zu heben sucht. Bei geringer Bewegung nach oben gibt der Stempel seitliche feine Bohrungen frei, die den Druck wieder vermindern. Die untere Stempelscheibe läuft in Öl und dient zur Dämpfung der Bewegung. Der Druck wird an einem Manometer abgelesen. Eine spätere Ausführung verwendet offenbar zur Druckerzeugung Wasser, dessen Druck bei kleinem Meßbereich mit einem Schrägrohrmanometer verhältnismäßig genau abzulesen ist.

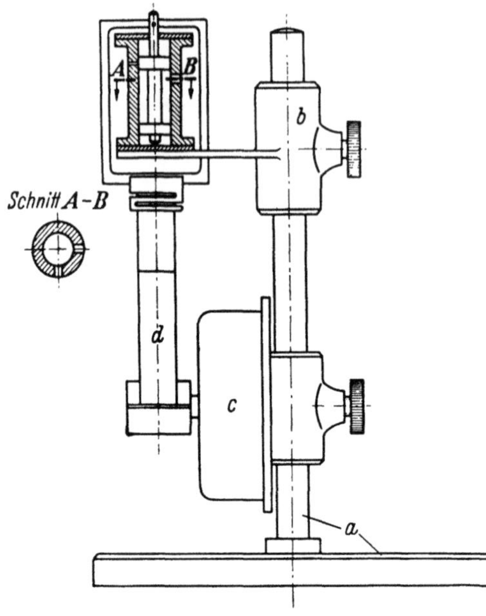

Abb. 17. Gerät zur Prüfung der Klebkraft nach W. VOIGT

a Stativ; b pneumatischer Kraftmesser; c Aufwickeleinrichtung; d eingespannter Folienstreifen [aus Kunststoffe 45 (1955)]

Soll nicht nur die Haftfestigkeit fertiggeklebter Folien, sondern die Eignung einer Folie für die „Heißsiegelung" bewertet werden, so müssen bei der Herstellung der Klebestellen (Heißsiegelnähte) die Klebebedingungen genau definiert sein. Für diesen Zweck hat SCHRICKER [10, 11] ein nach dem Wärmeimpulsverfahren arbeitendes Gerät vorgeschlagen, in dem

die Heiztemperatur,
die Heizdauer,
der Druck beim Kleben sowie
die Zeit- und Druckverhältnisse beim Abkühlen nach dem Kleben

einstellbar und reproduzierbar sind (Abb. 18). Das Gerät hat glatte – um einen besseren Kontakt herzustellen, mit Leder bezogene – Druckflächen, während K. S. KUNZE [12] mit Wellen- oder Riffelbacken bessere Erfolge hatte. Für eine einwandfreie Bewertung der Heißsiegelfähigkeit genügt in der Regel nicht die Prüfung von Klebenähten, die bei einer einzigen Kombination der Herstellungsbedingungen erzeugt wurden. Eine Variation der oben angegebenen Faktoren innerhalb der technisch üblichen Grenzen ist notwendig, um die optimale Nahtfestigkeit zu

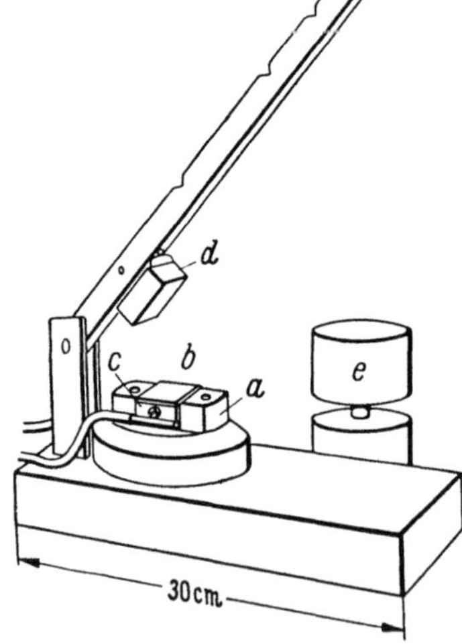

Abb. 18. Laboratoriums-Siegelgerät nach SCHRICKER

a Aluminiumblock auf Isoliersockel;
b Heizband; c Stromzuführung;
d Druckkörper; e Auflagegewicht
[aus Kunststoffe 41 (1951)]

erreichen. Nach K. S. Kunze sind dann auch die Streuungen in den Meßwerten der Nahtfestigkeit am geringsten. Außerdem muß beachtet werden,
daß sich Klebenähte, die in Richtung der Folienbahn verlaufen, normalerweise
in ihrer Haftfestigkeit von solchen unterscheiden, die in anderer Richtung –
vor allem quer dazu – verlaufen. Daher sollten zur Bewertung der Heißsiegelfähigkeit mindestens diese beiden Richtungen geprüft werden.

Untersuchungen und Erfahrungen über das Wärmekontaktsiegeln und Hoch-
frequenzschweißen haben Friehlinghaus [13], Fr. Becker und R. Heiss [14]
sowie Wintergerst [15] veröffentlicht.

4.4.4 Zugfestigkeitsprüfungen mit mehrachsiger Beanspruchung (Berstprüfung)

Die einachsige Beanspruchung des Streifen-Zugversuches gestattet zwar,
die unterschiedlichen Verformungs- und Festigkeitseigenschaften in Längs- und
Querrichtung einer Folie ge-
trennt zu untersuchen, jedoch
entspricht der Streifen-Zugversuch nur in seltenen Fällen
– z. B. beim Wickeln schmaler
Folienbänder, die in ganzer
Breite geprüft werden können –
der praktisch vorkommenden
Beanspruchung. Ihr würde ein
zweiachsiger Zug oder zumindest eine Verhinderung der
seitlichen Kontraktion bei ein-
achsigem Zug näherkommen.

Diese Bedingungen erfüllt
der Berstversuch. Durch eine
kreisförmige Einspannung wird
eine runde Probenfläche allseitig festgehalten und kann
durch Aufwölben mit Preßluft

Abb. 19. Mullen-Tester (Hersteller: B. F. Perkins & Son,
Holyoke Mass., USA)

oder einer Druckflüssigkeit bis zum Bersten geprüft werden. Außer einer
Meßvorrichtung für den Berstdruck – einem Manometer – muß die Prüfanordnung noch ein Meßorgan, entweder für die beim Bersten erreichte
Wölbhöhe oder für das zum Aufwölben bzw. Bersten eingepreßte Flüssig-
keitsvolumen enthalten. Von Prüfgeräten, die eine gleichfalls kreisförmig
eingespannte Probenfläche durch den Druck einer Kugel zum Bersten
bringen, ist in der letzten Zeit wegen der undefinierten Spannungsverhältnisse
und mangelnden Auswertbarkeit abgegangen worden. Mit Flüssigkeits- (Gly-
cerin-) Druck arbeitet der in der Papierprüfung weitverbreitete „Mullen-
Tester" (Abb. 19), mit Druckluft der Berstdruckprüfer nach Schopper-
Dalén (Abb. 20). Die Verwendung einer Druckflüssigkeit hat den Vorteil,
daß mit gleichmäßig zunehmendem Volumen der Wölbkalotte gearbeitet wird
und der Berstvorgang langsam erfolgt, da sich der Druck beim Nachgeben
der Prüffläche rasch entlastet; Schwierigkeiten treten gelegentlich durch Undichtigkeiten auf. Diese spielen zwar bei der Benutzung von Druckluft keine

Rolle, aber der Zerplatzvorgang geht – besonders bei festeren Folien – oft in explosionsartiger Form vor sich und das Messen der beim Bersten erreichten Wölbhöhe bereitet Schwierigkeiten.

Die Durchführung der Berstversuche an Folien kann sich anlehnen an die bereits bestehenden Normen für die Prüfung von Papier und Textilien auf Berstfestigkeit. Für die Benutzung des Mullen-Testers wird auf das amerikanische Normblatt ASTM D 774–46 hingewiesen, für die mit dem Berstdruckprüfgerät nach SCHOPPER-DALÉN auszuführenden Prüfungen auf die deutschen Normblätter DIN 53113, Prüfung von Papier und Pappe, Berstversuch, und DIN 52860, Prüfung von Textilien, Wölb- und Berstversuch. Um vergleichbare Werte zu erhalten, muß nicht nur die gleiche Prüfflächengröße, sondern auch die gleiche Prüfgeschwindigkeit eingehalten werden. Im ASTM-Blatt ist eine gleichmäßige Volumenzunahme der aufgewölbten Kalotte um 75 ml/min vorgeschrieben, in den DIN-Blättern eine gleiche Versuchsdauer bis zum Bersten von 20 Sek. Für Folien, die außerordentlich verschiedene Dehnungseigenschaften haben, wird empfohlen, die Berstversuche bei mindestens 2 (bis 3) Dehngeschwindigkeiten durchzuführen, die sich wie 1:5 bis 1:10 verhalten, es sei denn,

Abb. 20. Berstdruckprüfgerät nach SCHOPPER-DALÉN. (Hersteller: Karl Frank, Prüfgerätebau, Weinheim-Birkenau, oder Peter Koch, Köln)

die Berstprüfung wird nur zur Überwachung einer Produktion oder von Lieferungen auf gleichmäßige Beschaffenheit benötigt.

Eine Bewertung des Berstverhaltens nach dem Berstdruck ist jedoch auch bei Beachtung der vorstehenden Regeln nur dann möglich, wenn es sich um Folien gleicher Dehnbarkeit handelt. Besteht ein merklicher Unterschied in der Dehnung (und damit auch der Wölbhöhe), so ist es notwendig, den Berstdruck auf den ungedehnten Zustand – und zweckmäßig auch in eine in der Folienebene wirkende Zugkraft – umzurechnen. Nach dieser Umrechnung ist auch ein Vergleich mit verschiedener Prüffläche durchgeführter Versuche möglich.

Für diese Umrechnung ist zunächst entweder eine Annahme über die Form der Aufwölbung oder eine Messung dieser Form notwendig. Obwohl bekannt ist, daß die Aufwölbung von der Form einer Kugelschale um so mehr abweicht, je höher die Wölbhöhe ist, wird doch in den meisten Fällen diese vereinfachende Annahme gemacht. Für kleinere Wölbhöhen, wie sie bei Textilien die Regel sind, wies SOMMER [16] nach, daß die Differenz nur gering ist, so daß sie vernachlässigt werden kann. Die theoretische Übertragbarkeit der Berechnungsformeln von Wölbhöhen, die kleiner sind als der Radius der Prüffläche auf solche, die größer sind, und die praktische Anwendbarkeit dieser Formeln auf Folien mit geringer und hoher Dehnung zeigte MENDRZYK [17]. Aus den beim Berstversuch ermittelten Werten für

den Berstdruck p (kp/cm²),

die Wölbhöhe h (mm) und

dem Prüfflächenradius r (cm)

kann die beim Bersten herrschende Spannung K (je cm Folienbreite) nach der Formel

$$K = p \, \frac{r^2 + h^2}{4h} \quad [\text{kp/cm}]$$

und die Dehnung δ nach

$$\delta = \left(\frac{\pi}{180} \, \frac{\alpha}{\sin \alpha} - 1 \right) \cdot 100 \quad [\%]$$

berechnet werden, wobei

$$\sin \alpha = \frac{2rh}{r^2 + h^2} \quad \text{ist.}$$

Um den Vergleich mit den üblichen Festigkeitswerten zu gestatten, muß die beim Bersten herrschende Spannung auf den ungedehnten Zustand der Folie umgerechnet werden, nach

$$K_0 = K \, \frac{100 + \delta}{100} \quad [\text{kp/cm}].$$

Weiterhin läßt sich, unter Zuhilfenahme des vorher bestimmten Gewichtes je m² Q (in g) – dies wird besonders für genarbte Folien empfohlen – die Berstreißlänge R_B nach

$$R_B = \frac{100 K_0}{Q} \quad [\text{km}]$$

und mit Hilfe der Foliendicke d (in mm) die spezifische Festigkeit σ_{zB} nach

$$\sigma_{zB} = \frac{K_0}{100d} \quad [\text{kp/mm}^2]$$

berechnen.

Für die Ableitung der Formeln wird auf die Originalarbeiten verwiesen.

Soll die von der Kugelkalotte abweichende Form bei der Berechnung der Festigkeitseigenschaften berücksichtigt werden, so muß man zunächst feststellen, in welcher Richtung diese Abweichungen liegen. Offensichtlich treffen die aus theoretischen Überlegungen von WINKLER [18] abgeleiteten Formen nicht zu. Die tatsächliche Begrenzung der aufgewölbten Folie liegt nicht innerhalb der durch den Pol und den Prüfflächenrand gegebenen Kugelkalotte, sondern außerhalb. Daher dürften die von FLINT und NAUNTON [19] aus photographischen Aufnahmen und Messungen an bis zum Bersten aufgewölbten Gummimembranen auch für weiche, dehnbare Folien eher zutreffen. Nach diesen Untersuchungen, die durch den Augenschein leicht bestätigt werden können, ist die beim Aufwölben entstehende Blase deutlich abgeplattet und entspricht mehr der Form eines Quecksilbertropfens auf einer ebenen Unterlage; es handelt sich also nicht einmal um eine gegen die Äquatorebene symmetrische Figur (etwa ein Sphäroid).

Da bereits für Gummimembranen verschiedener Vulkanisationszustände unterschiedliche Asymmetrie festgestellt wurde, kann eine allgemein anwendbare Formel stets nur eine Näherungsformel sein. Auch die Messung selbst ist nicht einfach: Bestimmt wurden

r_e der Radius der Äquatorial-Kreisfläche (durch Fühlhebel),
p der Berstdruck,
d die ursprüngliche Dicke der Folie und
a_e der Radius der Kreislinie auf der ungedehnten Probenfläche, der beim Bersten Äquator ist (durch Markieren der Abstände vom Mittelpunkt der Prüffläche auf der Probe und Beobachtung bzw. Photographie kurz vor dem Bersten).

Aus diesen Werten kann die auf den ungedehnten Zustand bezogene Berstspannung berechnet werden nach

$$\sigma_{zB} = \frac{0{,}73\,r_e^2\,p}{a_e\,d}.$$

Um diese umständlichen Messungen zu umgehen, wurde vorgeschlagen, die nach den für eine Kugelkalotte geltenden Formeln berechneten Werte durch Multiplikation mit einem Faktor von 1,35 für die Zugfestigkeit von Gummi und von 1,30 für die Dehnung umzurechnen. Für geringere Dehnungen dürften die Faktoren kleiner sein. Auch hier wird für die Ableitung der Formeln und nähere Einzelheiten der Versuchsdurchführung auf die Originalarbeit verwiesen.

Eine praktische Bedeutung hat die Verformungsfähigkeit einer am Rande eingespannten kreisförmigen Folienprobe für die Bewertung ihrer Eignung zum Tiefziehen. Ein solches Gerät[1] gestattet die Prüfung bei Temperaturen bis 200 °C und bis zu Flächendehnungen von 500%.

4.4.5 Schlagprüfungen

Bei den bisher beschriebenen Zug- und Berstbeanspruchungen wurde bereits auf die wesentliche Rolle des Zeitfaktors bei der Prüfungsdurchführung hingewiesen. Die erwähnten Versuchsanordnungen gestatten zwar eine verhältnismäßig starke Verlangsamung des Zerreiß- bzw. des Zerplatzvorganges, jedoch keine über einen gewissen Grad hinausgehende Beschleunigung. Für schlagartige Beanspruchungen sind besondere Prüfverfahren angegeben worden. Sie entsprechen entweder dem Streifen-Zugversuch – auch mit quer zur Probenfläche angreifender Kraft – oder dem Berstversuch. Die Theorie ruckartiger Zugbeanspruchungen wurde von ANDERSSON und STEENBERG [21] für Papier aufgestellt; da sie von allgemeinen Ansätzen über Stoßwellen in plastischen Körpern ausgeht, liegt eine Übertragung auf Folien nahe. Als wesentliche Folgerung läßt sich aus dieser Theorie die Existenz einer kritischen Geschwindigkeit ableiten, worauf allerdings in der Regel bisher bei der praktischen Durchführung von Schlag-, Zug- und Durchschlagversuchen keine Rücksicht genommen wurde. Als Maß der Widerstandsfähigkeit gegen Schlag und Stoß wird vielmehr die beim Durchreißen oder Durchschlagen verbrauchte Schlag- oder Stoßarbeit bestimmt.

---

[1] „Formvac-Folienprüfer" der Hydro-Chemie AG., Zürich [20].

Die einfachste Messung der *Schlagzerreißarbeit* eines Folienstreifens benutzt ein Pendelschlagwerk, dessen Meßbereiche bei gleicher Pendelfallhöhe durch verschiedene Pendelgewichte oder Pendellängen einstellbar sind. Die beim Durchschlagen oder Zerreißen der Folienprobe verbrauchte Arbeit wird als Differenz der Steighöhe des Pendels nach dem Schlag gegenüber der Steighöhe des Pendels im Blindversuch an einer Skala abgelesen. Da die theoretische Steighöhe, die gleich der Fallhöhe sein sollte, durch Reibungsverluste praktisch nicht erreicht wird, ist eine häufige Kontrolle der Steighöhe im Blindversuch notwendig, um die Reibungsverluste auszuschalten.

Die Schlagbeanspruchung kann quer zur Folienoberfläche in der Art vorgenommen werden, wie es auch bei festen Körpern (Stäben) üblich ist. Die Folienprobe wird dabei in Form eines meist 15 mm breiten Bandes in zwei zu beiden Seiten des tiefsten Punktes der Pendelbahn angebrachten Klemmen eingespannt. Das Pendel trifft in der Normalen auf die Oberfläche des Streifens, schlägt den Streifen durch und steigt auf der anderen Seite des Schlagwerkes bis zur Höhe empor, die seinem Rest-Arbeitsvermögen entspricht. Die Versuchsanordnung ist in Abb. 21 dargestellt. Bei der Vorbereitung der Probestreifen ist besonders darauf zu achten, daß, wie beim Zugversuch, die Schnittkanten keine Kerben aufweisen. Bei weichen und leicht dehnbaren Folien kann es außerdem notwendig sein, die Vorspannung konstant zu halten. C. G. Bagraw [22] schlägt an Stelle gerader Probestreifen solche von seitlich eingeschnürter Form vor, die vom Fallhammer an ihrer schmalsten Stelle getroffen werden, und empfiehlt diese Prüfung an Stelle der Kerbschlagversuche.

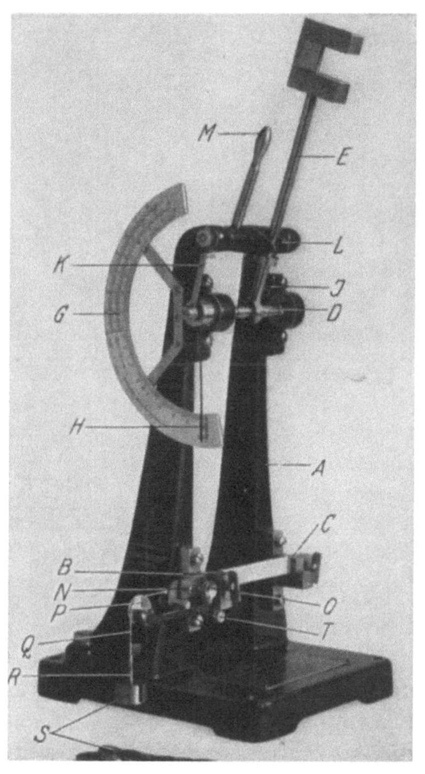

Abb. 21. Pendelschlagwerk nach Schopper mit Folienstreifen

A Stativ; *B* u. *C* Einspannklemmen; *D* Pendelachse; *E* Pendel (auswechselbar); *G* Skalenbogen; *H* Schleppzeiger; *J* Steckstift zum Halten des Pendelhammers; *K* Mitnehmer; *L* Arretierklinke; *M* Handgriff dazu; *N* Hilfseinspannklemme, *P*, *Q*, *R* u. *S* Gewichtsaufhängung zur Anbringung der Vorspannung; *T* Arretierstift für den Wagen *O*. (Nach Korn-Burgstaller)

Um eine Beanspruchung des Probestreifens in Längsrichtung zu bewirken, kann eine andere von Bekk [23] angegebene Anordnung des Folienstreifens gewählt werden, die in der Schemaskizze, Abb. 22, dargestellt ist. Dabei wird der einseitig in einer festen Klemme eingespannte Probestreifen mit der anderen Seite in einer zweiten Klemme befestigt, die sich an der oberen Verlängerung des Pendelarmes befindet, und zwar so, daß der Streifen spannungslos und eben im Pendelschlagwerk liegt, wenn sich der Schlaghammer an seinem tiefsten

Punkt befindet. Hebt man dann den Pendelhammer in seine Ausgangslage, so biegt sich der Probestreifen S-förmig zusammen und erreicht genau in dem Augenblick seine gestreckte Lage, in dem der Hammer durch den Tiefpunkt geht. Auch bei dieser Prüfung wird die zum Zerreißen des Probestreifens verbrauchte Arbeit aus der Steighöhe des Pendels ermittelt.

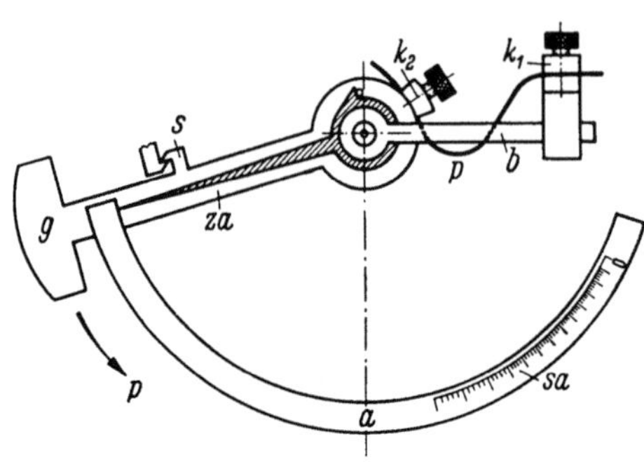

Abb. 22. Schemaskizze zum Schlagzerreißversuch nach BEKK

a Ruhelage des Pendels; k_1 u. k_2 Einspannklemmen; *g* Pendelgewicht; *s* Sperrklinke; *za* Schleppzeiger; *sa* Skala. (Nach KORN-BURGSTALLER)

Die Arbeitsaufnahme beim Schlagzerreißversuch ist nicht nur vom Gewicht je Flächeneinheit der Folie und der Streifenbreite abhängig, sondern auch von der freien Prüflänge der Probe, da die Dehnung mit ihrem absoluten Betrag in der Arbeitsaufnahme enthalten ist. Will man Versuchsergebnisse miteinander vergleichen, die mit Proben verschiedenen Flächengewichtes, verschiedener Breite oder verschiedener freier Prüflänge erhalten worden sind, so berechnet man aus der Schlagarbeit A und dem Gewicht des beanspruchten (freien) Streifenteiles G (in g) die spezifische Zerreißarbeit A_0 nach

$$A_0 = \frac{A}{100\,G} \quad \left[\frac{\text{cm kp}}{\text{g}}\right].$$

Verbreiteter und den Verhältnissen im Gebrauch näher als der Streifen-Schlagversuch ist die zweiachsige schlagartige Beanspruchung. RICHARD, DIEDRICH und GAUBE [24] fanden bei der Bewertung von hochverstreckten Folien, daß normale Zugversuche kein Maßstab für die Gebrauchstüchtigkeit seien. Sie empfehlen statt dessen Fallversuche mit gefüllten Beuteln. Richtlinien für die Ausführung solcher *Beutel-Fallversuche* hat HERMANN [25] bekanntgegeben. Er verwendet Stahl- oder Aluminiumkugeln von 5 mm Durchmesser mit hochgeglätteter Oberfläche. Die mit 1,2 kg Stahlkugeln bzw. mit 0,4 kg Aluminiumkugeln gefüllten Beutel werden bis zu 10 mal aus bestimmter Höhe auf eine ebene Fläche fallen gelassen. Bewertet wird diejenige Fallhöhe, bei der 50% der Beutel 10 Fallversuche überstehen. Obwohl der Einzelversuch nur einen geringen Aufwand an Zeit und vor allem an Versuchsgerät benötigt, ist die Bewertung von Folien im Beutelfallversuch ziemlich zeitraubend, weil eine hohe Zahl von Versuchen notwendig ist. Außerdem wird dabei nicht nur die Folie selbst, sondern auch die Qualität der Schweiß- oder Klebenähte geprüft. Eine „Elektronische Zerreißapparatur zur Untersuchung des Stoßverhaltens von Kunststoffolien" verwendete H. GRIMMINGER [26]. In dieser Versuchsanordnung wird die Folie an der kreisförmigen Bodenfläche eines Fallkörpers eingespannt und auf einen oben abgerundeten (bzw. schneidenförmigen) Dorn aus definierter Höhe fallen gelassen, so daß die Folie durchschlagen wird. Die dabei benötigte Zerplatzarbeit wird durch einen im Dorn angebrachten Druckmeßkopf sowie aus der Differenz der Fallgeschwindigkeiten kurz vor und nach dem Auftreffen ermittelt.

Bei der *Kugelfallprüfung* ermittelt man umgekehrt diejenige Fallhöhe und Kugelmasse, die eine am Rande eingespannte runde Folienscheibe eben zum Einreißen oder Platzen bringt. Die Prüfung kann mit einer sehr einfachen und in einer Werkstatt leicht herstellbaren Versuchsanordnung nach Abb. 23 durchgeführt werden. Nach einem von UMMINGER aufgestellten Entwurf für ein einheitliches Prüfverfahren wird eine Folienscheibe von 110 mm Durchmesser kreisförmig am Rande so eingespannt, daß eine freie Prüffläche von 100 mm Durchmesser ($= 78,5\ \text{cm}^2$ Fläche) entsteht. Auf die Mitte der Prüffläche läßt man einen Fallkörper nach Abb. 24 fallen, der bei variierbarem Gewicht einen gleichen Kugelhalbmesser haben muß. Man ermittelt nun durch Veränderung der Fallhöhe und des Fallkörpergewichtes diejenigen Prüfbedingungen, unter denen die Folie eben zerstört oder eingerissen wird. Nach UMMINGER genügen dazu in der Regel 12 Versuche. Die Kugelfallprüfung kann außer durch Berechnung der Berstarbeit auch durch Betrachtung der Bruchformen ausgewertet werden, die insbesondere dann aufschlußreich sind, wenn die Prüfung nicht nur bei Zimmertemperatur, sondern auch bei tieferen Temperaturen durchgeführt wird, wofür an der von UMMINGER angegebenen Versuchsanordnung bereits die notwendigen Vorkehrungen angebracht sind.

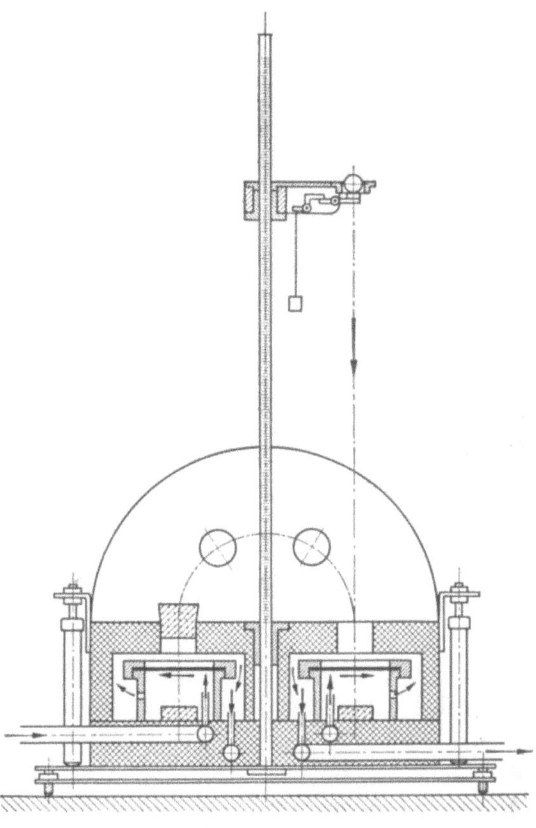

Abb. 23. Kugelfall-Prüfgerät nach UMMINGER
A drehbare Säule mit Kugelhalter; *B* durch *C–C* temperierbarer, isolierter Behälter mit 6 Proben-Einspannvorrichtungen (aus einer unveröffentlichten Norm-Vorlage)

Erfahrungen mit der Kugelfallprüfung sind auch in dem Aufsatz von D. W. FIERL [*27*] enthalten.

Die Kugelfallprüfung kann zweifellos noch weiter ausgebaut werden, um die Eigenschaften einer Folienfläche gegen schlagartige Beanspruchungen zu bewerten. Ein Versuch, die Bewegung des Schlagkörpers während des Aufprallens und des Durchschlags- bzw. Rückpralls graphisch aufzuzeichnen und auszuwerten, wurde von H. KLINGELHÖFFER [*28*] gemacht. In seinem „*Rückprall- und Durchschlagschreiber*" (Abb. 25) benutzt er dazu nicht einen Fallkörper, der aus bestimmter Höhe frei

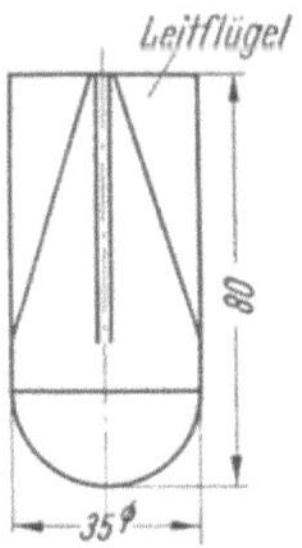

Abb. 24. Fallkörper zum Kugelfallgerät nach UMMINGER (aus einer unveröffentlichten Norm-Vorlage)

herabfällt, sondern einen Fallhammer, dessen Kopf sich auf einem Kreisbogen so bewegt, daß seine halbkugelförmige Unterseite senkrecht auf die Mitte der am Rande eingespannten runden Folienfläche fällt. Die Bewegung des Hammerkopfes zeichnet sich auf einer Registrierfläche selbsttätig auf, die mit dem Hammerkopf gleichzeitig ausgelöst wird und sich – wie in Abb. 26 schematisch dargestellt – zugleich mit dem Hammerkopf über der Aufschlagstelle befindet.

Die Auswertung der in gekrümmten Koordinaten aufgezeichneten Kurve (vgl. Abb. 27) gestattet die Berechnung der statischen und dynamischen Federkonstanten sowie der Durchschlagsarbeit A nach

$$A = m \frac{V_0^2 - V_e^2}{2} \quad [\text{cm kp}]$$

aus der Fallhammermasse m und den Geschwindigkeiten

V_0 vor dem Durchschlag und
V_e nach dem Durchschlag.

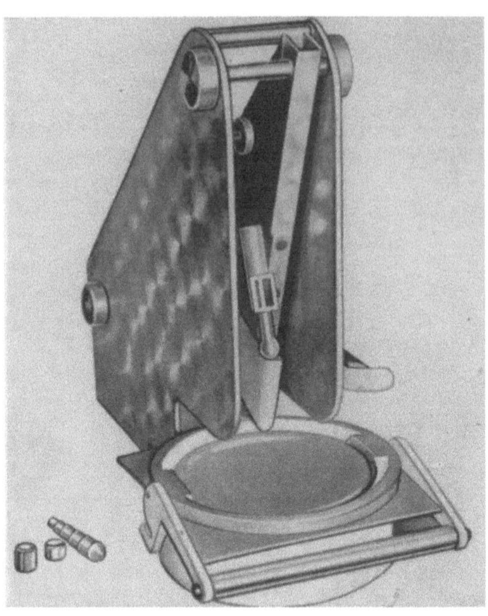

Abb. 25. Rückprall- und Durchschlagschreiber nach KLINGELHÖFFER

Wegen Einzelheiten der Auswertung muß auf die Originalarbeit verwiesen werden. Auch in dieser Arbeit wird besonders die Beachtung des Bruchbildes empfohlen.

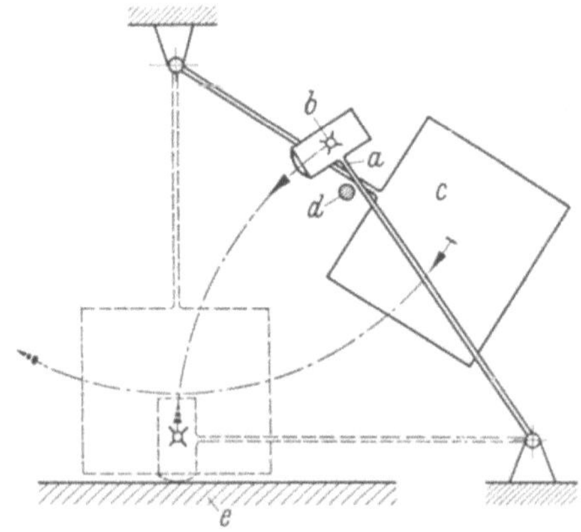

Abb.26. Pendelregistrierung zum Durchschlagschreiber nach KLINGELHÖFFER

a Fallhammer; b Schreibspitze; c Schreibfläche; d Auslöser; e Probe

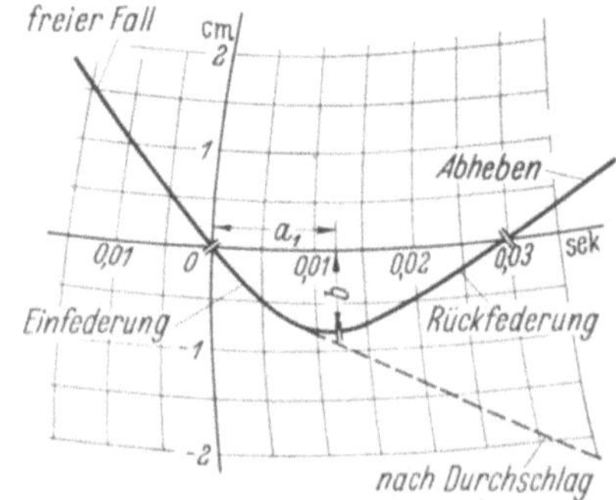

Abb. 27. Auswertung der Pendelregistrierung nach KLINGELHÖFFER

4.4.6 Biegeverhalten

Die Biegsamkeit ist bereits in der Einleitung als eine der charakteristischen Eigenschaften der Folien erwähnt worden; die Art ihrer Bestimmung richtet sich nach dem Zweck der Prüfung.

Zur Messung der *Biegesteifigkeit* können zahlreiche mehr statische Verfahren verwendet werden, wie sie z. B. recht vollständig in der Dissertation von T. EEG-OLOFSSON [29] zusammengestellt sind. Sie umfassen sehr einfache Methoden, wie die Messung der Durchbiegung eines einseitig eingespannten Streifens unter der Wirkung seines Eigengewichtes oder der Länge einer Schlaufe (vgl. Abb. 29) und kompliziertere, für die eine Reihe von Geräten zur Messung des Biegemomentes konstruiert worden sind.

Die Theorie der Biegung eines einseitig eingespannten Streifens (cantilever) wurde von PEIRCE [30] und von BICKLEY [31] behandelt. Hierauf beruht die für Abnahmeprüfungen der US-Army eingeführte *Cantilever-Methode* nach PEIRCE [32]. Als Maß der Steifheit gilt dabei die sog. „Biegelänge" c. Sie wird berechnet aus der freien Länge L eines einseitig eingespannten Probestreifens von beliebiger, aber gleichmäßiger Breite (in der Vorschrift 1 Zoll breit), deren Sehne mit der Waagerechten einen Winkel von 43° bildet. In diesem Fall wird der Faktor K in der Formel

$$c = KL$$

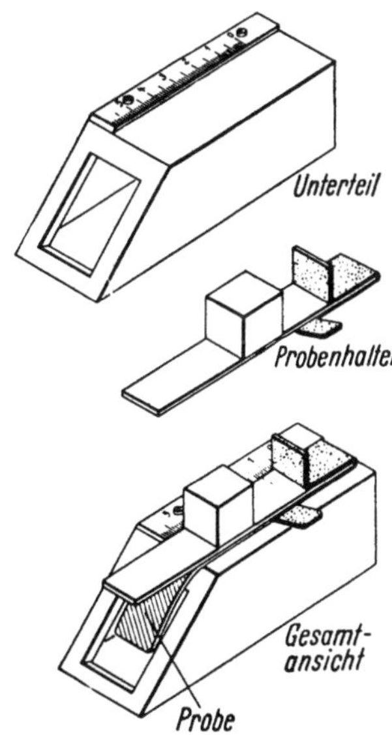

Abb. 28. Prüfung der Biegesteifigkeit mit dem „Cantilever-test" (nach US-Federal Specifications, CCC-T-191b 1956, Methode 5206)

gleich 0,5, wodurch sich die Rechnung sehr vereinfacht. Aus der Biegelänge c und dem Flächengewicht der Probe w kann auch eine Maßzahl für die Biegesteifigkeit M nach der Formel

$$M = c^3 w \cdot 0{,}482 \cdot 10^{-4} \quad \text{[inch pound]}$$

berechnet werden, wenn c in inches und w in ounces je square-yard gemessen wurden oder im metrischen System nach

$$M = c^3 w \cdot 10^{-4} \quad \text{[cm p]},$$

wenn c in cm und w in g/m² angegeben sind.

Für die Durchführung der Messung wird die in Abb. 28 wiedergegebene einfache Versuchsanordnung empfohlen. Auf einem länglichen Kasten mit einer unter 43° zur Waagerechten geneigten Schmalseite befindet sich ein Maßstab, an dem der zu prüfende Probestreifen mit einem Probenhalter in Richtung auf die schräge Seitenfläche hin verschoben werden kann. Der Probestreifen muß so im Halter befestigt sein, daß die Nullmarke des Halters sich genau der Nullmarke des Maßstabes gegenüber befindet, wenn das freie Streifenende mit der Oberkante der schrägen Seitenfläche abschließt. Man verschiebt zur Prüfung den Halter mit dem Streifen so lange, bis die Schmalseite des freien Endes die Schräge berührt und liest am Maßstab gegenüber der Nullmarke des Halters die Länge des herausragenden Streifens ab. Die „Biegelänge" c ist dann gleich der Hälfte dieses Wertes. Die in der Schrägwand angebrachte Öffnung (von etwas größerer Breite als die Probe) erlaubt die Ablesung, auch wenn sich infolge innerer Spannungen der Probestreifen etwas verwindet. Man liest dann diejenige Streifenlänge ab, bei der die Mitte der Streifenunterkante genau in der Oberflächenebene der Schräge liegt.

Mit einem Minimum an apparativem Aufwand kommen die *Schlaufenmethoden* aus, bei denen die Deformation einer aus einem Folienstreifen gebildeten Schlaufe unter dem Einfluß ihres Eigengewichtes gemessen wird. Von den verschiedenen Schlaufenformen: „Ring"-, „Birnen"- und „Herz"-Form ist die letzte besonders geeignet für weiche Materialien. Sie gestattet es, auf einfachste Weise Reihenvergleiche, z. B. über Veränderungen weichmacherhaltiger Folien im Verlaufe von Beanspruchungen durch Wärme, Kälte oder Chemikalien anzustellen. Für diese Messungen ist ein ziemlich langer, schmaler Probestreifen mit seinen beiden Enden von oben in einer Haltevorrichtung festzu

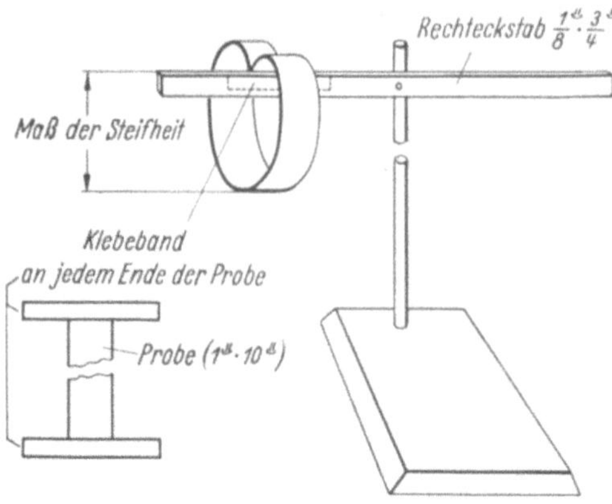

Abb. 29. Prüfung der Biegesteifigkeit nach der Schlaufenmethode. Schlaufenform „Hängendes Herz" (nach CCC-T-191b, Methode 5200)

klemmen und so aufzuhängen, daß der Streifen etwa die in Abb. 29 dargestellte Form annimmt.

Von den verschiedenen Geräten, die das *Biegemoment* (bis zur Biegung um einen bestimmten Winkel) mit Hilfe von Pendel-, Gewichts- und Federwaagen

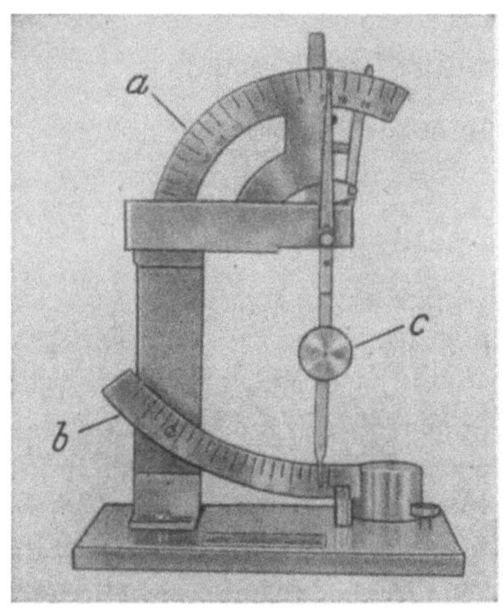

Abb. 30. Biegesteifigkeitsprüfgerät nach SCHLENKER. (Hersteller: Karl Frank, Prüfgerätebau, Weinheim-Birkenau.)
a Winkelskala; *b* Biegemomentskala; *c* Aufsteckgewichte zur Einstellung des Meßbereiches

messen, ist in Deutschland die Ausführung nach SCHLENKER (Abb. 30) (ohne mechanischen Antrieb) oder nach FRANK (mit elektrischem Antrieb) am meisten verbreitet. Die Geräte enthalten 2 Skalen, die zur Messung des Biegewinkels und des Biegemomentes dienen. Die Meßbereiche werden durch Aufsteckgewichte eingestellt. Bei der Durchführung der Prüfung ist zur Sicherung der Vergleich-

barkeit der Ergebnisse nicht nur die Streifenbreite und -dicke sowie der Biegewinkel gleichzuhalten, sondern auch die Prüfgeschwindigkeit. Es wird empfohlen, stets eine Zeit von 10 Sek. bis zur Erreichung eines Biegewinkels von
30° einzustellen. Diese Meßverfahren sind vor allem für nicht allzu lappige
Folien geeignet, gestatten dafür die Messung beträchtlich steiferer Folien als
die zuvor beschriebenen Verfahren. Da die Geräte klein sind, lassen sie sich
leicht in Klimakammern einbauen, in denen die Veränderung der Biegesteifigkeit als Maß der Strukturveränderungen (z. B. Kristallisationserschei-
nungen u. a.) bequem gemessen werden kann.

Zur dynamischen Bewertung der Weichheit eignet sich der *Torsionsschwingungsversuch*. Aus ihm kann mit den Methoden der angewandten Physik der
Torsionsschubmodul bestimmt werden. Für die Durchführung der Messung
können mit Vorteil die Erfahrungen von SCHMIEDER und WOLF [*33*] verwendet
werden, wobei zweckmäßig berücksichtigt wird, daß sich der Schubmodul der
Folien häufig in bestimmten Temperaturbereichen – oder unter dem Einfluß der Feuchtigkeit bzw. anderer Faktoren – stark ändert (Einzelheiten
s. II 3.4.2d mit Abb. 65 sowie Normentwurf DIN 53445).

Nach SCHMIEDER lassen sich Proben bis zu einer Dicke von 0,15 mm herunter
einwandfrei messen. Bei Foliendicken zwischen 0,15 und 0,05 mm muß sich
das schwingende System im Vakuum befinden. Dünnere Folien können ohne
zusätzlichen großen Aufwand nach dieser Methode nicht geprüft werden. Die
Bestimmung des Schubmoduls ist vor allem für die Untersuchung innerer
Umwandlungspunkte, aber auch für die Abgrenzung zwischen harten und
weichen Folien von wesentlicher Bedeutung. Im Anhang zu DIN 53370 wird
nämlich die Grenze zwischen Hart- und Weichfolien auf einen Schubmodul
von $5 \cdot 10^3$ kp/cm² festgelegt.

Eine mehr statische Methode zur Messung des Schubmoduls („scheinbaren Steifigkeitsmoduls") durch Verdrehen eines Probestreifens mit Hilfe einer definierten Torsionskraft
ist im amerikanischen Normblatt ASTM D 1043–51 beschrieben. Auch hier ist Wert auf
die Aufnahme der Temperaturkurve gelegt worden.

Außer der Kraft, die eine Probe dem Biegen oder Verdrehen entgegensetzt,
interessiert für den praktischen Gebrauch der Folien das *Dauerbiegeverhalten*,
d. h. die Widerstandsfähigkeit einer Probe gegen häufiges Hin- und Herbiegen
bis zum Brechen. Die ursprünglich für Papierstreifen entwickelten Falzer haben
sich für die Prüfung von Folien nicht eingeführt; da sie mit Federbelastung
arbeiten, ändert sich bei der Prüfung mit dem Falzer die Spannung periodisch.
Außerdem ist ihre Höhe nicht einfach zu kontrollieren. Daher wurde in
DIN 53374, „Hin- und Herbiegeversuch", eine Anordnung gewählt, bei der die
Probe dauernd unter der gleichen, leicht meßbaren und einstellbaren Zugbelastung steht. Wie in Abb. 31 schematisch dargestellt, enthält die vorgeschlagene Prüfeinrichtung einen Einspannkopf, der eine halbkreisförmige
Bewegung ausführt, einen Spalt von einstellbarer Breite, durch den der Folien-
streifen geführt wird, und eine untere Klemme mit Belastungsgewicht. Der
obere Einspannkopf bewegt sich auf der Fläche eines Halbzylinders um eine
Gerade, die unmittelbar oberhalb des Spaltes liegt, als Achse. Der in ihm befestigte Probestreifen wird durch diese Bewegung über die beiden Kanten des
Spaltes um je 90° nach rechts und links gebogen, bis er unter der Einwirkung

des Belastungsgewichtes an der Biegestelle abreißt. Der Rundungshalbmesser dieser Kanten (vorgeschrieben $\approx 0{,}1$ mm) ist daher für die Vergleichbarkeit der mit verschiedenen Geräten erhaltenen Ergebnisse wesentlich. Die Spaltbreite wird nach der an der Biegestelle gemessenen Dicke des Probestreifens bemessen und auf einen um etwa 1 bis 2 μm größeren Wert eingestellt; dabei bewegen sich beide Führungsleisten symmetrisch zur Folienmitte. Für die Breite der Probestreifen, die Prüfgeschwindigkeit und die Anhängelast sind Richtzahlen in dem angegebenen Normblattentwurf enthalten; jedoch ist es möglich, daß sie im Einzelfall auch anders gewählt werden müssen, weil nicht von vornherein feststeht, ob durch eine zu hohe Biegegeschwindigkeit starke Erwärmungen an der Biegestelle auftreten oder die Probestreifen durch die Belastung im Laufe des Versuches zu fließen beginnen. In diesem Falle wandert die Biegestelle langsam zwischen die Führungsleisten, und die Beanspruchung trifft nacheinander verschiedene Teile des Streifens. Es ist daher noch fraglich, ob das Prinzip der Biegung um zwei am Einspannkopf befindliche Kanten, das dem Dauerbiegeprüfgerät von Schopper zugrunde liegt, bei weichen Folien nicht besser vergleichbare Werte ergibt. Die Ergebnisse der Dauerbiegeprüfung streuen erfahrungsgemäß stark; als Mindestzahl sind daher 20 Probestreifen vorgesehen; wenn die Prüfung nicht an sich so zeitraubend wäre, würde die Erhöhung der Probenzahl auf 50 und eine logarithmische Auswertung zweckmäßiger sein.

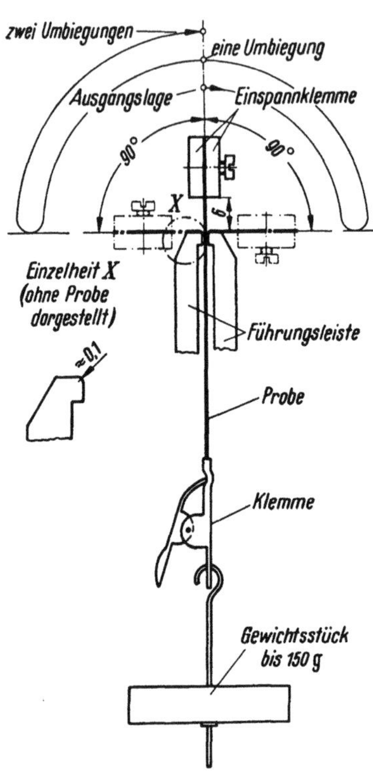

Abb. 31
Schemazeichnung der Versuchsanordnung
zum Dauerbiegeversuch nach DIN 53 374

Zur Bewertung des Dauerbiegeverhaltens weicher, dickerer Folien sind auch Verfahren geeignet, wie sie für Kunstleder oder Gummi vorgeschlagen worden sind. So kann z. B. Folienkunstleder im „Dauerknickversuch" einer Stauchbeanspruchung ausgesetzt werden, bis die Oberfläche an den Knickstellen Risse bekommt (vgl. II 4.5). Auch die Ermüdungsprüfmaschine für Weichgummi nach DIN 53522, Bestimmung der Biegerißbildung von Gummi, oder die Ross-Biegemaschine nach ASTM D 1052–55, können u. U. für dickere Folien geeignet sein. (Vgl. auch die Untersuchungen von Carey [34].)

Über einige technologische Verfahren zur Beurteilung der Biegsamkeit in der Kälte wird in II 3.5.3d berichtet.

4.4.7 Abrieb, Oberflächengüte

Verhältnismäßig wenig untersucht wurde das Verhalten von Folien gegen *Abnutzung* bei längerem Gebrauch. Dies mag damit zusammenhängen, daß ein großer Teil der Folien zu Verpackungszwecken verwendet wird, die nach kurzer Benutzung vernichtet werden. Immerhin werden doch beträchtliche Mengen auch für längeren Gebrauch vorgesehen und zumindest das Aussehen der Ober-

fläche, die durch den Abrieb matt oder zerkratzt wird, ist oft für die Gebrauchstüchtigkeit wesentlich. Im allgemeinen sind derartige Untersuchungen mit
Geräten durchgeführt worden, die für die Prüfung von Textilien auf Widerstandsfähigkeit gegen Scheuerbeanspruchung verwendet werden. So sieht z. B. das
amerikanische Normblatt ASTM D 1044–56 Widerstandsfähigkeit durchsichtiger Kunststoffe gegen Oberflächenscheuerung die Benutzung des „Taber-
Abrader" vor, einer Abnutzungsprüfmaschine, die mit zwei weichen oder harten
Schmirgel-Scheuerrädern nach Art eines Kollerganges arbeitet. Die Wirkung
der Scheuerung wird durch Messung der Lichtstreuung verfolgt. Für weiche
Folien und Kunstleder fand STOECKHERT [35] das Rundscheuergerät von
Schopper geeignet. Er bewertete die Scheuerempfindlichkeit durch Ermittlung
des Gewichtsverlustes.

Eine Kombination von *Scheuer- und Schmutzempfindlichkeit* prüfte GREIM
(nach persönlicher Mitteilung) ebenfalls unter Verwendung des Rundscheuer-
gerätes von Schopper. Zu diesem Zweck wurde in die Probeneinspannvorrichtung
ein reinwollenes Lieferungstuch eingelegt und mit 5 mm Durchwölbung vorgespannt, während die zu untersuchende Probe auf die normalerweise das
Scheuermittel tragende Fläche gespannt wurde. Um der natürlichen Beanspruchung noch näherzukommen, war an dieser Stelle unter der Probe noch eine
durch einen Thermostaten auf 45 °C gehaltene Heizfläche eingebaut. Die Veränderung der Oberfläche wurde

nach 1000 Scheuerumdrehungen (ohne weitere Zugaben),
nach 200 Scheuerumdrehungen mit Zugabe von 0,7 g Schmirgelstaub 150 µm,
nach Kombination beider Beanspruchungen

beurteilt und mit 4 Typen verschiedenen Grades der Verschmutzung und Mat-
tierung verglichen.

Ein sehr ähnliches Verfahren schlägt F. KRATSCHMANN [36] für die Bewertung der schmutzabweisenden Eigenschaften von PVC-Kunstleder und -folien vor. Er verwandte dazu das
Flachscheuergerät von FRANK-HAUSER, das mit Poliermolton als Reibmittel bespannt und mit
feinstgesiebtem Normstaub (Degussa, Frankfurt a. M.) als Anschmutzmittel beschickt wurde.

Zur Bewertung der durch die Scheuerbeanspruchung eingetretenen Veränderungen der Oberfläche können – wenn man sich nicht mit einem subjektiven Vergleich begnügen will – evtl. unter Zuhilfenahme einer Typenreihe –
mehr oder weniger objektive Meßverfahren verwendet werden, die bei durchsichtigen Folien z. B. die Erhöhung der Lichtstreuung [37] oder bei undurchsichtigen den Glanz messen.

Ein Prüfverfahren zur Bewertung der sog. „*Kratzfestigkeit*" von Folienoberflächen wurde im Fachnormenausschuß Kunststoffe, Arbeitsausschuß 9
(Kunstleder), von TISCHBEIN vorgeschlagen. Die Prüfung soll mit einem Rädchen
von 20 mm Durchmesser durchgeführt werden, das an seinem Rand in einer
Hohlkehle einen Polyamiddraht von 1 mm Durchmesser trägt. Es ist fest in
einem Halter montiert, der gestattet, das Rädchen unter meßbarem und ein-
stellbarem Druck über die Folienoberfläche zu führen. Zur Auswertung werden
Richttafeln vorgeschlagen, um den Grad der Beschädigung abzuschätzen, die
bei der Prüfung unter bestimmten Belastungen eintreten. Die Versuchsanordnung soll eine reproduzierbare Form der „Nagelprobe" darstellen, bei der mit

dem Fingernagel auf der Oberfläche ein Strich gezogen und anschließend dessen mehr oder weniger vollständiges Verschwinden beobachtet wird.

Bei bedruckten Folien kann der Aufdruck schon gegen eine schwache Scheuerbeanspruchung empfindlich sein, wenn die *Haftfestigkeit der Druckfarbe* gering ist. Zur Prüfung dieser Eigenschaft kann ein Gerät dienen (Abb. 32), das für die Bewertung der „Reibechtheit" von Färbungen auf Textilien entwickelt worden ist (vgl. DIN 54021). Es besteht aus einer Aufspannvorrichtung für die Probe (freie Prüffläche etwa 3 cm × 12 cm) und einem Prüfkopf mit dem Scheuermittel – hier am besten Filtrierpapier oder mittelfeines, leinwandbindiges Baumwollgewebe. Die auf dem Halter befestigte Probe wird mit einem Handgriff oder einem Kurbelantrieb 10 mal unter dem Prüfkopf hin- und hergeschoben, wobei die Vergleichsversuche die Belastung des Prüfkopfes, das Scheuermittel und

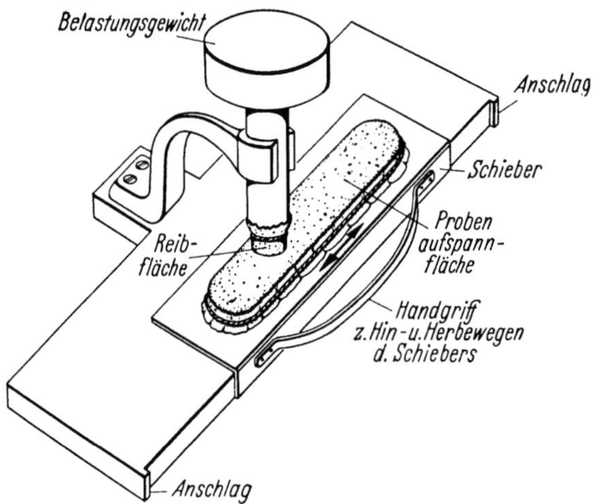

Abb. 32. „Reibechtheitsprüfer" zur Beurteilung der Haftfestigkeit von Druckfarben (nach KRAIS, Hersteller: Hugo Keyl, Dresden)

für Bewegungsgeschwindigkeit konstant gehalten werden. Die Haftfestigkeit der Druckfarbe wird nach dem Grade der Beschädigung des Druckes bewertet; bei farbigem oder schwarzem Druck kann auch die Anfärbung der Scheuerfläche – u. U. durch Messung der Farbtiefe mit einem Remissions-Photometer – bewertet werden.

Eine intensivere Reibwirkung wird mit Geräten erreicht, die für die Prüfung der Haftfestigkeit von Druckfarben auf Papieren vorgeschlagen bzw. im Gebrauch sind. Zu diesen gehören das Oser-Gerät (Sartorius, Göttingen), das Fogra-Gerät (Frank Prüfgerätebau, Mannheim) und der „Rub-proofness-tester" des PATRA-Institutes in Croydon/London (Rasmus Gebr. & Co., Hamburg). Bei der Übertragung der an bedruckten Papieren gewonnenen Erfahrungen ergeben sich allerdings oft Schwierigkeiten durch das Verschmieren der Druckfarbe und die elektrische Aufladung der Folien.

Eine kurze Vorprüfung auf die Haftfestigkeit von Aufdrucken auf Folien besteht darin, einen Abschnitt selbstklebender Folie (z. B. Tesafilm) auf den Aufdruck zu legen, ihn durch Darüberstreichen mit dem Finger anzudrücken und anschließend wieder abzuziehen. Bleibt bei dieser Vorprüfung die Druckfarbe am Selbstklebeband haften und löst sie sich von der Unterlage, so ist nur mit einer geringen Widerstandsfähigkeit des Aufdruckes gegen Beanspruchungen im Gebrauch zu rechnen.

Diese Prüfverfahren setzen fertig bedruckte Folien voraus. Will man die „*Bedruckbarkeit*" einer Folie mit einer bestimmten Druckfarbe prüfen oder die Zusammensetzung der Druckfarbe auf eine gegebene Folie abstellen, so könnte das in Anlehnung an die für die Prüfung der drucktechnischen Eigenschaften von Papier von ALBRECHT und SCHIRMER [*38*] ausgearbeiteten Verfahren geschehen. Eine besondere für Folien entwickelte Apparatur ist hier nicht bekannt; in der Regel werden solche Probleme in praxisnaher Weise mit normalen Druckmaschinen nach verschiedenen Druckverfahren ausprobiert.

Ein Gegenstück zur Untersuchung auf die Dauerhaftigkeit von Aufdrucken ist die Prüfung auf Entfernbarkeit unabsichtlich auf die Folien gelangter Substanzen, die „*Fleckempfindlichkeit*" der Folien. Ein Prüfverfahren, das diese Eigenschaften bewertet, kann wegen der Vielfalt der möglichen Flecken nur gewisse methodische Einzelheiten festlegen und darf die Anzahl der fleckerzeugenden Mittel nicht beschränken. In einer unveröffentlichten Arbeit, die im Zusammenhang mit Bestrebungen zur Normung von Folienprüfverfahren in der Bundesanstalt für Materialprüfung durchgeführt wurde, sind 3 Gruppen von Fleckerzeugern festgestellt worden, aus denen die Beispiele zur Prüfung ausgewählt werden können, und zwar färbende wäßrige Lösungen (Tinte, Rotwein, Kaffee usw.), ölartige oder fettartige Substanzen mit darin enthaltenem Farbstoff (z. B. Lippenstift, Druckerschwärze, Stempelfarbe) und Flüssigkeiten aus oder mit Gehalt an organischen Lösungsmitteln (Essigsäure, Benzin, Fleckenwasser). Die Substanzen werden in Mengen von etwa 0,1 ml (2 bis 3 Tropfen) auf die zu prüfende Folie gebracht und dort längere Zeit einwirken lassen (vorgeschlagen wurden 3 Std.) und dann abgewischt. Lassen sich die Reste nicht durch einfaches Abwischen beseitigen, so muß ein genau festgelegtes Reinigungsverfahren angewandt werden, z. B. mit Reinigungsmitteln bekannter Konzentration und gleicher Anwendungsart.

Es wurde bei Vergleichsversuchen festgestellt, daß es verschiedenen Versuchspersonen, bei nur allgemeinen Angaben über das Reinigungsverfahren, in unterschiedlich starkem Maße gelang, die Flecken zu beseitigen. Bleiben stärkere oder schwächere Spuren der Flecken auch nach der Reinigung übrig, so ist die Fleckempfindlichkeit am einfachsten durch Vergleich mit Typmustern verschiedener Auffälligkeitsstufen möglich. Eine Auswertung durch Ausmessen der Farbunterschiede ist zwar denkbar, aber der Aufwand wäre durch die erzielte Genauigkeit nicht gerechtfertigt. Flecken können auch durch länger dauernden Kontakt mit gefärbten festen Stoffen entstehen, z. B. mit bunten Fasern, die in einer zum Polstern von Folienüberzügen verwendeten Watte enthalten sind. Dies tritt ein, wenn der verwendete Farbstoff in der Folie, meist in ihrem Weichmacher, löslich ist. Derartige Flecken sind in der Regel nicht entfernbar.

Eine Prüfung zur Feststellung der Neigung einer Folie, Farbstoffe im Kontakt mit einer anders gefärbten aufzunehmen bzw. solche an andere Folien abzugeben, kann nach dem Vorschlag für ein internationales Prüfverfahren zur Bestimmung des „*Farbblutens*" in folgender Weise durchgeführt werden: Die Probe der farbigen Folie wird in einer Größe von 50 mm × 50 mm zugeschnitten, auf einen 75 mm × 75 mm großen Abschnitt einer farblosen[1] Folie gelegt und mit einem

---

[1] Zum Ausgleich eines geringen Gelbstiches wird der Zusatz einer Spur blauen Farbstoffes empfohlen, der einen wirklich „farblosen" Eindruck entstehen läßt. Dies erleichtert sehr die Erkennung schwachen Farbblutens bei roten und gelben Färbungen.

weißen, glatten Filtrierpapier bedeckt. Die Art und Zusammensetzung der farblosen Folie ist für den Ausfall der Prüfung wesentlich und muß daher angegeben werden. Die Prüfanordnung wird mit einer Glasplatte von 75 mm × 75 mm × 5 mm Größe bedeckt. Da die Glasplatte den Druck reguliert, empfiehlt es sich, zum Ausgleich von Dickenunterschieden der Folien zwischen das Papier und die Glasplatte eine etwa 2 mm dicke Schaumstoffplatte zu legen. Der bessere Kontakt läßt sich an der gleichmäßigeren Farbstoffübertragung über die ganze Fläche der Probe erkennen. Zur Beschleunigung wird die Prüfung bei erhöhter Temperatur (zwischen 50 und 70 °C) im Wärmeschrank durchgeführt. Nach 72 Std. wird die Prüfanordnung auseinandergenommen und die farblose Folie sowie das Papier auf Farbflecke geprüft. Die Folie wird dazu am besten über einer weißen und einer schwarzen Unterlage betrachtet. Die Beurteilung könnte zwar auch durch Messung der Farbtiefe vorgenommen werden, jedoch genügt in den meisten Fällen die Feststellung, ob die Färbung nicht, mäßig oder stark geblutet hat (vgl. II 3.8.1 c, β).

Wenn auch nicht gerade Flecke, so können doch Beanstandungen wegen Schrumpfens, Quellens oder Verziehens von Folien gleichen Farbtones, aber verschiedener Zusammensetzung, durch *Wanderung des Weichmachers* von einer weichmacherreichen zu einer weichmacherarmen Folie auftreten. Die Versuchsanordnung zur Prüfung dieser Eigenschaft entspricht praktisch der eben beschriebenen, nur die Versuchsdauer wird je nach der Prüftemperatur bis zu einem Monat ausgedehnt. Als Maß der Weichmacherwanderung kann z. B. die Gewichtsänderung der Folien dienen. Erfahrungswerte mit einem solchen Prüfverfahren gibt z. B. BECK [*39*] an. Will man die Wanderung im Innern der Folien genauer verfolgen, so empfiehlt L. RÖSSIG [*40*] die Zerlegung der Folien in dünne Schichten, z. B. durch Mikrotomschnitte von etwa 10 μm Dicke und Bestimmung des Weichmachergehaltes aus dem Raumgewicht der Scheiben (s. auch DIN 53405 und II 3.8.1 c, α).

4.4.8 Widerstandsfähigkeit gegen verschiedene Gebrauchsbeanspruchungen

a) Widerstandsfähigkeit gegen Wasserdruck. Obwohl Folien normalerweise keine Poren haben, durch die Wasser tropfenförmig hindurchtreten kann, sehen die technischen Lieferbedingungen für Folien und Folienkombinationen für Bautenabdeckungen (z. B. DIN 53935, Entwurf) eine Prüfung auf Widerstandsfähigkeit gegen drückendes Wasser vor. Für dieses „Schlitzdruckprüfung" genannte Verfahren ist eine Versuchsanordnung nach Abb. 33 vorgesehen. Runde Probenabschnitte von 135 mm Durchmesser werden so unter eine mit 4 Schlitzen versehene Platte gelegt, daß die Längs- und Querrichtung der Folienbahn mit der Richtung der beiden Schlitzpaare übereinstimmt. Beides wird am Rande in eine Vorrichtung dicht eingespannt, in der auf die Folie von unten ein Wasserdruck bis zu 4 atü ausgeübt werden kann. Die Temperatur soll dabei 20 °C ± 2 grd betragen. Nach einer Stunde dürfen auf den von oben durch die Schlitze sichtbaren Folienteilen keine Wassertropfen stehen.

b) Wasserdampfdurchlässigkeit. Für die Verwendung der Folien als Verpackungsmaterial sind außer der Widerstandsfähigkeit gegen mechanische Beanspruchungen auch weitere Eigenschaften wichtig, die sowohl zum Schutz der verpackten Gegenstände vor der Einwirkung der Umwelt als auch der Umwelt vor Beeinträchtigung durch den Inhalt der Verpackung dienen.

So wird von Folien, die zum Verpacken von feuchtigkeits-, oxydations- oder geruchsempfindlichen Waren benutzt werden, eine gewisse Undurchlässig- keit gegen Wasserdampf und Gase verlangt. In anderen Fällen ist der Austausch von Wasserdampf u. a. durch die Folie hindurch erwünscht. Zur Messung der Wasserdampfdurchlässigkeit muß die zu prüfende Folie als Grenzfläche zwischen

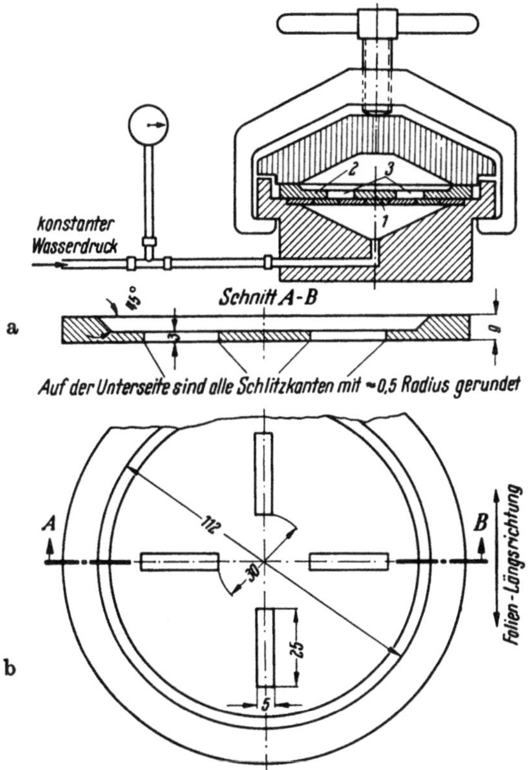

Abb. 33. Schematische Schlitzdruck-Prüfeinrichtung (a) mit der zur verwendenden Schlitzscheibe (b). (Der Außendurchmesser der Schlitzscheibe richtet sich nach der vorhandenen Apparatur)

2 Räume mit verschiedener rel. Luftfeuchte gebracht und entweder die Feuchtig- keitszunahme eines Trockenmittels auf der trockenen Seite oder die Abnahme der Feuchtigkeit auf der anderen Seite bestimmt werden (s. auch II 3.8.1 a). Das deutsche Normblatt DIN 53122 (Entwurf) hat sich für das erste Verfahren entschieden. Dazu werden Folienproben auf flache, ein Trockenmittel enthaltende Schalen mit mindestens 30 cm² freier Prüffläche luftdicht aufgespannt. Das Gesamtgewicht soll 200 g nicht überschreiten, damit die Schalen auf der ana- lytischen Waage bis auf 0,1 mg genau gewogen werden können. Als Trocken- mittel sind Silicagel, geglühtes Calciumchlorid oder Phosphorpentoxyd vor- gesehen. Der luftdichte Abschluß muß durch Schliffe oder ein Dichtungswachs bewirkt werden, das an der Folienoberfläche fest haftet, nicht rissig wird, keine Substanzen aus der Luft aufnimmt (besonders keinen Wasserdampf) oder an die Luft abgibt und die Folie nicht chemisch oder physikalisch ver-

ändert. Die Schalen werden in einen Raum mit einer rel. Luftfeuchte von $(85 \pm 2)\%$ und 20 °C ± 1 grd Raumtemperatur eingesetzt. Eine als geeignet erprobte Versuchsanordnung ist in Abb. 34 dargestellt.

Die rel. Luftfeuchte wird in einem Exsikkator durch eine gesättigte Lösung von KCl mit Bodenkörper aufrechterhalten. Durch einen Tubus im Deckel ist ein Rührer geführt, der für eine gleichmäßige Luftumwälzung sorgt. Dies ist notwendig, damit sich nicht oberhalb der Folien eine trockenere Luftschicht bildet. Die Anordnung ist DIN 53122 (Prüfung von Papier auf Wasserdampfdurchlässigkeit) entnommen. Dort sind Aluminiumschalen zur Aufnahme des Trockenmittels und der Folie vorgesehen, bei denen aber nur eine Abdichtung mit Wachs möglich ist.

Die Wasserdampfdurchlässigkeit wird durch Wägen der Schalen in Abständen verfolgt, die von der Durchlässigkeit der Folie abhängen, und zwar so lange, bis mehrere aufeinanderfolgende Gewichtszunahmen – in Abhängigkeit von der Prüfdauer aufgetragen – ein Gerade ergeben. Die entsprechenden Prüfverfahren sind in II 3.8.1 a beschrieben.

Ein sehr ähnliches Gerät ist für den gleichen Zweck von G. A. SCHRÖTER und H. SCHWERDT [41] beschrieben worden. Auch V. L. SIMRIL und A. HERSHBERGER [42] benutzen eine entsprechende Versuchsanordnung, um die Durchlässigkeit von Folien für *Dämpfe organischer Flüssigkeiten* zu messen. Die verdampfende Flüssigkeit wird dazu in die mit der Folienprobe verschlossene Schale gefüllt und der durch die Folie dringende Dampf mit konzentrierter Schwefelsäure absorbiert. Besondere Schwierigkeiten macht dabei der Umstand, daß die Lösefähigkeit der Folie und mit dieser die Durchlässigkeit für die organischen Substanzen vom Feuchtig-

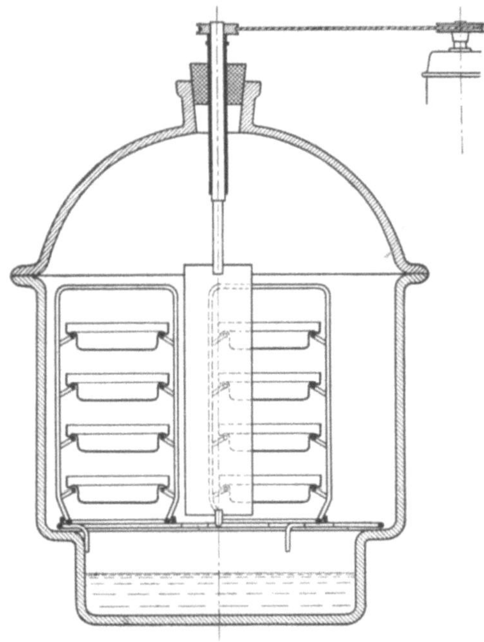

Abb. 34. Probenbehälter und Versuchsanordnung zur Bestimmung der Wasserdampfdurchlässigkeit (nach DIN-Entwurf 53122)

keitsgehalt der Folie (oder der Hygroskopizität des Weichmachers) abhängen. In ganz einfacher Weise [43] kann die Durchlässigkeit für deutlich riechende organische Dämpfe an der Zeitdauer bis zur ersten Geruchswahrnehmung gemessen werden.

c) Gasdurchlässigkeit (s. auch II 3.8.1 a, γ). Die Durchlässigkeit für *echte Gase* (die von Flüssigkeitsdämpfen unterschieden werden müssen) hat SCHRÜFER [44] theoretisch und praktisch eingehend untersucht. Die beiden Möglichkeiten, die Gasdurchlässigkeit zu messen, und zwar an der Druckänderung bei gleichbleibendem Volumen und an der Volumenänderung bei gleichbleibendem Überdruck auf eine Folienseite, wurden auf ihre Fehlermöglichkeiten hin geprüft und als Vorbedingung geringster Fehler in beiden Fällen das Arbeiten mit einem möglichst kleinen Gasvolumen festgestellt. Ein dieser Bedingung genügendes Gerät wurde von SCHRÜFER (Abb. 35) gebaut und gestattet, in Prüfdauern zwischen einigen Minuten bis zu einigen Tagen Gasdurchlässigkeiten im Meßbereich zwischen 0,005 und 50 cm³/dm² · Tag · Atm. zu bestimmen. Bei der Durchführung der Prüfung muß auf Fehlerquellen geachtet werden, die in undichten Stellen der Apparatur und der Einspannung, Gasabsorption von Teilen der Apparatur (z. B. Gummidichtungen) sowie Druck- und Temperaturänderungen im Meßvolumen liegen. In Weiterentwicklung dieser Prüfmethode haben BUCHNER und SCHRICKER [45] das Gerät so umgestaltet, daß auch die Durchlässigkeit von Folien für feuchte Gase bestimmt werden kann.

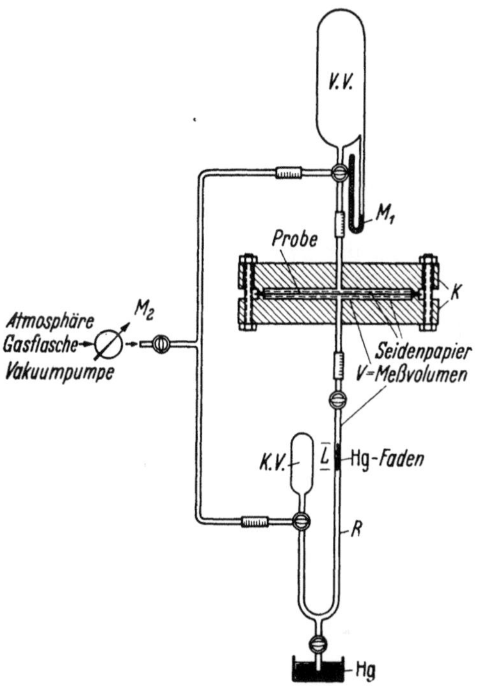

Zur Theorie der Gasdurchlässigkeit kann hier nur auf die Veröffentlichungen von MOLL [46] und BUCHNER [47] hingewiesen werden. Über Gesetzmäßigkeiten und Erfahrungen, die Gasdurchlässigkeit von Polyäthylenfolien und Beschichtungen sowie deren Veränderung durch Einflüsse der Herstellung und Bestrahlung referiert H. REINHARD [48]. Ein selbstregistrierendes „Permeameter" für den gleichen Zweck wurde von ROSEN und SINGLETON [49] beschrieben.

Für die Prüfung auf *Porosität* — genaugenommen auf Durchschlagsfestigkeit für elektrische Spannung — dienen Geräte, in denen zwischen dem metallischen Folienauflager und dem über die Folie geführten Prüfkopf Gleichspannungen bis zu 50 kV eingestellt werden können [50]. Die an „porösen" Stellen eintretenden Durchschläge werden entweder subjektiv beobachtet oder objektiv registriert.

Abb. 35. Schemazeichnung des Gerätes zur Prüfung von Folien auf Gasdurchlässigkeit nach SCHRÜFER

K Meßkammer; *R* Meßkapillare; *KV* künstliches Volumen; *VV* Vakuumvolumen; M_1 Manometer zur Kontrolle des Vakuums; M_2 Quecksilbermanometer [aus Kunststoffe 46 (1956)]

d) Beständigkeit gegen Flüssigkeiten und Gase. Für die Eignung einer Folie als Verpackungs- oder Schutzmittel ist jedoch nicht allein die Schutzwirkung maßgebend; sie darf sich auch *selbst im Kontakt mit Wasser und chemischen Substanzen* nicht wesentlich verändern, die als Bestandteile des verpackten Materials oder der voraussichtlichen Umgebung auf sie einwirken können. Soweit es sich nur um die Einwirkung von kaltem Wasser (oder sehr verdünnten neutralen Lösungen darin) handelt, könnte eine solche Prüfung nach DIN 53472, „Verhalten in kaltem Wasser", ausgeführt werden, wenn man, nach dem Beschluß des Fachnormenausschusses Kunststoffe, an Stelle der 50 mm × 50 mm großen Probe ein Band von 50 mm Breite und solcher Länge wählt, daß die Einwaage mindestens 0,3 g beträgt.

Für die Bewertung der Beständigkeit gegen organische Lösungsmittel oder aggressivere wäßrige Lösungen (s. auch II 3.8.1 b) kann man ein entsprechendes Verfahren wählen, das jedoch durch eine Vorschrift über die Nachbehandlung zur Entfernung der Flüssigkeitsreste von der Probenoberfläche erweitert werden muß. Ein diesbezügliches Normblatt ist bereits seit Jahren in Arbeit, konnte jedoch noch nicht verabschiedet werden, weil die Prüfung von Kautschukerzeugnissen in das gleiche Prüfverfahren aufgenommen werden sollte.

Außer der Gewichtszu- oder -abnahme ist auch die Bestimmung der Maßänderung durch die Einwirkung chemischer Substanzen im gleichen Prüfverfahren vorgesehen. Diese Prüfung kann an dünnen Folien oft nicht einwandfrei durchgeführt werden, da sie sich sehr häufig stark verziehen. Es wird daher empfohlen, die Maßänderung in verschiedenen Lösungen und Flüssigkeiten an Folienstreifen zu prüfen, die in mindestens 2 Richtungen aus der Folienbahn entnommen und mit Meßmarken versehen werden. Schließlich kann die Auswirkung der Prüfflüssigkeit auf die Folie an der Veränderung der mechanischen Eigenschaften verfolgt werden, wie es ein ISO-Vorschlag vorsieht (s. auch II 3.8.1 b).

e) Einwirkung des Lichtes. Für längeren Gebrauch interessiert ferner die Einwirkung des Lichtes und evtl. auch des Wetters auf die Folie. Die Veränderung des Farbtones wird nach DIN 53388 in Anlehnung an das für Textilien übliche Verfahren bewertet. Während im Ausland – vorzugsweise in den USA – in großem Umfang eine Bogenlampe mit Effektkohlen für die Belichtung verwendet wird, ist in Deutschland (und Europa überhaupt) das Sonnenlicht als verläßlichere Grundlage vorgesehen. Das Prüfverfahren wird eingehend in II 3.8.2 beschrieben.

f) Sonstige Beanspruchungen (s. auch II 3.8.4). Die Auswirkung des Lichtes auf die chemischen, mechanischen und optischen Eigenschaften der Folien können durch die vergleichende Prüfung nach den dafür angegebenen Methoden vorgenommen werden; allerdings ist es nicht üblich, die Lichteinwirkung allein zu prüfen. In der Regel wird die Beständigkeit gegen „Licht und Wetter" unter Berücksichtigung des Verwendungsortes, also auch z. B. des Tropenklimas, durch *natürliche* oder *künstliche Bewitterung* geprüft. Leider läßt die Reproduzierbarkeit derartiger Untersuchungen infolge der zahlreichen variierbaren Einflußgrößen bei der natürlichen Bewitterung und – aus den gleichen Gründen – auch die Vergleichbarkeit der Ergebnisse künstlicher Bewitterungsversuche mit der praktischen Bewährung im Gebrauch noch zu wünschen übrig. Unter den konstant zu haltenden bzw. in Bewitterungszyklen definiert zu verändernden – im natürlichen Bewetterungsversuch zu messenden – Prüfbedingungen sind die wichtigsten:

die wirksame Lichtmenge,
die Feuchtigkeit, und zwar als Regen und als rel. Luftfeuchte,
die Temperatur
sowie einige zusätzliche Beanspruchungen, wie z. B. bewegter Sand, Bakterien, Pilze u. a.

Vorschläge für solche Prüfklimate sind in DIN 50010 enthalten.

Versuchsanordnungen und Prüfgeräte für die künstliche Bewitterung von Folien [*51*] unterscheiden sich nicht prinzipiell von denen, die für Kunststoffprodukte anderer Art vorgeschlagen und verwendet worden sind. Lediglich bei der Aufspannung der Folienproben für derartige Prüfungen müssen wegen ihrer Neigung zum Schrumpfen, bzw. sich zu verziehen, in der Regel besondere Vorsichtsmaßnahmen getroffen werden.

Untersuchungsprobleme und -ergebnisse über Unregelmäßigkeiten im Verhalten der Kunststoffe im praktischen Gebrauch und bei der Prüfung auf Dauerhaftigkeit behandelt P. Dubois [*52*].

Ohne Berücksichtigung der Einflüsse von Licht und Wetter versucht man – besonders für Verwendungszwecke, bei denen diese sich praktisch nicht auswirken – die „*Alterung*" durch eine Wärmebehandlung der Proben nachzuahmen. An Isoliermaterialien für elektrotechnische Geräte interessiert das Verhalten bei lang dauernder Erwärmung auf höhere Temperaturen, die sog. *Wärmebeständigkeit*. Während es vorteilhaft ist, die künstliche Alterung möglichst stets bei gleicher Temperatur – üblich ist ein Wärmeschrank mit einer Temperatur von 70 °C – vorzunehmen, um vergleichbare Werte zu erhalten, wird die Wärmebeständigkeit bei einer Reihe von Temperaturen geprüft und die Veränderungen von Gewicht, Maßen, elektrischen oder mechanischen Eigenschaften, in Abhängigkeit von der Behandlungsdauer, graphisch verfolgt. Richtlinien für die Durchführung derartiger Versuchsreihen sind in DIN 53391, Vornorm, „Bestimmung der bleibenden Eigenschaftsänderungen von Kunststoff-Folien nach Wärmebehandlung", enthalten (s. II 3.8.3 b, β).

Eine Erweiterung der Vornorm auf die bleibenden Veränderungen nach *Kältebehandlung* und auf andere Kunststoff-Formen als Folien ist beabsichtigt. Als Ergebnisse werden diejenigen Temperaturen angegeben, bei denen sich die Eigenschaften eben noch nicht merklich ändern bzw. die ersten merklichen Veränderungen festgestellt werden. Erfahrungswerte mit diesem Prüfverfahren hat C. Reimer [*53*] veröffentlicht.

Für die Wärmebeständigkeit von Folien auf der Basis von Polyvinylchlorid und Mischpolymerisaten des Vinylchlorids wurde in DIN 53381, Vornorm, ein Verfahren festgelegt, in dem die *Salzsäureabspaltung* bei erhöhter Temperatur unter definierten Bedingungen verfolgt wird. Siehe auch Kurzzeitprüfungen der Stabilität von PVC in II 3.8.3 b, γ.

Mit höherem Aufwand, aber mit größerer Genauigkeit kann die Säureabspaltung aus PVC-Materialien auch durch Überführen der abgespaltenen Säure mit einem Luftstrom in ein Gefäß mit Leitfähigkeitswasser und Registrierung der Leitfähigkeit (z. B. nach Schmitt und Heck [*54*]) verfolgt werden. Will man bei dieser Versuchsanordnung nur die Chlorwasserstoffabspaltung messen, so kann an Stelle des Leitfähigkeitswassers z. B. eine Silbernitratlösung und eine elektrometrische Titrationsschaltung [*55*] treten.

Schließlich wurde in der internationalen Normung vorgeschlagen, die Verfärbung der Folien beim Erhitzen als Maß der Stabilität zu wählen. Dieser Vorschlag wurde von deutscher Seite durch genauere Festlegung der Erhitzungsbedingungen erweitert. Die aus der Folie herausgestanzte runde Probe von 14 mm Durchmesser wird auf der flachen Seite einer Halbkugel aus Aluminium (Durchmesser 16 mm) erhitzt, die genau in ein Reagenzglas paßt. Gläser, Halbkugeln und Folienabschnitte werden in ein auf ± 1 grd konstant gehaltenes Ölbad der entsprechenden Prüftemperatur (zwischen 120 und 210 °C) etwa 5 bis 6 cm tief eingesenkt und nach jeweils 5 min eins der Gläser entnommen, um den Grad der Verfärbung festzustellen. Der Versuch ist beendet, wenn die Probe im zuletzt herausgenommenen Reagenzglas schwarz ist. Für die Bewertung werden die Folienproben mit der zugehörigen Erhitzungsdauer bezeichnet, nebeneinander auf einem hellen Karton od. ä. angeordnet. Soll die Einwirkung des Luftsauerstoffes auf die so geprüften Folienproben vermindert werden, kann über jede Probe in das Reagenzglas eine vorgewärmte Aluminiumscheibe von 16 mm Durchmesser und 4 mm Höhe gelegt werden. Dadurch wird auch verhindert, daß sich die Proben werfen und verziehen.

Bei weichgemachten Folien kann sich die Alterung auch in einem Spröde- und Brüchigwerden infolge des *Verlustes an Weichmacher* äußern. Die Neigung des Weichmachers zur Verflüchtigung bei erhöhter Temperatur wird in einem Verfahren geprüft, das zur internationalen Normung vorgeschlagen wurde. Die entsprechenden Verfahren sind in II 3.8.3 b eingehend beschrieben.

4.4.9 Entflammbarkeit und Brennbarkeit (s. auch II 3.5.6)

Die Steigerung der Wärmeeinwirkung führt schließlich zur Prüfung auf *Entflammbarkeit und Brennbarkeit*. Soll die Folie als Belag anderer Stoffe, z. B. von Wänden, dienen, so daß die Flamme praktisch nur von einer Seite an die Folie herangelangt, so kann dieses Verhalten analog der Kunstlederprüfung nach DIN 53382 nach dem „Schwenkbrenner-Verfahren" untersucht werden. Dabei wird die auf einer Holzunterlage aufgespannte Probe durch eine etwa 40 mm lange Gasflamme beansprucht, die während des Versuches innerhalb 10 Sek. aus einer um 30° gegen die Waagerechte geneigten Schräglage in die Waagerechte geführt wird, wobei sie die Folienoberfläche berührt, und sofort anschließend in wiederum 10 Sek. in die ursprüngliche Schräglage zurückgeführt wird. Die Entflammbarkeit und Brennbarkeit wird gemessen

an der Zeit des Weiterbrennens bzw. -glimmens,
an der Form (Länge) und dem Aussehen des Brennfleckes.

Die Prüfung gestattet nicht, das Verhalten der Folien in einem größeren oder gar vollausgebildeten Brand zu beurteilen; sie gestattet nur, die Feuergefährlichkeit gegenüber kleineren Brandursachen, wie z. B. weggeworfenen Streichhölzchen, zu erkennen.

Für frei hängende Folien, z. B. Vorhänge, Dekorationen u. ä., kommt ein Verfahren in Frage, bei dem die Flamme beiderseitig die Probe berührt. Zur Prüfung des Verhaltens gegenüber kleineren Brandursachen eignet sich nach MENDRZYK [56] ein britisches Normverfahren (BS 476, Teil 2, 1955), wenn es etwas modifiziert wird, um Fehlerquellen auszuschalten. Es beruht auf der Beobachtung, daß schwer entflammbare und schlecht brennbare Stoffe erlöschen, sobald die Flamme nicht an einer senkrecht hängenden Probe nach oben brennen kann, leicht brennbare dagegen selbst von oben nach unten weiterbrennen. Die Folienprobe besteht dementsprechend aus einem 2,5 cm breiten, 50 cm langen Streifen, der in Form eines Halbkreises aufgespannt und an einem Ende mit einer 15 bis 20 mm breiten, leuchtenden Gasflamme gezündet wird. Die ganze Versuchsanordnung befindet sich in einem Kasten mit definierter Luftführung. Zur Bewertung kann die abgebrannte bzw. zerstörte

Streifenlänge oder auch die Brenndauer verwendet werden. Umfangreiche Versuche haben gezeigt, daß die Brenndauer (in Sekunden) ungefähr gleich $^2/_3$ der abgebrannten Länge (in Prozent) ist. Zwischen Folien sehr verschiedener Dicke und Zusammensetzung bestand diese Beziehung mit einer Streuung von nur $\pm 10\%$. Aus den gleichen Versuchen geht hervor, daß die Bewertung nicht oder kaum entflammbarer, sowie leicht brennbarer Folien recht sicher und einwandfrei nach diesem „*Bogen*"-Verfahren vorgenommen werden kann. Schwierigkeiten bereiten stets die Proben mittlerer Brennbarkeit.

Das Verhalten frei der Flamme zugängiger Folien im voll entwickelten Brand wird in der Regel von der Baupolizei durch eine Prüfung nach DIN 4102 festgestellt. Bei dieser Prüfung wird ein größerer Folienabschnitt (etwa 0,6 bis 0,8 m²) senkrecht hängend der Flamme von 200 g vorgetrockneter Holzwolle ausgesetzt. Die Folien werden nur nach den beiden Begriffen „brennbar" und „schwer entflammbar" unterschieden. Solche Proben, die nach der Entflammung ohne weitere Wärmezufuhr weiterbrennen, sind „brennbar"; diejenigen, die nach Fortnahme der Flamme nur mit geringer Geschwindigkeit und kurze Zeit weiterbrennen bzw. nachglimmen, auch nur verkohlende und überhaupt nicht brennende Folien, gelten als „schwer entflammbar".

Aus der Sicht des Brandschutzes behandelt WOLGAST [57] das Brandverhalten von Kunststoffen und die in Deutschland und im Ausland verwendeten Prüfverfahren.

Wegen der verhältnismäßig großen Fehlerquellen dieser Prüfung sind Bestrebungen im Gange, genauer definierte Prüfbedingungen auszuarbeiten und das Normblatt DIN 4102 zu ändern. Aus dem für die Prüfung von Holzimprägniermitteln auf flammenhemmende Wirkung ausgearbeiteten „Lattenverschlag-Verfahren" hat EGNER (unveröffentlicht) eine Prüfanordnung entwickelt, mit der auch Textilien und Folien geprüft werden können. Vier senkrecht aufgespannte Proben werden dabei in einer Kammer, unter definierten Bedingungen des Zuges und der Wandtemperaturen, den Flammen eines auf Gasmenge und Heizwert überwachten Gasbrenners ausgesetzt. Beurteilt wird die verbrannte Fläche sowie ob die Proben weiterbrennen oder glimmen, nachdem der Brenner ausgelöscht wurde, und wie lange. Das Prüfverfahren bedeutet eine sehr scharfe Beanspruchung; ihm genügen nur solche Stoffe, die auch bei starker Hitze nicht Feuer fangen, sondern höchstens verkohlen. Nähere Einzelheiten über dieses Verfahren sind im Abschn. II 3.5.6 zu finden.

Schließlich existieren Spezialprüfverfahren für die Bewertung der Entflammbarkeit und Brennbarkeit von Kinofilmen, die im Anhang zum Sicherheitsfilmgesetz der Bundesrepublik Deutschland vom 11. 6. 57 enthalten sind. Die Entflammbarkeit wird an kleinen (35 mm × 8 mm großen) Filmproben, die bei $(45 \pm 5)\%$ rel. Luftfeuchte und 20 °C Raumtemperatur mindestens 12 Std. ausgehängt werden, geprüft. Die Prüfung selbst wird in einer eisernen Büchse von 70 mm Durchmesser und 70 mm Höhe durchgeführt, die durch einen Elektroofen auf 300 bis 310 °C geheizt wird. In die Mitte dieser Büchse wird ein Thermoelement und die Probe durch eine Öffnung im Deckel eingeführt und beobachtet, ob sie innerhalb von 10 min entflammt. Der Film gilt als „nicht entflammbar", wenn von drei nacheinander in der beschriebenen Weise geprüften Filmproben keine entflammte. Außerdem wird die Brenndauer an einem Filmstreifen von 350 mm Länge geprüft, der gleichfalls mindestens 12 Std. lang an 45%ige rel. Luftfeuchte bei 20 °C Raumtemperatur angeglichen wurde. Der Filmabschnitt wird auf einen weichen

Stahldraht von höchstens 0,5 mm Durchmesser (durch die Lochung) aufgezogen und in einem zugfreien Raum waagerecht hochkant aufgespannt. Die Probe trägt 50 mm von einem Ende entfernt eine Marke und wird an diesem Ende entzündet. Als „schwer brennbar" gilt ein Film, der vor dem völligen Verbrennen der Probe erlischt, oder dessen Brenndauer – vom Erreichen der Marke ab gerechnet – mehr als 30 Sek., bei Filmen über 0,08 mm Dicke 45 Sek. beträgt. Das gleiche Verfahren ist in DIN 15551 genormt.

Eine Übersicht über die physikalischen Eigenschaften handelsüblicher Kunststoff-Folien gibt H. Hofmeier in seinem Beitrag zu Ullmanns Enzyklopädie der technischen Chemie, 3. Aufl., 7. Bd., S. 650/51.

Literatur

[1] Sloane, M. C., u. F. W. Reinhart: Abhängigkeit der Eigenschaften von Kunststoff-Folien von deren Dicke. Mod. Plastics 31 (1954) S. 203—226 u. 380.

[2] Berthold, R.: Folienmeß- und Schreibgerät. Kunststoffe 43 (1953) S. 21/22.

[3] Morris, W. E.: Dickenmeßgerät für Folien. Mod. Plastics 25 (1948) S. 136.

[4] Delmonte, J.: Dickenmessung durch β-Strahlen. Mod. Plastics 29 (1951) S. 141, 144—146 u. 213.

[5] Bekk, J.: Die Einreißfestigkeit von Papier, Pappe u. dgl. Wbl. Papierfabr. 78 (1950) S. 513.

[6] Brecht, W., u. O. Imset: Der Einreiß- und Durchreißwiderstand von Papieren. Zellstoff u. Papier 13 (1933) S. 564; 14 (1934) S. 14.

[7] Umminger, O.: Beschreibung eines Gerätes zur Messung des „Blocking" von Kunststoff-Folien. Kunststoffe 42 (1952) S. 169/70 — Verpackungs-Rdsch. 9 (1958) H. 7, S. 438/39.

[8] Voigt, W.: Zur „Blocking"-Messung bei Kunststoff-Folien. Kunststoffe 45 (1955) S. 238.

[9] —: Vorrichtung zur Messung der Klebefestigkeit von Kunststoff-Folien. Kunststoffe 44 (1954) S. 199.

[10] Schricker, G.: Über die Bestimmung der Festigkeit von Heißsiegelnähten. Kunststoffe 41 (1951) S. 173—177.

[11] —: Untersuchungen zur Meßmethodik der Spaltfestigkeit von Zellglas-Heißsiegelnähten. Verpackungs-Rdsch. 6 (1955) H. 6, Beil., S. 33—36.

[12] Kunze, K. S.: Zur Messung der Heißsiegelfähigkeit lackierter Zellglasfolien. Kunststoffe 45 (1955) S. 16/17.

[13] Friehlinghaus, H.: Berechnung des zweidimensionalen instationären Temperaturfeldes beim Wärmekontaktsiegeln thermoplastischer Kunststoff-Folien. Kunststoffe 50 (1960) H. 3, S. 154—156.

[14] Becker, Fr., u. R. Heiss: Erklärung des Festigkeitsabfalls in heißgesiegelten Kunststoff-Folien. Kunststoffe 50 (1960) H. 3, S. 148—154.

[15] Wintergerst, S.: Untersuchungen über die Festigkeit von Hochfrequenz-Schweißnähten an PVC-Folien. Kunststoffe 50 (1960) H. 3, S. 145—148.

[16] Sommer, H.: Grundlagen der Berstfestigkeitsprüfung von Geweben. Melliand Textilber. 22 (1941) S. 414, 462, 516 u. 564.

[17] Mendrzyk, H.: Bestimmung der Berstfestigkeit von Kunstledern und anderen flächigen, dehnbaren Kunststoff-Erzeugnissen. Kunststoffe 42 (1952) H. 1, S. 13—16.

[18] Winkler, F.: Zur Theorie der Berstfestigkeit von Folien. Faserforschg. u. Textiltechn. 3 (1952) H. 11, S. 449—458.

[19] Flint, C. F., u. W. J. S. Naunton: Physikalische Prüfung von Gummi. Trans. Inst. Rubber Ind. 12 (1936/37) Nr. 5, S. 367 ff.

[20] —: Neues Gerät zur Prüfung der Tiefziehfähigkeit von Folien. Mod. Plastics 35 (1957) S. 145—150; Ref. in Kunststoffe 48 (1958) S. 82.

[21] Andersson, O., u. O. Steenberg: Paper and Impact conditions. Svensk Papp. Tidn. 53 (1950) S. 1.

[22] Bagraw, C. G.: Schlagzugfestigkeit — eine einfaches Maß für die Schlagzähigkeit. Mod. Plastics 33 (1956) S. 199—206.

[23] BEKK, J.: Beiträge zur Prüfung des Papiers auf Zugfestigkeit. Wbl. Papierfabr. 79 (1951) Nr. 9, S. 243.

[24] RICHARD, K., G. DIEDRICH u. E. GAUBE: Mehrachsig verfestigte Folien aus Niederdruckpolyäthylen. Kunststoffe 49 (1959) H. 2, S. 671—678.

[25] HERMANN, O.: Weiterentwicklung und Charakterisierung von Kunststoff-Verpackungs-Folien. Kunststoffe 48 (1958) H. 2, S. 45—51.

[26] GRIMMINGER, H.: Elektronische Zerreißapparatur zur Unterschuung des Stoßverhaltens von Kunststoff-Folien/Messungen an Kunststoff-Folien mit einer elektronischen Zerreißapparatur. Kunststoffe 50 (1960) H. 9, S. 491—499; H. 11, S. 618—622.

[27] FIERL, D. W.: Methoden zur Bewertung der Dauerhaftigkeit von Folien. Mod. Packaging 25 (1951) S. 129—131 u. 197/98.

[28] KLINGELHÖFFER, H.: Ein neuer Rückprall- und Durchschlagschreiber für Verpackungsfolien und Polsterstoffe. Kunststoffe 43 (1953) H. 5, S. 181—184.

[29] EEG-OLOFSSON, T.: Ein Beitrag zur experimentellen Untersuchung der Biegeeigenschaften von Geweben. Doktor-Dissertation TH Göteborg. Göteborg: Rydberg u. Co. 1957.

[30] PEIRCE, F. T.: Der „Griff" eines Gewebes als meßbare Größe. J. Text. Inst. 21 (1930) S. T 377.

[31] BICKLEY, W. G.: Die schweren Elastica. Phil. Mag. 17 (1954) Ser. VII, S. 603.

[32] Federal Specifications. Textile Test Methods CCC T 191 b, Methode 5206 (General Services Administration, Business Service Center, Washington DC).

[33] SCHMIEDER, K., u. K. WOLF: Über die Temperatur- und Frequenzabhängigkeit des mechanischen Verhaltens einiger hochpolymerer Stoffe. Kolloid-Z. 127 (1952) H. 2/3, S. 66—78.

[34] CAREY, R. H.: Ermüdungsprüfung von weichen Kunststoffen. ASTM-Bull. Nr. 206 (Mai 1955) S. 52—54.

[35] STOECKHERT, K.: Über die Oberflächenhärte von Beschichtungen. Melliand Textilber. 28 (1947) S. 319—321).

[36] KRATSCHMANN, F.: Prüfung und Beurteilung der schmutzabweisenden Eigenschaften von PVC-Kunstleder und -Folien. Kunststoffe 50 (1960) H. 9, S. 534/35.

[37] HOFFMANN, K.: Bestimmung kleiner Streuintensitäten von Kunststoff-Folien. Kunststoffe 40 (1950) H. 11, S. 345—347.

[38] ALBRECHT, J., u. K. H. SCHIRMER: Über die meßtechnische Druckgütebeurteilung schwarzer Illustrationsbuchdruckfarben. Instituts-Mitt. Dtsch. Ges. Forschung Graph. Gewerbe, München 1950.

[39] BECK, G.: Weichmacherwanderung. Kunststoffe 45 (1955) H. 6, S. 230/31.

[40] RÖSSIG, L.: Wie bestimmt man die Wanderungsgeschwindigkeit von Weichmachern? Kunststoffe 42 (1952) H. 6, S. P 48/P 49.

[41] SCHRÖTER, G. A., u. H. SCHWERDT: Neues Gerät zur Beestimmung der Wasserdampfdurchlässigkeit. Verpackungs-Rdsch. (1951) S. 312—315.

[42] SIMRIL, V. L., u. A. HERSHBERGER: Permeability of polymeric films to organic vapors. Mod. Plastics 27 (1950) S. 97—102 u. 150—158.

[43] —: Geruchsdurchlässigkeit von Polyesterfolien. Can. Plastics (1955) S. 32. Ref. in Kunststoffe 45 (1955) S. 348.

[44] SCHRÜFER, W.: Die Bestimmung der Gasdurchlässigkeit von Kunststoff-Folien nach dem Prinzip der Druck- und Volumenänderungsmessung. Kunststoffe 46 (1956) H. 4, S. 143—147 u. H. 6, S. 270—273.

[45] BUCHNER, N., u. G. SCHRICKER: Gerät zur Messung der Durchlässigkeit von Kunststoff-Folien für feuchte Gase. Kunststoffe 50 (1960) H. 3, S. 156—162.

[46] MOLL, W. L. H.: Durchlässigkeit von Kunststoff-Folien für Gase und Dämpfe. Kolloid-Z 167 (1959) H. 1, S. 55—62.

[47] BUCHNER, N.: Theorie der Gasdruchlässigkeit von Kunststoff-Folien. Kunststoffe 49 (1959) H. 8, S. 401—406.

[48] REINHARD, H.: Permeabilität des Polyäthylens für Gase und Dämpfe (Referat). Kunststoffe 48 (1958) H. 6, S. 264—266.

[49] ROSEN, B., u. J. H. SINGLETON: Selbstregistrierendes Gas-Permeameter für Polymer-Filme. J. Polymer. Sci. 25 (1957) S. 109 u. 225—228.

[50] Porensuchgeräte, z. B. von der Fa. Arthur Pfeiffer G.m.b.H., Wetzlar, und der Viking Instruments Inc. East Haddam Conn., USA.

[51] SCHULZ, PAUL, u. K. F. STUBERT: Über eine Apparatur zur Messung der Alterungserscheinungen und Farbänderungen unter Lichteinwirkung. Lichttechn. 8 (1956) Nr. 6, S. 254—257.

[52] DUBOIS, P.: Untersuchungsprobleme und Ergebnisse über Unregelmäßigkeiten im Verhalten der Kunststoffe. Kunststoffe 49 (1959) H. 11, S. 632—644.

[53] REIMER, C.: Das irreversible Wärmeverhalten fester organischer Isolierstoffe. Kunststoffe 45 (1955) H. 9, S. 367—374 — Substanzverluste organischer Isolierstoffe. Kunststoffe 46 (1956) H. 4, S. 149—154.

[54] SCHMITT, B., u. F. HECK: Messung der Chlorwasserstoffabspaltung an PVC-haltigen Kabelmassen über längere Zeiten bei verschiedenen Temperaturen. Kunststoffe 46 (1956) H. 12, S. 555/56.

[55] Persönliche Mitteilung von Herrn Dr. HOOK, Farbwerke Hoechst AG., Werk Gendorf.

[56] MENDRZYK, H.: Brennbarkeit und Entflammbarkeit von Folien. Kunststoffe 46 (1956) H. 10, S. P81—P88.

[57] WOLGAST, W.: Das Brandverhalten von Kunststoffen. Brandschutz 14 (1960) S. 180—184, 202—207 und 224—230.

4.5 Kunstleder

Von H. E. Krüger und H. Haldenwanger, Hannover

4.5.1 Definition und Beschreibung

Die Definition des Begriffes „Kunstleder" stößt auf Schwierigkeiten, weil er für sehr verschiedenartig aufgebaute Erzeugnisse verwendet wird. Es handelt sich um flächenhafte, flexible Gebilde, die ganz oder teilweise aus Kunststoff, vorzugsweise aus thermoplastischem Kunststoff bestehen. Lederähnliches Aussehen ist vom DNA bei der Festlegung der Begriffsbestimmung in DIN 16922 nicht als kennzeichnend angesehen worden, weil auch natürliches Ledermaterial häufig eine Oberflächengestalt erhält, die ihm ein vom natürlichen Leder abweichendes Aussehen verleiht.

Definitionsgemäß werden die Kunstleder nach ihrem Aufbau in Erzeugnisse eingeteilt, die entweder durch Beschichtung flexibler flächenhafter Träger hergestellt oder die unter Verwendung von ungeordneten Fasern als Gerüstsubstanz aufgebaut sind oder die schließlich nur aus flexiblem Kunststoff ohne Träger und ohne Gerüstsubstanz bestehen. Durch Narbung, Färbung und Druck kann dem Material besonderes Aussehen verliehen werden. Kunstleder mit flächenhaften Trägern können auf einer oder auf beiden Seiten mit Kunststoff beschichtet sein. Das Trägermaterial selbst kann ein- oder mehrschichtig sein.

Die Träger sind flächenhafte Gebilde aus geordneten oder ungeordneten Fasern. Träger mit geordneten Fasern oder Fäden sind Gewebe, und zwar sowohl eng- als auch weitmaschige, Gewirke, Geflechte oder Netzwerke. Kunstleder, die durch Beschichten derartiger Träger hergestellt worden sind, werden „Gewebekunstleder" genannt.

Die für den Gebrauch besonders wichtigen Eigenschaften: Reißfestigkeit, Weiterreißfestigkeit und Dehnung in trockenem und nassem Zustand werden maßgeblich durch die Qualität des Gewebes bzw. des Trägermaterials festgelegt. Träger aus ungeordneten Fasern liegen in Form von Papier, Pappe oder Vliesen vor, die gegebenenfalls mit Bindemitteln präpariert oder imprägniert sind. Bei derartigen Kunstledern spricht man z. B. von „Vlieskunstleder".

Hiermit dürfen nicht Kunstleder aus ungeordneten Fasern, die durch Kunststoff als Bindemittel zusammengehalten werden, verwechselt werden. Solche trägerlosen Kunstleder mit losen Fasern als Gerüstsubstanz werden als „Faserkunstleder" bezeichnet.

„*Folienkunstleder*" werden Erzeugnisse genannt, die weder Träger noch Gerüstsubstanzen aufweisen. Diese Bezeichnung ist jedoch nur dann sinnvoll, wenn derartige Folien ähnlich wie Kunstleder verwendet werden. Eine klare Abgrenzung gegen den Begriff „Kunststoff-Folie" ist nicht möglich.

Da die überwiegende Menge des Kunstleders die Form beschichteter Trägermaterialien aufweist und Folienkunstleder mit Hilfe der für Kunststoff-Folien geeigneten Methoden geprüft werden kann, kommt dieser Begriffsunterscheidung geringere Bedeutung zu. Eine Anzahl von Prüfungen, die sich an Folien vornehmen lassen, wie beispielsweise solche auf Chemikalien- oder Lösungsmittelbeständigkeit, oder die Extrahierbarkeit mit Wasser und Öl, lassen sich mit Gewebekunstleder nicht in gleicher Weise durchführen, weil der Aufbau des Materials durch Zerstörung des Gewebes oder Schichtablösung verlorengeht, oder weil die einheitliche Konditionierung des Materials Schwierigkeiten bereitet.

Im Britischen Standard bezeichnet der Begriff „Kunstleder" ein Gewebe, das auf einer Seite mit einem biegsamen Film beschichtet ist.

Zur Herstellung von Kunstleder bzw. zur Beschichtung von flächenhaften flexiblen Trägern, sind verschiedene Verfahren entwickelt worden. Das wichtigste besteht in der Aufbringung der Kunststoffschichten durch Aufstreichen von Pasten und deren Verfestigung durch „Gelieren" bei erhöhten Temperaturen. Nach einem anderen häufig ausgeübten Verfahren werden Gewebebahnen auf noch im plastischen Zustand befindliche Folien am Folienziehkalander aufgepreßt.

Die Aufbringung von Kunststoffpasten geschieht mit Hilfe von Streichmessern, durch Walzenauftrag, durch Tauchen oder Aufsprühen, wenn es sich um dünnflüssigere Pasten oder Lösungen handelt. Die Kunststoffmasse bleibt entweder als Schicht auf der Oberfläche haften oder durchdringt das Trägermaterial mehr oder weniger stark.

Anschließend an die Aufbringung ist meist eine Wärmebehandlung erforderlich, um thermoplastische Kunststoffe zu gelieren oder um Lösungsmittel zu verflüchtigen. Die Wärmezufuhr kann in sehr verschiedenartiger Weise erfolgen. Trommeltrockner, Heißluftkammern, Infrarotstrahler und Hochfrequenzheizungen sind gebräuchliche Vorrichtungen zur Erwärmung von Kunstlederbahnen. Wenn die Narbung nicht unmittelbar anschließend an die Herstellung erfolgt, muß die Schicht erneut erwärmt werden.

Das Kunststoffmaterial kann in einer oder mehreren Schichten nacheinander aufgebracht werden, die sich meist in ihrer Zusammensetzung unterscheiden. Die dem Träger unmittelbar aufliegende Schicht hat die Aufgabe, für eine gute Verbindung der folgenden Schichten mit der Unterlage zu sorgen. Auf die Oberfläche wird häufig noch ein sog. Schlußstrich, ein sehr dünner Film eines Kunststoffes, aufgetragen, der der Oberfläche besondere Eigenschaften, wie Härte, Glanz, mattes Aussehen, trockenen Griff oder z. B. Widerstandsfähigkeit gegen Weichmacherwanderung, verleiht.

Vielfach wird die Oberfläche eines Kunstleders nicht nur durch Prägen, sondern auch durch Bedrucken veredelt.

Hierzu können der Hochdruck, Anilindruck, Flachdruck oder der Siebdruck verwendet werden. Besondere Wirkungen können durch Prägedruck, Narbfarbestreichen oder Wischen erzielt werden. Der Prägedruck besteht in gleichzeitigem Drucken und Narben der Schichten, wobei die Druckfarbe in die Narbvertiefungen gelangt. Das Narbfarbestreichen wird nach der Narbung vorgenommen und führt ebenfalls zu einer Färbung der Narbtäler. Beim Wischen oder „Topping"-Verfahren wird die Druckfarbe nur auf die Erhabenheiten der Prägung aufgetragen.

Die z. Z. meist verwendeten Kunstleder sind mit Polyvinylchlorid beschichtete Gewebe. In Großbritannien wird auch Leinölware (Wachstuch) zum Kunstleder gerechnet. Unter den verschiedenen Anwendungen für Kunstleder nimmt Polsterkunstleder die erste Stelle ein. Wegen seiner Unempfindlichkeit und Widerstandsfähigkeit hat Kunstleder insbesondere für Kraftfahrzeugpolster, Eisenbahnpolster, als Sitzpolster in Kinos, Gaststätten, Warteräumen und im Haushalt, für Garten- und Eßzimmermöbel Verwendung gefunden. Als weitere Anwendungsarten sind zu nennen: Täschner- und Koffermaterial, Bekleidungskunstleder (Mäntel und Jacken), Fußbekleidung (Pantoffeln, Damenschuhe) und Fußbodenbedeckung (Läufer).

Unter den Bedingungen seiner Verwendung ist Kunstleder besonderen Beanspruchungen ausgesetzt, denen es genügen muß. Weiter muß es den abnützenden Einflüssen während seiner Verwendung genügend lange widerstehen, ohne daß es beschädigt oder im Aussehen gemindert wird. Um zu möglichst objektiver Beurteilung der Qualität von Erzeugnissen aus Kunstleder zu gelangen, ist die Festlegung von Güterichtlinien entweder als Norm oder auf Grund freier Vereinbarungen zwischen Käufer und Verkäufer nötig. Die notwendige Übereinstimmung in den an verschiedenen Orten vorgenommenen Eigenschaftsprüfungen wird durch Verwendung genormter Prüfmethoden oder, wo diese fehlen, ebenfalls durch Übereinkunft angestrebt.

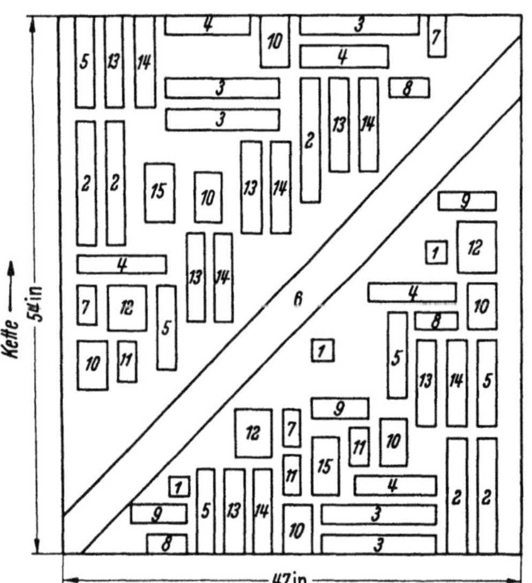

Abb. 1. Entnahme der Proben aus dem Musterstück nach BS 2601

Die Ziffern im Schema bedeuten Probestück für folgende Prüfungen: *1* Bestimmung des Gewichtes; *2* Bruchlast in Kettrichtung; *3* Bruchlast in Schußrichtung; *4* Weiterreißfestigkeit in Kettrichtung; *5* Weiterreißfestigkeit in Schußrichtung; *6* Streifen für die Berstdruckprüfung; *7* Biegefestigkeit in Kettrichtung; *8* Biegefestigkeit in Schußrichtung; *9* Oberflächenklebrigkeit (Oberflächenreibung); *10* Trennversuch der Schichten; *11* Hitzealterungsprüfung; *12* Lichtechtheit, Prüfung im Tageslicht; *13* Abfärbebeständigkeit bei trockenem Reiben; *14* Abfärbebeständigkeit bei feuchtem Reiben; *15* Kleben (blocking-Test) bei Qualität X des Kunstleders

4.5.2 Probeentnahme

Für die verschiedenen Prüfungen sind Proben unterschiedlicher Form und Größe erforderlich, die der Kunstlederbahn in der angegebenen Weise zu entnehmen sind. Im allgemeinen wird aus der Bahn ein Streifen quer zu ihrer Laufrichtung herausgeschnitten, dessen

Breite sich nach der effektiven Breite der Bahn richtet. In einigen deutschen
Normen (DIN 53354, DIN 53357) sind die Angaben nicht klar formuliert.
Die Zahlenangaben bei diesen Prüfungen können sich daher später noch
ändern.

Tabelle 1. *Probeentnahme nach DIN*

Prüfung	DIN-Nr.	Breite, quer zur	Länge, in
		Laufrichtung der Bahn	
Dicke 53353		volle Breite	400 mm
Flächengewicht 53352		wie bei Dicke, kann zur Dickenbestimmung verwendet werden	
Zugversuch 53354		volle Breite bis 1000 mm über 1000 mm	bis 800 mm mindestens 800 mm mindestens 500 mm
Weiterreißversuch 53356		volle Breite	350 mm
Trennversuch der Schichten 53357		volle Breite bis 800 mm über 800 mm	bis 800 mm mindestens 600 mm mindestens 300 mm
Dauerknickversuch 53359		über 1000 mm unter 1000 mm	mindestens 200 mm entsprechend größer
Berstdruck 53860		Fläche für mindestens 5 Proben	
Lichtechtheit 53388		20 mm	100 mm

Aus dem aus der Bahn entnommenen Musterstück sollen die Proben so ausgeschnitten werden, daß ein Mindestabstand von 100 mm von der Kante der Bahn eingehalten wird. Nach
BS 2601 soll dieser Abstand 50,8 mm betragen. Das aus der Bahn geschnittene *Muster-
stück* hat nach diesem Standard eine Breite von 119,4 mm und in Kettrichtung eine Länge
von 137,2 mm. Die Proben für die einzelnen Prüfungen werden entsprechend dem in
Abb. 1 wiedergegebenen Schema gemäß Anhang P dieses Standards ausgeschnitten. Wo
für eine Prüfung keine Angaben gemacht sind, bedeutet dies, daß es gleichgültig ist, an
welcher Stelle des Musterstückes die Proben herausgeschnitten werden. In ASTM D 626–41 T
wird angegeben, daß das Musterstück eine Mindestfläche von $1{,}67 \text{ m}^2$ besitzen soll, wobei
die Proben an möglichst weit auseinanderliegenden Stellen des Musterstückes entnommen
werden.

Form und Größe der Proben gehen aus Tab. 2 hervor.

Tabelle 2. *Anzahl, Form und Größe der Proben*

Prüfmethode	Land	Form	Länge in mm	Breite in mm	Zahl	Standard
Zugversuch Reißlast	BRD GB	rechteckig quadratisch	420 304,8	50 50,8	5 K + 5 Sch 5 K + 5 Sch	DIN 53354 BS 2601
Weiterreißversuch	BRD GB	rechteckig rechteckig	100 177,8	50 50,8	5 K + 5 Sch 5 K + 5 Sch	DIN 53356 BS 2601
Trennversuch der Schichten	BRD GB	rechteckig rechteckig	260 127,0	50 76,2	3 K + 3 Sch 6	DIN 53357 BS 2601
Dicke	BRD	quadratisch	100	100	6	DIN 53353
Bestimmung des Flächengewichtes	BRD	für die Herstellung der Proben wird eine besondere Norm vorbereitet				

Tabelle 2. (Fortsetzung)

Prüfmethode	Land	Form	Länge in mm	Breite in mm	Zahl	Standard
Gesamtgewicht	GB	quadratisch	57,1	57,1	3	BS 2601
Oberflächenklebrigkeit	BRD	kreisrund	⌀ 16			Hüls
Blocking	GB	rechteckig	150	75	2	BS 2601
Dauerknickversuch	BRD	rechteckig quadratisch	40 40	20 40	9; je 3 längs, quer und diagonal	DIN-Entwurf 53 359
Flammfestigkeit	USA GB	rechteckig quadratisch	317,5 152,4	50,8 152,4	5 K + 5 Sch 3	ASTM D 626–51 T BS 2601
Berstdruck	BRD GB	je nach Prüffläche F: 10 cm² qua. 50 cm² qua. 100 cm² qua. quadratisch	 85 120 145 101,6	 85 120 145 101,6	 mindestens 5 5	 DIN 53 860 BS 2601
Lichtechtheit	BRD	rechteckig	100	20	beliebig	DIN 53 388
Abfärbebeständigk. bei trockenem und feuchtem Reiben	GB USA	rechteckig rechteckig	178,6 127	50,8 50,8	3 tr. + 3 fe. 1 tr. + 1 fe.	BS 2601 US Comm. Stand. 192–53
Weichmacherflüchtigkeit	USA	kreisrund	⌀ 50,8		3	ASTM D 1203–52 T
Hitzealterung	GB	rechteckig	127 106,7	38,1 50,8	3 K + 3 Sch	BS 2601

4.5.3 Konditionierung

Bei zahlreichen Prüfungen ist eine Konditionierung der Proben, d. h. eine Anpassung an bestimmte Feuchtigkeitsgehalte und bestimmte Temperaturen nötig. Zum Teil müssen auch die Prüfungen selbst im Normklima ausgeführt werden. In DIN 50011, Blatt 2, sind Richtlinien für die Lagerung von Proben in den diesbezüglichen Wärmeschränken gegeben.

Nach den Deutschen Normvorschriften soll die Atmosphäre eine rel. Luftfeuchte von (65 ± 5)% bei einer Temperatur von 20 °C ± 2grd besitzen. Vor der Prüfung werden die Probestücke für 16 Std. oder – wo dies besonders bemerkt ist – bis zur Gewichtskonstanz klimatisiert. Das in BS 1051 angegebene Normklima unterscheidet sich von der deutschen Vorschrift nur darin, daß für die Luftfeuchtigkeit eine geringere Toleranz von ± 2% angegeben ist und die Proben nur 2 Std. in die Testatmosphäre gebracht werden. Nur im Falle der Hitzealterungsprüfungen beträgt die Konditionierungsdauer 24 Std. Für Folien und Elektroisoliermaterial gibt ASTM D 618–53 ein Normklima mit einer rel. Luftfeuchte von (50 ± 2)% bei einer Temperatur von 23 °C ± 1,1 grd an, in das die

Proben mindestens für 40 Std. eingebracht werden. Diese Atmosphäre dient auch zur Konditionierung und Rekonditionierung bei der Prüfung der Weichmacherflüchtigkeit aus Kunstleder.

Neuerdings hat sich auch die ISO/TC 61 mit der Aufstellung von „Klimabedingungen für Vorbehandlung und Prüfung von Kunststoff-Probekörpern" beschäftigt und die Arbeiten bereits zu einem gewissen Abschluß gebracht (ISO/DR 316).

Bei der Prüfung auf folgende Eigenschaften ist Konditionierung vor, während oder nach dem Versuch vorgeschrieben: Dicke, Flächengewicht, Gesamtgewicht, Beschichtungsgewicht, Gewebegewicht, Zugfestigkeit, Dehnung, Reißlast, Weiterreißlast, Trennversuch der Schichten, Biegefestigkeit und Dauerknickversuch, Berstdruck, Prüfung bei erhöhten Temperaturen, Flammfestigkeit, Prüfungen auf Verhalten bei tiefen Temperaturen und Weichmacherflüchtigkeit.

4.5.4 Materialbeschaffenheit

a) Aussehen. Vorschriften für die visuelle Prüfung werden nur im BS/M 31, „Poröses Kunstleder", gegeben: „Die Beschichtung des Materials soll einheitlich aufgebracht, von sichtbaren Rissen und Schlieren frei sein". Das Trägergewebe soll nicht durch die Beschichtung hindurch sichtbar sein, falls es sich nicht um transparente Beschichtungen handelt und es soll möglichst im gleichen Farbton gefärbt sein wie die Beschichtung.

Die Färbung des entweder einfarbigen oder vielfarbigen Materials soll zwischen Lieferanten und Käufern vereinbart werden.

Die Angaben beziehen sich auf die Beleuchtung sowie Form und Lage der Proben. Der Farbvergleich soll bei hellem Tageslicht, das aus nördlicher Richtung einfällt, und mit Proben vorgenommen werden, die nicht kleiner sind als 76,2 mm im Quadrat. Auch auf das Verfahren bei genarbtem Material wird hingewiesen. Der Prüfer muß schließlich normale Farbsichtigkeit besitzen (s. II 3.6.2).

b) Breite der Bahn. Im Zusammenhang mit den Vorschriften über das Aussehen legt der gleiche Standard den Begriff der „verwendbaren Breite" fest. Unter verwendbarer Breite wird diejenige Breite verstanden, auf der die Beschichtung den unter II 4.5.2 für das Aussehen gegebenen Vorschriften entspricht. Die verwendbare Breite eines Ballens soll überall mindestens der zwischen Käufer und Verkäufer vereinbarten Breite entsprechen, wenn sie in der Weise bestimmt wird, wie dies im Anhang A des BS/M 31, „Poröses Kunstleder", angegeben ist.

Die Breite soll im rechten Winkel zur Bahnrichtung mit einem starren Maß gemessen werden, das die ganze Breite der Bahn überspannt. Die Messung soll auf einer starren ebenen Unterlage in Abständen von 10 m bzw. bei Ballen von weniger als 20 m an 3 Stellen nahe den beiden Enden und in der Mitte des Ballens mit einer Genauigkeit von 2,2 mm und so gemessen werden, daß die beschichtete Seite oben liegt und das Material nicht gespannt ist.

c) Dicke. Bei der Bestimmung der Dicke wird der durchschnittliche Abstand zwischen den beiden Oberflächen der Bahn festgestellt. Bei genarbtem Material wird bis zu den Narberhöhungen gemessen. Die Narbtäler bleiben nach DIN 53353 unberücksichtigt. Bei unterschiedlich genarbten Materialien erhält man daher durch die Dickenmessung keine Anhaltspunkte für den Materialauftrag.

Die planparallelen Flächen des Mikrometers besitzen einen Durchmesser von 10 mm. Der Andruck der Meßflächen soll 400 p betragen. Die Dicke wird auf einer Skala mit einer Genauigkeit von 0,01 mm (Abstand der Skalenstriche) gemessen. Bei der Messung wird der Federhebel erst freigegeben, nachdem die Meßflächen bis auf etwa 0,5 mm genähert sind. Die Messungen werden in einem Abstand von mindestens 30 mm vom Probenrand an 3 Stellen vorgenommen.

Mikrometrische Dickenmessungen werden in neuerer Zeit mehr und mehr verlassen, da sie bei genarbten Materialien nicht genügend über die Materialmenge und Materialverteilung aussagen. Sie werden durch gravimetrische Messungen ersetzt [1].

Britische Vorschriften über Mikrometermessungen finden sich in BS 1763. In diesem Zusammenhang kann auch auf die Kryptometer, Schichtdickenmeßinstrumente auf magnetischer Grundlage, hingewiesen werden, die in der Industrie viel verwendet werden [2], sowie auf die mit Beta-Strahlen vorgenommene Dickenkontrolle während der Herstellung [3].

d) Flächengewicht. Das Flächengewicht eines Kunstleders (s. DIN 53358) ist durch die Dicke und Rohdichte bestimmt. Die Kenntnis des Flächengewichtes gestattet daher die Dickenberechnung bei genarbtem Kunstleder, d. h. die Dicke, die ein genarbtes Kunstleder besitzen würde, wenn die Narbung nicht vorhanden wäre. Das Flächengewicht oder Gewicht je Flächeneinheit ist der Quotient aus Gewicht und Fläche einer Probe. Unmittelbar nach der Konditionierung wird die Länge und Breite der rechteckigen Probe auf 1 mm genau gemesssen und die Probe auf 0,1 g genau gewogen. Das Flächengewicht wird in g/m² angegeben.

Im BS 2601 entspricht der deutschen Bezeichnung Flächengewicht die Bezeichnung Gesamtgewicht. Es sind zusätzlich Tests für Gewebegewicht und Gewicht der Schicht angegeben. Es werden 3 Proben untersucht, die einzeln in konditioniertem Zustand mit einer Genauigkeit von 0,01 g gewogen werden. Dies Gewicht ist mit 9 multipliziert dem Gewicht in Unzen pro Quadrat-Yard numerisch gleich. Zur Bestimmung des Gewebegewichtes wird die Schicht mit Lösungsmitteln entfernt. Als solche werden angegeben bei PVC: Tetrahydrofuran oder Methyläthylketon, bei Nitrocellulose: Aceton und bei Leinölware: ¹/₂%ige Natriumhydroxydlösung in Wasser. Die Wägung des von der Schicht befreiten Gewebes erfolgt einschließlich lockerer Fasern nach Trocknen und Konditionieren. Das Beschichtungsgewicht ergibt sich als Differenz von Gesamtgewicht und Gewebegewicht.

e) Oberflächenklebrigkeit (Oberflächenreibung). Die Feststellung der Oberflächenklebrigkeit, auch Gleitwiderstand genannt, ist sowohl im Hinblick auf das im deutschen Sprachgebrauch mit zum Griff gerechneten Gefühl wichtig, das das Erzeugnis bei der Berührung vermittelt, als auch im Hinblick auf die Gefahr des Verklebens der Ballen zu einem Block (blocking). Es gibt demzufolge zwei verschiedenartige Prüfungen, die besonders für die Beurteilung von Tischbelag wichtig sind.

Die Prüfung besteht darin, daß die Proben Schicht auf Schicht unter bestimmter Belastung aufeinandergelegt und dann 24 Std. auf 50 °C erwärmt werden. Eine Bauart eines zu dieser Prüfung geeigneten Gerätes wurde von den Chemischen Werken Hüls angegeben. Zwei kleine runde Proben werden mit der Rückseite unter Verwendung eines Spezialklebers auf 2 Metallflächen geklebt, dann bei der vorgeschriebenen Temperatur für eine bestimmte Zeitdauer Schicht gegen Schicht unter bestimmter Belastung gegeneinandergepreßt. Anschließend wird die Kraft gemessen, die nötig ist, um beide Stempel voneinander zu trennen [4].

Der BS 2601 sieht 2 Prüfungen vor.

1. Haftfestigkeit einer Probenfläche auf einer mattierten Glasplatte. Die Vorrichtung besteht aus einem blockförmigen Probenhalter, gegen dessen Unterfläche die Probe mit ihrer Schichtseite nach abwärts gebunden ist und einer unter 24° geneigten säuregeätzten Glasplatte, auf die der Probenträger mit der Probe gesetzt wird. Er wird durch einen Metallzylinder in Bewegung gesetzt, den man von oben frei gegen den Probenträger herabrollen läßt und der diesen dann je nach Stärke der Haftung auf der Glasfläche eine bestimmte Strecke hinabgleiten läßt. Der Probenträger soll mit allen 3 Proben eine Strecke von mindestens 10,32 mm frei herabgleiten. Der Test soll mit konditionierten Proben ausgeführt werden.

2. Prüfung zweier Schicht auf Schicht aufeinandergelegter Probestücke unter bestimmten Belastungs- und Temperaturbedingungen. Auf der Hälfte der Oberfläche soll eine Last von $3^1/_2$ Pfund liegen und die Temperatur soll 80 °C ± 1 grd betragen. Die Proben müssen konditioniert werden und der belastende Block ebenfalls auf die Temperatur der Testatmosphäre gebracht werden. Für die Abkühlung, für das bei der Trennung zu verwendende Gewicht, sowie für die Abzugsgeschwindigkeit gelten besondere Testvorschriften. Die Prüfung wird nur mit sehr schwer beschichtetem Material (mehr als 678 g/m²) ausgeführt [4]

4.5.5 Mechanische Festigkeit

a) Zugversuch. DIN 53354 definiert den Zweck des Zugversuches als Ermittlung der Reißlast und Dehnung beim ersten Reißen von Gewebekunstleder. Die Reißlast ist die beim ersten Reißen der auf Zug beanspruchten Proben auftretende Höchstlast, und als Dehnung gilt die auf die ursprüngliche Länge bezogene Verlängerung unter diesen Bedingungen. Die Dehnung wird als Abstand der Einspannklemmen gemessen.

Die Prüfmaschine soll so eingerichtet sein, daß die Längenzunahme zwischen den Klemmen gemessen werden kann. Der Kraftmeßbereich soll so gewählt werden, daß die Reißlast nicht in das erste Fünftel des Meßbereiches fällt.

Die Proben werden derart geschnitten, daß je 5 in Kett- und in Schußrichtung entnommen werden, wobei darauf zu achten ist, daß sie nicht Abschnitte desselben Fadens enthalten. Nach Konditionierung werden die Proben in die Klemmen der Maschine eingespannt. Der Klemmenabstand soll bei einer Vorlast von 500 p 300 mm betragen. Mit gleichbleibender Vorschubgeschwindigkeit wird dann die untere Klemme bis zum Eintreten des ersten Reißens der Probe von der anderen Klemme fortbewegt. Beim ersten Reißen (erkennbar am ersten Absinken des Lastzeigers) ist die Reißlast auf 0,2% des Skalenendwertes und die Dehnung auf 1 mm genau abzulesen.

Die Reißlast wird in kp für 50 mm Probenbreite angegeben. Die Dehnung beim Reißen ergibt sich aus folgender Gleichung

$$B = \frac{\Delta L}{L} \cdot 100 \quad [\%].$$

Darin bedeuten

ΔL Längenzunahme in mm = Zunahme des Abstandes der Einspannklemmen während des Versuches,

L Meßlänge in mm = 300 mm.

Die im BS 2601 angegebene Prüfmaschine ist ein Gerät vom Pendeltyp mit einer Vorschubgeschwindigkeit von 113,7 mm pro Minute. Die Ablesung für die Bruchlast soll in einem Bereich von 15 bis 85% der Vollbelastung fallen, ähnlich, wie dies auch in DIN 53354 gefordert wird. Es soll darauf geachtet werden, daß die Brüche nicht in der Nähe der Klemmen eintreten, was gegebenenfalls durch Filzpackungen erreicht wird. Die Anfangsentfernung zwischen den Klemmen soll 203,2 mm betragen. Wenn ein Probestück innerhalb eines Abstandes von 12,7 mm von der Klemme unter einer geringeren Last, als bei den übrigen Proben reißt, soll dies Ergebnis verworfen und eine neue Probe an deren Stelle geprüft werden.

Als Reißlast gilt das Mittel aus den je 5 Werten für die Messung in Schußrichtung und in Kettrichtung in Pfund für eine Breite von 50,8 mm.

Auch in den USA werden zur Prüfung der Zugfestigkeit Vorrichtungen mit Pendeln ganz ähnlicher Bauart verwendet [5] (vgl.: ASTM D 744–49 T und 876–52 T für Weich-PVC-Materialien).

In der ISO/TC 61 werden augenblicklich ebenfalls Vorschläge für den Zugversuch in Anlehnung an ASTM 638–56 ausgearbeitet.

b) Weiterreißversuch. Der Weiterreißversuch dient der Bestimmung des Widerstandes gegen Weiterreißen. Nach DIN 53356 ist die Weiterreißlast diejenige Belastung, die nötig ist, um eine an einer Kante eingeschnittene Probe weiterzureißen. Die Prüfung wird mit der unter II 4.5.5 a beschriebenen Zugmaschine durchgeführt.

Die Proben werden parallel zu den Längskanten von der Schmalseite her 50 mm weit eingeschnitten und die so gebildeten Zungen in den Klemmen befestigt. Die konstante Vorschubgeschwindigkeit der beweglichen Klemme wird so eingestellt, daß die Probe in etwa 1 min der Länge nach zerrissen ist. Während des Zerreißens werden mindestens 5 Spitzenwerte abgelesen, deren Mittel die Reißlast ergibt. Die Genauigkeit der Ablesung soll 0,2% der Gesamtbelastung betragen. Wenn einzelne Proben in anderen Richtungen als der des Einschnittes reißen, wird die Messung mit einer neuen Probe wiederholt. Zeigen alle Proben dies unerwünschte Verhalten, kann die Reißlast nicht bestimmt werden.

Die Reißlast wird in kp angegeben.

Im BS 2601 wird eine Vorrichtung beschrieben, die mit einer konstanten Vorschubgeschwindigkeit von 113,5 mm pro Minute arbeitet und eine Lastdehnungskurve aufnimmt. In die Proben werden 2 Längsschnitte von 101,6 mm Länge gemacht, so daß drei 17 mm breite Streifen entstehen. Das Reißen wird unter Zug mit einem Schlagpendel vorgenommen, wobei die mittlere Zunge der drei durch die Einschlitzung entstandenen Streifen in die feste, die beiden äußeren Zungen in die bewegliche Klemme gespannt werden. Als Kurve wird eine auf- und absteigende Linie erhalten, aus der die Weiterreißfestigkeit ermittelt wird.

Die ELMENDORF-Reißfestigkeit ist ein für die Prüfung von Papieren entwickeltes Verfahren zur Ermittlung der Weiterreißfestigkeit. Die in verschiedenen Richtungen aus dem Material geschnittenen Proben von 63 mm Breite sollen ungefähr 76 mm lang und mit einem seitlichen Einschnitt versehen sein, der 20 mm tief ist, so daß 43 mm Restbreite verbleiben [6] (vgl. auch ASTM D 689 und Commercial Standard 192–53 des US-Department of Commerce, sowie DIN 53507, in der die Weiterreißlast für Gummi in kp pro mm Probendicke festgelegt ist).

c) Trennversuch der Schichten. DIN 53357 bezieht sich auf die Trennung der Schichten von Kunstleder, das aus Schichten dublierter Gewebe aufgebaut ist und nicht auf die Trennung der Beschichtung von einem Träger. Die Trennlast wird in diesem Falle als die Belastung definiert, die nötig ist, um die Schichten eines geschichteten Gewebekunstleders zu trennen. Zur Ausführung der Prüfung werden die Schichten auf der Schmalseite parallel zur Flächenrichtung auf 40 mm Länge voneinander getrennt. Nach Konditionierung der Proben wird der Versuch in einer Zugprüfmaschine unter den Meßbedingungen des Zugversuches durchgeführt.

Nach dem Einklemmen der beiden durch das Auftrennen gebildeten Gewebelappen in die Klemmen der Maschine wird der Versuch mit konstanter Vorschubgeschwindigkeit so ausgeführt, daß die Schichten in etwa 1 min auf einer Länge von 100 mm voneinander getrennt werden. Während dieser Zeit sind 10 Spitzenwerte der Belastung auf 0,2% des Skalenendwertes genau abzulesen. Für die Art der Ausführung der Trennung bei Mehrschichtenkunstleder sind besondere Vorschriften gegeben. Als Trennlast gilt das arithmetische Mittel der Ablesungen.

BS 2601 bezieht sich auf die Messung der Haftfestigkeit der Kunststoffschicht am Trägergewebe. Als Trennlast wird in diesem Falle die Belastung bezeichnet, die nötig ist, um die Kunststoffschicht vom Trägergewebe bei einer Probenbreite von 50,8 mm zu trennen. Für den Versuch werden in dreifacher Ausfertigung je 2 Probestücke mit der Schichtseite aufeinandergelegt, nachdem sie mit einem Kleber (PVC in Tetrahydrofuran) bestrichen worden sind. Nach kräftigem Aufeinanderwalzen mit einer Metallrolle wird das Schichtgebilde für 6 Std. unter eine Lederpresse oder ein schweres Gewicht gebracht. Nach weiterem Verweilen an freier Luft für die Dauer von 16 Std. werden die drei verklebten Probenpaare auf eine Breite von 50,8 mm zugeschnitten. Eine Gewebelage soll dann auf eine Länge von ungefähr 50,8 mm von der Schicht getrennt werden, wobei örtliches Dämpfen mit geeignetem Lösungsmittel die Anfangstrennung erleichtern kann. Zur Vertreibung überschüssigen Lösungsmittels werden die Probestücke 15 min lang bei einer Temperatur von 60 bis 70 °C aufgehängt und sodann wie üblich konditioniert. Nach dem Einspannen der durch das anfängliche Auftrennen entstandenen Laschen in die beiden Klemmen des Prüfapparates wird die untere, bewegliche Klemme mit Gewichten belastet, so daß das Gewicht der gleitenden Klemme und der Belastungsgewichte zusammen den Anforderungen des Typs entspricht, der geprüft wird (6 Pfund bei PVC, 4 Pfund bei Nitrocellulose oder Leinölware).

5 min nach dem Auflegen des Gewichtes soll dieses entfernt und die Länge, über die sich die Schichten getrennt haben, mit einer Genauigkeit von 1,6 mm gemessen werden.

Wenn die Verklebung nicht fest genug ist, so daß die Trennung zwischen der Oberfläche der beiden Beschichtungen erfolgt, liegt dies im allgemeinen am Vorhandensein eines Schlußstriches, der durch vorheriges Abschmirgeln entfernt werden muß. Tritt die Trennung innerhalb einer Schicht ein, so kann das Ergebnis im allgemeinen als befriedigend angesehen werden.

In den USA werden die Proben in ganz ähnlicher Weise behandelt, die Prüfung wird jedoch mit einem Pendelapparat vorgenommen [5, 7].

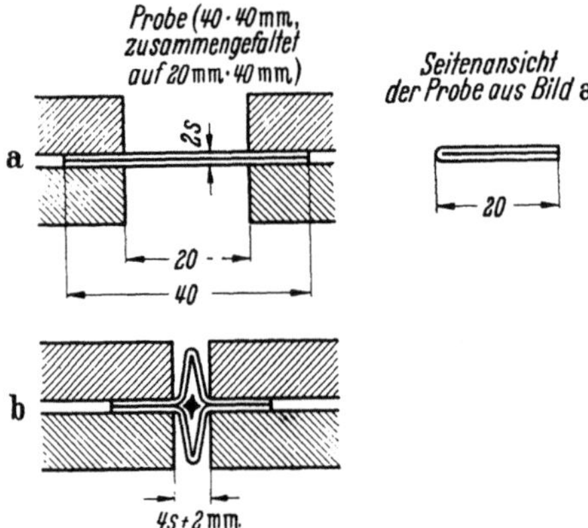

Abb. 2. Dauerknickversuch von Kunstleder
a) Probe eingespannt; b) Probe geknickt

d) Biegefestigkeit. Die Biegefestigkeit wird durch dauernd wiederholtes Hin- und Herbiegen eines Probestückes bis zum Auftreten des Biegebruches geprüft und ist streng von der Biegsamkeit der Materialien zu unterscheiden, die beispielsweise mit dem „Shirley Cloth-Flexmeter" bestimmt werden kann.

In DIN 53359 wird der Dauerknickversuch zur Prüfung von Kunstleder näher beschrieben. Die Prüfung dient dazu, das Verhalten von Kunstleder bis zu einer Dicke von 1,5 mm bei Dauerknickbeanspruchung festzustellen. Beurteilt werden die Knickzahl oder die Beschaffenheit, gegebenenfalls Rißbildung, Ablösung der Beschichtung vom Träger und sonstige Veränderungen. Nach besonderer Vereinbarung kann die Prüfung auch in Abhängigkeit von der Temperatur durchgeführt werden.

Mit „Knickzahl" bezeichnet man die Anzahl von Knickungen, die zur Bildung erster Risse in der Oberfläche erforderlich sind, wobei die Risse unter Verwendung einer Lupe mit 6facher Vergrößerung wahrnehmbar sein müssen.

Die Proben haben eine Größe von 20 mm × 40 mm oder 40 mm × 40 mm. Die letzteren werden mit der Beschichtung nach außen einmal gefaltet in die Klemmbacken der Prüfmaschine eingespannt.

Der Hub soll von 0 bis 20 mm einstellbar sein und mit einer Geschwindigkeit von 100 und 200 Knickungen je Minute arbeiten können (Zählwerk). Die Einspannklemmen sollen die Probe festhalten, aber beim Zusammenknicken nicht zusätzlich mechanisch beanspruchen.

Beim Zusammenfahren der Einspannklemmen entfernen sich bei der gefalteten Probe die aufeinanderliegenden Rückseiten voneinander und die freien Längskanten der Probe bilden einen Rhombus (s. Abb. 2).

Für Kautschukmaterialien wurden 2 Prüfmethoden (DE MATTIA- und SCHILDKNECHT-Test) entwickelt, die in BS 2601 für Kunstleder in leicht modifizierter Form übernommen wurden.

Die DE MATTIA-Testmaschine besitzt mehrere feste und mehrere bewegliche Klemmen, in die zahlreiche Proben eingespannt werden können. Das Gerät kann je nach der Klemmeneinstellung zu Zug- oder zu Dauerknickversuchen verwendet werden (Beschreibungen in BS 903 [1950] und ASTM D 813–44 T).

Der SCHILDKNECHT-Test (s. Abb. 3) wird mit manschettenartig in Längsrichtung gebogenen Proben ausgeführt, die so gestaucht werden, daß ziehharmonikaartige Falten entstehen (vgl. BS 1934 [1953]). Das Gerät besteht aus einem Paar oder Paaren von Metallzylindern, die in gleicher Richtung liegen und sich aufeinander zu und voneinander fort bewegen können. Ihr äußerer Durchmesser beträgt 25,4 mm. Der eine Zylinder jeden Paares bewegt sich mit 500 Schwingungen pro Minute auf einer Länge von 12,7 mm bis auf einen Minimalabstand von 6,4 mm auf den anderen Zylinder zu. Die Probestücke werden mit Schlauchklemmen auf den Zylindern befestigt.

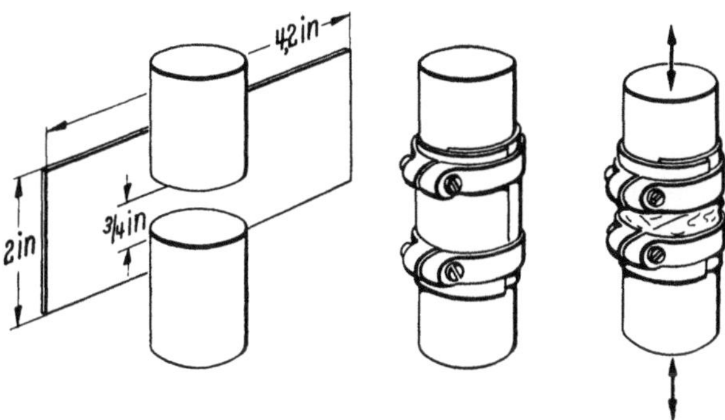

Abb. 3. Schildknecht apparatus for flex testing (diagrammatic)

Eine weitere Prüfmethode, die in der wiederholten Mehrfachfaltung der Probe besteht, wird in BS 1934 [1953] als Test für die Eignung von Fußbekleidungsmaterial aus Kautschuk angegeben. Bei der Prüfung der Biegefestigkeit von Leder nach DIN 53340 wird der Probestreifen um einen Dorn von der doppelten Dicke des Leders gebogen.

e) Berstdruck. Durch die Messung des Berstdruckes und der Wölbhöhe soll die Elastizität und der Widerstand des Materials gegen Zerreißen bei Aufwölben eines kreisförmigen Probestückes durch Luft- oder Wasserdruck geprüft werden. Für Gewebe wurde DIN 53860 entwickelt. Die Prüfung wird in entsprechender Weise auch mit anderen flächenhaften Materialien vorgenommen. Unter den Bedingungen dieser Prüfung wird das Material in 2 Achsen beansprucht.

Das Gerät verfügt über auswechselbare Druckmeßvorrichtungen mit unterschiedlichem Meßbereich, der so gewählt werden soll, daß der gemessene Berstdruck nicht in das erste Fünftel des Meßbereiches fällt, sowie über einen Taster zur Messung der Wölbhöhe. Die Proben werden mit einem Ring entsprechenden Durchmessers dicht und eben über die Öffnung gespannt, durch die das aufwölbende Mittel zugeführt wird. Es sind drei auswechselbare Ringe verschiedenen Durchmessers vorgesehen.

Zur Prüfung werden Gewebe mit elastischen Folien aus Kautschuk oder PVC unterlegt. Kunstleder werden ohne Unterlage mit der Schichtseite nach oben geprüft. Über Abmessungen, Anbringung, Nacheichung und Genauigkeit der Geräte sind zahlreiche Angaben im Normentwurf enthalten.

In BS 2601 wird eine dem deutschen Verfahren entsprechende Vorschrift gegeben, wobei jedoch nur ein Ring vom Durchmesser 25,9 mm vorgesehen ist.

Der Berstdruck wird angegeben als Mittel der einzelnen Messungen in kp/cm^2 bzw. Pfund pro Quadratzoll. Es muß dabei eine Membranberichtigung berücksichtigt werden. Für die Angabe der Wölbhöhe sind dem deutschen Normenentwurf Zahlentafeln beigegeben.

4.5.6 Eignung für bestimmte Verwendungszwecke

a) Verhalten bei erhöhten Temperaturen. Bei lang dauernder Erwärmung der Kunststoffmaterialien unter den Bedingungen bestimmter Verwendung, wie beispielsweise als Außenbespannung, Elektroisoliermaterial, Verpackungs- oder Bekleidungsmaterial, ausgesetzt sind, treten reversible oder dauernde Eigenschaftsveränderungen ein. Reversible Änderungen sind z. B. Erweichen und Schmelzen, irreversible Änderungen, Minderungen der Zugfestigkeit, Dehnung, Biegefestigkeit sowie der elektrischen Eigenschaften. Sie werden zum größten Teil durch Substanzverluste bewirkt. Die Prüfungen dienen zur Feststellung der bleibenden Veränderungen und sollen den „Temperaturbereich für bleibende Eigenschaftsänderungen" angeben. Dieser Temperaturbereich ist nicht notwendigerweise für alle Eigenschaften gleich. Wenn für einen Verwendungszweck mehrere Eigenschaften gleichzeitig von Bedeutung sind, ist der niedrigste Temperaturbereich maßgebend. Die Prüfungen erlauben eine Abschätzung der Dauerwärmebeständigkeit eines Materials.

Nach DIN 53391, Vornorm, und ASTM D 1593, die sich nur auf Folien beziehen, werden die Proben bei einer bestimmten konstanten Temperatur lang dauernder Erwärmung ausgesetzt und in bestimmten Zeitintervallen geprüft. Ähnliche Vorschriften werden auch in US-Standards für Weich-PVC sowie für Schlauchmaterial aus Weich-PVC gegeben (ASTM D 744–40 T und ASTM D 876–52 T). Im ersten Falle dient die Steifheit, im zweiten die Zugfestigkeit als Kriterium.

Im angelsächsischen Sprachgebrauch wird von „Hitzealterungstests" gesprochen.

Eine zweite Art von Prüfungen wird unter Verwendung von Aktivkohle als Absorptionsmittel zur Bestimmung der „Weichmacherflüchtigkeit" ausgeführt. Nach ASTM D 1203–52 T wird der „flüchtige Verlust" aus Kunststoffmaterial unter definierten Temperatur- und Zeitbedingungen durch Einbetten in Aktivkohle bestimmt. Auf die Versuchsanweisungen für Umhüllungen und Verpackungen bei Tests oberhalb und unterhalb Raumtemperatur (ASTM D 1197 bis 52 T) sei hingewiesen.

Da der Weichmacherverlust eine Funktion der Dicke ist, sollten nur Ergebnisse direkt miteinander verglichen werden, die mit Proben erhalten wurden, deren nominelle Dickenwerte keine größeren Abweichungen als 10% zeigen.

Die Proben werden vorkonditioniert dem Test unterworfen und dann gewogen. Nach der Vorwägung werden sie auf eine Schicht von 120 cm³ Aktivkohle in Metalldosen von 77,1 mm Durchmesser und $^1/_2$ Liter Inhalt gelegt und mit der gleichen Schicht Aktivkohle bedeckt. Es können weitere Proben der gleichen Rezeptur, jeweils durch Aktivkohleschichten getrennt, eingelegt werden. Proben unterschiedlicher Rezeptur können in demselben Gefäß nicht geprüft werden, weil die Gefahr der Weichmacherwanderung besteht. Die Aktivkohle soll eine Körnung von 6/14 Maschen besitzen. Für jeden Test ist frische Aktivkohle zu verwenden. Mit lockerem Deckel bedeckt, wird der Behälter aufrecht in einen Wärmeschrank oder ein Bad gebracht. Die Temperatur soll, wenn nicht anders bestimmt, 70 °C ± 1 grd und die Dauer des Testes 24 Std. betragen. Nach Abbürsten werden die Proben rekonditioniert und gewogen. Die Weichmacherflüchtigkeit wird als prozentualer Gewichtsverlust, bezogen auf das ursprüngliche Gewicht der Probe, angegeben (s. II 3.8.1 c, α).

Britische Untersuchungen haben gezeigt, daß bei direkter Berührung mit Aktivkohle Weichmacher auch durch Wanderung in die Kohle in flüssiger Form extrahiert wird. Um diese Versuchsfehler auszugleichen, wurde vorgeschlagen, die Proben mit Kupferdrahtgaze einzuhüllen, so daß eine direkte Berührung der Aktivkohle mit ihrer Oberfläche vermieden wird. Dieses Verfahren wurde in BS 2601 in etwas abgewandelter Form aufgenommen.

Nach der Vorschrift dieses Standards wird die Hitzealterung in einem Topf von 152,4 mm Durchmesser und 165,1 mm Höhe vorgenommen, in den ein Käfig aus zwei konzentrischen Bronze-Drahtnetzzylindern eingesetzt ist. Die Drahtnetzzylinder von 101,6 und 114,3 mm Durchmesser und 139,7 mm Höhe sind aus 30maschigem Bronzedrahtnetz angefertigt und werden durch 6 Kupferstäbe konzentrisch im Abstand gehalten. Der Drahtnetzkäfig ist mit einem Deckel versehen, und der Topf wird ebenfalls mit einem Deckel locker verschlossen, durch den ein Thermometer mit seiner Kugel bis ins Zentrum der ganzen Anordnung ragt. Die 6 Proben werden so in die zwischen beiden Drahtzylindern vorhandenen und durch die Kupferstäbe begrenzten Hohlräume gebracht, daß ihre Schichtseite der Mitte zugewendet ist. Es wird dann zunächst in den Innenraum des Drahtkäfigs und dann nach Auflegen des Deckels auch außerhalb des Drahtkäfigs der Topf mit Aktivkohle vollständig gefüllt und das Thermometer nach Auflegen des zweiten Deckels eingeführt.

Zur Prüfung wird der Behälter in einen Heizraum gebracht, dessen Temperatur auf 100 °C ± 1 grd einreguliert werden kann. Als solcher dient meist ein Heizbad von bestimmtem Temperaturanstieg, in das das Gefäß für die Dauer von 24 Std. eingesenkt wird. Die Prüfung erfolgt nach Konditionierung der Proben für nicht weniger als 24 Std. in der Testatmosphäre.

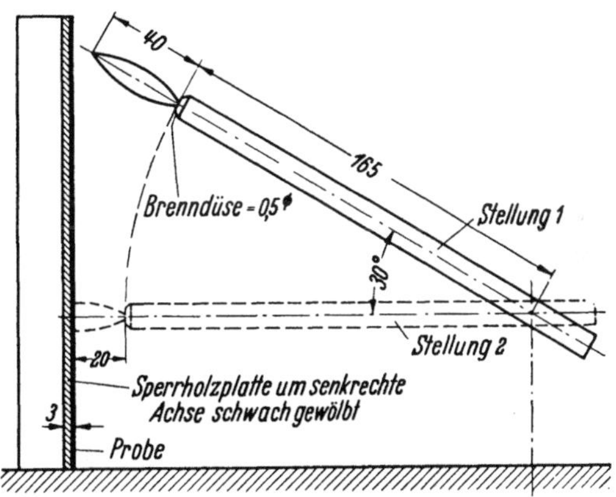

Abb. 4. Prüfung auf das Verhalten bei Flammeneinwirkung nach dem Schwenkbrennerverfahren

b) Flammenwirkung. In DIN 53382 wird die Prüfung von Kunststoff-Folien und Kunstleder auf das „Verhalten bei einseitiger Flammenwirkung (Schwenkbrennerverfahren)" behandelt (s. II 3.5.6; II 4.4.9 und II 4.6.3). Der Versuch dient zur Bewertung des Verhaltens von Kunststoff-Folien und Kunstleder, die auf einer Unterlage fest aufliegend verwendet werden, z. B. für Wandbespannungen, Polsterbezüge u. dgl. bei einseitiger Flammeneinwirkung. Durch den Versuch soll insbesondere festgestellt werden, ob derartige Bezüge durch brennende Streichhölzer, glimmende Tabakwarenreste und ähnliches in Brand gesetzt werden können.

Für den Versuch werden 3 Proben von 350 mm × 80 mm benötigt, die aus einem Probestück in voller Bahnbreite ausgeschnitten werden. Die Proben werden 16 Std. lang bei 60 °C ± 2 grd und (65 ± 5)% rel. Luftfeuchte gelagert.

Das Prüfgerät besteht aus einem schwenkbaren Brennrohr und einer davor angeordneten Holzplatte, die 200 mm hoch, 125 mm breit und auf der dem Brennrohr zugewandten Seite um eine senkrechte Achse schwach gewölbt ist. Die Probe wird auf der Holzplatte gleichmäßig und fest anliegend aufgespannt. Die Abmessungen der Anordnung sind aus Abb. 4 ersichtlich.

Die bisherigen Untersuchungen haben gezeigt, daß eine Leuchtgas- (Stadt-gas-) Flamme genügt, wenn auch Propangas besser definiert ist als das übliche Stadtgas. Bei schwankendem Gasdruck muß die Länge der Flamme vor der Prüfung gemessen werden.

Zur Durchführung der Prüfung wird das Brennrohr mit gleichförmiger Geschwindigkeit in 10 Sek. aus der schrägen Stellung *1* in die waagerechte Stellung *2* und sofort anschließend in weiteren 10 Sek. wieder in die Stellung *1* zurückgebracht. Die Probe wird darauf sofort dem Einfluß der Flamme ent-zogen.

Es ist festzustellen, ob und wie lange die Probe weiterbrennt oder glimmt und wie lang der durch die Bewegung der Flamme entstandene Brennfleck ist.

Im Prüfbericht wird das Ergebnis des Versuches wie folgt dargestellt: A. 1: ,,Probe brennt", A. 2: ,,Probe glimmt ... Minuten weiter, nachdem sie dem Einfluß der Flamme entzogen ist", B.: ,,Probe brennt oder glimmt nicht weiter".

In den USA gibt es einen im Jahre 1941 angenommenen Standardentwurf (ASTM D 626–41 T) für die Prüfung der flammenhemmenden Eigenschaften von beschichteten Textilgeweben. Das Gerät besteht aus einer Klemme, um die Probe befestigen zu können, sowie einem Schirm, der die Anordnung gegen Luftzug schützt. An der Vorderseite befindet sich eine Sichtscheibe und eine Öffnung zur Handhabung des Gasbrenners. Die Prüfung wird so vorgenommen, daß der genormte Brenner mit leuchtender Flamme für 12 Sek. unter die Mitte der unteren Probenkante gesetzt wird. Es wird die Dauer des Weiterbrennens festgestellt. Die Probe wird zur Bestimmung der Länge der Verkohlung aus der Klemme herausgenommen, rechts und links der Verkohlungszone werden am unteren Ende unter Einhaltung bestimmter Maße 2 Löcher in die Probe gestanzt und 2 Haken in diese Löcher gehängt. An den einen Haken bringt man ein Gewicht, das $^1/_{10}$ der Last entspricht, die nötig ist, um das unverbrannte Material aufzureißen. Dieses Gewicht läßt man zunächst auf einer Unterlage ruhen und reißt dann die verbrannte Zone durch Aufheben des anderen Hakens auf. Als Länge der Verkohlung wird die senkrecht vom Ende der Probe ge-messene Länge des hervorgerufenen Einrisses angesehen.

Die Kunstleder sollen den folgenden Anforderungen genügen: Die Dauer des Weiterbrennens irgendeines der 10 Probestücke soll höchstens 2 Sek. betragen, die mittlere Länge der Verkohlung soll bei allen Proben 78,9 mm nicht über-schreiten und die maximale Länge der Verkohlung soll bei keinem Probestück mehr als 114,3 mm sein.

BS 2601 schreibt als Güterichtlinie vor, daß die Flammfestigkeit zwischen Käufer und Verkäufer vereinbart werden soll.

Das Prüfverfahren liegt im Entwurf vor und wird erst später endgültig angenommen werden. Das Gerät nach BS 2601 besteht aus einem genormten Drahtgitter, in das das Probestück gelegt wird. In einem Abstand von 25,4 mm von der Unterseite des Gitters entfernt, befindet sich ein Becher, in dem 0,3 ml Alkohol verbrannt werden. Die drei zu prüfenden Probestücke müssen vorkonditioniert werden. Die Probe wird nach Beendigung des Nachglühens durch Abwischen von anhaftender Kohle befreit und die versengte Zone in Prozent der Gesamtfläche angegeben.

c) Verhalten bei tiefen Temperaturen. Weiche Kunststoffmaterialien, wie Kunstleder und Folien, werden bei tiefen Temperaturen in zunehmendem Maße steifer und brüchiger. Da die Erzeugnisse bei zahlreichen Verwendungsarten auch bei tiefen Temperaturen hohe Festigkeit und Geschmeidigkeit besitzen müssen, sind Prüfungen auf Verhalten bei diesen Temperaturen erforderlich. An Knick-, Biege- oder Schlagstellen treten Brüche besonders leicht auf. Die Prüfungen werden daher in Form von Kälteknickversuchen, Kältebruchfestigkeitsprüfungen oder als Schlagfestigkeit bei tiefer Temperatur bestimmt (s. II 3.5.3 und II 4.4.8).

In besonderem Maß sind Polsterungen in Verkehrsmitteln, Bekleidungsmaterial, Verpackungsmaterial und Materialien, die militärischen Verwendungszwecken zugeführt werden, tiefen Temperaturen ausgesetzt.

Normen oder Standards für einzelne Prüfungen bestehen noch nicht, doch sind Kälteschränke genormt (DIN 53893 und ASTM D 832–46 T, Konditionierung von Kautschuk und Kunststoffmaterial zur Prüfung bei tiefen Temperaturen). In diesem US-Standard findet sich auch eine tabellarische Zusammenstellung über die im Kunststoffmaterial bei tiefen Temperaturen wirksam werdenden Veränderungen.

Die Deutsche Bundesbahn und die Bundeswehr prüfen die Kälteknickfestigkeit dadurch, daß das Material bei − 30 °C 5 mal hin- und hergeknickt und dann im rechten Winkel zur Knickrichtung gefaltet und diese Falte für die Dauer von 1 Std. mit einem 5 kg-Gewichtstück belastet wird.

Die Mitglieder der Vereinigung der Beschichtungs- und Folienindustrie der USA haben in einer Abhandlung die Kältebruchfestigkeit als die Temperatur definiert, bei der in Kunstlederschichten feine oder stärkere Risse auftreten, wenn das Material bei dieser Temperatur scharf gefaltet wird [5]. Bei der Prüfung werden die Enden zweier Proben, je eine in Kette und in Schuß geschnitten, mit der beschichteten Seite nach außen aufeinandergelegt und zu einer Schlaufe gebogen. Mit einer 2 Std. auf die Prüftemperatur vorgekühlten Rolle werden die Schlaufen von ihren aufeinandergelegten Enden her zum Bogen der Schlaufe hin niedergewalzt. Es wird nur der durch das Gewicht der Walze ausgeübte Druck angewendet. Anschließend werden die Proben auf Risse untersucht.

Die Schlagfestigkeit bei tiefer Temperatur wird gemäß der gleichen Angabe so geprüft, daß 5 Proben in der Längsrichtung der Bahn geschnitten, so zu Schlaufen gebogen werden, daß die Schichtseite außen liegt. Das beschickte Schlagprüfgerät wird 1 Std. in den auf die Prüftemperatur vorgekühlten Raum gebracht. Die Proben werden dann nacheinander auf den Testamboß gebracht und der Schlagarm aus der senkrechten Stellung auf die Schlaufen herabfallen gelassen. Anschließend werden die Proben wiederum auf Rißbildung untersucht.

Zur Untersuchung der Steifheit von PVC-Folien wird in den USA ein tordierend wirkendes Prüfgerät, ein abgewandeltes CLASH- und BERG-Gerät verwendet [8, 9, 10].

d) Belichtungs- und Bewitterungsprüfungen. Unter der Wirkung von Licht und Witterungseinflüssen treten insbesondere in PVC-Materialien chemische Veränderungen ein, die äußerlich erkennbare Veränderungen wie Verfärbungen, Oberflächenrißbildungen und Versprödung zur Folge haben. Die Prüfungen dienen der Feststellung der Lichtechtheit sowie der Licht- und Wetterbeständigkeit der Erzeugnisse. Sie können als Außenbelichtungen und Außenbewitterungen unter den durch das örtliche Klima gegebenen Bedingungen oder als beschleunigte Prüfungen in Fadeometern oder Weatherometern mit Kunstlicht und unter künstlich geschaffenen Bedingungen durchgeführt werden. Solange jedoch keine ausreichenden Beziehungen zwischen den Ergebnissen von Außenbelichtungen und Außenbewitterungen und den entsprechenden Prüfungen unter künstlichen Bedingungen gefunden worden sind, kann auf die ersteren Methoden nicht verzichtet werden.

Nach DIN 53388 wird die Lichtechtheit von Folien und Kunstleder durch Belichtung mit Tageslicht und Vergleich mit dem Lichtechtheitsmaßstab geprüft (Beschreibung s. II 3.8.2 a).

Die amerikanischen Vorschriften weichen nur insofern von der deutschen Norm ab, als sie für Außenbelichtungen lediglich die Verwendung einer Glasplatte über der Probenleiste verlangen [11], während die deutsche Vorschrift nach Belieben die Verwendung eines Kastens oder einer freien Glasplatte zuläßt.

Für die nach BS 1006 durchgeführten Außenbelichtungen sieht BS 1763 einen Belichtungskasten mit offenem Boden und Methylmetacrylatglasdeckel vor, in dem ein Drahtgitter zur Unterstützung der Proben und Vignetten zu ihrer Abdeckung enthalten sind. Der Standard gibt besondere Vorschriften über die zulässige Vignettierung durch natürliche Geländeerhebungen und Gebäude in den verschiedenen Himmelsrichtungen, während die sonstige Anordnung den deutschen Vorschriften entspricht.

Bei dieser Art der Außenbelichtung tritt eine Beschleunigung des Tests gegenüber der Belichtung unter Gebrauchsbedingungen nur insofern ein, als die Proben so aufgestellt sind, daß sie ein Maximum des natürlichen Lichtes auffangen. Größere Bedeutung kommt der Außenbewitterung zu, weil es schwierig ist, die gemeinsam wirkenden klimatischen Bedingungen, wie Niederschläge, Beleuchtungsstärke und Luftfeuchte künstlich zu reproduzieren [12]. Außenbelichtungen und Außenbewitterungen dauern stets lange Zeit. Man hat deshalb versucht, in Geräten künstliche Bedingungen zu schaffen, unter denen die im Freien vor sich gehenden Veränderungen des Materials in entsprechender Weise, aber in wesentlich kürzerer Zeit ablaufen. Bis jetzt ist es jedoch noch nicht gelungen, die in den Geräten erzielten Ergebnisse zu den Außenbelichtungen und Außenbewitterungen in einfache Beziehung zu setzen, weil zu zahlreiche Faktoren den Verlauf der Materialumwandlungen beeinflussen. Die von der Atlas Electric Devices Co. hergestellten Geräte sind in den USA als Standardgeräte angenommen worden. Sie geben wegen des zu hohen UV-Anteiles ihres Lichtes ein zu den natürlichen Bedingungen nicht eindeutig in Beziehung zu setzendes Ergebnis für die Lichtechtheit und Wetterbeständigkeit. Sie werden auch in Deutschland zur Ermittlung der Lichtbeständigkeit häufig eingesetzt.

Das Fadeometer dieses Typs verwendet als Lichtquelle eine Kohlenbogenlampe mit 2 oder 3 Kohlen (Zwillingsbogen), die in eine Glasglocke eingeschlossen sind. Die Proben werden auf Probenhalter aufgespannt, die in ein Gestell, das um die Lichtquelle rotiert, eingehängt werden. Die Temperatur und Luftfeuchtigkeit, deren genaue Einstellung für das Ergebnis von großer Wichtigkeit ist, werden durch mechanische Ventilationseinrichtungen und mit Hilfe von Wasserschalen reguliert, in die breitflächige Dochte eintauchen. Als Kontrollmaßstab dienen besonders entwickelte Belichtungspapiere, die an einer in Washington aufgestellten Lichtquelle geeicht werden.

Das Weatherometer ist ein ganz ähnliches Gerät, in dem die Proben jedoch in bestimmten Intervallen mit Wasser berieselt werden, um die Wirkung von Niederschlägen annähernd zu reproduzieren (ASTM E 42–42 T).

Neuerdings sind sowohl in Deutschland durch den Fachnormenausschuß Kunststoffe als auch in den internationalen Ausschüssen der ISO Normungsarbeiten zur Prüfung der Lichtbeständigkeit aufgenommen worden. Dabei soll das Kohlebogenlicht zur Prüfung der Beständigkeit gegen künstliches UV-reiches Licht, z. B. gegen das Licht von Leuchtröhren, herangezogen werden. Bei der Ausarbeitung einer Prüfvorschrift zur Ermittlung der Beständigkeit gegen Sonnenlicht mit Hilfe einer entsprechenden künstlichen Lichtquelle sollen die mit dem Xenotestgerät (Beschreibung s. II 3.8.2 b) gewonnenen Erfahrungen verwendet werden.

e) Abnutzungsprüfungen. Die Abnutzungsprüfungen sollen Anhaltspunkte dafür liefern, welchen Widerstand Erzeugnisse reibender Abnutzung entgegensetzen. Eine Normvorschrift existiert nur für Erzeugnisse aus Weichgummi. Als Maßstab ist in diesem Falle der Volumenverlust festgesetzt, den ein Probestück beim Schleifen auf einem geeichten Schmirgelbogen unter Normbedingungen erleidet. Diese Normbedingungen nach DIN 53516 legen die Größe der Proben, ihre Dicke (mindestens 6 mm) sowie die Bauart der Schleifmaschine fest, die aus einer horizontal drehbaren Walze bestimmten Durchmessers besteht, auf die der Schmirgelbogen gespannt ist, und die mit festgelegter Drehzahl rotiert. Ein Probenhalter, der schwenkbar ist, drückt die Probe mit 1 kp gegen die Walze. Der Probenhalter wird durch einen Schlitten nach jeder Umdrehung der Reibfläche um einen Gang parallel verschoben, so daß die Probe immer von ungenutzten Flächen des Schmirgelbogens abgeschliffen wird.

Die verwendeten Schmirgelbögen müssen in mindestens 3 Vorprüfungen auf ihre „Angriffsschärfe" geeicht werden. Als solche gilt der Mittelwert aus den 3 Prüfungen, die mit Testgummi ausgeführt werden. Die Laufrichtung muß bei den Eichungen und der Prüfung des zu untersuchenden Materials übereinstimmen.

Die Art der Abriebsprüfung ist Objekt eines bislang nicht entschiedenen Meinungsstreites gewesen, weil die Ergebnisse von zahlreichen Faktoren beeinflußt werden. Sie hängen nicht nur von den Prüfbedingungen, der Natur des Schleifmittels und seiner Reibungshärte (Angriffsschärfe), sondern auch von der Art des zu prüfenden Materials ab.

In den USA sind von Firmen und anderen Stellen zahlreiche Geräte zur Prüfung der Abriebfestigkeit entwickelt worden, doch wurde bis jetzt kein Gerät in einen Standard aufgenommen. Die reibende Abnutzung wird in sehr verschiedenartiger Weise, beispielsweise durch Strahlgebläse, mit rotierendem Reibmittel und stehender Probe und umgekehrt, sowie mit rotierender Reibfläche und rotierender Probe usw. bewirkt. Besonders interessant sind 2 Geräte. Das eine, der „Linra-Tester", verwendet als abreibendes Mittel eine Stahlpese, die über Rollen läuft. Auf diese Weise wird die Reibungswärme abgeführt und der Abrieb fällt zwischen den Stahlspiralen heraus. Das andere Gerät, der „Quartermaster" (Universal Wear-Tester des National Buro of Standards), reproduziert die beim militärischen Einsatz unter Frontbedingungen vorkommenden Beanspruchungen [*13, 14*].

Einige Geräte wurden für besondere Erzeugnisse entwickelt, so beispielsweise für Fußbodenbelag das Abriebprüfgerät nach EGNER (TH Stuttgart) und der Conti-Abreader [1].

Eine für Kunstleder wichtige Prüfung ist die auf Abfärben von Pigmenten oder Druckfarben. Es wird die Abriebfestigkeit bei trockenem und feuchtem Reiben bestimmt.

Nach BS 2601 besteht das Gerät aus einem abreibendem Stab mit ebener Grundfläche, über die eine einfache Lage gebleichten Baumwollgewebes gespannt wird, und einer ebenen Glasplatte, über die eine Probe des zu untersuchenden Materials glatt gezogen ist. Unter bestimmtem Druck wird der mit dem Gewebe bespannte Stift auf der Probe hin- und herbewegt.

Vor der Prüfung sollen die Kunstlederoberflächen in üblicher Weise in der Normatmosphäre konditioniert und mit Watte abgewischt werden. 3 Proben sollen bei trockenem und drei bei feuchtem Reiben geprüft werden. Nach 20 Hin- und Hergängen des mit dem Gewebe bespannten Stabes soll dieses auf Farbspuren untersucht werden.

In den USA wird eine ähnliche Prüfung an beschichteten Geweben vorgenommen [5]. Standards bestehen jedoch nur für Folien (US Commercial Standard 192–53). Diese Prüfmethoden lassen sich aber auch entsprechend für Kunstleder verwenden. Die Prüfung wird in ähnlicher Weise wie beim BS mit dem AATCC-Crockmeter ausgeführt. Die Konditionierung erfolgt gemäß ASTM D 618–53. Die Befeuchtung des reibenden Gewebes geschieht in diesem Falle durch Eintauchen in destilliertes Wasser, Ausdrücken und Auswringen mit einer Wringmaschine zwischen 2 Vliespapierbögen.

4.5.7 Güterichtlinien

Genormte oder konventionelle Prüfmethoden ermöglichen die Aufstellung gleichbleibender Güte-Standards und geben Herstellern und Verbrauchern von Kunstleder die notwendigen Maßstäbe an die Hand. Über die normalerweise getroffenen Vereinbarungen über die Qualität der Materialien hinaus hat es sich in vielen Fällen sowohl für den Erzeuger als auch für den Verbraucher als günstig erwiesen, bestimmte Qualitäten zu standardisieren. Das ist besonders dort der Fall, wo es sich um Erzeugnisse handelt, die unter Gebrauchsbedingungen hohen Anforderungen ausgesetzt sind. Aus diesem Grunde sind Verkehrsunternehmen, Fahrzeughersteller und militärische Dienststellen vielfach dazu übergegangen, technische Lieferbedingungen bzw. Richtlinien über Güteanforderungen zu erlassen.

In der Tab. 3 sind die in BS 2601 angegebenen Güte-Richtlinien, umgerechnet auf das metrische Maßsystem, aufgeführt.

Die angegebenen Gewichte sind Minimalgewichte, und es muß in diesem Zusammenhang darauf hingewiesen werden, daß das Gewebegewicht, das mit der im Anhang des BS 2601 angegebenen Methode bestimmt wird, nicht dem Rohgewicht des Gewebes entspricht.

Beim Trennversuch (Haftfestigkeit der Schicht auf dem Trägergewebe) sollen sich die Schichten nicht weiter als 12,7 mm trennen.

Die Biegefestigkeit nach Lagerung in der Wärme soll nicht weniger als 80% der in der Tabelle 3 aufgeführten Minimalzahl betragen, die für die einzelnen Qualitäten angegeben ist.

Tabelle 3. *Eigenschaftswerte von Kunstleder nach BS 2601*

Gütegruppe	A	B	C	X
Gesamtgewicht [g]	554	414	333	678
Gewebegewicht [g]	220	163	112	255
Beschichtungsgewicht [g]	306	238	204	408
Reißlast (Kette) [kp/5 cm]	51,3	41,1	29,0	89,3
Reißlast (Schuß) [kp/5 cm]	51,3	41,1	29,0	62,5
Weiterreißlast (Kette) [kp]	4,08	2,95	1,81	4,54
Weiterreißlast (Schuß) [kp]	4,08	2,95	1,81	4,54
Trennversuch [kp]	2,72	2,72	2,72	2,72
Dauerbiegeversuch				
1. Stufe: Zahl der Biegeschwingungen nach Methode 1	75000	50000	25000	400000
Zahl der Biegeschwingungen nach Methode 2	100000	65000	33000	530000
2. Stufe: Zahl der Biegeschwingungen nach Methode 1	150000	100000	50000	—
Zahl der Biegeschwingungen nach Methode 2	200000	130000	66000	—
Berstdruck [kp/cm²]	—	—	—	5,624

Die Lichtechtheit soll nicht weniger betragen, als der Lichtechtheitsstufe 5 der Vergleichsskala entspricht.

Literatur

[1] Dawson, J. H.: Brit. Plastics (Juni 1955) S. 243/44.
[2] Hyber, John E.: Orig. Finishing 15 (1954) H. 1, S. 9—22.
[3] Corvin, G.: Mod. Plastics 32 (1955) S. 104.
[4] Kunststoffe 45 (1955) S. 109 — Kunststoff-Rdsch. 2 (1955) S. 33.
[5] Mod. Plastics 30 (1953) H. 12, S. 100ff. u. 196ff.
[6] Dawson, J. H.: Brit. Plastics 28 (1955) S. 243—248.
[7] Delattre, R.: Rev. gén. Caoutchouc 31 (1954) S. 572—575.
[8] Williamson, J.: Brit. Plastics 23 (1950) S. 87.
[9] Clash jr., R. F., u. R. M. Berg: Industr. Engng. Chem. 34 (1942) S. 1218.
[10] — —: Mod. Plastics 21 (1944) H. 11, S. 119.
[11] AATCC Year Book Compliments of Atlas Electric Divices Co., Chikago USA. S.108ff.
[12] Decoste, J. B., u. V. T. Wallder: Industr. Engng. Chem. 47 (1955) S. 314—322.
[13] Kunststoff-Rdsch. 2 (1955) H. 8, S. 316.
[14] Lever, A. E., u. J. Rhys: Plastics (1955) S. 360/61.

4.6 Fußbodenbeläge

Von E. Motzkus, Berlin

Der Begriff Fußbodenbelag ist heute noch nicht eindeutig umrissen. Meist werden darunter sämtliche Erzeugnisse verstanden, die als wesentlichen Bestandteil organische Stoffe enthalten und die u. a. zum Zwecke der Raumverschönerung meist auf Estrichen, gegebenenfalls auch auf anderen Untergründen aufgebracht werden. Das Aufbringen (Verlegen) geschieht durch Kleben (bei Bahnen, Platten, Fliesen), durch Spachteln, Streichen oder Spritzen (bei ortsgefertigten fugenlosen Kunststoffbelägen) und durch Überspannen (bei sogenannten Spannteppichen).

Die Notwendigkeit der Prüfung von Fußbodenbelägen hat in dem letzten Jahrzehnt erheblich zugenommen, und zwar deshalb, weil besonders nach 1945 Kunststoff-Fußbodenbeläge neuartiger Zusammensetzung und neuartigen Aufbaues den Markt bereichern. Es gibt erst wenige Prüfnormen auf diesem Gebiet [1, 2].

Nachstehend werden einige z. Z. überwiegend in Deutschland angewandte bzw. genormte Verfahren[1] zur Prüfung der Fußbodenbeläge behandelt und vom Verfasser zum Teil auch kritisch betrachtet oder durch Hinweise auf Grund eigener theoretischer Überlegungen oder praktischer Erfahrungen ergänzt. Die angegebenen Prüfverfahren eignen sich nicht nur für Kunststoff-Fußbodenbeläge, sondern auch für die Prüfung anderer Fußbodenbeläge, die als wesentlichen Bestandteil organische Stoffe enthalten (z. B. Linoleum und Gummi). Bei den mechanischen Prüfungen wird u. a. jeweils darauf hingewiesen, ob das beschriebene Verfahren für die Prüfung im Rahmen einer Fabrikationskontrolle bzw. Gütekontrolle oder zur Prüfung der praktischen Bewährung geeignet ist.

4.6.1 Probenvorbehandlung und Prüftemperaturen

Die für die Prüfung zu verwendenden Proben werden meist im Normalklima 20/65 nach DIN 50014 – bei 20 °C $\pm\,2$ grd und $(65 \pm 3)\%$ rel. Luftfeuchte – so lange gelagert (maximal 4 Wochen), bis Gewichtskonstanz erreicht ist bzw. bis sich das Gewicht der Proben innerhalb von 24 Std. um nicht mehr als einen bestimmten, vereinbarten oder in einer Norm festgelegten Betrag ändert. Die Prüfungen auf die verschiedenen Eigenschaften werden regulär im Normalklima ausgeführt. Für die Prüfung der Fußbodenbeläge auf Verhalten bei höheren, in der Praxis auftretenden Temperaturen (z. B. bei Erwärmung durch das Sonnenlicht) sind selbstverständlich diese Temperaturen zu wählen.

4.6.2 Mechanische Prüfungen

a) Eindruckversuche. Derartige Versuche dienen zur Erfassung des Verhaltens der Fußbodenbeläge bei Beanspruchung durch belastete, kleine, runde, flache oder spitze Körper, die je nach der Art des Fußbodenbelages in diesen mehr oder weniger eindringen; aus der Eindrucktiefe wird gegebenenfalls ein Härtewert errechnet. Wird auch der Rückgang der Eindrucktiefe nach Entlastung des Eindruckkörpers gemessen, so kann auch das elastische und plastische Verhalten für die angewandte Beanspruchungszeit getrennt beurteilt werden.

α) *Kugeldruckhärte sowie Kugeleindrucktiefe und Elastizität (Eindruckrückgang).* Das Prinzip der Prüfung auf *Kugeldruckhärte* ist praktisch identisch mit dem in VDE 0320 für Kunststoffe beschriebenen Verfahren, bei welchem eine Stahlkugel unter Last (in Tab. 1 als Gesamtlast bezeichnet) in das zu

---

[1] Über ausländische Prüfverfahren s. im Schrifttum unter [2 bis 7] bzw. bei den speziellen Beschreibungen der Prüfungen.

prüfende Material eingedrückt und die Eindrucktiefe unter Last abgelesen
wird (vgl. II 3.4.1).

In Tab. 1, Spalte 2 bis 6, sind die in deutschen Verfahren angewandten
Versuchsbedingungen angegeben; vgl. [3, 6, 7].

Bei den Verfahren zu [8 und 9] wird aus dem unter der Gesamtlast P erhaltenen Eindrucktiefenwert t (in mm) und dem Kugeldurchmesser d die
Härte H berechnet nach

$$H = \frac{P}{\pi\,d\,t}\quad [\text{kp/mm}^2],$$

Tabelle 1

1	2	3	4	5	6
Prüfverfahren	Kugeldurchmesser mm	Vorlast kp	Gesamtlast kp	Belastungszeit Sek.	Entlastungszeit Sek.
[8 und 9]	10	0,3 bzw. 1	20	30	—
[10]	19	0,3 bzw. 1	50	60	60

Die oben angegebene Umrechnung der Eindrucktiefe auf einen Härtewert
dürfte theoretisch bei den meisten Belägen nicht angewandt werden, weil die
Beläge meist zu dünn bzw. zu weich sind, so daß bei
der Prüfung ein Teil des Druckes von der unter der
Probe befindlichen Unterlage abgefangen wird.

Prüft man das gleiche Material unter Anwendung
verschiedener Lasten, so erhält man bei Anwendung
der angegebenen Formel verschiedene Härtewerte, auch
wenn die Proben derart beschaffen sind, daß nicht
ein Teil des Prüfdruckes von der Proben-Unterlage abgefangen wird. Wesentlich günstiger liegen diese Verhältnisse bei Anwendung einer flachen Pyramide bzw.
eines flachen Kegels als Eindruckkörper (s. II 4.6.2 a, β).

Nach einer Vorschrift für Linoleum [10] (s. auch
Tab. 1) wird auf Grund eines Kugeldruckversuches die
Elastizität (der Eindruckrückgang) ermittelt. Hierzu
wird zunächst die Tiefe t des durch die belastete
Kugel hervorgerufenen Eindruckes ausgemessen, dann
die Kugel bis auf die Vorlast entlastet und nach 60 Sek.

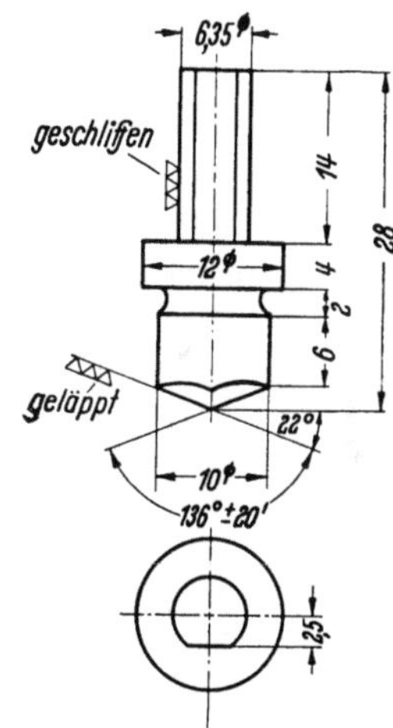

Abb. 1. Einsatzteil mit
VICKERS-Pyramide

die restliche Eindrucktiefe t_r gemessen. Die Elastizität E wird berechnet nach

$$E = 100\,\frac{t - t_r}{t}\quad [\%].$$

β) *Pyramidendruckhärte und Elastizität.* Von R. NITSCHE wurde in Anlehnung
an Arbeiten von W. KUNTZE [11 bis 13] das nachstehende Prüfverfahren vorgeschlagen.

Die Kugel für die unter 4.6.2 a, α beschriebene Prüfung auf Kugeldruckhärte
wird ersetzt durch eine VICKERS-Pyramide (s. Abb. 1). Die angewandte Vorlast beträgt 0,3 kp, die Gesamtlast 20 kp, die Belastungs- und Entlastungszeiten sind 1, 10, 100, 1000 usw. Minuten.

Nach Feststellung des Verfassers ist für die Erzielung übereinstimmender Werte u. a.
darauf zu achten, daß

besonders bei weichen Belägen die Nullpunkteinstellung vorgenommen wird, nachdem
eine bestimmte Zeit (z. B. 5 Sek.) die dem Prüfgerät eigene Vorlast auf die Probe drückte,

die Last langsam aufgebracht wird (z. B. innerhalb 10 Sek.),

die Zeitmessung sofort begonnen wird, nachdem die ganze Last auf die Probe wirkt,

eine Pyramide benutzt wird, deren Spitze nicht abgenutzt ist und einen bestimmten
kleinen Abrundungsradius aufweist,

beim Messen der nach dem Entlasten verbleibenden Eindrucktiefen gegen die Meßuhr
leicht geklopft wird, um die Beeinflussung der Werte durch die in der Meßuhr vorliegende Reibung auszuschalten,

die Probe plan auf der Unterlage aufliegt.

Sofern die Last so gering gewählt wird, daß die unter der Probe befindliche
Unterlage die Meßergebnisse nicht beeinflußt, kann man aus der Eindrucktiefe nach z. B. 1 min langer Belastung die Pyramidendruckhärte zur Stoff-
kennzeichnung berechnen nach der Formel

$$H = \frac{P}{t^2 \cdot 28{,}4} \quad [\text{kp/mm}^2].$$

Diese Formel (Zeichenerklärung s. S. 563) gilt für eine Pyramide mit 136°
Öffnungswinkel; vgl. DIN 53456 (Entwurf).

Gegebenenfalls ist ein Mikro-Härteprüfgerät zu verwenden, das mit Lasten
bis zu 0,2 kp arbeitet (s. DIN 50125) und die Ablesung der Eindrucktiefen
in $^1/_{1000}$ mm gestattet [14]. Die Pyramide ist geometrisch idealer als eine Kugel.
Bei Prüfung gleichen Materials mit der Pyramide unter verschiedener Last
erhält man nur gering abweichende Härtewerte. Diese geringen Abweichungen
beruhen darauf, daß die bei verschiedener Last im Probematerial auftretenden
unterschiedlichen Spannungen rechnerisch nicht berücksichtigt werden können.

Sinngemäß wie unter 4.6.2a, α angegeben, kann auch mit der Pyramide die Eindrucktiefe und Elastizität ermittelt werden.

Die Prüfungen auf Pyramidendruckhärte sowie auf Pyramideneindrucktiefe
und Elastizität nach sehr kurzen Prüfzeiten eignen sich zur Gütekontrolle, die
Prüfungen auf Pyramideneindrucktiefe und Elastizität nach sehr langen Prüfzeiten (mindestens bis 10000 min = 166 Std.) für die Beurteilung des Kriechens
unter Last und der Rückstellungsmöglichkeit (Relaxation) nach Entlastung.

γ) *Bleibende Stempeleindrucktiefe.* Das Prinzip des Prüfverfahrens beruht
darauf, daß ein zylindrischer Stempel unter Last auf der Probe ruht und nach
Entlastung die bleibende Eindrucktiefe ermittelt wird. Die Art der Prüfung
ist für Asphalt nach DIN 1996 genormt und wird bei Fußbodenbelägen für
die Ermittlung bzw. die Kontrolle des Eindruckverhaltens in umfangreichem
Maße angewandt. In Tab. 2 sind die für einige Bodenbeläge in Deutschland
angewandten Prüfbedingungen angegeben; vgl. [4, 5, 7]. Die Tabelle zeigt, daß
die angewandten Be- und Entlastungsbedingungen zum Teil erheblich voneinander abweichen.

Zur Zeit beschäftigt sich ein Arbeitsausschuß im Deutschen Normenausschuß damit,
bestimmte einheitliche Prüfbedingungen für sämtliche Fußbodenbeläge festzulegen.

Die Prüfung auf Stempeleindrucktiefe eignet sich bei Anwendung kurzer
Be- und Entlastungszeiten für schnell durchzuführende Gütekontrollen. Für

Tabelle 2

1	2	3		4	5	6	7
Prüf- verfahren	Stempel- durchmesser mm (Fläche cm²)	Vorlast		Gesamt- last	Belastungs- zeit	Entlastung	Entlastungszeit
		kp	sek	kp/cm²			
[8, 9]	11,28 (1 cm²)	10	60	100	20 min	auf Vorlast (10 kp)	5 min
*	11,28 (1 cm²)	0,3	60	50	24 Std.	auf 0 kp	24 Std.
**	11,28 (1 cm²)	0,3	10	100	10 min	auf 0 kp	24 Std.
	11,28 (1 cm²)	0,3	10	25	24 Std.	auf 0 kp	24 Std.

* Bei PVC-, Kunstharz-Asbest- und Vinylharz-Asbest-Belägen zur Zeit üblich und für die vorläufige Festlegung in Güterichtlinien beim RAL in Aussicht genommen.

** Bei Linoleum zur Zeit üblich und für die vorläufige Festlegung in Güterichtlinien beim RAL in Aussicht genommen.

Bewährungsprüfungen müssen die Prüfverhältnisse möglichst nach den in der Praxis vorliegenden Beanspruchungsverhältnissen ausgerichtet werden; es ist z. B. zweckmäßig, eine Vorlast von 0,3 kp und eine Prüflast von 25 oder 50 kp zu wählen, ferner nach verschieden langen Zeiten die entstehenden und verbleibenden Eindrucktiefen auszumessen (nach 1, 10, 100, 1000, 10000 min), um aus den Werten Rückschlüsse auf das Dauerverhalten ziehen zu können.

δ) *Eindruckverhalten zur Kennzeichnung eines Lösungsmitteleinflusses.* Zur Feststellung, ob Fußbodenbeläge z. B. durch die Art der im Kleber verwendeten Lösungsmittel hinsichtlich ihres Eindruckverhaltens nachteilig beeinflußt werden, kann eine Prüfung in Anlehnung an II 4.6.2a, α dienen. Die Eindrucktiefen sind nach 5 oder 10 min langer Belastung (z. B. 20 kp) sowohl am unverlegten als auch am verlegten Material zu messen.

b) Fallversuche. Derartige Versuche eignen sich für Bewährungsprüfungen, sofern die Versuchsausführung, z. B. hinsichtlich Form und Gewicht des Fallkörpers sowie der Fallhöhe, die praktisch möglichen Beanspruchungen ausreichend nachahmen. Die Versuche geben Aufschluß über den Widerstand gegen herabfallende Gegenstände, wenn aufgeklebte Proben oder festverlegte Beläge geprüft werden, ferner über die für den Transport gegebenenfalls wichtige Kantenfestigkeit, wenn die Kanten des unverlegten Materials beansprucht werden.

Als einfachste Fallkörper werden Stahlkugeln benutzt, die aus Höhen bis zu 1 m fallen gelassen werden. Die Kugelfallversuche können nach Vorschlag von R. NITSCHE dazu dienen, das elastisch-plastische Verhalten bei stoßartiger Beanspruchung zu erforschen. Es kann hierbei die bleibende Eindrucktiefe ausgewertet werden, und bzw. oder es wird die Druckstelle im Augenblick des Kugelaufpralles abgezeichnet auf einem an der zu prüfenden Stelle befindlichen Blatt Papier durch Unterlegen eines Bogens Kohlepapier, dessen Kohleschicht dem Papierblatt zugewandt ist [7, 15].

c) Biegeversuche. Biegeversuche dienen zur Erfassung der Biegsamkeit oder der Biegefestigkeit.

Biegsamkeitsprüfungen sind geeignet als Bewährungsprüfungen. Sie geben Auskunft darüber, bis zu welchem Krümmungsradius ein Fußbodenbelag gebogen werden kann, ohne sichtbar geschädigt zu werden [4 bis 7]. Für die Prüfung nach DIN 51949, ,,Dornbiegeversuch an flexiblen Belägen'', werden Proben von 50 mm Breite über Stahldorne mit abgestuften Durchmessern gebogen (wie es schon lange bei Linoleum üblich ist, aber unter Anwendung einer anderen Dornskala) [10]. Als Maß für die Biegsamkeit eines Belages gilt die Krümmung des Zylinders, um den der Belag mit 180° Umschlingungswinkel noch gebogen werden kann, ohne daß auf der Außenseite (Zugzone) irgendwelche ohne Lupe, in der Bezugssehweite von 250 mm, sichtbare Schäden (Haarrisse usw.) auftreten.

An nicht flexiblen Belägen in Plattenform wird die Biegefestigkeit nach DIN 51950 ermittelt.

d) Abriebversuche. Der Verschleiß, den ein Fußbodenbelag während seines Gebrauches erfährt, ist meist für die Nutzungsdauer von entscheidender Bedeutung. Viele Prüfverfahren wurden entwickelt [16 bis 28], aber auch heute ist noch umstritten, welche Verfahren für sämtliche Beläge den in der Praxis eintretenden Verschleiß in ausreichender Relation wiedergeben.

Bei sämtlichen Verfahren handelt es sich letzten Endes um einen künstlichen Abrieb, weshalb die betreffenden Versuche auch als Abriebversuche betitelt werden.

Das in den letzten Jahren von K. EGNER [29, 30] entwickelte Zyklenverfahren nimmt hinsichtlich des Prüfvorgehens eine Sonderstellung unter den deutschen Prüfverfahren ein. Bei diesem Verfahren werden die Proben nacheinander 10 bzw. 22 Beanspruchungszyklen auf einem Längs- und Drehschlupfgerät (s. Abb. 2) unterworfen. Die Proben werden bei 20 Zyklen durch Eindrücken von Nagelköpfen, bei sämtlichen Zyklen durch Schleifen mit Schleifpapier, Walken mit aufgerauhtem Sohlenkernleder beansprucht und bei 5 Zyklen zusätzlich einer Wassereinwirkung und einer UV-Bestrahlung ausgesetzt. Festgestellt werden die Dickenverluste (,,Verschleiß'') der zu prüfenden Proben, und aus diesem Verschleiß wird unter Einbeziehung der Nutzschichtdicke des Belages der spezifische Verschleiß errechnet. Das Verfahren ist in DIN 51954 (Entwurf) beschrieben.

Bei vielen Verfahren weichen die im Laboratorium angewandten Beanspruchungen zu stark von den in der Praxis möglichen ab, so daß die Ergebnisse wenig befriedigen. Zu den Abweichungen gehören:

Nichtanwendung von losem Abreibmaterial,

zu stark forcierter Abrieb durch Abreibmaterialien großer Angriffsschärfe und durch hohe Bewegungsgeschwindigkeiten,

zu starke Erwärmung der Proben durch Reibungswärme,

Abrieb in einer Richtung.

Die größte Aussicht auf Erfolg wird also ein Verfahren haben, das zumindest die vorgenannten Nachteile vermeidet.

Theoretisch muß es möglich sein, mit einer Maschine, die mit losem Schmirgel arbeitet, gegebenenfalls auch die Drehbewegungen des Fußes nachahmt, die brauchbarsten Ergebnisse zu erzielen. In Deutschland wandte man sich daher

nach einem Vorschlag von E. Motzkus dem Abriebprinzip mit losem Schmirgelpulver auf einer sich drehenden Gußeisenscheibe zu. Die Ergebnisse, die in
der Bundesanstalt für Material-
prüfung (BAM) mit einer sich sehr
langsam drehenden Scheibe erzielt
wurden, veranlaßten die Aufnahme
des Verfahrens in DIN 51954 (Entwurf). Das Prüfgerät besteht im
wesentlichen aus einer horizontal
gelagerten drehbaren Scheibe aus
Grauguß (s. Abb. 3). Auf die Scheibe
wird die Probe aufgesetzt und ein
definierter Elektrokorund als Schleifmittel aufgegeben. Während der
Umdrehungen der Scheibe (3,5/min)
rutscht das Schleifmittel unter die
Probe, die nach jeweils 10 Scheiben-
umdrehungen um 90° gedreht bzw.
weitergedreht wird. Der Dickenverlust
nach 80 Umdrehungen wird ermittelt
und daraus der spezifische Verschleiß
errechnet.

Abb. 2. Oberteil des Längs- und Drehschlupfgerätes
für das Zyklenverfahren nach DIN-Entwurf 51954

Das Verfahren wird u. a. noch durch
folgende Maßnahmen verbessert: Das
Schleifmittel läuft vor der Probe, deren
Kanten abgeschrägt wurden, aus einer besonderen Vorrichtung in definierter Menge auf die
Scheibe und wird hinter der Probe abgesaugt; die Probe wird drehbar angeordnet.

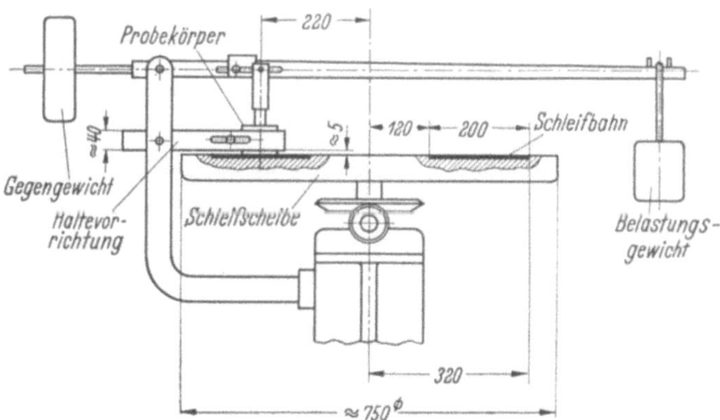

Abb. 3. Schematische Darstellung des Prüfgerätes nach DIN-Entwurf 51954 für das Schmirgelpulver-
Scheibenverfahren

Für Gütekontrollprüfungen ist die Bestimmung des Abriebes in Anlehnung an
DIN 53516 (Prüfung von Gummi, Bestimmung des Abriebes) sehr geeignet,
und zwar u. a. deshalb, weil nur kleine Proben benötigt werden, die auch bequem aus fertig verlegten Böden entnommen werden können. Das Gerät arbeitet

mit einer Abriebwalze, die mit Schmirgelkörper bespannt ist (s. Abb. 4). Zur
Verringerung der Reibungswärme wird die Walze nach einem Vorschlag von
E. MOTZKUS nur mit 8 Umdrehungen/min betrieben, außerdem kann die Probe
auch drehbar (mit verschiedener Drehzahl) angeordnet werden. Es wird entweder der Dickenverlust gemessen oder aus diesem und der Größe der Prüffläche der Volumenverlust in mm³ berechnet.

e) Versuche zur Ermittlung der Gehsicherheit. Wegen der Bedeutung der
Unfallgefahr [31] wurde schon vielerseits versucht, ein Verfahren zu entwickeln, das eine eindeutige Beurteilung der Gehsicherheit auf Fußbodenbelägen
gestattet. Aber sämtliche Bemühungen haben bisher nicht zum gewünschten
Erfolg geführt. Die Gründe hierfür sind in erster Linie folgende: Die beim
Belaufen möglichen Vorgänge lassen sich versuchstechnisch sehr schwer nachahmen und die Umstände, die zum Ausgleiten führen, sind sehr vielfältig.

Im allgemeinen begnügt man sich mit der Erfassung von Kennwerten wie
Rutschwinkel, Reibungskoeffizient und Reibungszahl sowie Rutschstrecke [32].

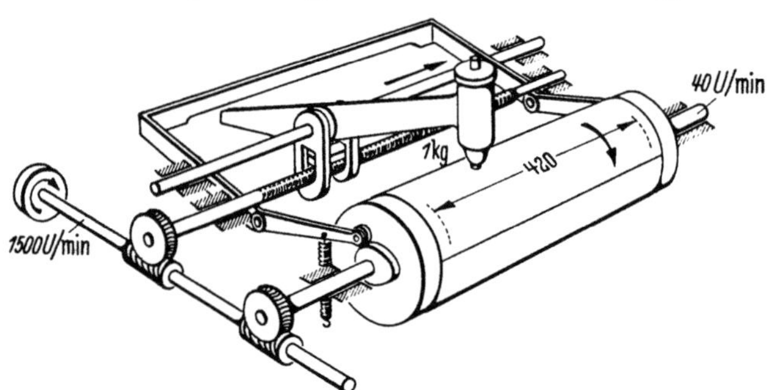

Abb. 4. Schematische Darstellung des Prüfgerätes nach DIN 53516
(Die angegebenen Drehzahlen U beziehen sich auf die Prüfung von
Gummi auf Abrieb)

Bei der Ermittlung des Rutschwinkels wird das Ausrutschen des Fußes durch zunehmende Schrägstellung des Beines nachgeahmt [33 bis 35]. GRÖBER hat die Anwendbarkeit des
Gerätes nach GEHM und KLINGNER [35] näher untersucht und gleich-
zeitig eine von ihm ent-
wickelte Vorrichtung
zur Messung des Reibungskoeffizienten der Bewegung beschrieben [36]. Nach
einem Prüfprinzip ähnlich dem nach GEHM und KLINGNER [35] kann auch der
Reibungskoeffizient ermittelt werden [37, 38]. Das Verfahren [37] wurde mehrfach modifiziert [39 bis 41].

Nach einem anderen Verfahren wird ein mit Sohlenmaterial belegter Gleit-
körper (Ausmaß 9 cm × 15 cm, Gewicht $G = 45$ kg) über den zu prüfenden
Belag mit gleichbleibender Geschwindigkeit von 6 m/s gezogen und die für die
Überwindung der Haftreibung nötige Kraft P_h sowie die für die Erzielung der
Gleitbewegung erforderliche Kraft P_g an einem in die Zugvorrichtung eingebauten Dynamometer abgelesen; Haftreibungszahl μ_h und Gleitreibungs-
zahl μ_g werden nach den Formeln

$$\mu_h = \frac{P_h}{G}, \qquad \mu_g = \frac{P_g}{G}$$

berechnet. Bei einem weiteren Verfahren ähnlicher Art [42] wird ein mit 2 Leder-
streifen besohltes und belastetes Brett über den Belag gezogen und die geringste
Kraft zur Herbeiführung des Rutschens gemessen.

Bei einem anderen Prüfvorgehen [43 bis 47] wird ein mit einem Schuh versehenes Pendel bis zu einer bestimmten Höhe angehoben und losgelassen. Die
Höhe, bis zu der das Pendel durchschwingt, wird durch einen Schleppzeiger an-

gezeigt. Der Reibungskoeffizient wird berechnet aus: Pendelgewicht, Ausgangs-
höhe des Pendels, Durchschwingungshöhe des Pendels, Wirkungsdistanz des
Schuhes und Flächenwiderstand der Kontaktstelle [48].

In neuerer Zeit wurde ein Gerät zur Messung der Haft- und Gleitreibung
von v. ROSENBERG entwickelt [49].

Bei anderen Versuchsausführungen wird ein besohltes Gewicht durch Feder-
druck über die zu prüfende Bodenfläche getrieben und die vom Gewicht zurück-
gelegte Rutschstrecke ermittelt[1].

Da das Ausrutschen in der Praxis stets aus der gleitenden Bewegung heraus
stattfindet, werden nur diejenigen Ergebnisse einen ausreichenden Anhalt für
die Gehsicherheit bieten, die im Verlaufe eines dynamischen Vorganges erhalten
wurden.

4.6.3 Thermische Prüfungen

a) Wärmeleitfähigkeit. Die Prüfung kann mit dem Plattengerät nach POENS-
GEN gemäß DIN 52612, Blatt 1, durchgeführt werden (vgl. II 3.5.1).

b) Erfassung weiterer physikalischer thermischer Meßwerte. J. S. CAMMERER [50]
mißt die Wärmemenge, die der menschliche Fuß an Fußböden abgibt. Nach

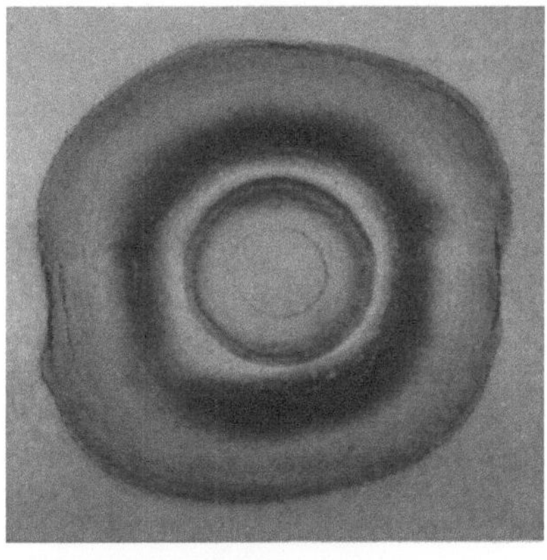

Abb. 5a. Belag leitet nach Erlöschen der Spiritusflamme den Brand nicht weiter

Abb. 5b. Belag leitet nach Erlöschen der Spiritusflamme den Brand weiter (der Brand wurde vor
Erreichen der Belagränder gelöscht)

einem anderen Verfahren wird ein *künstlicher* Fuß [51] oder ein Prüfheizkörper [52]
verwendet, der auf dem Boden aufgesetzt wird. Das Ziel ist, eine Sollkurve als
physiologische Grenze für das Kältegefühl beim Begehen von Fußböden festzulegen.

c) Anzündbarkeit und Brennbarkeit. Für den Gebrauch eines Fußbodenbelages ist hinsichtlich des Verhaltens gegen Feuer von Bedeutung, ob der Belag
einen Anfangsbrand weiterleitet oder nicht. Wenn schon ein Fußbodenbelag
gegebenenfalls brennbar ist, so soll er doch zumindest eine auf ihn oder an
ihn gelangende relativ kleine Flamme nicht weiterleiten. Ein diesbezügliches

---

[1] Das Verfahren wird u. a. in der Bundesanstalt für Materialprüfung, Berlin-Dahlem,
angewandt.

Prüfverfahren wird schon lange in einer Lieferbedingung für Linoleum vorgeschrieben [*10*]. Das Verfahren erscheint in etwas abgeänderter (verschärfter) Form als DIN-Entwurf 51 960. Hiernach wird auf die vorher getrocknete Belagprobe ein Zellstoffhäufchen aufgelegt und dieses mit 2,5 ml Spiritus getränkt.

Abb. 6. Gerät nach DIN 53 382

Das Zellstoffhäufchen wird entzündet, und es wird festgestellt, ob die Probe durch die Spiritusflamme angezündet wird und den Brand weiterleitet (Abbildung 5a und b, Brandflecken).

Eine zahlenmäßige Festlegung des Verhaltens verschiedener Beläge bei der Beanspruchung durch eine Flamme ist möglich, wenn die Prüfung in Anlehnung

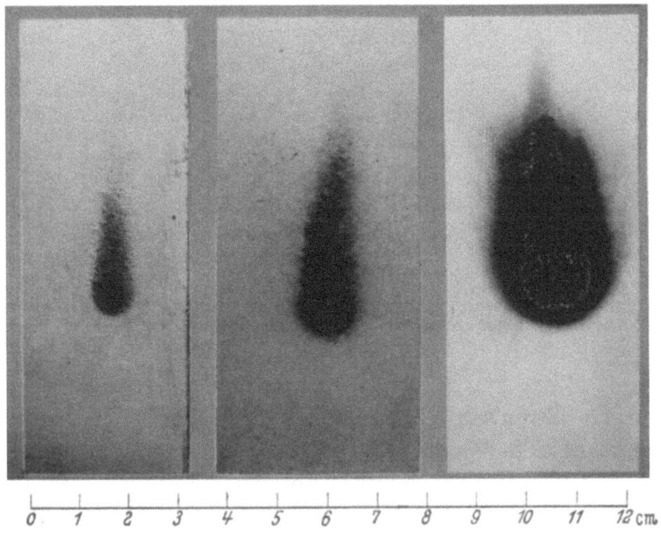

Abb. 7. Brandflecken, erhalten bei der Prüfung nach SCHULZ [*53*]

an das Verfahren von SCHULZ [*53*] ausgeführt wird, das für die Prüfung von Anstrichen auf Brennbarkeit schon von der früheren Reichsbahn vorgeschrieben war. Das diesbezüglich benutzte Prüfgerät (vgl. Abb. 6) besitzt ein schwenkbar angeordnetes Brennrohr, das aus der Schräglage in Horizontallage – und damit senkrecht zur senkrecht stehenden Probe – sinkt, 5 Sek. in dieser Lage ver-

bleibt und sich dann wieder in die Ausgangsstellung zurückbewegt. Die Brand-
flecke (s. Abb. 7) werden ausgemessen (s. auch II 4.5.6 b).

Das Prüfgerät eignet sich nach den Versuchen von E. Motzkus auch gut zur
Prüfung verschiedenartiger Stoffe (z. B. auch Holz) auf Anzündbarkeit [54]. Man kann
sogar für Prüfzwecke die Auswahl von Holzproben, die möglichst gleichartige Beschaffenheit aufweisen sollen, unter Mithilfe der Prüfung auf Anzündbarkeit vornehmen [55]. Für
die Prüfung auf Anzündbarkeit wird die Zeit vom Einwirkungsbeginn der Flamme bis
zur Entzündung bestimmt.

d) Verhalten gegenüber Kohleglut. Auf Grund der bisherigen Versuche ist
es zweckmäßig, zur Nachahmung der Einwirkung von Kohleglut kleine Zylinder
aus unglasiertem Ton, die auf z. B. 900 °C erhitzt sind, auf die Beläge zu legen
und bis zur Abkühlung dort zu belassen.

e) Verhalten gegenüber Zigarettenglut. Ein amerikanisches Verfahren zur
Prüfung der Widerstandsfähigkeit der Oberfläche von gehärteten Schichtpreßstoffen gegen punktförmige Erhitzung, ähnlich der einer hell brennenden Zigarette, ist in den NEMA-Vorschriften [56] festgelegt. Hiernach wird die Probe
der Hitzeeinwirkung einer mehrere Millimeter entfernten, kleinen elektrisch
beheizten Widerstandsspirale ausgesetzt.

Ein derartiges Prüfvorgehen entspricht insofern nicht der Praxis, weil
beim Abbrennen einer Zigarette die Glut wandert.

Nach bisherigen Versuchen erscheint es ratsam, für die Prüfung auf das
Verhalten gegen Zigarettenglut direkt Originalzigaretten zu verwenden. Diesem
Vorgehen entspricht die Prüfung nach DIN-Entwurf 51961.

4.6.4 Elektrische Prüfungen

Derartige Prüfungen dienen ausschließlich zum Zwecke der Unfallverhütung
und betreffen einerseits die elektrische Isolierfähigkeit, andererseits die Ableitfähigkeit elektrostatischer Ladungen. Die einschlägigen Vorschriften sind in
VDE 0100, 1, § 24 n, „Prüfung des Isolationszustandes von Fußböden" und
DIN 51953, „Prüfung der Ableitfähigkeit für elektrostatische Ladungen"
festgelegt.

4.6.5 Optische Prüfungen

In diesem Bereich interessieren die Prüfungen auf Lichtechtheit; Norm-
vorschriften, speziell für Fußbodenbeläge, existieren noch nicht, so daß zur
Zeit nur in Anlehnung an die Prüfung anderer Werkstoffe unter Zuhilfenahme
des Sonnenlichtes oder künstlicher Lichtquellen vorgegangen werden kann
(vgl. II 3.8.2).

4.6.6 Chemische Prüfungen

a) Wasseraufnahme. Das Prüfvorgehen ist unterschiedlich (s. [3 u. 6 bis 9]).
Nach einem Verfahren [8 u. 9] werden Belagabschnitte von 60 mm × 60 mm
Ausmaß oder mindestens 50 mm Durchmesser an den Kanten und auf der
Rückseite wasserdicht abgedichtet, z. B. durch 3malige Behandlung mit einer
Schmelze aus 2 Gewichtsteilen Bienenwachs und 1 Gewichtsteil Kolophonium.
Die Proben werden 16 Std. in destilliertem Wasser gelagert und anschließend
mit Filtrierpapier getrocknet. Ermittelt wird die Wasseraufnahme in mg/cm²,
bezogen auf die freie Probenoberfläche.

Nach einem anderen Verfahren wird ein Zylinder von 100 mm Durchmesser unter Zwischenlegung eines gleich großen Gummiringes auf quadratische Belagproben von 120 mm × 120 mm aufgesetzt, eingespannt und 10 mm hoch mit destilliertem Wasser von 20 °C $\pm$ 2 grd gefüllt. Nach z. B. 24 Std. Einwirkungszeit werden die Proben mit Filtrierpapier getrocknet und die Wasseraufnahme wie vorstehend angegeben ermittelt.

b) Verhalten gegen Chemikalien. Nach einem Vorschlag von E. MOTZKUS werden auf die Belagprobe je drei übereinanderliegende Glasseiden-Gewebescheiben gelegt, mit dem für die Prüfung bestimmten Reagenz satt getränkt und mit einem Glasplättchen beschwert; darüber wird ein Petrischalendeckel aufgesetzt, der gegebenenfalls abgedichtet wird. Nach bestimmter Einwirkungszeit wird das aufgebrachte Reagenz entfernt und der Befund der beanspruchten Stellen sofort sowie nach 24 Std. aufgenommen.

Die Befundaufnahme nach den angegebenen Zeiten erstreckt sich auf die Feststellung sichtbarer Veränderungen (Farbänderung, Glanzverlust, Aufquellen usw.) und auf die Feststellung von Erweichungserscheinungen, sofern diese manuell erfaßbar sind. Das Verfahren erscheint voraussichtlich als DIN-Entwurf 51958.

Für die gegebenenfalls zahlenmäßige Erfassung der durch die Chemikalien veranlaßten Änderung der mechanischen Eigenschaften ist nach den einschlägigen Vorschriften für die mechanischen Prüfungen vorzugehen (vgl. II 4.6.2, auch [7]).

4.6.7 Biologische Prüfungen

Hinsichtlich der Durchführung biologischer Prüfungen, z. B. Prüfung auf die Möglichkeit des Schimmelbefalles und auf Beständigkeit gegen Termitenfraß, s. II 3.10.

4.6.8 Verhalten bei Warmlagerung („Alterung")

Warmlagerungsversuche dienen zur Ermittlung der Änderung, z. B. der mechanischen Eigenschaften oder zur Erfassung der Maßänderungen (stellenweise auch Schrumpfung oder Maßbeständigkeit genannt) und Gewichtsänderungen, die bei der betreffenden Wärmebeanspruchung eintreten. Die angewandten Temperaturen entsprechen meist den durch Sonnenbestrahlung in der Praxis hervorgerufenen und liegen bei 50 oder 60 °C. Die Beanspruchungszeiten betragen 3 bis 6 Wochen. Die Proben werden entweder lose aufliegend oder verklebt geprüft [3, 7]. Von einer echten Alterung kann erst dann gesprochen werden, wenn die Beanspruchungszeiten nicht zu kurz gewählt und sämtliche in der Praxis möglichen Beanspruchungsverhältnisse und -schwankungen berücksichtigt werden.

Literatur

[1] BRÄUTIGAM, C.: Materialprüfung und Normung der Prüfverfahren für organische Fußbodenbeläge. Z. Boden, Wand u. Decke 3 (1957) H. 7.

[2] FORTUN, E.: Normung von Prüfverfahren für Fußbodenbeläge. Z. Boden, Wand u. Decke 6 (1960) S. 46, 88 u. 130.

[3] BS 1711:1951, Gummi-Fußbodenbelag.

[4] BS 1863:1952, Linoleum mit Filz-Unterlage.

[5] BS 810:1957, Linoleum-Bahnen (kalandriert) und Kork-Teppiche.

[6] BS 2592:1955, Thermoplastische Fußbodenplatten, auch „asphalt tiles“ genannt.

[7] BS 3260:1960, PVC- (Vinyl-) Asbest-Fußbodenplatten.

[8] Amtsblatt für Berlin (1955) H. 42, S. 867. Verordnung des Senators für Bau- und Wohnungswesen in Berlin für „Kunststoff-Spachtelböden in Bauten, die mit öffentlichen Mitteln durchgeführt oder gefördert werden“.

[9] Amtsblatt für Berlin (1957) H. 25, S. 604. Verordnung des Senators für Bau- und Wohnungswesen in Berlin für „Fußbodenbeläge aus PVC-Kunststoffen in Bauten, die mit öffentlichen Mitteln durchgeführt oder gefördert werden“.

[10] Technische Lieferbedingungen der Deutschen Bundesbahn für Linoleum. TLB 918129, Ausg. August 1950.

[11] KUNTZE, W.: Härte- und Schlagprüfung von Kunststoffen. Kunststoffe 28 (1938) S. 238.

[12] —: Eindruckhärte-Untersuchungen an Kunststoffen. Kunststoffe 30 (1940) S. 323.

[13] —: Einheitliche Eindruckhärteprüfung für Gummi, Kunststoffe und Metalle. Kautschuk 16 (1940) S. 83.

[14] MOTT, B. W.: Die Mikrohärteprüfung. Stuttgart: Berliner Union 1957.

[15] Amerikanisches Verfahren: QMPC-TMM 6–135, Widerstandsfähigkeit fester Kunststoffe gegen Schlag (Kugelfall).

[16] LANG, G.: Das Holz als Baustoff. Wiesbaden: 1915.

[17] SACHSENBERG, E.: Die Abnutzhärte von Parketthölzern. Z. Die Holzbearbeitungsmaschinen 5 (1929) S. 553.

[18] KOLLMANN, F.: Eine neue Abnützmaschine. Holz als Roh- u. Werkstoff 1 (1937) S. 87.

[19] THUNELL, B., u. E. PEREM: Undersökning av avnötningen hos olika trägolf. Meddeland 19, Svenska Träforskninginstitutet, Trätekniska Avdelningen, Stockholm 1948.

[20] SCHIEFER, H. F., E. LAWRENCE, E. KRASNY u. F. JOHN: Improved Single-Unit Schiefer Abrasion Testing Machine. ASTM-Bull. 159 (Juli 1949 S. 73.

[21] KAINRADL, P.: Die Abriebprüfung von Vulkanisaten (Literatur-Übersicht). Gummi u. Asbest 6 (1953) S. 529.

[22] VIEHMANN, W.: Leistungsüberprüfung – Schlupf – Abrieb, Studien über den Abrieb von Laufflächen-Vulkanisaten. Kautschuk u. Gummi 8 (1955) S. 227.

[23] ASTM D 394–47, Widerstand von Gummimischungen gegen Abrieb.

[24] ASTM D 1242–56, Widerstand von Kunststoff-Materialien gegen Abrieb.

[25] BS 368:1956, Vorgeformte Betonfliesen.

[26] ASTM D 1044–56, Widerstand von transparenten Kunststoffen gegen Oberflächenabrieb.

[27] ASTM D 673–44, Prüfmethoden für Kratzfestigkeit von Kunststoffen.

[28] Börje Andersson, Ph. L., Central Research Laboratory of the Swedish Paint and Varnish Industry, Stockholm, Sweden: The Taber Abraser For Testing Floor Varnishes.

[29] EGNER, K.: Abnützwiderstand von Fußbodenbelägen, Beurteilung durch Kurzzeitversuche. Z. VDI 92 (1950) S. 169.

[30] —: Kurzprüfung des Abnützwiderstandes von Fußbodenbelägen mittels sogenannter Schlupfgeräte. Die Bauwirtschaft (1951) H. 25.

[31] WASSERMANN: Fußböden, Fußbodenbeläge und Fußbodenpflege als Ursache von Unfällen. Die Berufsgenossenschaft (1957) S. 274.

[32] DRESCHER, H.: Mechanik der Reibung zwischen festen Körpern. Z. VDI 101 (1959) S. 697.

[33] KURZWEG, H.: Glättemessungen an gebohnerten Fußböden. Seifensieder-Ztg. 61 (1934) S. 656.

[34] —: Neue Untersuchungen über die Glätte an gebohnerten Fußböden. Seifensieder-Ztg. 62 (1935) S. 413.

[35] GEHM, G., u. W. KLINGNER: Die Prüfung von Fußbodenpflegemitteln auf Glanzerzeugung und Rutschfestigkeit. Fette u. Seifen 48 (1941) S. 499.

[36] GRÖBER, H.: Beitrag zur Untersuchung der Rutschgefahr bei Bohnerwachsen auf Fußbodenbelägen. Fette u. Seifen 56 (1954) S. 677.

[37] HUNTER: J. Res. Nat. Bur. Stand. 5 (1930) S. 329.

[38] ASTM Bull. (Februar 1954) S. 20.

[39] National Safety News (August 1940) S. 22.

[40] Soap and Sanitary Chemicals (Oktober 1944) S. 111.
[41] Flooring, Apr. 1950 and private communications from J. L. POLK (designer).
[42] EWERDAHL: Byggmästaren 17 (1938) S. 447.
[43] SIEGLER: National Bureau of Standards, BMS 100.
[44] —: J. Res. Nat. Bur. Stand. 40 (1948) S. 339.
[45] —: Soap and Sanitary Chemicals (Januar 1948) S. 149.
[46] —: Soap and Sanitary Chemicals (September 1950) S. 121.
[47] ASTM Bull. (Februar 1954) S. 21.
[48] Vergleiche National Safety News (Januar—Juni 1955) S. 27, 67 und 68.
[49] ROSENBERG, G. v.: Beitrag zur Bestimmung der Gleitsicherheit von wachsgepflegten Fußböden. Fette, Seifen, Anstrichmittel 61 (1959) S. 181.
[50] CAMMERER, J. S.: Die physiologischen Prüfverfahren der Wärmeableitung von Fußböden. Die Bauwirtschaft 10 (1956) S. 385.
[51] SCHÜLE, W.: Wärmetechnische Fragen bei Fußböden und Decken unter besonderer Berücksichtigung der Fußwärme. Gesundheits-Ing. 78 (1957) H. 19 und 20.
[52] CAMMERER, J. S.: Prüfung der Wärmeableitung von Fußböden in der Praxis. Boden, Wand u. Decke (1959) S. 66.
[53] SCHULZ: Farben-Ztg. 39, S. 729 und 780.
[54] MOTZKUS, E.: Chem. Apparatur 24 (1937) H. 12, S. 199.
[55] —: Arb. über physiol. angew. Entomol. 5 (1938) S. 313.
[56] NEMA-Vorschriften, Publ. No. LP2–1951, für laminated thermosetting decorative sheets; zu beziehen von den National Electrocal Manufactures Association, 155 East 44th street, New York 17, N. Y.

4.7 Schichtpreßstoff-Erzeugnisse

Von G. Koesling, Berlin

4.7.1 Erscheinungsformen und deren DIN-gemäße Definitionen

Hartpapier (Kurzzeichen: Hp) ist ein Schichtpreßstoff, der aus Harz und Papier entweder als Halbzeug (Tafeln, Rohre, Vollstäbe, Flachleisten) oder als Formteil hergestellt ist. – DIN 7735.

Hartgewebe (Kurzzeichen: Hgw) ist ein Schichtpreßstoff, der aus Harz und Gewebe entweder als Halbzeug (Tafeln, Rohre, Vollstäbe, Flachleisten) oder als Formteil hergestellt ist. – DIN 7735.

Kunstharz-Preßholz (Kurzzeichen: Preßholz) ist ein Schichtpreßstoff, der aus verdichtetem Lagenholz (Preßlagenholz nach DIN 4076) mit mindestens 8% Phenolharz als Halbzeug (Platten) hergestellt ist. – DIN 7707.

Preßspan (Kurzzeichen: Psp) ist eine vornehmlich aus hochwertigen Cellulosefasern bestehende, schichtweise aus Faserstoffbahnen aufgebaute, gepreßte Feinpappe, die als Halbzeug (Tafeln, Rollen) hergestellt ist. – DIN 7733.

Vulkanfiber (Kurzzeichen: Vf) ist ein Schicht(preß)stoff, der durch Pergamentieren ungeleimter Papiere als Halbzeug (Tafeln, Stäbe, Bahnen, Rohre) hergestellt ist. – DIN 7737. Je stärker der Pergamentierungsgrad, um so mehr verschwinden die einzelnen Papierlagen und man erhält schließlich bei sehr starkem Pergamentieren eine nahezu homogene Masse aus Hydratcellulose.

4.7.2 Sinn und Zweck der Durchführung von Prüfungen

Die Prüfung der Schichtpreßstoffe kann aus den verschiedensten Gründen und damit unter den verschiedensten Gesichtspunkten vorgenommen werden. Als hauptsächlichste sind wohl zu nennen:

1. Die Überwachung (seitens Erzeuger als auch Verbraucher) von Schichtpreßstoff-Erzeugnissen auf Einhaltung der in den entsprechenden DIN-Typentafeln festgelegten Eigenschaftswerte.

Um aber auch wirklich die ermittelten „Prüfwerte" mit den in den DIN-Typentafeln angegebenen „Eigenschaftswerten" vergleichen zu können, ist die Einhaltung der diesbezüglich in den DIN-Abnahme- und Prüfverfahren festgelegten Bedingungen unerläßlich [1].

2. Die betriebsbedingte Kontrollprüfung rein auf qualitative Gleichmäßigkeit der Erzeugnisse.

Das gilt zu gleichen Teilen beispielsweise für den Wareneingang bei Bezug der Erzeugnisse von Zulieferern, wie beim Warenausgang derselben an den Abnehmer. In den seltensten Fällen erfolgt hier eine Prüfung auf Einhaltung der sog. „Eigenschaftswerte" gemäß DIN-Typentafel. Denn erstens lassen sich unter der Voraussetzung betrieblich-technischer Lieferungen meist keine Norm-Prüfkörper herstellen (besonders bei Formteilen) und zweitens würde eine solche in ihrer Gesamtheit einen zu hohen Arbeits- und Kostenaufwand bedeuten, ganz abgesehen von dem hierfür erforderlichen Zeitaufwand. Im Hinblick auf den späteren Verwendungszweck des Materials bzw. Teiles werden von den theoretisch durchführbaren Prüfungen je nach Durchführungsmöglichkeit, manchmal auch in etwas abgewandelter Form, einige ausgewählt, durchgeführt und die ermittelten Ergebnisse sinn- bzw. erfahrungsgemäß ausgewertet.

3. Reine Vergleichsprüfungen an beliebig geformten Prüfkörpern gleicher Gestalt aber verschiedenen Materials.

Es handelt sich in diesem Falle um ein typisches Moment, wie es nur zu oft von Seiten der Konstrukteure an den Materialprüfer herangetragen wird: „Hier habe ich zwei gleiche Teile aus verschiedenen Materialien; welches ist besser bzw. ist unter den jeweiligen Betriebsverhältnissen vorteilhafter einzusetzen?" Auswahl und Durchführung derartiger Prüfungen werden in diesem speziellen Falle zweckmäßig allein durch die Erfahrung des Prüfenden bestimmt.

In den weiteren Ausführungen sollen nun einzelne Prüfverfahren bzw. -möglichkeiten diskutiert werden, einschließlich einiger Hinweise sinngemäßer Abwandlungen, um für die Durchführung eventuell vorkommender prüftechnischer Sonderfälle einen Anhalt zu geben. Im Zusammenhang mit Letztgesagtem sei aber noch darauf hingewiesen, daß in diesen Fällen den genauen Angaben in den entsprechenden Prüfprotokollen besondere Beachtung zu schenken ist.

4.7.3 Prüfungen

Es sei hiermit von vornherein festgestellt, daß generell die Sicherheit einer Aussage, die auf Prüfwerten basiert, größer wird, mit zunehmender Anzahl der untersuchten Proben. Irgendwelche Ausreißer unter den Meßwerten lassen sich dann verhältnismäßig leicht erkennen, womit eine Verfälschung des Prüfergebnisses weitgehend vermieden werden kann. Für Betriebsprüfungen wird man sich normalerweise möglichst auf etwa 3 bis 5 Proben je Prüfung abstützen.

a) Mechanische Prüfungen. α) *Biegeversuch.* Der Biegeversuch ist für die Schichtpreßstoffe Hartpapier, Hartgewebe, Kunstharz-Preßholz und Vulkan-

fiber nach DIN 53452 genormt [*1* bis *4*]. Er gibt Aufschluß über Festigkeits-
und Formänderungseigenschaften bei bestimmter Biegebeanspruchung. Seine
zahlenmäßige Auswertung findet ihren hauptsächlichen Niederschlag in der
Bestimmung der sogenannten Biegefestigkeit σ_{bB}, das ist die Biegespannung
σ_b im Moment des Bruches, oder auch der Quotient aus dem Biegemoment M beim Bruch der Probe und deren Widerstandsmoment W.

Abb. 1. Versuchsprinzip
des Biegeversuches

$$\sigma_{bB} = \frac{M}{W} \quad [\text{kp/cm}^2].$$

W [cm³] ist entsprechend dem Querschnitt der Probe
entweder diesbezüglichen Tabellen in technischen Taschen-
büchern zu entnehmen oder neu zu berechnen.

M [kp · cm] ist durch das Versuchsprinzip (s. Abb. 1) „Träger auf 2 Stützen
mit einer in der Mitte angreifenden Einzellast" gegeben:

$$M = \frac{P \cdot l}{4} \quad [\text{kp} \cdot \text{cm}].$$

Darin bedeuten:

P Belastung in kp,
l Stützweite in cm.

Für die praktische Versuchsdurchführung stehen Prüfmaschinen (s. Abb. 2)
zur Verfügung. – Zur Versuchsdurchführung selbst noch folgende Hinweise:

Die beim Biegeversuch
nach DIN 53452, also an
Normstäben unter bestimm-
ten Prüfbedingungen ermittelten Werte, lassen sich nicht
ohne weiteres auf beliebige
Preß- bzw. Formteile übertragen, da deren Gestalt und
Fertigungsbedingungen die
Werte der Biegefestigkeit mit
beeinflussen. Im letzteren
Falle sind also die Versuchsbedingungen, in Anlehnung
an das vorgenannte Versuchsprinzip, durch den Prüfenden
jeweils selbst festzulegen.

Es ist weiter zu beachten,
daß die Biegefestigkeitswerte
bei den Schichtpreßstoffen
senkrecht und parallel zu den
Schichten sowie längs und

Abb. 2. Biegeprüfmaschine (Bauart Zwick u. Co. KG)

quer zur Hauptfaserrichtung stark unterschiedlich sein können [*5*].

Die Proben müssen ferner frei sein von Fehlstellen, die zu Kerbwirkungen
führen können und somit das Prüfergebnis fälschen würden.

Rohrförmige Prüfkörper sind an den Stellen, an denen die Kräfte angreifen,
zweckmäßigerweise vor dem Versuch mit Füllkörpern zu versehen, um ein

Eindrücken dieser Prüfkörper zu verhindern. Denn auch das würde das Prüfergebnis fälschen (s. DIN 53452).

Hinsichtlich der Belastung bei der Versuchsdurchführung sei noch gesagt, daß diese bei langsamer, gleichmäßiger Steigerung stoßfrei aufzubringen ist.

Biegefestigkeit in kp/cm² (Richtwerte)

Hartpapier	700 bis 1500
Hartgewebe	800 bis 1500
Kunstharz-Preßholz ...	300 bis 2400
Vulkanfiber	800 bis 900

Beim Alterungsverhalten der Preßspäne wird u. a. auch der Biegeversuch herangezogen. Im Gegensatz zu den anderen Schichtpreßstoffen wird hier nach einem abgeänderten Verfahren geprüft, das im einzelnen in DIN 7734–5.961 abgehandelt ist.

β) Druckversuch. Für die Schichtpreßstoffe Hartpapier, Hartgewebe, Kunstharz-Preßholz und Vulkanfiber ist der Druckversuch nach DIN 53454 genormt [*1* bis *4*]. Er ist vornehmlich als rein betrieblicher Abnahmeversuch zu werten, der seine zahlenmäßige Auswertung in der Ermittlung der sog. Druckfestigkeit σ_{dB} findet, das ist die auf den Anfangsquerschnitt der Probe bezogene maximale Kraft bei Druckbeanspruchung bis zum Bruch der Probe.

$$\sigma_{dB} = \frac{P}{F} \quad [\text{kp/cm}^2].$$

Darin bedeuten:

P Maximale Kraft in kp,
F Anfangsquerschnitt der Probe in cm².

Die Versuchsanordnung besteht aus zwei ebenen Widerlagern, zwischen denen die Probe bis zum Bruch gestaucht wird. Eines der beiden Widerlager

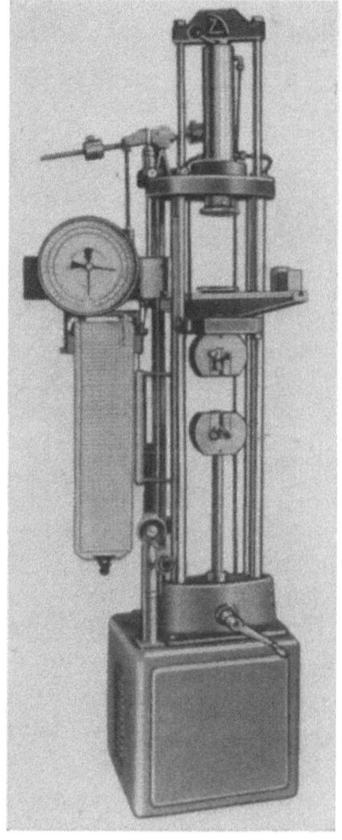

Abb. 3.   Universal - Prüfmaschine
(Bauart Zwick u. Co. KG)

muß dabei kugelig einstellbar sein, um möglichst das das Prüfergebnis verfälschende Auftreten örtlicher spezifischer Belastungsspitzen zu vermeiden.

Die praktische Versuchsdurchführung erfolgt mit Hilfe von Druckprüfmaschinen als auch Universal-Prüfmaschinen (s. Abb. 3). – Noch einige Hinweise zum vorbeschriebenen Versuch:

Eine Übertragung der gemäß DIN 53454 ermittelten Versuchsergebnisse auf beliebige Preß- bzw. Formteile ist nicht möglich, da hier Gestalt und Fertigungsbedingungen u. U. starken Einfluß haben. Im letzteren Falle sollten in Anlehnung an das genormte Prüfverfahren nur Vergleichsprüfungen durchgeführt werden, bei denen beispielsweise dann auch nur der Wert der Bruchlast in kp als Maßstab gewertet wird.

Weiter ist zu beachten: Die Druckfestigkeit von Schichtpreßstoffen ist mit von der Belastungsrichtung abhängig (senkrecht oder parallel zu den Schichten sowie längs oder quer zur Faserrichtung). Ferner müssen die Proben bei gleicher Vorschubgeschwindigkeit der Druckplatten stoßfrei belastet werden, wobei zwischen Belastungsbeginn und Probenbruch etwa 1 min Zeit aufgewendet werden soll.

Druckfestigkeit in kp/cm² (Richtwerte)	
Hartpapier	400 bis 1500
Hartgewebe	400 bis 2000
Kunstharz-Preßholz ...	1100 bis 2700
Vulkanfiber	1500 bis 1800

Im Zusammenhang mit dem vorgenannten Druckversuch steht auch die im gleichen DIN-Blatt fixierte Stauchungsprüfung, die hier nur der Ordnung halber erwähnt sein soll. Sie zählt normalerweise nicht zu den Betriebs- und Abnahmeprüfungen.

γ) *Einreißfestigkeit.* Die Prüfung der Einreißfestigkeit ist allein für den Schichtpreßstoff Preßspan – und auch da nur bis zu einer maximalen Materialdicke von 0,5 mm – in DIN 7734 genormt [1]. Sie bezweckt die Feststellung des Widerstandes von Preßspan gegen Einreißen beim Bewickeln von Spulenkörpern.

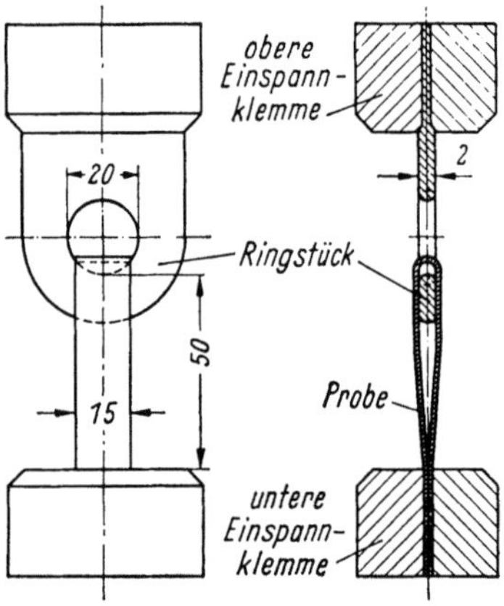

Versuchsprinzip: Die Probe ist durch die Öffnung des in die obere Spannbacke einer Zerreißmaschine eingespannten Ringstückes zu schlingen. Ihre beiden Enden sind dann in die untere Spannbacke einzuspannen. Bei der Zugbelastung wird die Einreißlast in kp ermittelt, d. h. die Größe der Belastung, bei welcher der Probestreifen einreißt (s. Abb. 4).

Bezüglich der genauen Versuchsbedingungen sei auf DIN 7734 verwiesen. Hierzu sei aber gleichzeitig noch bemerkt, daß für das vorgenannte Verfahren, infolge Fehlens ausreichenden Erfahrungsmaterials, bisher keine Angaben über (Mindest-) Werte vorliegen bzw. festgelegt sind. Bei seiner eventuellen Anwendung sind

Abb. 4
Schemazeichnung zur Bestimmung der
Einreißfestigkeit (DIN 7734)

demzufolge vorerst zwischen den einzelnen Partnern jeweils besondere Vereinbarungen zu treffen. Dieser Versuch ist insofern interessant, als man ihn ohne weiteres als eine Abwandlung des allgemein bekannten Zugversuches ansprechen könnte.

δ) *Elastizitätsmodul.* Dieser Versuch wird als eine Betriebs- bzw. Abnahmeprüfung so gut wie nie angewendet. Er sei hier nur der Vollständigkeit halber mit aufgeführt.

Elastizitätsmodul in kp/cm² (Richtwerte)	
Hartpapier	50 000 bis 110 000
Hartgewebe	60 000 bis 90 000
Kunstharz-Preßholz ...	30 000 bis 200 000
Vulkanfiber	50 000

ε) *Kerbschlagbiegeversuch.* Der Kerbschlagbiegeversuch ist für die Schichtpreßstoffe Hartpapier, Hartgewebe, Kunstharz-Preßholz und Vulkanfiber nach DIN 53453 genormt [1 bis 3]. Mit ihm wird die Kerbschlagzähigkeit a_k, das ist die von der gekerbten Probe (s. Abb. 5) verbrauchte Schlagarbeit, bezogen auf den Querschnitt der Probe an der Kerbe vor dem Versuch, bestimmt.

$$a_k = \frac{A_k}{b \cdot h_k} \quad [\text{kp} \cdot \text{cm/cm}^2].$$

Darin bedeuten:

A_k von der gekerbten Probe verbrauchte Schlagarbeit in kp · cm,

b Breite $\Big\}$
h_k Dicke der Probe in Kerbmitte in cm.

In der Praxis wird bei Prüfungen nach DIN 53453 die Kerblänge in mm als Index mit angegeben; z. B.: $a_{k\,15}$ oder $a_{k\,10}$. Im übrigen können die bei der normgemäßen Versuchsdurchführung ermittelten Prüfwerte nicht ohne weiteres auf beliebige Formstücke übertragen werden, da Gestalt und Fertigungsbedingungen nicht ohne Einfluß sind.

Für reine Abnahmeversuche ist beispielsweise meist schon ein reiner Zahlenvergleich der jeweils aufgewendeten Schlagarbeit an verschiedenen aber gleichgeformten, gekerbten Proben ausreichend. Daraus geht hervor, daß man für diesen Zweck auch „nicht DIN-gemäße Proben" verwenden kann, sowie auch den genormten Widerlagerabstand verändern kann. Es sei aber nochmals darauf hingewiesen, daß es sich hier dann nur um reine Vergleichsversuche handeln kann, wobei die durch den

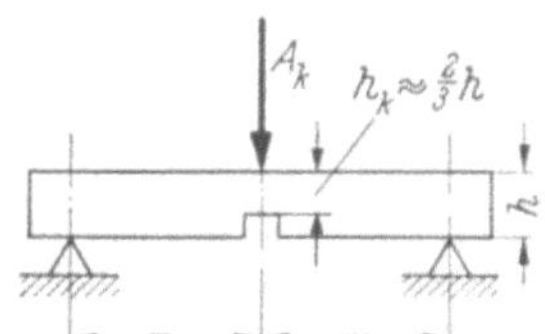

Abb. 5. Versuchsprinzip des Kerbschlagbiegeversuches

Abb. 6. Pendelschlagwerk
(Bauart Zwick u. Co. KG)

Prüfenden selbst gewählten Versuchsbedingungen unbedingt im Prüfprotokoll festgehalten werden müssen. Die Durchführung der Versuche erfolgt auf Pendelschlagwerken (s. Abb. 6).

Auf zwei Dinge der Praxis sei noch besonders hingewiesen:

Durch Leerversuche mit dem Pendelschlagwerk ist sicherzustellen, daß das frei durchfallende Pendel auch wirklich keine Arbeit leisten muß, d. h. die Skalenzeiger müssen auf den Skalenteilstrich 0,0 kp · cm durchpendeln.

Bei Schichtpreßstoffen ist die Kerblage sowie die Schlagrichtung in bezug auf die Schichten und möglicherweise Faserrichtung zu beachten. Das gilt in erhöhtem Maße bei Durchführung von Vergleichsversuchen, wie vorstehend erwähnt.

Kerbschlagzähigkeit in kp · cm/cm² (Richtwerte)

	$a_{k\,15}$	$a_{k\,10}$
Hartpapier	5 bis 15	2 bis 5
Hartgewebe	15 bis 20	7 bis 15
Kunstharz-Preßholz ...	2 bis 40	
Vulkanfiber	20 bis 25	

$\zeta)$ *Kugeldruckhärte*. Unter der Härte eines Werkstoffes versteht man seine Widerstandsfähigkeit, die er dem Eindringen eines Fremdkörpers entgegensetzt.

Bei der in der Metallprüfung bekannten Bestimmung der „Brinellhärte" wird nur die bleibende Formänderung erfaßt, da hierbei die elastische Formänderung vernachlässigbar klein ist. Anders dagegen bei den „elastischen" Kunststoffen, bei denen man die Gesamtformänderung erfassen muß und deshalb ihre Härte unter Last bestimmt. Dabei wird eine Stahlkugel unter konstantem Druck senkrecht und stoßfrei in die zu untersuchende Probenoberfläche eingedrückt (s. Abb. 7). Nach bestimmter Belastungsdauer wird der Weg der Kugel in das Prüfstück als Eindringtiefe gemessen [1, 6]. Die Kugeldruckhärte H berechnet sich dann nach folgender Gleichung:

$$H = \frac{P}{\pi \cdot h \cdot D} \quad [\text{kp/cm}^2].$$

Darin bedeuten:

P Belastung in kp,
h Eindringtiefe der Kugel in cm,
D Kugeldurchmesser in cm.

Hinweis für Abnahmeprüfungen größerer Stückzahlen mit geforderter Einzelprüfung: Es sei beispielsweise eine Mindesthärte von 1000 kp/cm² gefordert. Das heißt, nach vorgenannter Formel muß die Eindringtiefe

$$h \leqq \frac{P}{\pi \cdot H \cdot D} \quad [\text{cm}]$$

sein. Ohne weitere Härtebestimmung kann somit nur nach den Meßuhrangaben „gut und schlecht" einer Lieferung bestimmt werden. Die Versuchsbedingungen der jeweiligen Prüfungen sind in folgender Art zu fixieren; beispielsweise:

H	2,5	·	65	·	30	=	· · ·	[kp/cm²].
	Kugel-durchmesser [mm]		Be-lastung [kp]		Zeit [Sek.]		Zahlenwert der Kugeldruckhärte	

Abb. 7. Kugeldruckhärteprüfer

Bezüglich der Probengröße gelte als Anhalt: Bei einer Belastung mit 50 kp und einer verwendeten Kugel mit 5 mm Durchmesser muß die Prüffläche 15 mm × 15 mm sein, bei einer Materialdicke von 5 mm.

Kugeldruckhärte in kp/cm² (*Richtwerte*)

Hartpapier	1500
Hartgewebe	1500
Kunstharz-Preßholz ...	1600
Vulkanfiber	700 bis 1200

Für Kunstharz-Preßholz in DIN 7707 und Vulkanfiber in DIN 7738 ist die Bestimmung der Kugeldruckhärte genormt.

$\eta)$ *Rohdichte*. Nach DIN 1306 ist die Rohdichte auf das Volumen der ganzen Stoffmenge einschließlich der Zwischenräume (z. B. Poren) bezogen und errechnet sich aus dem Quotienten $\frac{m}{V}$, wobei m die Masse und V das Volumen bedeutet [1, 4].

Für betriebliche Untersuchungen und Prüfungen sind es vor allem wohl 2 Möglichkeiten, die zur Ermittlung der Rohdichte als besonders geeignet erscheinen. Beide werden, wenn nicht anders vereinbart, ohne Vorbehandlung, also im Anlieferungszustand durchgeführt. Für etwaige Schiedsuntersuchungen sei bezüglich der Probenform, eventuelle Konditionierung als auch noch weitere Bestimmungsmöglichkeiten für die Rohdichte von Schichtpreßstoffen auf DIN 53479 bzw. speziell für Preßspan auf DIN 7734 verwiesen.

1. (Überschlägliche) Bestimmung aus Gewicht bzw. Masse und Volumen.

Das Gewicht bzw. die Masse der Probe wird durch Wägung auf einer Analysenwaage bestimmt; das Volumen der Probe wird aus ihren Abmessungen berechnet. Je nach verlangter Genauigkeit ist dabei die Anzahl der erforderlichen wertanzeigenden Ziffern in Rechnung zu stellen. Als Richtwerte hierfür: Wägung – die ersten vier wertanzeigenden Ziffern; Abmessungen – auf 0,1 mm genau. Die Probenform ist dabei möglichst so zu wählen, daß eine einfache Volumenberechnung gegeben ist. Zweckmäßig ist eine Rückführung auf geometrische Grundkörper, wie z. B. Würfel, Quader, Zylinder, Rohr usw. Über die Probengröße ist von Fall zu Fall zu entscheiden, sofern sie möglicherweise bei Formteilen nicht direkt oder auch indirekt (d. h. wenn ein Probenkörper erst herausgearbeitet werden muß) gegeben ist. – Unter der Voraussetzung sinngemäßer Anwendung kann als Leitsatz gelten: Je größer der Prüfkörper, desto genauer das Prüfergebnis.

2. Bestimmung nach dem Auftriebsverfahren.

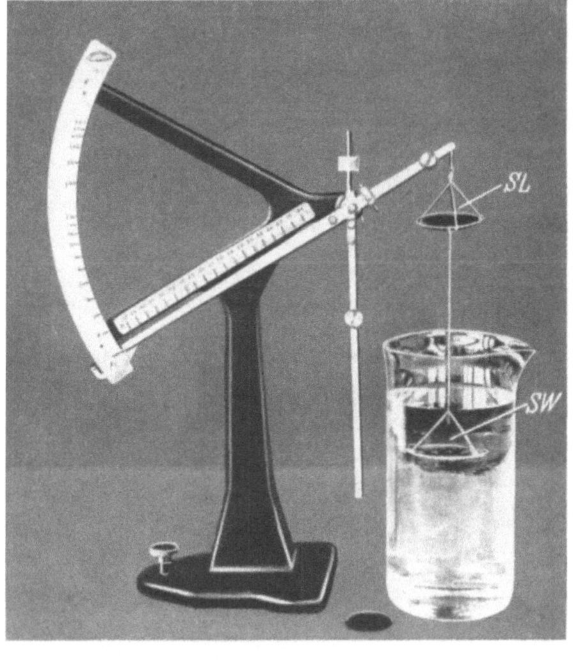

Abb. 8. Schnellwaage (Bauart Sartorius)

Die klassischen Anwendungsverfahren dieser Art sind die JOLLYsche Federwaage und die MOHRsche Waage.

Im Laufe der technischen Entwicklung entstand die ebenfalls nach dem Auftriebsprinzip arbeitende „Schnellwaage" (s. Abb. 8) zur Bestimmung der Rohdichte fester Körper. Dabei ist auf der Radialskala der Waage das Gewicht des zu wägenden Körpers ablesbar, auf der Quadrantenskala direkt die Dichte. Probenform und -abmessungen sind theoretisch beliebig, praktisch jedoch durch die Baumaße der Waage begrenzt. Das Probengewicht darf nur zwischen 3 und 20 g betragen und die Dichte der Probe darf maximal 5,0 g/cm³ sein.

Rohdichte in g/cm³ (Richtwerte)	
Hartpapier	1,05 bis 1,45
Hartgewebe	1,15 bis 1,40
Kunstharz-Preßholz ...	1,30 bis 1,40
Preßspan	1,00 bis 1,35
Vulkanfiber	1,10 bis 1,50

ϑ) *Schichtfestigkeit* (s. II 4.5.5 c). Unter der Schichtfestigkeit versteht man die Zugfestigkeit senkrecht zur Schichtebene. Sie ist bisher nur für den Schichtpreßstoff Vulkanfiber als Prüfung nach DIN 7738 vorgesehen [1]. Hierbei wird das zu prüfende Material mit einem geeigneten Kleber auf Hirnholz geklebt, dann erst werden hieraus die eigentlichen Proben erstellt

Schichtfestigkeit in kp/cm² (Richtwerte)

Vulkanfiber	35 bis 60

und schließlich senkrecht zu den Schichten durch Zugbeanspruchung zerrissen.

Die Versuchsdurchführung erfolgt aber nur bei Vulkanfiber ≤ 10 mm Dicke.

ι) *Schlagbiegeversuch.* Das für den Kerbschlagbiegeversuch (DIN 53453 [*1* bis *4*]) Gesagte gilt auch hier. Nur ist im vorliegenden Falle die Probe nicht gekerbt und somit die Schlagzähigkeit a_n die von der ungekerbten Probe verbrauchte Schlagarbeit, bezogen auf den Probenquerschnitt.

$$a_n = \frac{A_n}{b \cdot h} \quad [\text{kp} \cdot \text{cm/cm}^2].$$

Darin bedeuten:

A_n von der nicht gekerbten Probe verbrauchte Schlagarbeit in kp · cm,
b Breite ⎫
h Dicke ⎭ der Probe in Probenmitte in cm.

Schlagzähigkeit in kp · cm/cm² (Richtwerte)

	$a_{n\,15}$	$a_{n\,10}$
Hartpapier	8 bis 25	8 bis 25
Hartgewebe	15 bis 35	15 bis 35
Kunstharz-Preßholz ...	3 bis 50	
Vulkanfiber	80 bis 90	

$\varkappa$) *Spaltversuch.* Der Spaltversuch dient zur Ermittlung des Widerstandes von Schichtpreßstoffen gegen das Trennen der Schichten voneinander durch eine Spaltbeanspruchung; er ist für Hartpapier, Hartgewebe, Kunstharz-Preßholz und Vulkanfiber nach DIN 53463 genormt [*1, 4*]. Dabei versteht man unter der zahlenmäßig zu ermittelnden Spaltlast den größten Druck in kp, den die Probe bei diesem Versuch aushält.

Versuchsprinzip: Eine auf einem ebenen Widerlager aufliegende Probe wird mittig, parallel zu den Schichten durch einen Stahlkeil mit einem Winkel von 60° belastet, bis eine Trennung der Schichten eintritt (s. Abb. 9). Als Versuchsgeräte sind alle Biege- und Druckfestigkeitsprüfmaschinen bzw. Universalprüfmaschinen geeignet. Besondere Beachtung ist bei diesem Versuch dem vollen Aufsitzen des Druckkeiles auf der Probe zu schenken, sowie der Druckzunahme, die etwa 250 kp/min betragen soll.

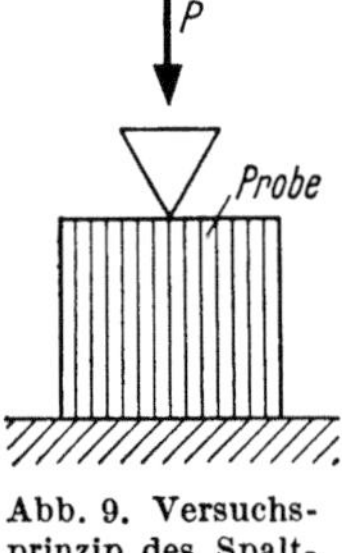

Abb. 9. Versuchsprinzip des Spaltversuches

Hinsichtlich der genauen Versuchsbedingungen sei auf die oben genannte DIN-Vorschirft verwiesen.

λ) *Tiefungsversuch.* Nach DIN 7738 ist auch für den Schichtpreßstoff Vulkanfiber der ERICHSEN-Tiefungsversuch nach DIN 50101 genormt [*1*],

Spaltlast in kp (Richtwerte)

Hartpapier	200
Hartgewebe	250 bis 300
Kunstharz-Preßholz ...	250
Vukanfiber	70 bis 90

wobei die Tiefung auf 0,1 mm genau angegeben wird. Es wird verlangt, daß bei allen Vulkanfibersorten, außer Vf 3122, bei einer Probendicke ≤ 3 mm die gemessene Tiefung > 5 mm ist.

Versuchsprinzip: Durch eine Stahlkugel wird das zu prüfende Material über eine Matrize und einen Faltenhalter langsam eingedrückt. Als Tiefung gilt der Weg des Stößels von der Nullstellung (Kugel berührt Probe) bis zum Beginn des Einreißens der Probe (s. Abb. 10).

Zu beachten sind hierbei die Proben, und zwar in bezug auf ihre Größe und ihre Form, da allein hierdurch unterschiedliche Tiefungswerte bei gleichem Material beobachtet werden können. – Versuchseinzelheiten s. DIN 50101.

μ) Wickelprüfung. Laut DIN 7738 ist für den Schichtpreßstoff Vulkanfiber eine sog. Wickelprüfung vorgesehen [1].

Versuchsprinzip: Die Probestreifen des zu prüfenden Materials werden nach vorgeschriebener Vorbehandlung über Dorne bestimmten Durchmessers (je nach Materialdicke) gewickelt, wobei die Proben keine Oberflächenrisse zeigen oder gar brechen dürfen. – Ein Material von z. B. 0,5 bis 1 mm Dicke muß sich einwandfrei um einen Dorn mit 28 mm Durchmesser wickeln lassen; ausgenommen ist Vf 3112

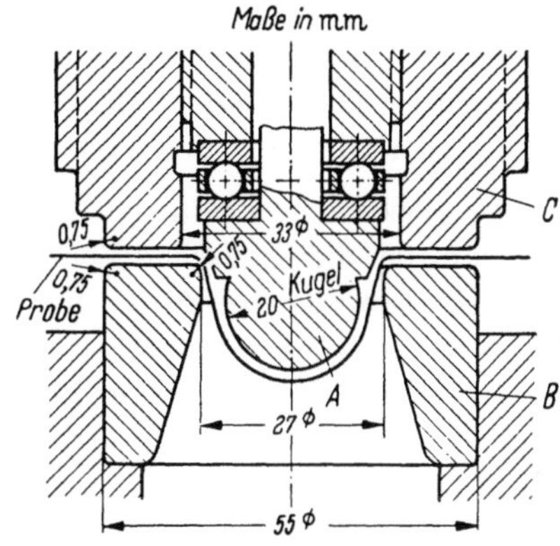

Abb. 10. Prinzipskizze für den Tiefungsversuch (DIN 50101)

und Vf 3122, während für den flexiblen Typ Vf 3140 besondere Vereinbarungen gelten. Weitere Versuchseinzelheiten sind der oben genannten DIN-Norm zu entnehmen.

ν) Zugversuch. Der Zugversuch dient der Ermittlung der Zugfestigkeit σ_B, das ist die auf den Anfangsquerschnitt der Probe bezogene Höchstkraft bei einer Zugbeanspruchung bis zum Bruch.

$$\sigma_B = \frac{P}{F} \quad [\text{kp/cm}^2].$$

Darin bedeuten:

P Höchstkraft in kp,
F kleinster Anfangsquerschnitt der Probe in cm².

Der Zugversuch ist für die Schichtpreßstoffe Hartpapier, Hartgewebe, Kunstharz-Preßholz und Vulkanfiber in DIN 53455 festgelegt. – Als Besonderheit sei hier aber noch erwähnt, daß die Zugfestigkeit von Normproben, die aus Schichtpreßstoff-Erzeugnissen hergestellt wurden, annähernd mit der Zugfestigkeit der Erzeugnisse selbst übereinstimmt, wenn die Dicke der Erzeugnisse nicht größer als die der Normproben ist.

Für den Schichtpreßstoff Preßspan sei hinsichtlich der Zugfestigkeitsprüfung auf DIN 7734 und DIN 53112 verwiesen. Das Prinzip des oben genannten Zugversuches ist auch hier erhalten, jedoch weisen die Probenformen und zum Teil auch deren Vorbehandlung Abweichungen gegenüber DIN 53455 auf, die eine Vergleichbarkeit der jeweils ermittelten Prüfwerte nicht ohne weiteres zuläßt. Einzelheiten über den Zugversuch sind den genannten DIN-Normen zu entnehmen.

Zugfestigkeit in kp/cm² (Richtwerte)

Hartpapier	500 bis 1200
Hartgewebe	500 bis 1000
Kunstharz-Preßholz ...	125 bis 2000
Vulkanfiber	350 bis 700
Preßspan	200 bis 850

Als Abarten des Zugversuches sind auch die unter „Einreißlast" und „Schichtfestigkeit" genannten Prüfungen anzusprechen. Sie zeigen, wie durch eine im Prinzip festliegende Bewegungskraft, unter Verwendung entsprechender Übertragungsglieder, die verschiedenartigsten Prüfmöglichkeiten zum Teil neu geschaffen werden können. Hier zeigt sich ganz klar, wie man klassische Prüfverfahren beispielsweise für spezielle Prüfungen abwandeln kann.

Im Zusammenhang mit der Ermittlung der Zugfestigkeit ist auch die Bestimmung der Dehnung möglich. Die hierfür erforderlichen Versuchsbedingungen sind ebenfalls in den bereits genannten DIN-Normen fixiert. – Der Dehnungsversuch ist aber nicht zu den sog. Betriebs- und Abnahmeprüfungen zu zählen und daher hier nur der Vollständigkeit halber erwähnt.

b) Elektrische Prüfungen (s. auch II 3.9). α) *Dielektrischer Verlustfaktor.* Die Messung des dielektrischen Verlustfaktors ist für die Schichtpreßstoffe Hartpapier und Hartgewebe (bei 20 °C und 800 Hz bzw. 50 Hz) nach DIN 53483 genormt [*1* bis *4, 7*]. Selbstverständlich können auch die übrigen Schichtpreßstoffe nach dieser Norm geprüft werden; jedoch sind hier dann die jeweiligen Versuchsbedingungen erst festzulegen und im Prüfprotokoll zu fixieren.

Man versteht unter dem dielektrischen Verlustfaktor $\tan \delta$ eines Isolierstoffes den Tangens des Fehlwinkels, um den die Phasenverschiebung zwischen Strom und Spannung im Kondensator von $\pi/2$ abweicht, wenn das Dielektrikum des Kondensators ausschließlich aus dem betreffenden Isolierstoff besteht.

Hinsichtlich der praktischen Durchführung dieser Prüfung muß unbedingt auf die Zugrundelegung des oben genannten Normblattes hingewiesen werden. Denn es sind zu viele Faktoren, die hier in den verschiedensten Kombinationsmöglichkeiten mit berücksichtigt werden müssen. Einige dieser Faktoren seien hier beispielsweise genannt: Wechselspannungsquelle, Auswahl der Meßeinrichtung (Prüfverfahren zulässig über Frequenzebreich von 15 Hz bis 10000 MHz) und damit verbunden die entsprechende Auswertung der Meßergebnisse, Elektrodenanordnung und -arten, Probenformen sowie eventuelle Probenvorbehandlung mit z. T. spezieller Ausrichtung auf bestimmte Prüfzwecke.

Dielektrischer Verlustfaktor $\tan \delta$ *bei 20 °C und 800 Hz* (*Richtwerte*)

Hartpapier	0,02 bis 0,1
Hartgewebe	0,3
Kunstharz-Preßholz ...	0,2

Gleichzeitig ist in der vorgenannten Norm auch noch die Ermittlung der relativen Elektrizitätskonstante festgelegt, eine Prüfung, die allgemein nicht zu den Betriebs- und Abnahmeprüfungen zählt und hier der Vollständigkeit halber mit erwähnt werden soll.

β) *Elektrische Durchschlagfestigkeit.* Die Prüfung der elektrischen Durchschlagfestigkeit ist auch für die Schichtpreßstoffe in DIN 53481 festgelegt [*1, 3, 4, 7*].

Als elektrische Durchschlagfestigkeit E_d bezeichnet man den Quotienten aus der Durchschlagspannung U_d und der zwischen den Elektroden gemessenen geringsten Dicke a der Probe, wobei an der Meßstelle der Dicke eine gleichmäßige Feldstärke vorausgesetzt wird.

$$E_d = \frac{U_d}{a} \quad [\text{kV/cm}] \text{ oder auch } [\text{kV/mm}].$$

Es sei aber noch darauf hingewiesen, daß die Durchschlagfestigkeit infolge ihrer Abhängigkeit von der Probendicke, der angelegten Spannung sowie der Beanspruchungsdauer, nicht als spezifische Materialeigenschaft angesprochen werden darf!

Die praktische Ausführung dieses Versuches als eine Betriebs- und Abnahmeprüfung erfolgt normalerweise in folgender Form: Die zu prüfende Probe wird je nach der Forderung, ohne oder mit Vorbehandlung, zwischen 2 Elektroden gebracht, an die eine technische Wechselspannung senkrecht zu den Schichten angelegt wird. Nach dem Anlegen der Spannung, beginnend mit etwa der halben zu erwartenden Durchschlagsspannung, wird diese mit 0,5 bis 1,0 kV/s bis zum Durchschlag gesteigert und die Durchschlagspannung U_d gemessen. Die Ermittlung der kleinsten Probendicke a erfolgt je nach Umständen vor oder nach der Messung der Durchschlagspannung. – Sollten bei der üblichen Messung in Luft Gleitfunken oder Überschläge über den Rand der Probe auftreten, so sind die weiteren diesbezüglichen Messungen zweckmäßigerweise in einem Isoliermittel (z. B. Transformatorenöl) durchzuführen, welches den zu prüfenden Isolierstoff während der Meßdauer nicht beeinflußt. Ein anderer, oft nicht gangbarer Weg, ist die Verwendung neuer gestaltlich günstigerer Proben.

Die Auswahl der zu verwendenden Elektroden erfolgt entsprechend den zu untersuchenden Proben. Einzelheiten hierzu wie auch zum gesamten Versuch sind dem vorgenannten DIN-Blatt zu entnehmen.

Elektrische Durchschlagfestigkeit (*Richtwerte*)

Hartpapier senkrecht zu den Schichten für 3 mm Dicke ..	40 bis 60 kV bei 20 °C
Hartpapier in Schichtrichtung für 25 mm Dicke	25 bis 40 kV bei 20 °C
Hartgewebe senkrecht zu den Schichten für 3 mm Dicke..	20 kV bei 20 °C
Hartgewebe in Schichtrichtung für 25 mm Dicke.........	25 kV bei 20 °C
Preßspan	6,0 bis 13,0 kV/mm
Vulkanfiber (Vf 3120 bis 3122)	5,2 kV/mm

γ) *Kriechstromfestigkeit.* In sinngemäßer Übereinstimmung zwischen dem Schweizer Normblatt VSM 7714, DIN 53480 und der IEC-Publikation 112 versteht man unter der Kriechstromfestigkeit die Widerstandsfähigkeit eines elektrotechnischen Isolierstoffes gegen Kriechspurbildung [*1, 4, 8* bis *10*].

Kriechströme können sich auf der Oberfläche von Isolierstoffen zwischen den Stellen mit verschiedenem Potential bilden. Führen sie zu einer örtlichen, sichtbaren Zerstörung der Oberfläche des Isolierstoffes, so spricht man von Kriechspuren. Sie treten in folgenden Grundformen auf:

1. Oberflächenzerstörungen in Form von Aufquellungen und Verkohlungen, in Richtung des elektrischen Feldes fortschreitend.

2. Oberflächenzerstörungen in Form von rillenartigen Aushöhlungen, infolge Verdampfens des Isolierstoffes, senkrecht zur Richtung des elektrischen Feldes.

Eine lückenlose Aneinanderreihung von Kriechspuren (s. Abb. 11a und b) zu einem leitenden Pfad zwischen den unter Spannung stehenden Teilen bezeichnet man als Kriechweg. Es sei aber noch darauf hingewiesen, daß die angelegte Stromart hierbei nicht ohne Einfluß ist; bei Gleichstrom beispielsweise sind u. U. auch Elektrolyse- und Korrosionserscheinungen zu berücksichtigen.

Ein Prüfverfahren zur Ermittlung der Kriechstromfestigkeit bei Betriebsbeanspruchungen unter 1 kV ist in DIN 53480 genormt. Die speziellen DIN-Normen für Schichtpreßstoffe sehen diese Prüfung noch nicht vor, obwohl sie durchführbar ist und in der Praxis zum Teil bereits angewendet wird.

Die Prüfung der Kriechstromfestigkeit nach oben genannter DIN-Norm ist auf zwei verschiedene Arten möglich. Einmal durch das Tropfverfahren (s. Abb. 12), das besonders zur Typisierung und vergleichenden Messungen vorgesehen ist; und zum anderen durch das Tauchverfahren, das sich für Sonderuntersuchungen

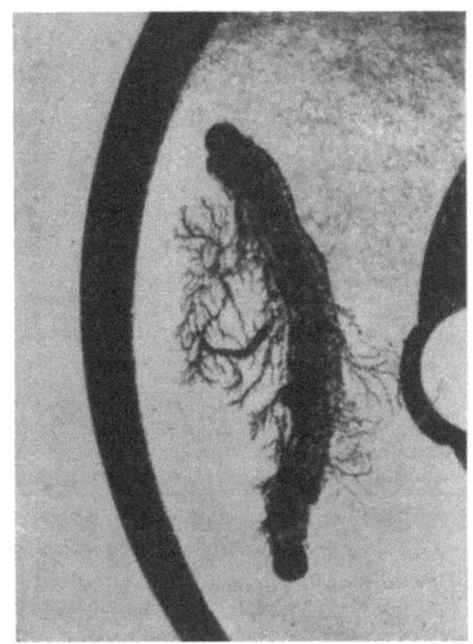
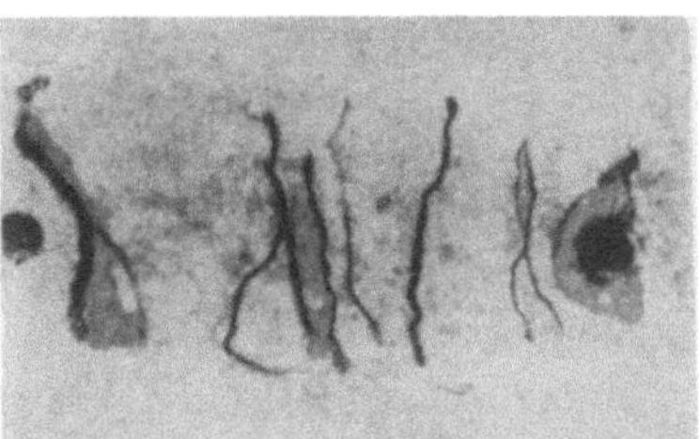
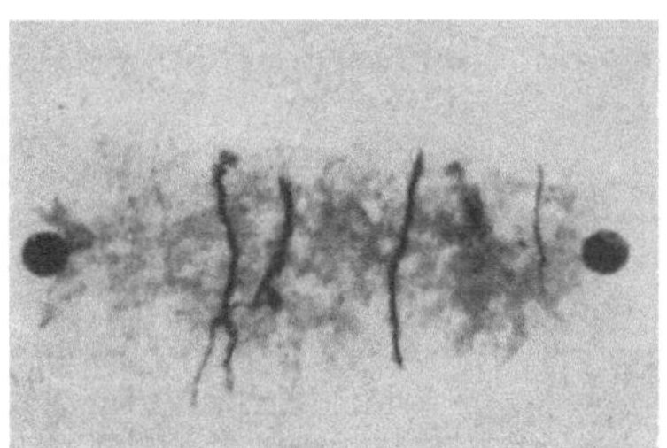

a   b

Abb. 11 a und b. Kriechspurbildung bei Kunststoffen

a) Kriechspur auf einem normalen Phenoplast-Erzeugnis;   b) Anfangsstadium der Kriechspurbildung auf einem Harnstoffharz-Erzeugnis

nach besonderer Vereinbarung als auch für Prüfungen an Fertigteilen eignet. Beide Verfahren arbeiten im Grunde aber nach dem gleichen Prinzip: Nämlich, zwischen zwei, unter einer Wechselspannung von 380 V/50 Hz stehende Elektroden wird eine Salzlösung gebracht und beobachtet, wieviel Auftropfungen im einen, bzw. Tauchungen im anderen Falle erforderlich sind, bis durch Bildung eines Kriechweges jeweils ein Überstromauslöser bei 3 A nach 2 Sek. auslöst und somit den Stromkreis unterbricht. Ein weiteres Merkmal ist gegebenenfalls die Tiefe der entstandenen Aushöhlung an der Probe.

Bei Schichtpreßstoffen wird beim Tropfverfahren nur die „gepreßte" Oberfläche der Proben im Anlieferungszustand, also ohne Vorbehandlung, geprüft. Bezüglich der Proben sei hierzu grundsätzlich noch gesagt, daß die Meßstelle eben sein muß, um ein Abfließen der Prüflösung zu verhindern. Weitere Einzelheiten sind dem genannten DIN-Blatt zu entnehmen.

In Erweiterung kann man diese Prüfung auch bei verschiedenen Spannungen durchführen, was wohl nach den neuesten Erkenntnissen auch richtig, aber als Betriebs- und Abnahmeprüfung zu zeitraubend ist.

Der Vollständigkeit halber seien hier noch in der Praxis benutzte aber nicht genormte Prüfgeräte bzw. -verfahren zur Ermittlung der Kriechstromfestigkeit kurz erwähnt: das Micafilgerät zur Ermittlung der Kriechstromfestigkeit nach der Dampfmethode, das Initialfunkenverfahren von E. BERG sowie das amerikanische ASTM-Verfahren (D 495–48 T).

δ) *Korrosionseinwirkung auf Kupfer und Kupferlegierungen.* Das vorgenannte Prüfverfahren liegt als DIN 53489, Vornorm, vor und ist künftig für alle Kunststoffe vorgesehen [1].

Sinn dieses Prüfverfahrens ist es, die Wirkungen korrodierender Einflüsse auf Schichtpreßstoffe zu bestimmen, um daraus ihre Verwendung mit Kupfer in seinen verschiedenen Erscheinungsformen zu bewerten.

Beschreibung des Prüfverfahrens s. II 3.8.1 c, γ.

ε) *Leitfähigkeit des wäßrigen Auszuges.* Die Ermittlung der Leitfähigkeit des wäßrigen Auszuges dient zur Feststellung des Reinheitsgrades und ist für die Schichtpreßstoffe Preßspan in DIN 7734 und Vulkanfiber in DIN 7738 genormt [1]. Alle anderen Schichtpreßstoffe lassen sich aber ohne weiteres der gleichen Prüfung unterziehen. Die prinzipielle Versuchsdurchführung: etwa 20 g des zu untersuchenden Materials werden durch Schnitzelung und Trocknung vorbehandelt. In

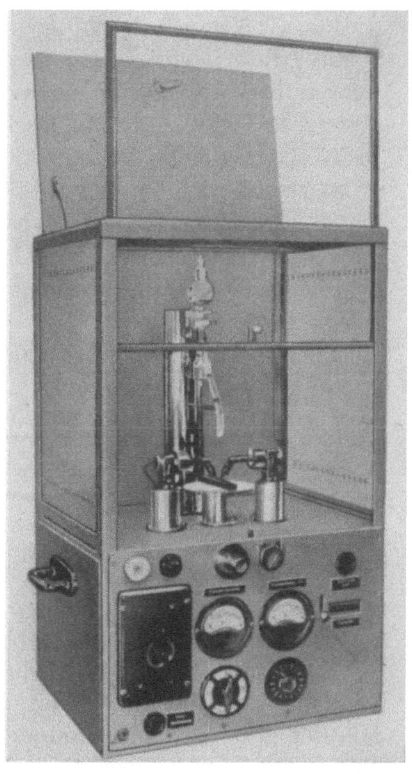

Abb. 12. **Kriechstromprüfgerät (Tropfverfahren)**

diesem Zustand wird hiervon eine bestimmte Probemenge in destilliertem Wasser mit einer spezifischen Leitfähigkeit $\leqq 5$ µS/cm gekocht (Auszug). Gleichzeitig wird hierzu als Leerversuch eine gleiche Menge vom gleichen (aber ohne Probenschnitzel) destillierten Wasser demselben Kochprozeß unterworfen. Als spezifische Leitfähigkeit des wäßrigen Auszuges wird die Differenz der Wechselstromleitfähigkeit bei 20 °C des Auszuges und der Leerprobe ermittelt und in µS/cm angegeben. – Von der Probenentnahme bis zur Messung ist hierbei auf peinlichste Sauberkeit zu achten! Einzelheiten s. in oben genannter DIN-Norm.

Leitfähigkeit des wäßrigen Auszuges in µS/cm
(Richtwerte)

Preßspan	80 bis 200
Vulkanfiber (Vf 3120 bis 3122) ..	120

ζ) *Oberflächenwiderstand.* Die Bestimmung des Oberflächenwiderstandes ist für die Schichtpreßstoffe Hartpapier, Hartgewebe und Vulkanfiber in DIN 53482 genormt [1 bis 4, 7]. Sinngemäß läßt sich diese Prüfung auch an den anderen Schichtpreßstoffen durchführen.

Der Oberflächenwiderstand ist ein Isolationswiderstand, der auf der Oberfläche eines Isolierstoffes zwischen zwei definierten Elektroden gemessen wird. Er gibt Aufschluß über den an der Oberfläche des zu untersuchenden Materials herrschenden Isolationszustandes, der durch äußere Einflüsse (Feuchtigkeit, Säure usw.) verändert wird.

Für die Versuchsdurchführung ist eine Gleichspannungsquelle mit 100 V und 1000 V, die mit einem Dauerstrom von 4 mA belastbar ist, erforderlich. Weiter werden benötigt eine Widerstandsmeßeinrichtung für die Messung von mindestens 10^{12} Ohm sowie die hierfür erforderlichen Prüfelektroden (eine für Norm-Prüfstäbe und eine – „Prüfgerät nach R. VIEWEG" – für beliebig geformte Teile).

Bezüglich der Proben (Form, Vorbehandlung usw.) sowie Versuchseinzelheiten s. oben genannte DIN-Norm. Vorbehandelte Proben werden unmittelbar nach der Vorbehandlung der Prüfung zugeführt. Die eigentliche Messung des Oberflächenwiderstandes erfolgt dann, nachdem die Gleichspannung 1 min angelegt ist.

Die genauen Versuchsbedingungen sind auf alle Fälle im Prüfbericht zu fixieren.

Oberflächenwiderstand in Ohm (Richtwerte)

	Vorbehandlung a	Vorbehandlung a u. b
Hartpapier	10^{10} bis 10^{12}	10^8 bis 10^9
Hartgewebe	10^{10}	10^8 bis 10^9
Vulkanfiber (Vf 3120 bis 3122) ...	$> 10^8$	

η) *5 Minuten-Stehspannung.* Für die Schichtpreßstoffe Hartpapier und Hartgewebe ist die 5 Minuten-Stehspannung nach DIN 53481 genormt. Diese Prüfung ist aber ohne weiteres auch an den übrigen Schichtpreßstoffen durchführbar [1]. Mit der Minuten-Stehspannung wird die Spannung in kV angegeben, die die Probe gerade noch über die angegebene Minutenanzahl aushält, ohne daß ein Durchschlag erfolgt; sie ist also ein Maß für die Spannungsfestigkeit. – Die 5 Minuten-Stehspannung ist dabei aus der sog. Reihe der „Minuten-Stehspannungen (1, 5, 10, 30 min)" willkürlich herausgegriffen.

Die praktische Durchführung des Versuches erfolgt als Betriebs- und Abnahmeversuch meist in der Form, daß in den DIN-Typentafeln oder vom Lieferer angegebene Mindestwerte auf ihre Einhaltung geprüft werden. Andernfalls ist durch entsprechende Spannungsregelung auf rein empirischem Wege die 5 Minuten-Stehspannung zu ermitteln.

5 Minuten-Stehspannung in kV (Richtwerte)

	25 mm Dicke		3 mm Dicke	
	20 °C	90 °C	20 °C	90 °C
Hartpapier	15 bis 40	10 bis 25	20 bis 60	15 bis 40
Hartgewebe	10 bis 25	5 bis 10	15 bis 20	5

Die Probenform, eventuelle Vorbehandlungen, die Elektroden sowie die sonstigen genauen Versuchsbedingungen sind in DIN 53481 angegeben. Bemerkt sei aber noch, daß diese Untersuchungen DIN-gemäß senkrecht als auch parallel zu den Schichten durchgeführt werden, und das zusätzlich zum Teil bei verschiedenen Temperaturen. Demzufolge sind genaue Angaben im Prüfbericht erforderlich.

ϑ) *Widerstand zwischen Stöpseln*. Die Bestimmung des Widerstandes zwischen Stöpseln (früher fälschlich als Widerstand im Innern bezeichnet) ist für die Schichtpreßstoffe Hartpapier, Hartgewebe und Vulkanfiber nach DIN 53482 genormt [*1* bis *4, 7*], aber in entsprechender Anlehnung an das vorgenannte Prüfverfahren auch an allen anderen Schichtpreßstoffen durchführbar. Es handelt sich beim Widerstand zwischen Stöpseln um einen an einem Isolierstoff zwischen 2 Stöpselelektroden gemessenen Isolationswiderstand, der über das elektrische Isoliervermögen und gegebenenfalls über etwa vorhandene Inhomogenitäten des Isolierstoffes eine Aussage macht. Allerdings wird hierbei gleichzeitig auch der Oberflächenwiderstand mit erfaßt.

Die praktische Versuchsdurchführung gleicht dem unter „Oberflächenwiderstand" angegebenen Verfahren. Nur werden hier als (Stöpsel-) Elektroden zwei metallene Kegelstifte verwendet. Eventuelle Probenvorbehandlungen sind ohne Stöpselelektroden, jedoch mit Aufnahmebohrungen für dieselben, durchzuführen. Diese werden erst anschließend stramm passend in die hierfür vorgesehenen Bohrungen eingesetzt. – Sind aus besonderen Gründen geeignete Löcher für die Stöpselelektroden an den Proben nicht anzubringen, so besteht die Möglichkeit der Schaffung zweier Sacklöcher, die dann beispielsweise mit Leitsilber ausgestrichen werden und somit die Rolle der Elektroden übernehmen. Versuchseinzelheiten sind der oben genannten DIN-Norm zu entnehmen.

Widerstand zwischen Stöpseln in Ohm (Richtwerte)

	Vorbehandlung a	Vorbehandlung a u. b
Hartpapier	10^{10}	10^8 bis 10^9
Hartgewebe	10^{10}	10^8
Vulkanfiber (Vf 3120 bis 3122) ...	10^8	

c) Sonstige Prüfungen. α) *Äußere Begutachtung*. Diese Prüfung ist nicht genormt, bezieht sich aber auf alle Schichtpreßstoffe. Sie wird automatisch fast immer durchgeführt; denn, sind doch die hier aufgeführten Punkte eigentlich als die stets zuerst durchgeführten bzw. grundsätzlichen Prüfungen anzusprechen. Es handelt sich dabei um:

1. Die augenscheinliche Beurteilung des zu prüfenden Materials im Anlieferungszustand, das heißt also, eine grobe Feststellung auf Freiheit von äußeren Fehlern (z. B. keine Oberflächenrisse oder -kratzer, Farbgleichheit, keine Spaltung zwischen den Schichten usw.).

2. Die Ermittlung der Einhaltung geforderter oder auch durch DIN festgelegte Abmessungen bzw. Toleranzen.

Hierzu sind als Prüf- (Meß-) Geräte Maßstäbe mit Millimeterteilung, Schublehren, Mikrometerschrauben und Meßuhren mit Meßtaster erforderlich. – Es sei hier aber noch darauf hingewiesen, daß diese Meßwerkzeuge als Hilfsmittel auch für fast alle anderen Versuche erforderlich sind.

β) *Alterungsbeständigkeit*. An Hand der Prüfung auf Alterungsbeständigkeit soll das Verhalten des Schichtpreßstoffes Preßspan bei Dauerwärmebeanspruchung

festgestellt werden; eine Übertragung dieses Prüfverfahrens auf andere Schichtpreßstoffe ist nicht ohne weiteres möglich.

Die Einzelheiten zu dieser Prüfung sind in DIN 7734 genormt [1]. Außerdem soll diese Prüfung aber nur nach vorheriger, gegenseitiger Vereinbarung
zwischen den Partnern (z. B. Lieferer/Abnehmer) als Typ-Prüfung durchgeführt
werden. Als reine Betriebs- und Abnahmeprüfung ist sie weitgehend wegen ihrer
langen Versuchsdauer ungeeignet, aber aus Gründen der Vollständigkeit hiermit erwähnt. – Besonders, da diese Alterungsbeständigkeitsprüfung insofern
noch interessant ist, als sie den Prüfenden in Form einer Biegesteifigkeitsprüfung,
des Tiefungsversuches (nach ERICHSEN, DIN 50101) und einer Gewichtsabnahme-
bestimmung mit ihren jeweiligen Sonderheiten (z. B. Probenform, Probenvorbehandlung, Prüfgerät usw.) mehrere Möglichkeiten ihrer Ausführungsform
offenläßt. Zahlenwerte hierüber liegen noch nicht vor.

γ) *Aschegehalt.* Die Prüfung des Aschegehaltes ist hinsichtlich der Schichtpreßstoffe nur für Preßspan in DIN 7734 genormt [1]. Der zulässige Aschegehalt
ist danach für:

Psp 3010 bis 3012	5%	(Maschinenpreßspan)
Psp 3020 bis 3022	5%	(Maschinenpreßspan)
Psp 3030 und 3032	3%	(Nutenpreßspan)
Psp 3040 und 3042	3%	(Nutenpreßspan)
Psp 3050	2%	(Transformatorenpreßspan)
Psp 3060	2%	(Kondensatorenpreßspan)

δ) *Prüfung auf Chlorzinkgehalt.* Diese Prüfung ist für den Schichtpreßstoff
Vulkanfiber in DIN 7738 genormt [1]; sie ist für die übrigen Schichtpreßstoffe
nicht von Interesse.

Versuchsprinzip: Geschnitzelte Vulkanfiber (geraspelt) werden in destilliertem
Wasser gekocht, nach dem Erkalten abpipettiert, mit 1%iger Kaliumchromat-
lösung versetzt und weiter mit n/100 Silbernitratlösung filtriert. Das gefundene
Chlorid wird auf Chlorzink ($ZnCl_2$) umgerechnet. – Ein Blindversuch mit destilliertem Wasser ist gleichzeitig durchzuführen. Die genauen Versuchsdaten
sind der DIN-Norm zu entnehmen.

Im Vulkanfiber zulässiger Chlorzinkgehalt:

0,1% (außer Vf 3120 bis 3122 mit 0,04%).

ε) *Farbstoffunlöslichkeit.* Die Bestimmung der Farbstoffunlöslichkeit ist für
den Schichtpreßstoff Preßspan in DIN 7734 genormt und vorerst nur hierfür
anzuwenden [1]. Sie dient der Feststellung, ob dem Preßspan beigegebene Farbstoffe in Isolierölen, Alkoholen u. a. unlöslich sind. (Diese Forderung wird beispielsweise erhoben für Preßspan, der in elektrischen, mit Isolieröl gefüllten Geräten verwendet werden soll.)

Versuchsprinzip: Ein Preßspanstreifen ist in ein Reagenzglas mit 96%igem
Alkohol von 20 °C bzw. mit dem in Betracht kommenden Isolieröl von 105 °C
einzutauchen, wobei der Alkohol nach 10 min, das Isolieröl nach 3 Std. keine
farblichen Veränderungen aufweisen darf. – Ansetzen eines gleichzeitigen Blind-
versuches ist zweckmäßig. Die genauen Versuchsbedingungen s. in oben genannter DIN-Norm.

ζ) *Feuchtigkeitsgehalt.* Die Prüfung auf Feuchtigkeitsgehalt ist für die Schichtpreßstoffe Preßspan in DIN 7734 und für Vulkanfiber in DIN 7738 genormt [1].

ε) *Prüfung auf Säurefreiheit.* Die Bestimmung der Säurefreiheit ist für den Schichtpreßstoff Vulkanfiber in DIN 7738 genormt [1]. – Der Versuch selbst hat dabei eine gewisse Ähnlichkeit mit der Bestimmung der „Leitfähigkeit des wäßrigen Auszuges" (II 3.8.1 b), ist in seiner Ausführungsform aber noch einfacher.

Versuchsprinzip: Geschnitzelte Vulkanfiberspäne werden in destilliertem Wasser gekocht und der Sud schließlich einer p_H-Wert-Bestimmung unterzogen. – Genaue Angaben s. VDE 0345 § 16.

Diese Prüfung kann auf alle Schichtpreßstoffe übertragen werden.

ϰ) *Schrumpfung.* Die Messung der Schrumpfung an Schichtpreßstoffen ist für Preßspan in DIN 7734 genormt [1].

Versuchsprinzip: Die Probe oder eine auf ihr markierte Meßstrecke wird im Anlieferungszustand ausgemessen. Dann wird sie einer bestimmten Vorbehandlung unterworfen und erneut die Probe bzw. die Meßstrecke ausgemessen. – Die Schrumpfung selbst wird dann in Prozent der Meßlänge, bezogen auf den Ausgangszustand, angegeben.

Die Schrumpfung liegt bei Preßspan, je nach Sorte, zwischen 1,2 bis 2,0%. Einzelheiten s. in genannter DIN-Norm.

λ) *Wärmebeständigkeit.* Die Prüfung der Wärmebeständigkeit ist für die Schichtpreßstoffe Hartpapier und Hartgewebe in DIN 7736 festgelegt [1]. Diese Prüfung stellt eine Kontrolle der in DIN 7735 angegebenen diesbezüglichen Eigenschaftswerte dar.

Versuchsprinzip: Nach einer vorgeschriebenen Vorbehandlung werden die Proben sofort für eine bestimmte Zeit in ein Bad mit Isolieröl (nach DIN 51507) eingelagert, daß die in DIN 7735 festgelegte Temperatur hat. Während der Prüfdauer dürfen weder Blasen, Risse noch sonstige Formänderungen zu beobachten sein. – Hinweis: Proben, mit Abmessungen, die größer als 300 mm sind, können in Luft statt in Isolieröl bei sonst gleichen Versuchsbedingungen geprüft werden. Einzelheiten s. in oben genannter DIN-Norm.

Wärmebeständigkeit (4 Std.-Prüfung) in °C (Richtwerte)

Hartpapier	100 bis 130
Hartgewebe	110 bis 130

μ) *Wasseraufnahme.* Die Prüfung der Wasseraufnahme ist für die Schichtpreßstoffe Hartpapier und Hartgewebe in DIN 7736, für Kunstharz-Preßholz in DIN 7707 und für Vulkanfiber in DIN 53472 genormt [1 bis 4]. Die einzelnen Prüfverfahren unterscheiden sich in der Art der Versuchsdurchführung (damit verbunden z. T. der Arbeitsaufwand) sowie in ihrer Exaktheit. Sie sind an Hand der genannten DIN-Normen durchzuführen (s. auch II 3.8.1 b, α mit zulässigen Höchstwerten nach DIN 7736). Zahlenwerte, die verschiedenen Typentafeln entstammen, sind nicht miteinander vergleichbar!

Es seien hier aber noch folgende grundsätzliche Unterschiede klargestellt:

Die „Wasseraufnahme gegenüber Anlieferungszustand" gibt allgemein nur einen groben Anhalt, besonders wenn die Proben vorher bei womöglich unterschiedlichen, nicht definierten Bedingungen lagerten.

Die „Wasseraufnahme gegenüber Trockenzustand" ist nur als Kennwert anzuerkennen, wenn das Material keine nennenswerten Mengen von Bestandteilen

Das Prüfverfahren ist sinngemäß auch auf die anderen Schichtpreßstoffe übertragbar.

Versuchsprinzip: Eine Probe wird im Anlieferungszustand gewogen. Nach anschließender, jeweils DIN-gemäß verschiedener bzw. festzulegender Vorbehandlung (meist Erreichung des Trockengewichtes) ist die Probe nochmals zu wägen. Der Feuchtigkeitsgehalt ist dann in Prozent des (Trocken-) Gewichtes anzugeben.

Der Feuchtigkeitsgehalt aller Elektropreßspan-Typen darf im Anlieferungszustand maximal 8% betragen.

Wegen weiterer Einzelheiten sei auf die genannten DIN-Normen verwiesen.

η) *Kochversuch.* Der Kochversuch als solcher ist in DIN 7705 für Formpreßstoffe genormt. In sinngemäßer Abwandlung kann man ihn auch für die Schichtpreßstoffe Hartpapier, Hartgewebe und Schichtpreßholz anwenden. Er gibt Auskunft, ob das Material (Harz) richtig ausgebacken ist (s. DIN 53 471).

ϑ) *Formbeständigkeit in der Wärme nach Martens.* Das Prüfverfahren ist in DIN 53 458 genormt und für Schichtpreßstoffe anwendbar [*1, 3, 4, 6*].

Unter der Formbeständigkeit in der Wärme nach MARTENS versteht man die Fähigkeit einer Normprobe, unter bestimmter ruhender Biegebeanspruchung ihre Form bis

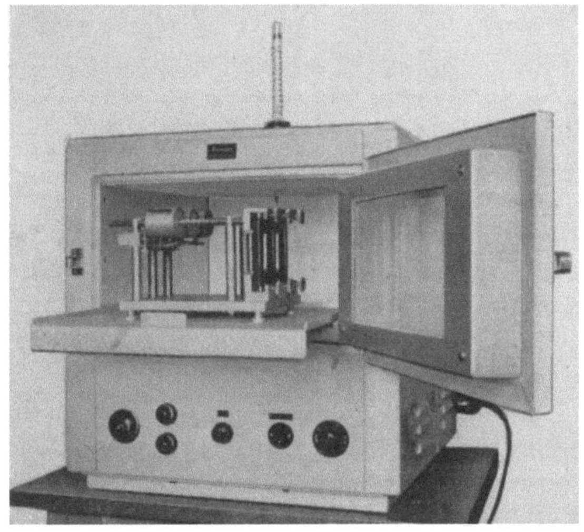

Abb. 13. Formbeständigkeitsprüfgerät mit Wärmeschrank

zu einer bestimmten Temperatur weitgehend zu bewahren. Das Versuchsprinzip ist in II 3.5 beschrieben (s. auch Abb. 13).

Hinsichtlich der Anwendung dieses Verfahrens bei Schichtpreßstoffen sei noch auf folgende besonders zu beachtende Punkte hingewiesen:

Die Proben sind aus den Hauptrichtungen des Materials zu entnehmen, da sie zum Teil richtungsabhängige Eigenschaften aufweisen. Sollte ferner eine Probe geringe Beschädigungen durch beispielsweise Abschleifen eines Preßgrates oder unsaubere Schnittkanten aufweisen, so ist diese Probenseite beim Versuch in die Druckzone zu verlegen. Zeigen die Proben während des Versuches Zersetzung, Blasenbildung, Aufblättern oder bewegt sich der Belastungshebel womöglich nach oben, so ist der Versuch ungültig.

Ganz allgemein noch: Der Wärmeschrank muß bei aufeinanderfolgenden Versuchen vor jedem neuen Versuch auf 20 °C abgekühlt werden. – Weiter sei noch auf DIN 53 462 verwiesen, indem das Prüfgerät selbst genormt ist und die Berechnungsgrundlagen für die aufzubringende Belastung erläutert sind. Versuchseinzelheiten sind den genannten DIN-Blättern zu entnehmen.

Formbeständigkeit in der Wärme nach Martens in °C (Richtwerte)	
Hartpapier	100 bis 125
Hartgewebe	110 bis 125

an das Wasser abgibt. – Andernfalls ist bei der Angabe der Gewichtszunahme gegenüber dem Trockenzustand der Gewichtsverlust durch die Abgabe von Bestandteilen an das Wassser zu berücksichtigen, oder es ist zusätzlich der Gewichtsverlust durch die Abgabe von Bestandteilen an das Wasser anzugeben (s. auch II 3.8.1 b, α).

Literatur

[1] Kunststoffnormen, DIN-Taschenbuch, 21. Ausgabe, Oktober 1959.
[2] Taschenbuch BASF-Kunststoffe.
[3] Taschenbuch Bayer-Kunststoffe.
[4] Gummi, Kunststoffe und Klebstoffe in In- und Auslandsnormen. Normenheft 15. Berlin: Beuth-Vertrieb GmbH.
[5] SCHUHMANN, H., u. E. RICKLING: Festigkeitsversuche an Schichtstoffen. Kunststofftechnik 10 (1940) S. 257—259.
[6] SAECHTLING u. ZEBROWSKI: Kunststoff-Taschenbuch. München: Hanser.
[7] Elektrische Prüfung von Kunststoffen nach amerikanischen Normen. Normenheft 14. Berlin: Beuth-Vertrieb GmbH.
[8] SCHUMACHER, K.: Kriechwegbildung bei Kunststoffen. ETZ-A 76 (1955) H. 11.
[9] WANDEBERG: Kriechwegfestigkeit elektrischer Isolierstoffe. Kunststoffe 41 (1951) H. 11.
[10] —: Kriechstromfestigkeit und Lichtbogenfestigkeit. Kunststoffe 43 (1953) H. 7.

4.8 Schaumstofferzeugnisse
Von H. W. Paffrath, Leverkusen

Mit dem Begriff *Schaumstoffe* kennzeichnet man künstlich hergestellte, spezifisch leichte Werkstoffe, die eine zellige Struktur aufweisen (s. DIN 7726, „Schaumstoffe, Begriffe, Einteilung").

Die Anlehnung dieser im deutschen Sprachgebrauch üblichen Bezeichnung an den bekannten Begriff „Schaum" soll eine Aussage über den zelligen Aufbau des Stoffes als Zweiphasensystem machen, während der Werkstoffcharakter durch das Beiwort „Stoff" festgelegt ist [1 bis 3].

Die zellige Struktur dieser Stoffe erzielt man z. B. durch Schaumigschlagen des Grundstoffes auf rein mechanischem Wege oder auch durch chemische bzw. physikalische Prozesse, wie etwa durch Abspaltung von Stickstoff aus Treibmitteln, die dem Grundstoff zugemischt werden, oder durch die Abspaltung von Kohlendioxyd, hervorgerufen durch eine Reaktion zwischen Diisocyanat und Wasser oder durch die Verdunstung eines Lösungsmittels.

Die Schaumstoffe, unter denen man mit allen Zwischenstufen harte oder auch weiche findet, unterscheiden sich insbesondere nach ihrer Rohstoffgrundlage. Von den Schaumstoffen des Kunststoffsektors haben bisher besonders solche auf der Basis von Celluloseacetat, Harnstoff-Formaldehyd, Phenol-Formaldehyd, Polystyrol, Polyurethan und Polyvinylchlorid einen breiteren Einsatz gefunden (4 bis 12].

Das Eigenschaftsbild eines Schaumstoffes wird zunächst durch seinen Aufbau aus einzelnen Zellen oder Zellsystemen bestimmt, wobei durch den Grundstoff eine weitere Differenzierung gegeben wird. Wenn sich auf Grund der verschiedenen Ausgangsstoffe Unterschiede ergeben, wird es trotzdem als zweckmäßig angesehen, Schaumstoffe, die in ihrem physikalischen Erscheinungsbild zusammengehören, auch gemeinsam zu betrachten. Diese gemeinsame Betrachtung wird sich z. B. auch auf die Schaumstoffe auf Kautschukbasis erstrecken müssen, wobei man bedenken soll, daß sich die Unterschiede zwischen Kautschuk- und Kunststoffprodukten vom Standpunkt der Physik der Hochpolymeren heute immer mehr verwischen. Auf dem Gebiet des Latexschaumes wurde außerdem schon eine große Anzahl von Prüfverfahren ausgearbeitet und festgelegt, die zum Teil bei der Prüfung von Kunststoffschäumen Anwendung finden[1].

Viele Prüfverfahren für Schaumstoffe sind in enger Anlehnung an schon bestehende für homogene Stoffe ausgearbeitet worden. Von einer eingehenden Beschreibung wird unter Hinweis auf die schon allgemein bekannten Verfahren Abstand genommen. Erwähnung soll nur noch das finden, was speziell für die Schaumstoffprüfung abgewandelt wurde. Bei einem so jungen Produkt, wie die Schaumstoffe es sind, können die Prüfverfahren noch nicht ausgereift sein: Praktisch alle Prüfmethoden sind heute noch Gegenstand eifriger Diskussionen.

4.8.1 Zellige Struktur und Prüftechnik

Das wesentliche Merkmal des Schaumstoffes ist sein Aufbau aus einzelnen geschlossenen oder miteinander verbundenen Zellen oder Zellverbänden.

Die Zellen oder Zellverbände können die verschiedenartigsten Formen annehmen, unter denen sich der „Polyeder-Schaum" und der „Kugel-Schaum" als idealisierte Formen herausschälen lassen [1]. In ihrem Zusammenhang mit dem Aufbau des Schaumstoffes spielt die Zellform bei statischen Beanspruchungen eine bestimmte, wenn auch nicht einfach herauszustellende Rolle, da die reinen Formen sich kaum klar ergeben. Schaumstoffe mit unregelmäßig aufgebauten und schon vordeformierten Zellen werden geringere mechanische Festigkeiten zeigen als solche mit Polyeder- oder Kugelzellen.

Daneben tritt bei manchen Schaumstoffen noch für die Prüfung erschwerend hinzu, daß das Schaumgefüge eine Anisotropie aufweisen kann. Diese Erscheinung wird durch das Herstellungsverfahren hervorgerufen, wo sich während des Aufschäumvorganges seitliche Verschiebungen ergeben. In solchen Fällen sollte man die Eigenschaften des Schaumstoffes in verschiedenen Richtungen messen.

Darüber hinaus wird man selten eine gleichmäßige Zellgröße erhalten. Besonders bei Formartikeln befindet sich an den Randzonen eine Verkleinerung der Zelldimensionen, mit der gewöhnlich eine Erhöhung der Dichte parallel läuft. In prüftechnischer Hinsicht ist hier zu beachten, daß die mechanische Festigkeit wesentlich von der Dichte abhängt, so daß gerade den Randzonen eine besondere Beachtung zu schenken ist.

Die Herstellungsmethode kann das Eigenschaftsbild insofern beeinflussen, als durch die bei diesem Vorgang auftretende Reckung innere Spannungen im Zellgerüst auftreten können, die wiederum, wenn der Aufschäumprozeß bevorzugt in einer Richtung verläuft, einen Richtungseffekt hervorbringen.

Ganz allgemein treten neben den geschilderten Eigentümlichkeiten in prüftechnischer Hinsicht erschwerend noch hinzu: Das geringe spezifische Gewicht und die damit verbundenen geringen Absolutwerte, die niedrige Wärmeleitzahl und die bei offenzelligen Schaumstoffen sehr große Oberfläche. Aus allen resultieren starke Streuungen der Meßwerte.

---

[1] Zur Zeit wird die Normung von mechanisch-technologischen Prüfungen an hochelastischen Stoffen zelliger Struktur *gemeinsam* für Schaumstoffe auf Basis von *Kautschuk und Kunststoff* bearbeitet.

4.8.2 Entnahme und Bearbeitungsmethoden

Alle Schaumstoffe werden in offenen oder geschlossenen Formen hergestellt und weisen meist eine Haut oder zumindest eine klar erkennbare Randzone auf.

Wenn es die Abmessungen erlauben, so sollte man die Probekörper ohne Haut oder Randzone entnehmen. Wo dies nicht möglich ist, muß beim Vergleich von Ergebnissen diese Zone besondere Berücksichtigung finden.

Falls bei der zu untersuchenden Probe aus der äußeren Form eine bevorzugte Richtung, etwa die Aufschäumrichtung klar zu erkennen ist, sollen die Proben in drei zueinander senkrechten Richtungen entnommen werden, wobei eine dieser Richtungen die bevorzugte ist. In Abb. 1 sind die Entnahme- und Belastungsrichtungen, die sich nach einer bevorzugten Richtung ergeben können, skizziert.

Ist aus der äußeren Form eine bevorzugte Richtung nicht zu erkennen, so sollten doch,

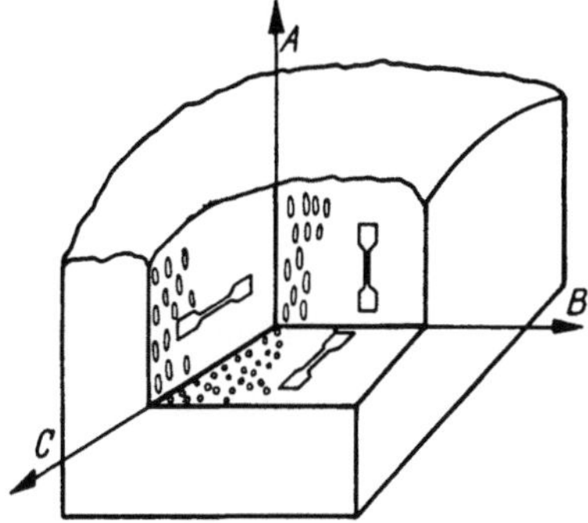

Abb. 1. Schaumstoffprobe und Probekörperentnahme (schematisch)

wenn möglich, die Prüfkörper in drei zueinander senkrechten Richtungen entnommen werden, damit gegebenenfalls eine Anisotropie festgestellt werden kann.

Für die Prüfverfahren gilt ganz allgemein folgendes: Man entnehme nach Möglichkeit aus drei zueinander senkrechten Richtungen so viele Proben, daß bei den einzelnen Prüfungen jeweils in den drei zueinander senkrechten Richtungen belastet werden kann. Ein Belastungsbild für verschiedene Prüfungen ist in Abb. 2 dargestellt.

Die Probekörper werden aus den Proben durch Schneiden, Sägen oder Ausstanzen entnommen. Für ungefähre Dimensionierung genügt

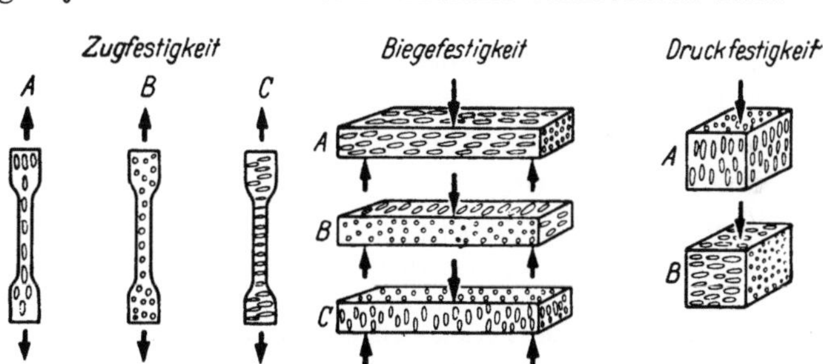

Abb. 2. Belastungsrichtung und Zellstruktur

eine Säge oder ein Messer mit breiter Klinge. Bei genauer Dimensionierung wird man sich am besten einer Bandsäge oder eines Bandmessers bedienen, gegebenenfalls unter Verwendung von Schablonen. Wird der Schaumstoff beim Sägen so heiß, daß er sich deformiert, so verwendet man zweckmäßigerweise ein Messer.

Als weitere Bearbeitungsmethode ist das Schneiden mit Hilfe eines Glühdrahtes zu nennen. Es ist sehr darauf zu achten, daß die gewöhnlich druckempfindlichen oder auch spröden Schaumstoffe nicht beschädigt werden.

Stanzmesser kann man verwenden, solange sich keine Kehlungen der Probekörper-Seitenflächen einstellen. In manchen Fällen kann man Einkehlungen durch ein leichtes Zusammenpressen der Probe während des Stanzens vermeiden.

Werden Probekörper in der Form geschäumt, so muß vereinbart werden, ob sie mit oder ohne Schäumhaut geprüft werden. Werden die Probekörper mit Haut geprüft, so darf diese nicht beschädigt sein. Die Konditionierung der Schaumstoffe ist infolge der bei offenzelligen Produkten sehr großen Oberfläche, des schlechten Feuchtigkeitsaustausches und infolge der geringen Wärmeleitfähigkeit sehr schwierig. Die gewünschte Konditionierung bis zur Gewichtskonstanz wird sich in manchen Fällen nur in sehr langen, prüftechnisch undiskutablen Zeiten ermöglichen lassen.

Es wird darum vorgeschlagen, die Schaumstoffproben 48 Std. im Normklima [20 °C $\pm$ 2 grd und (65 $\pm$ 5)% relativer Luftfeuchte] zu konditionieren und nur bei solchen Proben, wo nachweislich die Feuchtigkeit rasch aufgenommen und wieder abgegeben wird und diese einen starken Einfluß auf die Meßwerte hat, bis zur Gewichtskonstanz zu lagern.

4.8.3 Prüfung der mechanischen Eigenschaften bei Raumtemperatur

a) Harte Schaumstoffe. α) *Längen-, Flächen- und Volumenmessungen.* Bei genauer Betrachtung stellt sich die Oberfläche eines Schaumstoffes als eine Art Kraterlandschaft dar. Es ist also prinzipiell unmöglich, Dimensionsangaben zu machen, die in der Größenordnung der Zellenabmessungen liegen.

Man begnügt sich damit, Längenangaben auf gedachte Ebenen zu beziehen, die die Begrenzungsflächen des Schaumstoffes darstellen können. Aus diesem Grunde wird man sich bei allen Meßwerten, in die der Querschnitt des Probekörpers eingeht (z. B. Zugfestigkeit) auf den scheinbaren Querschnitt beziehen müssen, der sich aus der Vorstellung eines homogenen Körpers ergibt.

Unter Berücksichtigung dieser in der Natur des Werkstoffes liegenden Gegebenheiten haben sich die üblichen Maßstäbe, Schieblehren, Meßuhren usw. für die Bestimmung der Längenabmessung als durchaus brauchbar erwiesen.

In der Praxis bedient man sich zur Dickenmessung eines Tasters mit entsprechend großer und ebener Tasterfläche, der einen leichten Vordruck auf das Meßobjekt aufbringt.

Wo ein Taster zur Dickenmessung nicht ausreicht, verwendet man mit gutem Erfolg zwei ebene, überall gleich dicke Metallplättchen (z. B. Aluminium), die auf beide Seiten des Meßobjektes aufgelegt, die gedachte Oberfläche darstellen können, und so praktisch jedes Längen- oder Dickenmeßgerät brauchbar machen. Die Dicke beider Plättchen wird von der Gesamtdicke abgezogen.

β) *Rohdichte* (s. DIN 53420 und II 3.7.3 a, ,,Bestimmung der Porosität"). Die Bestimmung der Rohdichte auch für weiche Schaumstoffe erfolgt in der üblichen Form unter Beachtung von DIN-Norm 1306 durch Auswiegen eines konditionierten Würfels und durch die Bestimmung des Volumens (s. II 4.8.3 a, α). Die heute handelsüblichen Schaumstoffe haben eine Rohdichte, die zwischen 0,02 g/cm³ und 0,3 g/cm³ liegt.

Nach Ermittlung der Rohdichte d_S kann der Volumenanteil C der Zellen in Prozent nach folgender Formel berechnet werden

$$C = 100\left(1 - \frac{d_S}{d_R}\right),$$

wo d_R die Rohdichte der Substanz des Zellgerüstes ist.

γ) *Druckfestigkeit* (s. DIN 53421). Beim Druckversuch werden die einzelnen Zellwände je nach ihrer Lage und Form auf Knickung bzw. Biegung beansprucht. Bei spröden Schaumstoffen macht sich das Erreichen der Bruchlast durch ein plötzliches Zusammenbrechen des Gefüges bemerkbar. Die Druckfestigkeit berechnet sich aus der Belastung P_{max}, unter der der Bruch der Probe eintritt, und dem ursprünglichen Querschnitt F_0 der Probe.

$$\sigma_{dB} = \frac{P_{max}}{F_0} \quad [\text{kp/cm}^2].$$

Bei nicht spröden Schaumstoffen – einige Typen kann man auch als „halbharte" bezeichnen – zeigt das Last-Verformungsdiagramm eine mehr oder minder stark ausgeprägte S-Form [13] und geht mit stetiger Krümmung in den „plastischen" Bereich über. Bei diesen Stoffen gibt man die Last als Druckfestigkeit an, die, bezogen auf den Querschnitt, eine bleibende Verformung um 5% hervorzurufen vermag [14], oder man bestimmt die Druckspannung bei 10% Stauchung nach der Formel

$$\sigma_{dS} = \frac{P}{F_0} \quad [\text{kp/cm}^2],$$

wobei

   P Kraft bei Stauchung von 10% in kp,
   F_0 Anfangsquerschnitt des Probekörpers in cm²

ist.

Zur Bestimmung der Druckfestigkeit entnimmt man der Schaumstoffprobe Würfel und staucht diese bei gleichbleibender Vorschubgeschwindigkeit der Druckplatten so, daß der Versuch in etwa einer Minute beendet ist.

Nach Möglichkeit ist das Lastverformungsdiagramm mit aufzunehmen. Die Druckfestigkeit eines Schaumstoffes hängt, abgesehen vom Grundstoff, stark von der Rohdichte ab. Als Richtwerte kann man [5, 7, 15 bis 19] angeben:

Rohdichte um 0,05 g/cm³   Druckfestigkeit um 5 kp/cm²,
Rohdichte um 0,1 g/cm³   Druckfestigkeit um 10 kp/cm²,
Rohdichte um 0,15 g/cm³   Druckfestigkeit um 20 kp/cm².

δ) *Zugfestigkeit.* Bei der Bestimmung der Zugfestigkeit ist das unter II 4.8.3a, α über den Querschnitt Gesagte zu beachten. Ob der Bruch der Probe beim Zugversuch am Ort einer echten Querschnittverringerung eintritt, oder ob neben dem zelligen Aufbau noch örtliche „Kerbwirkungen" auftreten, ist noch ungeklärt.

Als Probekörper kann man sich des Zugstabes nach DIN 53455 bedienen, Probenform 1, aber mit einer größeren Dicke, etwa 10 mm. Für druckempfindliche Probekörper, bei denen das Einspannen in die Klemmen zu Zerstörungen führt, empfiehlt es sich, an den Enden Hölzer anzukleben [15] und diese dann einzuspannen (s. Abb. 3 und 4), oder entsprechend Abb. 5 an jedem Ende einen V-förmigen Metallstreifen anzukleben, der einwandfrei in die Klemmen eingespannt werden kann.

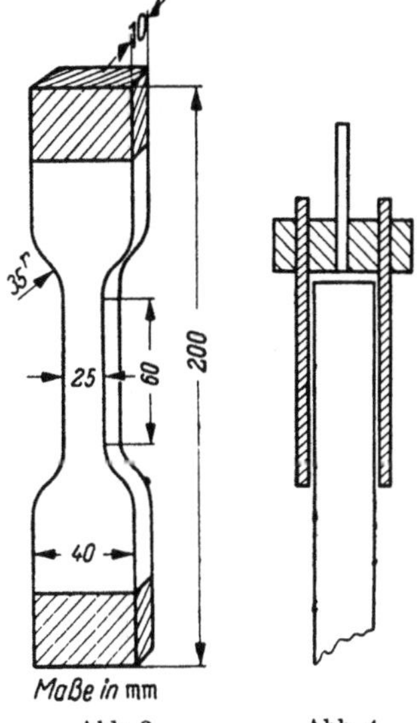

Abb. 3   Abb. 4
Abb. 3 und 4. Probekörper für den Zugversuch

Im übrigen wird die Prüfung DIN 54455 (vgl. II 3.4.1 a, α) angeglichen, wobei die Prüfmaschine den zu erwartenden geringen Belastungen angepaßt werden muß.

Die Werte der Zugfestigkeit von Schaumstoffen liegen in der gleichen Größenordnung wie die der Druckfestigkeit [5, 7, 15], bei einigen Typen wird eine Zugfestigkeit gemessen, die etwa 50 % der Drückfestigkeit beträgt [5, 7, 15 bis 19].

ε) *Elastizitäts- und Schubmodul.* Die Bestimmung des Elastizitäts- und Schubmoduls bringt für Schaumstoffe keine Besonderheiten mit sich.

Zur Bestimmung des Schubmoduls läßt sich z. B. mit gutem Erfolg der Torsionsschwingungsversuch nach DIN 53445 benutzen.

Ein von OBERST entwickeltes Vibrometer (s. II 3.4.2) läßt die Messung von E-Modul und Dämpfung in einem begrenzten Frequenzbereich zu. Das Gerät ist aber nicht für sehr harte Materialien geeignet [20].

ζ) *Scherfestigkeit*[1]. Zur Bestimmung der Scherfestigkeit bedient man sich für die Prüfung von Schaumstoffen am besten der

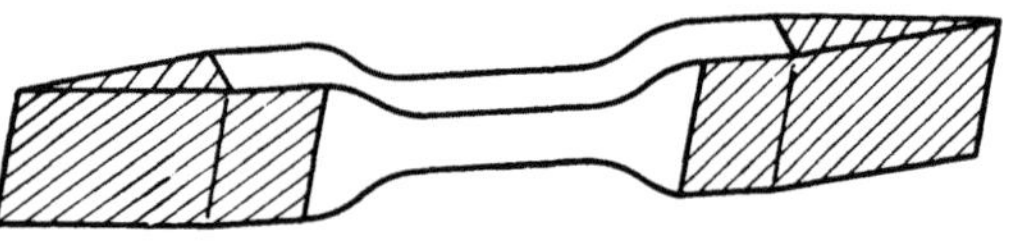

Abb. 5. Probekörper für den Zugversuch

in der Norm beschriebenen Anordnung. Hierbei wird ein runder Scherstempel durch einen plattenförmigen Prüfkörper gedrückt. Die Stützform ist so ausgebildet, daß der Schaumstoff-Probekörper einwandfrei abgeschert wird.

η) *Biegefestigkeit und Schlagzähigkeit*[2]. Die Anwendung von DIN 53452 und 53453, „Prüfung von Preßmassen und Preßstoff-Erzeugnissen", „Biegeversuch" und „Schlagbiegeversuch" stößt bei Schaumstoffen wegen der in diesen Normen vorgeschlagenen Dimensionen der Probekörper und der damit verbundenen geringen Absolutwerte auf Schwierigkeiten. Bei Vergrößerung der Abmessungen von 120 mm $\pm$ 2 mm $\times$ 15 mm $\pm$ 2,5 mm $\times$ 10 mm $\pm$ 0,5 mm auf 120 mm $\pm$ 2 mm $\times$ 25 mm $\pm$ 5 mm $\times$ 20 mm $\pm$ 5 mm (Probekörper für Schlagbiegeversuch ohne Kerbe) kommt man auch für die sehr leichten Schaumstoffe zu brauchbaren Ergebnissen. Bei der Bestimmung der Schlagzähigkeit an Schaumstoffproben mit geringer Rohdichte arbeitet man am besten mit Pendeln vom Arbeitsinhalt 5 kp cm.

Werte der Biegefestigkeit werden in nebenstehender Aufstellung für Polystyrol-Schaumstoff und Polyurethan - Schaumstoff angegeben [7, 17].

	Dichte g/cm³	Biegefestigkeit kp/cm²
Polystyrol-Schaumstoff	0,03	3
	0,05	5
	0,1	10
	0,2	15
Polyurethan-Schaumstoff	0,03	2
	0,05	5
	0,1	12
	0,2	30

ϑ) *Sprödigkeit.* Manche Schaumstoffe weisen besonders bei den niedrigen Rohdichten eine ziemliche Sprödigkeit ihres Gefüges auf, was dazu führt, daß diese Produkte leicht zerbröseln. Für den praktischen Einsatz ist es darum wichtig, ein Maß für die Sprödigkeit solcher Produkte zu haben.

---

[1] Siehe auch DIN 53422, Scherversuch.
[2] Siehe DIN 53423, Biegeversuch.

Als eine Methode zur Bestimmung der Sprödigkeit könnte eine Prüfung auf Abrieb in Betracht kommen.

Die normalen Abrieb-Prüfmaschinen dürften nur für Schaumstoffe sehr hoher Rohdichte und geringen Abriebs ohne Abänderung einsetzbar sein. Für die leichten Schaumstoffe ist es notwendig, größere Prüfkörper zu wählen, damit die Gewichtsdifferenzen mit ausreichender Genauigkeit bestimmt werden können. Damit der Druck auf die Probe nicht zu groß wird, empfiehlt es sich, diese in eine Vorrichtung einzuspannen, deren Gewicht durch ein Gegengewicht kompensiert werden kann.

Schaumstoffe werden in zunehmendem Maße für Isolationen im Wagenbau eingesetzt. In diesem Einsatzgebiet tritt eine starke Schüttelbeanspruchung auf, deren Auswirkung auf den Schaumstoff zu Gefügezerstörungen führen kann. Praxisnahe Prüfmethoden lassen sich viele ausdenken.

Ist z. B. ein normaler Laborflaschenroller vorhanden, so kann man würfelförmige Prüfkörper in eine entsprechend dimensionierte Flasche hineinbringen, in der sich dann die Würfel gegenseitig abstoßen. Volumen- oder Gewichtsänderung wird als Maß für die Sprödigkeit betrachtet.

Das Verhalten von harten Schaumstoffen unter dynamischen Beanspruchungen läßt sich mit Hilfe eines Prüfstandes bestimmen, dessen Wirkungsweise einem vierpoligen Lautsprechersystem entspricht [21]. Spannung und Dehnung werden auf dem Leuchtschirm eines Kathodenstrahloszillographen als Hysteresisschleife sichtbar gemacht, deren Gestaltsänderung Aufschluß über Zerreibungsvorgänge im Innern der Probe gibt.

b) Weiche Schaumstoffe. α) *Längenmessung.* Für die Längenmessung gilt auch hier das schon unter II 4.8.3a Gesagte, wenn auch grundsätzlich alle Messungen mit einem gewissen Vordruck, der die Probe aber nicht nennenswert deformieren darf, vorgenommen werden sollten.

β) *Härte.* Die Bestimmung der Härte von weichen Schaumstoffen wird als eine der wesentlichsten Prüfungen angesehen, weil diese Produkte in großem Umfange im Polstersektor eingesetzt werden. Man hat darum schon früh, als diese Stoffklasse in Form des Latexschaumes und des Schwammgummis aufkam, Untersuchungen durchgeführt, die die Messung der Verformung bei Belastung zum Gegenstand hatten [22 bis 31]. Diese Untersuchungen führten zu den Prüfungsvorschriften in Amerika [32, 33], Großbritannien [34], Holland und Deutschland, die von der American Society for Testing Materials (ASTM), den British Standard Institution (BSI), dem Rubber Institut TNO und dem Deutschen Normenausschuß (s. auch DIN 7790) herausgegeben werden. Das Grundprinzip aller Prüfdurchführungen ist das gleiche, und zwar wird der Probekörper durch Kompression deformiert und die eine bestimmte Deformation hervorrufende Last als Härte bezeichnet. Die von den genannten Gremien vorgeschlagenen Methoden arbeiten im einzelnen folgendermaßen:

Die Prüfvorschrift ASTM D 1055–59 T, „Tentative Specifications and Methods of Test for Latex Rubber" (s. auch ASTM D 1564–59 T und ASTM D 1565–59 T), legt in dem Abschnitt „Indentation Test" die Last als Härte fest, die eine Eindrückung um 25% der ursprünglichen Höhe in dem Schaumstoff-Probekörper hervorzurufen vermag.

Der Probekörper in den Abmessungen 12 inch × 12 inch. = 305 mm × 305 mm wird hierzu auf einer perforierten Platte liegend von unten gegen einen mit einer Pendelwaage verbundenen Teller (Fläche 50 sq inch. = 320 cm²) gedrückt und die Last in lbs. als Härte des Probekörpers abgelesen, wenn eine Eindrückung um 25% der ursprünglichen Höhe erreicht wird. Vor der eigentlichen Messung wird die Höhe der Probe bei einer Vorlast von 1 lb. bestimmt.

Die Vorschläge der TNO in Delft beinhalten gegenüber der ASTM-Vorschrift D 1055–59 T (Indentation Test) keine wesentlichen Abweichungen.

In Großbritannien wurde gegenüber den ASTM-Vorschriften bezüglich des Eindrückfußes eine Abänderung getroffen. Der mit der Pendelwaage verbundene Teller ist am Rande aufgebogen und auswechselbar, so daß je nach der Härte des Schaumstoff-Probekörpers ein Teller mit 12, 6 oder 2 inch. Durchmesser gewählt werden kann. Als Härte wird in Abänderung der amerikanischen Vorschrift die Last in kp angegeben, die notwendig ist, um den Probekörper um 40% einzudrücken. Der verwendete Teller muß mit angegeben werden.

Diese Arbeitsweise wurde im wesentlichen in dem DIN-Entwurf 7790 vom März 1955 „Latexschaum", „Ausführung, zulässige Maßabweichungen, Eigenschaften und Prüfung" übernommen.

Hier wird die Härtezahl (Eindrückbarkeitszahl) als die Last in kp definiert, die notwendig ist, um die Probe auf 60% ihrer Anfangshöhe zusammenzudrücken.

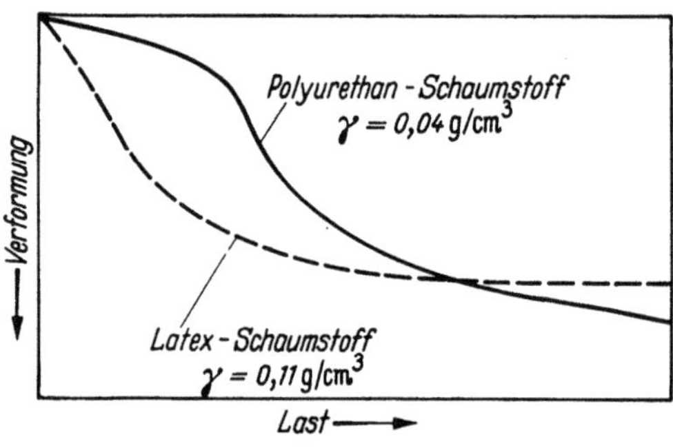

Abb. 6. Last-Verformungsdiagramm

Verwendet wird eine Prüfmaschine mit einem Eindrückstempel von 305 mm Durchmesser. Dieser Stempel kann durch einen kleineren Stempel mit einem Durchmesser von 152,5 mm ersetzt werden, wenn der Probekörper nicht die erforderlichen Maße aufweist. Der Probekörper wird auf einer perforierten Platte liegend von unten her gegen den Eindrückstempel, der mit einem Belastungsmeßgerät verbunden ist, gefahren.[1]

Diese für Latex-Schaumstoff entwickelten Methoden sind nicht in allen Teilen auf alle weichen Schaumstoffe zu übertragen. Die Angabe nur eines Punktes der Federcharakteristik bei einer Kompression, die unter der in der Praxis vorkommenden liegt, ist nur unter Voraussetzung einer annähernden Linearität der Funktion: Deformation = f (Last) brauchbar. Schaumstoffe, deren Federcharakteristik keine Linearität aufweist, werden darum am besten durch die Angabe des ganzen Lastverformungsdiagramms beschrieben. Mindestens sollten aber 3 Punkte dieser Kurve angegeben werden, und zwar am besten bei einer Verformung um 20, 40 und 60%.

Zur Demonstration des verschiedenartigen Verhaltens verschiedener Schaumstoffe bei Druckbeanspruchung werden in Abb. 6 das Lastverformungsdiagramm eines Latex-Schaumstoffes (Rohdichte 0,1 g/cm³) und eines Polyurethan-Schaumstoffes (Rohdichte 0,04 g/cm³) als Beispiel aufgezeichnet.

Während der Latex-Schaumstoff eine angenäherte Linearität im Bereich der geringen Verformungen zeigt, weist der Polyurethan-Schaumstoff eine hohe Anfangshärte auf, die sich durch die ausgeprägte S-Form des Diagramms kennzeichnet. Im Bereich der höheren Verformungen verlaufen die Kurven beider Stoffe gleichsinnig.

Diese bewußt der Praxis angeglichenen Prüfungen benötigen relativ große Probekörper.

Beim Übergang von der Bestimmung einer „*Eindrückhärte*" zur Bestimmung einer „*Stauchhärte*", bei der der Probekörper zwischen zwei ihn seitlich überragen-

---

[1] Siehe auch DIN-Entwurf 53576 „Bestimmung der Härtezahl beim Eindruckversuch".

den Platten zusammengepreßt oder gestaucht wird, ergibt sich zwar ein anderer Belastungsfall, es läßt sich jedoch hier auch mit kleineren Probekörpern Wesentliches aussagen [23]. Die Bestimmung der „Stauchhärte", wie sie im folgenden beschrieben wird, hat sich besonders für labormäßige Reihenuntersuchungen, wo ja auch meistens keine großen Proben zur Verfügung stehen, gut bewährt.

Als Probekörper verwendet man am besten Quader etwa in den Abmessungen 80 mm × 80 mm × 50 mm. Die Probekörper werden zur Prüfung zwischen die Platten einer besonderen Vorrichtung gelegt (Ausführungsbeispiel s. Abb. 7), die an einer normalen Zugprüfmaschine angebracht werden kann.

Die Zugprüfmaschine, in die die Vorrichtung eingespannt wird, soll nach Möglichkeit eine Vorrichtung zum Mitschreiben des Diagramms besitzen. Aus diesem Diagramm kann die „Stauchhärte" für verschiedene Verformungen entnommen werden[1].

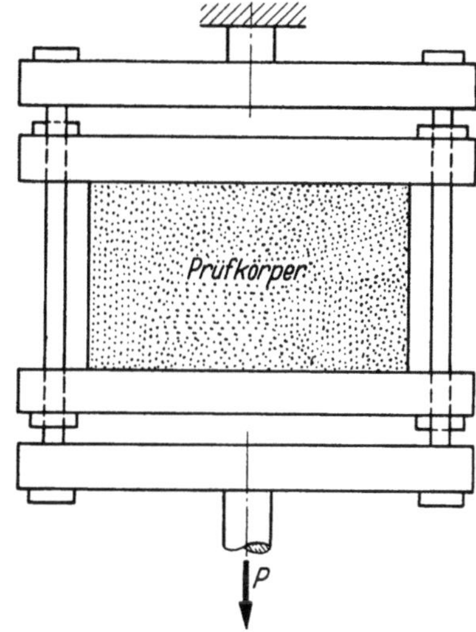

Abb. 7. Vorrichtung zur Bestimmung der Stauchhärte

Die Größenordnung der bei weichen Schaumstoffen auftretenden Härtewerte (gemessen nach ASTM D 1055–59 T) werden durch die nachstehenden Zahlen demonstriert [24, 36].

Manche Schaumstoffe zeigen bei der ersten Belastung eine größere Härte als bei weiteren Messungen. Meist wird durch den ersten Prüfvorgang ein Teil der geschlossenen oder noch geschlossenen Zellen aufgebrochen, so daß das in den Zellen eingeschlossene Gas bei weiteren Belastungen keinen Beitrag zur Härte mehr leisten kann. Es ist darum zu

	Rohdichte g/cm³	Härte p/cm²
Latex-Schaumstoff	0,11	40
Polyurethan-Schaumstoff	0,037	50
Vinyl-Schaumstoff	0,11	50

empfehlen, die Schaumstoffe in der Art ihrer im praktischen Gebrauch auftretenden Belastungen vorzubeanspruchen, was durch mehrmaliges Zusammenpressen, etwa zwischen 2 Walzen oder in der Prüfmaschine vorgenommen werden kann.

Härtebestimmungsmethoden mit Hilfe eines Stempels, der den Probekörper eindrückt, lassen sich viele ausdenken.

Ein kleines handliches Gerät ist von SCHILDKNECHT beschrieben worden [35]. In einer Glocke befindet sich ein beweglicher Stempel, der sich mit Hilfe einer Feder in den Schaumstoff eindrückt. Der Eindrückweg wird an einer Meßuhr als Härte abgelesen.

γ) *Zugfestigkeit und Dehnung beim Bruch*[2]. Zugfestigkeit und Dehnung beim Bruch werden bei weichen Schaumstoffen an einem Zugstab gemäß Abb. 8

---

[1] Siehe auch DIN-Entwurf 53577 „Druckversuch" (Bestimmung der Federkennlinie bei Stauchung).

[2] Siehe auch DIN 53571, Zugversuch.

gemessen. (Liegen die Zellendimensionen in der Größenordnung der Dicke des Probekörpers, die, wenn möglich 10 mm betragen soll, so muß diese gegebenenfalls auf den doppelten oder dreifachen Wert erhöht werden.)

Zwei Kennmarken im Abstand von 50 mm, auf dem Steg angebracht, werden mit einer mit Tastfingern versehenen Schieblehre (Abb. 9) während der Messung verfolgt, wobei im Augenblick des Bruches die Dehnung abgelesen wird. Dünne und klare Striche, wie sie für eine genaue Messung wünschenswert sind, lassen sich auf der Schaumstoffoberfläche nur schlecht anbringen. Darum visiert man am besten die Oberkante oder Unterkante des Striches am Rande des Mittelsteges mit den Tastfingern an.

Die Zugfestigkeit, wie auch die Dehnung beim Bruch sind, wie praktisch alle physikalischen Werte der Schaumstoffe, stark vom Grundstoff und der Rohdichte

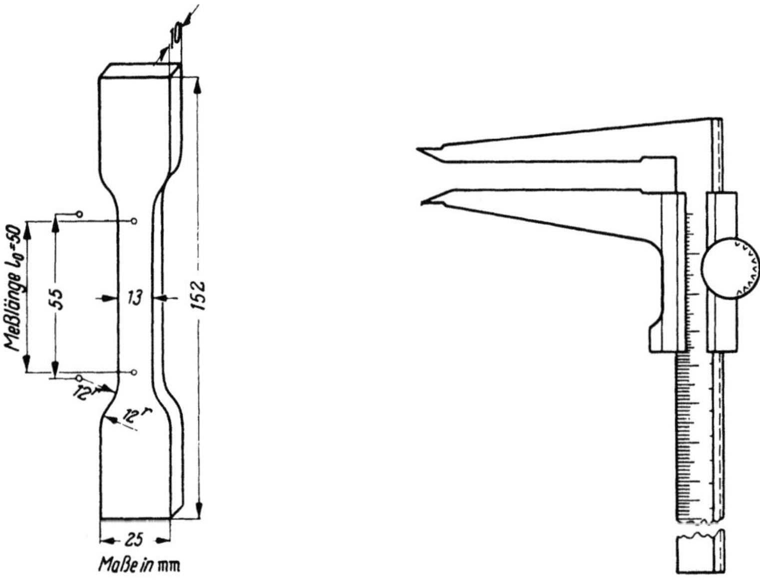

Abb. 8. Probekörper nach DIN 53571   Abb. 9. Schieblehre zur Dehnungsmessung

abhängig. Als Richtwert kann für die handelsüblichen Typen für die Zugfestigkeit 1 bis 2 kp/cm² und für die Dehnung beim Bruch 100 bis 400% angegeben werden [*30, 31, 36*]. Die im nächsten Abschnitt besprochene Kerbzähigkeit beträgt durchschnittlich 50% der Zugfestigkeit.

δ) *Kerbzähigkeit*[1]. Die Bestimmung der Kerbzähigkeit hat sich auch bei den Schaumstoffen eingebürgert, obwohl man hier der Meinung sein könnte, daß diese Prüfung bei einem Stoff, der von Natur aus mit Hohlräumen und „Kerben" durchsetzt ist, überflüssig ist. Da diese zellenartigen Hohlräume aber mehr oder minder abgerundete Begrenzungen aufweisen, läßt sich ein Schaumstoff schlechter einreißen als weiterreißen.

Als Prüfkörper hat sich bisher der nach GRAVES angegebene bewährt (Abbildung 10). (Siehe auch ASTM D 624–48, „Tests for Tear Resistance of Rubber".)

---

[1] Siehe auch DIN 53575, Weiterreißversuch.

Die Probekörper werden am besten aus 10 mm dicken Platten ausgestanzt und mit einem Einschnitt von 1 mm Länge versehen. Sind die Durchmesser der Zellen so groß wie der angegebene Einschnitt, so muß dieser entsprechend vergrößert werden, dasselbe gilt sinngemäß auch für die Dicke des Probekörpers, wie schon im vorigen Abschnitt ausgeführt wurde.

ε) Elastische Eigenschaften. Die aus der Gummiprüfung bekannte Messung der Stoßelastizität an Weichgummi (DIN 53512) ist sinngemäß auch für Schaumstoffe anwendbar. Man benutzt hierfür den SCHOBschen Pendelhammer. Der das Pendel tragende Arm ist verschiebbar angeordnet, so daß die meist dickeren Schaumstoffproben entsprechend ihren Abmessungen eingespannt werden können. Der Schlagkörper ist als Halbkugel ausgebildet. Als Probekörper verwendet man zweckmäßigerweise Würfel von 5 cm Kantenlänge oder die schon zur Ermittlung der

Stauchhärte vorgeschlagenen Quader in den Abmessungen von 80 mm × 80 mm × 50 mm. Man läßt das Pendel 3- bis 5mal aufschlagen, ehe man den endgültigen Wert abliest. Eine neuere Methode zur Bestimmung der Rückprallelastizität beschreibt A. KLINGELHÖFFER [37]. Bei diesem Gerät wird das Weg-Zeit-Diagramm während der Prüfung mitgeschrieben (s. auch [38 bis 40]).

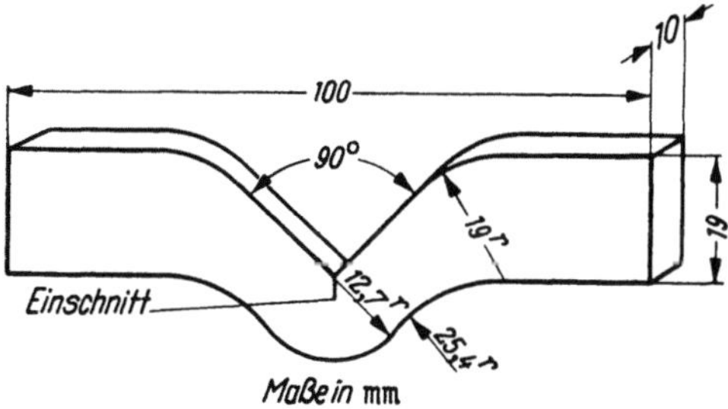

Abb. 10. Probekörper nach DIN 53575

Bei diesen Prüfungen ist, ähnlich wie bei der Bestimmung der Härte, der Einfluß der aus den nicht ganz geschlossenen Zellen ausströmenden Luft nicht zu eliminieren.

Man betrachte einen vollkommen geschlossenen Gummiball. Bei Druckbeanspruchungen wird er sich elastisch deformieren. Ist ein Loch in diesem Ball, so wird er sich je nach Größe des Loches und je nach Beanspruchungszeit anders

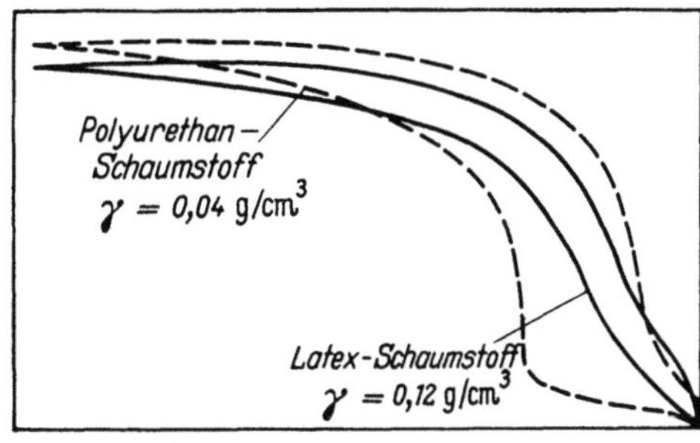

Abb. 11. Hysteresisschleife von Schaumstoffen

verhalten. Man kann sich in etwa einen weichen Schaumstoff als ein System von solchen Gummibällen vorstellen, in dem statistisch verteilt, sich vollkommen geschlossene und mit verschieden großen Löchern versehene Zellen befinden. Da die Verteilung solcher Zellen mit den Probekörpern wechselt, ist das Ergebnis entsprechend ungenau.

Nimmt man bei der Härteprüfung das Federdiagramm bei Be- und Entlastung auf, so wird sich eine Hysteresisschleife ausbilden, die ein Maß für die Dämpfungseigenschaften des untersuchten Schaumstoffes darstellt. In Abb. 11 wird die Hysteresisschleife eines Latex-Schaumstoffes (Rückprallelastizität 70%, Rohdichte 0,12 g/cm³) und eines Polyurethan-Schaumstoffes (Rückprallelastizität 35%, Rohdichte 0,04 g/cm³) dargestellt.

Werden die Hysteresisschleifen ausplanimetriert, so erhält man zahlenmäßige Ergebnisse zur Bestimmung der Elastizität.

Für exakte Messungen der elastischen Kennwerte von Schaumstoffen empfiehlt sich das von G. W. BECKER [20] angegebene Verfahren.

ζ) *Ermüdung*[1]. In Anlehnung an die ASTM-Vorschrift D 1055–59 T wird die sog. „*Stauchermüdung*" (Flexing Test) für weiche Schaumstoffe folgendermaßen durchgeführt. Eine „Stauchermüdung" liegt dann vor, wenn der Prüfkörper mit einer bestimmten Frequenz eine festgesetzte Zeitlang wechselnd gestaucht und wieder entlastet wird. Als Prüfkörper dienen Quader, z. B. in den Abmessungen 80 mm × 80 mm × 50 mm, die zwischen zwei parallelen, ebenen Platten, die sich parallel aufeinander zu bewegen, zusammengedrückt werden. Die belastenden Platten müssen größer als die belasteten Prüfkörper sein. In Abb. 12 ist der Prüfvorgang für 2 Prüfkörper schematisch dargestellt. Es ist zweckmäßig,

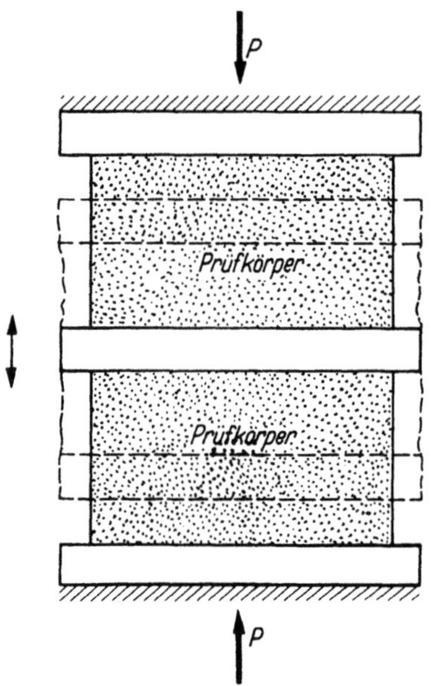

Abb. 12. Bestimmung der Stauchermüdung
(schematisch)

die bewegte Platte symmetrisch zwischen den Prüfkörpern anzubringen, so daß bei der Auf- und Abbewegung diese wechselnd be- und entlastet werden.

Die Prüffrequenz richtet sich nach den elastischen Eigenschaften der Prüfkörper. Meist nimmt man 100 Wechsel pro Minute. Wenn man auch gewöhnlich die Prüfkörper um 50% über ursprünglicher Höhe staucht, so ist es doch zweckmäßig, eine Hubverstellung beim Bau einer solchen Maschine mit vorzusehen. Manche Schaumstofftypen lassen eine so hohe Verformung nicht zu.

Der übliche Prüfvorgang ist kurz folgender:

Die Probekörper werden, nachdem die Höhe mittels einer Meßuhr und die Anfangsstauchhärte bestimmt ist, zwischen die Platten gebracht und mit 100 Stauchungen pro Minute beansprucht. Gestaucht wird unter konstantem Hub, der die Probe auf 50% der ursprünglichen Höhe zusammendrückt. Nach 250000 Stauchungen wird die Prüfung abgebrochen und nach einer Erholungszeit von 30 min die Höhe und die Stauchhärte bestimmt. Zur Ermittlung des Verhaltens von Schaumstoffproben nach länger dauernder Belastung, z. B. 500000 Stauchungen, wird in der gleichen Weise verfahren wie oben. Zur Auswertung des Verhaltens der Schaumstoffproben in der Stauchermüdungsprüfung gehört auch die Beurteilung, ob und wie stark die Probekörper verformt sind und ob die Struktur unverändert oder mehr oder weniger stark zerstört ist. Weiterhin wird der Verformungsrest in Prozent (s. II 4.8.4 b) und der Stauchhärteabfall in Prozent angegeben.

Ein Schaumstoff, der in der Praxis als Polstermaterial eingesetzt ist, wird nicht nur durch Stauchungen beansprucht. Um die vorkommenden Beanspruchungsarten möglichst weitgehend zu überprüfen, kann man in Ergänzung zur „Stauchermüdungsprüfung" eine „Scherermüdungsprüfung" durchführen. Eine „Scherermüdungsprüfung" liegt dann vor, wenn der Prüfkörper mit einer

---

[1] Siehe auch DIN 53574, Dauerschwingversuch (Bestimmung der Stauch- und der Scherermüdung).

bestimmten Frequenz eine festgesetzte Zeit wechselnd nach zwei entgegengesetzten Seiten geschert wird. Bei einer Scherung werden zwei parallele ebene Flächen eines quaderförmigen Probekörpers parallel zueinander verschoben, wobei der Abstand der beiden Flächen gleichbleibt. Bei der „Scherermüdungsprüfung" wird der Probekörper noch zusätzlich in der Richtung senkrecht zur Scherung gestaucht. Als Probekörper kann man, wie bei der „Stauchermüdungsprüfung", Quader in den gleichen Abmessungen wählen. Eine schematische Darstellung des Prüfvorganges gibt Abb. 13 wieder. Die Prüffrequenz, die Anzahl der Beanspruchungszyklen und die Auswertung des Versuches entspricht der Durchführung der „Stauchermüdung".

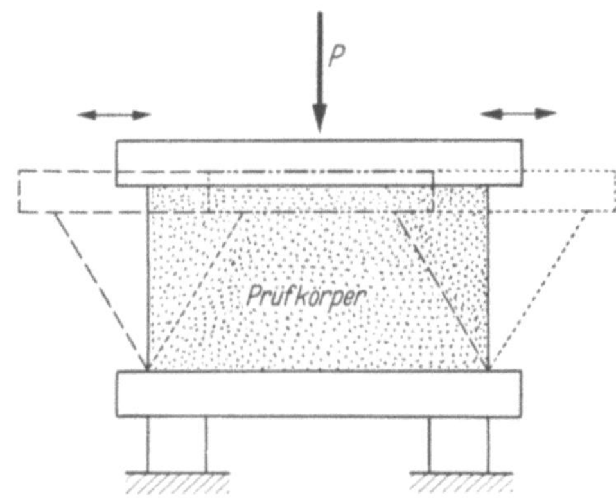

Abb. 13. Bestimmung der Scherermüdung (schematisch)

4.8.4 Verhalten in Wärme und Kälte

a) Harte Schaumstoffe. Will man die Formbeständigkeit in der Wärme von harten Schaumstoffen bestimmen, so ist es naheliegend, zunächst einmal an die Anwendbarkeit von DIN 53458, „Bestimmung der Formbeständigkeit in der Wärme nach MARTENS", zu denken. Die dort genormten Biegemomente sind für die meisten Schaumstofftypen zu groß. Es hat sich außerdem bei Versuchen mit Schaumstoffen herausgestellt, daß die in DIN 53462, „Prüfgerät für die Bestimmung der Formbeständigkeit in der Wärme nach MARTENS", genormte Anordnung insofern oft zu Fehlmessungen Anlaß gibt, als die senkrecht stehenden Prüfkörper sich leicht verdrehen.

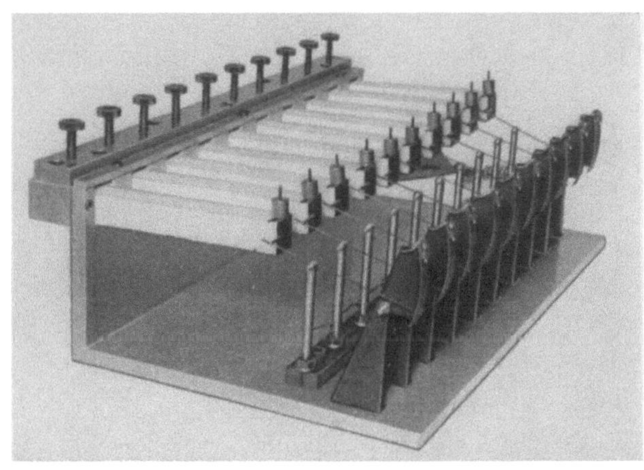

Abb. 14. Gerät zur Bestimmung der „Formbeständigkeit in der Wärme bei Biegebeanspruchung"

Ein Ausführungsbeispiel, das dieses vermeidet, ist in Abb. 14 und 15 gezeigt.

Hier werden einseitig eingespannte, stabförmige Prüfkörper durch ein aufgesetztes Gewicht einseitig belastet, und als Maß für die Formbeständigkeit in der Wärme die Temperatur genommen, bei der sich nach stetiger Erwärmung der Prüfkörper um ein vorgegebenes Maß durchgebogen hat.

Die in Abb. 14 und 15 gezeigten Probekörper haben die Abmessungen 150 mm × 20 mm × 20 mm, mit einer freien Länge von 120 mm, und sind mit 10 g an dem einen Ende belastet. Bis zur Kontaktgabe biegt sich die Probe 10 mm durch.

Wird die in Abb. 14 gezeigte Anordnung in einem Heizschrank untergebracht, der sich um 50 °C pro Stunde aufheizt, so ergeben sich für handelsübliche Schaumstofftypen Werte um 100 °C für die „Formbeständigkeit in der Wärme".

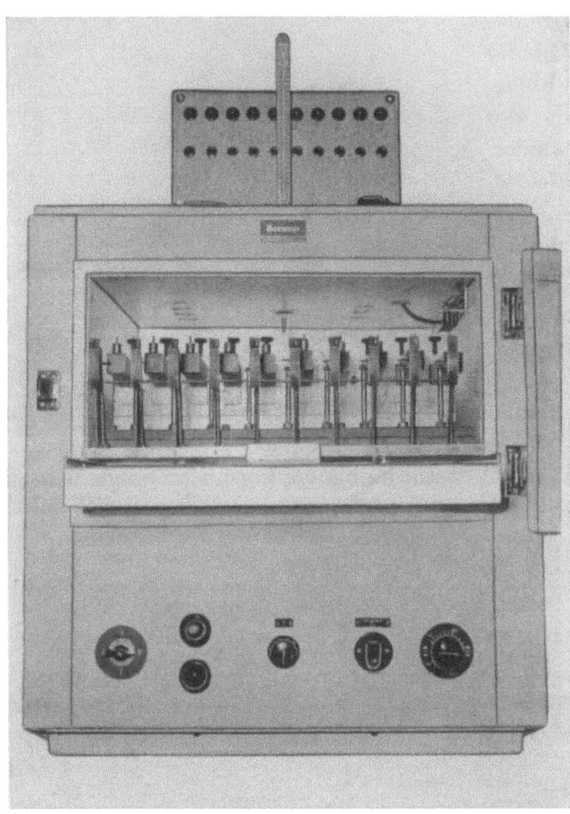

Abb. 15. Vorrichtung entspr. Abb. 14 im Temperaturschrank

Wird der Schaumstoff in der Praxis auf Druck beansprucht, so wird man mehr an einer Maßzahl für die *Formbeständigkeit in der Wärme bei Druckbeanspruchung* interessiert sein.

Ein Ausführungsbeispiel für einen solchen Prüfvorgang zeigt schematisch Abb. 16.

Als „*Wärmestandfestigkeit*" wird die Temperatur bestimmt, bei der der Würfel um einen bestimmten Wert (z. B. 5% oder 10% der ursprünglichen Höhe) deformiert wird.

Man kommt etwa zu den gleichen Werten der „Wärmebeständigkeit" wie oben angegeben, wenn man z. B. einen Würfel von 2 cm Kantenlänge mit 500 p/cm² belastet und bei einer Temperatursteigerung von 50 °C pro Stunde die Temperatur ermittelt, bei der eine Verformung um 1% eingetreten ist.

Auch für Schaumstoffe eignet sich die Bestimmung des Elastizitäts- und Schubmoduls in der Kälte gut, um ein Bild für die Verwendbarkeit bei tiefen Temperaturen zu gewinnen [*41*].

b) Weiche Schaumstoffe. α) *Druckverformungsrest nach konstanter Verformung*[1]. Der Verformungsrest bei Druckbeanspruchung, „Druckverformungsrest" (Compression Set), wird im allgemeinen in Anlehnung an ASTM D 1055–59 T bestimmt. Zylinderförmige Probekörper mit einem Durchmesser von 36 mm und einer Höhe von 20 mm (in den ASTM-Vorschriften ist die Höhe des Probekörpers offengelassen, aber Durchmesser > Höhe) werden zwischen zwei ebenen Metall-

---

[1] Siehe auch DIN 53572, Bestimmung des Druckverformungsrestes nach konstanter Verformung.

platten um 50% ihrer ursprünglichen Höhe komprimiert, wobei zur genauen Einstellung der Höhe Abstandsleisten verwendet werden (s. Abb. 17).

Die zwischen die Platten eingespannten Probekörper werden 70 Std. lang bei
Raumtemperatur, d. h. bei 20 °C $\pm$ 2 grd oder 22 Std. bei 70 °C gelagert. 30 min
nach der Entformung wird die Höhe gemessen und der „Druckverformungsrest"
nach der Formel

„Druckverformungsrest"
$$= \frac{h_1 - h_2}{h_1 - h_3} \cdot 100 \quad [\%]$$

bestimmt, wobei h_1 die ursprüngliche
Dicke, h_2 die Dicke der Probe 30 min
nach der Entformung und h_3 die Dicke
der Abstandsleisten bzw. die Dicke der
Probekörper während der Lagerung ist.

Der „Druckverformungsrest" (Compression Set) liegt je nach der „Plastizität" des untersuchten Stoffes

bei 20 °C etwa zwischen 2 und 20%,
bei 70 °C etwa zwischen 10 und 70%.

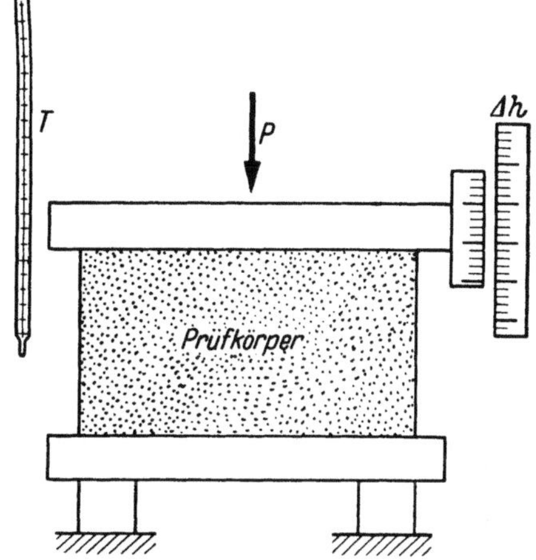

Abb. 16. Bestimmung der „Formbeständigkeit
in der Wärme bei Druckbeanspruchung"
(schematisch)

β) *Druckverformungsrest bei konstanter
Last.* Der „Druckverformungsrest" wird
meist bei konstanter Verformung be-
stimmt. Die in der Abb. 18 gezeigte Apparatur sei als Ausführungsbeispiel
gewertet und gestattet, den „Druckverformungsrest" auch bei konstanter Last
zu messen.

Die Probekörper werden zwischen die Metallplatten eingelegt und mit einer
Last, die eine bestimmte Verformung ergibt, belastet. Die Probekörper werden
durch die in den Probenraum ein-
geblasene Heißluft erwärmt. Die
Verformung wird an den Meßuhren
in bestimmten Zeitabschnitten abgelesen [*42*].

Dieser Apparat ist nicht nur für
weiche, sondern ebenfalls für die
Untersuchung von harten Schaumstoffen verwendbar und weiterhin
noch für Langzeitversuche einzusetzen.

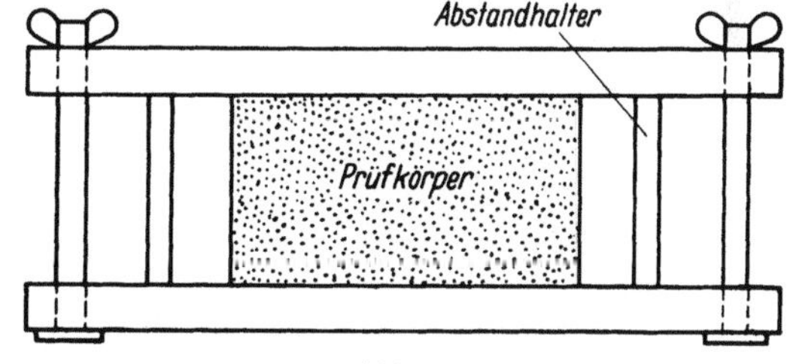

Abb. 17
Vorrichtung zur Bestimmung des Druckverformungsrestes

γ) *Zugverformungsrest.* Analog
zum Druckverformungsrest läßt sich der Verformungsrest bei Zugbeanspruchung,
der „Zugverformungsrest", z. B. mit Hilfe von streifenförmigen Probekörpern
(etwa 120 mm × 20 mm × 10 mm) bestimmen, die auf Platten mit Klemmen
und Langlochschlitzen entsprechend Abb. 19 aufgespannt werden.

Einen solchen Versuch kann man analog zur Bestimmung des „Druckverformungsrestes" durchführen und auswerten.

δ) *Verhalten in der Kälte.* Für die Bestimmung des Verhaltens von weichen
Schaumstoffen in der Kälte sind mehrere Methoden verwendbar, die einerseits

die in der Kälte zunehmende *Härte*, eine wachsende *Sprödigkeit* oder andererseits einen Rückgang der *Elastizität* als Meßgröße verwenden.

Nach ASTM D 1055–59 T, Absatz F, wird auf folgende Weise geprüft: Zunächst wird an einem zylindrischen Probekörper von 3 cm Durchmesser bei Raumtemperatur die Last in p/cm² bestimmt, die notwendig ist, um eine 25%ige Zusammendrückung hervorzurufen. Der Probekörper wird dann in einem Kälte-

Abb. 18. Gerät für Dauerstandversuche

schrank 5 Std. lang bei einer Temperatur von −40 °C gelagert. Nach der Lagerungszeit wird die ursprünglich ermittelte Last so schnell wie eben möglich auf die Probe aufgebracht und die Zusammendrückung sofort abgelesen. Der prozentuale Abfall in der Zusammendrückung wird folgendermaßen errechnet:

$$A = \frac{B - C}{B} \cdot 100 \quad [\%],$$

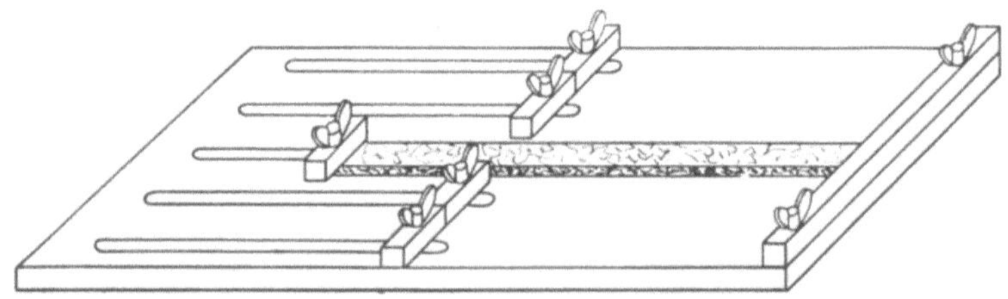

Abb. 19. Vorrichtung zur Bestimmung des Zugverformungsrestes

wobei A der prozentuale Abfall in der Zusammendrückung, B die Zusammendrückung bei Raumtemperatur und C die Zusammendrückung bei −40 °C ist.

Neben dieser Prüfung können zahlenmäßige Ergebnisse durch den Abfall der Rückprallelastizität in der Kälte erhalten werden. Diese Bestimmung läßt sich jedoch nur bis zu Kältegraden durchführen, bei denen der Schaumstoff nicht so spröde wird, daß er beim Auftreffen des Schlagkörpers zerbricht.

Zur ersten Beurteilung eines Schaumstoffes auf sein Verhalten in der Kälte kann man z. B. eine streifenförmige Probe etwa in den Abmessungen

150 mm × 30 mm × 10 mm bei —40 °C 5 Std. lagern und dann rasch über einen Dorn von 1 cm Durchmesser biegen. Es wird festgestellt, ob bei dieser Beanspruchung der Probekörper bricht.

Eine ähnliche Prüfung wird folgendermaßen durchgeführt: Eine streifenförmige Probe wird gefaltet und so zwischen 2 Platten gepreßt, daß die Faltstelle nicht aus den Platten herausragt. Der Abstand der beiden Platten soll gleich der doppelten Dicke der Probe sein. Die zwischen die Platte gespannte Probe wird z. B. bei —40 °C 22 Std. gelagert, und es wird festgestellt, ob ein sichtbarer Bruch des Probekörpers an der Faltstelle auftritt.

4.8.5 Eignung als thermischer Isolierstoff

Schaumstoffe werden in wachsendem Maße in der Wärme- und Kälteisolation angewendet. Die für diese Anwendung üblichen Prüfungen liegen fest und bedürfen für Schaumstoffe keiner besonderen Abwandlungen.

Zur Bestimmung der *Wärmeleitzahl* wird allgemein das Verfahren von R. POENSGEN [44] angewandt, wobei plattenförmige Schaumstoffe geprüft werden (vgl. auch II 3.5.2 d)[1]. Außerdem sei auch auf die ausführlich gehaltenen Darstellungen in den VDI-Wärme- und Kälteschutzregeln [45] verwiesen, in denen verschiedene Prüfverfahren auch für zylinderförmige Schaumstoff-Formteile beschrieben sind.

In zunehmendem Maße wird heute der Bestimmung des Wasserdampf-Diffusionswiderstandsfaktors in der Kältetechnik Beachtung geschenkt. Ein neueres Verfahren, von CAMMERER [46] angegeben, eignet sich für die Prüfung von Schaumstoffproben gut.

Die Bestimmung der *Wasseraufnahme* ist nicht nur für den Einsatz eines Schaumstoffes als Schwimmkörper notwendig, sondern ebenso für den Einsatz in der Kälte- und Wärmeisolation.

Die einfachste Methode zur Messung der Wasseraufnahme ist die Lagerung unter Wasser, etwa in der Form, daß man Würfel mit einem Netz unter Wasser hält. Die Probekörper werden vor und nach der z. B. 24 Std. dauernden Lagerung ausgewogen. Diese Methode birgt jedoch manche Quelle der Ungenauigkeit in sich.

Das Wasser dringt zunächst in die durch die Bearbeitung der Probekörper nach außen geöffneten Zellen ein und dringt dann bei offenzelligen Produkten weiter ins Innere. Wird der Probekörper dem Wasser entnommen, so tropft zunächst eine unkontrollierbare Menge Wasser ab. Ein Abtrocknen der „Oberfläche" mit Filtrierpapier wird einen Teil des Wassers aus den Zellen wieder entfernen, einen anderen Teil, der sich jedoch bei tiefer hineingehenden Zellen auch noch an der „Oberfläche" befindet, dagegen nicht.

Die Rohdichte des Wassers und die Rohdichte des Schaumstoffes verhalten sich wie 1 : < 0,1, das bedeutet, daß geringe Unsicherheiten in der Abtrocknung der „Oberfläche" zu starken Streuungen Anlaß geben. Diese Methode ist nur dann zu empfehlen, wenn Schaumstoffe mit geschlossenen Zellen vorliegen.

Eine zweite Methode, die den Auftriebsverlust durch das eindringende Wasser mißt, vermeidet die oben genannten Ungenauigkeiten weitgehend. Würfelförmige

---

[1] Siehe auch DIN 52612 „Bestimmung der Wärmeleitfähigkeit mit dem Plattengerät".

Probekörper werden in einem Käfig durch ein angehängtes Gewicht unter Wasser gehalten und das Gewicht des ganzen Systems, Probekörper + Käfig + angehängtes Gewicht vor und nach der Lagerungszeit unter Wasser ausgewogen (Abb. 20).

Der Auftrieb des Probekörpers, der durch den Käfig und das darangehängte Gewicht kompensiert wird, nimmt mit dem eindringenden Wasser ab. Dieser Auftriebsverlust wird mit einer normalen Balkenwaage ausgewogen[1].

Zur näheren Erläuterung sei ein Beispiel angeführt.

Kurz nach Eintauchen des Probekörpers ins Wasser wird der Käfig mit dem Gegengewicht und den Proben an die Waage gehängt und austariert. Die Tara betrage 15 g. Nach 24 Std. beträgt die Tara 15,5 g. Es ist also innerhalb 24 Std. 0,5 g Wasser eingedrungen. Hat der Würfel z. B. ein Volumen von 125 cm³, so beträgt die Wasseraufnahme in 24 Std.

$$\frac{0{,}25}{125} \cdot 100 = 0{,}4 \text{ Vol-\%}.$$

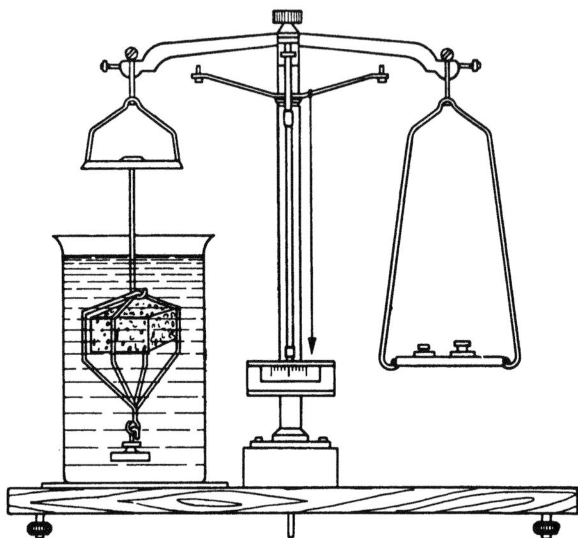

Abb. 20. Vorrichtung zur Bestimmung der Wasseraufnahme

Als Ergänzung zur Bestimmung des Wasserdampf-Diffusionswiderstandsfaktors und der Wasseraufnahme ist die Kenntnis der Anzahl offener und geschlossener Zellen von Wichtigkeit. Als Meßprinzip eignet sich die Bestimmung des Auftriebes einer Schaumstoffprobe und die Veränderung der Gasdichte in einem Volumen durch Hereinbringen einer Probe. Die Verfahren sind in der Literatur eingehend beschrieben [*15, 47*].

4.8.6 Elektrische Prüfungen (s. a. II. 3.9)

Für Schaumstoffe, die in der Elektrotechnik, z. B. bei der Herstellung von Hochfrequenzkabeln eingesetzt werden, gelten für die Bestimmung der elektrischen Eigenschaften keine Besonderheiten gegenüber den normalen Isolierstoffen [*48*]. Bei theoretischen Betrachtungen ist naturgemäß der Einfluß des in den Zellen eingeschlossenen Gases auf die Durchschlagfestigkeit, die Dielektrizitätskonstante, den Verlustwinkel und den inneren Widerstand usw. zu beachten. Die Schwierigkeiten, die sich bei der Prüfung im elektrischen Feld ergeben können, liegen mehr auf der Ebene einer genauen Bestimmung von Dicke, Oberfläche usw., Gegebenheiten, die schon in den ersten Abschnitten diskutiert wurden und auf die hiermit verwiesen wird.

---

[1] Siehe auch DIN 53428 „Bestimmung des Verhaltens gegen Flüssigkeiten, Dämpfe, Gase und feste Stoffe".

4.8.7 Akustische Prüfungen

Auch der in neuerer Zeit weiter verbreitete Einsatz von Schaumstoffen im Bereich der Akustik [49 bis 51], etwa als Luftschallisolation oder als Dämpfungselemente bringt für die Schaumstoffe in prüftechnischer Hinsicht keine Veränderung gegenüber den bisher bei anderen Stoffen üblichen Meßverfahren [52, 53]. Wenn auch der physikalische Effekt, auf dem z. B. die Wirkungsweise eines weichen Schaumstoffes als Luftschallisoliermaterial beruht, ein anderer ist, als z. B. der eines Faserstoffes, so werden doch für beide dieselben Normen angewandt. Zu nennen sind hier die Normen DIN-Entwurf 52212, Bau-Akustische Prüfungen, „Schallschluckung", Vornorm DIN 52211, Bau-Akustische Prüfungen, „Schalldämmzahl und Normtrittschallpegel", DIN 52210, Bau-Akustische Prüfungen, „Luftschalldämmung und Trittschallstärke". Weiterhin gelten die Richtlinien für den Schallschluck im Hochbau: DIN 4109.

Neue Methoden für die Bestimmung des elastisch-dynamischen bzw. akustischen Verhaltens sind in II 3.7 beschrieben.

Literatur

[1] MANEGOLD, E.: Schaum, Heidelberg: Straßenbau. Chemie und Technik Verlagsgesellschaft mbH. 1953.

[2] JENNINGS, F. C.: A Note on Types and Nomenclature of cell-containing Rubbers and Allied Materials. Ind. Rubber J. (März 1951).

[3] GOULD, L. P.: Cellular Rubbers. Rubber Chem. Technol. (Oktober 1944) Nr. 4.

[4] KLINGHOLZ, R.: Zusammensetzung, Herstellung und Anwendung von Harnstoff-Schaumstoff. Kunststoffe 44 (1954) H. 12, S. 547.

[5] LEVER, A. E.: Expanded and Foamed Materials. Plastics (August 1953).

[6] STASTNY, F.: Polystyrol-Schaumstoffe. Kunststoffe 44 (1954) H. 12, S. 551.

[7] —: Styropyr, ein neuartiger, poröser Kunststoff. Kunststoff-Praxis, Beilage zur Zeitschrift Kunststoffe, Teil 1 u. 2 (1954) H. 4 u. 5, S. 25 u. 41.

[8] BROCHHAGEN, F. K.: Neuere Erfahrungen bei der Herstellung von Schaumstoffen auf Polyurethan-Basis. Kunststoffe 44 (1954) H. 12, S. 555.

[9] BASCHANT, E.: Die Bedeutung des PVC-Schaumes und seine Entwicklungsmöglichkeiten. Kunststoffe 44 (1954) H. 12, S. 542.

[10] WALSH, R. H.: Automative Engineering with Urethane Foams. Rubber World 136 (1957) Nr. 3, S. 386.

[11] SANGER, M. J.: Polyurethane Foam in the Automative Industry. Techn. Papers of the 14. nat. Techn. Conf. of SPE 4 (1958) Nr. 58, S. 625.

[12] PACKER, E. A., u. J. T. WATTS: Polyester-Isocyanat Foams. I. R. I. Transact. Proc. 4 (1957) Nr. 5, S. 163.

[13] DARTH, S. L., u. E. GUTH: Elastic Properties of Cork. J. Appl. Phys. 17 (Mai 1946) S. 314.

[14] EDBERG, E. A.: Expandable Polystyrene Beads. Rubber Plastics Age 36 (1955) Nr. 3, S. 149.

[15] PERSOZ, B.: Essais de matériaux cellulaires destinés à la construction aéronautique. Rev. gén. Caoutchouc 30 (1953) Nr. 7, S. 492.

[16] HOPPE, P.: Leichtstoffe und Leichstoffanwendung. Kunststoffe 42 (1952) H. 12, S. 450.

[17] JACOBI, H. P.: Untersuchungen an stützstoffversteiften Verbundstäben. Kunststoffe 39 (1949) H. 11, S. 269.

[18] PHILLIPS, T. L.: Rigid Polyurethane Foams in the Building Industry. Brit. Plastics 32 (1959) Nr. 1, S. 20.

[19] IVES, G. C.: The Measurement and Interpretation of Properties of Low-Density Plastics Materials. Plast. Inst. Trans. a. J. 26 (1958) Nr. 65, S. 208.

[20] BECKER, G. W.: Über das dynamisch-elastische Verhalten geschäumter Stoffe. Acustica 9 (1959) H. 3, S. 135.

[21] VIEWEG, R.: Einige Untersuchungen an Schaumstoffen. Kunststoffe 38 (1948) H. 3, S. 45.

[22] CHURCH, H. F.: Physical Characteristics of Sponge Rubber. Trans. Inst. Rubber Ind. 4 (1928/29) S. 533.

[23] CONANT, F. S., u. L. A. WÖHLER: Physical Evaluation of foamed Latex Sponge. India Rubber World 121 (1949) S. 179.

[24] TALALAY, J. A.: Load carrying capacity of Latex Foam Rubber. Industr. Engng. Chem. 46 (1954) Nr. 7, S. 1530.

[25] MURPHY, E. A.: Development of Latex Foam Rubber. Trans. Inst. Rubber Ind. 31 (1955) Nr. 3, S. 90.

[26] TALALAY, L.: Properties of Cellular Plastics Materials. Brit. Plastics 30 (1957) Nr. 12, S. 528.

[27] CAREY, R. H., u. E. A. ROGERS: Mechanical action of flexible foams. Mod. Plastics (August 1956) S. 139.

[28] HARRINGTON, A. J.: Polyurethane Foams. SPE-J. (Oktober 1956) S. 19.

[29] COOPER, A.: Properties of Cellular Polymers. Plast. Inst. Trans. a. J. 26 (1958) Nr. 65, S. 299.

[30] TALALAY, L.: Properties of Cellular Plastics Materials. Brit. Plastics 30 (1957) Nr. 12, S. 528.

[31] SAUNDERS, J. H.: Properties of Urethane Foam. Techn. Papers of the 14. Nat. Techn. Conf. of SPE 4 (1958) Nr. 81, S. 843.

[32] American Society for Testing Materials: Stand. Rubber Prod. (Dezember 1952).

[33] Proposed Tentative Specifications and Methods of Test for Flexible Urethane Foams. Prepared by the Flexible Urethane Foam Test methods Subcommittee of the SPI Cellular Plastics Division. Rubber Age (August 1956) S. 803.

[34] BS 903, Parts F1—F9, 1956: Methods of Testing Vulcanized Rubber. Parts F1—F9 methods of Testing soft Cellular Rubber.

[35] SCHILDTKNECHT, E.: Härteprüfung an Kautschuk unter besonderer Berücksichtigung sehr weicher Kautschuksorten, wie Schaum- und Schwammkautschuk. Schweizer Arch. angew. Wiss. Techn. 18 (1952) H. 7, S. 227.

[36] ROGERS, T. H.: Elastomeric Cellular Materials. Rubber World (September 1955) S. 753.

[37] KLINGELHÖFFER, H.: Ein neuer Rückprall- und Durchschlagschreiber für Verpackungs- folien und Polsterstoffe. Kunststoffe 43 (1953) H. 5, S. 181.

[38] ROSENTHAL, L. A., u. G. I. ADDIS: A Modified Rebound Pendulum. Rubber Age 85 (1959) H. 5, S. 790.

[39] WILKINSON, C. S.: Electronic Pendulum for Evaluating Impact Absorption of Foam Materials. Rubber World 136 (1957) H. 6, S. 841.

[40] JONES, R. E., P. HERSCH, J. G. STIER u. B. A. DOMBROW: Measuring Resilience of Flexible Urethane Foams. Plastics Technol. 31 (1959) H. 9, S. 55.

[41] McCLINTOCK, R. M.: Low Temperature Properties of Plastics Foams. SPE-J. 14 (1958) H. 11, S. 36.

[42] NITSCHE, R.: Prüfmethodik zur Beurteilung der Kriecherscheinungen organischer Kunststoffe. Schweizer Arch. angew. Wiss. Techn. 19 (1953) Nr. 5, S. 139.

[43] STASTNY, F.: Zur technischen Prüfung von Styropor-Schaumstoffen. Plast-Verarbeiter 9 (1958) H. 6, S. 201.

[44] POENSGEN, R.: Ein technisches Verfahren zur Ermittlung der Wärmeleitfähigkeit plattenförmiger Stoffe. Z. VDI 56 (1912) S. 1653.

[45] VDI-Wärme- und Kälteschutzregeln, III. Teil.

[46] CAMMERER, J. S.: Die Messung der Durchlässigkeit von Kälteschutzstoffen für Wasser- dampfdiffusion. Kältetechnik 3 (1951) H. 1, S. 2.

[47] REMINGTON, W. J., u. R. PARISER: A now Apparatur for Determining the Cell Structure of Cellular Materials. Rubber World 138 (Mai 1958) S. 201.

[48] HEITZMANN, F.: Die Isolierstoffe elektrischer Kabel und Leitungen unter besonderer Berücksichtigung von Polystyrol-Schaumstoff. Kunststoffe 42 (1952) H. 2, S. 29.

[49] OBERST, H.: Akustische Anwendung von Schaumstoffen. Kunststoffe 46 (1956) H. 8, S. 190.

[50] HAMPE, E. A.: Entdröhnung von Fahrzeugkarosserien durch Schaumstoffbeläge. Kunststoffe 47 (1957) H. 11, S. 640.
[51] PAFFRATH, H. W.: Offenzellige Schaumstoffe für akustische Zwecke im Bauwesen. Kunststoffe 47 (1957) H. 11, S. 638.
[52] BERANEK, L. L.: Acoustic Impedance of Porous Materials. JASA. 13 (Januar 1942) S. 248.
[53] PYATT, J. S.: The Acoustic Impedance of a porous Layer at oblique Incidence. Acustica 3 (1953) S. 375.

5. Auswertung von Versuchsergebnissen

5.1 Theoretische Betrachtungen über Meßergebnisse

Von W. Werner, Meinerzhagen/Westf.

Um die Herstellung hochwertiger Kunststoffe zu sichern, ist ein vielfach und sinnvoll verknüpftes System von Materialprüfungen, Fabrikationsüberwachungen und Kontrollen über praktische Bewährung der Werkstoffe notwendig. Hierbei ergibt sich ein umfangreiches Zahlenmaterial, das in der Kunststofftechnik selbst heute meistens nur unvollkommen ausgewertet wird. In Deutschland könnten durch bessere Auswertungen von Versuchsergebnissen größere Entwicklungschancen und eine gesichertere Konkurrenzfähigkeit auf dem Weltmarkt erzielt werden.

Eine vollkommenere Ausschöpfung des sich ohnehin zwangsläufig ergebenden Zahlenmaterials erfordert jedoch ein mathematisches Rüstzeug, dessen Handhabung die ältere Generation weniger gewohnt ist. Die entsprechenden neueren Verfahren erscheinen ihr daher oft unbequem und werden gern ignoriert. Die Entwicklung und Rationalisierung auf dem Gebiet der Kunststofftechnik werden in Deutschland hierdurch leider verzögert. – Der heranwachsenden Generation gebietet die Selbsterhaltung auf solche Hilfsmittel nicht zu verzichten, zumal im Ausland (z. B. USA) die technische Entwicklung hierdurch sehr beschleunigt wird.

Einführend und zur Anregung sei daher im folgenden einiges Wesentliche solcher Methoden mitgeteilt.

Als anschauliche Erörterung diene zunächst folgendes Beispiel: Die Zuverlässigkeit der Zielvorrichtung von 2 Gewehren ist von 2 Schützen durch je 10 Schüsse erprobt worden. Die Versuchsergebnisse wurden verschiedenartig ausgewertet und sind dementsprechend in den Abb. 1a und b dargestellt worden. In Abb. 1a wurde nicht jede einzelne Einschußstelle markiert, sondern einer Mittelwertbildung entsprechend, nur der jeweilige Schwerpunkt aller 10 Treffpunkte. Dieser Art der Darstellung ist nur zu entnehmen, daß in Übereinstimmung der Versuchsergebnisse beider Schützen die Zielvorrichtung von Gewehr II fehlerhaft ist.

Zum Unterschied von dieser Darstellung wurden in Abb. 1b nicht nur die Schwerpunkte (Mittelwerte) sondern auch die einzelnen Treffpunkte markiert. Man erkennt hierbei außer der Fehlerhaftigkeit der einen Zielvorrichtung zusätzlich die Verschiedenwertigkeit der beiden Schützen (A trifft sicherer!).

Die Beachtung der Einzelwerte und der Grad ihrer Streuung ergeben unter Umständen besonders wichtige Hinweise, die bei der Bildung von Mittelwerten ohne Beachtung der Einzelwerte verschleiert werden können.

Ähnlich liegen die Verhältnisse ganz allgemein bei der Darstellung von Versuchsergebnissen. Soll z. B. die mechanische Festigkeit eines Materials beurteilt werden, so beschränkt man sich aus wirtschaftlichen Gründen auf wenige charakteristische Versuche und auf Stichproben. Wählt man bei besonderer Vereinfachung nur eine Eigenschaft, z. B. die Biegefestigkeit, und ermittelt sie durch 10 Einzelmessungen, so wird man im allgemeinen zehn mehr oder weniger voneinander abweichende Ergebnisse erhalten. Es ist meistens üblich, das arithmetische Mittel aus den Einzelwerten zu bilden und die betreffende Eigenschaft

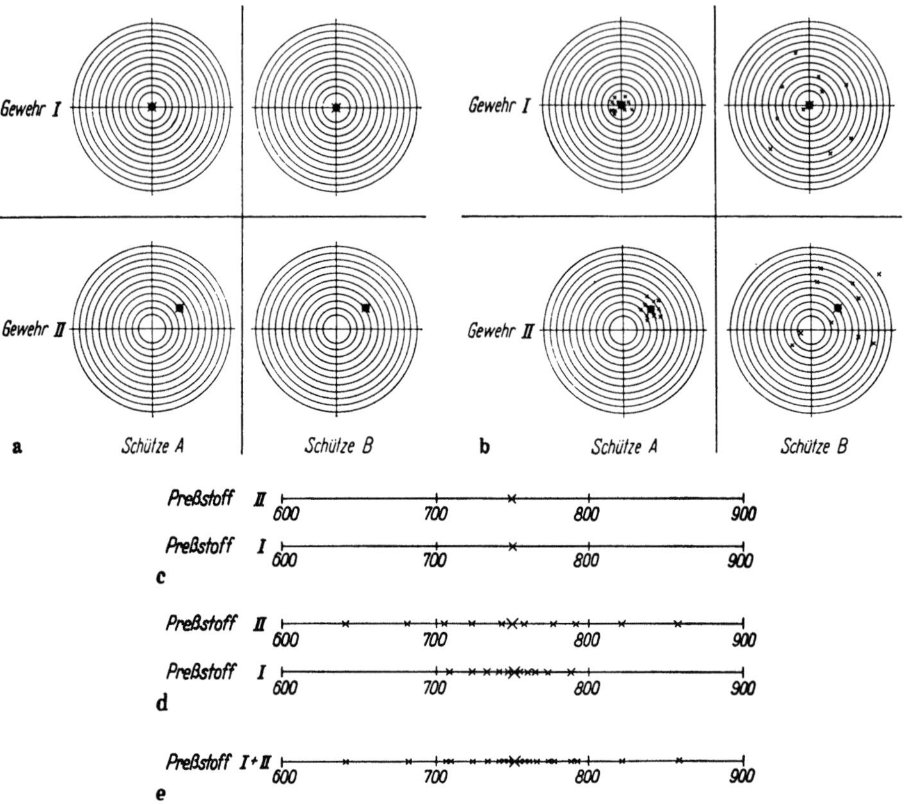

Abb. 1. Verschleierung wichtiger Prüfergebnisse, welche durch Beachtung der Streuung der Einzelwerte vermieden werden kann

a) Ergebnisse von Zielversuchen; Darstellung durch Mittelwerte (Schwerpunkte der Einschußstellen) läßt nur die Verschiedenwertigkeit der Zielvorrichtungen erkennen

b) Dieselben Versuche, dargestellt durch *Mittelwerte und Streuungen* der Einzelwerte lassen zusätzlich die Verschiedenwertigkeit auch der Schützen erkennen

c) Ergebnisse von Biegeprüfungen verschiedener Preßstoffe zeigen gleichen Mittelwert; demnach sind beide Stoffe scheinbar gleichwertig

d) Die gleichen Ergebnisse bei Beachtung der Streuungen zeigen die Überlegenheit von Preßstoff I

e) Die verschiedenwertigen Preßstoffe I und II wurden gemeinsam geprüft. Das Ergebnis kann durch geeignete Methoden analysiert und als Mischergebnis von verschiedenwertigen Preßstoffen erkannt werden

lediglich durch diesen einen errechneten Wert zu charakterisieren. Diesem arithmetischen Mittelwert kommt zwar als dem wahrscheinlichsten Wert besondere Bedeutung zu. Beschränkt man sich aber nur auf die Beachtung dieses Wertes allein, so können dadurch aus den Einzelergebnissen erkennbare wesentliche Hinweise verschleiert werden. Dies soll am vorstehenden Beispiel aus der Prüftechnik eingehender erörtert werden.

In Abb. 1c sind nur die Mittelwerte aus den Ergebnissen der Biegefestigkeitsversuche dargestellt.

Nach dieser Darstellung sind beide Preßstoffe gleichwertig. Sie sind es aber nur scheinbar! Beachtet man nämlich außer den Mittelwerten auch noch die Einzelwerte (s. Abb. 1d), so erkennt man, daß die Ergebnisse beider Preßstoffe zwar um denselben Mittelwert aber verschieden stark streuen. Der Preßstoff I ist gleichmäßiger und zuverlässiger zu verarbeiten. (Eine geringere Streuung kann u. U. wichtiger sein als ein höherer Mittelwert!)

Es kann vorkommen, daß größere Probemengen aus ungleichwertigen Teilmengen bestehen. Wenn z. B. im vorstehenden Beispiel die Proben aus den verschiedenwertigen Massen durcheinander vermengt und gemeinsam in einer Versuchsreihe von doppeltem Umfang untersucht worden wären, so würde die Darstellung der Versuchsergebnisse der Abb. 1e entsprechen. Aus dieser Abbildung allein ist nicht ohne weiteres auf eine Vermengung ungleichwertiger Proben zu schließen, doch es gibt, wie noch gezeigt werden soll, Methoden, durch die auch eine solche Vermengung analysiert werden kann (s. II 5.2.1 u. II 5.2.2).

5.1.1 Zufälle und Gesetzmäßigkeiten

Die scheinbar zufällige Streuung von Einzelwerten vollzieht sich nach Gesetzmäßigkeiten, die nunmehr anschaulich unter Verzicht auf eine strenge mathematische Beweisführung nahegebracht werden sollen:

Man bedenke, daß die Prüfergebnisse bestimmter Eigenschaften von vielen Faktoren beeinflußt werden; z. B. hängt das Prüfergebnis von Biegeversuchen bei Duroplasten u. a. ab von:

1. der Harzart,	7. der Sorgfalt bei der Aufbereitung der Proben,
2. der Füllstoffart,	
3. der Preßtemperatur,	8. den Eigenarten des Prüfgerätes,
4. dem Preßdruck,	9. der Prüfgeschwindigkeit,
5. der Verformungsgeschwindigkeit,	10. der Geschicklichkeit des Prüfers
6. der Preßdauer,	und vielen anderen Faktoren.

Jeder einzelne solcher Einflußfaktoren ist in der Praxis aber ständig Schwankungen unterworfen. Es wird z. B. die Preßtemperatur nicht stets genau 165 °C betragen, sondern um diesen festgelegten Wert mehr oder weniger schwanken, und so jede andere einflußgebende Größe gleichfalls.

Die Folge solcher Schwankungen ist, daß auch die von diesen Größen abhängigen Prüfergebnisse Schwankungen zeigen müssen.

Wirken solche Schwankungen zufällig im gleichen Sinne, so werden die durch sie bedingten Einzelprüfwerte stark von ihrem Mittelwert abweichen; heben sie sich dagegen in ihren Wirkungen zufällig gegenseitig auf, so ist die Abweichung des dadurch bedingten Einzelprüfwertes vom Mittelwert gering. Die Häufigkeiten, mit der größere und kleinere Abweichungen auftreten, erfolgen nach bestimmten Gesetzen, die durch folgenden Vergleich anschaulich erörtert werden sollen:

Man vergleiche die Häufigkeit bestimmter Prüfergebnisse, welche durch zufällige Schwankungen der Herstellungs- und Prüffaktoren bedingt sind, mit der Häufigkeit, mit der bestimmte Lücken eines schräg liegenden Nagelbrettes (sog. „Galtonsches Brett") von Kugeln durchlaufen werden (s. Abb. 2a).

Die zufälligen Ablenkungen der Kugeln und ihre dadurch mehr oder weniger große Entfernung von der Mitte (Mittelwert) entsprechen den zufälligen Einflüssen der Herstellungs- und Prüffaktoren und den durch sie bedingten mehr oder weniger großen Abweichungen der Einzelergebnisse von ihrem Mittelwert.

Das Nagelbrett möge so beschaffen sein, daß jede in der Pfeilrichtung rollende Kugel, die auf einen Nagel trifft, mit gleicher Wahrscheinlichkeit nach rechts oder links abgelenkt werde. Wenn auch alle Kugeln gezwungen werden, ihren Lauf durch dieselbe Lücke zu beginnen, so können die einzelnen Kugeln wegen ihrer zufälligen Ablenkung doch sehr verschiedene Wege nehmen.

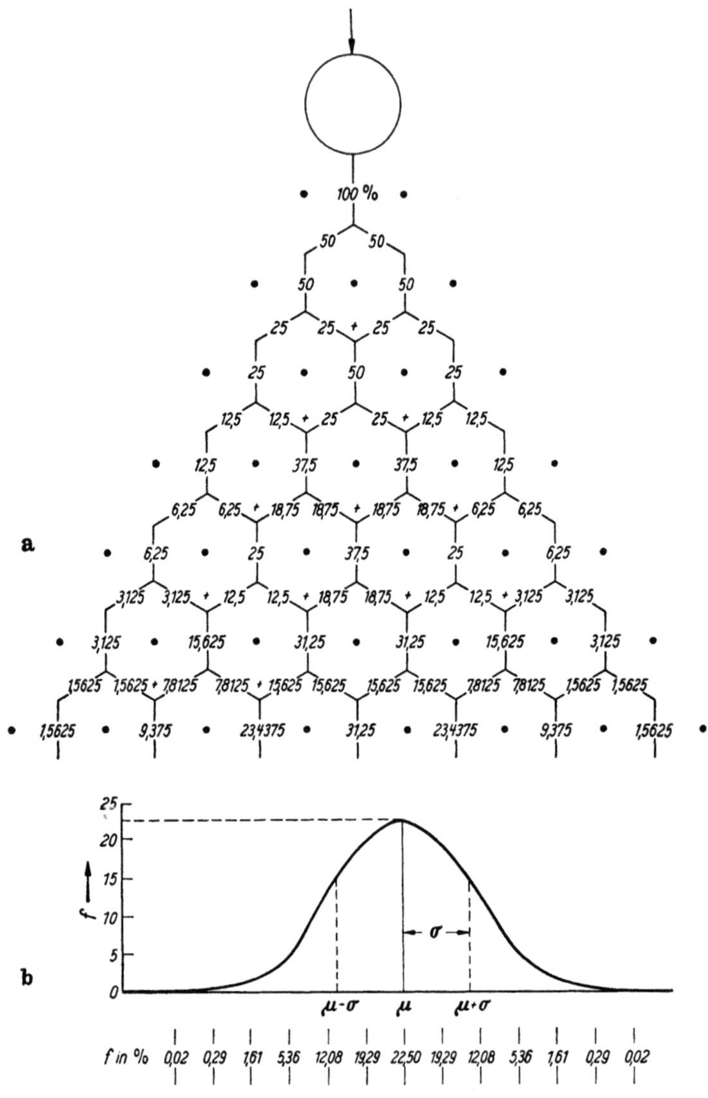

Abb. 2. Verknüpfung von Zufall und Gesetz
a) Häufigkeiten, mit denen die Lücken eines Galtonschen Brettes durchlaufen werden
b) Verteilung der Häufigkeiten, mit denen die Lücken der 12. Nagelreihe durchlaufen werden. Die Verteilung nähert sich mit zunehmender Lückenzahl einer Gaußschen Normalverteilung

Der Verlauf einer einzelnen Kugel ist zwar völlig zufällig, aber die Häufigkeit mit der bestimmte Strecken durchlaufen werden, unterliegt, wenn die vorstehenden Bedingungen für das „Galtonsche Brett" erfüllt sind, dem sog. „Gesetz der großen Zahl", das um so genauer erfüllt wird, je mehr Einzelergebnisse (Kugeln) eine Versuchsserie umfaßt. —

In Abb. 2a sei der Verlauf der Kugeln durch die schwarzen Linien angedeutet. Die Zahlen geben an, wieviel Prozent von allen am Versuch beteiligten Kugeln durch die jeweilige Lücke (Wegstrecke) hindurchrollen. Das heißt durch die erste Lücke müssen alle (100 %) Kugeln; beim Auftreffen auf den ersten Nagel (in Pfeilrichtung) werden davon 50 % nach rechts und 50 % nach links abgelenkt. Beim nächsten Auftreffen von diesen 50 % wiederum die Hälfte (25 %) nach rechts und (25 %) nach links und so fort. Andererseits ergeben sich die prozentualen Anteile der durch die mittleren Lücken in Pfeilrichtung rollenden Kugeln als Summe der von rechts und links oben jeweils zusammenströmenden prozentualen Anteile. In Abb. 2a ist aus Gründen der Raumersparnis nur für die sieben ersten Nagelreihen das vorstehend angedeutete Verteilungsprinzip eingezeichnet. Verfolgt man nach dem gleichen Prinzip die Häufigkeitsverteilungen weiter, so findet man für die 13. Nagelreihe die in Abb. 2b angedeutete Häufigkeitsverteilung.

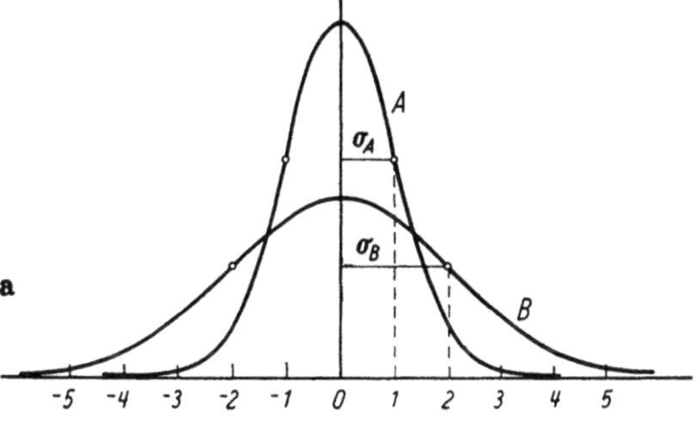

In dem Diagramm über den Zahlen sind die jeweiligen Häufigkeitsprozente als Ordinaten gezeichnet. Denkt man sich den Bereich der Abszisse für eine unbegrenzt umfangreiche Versuchsreihe entsprechend fein unterteilt, so erhält man (theoretisch) die gezeichnete Kurve, welche eine normale Häufigkeitsverteilung (Gaußsche Verteilung) darstellt. Diese sog. Gaußsche

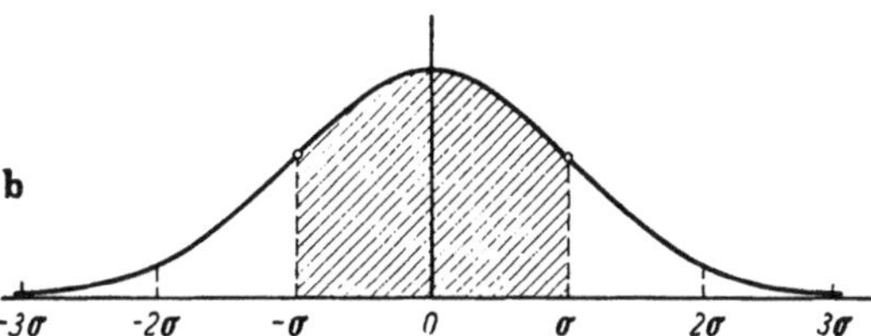

Abb. 3. Wendepunkte der Gaußschen Glockenkurve und Standardabweichung

a) Der Wendepunktsabstand von der Symmetrieachse dient als Maßstab für die Streuung und wird als Standardabweichung bezeichnet
b) Innerhalb des Bereiches von ± (Standardabweichung) liegen über 68 % der gesamten Ergebnisse

Glockenkurve verläuft symmetrisch zu dem mit größter Häufigkeit erscheinenden Mittelwert (μ) und hat zu beiden Seiten der Symmetrieachse im Abstand σ je einen Wendepunkt; sie schmiegt sich bei $-\infty$ und bei $+\infty$ an die Abszisse an. Die von der Kurve und der Abszisse umschlossene Fläche entspricht der Summe (bzw. dem Integral) aller Häufigkeiten; d. h. der Anzahl sämtlicher Einzelwerte der jeweils untersuchten Versuchsserie.

Versuchsreihen mit der gleichen Anzahl von Versuchsergebnissen (gleichem Umfang) werden also von Kurven dargestellt, bei denen die von diesen Kurven und der Abszisse umschlossenen Flächen gleichen Inhalt haben. Solche Kurven können (s. Abb. 3a) auch bei gleichem Flächeninhalt mehr oder weniger steil verlaufen. Je steiler sie verlaufen, um so geringer sind die Streuungen der hierdurch dargestellten Versuchsergebnisse. Der mehr oder weniger steile Verlauf wird zweckmäßig durch den Abstand der Wendepunkte von der Symmetrieachse gekennzeichnet. Diese Größe dient als Maß für die Streuung und wird als Standardabweichung (σ) bezeichnet. Abb. 3a veranschaulicht 2 Versuchsreihen von gleichem Umfang aber verschiedener Streuung. Im vorliegenden Fall verhalten sich die Standardabweichungen $\sigma_A : \sigma_B = 1:2$.

Die Standardabweichung (σ) hat noch eine Bedeutung, die Abb. 3b veranschaulicht. Wie erwähnt, stellt die von der Gaußschen Glockenkurve und der Abszisse umschlossene Fläche den gesamten Umfang (Anzahl aller Einzelwerte) einer Versuchsreihe dar. Der Teil dieser Fläche, der von den Ordinaten bei $-\sigma$ und $+\sigma$ sowie von den zwischen diesen Ordinaten liegenden Abschnitten der Klockenkurve und der Abszisse umschlossen wird, beträgt 68,26% der Gesamtfläche. Das heißt, 68,26% der gesamten Ergebnisse sind innerhalb des Bereiches von $-\sigma$ bis $+\sigma$ zu erwarten; in einem Bereich von -2σ bis $+2\sigma$ sind 95,44% und in dem Bereich von -3σ bis $+3\sigma$ sind 99,73% zu erwarten.

Nach diesen einführenden und erläuternden Betrachtungen sollen nun rechnerische und graphische Methoden mitgeteilt werden, durch welche Versuchsergebnisse erschöpfender ausgewertet und tiefere Einblicke in die jeweils zu untersuchenden Verhältnisse gewonnen werden können.

5.1.2 Rechenverfahren

Es bezeichne:

x_i den (individuellen) Wert der Einzelergebnisse,

N Anzahl der gesamten Einzelmessungen,

$\bar{x}$ Mittelwert (arithmetisches Mittel aus den Einzelwerten),

σ Standardabweichung (theoretischer Wert, wie er sich ergäbe, wenn das gesamte Kollektiv geprüft worden wäre),

s Standardabweichung (praktischer, sich nur aus Stichproben ergebender Wert),

V Variationskoeffizient (er stellt die Standardabweichung im Verhältnis zum Mittelwert in Prozent dar),

δ_i Abweichung eines Einzelergebnisses vom Mittelwert.

Es bestehen folgende Gleichungen:

$$\bar{x} = \frac{\sum\limits_{i=1}^{N} x_i}{N} = \frac{x_1 + x_2 + \cdots x_i + \cdots x_N}{N},$$

$$\delta_i = x_i - \bar{x},$$

$$s = \sqrt{\frac{\sum\limits_{i=1}^{N} \delta_i^2}{N-1}},$$

$$V = \left[\frac{s}{\bar{x}} \cdot 100\right] \quad [\%].$$

a) Statistische Sicherheit. Das Ergebnis einer statistischen Aussage ist nicht absolut gewiß, vielmehr kommt solchem Ergebnis nur eine bestimmte Wahrscheinlichkeit zu, die nicht ganz treffend als statistische Sicherheit bezeichnet wird. Wenn z. B. die statistische Sicherheit einer Aussage mit 99% bezeichnet wird, so besagt dies, daß die betreffende Aussage in 99 von 100 Fällen zutrifft, daß aber in 1 von 100 Fällen Fehlurteile zu erwarten sind; daß also mit einer Irrtumsmöglichkeit (einem Risiko) von 1% gerechnet werden muß.

b) Zentralwert. Ordnet man die Ergebnisse einer Versuchsserie derart, daß die Eigenschaftswerte fortlaufend steigen oder fallen, so bezeichnet man als Zentralwert den Wert, der von 50% überschritten und von 50% nicht erreicht wird. Bei der Gaußschen Normalverteilung fallen Mittelwert, Häufigkeitswert (häufigster Wert) und Zentralwert zusammen. In den Abb. 4d und f ist der

Zentralwert durch C angedeutet; er entspricht der Abszisse des Schnittpunktes der Summenkurve (bzw. Geraden) mit der Horizontalen für 50% (Summenhäufigkeitsprozent) und hat in dem durch die Abb. 4d und f dargestellten Beispiel den Wert 45,5 (s. auch II 2.1 bis 2.2).

c) Vertrauensbereich eines Mittelwertes. Meist wird von großen Probemengen nicht jede von allen Proben untersucht, sondern nur eine geringe Anzahl von Stichproben. Bezeichnet man mit μ den sog. „wahren Mittelwert", wie er sich bei Berücksichtigung sämtlicher Einzelwerte ergeben würde, und mit $\bar{x}$ den Mittelwert, der sich praktisch nur aus den Stichproben ergibt, so kann $\bar{x}$ von μ je nach Umfang der Stichprobenzahl mehr oder weniger abweichen. Zur Kennzeichnung der vermutlichen Größe dieser Abweichung dient der sog. Vertrauensbereich (praktischer Fehlerbereich) des Mittelwertes.

Innerhalb dieses Vertrauensbereiches ist der „wahre Mittelwert" zu erwarten. Die Größe des Vertrauensbereiches ist abhängig von der Anzahl der Stichproben und der jeweils verlangten statistischen Sicherheit. Er kann wie folgt berechnet werden:

$$\textit{Vertrauensbereich} = \bar{x} \pm a\,s \; \textit{bzw.} = \bar{x} \pm a \cdot 3\,s$$

N	2	3	4	5	6	7	8	9	10	25
a	55	3,7	1,5	1	0,75	0,62	0,53	0,47	0,43	0,22

wobei:

$\bar{x}$ arithmetischer Mittelwert,

s Standardabweichung,

a ein von N abhängiger Faktor, der aus vorstehender Tabelle zu entnehmen ist.

5.1.3 Graphische Methoden

Es kann vorteilhaft sein, Ergebnisse durch graphische Methoden auszuwerten; zu diesem Zweck möge beispielsweise eine Versuchsserie von 150 Einzelergebnissen über Schwindungsmessungen an einem Preßstoff betrachtet werden. Die Meßergebnisse schwankten zwischen 39,3 und 49,6 (in 10^{-6} als Einheit betrachtet).

Man bezeichnet solche gemeinsam betrachteten Serien in der Großzahlforschung auch als „Kollektive".

Wenn man sämtliche Werte je nach ihrer Größe in bestimmte Klassen einteilt [wobei diese sog. Merkmalsklassen durch ihren mittleren Wert (Klassenmitte) zwischen ihrer oberen und unteren Grenze gekennzeichnet werden], indem man z. B. alle Werte über 40 bis 42 bzw. über 42 bis 44 usw. zusammenfaßt und abzählt, wieviel von den insgesamt 150 Versuchswerten auf die einzelnen Klassen entfallen (s. Tab. 1), so erhält man die Klassenhäufigkeit f (Spalte 4). Die Differenz zwischen der oberen (g_o) und der unteren Grenze (g_u) einer Klasse bezeichnet man als „Klassenbreite". Sie hat bei graphischen Darstellungen Einfluß auf die Gestalt der Kurve, und es ist selbstverständlich, daß man zum Vergleich mehrerer Versuchsserien untereinander bei der Merkmalsteilung gleiche Klassenbreite wählen muß.

Da nicht bei allen Kollektiven der Umfang, d. h. die Gesamtzahl N, aller vorliegenden Zahlenwerte (in unserem Beispiel 150) gleich ist, empfiehlt es sich, durchweg aus der Häufigkeit f (Spalte 4) die relative Häufigkeit $f\%$ (Spalte 5) zu errechnen und diese zur Aufstellung einer Kurve zu verwenden. Hierdurch können Kollektive verschiedenen Umfangs miteinander verglichen werden.

Tabelle 1. *Meßergebnisse von Schwindungen*

1	2	3	4	5	6	7
a	g_u	g_o	f	$f\%$	Σf	$\Sigma f\%$
39	38	40	1	0,67	1	0,67
41	40	42	6	4,00	7	4,67
43	42	44	26	17,3	33	22,00
45	44	46	64	42,7	97	64,67
47	46	48	42	28,0	139	92,67
49	48	50	11	7,33	150	100,00

Erläuterungen:

Spalte 1: Merkmalsklassen a, bezeichnet durch den Wert der Klassenmitte,
      2: untere Grenzwerte (g_u) der Klassen,
      3: obere Grenzwerte (g_o) der Klassen,
      4: Klassenhäufigkeit f (abgeleitet nach DAEVES und BECKEL [1] von Frequenz),
      5: Prozenthäufigkeit $f\%$ (relative Häufigkeit, ausgedrückt in Prozenten der Gesamtzahl N des Kollektivs), $\left(f\% = \dfrac{f}{N} \cdot 100\right)$,
      6: Summenhäufigkeit Σf (Summe der Häufigkeiten aus Spalte 4 durch fortlaufende Addition der Häufigkeiten aus den vorangehenden Klassen erhalten),
      7: Prozentsummenhäufigkeit $\Sigma f\%$ (relative Häufigkeitssumme in Prozenten ausgedrückt), $\left(\Sigma f\% = \dfrac{\Sigma f}{N} \cdot 100\right)$.

Die in Tab. 1 zusammengestellten Werte, die in Einheiten von 10^{-6} gemessen, zwischen 39,3 und 49,6 schwanken, sind in Abb. 4a bis f verschiedenartig graphisch dargestellt.

In Abb. 4a als Staffelbild (auch Säulendiagramm oder Histogramm genannt). Über den Klassenbreiten sind Rechtecke gezeichnet, deren Höhe der Häufigkeit aller zur jeweiligen Klasse gehörenden Einzelwerte entspricht.

In Abb. 4b als Häufigkeitspolygon (Polygon f); über den *Klassenmitten* sind als Ordinaten die jeweiligen Häufigkeiten eingetragen und zu einem Polygon verbunden. Außerdem als Summenpolygon (Polygon Σf); über den *oberen Klassengrenzen* sind die jeweiligen Summenhäufigkeiten aufgetragen. Vergleiche Tab. 1, Spalte 6 bzw. 7.

In Abb. 4c ist durch Verwendung einer feineren Unterteilung an Stelle eines Häufigkeitspolygons eine Häufigkeitskurve gezeichnet, die annähernd einer Gaußschen Glockenkurve entspricht.

In Abb. 4d ist durch Verwendung feinerer Unterteilung an Stelle des Summenpolygons (Abb. 4b) eine Summenkurve entstanden.

Abb. 4e stellt eine Gaußsche Verteilung auf sog. Häufigkeitspapier dar, dessen Ordinateneinteilung so beschaffen ist, daß aus der Glockenkurve eine Kurve mit gradlinig auslaufenden Ästen wird, die für die Auswertung leichter zu behandeln ist als die Glockenkurve.

Abb. 4f stellt die Summenhäufigkeit (vgl. Abb. 4d) im Wahrscheinlichkeitsnetz dar. Die Koordinateneinteilung ist hier so gewählt, daß die S-förmige Gestalt der Kurve in Abb. 4d hier zu einer geraden Linie wird. Durch solche

Kunstgriffe (Wahl eines zweckmäßigen Koordinatensystems) können oft wesentliche Vereinfachungen und bessere Übersichten erzielt werden, so daß sich auch kompliziertere Kurven analysieren lassen.

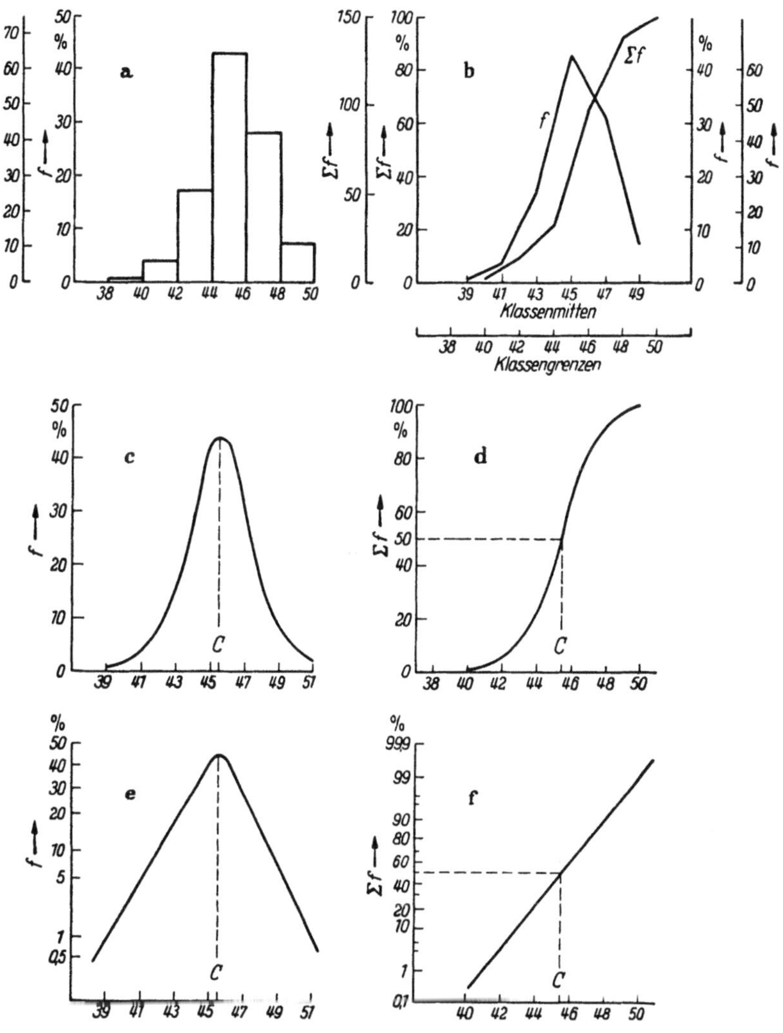

Abb. 4. Darstellungsmöglichkeiten der Großzahlforschung

a) Häufigkeitsverteilung als Staffelbild.   b) Häufigkeitsverteilung als Häufigkeitspolygon und Summenpolygon.   c) Häufigkeitskurve (Glockenkurve) in linearen Koordinaten.   d) Summenkurve in linearen Koordinaten.   e) Häufigkeitskurve in Häufigkeitskoordinaten.   f) Summenkurve im Wahrscheinlichkeitsnetz

5.1.4 Praktische Auswertung von Versuchsserien größeren Umfangs

Es sei vorweg erwähnt, daß Hollerithmaschinen und andere Lochkartensysteme zur Durchführung von Großzahlforschungen ausgezeichnete Dienste leisten können. – Die folgenden Ausführungen werden bewußt auf Methoden beschränkt, die mit einfachen Mitteln ohne kostspielige Verfahren durchgeführt werden können.

Meßergebnisse von Versuchsserien liegen im allgemeinen völlig ungeordnet und dem Zufall entsprechend vor. Die Aufgabe ist zunächst, die durcheinanderliegenden Ergebnisse mit zweckmäßigen Mitteln zu ordnen und hieraus geeignete Zahlentafeln oder graphische Darstellungen zu ermitteln.

Ordnen der Versuchsergebnisse. Das Ordnen der Versuchsergebnisse sei an dem schon erwähnten Beispiel der Schwindungsmeßserie erörtert. Die 150 Ergebnisse, deren Werte zwischen 39,3 und 49,6 liegen, können durch das Schema in Abb. 5 geordnet werden.

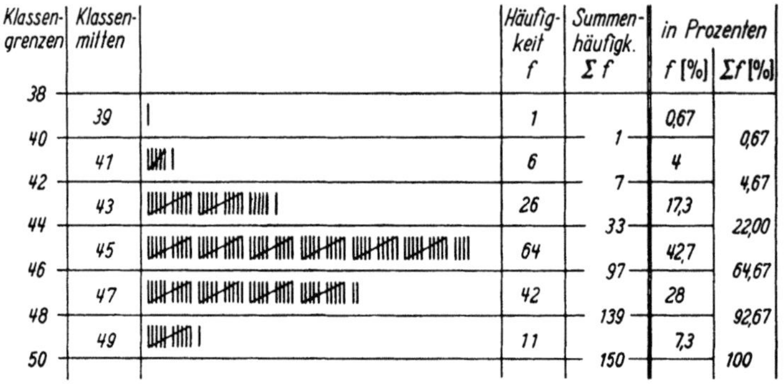

Klassengrenzen	Klassenmitten	(Strichliste)	Häufigkeit f	Summenhäufigk. Σf	in Prozenten $f\,[\%]$	$\Sigma f\,[\%]$
38						
	39		1	1	0,67	0,67
40						
	41		6	7	4	4,67
42						
	43		26	33	17,3	22,00
44						
	45		64	97	42,7	64,67
46						
	47		42	139	28	92,67
48						
	49		11	150	7,3	100
50						

Abb. 5. Einordnen von Versuchsergebnissen

Hat man sehr umfangreiche Kollektive (Versuchsserien) zu ordnen, so kann man zweckmäßig an Stelle des Schemas einen Satz Kästchen verwenden, wobei jedem Kästchen eine Klasse zugeordnet wird, und für jeden anfallenden Wert ein Plättchen oder eine Münze in das entsprechende Kästchen geworfen wird. Auf diese Weise wurden in der TH Berlin von 2 Personen in wenigen Tagen über 30000 Meßwerte geordnet.

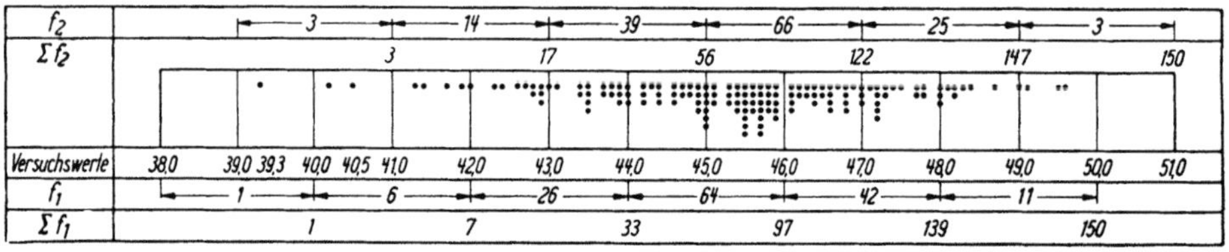

f_2		3	14	39	66	25	3	
Σf_2		3	17	56	122	147		150
Versuchswerte	38,0	39,0 39,3 40,0 40,5 41,0	42,0	43,0	44,0	45,0	46,0	47,0	48,0	49,0	50,0	51,0
f_1		1	6	26	64	42	11	
Σf_1		1	7	33	97	139	150	

Abb. 6. Schema zur Ermittlung von Häufigkeitskurven und Summenkurven

Eine weitere Möglichkeit zeigt das Schema Abb. 6. Hierbei entspricht jedem nur möglichen Wert eine bestimmte Linie. Haben mehrere Versuche den gleichen Wert

Tabelle 2. *Zur Ermittelung von Summenkurven und Häufigkeitsdarstellungen*

Spalte 1	2	3	4	5	6	7
n	$\Sigma f\%$	x_i	f_1	$f_1\%$	f_2	$f_2\%$
1	0,33	39,3	1	0,67		
2	1,00	40,2			3	2,0
3	1,67	40,5				
4	2,33	41,3				
5	3,00	41,4	6	4,0		
6	3,67	41,7			14	9,3
7	4,33	41,9				

Tabelle 2. (Fortsetzung)

Spalte 1	2	3	4	5	6	7
n	$\Sigma f\%$	x_i	f_1	$f_1\%$	f_2	$f_2\%$
8	5,00	42,0				
9	5,67	42,3				
10	6,33	42,4			14	9,3
⋮	⋮	⋮				
16	10,33	42,9	26	17,3		
17	11,00	42,9				
18	11,67	43,0				
19	12,33	43,1				
⋮	⋮	⋮				
32	21,00	43,9				
33	21,67	44,0			39	26
34	22,33	44,0				
35	23,00	44,0				
⋮	⋮	⋮				
55	36,33	45,0				
56	37,00	45,0	64	42,7		
57	37,67	45,0				
58	38,33	45,0				
⋮	⋮	⋮				
96	63,67	45,9			66	44
97	64,33	46,0				
98	65,00	46,1				
99	65,67	46,1				
⋮	⋮	⋮				
121	80,33	47,0				
122	81,00	47,0	42	28		
123	81,67	47,0				
124	82,33	47,1				
⋮	⋮	⋮				
139	92,33	48,0			25	16,7
140	93,00	48,0				
141	93,67	48,1				
142	94,33	48,2				
143	95,00	48,2				
144	95,67	48,3				
145	96,33	48,4	11	7,3		
146	97,00	48,7				
147	97,67	49,0				
148	98,33	49,1				
149	99,00	49,5			3	2,0
150	99,67	49,6				

Erläuterungen zu Tab. 2:

Spalte 1: Ordnungszahlen der einzelnen, der Größe nach geordneten Meßwerte.

Spalte 2: Wahrscheinliche relative Häufigkeitssumme (percentage), die nach der im folgenden Absatz angegebenen Formel errechnet wird.

Spalte 3: Die gemessenen Werte der Größe nach geordnet.

Spalte 4: Klassenhäufigkeiten (bei den Klassengrenzen 0,38; 0,40 usf.).

Spalte 5: Prozentualer Anteil der Klassenhäufigkeiten (Spalte 4) vom gesamten Kollektiv.

Spalte 6: Klassenhäufigkeiten (bei den Klassengrenzen 0,39; 0,41 usf.).

Spalte 7: Prozentualer Anteil der Klassenhäufigkeiten (Spalte 6) vom gesamten Kollektiv.

ergeben, so wird ihre Anzahl durch eine entsprechende Anzahl von Punkten auf der entsprechenden Linie markiert; z. B. hat sich der Wert 45,0 6mal, 45,1 3mal, 45,4 4mal, 45,5 7mal usw. ergeben.

Das Schema (Abb. 6) hat den Vorzug, daß man die Klassenbreite konstant halten, aber die oberen und unteren Grenzen variieren kann. Im vorliegenden Beispiel sind unterhalb des Schemas die Häufigkeiten (f_1) und die Summenhäufigkeiten ($\sum f_1$) angedeutet, wie sie sich bei den Klassengrenzen 38, 40, 42, 44, 46, 48, 50 ergeben. Oberhalb des Schemas die entsprechenden Werte von f_2 und $\sum f_2$, die sich bei den Klassengrenzen 39, 41, 43, 45, 47, 49, 51 ergeben. Man erhält hierdurch eine größere Anzahl von Häufigkeitswerten (Punkten) und erleichtert dadurch die Ermittelung einer entsprechenden Kurve.

Die Punkte in Abb. 4c und d sind auf diese Weise ermittelt worden.

Schließlich kann man auch Meßergebnisse entsprechend der Andeutung der Tab. 2 ordnen:

Bei diesem Verfahren werden die einzelnen Meßwerte ihrer Größe nach geordnet. Aus jeder Ordnungszahl wird eine Größe errechnet, deren Wert als Summenhäufigkeitsprozent ($\sum \%$) im sog. Wahrscheinlichkeitsnetz vorgedruckt ist. Diese Größen (Summenhäufigkeitsprozente) ergeben sich aus der Gesamtzahl aller Einzelwerte und der jeweiligen Ordnungszahl nach folgender Formel:

$$\sum \% = \frac{2n-1}{2N} \cdot 100 \quad [\%].$$

Hierbei bedeutet:

$\sum \%$ Summenhäufigkeitsprozent,
N Gesamtzahl aller Ergebnisse (z. B. 150),
n die jeweilige Ordnungszahl.

Auch nach solchen Zahlentafeln können Häufigkeits- und Summenhäufigkeitsdarstellungen unmittelbar ermittelt werden.

Literatur

[1] Daeves, K., u. A. Beckel: Auswertung durch Großzahl-Forschung. Berlin: Verlag Chemie GmbH. 1942.

Hinweise auf weitere Literatur

Daeves, K., u. A. Beckel: Großzahl-Methodik und Häufigkeits-Analyse. Weinheim/ Bergstr.: Verlag Chemie 1958.
Gebelein, H.: Zahl und Wirklichkeit. Leipzig: Quelle u. Meyer 1943.
Baule, B.: Die Mathematik des Naturforschers und Ingenieurs, Bd. II, Ausgleichs- und Näherungsrechnung. Leipzig: Hirzel 1943.
Küttner, L.: Wie prüft man Leistungssteigerungen und Arbeitszeiten? Eberswalde/ Berlin/Leipzig: R. Müller 1941.
Pütter, A.: Die Auswertung zahlenmäßiger Beobachtungen in der Biologie Berlin/ Leipzig: de Gruyter 1929.
DIN 53804: Prüfung der Textilien. Auswertung der Meßergebnisse. 1953.
DIN 51849: Prüfung von Mineralölen. Prüffehler und Toleranz. 1953.
v. Mieses: Wahrscheinlichkeitsrechnung. Berlin: 1931.
Jeffreys: Theory of probility, 2. Aufl. Oxford: 1948.
Graf/Henning: Formeln und Tabellen der mathematischen Statistik. Berlin/Göttingen/ Heidelberg: Springer 1958 (berichtigter Neudruck).
Lubberger: Wahrscheinlichkeiten und Schwankungen. Berlin: Springer 1937.

BECKER/PLAUT/RUNGE: Anwendungen der mathematischen Statistik auf Probleme der Massenfabrikation. Berlin: Springer 1927.
LINDER: Statistische Methoden für Naturwissenschaftler, Mediziner und Ingenieure. Basel: Birkhäuser 1951.
ZURMÜHL, R.: Praktische Mathematik für Ingenieure und Physiker. Berlin/Göttingen/Heidelberg: Springer 1953.
CZUBER: Statistische Forschungsmethoden. Wien: 1938.
v. SANDEN: Praktische Mathematik. Leipzig: Teubner 1952.

5.2 Anwendungsbeispiele

Von **W. Werner**, Meinerzhagen/Westf.

5.2.1 Betriebsüberwachung bei der Kunstharzherstellung

Für die nachfolgenden Auswertungen stand ein Kollektiv (Versuchsserien) aus den Aufzeichnungen von 386 Harzansätzen zur Verfügung. Als Merkmal interessierte die Härtungszeit des Harzes. Sie wurde in allen Fällen stets in genau gleicher Weise mit demselben Gerät von derselben Person bestimmt. Das Ergebnis ist in Abb. 1a wiedergegeben. Dort zeigt die Kurve III einen deutlich ausgeprägten Gipfel, der auf einer verbreiterten Grundkurve aufgesetzt erscheint. Diese Kurve entspricht zunächst scheinbar nicht einer Gaußschen Normalverteilung. Es ist nun eine sehr fruchtbare These, solche Kurven unter Voraussetzung bestimmter Umstände als Summe von Gaußschen Normalkurven aufzufassen. Zwanglos kann man den Verlauf der Urkurve III als Summe der beiden gestrichelten Kurven I und II, die je eine normale Gaußsche Verteilung darstellen, auffassen [1]. Die beiden durch die gestrichelten Kurven dargestellten Versuchsreihen haben den gleichen Mittelwert, streuen aber verschieden stark und ergeben folgende Kennwerte:

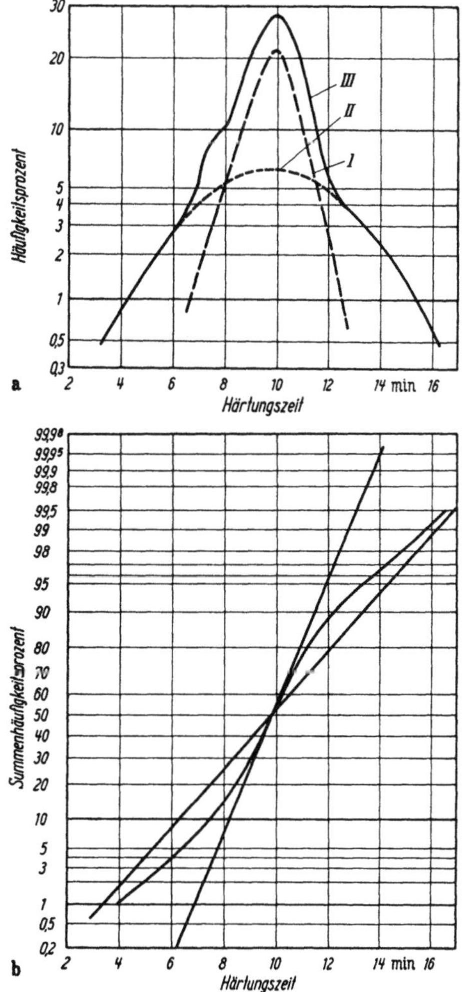

Abb. 1. Analyse von Versuchsergebnissen aus der Praxis über Herstellungszeiten von Kunstharzansätzen a) Darstellung als Häufigkeitsverteilung; b) Darstellung als Summenkurve

Kurve	Mittelwert	Standardabweichung	%-Anteil am Gesamtkollektiv
I	9,8	1,4	56
II	9,8	3,2	44

Das Urkollektiv konnte praktisch in 2 Teilkollektive aufgeteilt werden. Die

Ursache zu diesen beiden Teilkollektiven konnte an Hand der Betriebsumstände geklärt werden [2]. Einen Hinweis bildet der Befund, daß bei gleichem Mittelwert und nahezu gleichem Anteil beide Teilkollektive verschieden stark streuen.

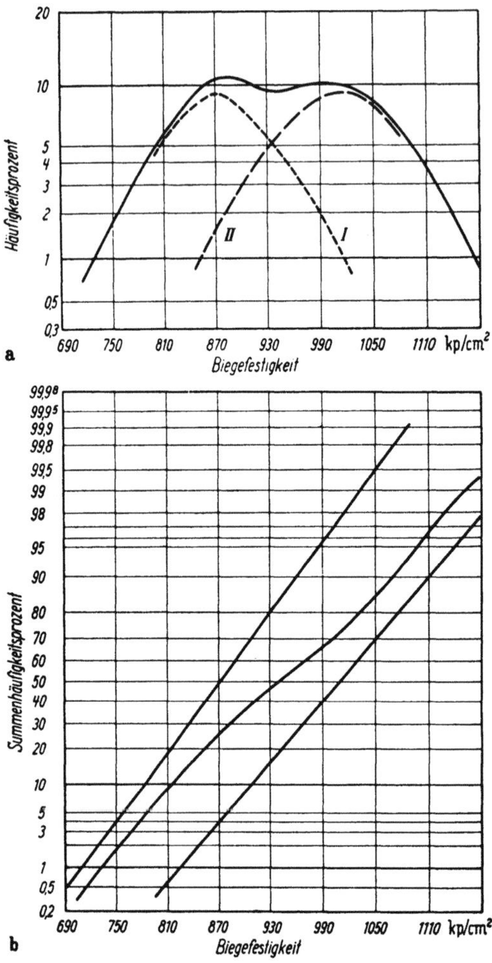

Abb. 2. **Versuchsergebnisse aus der Praxis: Analyse von Biegefestigkeitsversuchen**

a) Darstellung als Häufigkeitsverteilung; b) Darstellung als Summenkurve

Aus den Unterlagen des Betriebes waren nun die Ursachen für die Entstehung dieser beiden Teile zu erkennen. Die Überlegungen führten zu dem Ergebnis, daß zwei verschiedenartige Chemiewerker, die an der Durchführung der Ansätze beteiligt waren, für die Entstehung der Teilkollektive verantwortlich waren. Beide hatten auf dasselbe Ziel (Mittelwert) hingearbeitet. Die Arbeitsweise beider war jedoch nicht gleich; der eine von beiden war geschickter und arbeitete mit geringeren Abweichungen (Kurve I), der andere arbeitete mit erheblich größerer Streubreite, die sich aber trotzdem um denselben Mittelwert herum gruppierte (Kurve II). In Abb. 1 b sind dieselben Versuchsergebnisse in Form von Summenkurven dargestellt.

5.2.2 Einflüsse von Herstellungsbedingungen auf die Prüfwerte bei Formteilen aus Preßmassen

Bei der Verarbeitung von Preßmassen kommt es darauf an, daß unter der Voraussetzung eines sachgemäßen Verpressens mit Sicherheit bestimmte Eigenschaftswerte der hieraus hergestellten Preßteile erzielt werden. Die Verknüpfung der einzelnen Einflüsse mit den Prüfwerten ist nicht immer geklärt. Oft zeigt sich auch erst nach längerer Zeit eine Veränderung, deren Ursachen nicht ohne weiteres zu übersehen sind. Die große Anzahl verschiedenartiger Einflüsse, die sich teilweise verstärken, teilweise jedoch aufheben, hat zur Folge, daß nur bei gleichmäßiger Einhaltung aller Bedingungen ein einheitliches Kollektiv entsteht.

Jede Abweichung, die von Einfluß auf die geprüfte Eigenschaft ist, wird sich in einer Veränderung des Kollektivs auswirken. In vorliegendem Beispiel ist in Abb. 2a die Häufigkeitskurve der Biegefestigkeitswerte von zellstoffhaltigen Preßmassen wiedergegeben. Die Kurve deutet durch ihren Verlauf auf eine Mischverteilung mit zwei Gipfeln hin, deren Teilkollektive folgende Kennwerte haben (s. S. 627).

Die Ursache für das Auftreten der beiden Teile wurde in der Verwendung von zwei verschiedenen Zellstoffsorten ermittelt. Diese ergaben unter sonst völlig

Kurve	Mittelwert	Standard-abweichung	Variations-koeffizient
I	870	± 80	9,2%
II	1011	± 94	9,3%

gleichen Herstellungsbedingungen die beiden deutlich voneinander zu unterscheidenden Versuchsergebnisse. Aus der Standardabweichung der beiden Teilkollektive ist der Schluß zu ziehen, daß bei einer der Zellstoffsorten der erforderliche Mindestwert der Biegefestigkeit (800 kp/cm²) nicht mit Sicherheit erreicht wird. Wenn auch der Mittelwert über dem geforderten mindesten Grenzwert liegt, so muß doch verlangt werden, daß wenigstens 95% aller Werte oberhalb des Mindestwertes liegen. Abb. 2b zeigt dieselben Versuchsergebnisse in Form von Summenkurven [2].

Entscheidungen darüber, ob eine Fertigungsserie verlangte Bedingungen mit der notwendigen Sicherheit erfüllt, lassen sich daher erst durch die Auswertung größerer Zahlenreihen mit hierzu geeigneten Methoden treffen.

In der gleichen Weise wie bei den beiden Zellstoffsorten lassen sich die Einflüsse aller Zusatzstoffe sowie auch der Arbeitsverfahren ermitteln.

5.2.3 Gütesicherung von Preßmassen

Seit über 30 Jahren wird die Güte von Preßmassen und Preßstoffen gesichert, indem Erzeugnisse mit einem geschützten Gütezeichen versehen sind, für welche bestimmte Eigenschaften garantiert werden, und welche ständig durch die Bundesanstalt für Materialprüfung in Berlin-Dahlem und durch die staatliche Materialprüfungsanstalt der Technischen Hochschule in Darmstadt untersucht werden (s. auch II 6.2).

Hierzu sind umfangreiche Prüfungen erforderlich, deren zahlreiche Ergebnisse in der Bundesanstalt für Materialprüfung statistisch ausgewertet werden.

Abb. 3 zeigt eine statistische Auswertung der Fertigung von Preßmassen aus dem Herbst 1956 von sechs führenden deutschen Preßmasseherstellern. Es handelt sich hierbei um die Biegefestigkeit des Typs 31, Reihe 31 14.., deren Mittelwert nach DIN 7708, Bl. 2, mindestens 700 kp/cm² betragen muß. Es sollen ferner mindestens 5 Proben untersucht werden, wobei kein Einzelwert mehr als 10% unter dem Mittelwert liegen darf; also keiner der 5 Einzelwerte darf weniger als 630 kp/cm² betragen.

Wie Abb. 3 zeigt, werden von sämtlichen Herstellern diese Bedingungen erfüllt.

Die statistischen Auswertungen zeigen darüber hinaus aber auch, daß merkliche Unterschiede in der Gleichmäßigkeit der Qualität bei den verschiedenen Herstellern bestehen.

Zum Beispiel haben die Massen des Herstellers:

IV   den kleinsten Zentralwert (praktisch gleich dem Mittelwert) von 818 kp/cm² und eine mittelgroße Streuung (Standardabweichung von ± 71 kp/cm²; etwa 5% aller Ergebnisse liegen unter 700 kp/cm².

V   einen verhältnismäßig hohen Zentralwert von 886 kp/cm², aber eine sehr große Standardabweichung von ± 99 kp/cm², so daß, obwohl der Zentralwert verhältnismäßig hoch liegt, doch 3% von allen Ergebnissen unter 700 kp/cm² liegen.

I   einen mittleren Zentralwert von 848 kp/cm² aber die geringe Standardabweichung von ± 58 kp/cm²; hierbei liegen nur etwa 0,5% von allen Ergebnissen unter 700 kp/cm².

Die Analyse der aus diesen Summendarstellungen zu ermittelnden Häufigkeitskurven geben, ähnlich wie bei den durch Abb. 1a und b sowie Abb. 2a und b erörterten Verhältnissen, wichtige Hinweise zur Verbesserung der Fabrikation in den betreffenden Firmen [3].

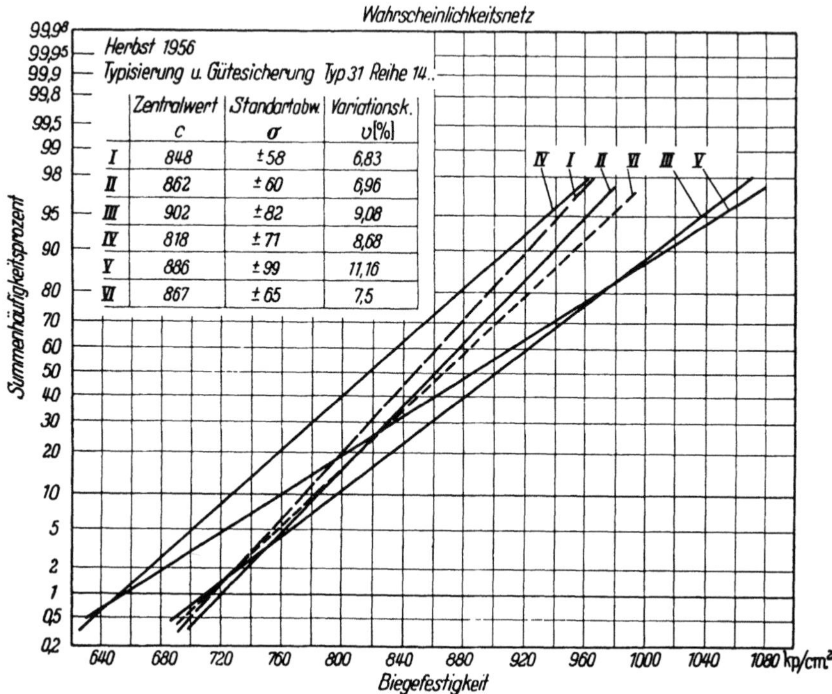

	Zentralwert c	Standartabw. σ	Variationsk. υ[%]
I	848	±58	6,83
II	862	±60	6,96
III	902	±82	9,08
IV	818	±71	8,68
V	886	±99	11,16
VI	867	±65	7,5

Abb. 3. Praktische Anwendung der Großzahlforschung (durch Summenkurven) bei der Bundesanstalt für Materialprüfung zur Gütesicherung von Preßstoffen

Literatur

[1] DAEVES, K., u. A. BECKEL: Auswertung durch Großzahl-Forschung. Berlin: Verlag Chemie GmbH. 1942.
[2] WERNER u. NIELSEN: Kunststoffe 34 (1944) S. 93—97 u. 122—126.
[3] NITSCHE, R.: Kunststoffe 46 (1956) S. 91—94.

6. Normung und Gütesicherung

6.1 Normung einschließlich Typisierung

Von G. Ehlers, Berlin

6.1.1 Wesen und Begriff der „Norm"

„Normen" hat es schon immer und auf vielen Gebieten gegeben, wo Menschen zusammen leben und ihr gegenseitiges Handeln in der Gemeinschaft irgendwie regeln. Erinnert sei nur an Rechtsnormen, die ihren Niederschlag in Gesetzen finden, an Vereinssatzungen, an Maß- und Gewichtseinheiten, an Sprachnormen (für die in Deutschland der Duden als maßgebend angesehen wird) und an die vielen ungeschriebenen Normen des menschlichen Tuns, die wir als Sitten und Gebräuche kennen und die ohne besondere Verabredung, oft unbewußt, „Norm" sind.

Für die Regelung der gegenseitigen Beziehungen innerhalb von Technik und Wirtschaft spielt die zweckgerichtete Normung, die in Deutschland ihren Niederschlag in den DIN-Normen findet, eine bedeutende Rolle. Hier ist die „Norm" als die „in Gemeinschaftsarbeit gefundene Bestlösung einer sich ständig wiederholenden Aufgabe" definiert. Als solche bietet sie sich Technik und Wirtschaft an, ohne von sich aus Zwang zu sein. Die Wirtschaft weiß sie als „Standard" der Technik, mit dem man sicher rechnen kann, zu schätzen und legt sie bei Bestellung, Lieferung und Abnahme zugrunde, und Gesetzgeber, Behörden und Verwaltung ziehen sie oft als Grundlage oder Bestandteil von Gesetzen, Verordnungen und Erlassen heran. So wird die „Norm" zu einer Voraussetzung rationellen Arbeitens dort, wo sich Hersteller, Handel, Verarbeiter und Verbraucher innerhalb ihrer Betriebe und im Wirtschaftsverkehr miteinander verständigen müssen, wo sie eine „Konvention" brauchen (s. auch II 6.2).

Auch die internationale Normungsarbeit verfolgt das gleiche Ziel, wie die folgende Formulierung des Zieles der International Organization for Standardization (ISO) zeigt:

Zweck und Ziel der Organisation soll die Förderung der Entwicklung von Normen in der Welt sein, um den internationalen Austausch von Gütern und Dienstleistungen zu erleichtern und die gegenseitige Mitarbeit auf intellektuellem, wissenschaftlichem, technischem und wirtschaftlichem Gebiete zu entwickeln.

6.1.2 Die Norm auf dem Gebiet der Werkstoffprüfung

Von den vielfältigen Aufgaben einer Norm interessieren auf dem Gebiet der Werkstoffprüfung ganz allgemein und speziell dem der Kunststoffprüfung vor allem die Norm:

> als Verständigungsmittel,
> als Vereinheitlichung und
> als eindeutige Festlegung.

Hersteller, Verarbeiter und Verbraucher von Kunststoffen müssen sich verständigen können, hinsichtlich der diskutierten Eigenschaften und der Prüfverfahren und Prüfgeräte, mit denen die Eigenschaftswerte ermittelt werden. Das gilt für den innerbetrieblichen Verkehr, z. B. zwischen Konstruktionsbüro und Werkstatt, zwischen Laboratorium und Betrieb, zwischen Herstellung und Verkauf, und das gilt auch für den zwischenbetrieblichen Wirtschaftsverkehr, den Handel, nicht nur innerhalb eines Landes, sondern auch von Land zu Land. Die Prüfnorm soll in erster Linie ein Hilfsmittel bei der Abnahmeprüfung sein, die mit tragbarem Arbeits- und Geräteaufwand beim Lieferanten und beim Abnehmer regelmäßig und in großer Anzahl durchführbar sein muß. Die Eigenschaftswerte hängen von vielen Faktoren ab, wie z. B. Form und Herstellung des Probekörpers, Klimaverhältnisse vor und bei der Prüfung, Art und Dauer der Prüfung und vom Prüfgerät selbst. Da all diese Einflüsse aus Zeit- und Kostengründen nicht laufend geprüft werden können, muß in der Prüfnorm eine sinnvolle Konvention über die Berücksichtigung all dieser Faktoren festgelegt werden [1]. Sinnvoll heißt hier, daß aus der bekannten Charakteristik eines gegebenen Werkstoffes kennzeichnende und einfach zu ermittelnde Punkte herausgegriffen werden. Das bedeutet zugleich, daß das in der Prüfnorm festgelegte Prüfverfahren und Prüfgerät grundsätzlich gestatten sollen, auch über den Rahmen der Norm hinaus das Eigenschaftsverhalten des Werkstoffes umfassend über breite Einflußbereiche zu untersuchen. Am Anfang jeder Prüfnorm stehen deshalb entsprechende Angaben über *Zweck und Anwendung* der Norm.

Die *Begriffsbestimmung* für die zu prüfende und bewertende Eigenschaft soll eindeutig, leicht verständlich und leicht merkbar sein [2]. Zur Eindeutigkeit des Begriffes in einer Norm muß aber noch seine Einheitlichkeit in den verschiedenen Normen, insbesondere in den Normen der verschiedenen Länder treten, wenn man sich in den entsprechenden Fachausdrücken der Landessprachen verständigen will. Wenn diese Forderung nicht erfüllt ist, was oft der Fall ist, lassen sich die Prüfbegriffe der Normen verschiedener Länder nicht ohne weiteres miteinander vergleichen, auch wenn die Fachausdrücke für den Begriff ähnlich klingen. Das ist beim Vergleich von Auslandsnormen mit deutschen Normen und beim Vergleich von Eigenschaftswerten von Land zu Land und überhaupt beim vergleichenden Studium von Eigenschaftstabellen immer zu beachten. Im Technischen Komitee ISO/TC 61, Plastics (s. II 6.1.5), hat man deshalb auf internationaler Basis mehrsprachige Listen gleichbedeutender Fachausdrücke für das Gebiet der Prüfung und der Eigenschaften von Kunststoffen aufgestellt (s. DIN 7730, Entwurf) und bereitet auch Begriffsbestimmungen für diese Fachausdrücke vor.

Die eindeutigen Angaben der Prüfnorm über Form und Herstellung der *Proben* bzw. *Probekörper, Klimabedingungen* vor und während der Prüfung, *Prüfgerät* und *Durchführung der Prüfung* (s. II 2 und I 6) sind, wie bereits oben gesagt, eine Konvention mit dem Ziel der Vereinheitlichung. (Die Vereinheitlichung soll die Durchführbarkeit einer definierten Prüfung mit geringstmöglichem Aufwand gestatten.) Da diese Angaben z. T. auf den speziellen zu prüfenden Werkstoff oder das zu prüfende Erzeugnis abgestellt sein müssen, werden sie in den Gütenormen oder technischen Lieferbedingungen für bestimmte Erzeugnisse manchmal in der einen oder anderen Richtung gegenüber der Prüfnorm, auf die grundsätzlich Bezug genommen wird, abgewandelt. Grundsatz ist dabei immer, mit dem in der Prüfnorm festgelegten Prüfgerät auszukommen.

6.1.3 Normungsarbeit in Deutschland

a) VDE-Vorschriften. Prüfverfahren für Kunststoffe wurden in Deutschland erstmalig vom *Verband Deutscher Elektrotechniker* (VDE) festgelegt, der 1924 mit seinen Ausschußarbeiten auf dem Gebiet der elektrischen Isolierstoffe, für die die ersten „Kunststoffe" vorwiegend verwendet wurden, begann. Es wurden Anforderungen an die Isolierstoffe mit entsprechenden Prüfverfahren festgelegt, die im heutigen VDE-Vorschriftenwerk unter der Nummerngruppe 03 enthalten sind und die heute z. T. gemeinschaftlich mit den einschlägigen Ausschüssen des DNA, u. a. dem Fachnormenausschuß Kunststoffe (FNK) (s. II 6.1.3 b) bearbeitet werden und z. T. auch inhaltlich gleichlautend als DIN-Normen erscheinen. In den VDE-Vorschriften wird z. T. auf die einschlägigen Angaben in den DIN-Normen verwiesen und umgekehrt.

Für die Bearbeitung der VDE-Vorschriften der Nummerngruppe 03 und die Koordinierung der Angaben über elektrische Isolierstoffe im VDE-Vorschriftenwerk überhaupt fungiert die VDE-Kommission 0300 „Isolierstoffe", Frankfurt/M., Stresemannallee 21.

Die VDE-Vorschriften sind als Sicherheitsvorschriften der Elektrotechnik im Energiewirtschaftsgesetz verankert. Das Erscheinen neuer VDE-Vorschriften und Entwürfe hierfür wird in der Elektrotechnischen Zeitschrift (ETZ) bekanntgemacht.

Die VDE-Vorschriften, das VDE-Vorschriftenverzeichnis und die ETZ können vom VDE-Verlag GmbH, Berlin-Charlottenburg 4, Bismarckstr. 33, bezogen werden.

b) DIN-Normen. Als die ursprünglich in der Hauptsache als elektrische Isolierstoffe verwendeten Kunststoffe und die neu hinzukommenden Kunststoffe immer mehr auch als Baustoffe Eingang in technische und andere Verwendungsgebiete fanden, wurde mit den ersten Arbeiten zur Aufstellung von DIN-Normen im Rahmen des *Deutschen Normenausschusses* (DNA) begonnen. Der Deutsche Normenausschuß faßt die gesamte in Deutschland geleistete Normungsarbeit zusammen. Die von ihm herausgegebenen Normen sind das Ergebnis freiwilliger Gemeinschaftsarbeit der Erzeuger, des Handels und der Verbraucher, unter Mitwirkung der Wissenschaft und der Behörden.

In der Zeit von 1936 bis 1945 führte im Auftrage des DNA der damalige *VDI-Fachausschuß Kunst- und Preßstoffe* [beim Verein Deutscher Ingenieure (VDI)] die Normungsarbeit auf dem Kunststoffgebiet durch, seit 1942 unter dem Namen „*Fachnormenausschuß Kunst- und Preßstoffe*". Er arbeitete dabei eng mit der *VdCh-Fachgruppe Kunststoffe* [beim Verein deutscher Chemiker (VdCh)] zusammen. Die von ihm aufgestellten Prüfverfahren wurden in die Gruppe der Prüfnormen des DIN-Normenwerkes aufgenommen, die damals im Auftrage des DNA vom *Deutschen Verband für die Materialprüfungen der Technik* (DVM) zusammenfassend betreut wurde. Die Prüfnormen des DVM erschienen anfangs unter dem Zeichen „DIN-DVM", später nur noch unter dem Zeichen „DIN".

Seit 1947 wird die Normungsarbeit auf dem Kunststoffgebiet vom *Fachnormenausschuß Kunststoffe* (FNK) im DNA durchgeführt, für das Gebiet der Prüfnormen in ein- und denselben Ausschüssen mit dem *Fachnormenausschuß Materialprüfung* (*FNM*) des DNA, der die Normungsaufgaben des früheren DVM heute weiterführt. Der 1954 wiedergegründete Deutsche Verband für Materialprüfung (DVM) stellt keine Normen mehr auf; er befaßt sich vorwiegend mit grundsätzlichen Fragen der Materialprüfung, dem Erfahrungsaustausch und der Entwicklung neuer Prüfverfahren, die gegebenenfalls vom zuständigen Fachnormenausschuß des DNA zur Norm erhoben werden können. Der Fachnormenausschuß Kunststoffe arbeitet weiterhin zusammen, z. T. in Gemeinschaftsausschüssen, mit anderen Fachnormenausschüssen des DNA, auf dem Gebiet der Prüfverfahren z. B. mit dem Fachnormenausschuß „Elektrotechnik" (für elektrische Isolierstoffe), „Kautschukindustrie" (für „gummielastische" Werkstoffe), „Holz" (für Kunstharz-Preßholz), „Anstrichstoffe" (für Kunstharze, Weichmacher). In gleicher Weise, ebenfalls z. T. in Gemeinschaftsausschüssen, arbeitet der Fachnormenausschuß Kunststoffe seit 1950 mit dem VDE (s. II 6.1.3 a) zusammen, so daß die entsprechenden Prüfverfahren für Isolierstoffe in den VDE-Vorschriften inhaltlich auf die einschlägigen DIN-Normen abgestimmt sind.

Auf den Arbeitsbereich des FNK auf dem Gebiet der Prüfverfahren für Kunststoffe wird in II 6.1.6b bis II 6.1.6d hingewiesen.

Hinsichtlich der Erscheinungsform der Ergebnisse der Normungsarbeit ist folgendes zu beachten:

Eine *Norm* ist die vom zuständigen Ausschuß nach dem Geschäftsgang des DNA ordnungsgemäß verabschiedete und vom DNA herausgegebene Fassung.

Eine Norm, mit der noch weitere Erfahrungen gesammelt werden sollen und die deswegen zunächst für eine begrenzte Zeit gelten soll, wird als *Vornorm* gekennzeichnet.

Norm-Entwurf ist das vorläufig abgeschlossene Ergebnis einer Ausschußarbeit. Er ist die öffentlich zur Kritik gestellte Fassung für die vorgesehene Norm. Als Entwurf kann auch eine vorgesehene neue Fassung für eine bereits bestehende Norm veröffentlicht werden.

Ein Entwurf kann auf Grund der eingehenden Stellungsnahmen aus der Öffentlichkeit in wesentlichen Teilen seines Inhaltes noch geändert werden.

Die Normblätter erscheinen unter dem Verbandszeichen $\overline{\text{DIN}}$ des Deutschen Normenausschusses, vgl. DIN 31.

Die Normblätter des Kunststoffgebietes werden auch in handlicher Form zusammengefaßt in gewissen Zeitabständen als DIN-Taschenbuch 21, „Kunststoffnormen", herausgegeben [3].

Alle Ergebnisse der Normungsarbeit werden vom Deutschen Normenausschuß (DNA), Berlin W 15, Uhlandstr. 175, und Köln, Friesenplatz 16, herausgegeben und vom Beuth-Vertrieb (gleiche Anschrift wie DNA) vertrieben. Maßgebend ist jeweils die neueste Normblatt-Ausgabe, die aus dem in der Regel jährlich neu erscheinenden Normblatt-Verzeichnis in Verbindung mit den Bekanntmachungen in den „DIN-Mitteilungen" als dem offiziellen Zentralorgan der Deutschen Normung zu ersehen ist (vgl. „Normen-Verzeichnis Kunststoffe", Beuth-Vertrieb [5]).

Über die Normungsarbeit auf dem Kunststoffgebiet im besonderen wird noch in den Zeitschriften „Kunststoffe" und „Plaste und Kautschuk" als Veröffentlichungsorganen des Fachnormenausschusses Kunststoffe (FNK) berichtet. Über den Stand der Normungsarbeiten geben die dort jährlich veröffentlichten Tätigkeitsberichte des FNK Auskunft.

c) Typisierung. Die Hersteller und Verarbeiter von Preßmassen schlossen sich im Jahre 1924 zu einer „Technischen Vereinigung der Hersteller gummifreier, nichtkeramischer Isolierstoffe", der heutigen „Technischen Vereinigung der Hersteller und Verarbeiter typisierter Kunststoff-Formmassen e.V." (T.V.), Darmstadt-Eberstad, Heinrich-Delp-Str. 281, zusammen, mit dem Ziel, Preßmassentypen (ursprünglich „Klassen") in einer Typentabelle mit Mindestanforderungen festzulegen, die Typanforderungen überwachen zu lassen und typisierte und überwachte Preßmassen und daraus hergestellte Formteile mit einem Überwachungszeichen zu kennzeichnen. Später wurde die Typentabelle vom Typisierungsausschuß bei der Fachabteilung 7, „Isolier- und Preßstoffe", der Wirtschaftsgruppe Elektroindustrie bearbeitet.

Diese Typentabellen werden heute vom Fachnormenausschuß Kunststoffe im DNA (s. II 6.1.3b) aufgestellt und als Typnormen DIN 7708 Bl. 1 und folgende (Phenoplast- und Aminoplast-Preßmassen, Kaltpreßmassen und Bitumenpreßmassen) herausgegeben. Dazu sind in neuerer Zeit Typnormen für Spritzguß-massen (DIN 7741, DIN 7742, DIN 7743) getreten, welche neben der werkseigenen Überwachung fakultativ eine *zusätzliche* Prüfung und Überwachung nach den Bedingungen für die Führung eines Überwachungszeichens vorsehen.

Als Überwachungszeichen sind in den genannten Normen dasjenige der Tech-nischen Vereinigung der Hersteller und Verarbeiter typisierter Kunststoff-Form-massen e. V. (s. DIN 7702) und das des Deutschen Amtes für Material- und Warenprüfung (DAMW), Halle (s. TGL 3933 Bl. 1) angegeben. Die Inhaber der Überwachungszeichen regeln den Abschluß der Überwachungsverträge zwischen den von ihr beauftragten Prüfstellen und den Herstellern und Verarbeitern typisierter Massen.

6.1.4 Normungsarbeit im Ausland

Die Normungskörperschaften aller Länder tauschen laufend alle Normblätter und Norm-Entwürfe gegenseitig aus. In den Auslands-Archiven des Deutschen Normen-ausschusses (DNA) [4] (s. II 6.1.3 b) sind deshalb vollständige Sammlungen der aus-ländischen Normen und Norm-Entwürfe, soweit sie von den offiziellen Normungs-körperschaften herausgegeben werden, vorhanden und können dort eingesehen werden. Ebenso liefert der DNA auf Grund eines Übereinkommens aller nationalen Normungskörperschaften Auslandsnormen an Besteller in Deutschland aus. Alle Neueingänge von Auslandsnormen werden in den DIN-Mitteilungen [5] angezeigt.

Wohl das umfassendste Normenwerk mit Prüfverfahren für Kunststoffe und Isolierstoffe ist das der American Society for Testing Materials (ASTM), 1916 Race St., Philadelphia 3, Pa., dessen Gesamtausgabe in 5 Bänden etwa alle 3 Jahre neu erscheint. Gleichzeitig erscheinen auch Sonderausgaben mit den Normen z. B. für „Kunststoffe" und „Elektrische Isolierstoffe". Ein Teil der ASTM-Normen ist von der American Standards Association (ASA) als offizielle amerikanische Norm anerkannt. Auch die ASTM-Normen können über den DNA bezogen werden.

6.1.5 Internationale Normungsarbeit

Für die internationale Normungsarbeit auf dem Kunststoffgebiet sind vor allem von Bedeutung die „International Organization for Standardization" (ISO) und die „International Electrotechnical Commission" (IEC). [Die ISO wurde nach 1945 als Nachfolgeorganisation der International Standardizing Assoziation (ISA) ge-bildet.] Beide Organisationen haben ihren Sitz in Genf, 39, Route de Malagnou, und arbeiten in Fühlung miteinander.

Jedes Land kann, vertreten durch seine allgemein anerkannte nationale Nor-mungsorganisation, Mitglied dieser internationalen Organisationen werden. Die nationalen Normungsorganisationen verkörpern also als Mitgliedskörperschaften (member body) ihr Land in der ISO und IEC. Deutsche Mitgliedskörperschaft der ISO ist der Deutsche Normenausschuß (DNA), Berlin W 15, Uhlandstr. 175. Deutsche Mitgliedskörperschaft der IEC ist das Deutsche Komitee (DK) der IEC mit dem Sitz beim Verband Deutscher Elektrotechniker (VDE), Frankfurt/Main, Stresemannallee 21.

In der ISO und IEC wird die Normungsarbeit in Technischen Komitees (TC = Technical Committee) durchgeführt, die ihrerseits Subkomitees (SC = Sub-committee) oder Arbeitsgruppen (WG = Working Group) einsetzen können.

Die von einem Technischen Komitee verabschiedeten „Entwurfsvorschläge" (Draft Proposal) werden der ISO[1] eingereicht und von dieser allen Mitgliedsländern der Organisation als Entwurf für eine ISO-Empfehlung (Draft ISO-Recommendation) zur befristeten Stellungnahme vorgelegt. Bei einstimmiger Annahme des Entwurfes kommt es zu einer ISO-Norm, bei Stimmenmehrheit zu einer ISO-Empfehlung (ISO-Recommendation). Die ISO-Empfehlung gilt als Empfehlung für die Aufstellung einheitlicher nationaler Normen.

Das Erscheinen von ISO-Empfehlungen und Entwürfen wird ebenso wie das Erscheinen entsprechender IEC-Arbeiten in den DIN-Mitteilungen [5] angezeigt, das der IEC-Arbeiten weiterhin in der Elektrotechnischen Zeitschrift (ETZ).

Mit der Aufstellung von Prüfnormen für Kunststoffe und elektrische Isolierstoffe befassen sich folgende Komitees:

a) ISO/TC 61, Kunststoffe. Das Sekretariat des Technischen Komitees ISO/TC 61, „Plastics", liegt beim amerikanischen Normenausschuß [American Standards Association (ASA), 70 East Forty-fifth Street, New York 17, N. Y.]. Das ISO/TC 61 gliedert sich in Arbeitsgruppen zur Vorbereitung von Normvorschlägen. Bearbeitet werden Prüfverfahren zur Bestimmung mechanischer, thermischer, elektrischer (in Verbindung mit IEC/TC 15, s. unten), chemischer und Beständigkeits-Eigenschaften, Analysenverfahren sowie die Nomenklatur mit Begriffsbestimmungen, neuerdings auch Spezifikationen für Erzeugnisse.

Die deutsche Mitarbeit im ISO/TC 61 wird im Auftrage des DNA durch den Fachnormenausschuß Kunststoffe (FNK) im DNA (Anschrift: wie DNA) wahrgenommen.

b) ISO/TC 5/SC 6, Kunststoffrohre. Das Sekretariat des Subkomitees SC 6, „Kunststoffrohre", des Technischen Komitees ISO/TC 5, „Rohre", liegt beim holländischen Normenausschuß (Nederlands Normalisatie Instituut, Duinweg 20 bis 22, Den Haag). Das Subkomitee mit seinen Arbeitsgruppen befaßt sich unter anderem mit Prüfverfahren und Abnahmeversuchen für Kunststoffrohre. Die Federführung für die deutsche Mitarbeit in diesem Subkomitee liegt ebenfalls beim Fachnormenausschuß Kunststoffe (FNK) im DNA (Anschrift: wie DNA).

c) IEC/TC 15, Elektrische Isolierstoffe. Das Sekretariat des Technischen Komitees IEC/TC 15 liegt bei Italien, der Vorsitz bei Deutschland. Das Deutsche Komitee der IEC (Anschrift: wie VDE, s. II 6.1.3 a) nimmt die deutsche Mitarbeit im IEC/TC 15 wahr.

Das Technische Komitee IEC/TC 15 gliedert sich ebenfalls in Arbeitsgruppen zur Vorbereitung von Normvorschlägen und bearbeitet Prüfverfahren für Isolierstoffe (u. a. Durchschlagfestigkeit, spezifischer Widerstand, Oberflächenwiderstand, Isolationswiderstand, Kriechstromfestigkeit, Dauerspannungsfestigkeit und dielektrische Ermüdung, Dielektrizitätskonstante und dielektrische Verluste, thermische Stabilität) sowie eine Enzyklopädie der Isolierstoffe.

6.1.6 Übersicht über genormte Prüfverfahren

* hinter der Normblatt-Nr. bedeutet: „z. Z. noch Entwurf"

In der nachfolgenden Übersicht sind Prüfverfahren für Kunststoffe und Kunststofferzeugnisse (und entsprechende Isolierstoffe) aufgeführt, die in DIN-Normen und Norm-Entwürfen [5] (vgl. II 6.1.3 b), VDE-Vorschriften [6] (vgl. II 6.1.3 a),

---

[1] Bei der IEC ist das Verfahren entsprechend.

ISO-Empfehlungen (ISO/R...) [4] und IEC-Empfehlungen (IEC...) [4, 6] (vgl.
II 6.1.5) angegeben sind.

a) Grundnormen

Allgemeine Formelzeichen DIN 1304
Dichte. Begriffe DIN 1306
Druck. Begriffe, Einheiten DIN 1314
Einheiten, Kurzzeichen DIN 1301
Technische Thermodynamik. Größen, Formelzeichen, Einheiten DIN 1345
Gewicht, Masse, Menge. Begriffe DIN 1305
Grundbegriffe der Meßtechnik DIN 1319
Mathematische Zeichen DIN 1302
Normtemperatur, Normdruck, Normzustand DIN 1343
Runden von Zahlen. Regeln, Kennzeichnung DIN 1333
Viskosität bei Newtonschen Flüssigkeiten DIN 1342

b) Allgemeines zur Kunststoffprüfung

Bescheinigung über Werkstoffprüfungen DIN 50049
Dauerschwingversuch. Begriffe, Zeichen DIN 50100
Drahtgewebe für Prüfsiebe. Maße DIN 4188 Bl. 1
Festigkeitsversuche. Begriffe DIN 1602
Freiluftklimate (Klima-Übersichtskarte) DIN 50019*
Gleichbedeutende Fachausdrücke auf dem Kunststoffgebiet in mehreren Spra-
    chen DIN 7730* (ISO/R 194)
Herstellung von Probekörpern aus Kunststoffen DIN 53451
Klimabeständigkeit. Allgemeine Richtlinien DIN 50010*
Konstantklimate DIN 50015
Messen der relativen Luftfeuchte des Prüfraumes DIN 50012
Normalklimate DIN 50014
Preßwerkzeug zur Herstellung von genormten Probekörpern aus härtbaren Preß-
    massen DIN 53470
Schwitzwasserklimate DIN 50017*
Schwitzwasserklima in SO_2-CO_2-Atmosphäre DIN 50018*
Statistische Auswertung der Meßergebnisse, bei Prüfung von Mineralölen
    DIN 51849, bei Prüfung von Textilien DIN 53804
Temperaturstufen für Kälte- und Wärmeprüfungen DIN 50013
Verschleiß. Begriffe DIN 50320
Wärmeschränke. Begriffe, Anforderungen DIN 50011 Bl. 1
—, Richtlinien für die Lagerung von Proben DIN 50011 Bl. 2
Wechselklimate mit feuchter Wärme DIN 50016*
Zeichen für Festigkeitsberechnungen DIN 1350

c) Prüfung auf bestimmte Eigenschaften.

Wenn nachfolgend keine einschrän-
kenden Angaben für die Anwendung des Prüfverfahrens gemacht sind, gilt das
Prüfverfahren für Kunststoffe allgemein (beachte auch II 6.1.6 d). Die Prüfverfahren für Gummi sind insoweit erwähnt, als sie auch für die Prüfung von weichen
Kunststoffen in Betracht kommen können.

α) *Maße und Gewichte*

Dichte von Weichmachern DIN 53400 (mit Bezug auf DIN 51757: Dichte von
   Schmierölen, flüssigen Brennstoffen und verwandten Flüssigkeiten)
Dicke von Kunststoff-Folien DIN 53370
Dicke von Kunstleder DIN 53353
Flächengewicht von Kunstleder DIN 53352
Flächengewicht der Beschichtung von Gewebekunstleder DIN 53358
Rohdichte von Kunststoffen DIN 53479
Rohdichte von Schaumstoffen DIN 53420
Schüttdichte von pulverförmigen und kurzfaserigen Preßmassen DIN 53468
   (ISO/R 60)
Stopfdichte von langfaserigen und schnitzelförmigen Preßmassen DIN 53467
   (ISO/R 61)

β) *Mechanische Eigenschaften*

Abrieb von Gummi DIN 53516
Biegeversuch DIN 53452
Biegeversuch an harten Schaumstoffen DIN 53423
Biegeversuch an nichtflexiblen Fußbodenbelägen in Plattenform DIN 51950
Dämpfung von Weichgummi DIN 53513
Dauer-Knickversuch an Kunstleder DIN 53359
Dauerschwingversuch an weich-elastischen Schaumstoffen DIN 53574
Dornbiegeversuch an flexiblen Fußbodenbelägen DIN 51949
Druckversuch DIN 53454
Druckversuch an harten Schaumstoffen DIN 53421
Druck-Verformungsrest von weich-elastischen Schaumstoffen DIN 53572 Bl. 1
Druckversuch (Federkennlinie bei Stauchung) an weich-elastischen Schaum-
   stoffen DIN 53577*
Dynstatgerät zur Bestimmung der Biegefestigkeit und Schlagzähigkeit an
   kleinen Probekörpern DIN 51230*
Härteprüfung durch Eindruckversuch DIN 53456*
Härteprüfung nach SHORE A, C und D von Gummi DIN 53505
Hin- und Herbiegeversuch an Kunststoff-Folien DIN 53374
Kugeldruckhärte von Isolierstoffen VDE 0302
Lochversuch an Kunststofftafeln DIN 53488
Nadel-Ausreißversuch von Gummi DIN 53506
Pendelschlagwerke DIN 51222
Scherversuch an harten Schaumstoffen DIN 53422
Schlagbiegeversuch DIN 53453
Spaltversuch an Schichtpreßstoff-Tafeln DIN 53463
Stoßelastizität von Gummi DIN 53512
Stoßelastizität von weich-elastischen Schaumstoffen DIN 53573*
Torsionsschwingungsversuch DIN 53445 Bl. 1
Trennversuch der Schichten von Gewebekunstleder DIN 53357
Verschleißversuch an Fußbodenbelägen für Wohn- und Publikumsverkehr
   DIN 51954*
Weichheit von Gummi DIN 53503

Weiterreißversuch an Gewebe- und Faserkunstleder DIN 53356
Weiterreißversuch an Gummi DIN 53507
Weiterreißversuch an Kunststoff-Folien mit der Winkelprobe nach GRAVES mit
  Einschnitt DIN 53515
Weiterreißversuch an weich-elastischen Schaumstoffen DIN 53575
Werkstoffprüfmaschinen. Begriff, Allgemeine Richtlinien, Klasseneinteilung
  DIN 51220
Zugfestigkeit und Bruchdehnung von Weichgummi DIN 53504 Bl. 1
Zugversuch an Weichgummi. Dehnungs-Spannungsverlauf DIN 53504 Bl. 2
Zugversuch DIN 53455
Zugversuch an Gewebekunstleder DIN 53354
Zugversuch an Kunststoff-Folien DIN 53371
Zugversuch an weich-elastischen Schaumstoffen DIN 53571

γ) *Thermische Eigenschaften, Brennbarkeit*

Anzündbarkeit von Fußbodenbelägen DIN 51960*
Erweichungspunkt von Harzen DIN 53180
Flammpunkt von Weichmachern DIN 53400 (mit Bezug auf DIN 51758: Flamm-
  punkt von flüssigen Brennstoffen nach PENKSY-MARTENS)
Formbeständigkeit in der Wärme mit VICAT-Nadel VDE 0302
Formbeständigkeit in der Wärme nach ISO-Flüssigkeitsverfahren DIN 53461*
  (ISO/R 75)
Formbeständigkeit in der Wärme nach MARTENS DIN 53458
Formbeständigkeit in der Wärme nach MARTENS. Prüfgerät DIN 53462
Glutbeständigkeit nach SCHRAMM-ZEBROWSKI DIN 53459*, VDE 0302
Lineare Wärmedehnzahl von Isolierstoffen VDE 0304 Teil 1
Schmelzintervall von Harzen nach dem Kapillarverfahren DIN 53181
Verhalten von Fußbodenbelägen gegen glimmende Zigaretten DIN 51961*
Verhalten von Kunststoff-Folien und Kunstleder bei einseitiger Flammeneinwir-
  kung DIN 53382
Wärmeleitfähigkeit mit dem Plattengerät DIN 52612 Bl. 1
Wärmeleitfähigkeit nach dem Rohrverfahren DIN 52613
Wärmeleitfähigkeit von Isolierstoffen VDE 0304 Teil 1

δ) *Optische Eigenschaften*

Brechungszahl und Dispersion DIN 53491
Brechungszahl von Weichmachern DIN 53400 (mit Bezug auf DIN 53491)
Lichtdurchlässigkeitszahl von Weichmachern nach der Jodfarbskala DIN 53403
Lichtechtheit DIN 53388
Trübung von durchsichtigen Kunststoffschichten DIN 53490

ε) *Elektrische Eigenschaften*

Ableitfähigkeit von Fußbodenbelägen für elektrostatische Ladungen DIN 51953
Dielektrischer Verlustfaktor siehe Relative Dielektrizitätskonstante
Durchschlagspannung, Durchschlagfestigkeit DIN 53481, VDE 0303 Teil 2
Kriechstromfestigkeit DIN 53480, VDE 0303 Teil 1, IEC 112
Lichtbogenfestigkeit DIN 53484, VDE 0303 Teil 5

Relative Dielektrizitätskonstante, Dielektrischer Verlustfaktor DIN 53483, VDE 0303 Teil 4

— —, Meßeinrichtungen DIN 53483 Beiblatt 1, VDE 0303 Teil 4 Anhang 1

— —, Kreisförmige Plattenelektrode DIN 53483 Beiblatt 2, VDE 0303 Teil 4 Anhang 2

Widerstandsmessungen (Spezifischer Durchgangswiderstand, Widerstand zwischen Stöpseln, Oberflächenwiderstand) DIN 53482, VDE 0303 Teil 3, IEC 93

ζ) *Beständigkeitseigenschaften, Chemisches Verhalten, Sonstige Gebrauchseigenschaften*

Bleibende Eigenschaftsänderungen von Kunststoff-Folien nach Warmbehandlung DIN 53391

Chlorwasserstoffabspaltung von Folien auf Basis PVC (Kongorotverfahren) DIN 53381

Korrosionseinwirkung von Hartpapier und Hartgewebe auf Kupfer und Kupferlegierungen durch Elektrolyse DIN 53489

Nachschwindung härtbarer Preßmassen und Preßstoffe DIN 53464

Temperatur-Zeit-Verhalten DIN 53446*

Thermische Stabilität von PVC nach dem Verfärbungsverfahren DIN 53416*

Verhalten in feuchter Luft DIN 53473*

Verhalten in kaltem Wasser DIN 53472, DIN 53475* (ISO/R 62)

Verhalten in kochendem Wasser DIN 53471* (ISO/R 117)

Verhalten von Isolierstoffen nach lang andauernder Wärmeeinwirkung VDE 0304 Teil 2

Verhalten von Schaumstoffen gegen Flüssigkeiten, Dämpfe, Gase und feste Stoffe DIN 53428

Wanderung farbgebender Stoffe DIN 53415 (ISO/R 183)

Wanderungstendenz von Weichmachern DIN 53405 (ISO/R 177)

Wasserdampfdurchlässigkeit DIN 53122

η) *Analysenverfahren, Viskosität und Stockpunkt*

Acetonlösliche Anteile in Phenoplast-Formteilen DIN 53700 (ISO/R 59)

Chlorgehalt DIN 53474

Freies Ammoniak und Ammoniakverbindungen in Phenoplast-Formteilen (halbquantitatives Verfahren) DIN 53707 (ISO/R 120)

Freies Ammoniak und andere flüchtige Basen in Phenoplast-Formteilen (qualitativer Nachweis) DIN 53708 (ISO/R 172)

Freie Phenole in Phenoplast-Formteilen (halbquantitatives Verfahren) DIN 53704 (ISO/R 119)

Methanollöslicher Anteil in Polystyrol DIN 53718 (ISO/R 118)

Säurezahl von Weichmachern DIN 53402

Siedeverlauf von Weichmachern im Vakuum DIN 53406

Stockpunkt von Weichmachern DIN 53400 (mit Bezug auf DIN 51583: Stockpunkt von Schmiermitteln)

Styrol in Polystyrol mit Wijs-Lösung DIN 53719 (ISO/R 173)

Trockenrückstand und Einbrennrückstand von Harzen, Harzlösungen u. dgl. DIN 53182

Trockenrückstand von Kunststoffdispersionen DIN 35189

Verseifungsgeschwindigkeit von Weichmachern DIN 53404
Verseifungszahl von Weichmachern DIN 53401
Viskosität, Allgemeines DIN 51550
—, ENGLER-Gerät DIN 51560
—, Freifluß-Viskosimeter DIN 53016
—, HÖPPLER-Viskosimeter DIN 53015
—, UBBELOHDE-Viskosimeter DIN 51562
—, VOGEL-OSSAG-Viskosimeter DIN 51561
Viskosität von Weichmachern DIN 53400 (mit Bezug auf DIN 51550)
Viskositätszahl von Polyvinylchloriden in Lösung DIN 53726 (ISO/R 174)

ϑ) Verarbeitbarkeitseigenschaften

Fließverhalten von härtbaren Formmassen mit dem Fließprüfgerät DIN 53478*
Füllfaktor von Formmassen DIN 53466 (ISO/R 171)
Schließzeit bei härtbaren Preßmassen DIN 53465
Schüttdichte von pulverförmigen und kurzfaserigen Formmassen DIN 53468
   (ISO/R 60)
Schwindung und Nachschwindung härtbarer Preßmassen und Preßstoffe
   DIN 53464
Stopfdichte von langfaserigen und schnitzelförmigen Formmassen DIN 53467
   (ISO/R 61)

d) Zusammenfassungen von Prüfverfahren für Erzeugnisse (s. auch II 6.1.6 c).
Aminoplast-Preßmassen DIN 7708 Bl. 3, DIN 7708 Beiblatt, DIN 7729 Bl. 1*
Bitumen-Preßmassen DIN 7708 Bl. 4
Celluloseacetat(CA)-Spritzgußmassen DIN 7742, DIN 7742 Beiblatt
Celluloseacetobutyrat(CAB)-Spritzgußmassen DIN 7743, DIN 7743 Beiblatt
Dekorative Schichtpreßstoff-Tafeln A DIN 53799
Gasschläuche DIN 3383
Hartpapier und Hartgewebe DIN 7736, VDE 0318
Holz als Isolierstoff VDE 0310
Isolierbänder VDE 0340
Isolierschläuche A (gewebehaltig) DIN 40620 Bl. 2
Isolierschläuche B (gewebelos) DIN 40621 Bl. 2
Isolierte Leitungen und Kabel VDE 0472
Kaltpreßmassen DIN 7708 Bl. 4
Kraftstoffschläuche DIN 73379
Kunstharz-Preßholz DIN 7707
Kunststoff-Folien (wärmebeständig) zur Verwendung in elektrischen Maschinen
   VDE 0345
Kupferkaschierte Schichtpreßstoff-Tafeln DIN 40802
Phenoplast-Preßmassen DIN 7708 Bl. 2, DIN 7708 Beiblatt, DIN 7729 Bl. 1*
Polycarbonat-Spritzgußmassen DIN 7744*
Polyester-Preßmassen DIN 16911*
Polymethylmethacrylat (PMMA)-Spritzgußmassen DIN 7745
Polystyrol-Spritzgußmassen DIN 7741, DIN 7741 Beiblatt
Preßspan DIN 7734, VDE 0315

Preßstofflager DIN 7703
Rohre aus PVC hart DIN 8061, aus PE weich DIN 8073, aus PE hart DIN 8075
Tafeln aus PVC hart DIN 16927*
Vulkanfiber DIN 7738, VDE 0312

Literatur

[1] EHLERS, G.: Güte und Prüfnormen auf dem Kunststoffgebiet. DIN-Mitt. 32 (1953)
   S. 2—4.
[2] DIN 2330: Begriffe und Benennungen. Allgemeine Grundsätze.
[3] DIN-Taschenbuch 21, 2. Aufl. Oktober 1959.
[4] DNA: Berlin W 15, Uhlandstraße 175, und Köln, Friesenplatz 16.
[5] Beuth-Vertrieb GmbH., Berlin W 15, Uhlandstraße 175, und Köln, Friesenplatz 16.
[6] VDE-Verlag GmbH., Berlin-Charlottenburg 4, Bismarckstraße 33.

6.2 Gütesicherung

Von E. Motzkus, Berlin

6.2.1 Zweck

Eine Überwachung im Sinne einer Gütekontrolle einer von mehreren Herstellern in den Handel gebrachten Ware ist eine Maßnahme zur Erfüllung bestimmter Mindestanforderungen bei dieser Ware und/oder zur Erzielung der Gleichmäßigkeit der Qualität der Ware. Das Qualitätsniveau, das bei sämtlichen Herstellern bzw. Lieferern der betreffenden Ware für diese gewährleistet werden soll, wird gekennzeichnet durch bestimmte Forderungen hinsichtlich einiger Eigenschaften und/oder hinsichtlich der Zusammensetzung der überwachten Ware (s. II 4 und II 5). Derartige Forderungen werden mit dem zugehörigen Prüfungsmechanismus in Gesetzen, auch Verordnungen, verankert oder aus eigener Initiative der Hersteller, also freiwillig — dem jeweiligen Stande der Technik angepaßt – vereinbart und bekanntgegeben (s. II 6.1). Die Einhaltung der Forderungen wird von zuständigen Behörden an Hand von Stichproben kontrolliert, oder sie wird von neutralen Prüfstellen auf Grund vertraglicher, mit den Herstellern vereinbarter Regelung, laufend überwacht.

Nachstehend werden kurz diejenigen Überwachungsvorgehen beschrieben, die gemäß vertraglicher Vereinbarung zwischen Herstellerfirma und einer neutralen Prüfstelle auf dem Kunststoffgebiet bestehen.

Von der Prüfstelle werden in vertraglich geregeltem Umfange und Zeitabstand Proben der überwachten Ware für die Prüfung vom Hersteller angefordert und/oder solche Proben aus der Fertigung amtlich entnommen; die Entnahme geschieht ohne vorherige Bekanntgabe des Entnahmetermins. Diese Stichproben werden hinsichtlich der Erfüllung der festgelegten Eigenschaften geprüft. Auf Grund der Überwachung haben die betreffenden Hersteller das Recht, ihre überwachten Erzeugnisse durch ein Überwachungszeichen oder Gütezeichen zu kennzeichnen. Sofern seitens der Prüfstelle Beanstandungen zu erheben sind, werden entsprechende Maßnahmen ergriffen, z. B. wird durch die zuständige Fachorganisation, bei der die Firmen Mitglied sind, und die mit der Prüfstelle einen sog. Rahmen-Überwachungsvertrag abgeschlossen hat, der betreffenden Firma, bei der die Beanstandung zu verzeichnen war, das Recht zur Führung des Gütezeichens oder des Überwachungszeichens bezüglich des beanstandeten Materials für eine bestimmte Zeit entzogen.

Die älteste Überwachung auf dem Kunststoffgebiet ist *die Überwachung typisierter Formmassen und daraus hergestellter Formteile*. Die Anfänge gehen zurück bis zum Jahre 1922 [1], und im Jahre 1928 [2] wurden die ersten Überwachungsverträge mit dem damaligen Staatlichen Materialprüfungsamt Berlin-Dahlem abgeschlossen. Die von diesen Anfängen ausgehende Überwachung nahm im Laufe der Jahre bezüglich der Anzahl der überwachten Erzeugnisse und der Anzahl der Firmen, welche sich der Überwachung anschlossen, einen erheblichen Umfang an und lief bis zum Jahre 1945.

Im Jahre 1950 wurde diese Überwachung wieder aufgenommen und in die Hände der Bundesanstalt für Materialprüfung und der Staatlichen Materialprüfungsanstalt Darmstadt gelegt. Hersteller der überwachten Erzeugnisse sind Mitglieder der „Technischen Vereinigung der Hersteller und Verarbeiter typisierter Kunststoff-Formmassen e. V.", Darmstadt.

Grundlage für die Überwachung der Formmassen ist DIN 7708, Kunststoffe, Formmasse-Typen, mit den dort angegebenen Typentafeln für

Phenoplast-Preßmassen,
Aminoplast-Preßmassen,
Kaltpreßmassen, Bitumenpreßmassen,
Celluloseacetobutyrat(CAB)-Spritzgußmassen.

6.2.2 Durchführung

Auf Grund der Typisierung sind die Formmassen eingeteilt, mit bestimmten Typzeichen gekennzeichnet, und für jeden Typ sind bestimmte Mindestanforderungen hinsichtlich einzelner mechanischer, thermischer, elektrischer und chemischer Eigenschaften, sowie hinsichtlich der Zusammensetzung festgelegt. Man hat sich bewußt darauf beschränkt, nur einige grundsätzlich kennzeichnende Eigenschaften in der Typisierung zu verankern; die zusätzliche Vorschrift der Zusammensetzung hat den Vorteil, daß dadurch indirekt auch weitere Eigenschaften weitgehend sichergestellt sind, die der unmittelbaren Prüfung schwer oder gar nicht zugänglich sind.

Im Rahmen der Überwachung werden die Formmassen auf Erfüllung der in der Typisierung festgelegten Forderungen geprüft[1]. Die Hersteller der überwachten Formmassen kennzeichnen diese auf der Verpackung durch das Überwachungszeichen nach DIN 7702,

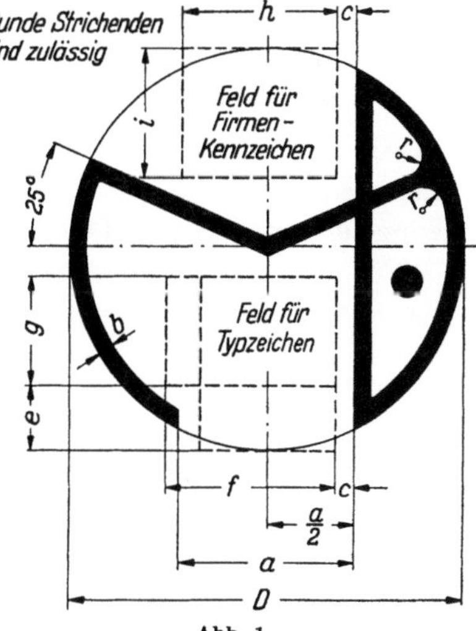

Abb. 1
Überwachungszeichen für typisierte Formmassen und daraus hergestellte Formteile

---

[1] Die elektrischen Prüfungen für die in Berlin-Dahlem laufende Überwachung werden von der Physikalisch-Technischen Bundesanstalt, Berlin-Charlottenburg, ausgeführt.

s. Abb. 1, sofern die Massen den Bedingungen des Überwachungsvertrages entsprechen. Im Überwachungszeichen wird der Hersteller der überwachten Ware durch ein im Rahmen der Überwachung für ihn zugelassenes Firmenzeichen gekennzeichnet und das für die überwachte Ware zutreffende Typzeichen angegeben. In der Tab. 1 sind die wichtigsten, gemäß DIN 7702 festgelegten Maße für das Überwachungszeichen aufgeführt

Den Formteilherstellern, die für ihre Fertigung typisierte Formmassen verwenden, bietet die Typisierung eine gute Gewähr, daß die Massen mit bestimmten Typzeichen – abgesehen von unvermeidlichen Schwankungen – bei verschiedenen Lieferungen gleiche Eigenschaften aufweisen. Die Typisierung erspart mithin dem Verbraucher die Ausführung von umfangreichen und kostspieligen Werkstoff-Kontrollprüfungen, wenn er einmal die Einsatzmöglichkeit eines bestimmten Typs erprobt hat.

Tabelle 1. *Festgelegte Maße für das Überwachungszeichen nach DIN 7702*

Nennmaß D	a	b $\approx$	c und r $\approx$
3	1,5	0,25	0,15
4	1,9	0,3	0,2
5	2,3	0,3	0,25
6	2,9	0,4	0,3
8	3,7	0,4	0,4
10	4,6	0,5	0,5
12	5,8	0,6	0,6
16	7,3	0,7	0,8
20	9,2	0,8	1
25	11,5	1	1,2
32	14,5	1,2	1,6
40	18,5	1,5	2
50	23	2	2,5
63	29	2,5	3,2
80	37	3	4
100	46	4	5

Maße in mm

Gemäß der Festlegung in DIN 7708 dürfen nur solche Formmassen mit dem Typzeichen versehen werden, welche die in der Typentafel angegebenen Forderungen und die Bedingungen des Überwachungszeichens nach DIN 7702 oder TGL 3933–57 erfüllen.

Das Recht für die Anwendung der Typzeichen bei den in DIN 7708 aufgeführten Formmassen ist also mit der Voraussetzung der Überwachung dieser Massen gekoppelt. Die Hersteller der Duroplast-Preßmassen sowie der Kalt- und Bitumenpreßmassen haben beschlossen, für diese Formmassen die angegebene Koppelung aufrechtzuerhalten.

Für die Spritzgußmassen – zunächst die Polystyrolmassen – ist in DIN 7741 eine andere Regelung festgelegt, nach welcher die Spritzgußmassen seitens des Herstellers mit dem Typzeichen in den Handel gebracht werden dürfen, wenn dieser die in der Typentafel angegebene Zusammensetzung der Formmassen einhält und durch eigene Fertigungskontrollen für die Einhaltung der in der Typentafel festgelegten Eigenschaftsforderungen sorgt. Derartige Massen werden z. B. als „Formmasse Typ 501, DIN 7741" gekennzeichnet. Zusätzlich kann der Hersteller der Spritzgußmassen diese durch ein Prüfamt überwachen lassen und dann mit dem Überwachungszeichen liefern. Die Kennzeichnung dieser Massen lautet z. B. „Formmasse Typ 501, DIN 7741 T".

Auf eine andere Maßnahme im Rahmen der Typisierung sei noch kurz verwiesen: Zur Schaffung der Möglichkeit, daß solche Formmassen, die neu entwickelt werden, möglichst schnell, mit einem Typzeichen versehen, in den Handel gebracht werden und für die Fertigung von Preßteilen mit dem Überwachungszeichen verwendet werden können, hat der zuständige Typisierungsausschuß FNK-AA 2 im Jahre 1954 seine Unterausschüsse ermächtigt, nach bestimmten Grundsätzen die Führung sogenannter Vortypzeichen mit einer begrenzten Laufzeit zu gestatten. Nach Ablauf dieser Zeit wird ein Vortyp entweder in einen Haupttyp umgewandelt oder fallengelassen [3].

Bei den genannten Prüfstellen läuft auf vertraglicher Basis mit den Pressereien seit 1950 auch wieder die Überwachung von Formteilen, die aus typisierten Formmassen hergestellt wurden. Die Formteile, die den Bedingungen des Überwachungsvertrages entsprechen, werden mit dem Überwachungszeichen nach DIN 7702 (s. Abb. 1) gekennzeichnet.

Die Formteile werden auf bestimmte, in den Ausführungsbestimmungen zu den Überwachungsverträgen verankerte Eigenschaften geprüft; diese Eigenschaften entsprechen den in der Typisierung angegebenen. Der Zweck dieser Überwachung ist, festzustellen, ob der Hersteller des Formteiles die verwendete typisierte Formmasse unter sachgemäßen Bedingungen verarbeitete. Unter anderem werden den zu prüfenden Formteilen Dynstatproben entnommen und diese auf Biegefestigkeit und Schlagzähigkeit geprüft [4]. Für die Biegefestigkeit gelten die in der Typisierung für den betreffenden Typ festgelegten Forderungen, für die Schlagzähigkeit sind bestimmte Mindestwert-Kurven aufgestellt, welche die zu erfüllenden Schlagzähigkeitswerte in Abhängigkeit zur Dicke der geprüften Dynstatproben angeben.

Typisierung und Überwachung sind weiterhin in der Entwicklung begriffen. Die ,,Technische Vereinigung der Hersteller und Verarbeiter typisierter Kunststoff-Formmassen e. V." hat nach dem Stande vom 1. 1. 1959 wieder 295 Mitglieder, und auf Grund der Erfolge, welche die Überwachung zeitigt, wird die Mitgliederzahl voraussichtlich weiterhin ansteigen [5, 6].

Seit dem Jahre 1958 werden auf Grund von Verträgen, die die Mitglieder des Kunststoffrohrvereines e. V., Düsseldorf, mit der Bundesanstalt für Materialprüfung in Berlin-Dahlem bzw. der Staatlichen Materialprüfungsanstalt in Darmstadt abgeschlossen haben, *Kunststoffrohre* aus hartem und weichem Polyäthylen überwacht. Die Rohre werden geprüft auf den Außendurchmesser, die Wanddicke, die Schmelzviskosität bei Polyäthylen hart und weich und die reduzierte Viskosität bei Polyäthylen hart; außerdem werden die Rohre einem Innendruckversuch bei $+80\,^\circ$C ausgesetzt, für welchen der Prüfdruck derart ausgewählt wird – entsprechend DIN 8073 und 8075 –, daß die Rohrwandungen einer bestimmten festgelegten Spannung je cm^2 ausgesetzt sind (s. auch II 4.3.1).

Die Firmen, welche ihre Rohre den Überwachungsbestimmungen entsprechend liefern, haben das Recht, ihre Rohre durch ein Gütezeichen zu kennzeichnen.

Seit 1956 besteht speziell für den Raum von Westberlin eine Überwachung fugenloser Kunststoff-Fußbodenbeläge. Die Fertigung dieser Beläge geschieht am Verlegeort, und zwar werden hierzu Massen verarbeitet, die aus wäßrigen Kunstharzdispersionen und Begleitstoffen, insbesondere abriebfesten Füllstoffen, bestehen. Aus diesen Massen werden durch Aufbringen in einer Schicht oder in mehreren übereinanderliegenden Schichten die fugenlosen Kunststoffbeläge, auch plastisch aufgetragene Kunststoffbeläge genannt, hergestellt. Die Überwachung dieser Beläge ist geregelt auf Grund von Verträgen, die die Mitglieder der Güteschutzgemeinschaft für Kunststoff-Spachtelböden in Westberlin (jetziger Titel: Güteschutzgemeinschaft für fugenlose Kunststoffbeläge in Westberlin e. V.) mit der Bundesanstalt für Materialprüfung, Berlin-Dahlem, abgeschlossen haben. Den in Westberlin verlegten Belägen werden im vereinbarten Umfange Proben entnommen, und diese werden auf die im Verlegeauftrag angegebenen Dicken sowie auf Eindruckverhalten, Abrieb, Wasseraufnahme, gegebenenfalls die „Nutzschicht" auch auf den Kunstharz-Bindemittelgehalt, geprüft. Stichprobenweise werden auch die Massen geprüft.

Hersteller fugenloser Kunststoffbeläge, die nicht Mitglied der vorgenannten Güteschutzgemeinschaft sind und in Westberlin Verlegungen in Bauten ausführen, die mit öffentlichen Mitteln durchgeführt oder gefördert werden, müssen gemäß einer Senatsverordnung [7] jede über 200 m² hinausgehende Verlegung amtlich begutachten lassen.

Eine ähnliche Überwachung wie die in Westberlin lief in den Jahren 1953 bis 1959 gemäß vertraglicher Vereinbarungen zwischen der Fachgemeinschaft Kunststoff-Spachtelböden, Koblenz (späterer Titel: „Fachgemeinschaft fugenloser Kunststoffbeläge im Gesamtverband Kunststoffverarbeitende Industrie e. V., Frankfurt a. M.") und der Bundesanstalt für Materialprüfung, Berlin-Dahlem. Ursprünglich wurden nur die Massen überwacht, in den letzten beiden Jahren wurden auch den fertigen Belägen Proben im festgelegten Umfang entnommen und diese nach den für die Überwachung in Westberlin genannten Gesichtspunkten geprüft.

Literatur

[1] Vergleiche: ETZ (1922) S. 466; Erläuterungen hierzu S. 488; (1923) S. 137; (1924) S. 730; (1924) S. 732; VDE 0302.

[2] Vergleiche: ETZ (1925) I, S. 205 u. 865; (1928) S. 1097.

[3] Kunststoffe (1956) S. 412; DIN-Mitt. 35 (1956) S. 607 u. 36 (1957) S. 607.

[4] Vergleiche Schob, Nitsche u. Salewski: Die Prüfung von Fertigstücken aus Isolierpreßstoffen auf Werkstoffeigenschaften. Plast. Massen (1935) S. 353; (1936) S. 1.

[5] 17. Bekanntmachung über Preßmassen, Spritzgußmassen, Preßteile, Stand v. 1. 1. 1959. Kunststoffe 49 (1959) S. 73—78.

[6] Ältere Bekanntmachungen für typisierte Preßmassen siehe: Kunststoffe 48 (1958) H. 3, S. 117—122; ETZ 57 (1936) S. 1442; 59 (1938) S. 761; 60 (1939) S. 347; 61 (1940) S. 282. Kunststoffe 41 (1951) H. 5, S. 152/53; 42 (1952) H. 2, S. 44/45; 42 (1952) H. 8, S. 235/86; 43 (1953) H. 2, S. 65—69; 43 (1953) H. 10, S. 422/23; 44 (1954) H. 2, S. 57—61; 44 (1954) H. 10, S. 456/57; 45 (1955) H. 2, S. 64—67; 45 (1955) H. 11, S. 522/23; 46 (1956) H. 3, S. 108/09; 47 (1957) H. 4, S. 191—196; 47 (1957) H. 10, S. 609/10.
Ältere Bekanntmachungen über die Überwachung von Preßteilen aus typisierten Preßmassen siehe: ETZ 45 (1924) S. 732; 46 (1925) S. 1712; 47 (1926) S. 866 u. 1005; 48 (1927) S. 984; 49 (1928) S. 1096 u. 1204; 50 (1929) S. 37 u. 1031; 51 (1930) S. 988; 52 (1931) S. 980; 53 (1932) S. 1259; 54 (1933) S. 95; 56 (1935) S. 1312 u. 1372; 59 (1938) S. 734; 60 (1939) S. 377; 61 (1940) S. 300 u. 317. Kunststoffe 41 (1951) H. 7, S. 225/26; 42 (1952) H. 2, S. 44/45; 42 (1952) H. 8, S. 235/36; 43 (1953) H. 2, S. 65—69; 43 (1953) H. 10, S. 422/23; 44 (1954) H. 2, S. 57—61; 44 (1954) H. 10, S. 456/57; 45 (1955) H. 2, S. 64 bis 67; 45 (1955) H. 11, S. 522/23; 46 (1956) H. 3, S. 108/09, H. 11, S. 517/18; 47 (1957) H. 4, S. 191—196, H. 10, S. 609/10.

[7] Kunststoff-Spachtelböden in Bauten, die mit öffentlichen Mitteln durchgeführt oder gefördert werden. Bekanntmachung vom 7. 8. 55 — BauWohn IV E 1-6434/7, Amtsblatt für Berlin vom 20. 8. 55.

Sachverzeichnis

FSC
www.fsc.org
MIX
Papier aus verantwortungsvollen Quellen
Paper from responsible sources
FSC® C105338

If you have any concerns about our products,
you can contact us on
ProductSafety@springernature.com

In case Publisher is established outside the EU,
the EU authorized representative is:
Springer Nature Customer Service Center GmbH
Europaplatz 3, 69115 Heidelberg, Germany

Printed by Libri Plureos GmbH
in Hamburg, Germany